# Handbuch der Gerbereichemie und Lederfabrikation

Bearbeitet von

W. Ackermann, Worms · D. Balányi, Waalwijk · M. Bergmann, New York · E. A. Bohne, Weinheim · A. Dahl, Wiesbaden, · W. Freudenberg, Weinheim · O. Gerngroß, Ankara · H. Gnamm, Stuttgart · K. Grafe, Leipzig · W. Grassmann, Dresden · K. H. Gustavson, Valdemarsvik · W. Hausam, Dresden · H. Herfeld, Freiberg i. Sa. · L. Jablonski, Berlin · Th. Körner, Berlin · A. Küntzel, Darmstadt · R. Lauffmann, Freiberg i. Sa. · H. Loewe, Ludwigshafen · F. Mayer, Frankfurt a. M. · W. Mensing, Dresden · A. Miekeley, Dresden · L. Pollak, Aussig a. E. · W. Praetorius†, Leipzig · H. Schelz, Dresden · K. Schorlemmer†, Dresden · G. Schuck, Dresden · P. Seidel, Hirschberg · Th. Seiz, Berlin · F. Stather, Freiberg i. Sa. · W. Vogel, Freiberg i. Sa. · H. Wacker, Freiberg i. Sa. · A. Wagner, Durlach · Th. Wieschebrink, Freiberg i. Sa. · K. Wolf, Darmstadt · F. Wolff-Malm, Raunheim a. M.

Begründet von **M. Bergmann**, New York

Fortgeführt von

**W. Grassmann**
Dresden

## Erster Band: Die Rohhaut und ihre Vorbereitung zur Gerbung

2. Teil: Die Wasserwerkstatt

Springer-Verlag Wien GmbH
1938

# Die Wasserwerkstatt

Bearbeitet von

**W. Ackermann**, Worms · **D. Balányi**, Waalwijk
**E. A. Bohne**, Weinheim · **K. Grafe**, Leipzig
**H. Herfeld**, Freiberg i. Sa. · **A. Miekeley**, Dresden
**G. Schuck**, Dresden

Herausgegeben von

**W. Grassmann**
Dresden

Mit 159 Abbildungen
und 41 Tabellen

Springer-Verlag Wien GmbH
1938

Ursprünglich erschienen bei Julius Springer in Vienna 1938
Softcover reprint of the hardcover 1st edition 1938

ISBN 978-3-7091-2317-1 ISBN 978-3-7091-2316-4 (eBook)
DOI 10.1007/978-3-7091-2316-4

# Inhaltsverzeichnis.

Erstes Kapitel.

## Die Gebrauchswässer.

Von Dr.-Ing. Wilhelm Ackermann, Worms.

Zweites Kapitel.

## Die Arbeiten der Wasserwerkstatt.

Drittes Kapitel.

## Die Nebenprodukte der Wasserwerkstatt und ihre Verwertung.

Erstes Kapitel.

# Die Gebrauchswässer.

Von Dr. Ing. **Wilhelm Ackermann**, Worms.

## A. Allgemeines.

Das Wasser ist der mengenmäßig am meisten gebrauchte[1] und bei weitem wichtigste Hilfsstoff in der Gerberei. Dem Gerber ist bekannt, daß insbesondere die Prozesse in der Wasserwerkstatt durch die Eigenschaften des Betriebswassers in einer für das Endprodukt entscheidenden Weise beeinflußt werden können. Auch bei der weiteren Behandlung bis zum Färben, Fetten und Zurichten hat das Wasser einen großen Einfluß auf die Eigenschaften des Leders. Dies kann sogar dazu führen, daß verschiedene Arten von Leder gar nicht überall hergestellt werden können, weil das Wasser sich nicht dafür eignet. Für Unterleder benötigt man anderes Wasser als für Oberleder, so daß an einem Ort mehr Unterlederfabriken und in einer anderen Gegend wieder mehr Oberlederfabriken zu finden sind.

Eine genaue Kenntnis der Eigenschaften des Wassers und seines Einflusses auf die verschiedenen Prozesse bei der Herstellung des Leders ist daher notwendig um zu beurteilen, ob ein Wasser verwendet werden kann oder nicht, oder wie das Wasser gereinigt oder verändert werden muß, damit es in jedem Falle ohne Schaden verwendbar ist.

### I. Die physikalischen Eigenschaften des Wassers.

Wasser findet sich in der Natur in allen drei Aggregatzuständen. Bei 0° C gefriert es zu Eis und dehnt sich dabei um ein Zehntel seines Volumens aus, wodurch geschlossene Gefäße, Röhren usw., die ganz mit Wasser gefüllt sind, beim Gefrieren des Wassers zersprengt werden. Bei normalem Luftdruck siedet das Wasser bei 100° C; erhitzt man es unter Druck, so siedet es erst bei höherer Temperatur, und zwar gehört zu jedem Druck eine bestimmte Siedetemperatur, der Siedepunkt, wie aus der Tabelle 1 zu sehen ist.

Beim Übergang in den Dampfzustand dehnt sich Wasser bei 100° und Atmosphärendruck auf den 1650fachen Raum aus und ist dadurch imstande Arbeit zu leisten.

Die Wärmemenge, die nötig ist, um 1 kg Wasser von 14,5 auf 15,5° C zu erwärmen, nennt man eine große oder eine Kilogrammkalorie. Um 1 kg Wasser von 100° in 1 kg Dampf von 100° zu verwandeln, braucht man 536 große Kalorien, und um 1 kg Eis

[1] Über den Verbrauch von Wasser in der Lederfabrik finden sich im Schrifttum nur wenig Angaben. Nach A. Wagner und Joh. Paeßler und nach S. Schapringer werden auf 100 kg Häute je nach der Arbeitsweise ungefähr 6000 l Wasser verbraucht.

von 0° in 1 kg Wasser von 0° überzuführen, braucht man 80 große Kalorien (Verdampfungswärme bzw. Schmelzwärme). Die entsprechenden Wärmemengen werden frei, wenn Wasserdampf zu Wasser wird, bzw. wenn Wasser gefriert. Es ist daher nicht einerlei, ob man in einer Dampfheizung Wasser als Dampf oder als flüssiges Wasser durch den Kondenstopf gehen läßt. Geht es als Dampf hindurch, gibt es bedeutend weniger Wärme ab; läßt man den Dampf dagegen in der Heizung zu Wasser kondensieren, so gibt jedes Kilogramm Dampf 536 große Kalorien Wärme mehr ab.

Tabelle 1. Siedepunkt des Wassers bei verschiedenem Druck.

| Siedetemperatur in °C | Druck in Atm. |
|---|---|
| 66 | 1/4 |
| 82 | 1/2 |
| 100 | 1 |
| 121 | 2 |
| 160 | 6 |
| 172 | 8 |
| 181 | 10 |
| 215 | 20 |
| 266 | 50 |
| 311 | 100 |

Tabelle 2. Höchstmöglicher Wassergehalt in 1 cbm Luft in Gramm.

| Temperatur in °C | Wasser in g | Temperatur in °C | Wasser in g |
|---|---|---|---|
| — 10 | 2,1 | 16 | 13,6 |
| — 4 | 3,8 | 18 | 15,1 |
| 0 | 4,9 | 20 | 17,2 |
| 2 | 5,6 | 22 | 19,3 |
| 4 | 6,4 | 24 | 21,5 |
| 6 | 7,3 | 26 | 24,5 |
| 8 | 8,1 | 28 | 27,0 |
| 10 | 9,4 | 30 | 30,1 |
| 12 | 10,6 | 50 | 83,4 |
| 14 | 12,0 | 70 | 199,3 |

Auch bei gewöhnlicher Temperatur verdampft oder verdunstet dauernd etwas Wasser. Luft enthält ständig Wasserdampf. Die Aufnahmefähigkeit der Luft für Wasserdampf bei verschiedenen Temperaturen ist aus der Tabelle 2 zu ersehen.

Als „relative Feuchtigkeit“ oder „Sättigungsgrad“ der Luft bezeichnet man die in der Luft vorhandene Wassermenge, ausgedrückt in Prozenten derjenigen Wassermenge, welche Luft von gleichem Druck und gleicher Temperatur bei völliger Sättigung enthalten würde. Mit Wasserdampf gesättigte Luft hat also die relative Feuchtigkeit 100. Die relative Feuchtigkeit wird mit dem Hygrometer (Taupunkthygrometer, Haarhygrometer) gemessen. Wird die Luft mit Feuchtigkeit übersättigt, so scheidet sich das überschüssige Wasser fein verteilt aus.

Die Dichte des Wassers ist bei + 4° C am größten. Das Wasser hat dann das spez. Gewicht 1,00000. Temperatur, spez. Volumen und spez. Gewicht des Wassers stehen immer in einem bestimmten Verhältnis, wie Tabelle 3 zeigt.

Tabelle 3. Volumen und Spez. Gewicht von Wasser bei verschiedenen Temperaturen.

| Temperatur in °C | Spez. Volumen | Spez. Gewicht |
|---|---|---|
| 0 | 1,00013 | 0,99987 |
| 4 | 1,00000 | 1,00000 |
| 10 | 1,00027 | 0,99973 |
| 20 | 1,00177 | 0,99823 |
| 50 | 1,0121 | 0,9881 |
| 100 | 1,0434 | 0,9584 |
| 120 | 1,0600 | 0,9435 |
| 180 | 1,1279 | 0,8866 |
| 210 | 1,177 | 0,850 |

## II. Die chemischen Eigenschaften des Wassers.

Reines Wasser kommt in der Natur nur sehr selten vor. Schon das Regenwasser enthält Luft, Sauerstoff und Stickstoff und auch Kohlensäure gelöst. Besonders in der Nähe von Städten und Fabriken kann es Ruß mit niederschlagen und u. a. schweflige Säure gelöst enthalten. Schmelz- und Regenwasser sammelt sich in Bächen und Flüssen, Seen oder Talsperren oder sickert in die Erde, um als Quell- oder Brunnenwasser wieder zu Tage zu treten. Dabei löst es je nach dem Untergrund, mit dem es in Berührung kommt, mehr oder weniger Verunreinigungen auf, die seine chemischen Eigenschaften stark beeinflussen. Solches Wasser nennt man in der Industrie technisches Wasser oder Gebrauchswasser. Wenn es in der Industrie oder im Haushalt gebraucht ist, nennt man es Abwasser.

Das technische Wasser enthält vor allem wasserlösliche Salze, wie Kochsalz, Kaliumchlorid, Glaubersalz, Kaliumsulfat, Chlorcalcium, Chlormagnesium, Gips, Magnesiumsulfat und noch geringe Mengen einiger anderer Salze (Nitrate, Silikate usw.). Da das Wasser meist reichliche Mengen Kohlensäure aus der Luft aufgenommen hat, ist es außerdem imstande, auch Kalk, Magnesia, Eisen usw. in Form der Bicarbonate in Lösung zu halten [$Ca(HCO_3)_2$, $Mg(HCO_3)_2$, $Fe(HCO_3)_2$ usw.]. Beim Stehen an der Luft oder beim Fließen in Bächen oder Flüssen kann wieder Kohlensäure abgegeben werden, wodurch Kalk und Magnesia als Carbonate wieder ausgeschieden werden. Da nur das 2wertige Eisen einigermaßen beständige lösliche Bicarbonate bildet, wird das Eisen bei Luftzutritt als rotes Eisenhydroxyd abgeschieden.

Von dem Vorhandensein der im Wasser gelösten Salze kann man sich durch Eindampfen des Wassers überzeugen. Ganz reines destilliertes Wasser verdampft ohne Rückstand. Der Abdampfrückstand ist daher ein Maß für die Verunreinigungen.

Schon frühzeitig hat man Verunreinigungen des Wassers auch auf andere Art erkannt. Wenn man beim Waschen mit Seife verschiedenes Wasser verwendet, so bildet sich mit dem einen Wasser, ähnlich wie bei destilliertem Wasser, sofort Schaum, und die Seife wirkt gut, während sich bei dem andern Wasser zuerst gar kein Schaum bildet und auch die reinigende und emulgierende Wirkung der Seife ausbleibt. Das erste Wasser nennt man weich, das zweite hart. Hartes Wasser enthält Kalk- und Magnesiumverbindungen. In hartem Wasser bilden sich aus der Seife (fettsaures Natrium) und den Kalk- und Magnesiasalzen durch chemische Umsetzungen nach den Gleichungen

$$2\,\text{Na-Fetts.} + Ca(HCO_3)_2 = \mathbf{Ca(Fetts.)_2} + 2\,NaHCO_3$$

oder

$$2\,\text{Na-Fetts.} + CaSO_4 = \mathbf{Ca(Fetts.)_2} + Na_2SO_4 \text{ usw.}$$

die fettsaueren Kalk- oder Magnesia- (Eisen-) Salze, die wasserunlöslich schmierig ausfallen. Erst wenn alle Kalk- oder Magnesiasalze ausgefällt sind und das Wasser so durch Zusatz der genügenden Menge Seife gereinigt oder enthärtet ist, wirkt der Überschuß an Seife schäumend und emulgierend. Diese Reinigung oder Enthärtung des Wassers mit Seife ist jedoch ziemlich kostspielig und unwirtschaftlich.

Ferner läßt sich das Wasser, wenigstens teilweise, auch durch Kochen enthärten. Dabei entweicht nach der Gleichung

$$Ca(HCO_3)_2 = \mathbf{CaCO_3} + CO_2 + H_2O$$

Kohlensäure, und Kalziumcarbonat fällt unlöslich aus und setzt sich am Boden oder am Rand des Gefäßes als Kesselstein fest. Aber auch bei langem Kochen scheiden sich nicht alle Härtebildner ab. Es bleibt immer noch eine gewisse Härte in Lösung, die sich mit Seife deutlich nachweisen läßt. Man unterscheidet daher zwischen vorübergehender (temporärer) oder Carbonathärte und bleibender (permanenter) oder Nichtcarbonathärte. Die bleibende Härte wird durch die Chloride, Sulfate und Nitrate von Kalk, Magnesia und Eisen verursacht, die Carbonathärte durch die Bicarbonate [$Ca(HCO_3)_2$, $Mg(HCO_3)_2$, $Fe(HCO_3)_2$]. Außerdem unterscheidet man noch zwischen Kalk- und Magnesiahärte.

Außer anorganischen Salzen kann das Wasser auch noch organische Verunreinigungen enthalten. Sie können pflanzlicher und tierischer Herkunft sein und sind ein guter Nährboden für alle möglichen Kleinlebewesen. Wasser, das reich an Bakterien ist, bewirkt in der Weiche einen raschen Abbau der Hautsubstanz. Anderseits ist die Bakterienflora des Wassers wichtig für die Reinigung der Abwässer. Durch das Zusammenwirken der Bakterien und der oxydierenden Wirkung der Luft werden organische Verunreinigungen, auch wenn sie in großer Menge, z. B. durch Abwässer von Städten oder Fabriken, in die Flüsse gelangen, rasch zerstört. Man nennt dies die Selbstreinigung der Flüsse. Auch Humussäuren können im Wasser vorkommen und sehr störend wirken.

# B. Die analytische Untersuchung der Gebrauchswässer.

Das idealste Wasser für fast die ganze Gerberei wäre Regenwasser oder destilliertes Wasser. Beide stehen aber wohl kaum in genügender Menge zur Verfügung. Man muß daher in der Praxis mit dem vorhandenen Wasser auskommen und es eventuell durch Zusätze so verändern, daß man es für den gewünschten Zweck gebrauchen kann. Voraussetzung hierzu ist die Untersuchung und dauernde Überwachung des Wassers, die es ermöglichen, Schwankungen in der Zusammensetzung des Wassers rechtzeitig festzustellen und entsprechende Gegenmaßnahmen zu treffen. Hierfür haben sich besondere Untersuchungsmethoden entwickelt.

Je nach dem Verwendungszweck des Wassers wird man einige Eigenschaften quantitativ untersuchen, wie z. B. die vorübergehende oder Gesamthärte oder die Alkalität usw., bei anderen Eigenschaften wird meist die qualitative Bestimmung genügen. Unter Umständen kann sich auch eine genauere quantitative Untersuchung als nötig erweisen. Wichtig ist auch die Wasserstoffionenkonzentration oder der $p_H$-Wert (vgl. Bd. I, 1. Teil) und besonders die Pufferung, also die Änderung dieses $p_H$-Wertes bei Zugabe von saueren oder alkalischen Lösungen. Auch kann es nötig werden, die Leitfähigkeit von Wasser zu bestimmen.

## I. Ausführliche chemische Untersuchung.

### 1. Probenahme.

Wie bei allen chemischen Untersuchungen ist auch bei der Wasseruntersuchung eine einwandfreie Probenahme sehr wichtig. Denn es kommen bei der Analyse wohl kaum Fehler von 10% vor, dagegen ist es sehr wohl möglich, daß man bei der Probenahme einen Fehler von über 100% macht. Gewöhnlich genügt eine Probe von 1 bis 2 Liter Wasser. Das Gefäß, am besten eine Glasflasche mit eingeschliffenem Glasstopfen, muß rein sein und wird mit dem zu untersuchenden Wasser zuerst wiederholt ausgespült. Wenn es nicht gerade darauf ankommt festzustellen, welche Stoffe aus der Leitung herausgelöst werden (z. B. Blei aus Bleirohren), läßt man erst eine größere Menge Wasser bis zu 20 Minuten ablaufen und nimmt dann erst die Probe. Soll auf gelöste Gase wie Sauerstoff oder Kohlensäure untersucht werden, so läßt man das Wasser aus der Leitung durch einen Schlauch oder eine Glasröhre bis auf den Boden des Gefäßes laufen, so daß es sich von unten langsam füllt, während das obere Wasser, das mit der Luft in Berührung gekommen war, oben überläuft. Bei stehendem Wasser soll die Probe möglichst aus größerer Tiefe genommen werden.

### 2. Voruntersuchung.

Für viele Untersuchungen ist es nötig, daß das Wasser vollständig klar ist. Eine Trübung kann man beurteilen, wenn man das Wasser in etwa 30 cm hohe Zylinder füllt, diese auf weißes Papier stellt und das zu untersuchende Wasser mit der gleichen Schicht völlig reinen Wassers vergleicht. Aufgeschlämmte Beimengungen setzen sich langsam ab. Zu ihrer Bestimmung kann man trichterförmige Gefäße von einem Liter Inhalt verwenden, die unten stark verengt und in Kubikzentimeter geteilt sind. Man vergleicht die Menge des nach einer bestimmten Zeit abgesetzten Niederschlags. Dabei können sich durch Verlust von Kohlensäure aus den Bicarbonaten Carbonate weiß und durch Oxydation an der Luft entstandenes Eisenhydroxyd rötlichbraun absetzen. Will man sich über das Abgesetzte genauer unterrichten, so kann man es abfiltrieren und für sich weiter untersuchen.

Den Geruch des Wassers bestimmt man oft, indem man eine Probe auf ungefähr $50^0$ erwärmt.

Sehr wichtig ist für die Gerberei oft die Temperatur des Wassers. Brunnenwasser ist gewöhnlich im Sommer kälter und im Winter wärmer als Flußwasser. Wichtiger als die Temperatur des in den Betrieb gelangenden Wassers ist dabei die Temperatur an der Stelle, wo das Wasser gebraucht wird, und in dem Gefäß, in dem es gebraucht wird.

## 3. Abdampfrückstand und Asche.

Der Abdampfrückstand gibt einen Anhalt für die im Wasser gelösten Stoffe außer den Gasen, die sich beim Verdampfen verflüchtigen.

Je nach der Menge der gelösten Stoffe dampft man 250 bis 1000 ccm Wasser in einer gewogenen Platinschale auf dem Wasserbade vorsichtig ein, indem man immer wieder einen Teil Wasser zugibt, wenn ein Teil verdampft ist. Wenn alles Wasser zur Trockne verdampft ist, wird die Schale außen sauber gewischt und bei $105^0$ bis zur Gewichtskonstanz getrocknet. Das Wiegen muß dann sehr schnell erfolgen, da die Salze des Rückstandes meist stark hygroskopisch sind. Es wurde auch vorgeschlagen, bei $140^0$ oder bei $180^0$ zu trocknen. Um vergleichende Werte zu bekommen, ist es nur nötig, daß man jedesmal bis zur Gewichtskonstanz bei der gleichen Temperatur trocknet. Bei $100^0$ enthält der Rückstand noch größere Mengen Wasser, teils als hygroskopisches Wasser, das besonders von organischen Bestandteilen und von amorphen Niederschlägen zurückgehalten werden kann, teils als Kristallwasser, da gerade die im Wasser meist vorkommenden Salze wie Bittersalz, Gips usw. ihr Kristallwasser erst bei höherer Temperatur abgeben. Es wird daher besser sein, man trocknet bei $180^0$ C. Wenn viele organische Stoffe vorhanden sind, werden diese dann allerdings schon zum Teil zerstört. Doch macht diese Zersetzung der organischen Substanz meist am Gewicht viel weniger aus als das bei $100^0$ noch zurückgehaltene Wasser. Wenn der Abdampfrückstand zur Gewichtskonstanz getrocknet ist, kann man die Platinschale auf freier Flamme weiter erhitzen und so die Asche bestimmen.

## 4. Organische Stoffe.

Beim Veraschen des Abdampfrückstandes kann man schon einen Überblick über die im Wasser enthaltenen organischen Bestandteile bekommen. Sind keine organischen Stoffe vorhanden, so bleibt der Rückstand beim Veraschen rein weiß. Je nach der Menge der organischen Bestandteile färbt er sich gelblich, braun bis schwarz. Die Herkunft der organischen Bestandteile kann man nach dem Geruch beim Veraschen beurteilen. Pflanzliche Stoffe geben bei der Zersetzung nur einen schwachen Geruch, während organische Stoffe tierischer Herkunft infolge ihres Schwefel- und Stickstoffgehalts stark nach verbranntem Horn riechen.

## 5. Reduktionsvermögen.

Da die meisten organischen Stoffe von Permanganat oxydativ zerstört werden, kann ihre Menge auch nach dem Reduktionsvermögen (Permanganatverbrauch) des Wassers annähernd bestimmt werden. Man kann dabei eigentlich nicht auf eine bestimmte Menge organischer Substanz schließen, da das gleiche

Gewicht verschiedener organischer Stoffe ein verschiedenes Reduktionsvermögen haben kann. Man gibt daher das Ergebnis auf die verschiedensten Arten an. Es wurde vorgeschlagen, 1. es in Milligramm Sauerstoff anzugeben, der für ein Liter Wasser verbraucht wird, oder 2. in Milligramm $KMnO_4$ (Kaliumpermanganat). Auch wird 3. willkürlich 1 ccm $^{n}/_{100}$ $KMnO_4$-Lösung 16 mg organischer Substanz gleichgesetzt oder 4. das Reduktionsvermögen in Graden angegeben, indem 1 ccm $^{n}/_{100}$ $KMnO_4$-Lösung für 100 ccm Wasser als ein Grad angenommen wird. Am besten dürfte es sein, wenn man 5. das Reduktionsvermögen direkt in Kubikzentimetern $^{n}/_{100}$ $KMnO_4$-Lösung auf den Liter Wasser angibt.

### Bestimmung des Reduktionsvermögens.

Die Bestimmung des Reduktionsvermögens kann in saurer oder, was wohl besonders in der Gerberei wegen des meist vorhandenen NaCl vorzuziehen ist, nach Schulze in alkalischer Lösung erfolgen. Zur Bestimmung in alkalischer Lösung werden 100 ccm Wasser mit 10 ccm $^{n}/_{100}$ $KMnO_4$-Lösung, die zugleich $^{n}/_{2}$ an Natronlauge ist, rasch zum Sieden erhitzt. Vom Beginn des Siedens ab läßt man 10 Minuten ruhig gleichmäßig sieden. Dann gibt man 10 ccm verdünnte Schwefelsäure (1 + 3) zu und versetzt mit 10 ccm $^{n}/_{100}$ Oxalsäurelösung. Dadurch wird die Lösung wieder farblos. Man titriert dann sofort noch heiß mit der $KMnO_4$-Lösung wieder auf schwach rosa und findet dadurch den Verbrauch, da sich die vorher zugegebenen 10 ccm $KMnO_4$ und 10 ccm $^{n}/_{100}$ Oxalsäure gerade aufheben. Der Schwefelsäure setzt man am besten vorher schon so viel $KMnO_4$-Lösung zu, daß sie schwach rosa gefärbt ist. Die $^{n}/_{100}$ Oxalsäurelösung enthält $\left(\frac{C_2O_4H_2 + 2\,H_2O}{200} = \frac{126{,}048}{200} = \right)$ 0,63024 g Oxalsäure im Liter. Sie hält sich über ein Jahr, wenn man ihr auf den Liter 10 ccm der verdünnten Schwefelsäure (1 + 3) zusetzt. Die $^{n}/_{100}$ $KMnO_4$-Lösung hält sich nicht gut. Man stellt sie daher öfters frisch her durch Verdünnen einer $^{n}/_{10}$ Lösung. Man kann sie z. B. mischen aus 100 ccm $^{n}/_{10}$ $KMnO_4$-Lösung, 500 ccm $^{n}/_{1}$ NaOH und 400 ccm Wasser. Sie muß dann auf die $^{n}/_{100}$ Oxalsäure eingestellt werden. Sie enthält also im Liter $\left(\frac{NaOH}{2} = \frac{40}{2} = \right)$ 20,0 g NaOH und $\left(\frac{KMnO_4}{500} = \frac{158{,}03}{500} = \right)$ 0,31606 g $KMnO_4$.

Es wird noch vorgeschlagen, von der gefundenen Menge 0,1 ccm $^{n}/_{100}$ $KMnO_4$-Lösung abzuziehen als die Menge, die nötig ist, um den Umschlag von 100 ccm Wasser zu bewirken, und 0,2 ccm für den Sauerstoffverlust beim Kochen, also im ganzen 0,3 ccm $^{n}/_{100}$. Doch wird dies bei vergleichenden Versuchen nicht nötig sein. Dagegen können einige anorganische Verbindungen auch oxydiert werden und müssen eigentlich berücksichtigt werden, wenn man nur die organischen Bestandteile angeben will. So werden z. B. Ferrosalze, Manganosalze, Nitrite und Schwefelwasserstoff durch Permanganat oxydiert. Doch sind diese gewöhnlich nicht oder nur in ganz geringem Maße vorhanden.

Verbraucht man mehr als 5,0 ccm $^{n}/_{100}$ $KMnO_4$ auf 100 ccm Wasser, so ist das zu untersuchende Wasser zuerst mit destilliertem Wasser entsprechend zu verdünnen. Diese Verdünnung ist bei der Analyse mitanzugeben, da der Verbrauch von $KMnO_4$ in verdünnterer Lösung ein anderer ist.

Nach L. W. Winkler (*1*) kann man statt des Kochens auch das Wasser mit dem Permanganat bei gewöhnlicher Temperatur über Nacht stehen lassen und erhält dann praktisch dasselbe Ergebnis.

Haben 100 ccm Wasser z. B. 1,0 ccm $^{n}/_{100}$ $KMnO_4$-Lösung verbraucht, so entspricht dies nach den verschiedenen Ausdrucksweisen auf den Liter umgerechnet: 1. 0,8 mg Sauerstoff, 2. 3,16 mg $KMnO_4$, 3. 160 mg organischer Substanz, 4. 1 Grad Reduktionsvermögen und 5. 10 ccm $^{n}/_{100}$ $KMnO_4$. Auch die Bestimmung einer Chlorzahl wurde vorgeschlagen.

## 6. Hautsubstanz durch Stickstoffbestimmung.

Genauer sind die organischen Stoffe zu bestimmen, wenn es sich um Stoffe tierischer Herkunft handelt. Man braucht dann nur eine Stickstoffbestimmung nach Kjeldahl zu machen. Man versetzt 100 ccm Wasser mit 10 ccm konz. Schwefelsäure und etwas Kupfersulfat und erhitzt so lange unter gleichzeitigem Einengen der Lösung mit starker Flamme, bis die Lösung wieder ganz hell geworden ist. Dann versetzt man mit Natronlauge im Überschuß, destilliert das gebildete Ammoniak in bekannter Weise in titrierte Salzsäure und berechnet auf Stickstoff. Multipliziert man den gefundenen Stickstoffgehalt mit 5,62, so bekommt man die gelöste Hautsubstanz.

## 7. Eisen.

Wenn man Wasser auf Eisen untersuchen will, muß man bei der Probenahme besonders darauf achten, daß nicht Rost aus der Leitung mitgerissen wird. Ebenso muß man achtgeben, daß nicht vor der Untersuchung als Ferrobikarbonat gelöstes Eisen durch Oxydation als Ferrihydroxyd ausfällt nach der Gleichung:

$$2\,Fe(HCO_3)_2 + {}^1/_2\,O_2 + H_2O = 2\,\mathbf{Fe(OH)}_3 + 4\,CO_2.$$

Man muß daher das Wasser gleich an Ort und Stelle untersuchen oder dafür sorgen, daß eine Abscheidung von Eisenhydroxyd nicht möglich ist. Dazu gibt man in eine Flasche von ungefähr 200 ccm Inhalt 2 ccm einer verdünnten Schwefelsäure (1 + 3) und füllt dann erst mit Wasser voll. Trübes Wasser eignet sich nicht zur Untersuchung auf Eisen. Man läßt dann so lange ablaufen, bis das Wasser wieder klar ist.

### Qualitative Eisenbestimmung.

Wenn man Wasser an Ort und Stelle auf Eisen untersucht, hat man es meist nur mit Ferroverbindungen zu tun. Nach H. Klut (*1*) eignet sich zum Nachweis eine Natriumsulfidlösung. L. W. Winkler (*2*) empfiehlt zur Herstellung dieser Natriumsulfidlösung folgende bewährte Vorschrift:

Es werden 5 g $Na_2S \cdot 9\,H_2O$ in 25 ccm Wasser gelöst und diese Lösung mit 25 ccm reinstem Glycerin vermengt. Am Tag darauf wird diese allenfalls von Ferrosulfidspuren grünlich gefärbte Lösung durch einen Wattebausch filtriert. Die Lösung kann dann in Tropfgläsern aufgehoben werden, ohne daß man befürchten muß, daß der Glasstopfen sich festfrißt. Sie hält sich so monatelang unverdorben.

Zur Prüfung auf Ferroverbindungen füllt man einen Zylinder von 2 bis 2,5 cm lichter Weite und etwa 30 cm Höhe aus farblosem Glas, der durch einen Überzug von schwarzem Lack oder noch besser durch eine abnehmbare schwarze Hülse gegen seitlich einfallendes Licht geschützt ist, und der einen ebenen Boden hat, mit dem zu untersuchenden Wasser und gibt 2 bis 3 Tropfen der Natriumsulfidlösung hinzu. Man mischt und sieht von oben durch gegen eine weiße Unterlage in einer Entfernung von einigen Zentimetern unter der unteren Platte. Ist Eisen vorhanden, so tritt spätestens nach 2 bis 3 Minuten eine Dunkelfärbung des Wassers ein, die von kolloidem Eisensulfid herrührt. Ähnlich reagieren auch Kupfer und Blei. Wenn man eine Messerspitze voll reine Weinsäure (etwa 0,5 g) zusetzt, muß die Farbe wieder verschwinden, wenn sie von Eisen herrührt, während sonst Blei oder Kupfer vorhanden ist. Ebenso ist es auch, wenn man einige Kubikzentimeter konz. Salzsäure zugibt. Auch dann löst sich nur das Eisensulfid, während Kupfer- und Bleisulfid unlöslich bleiben.

Man kann auf diese Weise noch 0,15 mg Fe im Liter Wasser nachweisen. Unter 0,5 mg ist der Farbton grünlich, darüber hinaus mehr grüngelb, bei viel Eisen dunkelgrün, braun bis schwarzbraun. Sind Ferrisalze vorhanden, so tritt die Reaktion auch ein. Sie wird aber durch abgeschiedenen Schwefel gestört. Hat man vorher Schwefelsäure zu dem Wasser gesetzt, so muß vor der Prüfung neutralisiert werden.

Handelt es sich speziell um einen exakten Nachweis von Ferro- neben Ferriverbindungen, so wird man die empfindlichsten Farbreaktionen auf Ferroeisen heranziehen müssen, die auch bei der quantitativen Ferrobestimmung Anwendung finden.

Als solche empfindlichste Reagenzien auf $Fe^{++}$ seien hier genannt $\alpha\alpha'$-Dipyridyl (C. J. van Nieuwenburg und H. B. Blumendal) und Isonitrosoacetophenon (Ohlmüller-Spitta). Ferrosalze geben in wässeriger Lösung mit $\alpha\alpha'$-Dipyridyl eine intensive Rotfärbung, mit Isonitrosoacetophenon beim Ausschütteln seiner wässerigen Lösung mit Chloroform eine Blaufärbung.

Eine andere sehr empfindliche Reaktion auf Eisen ist der Nachweis mit Rhodankalium nach L. W. Winkler (*3*). Auf diese Art lassen sich noch ganz geringe Spuren, bis zu 0,05 mg Fe in 100 ccm Wasser, feststellen. Man macht dazu am besten das Wasser zuerst mit Ammoniak schwach alkalisch, da dann rasch der in jedem Wasser gelöste Sauerstoff alles zweiwertige Eisen in dreiwertiges überführt. Dann säuert man mit Salzsäure an und gibt eine 20%ige Rhodankaliumlösung zu.

### Quantitative Eisenbestimmung.

Ähnlich arbeitet man auch bei der folgenden quantitativen Eisenbestimmung mit Rhodankalium. 50 bis 200 ccm Wasser werden mit 1 ccm reinster 30%iger Salpetersäure versetzt, aufgekocht und eventuell soweit eingedampft, daß sie in ein 100-ccm-Meßkölbchen gespült werden können. Nach dem Erkalten füllt man zur Marke auf, pipettiert 5 ccm in ein graduiertes, etwa 30 ccm fassendes, mit Glasstöpsel versehenes Meßzylinderchen, fügt 5 ccm einer 10%igen Rhodanammonlösung und 10 ccm Äther hinzu und schüttelt gut durch, bis die wässerige Schicht vollkommen entfärbt ist. In ein zweites ganz gleiches Meßzylinderchen gibt man 5 ccm destilliertes Wasser, das wie die Probe auf 100 ccm 1 ccm 30%ige Salpetersäure enthält und fügt gleichfalls 5 ccm einer 10%igen Rhodanammonlösung und 10 ccm Äther hinzu. Alsdann läßt man unter jeweiligem kräftigen Umschütteln aus einer in $^1/_{20}$ ccm geteilten Bürette eine Eisenlösung, die 0,010 g Fe in dreiwertiger Form im Liter enthält, so lange zutropfen, bis der Farbton in beiden Zylindern genau gleich ist. Hierbei dürfen nicht mehr als 2 ccm der Eisenlösung verbraucht werden, andernfalls ist die Wasserprobe vorher entsprechend zu verdünnen. Man läßt nun beide Zylinderchen einige Zeit stehen und korrigiert einen sich im Verlauf einiger Stunden eventuell nachträglich ergebenden Farbunterschied. Die Vergleichslösung bereitet man durch Auflösen von reinem Eisenammoniakalaun. Da sich so verdünnte Lösungen nicht gut halten, stellt man zunächst eine zehnfach konzentriertere her, indem man 0,8636 g $Fe(NH_4)(SO_4)_2 \cdot 12\ H_2O$ auflöst und mit 5 ccm konz. Schwefelsäure auf einen Liter auffüllt. Diese Lösung verdünnt man erst kurz vor dem Gebrauch auf das Zehnfache mit reinem destillierten Wasser, das ebenso wie die Schwefelsäure vorher auf seine Reduktionsfähigkeit untersucht und eventuell mit Salpetersäure oxydiert sein muß.

Der mittlere Eisengehalt beträgt bei natürlichen Wässern 0,2 bis 1,0 mg Fe im Liter. Für Trinkwasser ist 0,2 mg noch erlaubt. Bei großem Eisengehalt ist der Geschmack tintenartig. Für Färbereiwasser soll der Eisengehalt nicht über 0,05 mg im Liter betragen. Es gibt Wasser bis zu 100 mg Fe im Liter.

Da alle diese Reaktionen sehr empfindlich sind, muß man sich vorher davon überzeugen, ob die angewandten Chemikalien auch eisenfrei sind.

## 8. Mangan.

### Qualitativ.

Der Nachweis von Mangan gelingt auch in Gegenwart von Eisen mit Kaliumpersulfat auf folgende Weise: Man säuert mit einigen Tropfen verdünnter Schwefelsäure (1 + 3) an und gibt einige Tropfen 5%ige Silbernitratlösung zu. Es entsteht dabei durch fast immer vorhandene Chlorionen eine weitere Trübung von Chlorsilber. Zum Nachweis von Mangan muß aber ein Überschuß von Silberionen bleiben, was wohl unter normalen Verhältnissen immer der Fall ist. Dann gibt man eine Messerspitze voll festes Kaliumpersulfat zu und erwärmt. Noch bei 0,1 mg Mn im Liter tritt eine deutlich wahrnehmbare Rosafärbung auf durch Bildung von Kaliumpermanganat.

### Quantitativ.

Bei höherem Mangangehalt säuert man 100 bis 200 ccm Wasser mit 5 ccm verdünnter Schwefelsäure (1 + 3) an und kocht nach Zufügen von 0,5 g kristallisiertem

Kaliumpersulfat etwa 1 Stunde lang, damit der Überschuß von Kaliumpersulfat wieder zerstört wird. Nach dem Erkalten gibt man KJ und Stärke zu und titriert mit $^n/_{100}$ Natriumthiosulfatlösung. 1 ccm $^n/_{100}$ Thiosulfatlösung entspricht 0,273 mg Mn. Enthält das Wasser Ferrisalze, die dann ebenfalls Jod abscheiden würden, so muß man dies verhindern, indem man so viel sek. Natriumphosphat zufügt, daß alle freie Schwefelsäure durch freie Phosphorsäure ersetzt ist. Denn in phosphorsaurer Lösung scheiden Ferrisalze aus einer Jodkaliumlösung kein Jod aus.

## 9. Calcium und Magnesium.

### Qualitativ.

a) Calcium. Setzt man zu 10 ccm Wasser einige Tropfen Ammonchlorid-, Ammoniak- und Oxalsäurelösung, so entsteht bei Anwesenheit von 500 mg CaO im Liter sofort ein weißer Niederschlag von Calciumoxalat, bei 100 mg im Liter eine weiße Trübung und bei 10 mg CaO im Liter Wasser erst nach einigen Minuten eine Trübung.

b) Magnesium. Will man noch Magnesium nachweisen, so muß man diese Lösung mit dem Niederschlag zum Kochen erhitzen. Dann läßt man einige Minuten stehen und filtriert ab. Nach dem Erkalten gibt man zu dem Filtrat 2 bis 3 ccm Ammoniaklösung und einige Tropfen sek. Natriumphosphatlösung und schüttelt kräftig um. Bei Anwesenheit von 500 mg MgO im Liter Wasser entsteht sofort ein weißer Niederschlag vom Magnesiumammoniumphosphat, bei 100 mg sofort eine weiße Trübung und bei nur 10 mg MgO im Liter erst in einigen Minuten eine schwache Trübung.

### Quantitativ.

Auch die quantitative Bestimmung von Calcium und Magnesium wird nach den von J. Tillmans (*2*) angegebenen Verfahren in der gleichen Probe durchgeführt.

#### A. Gewichtsanalytisch.

a) Calcium. Man muß vorher die Kieselsäure entfernen (vgl. 17) und Eisen und Tonerde ausfällen. Das Filtrat davon wird mit Salzsäure angesäuert und auf etwa 150 ccm eingeengt. Dann setzt man Ammoniak und Ammonchlorid zu und erhitzt zum Sieden. Man gibt dann so langsam, daß die Flüssigkeit dauernd im Sieden bleibt aus einer Bürette oxalsaueres Ammonium zu (40 g $(NH_4)_2C_2O_4 + H_2O$ in 1 l Wasser) und läßt noch einige Minuten weiter kochen. Dann läßt man 3 Stunden (nicht länger) bei mäßiger Wärme absitzen, filtriert durch ein doppeltes Filter und wäscht bis zum Verschwinden der Chlorreaktion im Filtrat aus. Dann wird der Niederschlag von Calciumoxalat verascht und durch starkes Glühen in CaO übergeführt.

b) Magnesium. Das Filtrat der obigen Bestimmung wird mit dem Waschwasser vereinigt und auf dem Wasserbad auf 150—200 ccm eingeengt. Nach dem Erkalten macht man mit Ammoniak stark alkalisch und versetzt mit Ammonchlorid (100 g in 800 ccm Wasser) und Ammoniumphosphat (100 g/sek. Ammonphosphat im Liter).

#### B. Maßanalytisch.

a) Calcium. Besonders für die Untersuchung des Kesselspeisewassers dauern diese Bestimmungen zu lange. Es sind daher maßanalytische Verfahren ausgearbeitet worden. Für die Calciumbestimmung nimmt man 100 ccm Wasser. Ist das Wasser sehr weich, so wird eine größere Menge Wasser auf 100 ccm eingeengt. Damit dabei noch kein Kalk ausfällt, wird etwas Salzsäure zugesetzt. Dem Wasser setzt man dann etwas Ammoniak und 25 ccm $^n/_{10}$-Oxalsäurelösung zu und kocht einige Minuten. Darauf wird das Wasser mit Niederschlag in ein 200 ccm-Kölbchen gespült und mit destilliertem Wasser auf 200 ccm aufgefüllt. Nachdem man gut durchgemischt hat, filtriert man durch ein gutes doppeltes Filter. Das Filtrat muß vollkommen klar sein, sonst muß man es so lange auf das Filter zurückbringen, bis es klar ist. Von dem Filtrat säuert man 100 ccm in einem Becherglas mit etwas Schwefelsäure an, erwärmt auf 60 bis 80° und titriert die vorhandene Oxalsäure mit $^{n}/_{10}$ $KMnO_4$-Lösung zurück. Die Titration erfolgt in der gleichen Art eben auf Rosa wie bei der Bestimmung des Reduktionsvermögens (vgl. unter 5.).

Angenommen, es seien auf 100 ccm Wasser 25,0 ccm $^{n}/_{10}$ Oxalsäurelösung zugegeben und 10,0 ccm $^{n}/_{10}$ $KMnO_4$-Lösung zurücktitriert, so sind für die Fällung des Kalkes 25,0 — (2 mal 10,0) = 5,0 ccm $^{n}/_{10}$ Oxalsäurelösung verbraucht worden. Das wären für einen Liter Wasser 50,0 ccm $^{n}/_{10}$ oder, da 1 ccm $^{n}/_{10}$ 2,8 mg CaO entspricht, 140 mg CaO im Liter.

Dieses Verfahren ist nicht ganz so genau wie das gewichtsanalytische, geht aber bedeutend schneller.

b) Magnesium. Die maßanalytische Bestimmung der Magnesia ist bei der Bestimmung der Magnesiahärte (S. 19) beschrieben.

## 10. Sauerstoff.

Nach L. W. Winkler (*4*).

Eine Flasche mit eingeschliffenem Stopfen, deren Volumen genau festgestellt ist, wird, wie bei der Probenahme angegeben, besonders sorgfältig mit Wasser gefüllt. Dann gibt man mit einer bis auf den Boden reichenden Pipette je 1 ccm Manganchlorür (80 g kristallisiertes eisenfreies Manganchlorür in 100 ccm ausgekochtem destilliertem Wasser gelöst) und Natronlauge (33 g reines NaOH in 100 ccm Wasser gelöst) zu. Den Stopfen setzt man so auf, daß keine Luftblase in der Flasche bleibt und schüttelt gut durch. Dann läßt man einige Stunden im Dunkeln stehen. Es treten dabei folgende Reaktionen ein;

$$MnCl_2 + 2\,NaOH = \underset{\text{rein weiß}}{\mathbf{Mn(OH)_2}} + 2\,NaCl$$

und

$$Mn(OH)_2 + O + H_2O = \underset{\text{schwarz}}{\mathbf{Mn(OH)_4}} = H_2MnO_3 + H_2O$$

Man kann daher schon an der Farbe die Menge des vorhandenen Sauerstoffs einigermaßen abschätzen. Wenn der Niederschlag sich abgesetzt hat, gibt man vorsichtig 5 ccm konz. Salzsäure und einige Körnchen festes Jodkalium zu und verschließt wieder sorgfältig. Beim Umschütteln löst sich der Niederschlag meist leicht. Nötigenfalls muß man noch etwas mehr Säure zufügen. Die Salzsäure ($s$ = 1,18 bis 1,19) muß chlor- und eisenfrei sein. Dann spült man alles in ein großes Becherglas und titriert das ausgeschiedene Jod mit $^{n}/_{100}$ Natriumthiosulfat. Es spielen sich dabei folgende Reaktionen ab:

$$\begin{aligned}
Mn(OH)_2 &+ 2\,HCl &&= MnCl_2 + 2\,H_2O\\
Mn(OH)_4 &+ 4\,HCl &&= MnCl_4 + 4\,H_2O\\
MnCl_4 & &&= MnCl_2 + Cl_2\\
Cl_2 &+ 2\,HJ &&= J_2 \quad + 2\,HCl\\
J_2 &+ 2\,Na_2S_2O_3 &&= 2\,NaJ + Na_2S_4O_6
\end{aligned}$$

1 ccm $^{n}/_{100}$ Thiosulfat ist also 0,08 mg Sauerstoff oder 0,0558 ccm bei 0° und 760 mm Druck.

Um den Sauerstoffgehalt in mg im Liter zu finden, hat man nur nötig, die verbrauchte Anzahl ccm $^{n}/_{100}$ mit 1000 . 0,08 = 80 zu multiplizieren und durch den Inhalt der Flasche abzüglich 2 ccm für zugesetzte Reagentien zu dividieren.

Nach L. W. Winkler (*5* u. *6*) gehört zu jeder Temperatur eine bestimmte Menge gelöster Sauerstoff, wie aus Tabelle 4 zu sehen ist.

Ist weniger Sauerstoff gefunden worden, als den in der Tabelle 4 angegebenen Werten entspricht, so nennt man den Unterschied das Sättigungsdefizit. Dieses ist gleichzeitig ein Maß für organische Verunreinigungen. Dieses Defizit kann auch negativ sein, da eine Übersättigung mit Sauerstoff bis etwa 20% möglich ist.

## 11. Kohlensäure.

### a) Gesamtkohlensäure.

Unter Gesamtkohlensäure versteht man alle Kohlensäure, die im Wasser vorhanden ist. Sie wird nach L. W. Winkler (7) bestimmt, indem man sie aus einer gemessenen Menge Wasser durch Salzsäure in Freiheit setzt und durch Wasserstoff, der gleichzeitig aus Zink und der Salzsäure im Wasser gebildet wird, aus dem Wasser austreibt. Dies dauert etwa drei Stunden. Die Kohlensäure wird durch ein Chlorcalciumrohr von mitgerissenem Wasser befreit und in einem Natronkalkrohr oder in einem Kaliapparat aufgefangen. Zum Schluß leitet man noch etwa eine halbe Stunde einen trockenen kohlensäurefreien Luftstrom durch das Natronkalkrohr oder den Kaliapparat, damit aller Wasserstoff daraus entfernt wird. Die Gewichtszunahme ist die Gesamtkohlensäure.

### b) Gebundene Kohlensäure.

Wenn auch die Bezeichnungen nach unserer heutigen Anschauung nicht mehr ganz passen, so ist es doch zweckmäßig, in der Wasseranalyse auch weiterhin zwischen festgebundener oder gebundener und halbgebundener Kohlensäure zu unterscheiden.

Tabelle 4.
Löslichkeit von Sauerstoff in Wasser.

| Temperatur in °C | 1 Liter Wasser löst Sauerstoff | |
|---|---|---|
| | mg | ccm (bei 0° und 760 mm Druck) |
| 0 | 14,57 | 10,19 |
| 5 | 12,74 | 8,91 |
| 10 | 11,25 | 7,87 |
| 15 | 10,07 | 7,04 |
| 20 | 9,10 | 6,36 |
| 25 | 8,27 | 5,78 |
| 30 | 7,52 | 5,26 |

Tabelle 5.
Löslichkeit von Kohlensäure in Wasser (nach Landolt-Börnstein).

| Temperatur in °C | 1 Liter Wasser löst $CO_2$ | |
|---|---|---|
| | mg | ccm (bei 0° und 760 mm Druck) |
| 0 | 3343 | 1713 |
| 4 | 2869 | 1473 |
| 8 | 2491 | 1282 |
| 10 | 2316 | 1194 |
| 12 | 2164 | 1117 |
| 15 | 1969 | 1019 |

Die gebundene Kohlensäure kann durch einfaches Kochen bei gewöhnlichem Druck nicht ausgetrieben werden. Gebundene Kohlensäure ist z. B. alle Kohlensäure in Calciumcarbonat ($CaCO_3$), in Soda ($Na_2CO_3$) und die Hälfte der Kohlensäure in den Bicarbonaten. Denn wenn man Bicarbonate an der Luft kocht, geht nach den Gleichungen

$$Ca(HCO_3)_2 = CaCO_3 + CO_2 + H_2O$$

oder

$$2\,NaHCO_3 = Na_2CO_3 + CO_2 + H_2O$$

genau die Hälfte der Kohlensäure, nämlich die halbgebundene Kohlensäure, in die Luft, während die andere Hälfte, die gebundene Kohlensäure, zurückbleibt.

#### Bestimmung der gebundenen Kohlensäure.

Die Kohlensäure in den Bicarbonaten kann mit Salzsäure unter Verwendung von Methylorange titriert werden nach den Gleichungen:

$$Ca(HCO_3)_2 + 2\,HCl = CaCl_2 + 2\,CO_2 + 2\,H_2O$$

$$NaHCO_3 + HCl = NaCl + CO_2 + H_2O.$$

Dabei geht die meiste Kohlensäure in die Luft, und die geringe Menge, die im Wasser gelöst bleibt, ist nicht so sauer, daß sie Methylorange röten kann, das seinen Umschlagspunkt bei $p_H = 4$ hat. Man titriert auf den ersten Umschlag von Gelb nach Gelbrot, am besten mit $^n/_{10}$ HCl. Wenn man mehr als 1 bis 2 Tropfen Methylorange nimmt, wird der Umschlag weniger genau.

Bei den Bicarbonaten entspricht 1 ccm $^n/_{10}$ HCl 4,4 mg Bicarbonatkohlensäure, also 2,2 mg gebundener Kohlensäure und 2,2 mg halbgebundener Kohlensäure.

Man nennt diese Titration mit Salzsäure auch die Bestimmung der Alkalität oder Alkalinität und benutzt sie auch zur Berechnung der Carbonathärte.

Bei Wasser mit hoher Carbonathärte und auch bei eisenhaltigem Wasser empfiehlt es sich, diese Titration an Ort und Stelle auszuführen. Sonst muß man darauf achten, daß das Wasser gut verschlossen transportiert wird, da sich leicht durch Verlust von Kohlensäure an der Luft ein Teil der Härte ausscheiden kann.

### c) Freie Kohlensäure.

Freie Kohlensäure befindet sich in Wasser in einem Gleichgewicht nach der Gleichung

$$H_2CO_3 = CO_2 + H_2O.$$

Aus Tabelle 5 ist die Löslichkeit von Kohlensäure in Wasser für verschiedene Temperaturen zu entnehmen.

### Bestimmung der freien Kohlensäure.

In ein 100-ccm-Meßkölbchen, dessen Marke ziemlich tief unten sitzt, und dessen Hals möglichst bauchig erweitert ist, läßt man durch ein bis zum Boden geführtes Glasrohr Wasser einlaufen. Nachdem das Wasser genügend lang übergelaufen ist, entfernt man das über der Marke stehende Wasser mit einer Pipette. Man gibt dann 1 ccm 1%ige alkoholische Phenolphthaleinlösung, die man durch Zugabe von etwas Natronlauge ganz schwach rosa gefärbt hat, zu und titriert mit $^n/_{10}$ NaOH, bis nach Umschwenken eine blaßrote Färbung bestehen bleibt, die auch nach 5 Minuten langem Stehen nicht mehr verschwindet. Nach der Gleichung

$$H_2CO_3 + NaOH = NaHCO_3 + H_2O$$

entspricht 1 ccm $^n/_{10}$ NaOH 4,4 mg freier Kohlensäure.

Sind außer der freien Kohlensäure noch Bicarbonate in Lösung, so wird weder deren gebundene noch halbgebundene Kohlensäure bei dieser Titration mitbestimmt; denn eine Bicarbonatlösung hat in genügender Verdünnung einen $p_H$-Wert von etwa 8,3, also gerade den Wert des Umschlagpunktes, auf den bei dieser Bestimmung titriert wird. Man muß nur dafür sorgen, daß die Bicarbonatkonzentration möglichst gering ist. Sie soll nach der Titration nach J. Tillmans und O. Heublein höchstens $^n/_{100}$ sein. Das ist 220 mg gebundene Kohlensäure im Liter oder 28 deutsche Härtegrade Carbonathärte.

Wenn die Konzentration nach der Titration höher ist, muß man das Wasser vorher entsprechend mit doppelt destilliertem Wasser verdünnen, sonst wird der Umschlag des Phenolphthaleins nicht scharf genug, weil die Bicarbonate zu stark puffern.

Aus diesem Grunde ist es auch falsch, mit Soda zu titrieren, wie es oft angegeben wird; denn nach der Gleichung

$$H_2CO_3 + Na_2CO_3 = 2\,NaHCO_3$$

entsteht genau die doppelte Menge Bicarbonat, als wenn man mit NaOH titriert. Der Umschlag wird ungenauer, oder man müßte vorher auf die doppelte Menge Flüssigkeit verdünnen.

Außerdem ist es falsch, mit $Ca(OH)_2$ zu titrieren nach der Gleichung

$$2\,H_2CO_3 + Ca(OH)_2 = Ca(HCO_3)_2 + 2\,H_2O;$$

denn durch das entstehende Calciumbicarbonat wird die Konzentration des Calciumbicarbonats im Wasser erhöht. Da gleichzeitig die zugehörige Kohlensäure durch die Titration entfernt wird, kann ein Teil des Calciumbicarbonats nach der Gleichung

$$Ca(HCO_3)_2 \text{ (neutral)} = \mathbf{CaCO_3} \text{ (unlöslich)} + CO_2 \text{ (sauer)} + H_2O$$

ausfallen unter Freiwerden von weiterer Kohlensäure, so daß man zuviel freie Kohlensäure findet. Bei eisenhaltigem Wasser wird durch NaOH auch Eisen gefällt. Man muß daher nach H. Klut (*2*) vor der Titration einige Tropfen 10proz. Seignettesalzlösung zusetzen.

Nach J. Tillmans und Mitarbeiter unterscheidet man bei der freien Kohlensäure drei Arten: die zugehörige freie Kohlensäure, die rostschutzverhindernde und die kalkangreifende Kohlensäure.

α) Zugehörige freie Kohlensäure. Es hat sich gezeigt, daß die Wirkung von freier Kohlensäure auf Calciumcarbonat nicht allein von der Menge dieser freien Kohlensäure abhängt; denn bei Anwesenheit von wenig Carbonathärte kann eine bestimmte Menge freier Kohlensäure stark lösend auf Calciumcarbonat wirken, während eine bedeutend größere Menge freier Kohlensäure Calciumcarbonat nicht löst, wenn eine große Menge Carbonathärte vorhanden ist. Zu jeder Menge gebundener Kohlensäure, der eine bestimmte Menge Carbonathärte entspricht, gehört ein ganz bestimmter Überschuß an freier zugehöriger Kohlensäure, wie aus Tabelle 6 zu ersehen ist.[1]

Die zugehörige Kohlensäure ist z. B. bei 17° nach dieser Tabelle bei einer gebundenen Kohlensäure von 20 mg im Liter 0,5 mg, bei 50 mg 3,0 mg, bei 100 mg 25 mg und bei 200 mg 199,5 mg. Sie steigt also bedeutend schneller als die gebundene Kohlensäure. Diese zugehörige freie Kohlensäure ist nötig, um das Calciumbicarbonat in Lösung zu halten. Nimmt man von dieser zugehörigen freien Kohlensäure einen Teil weg, so scheidet sich von dem Calciumbicarbonat so viel nach der Gleichung

$$Ca(HCO_3)_2 = \\ = \mathbf{CaCO_3} + CO_2 + H_2O$$

Tabelle 6. Zugehörige freie Kohlensäure bei 17° C nach J. Tillmans (*1*).

| Gebundene $CO_2$ (= 1/2 Bicarbonat-$CO_2$) mg/Liter | Carbonathärte Grad deutscher Härte | Zugehörige freie $CO_2$ mg/Liter | Gesamt-$CO_2$ mg/Liter |
|---|---|---|---|
| 5,06 | 0,64 | 0 | 10,12 |
| 15,0 | 1,91 | 0,25 | 30,25 |
| 20,0 | 2,55 | 0,5 | 40,5 |
| 25,0 | 3,18 | 0,75 | 50,75 |
| 30,0 | 3,82 | 1,0 | 61,0 |
| 35,0 | 4,45 | 1,4 | 71,4 |
| 40,0 | 5,09 | 1,75 | 81,75 |
| 45,0 | 5,73 | 2,4 | 92,4 |
| 50 | 6,37 | 3,0 | 103 |
| 55 | 7,0 | 3,9 | 113,9 |
| 60 | 7,64 | 4,8 | 124,8 |
| 65 | 8,28 | 6,0 | 136 |
| 70 | 8,91 | 7,5 | 147,5 |
| 75 | 9,55 | 9,25 | 159,25 |
| 80 | 10,18 | 11,5 | 171,5 |
| 85 | 10,82 | 14,1 | 184,1 |
| 90 | 11,45 | 17,2 | 197,2 |
| 95 | 12,09 | 20,75 | 210,75 |
| 100 | 12,73 | 25 | 225 |
| 110 | 14,0 | 35 | 255 |
| 120 | 15,27 | 47 | 287 |
| 130 | 16,55 | 61 | 321 |
| 140 | 17,82 | 76,4 | 356,4 |
| 150 | 19,09 | 93,5 | 393,5 |
| 160 | 20,36 | 112,5 | 432,5 |
| 170 | 21,64 | 132,9 | 472,9 |
| 180 | 22,91 | 154,5 | 514,5 |
| 190 | 24,18 | 176,6 | 556,6 |
| 200 | 25,45 | 199,5 | 599,5 |

[1] Durch Einführung des $p_H$-Begriffes lassen sich die Verhältnisse erheblich einfacher darstellen: Die Auflösung von Calciumcarbonat erfolgt um so rascher, je niedriger der $p_H$-Wert. Dieser hängt aber wieder nicht von der absoluten Menge $CO_2$ ab, die im Wasser gelöst ist, sondern von dem Verhältnis zwischen $CO_2$ und Bicarbonat. Überschreitet dieses Verhältnis einen bestimmten Wert, so wird Calciumcarbonat aufgelöst werden.

ab, bis das Gleichgewicht mit der zugehörigen Kohlensäure wieder hergestellt ist.

Daraus geht hervor, daß ein Wasser, das nur zugehörige freie Kohlensäure enthält, nicht in der Lage ist, weiteres Calciumcarbonat zu lösen. Eine Gefährdung von calciumcarbonathaltigem Mauerwerk durch dieses Wasser ist daher ausgeschlossen. Ebenso wird auch Eisen nicht angegriffen.

Bei höherer Temperatur ist die zugehörige freie Kohlensäure höher. So ist z. B. bei 80° C sechsmal soviel freie Kohlensäure nötig, um Calciumbicarbonat in Lösung zu halten, als bei 17°. Daher ist dann auch diese sechsmal größere Menge freie Kohlensäure nicht schädlich.

$\beta$) Rostschutzverhindernde Kohlensäure. Wenn nur die zugehörige freie Kohlensäure vorhanden ist, kann kein Eisen gelöst werden; denn wenn eine Spur Eisen gelöst wird, verschwindet dadurch etwas zugehörige Kohlensäure. Es muß sich eine entsprechende Menge Calciumcarbonat ausscheiden. Dieses bildet zusammen mit Eisenoxyd eine Schutzschicht auf dem Eisen, die vor weiterem Angriff schützt. Ist aber außer der zugehörigen Kohlensäure noch etwas freie Kohlensäure vorhanden, so verhindert diese die Entstehung der Schutzschicht, da nun kein Calciumcarbonat ausgeschieden wird. Der Überschuß der freien Kohlensäure über die zugehörige, der die Bildung dieser Schutzschicht verhindert, wird nach J. Tillmans die rostschutzverhindernde Kohlensäure genannt.

Berechnung der rostschutzverhindernden Kohlensäure. Zur Berechnung der rostschutzverhindernden Kohlensäure muß man von der durch Titration gefundenen freien Kohlensäure die aus der Tabelle 6 für die vorhandene gebundene Kohlensäure oder Carbonathärte abgelesene zugehörige Kohlensäure abziehen. Dafür zwei Beispiele:

1. Beispiel: Sind im Wasser 100 mg gebundene Kohlensäure, also 200 mg Bicarbonatkohlensäure im Liter gefunden worden, was einer Carbonathärte von 12,73° entspricht, so gehören dazu nach Tabelle 6 25 mg freie zugehörige Kohlensäure im Liter. Sind aber 60 mg freie Kohlensäure im Liter gefunden worden, so hat man 60 — 25 = 35 mg rostschutzverhindernde Kohlensäure im Liter Wasser.

2. Beispiel: Ein Wasser von 21,6° deutscher Carbonathärte, das 170 mg gebundene und damit 340 mg Bicarbonatkohlensäure enthält, greift bis zu einem Gehalt von 133 mg freier Kohlensäure im Liter Eisen und Kalk nicht an. Wenn man aber dieses Wasser durch dest. oder Kondenswasser auf das Doppelte verdünnt, so ist seine Carbonathärte 10,8°, seine gebundene Kohlensäure 85 mg, seine Bicarbonatkohlensäure 170 mg und seine freie Kohlensäure 66,5 mg im Liter. Da aber zu einer gebundenen Kohlensäure von 85 mg nur eine freie zugehörige Kohlensäure von ungefähr 14 mg gehört, ist durch dieses Verdünnen mit reinem Wasser das Wasser so verschlechtert worden, daß es jetzt Eisen und auch Kalk angreift; denn es enthält jetzt 66,5 — 14 = 52,5 mg rostschutzverhindernde Kohlensäure im Liter.

$\gamma$) Kalkangreifende Kohlensäure. Die kalkangreifende oder kalkaggressive Kohlensäure ist nun nicht gleich der rostschutzverhindernden Kohlensäure, also nach Beispiel 1 unter $\beta$) gleich 35 mg, sondern geringer; denn durch das Lösen von Calciumcarbonat entsteht nach der Gleichung

$$CaCO_3 + CO_2 + H_2O = Ca(HCO_3)_2$$

gleichzeitig neue gebundene Kohlensäure, die wieder einen Teil der freien Kohlensäure als zugehörig beansprucht.

Berechnung der kalkangreifenden Kohlensäure. Man kann die kalkangreifende Kohlensäure durch Ausprobieren nach der Tabelle 6 ermitteln oder an einer Kurve, die in großem Maßstab nach dieser Tabelle gezeichnet vom Universitätsinstitut für Nahrungsmittelchemie in Frankfurt a. Main, mit Gebrauchsanweisung bezogen werden kann. Einfacher kann man sie nach der folgenden Tabelle 7 finden.

Hat man wie im Beispiel 1 100 mg gebundene und 60 mg freie Kohlensäure gefunden, so ergibt sich $s = 160$. Dazu findet man in Tabelle 7 $G = 118{,}1$. Davon zieht man die gebundene Kohlensäure = 100 ab und bekommt eine kalkangreifende Kohlensäure von 18,1 mg im Liter, gegenüber einer rostschutzverhindernden Kohlensäure von 35 mg. Die gebundene Kohlensäure wird um die kalkangreifende erhöht, wird also 118 mg. Die dazugehörige freie Kohlensäure müßte also 60 — 18 = 42 mg sein, was nach Tabelle 6 ungefähr stimmt. (Anscheinend ist Tabelle 7 für eine etwas höhere Temperatur berechnet.)

Maßanalytische Bestimmung der kalkangreifenden Kohlensäure. Man kann die kalkangreifende Kohlensäure des Wassers auch direkt bestimmen, indem man es in einer 500-ccm-Flasche mit Verschluß auf mehrere Gramm gut ausgewaschenen, fein pulverisierten Marmor ($CaCO_3$) einwirken läßt. Dies dauert bei weichem Wasser ungefähr 24 Stunden, bei härterem 3 bis 4 Tage. In 100 ccm davon wird vorher und nachher die gebundene Kohlensäure durch Titration mit Salzsäure und Methylorange bestimmt. Die Zunahme der gebundenen Kohlensäure (1/2 Bicarbonatkohlensäure) ergibt die kalkangreifende Kohlensäure.

Nach Rechenberg kann man statt Marmor präzipitierten kohlensauren Kalk verwenden. Es genügt dann, eine Stunde lang im Schüttelapparat zu schütteln.

Tabelle 7. Berechnung der kalkangreifenden Kohlensäure nach P. Lehmann und A. Reuß.

| $s$[1] | $G$[2] | $s$ | $G$ | $s$ | $G$ | $s$ | $G$ |
|---|---|---|---|---|---|---|---|
| 5 | 5,0 | 80 | 71,0 | 155 | 115,8 | 260 | 161,2 |
| 10 | 10,0 | 85 | 74,5 | 160 | 118,1 | 270 | 164,9 |
| 15 | 14,9 | 90 | 78,0 | 165 | 120,6 | 280 | 168,5 |
| 20 | 19,8 | 95 | 81,4 | 170 | 123,0 | 290 | 171,9 |
| 25 | 24,6 | 100 | 84,6 | 175 | 125,2 | 300 | 175,3 |
| 30 | 29,4 | 105 | 87,6 | 180 | 127,5 | 310 | 178,8 |
| 35 | 34,0 | 110 | 90,9 | 185 | 129,7 | 320 | 182,1 |
| 40 | 38,6 | 115 | 94,0 | 190 | 131,9 | 330 | 185,0 |
| 45 | 43,0 | 120 | 97,0 | 195 | 134,0 | 340 | 188,3 |
| 50 | 47,3 | 125 | 99,8 | 200 | 136,0 | 350 | 191,3 |
| 55 | 51,5 | 130 | 102,6 | 210 | 141,6 | 360 | 194,2 |
| 60 | 55,7 | 135 | 105,4 | 220 | 145,6 | 370 | 197,3 |
| 65 | 59,6 | 140 | 108,1 | 230 | 149,8 | 380 | 199,9 |
| 70 | 63,5 | 145 | 110,7 | 240 | 153,8 | 390 | 202,8 |
| 75 | 67,3 | 150 | 113,2 | 250 | 157,5 | 400 | 205,7 |

## 12. Chloride.

### Qualitativ.

Man versetzt 10 ccm des zu untersuchenden Wassers mit einigen Tropfen Salpetersäure und Silbernitratlösung. Aus der Stärke der dabei eintretenden Reaktion läßt sich auf die Menge des Chlorions schließen. Bei 100 mg im Liter entsteht sofort eine milchige Trübung. Beim Schütteln scheidet sich daraus das Silberchlorid in Flocken aus. Bei 10 mg Cl im Liter erhält man eine stark opaleszierende Lösung, bei 1 mg opalesziert die Flüssigkeit gerade noch.

### Quantitativ.

Die quantitative Bestimmung des Chlorions im Wasser erfolgt gewöhnlich nach der Mohrschen Bestimmungsmethode. Doch ist dabei darauf zu achten, daß man zuviel Cl findet, wenn das Wasser weniger als 25 mg Cl im Liter enthält, da immer eine gewisse Menge Silbernitratlösung im Überschuß vorhanden sein muß, bis Silberchromat ausfällt. Ist weniger Cl im Wasser vorhanden, muß man durch Eindampfen auf einen höheren Gehalt bringen.

Sind viele organische Stoffe im Wasser, so kann man diese Bestimmung nicht ausführen. Man muß dann entweder die Chloride in der Asche des Wassers bestimmen, indem man mit etwas Salpetersäure in wenig kaltem Wasser aufnimmt, mit Bicarbonat versetzt und nach Mohr titriert. Oder man kann die organischen Stoffe durch Kaliumpermanganat zerstören, indem man 200 ccm Wasser 5 Minuten mit einigen Kubikzentimetern $^{n}/_{10}$ $KMnO_4$ kocht. Man entfernt dann den Überschuß von $KMnO_4$ durch Zugabe von Alkohol in die heiße Lösung, läßt eine halbe Stunde stehen und filtriert nach dem Erkalten. Geradeso arbeitet man, wenn in dem Wasser Schwefelwasserstoff enthalten ist.

## 13. Sulfate.

250 bis 1000 ccm Wasser werden mit HCl schwach angesäuert und auf etwa 200 ccm eingedampft. Darauf wird in üblicher Weise die Schwefelsäure mit Bariumchlorid gefällt. Bei sehr eisenreichem Wasser muß vorher das Eisen mit Ammoniak entfernt werden.

[1] $s$ = Summe der experimentell gefundenen Kohlensäure aus 1. gebundener Kohlensäure = 1/2 Bicarbonatkohlensäure, 2. freier Kohlensäure.

[2] $G$ = Summe der gebundenen Kohlensäure und kalkangreifenden Kohlensäure.

## 14. Nitrate.

### Qualitativ.

Man vermischt 2 ccm des zu untersuchenden Wassers vorsichtig mit dem dreifachen Volumen konz. Schwefelsäure, läßt vollständig erkalten und fügt ungefähr 1 ccm einer Lösung von 0,1 g Brucin in 50 ccm konz. Schwefelsäure hinzu. Aus der Intensität der entstehenden Färbung kann man beurteilen, wieviel Salpetersäure das Wasser enthält. Nach L. W. Winkler (*8*) gibt dabei Wasser, das im Liter einen Gehalt aufweist von

100 mg $N_2O_5$, eine kirschrote Färbung, die bald in Orange und nach längerem Stehen in Schwefelgelb übergeht,

10 mg $N_2O_5$ eine rosenrote, nach längerem Stehen blaßgelbe Färbung und

1 mg $N_2O_5$ eine blaßrote, später fast farblos werdende Färbung.

Durch den Überschuß von Schwefelsäure wird etwa vorhandene salpetrige Säure in Nitrosylschwefelsäure übergeführt, die in der Kälte nicht auf das Bruzin einwirkt.

### Quantitativ.

Nach Ulsch werden 500 bis 1000 ccm Wasser auf etwa 50 ccm eingeengt, im Kjeldahlkolben mit etwa 5 ccm konz. Schwefelsäure und einem kleinen Löffel voll reduziertem Eisen zu Ammoniak reduziert. Das entstandene Ammoniak wird in titrierte Salzsäure destilliert.

## 15. Nitrite.

### Qualitativ.

Man versetzt 20 ccm Wasser mit 2 bis 3 ccm einer essigsauren $\alpha$-Naphthylamin-Sulfanilsäure-Lösung, verschließt mit einem lose aufsitzenden Stopfen und erwärmt im Wasserbad auf 70 bis $80^0$. Schon 0,01 mg $HNO_2$ im Liter bewirken nach einer Minute eine Rotfärbung.

Das Reagens wird wie folgt hergestellt: 0,5 g Sulfanilsäure werden in 150 ccm 30%iger Essigsäure gelöst. Außerdem werden 0,1 g $\alpha$-Naphthylamin mit 20 ccm Wasser gekocht, eventuell filtriert und mit 150 ccm 30%iger Essigsäure versetzt. Dann werden beide Lösungen zusammengegossen und gut verschlossen aufbewahrt.

## 16. Phosphate.

### Qualitativ.

Versetzt man eine Phosphatlösung mit überschüssigem molybdänsaurem Ammonium und viel Salpetersäure, so entsteht ein gelber Niederschlag von phosphormolybdänsaurem Ammoniak $(NH_4)_3PO_4 \cdot 12\,MoO_3$.

### Quantitativ.

Man dampft eine große Menge Wasser nach dem Zusatz von Salpetersäure zur Trockne, nimmt mit etwas Salpetersäure auf und verdampft noch einmal zur Trockne, um die Chloride zu entfernen. Dann nimmt man mit salpetersäurehaltigem Wasser auf und versetzt mit 10 ccm Ammoniummolybdatlösung. Nach 24 stündigem Stehen an einem mäßig warmen Platz filtriert man und wäscht mit Ammoniumnitratlösung, die noch mit Salpetersäure angesäuert ist, aus. Der ausgewaschene Niederschlag wird dann in etwas Ammoniak gelöst und nach Zugabe von Ammonchlorid mit Magnesiamixtur (55 g kristallisiertes Magnesiumchlorid und 70 g Ammonchlorid in 650 ccm Wasser gelöst und mit 350 ccm 8%iger Ammoniaklösung zum Liter aufgefüllt) als phosphorsaures Magnesiumammonium $MgNH_4PO_4 \cdot 6\,H_2O$ gefällt und als Magnesiumpyrophosphat gewogen.

$$1\text{ mg } Mg_2P_2O_7 = 0{,}6379\text{ mg } P_2O_5.$$

### 17. Kieselsäure.

500 bis 1000 ccm Wasser werden mit etwas Salzsäure auf dem Wasserbad zur Trockne verdampft. Der Rückstand mird mehreremal mit Salzsäure angefeuchtet und wieder auf dem Wasserbad zur Staubtrockne eingedampft. Dann wird er mit Salzsäure und heißem Wasser ausgezogen. Der Rückstand wird abfiltriert und als $SiO_2$ gewogen.

### 18. Ammoniak.

Qualitativ.

Etwa 10 ccm Wasser werden in einem Reagensglas mit einigen Tropfen Seignettesalzlösung und einigen Tropfen Neßlers Reagens versetzt. Ist Ammoniak vorhanden, tritt eine Gelbfärbung auf, bei höherem Gehalt eine Braunfärbung oder ein brauner Niederschlag. Noch 0,1 mg $NH_3$ im Liter geben eine deutliche Färbung.

### 19. Wasserstoffionenkonzentration und Pufferung.

Die Bestimmung erfolgt mit elektrometrischen und kolorimetrischen Verfahren, die an anderer Stelle beschrieben sind (Band I, 1. Teil). Wichtiger als der $p_H$-Wert ist bei der Wasseruntersuchung meist die Pufferung. Diese kann bei Wasser nach der sauren Seite und nach der alkalischen Seite zu sehr verschieden sein. Sie muß immer bis zu dem $p_H$-Wert gemessen werden, bei dem das Wasser verwandt werden soll, kann also für die verschiedenen Prozesse in der Gerberei verschiedene Werte geben.

## II. Abgekürzte Wasseruntersuchung.

Gewöhnlich ist es gar nicht nötig, die einzelnen Bestandteile des Wassers getrennt festzustellen. Es genügen daher für die Praxis oft einfachere Untersuchungsmethoden, die viel rascher auszuführen sind. Diese kommen besonders für die Untersuchung von Kesselspeisewasser und Kesselwasser in Frage. Man bestimmt dann nur die verschiedenen Arten Härte. Die Härte des Wassers wird in der Hauptsache durch die Salze des Calciums und des Magnesiums verursacht. Man mißt sie in Härtegraden. In Deutschland versteht man unter einem Härtegrad 1 Gewichtsteil CaO in 100000 Teilen Wasser. Magnesiumverbindungen werden dabei erst in die entsprechende Menge CaO umgerechnet durch Multiplizieren des gefundenen MgO mit 1,4 (genauer 1,39).

$1^0$ vorübergehender Härte bedeutet also, daß im Liter 10 mg CaO oder 7,19 mg MgO als Bicarbonate enthalten sind.

$1^0$ bleibender Härte bedeutet, daß im Liter 10 mg CaO oder 7,19 mg MgO als Sulfate, Nitrate usw., also in solcher Form vorhanden sind, daß sie beim Kochen nicht ausfallen.

In anderen Ländern wird nach französischen oder englischen Härtegraden gerechnet. 1 französischer Härtegrad entspricht 1 Teil kohlensaurem Kalk ($CaCO_3$) in 100000 Teilen Wasser, 1 englischer Härtegrad 1 Teil $CaCO_3$ in 70000 Teilen Wasser. Darnach ist:

| | | | | | | |
|---|---|---|---|---|---|---|
| $1,00^0$ | deutscher | $= 1,25^0$ | engl. | $= 1,78^0$ | franz. | Härte |
| $0,8^0$ | „ | $= 1,00^0$ | „ | $= 1,43^0$ | „ | „ |
| $0,56^0$ | „ | $= 0,7^0$ | „ | $= 1,00^0$ | „ | „ |

Ein Wasser mit 0 bis 8 deutschen Härtegraden nennt man weich, mit 8 bis 16 mittelhart, 16 bis 20 hart und über 20 sehr hart.

Tabelle 8. 1 Grad deutscher Härte entspricht:

| mg/Liter | Verbindung | Molekular-gewicht | Äquivalent-gewicht |
|---|---|---|---|
| 10,00 | CaO | 56,07 | 28,035 |
| 7,14 | Ca | 40,07 | 20,035 |
| 7,19 | MgO | 40,32 | 20,16 |
| 9,49 | $Fe_2O_3$ | 159,68 | 26,615 |
| 7,85 | $CO_2$ | 44,00 | 22,00 |
| 10,70 | $CO_3$ | 60,00 | 30,00 |
| 21,76 | $HCO_3$ | 61,008 | 61,008 |
| 12,65 | Cl | 35,46 | 35,46 |
| 14,28 | $SO_3$ | 80,07 | 40,035 |
| 17,13 | $SO_4$ | 96,07 | 48,035 |
| 22,12 | $NO_3$ | 62,01 | 62,01 |
| 19,26 | $N_2O_5$ | 108,02 | 54,01 |
| 10,71 | $SiO_2$ | 60,06 | 30,03 |
| 14,27 | NaOH | 40,01 | 40,01 |
| 29,97 | $NaHCO_3$ | 84,01 | 84,01 |
| 18,90 | $Na_2CO_3$ | 106,00 | 53,00 |
| 19,79 | $CaCl_2$ | 110,99 | 55,495 |
| 24,28 | $CaSO_4$ | 136,14 | 68,07 |
| 17,85 | $CaCO_3$ | 100,07 | 50,035 |
| 16,98 | $MgCl_2$ | 95,24 | 47,62 |
| 21,47 | $MgSO_4$ | 120,39 | 60,195 |
| 15,04 | $MgCO_3$ | 84,32 | 42,16 |
| 30,57 | $Ba(OH)_2$ | 171,42 | 85,71 |
| 37,16 | $BaCl_2$ | 208,37 | 104,18 |
| 35,20 | $BaCO_3$ | 197,4 | 98,7 |
| 12,13 | $Na_3PO_4$ | 102,04 | 34,01 |
| 45,21 | $Na_3PO_4 \cdot 12\,H_2O$ | 380,23 | 126,74 |
| 8,45 | $P_2O_5$ | 142,08 | 23,68 |
| 42,23 | $Na_3PO_4$ mit 20% $P_2O_5$ | (355,2) | (118,4) |

Vielfach ist es üblich geworden, außer den eigentlichen Härtebildnern Kalk und Magnesia auch alle anderen Untersuchungsergebnisse des Wassers in Graden anzugeben, was den Vorteil hat, daß man besser vergleichen kann. Man rechnet also die Werte nach dem Molekulargewicht auf entsprechende Zahlen um. Man spricht z. B. von Graden Soda, Bicarbonat usw. Die verschiedenen Zahlen, die einem Grad deutscher Härte entsprechen, sind mit den dazugehörigen Molekular- und Äquivalentgewichten in der Tabelle 8 zusammengestellt.

Das Äquivalentgewicht in der letzten Spalte der Tabelle 8 gibt gleichzeitig an, wieviel Gramm dieser Verbindung im Liter $^n/_1$ Lösung enthalten sind oder wieviel Milligramm im Kubikzentimeter.

## 1. Carbonathärte.

Die Carbonathärte wird, wie bei der Bestimmung der gebundenen Kohlensäure (S. 11) angegeben, mit $^n/_{10}$ HCl und Methylorange bestimmt. Verwendet man 100 ccm Wasser, so entspricht 1 ccm 2,8 mg CaO, also 28,0 mg im Liter oder 2,8$^0$ deutscher Carbonathärte.

Statt mit Methylorange in der Kälte kann man auch gegen Alizarin kochend titrieren.

## 2. Nichtcarbonathärte.

### a) Berechnung.

Die Nichtcarbonathärte, die manchmal auch Mineralsäurehärte genannt wird, wird meist aus der Differenz der Gesamthärte nach 3. und der Carbonathärte nach 1. berechnet.

### b) Direkte Bestimmung nach Pfeiffer-Wartha.

100 ccm Wasser werden, um die Kohlensäure zu vertreiben, aufgekocht und mit 25 bis 50 ccm eines Gemisches aus gleichen Teilen $^n/_{10}$ NaOH und $^n/_{10}$ $Na_2CO_3$ versetzt. Auf alle Fälle muß ein großer Überschuß des Gemisches vorhanden sein. Bei härteren Wässern muß man daher bis zu 100 ccm des Gemisches zusetzen. Bei weicheren Wässern kann man 200 ccm Wasser anwenden. Man muß dann auf ungefähr 100 ccm eindampfen. Nachdem man mit dem Gemisch ungefähr 5 Minuten gekocht hat, läßt man abkühlen und füllt auf 250 ccm auf. Man filtriert dann durch ein trockenes Filter. Man verwirft die ersten 50 ccm des Filtrats und bestimmt dann in

100 ccm durch Titration mit Methylorange und $^n/_{10}$ HCl den Rest der Soda-Natronlauge-Mischung. Gleichzeitig nimmt man noch einmal die gleiche Menge der Mischung und stellt sie mit der $^n/_{10}$ HCl ein. Hat man in dem blinden Versuch *a* ccm HCl verbraucht und bei der Titration der 100 ccm Filtrat *b* ccm, so ist der Verbrauch *a* — 2,5 *b*. Hat man 100 ccm Wasser angewandt, so muß man diese Zahl mit 2,8 multiplizieren und bekommt dadurch deutsche Härtegrade.

Bei dieser Methode geben die Bestandteile der vorübergehenden Härte nach den folgenden Gleichungen keine Veränderung der Methylorange-Alkalität:

$$Ca(HCO_3)_2 + 2\,NaOH = Na_2CO_3 + \mathbf{CaCO_3} + 2\,H_2O$$
$$Mg(HCO_3)_2 + 4\,NaOH = 2\,Na_2CO_3 + \mathbf{Mg(OH)_2} + 2\,H_2O,$$

während die Bestandteile der bleibenden Härte einen Alkaliverbrauch geben nach den Gleichungen:

$$CaSO_4 + Na_2CO_3 = \mathbf{CaCO_3} + Na_2SO_4$$
$$MgSO_4 + 2\,NaOH = \mathbf{Mg(OH)_2} + Na_2SO_4.$$

Wenn das Wasser Soda z. B. von der Wasserreinigung her enthält, findet man dabei eine negative bleibende Härte.

## 3. Gesamthärte.

### a) Nach Pfeiffer-Wartha (W. Moldenhauer).

Statt bei der vorigen Methode die Kohlensäure durch Kochen zu verjagen, titriert man mit Methylorange und Salzsäure bis zum Umschlag. Dadurch wird die vorübergehende Härte in bleibende übergeführt. Dann arbeitet man genau wie bei der bleibenden Härte angegeben und bekommt die Gesamthärte.

### b) Nach Clark mit Seifenlösung (Vagda-Kalender).

100 ccm Wasser titriert man in einem Schüttelzylinder von ungefähr 300 ccm mit Gummistopfen mit einer eingestellten Clarkschen Seifenlösung. Wenn der Schaum nach dem Schütteln wieder verschwindet, gibt man immer weiter Seifenlösung zu, bis der Schaum immer langsamer verschwindet und dann auch nach 5 Minuten langem Stehen noch ungefähr 1 cm hoch ist. Da keine genaue Proportionalität besteht, liest man die zugehörige Härte aus der Tabelle 9 ab.

Verbraucht man mehr als 45 ccm Seifenlösung, so nimmt man 50 oder nur 25 ccm Wasser und füllt mit Wasser von 0° Härte auf 100 ccm auf. Der gefundene Wert ist dann mit dem Verdünnungsfaktor zu multiplizieren.

Tabelle 9. Gesamthärte in deutschen Graden aus den verbrauchten Kubikzentimetern Seifenlösung (nach Clark).

| ccm Seifenlösung | Härtegrade | ccm Seifenlösung | Härtegrade |
|---|---|---|---|
| 1,4 | 0 | 26,2 | 6,5 |
| 3,4 | 0,5 | 28,0 | 7,0 |
| 5,4 | 1,0 | 29,8 | 7,5 |
| 7,4 | 1,5 | 31,6 | 8,0 |
| 9,4 | 2,0 | 33,3 | 8,5 |
| 11,3 | 2,5 | 35,0 | 9,0 |
| 13,2 | 3,0 | 36,7 | 9,5 |
| 15,1 | 3,5 | 38,4 | 10,0 |
| 17,0 | 4,0 | 40,1 | 10,5 |
| 18,9 | 4,5 | 41,8 | 11,0 |
| 20,8 | 5,0 | 43,8 | 11,5 |
| 22,6 | 5,5 | 45,0 | 12,0 |
| 24,4 | 6,0 | | |

## 4. Magnesiahärte.

100 ccm des Wassers werden mit Salzsäure angesäuert und auf 30 ccm eingeengt. Dann wird mit $^n/_{10}$ NaOH gegen Phenolphthalein genau neutralisiert und mit weiteren 10 ccm $^n/_{10}$ NaOH alkalisch gemacht. Dann füllt man zur Marke auf 100 ccm auf, schüttelt gut durch und titriert nach 2 Stunden 50 ccm der klaren Lösung oder des Filtrats mit $^n/_{10}$ HCl gegen Phenolphthalein. Der Verbrauch wird verdoppelt und von 10 ccm abgezogen, dann bekommt man den Wert für die Magnesiahärte. 1 ccm

$^{n}/_{10}$ NaOH entspricht 2,8° Magnesiahärte oder 2,016 mg MgO. Die Methode beruht darauf, daß zuerst alle Härte in bleibende Härte übergeführt wird. Durch NaOH werden die Hydroxyde hergestellt. Die Kalksalze bleiben dabei in Lösung, während $Mg(OH)_2$ ausfällt.

$$CaCl_2 + 2\,NaOH = Ca(OH)_2 \text{ (löslich) } + 2\,NaCl$$
$$MgCl_2 + 2\,NaOH = \mathbf{Mg(OH)_2} \text{ (unlöslich) } + 2\,NaCl.$$

### 5. Kalkhärte.

Die Kalkhärte ist die Differenz zwischen der Gesamthärte und der Magnesiahärte.

## C. Einfluß der verschiedenen Bestandteile des Wassers auf die Arbeitsgänge in der Gerberei.

### 1. Allgemeines.

Die Angaben des Schrifttums über den Einfluß des Wassers und seiner Bestandteile auf die verschiedenen Arbeitsgänge in der Gerberei sind zum Teil sehr unklar und oft ohne Begründung, teils widersprechen sie sich auch. Das ist wohl dadurch zu erklären, daß alle Bestandteile, besonders auch die Härtebildner und davon wieder die vorübergehende Härte, in größeren Mengen fast überall stören, während kleinere Mengen oft nicht viel ausmachen.

Da der Einfluß der Verunreinigungen auf die einzelnen Arbeitsgänge auch jetzt noch nicht genügend geklärt ist, müßte man eigentlich nur ganz reines Wasser verwenden. Meist muß man sich aber nach dem Wasser richten, das gerade zur Verfügung steht. Höchstens hat man ein weicheres und ein härteres und kann sich heraussuchen, an welcher Stelle man besser das eine oder das andere verwendet, und wo und wie man es am besten reinigt.

Trotzdem wird es wohl in den meisten Fällen so sein, daß man an verschiedenen Stellen in der Gerberei verschiedenes Wasser verwendet, daß aber sehr oft niemand weiß, warum. In sehr vielen Fällen wird wohl nur auf die Temperatur geachtet. Diese soll möglichst während des ganzen Jahres gleichmäßig bleiben. Für Unterleder bevorzugt man eine niedere Temperatur, weil das Wasser bei niederer Temperatur etwas quellend wirkt und das Unterleder zu Beginn der Gerbung eine gewisse Schwellung haben soll. Für Oberleder, das nur wenig aufgehen soll, kann man wärmeres Wasser verwenden, das mehr verfallen macht [W. Appelius (*1*)].

Rein mechanischen Verunreinigungen, wie Sand, Lehm usw., die in Flüssen besonders nach starken Regengüssen mitgeführt werden können, muß man genügend Zeit und Gelegenheit geben, daß sie sich absetzen können, sonst kann nach B. Kohnstein eine Beschädigung oder Fleckigwerden des Narbens die Folge sein. Schlammiges und schmutziges Wasser ist überall störend, vielleicht am wenigsten beim Äscher, wo die Schwebestoffe mit dem in genügendem Überschuß vorhandenen Kalk niedergerissen werden und nicht weiter schaden [H. R. Procter, Joh. Paeßler (*1*)]. Aber sie können auch hier wie überall in der Gerberei gefährlich werden, wenn sie sich in der Blöße irgendwo festsetzen. Denn sie können dadurch verhindern, daß die Lösung an diesen Stellen auf die Blöße oder das Leder einwirken kann. Dies kann besonders gefährlich sein in der Beize oder beim Färben.

Bedenklich ist auch fast überall in der Wasserwerkstatt die Verwendung von Wasser, das viel organische Verunreinigungen enthält. Man muß dann immer damit rechnen, daß sich darin auch Fäulnisbakterien entwickelt haben; denn die organischen Verunreinigungen bilden einen guten Nährboden für diese gefährlichen Mikroorganismen. Diese können entweder selbst die Haut angreifen oder Emzyme bilden, die verflüssigend auf die Haut wirken. Besonders gefährlich ist solches Wasser beim Weichen, beim Schwitzen und für die Beize (R. Procter, J. Jettmar). Auch Wasser, das viel Humussäure enthält, ist meist ungeeignet, da diese zusammenziehend auf die Haut wirkt und das Wasser stark puffert.

Die Härte soll nach W. Appelius allgemein in den Anfangsstadien der Gerbung keine große Rolle spielen. Nach Joh. Paeßler (*1*) und G. Grasser ist die bleibende Härte in der Wasserwerkstatt wenig schädlich. Nach H. Kühl ist hartes Wasser nicht so gut wie weiches. Eigenartig ist auch die Erscheinung, daß bei manchen gerbereitechnischen Arbeiten doppelkohlensaure oder schwefelsaure Salze nicht schaden, bei anderen dagegen sehr. Calcium- und Magnesiumsulfat wirken im allgemeinen gut schwellend auf die Haut, während Carbonate und Bicarbonate die Schwellung beeinträchtigen. H. Kühl schlägt daher vor, solches Wasser mit Schwefelsäure zu neutralisieren, um die Bicarbonate und Carbonate in die entsprechenden Sulfate überzuführen. Auch G. Grasser schließt sich dieser Auffassung an. Dies stimmt aber wohl nur für die pflanzliche Gerbung, wenn die vorübergehende Härte nicht allzu groß ist.

Ein hoher Salzgehalt, der über das gewöhnliche Maß für Gebrauchswasser hinausgeht, schadet wohl in jedem Fall und ist zu vermeiden. Man muß daher den Salzgehalt des Wassers überall da dauernd kontrollieren, wo die Möglichkeit besteht, daß Salze in größerer Menge in das Wasser kommen können. Das ist der Fall in der Nähe des Meeres oder von Anlagen der Kaliindustrie. So ist es bekannt, daß bei starkem Sturm nach dem Meere zu das obere Wasser nach dem Meer getrieben wird und dafür auf dem Grund der Flüsse Meerwasser bis zu 15 km ins Land hereinkommen kann. Kochsalzgehalt in größerer Menge hemmt die Quellung nach H. R. Procter, was besonders für Sohlleder wichtig ist, und beeinträchtigt auch die Kalkäscherung nach H. R. Procter und Joh. Paeßler (*1*). Man erhält dann dünne flache Leder.

Ein großer Schaden wurde nach W. Möller vor Jahren der Lederfabrik Wehl und Sohn in Celle verursacht dadurch, daß sie Wasser verwandte, in das Abwässer der Kaliindustrie mit Magnesiumchlorid gelangt waren. Ihr gutes Vacheleder wurde plötzlich dunkel und hart und ließ sich nicht mehr wie vorher verarbeiten. Genauere Untersuchungen, die viele Fachleute beschäftigten, führten zu dem Ergebnis, daß Magnesiumchlorid entgegen früheren Ansichten für die pflanzliche Gerbung sehr schädlich ist, auch wenn seine Konzentration noch nicht ausgesprochen hoch ist. Die Leder wurden auch dann noch bedeutend schlechter, wenn zur eigentlichen Gerbung reines Wasser verwandt wurde und das chlormagnesiumhaltige Wasser nur zu den Vorarbeiten in der Wasserwerkstatt genommen wurde. Es ist durchaus möglich, daß auch an anderer Stelle eine solche schädigende Wirkung von magnesiumchloridhaltigem Wasser auftritt, ohne daß es bekannt ist.

Wasser, das in heißer Jahreszeit eine überaus hohe Temperatur besitzt, kann zum Weichen, Äschern und Beizen ebenfalls nicht gebraucht werden.

Es wird daher für alle Arbeiten in der Wasserwerkstatt vorteilhaft sein, wenn man ein Wasser nimmt, das klar ist und frei von organischen Bestandteilen, das nicht zu hart ist und auch nur geringe Mengen löslicher Salze wie Chloride, Sulfate usw. enthält. Auch Eisen schadet fast überall. Die Menge und Temperatur des Wassers soll möglichst das ganze Jahr hindurch gleich sein. Flüsse werden diese Bedingung wohl nie erfüllen, meist aber Brunnen, deren Wasser aus großer Tiefe kommt und nicht zu große Härte hat. Aber auch da muß man noch vorsichtig sein, da auch Tiefbrunnen plötzlich einmal durch Abwasser aus Dungstätten oder aus Fabriken verunreinigt werden können. Dagegen schützt nur eine dauernde Überwachung, auch wenn das Wasser einmal für gut und einwandfrei befunden wurde.

## 2. Weichen.

H. Kühl hält weiches Wasser für günstig für das Weichen, ebenso C. M. Morisson und viele andere. Nach W. Eitner (*1*) sollen mit weichem Wasser die Felle dünn und schlank werden, während hartes Wasser Schmutz und Fett zurückhält. Auch S. Schapringer ist der Ansicht, daß reines weiches Wasser gar nicht schwellt, und daß große vorübergehende Härte schadet. Durch Zugabe von Kalk, Natronlauge usw. kann man diesen Fehler jedoch beheben. Da chloridhaltiges Wasser die vegetabilische Gerbung beeinflußt, indem es die Schwellung verringert und damit das Gerben erschwert, muß man schon bei der Weiche darauf achten, daß man Wasser mit wenig Chloriden nimmt. Nach W. Eitner (*2*) geben Häute, die mit stark chloridhaltigem Wasser gegerbt sind, weniger Gewicht und gerben schwerer durch. Diese Leder haben geringere Festigkeit und ziehen Feuchtigkeit an. Nach B. Kohnstein ist schon längeres Weichen in kaltem harten Wasser für die Qualität und das Gewichtsergebnis des fertigen Leders nicht günstig. Aber auch wenn die Häute in sehr weichem Wasser zu lange geweicht werden, kann eine Narbenbeschädigung eintreten. Nach E. Stiasny (*2*) wirken Bicarbonate ebenso wie freie Kohlensäure gelinde quellend auf die Blöße (Vagda-Kalender). Ebenso wirkt ein Überschuß von der Wasserreinigung, sei es nun Kalk, Soda oder Bicarbonat. Nach H. R. Procter wird durch die vorübergehende Härte das Weichen verzögert, während die bleibende Härte für die Weiche nicht nachteilig ist. Ein Gehalt an Chloriden begünstigt das Weichen besonders bei getrockneten Häuten und Fellen, während Sulfate nach E. Stiasny (*1*) keine Wirkung ausüben sollen. Nach H. Kühl soll ein Gehalt an freier Kohlensäure für das Weichen und Reinigen der Häute sehr günstig sein, große Mengen von Sauerstoff bewirken ein gutes Schwellen der Häute. Daß hartes Wasser sich weniger gut zum Weichen eignet als weiches, führt E. Stiasny (*1*) darauf zurück, daß hartes Wasser gewöhnlich Grundwasser ist. Daher ist es kälter und enthält weniger Keime, die die Haut angreifen. Eine gewisse Menge solcher Keime ist für das Weichen günstig.

Vollkommen zu verwerfen ist allerdings die Verwendung eines Wassers, das viele organische Bestandteile und damit Fäulniserreger enthält, besonders wenn auch die Temperatur noch etwas hoch ist. Läßt man die Häute beim Weichen lange in einem solchen Wasser liegen, ohne es zu erneuern, so treten mit Sicherheit schwere Schädigungen des Leders ein, wie Verfallen, Blindwerden des Narbens, Narbenstippen, Löcher, die von der Fleischseite bis auf den Narben durchgefressen sein können, usw. Gefährlich ist daher Wasser aus seichten, langsam fließenden Bächen, aus Teichen oder Talsperren. Trotzdem ist es nicht unbedingt nötig, daß nun alle solche Fehler auf Mikroorganismen im Wasser zurückgeführt werden müssen. Sie können auch entstehen durch unsachgemäße Behandlung beim Äschern oder Beizen, trotzdem am Wasser nichts auszusetzen ist, oder wenn man die Zeit oder die Temperatur des Weichens nicht richtig einhält. Auch kann ein Wechsel im Weichwasser einen großen Einfluß auf das Bakterienwachstum ausüben, was sich in der Menge der gelösten Hautsubstanz und im Quellungsgrad zeigen kann. Die Bakterien und ihr Wachstum werden auch durch andere im Wasser gelöste Bestandteile, besonders durch Salze beeinflußt. Für Gerbereiwasser gilt nach G. D. McLaughlin und G. E. Rockwell folgende Regel: Sehr verdünnte Salzlösungen fördern das Bakterienwachstum, konzentrierte hemmen es. Die Wirkung eines Salzes hängt auch ab von der Anwesenheit anderer Salze, von der Art und Menge der gelösten Proteine, der Temperatur und der Reaktion der Weichbrühe und von der Weichdauer. Kleine Mengen von Ca- und Mg-Salzen, wie sie gewöhnlich im Gebrauchswasser vorkommen, fördern das Bakterienwachstum, während Kochsalz dies nicht tut. Schon kleine Mengen von Eisen oder Schwefelnatrium hemmen das Bakterienwachstum. Es muß an dieser Stelle auch vor der Verwendung von Regenwasser zum Weichen von Häuten gewarnt werden. Wenn dieses auch als besonders rein gilt, so kann es doch gerade viel schädliche Bakterien enthalten. Denn es muß doch in großen Behältern gesammelt werden. Diese stehen gewöhnlich offen an der Luft und sind daher mit Bakterien infiziert, die günstige Wachstumsbedingungen haben. Man kann die Vermehrung dieser Bakterien nach J. A. Wilson hemmen, wenn man das Wasser auf $p_H = 3$ oder 12 bringt. $p_H = 5{,}5$ bis 6,0 soll nach ihm für das Wachstum am günstigsten sein. Als Gegenmittel gegen das Bakterienwachstum wird von E. Stiasny (*2*) Zinkchlorid ($ZnCl_2$) in verdünnter Lösung empfohlen. Doch wirkt dies auch etwas auf die Haut ein. Auch Chloramin T in 0,5%iger Lösung wird von G. D. McLaughlin und G. E. Rockwell empfohlen. Dieses wirkt sehr stark antiseptisch, doch verhindert es auch die Quellung und greift die Haut etwas an. Die Bakterien sind an und für sich gegen starke Salzlösungen empfindlich, doch können sie sich allmählich daran gewöhnen, und wahrscheinlich sind die meisten Weichgeschirre in der Praxis mit solchen an Kochsalzlösungen angepaßten Bakterien infiziert.

Am besten eignet sich nach E. Stiasny (*1*) zum Weichen ein sauberes schlamm- und möglichst keimfreies Wasser von gleichbleibender Jahrestemperatur ohne Rücksicht auf mäßige Härtegrade.

## 3. Äschern.

Beim Äschern mit kalkhaltigem Äscher ist die bleibende Härte in den gewöhnlichen Grenzen ohne Bedeutung [M. Auerbach (*1*)]. Von anderer Seite wird auch behauptet, daß die bleibende Härte schädlich sei, doch scheint dies erst bei größeren Mengen der Fall zu sein. Die vorübergehende Härte hat wohl keinen Einfluß. Sie wird wohl überall durch den Kalk, der ja in dem nötigen Überschuß vorhanden ist, ausgefällt. Höchstens könnte die vorübergehende Härte mit ein Grund dafür sein, daß ein so großer Überschuß an Kalk genommen werden muß, da die vorübergehende Härte sicher zuerst mit dem am feinsten verteilten Kalk reagiert, so daß dann hauptsächlich größere Teilchen übrigbleiben, die keine so große Äscherwirkung haben.

Auch über den Einfluß von Chloriden, Sulfaten usw. auf den Äscher herrscht keine Klarheit. Es scheint aber auch da so zu sein, daß kleinere Mengen nicht schaden, während größere Mengen schaden können. Wo aber die Grenze liegt, läßt sich nicht angeben und ändert sich wohl auch von Fall zu Fall.

Für einen schwach alkalischen Enzymäscher ist nur ein weiches fäulnisfreies Wasser geeignet [E. Stiasny (*1*)]. Dagegen werden Fäulnisbakterien durch scharfe Äscher unschädlich gemacht. Trotzdem kann sich auch ein Teil der Bakterien der Alkalität des Äschers anpassen und sich darin weiter entwickeln. In älteren Äschern ist ja auch die Alkalität durch gelöste Hautsubstanz verringert und in der Haut selbst durch die puffernde Wirkung der Haut noch weiter herabgesetzt, so daß die Bakterien in der Haut günstigere Bedingungen finden.

Nach R. H. Marriott vermag Sauerstoff eine hemmende Wirkung auf die Haarlockerung auszuüben, während sauerstoffabsorbierende Substanzen die Haarlockerung fördern.

## 4. Auswaschen nach dem Äscher.

Beim Waschen nach dem Äschern ist die Verwendung von hartem Wasser mit am gefährlichsten. Die Bicarbonate können sich mit dem Kalk in der Blöße zu Calciumcarbonat umsetzen. Dieses läßt sich wohl unmittelbar nach der Entstehung noch leicht auswaschen bzw. beim Entkälken und Beizen auflösen. Läßt man ihm aber Zeit, sich in der Oberfläche des Narbens festzusetzen, so wird es immer schwerer löslich und kann später nicht mehr entfernt werden, besonders wenn die Blöße etwas antrocknet. Das so abgelagerte Calciumcarbonat verhindert dann z. B. an diesen Stellen die Einwirkung der Beize und kann auch später z. B. mit pflanzlichen Gerbstoffen oder mit Farbstoffen reagieren und dadurch dunkle Flecken verursachen. Diese Flecken sind als Kalkschatten oder Kalkflecken, Schattenflecken oder Äscherschatten oder als rauher Narben bekannt und treten besonders nach dem Färben als Mißfärbungen hervor. Diese Kalkabscheidungen werden meist durch die nachfolgende Beize nicht entfernt. Dagegen ist es möglich, daß sie durch starken Pickel gelöst werden, wenn sie noch nicht zu stark gealtert sind. Sie können auch durch die Einwirkung der Kohlensäure der Luft auf die kalkhaltigen Felle entstehen, wenn diese längere Zeit mit Luft in Berührung bleiben. Wenn die Calciumcarbonatflecken durch Glaubersalz oder durch verdünnte Schwefelsäure in Calciumsulfatflecken umgesetzt werden, ist es noch schlimmer. Der Praktiker hilft sich gegen die Bildung dieser Ausscheidung in den Blößen oft so, daß er dem Wasser vor der Verwendung zum Spülen der Blößen etwas Äscherbrühe zusetzt. Dadurch wird der Niederschlag von Calciumcarbonat schon in dem Wasser ausgefällt und nicht in der Blöße.

Geringe bleibende Härte oder Nichtcarbonathärte schadet nicht. Wenn allerdings zuviel Gips ($CaSO_4$) im Wasser gelöst ist, kann besonders im Narben durch Verringerung der Löslichkeit durch den Kalk eine Abscheidung von Gips eintreten, die noch gefährlicher ist als die Carbonatabscheidung [E. Stiasny (*1*)].

Von einem Überschuß an Enthärtungsmitteln sind wieder geringe Mengen CaO unschädlich, während überschüssige Soda oder Natriumbicarbonat noch leichter Kalkflecken bilden können als die Carbonathärte des Wassers. Wenn das Wasser in einer Permutitanlage gereinigt wird, muß man das entstandene Natriumbicarbonat durch die richtige Menge Kalk oder Säure wieder entfernen.

Bei längerem Einwirken nach dem Äscher sind auch Alkalichloride wie Kochsalz schädlich für die Blöße. Sie machen das Leder besonders in den Flanken lose. Sulfate haben diese Eigenschaft nicht [E. Stiasny (*1*)].

Moorige und Fäulniskeime enthaltende Wässer wirken schon ähnlich wie die Beize. Solches Wasser ist daher zu vermeiden. Über den schädlichen Einfluß von Magnesiumsalzen ist schon berichtet (S. 21).

## 5. Beizen.

Zum Beizen braucht man weiches, keimarmes Wasser. Fäulniskeime würden die Bakterien oder Enzyme in der Beize stören oder überwuchern. Wasser mit großer Carbonathärte hat auch eine Pufferwirkung und ändert daher den $p_H$-Wert der Beize. Die puffernden Salze der Beize oder die schwachen Säuren der auch als Beize bezeichneten Entkälkungsmittel sollen allen Kalk aus der Blöße herausholen und nicht das Wasser enthärten. Dazu sind sie zu teuer. Die Nichtcarbonathärte soll etwas verzögernd auf die Beize wirken [E. Stiasny (*1*)]. Diese verzögernde Wirkung kann man durch etwas Kalkmilch wegnehmen.

Ebenso wirkt auch wieder ein Überschuß von Enthärtungsmitteln schädigend auf die Beize, besonders auf den $p_H$-Wert und die Pufferung. Neutralsalze können die Beize hemmen und fördern.

Man muß also die Carbonathärte möglichst aus dem Wasser für die Beize entfernen, ebenso wie einen eventuellen Überschuß von Bicarbonat von der Permutitenthärtung oder von Soda aus der Enthärtungsanlage. Man kann dies tun durch Säure, z. B. durch Milchsäure, Purgatol u. ä., oder auch durch Salzsäure in Verbindung mit solchen schwachen Säuren. Es besteht dabei so lange keine Gefahr durch die Säure, als die Lösung mit Phenolphthalein noch schwach gerötet wird.

## 6. Pickeln.

Beim Pickeln kann man jedes Wasser verwenden. Die Carbonathärte wird durch die Säure ausgefällt. Trotzdem muß man dafür sorgen, daß man wenigstens immer das gleiche Wasser verwendet. Wenn man einmal ein weiches Flußwasser und dann wieder ein hartes Brunnenwasser nimmt, so kann man sehr große Unterschiede im Pickel bekommen und damit in der Qualität des Leders.

Nehmen wir einmal den Fall an, in einem Haspel von 10 cbm seien einmal 3000 kg Häute, die mit 1% Schwefelsäure gepickelt werden, so sind dies 30 kg Schwefelsäure. Verwendet man dabei ein hartes Wasser mit 28° Karbonathärte, so verbrauchen die 10 cbm 5,1 kg Schwefelsäure. Es bleiben also für die Häute noch 24,9 kg Schwefelsäure, d. i. 0,83% der Häute. Nimmt man bei einer anderen Partie in den gleichen Haspel wieder 10 cbm Wasser von 28° deutscher Härte und nun nur 1000 kg Häute, so gibt man für 1% Schwefelsäure nur 10 kg zu. Davon verbraucht das Wasser wieder 5,1 kg. Es bleiben also für die Häute nur 4,9 kg oder 0,49% der Häute. Das ist ungefähr nur die Hälfte wie in dem ersten Beispiel. Besonders wenn man bedenkt, daß ja auch noch ein Teil der Säure im Pickel zurückbleibt, so ist es klar, daß diese Häute, die mit nur ungefähr der Hälfte der Schwefelsäure in die Gerbung kommen, ein anderes Leder ergeben müssen. Man sieht daraus, daß man immer ungefähr gleich viel Häute in einem Haspel pickeln muß, wenn man nicht den Einfluß des Wassers von vornherein durch Zusatz einer bestimmten Menge Säure ausgleicht. Trotzdem wird in diesem Fall wohl jeder Gerber sagen, er hätte im Betrieb nichts geändert und in beiden Fällen genau gleich gearbeitet, nämlich beidesmal genau 1% Schwefelsäure zugesetzt. Nimmt man ein Flußwasser mit nur 7° Karbonathärte, dann verbrauchen die 10 cbm Wasser nur 1,3 kg Schwefelsäure. Man hat also bei 3000 kg Häuten in Wirklichkeit 28,7 kg gleich 0,955% und bei 1000 kg nur 8,7 kg gleich 0,87% der Häute. Wenn das Wasser weicher ist, ist der Unterschied bei verschiedenen Mengen nicht so groß. Allerdings ändert sich auch natürlich der $p_H$-Wert noch, wenn man verschiedene Mengen Säure in die gleiche Menge Wasser gibt.

Man sieht daraus, daß man am besten möglichst weiches Wasser nimmt, wenn man keinen großen Einfluß auf den Pickel haben will, oder daß man die vorübergehende Härte des Wassers vorher durch Zugabe der berechneten Menge Säure, die dann später bei der Berechnung der Säure für die Häute nicht mitzählt, ausgleichen muß.

Ebenso wird natürlich ein Teil der Säure verbraucht, wenn man alkalisch mit Kalk, Soda oder Permutit enthärtet und einen Überschuß des Enthärtungsmittels im Wasser hat.

Fäulnisbakterien im Wasser sind beim Pickel nicht sehr gefährlich, da ihre Tätigkeit durch die starken Säuren gestört oder stark gehemmt wird. Trotzdem gibt es auch Bakterien, die sich an starke Salzlösungen gewöhnen. Wenn ein Pickel einmal benutzt ist, enthält er auch gelöste Hautsubstanz, die eventuell noch einen größeren Einfluß ausübt als die Härte des Wassers. Auch dadurch wird der $p_H$-Wert bei gleicher Titrationsacidität erhöht, so daß er für die Bakterien günstiger wird.

## 7. Chromgerbung.

Bei der Chromgerbung selbst spielen die Eigenschaften des Wassers nur eine geringe Rolle. Beim Zweibadverfahren kann sich bei größerer Härte unlösliches Calciumchromat bilden, das ein Brüchigwerden des Narbens verursachen kann, wenn es ungleichmäßig im Leder eingelagert ist. Beim Einbadverfahren wird die Brühe durch die Carbonathärte etwas abgestumpft. Sie wird etwas basischer als die konzentrierte Brühe. Verdünnt man z. B. eine Brühe mit 30% $Cr_2O_3$ von 30% Basizität nach Schorlemmer auf 3% $Cr_2O_3$, so ist sie 31,6% basisch geworden. Dies macht nicht viel aus. Dieser Fehler ist sicher kleiner als der Fehler, der durch verschiedene Aufnahme von Säure aus dem Pickel bei nicht gut ausgearbeiteten Verfahren entsteht.

## 8. Neutralisieren.

Beim Waschen nach dem Gerben ist nach E. Stiasny (*1*) die Carbonathärte ebenso wie ein Überschuß an Enthärtungsmitteln nicht schädlich. Sie müssen aber bei der Berechnung der Neutralisierungsmittel später berücksichtigt werden. Da ein Wasser mit hoher Carbonathärte schon sehr stark neutralisiert, muß man darauf achten, daß man immer mit genau der gleichen Menge Wasser auswäscht.

| 1 cbm Wasser entspricht: | Soda 96% | Na-Bikarbonat | Borax |
|---|---|---|---|
| bei 28° deutscher Karbonathärte . . | 550 g | 840 g | 1907 g |
| bei 7° „ „ . . | 138 g | 210 g | 477 g |
| Die Differenz ist also . . . . . . . | 412 g | 630 g | 1430 g |

Nimmt man z. B. 1% Borax zum Neutralisieren von 400 kg Leder in ein Faß, so könnte man dafür auch 2,1 cbm Wasser mit einer vorübergehenden Härte von 28° d. nehmen, abgesehen davon, daß die Neutralisierung etwas anders verläuft. Außerdem kann man aus den obigen Differenzen sehen, welch großen Einfluß es hat, wenn man von einem Wasser von 28° auf ein Wasser von 7° d. Carbonathärte, also z. B. von einem Brunnenwasser auf ein Flußwasser übergeht oder umgekehrt.

## 9. Färben.

Beim Färben wirkt die Carbonathärte ausfällend auf basische Farbstoffe, da sie die zugesetzte Säure verbraucht. Die niedergeschlagenen Farbstoffe können sich dabei unregelmäßig auf der Oberfläche des Leders festsetzen und Flecken und Streifen verursachen. Geradeso schädlich wirkt Natriumbicarbonat. Dies ist besonders da zu beachten, wo man das Wasser mit Permutit für das Färben enthärtet. Enthielt das Wasser viel Carbonathärte, so hat es nach der Enthärtung mit Permutit viel Natriumbicarbonat und kann dadurch, obwohl es keine Kalk- und Magnesiasalze mehr enthält, doch zum Färben unbrauchbar sein. Trotzdem braucht man deshalb die Permutitanlage nicht wegzuwerfen, sondern es ist eine Leichtigkeit, durch entsprechenden Säurezusatz, z. B. die berechnete Menge Salzsäure oder einen Überschuß einer schwächeren Säure oder ein Gemisch von beiden, diese schädliche Wirkung aufzuheben. Ebenso ist es, wenn man bei anderen Enthärtungsverfahren einen Überschuß von Soda im Wasser hat. Besteht der Überschuß aus Kalk, so kann, abgesehen von der obigen Wirkung des Verbrauchs von Säure, auch ein Teil der Farbstoffe als Kalkverbindung ausgefällt werden. Besonders bei sauren Farbstoffen, die ja als Natriumverbindungen gelöst sind, können solche Ausfällungen auftreten. Dabei kann auch in einzelnen Fällen die bleibende Härte schaden, die sonst keine so große Wirkung hat. Eisenhaltiges Wasser muß beim Färben unbedingt vermieden werden.

Bei Verwendung von natürlichen Farben, wie Blauholz usw., soll eine geringe Härte belebend auf den erzeugten Farbton wirken [E. Stiasny (*1*)].

## 10. Fetten.

Beim Fettlickern kann hartes Wasser große Schwierigkeiten bereiten. Dabei ist es einerlei, ob es sich um bleibende oder vorübergehende Härte handelt. Es besteht die Gefahr, daß mit den Seifen, die beim Lickern genommen werden, unlösliche Kalkseifen gebildet werden, die sich ausscheiden und daher nicht mehr emulgierend wirken. Man kann ausrechnen, daß 1 kg Kalk 13 kg Seife verbraucht. Ein Wasser von 30° Härte enthält 300 g Kalk oder entsprechende Magnesia und verbraucht daher ungefähr 4 kg Seife auf den Kubikmeter. Dies ist eine Reinigung des Wassers, die viel zu teuer und vollkommen unwirtschaftlich ist. Trotzdem ist dieser Verlust an sich noch nicht die größere Gefahr, denn die Kalk- und Magnesiaseifen sind zudem noch schmierig und klebrig und erschweren das spätere Färben und Glanzstoßen. Da sie sich ganz unregelmäßig an die Oberfläche des Leders festsetzen, erhält man ein fleckiges Leder. Auch die Fettemulsionen, die mit sulfonierten Ölen hergestellt sind, werden nach E. Stiasny (*1*) ungünstig beeinflußt, da sie weniger beständig werden.

Bei einem Überschuß an Enthärtungsmitteln ist Kalk ebenso schädlich wie die Härte. Soda und Bicarbonat können dagegen oft sogar günstig wirken, indem sie den $p_H$-Wert in das schwach alkalische Gebiet verschieben, das für die meisten Fettemulsionen günstig ist.

Zum Fettlickern soll man daher reines weiches Wasser verwenden. Regenwasser und Kondenswasser sind hier besonders geeignet, wenn sie nicht Eisen oder Säuren enthalten. Eisenhaltiges Wasser wirkt ähnlich wie hartes Wasser und gibt außerdem noch mißfarbige Flecken auf dem Narben. Wenn man kein brauchbares Wasser hat, muß man enthärten.

In neuerer Zeit braucht man allerdings beim Fettlickern keinen so großen Wert mehr auf die Vermeidung von hartem Wasser zu legen, da heute alle möglichen Zusatzmittel im Handel sind, die die Wirkung der Härte des Wassers aufheben, wie z. B. Derminol, Igepon oder Fettzusammensetzungen, die gleich so eingestellt sind, daß sie auch bei hartem Wasser gebraucht werden können.

## 11. Pflanzliche Gerbung.

Bei der pflanzlichen Gerbung hat die bleibende Härte keinen Einfluß auf die Güte des Leders. Höchstens wird es wohl etwas beschwert bzw. reicher an Asche. Anders ist es mit der vorübergehenden Härte oder Bicarbonathärte. Durch die Calcium- und Magnesiumbicarbonate wird ein Teil der Säure weggenommen. Der $p_H$-Wert wird dadurch nach der alkalischen Seite zu verschoben. Da die Farbe der Gerbstofflösungen ähnlich wie bei den Indikatoren von dem $p_H$-Wert abhängig ist und mit höherem $p_H$-Wert dunkler wird, werden die Gerbstofflösungen und damit das Leder durch die Carbonathärte dunkler. Die in weniger saurer Lösung hergestellten Leder sind nach J. A. Wilson und E. J. Kern auch dann noch dunkler, wenn sie mit Säure nachbehandelt werden. Sie hellen sich mit Säure desto weniger auf, je länger sie vorher der Luft ausgesetzt waren. Auch wird das Leder bei höherem $p_H$-Wert überhaupt härter und schlechter. Man kann dem nur abhelfen, indem man das Wasser entsprechend reinigt, oder indem man Säure zusetzt. Die Farbe des Leders wird dadurch heller. Aber es entstehen Neutralsalze, die in größerer Menge auch wieder stören können. Auch ein Überschuß eines Reinigungsmittels, einerlei ob Kalk, Soda oder Bicarbonat, erhöht den $p_H$-Wert.

Über den Einfluß der Wasserhärte auf die Extraktion von Gerbstoffen war vor Jahren im Schrifttum ein großer Streit entstanden. E. Nihoul und R. Martinez haben eine sehr bedeutende Verringerung des Gerbstoffgehaltes durch hartes Wasser festgestellt. Aber so groß scheint der Verlust an Gerbstoff durch die Härte des Wassers doch nicht zu sein. Denn später haben Joh. Paeßler und W. Appelius und E. Nihoul (*1*) selbst und nach T. A. Faust auch eine Kommission von amerikanischen Lederindustriechemikern keinen so großen Gerbstoffverlust durch die Härte des Wassers feststellen können. Trotzdem geht bei der Verwendung von hartem Wasser bei der Extraktion ein Teil des

Gerbstoffes verloren. Dabei wirken Mg-Salze noch ungünstiger als Ca-Salze. Auch ein Zusatz von Säure nützt dabei nach E. Nihoul (*2*) nicht viel, da auch die Neutralsalze, Chloride und besonders Sulfate, schädlich wirken. E. Nihoul und L. van de Putte und Joh. Paeßler (*2*) haben an vielen Versuchen den Einfluß von NaCl, $CaCl_2$, $MgCl_2$ und der entsprechenden Sulfate in verschiedenen Konzentrationen auf die Extraktion von Eichen, Fichten und Sumach untersucht. Auch G. Parker ist der Ansicht, daß Chloride schädlich sind, nicht nur bei der Extraktion der Gerbmaterialien, sondern auch in ihrer Einwirkung auf das Leder überhaupt. Nach L. Köhler ist wieder der Einfluß des $p_H$-Wertes bei der Gerbstoffextraktion wesentlicher als die Härte. Durch die Anwesenheit von Kohlensäure soll sogar mehr Gerbstoff gelöst werden. Das Wasser wird daher für die Gerbstoffextraktion besonders gereinigt werden müssen. Um bei der Reinigung die Entstehung eines Teils weiterer Neutralsalze zu vermeiden, schlägt J. Hülsen vor, das Wasser mit Bariumhydroxyd [$Ba(OH)_2$] zu reinigen, da man damit die Bikarbonate und gleichzeitig die Sulfate entfernt, ohne daß ein neues Neutralsalz im Wasser bleibt. Jedoch wird man dabei wieder sehr vorsichtig sein müssen, daß nicht dafür ein Überschuß von Bariumhydroxyd im Wasser bleibt. Auch Joh. Paeßler (*2*) stimmt dafür, daß man möglichst weiches und auch salzfreies Wasser für die Gerbstoffauszüge verwenden soll, wenn er auch der Ansicht ist, daß die Verhältnisse in der Praxis etwas günstiger liegen, da für die Extraktion nicht so viel Wasser verwendet wird wie bei der Gerbstoffanalyse.

Daß Eisensalze sowohl bei der Gerbung wie bei der Extraktion Verluste bedingen und eine Dunkelfärbung hervorrufen, braucht nicht besonders betont zu werden.

### 12. Zusammenfassung.

Ganz einerlei, welche Arten von Leder man herstellt, sind an das Gebrauchswasser besondere Anforderungen zu stellen. Diese sind für die einzelnen Arten von Leder nicht sehr verschieden, da ja auch die Vorarbeiten für die meisten Gerbverfahren nicht sehr verschieden sind, und da gerade bei diesen Vorarbeiten in der Wasserwerkstatt am meisten Wasser gebraucht wird. Ganz allgemein kann man sagen, daß das Wasser keine ungelösten Bestandteile enthalten darf, daß es möglichst weich sein soll, und daß es auch möglichst wenig gelöste Stoffe überhaupt enthalten soll. Ganz ungeeignet für die Gerberei ist ein Wasser, das viel Eisensalze gelöst hat, das zu warm ist, oder das zu viel Fäulnisbakterien enthält.

Aber auch dann, wenn man annimmt, daß ein Schaden beim Leder nur auf das Wasser zurückzuführen ist, ist es ratsam, dies dadurch nachzuweisen, daß man einmal einen Versuch mit einem besonders gereinigten Wasser zum Vergleich durchführt. Erst dann kann man ein endgültiges Urteil abgeben, ob wirklich das verwandte Wasser an dem Fehler schuld ist, oder ob man doch wo anders suchen muß.

# D. Wasserreinigung.

## I. Allgemeines.

Wenn man in der Gerberei ein Wasser hat, das den gestellten Anforderungen nicht entspricht, so braucht man trotzdem noch nicht alles Wasser durch eine Wasserreinigungsanlage zu schicken, was auch viel zu teuer käme, sondern man kann z. B. auch mit hartem Wasser gutes Leder bekommen, wenn man bei den einzelnen Prozessen durch entsprechende Zusätze und entsprechende Arbeitsweise, wie bei den einzelnen Arbeitsgängen angegeben ist, den ungünstigen Einfluß des Wassers ausschaltet.

Weicheres Wasser kann man z. B. auch für das Färben oder Fetten dadurch bekommen, daß man das Gebrauchswasser mit Kondenswasser mischt. Enthält das Wasser viel Eisen, so kann man nach einem Schweizer Patent von Joh. A. Benckiser Spezialphosphate zusetzen, die das Eisen in Lösung halten, wie sie nach H. Huber auch die Härtebildner in Lösung halten können. Es werden dabei wasserlösliche komplexbildende Phosphate (Natriumhexametaphosphat) verwandt. Im Gegensatz zu den für die Enthärtung des Kesselspeisewassers bekannten Verfahren mit Trinatriumphosphat werden die Härtebildner nicht ausgefällt, sondern in wasserlösliche komplexe Verbindungen übergeführt. Es bildet sich keinerlei Schlamm; denn die Härtebildner können nicht mit den Gerbstoffen, Fettsäuren usw. reagieren, da sie nicht als freie Ionen, sondern komplex gebunden vorliegen. Durch diese komplexbildenden Phosphate kann sogar eine durch hartes Wasser hervorgerufene Fällung wieder rückgängig gemacht werden. So werden z. B. Kalk- und Magnesiaseifen durch nachträglichen Zusatz von Natriumhexametaphosphat wieder beseitigt. Nach diesem Verfahren enthärtetes Wasser hat sich besonders beim Weichen von Häuten und Fellen bewährt (C. Stiepel; Cuir technique).

Sind im Wasser zuviel Fäulnisbakterien, so kann man sich oft dadurch helfen, daß man das Wasser aus Brunnen von über 8 m Tiefe holt. Das Wasser ist dann nach S. Schapringer bakterienfrei, da in dieser Tiefe Bakterien aus Luftmangel nicht mehr bestehen können. Außerdem ist das Wasser dann auch kälter.

## II. Kesselspeisewasser.

Dagegen kommt man beim Kesselspeisewasser um eine Wasserreinigung wohl nicht herum. Durch die Härte des Wassers, einerlei ob es sich um vorübergehende oder bleibende handelt, wird im Kessel Kesselstein gebildet, der sich mehr oder weniger fest an die Wände ansetzt. Wenn auch der Wärmeverlust durch den Kesselstein nicht so groß ist, wie es oft angenommen wird, so ist er doch auch noch besonders dadurch schädlich, daß er oft die Ursache einer ungleichmäßigen Erwärmung und damit Ausdehnung der Kesselwand ist und zu einer teilweisen Überhitzung des Kesselbleches führen kann. Denn unter einer dichten Kesselsteindecke wird die Kesselwand heißer, als da, wo sie mit dem Wasser unmittelbar in Berührung kommt. Durch diese ungleichmäßige Erwärmung kann die Kesselwand leicht deformiert werden. Dies kann sehr unangenehme Folgen haben, und die Sicherheit des Betriebes leidet darunter. Auch muß der Kesselstein öfters entfernt werden. Dabei muß man den Kessel außer Betrieb setzen und den Kesselstein abklopfen, wodurch leicht Beschädigungen der Kesselwände entstehen können.

Ein Kesselspeisewasser darf keine mechanischen Verunreinigungen enthalten und darf gegen Phenolphthalein nicht sauer reagieren. Es muß also mindestens einen $p_H$-Wert von 8,5 haben. Der $p_H$-Wert soll aber auch nicht höher als etwa 10 sein, da sonst die Armaturen angegriffen werden. Es soll auch möglichst wenig Salze und Gase gelöst enthalten. Auch Alkalicarbonate und Bicarbonate in größeren Mengen sind nicht erwünscht. Denn Soda zersetzt sich bei höherer Temperatur nach der Gleichung

$$Na_2CO_3 + H_2O = 2\,NaOH + CO_2$$

zum Teil in Natronlauge und Kohlensäure. Jeder Temperatur entspricht dabei ein bestimmtes Gleichgewicht. Dadurch kommt Kohlensäure in den Dampf, und die Leitungen können angegriffen werden. Magnesiumchlorid kann dadurch schaden, daß es bei höherer Temperatur nach der Gleichung

$$MgCl_2 + 2\,H_2O = \mathbf{Mg(OH)_2} + 2\,HCl$$

Salzsäure abspaltet. Auch Fette und Öle dürfen im Kesselspeisewasser nicht enthalten sein.

## 1. Reinigungsverfahren.

Es gibt eine ganze Menge Reinigungsverfahren. Brauchbar sind nur die, die die schädlichen Stoffe vorher zum größten Teil aus dem Kesselspeisewasser entfernen.

a) **Entgasen.** Dies geschieht meist durch Erwärmen des Wassers. Gleichzeitig mit dem Austreiben der Kohlensäure wird auch schon ein Teil der Härtebildner ausgefällt. Dieses Erwärmen kann in offenen Gefäßen oder in besonderen Apparaten, z. B. Plattenkochern, geschehen. Die Entgasung ist wohl fast immer mit der Enthärtung vereinigt.

b) **Destillation.** Man destilliert das Wasser vorher in besonderen Kesseln und speist mit dem destillierten Wasser. Dies kommt wohl meist nur auf Schiffen in Frage und bei den modernsten Hochleistungskesseln mit sehr hohem Wasserdurchsatz. Dabei wird meist das ganze Kondenswasser zurückgewonnen, so daß nur ein geringer Zusatz von frischem Wasser nötig ist.

c) **Das Permutitverfahren.** Das Wasser wird langsam durch eine Schicht von Natrium-Aluminium-Doppelsilikat geleitet. Dieses hat die Eigenschaft, daß es sein Natrium gegen Calcium, Magnesium oder Eisen des Wassers austauscht nach den Gleichungen

$$\mathbf{Na_2\text{-}Permutit} + Ca(HCO_3)_2 = \mathbf{Ca\text{-}Permutit} + 2\,NaHCO_3$$
$$\mathbf{Na_2\text{-}Permutit} + CaSO_4 = \mathbf{Ca\text{-}Permutit} + Na_2SO_4.$$

Aus den Salzen der Carbonathärte bildet sich die entsprechende Menge Natriumbicarbonat und aus der bleibenden Härte das entsprechende Neutralsalz.

Ein Vorteil dieses Verfahrens ist, daß man keine Dosierung und fast keine Überwachung braucht, und daß das Wasser bis auf $0^0$ enthärtet wird. Wenn das Permutit nicht mehr wirkt, da es zuviel Ca, Mg oder Fe aus dem Wasser aufgenommen hat, kann man es wieder regenerieren, indem man es mit konzentrierter Kochsalzlösung behandelt.

Ein Nachteil ist, daß das permutierte Wasser Natriumbicarbonat enthält und für viele Fälle, wie schon oben angegeben ist, erst noch einmal neutralisiert werden muß. Auch die vielen Alkalisalze, die es enthält, sind oft nicht erwünscht, besonders gerade für das Kesselspeisewasser.

d) **Das Kalk-Soda-Verfahren.** Durch Zusatz von Kalk (CaO) wird die freie Kohlensäure, soweit sie noch nicht beim Erwärmen oder Entgasen ausgetrieben ist, ausgefällt. Außerdem wird die Carbonathärte bei Kalkhärte als Calciumcarbonat und bei Magnesia als Magnesiumhydroxyd ausgefällt nach den Gleichungen

$$Ca(HCO_3)_2 + CaO = \mathbf{2\,CaCO_3} + H_2O$$
$$Mg(HCO_3)_2 + 2\,CaO = \mathbf{2\,CaCO_3} + \mathbf{Mg(OH)_2}.$$

Dabei entstehen im Gegensatz zum Permutitverfahren keine Bicarbonate. Zum Ausfällen der bleibenden Härte ist ein Überschuß von Soda nötig

$$CaSO_4 + Na_2CO_3 = \mathbf{CaCO_3} + Na_2SO_4.$$

Da Kalk und Soda sich gegenseitig ausfällen, ist eine getrennte Zugabe zu dem Wasser erforderlich. Man gibt zuerst Kalk zu, dann in einem weiteren Gefäß erst die Soda. Dazwischen ist ein Filter geschaltet, und es folgen auch noch einige Filter nach, um die ausgefällten Niederschläge zurückzuhalten. Statt Soda kann man oft auch Natronlauge nehmen, da in den meisten Wässern genügend Carbonate vorhanden sind.

e) **Das Kalk-Barytverfahren.** Will man auch noch die Sulfate im gereinigten Wasser vermeiden, so nimmt man statt Soda gefälltes Bariumcarbonat.

f) **Das Soda-Regenerativ-Verfahren.** Da zur Ausfällung der bleibenden Härte ein gewisser Überschuß von Soda genommen werden muß, reichert sich die Soda im Kessel immer mehr an. Durch Abspalten von Kohlensäure setzt sie sich zum Teil in Natronlauge um. Um diese Anreicherung und damit ein öfteres Abschlämmen des Kessels zu vermeiden, führt man dauernd einen Teil des Kesselwassers in die Reinigung zurück. Dadurch wird das Wasser im Reiniger vorgewärmt und die mitgeführte Natronlauge und Soda fällen die Härte aus

$$Ca(HCO_3)_2 + NaOH = \mathbf{CaCO_3} + NaHCO_3 + H_2O$$

(Neckarverfahren).

g) **Phosphatverfahren.** Bei allen diesen Verfahren bleibt noch eine geringe Resthärte, die der Löslichkeit von Calciumcarbonat ($CaCO_3$) entspricht, und die nur durch einen sehr großen Überschuß von Fällungsmitteln verringert werden kann. In neuerer Zeit hat sich daher der Zusatz von Phosphat immer mehr eingeführt (P. Koeppel). Es ist dann möglich, auch die Resthärte zu entfernen, ohne daß man einen großen Überschuß braucht. Außerdem hat man noch den Vorteil, daß sich die Phosphate der Härtebildner nicht fest an die Kesselwand ansetzen, sondern als Schlamm ausscheiden, der leicht wieder aufgerührt und weggeschwemmt werden kann, z. B. mit der Kesselwasserrückführung. Auch die Reaktionszeit ist geringer als bei den Carbonatverfahren. Man kann mit Trinatriumphosphat allein enthärten, wird dies aber wohl nur tun, wenn man ziemlich weiches Wasser hat. Sonst wird das Trinatriumphosphat mit den üblichen Verfahren meist unter Kesselwasserrückführung zusammen angewandt, so daß man sehr rationell arbeiten kann. Statt des hohen Carbonat-Sulfat-Überschusses, der früher nötig war, braucht man dann nur noch einen ganz geringen Phosphatüberschuß im Kessel. Dadurch spaltet sich nicht so viel Kohlensäure in den Dampf ab, das Wasser wird nicht so stark alkalisch, und man kann leicht eine Laugenbrüchigkeit vermeiden. Auch ist es nicht schlimm, wenn bei ungleichmäßiger Wasserzusammensetzung etwas Resthärte in den Kessel gelangt. Man braucht dann nur etwas mehr Phosphat zuzugeben, dann wird sie im Kessel als Schlamm ausgefällt. Bei Verwendung von Phosphat kann man durch die Kesselwasserrückführung die Reinigung so einstellen, daß man nicht mehr durch Ablassen eines Teils des Kesselwassers zu entsalzen braucht. Dies ist nach K. Hofer dann möglich, wenn der Schwellenwert, über den der Salzgehalt nicht mehr steigt, so niedrig ist, daß der Kessel noch nicht schäumt. Dies ist bis zu mittlerem Kesseldruck wohl immer der Fall, trifft aber nicht mehr zu für die modernsten Hochleistungskessel. Diese Kombination Vorenthärtung, Nachenthärtung mit Phosphat und Kesselwasserrückführung ist heute eines der besten Reinigungsverfahren für Kesselspeisewasser.

In neuerer Zeit werden neben Tri- oder auch Dinatriumphosphat zur Enthärtung von Kesselspeisewasser Phosphate vergeschlagen, die wasserärmer als die Orthophosphate sind, z. B. die Pyro- und Metaphosphate (Joh. A. Benckiser). Dabei hat man keine Ausfällungen in den Speiseleitungen und Vorwärmern und erzielt doch eine restlose Enthärtung. Die Resthärte wird erst im Kessel selbst als leicht entfernbarer Schlamm aus Calcium- bzw. Magnesiumorthophosphat ausgefällt.

h) **Elektrische Verfahren.** Es sind auch einige elektrische Verfahren vorgeschlagen worden, die zum Teil die Salze ausscheiden, zum Teil nur das Festbrennen von Kesselstein verhindern sollen. Doch scheinen sich diese Verfahren noch nicht praktisch bewährt zu haben. Dazu kann man auch den Tonisator rechnen, der kürzlich von England gekommen ist.

i) **Geheimverfahren.** Außerdem gibt es noch einige hundert Geheimverfahren zur Verhinderung von Kesselstein. Es wird dabei mit Soda und allen möglichen Mitteln gearbeitet wie Säuren, Fetten, Zucker, Ton, Torf, Gerbstoffen, Eiweißstoffen, Kohlehydraten, Porzellanscherben, Metallabfällen u. dgl. Nach M. Auerbach (*2*) und nach E. Sauer und F. Fischler sind alle diese Mittel mindestens zu teuer, meist wertlos nnd oft sogar schädlich. Keine Fabrik, die sich einer geordneten Leitung erfreut, wird heute noch solche Geheimmittel verwenden.

## 2. Kontrolle der Wasserreinigung.

Die zuzusetzenden Enthärtungsmittel können nach der Analyse berechnet werden. Durch dauernde Kontrolle des gereinigten Wassers und des Kesselwassers muß die Reinigung dann so eingestellt werden, daß das Wasser immer so ist, wie es für den Kessel verlangt werden muß.

a) **Salzgehalt.** Man bestimmt das spez. Gew. bei 20° C. Für einen bestimmten Kessel und einen bestimmten Druck gibt es immer ein bestimmtes spez. Gew., über das das Wasser nicht kommen darf, weil der Kessel sonst schäumt.

b) **Härte.** Man bestimmt die Härte, wie bei der Gesamthärte angegeben ist, mit Clarkscher Seifenlösung. Für diese geringen Härtegrade kann man sie zweckmäßig noch einmal auf das Fünffache verdünnen.

c) **Alkalität.** 200 ccm Wasser versetzt man mit einigen Tropfen Phenolphthalein und einigen Tropfen Methylorange und titriert mit $^{n}/_{10}$ Salzsäure.

$\alpha$) Phenolphthaleinwert $P$. Wenn man diese 200 ccm bis zum Farbloswerden von Phenolphthalein titriert und die bis dahin verbrauchten Kubikzentimeter $^{n}/_{10}$ HCl mit 1,4 multipliziert, so bekommt man den Phenolphthaleinwert $P$ in deutschen Härtegraden. Durch diese Titration findet man die Gesamtmenge Hydroxyd (CaO und NaOH) und die Hälfte der Carbonate ($^1/_2$ $CaCO_3$ und $^1/_2$ $Na_2CO_3$). Ob Calciumverbindungen dabei sind, sieht man an der Härte.

$\beta$) Methylorangewert $M$. Dann titriert man weiter, bis Methylorange rot wird, und bekommt durch Multiplikation der von Anfang an verbrauchten Kubikzentimeter $^{n}/_{10}$ HCl mit 1,4 den Methylorangewert $M$ in deutschen Härtegraden. Von $P$ bis $M$ titriert man die zweite Hälfte der Carbonate und die Gesamtmenge Bicarbonat.

$\gamma$) Berechnung. Es wird dabei angenommen, daß die Menge Phosphat im Wasser so gering ist, daß sie praktisch vernachlässigt werden kann. Hydroxyde und Bicarbonate können nicht gleichzeitig vorhanden sein. Man kann daher zwei Fälle unterscheiden.

1. Fall. Es ist Hydroxyd neben Carbonat vorhanden. Das ist der Fall, wenn $M > 2(M - P)$ ist, wie es bei Kesselwasser immer der Fall sein soll. Die Carbonate findet man dann unmittelbar in deutschen Härtegraden, wenn man die Differenz zwischen $M$ und $P$ verdoppelt, also $2(M - P)$. Die Hydroxyde sind der Rest, also $M - 2(M - P) = 2P - M$. Ob ein Teil der Carbonate als Calciumverbindung vorhanden ist, kann man an der Härte sehen.

Beispiel: Es sei z. B. $M = 70$ und $P = 60$, dann ist vorhanden $2(M - P) = 2(70 - 60) = 20°$ Carbonat. Ist gleichzeitig die Härte zu 0,5° gefunden worden, so sind von den 20° Carbonat 19,5° $Na_2CO_3$ und 0,5° $CaCO_3$. Der Rest $M - 2(M - P) = 70 - 2(70 - 60) = 50$ oder $2P - M = 120 - 70 = 50$ ist dann NaOH in deutschen Härtegraden.

2. Fall. Es ist Bicarbonat neben Carbonat vorhanden. Das ist der Fall, wenn $M < 2(M - P)$ ist, wie es im gereinigten Wasser vorkommen kann. Die Carbonate sind dann $= 2P$. Der Rest $M - 2P$ ist das Bicarbonat.

Beispiel: Es sei $M = 5,0$ und $P = 1,5$. Dann ist der Carbonatgehalt $2\,P = 3,0^0$ und der Bicarbonatgehalt $M - 2\,P = 5 - 3 = 2^0$ deutscher Härte. Ist jetzt die Härte z. B. $2,5^0$, so bedeutet dies, daß das ganze Bicarbonat also $2^0$ als $Ca(HCO_3)_2$ bzw. $Mg(HCO_3)_2$ und noch $0,5^0$ $CaCO_3$ als Härte vorhanden ist und außerdem $2,5^0$ Soda.

Zu jedem Dampfdruck gehört ein bestimmtes Verhältnis von Soda zu Natronlauge, das bei richtiger Reinigung des Kesselspeisewassers immer gleich bleiben muß. Findet man nun einmal im Verhältnis mehr Carbonat im Kesselwasser, so ist dies ein Zeichen, daß in der Zwischenzeit schlecht gereinigtes Wasser in den Kessel gekommen ist, was oft durch Härte im Kondenswasser geschehen kann. Bicarbonat soll im Kessel nie vorhanden sein.

δ) Natronschutzzahl. Viele Kessel werden mit einer Natronschutzzahl oder Natronzahl gefahren. Diese Natronschutzzahl ist ein Maß für die Alkalinität. Sie ist der Gehalt an Natronlauge vermehrt um einen gewissen Teil der Soda, die ja schwächer alkalisch ist als die Natronlauge. Den Gehalt an Milligramm NaOH im Liter Wasser findet man, wenn man die deutschen Grade Natronlauge mit 14,27 multipliziert. Ebenso findet man Milligramm Soda ($Na_2CO_3$) im Liter, wenn man die deutschen Grade Soda mit 18,90 multipliziert. Diese werden nur mit 22,2% eingesetzt und zur Lauge dazuaddiert. Hat man also wie im 1. Fall $50^0$ Hydroxyd, so gibt dies 50mal $14,27 = 714$ mg NaOH im Liter. Die $20^0$ Carbonat geben 20mal $18,90 = 378$ mg $Na_2CO_3$. Davon 22,2% (oder 378 geteilt durch 4,5) gibt 84. Diese 84 werden zu den 714 mg zugezählt, dann hat man die Natronschutzzahl 798. Einfacher findet man den Anteil der Carbonate, wenn man die deutschen Grade Carbonat mit 4,2 multipliziert, also 20mal $4,2 = 84$. Die Natronschutzzahl soll zwischen 400 und 800 liegen. Sie kann aber auch bis 2000 steigen und braucht bei Verwendung von Phosphat in geringem Überschuß nur 200 zu sein (A. Splittgerber).

Im 2. Fall von oben läßt sich die Natronschutzzahl nicht berechnen, da Bicarbonat vorhanden ist, das eigentlich als negativer Anteil an der Natronschutzzahl eingesetzt werden müßte.

## Literaturübersicht.

Appelius, W.: Ledertechn. Rdsch. **19**, 81 (1927) und Das Wasser als Kesselspeisewasser und Gebrauchswasser in der Gerberei, 24. Jahresbericht der deutschen Gerberschule, Freiberg, Sa. 1913.
Auerbach, M. (*1*): Ledertechn. Rdsch. **20**, 40 (1928); (*2*): Ledertechn. Rdsch. **19**, 266 (1927).
Benckiser, Joh. A.: Schwz. Pat. 178553, Klasse 40.
Cuir techn. **24**, 249 (1935); **24**, 368 (1935).
Eitner, W. (*1*): Gerber 1884, 1891, 1909; Referat Collegium **1914**, 546; (*2*): Collegium **1915**, 374.
Faust, T. A.: J. A. L. C. A. **1919**, 505; Referat Collegium **1920**, 778.
Grasser, G.: Handbuch für gerb.-chem. Laborat., 3. Aufl., Wien: Julius Springer 1929.
Hofer, K.: Arch. f. Wärmewirtschaft u. Dampfkesselwesen. Bd. 16, H. 11, 289 (1935).
Huber, H.: Angew. Chem. **50**, 323 (1937).
Hülsen, J.: Collegium **1904**, 120.
Jettmar, J.: Handb. d. Chromgerbung, 3. Aufl., Leipzig: Schulze & Co. 1924.
Klut, H. (*1*): Untersuchung des Wassers an Ort und Stelle. 6. Aufl., Berlin: Julius Springer 1931; (*2*): Nach J. Tillmans.
Koeppel, P.: Vom Wasser V, 108, Berlin: Verlag Chemie G. m. b. H. 1931.
Köhler, L.: Collegium **1928**, 450.
Kohnstein, B.: Collegium **1910**, 38.
Kühl, H.: Ledertechn. Rdsch. **1914**, 145; Referat Collegium **1914**, 545.
Landolt-Börnstein: Physikal. chem. Tabellen. 4. Aufl., Berlin: Julius Springer 1912. Nach Klut, S. 70.
Lehmann, P. und A. Reuß: Nach J. Tillmans.
Marriott, R. H.: J. I. S. L. T. C. **12**, 216 (1928); Referat Collegium **1929**, 79.
McLaughlin, G. D. und G. E. Rockwell: J. A. L. C. A. **19**, 369 (1924); Referat Collegium **1924**, 472.
Moldenhauer, W.: Chem.-techn. Praktikum. 2. Aufl., Berlin: Gebr. Borntraeger 1925.
Möller, W.: Collegium **1915**, 373.
Morisson, C. M.: J. A. L. C. A. **16**, 345 (1921); Referat Collegium **1922**, 43.

Nieuwenburg, C. J. van und H. B. Blumendal: Mikrochemie 18 (N. F. 12), 39, 1935.
Nihoul, E. (*1*): Collegium **1902**, 298; (*2*): Collegium **1905**, 15.
Nihoul, E. und R. Martinez: Collegium **1902**, 80.
Nihoul, E. und L. van de Putte: Collegium **1904**, 17.
Ohlmüller-Spitta: Untersuchung des Wassers und Abwassers. 5. Aufl., Berlin: Julius Springer 1931.
Paeßler, Joh. (*1*): Das Wasser und seine Untersuchung. Freiberg, Selbstverlag, 1896; (*2*): Collegium **1904**, 296.
Paeßler, Joh. und W. Appelius: Collegium **1902**, 223.
Parker, G.: Collegium **1904**, 360.
Procter, H. B.: Taschenbuch für Gerbereichemiker und Lederfabrikanten. 2. Aufl. Dresden und Leipzig: Th. Steinkopff 1921.
Procter, H. R. und Joh. Paeßler: Leitfaden für gerbereichemische Untersuchungen Berlin: Julius Springer 1901.
Rechenberg: Inauguraldissertation der naturwissenschaftlichen Fakultät Frankfurt/Main 1932, nach J. Tillmans.
Sauer, E. und F. Fischler: Angew. Chem. **1927**, 1176.
Schapringer, S.: Gerber **60**, 57 (1934).
Schulze: Nach Lunge-Berl: Chem.-techn. Untersuchungsmethoden. 8. Aufl. Berlin: Julius Springer 1932, 258.
Splittgerber, A.: Nach J. Tillmans.
Stiasny, E. (*1*): Gerbereichemie (Chromgerbung), Dresden und Leipzig: Th. Steinkopff 1931; (*2*): Jahresberichte der Vagda 1924/25 (Darmstadt).
Stiepel, C.: Fette und Seifen **43**, 159 (1936).
Tillmans, J. (*1*): Die chemische Untersuchung von Wasser und Abwasser. 2. Aufl. Halle 1932; (*2*): Nach Lunge-Berl: Chem.-techn. Untersuchungsmethoden. 8. Aufl., Bd. II/1, Berlin: Julius Springer 1932.
Tillmanns, J. und O. Heublein: Ztschr. für Untersuchung der Nahrungs- und Genußmittel **24**, 429 (1912) und **35**, 289 (1917).
Ulsch: Nach J. Tillmans (*1*).
Vagda-Kalender: Gerbereichemisches Taschenbuch. 3. Aufl., Dresden und Leipzig: Th. Steinkopff 1932.
Wagner, A. und Joh. Paeßler: Handbuch für die gesamte Gerberei und Lederindustrie, Leipzig: Deutscher Verlag G. m. b. H. 1925.
Wilson, J. A.: Die moderne Chemie in der Lederfabrikation, Leipzig: P. Schulze 1925.
Wilson, J. A. und E. J. Kern: Collegium **1922**, 188.
Winkler, L. W. (*1*): Ztschr. analyt. Chem. **53**, 561 (1914); (*2*): Angew. Chem. **29**, 218 (1916); (*3*): Angew. Chem. **26**, 38 (1913); (*4*): Nach Lunge-Berl: Chem.-techn. Untersuchungsmethoden. 8. Aufl., Bd. II/1, Berlin: Julius Springer 1932; (*5*): Nach Lunge-Berl: Chem.-techn. Untersuchungsmethoden. 8. Aufl., Bd. II/1, Berlin: Julius Springer 1932; (*6*): Nach Lunge-Berl: Chem.-techn. Untersuchungsmethoden. 7. Aufl., Bd. I, Berlin: Julius Springer 1921; (*7*): Ztschr. analyt. Chem. **42**, 735 (1903); (*8*): Nach W. Moldenhauer: Chem.-techn. Praktikum. 2. Aufl., Berlin 1925, 53.

Zweites Kapitel.

# Die Arbeiten der Wasserwerkstatt.

## A. Das Weichen.

Von Dr.-Ing. **Hans Herfeld,** Freiberg (Sa).

Das Weichen ist der erste Arbeitsvorgang, dem die tierische Haut im Gange der Lederfabrikation unterworfen wird. Der Weichprozeß hat den Zweck, die Rohhaut zu reinigen, also von anhaftendem Blut, Schmutz, Dung usw. zu befreien, sie wieder in den Zustand zu bringen, den sie am Körper des lebenden Tieres aufgewiesen hat, also etwa vorhandene Konservierungsmittel zu entfernen und alle Veränderungen durch die Konservierung weitestgehend rückgängig zu machen, und schließlich die Haut in einen gewissen mäßigen Quellungszustand zu versetzen, der sich für eine sachgemäße Durchführung der nachfolgenden Wasserwerkstattprozesse als besonders günstig erwiesen hat. Daneben wird während des Weichens eine weitgehende Entfernung der wasser- und neutralsalzlöslichen Hautproteine bewirkt. Je nachdem, in welchem Zustand die Haut der Lederbereitung zugeführt wird, ob im grünen, d. h. unkonservierten, im gesalzenen bzw. trocken gesalzenen oder im getrockneten Zustand, wird naturgemäß auch die Bedeutung der einzelnen Teilprozesse für den Gesamtweichprozeß eine unterschiedliche sein und entsprechend auch der Weichvorgang in sinngemäß unterschiedlicher Weise durchgeführt werden müssen. Bevor die praktische Durchführung des Weichprozesses selbst besprochen wird, sollen daher in den folgenden Abschnitten zunächst die drei wichtigsten Faktoren beim Weichprozeß eine eingehende Behandlung finden, und zwar erstens die Wasseraufnahme durch die tierische Haut, wobei bei gesalzenem Hautmaterial gleichzeitig auch die Frage der Diffusion des Kochsalzes aus der Haut berücksichtigt werden muß, zweitens die Extraktion der wasser- und neutralsalzlöslichen Proteine aus der Haut und schließlich die Einwirkung von Mikroorganismen auf die Proteine der Haut.

### I. Die Wasseraufnahme durch die Haut.

Wie bereits erwähnt, soll das Hautmaterial während des Weichprozesses weitestmöglich wieder in den Zustand versetzt werden, den es am Körper des lebenden Tieres bzw. unmittelbar nach dem Abziehen aufgewiesen hat. Das gilt in erster Linie für den Wassergehalt der Haut, der während des Lagerns eine mehr oder weniger starke Verminderung erfahren hat und durch eine Aufnahme von Wasser während des Weichens wieder ergänzt werden muß. Diese Wasseraufnahme erfolgt von der Haut in zweifacher Weise, teilweise und zwar insbesondere in den ersten Stadien intermizellar, zum größten Teil aber, insbesondere mit fortschreitender Weichdauer, intramizellar.

Soweit es sich um grüne Häute handelt, die allerdings mengenmäßig nur einen verhältnismäßig geringen Anteil der insgesamt von der Lederindustrie verarbeiteten Rohhautmenge ausmachen, liegt der Fall einfach. Die grünen Häute und Felle, die nach dem Tode des Tieres rasch der Verarbeitung zugeführt werden müssen, sollen nicht Hautsubstanzverluste und Hautschäden infolge Einwirkung von Fäulnisbakterien zu befürchten sein, haben normalerweise in dieser kurzen Zeit noch keine stärkere Abnahme des Wassergehaltes erfahren, und es genügt daher eine kurze, höchstens eintägige Behandlung mit Wasser, um diese geringen Wasserverluste wieder auszugleichen und darüber hinaus das Hautfasergefüge in den gewünschten Zustand mäßiger Quellung zu versetzen.

Schwieriger liegen die Verhältnisse bereits bei gesalzenen Häuten und Fellen, da durch die Salzeinwirkung stets eine beträchtliche Verminderung des Wassergehaltes stattgefunden hat. Während frische Häute je nach Hautart, Rasse usw. normalerweise Wassergehalte zwischen etwa 60 und 70% aufweisen, wird der Wassergehalt durch die Salzkonservierung je nach Intensität des Salzens und Dauer der Lagerung bis auf etwa 30 bis 45% gesenkt. Dieser Wasserverlust muß beim Weichen wieder rückgängig gemacht werden, und entsprechend nimmt das Weichen des gesalzenen Hautmaterials eine wesentlich längere Zeit als bei grünen Häuten in Anspruch. Parallel mit dieser Aufnahme von Wasser durch die Haut verläuft eine Diffusion des Konservierungssalzes aus der Haut, findet also mit fortschreitender Weichdauer eine Verminderung des Kochsalzgehaltes der Haut und andererseits eine Anreicherung an Kochsalz im Weichwasser statt. Dabei wird erwartungsgemäß mit der Zeit ein Gleichgewichtszustand zwischen dem Salzgehalt der Haut und dem des Wassers erreicht und damit auch ein Endzustand einerseits der Diffusion des Konservierungssalzes aus der Haut und anderseits der Wasseraufnahme durch die Haut, da sich für jeden Salzgehalt des Weichwassers nach einiger Zeit auch ein bestimmter Wassergehalt des Hautmaterials einstellt. Im allgemeinen wirken im Vergleich mit dem Wassergehalt der Haut unmittelbar nach dem Abzug vom Tierkörper Salzlösungen über etwa 5% Kochsalz entwässernd, wobei die Intensität der entwässernden Wirkung mit steigender Kochsalzkonzentration zunimmt, während bei geringeren Salzkonzentrationen keine Entwässerung, sondern im Gegenteil sogar vielfach eine Wasseraufnahme stattfindet [F. Stather und H. Herfeld (*4*)], und entsprechend kann die Haut in einem Weichwasser, das mehr als etwa 5% Kochsalz enthält, natürlich auch nicht den ursprünglichen Wassergehalt zurückerlangen. Aus diesen Betrachtungen ergibt sich zwangläufig die Notwendigkeit, bei Weichen von gesalzenen Häuten und Fellen das Weichwasser mehrfach zu wechseln, um so infolge stets erneuten Salzkonzentrationsgefälles zwischen Haut und Weichwasser eine möglichst weitgehende Entfernung des Salzes aus der Haut zu erreichen und damit andererseits eine genügende Wasseraufnahme durch die Haut zu ermöglichen. Insbesondere bei Häuten, deren Haarlockerung durch Schwitzen erreicht werden soll, ist eine möglichst vollständige Entfernung des Kochsalzes aus der Haut auch aus dem Grunde zu erreichen, weil das in der Haut verbleibende Salz der für den Schwitzprozeß notwendigen Entwicklung von Fäulnisbakterien (vgl. S. 122) entgegenwirken würde.

Wesentlich langwieriger ist der Weichprozeß bei getrockneten Häuten und Fellen. Beim Trockenprozeß wird eine sehr weitgehende Entwässerung des Rohhautmaterials erreicht, so daß getrocknete Häute normalerweise Wassergehalte zwischen nur etwa 12 und 20% aufweisen. Diese starke Entwässerung an und für sich würde noch keine so große Erschwerung des Weichprozesses bedeuten, wenn nicht gleichzeitig durch das Trocknen auch das ganze Hautfasergefüge wesentliche Veränderungen erfahren würde. Einmal wird durch den starken Wasserentzug ein hornartiges Verkleben der einzelnen kollagenen Fasern untereinander bewirkt und ferner das Kollagen selbst derart verändert, daß es eine erheblich größere Resistenz quellenden Agenzien gegenüber aufweist als die Kollagenfasern der frischen bzw. gesalzenen Haut [G. D. McLaughlin und E. R. Theis (*1*)]. Es wird demgemäß dem Wasser zunächst bereits ein rein mechanischer Widerstand entgegengesetzt, da das Wasser in das verklebte Fasergefüge wesentlich schwerer diffundieren kann als in ein Fasergefüge, das wie z. B. bei der gesalzenen Haut infolge zwischen bzw. in den Fasern eingelagerten Kochsalzes eine wesentlich größere Porosität bewahrt hat. Darüber hinaus setzt aber jede einzelne Faser infolge der bereits angeführten größeren Resistenz gegenüber Quellungsmitteln der weichenden und quellenden Wirkung des Wassers einen viel größeren Widerstand als die Faser der gesalzenen Haut entgegen. Tatsache ist, daß aus diesen Gründen bei vielen getrockneten Häuten und Fellen durch einfache Behandlung mit Wasser auch bei sehr langer Weichdauer kein technisch ausreichender Weicheffekt erzielt werden kann, vielmehr die Anwendung geeigneter, den Weichprozeß fördernder Anschärfungsmittel (vgl. S. 38 und 53) erforderlich ist.

Aus diesen Feststellungen ergibt sich zwangsweise die Notwendigkeit, die Wasseradsorption durch Variation der Bedingungen beim Weichprozeß oder durch Zusatz von beschleunigenden Mitteln weitestgehend zu fördern, um so in technisch annehmbarer Zeit ein genügendes Erweichen des getrockneten Rohhautmaterials zu erreichen. Für eine derartige Beschleunigung kommen zunächst theoretisch die folgenden Faktoren in Frage:

## 1. Die Temperatur des Weichwassers

ist für den Weicheffekt von wesentlicher Bedeutung. Bei Temperaturen unter etwa 10° C geht der Weichvorgang nur sehr langsam vor sich, und es ist daher zweckmäßig, insbesondere in den Wintermonaten das Weichwasser, wenn die Temperatur unter die angeführte Grenze sinkt, entsprechend anzuwärmen. Mit steigender Temperatur nimmt der Weicheffekt als solcher zu, wird also die Wasseraufnahme begünstigt, doch sind anderseits auch einer Temperaturerhöhung des Weichwassers Grenzen gesteckt. Es ist nicht zweckmäßig, mit der Temperatur des Weichwassers über etwa 20° C hinauszugehen, da einerseits das kollagene Fasergeflecht nur in kaltem Wasser genügend quillt, in warmem dagegen verfällt und daher über das eigentliche Erweichen hinaus in zu warmem Weichwasser nicht der beim Weichen gewünschte Quellungseffekt der tierischen Haut erreicht wird, anderseits, wie noch in einem der nächsten Abschnitte zu behandeln sein wird (vgl. S. 44), mit steigender Temperatur auch die Gefahr der Schädigung des Hautmaterials durch Fäulnisbakterien in zunehmendem Maße gegeben ist und schließlich auch der hydrolytische Abbau der unlöslichen Hautproteine mit steigender Temperatur nicht unerheblich zunimmt (vgl. S. 42).

## 2. Härte des Wassers.

Es ist in der Praxis vielfach die Ansicht vertreten, daß hartes Wasser nicht sonderlich zum Weichen von Häuten und Fellen geeignet sei, da mit zunehmenden Härtegraden der Weicheffekt durch die Härtebildner wesentlich beeinträchtigt würde. Indessen ist darauf hingewiesen worden, daß diese Feststellung nur bei hohen Härtegraden zutreffend sei und daß zumeist eine gewisse Täuschung dadurch hervorgerufen würde, daß hartes Wasser ganz allgemein kälter und keimärmer sei als weiches Wasser [E. Stiasny (*1*), S. 208]. Geringe Salzkonzentrationen des Weichwassers begünstigen im allgemeinen die Wasseraufnahme, während höhere Konzentrationen ihr entgegenwirken. Allerdings ist es aus anderen, später noch zu besprechenden Gründen doch zweckmäßig, die Härte des Weichwassers möglichst niedrig zu halten (vgl. S. 42 und 45). Soweit es sich hierbei um durch doppelkohlensaure Salze des Calciums und Magnesiums verursachte vorübergehende Härte handelt, kann sie durch Zusatz von Kalk (Ausfällung als normale Carbonate) oder auch durch Zusatz geringer Säuremengen zum Weichwasser vermindert werden, wobei allerdings im letzteren Falle die Gesamthärte nicht vermindert, sondern lediglich eine Umwandlung der vorübergehenden Härte in bleibende Härte erfolgt.

## 3. Reaktion des Wassers.

Die Aufnahme des Wassers durch die konservierte Haut ist in starkem Maße von dem $p_H$-Wert des Weichwassers abhängig. Bekanntlich wirken Säuren und Alkalien in geeigneten Konzentrationen stärker und in kürzerer Zeit quellend auf die Proteine der Haut als reines Wasser und geben damit die Möglichkeit, die Aufquellung des ganzen Fasergefüges erheblich zu fördern und damit eine Beschleunigung des Weichprozesses zu erreichen. Über die Gesetzmäßigkeiten der Quellung tierischer Haut in Säure- und Alkalilösungen wurde bereits an anderer Stelle dieses Handbuches (Band I, 1. Teil) ausführlich berichtet. In saurem und alkalischem Medium nimmt die Quellung des Kollagenmaterials und gleichzeitig die Säure- und Alkaliaufnahme mit zunehmendem Säure- und Alkaligehalt der Lösung bis zu einem Maximum zu, worüber hinaus dann die Säure- und Alkaliaufnahme konstant bleibt, während die Quellung insbesondere in konzentrierten Säurelösungen wieder abfällt. Es ist für den speziellen Fall des Weichens festgestellt worden, daß diese Maxima bei etwa $p_H = 2{,}4$ bzw. $p_H = 11{,}6$ liegen, bei diesen $p_H$-Werten also die maximale Schwellung und Wasseraufnahme erreicht wird [J. A. Wilson (*1*), S. 212ff.]. In der Praxis wird von dieser Möglichkeit der Verbesserung der Schwellung und Wasseraufnahme konservierter, und zwar insbesondere getrockneter Häute vielfach durch Zusatz von sog. „Anschärfungsmitteln", vornehmlich Säuren und Alkalien zum Weichwasser Gebrauch gemacht (vgl. S. 53). An Alkalien haben sich insbesondere Schwefelnatrium und Ätznatron bewährt, die normalerweise zu etwa 0,1 bis 0,3% dem Weichwasser zugesetzt werden. Empfohlen wurde auch ein Zusatz von 0,5 bis 1% Borax auf das Wassergewicht, wobei insbesondere auch auf die antiseptische Wirkung von Borax hingewiesen wurde (E. Vigezzi), doch dürfte Borax für die meisten Ledersorten als Anschärfungsmittel bei der Weiche zu teuer sein. Diese alkalischen Mittel haben außer der angeführten quellungsfördernden Wirkung zudem den Vorteil, daß sie auch eine gewisse Verseifung des Hautfettes bewirken, das während des Trocknens der Häute teilweise in den äußeren Hautschichten angereichert wurde und die Benetzbarkeit des Hautmaterials oft beträchtlich vermindert. Entsprechend werden die alkalischen Anschärfungsmittel vielfach insbesondere bei stark naturfetthaltiger Rohware den unten noch zu besprechenden sauren Mitteln vorgezogen. Schwefelnatrium hat sich besonders für Oberleder, Ätznatron vornehmlich für Unterleder eingeführt [E. Stiasny (*1*), S. 215]. Alkalische Anschärfungsmittel haben vor den sauren ferner den Vorteil, daß die Häute, die anschließend an den Weichprozeß in alkalischen Lösungen weiter behandelt werden, nicht zuvor noch einer Neutralisation unterworfen zu werden brauchen. Allerdings ist die Verwendung alkalischer Anschärfungsmittel in all den Fällen nicht angebracht, in denen die Haare bzw. Wolle nachträglich für Zwecke weiter verarbeitet werden sollen, bei denen auf den Erhalt ihrer Festigkeit besonderer Wert gelegt wird, wie dies z. B. für die Wolle der Wollschaffelle der Fall ist, da durch alkalische Mittel ein gewisser Angriff auf die Haare und Wolle und eine unerwünscht intensive Entfettung zu befürchten ist. Für Haare bedeutet diese schwache Alkalibehandlung im allgemeinen keinen so nennenswerten Nachteil, wohl aber insbesondere für Wolle. Ferner ist die Verwendung alkalischer Anschärfungsmittel auch für gewisse belegte Kipssorten nicht zweckmäßig, da deren Belag häufig Magnesiumverbindungen enthält und demgemäß unlösliches Magnesiumhydroxyd entstehen würde, das das Eindringen der Weich- und Äscherflüssigkeiten wesentlich beeinträchtigen würde (F. Kopecky).

In allen diesen Fällen ist der sauren Weiche der Vorzug zu geben. Die Verwendung von Salzsäure oder Schwefelsäure, die man mitunter in der Praxis noch antrifft, ist hier nicht zu empfehlen, da einmal bei diesen stark wirkenden Säuren die Gefahr einer Hautschädigung besonders groß ist und im Falle der Schwefelsäure zudem, wenn die Säure nicht wieder sorgfältig aus der Haut entfernt wird, im nachfolgenden Äscher die Gefahr des Entstehens unlöslicher Ablagerungen von Calciumsulfat und damit von Kalkflecken gegeben ist. Zum Anschärfen des Weichwassers mit sauren Anschärfungsmitteln wird insbesondere die Verwendung von Ameisensäure empfohlen, wobei die Angaben etwa zwischen $^1/_2$ bis 3 kg 90%iger Säure pro Kubikmeter Weichflüssigkeit schwanken. Neben der Ameisensäure hat sich auch die Verwendung der schwefligen Säure bewährt, die zumeist in der handlichen Form der Bisulfitlauge oder als Natriumbisulfit zusammen mit der zur Freisetzung der schwefligen Säure notwendigen Menge an Säure zur Anwendung kommt. Benötigt werden etwa 4 bis 10 kg 40%ige Bisulfitlauge pro Kubikmeter Weichwasser. Dabei wirkt die schweflige Säure gleichzeitig bei geeigneter Konzentration auch als Sterilisationsmittel (vgl. S. 46).

Ganz allgemein sollen sauer angeschärfte Weichen das Hautmaterial stärker schonen als alkalisch angeschärfte Weichen und daher ein höheres Lederrendement gestatten [E. Stiasny (*1*), S. 219; V. Casaburi; L. Meunier und Huc]. Dabei ist es bei Verwendung saurer Anschärfungsmittel zweckmäßig, nach Beendigung des Weichens das Hautmaterial zunächst kurz in eine verdünnte Natriumsulfid- oder Natriumhydroxydlösung zu bringen, um den Hauptsäuregehalt der Haut zu neutralisieren, da es unzweckmäßig ist, daß größere Säuremengen durch die Häute in den Äscher gebracht werden. Zum mindesten sollen die Häute nach dem Weichen über Nacht in reines Wasser eingebracht werden, dem eventuell etwas Kochsalz beigesetzt wird [E. Stiasny (*1*), S. 219; J. G. Parker]. Erwähnt sei schließlich, daß für schwierige Fälle auch eine kombinierte Anwendung von Anschärfungsmitteln vorgeschlagen worden ist, derart, daß das Hautmaterial zunächst sauer vorgequollen, dann neutralisiert und schließlich alkalisch gequollen würde (C. H. Spiers).

Sowohl für alkalische wie für saure Weichwässer empfiehlt es sich, mit einem Minimum an Anschärfungsmitteln auszukommen. Man findet in Gerbrezepten und der Fachliteratur häufig Angaben, in denen insbesondere Alkalien in verhältnismäßig hohen Konzentrationen auf die Haut einwirken gelassen werden sollen. Von einer derartigen Arbeitsweise ist indessen im allgemeinen unbedingt abzuraten, denn bei zu hohen Säure- und insbesondere Alkalikonzentrationen ist stets die Gefahr eines Angriffes auf die Proteine der Haut und damit einer Beschädigung des Hautmaterials infolge übermäßiger Schwellung und stärkerer Hydrolyse oder die Gefahr des Auftretens unschöner Narbenbildungen (G. Abt) gegeben. Es ist im allgemeinen völlig ausreichend, das Weichen in einer annehmbaren Durchschnittszeit zu beenden; extreme Beschleunigungen sind also keineswegs erforderlich oder überhaupt erstrebenswert.

## 4. Neutralsalze.

Wiederholt ist empfohlen worden, an Stelle quellender Säuren und Alkalien Neutralsalze zum Weichen getrockneter Häute zu verwenden, den Weichprozeß also durch eine Neutralsalzquellung zu beschleunigen, wobei insbesondere Rhodanide, ferner Citrate und Arsenite empfohlen wurden, die zwar keine so starke Beschleunigung des Weicheffekts wie Säuren und Alkalien bewirken, aber eine Schonung des Hautmaterials gewährleisten sollen [E. Stiasny (*1*), S. 220; V. Casaburi; D. R. P. 369587]. Bei der Neutralsalzquellung handelt es sich um eine milde spezifische Quellwirkung der Neutralsalzionen, die sich nur graduell, nicht prinzipiell von der viel energischeren Quellwirkung der Wasserstoff- und Hydroxylionen unterscheidet. Eine nennenswerte praktische Anwendung haben indessen die Neutralsalze für diesen Zweck bisher nicht gefunden, zumal sich die Verwendung der angeführten Salze zum Teil auch aus preislichen Gründen verbieten dürfte. Erwähnt sei in diesem Zusammenhang auch die Beobachtung, daß getrocknete Häute eine stärkere Quellung ergeben, wenn sie zunächst 2 bis 3 Stunden in verdünnte Kochsalzlösungen und erst dann in Wasser eingebracht werden [G. D. McLaughlin und E. R. Theis (*2*), (*3*); G. D. McLaughlin und G. E. Rockwell (*2*)]. Die oben gemachten Angaben über die Beziehungen zwischen Quellung und Kochsalzgehalt des Weichwassers insbesondere bei geringeren Konzentrationen machen diese Beobachtung durchaus verständlich.

### 5. Verwendung von Netzmitteln.

Als besonders milde Mittel zur Beschleunigung des Weichens sind die sog. Netzmittel zu empfehlen. Die Zahl der Patente über die Herstellung geeigneter Netzmittel ist Legion und die Zahl der diesbezüglich im Handel befindlichen Produkte beträchtlich, so daß es über den Rahmen und das Wesen dieses Handbuches hinausgehen würde, einzelne dieser Fabrikate anzuführen oder zu empfehlen. Netzmittel sind ganz allgemein oberflächenaktive Stoffe, wie Seifen, aliphatische und aromatische Schwefelsäureester bzw. Sulfosäuren und deren Salze, hydroaromatische Verbindungen, aliphatische und aromatische Amine bzw. deren Salze u. a. m. Diese Netzmittel setzen infolge ihrer ausgeprägten Oberflächenaktivität die Oberflächen- bzw. Grenzflächenspannung des Wassers gegenüber der Haut herab, verbessern also die Benetzbarkeit der Haut und beschleunigen damit die Wasseraufnahme durch die Haut. Ferner wird infolge des meist stark ausgeprägten Emulgierungsvermögens dieser Netzmittel eine teilweise Emulgierung des Hautfettes und damit ebenfalls eine Verbesserung der Benetzbarkeit und Wasseraufnahme bewirkt. Insgesamt wird also durch die Verwendung von Netzmitteln bei meist mengenmäßig schon geringem Zusatz eine Beschleunigung des Weichvorganges erreicht, ohne daß andererseits bei sachgemäßer Auswahl und Beschaffenheit der verwendeten Netzmittel eine Schädigung der Haut, Benachteiligung der nachfolgenden Arbeitsprozesse oder ungünstige Beeinflussung der Qualität des fertigen Leders zu befürchten wäre.

### 6. Mechanische Beschleunigung.

Durch mechanische Behandlung des Hautmaterials während des Weichens läßt sich eine weitere Beschleunigung der Weichwirkung erzielen. Auf die einzelnen diesbezüglichen Möglichkeiten wird bei Besprechung der Praxis des Weichvorganges in einem der nächsten Abschnitte (vgl. S. 50) näher eingegangen werden.

## II. Extraktion wasser- und neutralsalzlöslicher Proteine aus der Haut.

Die tierische Haut enthält neben dem in Wasser und Neutralsalzlösungen unlöslichen Hauptbestandteil Kollagen und den ebenfalls wasser- und neutralsalzunlöslichen Elastin, Keratinen und Melaninen geringe Mengen wasserlöslicher

Albumine sowie in Neutralsalzlösungen löslicher Globuline und unvollständig löslicher Mucine. Bei Behandlung der tierischen Haut mit Wasser werden also zunächst nur die wasserlöslichen Albumine gelöst und aus der Haut extrahiert. Mit steigender Salzkonzentration der Extraktionsflüssigkeit erhöht sich die Menge extrahierbarer Proteine infolge der gleichzeitig zunehmenden Löslichkeit der neutralsalzlöslichen Globuline und Mucine, bis nach Erreichung einer maximalen Extrahierbarkeit bei Salzkonzentrationen von etwa 4 bis 8% mit weiterer Erhöhung der Salzkonzentration wieder eine Verminderung der Menge extrahierbarer Proteine, vermutlich infolge zunehmenden Aussalzungseffektes der höherkonzentrierten Salzlösungen auf Globuline und Mucine, eintritt [E. R. Theis (*1*), F. Stather und H. Herfeld (*1*)]. Während indessen H. B. Merrill feststellte, daß bei kontinuierlicher Extraktion tierischer Haut mit Salzlösungen ein Endpunkt erreicht würde, und entsprechend folgerte, daß bei dieser Extraktion ausschließlich von Natur aus wasser- und neutralsalzlösliche Hautproteine in Lösung gingen, haben neuere Arbeiten einwandfrei zeigen können, daß auch bei längerer Extraktionsdauer ein derartiger Endpunkt nur hinsichtlich hitzekoagulierbarer Anteile, nicht aber hinsichtlich der extrahierten nichtkoagulierbaren Anteile erreicht wird, so daß geschlossen wurde, daß durch die Einwirkung von Salzlösungen auf tierische Haut nicht nur die an und für sich löslichen Proteine gelöst werden, sondern auch eine abbauende Wirkung auf die von Natur aus unlöslichen Hautproteine mit anschließender Extraktion der löslichen, nicht mehr hitzekoagulierbaren Abbauprodukte stattfindet [A. Küntzel und K. Buchheimer; F. Stather und H. Herfeld (*2*), (*3*)].

Diese ganzen Löslichkeitsverhältnisse spielen naturgemäß auch für die Beurteilung der Vorgänge beim Weichprozeß eine nicht unwesentliche Rolle. Beim Weichen gesalzener Häute und Felle wirkt ebenfalls eine je nach dem Salzgehalt der Häute und der Häufigkeit des Wasserwechsels mehr oder weniger konzentrierte Salzlösung auf das Hautmaterial ein. Entsprechend wird beim Weichen zunächst eine weitgehende Extraktion der wasser- und neutralsalzlöslichen Proteine aus der Haut erzielt [F. Stather und H. Herfeld (*2*)], und zwar soll diese Extraktion der Stickstoffsubstanzen ebenso wie die Kochsalzextraktion aus der Haut zum größeren Teil von der Fleischseite der Häute und Felle aus erfolgen [G. D. McLaughlin und E. R. Theis (*1*), (*2*), (*3*)]. Darüber hinaus ist aber bei zu langer Weichdauer auch ein nennenswerter hydrolytischer Abbau der unlöslichen Hautproteine, insbesondere des Kollagens, und damit ein Verlust an gerberisch wichtiger Hautsubstanz und ein entsprechend vermindertes Lederrendement zu befürchten. Hierin ist einer der Gründe zu erblicken, die es, um solche Verluste weitestmöglich zu vermeiden, unbedingt ratsam erscheinen lassen, die Dauer des Weichprozesses, soweit dies nur eben zum Erhalt eines ausreichenden Weicheffektes möglich ist, zu beschränken. Besondere Beachtung verdient in diesem Zusammenhang auch die Feststellung, daß durch Kochsalzlösungen mittlerer Konzentration, wie oben bereits erwähnt, das stärkste Herauslösen wasser- und neutralsalzlöslicher Proteine bewirkt wird, daß aber bei Salzkonzentrationen von etwa 4 bis 6% auch der stärkste hydrolytische Abbau auf die von Natur aus wasser- und neutralsalzunlöslichen Proteine, insbesondere das Kollagen ausgeübt wird [F. Stather und H. Herfeld (*1*), (*3*)] und entsprechend beim Weichen zur Erhaltung der gerberisch wertvollen Proteine durch entsprechenden Wasserwechsel für ein möglichst schnelles Überschreiten dieses kritischen Kochsalzkonzentrationsbereichs im Weichwasser Sorge getragen werden muß. Anderseits ist ein zu häufiger Wasserwechsel als unzweckmäßig bezeichnet worden, da auch dadurch die Hautsubstanzverluste durch Hydrolyse etwas erhöht würden [G. D. McLaughlin und E. R. Theis (*1*), (*3*)]. Weiter sei erwähnt, daß der hydrolytische Abbau der unlöslichen Hautproteine insbesondere in reinem Wasser mit steigender Temperatur erheblich zunimmt, ein weiterer Grund, die Weichtemperatur möglichst niedrig zu halten [G. D. McLaughlin und E. R. Theis (*1*), (*3*); E. R. Theis und E. L. McMillen; F. Stather und H. Herfeld (*1*)]. Der stärkste hydrolytische Angriff auf die unlöslichen Proteine erfolgt bei etwa $p_H = 6$, während nach der sauren und alkalischen Seite hin eine Verminderung festzustellen ist [E. R. Theis (*1*); F. Stather und H. Herfeld (*3*)]. Hier ergibt sich also ein weiterer Gesichtspunkt, der die natürlich sachgemäße Anwendung von Anschärfungsmitteln in mäßigen Grenzen als zweckmäßig erscheinen läßt. Schließlich sei noch darauf hingewiesen, daß auch das Verhältnis von Hautgewicht zu Wassermenge von Bedeutung ist insofern, als mit zunehmender Wassermenge auch ein Anstieg der in Lösung gehenden Proteinanteile festgestellt wurde, es also nicht ratsam erscheint, die Wassermenge zu groß zu wählen [G. D. McLaughlin und E. R. Theis (*1*), (*2*)].

Etwas anders liegen die diesbezüglichen Verhältnisse beim Weichen von grünen Häuten und Fellen einerseits und von getrocknetem Hautmaterial andrerseits. Da hierbei Kochsalz abwesend ist, wird lediglich eine Extraktion der wasserlöslichen Albumine, nicht dagegen der neutralsalzlöslichen Globuline und Mucine erreicht. Es ist daher des öfteren vorgeschlagen worden, bei diesem Hautmaterial dem Weichwasser Kochsalz zuzusetzen, um auch die neutralsalzlöslichen Proteine aus der Haut zu entfernen. Für eine derartige Extraktion hat sich die Verwendung einer etwa 5%igen Kochsalzlösung als am günstigsten erwiesen [F. Stather und H. Herfeld (*1*), (*2*)]. Diese Vorschläge des Kochsalzzusatzes zum Weichwasser gehen wohl von der vielvertretenen Ansicht aus, beim Weichen müsse eine möglichst vollständige Entfernung der wasser- und neutralsalzlöslichen Proteine aus der Haut erreicht werden, da diese sonst die Äscherbrühen unliebsam verunreinigen würden [J. A. Wilson (*1*); G. D. McLaughlin und G. E. Rockwell (*2*)]. Ob dies aber zutrifft, muß zum mindesten recht fraglich erscheinen, da beim Äscherprozeß, wie in späteren Abschnitten noch zu behandeln, immerhin derartige Mengen an Stickstoffsubstanzen in Lösung gehen, daß etwa in der Haut noch befindliche geringere Mengen löslicher Proteine dagegen kaum ins Gewicht fallen dürften. Es ist auch vielfach die Ansicht vertreten worden, durch den Trockenprozeß würde eine gewisse Koagulation der in der Haut vorhandenen wasser- und neutralsalzlöslichen Proteine bewirkt, wodurch ihre Extrahierbarkeit vermindert würde (vgl. z. B. M. Kaye und D. J. Lloyd). Indessen konnte neuerdings gezeigt werden, daß sich auch aus sachgemäß getrocknetem Hautmaterial mit 5%iger Kochzalzlösung die gleichen Proteinmengen wie aus frischer Haut extrahieren lassen, die Extraktion lediglich, wie verständlich, etwas langsamer als bei frischem bzw. salzkonserviertem Hautmaterial verläuft [F. Stather und H. Herfeld (*2*)].

In gleicher Weise wie Kochsalz üben auch andere Neutralsalze eine mehr oder weniger starke hydrolysierende Wirkung auf die Hautproteine aus [G. D. Mc Laughlin und E. R. Theis (*2*); A. W. Thomas und S. B. Foster; A. W. Thomas und M. W. Kelly]. Interessant für den Weichprozeß ist dabei die Feststellung, daß dieser Angriff sich ebenfalls in beträchtlichem Umfange auf die wasser- und neutralsalzunlöslichen Hautproteine erstreckt und daß ein starker Angriff insbesondere von $CaCl_2$, $MgCl_2$ und $MgSO_4$ ausgeübt wird, also von Salzen, die typische Härtebildner des natürlichen Wassers sind [F. Stather und H. Herfeld (*3*)]. Diese Feststellungen lassen es zur Erhaltung der gerberisch wichtigen Kollagensubstanz unbedingt ratsam erscheinen, nach Möglichkeit weiches Wasser für den Weichprozeß zu verwenden. Allgemein üben die Chloride stets eine stärker abbauende Wirkung aus als die Sulfate, die Salze zweiwertiger Metalle eine stärkere als die einwertiger Metalle [A. W. Thomas und S. B. Foster; A. W. Thomas und M. W. Kelly; F. Stather und H. Herfeld (*3*)].

## III. Bakteriologie des Weichprozesses.

Die tierische Haut ist ein ausgezeichneter Nährboden für Mikroorganismen. Unmittelbar nach dem Tode des Tieres setzt die Einwirkung der Bakterien, die in der Luft, im Erdboden und im Wasser in Unmengen vorhanden sind, ein, und nur durch eine rechtzeitige, ausreichende und sachgemäß durchgeführte Konservierung kann eine durch Einwirkung proteolytischer Enzyme verursachte Fäulnisschädigung der Haut vermieden werden. Da in der Weiche aber diese Wirkung der Konservierung wieder rückgängig gemacht wird, wird mit fortschreitendem Weicheffekt das Hautmaterial erneut der Gefahr einer enzymatischen Schädigung des Hautfasergefüges ausgesetzt, und es ist daher eine wichtige Aufgabe des Gerbers, die Weichbedingungen so zu wählen, daß die Möglichkeiten eines enzymatischen Angriffs wenn nicht ausgeschaltet, so doch auf ein für die Praxis unschädliches Minimum herabgesetzt werden. Grundbedingung hierfür ist zunächst, daß das zum Weichen verwendete Wasser selbst frei von Fäulniserregern ist. Ein Wasser, das nennenswerte Mengen an proteolytisch wirksamen Mikroorganismen enthält, ist zweckmäßig unbedingt für die Verwendung beim Weichen auszuschalten. Aber auch auf der Haut haben sich nach dem Tode des Tieres und während der Lagerzeit Millionen von Bakterien angesammelt, unter denen sich stets auch eine große Zahl solcher befindet, die proteolytisch wirksame Enzyme abzuspalten vermögen und entsprechend im Weichwasser mit zunehmender Aufhebung des Konservierungszustandes ihre zersetzende Wirkung ausüben. Nach diesbezüglich gemachten Feststellungen enthält z. B. eine gesalzene Kalbshaut auf ihrer Oberfläche 50000 bis 5 Millionen Bakterien, von denen ca. 30% proteolytisch wirksam sind [G. D. Mc Laughlin und E. R .Theis (*3*)], während auf Ziegenfellen sogar bis zu 80% der vorhandenen Bakterien als proteolytisch wirksam ermittelt wurden (G. D. Mc Laughlin und J. H. Highberger). Auch konnten bei den auf salzfleckigen und rotgewordenen Häuten befindlichen Mikroorganismen eine Reihe proteolytisch wirksamer Stämme isoliert werden [F. Stather (*1*); F. Stather und E. Liebscher]. Schließlich hat F. Andreasch im Weichwasser selbst eine ganze Reihe von Bakterienarten isoliert, die sämtlich als Fäulnisbakterien zu bezeichnen waren und zum großen Teil eine abbauende Wirkung auf die Proteine tierischer Haut auszuüben vermögen. Die proteolytischen Enzyme greifen sowohl die löslichen wie die unlöslichen Proteine der tierischen Haut stark an, und zwar macht sich dieser Angriff einmal in dem Auftreten typischer Fäulniserscheinungen, weiter in einem Verlust an gerberisch wirksamer Hautsubstanz und damit einer Herabsetzung der Lederausbeute, durch den Erhalt leerer und flacher Leder und schließlich auch in einer Verminderung der Quellfähigkeit bemerkbar, so daß diese Häute während des Weichens nicht mehr den gleichen gequollenen Zustand wie ein einwandfreies Hautmaterial zu erreichen vermögen (vgl. S. 57).

Wenn nach den vorstehenden Ausführungen das Vorhandensein von proteolytische Enzyme abspaltenden Mikroorganismen im Weichwasser auch nicht vermieden werden kann, so kann der Gerber ihre Einwirkung auf die tierische Haut doch dadurch weitgehend einschränken, daß er die Weichbedingungen so wählt, daß die Lebensbedingungen der Fäulnisbakterien möglichst ungünstig gestaltet und damit ihre Entwicklung weitgehend unterdrückt wird. Hierbei sind in erster Linie die folgenden Faktoren zu beachten:

## 1. Die Weichdauer

ist weitestmöglich abzukürzen. Nach Einbringen des konservierten Hautmaterials in das Weichwasser benötigen die vorhandenen Bakterien zunächst eine gewisse Zeit, die sog. „latente Periode", um sich an die neue Umgebung zu gewöhnen, und erst dann setzt ihre Entwicklung ein. Da das Bakterienwachstum nach Überschreiten dieser latenten Periode bei günstigen Lebensbedingungen eine logarithmische Funktion der Zeit ist [J. A. Wilson (*1*), S. 220], also mit außerordentlich stark zunehmender Geschwindigkeit erfolgt, so erhellt daraus eindeutig die große Gefahr, die mit zunehmender Weichdauer dem Hautmaterial seitens der vorhandenen Mikroorganismen droht, und es ist daher empfohlen worden, die maximale Weichdauer unbedingt nicht über die kürzeste „latente Periode" auszudehnen [G. D. Mc Laughlin und G. E. Rockwell (*3*)], doch dürfte sich diese Forderung praktisch insbesondere bei getrocknetem Rohhautmaterial nicht immer einhalten lassen. Die „latente Periode" ist wesentlich von der Art des Rohhautmaterials und den Weichbedingungen abhängig und es werden bei normaler Weichtemperatur zwischen etwa 10 und 20° C Werte zwischen 8 und 36 Stunden angeführt [J. A. Wilson (*1*), S. 220; G. D. Mc Laughlin und G. E. Rockwell (*2*), (*3*)]. Durch Vergrößerung der Weichwassermenge wird die „latente Periode" des Bakterienwachstums verkürzt [G. D. Mc Laughlin und G. E. Rockwell (*3*)].

## 2. Wasserwechsel.

Es ist unbedingt erforderlich, das Weichwasser je nach der Weichdauer mehrfach zu wechseln. Einmal wird durch diesen Wasserwechsel oder vorheriges kurzes Waschen in fließendem Wasser die Zahl der Bakterien wesentlich verringert. Insbesondere aber bilden die der Haut anhaftenden Verunreinigungen, wie Blut, Mist usw., einen sehr guten Nährboden für alle Fäulnisbakterien, so daß schon aus diesem Grunde eine Entfernung dieser Stoffe von der Haut so rasch wie nur möglich bewerkstelligt werden sollte [G. D. Mc Laughlin und G. E. Rockwell (*1*)].

## 3. Die Weichtemperatur

ist möglichst niedrig zu halten. Insbesondere bei Temperaturen des Weichwassers über etwa 20° C wird die „latente Periode" des Bakterienwachstums beträchtlich verkürzt und nimmt die Entwicklung der Mikroorganismen ganz erheblich zu [G. D. Mc Laughlin und E. R. Theis (*3*); G. D. Mc Laughlin und G. E. Rockwell (*2*), (*3*)], so daß diese Temperaturgrenze zweckmäßig auch in den Sommermonaten nicht überschritten werden sollte.

## 4. Reaktion des Wassers.

Die Mehrzahl der proteolytischen Mikroorganismen weist in schwach alkalischem $p_H$-Bereich von etwa 8 bis 10 optimales Wachstum auf [vgl. z. B. G. D. Mc Laughlin und G. E. Rockwell (*1*); F. Stather und H. Herfeld (*1*)]. Unter diesem Gesichtspunkt erhält die Verwendung saurer oder alkalischer Anschärfungsmittel noch eine weitere Bedeutung. Bei Berücksichtigung der vorwiegenden Wirksamkeit proteolytischer Enzyme bei schwach alkalischer Reaktion auf die Haut ist ohne Zweifel der Verwendung saurer Anschärfungsmittel ein gewisser Vorzug einzuräumen. Werden alkalische Anschärfungsmittel verwendet, so ist ihre Menge so zu wählen, daß das Weichwasser nicht einen für das Wachstum der proteolytischen Enzyme optimalen $p_H$-Wert aufweist, sondern der $p_H$-Wert mindestens etwa 11 beträgt.

In diesem Zusammenhang sei auch einiges über die Gefahr einer Milzbrandinfektion bei der Weiche gesagt. Die mit der Anwesenheit von Milzbrandsporen, wie sie insbesondere auf getrockneten Häuten und Fellen vorhanden sein können, verbundenen Gefahren und die gebräuchlichsten Desinfektionsverfahren wurden bereits in Band I, 1. Teil, dieses Handbuches eingehend behandelt. Die Widerstandsfähigkeit der Milzbrandsporen ist außerordentlich groß und die Ansichten darüber, inwieweit die empfohlenen Desinfektionsverfahren tatsächlich eine unbedingt zuverlässige Abtötung gestatten, sind noch sehr geteilt. Es ist daher bei milzbrandverdächtigem Rohhautmaterial, auch wenn bereits eine Desinfektion vorgenommen wurde, immer die Gefahr gegeben, daß die Sporen sich in der Weiche unter für sie günstigen Lebensbedingungen erneut entwickeln und damit eine große Gefahr für die Gerbereiarbeiter darstellen. Unter diesem Gesichtspunkt ist in Anlehnung an das Desinfektionsverfahren von Seymour-Jones besonders empfohlen worden, bei milzbrandverdächtigem Rohhautmaterial als Anschärfungsmittel der Weiche Ameisensäure zu verwenden, und ebenso dürfte es zweckmäßig sein, in diesen Fällen als Sterilisationsmittel Sublimat zuzusetzen.

## 5. Salzgehalt des Weichwassers.

Der bakterienwachstumshemmende Einfluß des Kochsalzes nimmt mit steigender Salzkonzentration insbesondere bis zu 20%iger Lösung stark, bei weiterer Steigerung nur noch mäßig zu [G. D. McLaughlin und G. E. Rockwell (*2*); F. Stather und H. Herfeld (*1*)]. Da beim Weichen gesalzener Häute und Felle insbesondere im ersten Weichwasser noch je nach dem Kochsalzgehalt der Häute recht beträchtliche Salzkonzentrationen erreicht werden können, ist in diesen Stadien des Weichprozesses die Gefahr der Entwicklung von Mikroorganismen nur gering, sie nimmt aber in dem Maße ständig zu, in dem durch Wasserwechsel die Hauptsalzmenge aus dem Weichsystem entfernt wird. Wesentlich ist ferner die Feststellung, daß Calcium- und Magnesiumsalze, also typische Wasserhärtebildner, die Bakterienentwicklung befördern [G. D. McLaughlin und G. E. Rockwell (*2*), (*3*)], so daß auch aus diesem Grunde die Forderung der Verwendung möglichst weichen Wassers beim Weichen verständlich wird. Dagegen soll durch Bicarbonathärte das Bakterienwachstum etwas gehemmt werden (H. G. Turley).

## 6. Gasatmosphäre.

Wesentlich ist die Feststellung, daß die Bakterienwirkung unter für aerobe Bakterien günstigen Bedingungen (z. B. Durchleiten von Luft) stark gefördert, unter für diese Bakterien ungünstigen Bedingungen (Durchleiten von $CO_2$ und teilweise auch von Stickstoff) beträchtlich vermindert wird [G. D. McLaughlin und G. E. Rockwell (*1*), (*2*); E. R. Theis und J. M. Miller]. Die Bakterien des Weichwassers dürften demgemäß vorwiegend aerober Natur sein, und es empfiehlt sich entsprechend, das Weichen unter möglichst anaeroben Bedingungen durchzuführen. Unter anaeroben Bedingungen soll in der Hauptsache ein Angriff auf die schwefelhaltigen Proteine der Haut, also auf Haare und Epidermis erfolgen, die an einer vermehrten Schwefelwasserstoffbildung erkenntlich ist [E. R. Theis (*2*); E. R. Theis und J. M. Miller]. Interessant ist, daß bei verschiedenen Hautarten teilweise unterschiedliche Ergebnisse erhalten wurden, was auf eine verschiedenartige Bakterienflora bei wechselndem Hautmaterial zurückgeführt wurde (E. R. Theis und J. M. Miller).

## 7. Anwendung von Sterilisationsmitteln.

Durch Zusatz antiseptischer Mittel zum Weichwasser kann die Entwicklung der Mikroorganismen während des Weichens auf ein praktisch unschädliches Maß herabgesetzt werden. Bei der Auswahl geeigneter Sterilisationsmittel ist zunächst zu berücksichtigen, daß die verwendeten Mittel einerseits die Weichwirkung nicht nennenswert beeinträchtigen und daß sie vor allem andrerseits nicht mit den Hautproteinen reagieren und diese nicht in für die weiteren Prozesse der Lederbereitung unerwünschter Weise verändern. Bei einer Untersuchung einer Anzahl gebräuchlicher Desinfektionsmittel hat sich Chlor, das bequem in einem der für die Trinkwasserbereitung üblichen Chlorerzeugungsapparate entwickelt werden kann, als am wirtschaftlichsten und anderseits als für die Lederqualität unschädlich erwiesen. Bei vergleichenden Weichversuchen wurden in einem Wasser mit einem Chlorgehalt von nur 0,001% am ersten, zweiten und dritten Weichtage 43000, 191000 und 372000, beim Weichen in reinem Wasser unter sonst gleichen Bedingungen dagegen 873000, 2240000 und 3496000 Bakterienkeime festgestellt, was einer Verminderung der Keimzahl um 95%, 91% und 89% entspricht [J. A. Wilson (*1*), S. 221]. Beachtenswert ist dabei, daß bei Weichwasserwechsel jedes Weichwasser einen Chlorzusatz erhalten muß, da bei Zusatz nur zu dem ersten Weichwasser eine Verringerung der Bakterienmenge im zweiten und dritten Weichwasser nicht eintrat. Kleine Mengen Chlorkalk haben die gleiche Wirkung wie Chlor (D. McCandlish) und ferner soll sich Chloramin gut an Stelle von Chlorkalk als Desinfektionsmittel eignen (A. Köser). Als ebenso wirksam wie ein Zusatz von 0,001% Chlor hat sich eine Sättigung des Weichwassers mit Kalk erwiesen [J. A. Wilson (*1*), S. 222]. Bei Verwendung von Mercurichlorid war zum Erhalt einer 95%igen Verminderung der Bakterienkeime eine 0,005%ige Lösung erforderlich [J. A. Wilson (1), S. 222]. Ferner erwies sich Parachlormetakresol in 0,05%iger Lösung ebenfalls als wirksam [J. A. Wilson (*1*), S. 222; A. Rogers]. Für Zinkchlorid wurde festgestellt, daß die Häute in einer 0,01%igen Lösung 6 Wochen und länger ohne einen Angriff oder eine nachteilige Beeinflussung der nachfolgenden Arbeitsprozesse der Lederbereitung aufbewahrt werden können [E. Stiasny (*2*)]. Allerdings soll Zinkchlorid die Haarlockerung beim nachfolgenden Äschern etwas verzögern. Schweflige Säure, die teilweise auch als Anschärfungsmittel verwendet wird (vgl. S. 39), bewirkt eine wesentliche Verminderung des Bakteriengehaltes des Weichwassers erst bei Anwendung in höheren Konzentrationen, doch soll dabei gleichzeitig eine bleibende Aufrauhung des Narbens verursacht werden [J. A. Wilson (*1*), S. 222]. Als wirksam wurde ferner ein Zusatz von 0,5 bis 1 kg Lysol pro Kubikmeter Weichwasser empfohlen [E. Stiasny (*1*), S. 213]. Schließlich ist auch $\beta$-Naphthol als geeignet angeführt worden, und zwar sollen auf 500 kg Haut zweckmäßig 0,2 kg $\beta$-Naphthol, zusammen mit der etwa $2^1/_2$fachen Menge Ätznatron gelöst, verwendet werden [J. A. Wilson (*2*)]. Interessant ist in diesem Zusammenhang auch die Feststellung, daß durch Zusatz von 3% Dextrose zum Weichwasser zwar die Entwicklung der nichtproteolytischen Enzyme gefördert, die der proteolytisch wirksamen Bakterien dagegen gehemmt wird [G. D. McLaughlin und G. E. Rockwell (*1*)].

Die Verwendung von Sterilisationsmitteln empfiehlt sich einmal beim Weichen von getrocknetem Hautmaterial und darüber hinaus insbesondere in all den Fällen, in denen man gezwungen ist, infolge besonderer Betriebsverhältnisse ein stark bakterienhaltiges Wasser oder ein Wasser von höherer Temperatur zu verwenden oder in denen ein stark mit Blut, Schmutz usw. verunreinigtes Hautmaterial verarbeitet wird oder ein Hautmaterial, bei dem eine gewisse Haarlässigkeit bereits auf eingetretene Fäulnisschäden hinweist. Anderseits ist die Verwendung von Sterilisationsmitteln stets dann nicht sonderlich geeignet, wenn die nachfolgende Haarlockerung unter Verwendung biologischer Haarlockerungsmethoden (Schwitze, Fermentäscher) erreicht werden soll (vgl. S. 120ff.), da die Desinfektionsmittel, soweit sie nach dem Weichen in der Haut verbleiben, den Ablauf dieser Vorgänge naturgemäß ebenfalls verhindern oder doch verzögern würden.

In diesem Zusammenhang muß auf die Verwendung fauler Weichen, die bisweilen in der Praxis als „Sumpf", „Stinkbottich", „Stinkweiche" usw. bezeichnet werden, besonders hingewiesen werden. Auf der Erfahrung fußend, daß der eigentliche Weichvorgang durch Fermente unterstützt werden kann und daher schneller beendet wird als in reinem Wasser, war es in früheren Zeiten eine vielverbreitete Arbeitsweise, die auch heute bisweilen noch, insbesondere in kleinen Gerbereien, anzutreffen ist, für das Weichen alte, bereits mehrfach benutzte Weichwässer zu verwenden, in denen infolge Anreicherung an Blut, Kot und löslichen Proteinen ein außerordentlich guter Nährboden für die Entwicklung der Fäulnisbakterien vorhanden ist und daher bereits eine beträchtliche Entwicklung solcher Bakterien erfolgt war. Diese Verwendung von sog. faulen Weichen ist aber als völlig unzweckmäßig und unsachgemäß zu bezeichnen und muß unbedingt auf das energischste verworfen werden. Einmal wird durch die Einwirkung der Mikroorganismen, wie bereits oben angeführt, das Schwellungsvermögen der Rohhaut vermindert, so daß in faulen Weichen zwar eine Erweichung, nicht aber das erwünschte Schwellen und Prallwerden des Hautmaterials wie beim Weichen unter einwandfreien Bedingungen erreicht werden kann. Vor allem aber ist die Entwicklung der Fäulnisbakterien völlig unkontrollierbar. und die faulen Weichen stellen daher für das zu weichende Hautmaterial eine ständige Gefährdung dar, zumal die Weichdauer in diesen Weichen vielfach länger als 1 Woche ausgedehnt wurde. Es gibt keine Bakterien, die eine Beschleunigung des Weichvorganges bewirken, aber nicht gleichzeitig infolge ihrer proteolytischen Wirksamkeit einen Angriff auf das für die Lederherstellung wichtige kollagene Hautfasergefüge befürchten lassen, und es ist daher mit Recht die Forderung erhoben worden, überhaupt auf eine Mitwirkung von Bakterien beim Weichen zu verzichten, den Weichvorgang also weitestgehend aseptisch durchzuführen und eine Beschleunigung mit anderen, leichter kontrollierbaren Mitteln zu erreichen [E. Stiasny (*1*), S. 221]. Trotzdem tauchen in der Literatur, insbesondere auch in der Patentliteratur auch der neueren Zeit immer wieder Vorschläge für die Verwendung derartiger fauler Weichen auf.

Nicht mit der Anwendung fauler Weichen zu identifizieren sind andererseits die Vorschläge, den Weichvorgang durch Zusatz von Enzymlösungen unter genau festgelegten Mengen- und Arbeitsverhältnissen zu beschleunigen, da hierbei die Enzymmenge in exakter Dosierung zugesetzt wird und entsprechend deren Einwirkung unter einwandfrei kontrollierbaren und variierbaren Bedingungen erfolgt. Es ist entsprechend vorgeschlagen worden (D.R.P. 288095), den Weichprozeß durch Zusatz von Enzymen der Bauchspeicheldrüse in alkalischem Medium zu beschleunigen, wobei auch bei getrocknetem Hautmaterial in einem Tag ein genügender Weicheffekt bei Schonung von Haut und Haar erreichbar sein soll. Auch die Kombination von Enzymen der Bauchspeicheldrüse mit quellend wirkenden Rhodaniden ist für den gleichen Zweck empfohlen worden (D.R.P. 369587) und ebenso die Verwendung von Enzympräparaten aus Fischeingeweiden (A. M. Simskaja). Allerdings ist die Anwendung solcher Verfahren in der Praxis heute noch verhältnismäßig sehr gering.

## IV. Die Praxis des Weichens.

Die älteste Art des Weichens ist die, die Häute und Felle in Flüsse und Bäche bis zum Erhalt eines genügenden Weicheffektes einzuhängen. Diese Arbeitsweise ist indessen unbedingt zu verwerfen, einmal aus Gründen der Gewerbehygiene infolge der hierbei erfolgenden ständigen Verunreinigungen der Flußläufe mit fäulnisfähigen Stoffen, ferner infolge des meist unkontrollierbaren Bakteriengehaltes der Flußläufe und schließlich auch infolge der Gefahr des Anhaftens von Sand- und Schmutzteilchen an der Haut, die zu Beschädigungen des Hautmaterials insbesondere bei der mechanischen Bearbeitung während der Wasserwerkstattarbeiten Veranlassung geben können, und wird daher heute praktisch wohl kaum mehr angewandt. Das Weichen erfolgt heute zumeist in Weichgeschirren, rechtwinkligen, ausgemauerten und meist auszementierten Gruben, die in ihrer Größe dem Umfang der zu verarbeitenden Partien und der Größe der Rohware angepaßt sind, so daß die Häute bequem darin hängen bzw. liegen können und die meist zu Geschirreihen von wechselnder Zahl zusammengefaßt sind

Abb. 1. Wasserwerkstatt. Teilansicht.
(Aus dem Lehrfilm: „Die Herstellung des Sohlleders bei Knoch in Hirschberg".)

(vgl. Abb. 1 u. 2). In diesen Gruben werden größere Häute zumeist mit Stricken, Ketten oder verzinkten Haken, die an den Hinterklauen der Häute angebracht und an an der Seite der Gruben angebrachten Pflöcke oder Stangen befestigt werden, mit dem Kopf nach unten oder über Stangen mit der Haarseite nach außen eingehängt, so daß sie beim Wasserwechsel leicht aus den Gruben herausgezogen, „aufgeschlagen", werden können, oder sie werden, wie dies insbesondere im Falle von Fellen oder getrockneten Häuten geschieht, in die Weichgruben eingelegt und müssen dann jeweils mit langen Zangen (vgl. Abb. 23/5, S. 148) wieder herausgezogen werden. Die Weichgruben werden zweckmäßig mit etwas geneigtem Boden angelegt und mit geeigneten Ventilen und Abflußrohr zum bequemen Ablassen des benutzten Weichwassers versehen. Die Abflußrohre sind, da das gebrauchte Weichwasser unter Umständen beträchtliche Mengen ungelöster Substanzen (Schmutz, Kot, Hautfetzen usw.) enthält, zur Vermeidung der Gefahr des Verstopfens mit genügendem Durchmesser (200 bis 300 mm) und ausreichendem Gefälle anzulegen. Die Ablaßventile müssen möglichst dicht abschließen. Abb. 3 zeigt zwei solche Ventilkonstruktionen, ein Teller- und ein Kugelventil, wie sie z. B. für derartige Zwecke verwendet werden.

Die Wassermenge soll nicht zu groß gewählt werden, da, wie bereits behandelt (vgl. S. 42), mit zunehmender Wassermenge auch die Menge der infolge Hydrolyse

Abb. 2. Wasserwerkstatt. Aufschlagen und Umhängen der Häute.
(Aus dem Lehrfilm: „Die Herstellung des Sohlleders bei Knoch in Hirschberg".)

in Lösung gehenden Proteinanteile ansteigt. Bei allzu geringer Wassermenge wird andererseits die Erweichung und Schwellung der Haut vermindert und die Bakterienwirkung gefördert [G. D. McLaughlin und E. R. Theis (*1*)]. Die günstigste Wassermenge hängt ganz von Art und Vorgeschichte des verarbeiteten Rohmaterials ab und wird daher zweckmäßig für jede Betriebsverhältnisse im praktischen Versuch ermittelt.

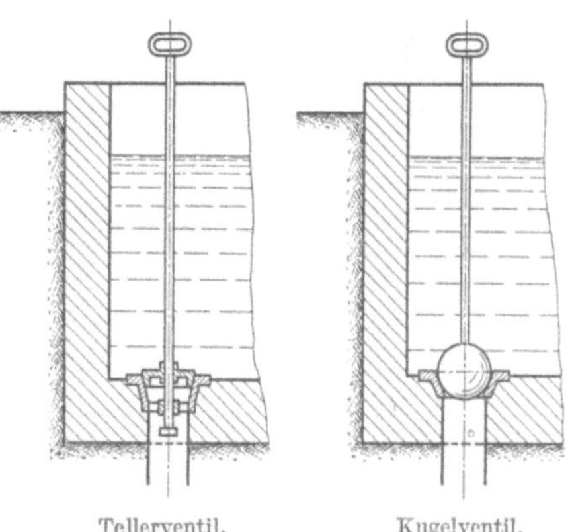


Abb. 3. Ablaßventile für Weich- und Äschergruben (Badische Maschinenfabrik, Durlach).

Wie in den vorhergehenden Abschnitten bereits mehrfach ausgeführt, ist die Beschaffenheit des zum Weichen verwendeten Wassers von grundsätzlicher Bedeutung (vgl. Abschn. Gebrauchswässer, S. 22). Ein zum Weichen geeignetes Wasser darf keinerlei Fäulnisbakterien enthalten, soll möglichst nicht allzu hart sein und muß ferner eine während des ganzen Jahres möglichst gleichbleibende Temperatur zwischen etwa 10 und 20° C aufweisen. Ganz allgemein ist die Verwendung von Brunnenwasser der von Oberflächenwasser vorzuziehen, da im ersteren Falle einmal die Forderung der zu allen Jahreszeiten gleichbleibenden Temperatur zumeist wesentlich besser erfüllt ist und ferner bei Oberflächenwasser in wesentlich stärkerem Maße die

Gefahr unkontrollierbarer, ständig in ihrer Beschaffenheit wechselnder Zuflüsse gegeben ist und entsprechend, da es sich bei diesen Zuflüssen zumeist um Abwasser menschlicher Niederlassungen handelt, der Bakteriengehalt eines Oberflächenwassers ständigen, für den Gerber aber weitgehend unbekannten und unkontrollierbaren Schwankungen ausgesetzt sein kann, die ein dauerndes Gefahrenmoment für das Hautmaterial bedeuten.

Abb. 4. Lattentrommel (Badische Maschinenfabrik, Durlach).

Eine Beschleunigung des Weichprozesses kann durch Bewegen des Hautmaterials in der Weiche erreicht werden. Ein solches Bewegen und mechanisches Durcharbeiten hat der Gerber in früheren Zeiten bisweilen durch ein Treten des Hautmaterials zu erreichen gesucht. Heute kommen hierfür einmal **Lattentrommeln** in Frage, deren Mantel aus einer Anzahl Holzlatten besteht, die mit gewissen Abständen parallel nebeneinander angeordnet sind. Diese Trommeln werden, wie Abb. 4 zeigt, in ausgemauerte Gruben eingebaut, die, wie die normalen Weichgruben, zweckmäßig mit etwas geneigtem Boden und Abfluß versehen werden. Der Antrieb erfolgt zumeist mittels des an der Trommel angebrachten Zahnkranzes und eines entsprechenden Zahnradvorgeleges am Rande der Grube, bisweilen auch direkt mittels Treibriemens, der über der Trommel läuft, am besten Chromriemens, der auch gegen alkalische Einflüsse am widerstandsfähigsten ist. In diesen Trommeln werden die Häute zum Weichen bei langsamer Bewegung von etwa 10 bis 15 Umdrehungen pro Minute bewegt. Das Einfüllen und Herausnehmen des Hautmaterials erfolgt durch eine mit Spezialverschlüssen der verschiedenen herstellenden Firmen versehene Lattentür.

Abb. 5. Einzelhaspel (Nikolai Clasen, Altona-Hamburg).

Eine stärkere Bewegung des ganzen Weichsystems wird durch Verwendung von **Haspelgeschirren** erreicht (Abb. 5). Diese Haspelgeschirre werden zumeist aus Holz gearbeitet und für schwerere Häute in den Boden eingelassen, für leichtere Häute und Felle zumeist freistehend aufgestellt und sind vielfach direkt mit der Kanalisation verbunden, so daß der Flüssigkeitswechsel leicht durchführbar ist. Teilweise werden die Haspelräder auch in entsprechend ausgemauerte oder zementierte Gruben eingesetzt oder auswechselbar angebracht, so daß sie von einer Weichgrube in die andere je nach Bedarf leicht umgesetzt werden können. Das Schaufelrad taucht bis zu etwa einem Drittel seines Durchmessers in die Flüssigkeit ein und setzt durch seine Umdrehung zunächst das Wasser in eine ständige Zirkulation, wodurch damit gleichzeitig auch die Häute aufgewirbelt und im Weichwasser in ständiger Bewegung gehalten werden. Für ein sachgemäß arbeitendes Haspelgeschirr ist daher Grundbedingung, daß Form und Größenverhältnisse so gewählt werden, daß keine toten Ecken, die durch die Gesamtzirkulation nicht oder nur ungenügend miterfaßt würden, entstehen und damit den Gesamteffekt vermindern, und aus dem gleichen Grunde wird auch für den

Abb. 6. Haspelgeschirr-Reihe mit gemeinsamem Antrieb der Haspelräder (Badische Maschinenfabrik, Durlach).

Boden eine halbrunde Form, wie aus Abb. 5 ersichtlich, gewählt. Die Haspelräder sollen nicht mehr als etwa 15 bis 20 Umdrehungen pro Minute machen. Der Antrieb der Haspelräder erfolgt entweder für jedes Geschirr getrennt oder als Gruppenantrieb, wobei mehrere Geschirre in einer Reihe nebeneinander angeordnet werden und die Schaufeln auf einer gemeinschaftlichen, durchgehenden Achse sitzen (Abb. 6).

Abb. 7. Walkfaß (Bayerische Maschinenfabrik F. J. Schlageter, Regensburg).

Während die Haspelgeschirre insbesondere bei Fellen und leichteren Häuten zur Anwendung kommen, empfiehlt sich für schwerere Häute die Benutzung eines **Walkfasses**, in dem die Häute mit dem Weichwasser bei einer Umlaufzahl von etwa 5 bis 8 Umdrehungen pro Minute bewegt werden, bis eine genügende Erweichuug erreicht ist. Die im Gerbereibetriebe üblichen Walkfässer (Abb. 7 und 18) sind zwischen zwei Ständern freilaufend gelagert und werden mittels eines aus einzelnen leicht auswechselbaren Segmenten zusammengesetzten Zahnkranzes in Bewegung gesetzt, wobei der Antrieb entweder mittels Riementrieb und Vorgelegewelle mit entsprechendem kleinen Zahnrad oder durch direkte Zahnradkuppelung mit einem Motor erfolgt. Die Fässer werden vielfach versenkt in einer Grube mit schwach geneigtem Boden und Abflußmöglichkeit aufgestellt (Abb. 19), wodurch einerseits die

Beschickung der Fässer mit den Häuten und Fellen vereinfacht wird und andererseits beim Spülen mit zu- und abfließendem Wasser vermieden wird, daß sich das abfließende Wasser ständig durch den Raum ergießt. Die Fässer werden außen mit eisernen Reifen zusammengehalten, die meist mit Spannschlössern zum Nachziehen versehen sind. Die Beschickung des Fasses erfolgt durch eine mittels Verschlußvorrichtung zum Festschrauben eingerichtete Tür, die zumeist im Umfang, bisweilen auch bei ausgesprochenen Spülfässern in der Seitenwand angebracht ist und die gewöhnlich durch eine eingelegte Filzpackung wasserdicht abgedichtet wird. Zumeist ist noch eine zweite Tür als Lattentür oder durchlöcherte Tür vorhanden, die beim Spülen mit ständig zu- und ablaufendem Wasser eingespannt wird und so den Ablauf des Wassers gestattet, wenn nicht im Faßumfange oder in den Seitenwänden des Fasses besondere Zapflöcher angebracht sind, während der Zulauf des Wassers durch die normalerweise durchbohrte Achse erfolgen kann. Im inneren Umfang des Fasses sind eine Anzahl kreuzweise zueinander versetzter Hartholzzapfen oder Schaufeln angebracht, durch die beim Laufen des Fasses das Hautmaterial hochgehoben wird und aus gewisser Höhe wieder zurückfällt, so daß auf diese Weise die Bewegung der Häute im Faß und damit die mechanische Durcharbeitung des Hautmaterials noch verstärkt wird.

Wie bereits erwähnt, hängt die Art des Weichens der Häute und Felle ganz von der Beschaffenheit und insbesondere der Art der Konservierung des Rohhautmaterials ab.

Bei grünen Häuten und Fellen ist das Weichen sehr einfach und rasch durchzuführen, da lediglich die anhaftenden Unreinlichkeiten zu entfernen und das Fasergefüge in einen mäßigen Quellungszustand zu versetzen ist. Im allgemeinen wird man die Häute und Felle im ersten Weichwasser nur einige Stunden belassen, um zunächst die größten Mengen anhaftender Unreinlichkeiten, die ja die Entwicklung von Fäulnisbakterien außerordentlich begünstigen, zu entfernen, dann die Häute aufschlagen und nach Ablassen des schmutzigen Weichwassers in frischem Wasser weiterweichen. Der ganze Weichprozeß ist bei grünen Häuten normalerweise in 24 Stunden erledigt. Eine mechanische Bearbeitung des Rohhautmaterials ist nicht erforderlich, höchstens wird die Behandlung mit dem ersten Weichwasser im Faß oder in der Lattentrommel vorgenommen, wobei die reinigende Wirkung durch ständigen Zu- und Abfluß von Wasser gefördert werden kann. Ein Zusatz von Anschärfungsmitteln oder Netzmitteln ist nicht notwendig und ebenso kann bei der kurzen Weichdauer von grünen Häuten von einem Zusatz von Sterilisationsmitteln abgesehen werden, es sei denn, daß infolge besonders ungünstiger Betriebsverhältnisse ein sehr bakterienreiches oder ein insbesondere in den Sommermonaten sehr warmes Wasser verwendet werden muß.

Auch beim Weichen gesalzener Häute und Felle, bei dem eine längere Weichdauer infolge stärkerer Entwässerung des Rohhautmaterials und zur Erreichung einer möglichst vollständigen Entfernung des Konservierungssalzes aus der Haut erforderlich ist, hat als leitendes Prinzip zu gelten, die Weichdauer, soweit dies nur eben möglich ist, abzukürzen. Aus diesem Grunde empfiehlt es sich zunächst, das den Häuten und Fellen mechanisch anhaftende Salz vor dem Weichen durch ein gründliches Ausklopfen oder Abfegen der Häute und Felle weitestmöglich zu entfernen. Trotzdem aber wird das erste Weichwasser verhältnismäßig rasch mit Kochsalz angereichert, und es wird daher zweckmäßig sein, es bereits nach einigen Stunden zu erneuern. Zumeist wird sich nach weiteren 24 Stunden ein nochmaliger Wasserwechsel erforderlich machen, insbesondere auch, um ein möglichst rasches Überschreiten der stärkere Hautsubstanzangriffe verursachenden mittleren Salzkonzentrationen im Weichwasser (vgl. S. 41) zu erreichen. Das Weichen normal gesalzener Häute und Felle ist in längstens

2 bis 3 Tagen beendet. Auch bei gesalzenem Rohhautmaterial ist es zweckmäßig und wird in zahlreichen Betrieben praktisch angewandt, den Weichprozeß durch mechanisches Bewegen in Lattentrommel, Haspel oder Faß zu beschleunigen. Zum mindesten ist ein solches Bewegen mit möglichst zu- und abfließendem Wasser in den ersten Stadien des Weichens, während derer die Hauptmenge des Konservierungssalzes und die anhaftenden Verunreinigungen entfernt werden, von erheblichem Vorteil für den Verlauf des Weichprozesses. Falls die Häute und Felle stellenweise durch starkes Austrocknen hart geworden sind, empfiehlt sich allerdings, sie vor dem Walken zunächst kurze Zeit ruhend zu weichen, da sonst die harten Stellen beim Walken leicht beschädigt werden. Eine weitere mechanische Behandlung der gesalzenen Häute und Felle erübrigt sich in den meisten Fällen, es sei denn, daß nach dem ersten Weichbad etwa anhaftender Mist und auf der Fleischseite anhaftende Fleisch- und Fetteile durch Behandlung mit einem stumpfen Streckeisen, sog. „Strecken" (siehe weiter unten), entfernt wird. Zu beachten ist allerdings hierbei, daß die anhaftende Dungschicht zuvor genügend erweicht worden ist, da sonst durch ein gewaltsames Losstoßen sehr leicht auch eine mechanische Beschädigung des Hautfasergefüges, insbesondere der besonders empfindlichen Narbenschicht verursacht wird. Auch bei gesalzenen Häuten erübrigt sich normalerweise die Anwendung von Anschärfungsmitteln oder Netzmitteln und zumeist auch, abgesehen von den bereits beim Weichen grüner Häute angeführten Sonderfällen, die Verwendung von Sterilisationsmitteln, da bei Verwendung bakterienfreien Wassers, genügendem Wasserwechsel und sachgemäßer Wassertemperatur die „latente Periode" der Entwicklung der Fäulnisbakterien in den einzelnen Weichbädern kaum überschritten wird, zumal in den ersten Stadien des Weichprozesses die Mikroorganismenentwicklung durch die noch vorhandenen größeren Salzmengen weitgehend zurückgedrängt wird.

Bei trockengesalzenen Häuten und Fellen, die bei der Konservierung im Anschluß an das Salzen noch getrocknet wurden, ist entsprechend der stärkeren Entwässerung eine weitere Verlängerung des Weichprozesses erforderlich, und man wird hier je nach der Intensität des Trocknens vielfach bereits eine Arbeitsweise anwenden müssen, wie sie bei ausschließlich getrockneten Häuten und Fellen erforderlich ist.

Das Weichen getrockneter Häute und Felle bietet aus den bereits geschilderten Gründen, also wegen starker Entwässerung der Haut, hornartigen Verklebens der einzelnen Hautfasern und Verminderung des Schwellungsvermögens der Kollagensubstanz nicht unerhebliche Schwierigkeiten, und man wird vielfach auch bei erheblicher Verlängerung der Weichdauer, die ebenfalls nicht sehr erwünscht ist, keinen ausreichenden Weicheffekt erzielen können und daher zumeist zur Anwendung von Anschärfungsmitteln (vgl. S. 38) oder von geeigneten Netzmitteln (vgl. S. 40) schreiten müssen. Im allgemeinen wird man sich bei der Verwendung von Anschärfungsmitteln darauf beschränken können, diese nur dem ersten Weichwasser zuzusetzen, wobei man erfahrungsgemäß mit 1 bis 3 kg kristallisiertem bzw. 0,5 bis 1,5 kg konzentriertem Schwefelnatrium oder 1 bis 2 kg festem, geschmolzenem Ätznatron oder $^1/_2$ bis 3 kg Ameisensäure 90%ig oder 4 bis 10 kg Bisulfitlauge 40%ig pro Kubikmeter Weichflüssigkeit auskommt und das Hautmaterial in diesem angeschärften Weichwasser etwa 12 bis 24 Stunden beläßt. Die verwendete Menge an Anschärfungsmitteln muß sich naturgemäß ganz nach dem Grad der Austrocknung des Hautmaterials richten. Insbesondere stark ausgetrocknete Kipse und ostindische Ziegenfelle benötigen recht beträchtliche Mengen an Anschärfungsmitteln. Zu beachten ist ferner, daß durch alkalisch reagierende Abbauprodukte der Haut oder im Falle trockengesalzener Rohhäute durch Beimengungen zum Konservierungssalz (z. B. Soda) der $p_H$-Wert des Weichwassers während des Weichens unter Umständen beträchtlich verschoben werden kann, so daß eine Kontrolle des $p_H$-Wertes während des Weichens dringend zu empfehlen ist. Auf alle Fälle ist es zweckmäßiger, das erste Weichwasser anzuschärfen als, wie dies bisweilen üblich ist, als erstes Weichwasser ein altes Weichwasser zu verwenden, denn wenn darin das Weichen auch schneller erfolgt als in reinem Wasser, so wird diese Beschleunigung doch nur durch Einwirkung von Bakterien und damit auf Kosten der Hautsubstanz erreicht (vgl. auch S. 47). Die folgenden zweiten und dritten Weichwässer erhalten zumeist keine Anschärfungsmittel mehr und man wird doch bei dieser Arbeitsweise normalerweise in 3 bis 6 Tagen einen genügenden Weicheffekt erzielen können, wenn der Weichprozeß gleichzeitig durch eine mechanische Behandlung des Hautmaterials gefördert wird. Allgemeine Grundregel für diese mechanische Behandlung, gleich welcher Art sie ist, muß bei getrocknetem Hautmaterial aber sein, daß die Häute und Felle zuvor eine gewisse Weichheit durch ein Vorweichen in ruhendem Zustand wieder erlangt haben, was normalerweise in 12 bis 24 Stunden erreicht ist. Würde man eine mechanische Behandlung des Hautmaterials vornehmen, bevor dieses genügend erweicht ist und damit die Fasern wieder eine gewisse Lockerung und Beweglichkeit gegeneinander zurückerlangt haben, so würden die noch harten Fasern beim ständigen Biegen brechen und dann Narbenfehler entstehen und das ganze Hautfasergefüge eine Verminderung seiner Festigkeitseigenschaften erfahren. Für die mechanische Beschleunigung des Weichens getrockneter Häute und Felle kommt einmal ein normales Bewegen in Lattentrommel oder Faß in Frage, bisweilen auch in Haspelgeschirren, die allerdings wegen der hierbei meist größeren Gefahr des Brechens der Hautfasern bisweilen als weniger geeignet abgelehnt werden. Auf fließendes Wasser kann hierbei verzichtet werden, da bei trockenen Häuten der primäre Vorgang das Erweichen und nicht so sehr wie bei gesalzenem Hautmaterial ein Entfernen löslicher Stoffe aus der Haut ist. Dabei ist eine weitere Steigerung des Weicheffektes dadurch möglich, daß die Bewegung in Lattentrommel oder Faß zeitweise ohne Wasserzusatz bei mäßiger Geschwindigkeit vorgenommen wird, bis durch das ständige Biegen, Knicken und Aufeinanderfallen der Häute und Felle die gewünschte Weichheit erreicht ist. Ein zu langes Walken der Häute sollte allerdings vermieden werden, da dabei alle Teile der Haut, die dickeren kernigen wie die dünneren abfälligen gleich stark bearbeitet werden und daher bei Erreichung genügenden Erweichens der kernigen Anteile andererseits die Gefahr des Entstehens loser, schwammiger Seiten und Flämen besteht. Schließlich ist als weitere mechanische Behandlung das „Strecken" des Hautmaterials anzuführen, das entweder auf dem Gerberbaum (vgl. Abb. 24) als Handarbeit mit einem Streckeisen, einem stumpfen, bogenförmig gekrümmten, mit zwei Handgriffen versehenen Gerät (vgl. Abb. 23, Nr. 3) vorgenommen wird oder mittels besonderer Streckmaschinen, die etwa in der gleichen Weise wie die Walzenenthaar-, Entfleisch- und Glättmaschinen (S. 157ff.) gebaut sind, wobei als Arbeitswalzen solche mit stumpfen Messerspiralen verwendet werden. Maschinen auf anderer Grundlage sind für diesen Arbeitsvorgang heute weitgehend verschwunden. Als Handarbeit erfolgt das Streichen auf dem „gesattelten" Gerberbaum, d. h. man legt mehrere Häute, die unterste mit der Aasseite nach unten, die übrigen mit der Aasseite nach oben, zunächst als Unterlage auf den Baum und streicht sie glatt aus, so daß man eine etwas elastische, nachgiebige Unterlage hat und damit die Gefahr einer mechanischen Beschädigung der Häute durch das Strecken vermindert wird. Beim Strecken wird das vorgeweichte Hautmaterial auf der Fleischseite durch kurze parallel geführte Stöße mit dem Streckeisen bearbeitet, um das ganze

Fasergefüge durch Dehnen und Strecken aufzulockern, das Unterhautbindegewebe aufzureißen, etwa anhaftende Fleischreste und Fettgewebe zu entfernen, zusammengetrocknete Falten zu lösen und so die Benetzbarkeit für das weitere Weichen weitgehend zu erleichtern. Natürlich muß das Hautmaterial zunächst genügend vorgeweicht sein, da sonst die Gefahr der mechanischen Beschädigung der Häute beim Strecken, insbesondere Reißens des Narbens besteht. Beim Strecken von Hand können die einzelnen Teile der Haut eine individuelle Bearbeitung erfahren, insbesondere werden die dickeren, kernigen Anteile der Haut stärker, die meist dünneren abfälligen Anteile nur schwach bearbeitet und dadurch ein gleichmäßiges Weichen der gesamten Haut bewirkt und vermieden, daß die Abfälle infolge zu starker mechanischer Beanspruchung des hier an und für sich lockereren Fasergefüges weich und lappig werden. Die Klauen und zusammengetrockneten Ränder müssen dagegen kräftig bearbeitet werden. In Amerika wird vielfach bereits in diesem Stadium ein Entfleischen zur Entfernung des Unterhautbindegewebes vorgenommen, während in Europa dieser Arbeitsvorgang ganz allgemein erst nach dem Äschern und Enthaaren üblich ist und daher auch erst an späterer Stelle besprochen werden soll (vgl. S. 154ff.). Erwähnt sei ein russischer Vorschlag zum Weichen trockener Kalbfelle, diese mit einer dicken Schicht ziemlich feuchter Holzspäne zu bedecken, nach 24 Stunden neue, noch feuchtere Holzspäne zu verwenden und nach weiteren 24 Stunden die Felle zu strecken, 10 Minuten ohne und 20 Minuten mit wenig Wasser zu walken und dann 24 Stunden zu wässern (W. Iwanoff).

Abschließend noch einiges über das Weichen gepickelter Häute und Felle (vgl. Abschn. Pickeln, S. 305). Ein mengenmäßig geringer Teil der Rohhäute wird durch Behandeln mit einem Säure-Salzpickel konserviert. (Größere Bedeutung hat dieses Konservierungsverfahren für bereits enthaarte Schafsblößen.) Das Weichen eines solchen gepickelten Rohhautmaterials kann nicht durch einfaches Auswaschen mit Wasser erfolgen, da in diesem Falle das Salz aus der Haut erheblich rascher als die von der Haut infolge chemischer Bindung viel stärker zurückgehaltene Säure diffundiert, damit die eigentliche Pickelwirkung aufgehoben und das Hautmaterial einer sehr starken Säureschwellung ausgesetzt werden würde, wobei das Fasergefüge gallertartig aufquellen und dadurch unter Umständen eine beträchtliche Beschädigung der Hautfasern und eine Verminderung der Festigkeit des Hautfasergefüges bewirkt würde, ganz abgesehen von der Gefahr einer stärkeren Säurehydrolyse und einem dadurch verursachten mehr oder weniger starken Hautsubstanzverlust. Demgemäß muß zunächst die Säure neutralisiert werden, bevor der eigentliche mit der Entfernung des Salzes aus der Haut verbundene Weichvorgang einsetzt. Ein solches Entpickeln erfolgt zweckmäßig in einer 5 bis 10%igen Kochsalzlösung, damit ein nennenswertes Salzkonzentrationsgefälle zwischen Haut und Lösung nicht vorhanden ist und dieser Lösung wird als Neutralisationsmittel 1 bis 2% Natriumbicarbonat, eventuell auch Soda oder Schlemmkreide oder auch Borax zugesetzt. Nach halbstündigem Bewegen im Faß wird die Blöße auf Neutralität geprüft, indem man zweckmäßig auf einen frischen Hautschnitt an einer recht dicken Stelle des Hautmaterials blaues Lackmuspapier aufpreßt, das keine Rötung mehr zeigen darf. Ist eine völlige Neutralisation noch nicht erreicht, so muß der Prozeß unter langsamem Zusatz weiteren Neutralisationsmittels fortgesetzt werden, wobei naturgemäß andererseits auch ein Überneutralisieren sorgsam vermieden werden muß. Erst nach Erreichung einer einwandfreien Neutralisation kann das Hautmaterial in für gesalzene Häute üblicher Arbeitsweise in frischem Wasser weiter geweicht werden.

## V. Das Weichgewicht.

Die Bestimmung des Gewichts der Häute und Felle nach dem Weichen, des Weichgewichtes (teilweise auch als Bock- oder Tropfgewicht bezeichnet), ist in mannigfacher Hinsicht von Interesse. Es wird einmal in vielen Betrieben bei den weiteren Arbeiten der Wasserwerkstatt für die Dosierung der Chemikalien zugrunde gelegt. Größer noch ist aber seine Bedeutung aus dem zweiten Grunde, das Rohhautgewicht an Hand des Weichgewichts nachprüfen zu können, und schon aus diesem Grunde sollte in einem sachgemäß geleiteten Betrieb nicht auf die Bestimmung des Weichgewichtes verzichtet werden. Die direkte Feststellung des Rohhautgewichts ist nur in den wenigen Fällen möglich, wo die Haut in frischem Zustand vom Fleischer direkt bezogen wird und so das Übernahmegewicht direkt für den Ankauf maßgebend ist. Auch hier muß natürlich darauf geachtet werden, daß das Gewicht der Haut nicht durch Anfeuchten verändert worden ist, da eine Kontrolle über die Vorgeschichte dieser Häute ja zumeist nicht besteht. Getrocknete Häute andererseits werden zumeist nach Trockengewicht gehandelt, das ebenfalls ohne weiteres kontrollierbar ist, wenngleich auch hier je nach dem Grad des Austrocknens gewisse Schwankungen vorkommen können. Schwieriger ist die Sachlage bei gesalzenen Häuten und Fellen, die unter Zugrundelegung des Grüngewichtes gehandelt werden, obwohl dieses bei Übernahme durch den Gerber nicht mehr direkt feststellbar ist, da je nach Art des Rohmaterials, Intensität der Salzung und Länge der Lagerung der Grad der Entwässerung und die Menge von der Haut aufgenommenen Salzes und damit der Gewichtsverlust gegenüber dem Grüngewicht in weiten Grenzen von 6 bis 20% variieren kann (J. Paeßler).

Zur Bestimmung des Weichgewichts werden die Häute nach dem Weichen 12 Stunden — nach anderen Angaben genügen 2 Stunden (vgl. z. B. E. Weißberg) — über den Bock gehangen und dann wird das Gewicht der einzelnen Häute bestimmt (J. Paeßler). Wie bereits an früherer Stelle ausgeführt, wird durch das Weichen hinsichtlich Wassergehalts der ursprüngliche Zustand der Haut unmittelbar nach dem Abziehen wieder erreicht und darüber hinaus noch eine gewisse Schwellung angestrebt. Entsprechend liegt im allgemeinen bei gesalzener Rohware das Weichgewicht bis zu etwa 10% über dem Grüngewicht (J. Paeßler). Das Weichgewicht ist natürlich auch in gewissen Grenzen von Art und Alter des Rohhautmaterials, Weichbedingungen und Dauer des Abtropfens bei der Weichgewichtsbestimmung abhängig und wird daher beim Vergleich der Daten verschiedener Gerbereien etwas variieren. Bei stets gleicher Einhaltung der Weichbedingungen und der Art der Durchführung der Weichgewichtsbestimmung wird aber jeder Betrieb für sich gut vergleichbare Werte erhalten und daher bei Vorliegen einigen Vergleichsmaterials eine wertvolle Kontrolle für das in Rechnung gestellte Frischgewicht erlangen können. Erwähnt sei, daß in den Verkaufsbedingungen des Interessenverbandes deutscher Häuteverwertungen ausdrücklich anerkannt wird, daß das Weichgewicht mindestens 100% des Grüngewichts, abgesehen von geringfügigen Abweichungen nach unten bis zu höchstens 2%, die in der Natur der Häute begründet sein können, ergeben muß.

Bei getrocknetem Rohhautmaterial ist die Wasseraufnahme beim Weichen nicht ganz so groß wie bei gesalzenen Häuten und Fellen und entsprechend schwankt das Weichgewicht hier etwa zwischen 90 und 100% vom Grüngewicht. Es ist allgemein um so niedriger, je höher die Trockentemperatur bei der Konservierung war (F. Stather und H. Sluyter).

Von besonderem Wert ist die Weichgewichtsbestimmung auch bei der Verarbeitung von belegten Kipsen, um Anhaltspunkte zu erhalten über den mengenmäßigen Anteil des anhaftenden Belages und damit eine eventuelle anormale Beschwerung beurteilen zu können.

## VI. Weichfehler.

Der wesentlichste Fehler, der beim Weichen von Häuten und Fellen gemacht werden kann, ist der, das Weichen unter solchen Bedingungen durchzuführen, unter denen eine stärkere Entwicklung von Fäulnisbakterien im Weichwasser erfolgen kann. Durch diese Fäulnisbakterien wird ein mehr oder weniger starker Abbau der Hautproteine, insbesondere auch der gerberisch wirksamen Kollagensubstanz bewirkt, der einmal zu einer Verminderung des Lederrendements und zur Entstehung flacher und oft blechiger Leder führt, ferner eine Verminderung der Festigkeit des ganzen Hautfasergefüges bewirkt und schließlich zu einem sichtbaren Angriff insbesondere auch auf die empfindliche Narbenschicht Veranlassung geben kann. Ein derartiger Fäulnisschaden in geringem Umfange ist vielfach an der Haut oder Blöße kaum zu erkennen, sondern tritt erst am fertigen Leder infolge Fleckenbildung in die Erscheinung, da die durch Mikroorganismen beschädigten Hautanteile die Gerbstoffe, Fette und Farbstoffe andersartig, meist in stärkerem Maße aufnehmen als die einwandfrei erhaltenen Anteile der Haut. Stärkere Fäulniserscheinungen machen sich zumeist bereits unmittelbar nach dem Weichen in einer Verminderung der Quellfähigkeit und einer mehr oder weniger starken Haarlässigkeit bemerkbar, da durch die Einwirkung proteolytischer Enzyme insbesondere die Epithelzellen der Schleimschicht gelöst und damit der Kontakt zwischen der Epidermis mit Haaren einerseits und dem Corium andererseits gelockert wird. Vielfach läßt sich das Vorliegen eines enzymatischen Angriffs auch nach dem Weichen bereits an einer schleimigen und schlüpfrigen Oberflächenbeschaffenheit des Hautmaterials erkennen. Am fertigen Leder ist dieser Angriff bei nur mäßiger Fäulnis durch matten, glanzlosen und blinden Narben infolge leichter Zerstörung des zarten Flechtwerks der Narbenschicht und eine übermäßige Weichheit und Losnarbigkeit des Leders, insbesondere der abfälligen Teile erkennbar, mit fortschreitender Intensität der Fäulnis macht er sich durch ein Loslösen der Narbenschicht, das Auftreten von Faulstippen, d. h. kleiner, nadelstichartiger, meist über die ganze Narbenfläche verteilter Anfressungen der Narbenschicht (Abb. 8) und schließlich durch einen ausgesprochenen Fäulnisfraß mit teilweise völliger Durchlöcherung der Haut (Abb. 9) bemerkbar. Um diese Fäulniserscheinungen zu vermeiden, müssen daher alle in Abschnitt III angeführten Maßnahmen ergriffen werden, die die

Abb. 8. Faulstippen auf schwarzem Boxkalbleder. $^1/_3$ natürl. Größe [nach F. Stather (*2*)].

Entwicklung der Mikroorganismen im Weichwasser weitestgehend zu unterbinden vermögen.

Ein schlechtes Lederrendement und der Erhalt flacher und blechiger Leder kann andererseits auch durch zu starken hydrolytischen Abbau der an und für sich unlöslichen Proteine der Haut und dadurch verursachten Hautsubstanzverlust bewirkt sein, sei es durch zu langes Weichen, Weichen bei zu hohen Temperaturen oder längeres Belassen des Hautmaterials in Salzlösungen mittlerer Salzkonzentrationen.

Im Gegensatz dazu kann auch ein zu kurzes, also ungenügendes Weichen insbesondere bei trockenen Häuten zum Erhalt harter und blechiger Leder führen, da eine ungenügend geweichte Haut beim nachfolgenden Äschern oder Beizen einen nur ungenügenden Hautsubstanzaufschluß erfährt, sich nur mangelhaft durchbeizen läßt und daher auch während des Gerbprozesses den Gerbstoff zumeist ungenügend aufnimmt. Ein ungenügendes Weichen läßt sich nicht oder doch nur sehr schwer während der nachfolgenden Arbeitsvorgänge wieder ausgleichen, so daß auf eine genügende Durchweichung des Hautmaterials zum Erhalt einwandfreien Leders unbedingter Wert gelegt werden muß.

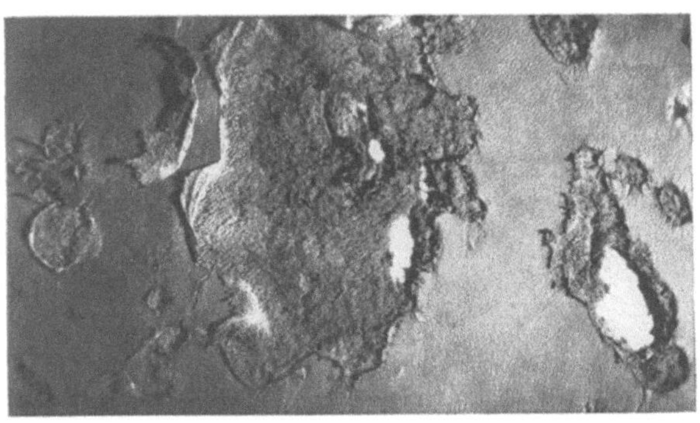

Abb. 9. Chromkalbleder mit stark ausgeprägten Fäulniszerstörungen [nach F. Stather (2)].

Zu den Weichfehlern gehören schließlich auch alle Beschädigungen, die verursacht werden, wenn das Hautmaterial einer mechanischen Behandlung (Walken, Strecken usw.) unterworfen wird, bevor es genügend erweicht ist. Diese Fehlermöglichkeit, die insbesondere bei getrocknetem Rohhautmaterial in Betracht zu ziehen ist, führt zu einer mechanischen Beschädigung der empfindlichen Narbenschicht und verursacht ein Brechen der Hautfasern und damit eine Verminderung der Festigkeitseigenschaften des ganzen Hautfasergefüges.

## VII. Analytische Kontrolle des Weichprozesses.

Um den Ablauf des Weichprozesses besser überwachen zu können, ist die Durchführung analytischer Kontrollen durchaus zu empfehlen. Es gibt allerdings bisher noch kein Verfahren, das es gestattet, den Weicheffekt als solchen zahlenmäßig festzulegen, so daß man hier zumeist auf eine gefühlsmäßige Beurteilung angewiesen sein wird, es sei denn, daß man durch periodische Wasserbestimmungen des Hautmaterials die Wasseraufnahme während des Weichens verfolgt. Von Wichtigkeit ist dagegen eine ständige Temperaturkontrolle des Weichwassers, da dieser Faktor für den sachgemäßen Verlauf des Weichvorganges von außerordentlicher Wichtigkeit ist. Ebenso erscheint es zweckmäßig, die Reaktion des Weichwassers und ihre Veränderung während des Weichens durch $p_H$-Messungen zu kontrollieren, insbesondere wenn Anschärfungsmittel verwendet werden.

Eine zeitweise Bestimmung des Kochsalzgehaltes des Weichwassers kann unter Umständen gewisse Anhaltspunkte für den zweckmäßigsten Wasserwechsel ergeben. Zur qualitativen Prüfung versetzt man im Reagensglas eine Probe des Weichwassers mit Salpetersäure und einigen Tropfen Silbernitrat. Eine weiße Trübung oder Fällung deutet auf die Anwesenheit von Chloriden hin. Für die quantitative Bestimmung bewährt hat sich die bekannte Methode von Mohr, die darauf beruht, daß bei Zusatz einer Silbernitratlösung zu einer Lösung von Alkalichlorid und Kaliumchromat zunächst die Chlorionen als Silberchlorid ausgefällt werden, nach völligem Ausfällen aber der nächste Tropfen Silbernitrat infolge Bildung von Silberchromat eine bleibende rötliche Färbung verursacht, die das Ende der Titration anzeigt. Voraussetzung ist, daß die zu titrierende Lösung zunächst neutralisiert wird, was zweckmäßig, um einen eventuell störenden Indikatorzusatz zu vermeiden, durch elektrometrische Titration oder durch Tüpfeln erreicht wird, und dann wird nach Zusatz von 3 bis 4 Tropfen 10proz. Kaliumchromatlösung mit $^n/_{10}$ Silbernitratlösung bis zum Auftreten einer auch beim Umschütteln bleibenden rötlichen Färbung titriert. In einem Blindversuch wird ferner die zur Erreichung der roten Nuance erforderliche Silbernitratmenge ermittelt und in Abzug gebracht:

$$1 \text{ ccm } ^n/_{10} \text{ AgNO}_3 = 0{,}00585 \text{ g NaCl}.$$

Auch die bekannte Methode nach Volhard soll sich für die Chlorbestimmung in Weichwassern bewährt haben (J. H. Highberger und E. K. Moore).

Um Anhaltspunkte hinsichtlich der Proteinverluste während des Weichens zu erhalten und nach dieser Richtung den Weichvorgang zu kontrollieren, empfiehlt es sich, in gewissen Zeitabständen den Gehalt des Weichwassers an koagulierbaren und nichtkoagulierbaren Proteinen zu bestimmen. Die Bestimmung des Gesamtstickstoffs erfolgt durch normale Kjeldahlbestimmung in 10 bis 50 ccm des Weichwassers. Zur Bestimmung des nichthitzekoagulierbaren Stickstoffs werden 100 ccm des Weichwassers in einem Erlenmeyerkolben zusammen mit diesem auf 0,1 g genau ausgewogen, dann mit 2 ccm Eisessig versetzt und 5 Minuten gekocht. Nach Abkühlen wird mit destilliertem Wasser auf das ursprüngliche Gewicht ergänzt, filtriert und im aliquoten Teil des Filtrats der Gehalt an nichtkoagulierbaren Proteinen wieder durch Kjeldahlbestimmung ermittelt. Die Differenz zwischen Gesamtstickstoff und nichtkoagulierbarem Stickstoff entspricht den koagulierbaren Stickstoffanteilen (J. H. Highberger und E. K. Moore).

Der Wert für den hitzekoagulierbaren Stickstoff umfaßt die durch Wasser und Neutralsalze gelösten Albumine, Globuline und Mucine, während die nichtkoagulierbaren Anteile von einem hydrolytischen oder enzymatischen Abbau entweder der wasser- und neutralsalzlöslichen Proteine oder der unlöslichen Proteine, insbesondere des Kollagens herrühren [G. D. McLaughlin und E. R. Theis (*2*), (*3*); F. Stather und H. Herfeld (*1*)]. Nach Angaben der Literatur soll der Proteinverlust, als Hautsubstanz berechnet, nicht größer als etwa 0,4% sein (A. M. Goldenberg). Wenn die im Weichwasser gelösten Proteine im wesentlichen aus hitzekoagulierbaren Anteilen bestehen, ist die Gefahr einer stärkeren Hydrolyse oder eines bakteriologischen Angriffes nicht vorhanden, sondern erst dann, wenn auch ein größerer Anteil an nichtkoagulierbaren Proteinen nachgewiesen wird. — Vielfach wird daneben auch die Bestimmung des Ammoniakgehaltes im Weichwasser empfohlen, der als direktes Maß für die Hydrolyse bzw. den bakteriellen Abbau angesprochen wird [G. D. McLaughlin und E. R. Theis (*1*)]. Der Gehalt an Ammoniak soll gewöhnlich weniger als 0,03 g/l betragen (A. M. Goldenberg). Es ist indessen darauf hingewiesen worden, daß diese Bestimmung zu Irrtümern, insbesondere bei Beurteilung einer enzymatischen Wirkung Veranlassung geben könne, da die abbauende Wirkung der verschiedenen

Enzyme keineswegs stets mit einer Ammoniakbildung parallel läuft (E. R. Theis und E. L. McMillen). Jedenfalls wird aber bei regelmäßiger Betriebskontrolle eine plötzlich auftretende Zunahme des Ammoniakgehaltes der Weichbrühen auf einen stärkeren anormalen Hautsubstanzverlust hinweisen.

Unter Umständen, wenn auch für die normale Weichkontrolle nicht üblich, kann für die Untersuchung von Weichwassern einmal die Bestimmung des Bakteriengehaltes herangezogen werden, für die die Verwendung der Verdünnungsplattenmethode empfohlen wurde [G. D. McLaughlin und G. E. Rockwell (*3*); G. E. Rockwell]. Zur Herstellung der Plattenkulturen wird in Petrischalen 1 ccm frischer Fleischbrühe (500 g Rindfleisch pro Liter dest. Wasser) mit 10 ccm Agar-Extrakt und 1 ccm verdünntem Weichwassers versetzt, dann läßt man das Gemisch nach gutem Durchrühren erstarren, stürzt die gebildeten Platten um, lagert sie 24 Stunden bei 37° C und weitere 24 Stunden bei Zimmertemperatur und zählt die Bakterien, von denen jede inzwischen zu einer Kolonie angewachsen ist, im Stewartschen Zählapparat aus. Vor Entnahme der Weichwasserprobe ist das Weichwasser gründlich durchzurühren, um eine gleichmäßige Verteilung der Bakterien zu erreichen und dann wird die Weichwasserprobe zweckmäßig so verdünnt, daß pro Kubikzentimeter Flüssigkeit 50 bis 150 Bakterien vorhanden sind (Vorversuch!).

Der beschriebenen Methode haften gewisse Fehler an, da z. B. die anaeroben Bakterien nicht mit berücksichtigt werden, sie soll aber im Gegensatz zu anderen Verfahren miteinander vergleichbare Werte liefern.

L. Pollak und L. Deimel haben in neuester Zeit die Frage der chemischen Kontrolle der Weiche eingehend geprüft, wobei sie davon ausgingen, daß die Haut im Weichwasser stärker gefährdet ist, sobald die latente Periode des Bakterienwachstums überschritten ist und damit ein plötzlicher starker Anstieg des Bakterienwachstums erfolgt. Dieser Zeitpunkt liegt kurz vor der beginnenden Fäulnis und entsprechend muß für eine wirksame Betriebskontrolle dieser Augenblick möglichst rasch durch solche Methoden erfaßt werden, die für ihre Durchführung nicht viel Zeit in Anspruch nehmen. Unter den zunächst geprüften bekannten Eiweißreaktionen (vgl. auch Bd. I, 1. Teil) haben sich für quantitative Auswertungen lediglich die Tyrosinreaktion von O. Gerngroß, K. Voß und H. Herfeld und die Ninhydrinreaktion (vgl. E. Cherbuliez und A. Herzenstein) als brauchbar erwiesen. Bei der Tyrosinreaktion wird 1 ccm der zu prüfenden, eventuell zuvor zweckentsprechend verdünnten Lösung im Reagenzglas mit 1 Tropfen 1%iger alkoholischer Lösung von 1,2-Nitrosonaphthol versetzt, zum Kochen erhitzt und dann in der Hitze mit 1 bis 2 Tropfen Salpetersäure versetzt; die auftretende Purpurfärbung wird kolorimetrisch nach dem bekannten Verdünnungsverfahren mit einer gleichbehandelten Tyrosinlösung von bekanntem Gehalt verglichen. Bei der Ninhydrinreaktion wird 1 ccm der Lösung mit 2 Tropfen einer 1%igen Ninhydrin-(Triketohydrinden)-Lösung versetzt, zum Sieden erhitzt und 2 Minuten am Sieden gehalten, wobei bei Gegenwart von Aminosäuren Violettfärbung eintritt. Nun wird genau 1 Minute mit 2 ccm Amylalkohol ausgeschüttelt, stehengelassen, bis die Schichten sich getrennt haben, die überstehende wässerige Schicht abgelassen und die Amylalkohollösung einige Male mit je 1 ccm Natronlauge 0,5%ig ausgeschüttelt, wodurch die gelben Begleitfarbstoffe entfernt und eine rein blaue Lösung erhalten wird, die im Vergleich mit einer Standard-Glykokoll-Lösung von bekanntem Gehalt kolorimetrisch ausgewertet werden kann.

Wichtig ist die weitere Feststellung von L. Pollak und L. Deimel, daß das Gefahrenmoment der starken Bakterienentwicklung in engem Zusammenhang mit dem Verschwinden des gelösten Sauerstoffs im Weichwasser steht. Sie empfehlen auf Grund ihrer Erfahrungen für die Weichkontrolle insbesondere die von der Wasseranalyse her bekannte Methode des Permanganatverbrauches als Maß des Sauerstoffschwundes und die Vornahme der Formoltitration im Weichwasser und Berechnung der erhaltenen Werte als Glykokoll. Eine Weiche ist nach ihren Angaben dann gefährdet, wenn der gelöste Sauerstoff rasch abnimmt. Als untere Grenze kann bei Temperaturen von 10 bis 12° C ein Sauerstoffgehalt von 0,5 bis 1,0 mg/l angenommen werden. Der Permanganatverbrauch wird von den Autoren bei Salzhäuten mit 500 mg $KMnO_4$/l, das Ergebnis der Formoltitration mit 150 bis 180 mg Glykokoll/l begrenzt. Bei Trockenhäuten scheinen bei der Bestimmung des Permanganatverbrauches andere Hautbestandteile erfaßt zu werden, und es scheint hier noch ein Permanganatverbrauch von 1000 mg $KMnO_4$ unbedenklich zu sein, wenn der Glykokollgehalt nicht mehr als 250 mg/l beträgt. Es wird indessen ausdrücklich darauf hingewiesen, daß Permanganatverbrauch und Glykokollwert weitgehend von örtlichen Verhältnissen, Art und Vorbehandlung der Häute usw. abhängig sind und es entsprechend notwendig ist, die oberen Grenzen den jeweiligen Betriebsverhältnissen anzupassen.

## Literaturübersicht.

Abt, G.: Collegium 1914, 277.
Andreasch, F.: Gerber **21**, 205 (1895).
Casaburi, V.: Cuir techn. **17**, 178 (1928).
Cherbuliez, E. u. A. Herzenstein: Bull. Acad. Med. **98**, **3**. série CXII, Nr. 39.
Gerngroß, O., K. Voß u. H. Herfeld: Ber. Dtsch. chem. Ges. **66**, 435 (1933); Collegium 1933, 257.
Goldenberg, A. M.: Collegium 1926, 10.
Highberger, J. H. u. E. K. Moore: J. A. L. C. A. **24**, 68 (1929).
Iwanoff, W.: Westnik 1924, 175; Ref. Collegium 1926, 330.
Kaye, M. u. D. J. Lloyd: Biochemical J. 1924, 1043.
Köser, A.: Zentrbl. f. Bakt. u. Parasitik I, **99**, 164.
Kopecky, F.: Ostindische Kipse, Teplitz 1926, S. 60.
Küntzel, A. u. K. Buchheimer: Collegium 1930, 205.
McCandlish, D.: Hide and Leather **77**, Nr. 22 u. 23 (1929).
McLaughlin, G. D. u. J. H. Highberger: J. A. L. C. A. **21**, 280 (1926).
McLaughlin, G. D. u. E. R. Theis (*1*): J. A. L. C. A. **18**, 324 (1923); (*2*): ebenda **19**, 286 (1924); (*3*): ebenda **19**, 297 (1924).
McLaughlin, G. D. u. G. E. Rockwell (*1*): J. A. L. C. A. **17**, 325 (1922); (*2*): ebenda **19**, 369 (1924); (*3*): ebenda **20**, 312 (1925).
Merrill, H. B.: Ind. engin. Chem. **19**, 249 (1927).
Meunier, L. u. Huc: Collegium 1909, 217.
Paeßler J.: Die Nachprüfung des Gewichts der Rohhäute (Freiberg 1924).
Parker, J. G.: Collegium 1912, 610.
Pollak, L. u. L. Deimel: Collegium 1937, 394.
Rockwell, G. E.: J. A. L. C. A. **26**, 2 (1931).
Rogers, A.: Cuir techn. **17**, 322 (1928).
Simskaja, A. M.: Ref. Collegium 1936, 473.
Spiers, C. H.: J. I. S. L. T. C. **17**, 193 (1933).
Stather, F. (*1*): Collegium 1928, 567; (*2*): Haut- und Lederfehler. Wien: Julius Springer 1934.
Stather, F. u. H. Herfeld (*1*): Collegium 1934, 166; (*2*): ebenda 1934, 317; (*3*): ebenda 1934, 512; (*4*): ebenda 1935, 333.
Stather, F. u. H. Sluyter: Ledertechn. Rdsch. **25**, 85 (1933).
Stather, F. u. E. Liebscher: Collegium 1929, 437.
Stiasny, E. (*1*): Gerbereichemie (Chromgerbung). Dresden und Leipzig: Th. Steinkopff 1931; (*2*): Gerber **48**, 165, 178 (1922).
Theis, E. R. (*1*): J. A. L. C. A. **25**, 48 (1930); (*2*): ebenda **25**, 442 (1930).
Theis, E. R. u. E. L. McMillen: J. A. L. C. A. **23**, 372 (1928).
Theis, E. R. u. J. M. Miller: J. A. L. C. A. **24**, 290 (1929).
Thomas, A. W. u. S. B. Foster: Ind. engin. Chem. **17**, 1162 (1925).

Thomas, A. W. u. M. W. Kelly: Ind. engin. Chem. **19**, 477 (1927).
Turley, H. G.: J. A. L. C. A. **27**, 316 (1932).
Vigezzi, E.: Boll. R. Staz. Industria Pelli **11**, 371 (1933).
Weißberg, J. E.: Collegium **1925**, 522.
Wilson, J. A. (*1*): Die Chemie der Lederfabrikation. 2. Aufl. Deutsche Bearbeitung von F. Stather u. M. Gierth. Wien: Julius Springer 1930; (*2*): Hide and Leather **2**, 16 (1932).

# B. Die Methoden der Haarlockerung.

Von Dr.-Ing. **Hans Herfeld**, Freiberg (Sa).

Nachdem das Hautmaterial durch den Weichprozeß wieder weitestmöglich in den Zustand wie unmittelbar nach dem Abziehen vom Tierkörper versetzt worden ist und dabei gleichzeitig eine gründliche Reinigung erfahren hat, muß es die Aufgabe der nachfolgenden Arbeitsvorgänge sein, das für die Lederherstellung allein in Frage kommende kollagene Fasergefüge des Coriums von den übrigen Hautbestandteilen, also insbesondere einerseits der Epidermis und den Haaren auf der Narbenseite und anderseits dem Unterhautbindegewebe und noch anhaftenden Fleischteilen und Fettgeweben auf der Fleischseite zu befreien. Der nun zunächst folgende Prozeß der Haarlockerung hat in erster Linie die Aufgabe, die Verbindung zwischen Corium und Epidermis derart zu lockern, daß es möglich ist, die letztere zusammen mit den Haaren durch mechanische Bearbeitung von der Lederhaut zu entfernen.

Der Aufbau und die Erneuerung der Epidermis erfolgt am Körper des lebenden Tieres durch ständige Zellteilung in einer der Lederhaut unmittelbar benachbarten „basalen Zellreihe", die ihre Aufbaustoffe aus den Blutgefäßen der Lederhaut bezieht und deren Tätigkeit am lebenden Tier in einer ständigen Neubildung von Zellen besteht. In dem Maß, wie diese Neubildung erfolgt, werden die bereits vorhandenen Zellen der Epidermis nach außen gedrängt und sind dabei einem ständig fortschreitenden Verhornungsprozeß unterworfen, bei dem sie austrocknen, erhärten und gleichzeitig gegenüber äußeren Einflüssen widerstandsfähiger werden. Demgemäß muß sich bei den Prozessen der Haarlockerung der Angriff in erster Linie gegen die noch weichen und wenig widerstandsfähigen untersten Schichten der Epidermis, die basale Zellschicht und die dieser unmittelbar benachbarte Schleimschicht wenden, und in dem Maße, wie eine Zerstörung dieser Schichten gelingt, wird die naturgegebene Verbindung zwischen Corium und Epidermis in ihrer Festigkeit vermindert und gleichzeitig damit auch eine Lockerung der Haare erzielt, da die Haarwurzeln ja, so weit sie auch immer in das Corium hineinragen mögen, taschenförmig bis zur Haarzwiebel hinab von der Epidermis umgeben sind und mit der Zerstörung dieser Epidermistaschen die Haarlöcher erweitert werden und so nunmehr die kolbenförmig an ihrem unteren Ende verdickten Haare leicht mechanisch daraus entfernt werden können, ganz abgesehen davon, daß auch die verdickten Haarwurzeln selbst, die ebenfalls noch nicht sehr widerstandsfähig sind, während des Prozesses der Haarlockerung erweicht und dehnbar und schließlich mehr oder weniger stark zerstört werden.

Die Epidermis und die Haare bauen sich aus stark schwefelhaltigen Proteinen auf, die eiweißchemisch unter dem Begriff der Keratine zusammengefaßt werden. Soweit diese Keratine bereits vollständig verhornt sind wie bei den Haaren und den äußersten Schichten der Epidermis, zeichnen sie sich vor den anderen Proteingruppen durch eine beträchtliche Widerstandsfähigkeit gegenüber der Einwirkung von Säuren, Alkalien (nicht Sulfiden) und Fermenten aus, die graduell weitgehend mit der Stärke der Verhornung verbunden ist. Diese Beständigkeit ist entsprechend bei den sehr stark verhornten Haaren, Klauen, Hörnern usw. am größten, bei den noch nicht derart vollständig verhornten äußeren Schichten der Epidermis bereits etwas geringer, wenn auch noch sehr beträchtlich, und bei den Proteinen der basalen Zellreihe und der Schleimschicht ist eine derartige Widerstandsfähigkeit praktisch überhaupt noch nicht vorhanden, so daß man die Proteine dieser untersten Epidermisschichten in ihren Eigenschaften noch nicht der eigentlichen Gruppe der Keratine zuzählen kann, sondern hierfür sinngemäßer die vorgeschlagene Bezeichnung „Protoplasmaproteine" verwendet [E. Stiasny (*1*), S. 108]. Die Tatsache der geringen Widerstandsfähigkeit der Protoplasmaproteine gegenüber Chemikalien einerseits und Fermenten andererseits ist für die Prozesse der Haarlockerung von prinzipieller Bedeutung und man kann entsprechend die Methoden und Vorschläge zur Erreichung einer Haarlockerung ganz allgemein in zwei große Gruppen unterteilen, in chemische Haarlockerungsverfahren und in solche auf biologischer Grundlage, wobei in allen Fällen die leichte Angreifbarkeit und der verhältnismäßig rasche hydrolytische Abbau der Protoplasmaproteine als grundlegendes Prinzip ausgenutzt wird. Die Abb. 10, in der das obere Bild einen Vertikalschnitt durch eine frische Kalbshaut, das untere einen solchen durch eine haarlässige Haut darstellt, läßt dieses allgemeingültige Haarlockerungsprinzip sehr schön erkennen. Man sieht auf der Abbildung unten, wie die Protoplasmaproteine völlig entfernt und damit die Verbindung zwischen Epidermis und Corium gelockert ist und ferner die Haare derart gelockert in den Haarbälgen sitzen, daß sie leicht mechanisch aus diesen entfernt werden können.

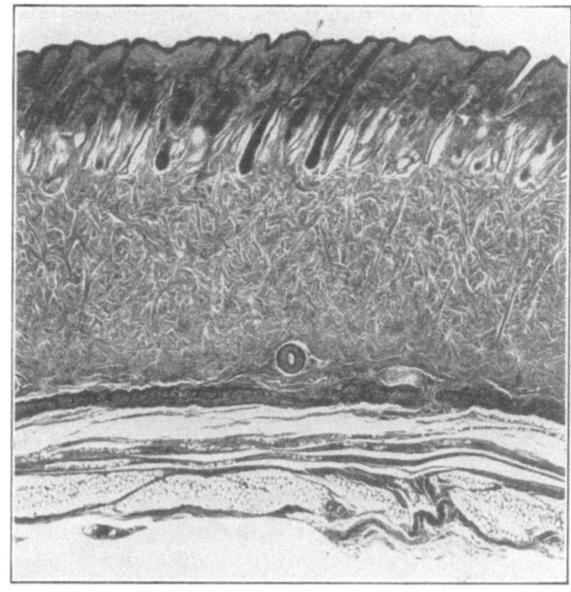

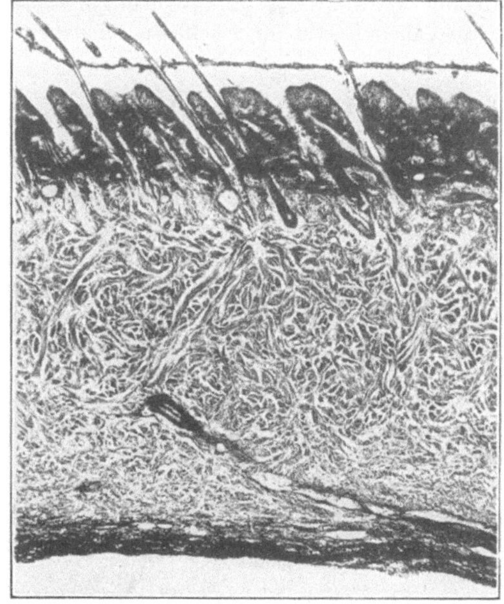

Abb. 10. Schnitt durch eine Kalbshaut oben vor, unten nach dem Haarlockerungsvorgang. Etwa 16fach vergrößert (O. Gerngroß, S. 451 und 452).

Der Haarlockerungsprozeß beschränkt sich aber nicht nur auf die Einwirkung der jeweils verwendeten haarlockernden Stoffe auf die Proteine der Epidermis, sondern es finden daneben wichtige Veränderungen auch des Coriums statt, die in einer mehr oder weniger starken Aufquellung des Hautfasergefüges, in einer teilweisen Emulgierung und Verseifung der natürlichen Fettstoffe der Haut und in einer gewissen Anpeptisierung der Kollagenfasern bestehen. In dem Maße, wie das kollagene Fasergefüge anpeptisiert wird, nimmt seine Dehnbarkeit zu, und damit wird anderseits wieder die Möglichkeit, die Haare mechanisch aus den Haarbälgen zu entfernen, erhöht. Je nach Art und Durchführung des angewandten Haarlockerungsverfahrens wird die haarlockernde Wirkung oder die Wirkung auf das Corium stärker ausgeprägt sein, doch muß bei allen Verfahren stets zwischen diesen beiden prinzipiellen Wirkungen auf die Keratine bzw. Protoplasmaproteine einerseits und das kollagene Hautfasergefüge andererseits unterschieden werden, und das technische Problem der sachgemäßen Durchführung des Äscherprozesses läuft im wesentlichen darauf hinaus, die beiden angeführten Teilvorgänge so aufeinander abzustimmen, daß neben einer guten Haarlockerung eine den Eigenschaften des jeweils zu erzeugenden Leders angepaßte Auflockerung und Veränderung des Hautfasergefüges erreicht wird. Die Tatsache, daß bereits durch die Prozesse der Haarlockerung auch die Eigenschaften des Leders weitgehend beeinflußt werden, erhellt die außerordentliche Wichtigkeit und Bedeutung dieses Teilprozesses der Lederbereitung und macht es zu einer unbedingten Notwendigkeit, gerade diese Vorgänge mit besonderer Sorgfalt, mehr noch, als dies heute in vielen Betrieben geschieht, zu überwachen.

# I. Chemische Haarlockerungsmethoden.

## 1. Das Äschern.

Beim Äschern von Häuten und Fellen werden diese mit Brühen behandelt, die die Äscherchemikalien in Lösung und darüber hinaus teilweise auch in Suspension enthalten. Als haarlockernde Chemikalien kommen hierbei in erster Linie Hydroxyde (Hydroxydäscher) und Sulfide (Sulfidäscher) für die Praxis in Frage, daneben sind aber auch eine Reihe anderer Stoffe, wie Säuren, reduzierende Stoffe, Amine usw. vorgeschlagen worden, wenn ihre praktische Anwendung bisher auch verhältnismäßig gering geblieben ist. In den folgenden Abschnitten soll zunächst die prinzipielle Wirkungsweise dieser einzelnen Stoffgruppen besprochen werden und dann eine Behandlung der praktischen Durchführung des Äscherprozesses folgen.

Der Name „Äscher“ dürfte herrühren von der in früheren Zeiten vielfach üblichen Verwendung von Pottasche, in Form von Holzasche bzw. Bestreichen der Haut auf der Haarseite mit Asche und Wasser zur Erzielung der Haarlockerung. Heute ist der Kalk das technisch wichtigste Haarlockerungsmittel, das ebenfalls bereits seit langer Zeit für diesen Zweck Verwendung findet. Daneben wurde schon in frühen Zeiten roter Arsenik anteilig zum Kalk mitverwendet. Die Verwendung aller übrigen Äscherchemikalien, auch die der heute so viel benützten Alkalisulfide ist wesentlich jüngeren Datums. Erst um die Mitte des vorigen Jahrhunderts begann man, außer Pottasche und rotem Arsenik auch andere Anschärfungsmittel, insbesondere Salze des Schwefelwasserstoffs zu verwenden, wenn auch bereits 1838 Böttger über die haarlockernde Wirkung von Calciumsulfid, hergestellt durch Einleiten von Schwefelwasserstoff in Kalkmilch, berichtet hat.

### a) Die Wirkungsweise von Hydroxydäschern auf die tierische Haut.

Für Hydroxydäscher kommen in erster Linie die Hydroxyde der Alkalien und Erdalkalien in Frage, also Kalium-, Natrium-, Barium-, Strontium- und Calciumhydroxyd. Die haarlockernde Wirkung dieser Stoffe ist in allen Fällen in erster Linie eine Funktion der Hydroxylionenkonzentration ihrer Lösung derart, daß mit steigender Konzentration der Hydroxylionen auch eine Zunahme des Haarlockerungsvermögens erfolgt. Daneben sind indessen auch die Kationen der alkalischen Haarlockerungsmittel von Bedeutung, denn in äquimolekularen Lösungen weisen die angeführten Hydroxyde nicht etwa eine gleichstarke haarlockernde Wirkung auf, sondern das Haarlockerungsvermögen nimmt in der oben angeführten Reihenfolge zu, Calciumhydroxyd weist also die beste, Kaliumhydroxyd die geringste haarlockernde Wirkung auf.

Das Haarlockerungsvermögen der Hydroxydäscher ist also einmal von der Hydroxylionenkonzentration abhängig, und zwar ist für das Zustandekommen einer nennenswerten Haarlockerung ein $p_H$-Wert von über etwa 11 erforderlich [R. H. Marriott (*3*)]. Wenn eine Haut in einen frischen Hydroxyläscher von einem $p_H$-Wert über 11 eingebracht wird, so findet zunächst gemäß der Hydroxylionenkonzentration der Lösung und je nach Art der verwendeten Hydroxyde in mehr oder weniger starkem Maße eine Hydrolyse der Proteine der Epidermis statt, die sich im wesentlichen auf einen hydrolytischen Abbau der Proteine der basalen Zellreihe und der Schleimschicht erstreckt, während die stärker verhornten Keratine der Haare und der äußeren Schichten der Epidermis weitgehend unangegriffen bleiben. Durch diese Hydrolyse vorwiegend der Protoplasmaproteine entstehen im Äschersystem schwefelhaltige Hydrolysenprodukte, die weiter zu reduzierenden Substanzen, wie Sulfiden und eventuell auch Polysulfiden, organischen Sulfhydrylverbindungen usw. abgebaut werden, die nun ihrerseits wieder reduzierend auf die Disulfidbrücken des Cystins der Keratine einzuwirken vermögen [R. H. Marriott (*3*)]. Man kann für den strukturchemischen Aufbau der Keratine annehmen, daß die Cystinmoleküle in deren Proteingitter so eingebaut sind, daß durch ihre Disulfidbrücken die benachbarten Polypeptidketten hauptvalentig miteinander verbunden werden. Dieser Aufbau macht verständlich, daß die Keratine mit ihren hauptvalentigen Querverbindungen der Polypeptidketten gegenüber Alkalien und Fermenten wesentlich beständiger sind als die Kollagensubstanz, bei der diese Bindung zwischen den einzelnen parallel gerichteten Polypeptidketten vorwiegend durch wesentlich schwächere und entsprechend hydrolytisch leichter spaltbare Nebenvalenzbindungen bewirkt wird. Bei Einwirkung reduzierender Substanzen erfolgt aber eine reduktive Spaltung der Disulfidbindungen des Cystins zu Cystein nach der Gleichung

$$\begin{array}{lll} CH_2\text{—}S\text{—}S\text{—} & CH_2 & \qquad CH_2SH \\ | & | & \qquad | \\ CHNH_2 & CHNH_2 + H_2 \rightarrow & 2\ CHNH_2 \\ | & | & \qquad | \\ COOH & COOH & \qquad COOH \end{array}$$

und durch diese Spaltung wird entsprechend auch die für Keratine charakteristische Beständigkeit aufgehoben und damit die Hydrolysierbarkeit der Keratine durch Hydroxyde erhöht [R. H. Marriott (*3*)]. Daß in älteren Äschern, in denen eine Anreicherung reduzierender Stoffe stattgefunden hat, tatsächlich neben der Hydrolyse der Protoplasmaproteine eine solche reduktive Aufspaltung der Keratine erfolgt, ergibt sich auch daraus, daß das Haarlockerungsvermögen frischer Hydroxyläscher eine wesentliche Erhöhung erfährt, wenn reduzierende Stoffe wie Sulfide, Cyanide, Sulfite, Bisulfit, Hydrosulfit, Thiosulfat, Nitrite,

Stanno- und Ferrosalze usw. oder organische Substanzen wie Glukose, Dextrin usw. zugesetzt werden [R. H. Marriott (*3*); E. R. Theis (*1*); H. B. Merrill (*3*); F. Ossipenko; P. Pulewka]. Wie in einem der späteren Abschnitte noch zu besprechen sein wird (vgl. S. 77ff.), wird von der reduzierenden Wirkung der Sulfide ja für die Praxis des Haarlockerns durch Verwendung von Sulfidäschern in großem Umfange Gebrauch gemacht. — Umgekehrt konnte gezeigt werden, daß oxydierende Substanzen und gelöster Luftsauerstoff die haarlockernde Wirkung von Hydroxydäschern vermindern. Die haarlockernde Wirkung von Hydroxydäschern hängt also in erster Linie ab von der Hydroxylionenkonzentration der Lösung, von ihrer Fähigkeit, reduzierende Stoffe insbesondere aus den Protoplasmaproteinen zu erzeugen, und ferner von ihrem Vermögen, diese reduzierenden Stoffe auch wirksam in Lösung zu halten, wobei die beiden letzteren Punkte ihrerseits ebenfalls wieder weitgehend von der Hydroxylionenkonzentration abhängig sein dürften [R. H. Marriott (*3*)]. Inwieweit neben diesem zunächst reduktiven Aufschluß der Disulfidbrücken auch eine direkte hydrolytische Spaltung in Betracht zu ziehen ist, wie sie A. Schöberl insbesondere an Modelldisulfiden einfacheren Baues studiert hat und bei der als primäre Spaltprodukte Sulfhydrylverbindungen RSH und Sulfensäuren RSOH entstehen nach der Gleichung $RSSR + H_2O \rightleftarrows RSH + RSOH$, muß für die Keratine der Haut unter den im Äscher gegebenen Bedingungen zunächst dahingestellt bleiben.

Neben einer haarlockernden Wirkung üben aber die Hydroxyde auch einen Einfluß auf das kollagene Hautfasergefüge aus, der sich einmal in einer schwellenden und prallmachenden Wirkung und ferner in einem hydrolytischen Angriff auf die Kollagensubstanz und einem Herauslösen der Bindegewebszellen (Fibroblasten) äußert. Beim Einbringen der Haut in eine alkalische Lösung nimmt die Quellung und in gleicher Weise auch die Bindung des Alkalis durch das Kollagen mit steigender Alkalikonzentration bis zu einem Maximum zu, darüber hinaus bei weiterer Erhöhung der Alkalikonzentration die Alkaliaufnahme und entgegen den Verhältnissen bei der Säurequellung weitgehend auch die Quellung konstant bleibt [A. Küntzel und J. Philips (*1*)]. Diese Quellung ist für den eigentlichen Haarlockerungsprozeß nicht unbedingt erforderlich, wie uns die biologischen Haarlockerungsverfahren, insbesondere auch der Schwitzprozeß, der ohne Quellung des Hautmaterials verläuft (vgl. S. 121ff.), lehren, ist aber wichtig zur Erreichung einer jeweils gewünschten Auflockerung des Hautfasergefüges. Ganz allgemein wirken zweisäurige Hydroxyde weniger stark quellend als einsäurige. Das Maximum der Quellung wird durch den Anfangs-$p_H$-Wert der Lösung, nicht durch die Gesamtalkalikonzentration bestimmt. Das Schwellungsvermögen nimmt in der eingangs angeführten Reihenfolge der Hydroxyde ab [E. Stiasny (*2*)], d. h. also, daß mit zunehmendem Haarlockerungsvermögen der Hydroxyde ihre schwellende Wirkung auf das Hautfasergefüge sich verringert, und es ist mehrfach die Vermutung ausgesprochen worden, daß die abnehmende Haarlockerung mit dem zunehmenden Quellungsvermögen der verwendeten Hydroxyde in direkter ursächlicher Beziehung stände, derart, daß bei einem stark gequollenen Hautfasergefüge die Haarlöcher so verquollen und damit derart verschlossen würden, daß eine ausreichende Einwirkung der haarlockernden Agenzien auf die Keratinschicht in den Haarbälgen nicht mehr stattfinden könne [E. Stiasny (*1*), S. 229; R. H. Marriott (*4*)]. Diese Vermutung ist durchaus naheliegend, denn es ist sonst nicht recht ersichtlich, warum die Hydroxyde der Alkalien bei gleicher Hydroxylionenkonzentration eine geringere hydrolysierende Wirkung auf die Protoplasmaproteine ausüben sollten als die Erdalkalihydroxyde. Die Unterschiede in der Intensität der Quellwirkung durch einsäurige und zweisäurige Basen sind nach R. H. Marriott (*5*) darauf zurückzuführen, daß ganz allgemein die Schwellung auf einer Aufweiterung des Gitters der Hauptvalenzketten durch osmotischen Druck beruht, die osmotischen Druckzentren aber bei der Behandlung mit zweisäurigen Basen weiter auseinander liegen als mit einsäurigen, da jede basenbildende Stelle im Gitter ein einsäuriges, aber nur $^1/_2$ zweisäuriges Basenmolekül zu binden vermag. (Näheres siehe Abschn. Quellung, Bd. I, Teil 1.)

Die Hydroxyde der Alkalien einerseits und der Erdalkalien andererseits unterscheiden sich bei ihrer Einwirkung auf das kollagene Fasergefüge aber nicht nur durch den Grad der erzielten Quellung, sondern auch durch die dabei gleichzeitig bewirkte Veränderung der Beschaffenheit des ganzen Hautfasergefüges. Wenn die Alkalihydroxyde, wie wir sahen, eine außerordentlich starke Quellung des Hautfasergefüges verursachen, so erfahren dabei gleichzeitig die einzelnen Fasern eine starke Verkürzung und werden von ausgesprochen glasiger Beschaffenheit. Die gleichzeitig einsetzende hydrolysierende Wirkung der Alkalihydroxyde erstreckt sich dabei nicht nur auf eine Lockerung leicht zugänglicher Nebenvalenzbindungen, durch die die Micellen zu Fibrillen und diese wieder zu Fasern vereinigt sind, sondern es erfolgt daneben auch ein Angriff auf die Micellen selbst unter teilweiser hydrolytischer Spaltung hauptvalentiger Bindungen. Entsprechend wird, wenn man derartig mit Alkalihydroxyden vorbehandeltes Kollagen einem Leimverkochungsprozeß unterwirft, zwar eine Verleimung erreicht, aber das dabei erhaltene Produkt enthält nicht mehr die für einen normalen Leim und seine typischen Eigenschaften charakteristischen und wertvollen langen, zusammenhängenden Hautfasermicellen, sondern bereits weitgehend abgebaute Bausteine der Haut (A. Küntzel). Die Erdalkalihydroxyde, insbesondere der Kalk wirken demgegenüber erheblich milder. Sie bewirken eine nur mäßige Quellung des Hautfasergefüges, ohne daß eine wesentliche Verkürzung der Fasern auftritt, und die dabei ebenfalls bewirkte Auflockerung der Faserelemente erstreckt sich vorwiegend nur auf eine Aufspaltung der Fasern in Fibrillen durch Lockerung der nebenvalentigen Querverbindungen zwischen den Hauptvalenzketten, ohne daß im Gegensatz zur Einwirkung der Alkalihydroxyde auch ein wesentlicher hauptvalenzchemischer Abbau der Fibrillen zu kleineren Bausteinen erfolgt. Man hat diese mildere Wirkung insbesondere des Kalkes darauf zurückgeführt, daß die Calciumionen eine Art hemmender Wirkung auf die hydrolysierende Wirkung der Hydroxylionen infolge Bildung von Komplexsalzen mit den basischen Proteingruppen ausüben entsprechend den bekannten Calcium-Aminverbindungen von Typus $Ca(NH_3)_8$ (A. Küntzel). Auf Grund der vorstehenden Darlegungen ist aber die dem Praktiker längst bekannte Tatsache, daß der Hautsubstanzverlust in Kalk- und Barytäschern wesentlich geringer ist als in Ätzalkaliäschern, durchaus verständlich.

Für die Praxis ist es natürlich wünschenswert, die Haarlockerung in möglichst annehmbarer Zeit zu bewirken, und andererseits ist eine gewisse Schwellung und Auflockerung des kollagenen Fasergefüges im Äscher je nach den Eigenschaften des zu erzeugenden Leders zwar erwünscht, eine übermäßige Schwellung aber als unzweckmäßig zu verwerfen, da hierbei eine starke Zerrung des ganzen Hautfasergefüges erfolgt, durch die die einzelnen Fasern übermäßig mechanisch beansprucht werden und so die Festigkeit des Fasergefüges vermindert und häufig eine lockere und schwammige Lederstruktur verursacht wird. Insbesondere ist aber auch erwünscht, daß die Quellung nicht zu rasch vonstatten geht und durch damit bewirktes Aneinanderpressen der Fasern den Äscherchemikalien der Eintritt in die Haut und den gelösten interfibrillaren Proteinen der Austritt aus der Haut versperrt wird [R. H. Marriott (*4*)]. Natronlauge und Kalilauge scheiden demgemäß als Äschermittel praktisch aus, da zum Erhalt einer technisch genügenden Haarlockerung Lösungen über 0,2 Normalität erforderlich sind, die andererseits bereits eine sehr starke und sehr rasch erfolgende schwellende und hydrolysierende Wirkung auf das Hautfasergefüge ausüben [E. Stiasny (*1*), S. 229ff.]. Das Payne-Pullmannsche Verfahren (E. P. 2873) verwendet zwar zur Haarlockerung eine 1- bis 2%ige Natronlauge und anschließend eine 1,5- bis 2%ige Calciumchloridlösung, wobei sich in doppelter Umsetzung Kalk bildet, doch werden frische Häute auf diese Weise nicht haarlässig, sondern die Häute müssen zuvor eine faule Weiche durchgemacht haben oder nachher noch in eine faulige Brühe gebracht werden. Unter den Hydroxyden der Erdalkalien hat größere praktische Bedeutung nur das Calciumhydroxyd erlangen können und unter dem Begriff des Hydroxydäschers versteht demgemäß die Praxis ausschließlich den Kalkäscher, der in den nachfolgenden Abschnitten eine seiner Bedeutung entsprechende eingehendere Behandlung erfahren soll.

Calciumhydroxyd ist in Wasser nur wenig löslich, und zwar werden bei Zimmertemperatur nur etwa 1,3 g CaO pro Liter Wasser gelöst (vgl. S. 99). Infolge dieser geringen Löslichkeit des Kalkes — die bei gewöhnlicher Temperatur gesättigte Lösung ist nur etwa $^1/_{21}$ normal — ist nur mit einer mäßigen Alkalität im Kalkwasser zu rechnen. Der Kalkäscher besitzt also vor anderen Hydroxydäschern neben seiner Billigkeit auch den großen Vorteil der Ungefährlichkeit für die Haut, auch wenn der Kalk im Überschuß angewandt wird, da dieser Überschuß ja in unlöslicher Form vorhanden ist und somit die Alkalität und Schwellfähigkeit des Äscherbades nicht beeinflußt. Ein solcher Überschuß an Kalk ist anderseits beim Kalkäscher technisch unbedingt erforderlich und die früher hie und da erhobene Forderung, die Äscherung statt mit Kalkmilch mit gesättigtem Kalkwasser vorzunehmen, muß aus verschiedenen Gründen als irrig bezeichnet werden. Einmal ist die Äscherung im Kalkäscher mit einem ständigen Verbrauch an Calciumhydroxyd verbunden, da einerseits die Haut selbst recht beträchtliche Kalkmengen aufnimmt und infolge des amphoteren Charakters der Proteine und damit im Zusammenhang stehenden Alkalibindungsvermögens zu binden vermag, und andererseits auch die gelösten Proteinabbauprodukte insbesondere der Protoplasmaproteine, aber auch der übrigen Eiweißbestandteile der Haut (siehe S. 70) neutral reagierende Calciumsalze zu bilden vermögen [E. Stiasny (*2*)]. Mit dieser Bindung des Kalkes würde aber bei Verwendung von Kalkwasser die Alkalität des Äscherbades und damit auch dessen Haarlockerungsvermögen ständig abnehmen. Es ist daher zum Erhalt einer guten Haarlässigkeit in einer praktisch annehmbaren Zeit unbedingt erforderlich, die Lösung stets an Kalk gesättigt zu halten, und dies ist nur erreichbar, wenn durch einen ständig vorhandenen Kalküberschuß die Sättigung der Lösung an Kalk automatisch in dem Maße, wie Kalk verbraucht wird, wiederhergestellt werden kann. Als zweites würde durch eine Verminderung der Alkalität des Äscherbades die Möglichkeit der Entwicklung proteolytisch wirksamer Mikroorganismen gefördert, da diese bekanntlich insbesondere in schwach alkalischem Gebiet besonders entwicklungsfähig sind, während gesteigerte Alkalität ihre Wirksamkeit vermindert (vgl. auch S. 84ff.) Außerdem ist als drittes festgestellt worden, daß Kalkmilch mehr reduzierende Stoffe als Kalkwasser zu liefern vermag und auch aus diesem Grunde beim Äschern den Vorzug verdient [R. H. Marriott (*3*)]. Ein Überschuß an Kalk scheint also beim Äschern noch andere Aufgaben zu erfüllen als lediglich die Kalklösung immer gesättigt und damit auf dem gleichen $p_H$-Wert zu halten. Die unlöslichen Kalkteilchen dringen schließlich, wenn sie kleinteilig genug sind, auch in die Poren der Haut ein und erhöhen damit die Kalkaufnahme durch die Haut.

Zur Charakterisierung der Einwirkung des Kalkes auf die tierische Haut haben J. A. Wilson und G. Daub Versuche derart durchgeführt, daß Hautproben unter sterilen Bedingungen der Einwirkung von gesättigtem Kalkwasser ausgesetzt wurden und der Zustand der Haut nach gewissen Zeitabständen durch mikroskopische Untersuchung an Horizontalschnitten in der Höhe der Talgdrüsen festgestellt wurde. Bei diesen Versuchen ergab sich zunächst ein Angriff auf die basale Zellschicht der Epidermis und nach 5 Tagen konnten Epidermis und Haare leicht abgeschabt werden. Nach 3 Wochen waren bereits fast alle Epidermiszellen um die Haare herum verschwunden, nach 5 Wochen auch die elastischen Fasern rings um die Haare herum zerfallen und nach 3 Monaten waren auch die Zellkerne der Epithelzellen verschwunden. Von der 15. Woche an setzte dann ein Angriff auch auf die verhornten Schichten der Epidermis und auf die Haare ein, der nach 7 Monaten zu einer völligen Zerstörung führte. Das kollagene Fasergeflecht blieb etwa 5 Monate scharf sichtbar, wurde aber dann glasig und langsam hydrolisiert und hatte nach 7 Monaten einen starken Hautsubstanzverlust erfahren, damit seine Fähigkeit, beim Neutralisieren mit Ammoniumchlorid zu verfallen, verloren, wurde beim Pickeln hart und lieferte beim Gerben ein nur flaches und leeres Leder.

Der Kalkäscher übt also einmal eine haarlockernde Wirkung aus, die gleichbedeutend mit einer Keratinzerstörung bezeichnet wurde, derart, daß Haarlässigkeit erst bei einer gewissen Mindestzersetzung des Epidermiskeratins auftritt [G. D. McLaughlin, J. H. Highberger und E. K. Moore (*1*)]. Bei dieser Keratinzerstörung im Kalkäscher wird aber — im Gegensatz zu den Sulfidäschern — im wesentlichen nur ein hydrolytischer Abbau der Proteine der basalen Zellreihe und der Schleimschicht bewirkt, während die verhornten Haare als solche, von dem Sonderfall extrem langer Äscherung abgesehen, weitgehend erhalten bleiben (M. Kaye und R. H. Marriott; F. O'Flaherty und W. T. Roddy). Andererseits übt der Kalk auf das kollagene Hautfasergefüge eine mäßige Schwellwirkung und bei längerer Einwirkung auch einen nicht unbeträchtlichen hydrolytischen Angriff auf die leichter zugänglichen Nebenvalenzbindungen des kollagenen Fasergefüges aus. Von dieser Tatsache wird bei Lederarten, von denen eine gewisse Geschmeidigkeit und Weichheit verlangt wird, nach Erreichung der eigentlichen Haarlockerung durch Anwendung besonderer Weißkalk-Nachäscher und in diesen erreichten gewissen Aufschluß des Fasergefüges Gebrauch gemacht. Wenn auch die Quellung in den der Äscherung folgenden Neutralisations- und Beizprozessen mittels proteolytischer Enzyme wieder weitgehend rückgängig gemacht wird, so bleibt die im Äscher erreichte Auflockerung der kollagenen Faserstruktur doch bestehen und wirkt sich am Leder durch eine gesteigerte Geschmeidigkeit, Weichheit und Zügigkeit aus. Außerdem wird, wie bei Besprechung des Beizvorgangs noch eingehender zu behandeln sein wird (vgl. S. 240ff.), durch die Anpeptisierung während des Äscherns auch beim nachfolgenden Beizen der Angriff der proteolytischen Enzyme auf die Hautsubstanz wesentlich gefördert und damit die Abbaubarkeit der kollagenen Hautproteine erleichtert. Ferner wird durch diese Äscherveränderung der Haut ihre Aufnahmefähigkeit für Gerbstoffe erhöht, wobei dahingestellt bleiben muß, ob diese Erhöhung vorwiegend auf eine chemische Wirkung infolge Vermehrung aktiver Proteingruppen oder mehr auf eine physikalische Wirkung der Porenerweiterung und damit Raumgewinnung infolge alkalischer Quellung und nachfolgender Entquellung zurückzuführen ist (C. H. Spiers). In diesem Zusammenhang sei kurz darauf hingewiesen, daß auf Grund mikroskopischer Untersuchungen gefolgert worden ist, daß die im geäscherten Zustand der Haut erkennbaren Strukturmerkmale der Haut insbesondere hinsichtlich Fülle der Faserbündel und Aufteilung der Fasern in Einzelfasern und Fibrillen für die Art der nachfolgenden Gerbstoffaufnahme durch die Haut von wesentlicher Bedeutung seien und daß diese Strukturmerkmale weitgehend im fertigen Leder wiederzufinden seien [R. H. Mariott (*1*)], eine Feststellung, die die Wichtigkeit der Veränderungen der Beschaffenheit des kollagenen Fasergefüges in Äscher für die Beschaffenheit des fertigen Leders deutlich erkennen läßt.

Während des Äscherns werden beträchtliche Proteinmengen in Lösung gebracht. Diese gelösten Proteine umfassen einmal die von Natur aus wasser- und neutralsalzlöslichen Proteine der Haut, die, soweit sie nicht schon in der Weiche gelöst und aus der Haut extrahiert wurden, während des Äscherns praktisch vollständig aus der Haut entfernt werden, also für den Gerbprozeß keinerlei Bedeutung besitzen (F. Stather und H. Herfeld). Ferner umfassen die gelösten Stickstoffsubstanzen des Äschers die Proteine der Epidermis, insbesondere der basalen Zellreihe und der Schleimschicht, die im Kalkäscher durch Hydrolyse weitgehend gelöst werden und damit normalerweise den größten Anteil der während des Äscherns in Lösung gehenden Proteine ausmachen, und schließlich gehören hierher die Proteine, die von einer teilweisen Anpeptisierung und Hydrolyse des kollagenen Hautfasergefüges durch die Einwirkung des Kalkes herrühren. Der Anteil des Kollagens an der Bildung löslicher Stickstoffverbindungen ist bei Temperaturen unter $18^0$ C verhältnismäßig klein [R. H. Marriott (*2*)], nimmt aber zu mit der Dauer des Äscherns und der Äschertemperatur (vgl. S. 76). Alte Äscher enthalten entsprechend größere Mengen an Proteinabbauprodukten, die der schwellenden Wirkung des Kalks auf das Hautfasergefüge entgegenwirken. Entsprechend wird eine stärkere Schwellung des Hautfasergefüges nur in frischen Kalkäschern erreicht, und je älter der Äscher wird, um so geringer wird sein Schwellungsvermögen, so daß schließlich sehr alte Äscher bisweilen sogar umgekehrt verfallenmachend auf die Haut einwirken (vgl. auch S. 73).

Es sei in diesem Zusammenhang besonders darauf hingewiesen, daß es bei der Untersuchung alter Äscher analytisch nicht möglich ist, die Herkunft der gelösten Proteine zu bestimmen, also etwa festzustellen, inwieweit die gelösten Proteine von den Keratinen, insbesondere den Protoplasmaproteinen, von etwa vorhandenen wasser- und neutralsalzlöslichen Proteinanteilen in der Haut oder von einem Abbau des gerberisch wichtigen Kollagens herrühren. Es ist daher für die Betriebskontrolle weitgehend zwecklos, Bestimmungen des Gesamtstickstoffs der Äscherbrühen durchzuführen, da für eine praktische Beurteilung doch nur die Kenntnis des Anteils von Interesse wäre, der von einem Abbau des Kollagens herrührt (vgl. auch S. 142).

Als Hydroxydäscher ist mehrfach auch der Barytäscher empfohlen worden (vgl. z. B.: D.R.P. 304251; 338095). Bariumhydroxyd weist zwar in äquimolekularer Lösung ein etwas geringeres Haarlockerungsvermögen als Calciumhydroxyd auf, ist aber in Wasser wesentlich besser löslich als dieses, und zwar sind bei Zimmertemperatur etwa 34 bis 35 g $Ba(OH)_2$ pro Liter Wasser löslich. Der Äscher mit gesättigtem Barytwasser und einem Überschuß an ungelöstem Bariumhydroxyd weist also neben gutem Haarlockerungsvermögen ein stärkeres Schwellungsvermögen auf als der Kalkäscher, eine Tatsache, die insbesondere bei der Herstellung von Unterleder von Interesse sein kann. Auch sei die gegenüber Kalk stärkere bakterizide Wirkung des Bariumhydroxyds hervorgehoben (vgl. z. B.: D.R.P. 341276). Der im Vergleich zum Kalk höhere Preis des Baryumhydroxyds, die infolge der größeren Löslichkeit gegenüber dem Kalkäscher schwierigere Überwachung und seine Giftigkeit haben indessen bisher der praktischen Einführung des Barytäschers entgegengestanden.

Im Rahmen der Hydroxydäscher nimmt das Ammoniak als Haarlockerungsmittel eine gewisse Sonderstellung ein. Es unterscheidet sich von den übrigen Hydroxyden zunächst dadurch, daß das Hautmaterial in Ammoniaklösungen zwar eine beträchtliche Wassermenge aufnimmt, was sich in einer Gewichts- und Volumzunahme äußert, daß es dabei aber völlig weich bleibt, also kein Prallwerden der Häute verursacht wird [E. Stiasny (*2*)]. Ferner wird das Haarlockerungsvermögen des Ammoniaks in der Fachliteratur sehr unterschiedlich beurteilt und auch die diesbezüglich mitgeteilten Untersuchungsergebnisse lassen teilweise recht verschiedenartige Schlüsse zu. Es muß hier prinzipiell unterschieden werden zwischen der haarlockernden Wirkung reiner Ammoniaklösungen und der Beeinflussung des Haarlockerungsvermögens von Kalkäschern durch Ammoniakzusätze. Reine Ammoniaklösungen üben ganz allgemein eine sehr gute haarlockernde Wirkung aus und von dieser Tatsache ist in einer Reihe von Patenten, die an späterer Stelle noch zu besprechen sein werden, Gebrauch gemacht worden (vgl. S. 89). Dabei weisen im Gegensatz zu den anderen Alkali- und Erdalkalihydroxyden die Ammoniaklösungen bei verschiedenen Konzentrationen im allgemeinen keine nennenswerten Unterschiede hinsichtlich ihrer haarlockernden Wirkung auf [E. Stiasny (*2*)]. Wenn man indessen vielfach in Übertragung der Tatsache einer sehr guten haarlockernden Wirkung reiner Ammoniaklösungen auch den Ammoniakgehalt alter Äscher für deren im Vergleich mit frischen Kalkäschern gesteigertes Haarlockerungsvermögen verantwortlich gemacht hat, so muß diese Auffassung auf Grund der diesbezüglich vorliegenden Untersuchungsergebnisse als irrig bezeichnet werden. In der Tat enthalten alte Äscher größere Mengen an Ammoniak. Dieses Ammoniak stammt von den Aminogruppen der Hautproteine her, und zwar ist seine Bildung im wesentlichen auf eine bakterielle Desamidierung der im Äscher durch Hydrolyse entstandenen Abbauprodukte entweder der Protoplasmaproteine oder zu einem geringeren Teil auch der Proteine des Kollagens zurückzuführen [E. Stiasny (*1*), S. 231; R. H. Marriott (*2*)]. (Über die verschiedenen Möglichkeiten der Ammoniakbildung aus Proteinen vgl. S. 211ff.) Daneben kann Ammoniak aber zu einem geringen Teil auch durch eine rein chemische hydrolytische Desamidierung ohne bakterielle Mitwirkung aus Oxyaminosäuren, deren Oxygruppe in direkter Nachbarschaft zur Aminogruppe steht, oder deren Derivate, wie Serin, Oxyprolin, Aminooxybuttersäure usw. entstehen. So wurde von M. Bergmann, A. Miekeley, F. Weinmann und E. Kann an Modellversuchen gezeigt, daß bei Umlagerung mancher O-Acylverbindungen zu N-Acylverbindungen in alkalischer Lösung gemäß nachfolgendem Schema in einer heterozyklischen Zwischenstufe eine leichte hydrolytische Abspaltung von Ammoniak möglich ist:

$$\begin{array}{l} CH_2\text{—}OCO\text{—}C_6H_5 \\ | \\ CHNH_2 \\ | \\ COO\text{—}CH_3 \end{array} \xrightarrow[+\,KOH]{} \begin{array}{l} CH_2\text{—}O \\ | \qquad\quad \rangle C\text{—}C_6H_5 \\ CH\text{—}N \\ | \\ COO\text{—}CH_3 \end{array} \xrightarrow[+\,KOH]{} \begin{array}{l} CH_2\text{—}OH \\ | \\ CH\text{—}NH\text{—}CO\text{—}C_6H_5 \\ | \\ COO\text{—}CH_3 \end{array}$$

O-Benzoyl-Serinester spaltet Ammoniak schwer ab. — Phenyl-Carboxyl-Methyl-Oxazolin, spaltet Ammoniak spontan ab. — N-Benzoyl-Serinester, spaltet Ammoniak schwer ab.

Die haarlockernde Wirkung eines frischen, an Calciumhydroxyd gesättigten Kalkäschers wird nun aber durch Zusatz von Ammoniak oder Ammonsalzen entgegen der vielfach vertretenen Ansicht nicht erhöht, und umgekehrt wird durch Zusatz von Kalk oder Kalksalzen die haarlockernde Wirkung von Ammoniaklösungen sogar vermindert bzw. aufgehoben. Es ist dies eine sehr interessante

Feststellung, daß zwei Äscherstoffe wie Kalk und Ammoniak, die jedes für sich eine gute haarlockernde Wirkung besitzen, sich in ihrer Äscherwirkung nicht unbedingt zu verstärken brauchen, sondern unter Umständen sogar beeinträchtigen. Diese Erscheinung hat man verschiedenartig zu erklären versucht. Einerseits ist die Verminderung des Haarlockerungsvermögens auf die Bildung von Komplexsalzen (etwa vom Typus $Ca[NH_3]_8$) zurückgeführt worden [E. Stiasny (*2*)], während nach anderer Auffassung die schlechtere Haarlockerung damit begründet wird, daß mit zunehmender Ammoniakkonzentration die Alkalität über $p_H = 12$ gesteigert würde und dann in solchen Lösungen das Prallwerden der Haut einen beträchtlichen zeitlichen Vorsprung vor der Haarlockerung gewänne und dadurch die gequollene Haut infolge der starken Verquellung die Haare derart festhalte, daß die verdickten Haarwurzeln nicht aus den Haaröffnungen herauskämen [H. B. Merrill (*1*)]. Wie dem immer auch sei, die bessere Haarlockerung alter Kalkäscher kann nach den vorliegenden Versuchsergebnissen nicht oder doch nur in ganz geringem Umfange auf den hohen Ammoniakgehalt dieser Äscher zurückgeführt werden. Hier liegt ohne Zweifel ein Trugschluß vor, denn das bessere Haarlockerungsvermögen alter Äscher ist, wie unten noch zu besprechen sein wird, auf eine Reihe anderer Faktoren zurückzuführen und entsprechend bleibt das gute Haarlockerungsvermögen dieser alten Äscher auch bestehen, wenn der Ammoniakgehalt etwa durch Durchleiten von Kohlensäure weitgehend wieder vermindert wird [E. Stiasny (*2*)]. Das Ammoniak in alten Äschern ist also lediglich das Endprodukt eines Abbaues der Proteine der Haut, nicht aber dessen Ursache.

Von Bedeutung ist in diesem Zusammenhang ferner die Feststellung, daß Kalkäscher, die einen Zusatz von Ammoniak erhalten haben, unter sterilen Bedingungen keine nennenswert stärkere Hydrolyse der Kollagensubstanz bewirken als reine ammoniakfreie Kalkäscher unter sonst gleichen Bedingungen [H. B. Merrill (*1*)]. Danach ist die viel verbreitete Ansicht, daß Ammoniak einen besonders starken Angriff des Kollagens verursache, bei gleichzeitiger Verwendung zusammen mit Kalk nicht zutreffend und entsprechend kann der Ammoniakgehalt alter Äscher auch nicht für deren stark hydrolytischen Angriff auf das kollagene Hautfasergefüge verantwortlich gemacht werden. Andere Autoren haben indessen demgegenüber betont, daß Ammoniaklösungen allgemein einen wesentlich stärkeren Hautsubstanzangriff als Kalk- und Barytäscher auf das Kollagen verursachen und entsprechend auch den Hautsubstanzverlust in Kalkäschern erhöhen [E. Stiasny (*2*); G. D. McLaughlin, J. H. Highberger und E. K. Moore (*1*)]. Eine eindeutige Klärung dieser Frage liegt demgemäß zur Zeit noch nicht vor.

Im Anschluß an die Besprechung der haarlockernden Wirkung des Ammoniaks sei kurz auch auf das Haarlockerungsvermögen von Aminen hingewiesen. Alkylamine sind biologisch Decarboxylierungsprodukte der Aminosäuren, die bei der Einwirkung von Bakterien auf Proteine und Proteinspaltprodukte entstehen und sind entsprechend auch in mehr oder weniger großen Mengen in allen alten Äschern vorhanden [G. D. McLaughlin, J. H. Highberger und E. K. Moore (*2*)]. Ihre Bildung ist entweder auf Bakterienwirkung im Äscher selbst zurückzuführen oder auf Diffusion der bereits in der Weiche infolge Mikroorganismenentwicklung gebildeten Amine aus der Haut. Ihre Gegenwart in alten Äschern kann mit der Hoffmannschen Carbylaminreaktion nachgewiesen werden. Bei quantitativer Untersuchung alter Äscher wurden von G. D. McLaughlin, J. H. Highberger und E. K. Moore (*2*) Gehalte an flüchtigen Aminen von 0,0013 bis 0,0024%, als Methylamin berechnet, festgestellt, daneben aber auch nichtflüchtige Amine und unter diesen Diamine wie Putrescin (Tetramethylendiamin) und Cadaverin (Pentamethylendiamin). Gibt man zu frischen Kalkäschern primäre Alkylamine, so wird die zur Erreichung der Haarlässigkeit benötigte Zeit wesentlich vermindert, ohne daß der Hautsubstanzabbau dadurch gegenüber reiner Kalkmilch vermehrt würde, während durch Zugabe sekundärer und tertiärer Amine das Haarlockerungsvermögen nicht oder nur in geringem Maße beeinflußt wird, so daß die $NH_2$-Gruppe als für die Wirkung der Amine wesentliche Gruppe angesprochen wurde [G. D. McLaughlin, J. H. Highberger und E. K. Moore (*1*), (*2*); E. K. Moore, J. G. Highberger und F. O'Flaherty]. Andererseits ist die die Haarlockerung befördernde Wirkung der Amine auf ihr Reduktionsvermögen zurückgeführt worden (F. Ossipenko) und damit in die allgemeinere Gesetzmäßigkeit, daß reduzierende Stoffe die Haarlockerung fördern (vgl. S. 65), eingereiht worden. Im Gemisch primärer, sekundärer und tertiärer Amine wird die Wirkung der primären Amine durch sekundäre noch etwas erhöht, während tertiäre Amine auch in Gegenwart der beiden anderen Gruppen von Aminen keine Steigerung der Äscherwirkung bewirken (E. K. Moore, J. H. Highberger und F. O'Flaherty).

Der Gehalt alter Äscher an primären Aminen ist also für deren gutes Haarlockerungsvermögen mitverantwortlich zu machen. Interessant ist dabei die Beobachtung, daß diese Wirkung der primären Amine durch die in alten Äschern gleichzeitig vorhandenen, vom Abbau der Keratine herrührenden Schwefelverbindungen bereits bei Anwesenheit nur geringer Mengen oder auch bereits durch nur sehr geringe Schwefelnatriummengen noch wesentlich verstärkt wird, wobei es sich entweder um einen katalytischen Vorgang oder eine Kumulativwirkung handeln dürfte [G. D. McLaughlin, J. H. Highberger und E. K. Moore (*1*)].

Auf Grund der günstigen, die Haarlockerung befördernden Wirkung der Amine ist vorgeschlagen worden, käufliche Amine, insbesondere Methylamin zur Beschleunigung der haarlockernden Wirkung zu reinen Kalkäschern zuzusetzen. Aus solchen Kalk-Methylamin-Lösungen diffundiert ein Teil der Amine in die Haut, wobei nach 24 Stunden ein Gleichgewichtszustand erreicht ist und unabhängig von der anfänglichen Aminkonzentration bei völliger Haarlässigkeit sich stets 20% des Amins in der Haut und 80% in der Lösung befinden sollen. Ferner wird durch Aminzusatz auch der Kalk von der Haut rascher aufgenommen als ohne diesen Zusatz [G. D. McLaughlin, J. H. Highberger und E. K. Moore (*2*)]. Wesentlich ist in diesem Zusammenhang ferner die Feststellung, daß die Anwesenheit des Kalks für das Haarlockerungsvermögen primärer Amine nicht erforderlich ist. Durch Behandlung der Haut mit Aminlösung und nachfolgende Behandlung mit Kalkmilch wird eine gleichgute Haarlockerung wie durch Verwendung der beiden Komponenten in gemeinsamem Bad erreicht (G. D. McLaughlin, J. H. Highberger und E. K. Moore), ein Verhalten, das auch mit der Wirkungsweise anderer reduzierend wirkender Stoffe (siehe auch S. 78ff.) übereinstimmt.

Im Anschluß an die in den vorstehenden Abschnitten abgehandelten Fragen ergibt sich die Notwendigkeit, nunmehr im Zusammenhang einmal die Frage zu klären, wie sich überhaupt alte Äscher von frischen hinsichtlich ihrer Einwirkung auf die Haut unterscheiden. In der Zusammensetzung unterscheiden sich die alten Äscher von den frischen durch ihren Gehalt an Proteinabbauprodukten, insbesondere auch Ammoniak, Aminen und reduzierend wirkenden Stoffen und weiter durch ihren Gehalt an Mikroorganismen. Was nun zunächst das Haarlockerungsvermögen anbetrifft, so ist dieses in alten Äschern normalerweise wesentlich größer als in frischen Kalkäschern. Wie bereits oben ausgeführt, kann der höhere Gehalt der alten Äscher an Ammoniak für diese gesteigerte Haarlockerung nicht verantwortlich gemacht werden (vgl. S. 71). Von den in alten Äschern stets vorhandenen Aminen kommen insbesondere die primären für eine raschere Haarlockerung in Frage und ferner enthalten die alten Äscher meist einen beträchtlichen Gehalt an reduzierenden Stoffen, die, wie wir früher sahen, infolge ihrer reduktiven Spaltung der Disulfidbrücken des Cystinmoleküls im Keratin ebenfalls die Haarlockerung wesentlich zu beschleunigen vermögen (vgl. S. 65). Schließlich dürfte das gesteigerte Haarlockerungsvermögen alter Äscher zu einem Teil auch auf die Anwesenheit von Mikroorganismen zurückzuführen sein (vgl. S. 84ff.), doch sei bereits an dieser Stelle ausdrücklich betont, daß die Bakterienwirkung für den Haarlockerungsprozeß auch im Kalkäscher nicht prinzipiell erforderlich ist (G. D. McLaughlin, J. H. Highberger und E. K. Moore), sondern auch frische Kalkäscher unter sterilen Bedingungen eine Haarlockerung zu bewirken vermögen. Hinsichtlich der Einwirkung auf die Proteine des Coriums unterscheiden sich frische und alte Äscher einmal dadurch, daß die Häute in den letzteren keine oder nur eine wesentlich geringere Quellung zeigen als in frischen Kalkäschern. Diese Quellungsverminderung ist einmal auf die Anwesenheit organischer Abbauprodukte der Proteine, die der schwellenden Wirkung des Kalks entgegenwirken, insbesondere auch den Ammoniakgehalt alter Äscher zurückzuführen, ferner auf die Anreicherung an Neutralsalzen im Äscher und dadurch verursachte Beeinflussung der Proteinquellung und der Löslichkeit des Kalks und damit Alkalität der Äscher und schließlich auf die Anwesenheit von Mikroorganismen, durch deren Gegenwart und durch sie verursachte Anpeptisierung des kollagenen Fasergefüges, wie wir bereits beim Weichprozeß sahen, die Quellfähigkeit des Hautmaterials beträchtlich vermindert wird. Dieses geringere Quellvermögen ist in den ersten Stadien des Äscherns nicht unerwünscht, da eine bessere Durchtränkung mit der Äscherbrühe erreicht werden kann als bei einer stärker gequollenen Haut. Vor allem aber verursachen alte Kalkäscher einen wesentlich höheren Hautsubstanzverlust als frische Kalkäscher. Dies ist ebenfalls teilweise auf die stärkere Bakterieneinwirkung zurückzuführen, während, wie wir an früherer Stelle sahen, die Ansichten darüber, inwieweit der Ammoniakgehalt alter Äscher für deren starken Hautsubstanzangriff verantwortlich zu machen ist, noch sehr geteilt sind (vgl. S. 72).

Vielfach werden den Hydroxydäschern zur Verminderung der quellenden Wirkung der Äscherchemikalien Neutralsalze, insbesondere Kochsalz und Calciumchlorid zugesetzt, und es interessiert daher in diesem Rahmen der theoretischen Behandlung der Fragen der Wirkungsweise der Hydroxydäscher, wie sich ein solcher Neutralsalzzusatz auf die Wirkung, insbesondere die quellende Wirkung der Hydroxydäscher auswirkt. Bei Zusatz von Kochsalz zu Alkalihydroxyden liegen Puffergemische vor, und entsprechend ist zu erwarten, daß analog zum Säure-Salz-Puffergemisch die Alkaliquellung des Kollagens mit steigendem Kochsalzgehalt sich vermindert. Eine solche Verminderung tritt auch tatsächlich ein, doch ist die Pickelwirkung im Vergleich zum Säure-Salz-Pickel nur recht gering und es wird bei weitem nicht die entquellende Wirkung erreicht, die bei entsprechenden Säure-Kochsalz-Gemischen festzustellen ist [A. Küntzel und J. Philips (*1*)]. Es ist daher auch bei Zugabe eines Kochsalzzusatzes nicht möglich, einen technisch verwertbaren Äscher ausschließlich auf Alkalihydroxydbasis zu erhalten. — Ganz andersartig ist die Wirkung im System $Ca(OH)_2/NaCl$, da hier durch den Kochsalzzusatz die quellende Wirkung des Kalks auf das Kollagen nicht nur nicht vermindert, sondern im Gegenteil sogar erhöht wird. Diese Erscheinung einer Quellungserhöhung ist nur so zu erklären, daß eine teilweise doppelte Umsetzung der Komponenten stattfindet nach der Gleichung:

$$Ca(OH)_2 + 2\,NaCl \rightleftarrows CaCl_2 + 2\,NaOH,$$

also eine Anschärfung des Äschers in bezug auf die Hautsubstanzquellung stattfindet, da die sich bildende Natronlauge eine wesentlich stärkere Quellwirkung als der Kalk auszuüben vermag [A. Küntzel und J. Philips (*1*)]. Bei reinen Kalkäschern ist demgemäß durch Kochsalzzusatz eine Quellungsverminderung nicht zu erreichen, sondern es wird, da sich die Eigenschaften des Äschers infolge der entstehenden Natronlauge denen reiner Alkalihydroxydäscher nähern, durch den Kochsalzzusatz die Quellung erhöht, die Haarlockerung anderseits verlangsamt und außerdem wird das Haar durch die stärkere Quellung des Kollagens auch rein mechanisch stärker festgehalten [G. D. McLaughlin, J. H. Highberger und E. K. Moore (*1*)]. — Als weitere Möglichkeit sei noch das System $Ca(OH)_2/CaCl_2$ angeführt. Hier sind die Verhältnisse insofern verwickelter, als bei geringen Calciumchloridzusätzen, wie zu erwarten, eine Verringerung der Quellung erreicht wird, mit wachsenden Calciumchloridmengen aber wieder ein Anstieg bis zum Quellungsgrad reiner Kalklösung erfolgt. Gleichzeitig wird, nicht auf Grund einer Alkaliwirkung, sondern infolge eines spezifischen Einflusses des Calciumchlorids, bei höheren Calciumchloridkonzentrationen eine Faserverkürzung und transparente Beschaffenheit des Hautmaterials bewirkt, die Menge gelöster Hautsubstanz aber herabgesetzt. Da sich diese Wirkung durch Waschen des Hautmaterials mit destilliertem Wasser nicht mehr rückgängig machen läßt, obwohl das Salz hierbei entfernt wird, dürfte es sich um eine irreversible Änderung des Kollagens durch die Einwirkung des Calciumchlorids handeln [A. Küntzel und J. Philips (*1*); R. O. Page und A. W. Page].

Einiges sei an dieser Stelle auch über Anschärfungsmittel bei der Verwendung von Hydroxydäschern, insbesondere des Kalkäschers gesagt, die in dem Bestreben verwendet werden, die Äscherdauer nach Möglichkeit abzukürzen. Soweit es sich hierbei um Sulfide handelt, wird ihre Wirkungsweise in einem gesonderten Abschnitt behandelt werden. Daneben werden aber bisweilen auch andere Stoffe verwendet. Durch Zusatz von Natronlauge und Kalilauge, die hier vielfach zur Anwendung gelangen, wird die Löslichkeit des Calciumhydroxyds stark zurückgedrängt, und zwar stärker als nach dem Massenwirkungsgesetz zu erwarten wäre (A. d'Anselme), und entsprechend wirken Kalkäscher, die einen Zusatz von Alkalihydroxyden erhalten haben, im wesentlichen wie reine Alkalihydroxydäscher. Das gleiche gilt für Zusätze, z. B. von Soda, Pottasche oder von Natriumoxalat, also von Salzen, die mit dem Kalk durch doppelte Umsetzung schwerlösliche Kalksalze unter gleichzeitiger Bildung von Alkalihydroxyd liefern. Auch hier wird also der Kalk weitgehend aus dem Äschersystem entfernt — dabei besteht die Gefahr, daß sich die unlöslichen Kalksalze auf den Narben festsetzen und zur Bildung von Kalkflecken Veranlassung geben — und an seine Stelle treten Alkalihydroxyde, wobei entsprechend eine wesentliche Erhöhung der Alkalität erfolgt. Da bei Entstehung schwerlöslicher Kalksalze die Umsetzung z. B. mit Soda

$$Ca(OH)_2 + Na_2CO_3 \rightleftarrows CaCO_3 + 2\,NaOH$$

infolge Ausfällung der einen Komponente ($CaCO_3$) des Reaktionsgemisches ganz nach der rechten Seite der Gleichung verschoben ist, ist in diesen Fällen die Steigerung der Kaustizität praktisch völlig proportional der verwendeten Menge des Anschärfungsmittels. Entsprechend ist bei Verwendung dieser Anschärfungsmittel bei unsachgemäßer Dosierung wie bei reinen Alkalihydroxydäschern die Gefahr einer Überschwellung des Hautmaterials und gleichzeitiger beträchtlicher Verminderung des Haarlockerungsvermögens gegeben. Allerdings liegen hier auch andere Ergebnisse einer neueren Arbeit vor [E. R. Theis (*1*)], wonach die Alkalihydroxyde für sich verwendet zwar die bekannte schlechte haarlockernde Wirkung aufweisen, im Gemisch mit Kalk aber die Haarlockerung im Vergleich zum reinen Kalkäscher beschleunigt werden soll, doch liegt eine Bestätigung dieser Befunde zunächst noch nicht vor.

Günstiger sind die Verhältnisse bei Zusatz von Salzen, bei deren Umsetzung mit dem Kalk lösliche Kalksalze entstehen, die also im Äschersystem vorhanden bleiben. Als Beispiel sei der Zusatz von Natriumthiosulfat angeführt, der im Kalkäscher zur teilweisen Bildung von Calciumthiosulfat und Natronlauge führt, nach der Formel

$$Ca(OH)_2 + Na_2S_2O_3 \rightleftarrows CaS_2O_3 + 2\,NaOH.$$

Hierbei wird also einmal die Bildung unlöslicher und damit schlammbildender Kalksalze vermieden, und infolge der Löslichkeit aller Reaktionskomponenten erlangt auch die rückläufige Umsetzung Bedeutung; es stellt sich ein Gleichgewicht ein. Das hat zur Folge, daß durch steigende Mengen $Na_2S_2O_3$ zwar die Alkalität durch Verschiebung des Gleichgewichtes gesteigert wird, daß aber mit zunehmendem Thiosulfatzusatz der relative Zuwachs der Alkalität immer geringer wird und diese sich einem Höchstwert asymptotisch nähert. Die Verwendung derartiger Salze, z. B. von Thiosulfat, zum Anschärfen hat also den Vorteil, daß zwar durch eine Erhöhung der Kaustizität das Quellungsvermögen des Äschers gesteigert wird, ohne daß indessen auch bei stärkerem Thiosulfatzusatz die Gefahr einer übermäßigen, schädlichen Alkalität zu befürchten ist. So kann z. B. durch Thiosulfatzusatz die Alkalität eines Kalkäschers höchstens auf das 1,8fache, also eine etwa $^n/_{12}$-Lösung gesteigert werden [E. Stiasny (*1*), S. 232]. Ähnliche Verhältnisse einer Kaustizitätserhöhung liegen, wie bereits an anderer Stelle beschrieben, auch bei Zusatz von Kochsalz zu reinen Kalkäschern (vgl. S. 74) vor.

Ein wesentlicher Faktor für den Verlauf des Äscherprozesses ist die Äschertemperatur. Ganz allgemein wird durch Erhöhung der Temperatur auch eine Beschleunigung der Haarlockerung bewirkt, und vom Gesichtspunkt der Erreichung einer möglichst raschen Haarlockerung aus könnte es daher zweckmäßig erscheinen, das Äschern bei möglichst hohen Temperaturen durchzuführen, wenn nicht anderseits bei erhöhter Temperatur auch ein gesteigerter Angriff auf die gerberisch wichtige Kollagensubstanz erfolgen würde. Nach den Ergebnissen der vorliegenden systematischen Untersuchungen über den Temperatureinfluß beim Äschern in reinen Kalkäschern wird bis zu Temperaturen von etwa 30° C eine Beschleunigung der Haarlockerung erzielt, ohne daß eine nennenswerte Steigerung des Angriffes auf das Kollagen stattfindet, sondern in diesem Temperaturbereich hat kurze Äscherung bei gesteigerter Temperatur geringere Hautsubstanzverluste zur Folge als ein längeres Äschern bei niedrigen Wärmegraden [H. B. Merrill und J. W. Fleming (*1*); R. H. Marriott (*2*); D. McCandlish; W. Kailin; P. Pawlowitsch (*2*)]. Bei Temperaturen über 35° C ist dagegen auch eine beträchtliche Zunahme des Kollagenabbaues mit steigender Äschertemperatur festgestellt worden [H. B. Merrill und J. W. Fleming (*1*); E. R. Theis (*1*)]. Die Hydrolyse des Haares wurde in gesättigtem Kalkwasser bei den verschiedenen Temperaturen als annähernd lineare Funktion der Zeit gefunden, während die Hydrolyse der Haut im Kalkäscher zunächst ebenfalls linear der Zeit ansteigt, von einem bestimmten Zeitpunkt an dann aber sehr rasch zunimmt, wobei für den ersten Teil eines linearen Verlaufes eine Desaggregierung vorwiegend durch Lockerung von Nebenvalenzbindungen zwischen den einzelnen Polypeptidketten, für den nachfolgenden raschen Verlauf dagegen vorwiegend eine Aufsprengung von Hauptvalenzbindungen angenommen wurde. Bei den durchgeführten Versuchen im Kalkäscher wurde der Punkt des beginnenden raschen Zerfalls erreicht bei 45° C in 5 Stunden, bei 40° C in 1 bis 2 Tagen, bei

$35^0$ C in 4 bis 5 Tagen, bei $30^0$ C in 40 bis 50 Tagen und konnte bei noch tieferen Temperaturen auch nach 60 Tagen noch nicht festgestellt werden [H. B. Merrill und J. W. Fleming (*1*)]. Schließlich wird auch die schwellende und prallmachende Wirkung des Äschers wesentlich durch die Äschertemperatur beeinflußt und zwar nimmt sie mit steigender Temperatur ab.

Die Besprechung der Wirkungsweise von Hydroxydäschern kann nicht abgeschlossen werden, ohne nicht kurz auch deren verseifende und emulgierende Wirkung auf das Hautfett zu behandeln. Diese Verseifung und Emulgierung des Naturfettes der tierischen Haut und Entfernung aus der Haut ist von praktischer Bedeutung natürlich insbesondere bei allen den Haut- und Fellarten, die tatsächlich einen beträchtlichen, für die Prozesse der Lederbereitung und die Beschaffenheit des fertigen Leders störenden Naturfettgehalt besitzen, also namentlich bei Schaf-, Ziegen- und Lammfellen und insbesondere auch bei Schweinshäuten. Gerade bei Schweinshäuten wird, um eine weitgehende Entfernung der großen Mengen an Naturfett bereits im Äscher zu erreichen, die Äscherung in häufig mit Soda angeschärften Äschern mehrere Wochen ausgedehnt (B. Kohnstein). Parallel mit dieser Verseifung gehend ist eine Erhöhung der Verseifungszahl des Hautfettes festgestellt worden, die auf eine Verseifung eines Teils der im tierischen Hautfett vorhandenen schwer verseifbaren Cholesterinester zurückgeführt wurde [E. R. Theis (*2*)]. Verseift werden im wesentlichen nur die normalen Fettsäureglyceride, die Cholesterinfette werden nur zum geringen Teil emulgiert. Dabei werden in Kalkäscher die Fettsäuren in Form unlöslicher Kalkseifen zurückgehalten, die zum größten Teil erst nach dem Beizen als Anteil des „Grundes“ entfernt werden. Bei stark naturfetthaltigem Hautmaterial wird man allerdings im Äscher nicht zu einer ausreichenden Entfernung des Fettes aus der Haut kommen. Einmal werden die schützenden Membranen der Fettzellen teilweise erst beim Beizen zerstört, und ebenso bleibt bei stark cholesterinfetthaltigen Fellen, z. B. Schaffellen, die Hauptmenge des Fettes im Äscher unverändert in der Haut zurück. Nach Literaturangaben werden im Kalkäscher nur bis zu etwa 75%, nach anderen Angaben nur 40% des Hautfettes aus der Haut [vgl. z. B. R. W. Frey und J. D. Clarke; G. D. McLaughlin und E. R. Theis (*2*), (*3*)] entfernt. Es wird daher nötig sein, noch eine besondere Entfettung durchzuführen, über deren Durchführung an anderer Stelle des Handbuches (vgl. S. 147 und III. Bd., 1. Teil, S. 22ff.) eingehend berichtet wird. Die Fettentfernung im Äscher wird durch Zusätze von Methylamin, Natriumsulfid, Methylammoniumsulfid und Natriumsulfid begünstigt (E. K. Moore und J. H. Highberger).

### b) Die Wirkungsweise von Sulfidäschern auf die tierische Haut.

Neben den Hydroxyden, von denen insbesondere dem Kalk für das Äschern praktisch große Bedeutung zukommt, werden in der Praxis des Haarlockerns die verschiedensten Sulfide und Sulfhydrate als zweite große Stoffgruppe verwendet, teils für sich allein, teils im Gemisch mit Hydroxyden, wobei sie als Anschärfungsmittel die haarlockernde Wirkung der Hydroxydäscher verstärken sollen. Die Wirkung der Sulfidäscher ist sowohl hinsichtlich der Einwirkung auf die Keratine und die damit bewirkte Haarlockerung wie teilweise auch hinsichtlich der Einwirkung auf das kollagene Fasergefüge in einer Reihe von Punkten wesentlich unterschieden von der Wirkungsweise reiner Hydroxydäscher, so daß eine gesonderte Behandlung der Sulfidäscher in den nachfolgenden Abschnitten gerechtfertigt ist.

Löst man die Sulfide der Alkalien und Erdalkalien, die für die Herstellung von Sulfidäschern fast ausschließlich in Frage kommen, in Wasser, so findet eine Hydrolyse statt nach der Gleichung:

$$Na_2S \rightleftarrows 2\,Na^{\cdot} + S'' \overset{+H_2O}{\rightleftarrows} 2\,Na^{\cdot} + SH' + OH'.$$

Demgemäß stehen bei der Verwendung von Sulfidäschern für die Einwirkung der Sulfide auf die Proteine der tierischen Haut neben undissoziierten Sulfidmolekülen OH'-, SH'- und S''-Ionen und die betreffenden Metallionen (im obigen Beispiel $Na^{\cdot}$) zur Verfügung. Nun ist bekannt, daß die Sulfide im Vergleich zu den Hydroxyden ein ganz außerordentlich stärkeres Haarlockerungsvermögen aufweisen, und es erhebt sich die Frage, auf welche Ionen bzw. Ionenkombinationen diese Steigerung zurückzuführen ist. Die Hydroxylionen allein können hierfür nicht verantwortlich gemacht werden, da sie ja auch den wesentlichen Bestandteil der Hydroxydäscher darstellen. Andererseits konnte gezeigt werden, daß die Sulfhydrate (z. B. NaSH), die in wässeriger Lösung lediglich in Metallionen und SH'-Ionen dissoziiert sind, für sich allein angewandt keinerlei haarlockernde Wirkung aufweisen und auch nicht schwellend oder prallmachend auf das Hautfasergefüge einwirken [E. Stiasny (*2*)]. Demgemäß können auch die Sulfhydrationen für sich nicht für die stark ausgeprägte haarlockernde Wirkung der Sulfide verantwortlich gemacht werden. Nur die gemeinsame Einwirkung der verschiedenen im Sulfidäscher vorhandenen Ionen auf die Haut dürfte demgemäß für die Wirkung der Sulfide als wesentlich in Frage kommen, und diese zunächst recht willkürlich anmutende Auffassung ist durch die Ergebnisse der über den Mechanismus der Keratinzerstörung durch Sulfide vorliegenden Untersuchungen durchaus verständlich gemacht worden.

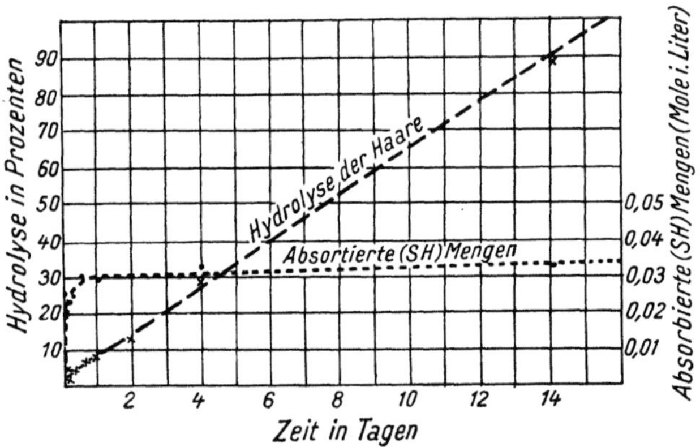


Abb. 11. Adsorption von Sulfiden durch Haare und Hydrolyse in Abhängigkeit von der Zeit bei 25° C. Lösung: $Ca(SH)_2 + Ca(OH)_2$.

H. B. Merrill (*2*) hat zunächst in einigen Versuchsreihen den Einfluß der Sulfide vergleichsweise auf Kollagen und Keratin (Haare) untersucht und dabei festgestellt, daß die Sulfide vom Kollagen nicht adsorbiert werden und auf Kollagen auch einen hydrolysierenden Einfluß nicht bzw. nur insoweit, als sie die Alkalität des Äscherbades verändern, ausüben. Die Keratine nehmen dagegen beträchtliche Sulfidmengen auf, wobei sich bereits innerhalb weniger Stunden ein Gleichgewicht einstellt, und gleichzeitig wird durch die Sulfide eine beträchtliche Erhöhung der Hydrolyse der Keratinsubstanz bewirkt, deren Verlauf im Vergleich zur Sulfidaufnahme allerdings ein wesentlich langsamerer ist und sich fast konstant über einen Zeitraum von mehreren Tagen erstreckt (Abb. 11). Es muß also demgemäß eine Reaktion zwischen den Keratinen und den Ionen der Sulfidlösung stattfinden. Von wesentlicher Bedeutung ist dabei die Feststellung, daß, wenn die Keratine nur 1 Stunde der Einwirkung des Sulfids in einem Kalk-Sulfidäscher ausgesetzt und dann in einen reinen Kalkäscher gebracht wurden, eine fast ebenso starke Hydrolyse der Keratinsubstanz wie bei ausschließlicher fortgesetzter Behandlung in dem gleichen Kalk-Sulfidäscher erreicht wurde, was bei der oben erwähnten raschen Aufnahme des Sulfids durch die Keratinsubstanz durchaus erklärlich ist. Nun fanden M. Bergmann und F. Stather (*1*), daß in Haaren und Wolle, die zuvor durch Einwirkung von Schwefelnatrium zerstört worden waren, bei der sauren Hydrolyse erheblich weniger Cystin gefunden wurde als in den Haaren bzw. der Wolle ohne diese Sulfidvorbehandlung und folgerten daraus, daß bei der Einwirkung von Schwefelnatrium auf Keratin proteolytische Vorgänge erfolgen müßten, die mit einer reduktiven Spaltung der Cystin-Disulfid-Bindung verbunden sein dürften. Es muß auf Grund dieser Versuchsergebnisse jedenfalls geschlossen werden, daß es sich bei der Einwirkung von Sulfiden auf Keratine um eine Reaktion des Sulfids mit den Cystingruppen des Keratins handeln muß. Dabei ist in diesem Zusammenhang auch die Feststellung von Interesse, daß der Grad der Widerstandsfähigkeit der Disulfidbindung der Cystingruppe in erheblichem Maße auch von der Art ihres Einbaues in das Keratinmolekül abhängig ist. So konnte an Modellversuchen gezeigt werden, daß das Cystin, z. B. zwischen 2 Dipeptiden eingebaut, wesentlich widerstandsfähiger gegenüber Alkalieinwirkung ist, als wenn es sich in den Polypeptidketten als Brücke zwischen 2 Diketopiperazinen befindet [M. Bergmann und F. Stather (*2*); F. Stather (*1*)]. Schließlich zeigte H. B. Merrill (*3*), daß die gleiche rasche Haarlockerung wie durch eine Sulfidvorbehandlung der Haut und Nachbehandlung in einem Hydroxydäscher (siehe oben) auch erreicht werden kann, wenn an Stelle des Sulfids ein Reduktionsmittel (H. B. Merrill verwendete Zinnchlorür) im Gemisch mit Kalk oder für sich mit nachfolgender Kalkbehandlung der Haut angewendet wurde.

Aus den vorstehenden Versuchsergebnissen ist nun gefolgert worden [H. B. Merrill (*2*), (*3*)], daß bei der Einwirkung von Sulfiden auf Keratine zwei getrennt verlaufende Teilprozesse unterschieden werden müssen. Der erste Teilvorgang besteht in einer reduktiven Spaltung des Cystins in Cystein, und zwar entspricht dieser Vorgang etwa dem Verlauf der Sulfidaufnahme durch die Keratine, erfolgt also sehr rasch (Abb. 11) und ist in wenigen Stunden beendet, da nach dieser Zeit ein weiterer Sulfidverbrauch nicht mehr erfolgt. Für diese reduktive Wirkung ist von den meisten Autoren die Anwesenheit von SH'-Ionen im Sulfidäscher verantwortlich gemacht worden. M. Kaye und R. H. Marriott haben demgegenüber die Auffassung vertreten, daß wirksam lediglich die S''-Ionen seien. Sie führen als Beweisgründe für diese Anschauung u. a. an, daß im Sinne des Gleichgewichts

$$S'' + H_2O \rightleftarrows SH' + OH'$$

die Einwirkung auf die Keratine in Übereinstimmung mit den Ergebnissen praktischer Versuche durch Zusatz von Hydroxyden infolge Verschiebung des Gleichgewichts nach der linken Seite verstärkt wird, während durch Zusatz von Magnesiumsulfat infolge Bildung von Magnesiumhydroxyd und damit Verminderung der OH'-Ionen das Gleichgewicht nach rechts verschoben und dabei gleichzeitig tatsächlich eine Herabsetzung der Zerstörung der Keratine bewirkt würde. P. Pulewka konnte diese Auffassung insofern bestätigen, als bei Untersuchung der quellenden Wirkung von Schwefelnatrium auf Keratine bei verschiedenen $p_H$-Werten erst in stark alkalischem Gebiet bei $p_H$-Werten über 10,8 (Begünstigung der S''-Bildung) eine starke Quellung eintrat, während Säurezusätze (Begünstigung der SH'-Ionenbildung) einen hemmenden Einfluß auf die Quellung ausübten. Die erhaltenen Quellkurven liefen parallel mit der nach dem Massenwirkungsgesetz errechneten S''-Ionenkonzentrationskurve. Eine reduktive Wirkung auf das Cystin ist indessen in gleicher Weise erklärlich, ob man als wirksam S''- oder SH'-Ionen annimmt, und es ist wahrscheinlicher, daß durch die beschriebene Veränderung der OH'-Ionenkonzentration weniger die reduktive Reaktion als der noch zu besprechende zweite Teilprozeß einer Hydrolyse beeinflußt wird.

Wie an früherer Stelle bereits eingehend behandelt wurde, wird durch die reduktive Aufspaltung der Disulfidbrücken des Cystins, von denen man annehmen darf, daß sie eine hauptvalentige Bindung zwischen den einzelnen parallel gerichteten Polypeptidketten und dadurch die bekannte Resistenz des Keratins gegenüber Alkalien bewirken, diese Beständigkeit der Keratine vermindert bzw. aufgehoben. Entsprechend kann sich an diesen Reduktionsprozeß als zweite Reaktionsstufe die eigentliche Hydrolyse der durch die Reduktion in ihrer Widerstandsfähigkeit geschwächten Keratine anschließen, die durch die vorhandenen Hydroxylionen unter osmotischer Quellung des reduzierten Keratins bewirkt wird, und dementsprechend im Hydroxydäscher ebenso rasch wie im Sulfidäscher erreicht werden kann. Diese zweite Reaktionsstufe verläuft nach den Befunden von H. B. Merrill (Abb. 11) wesentlich langsamer als die erste Stufe und erstreckt sich in fast konstantem Verlauf über eine längere Zeitspanne. Daß tatsächlich die Keratine durch Behandlung mit Sulfiden gegenüber der Einwirkung von Alkalien empfindlicher werden, wurde auch von L. Meunier und G. Ray festgestellt, die bei vergleichenden Quellungsversuchen an Wollen fanden, daß deren Quellung durch Alkalien bei Vorbehandlung mittels Schwefelwasserstoff erhöht wurde.

Gegenüber dem vorstehend besprochenen Reaktionsmechanismus der Sulfideinwirkung auf Keratine erscheint die Annahme von W. R. Atkin und F. C. Thompson, daß das durch die reduktive Spaltung entstandene Cystein als Sauerstoffüberträger diene, indem es durch den Luftsauerstoff wieder oxydiert würde und dann seinerseits oxydierend auf das Keratin einwirke und so eine langsame Zerstörung des Keratins durch Oxydation bewirke, wenig wahrscheinlich. Wie bereits bei Besprechung des Kalkäschers angeführt wurde (vgl. S. 66), konnte festgestellt werden, daß oxydierende Stoffe die haarlockernde Wirkung von Hydroxydäschern vermindern [R. H. Marriott (*3*)].

Die dargelegte Auffassung über den Reaktionsverlauf bei der Einwirkung der Sulfide auf die Keratine macht verständlich, daß für deren stark ausgeprägte haarlockernde Wirkung eine Kombination von SH'- bzw. S''-Ionen auf der einen Seite für den reduktiven Teilvorgang und von OH'-Ionen auf der anderen Seite für den anschließenden hydrolytischen Teilvorgang erforderlich ist. Demgemäß ist das Verhältnis dieser beiden Ionengruppen im Äscher von wesentlicher Bedeutung. Es ist festgestellt worden, daß in verdünnten Sulfidlösungen bis zu etwa $^{n}/_{10}$ Stärke die günstigste Wirkung, d. h. rascheste Haarlockerung und stärkste Quellung bei Anwesenheit äquivalenter Mengen an SH'- und OH'-Ionen festzustellen ist und daß sowohl die haarlockernde wie auch die quellende Wirkung durch einen Überschuß an SH'-Ionen stark gehemmt würde, während ein Vorwiegen von OH'-Ionen einen nur verhältnismäßig geringen Einfluß ausübe [E. Stiasny (*2*); M. Kaye und R. H. Marriott]. In neueren Arbeiten ist indessen darauf hingewiesen worden [H. B. Merrill (*2*); J. A. Wilson, S. 249], daß diese Verminderung beim Überwiegen der SH'-Ionen lediglich auf eine Herabsetzung des $p_H$-Wertes unter das wirksame Maß zurückzuführen sei und daß bei konstantem $p_H$-Wert ein Ansteigen der Sulfidkonzentration stets auch eine stärkere hydrolytische Wirkung auf das Haar bewirke, unabhängig von dem Verhältnis von OH'- zu SH'-Ionen. Die Hydrolyse des Keratins steige bei konstanter Sulfidkonzentration mit dem $p_H$-Wert, bei konstantem $p_H$-Wert mit der Sulfidkonzentration an [H. B. Merrill (*2*); J. A. Wilson, S. 248]. Entsprechend ist in höheren Konzentrationen auch ein Überschuß an SH'-Ionen nicht von Nachteil, sondern eine Erhöhung der SH'-Ionenkonzentration über die Äquivalenz hinaus bewirkt im Gegenteil eine Erhöhung des Haarlockerungsvermögens. Daß anderseits eine gewisse Hydroxylionenkonzentration unbedingt erforderlich ist, geht aus den obigen Ausführungen über den Verlauf der Keratinhydrolyse hervor und erhellt einwandfrei auch aus der Tatsache, daß Sulfhydrate für sich allein keinerlei haarlockernde und schwellende Wirkung besitzen und daher für Äscherzwecke nur in Kombination mit Hydroxydäschern angewandt werden können.

In den vorstehenden Ausführungen wurde bereits mehrfach darauf hingewiesen, daß auch bei Sulfidäschern der $p_H$-Wert der Äscherbrühe von wesentlicher Bedeutung für den Ablauf des Äschervorganges ist. Die Sulfidaufnahme durch die Keratine und damit der erste Teilprozeß der reduktiven Disulfidspaltung ist allerdings weitgehend unabhängig vom $p_H$-Wert der Lösung, da hierbei Hydroxylionen nicht benötigt werden. Die Hydrolyse des Keratins ist dagegen bei konstanter Sulfidkonzentration um so größer, je höher der $p_H$-Wert der Lösung ist. Die Zersetzung ist entsprechend bei $p_H$-Werten unter 10 nur sehr gering, steigt dann mit zunehmendem $p_H$-Wert an und erfolgt bei $p_H$-Werten über etwa 12 sehr rasch. Diese Feststellung ist nach den vorstehenden Ausführungen nicht überraschend, wenn man bedenkt, daß die eigentliche Zerstörung der Haare nach reduktiver Schwächung ein hydrolytischer Prozeß ist, der naturgemäß auch ebenso wie die Hydrolyse in den Hydroxydäschern in erster Linie eine Funktion der Hydroxydionenkonzentration darstellt. Entsprechend sind die Versuche vom M. Kaye und R. H. Marriott und von P. Pulewka, auf Grund derer sie als wirksam für den Sulfidäscher die $S''$-Ionen annahmen, nicht ganz überzeugend, da bei ihren Versuchen in erster Linie die Hydroxylionenkonzentration und damit der zweite Teilprozeß, die Hydrolyse der Keratine verändert wurde. Auf der Tatsache der $p_H$-Abhängigkeit der Hydrolyse des Keratins fußend, sind insbesondere von russischer Seite eine Reihe von Äscherverfahren vorgeschlagen worden, deren Durchführung erst bei Besprechung der Praxis des Äschervorganges behandelt werden soll, die aber sämtlich das gleiche Prinzip haben, die Sulfidwirkung von der eigentlichen alkalischen Äscherwirkung zu trennen. Da die haarzerstörende Wirkung der Sulfide auf die Keratine durch die stärker alkalische Reaktion des Kalkes im Äscher erhöht wird, wird bei diesen Verfahren die Sulfidbehandlung in getrenntem Bade vorgenommen, das durch geeignete Zusätze neutral oder nur schwach alkalisch eingestellt wird und erst in einem folgenden Bade erfolgt dann unabhängig davon der eigentliche Kalkäscher. Auf diese Weise soll die haarzerstörende Wirkung der Sulfide gehemmt werden, ohne daß auf ihre haarlockernde Wirkung infolge Disulfidspaltung, für die Hydroxylionen nicht erforderlich sind, verzichtet wird, und entsprechend ein einwandfrei erhaltenes Haar- bzw. Wollmaterial erreicht werden (vgl. S. 111).

Zwischen den Hydroxydäschern und den Sulfidäschern bestehen also hinsichtlich ihrer Einwirkung auf die Proteine der Haut einige auch für die Praxis des Äscherns wesentliche grundsätzliche Unterschiede, die kurz nochmals gegenübergestellt werden sollen. Die Hydroxydäscher bewirken die Haarlockerung im wesentlichen durch Hydrolyse der Protoplasmaproteine, die gegenüber derartigen hydrolytischen Einflüssen relativ unbeständig sind. Ein Angriff auf die verhornten Keratine erfolgt dagegen nicht oder nur bei extrem ausgedehnter Einwirkungsdauer und entsprechend wird in Hydroxydäschern bei normaler Äscherdauer das Haar weitgehend geschont, so daß es technisch weiter verwertbar ist. Die kollagene Hautsubstanz als solche ist im Hydroxydäscher ebenfalls einem hydrolytischen Angriff ausgesetzt, und zwar tritt ganz allgemein im Kalkäscher ein größerer Hautsubstanzverlust ein als bei sachgemäß durchgeführtem Kalk-Schwefelnatriumäscher. Ein gewisser Hautsubstanzabbau und die damit im Zusammenhang stehende Auflockerung des kollagenen Fasergefüges ist bei

Ledern, von denen eine gewisse Geschmeidigkeit und Weichheit gefordert wird, in gewissem Umfang erwünscht, übermäßig längere Einwirkung der Hydroxyde kann aber zu unerwünscht starken Hautsubstanzverlusten führen. In Sulfidäschern dagegen wird die Hautsubstanz wesentlich mehr als in Kalkäschern geschont, da durch Sulfidzusatz die Hydrolyse des Coriums nicht erhöht wird und auch die Quellwirkung auf das kollagene Fasergefüge bei Sulfidlösungen nicht nennenswert stärker ist als bei Hydroxydlösungen gleicher Hydroxylionenkonzentration, andererseits aber infolge Beschleunigung der Haarlockerung die Äscherdauer in Sulfidäschern wesentlich abgekürzt werden kann. Dagegen erfahren die Haare in Sulfidäschern einen wesentlich stärkeren Angriff, da die Sulfide bei den Keratinen nicht nur auf die Protoplasmaproteine einwirken, sondern auch die verhornten Keratine zu zersetzen vermögen, wenn natürlich auch hier die Zersetzung der leicht angreifbaren Protoplasmaproteine graduell rascher erfolgt als die der stark verhornten Keratine. Bei geringen Sulfidkonzentrationen bis zu 0,2% vom Hautgewicht wird im wesentlichen nur die Haarlockerung beschleunigt, ohne daß eine nennenswerte Zerstörung auf das Haar selbst festzustellen ist [G. D. McLaughlin und E. R. Theis (*1*)]. Mit zunehmender Sulfidkonzentration tritt zunächst eine stärkere Quellung der Haare ein, und es ist ein spiralförmiges Zusammenziehen der Haare zu beobachten, die Oberfläche der Haare wird rauh und stumpf, ihre mechanischen Eigenschaften, insbesondere die Reißfestigkeit, wird rasch vermindert, die Haare brechen dann verhältnismäßig leicht an der Oberfläche der Haut ab (M. Kaye und R. H. Marriott; F. O'Flaherty und W. T. Roddy) und werden schließlich bei weiterer Konzentrationserhöhung der Sulfide völlig zu einem fast gleichförmigen Brei zerstört. Von wesentlicher Bedeutung ist dabei die Feststellung, daß bei Sulfidkonzentrationen bis zu etwa 2,1 g $Na_2S$ im Liter die Zerstörung des Haares nicht so sehr durch die Sulfidkonzentration der Lösung als vielmehr durch den Gesamtgehalt der Lösung an Schwefelnatrium bedingt wird (E. Kaversnewa). Man hat bisweilen einen Unterschied zwischen haarlockernder und haarzerstörender Wirkung der Sulfide gemacht, als wenn es sich hierbei um zwei völlig voneinander verschiedene Vorgänge handle. Ein solcher prinzipieller Unterschied ist aber ohne Zweifel nicht vorhanden, sondern es sind nur graduelle Abweichungen als Funktion der Sulfidkonzentration und der Einwirkungsdauer und damit der Intensität der Sulfideinwirkung, ob der Angriff der Sulfide sich lediglich auf die leicht zerstörbaren Protoplasmaproteine erstreckt oder auch die schwerer zerstörbaren verhornten Keratine mehr oder weniger stark angegriffen werden.

Es ist wiederholt in der Literatur über den Äschervorgang auch die Frage erörtert worden, inwieweit auch Polysulfide einen Einfluß auf die Haarlockerung besitzen, doch sind die diesbezüglich mitgeteilten Ergebnisse noch recht widersprechend. Während einerseits den Polysulfiden keine spezifische Wirkung auf Keratin oder doch nur eine im Vergleich zu den Sulfiden abgeschwächte Äscherwirkung zugesprochen wurde (H. R. Procter, S. 213; P. Pulewka), ist in anderen Berichten den Polysulfiden eine ebenso gute haarlockernde, aber geringere quellende Wirkung wie den Monosulfiden zuerkannt worden [W. Eitner (*1*)]. Im allgemeinen soll auch die haarlockernde Wirkung der Polysulfide, die ebenfalls den S''-Ionen zugeschrieben wurde, durch Zugabe von Hydroxyden verbessert werden (M. Kaye und R. H. Marriott). Ein Enthaarungsmittel, das aus Natriumdisulfid und einer zur Überführung in Natriumsulfid unzureichenden Menge Natronlauge besteht, ist durch Patent geschützt worden (E. P. 191431).

In den bisherigen Ausführungen über die Wirkung der Sulfidäscher auf die Proteine der Haut ist lediglich der Einfluß der Anionen erörtert worden. Daneben besitzen indessen, wie bei den Hydroxydäschern, auch hier die jeweils anwesenden Kationen einen wenn auch weniger stark ausgeprägten, so doch einwandfrei feststellbaren Einfluß. In einer ausgedehnten Versuchsreihe hat E. K. Moore (*1*) die Sulfide der meisten Metalle einer vergleichenden Untersuchung hinsichtlich ihrer anschärfenden Wirkung auf den Kalkäscher unterzogen. Dabei konnte bei der Mehrzahl der Sulfide ein praktisch in Betracht kommender Einfluß infolge des Fehlens freier Sulfidionen nicht festgestellt werden, lediglich bei den Sulfiden der Alkalien, der Erdalkalien, des Arsens und des Zinns wurde eine deutlich beschleunigende Wirkung ermittelt. Bei den Sulfiden der Alkalien und Erdalkalien tritt ein ähnlicher Einfluß des Kations wie bei den entsprechenden Hydroxyden deutlich in die Erscheinung. In der Reihenfolge Kalium-, Natrium-, Barium-, Strontium- und Calciumsulfid nimmt auch hier das Haarlockerungsvermögen zu, die quellende und prallmachende Wirkung dagegen ab [E. Stiasny (*1*), S. 244; P. Pulewka], wobei diese Parallele mit den Hydroxydäschern vermutlich darauf zurückzuführen sein dürfte, daß auch bei den Sulfidäschern die eigentliche hydrolysierende Haarzerstörung und die Quellung des kollagenen Hautfasergefüges auf die in den Sulfidlösungen durch Hydrolyse entstehenden Hydroxyde der betreffenden Metalle zurückzuführen ist. Entsprechend wirken Calciumsulfidäscher (der Arsenikäscher beruht ebenfalls praktisch ausschließlich auf der Wirkung des bei der Herstellung entstehenden Calciumsulfids) milder als Schwefelnatriumäscher, da bei der hydrolytischen Spaltung statt des stark quellenden Natriumhydroxyds das mäßig quellende Calciumhydroxyd gebildet wird. Für die Unterschiede in der Wirkung der verschiedenen Sulfide ist auch ihre unterschiedlich starke hydrolytische Spaltung in wässeriger Lösung verantwortlich gemacht worden, derzufolge die Lösungen verschiedene Mengen freier S″-Ionen enthalten (M. Kaye und R. H. Marriott).

Es ist weiter empfohlen worden, an Stelle der Alkalisulfide die Sulfide von anorganischen Stickstoffbasen [z. B. $(NH_4)_2S$] oder von organischen Stickstoffbasen (z. B. Pyridin, Harnstoff), die frei sind von Alkalisulfiden, zur Haarlockerung zu verwenden (D.R.P. 434570) oder beim Äschern mit Alkalisulfiden derartige, organische stickstoffhaltige Verbindungen zuzusetzen (D.R.P. 432686). Dabei soll eine gute Haarlockerung bei weitgehender Schonung der Haare erreicht werden.

Auch bei Sulfidäschern ist der Einfluß gleichzeitig anwesender Neutralsalze von wesentlicher Bedeutung für die quellende Wirkung der Sulfide auf das Kollagen. Bei reinen Sulfidlösungen ist dieser entsprechend der hydrolytischen Spaltung der Sulfide in Lösung der gleiche wie bei Alkalihydroxyden, d. h. bei Kochsalzzusatz wird eine wenn auch nur mäßige Verminderung der Quellung bewirkt [A. Küntzel und J. Philips (*1*); V. Casaburi (*1*)]. Der Zusatz von Kochsalz soll sich dabei hinsichtlich Lederrendements wesentlich günstiger auswirken als der Zusatz von Calciumchlorid und Ammoniumchlorid [V. Casaburi (*1*)]. In Gemischen von Kalk und Schwefelnatrium, die im Hinblick auf die Praxis des Äscherprozesses besonders interessieren, soll entsprechend der in solchen Gemischen überwiegenden Quellwirkung des Schwefelnatriums auch der Kochsalzeinfluß auf das Schwefelnatrium vorherrschen, also abgesehen von dem Extremfall nur sehr geringen Schwefelnatriumzusatzes entgegen den Verhältnissen bei reinem Kalkäscher ein mäßiger Rückgang der Quellung mit steigendem Kochsalzzusatz bewirkt werden [A. Küntzel und J. Philips (*1*)]. Allerdings ist diese Auffassung nicht unwidersprochen geblieben, und es sind in neuerer Zeit Untersuchungsergebnisse veröffentlicht worden (D. Woodroffe; A. Dohogne), denen zufolge Kochsalz selbst bei Zusatz bis zu 10% zu Kalk-Schwefelnatriumäschern keine Verminderung der Quellwirkung, sondern im Gegenteil sogar eine mäßige Zunahme infolge Bildung von Natronlauge bei der Reaktion zwischen

Kalk und Kochsalz bewirken soll. Bei Zusatz von Calciumchlorid wurde dagegen bei entsprechenden Versuchen eine Verminderung der Schwellwirkung erzielt, andererseits soll aber die Äschergeschwindigkeit etwas verlangsamt werden (A. Dohogne). Diese quellungsvermindernde Wirkung ist ohne Zweifel teilweise darauf zurückzuführen, daß sich infolge doppelter Umsetzung der Komponenten teilweise das milder wirkende Calciumsulfid bildet (vgl. S. 112).

Bezüglich der Temperaturerhöhung gilt für den angeschärften Kalk-Schwefelnatriumäscher das gleiche wie für reine Kalkäscher (vgl. z. B. D. Mc-Candlish), und es sei daher auf die dort gemachten Angaben (siehe S. 76) verwiesen. Ebenso muß bezüglich fettverseifender und fettemulgierender Wirkung auf die dortigen Angaben hingewiesen werden (vgl. S. 77), wobei Sulfidäscher allgemein um so rascher verseifend wirken, je größer der Schwefelnatriumgehalt des Äschers ist.

### c) Bakteriologie des Äscherprozesses.

Wenn in den nachfolgenden Abschnitten von einer Bakteriologie des Äscherprozesses die Rede sein soll, so stehen hierbei 3 Fragen im Vordergrund des Interesses, erstens, ob zum Erhalt einer Haarlockerung eine Bakterienwirkung überhaupt erforderlich ist, ob also der Äschervorgang vorwiegend als chemischer oder als bakteriologischer Prozeß aufzufassen ist, zweitens, ob überhaupt Bakterien in den stark alkalischen Äscherbrühen sich entwickeln können und wenn ja, dann drittens, wie sich die Einwirkung der Bakterien auf die Proteine der Haut auswirkt.

Die Frage, ob Mikroorganismen für die Erreichung einer Haarlockerung im Kalkäscher erforderlich sind, ist von verschiedenen Seiten diskutiert und durch Versuche zu klären versucht worden. Erwähnt seien zunächst die bereits an früherer Stelle besprochenen Versuche von J. A. Wilson und G. Daub (vgl. S. 69), bei denen unter sterilen Bedingungen durch Einwirkung von gesättigtem Kalkwasser auf die Haut innerhalb von 5 Tagen Haarlässigkeit erreicht werden konnte. J. v. Schröder (S. 646), A. A. Schlichte und schließlich G. D. Mc-Laughlin, G. E. Rockwell und J. H. Blank haben Äscherversuche durchgeführt, bei denen teilweise das Hautmaterial bzw. die Äscherbrühe vorher sterilisiert wurde, teilweise durch Äschern bei niedrigen Temperaturen (5° C), die Lebensbedingungen für die Entwicklung der Mikroorganismen stark herabgesetzt wurden. Bei diesen Versuchen ist in allen angeführten Arbeiten auch unter den für die Entwicklung von Mikroorganismen ungünstigen Bedingungen eine ausreichende Haarlockerung erzielt worden. Zwar liegen auch einige ältere Versuchsberichte mit gegenteiligem Ergebnis vor (z. B. H. R. Procter, S. 181), doch hat E. Stiasny [(*1*) S. 234] sehr einleuchtend demgegenüber geltend gemacht, daß z. B. $^{n}/_{1}$-Natriumhydroxydlösungen eine einwandfrei haarlockernde Wirkung auf die tierische Haut ausüben, obwohl in diesem Falle bei der vorhandenen Alkalität von etwa $p_H = 14$ an irgendeine Bakterientätigkeit nicht zu denken ist und daß kein Grund zu der Annahme bestünde, warum bei Verminderung der Alkalität auf den $p_H$-Wert gesättigten Kalkwassers von etwa 12,5 diese haarlockernde Wirkung plötzlich aufhören solle. Es ist auf Grund der früheren Darlegungen über die Wirkung von Hydroxydäschern durchaus verständlich, daß die Hydrolyse der Protoplasmaproteine und damit die Haarlockerung bei $p_H = 12{,}5$ etwas langsamer verlaufen dürfe als bei $p_H = 14$, aber aus den vorstehenden Betrachtungen und den mitgeteilten Versuchsergebnissen kann ohne Zweifel einwandfrei die Folgerung gezogen werden, daß der Äscherprozeß auch in unangeschärften Kalkäschern im Prinzip ein chemischer Vorgang ist und daß eine Bakterienwirkung zum Erhalt einer einwandfreien Haarlockerung keineswegs erforderlich ist.

Nun wird der Äschervorgang in der Technik normalerweise nicht unter sterilen Bedingungen durchgeführt, und es erhebt sich damit die zweite Frage, inwieweit sich in diesen Äschern Mikroorganismen mit proteolytischer Wirksamkeit überhaupt entwickeln können. Daß derartige Mikroorganismen in den Äscher gelangen, darf dabei als gegebene Tatsache angesehen werden, denn das Hautmaterial bringt, wenn nicht der Weichprozeß unter Zusatz von Sterilisationsmitteln durchgeführt wurde, recht beträchtliche Mengen an Mikroorganismen mit, die bereits während des Weichens die latente Periode ihrer Entwicklung weitgehend durchlaufen, wenn nicht überschritten haben, doch ist noch die Frage offen, inwieweit diese Mikroorganismen sich in den stark alkalischen Äscherlösungen weiterzuentwickeln vermögen. Wie wir bereits an früherer Stelle bei Besprechung der Bakteriologie des Weichprozesses sahen, weist die Mehrzahl der proteolytisch wirksamen Mikroorganismen ihr optimales Wachstum in schwach alkalischem $p_H$-Bereich von etwa 8 bis 10 auf, während durch Steigerung der Alkalität ihre Entwicklung in zunehmendem Maße stark gehemmt wird. Es ist daher von vornherein zu erwarten, daß in den stark alkalischen Äscherbrühen — gesättigtes Kalkwasser weist einen $p_H$-Wert von etwa 12,5 auf — ein Teil der aus der Weiche von den Häuten mitgebrachten Mikroorganismen in ihrer Entwicklung gehemmt wird und zugrunde geht, eine Erwartung, die durch diesbezüglich vorgenommene bakteriologische Untersuchungen durchaus bestätigt wurde. Die vorliegenden Untersuchungen beziehen sich vornehmlich auf die Verhältnisse bei reinen Kalkäschern, und es scheint, daß in Sulfidäschern die Bakterienentwicklung durch die Anwesenheit der Sulfide sehr weitgehend unterdrückt wird, so daß, wenn im nachstehenden von einer Bakteriologie des Äscherns die Rede ist, sich diese Ausführungen ausschließlich auf unangeschärfte Kalkäscher beziehen. In reinen Kalkäschern scheint die Alkalität der Äscherbrühe der Mikroorganismenentwicklung nicht restlos Einhalt gebieten zu können, sondern teilweise scheinen sich die Mikroorganismen dem veränderten Lebensmedium anpassen zu können, derart, daß sie nicht nur selbst erhalten bleiben, sondern sich auch fortzuentwickeln vermögen. R. L. Leslie-Collet (*1*) hat zwar auf Grund seiner Untersuchungen die Auffassung vertreten, daß der Kalkäscher unbedingt sterilisierend wirke und daß auch diejenigen Mikroorganismen, die zunächst gegenüber ungünstigen Lebensbedingungen widerstandsfähige Sporen zu bilden vermögen, doch auch mit der Zeit restlos abgetötet werden. Wenn im Äscher ein gewisser Bakteriengehalt vorhanden sei, so rühre dieser nur davon her, daß jede neue Hautpartie neue Bakterien mitbringe, die dann aber rasch abgetötet würden. R. L. Leslie-Collet (*2*) hat ferner auch die Einwirkung von Kalkwasser auf die verschiedensten Enzyme untersucht und auch hier festgestellt, daß die Enzyme nach 15 Minuten etwa 75% ihrer Aktivität und nach 1 Stunde praktisch ihre gesamte Aktivität verloren hatten. Wenn dieser Forscher demgemäß auf Grund seiner Versuche eine bakterielle oder enzymatische Tätigkeit im Äscher völlig ablehnt, so stehen dieser Auffassung eine ganze Reihe anderer Untersuchungen entgegen. Schon J. T. Wood und D. L. Law und ferner E. Stiasny (*2*) haben gezeigt, daß in alten Äschern nicht unbeträchtliche Mengen an Bakterien vorhanden sind und daß entsprechend diese alten Äscher unter sonst gleichen Bedingungen wesentlich rascher eine Haarlockerung zu bewirken vermögen als frische Kalksuspensionen unter sterilen Bedingungen. G. D. McLaughlin, G. E. Rockwell und J. H. Blank zeigten, daß in gesättigtem Kalkwasser nichtsporenbildende Bakterien abgetötet werden, sporenbildende Bakterien dagegen entwicklungsfähig bleiben und daß die Lebensfähigkeit dieser Bakterien durch eine Erhöhung der Temperatur auf 37° C noch wesentlich gesteigert würde. Soweit eine desinfizierende Wirkung im Kalkwasser eintreten kann, erfolgt sie nur dann, wenn die Kalklösung die Bakterien direkt benetzen kann. Es wurde gezeigt, daß eine Staphylokokkenkultur, die in das Innere einer Agarplatte eingeimpft wurde, sich auch trotz Überschichtens der Platte mit Alkali gut entwickeln konnte und daraus gefolgert, daß auch im Innern der Haut für vorhandene Bakterien günstigere Wachstumsverhältnisse als an der Oberfläche bestünden. Abgesehen von einem gewissen Schutz gegen Benetzung dürften sich die Bakterien im Inneren der Haut vor allem in einem wesentlich weniger alkalischen Medium befinden als in der Äscherflüssigkeit, und auch dadurch dürfte eine stärkere Bakterienentwicklung im Inneren der Haut wahrscheinlicher werden. Schließlich dürfte sich aber auch in der Äscherflüssigkeit selbst eine Anzahl von Bakterienarten mit der Zeit an die Alkalität des Äscherbades gewöhnen, wenn ein guter Nährboden vorhanden ist, wie dies in alten Äschern mit ihrem hohen Gehalt an gelösten Proteinen ohne Zweifel der Fall ist. Dabei ist auch zu berücksichtigen, daß in alten Äschern infolge Anreicherung an Calciumsalzen die Löslichkeit des Kalkes verringert, damit die Alkalität herabgesetzt und so die Entwicklungsmöglichkeiten der Mikroorganismen verbessert werden. Entsprechend konnten K. Klanfer und H. Engelberg zeigen, daß insbesondere im Innern der geäscherten Haut zahlreiche Bakterien vorhanden sind, unter denen sie eine Reihe von Stämmen, und zwar Gram-positive Kokken und Stäbchen und Gram-negative Kokken und Stäbchen isolieren konnten. Sie konnten weiter zeigen, daß insbesondere die Gram-positiven Kokken (Diplokokken, Staphylokokken, Streptokokken) haarlockernd wirken und daß diese haarlockernde Wirksamkeit bei gleichzeitiger Anwesenheit Gram-positiver Stäbchen noch gesteigert wird. Gram-negative Kokken und Stäbchen dagegen besaßen keine haarlockernde Wirkung.

Auf Grund der vorstehend behandelten Untersuchungen darf die Anwesenheit von Mikroorganismen in alten Äschern, die infolge ihres hohen Gehaltes an gelösten Proteinen einen guten Nährboden für die Entwicklung von Bakterien darstellen, als feststehend angesehen werden. Die im Äscher mit zunehmendem Alter sich immer mehr anreichernden Mikroorganismen beschränken sich in ihrer Einwirkung aber natürlich nicht nur auf die im Äscher vorhandenen löslichen Stickstoffsubstanzen, sondern üben auch einen Angriff auf die Proteine des im Äscher befindlichen Hautmaterials aus. Dieser Angriff erstreckt sich einmal auf die Protoplasmaproteine der basalen Zellreihe und der Schleimschicht und beschleunigt damit den Vorgang der Haarlockerung. Damit in Übereinstimmung steht die alte Erfahrung der Praxis, daß eine Haarlässigkeit in alten Äschern in erheblich kürzerer Zeit erreicht wird als in frisch angesetzten Kalkäschern. Weiter üben die Bakterien einen verfallend machenden Einfluß auf das Hautmaterial aus, ähnlich einer mäßigen Beizwirkung. Während die geäscherte Haut aus einem bakterienfreien Weißkalkäscher prall und hart herauskommt, ist die unter vergleichbaren Bedingungen, aber bei Gegenwart von Bakterien geäscherte Haut weich und wesentlich weniger prall (K. Klanfer und H. Engelberg). Darüber hinaus üben aber die vorhandenen Mikroorganismen auch einen direkten Angriff auf das gerberisch wichtige kollagene Fasergefüge des Coriums aus. Dieser Angriff äußert sich einmal in einer hydrolytischen Spaltung der Polypeptidketten, daneben aber auch in Desamidierungs- und Decarboxylierungsvorgängen und entsprechend ist ein höherer Gehalt alter Äscher an Ammoniak und Aminen insbesondere auf das Vorhandensein von Mikroorganismen zurückzuführen, wobei die entstehenden primären Amine ihrerseits wieder, wie wir früher sahen, zu einer weiteren Beschleunigung der Haarlockerung beitragen. Ein solcher Angriff ist in mäßigem Umfange bei all den Lederarten erwünscht, bei denen eine gewisse Anpeptisierung des Hautfasergefüges zum Erhalt weicher, geschmeidiger Leder erforderlich ist, ein zu starker Angriff wird sich aber sehr unliebsam durch einen größeren Hautsubstanzverlust und eine mehr oder weniger starke Zerstörung des Hautfasergefüges bemerkbar machen, die sich am fertigen Leder in gleicher Weise wie ein Fäulnisschaden äußert (vgl. S. 57). Erwähnt sei in diesem Zusammenhang, daß auch eine vor dem Äscher stattfindende stärkere Bakterieneinwirkung etwa durch zu spätes oder unsachgemäßes Konservieren oder durch zu langes oder unsachgemäßes Weichen eine Beschleunigung der Haarlockerung im Äscher bewirkt, gleichzeitig aber auch wieder das Schwellungsvermögen der Haut vermindert und mehr oder weniger starke Hautsubstanzverluste verursacht.

So große Vorteile also die teilweise Verwendung alter Äscher im Hinblick auf rasche Haarlockerung und gewisse Anpeptisierung des kollagenen Hautfasergefüges bietet, so groß sind andererseits im Extremfall die Gefahren für das Hautmaterial, und es ist unbedingt ratsam, auch bei der Verwendung alter Äscher eine gewisse Beschränkung walten zu lassen, derart, daß die Äscher nicht allzulange verwendet werden. Eine nur ein- bis zweimal im Jahr stattfindende Erneuerung des Äschers, wie man sie insbesondere in kleinen Gerbereien auch heute noch oftmals findet, bedeutet stets für das Hautmaterial die Gefahr eines übermäßig starken Hautsubstanzverlustes und damit zumeist den Erhalt eines zu weichen, lappigen und leeren Leders. Wesentlich ist auch im Hinblick auf die Bakterienwirkung in alten Äschern die Verwendung eines Überschusses an Kalk. Würde lediglich gesättigtes Kalkwasser verwendet werden, so würde mit zunehmender Äscherdauer eine ständige Verminderung des Gehaltes der Lösung an Kalk und damit auch eine Herabsetzung des $p_H$-Wertes der Lösung stattfinden. Man würde also aus dem für gesättigte Äscherbrühe normalen $p_H$-Bereich (etwa um 12,5), in dem viele proteolytische Bakterien nur geringe Aktivität aufweisen, in einen nur schwach alkalischen und damit für die Entwicklung proteolytischer Bakterien besonders wirksamen $p_H$-Bereich kommen und damit eine völlig unkontrollierbare und daher unerwünschte Verstärkung der Bakterienwirkung bewirken.

In der Äscherflüssigkeit selbst entwickeln sich die Bakterien meist an suspendiert bleibenden Hautsubstanzteilchen als Nährboden zu Bakterienkolonien. Beim Zubessern des Äschers mit frischem Kalk werden diese Bakterienkolonien durch die sich langsam absetzenden ungelösten Kalkteilchen zum Teil mit zu Boden gerissen, und damit wird die Zahl der in der Äscherflüssigkeit selbst vorhandenen Bakterien bzw. Bakterienkolonien vermindert, während im Bodenschlamm eine starke Anreicherung an Bakterien stattfindet, so daß dieser Bodenschlamm für zu Boden fallende Häute unter Umständen sehr gefährlich werden kann. Durch das Zubessern wird also der Gehalt der Äscherflüssigkeit an Bakterien immer unter einer gewissen Grenze gehalten und damit die schädliche bakterielle Wirkung der alten Äscher in gewissen Grenzen abgeschwächt, und man könnte gefahrlos auch ganz alte Äscher zur Haarlockerung verwenden, wenn nicht, wie bei Behandlung der Praxis des Äscherns noch zu besprechen sein wird (vgl. S. 100), mit steigendem Gehalt der Äscherbrühe an löslichen Proteinabbauprodukten auch die Schwebefähigkeit der ungelösten Kalkteilchen verbessert würde, also beim Zubessern immer weniger ungelöste Kalkteilchen sich rasch zu Boden setzen. Wollte man also durch den Kalkzusatz stets eine gleichstarke Entfernung von Bakterienkulturen aus der Äscherflüssigkeit erreichen, so müßte mit zunehmendem Alter des Äschers trotz bereits vorhandener größerer Schlammmengen immer häufiger und immer stärker mit frischem Kalk nachgebessert werden, der Äscher würde also immer kostspieliger und immer unkontrollierbarer und damit gefährlicher werden. Auch aus diesem Grunde ist die Verwendung zu alter Äscher unbedingt zu verwerfen.

Im Zusammenhang mit der Besprechung der Bakteriologie des Äschers sei wie beim Weichen kurz auf das Verhalten etwa vorhandener Milzbrandsporen im Äscher hingewiesen. Bereits in früheren Abschnitten wurde auf die außerordentliche Widerstandsfähigkeit der Milzbrandsporen gegenüber äußeren Einflüssen wie Austrocknung, Kälte, Hitze usw. und auch gegenüber Desinfektionsmitteln hingewiesen, und es ist daher durchaus die Möglichkeit gegeben, daß solche Milzbrandsporen mit dem Hautmaterial auch in den Äscher gelangen. Erwähnt sei u. a. die Feststellung, daß bei Desinfektion des Rohhautmaterials nach der Methode Seymour-Jones mit Sublimat und Ameisensäure im Äscher die Quecksilberverbindungen in der Haut durch die vorhandenen Sulfide in wirkungslose Verbindungen übergeführt werden und daß sich dann im Äscher stets noch lebensfähige Milzbrandsporen nachweisen lassen (R. Hilgermann und J. Marmann). Von Wichtigkeit ist daher die Feststellung, daß bei Einwirkung angeschärfter Kalk-Schwefelnatriumbrühen, die 1% $Na_2S$ und 1,2% Kalk enthalten, bei einer Äschertemperatur von mindestens 23° C auf milzbrandinfizierte Häute eine genügende Desinfizierung ohne Schädigung der Blößen erreicht werden konnte, wobei die desinfizierende Wirkung noch durch mechanische Bewegung des Hautmaterials in der Äscherbrühe erheblich beschleunigt und begünstigt werden kann [M. E. Robertson (*1*), (*2*); D. J. Lloyd, R. H. Marriott und M. E. Robertson (*1*), (*2*)]. Die sporentötende Wirkung des Schwefelnatriums soll durch Zusätze von Alkalisulfat (2%), Kochsalz (10%), Kaliumarsenit (1%), Schwefelarsen (2%) und besonders durch Schwefelarsen (2%) + Kochsalz (10%) noch gesteigert werden (G. Brotzu). Kalkmilch dagegen ist gegenüber Milzbrandsporen kein genügendes Desinfektionsmittel (V. Goerttler). Dagegen sollen die beim Araäscher verwendeten Ätznatronmengen imstande sein, Milzbrandsporen zu töten (N. N.; R. Lauffmann).

### d) Sonstige chemische Haarlockerungsverfahren.

Unter den chemischen Haarlockerungsverfahren kommt den in den vorhergehenden Abschnitten hinsichtlich ihrer Wirkungsweise besprochenen Hydroxyd- und Sulfidäschern fast ausschließlich Bedeutung für die Praxis des Äscherns zu. Daneben sind indessen noch eine Reihe weiterer Stoffgruppen für den gleichen Zweck vorgeschlagen worden. Die Zahl der diesbezüglich vorhandenen Empfehlungen und Patente ist Legion, und es ist unmöglich, alle diese Verfahren zu erwähnen und in ihrer Wirkungsweise zu besprechen, zumal bei vielen von ihnen auf Grund der gemachten Angaben ihre Vorteile gegenüber den allgemein bekannten Äscherverfahren bzw. ihre Wirksamkeit überhaupt zum mindesten fraglich erscheinen müssen. Hier sei lediglich auf die Säureäscher, die Ammoniak- und Aminäscher und die Reduktionsäscher, denen auch von theoretischem Standpunkt gewisses Interesse zukommt, eingegangen, während im übrigen auf die Patentzusammenstellung auf S. 424 dieses Bandes verwiesen werden muß.

#### Säureäscher.

Die Beobachtung, daß auch mittels Säuren eine gewisse Haarlockerung erzielt werden kann, ist wiederholt gemacht worden. So hat z. B. J. T. Wood an einer nach dem Seymour-Jones-Verfahren sterilisierten Haut nach 8 Tagen Haarlässigkeit beobachtet und diese auf die Einwirkung der Ameisensäure zurückgeführt. Weiter haben U. J. Thuau und ferner E. Nihoul bei Behandlung der Haut mit schwefliger Säure eine Haarlockerung erhalten, wobei teilweise noch eine Erhöhung dieser Wirkung durch Kochsalzzusatz infolge dessen schwellungshemmender Wirkung festgestellt wurde. Zu den gleichen Ergebnissen führten Untersuchungen von R. H. Marriott (*6*) mit verschiedenen Säuren, die teilweise im Gemisch mit Neutralsalzen angewandt wurden. Da die gleichen Befunde auch bei gleichzeitigem Zusatz von Sublimat erhalten wurden, muß eine Bakterienwirkung als Erklärung für die erhaltenen Untersuchungsergebnisse ausscheiden, sondern es dürfte sich vielmehr tatsächlich bei diesen Vorgängen um einen rein chemischen Haarlockerungsprozeß handeln, der auf eine hydrolytische Spaltung der Protoplasmaproteine zurückzuführen ist. Diese Hydrolyse erfolgt indessen in saurem Medium wesentlich langsamer und unvollkommener als bei Einwirkung von Alkalien, und entsprechend ist die mit Säuren erzielte Haarlockerung technisch unzureichend, insbesondere lassen sich die Grundhaare, die mit ihren Haarzwiebeln zumeist tiefer in der Haut sitzen und deren Lockerung daher allgemein schwieriger erfolgt, auch bei längerer Einwirkung nur unvollkommen entfernen. Andererseits wurde nach Versuchen von H. B. Merrill (*2*) über den hydrolytischen Angriff von Salzsäurelösungen verschiedenen $p_H$-Werts auf Kollagensubstanz einerseits und Haare anderseits festgestellt, daß in saurem Medium bei gleichem $p_H$-Wert das Kollagen eine wesentlich stärkere Hydrolyse als das Haar erfährt. Die Säureäscher haben daher bis jetzt eine praktische Bedeutung nicht erlangen können, und es ist kaum zu erwarten, daß sie je praktisch angewendet werden, da sie neben ungenügender Haarlockerung einen verhältnismäßig starken Angriff des kollagenen Hautfasergefüges bewirken und daher recht weiche, häufig stark losnarbige Leder erhalten werden.

### Ammoniak- und Aminäscher.

Wir sahen in einem der vorhergehenden Abschnitte (vgl. S. 71ff.), daß Ammoniak im Gemisch mit Kalk keine nennenswerte Verbesserung der haarlockernden Wirkung der Kalkäscher bewirkt und entsprechend nicht für das gesteigerte Haarlockerungsvermögen alter Äscher verantwortlich gemacht werden kann, daß es aber für sich allein angewandt, eine sehr gute haarlockernde Wirkung besitzt. Dabei weisen Ammoniaklösungen verschiedener Konzentration hinsichtlich Haarlockerungsvermögens keine wesentlichen Unterschiede auf, und im Gegensatz zu den sonstigen Hydroxydäschern wird das Hautmaterial in den Ammoniaklösungen nicht prall, sondern bleibt völlig weich [E. Stiasny (*2*)]. Die günstige haarlockernde Wirkung des Ammoniaks ist wiederholt festgestellt und entsprechend auch für die Praxis zu Enthaarungsverfahren für Häute und Felle vorgeschlagen worden. In 2 Patenten (D.R.P. 371029 und 371030) wird eine reine Ammoniakenthaarung geschützt, bei der das Hautmaterial der Einwirkung von Ammoniakgas bei höheren Temperaturen bis zu 45° C bei Gegenwart von Wasser und eventuell unter Druckanwendung in geschlossenen Kammern ausgesetzt wird. Dabei soll durch vorherige Entfettung des Hautmaterials die Einwirkung des Ammoniakgases noch beschleunigt werden und in 3 bis maximal 6 Stunden eine ausreichende Haarlässigkeit erreicht werden können. Weiter ist die Behandlung des Hautmaterials in 1%iger Ammoniaklösung empfohlen worden, der 4% sulfonierter Tran wohl als Faserschutz zugesetzt werden (Aust.P. 11136, 1933) oder die Behandlung des Hautmaterials mit Ammoniak bei gleichzeitiger Anwendung von Salzen der Alkalien, Erdalkalien oder auch des Ammoniaks (D.R.P. 416407). Nach diesem Verfahren soll in 10 bis 20 Stunden Haarlässigkeit bei völlig unbeschädigtem Haar- bzw. Wollmaterial erreicht werden. In anderen Patenten (D.R.P. 482418; Russ.P. 16810) wird eine Vorbehandlung der Häute und Felle vor dem eigentlichen Enthaarungsprozeß empfohlen, für die neben anderen Stickstoffbasen auch Ammoniak angeführt wird. Erwähnt sei in diesem Zusammenhang, daß R. O. Page bei mit Ammoniak enthaartem Hautmaterial einen höheren Gehalt des fertigen Leders an gebundenem Gerbstoff fand als bei normal mittels Kalkäschers enthaarten Häuten.

Von Interesse ist ferner die Möglichkeit der Verwendung von Aminen zu Zwecken der Haarlockerung. Es wurde bereits an früherer Stelle eingehend besprochen (vgl. S. 72ff.), daß das gute Haarlockerungsvermögen alter Äscher zum Teil auf deren Gehalt an Aminen zurückzuführen sei, die aus den Proteinen und Proteinabbauprodukten infolge Decarboxylierung, vornehmlich durch Bakterieneinwirkung verursacht, entstehen. Nennenswertes Haarlockerungsvermögen kommt dabei in allererster Linie den primären Aminen zu, während die sekundären und tertiären Amine keine bzw. eine wesentlich geringere Beschleunigung der Haarlockerung bewirken. Anderseits konnte bei Versuchen über die Wirkung eines Zusatzes von Aminen im Vergleich mit frischen Kalkäschern keine Erhöhung des Abbaues der kollagenen Hautsubstanz beobachtet werden [G. D. McLaughlin, J. H. Highberger und E. K. Moore (*1*), (*2*); E. K. Morre, J. H. Highberger und F. O'Flaherty]. Durch Steigerung der Temperatur wird im allgemeinen die haarlockernde Wirkung der Amine recht beträchtlich erhöht.

Entsprechend diesen Befunden ist die Verwendung primärer Amine für sich oder als Zusatz zu Kalkäschern wiederholt empfohlen worden [vgl. z. B. P. Pawlowitsch (*1*); Aust. P. 17133/1928; H. B. Merrill und J. W. Fleming (*2*)]. Den meisten Berichten über Aminäscher liegt dabei die Verwendung von Methylamin zugrunde. Methylamin übt eine wesentlich stärker haarlockernde Wirkung als Ammoniak aus. H. B. Merrill und J. W. Fleming (*2*) haben diesbezügliche Versuche durchgeführt und dabei bei einer Einwirkungstemperatur von 27° C die in Tabelle 10 angeführten Zeiten bis zum Erhalt einer befriedigenden Haarlockerung benötigt. Methylamin ist also wesentlich wirksamer als Ammoniak, wobei diese gesteigerte Wirksamkeit nicht auf den Einfluß unterschiedlicher $p_H$-Werte der Lösungen zurückzuführen ist.

Tabelle 10.

| Art des Enthaarungsmittels | Molarität | Haarlockerung in Stunden | $p_H$-Wert |
|---|---|---|---|
| Methylamin . . . . | 0,01 | 18 | 10,6 |
| ,, . . . . | 0,1 | 1 | 11,6 |
| ,, . . . . | 0,5 | $^1/_2$ | 12,1 |
| Ammoniak . . . . | 0,15 | 18 | 11,2 |
| ,, . . . . | 0,5 | 1 | — |

Noch wesentlich günstigere Ergebnisse wurden bei entsprechenden Zusätzen zum Kalkäscher erhalten, wobei Methylamin bereits in Mengen von nur 0,001 Mol/l eine Erhöhung des Haarlockerungsvermögens bewirkte, während die diesbezüglich geringe Wirksamkeit des Ammoniaks bereits bei der Besprechung der Wirkungsweise des Kalkäschers behandelt wurde (vgl. S. 71ff.) und erst bei Zusatz von etwa 5 Mol/l ein gewisser mäßiger Anstieg im Haarlockerungsvermögen festgestellt wurde.

Methylamin wirkt im Vergleich mit Sulfiden stärker angreifend auf die Keratine, dagegen weniger stark auf das kollagene Hautfasergefüge. Bezüglich des Angriffes auf die Keratine werden zwar insbesondere die Epidermis und ferner die Oberhautschicht des Haares und des Haarbalges angegriffen, doch geht der Angriff der Haare im Vergleich zum Sulfidäscher normalerweise nicht weiter, eine völlige Zerstörung der Haare tritt also nicht ein (G. D. McLaughlin und F. O'Flaherty; F. O'Flaherty und W. T. Roddy). Nach den vorliegenden Ergebnissen ist Methylamin ohne Zweifel als wirksames Haarlockerungsmittel sowohl für sich wie als Zusatz zum Kalkäscher angewandt anzusprechen und seine Anwendung scheint bisher lediglich an dem zu hohen Preis des käuflichen Methylamins gescheitert zu sein.

Wenn bei den Veröffentlichungen über Aminäscher das Methylamin zumeist im Vordergrund der Betrachtungen und durchgeführten Versuche steht, so vermögen doch auch andere Aminoverbindungen, wie Äthylendiamin, Piperidin, Hydrazin, Hydroxylamin usw. in gleicher Weise zu wirken [M. Lissitzin;

P. Pawlowitsch (2)]. In Übereinstimmung damit wurde die Verwendung einer 1%igen, auf $p_H = 11,6$ bis 11,7 eingestellten Lösung von Monoäthanolamin in Wasser für sich oder zusammen mit bekannten Äscherchemikalien (A. P. 1844160) und die Vorbehandlung der Blößen mit den verschiedensten Stickstoffbasen vor dem eigentlichen Haarlockerungsprozeß (D. R. P. 482418) empfohlen und patentrechtlich geschützt.

E. K. Moore (2) hat eine ganze Reihe von organischen Stickstoffverbindungen hinsichtlich ihres Einflusses auf das Haarlockerungsvermögen von Kalkmilch untersucht. Dabei wurde eine Aktivierung außer durch Methylamin auch durch Äthylamin, Dimethylamin, Äthanolamin, Äthylendiamin, Hydroxylamin, Hydrazin, Guanidin, Aminoguanidin, Tetramethylammoniumhydroxyd und Piperidin festgestellt und trotz nicht ganz eindeutiger Ergebnisse auch für n-Propylamin, n-Butylamin, Diäthylamin und Piperazin angenommen. Eine Beziehung zwischen Basendissoziation der verschiedenen basischen Stickstoffverbindungen und Stärke der Aktivierung der Haarlockerung konnte dabei nicht festgestellt werden. Ebenso war ein ganz eindeutig feststellbarer Zusammenhang zwischen Konstitution und hemmender bzw. beschleunigender Wirkung auf die Haarlockerung nicht feststellbar, doch wurde allgemein durch Einführung von Phenylgruppen, durch Ersetzung von Sauerstoffatomen durch Imidogruppen oder allgemein auch durch Verminderung des Reduktionsvermögens infolge Substitution eine Herabsetzung des Aktivierungsvermögens bzw. Umwandlung von Aktivatoren in Hemmungskörper festgestellt.

In diesem Zusammenhang sei schließlich kurz erwähnt, daß einige Enthaarungsverfahren vorgeschlagen bzw. diesbezügliche Patente erteilt worden sind [vgl. B. Schtykan (1); Russ. P. 16810 und 30389], bei denen eine Vorbehandlung der Häute und Felle mit Eiweißabbauprodukten vor der normalen Äscherung vorgeschlagen oder normalen Kalkäschern solche Eiweißabbauprodukte zugesetzt werden, die zumeist aus normalen Abfallprodukten, wie Leimleder, durch Einwirkung von Fermenten gewonnen werden sollen. Auch hierbei dürfte die in den Patentschriften behauptete Beschleunigung der Haarlockerung zum mindesten zum Teil auf den Amingehalt der zugesetzten Eiweißabbauprodukte zurückzuführen sein.

## Reduktionsäscher.

Bei Besprechung der Vorgänge, die sich bei der Einwirkung von Hydroxyl- und Sulfidäschern auf die tierische Haut abspielen, wurde bereits eingehend auch auf die Bedeutung von Reduktionsvorgängen bei diesen Prozessen hingewiesen, derart, daß durch reduzierende Substanzen in den Äscherbrühen die Disulfidbindungen des Cystins unter Entstehung von Cystein gespalten werden und durch diese Spaltung die charakteristische Widerstandsfähigkeit der Keratine vermindert und somit ihre Hydrolysierbarkeit durch Alkalien erhöht wird. Streng genommen sind demgemäß auch die Sulfidäscher sowie die älteren Kalkäscher, in denen, wie wir sahen, eine Anreicherung an reduzierenden Substanzen stattgefunden hat (vgl. S. 74), als Reduktionsäscher anzusprechen. H. B. Merrill (3) hat als reduzierendes Mittel Stannosalze verwendet und mit ihnen in relativ kurzer Zeit Haarlässigkeit erreicht. Allerdings hat es sich dabei als erforderlich erwiesen, daß gemeinsam mit oder anschließend an diese Stannosalzbehandlung eine Einwirkung von Alkalien erfolgte. Nach den gemachten Beobachtungen war dabei ein $p_H$-Wert von mindestens 11,4 erforderlich. Diese Feststellung ist durchaus verständlich, wenn man bedenkt, daß der Reduktionsvorgang nur einen Teilprozeß der Haarlockerung darstellt, dem eine hydrolytische Spaltung der reduzierten Keratine als zweiter Vorgang folgen muß, die durch die Stannosalze nicht bewirkt werden kann. Sie steht in Übereinstimmung mit der bereits früher erwähnten Beobachtung, daß auch Sulfhydrate, die in ihrer Lösung nur Sulfhydrationen, dagegen keine Hydroxylionen enthalten, eine haarlockernde Wirkung nur im Gemisch mit Hydroxydäschern auszuüben vermögen. Daß tatsächlich die reduzierende Wirkung das wesentliche Prinzip der Haarlockerung mit Stannosalzen ist, erhellt aus der weiteren Feststellung, daß mit Stannisalzen eine Haarlockerung überhaupt nicht erzielt werden konnte. Der hohe Preis der Stannosalze hat bisher in erster Linie ihre praktische Anwendung zu Äscherzwecken unmöglich gemacht.

Ähnliche Ergebnisse wie mit Stannosalzen sind auch mit anderen reduzierenden Stoffen, wie Sulfiden, Cyaniden, Rhodaniden, Sulfiten, Bisulfit, Thiosulfat, Hydrosulfit, Nitriten, Ferrosalzen, Glukose, Dextrin usw. gemacht worden [R. H. Marriott (*3*); E. R. Theis (*1*); F. Ossipenko; P. Pulewka; M. Lissitzin]. Insbesondere auf die Verwendbarkeit von Natriumcyanid, das als Abfallprodukt bei anderen chemischen Prozessen billig zu erhalten ist, für Äscherzwecke ist in jüngster Zeit erneut hingewiesen worden (K. H. Goeller). Hierbei soll gegenüber der Verwendung von Sulfiden der Vorteil der Erhaltung der Haare gegeben sein. Anschließend sollen die Häute noch kurz in einen Kalk-Schwefelnatriumäscher gebracht werden, wodurch die Cyanide zu Sulfocyaniden umgesetzt und auf diese Weise unschädlich gemacht würden, so daß weder in den Abwässern noch in den Blößen nennenswerte Cyanidmengen vorhanden seien und daher auch vom hygienischen Standpunkte aus keine Bedenken bestünden (K. H. Goeller).

### e) Die Praxis des Äscherns.

Von den zahlreichen Vorschlägen für die Haarlockerung kommen praktisch bisher lediglich einerseits die Hydroxydäscher und unter diesen fast ausschließlich der Kalkäscher und anderseits die Sulfidäscher in Frage, und entsprechend kann sich die Besprechung der Praxis des Äschervorganges ausschließlich auf die Anwendung dieser beiden Gruppen beschränken.

Ähnlich wie beim Weichen wird das Äschern teils in ruhendem Zustand, teils unter gleichzeitiger Bewegung entweder der Brühe oder der Häute für sich oder der Brühe samt dem Hautmaterial durchgeführt. Im ersteren Falle verwendet man wieder ausgemauerte, in den Boden eingelassene rechteckige Gruben (vgl. Abb. 1 und 2), in die das Hautmaterial im Falle schwererer Häute mit Stricken oder Haken mit dem Kopf nach unten oder über Stangen eingehängt, im Falle leichter Felle vielfach auch einfach eingeworfen wird. Zumeist sind, insbesondere wenn Mehräschersysteme verwendet werden, mehrere Äschergruben zu einem Äschersystem zusammengeschlossen. Das Flüssigkeitsvolumen beträgt normalerweise 300 bis 400%, teilweise noch mehr, auf das Weichgewicht des Rohhautmaterials berechnet. In zu gering bemessenem Äschervolumen wird die Äscherwirkung sehr verzögert [G. D. McLaughlin und E. R. Theis (*1*)].

Um eine Entmischung der Äscherbrühen zu verhindern und insbesondere in dem Maße, wie der Kalk während des Äscherns verbraucht wird, eine ständige Neusättigung der Lösung an Kalk zu erreichen, müssen die Häute und Felle von Zeit zu Zeit aus der Äscherbrühe herausgenommen, „aufgeschlagen“, wie der Gerber sagt, die Äscherbrühen dann gründlich durchgerührt und dann die Häute wieder eingehängt werden. Dieses Aufschlagen muß insbesondere bei frischen Äschern relativ häufiger erfolgen als bei alten, bei denen die suspendierten Kalkteilchen durch die vorhandenen Proteinabbauprodukte länger schwebend erhalten bleiben (vgl. S. 100). Diese Arbeit ist natürlich sehr zeitraubend und man hat sie daher auf mannigfache Weise zu vereinfachen gesucht. Eine dieser Möglichkeiten besteht darin, alle Häute eines Geschirrs Kopf an Schwanz durch Stricke oder Haken miteinander zu verbinden und die ganze Partie über ein

Haspelrad oder eine Rolle von einer Äschergrube zur nächsten zu leiten (vgl. Abb. 12). Mit derartigen besonders in der amerikanischen Lederindustrie gebräuchlichen Vorrichtungen kann die ganze Partie in relativ kurzer Zeit von einer Grube in die andere gebracht werden. Eine andere Möglichkeit besteht darin, die Häute mit Haken an einen meist schmiedeeisernen Rahmen zu befestigen, der im Ruhezustand auf der Mauer der Äschergrube aufliegt, der aber zwecks Aufschlagens samt den daran befindlichen Häuten mittels eines Krans hochgezogen werden kann (Abb. 13). Da der Kran auf einem als Leitschiene dienenden schmiedeeisernen T-Träger befestigt ist, kann auf diese Weise bei Mehräschersystemen auch mit Leichtigkeit ein Grubenwechsel bewerkstelligt werden. Bei kleinen Fellen verwendet man vielfach Lattenkästen, häufig als sog. „Käfige“ bezeichnet, die in ihren Dimensionen den Äschergruben angepaßt sind und in denen die Felle in den Äscher versenkt bzw. aufgeschlagen und weitertransportiert werden (Abb. 14).

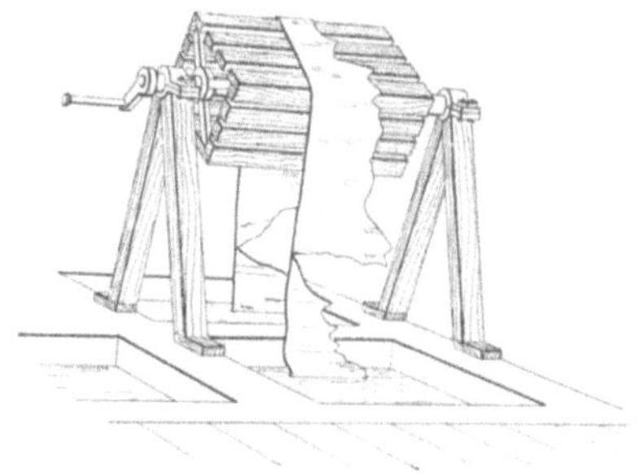

Abb. 12. Aufschlagen der Häute mittels Rolle.

Weitere Möglichkeiten bestehen darin, die Häute ruhen zu lassen, die Brühe aber ständig oder in gewissen Zeitabständen zu bewegen und damit auch den ungelösten Kalk in der Äscherflüssigkeit in möglichst gleichmäßiger Verteilung zu halten, und es sind eine Reihe diesbezüglicher Vorschläge gemacht worden. Abb. 15 gibt eine dieser Möglichkeiten wieder, wobei durch ein unter einem Lattenboden angebrachtes Rührwerk mit vier schräggestellten, über den Boden der Grube streichenden Rührflügeln der sich zu Boden setzende Kalk immer wieder aufgerührt und so die Äscherbrühe in ständiger Bewegung

Abb. 13. Aufschlagen der Häute mittels eisernen Rahmens und Krans (Leipziger Hebezeugbau G. m. b. H., Naunhof bei Leipzig).

gehalten wird. Bei einer anderen Anordnung (Abb. 16) ist am Boden eine Art Haspelrad angebracht und bewirkt durch zeitweises Bewegen eine Zirkulation der Äscherbrühe. Der Antrieb erfolgt durch Kettenantrieb von außen. Nach anderen Vorschlägen soll auf den Boden der Äschergruben zeitweise Druckluft eingeblasen und dadurch der Bodensatz aufgewirbelt werden (z. B. D.R.P. 339701), oder es soll in dem Zirkulationsäscher nach Feith (Abb. 17) die Äscherbrühe ständig abgesaugt und am Boden der konisch verengten Äschergrube durch ein mit Löchern versehenes Druckrohr wieder in die Äschergrube eingepreßt werden. Viele der so vorgeschlagenen Verfahren, von denen wir hier nur einige der am bekanntest gewordenen angeführt haben, weisen indessen gewisse mehr oder weniger schwerwiegende Nachteile auf (vgl. auch S. 133), so daß sie sich in der Praxis bisher nur in verhältnismäßig geringem Umfange haben einführen können. In diesem Zusammenhang sei auch ein Verfahren erwähnt (D.R.P. 384126), bei dem das Äschern im Vakuum durchgeführt werden soll, um so ein besseres Eindringen der Äscherchemikalien in die Haut und damit eine Beschleunigung der Haarlockerung zu bewirken.

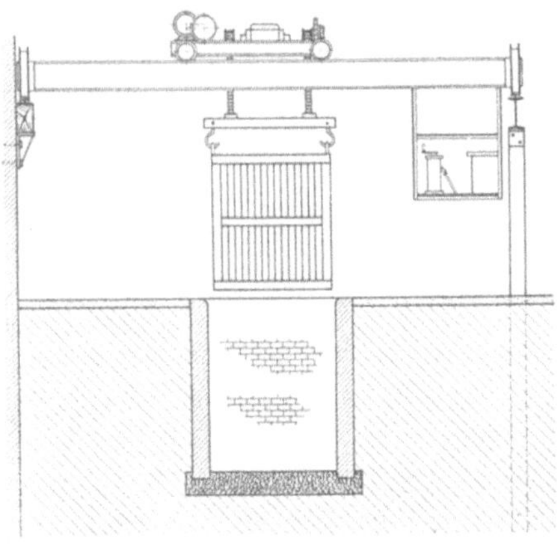

Abb. 14. Äschern im Käfig.

Die praktisch weitaus größte Bedeutung besitzen diejenigen Arbeitsverfahren, bei denen die Äscherbrühe samt dem Hautmaterial bewegt wird. Hierfür kommen wie beim Weichen Lattentrommeln, Haspelgeschirre und vornehmlich Äscherfässer in Frage, und es kann daher bezüglich der Anlage und Einrichtung dieser Gefäße im wesentlichen auf die dort gemachten Ausführungen verwiesen werden (vgl. S. 50ff). Ein prinzipieller Unterschied gegenüber den dort gemachten Angaben be-

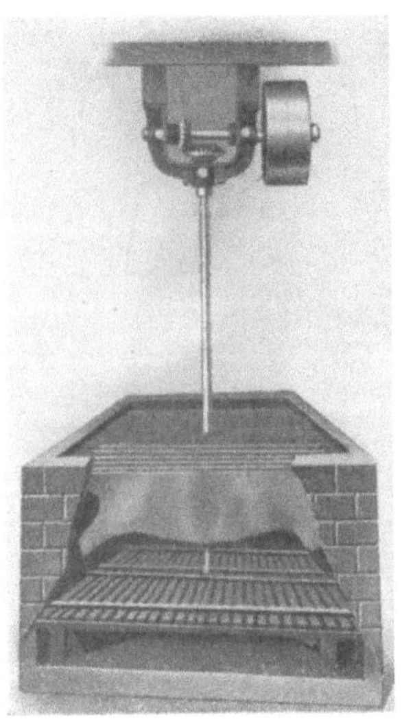

Abb. 15. Rühräscher (Bayerische Maschinenfabrik F. J. Schlageter, Regensburg).

Abb. 16. Rühräscher (Badische Maschinenfabrik, Durlach).

steht indessen insbesondere insofern, als die Geschwindigkeit der Bewegung beim Äschern unbedingt vermindert werden muß. Das Hautmaterial befindet

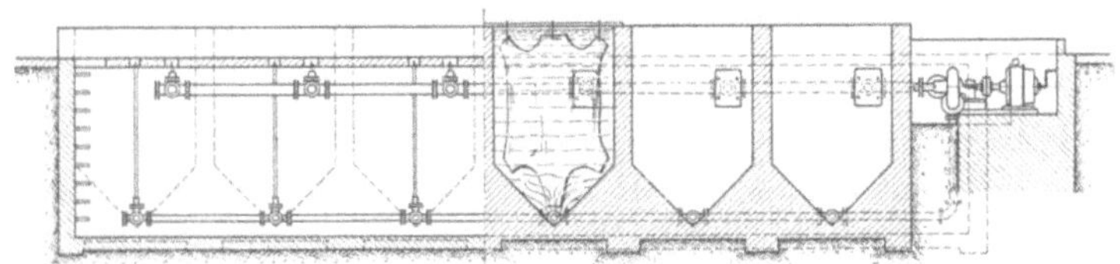

Abb. 17. Zirkulationsäscher nach Feith.

sich während des Äscherns in einem mehr oder weniger stark geschwellten und prallen Zustand, in dem die einzelnen Fasern gegeneinander stark angespannt und daher gegenüber mechanischer Einwirkung verhältnismäßig sehr empfindlich sind, so daß durch ein stärkeres mechanisches Kneten das Fasergefüge leicht verletzt und damit die Festigkeit des erzeugten Leders vermindert werden würde. Die Bewegung während des Äscherns muß daher so schonend wie nur eben möglich vorgenommen werden. Aus dem gleichen Grunde hat es sich auch nicht bewährt, zum Äschern schmale Walkfässer zu verwenden, wie sie z. B. Abb. 7 zeigt, da auch in diesen Fässern das stark gequollene Hautmaterial zu stark mechanisch durchgearbeitet wird und sich außerdem die im gequollenen Zustand verhältnismäßig steifen Häute leicht an den Wandungen scheuern, wodurch insbesondere die empfindliche Narbenschicht in unliebsamer Weise beschädigt werden kann. Es werden daher meist Fässer verwendet, bei denen die Daubenlänge etwa dem Faßdurchmesser entspricht (normalerweise bis zu 3 m Daubenlänge und Durchmesser), so daß sich auch größere Häute gut ausbreiten können, wobei sich auch bei diesen Fässern bewährt hat, sie teilweise in den Boden einzulassen und dadurch insbesondere die Beschickung zu erleichtern (Abb. 18 und 19). Da diese Fässer eine erheblich größere Gewichtsmenge zu bewegen haben

Abb. 18. Weich- und Äscherfaß (Badische Maschinenfabrik, Durlach).

Abb. 19. Weich- und Äscherfaß (Bayerische Maschinenfabrik F. J. Schlageter, Regensburg).

als bei schmalerer Bauart, muß zumeist bei diesen Fässern ein doppeltes Rädervorgelege eingebaut werden. Die Fässer laufen zweckmäßig in einteiligen, kugelartig beweglichen Lagerschalen mit Ölringschmierung, die infolge ihrer leichten Beweglichkeit etwa auftretenden Lagerveränderungen durch unterschiedliche Belastung, Verziehen der Holzteile usw. leicht nachgeben können. Eine weitere Arbeitsvereinfachung läßt sich erreichen, wenn das Weichen und das Äschern im gleichen Faß durchgeführt wird, und aus diesem Grunde werden die breiteren Faßtypen auch häufig zum Weichen verwendet. Solche Fässer können meist mittels Geschwindigkeits-Wechselgetriebes bei zwei verschiedenen Umlaufgeschwindigkeiten bewegt werden, die eine von etwa 5 bis 8 Umdrehungen pro Minute für das Weichen und nachträgliche Spülen des Hautmaterials, die andere mit etwa 1 bis $1^1/_2$ Umdrehungen pro Minute für das Äschern. Dabei ist schon aus Gründen der Betriebssicherheit die Verwendung geschlossener Getriebekästen, wie sie die Abb. 18 und 19 zeigen, offenen Vorgelegen oder Rädergetrieben unbedingt vorzuziehen. Um eine weitgehende Schonung des Hautmaterials während des Äscherns zu erreichen, empfiehlt es sich ferner, das Faß nicht ständig laufen zu lassen, sondern nur zeitweise 10 bis 15 Minuten mit längeren Pausen von 1 bis 2 Stunden in Bewegung zu setzen. Schließlich wird das Volumen der Äscherflüssigkeit im Faß zweckmäßig nicht zu knapp bemessen (250 bis 300% vom Weichgewicht), damit die Häute und Felle in der Äscherflüssigkeit gut schwimmen und sich nicht aneinander oder an den Faßwänden reiben können und ein Wundscheuern insbesondere des empfindlichen Narbens vermieden wird. Zweckmäßig wird das Faß mit Flüssigkeit bis fast an die Achse gefüllt. Für die Verwendung von Lattentrommeln gilt sinngemäß das gleiche wie für die Faßäscherung. Die Haspeläscherung ist im allgemeinen etwas schonender als die Faßäscherung. Auch hier wird man zweckmäßig die Äscherbrühe nur zeitweise mit großen Zwischenräumen bewegen.

Die Faß-, Lattentrommel- oder Haspeläscherung bringt eine Arbeitserleichterung auch insofern mit sich, als durch die Bewegung die Haare und die Epidermis nach erfolgter Haarlockerung bereits weitgehend mechanisch vom Corium entfernt werden, so daß ein nachträgliches Enthaaren vielfach nicht mehr erforderlich ist. Dies gilt insbesondere für die Faßäscherung. Allerdings werden die Äscherbrühen bei der gleichzeitigen Enthaarung durch die in Lösung gehenden Haare stark verunreinigt, so daß schon aus diesem Grunde eine mehrfache Verwendung der Äscherbrühen bei Faßäscherung nicht in Frage kommt.

Für eine sachgemäße Durchführung des Äscherns ist es wesentlich, zunächst Äscherchemikalien von sachgemäßer und einwandfreier Zusammensetzung zu verwenden, diese Äscherchemikalien zweckentsprechend zu dosieren und die Äscherbedingungen, wie Temperatur, Dauer, Bewegung usw. sachgemäß einzustellen. Über diese Punkte soll in den nachstehenden Ausführungen für den Kalkäscher und die Sulfidäscher berichtet werden.

## Reiner Kalkäscher.

Unter den Hydroxydäschern wird zurzeit praktisch wohl ausschließlich der Kalkäscher verwendet.

Der Branntkalk wird durch Brennen des natürlichen, im wesentlichen aus Calciumcarbonat bestehenden Kalksteins gewonnen, wobei die Umsetzung nach der Gleichung

$$CaCO_3 \rightleftarrows CaO + CO_2 - 42{,}5\ \text{Kal.}$$

verläuft. Das Kalkbrennen ist also ein endothermer Prozeß, der zu seinem Ablauf einer ständigen Wärmezufuhr bedarf. Jeder Temperatur entspricht ein bestimmter Dissoziationsdruck des freiwerdenden Kohlendioxyds und bei 908° C ist dieser Dissoziationsdruck gleich dem Atmosphärendruck. Diese Temperatur stellt also für das Brennen des Kalksteins eine Mindesttemperatur dar, derart, daß nur oberhalb dieser Temperatur ein Brennprozeß in technisch wirksamem Umfange erfolgen kann. Da indessen beim praktischen Brennprozeß stets ein Strom von Abzugsgasen der Feuerung durch den Kalkofen zirkuliert, durch den die sich gemäß dem jeweiligen Dissoziationsdruck bildende Kohlendioxydmenge ständig fortgeführt und entsprechend das gemäß obiger Gleichung bestehende Dissoziationsgleichgewicht kontinuierlich nach rechts, also im Sinne der Dissoziation verschoben wird, gelingt es schon bei längerem Erhitzen auf Rotglut von etwa 900° C, ein Garbrennen des Kalksteins zu erreichen. Indessen verläuft bei dieser Temperatur die Dissoziation verhältnismäßig langsam, und daher werden in der Praxis wesentlich höhere Temperaturen bis zu etwa 1300° C angewandt. Das Optimum der Brenntemperatur liegt bei etwa 1000 bis 1100° C [K. W. Ray und F. C. Mathers (*1*)]. Die bei dieser Temperatur erhaltenen Kalksorten ergeben nach dem Löschen langsam sedimentierende Kalksuspensionen, während bei höheren Temperaturen gebrannter Kalk zumeist sandige, rasch sedimentierende Suspensionen liefert, was, wie unten noch zu besprechen sein wird, für die Verwendung des Kalkes zum Äschern recht ungünstig ist.

Das Brennen des Kalksteins erfolgt technisch fast ausschließlich in Schacht- oder Ringöfen. Dabei wird der Kalkstein porig, da er bei genügender Reinheit bei einer Abnahme des Gewichtes von etwa 43 bis 45% eine Volumenverminderung von nur etwa 10 bis 20% erfährt. Entsprechend sind Branntkalkarten, die aus möglichst reinem, nur geringe Mengen Fremdstoffe enthaltenden Kalkgestein bei nicht zu hoher Temperatur gewonnen werden, porös, da die reinen Kalkgesteine hohe Brenntemperaturen vertragen, nehmen entsprechend beim nachfolgenden Löschen infolge ihrer Porosität rasch Wasser auf und liefern einen weißen, schlüpfrigen, als „fett" bezeichneten Kalkbrei, demzufolge diese Kalkarten handelsüblich auch als „Weißkalk" oder „Fettkalk" bezeichnet werden. Werden dagegen tonige Kalkgesteine verarbeitet, die viel Kieselsäure oder Silikate (insbesondere Aluminium- und Eisensilikat) und zumeist auch nicht unbeträchtliche Mengen an Magnesiumkarbonat enthalten, so sintern die Steine beim Brennen leicht, auch bereits bei relativ niedrigen Temperaturen unter Bildung von Calciumsilikat und -aluminat zusammen und die erhaltenen Branntkalke sind daher sehr dicht, löschen sich entsprechend mit Wasser nur sehr träge und unvollständig ab und geben einen graugefärbten, als „mager" bezeichneten Kalkbrei. Je höher die Brenntemperatur, um so größer ist die Gefahr der Sinterung und damit auch der Erschwerung des Löschens. Stark gesinterter Kalk wird handelsüblich auch als „totgebrannt" bezeichnet.

Für die Herstellung des Kalkäschers muß der gebrannte Kalk gelöscht, d. h. mit Wasser behandelt werden, wobei unter stark positiver Wärmetönung Calciumhydroxyd entsteht nach der Gleichung:

$$CaO + H_2O = Ca(OH)_2 + 15{,}2\ \text{Kal.}$$

Infolge der freiwerdenden beträchtlichen Wärmemengen findet eine starke Erhitzung des Reaktionsgemisches statt. Dabei bildet sich, wenn kein wesentlicher Wasserüberschuß vorhanden ist, etwa bei Einwirkung von Wasserdampf auf den gebrannten Kalk, das Calciumhydroxyd in Form eines amorphen Pulvers. Beim praktischen Löschprozeß, bei dem darüber hinaus aber ein Überschuß an Wasser verwendet wird, werden weitere Wassermengen unter Bildung teilweise definierter Hydrate des Calciumhydroxyds aufgenommen. Außerdem wird ein Teil des Calciumhydroxyds in Wasser gelöst, und es entsteht der bekannte speckige Kalkbrei, der also ein Gemisch von gesättigter Kalklösung mit festem, mehr oder weniger stark hydratisiertem Calciumhydroxyd darstellt. Inwieweit die Beschaffenheit des Kalkbreies von der Reinheit des verwendeten Branntkalkes abhängig ist, wurde bereits oben erwähnt.

Das Löschen des Kalkes erfordert praktisch eine gewisse Erfahrung hinsichtlich der zweckmäßigsten Dosierung der Wassermenge. Ist die Wassermenge zu gering bemessen, so wird der Löschvorgang unvollständig sein, die Erhitzung des Gemisches wird unerwünscht hoch, und statt des normalen Kalkbreies entsteht ein griesig-sandiges „verbranntes" Kalkpulver, das dann auch durch nachträglichen Wasserzusatz keinen für Äscherzwecke einwandfreien Kalkbrei mehr ergibt. Vielmehr entsteht ein wenig plastischer Brei mit verhältnismäßig groben Teilchen, die sich beim weiteren Verdünnen mit Wasser in der Kalksuspension rasch zu Boden setzen [K. W. Ray und F. C. Mathers (*2*)]. Das Verfahren des Trockenlöschens, bei dem die Branntkalkstücke nur einige Minuten in Wasser getaucht werden, bis sie sich mit Wasser vollgesaugt haben, ist daher sehr gefahrvoll und wenig zu empfehlen. Das gleiche gilt indessen anderseits auch für einen zu starken Wasserzusatz, wie er bei zu starkem Naßlöschen angewandt wird, wobei der Kalk mit Wasser völlig bedeckt wird und dann längere Zeit sich überlassen bleibt. Ein mit zu viel Wasser gelöschter, „ersäufter" Kalk liefert ebenfalls keinen speckigen Brei mit für den Äscherprozeß günstigen kolloidalen Eigenschaften und außerdem wird durch die vorhandenen großen Wassermengen die Temperatursteigerung während des Löschens derart gehemmt, daß insbesondere bei mageren Kalkarten, die an und für sich nur langsam löschen, der Löschvorgang nur schwer zu Ende geführt werden kann. Am zweckmäßigsten ist es, den Kalk etwa mit der gleichen bis doppelten Gewichtsmenge Wasser zu verrühren. Bereits nach kurzer Einwirkungsdauer erhitzt sich das Wasser, nach einiger Zeit zerfallen die Kalkstücke zunächst in kleinere Stücke und dann in ein weißes Pulver, das dann mit Wasser bis zum Erhalt der gewünschten breiigen Konsistenz zu versetzen ist. Es entsteht bei dieser Art des Löschens ein plastischer Kalkbrei mit vielen Teilchen von kolloidaler Aufteilung und in den daraus hergestellten Kalksuspensionen setzen sich die Kalkteilchen entsprechend nur sehr langsam zu Boden [K. W. Ray und F. C. Mathers (*2*)]. Bei mageren Kalkarten ist es unter Umständen zweckmäßig, das zum Löschen verwendete Wasser zuvor anzuwärmen, um so den bei diesen Kalksorten an und für sich trägen Löschvorgang zu beschleunigen. Zum Kalklöschen werden bisweilen zum kontinuierlichen Betrieb sog. „gußeiserne Kalktrommeln" verwendet. Dabei wird der Kalk etwa mit der gleichen Wassermenge in die sich drehende Trommel eingeführt. Die Kalkmilch läuft aus der Trommel in eine Grube ab, die unlöslichen Anteile (ungebrannter Kalk, Sand usw.) werden selbständig aus der Trommel entfernt und so vom nutzbaren Kalk getrennt.

Der beim Löschen erhaltene noch heiße, dünnflüssige Kalkbrei wird zweckmäßig in Erdgruben abgelassen und darin einige Zeit belassen, „gesumpft", wie der Praktiker sagt. Während dieses Sumpfens werden diejenigen Kalkanteile, die während des eigentlichen Löschvorganges noch nicht miterfaßt wurden, allmählich hydratisiert und außerdem wird das überflüssige Wasser allmählich von den Wänden der Grube aufgesogen, so daß sich die Lösung in eine speckige, meist von klaffenden Rissen durchzogene Masse verwandelt. In diesen Gruben wird der gelöschte Kalk aufbewahrt und erst unmittelbar vor Verwendung weiter verdünnt. Bei dieser Breikonsistenz wird durch die Kohlensäure der Luft nur die äußerste Breischicht wieder in Calciumcarbonat übergeführt, das Innere des Breies aber durch diese Schicht vor weiteren Umsetzungen geschützt (J. C. Whetzel).

Für die Verwendung zum Äschern ist fettem Kalk vor mageren Kalksorten unbedingt der Vorzug zu geben. Wie wir bereits sahen, ergeben fette Kalksorten bei sachgemäßem Löschen Kalksuspensionen mit vielen kolloiden Teilchen von guter Schwebefähigkeit, so daß bei diesen Kalksorten die Nachsättigung der Lösung während des Äscherns viel besser vonstatten geht als bei den aus magerem Kalk erhaltenen Suspensionen, deren Teilchen sich zumeist sehr rasch zu Boden setzen. Magere Kalksorten enthalten ferner zumeist kleine Körnchen von ungelöschtem Kalk, zumal beim Brennen silikatreichen Kalkgesteins leicht Kalkteilchen durch Silikatschmelze eingeschlossen werden, und enthalten ferner Sandkörnchen in oft nicht unbeträchtlichen Mengen, und diese mechanischen Verunreinigungen können insbesondere beim Äschern unter Bewegen (Faß, Haspel usw.) zu Schädigungen namentlich der empfindlichen Narbenschicht des verarbeiteten Hautmaterials Veranlassung geben, die sich vornehmlich bei allen den Lederarten, bei denen es auf einen möglichst reinen Narben ankommt, wie bei Feinleder, feineren Oberledern usw., sehr störend auf die Lederqualität auswirken. Schließlich bewirkt der magere Kalk infolge seiner geringeren Löslichkeit ein stärkeres Verschlammen der Äscherbrühen, was sich insbesondere bei Grubenäschern, die auf längere Zeitspanne verwendet und ständig zugebessert werden, sehr störend bemerkbar macht.

Der gelöschte Kalk ist in Wasser nur mäßig löslich. 1 l Wasser löst bei 10° C 1,34, bei 15° C 1,32, bei 20° C 1,29, bei 30° C 1,22, bei 50° C 0,98 g und bei 100° C 0,60 g CaO. Die Löslichkeit ist also recht gering und erfährt zudem mit steigender Temperatur noch eine weitere, nicht unbeträchtliche Abnahme. Die gesättigte klare Kalklösung wird als „Kalkwasser“, die darüber hinaus noch ungelösten Kalk in feiner Aufschwemmung enthaltende Lösung als „Kalkmilch“ bezeichnet. Bei normaler Temperatur weist gesättigte Kalklösung eine Normalität von etwa $^1/_{21}$ auf. Im Gegensatz zu diesen reinen, „milden“ Kalksorten stehen dagegen die sog. „scharfen“ Kalkarten, die infolge doppelter Umsetzung des Calciumhydroxyds mit Verunreinigungen wie Alkalisilikaten, Alkalisulfaten usw. nach dem Schema

$$Ca(OH)_2 + 2\,NaX = CaX_2 + 2\,NaOH$$

freies Alkalihydroxyd enthalten und demgemäß auch eine wesentlich höhere Alkalität entsprechend einem mit Ätzalkalien angeschärften Kalkäscher aufweisen.

Die Löslichkeit des Kalkes in Wasser wird durch Zusatz von Zucker erhöht. So löst z. B. eine etwa 2%ige Zuckerlösung 7,5 g, eine 4,17%ige Zuckerlösung 12,59 g und eine 8,2%ige Zuckerlösung 22,39 g CaO pro Liter Lösung [E. Stiasny (*1*), S. 228]. Eine Erhöhung der Löslichkeit des gelöschten Kalkes wird ferner durch Zusatz von Gelatine, in geringem Maße durch Kochsalzzusatz und ferner auch durch größere Beimengungen von Calciumchlorid bewirkt [E. Stiasny (*1*), S. 228]. Durch Zusatz von Natronlauge wird die Löslichkeit des Kalkes vermindert und zwar in stärkerem Maße als nach dem Massenwirkungsgesetz anzunehmen ist (A. d'Anselme), eine Tatsache, die, wie bereits an anderer Stelle besprochen, für das Anschärfen von Kalkäschern mit Alkalihydroxyden von Bedeutung ist.

Durch die geringe Löslichkeit des Kalkes ist für reine Weißkalkäscher die Frage der Äscherkonzentration ohne weiteres gegeben. Da aus Gründen, die bereits an anderer Stelle besprochen wurden, beim Kalkäscher stets ein Kalküberschuß verwendet werden muß, soll nicht die haarlockernde und schwellende Wirkung des Äschers mit fortschreitender Äscherdauer immer geringer werden, ist im Äscher stets eine gesättigte Kalklösung vorhanden, die pro Kubikmeter etwa 1,3 kg CaO gelöst enthält und in dem Maße, wie beim Äscherprozeß Kalk verbraucht wird, wird die Lösung durch den vorhandenen Kalküberschuß wieder bis zur Sättigung ergänzt. Eine wesentliche Voraussetzung dafür, daß eine

Sättigung der Äscherbrühen an Kalk während des ganzen Äscherns weitestmöglich aufrecht erhalten bleibt, ist aber, daß die ungelösten, nur suspendierten Kalkteilchen sich nicht zu rasch zu Boden setzen, da eine Nachlieferung von Kalk lediglich durch Diffusion vom Boden aus natürlich völlig unzureichend wäre. Beim Äschern unter Bewegung ist die Gefahr einer solchen Entmischung naturgemäß nicht gegeben, wohl aber bei allen Äscherverfahren in der Ruhelage. Man kann diesem Absitzen der ungelösten Kalkteilchen einmal durch öfteres Aufschlagen des Hautmaterials und gründliches Durchrühren der Äscherbrühe entgegenwirken. Anderseits ist die Geschwindigkeit des Entmischens wesentlich auch von der Größe der ungelösten Kalkteilchen und von etwa vorhandenen Beimengungen und Verunreinigungen abhängig. Die Teilchengröße ist, wie bereits erläutert, von der Reinheit und von der Vorgeschichte des Kalkes (Brennen, Löschen) weitgehend abhängig. Durch Beimengungen von Natronlauge ($^{n}/_{2}$ und $^{n}/_{1}$), Natriumacetat ($^{n}/_{100}$) und Kochsalz wird ein Absitzen der suspendierten Kalkteilchen beschleunigt, durch Calciumnitrat, Calciumchlorid und Ammoniak dagegen die Haltbarkeit der Suspensionen verbessert (Kohlschütter und Walther). Daß Kochsalz das Absitzen beschleunigt, ist im Hinblick auf die Führung des vorhergehenden Weichvorganges von Bedeutung und zeigt, daß es zweckmäßig ist, während des Weichens auf eine möglichst vollständige Entfernung des Konservierungssalzes aus der Haut Wert zu legen. Durch stärkere Magnesiumoxydgehalte des Äschers wird zwar die Schwebefähigkeit der suspendierten Teilchen erhöht, doch soll es sich bei diesen suspendierten Teilchen nicht um Kalk, sondern vorwiegend um Magnesia handeln [G. D. McLaughlin und E. R. Theis (*1*)]. Im übrigen ist festgestellt worden, daß durch den Gehalt des Kalkes an Magnesiumoxyd die Äscherwirkung weder hinsichtlich Haarlockerung noch hinsichtlich Schwellung und in Lösung gehender Stickstoffmenge beeinflußt wird, wenn nicht die vorhandenen Magnesiumoxydmengen extrem groß sind [G. D. McLaughlin und E. R. Theis (*1*)].

Wesentlich ist in diesem Zusammenhang die Tatsache, daß in alten Kalkäschern die ungelösten Kalkteilchen viel beständiger in Suspension bleiben als in frischen Äschern. Diese Erscheinung ist ohne Zweifel auf eine Art stabilisierender Schutzkolloidwirkung der in den alten Äschern vorhandenen Abbauprodukte der Hautproteine zurückzuführen, die mit zunehmendem Alter der Äscherbrühen sich in steigendem Maße im Äscher anreichern. Durch diese Verbesserung der Schwebefähigkeit der ungelösten Kalkteilchen wird einerseits die Nachsättigung der Äscherbrühe während des Äscherns in günstiger Weise beeinflußt, anderseits aber die Entfernung von Bakterienkulturen aus der Äscherflüssigkeit durch sich zu Boden setzende Kalkteilchen (vgl. S. 87) verschlechtert.

Über den beim Kalkäscher zu verwendenden Kalküberschuß lassen sich nur schwer allgemeingültige Angaben machen, da dies ganz von der jeweiligen Arbeitsweise der Gerberei abhängt und daher am zweckmäßigsten durch Variationen im Betriebe selbst ermittelt wird. Bei Äscherung im Haspel oder Faß wird man zumeist nur einen mäßigen Kalküberschuß wählen, da die Äscherbrühen nur einmal verwendet und nach Beendigung des Äscherns zusammen mit den Haaren weggelassen werden. Im allgemeinen wird man hier mit etwa 5 bis 10 kg gebranntem Kalk pro Kubikmeter Äscherbrühe auskommen. Beim Grubenäscher dagegen arbeitet man durchweg eine ganze Reihe von Partien in der gleichen Äscherbrühe, bevor eine Neuanstellung des Äschers erfolgt und ergänzt nur vor jeder neuen Partie den Kalkgehalt des Äschers durch Zusatz neuer Kalkmengen. Zur Frischstellung von Grubenäschern werden bis zu etwa 10 bis 15 kg gebrannter Kalk pro Kubikmeter Äscherflüssigkeit verwendet, wobei ein normal gelöschter Kalkbrei etwa das dreifache Gewicht des gebrannten Kalkes besitzt. Hie und da zu treffende höhere Angaben von teilweise bis über 100 kg gebranntem Kalk pro Kubikmeter Äscherflüssigkeit sind unbedingt zu verwerfen, da ein derartiger Kalküberschuß ohne Vorteil für die Äscherwirkung und damit völlig zwecklos ist. Die jeweils nachzubessernde Kalkmenge wird sich ganz nach dem Verbrauch an Äscherchemikalien unter den jeweils gegebenen Betriebsverhältnissen richten müssen.

Seit einer Reihe von Jahren werden eine Anzahl von festen Kalkhydratprodukten unter der Bezeichnung „Fettkalkhydrat", „Marmorkalkhydrat" usw. auf den Markt gebracht und in der Praxis des Äscherns verwendet, die gelöschten Kalk in pulverisierter Form darstellen. Sie werden zumeist aus möglichst reinem Calciumcarbonat durch Brennen und anschließendes Behandeln des entstehenden Calciumoxyds mit etwa der theoretischen Wassermenge gewonnen. Gute Kalkhydratfabrikate weisen einen Gehalt an für den Äscher allein wirksamem Calciumhydroxyd von über 80 bis zu 93 bis 96% auf. Die Verwendung festen Kalkhydrats beim Anstellen des Äschers weist im Vergleich mit gebranntem und im Gerbereibetriebe üblich gelöschtem Kalk einige wesentliche Vorteile auf. Einmal kommt das lästige und zeitraubende Löschen des Kalks in Fortfall, und damit werden auch alle durch unsachgemäße Durchführung des Löschvorganges verursachten Fehler vermieden. Das Arbeiten mit dem festen Kalkhydrat ist ferner viel sauberer, handlicher und einfacher als bei Verwendung von Kalkbrei und vor allem ist diesem gegenüber infolge der sehr gleichmäßigen Beschaffenheit der meisten Kalkhydratfabrikate eine viel bessere, bequemere und zuverlässigere Dosierung möglich, so daß es daher nicht nötig ist, einen übermäßig großen Überschuß gewissermaßen als Sicherheitsfaktor anzuwenden. Bei einem guten Kalkhydrat werden im allgemeinen 1,5 bis 2,0 kg pro Kubikmeter Flüssigkeit zum Erhalt gesättigten Kalkwassers benötigt, und praktisch ist ein für ein sachgemäßes Äschern ausreichender Überschuß vorhanden, wenn zum Ansetzen des Äschers 4 bis 6 kg pro Kubikmeter Flüssigkeit verwendet werden.

Eine wesentliche Frage bei der Durchführung des Äscherns ist die, wie häufig ein Äscher, natürlich bei sachgemäßem Nachbessern der Äscherchemikalien, verwendet werden kann bzw. nach welcher Zeit Neuanstellung erforderlich ist. Beim Faß- oder Haspeläscher wird normalerweise die Äscherbrühe nach Beendigung des Äscherns weggelassen und entsprechend für jede Partie eine frische Kalkbrühe angesetzt. Dies ist schon aus dem Grunde zweckmäßig, weil beim bewegten Äscher infolge der ständigen Bewegung die gelockerten Haare und die Epidermis zugleich mechanisch von der Lederhaut entfernt werden und dadurch eine starke Verschmutzung der Äscherbrühe erfolgt. Außerdem müßten, da die Häute normalerweise gleich im Faß im Anschluß an das Äschern gründlich gespült werden, die Äscherbrühen jeweils in Vorratsgefäße umgepumpt werden, und damit wäre ein wesentlicher Arbeitsaufwand und eine beträchtliche Erweiterung der normalerweise vorhandenen Anlagen erforderlich, was zumeist in einem Mißverhältnis zu der erzielten Ersparnis stehen würde. Beim Grubenäscher dagegen wird die Äscherbrühe im allgemeinen wesentlich länger verwendet und vor Einbringen jeder neuen Hautpartie nachgebessert, wobei zum Nachbessern zumeist etwa ein Drittel der Menge an Äscherchemikalien verwendet wird wie beim Frischstellen des Äschers. Mit zunehmendem Alter des Kalkäschers wird, wie an anderer Stelle eingehend behandelt, dessen Haarlockerungsvermögen insbesondere durch Steigerung des Gehaltes an reduzierenden Stoffen, an Aminen, namentlich für die Haarlockerung wesentlichen primären Aminen, und an Mikroorganismen (vgl. S. 73ff.) beträchtlich erhöht und außerdem sollen in älteren Äschern Leder mit besonders zartem Narben erhalten werden (G. D. McLaughlin, J. H. Highberger und E. K. Moore). Andererseits wirken aber die alten Äscher infolge ihres gesteigerten Gehaltes an gelösten Proteinen, Ammoniak, stärkerer Anreicherung an Neutralsalzen und dadurch sowie insbesondere auch durch die Calciumsalze der Proteinabbauprodukte verursachte Verminderung der Löslichkeit des Kalkes und damit der Alkalität des Äschers und infolge ihres höheren Gehaltes an Bakterien weniger schwellend, bei sehr alten Äschern sogar verfallend machend und außerdem stark proteinlösend. Eine teilweise Verwendung von älteren Äscherbrühen mit einem gewissen Bakteriengehalt kann daher von Vorteil sein, einmal infolge des gesteigerten Haarlockerungsvermögens und ferner durch eine mäßige Anpeptisierung des Hautfasergefüges bei allen den Lederarten, bei denen eine gewisse Weichheit und Geschmeidigkeit durch einen mäßigen Aufschluß des Fasergefüges erreicht werden soll. Die Verwendung sehr alter Äscherbrühen mit sehr hohem Bakteriengehalt ist dagegen unbedingt zu verwerfen (vgl. auch S. 87). Wenn man in der Praxis, insbesondere in manchen kleineren Gerbereien, noch findet, daß auch bei Herstellung von Unterleder, Riemenleder usw. alte Äscherbrühen bis zu 1 Jahr verwendet werden, so muß eine solche Arbeitsweise als völlig unsachgemäß bezeichnet werden, und ohne Zweifel ist die Verwendung sachgemäß angeschärfter Sulfidäscher zur Beschleunigung der Haarlockerung der Verwendung übermäßig alter Äscher vorzuziehen. Es ist selbstverständlich, daß in diesen alten Äschern zugleich mit der Haarlockerung ein außerordentlich hoher Hautsubstanzverlust verursacht wird und entsprechend zwangsläufig weiche, leere und losnarbige Leder entstehen müssen und das Lederrendement vermindert wird. Zumeist wird in diesen Fällen indessen die Ursache des Fehlers nicht erkannt und statt einer sachgemäßen Durchführung der Wasserwerkstattarbeiten versucht, den Fehler nachträglich bei Gerbung und Zurichtung zu korrigieren, also z. B. bei Riemenleder eine zu große Weichheit und Dehnbarkeit durch übermäßiges Fetten mit hochschmelzenden Fetten wieder auszugleichen.

Andererseits wurde bereits früher auf die Möglichkeit der Verwendung von Alkalihydroxyden, Alkalikarbonaten, Thiosulfat usw. zum Anschärfen reiner Kalkäscher hingewiesen, wobei infolge doppelter Umsetzung die Wirkungsweise des Äschers sich der eines Alkalihydroxydäschers nähert, also die haarlockernde Wirkung vermindert, die schwellende dagegen erhöht wird (vgl. S. 75). Solche Zusätze werden dann zweckmäßig sein, wenn nach dem eigentlichen haarlockernden Äscher noch in einem gesonderten Schwelläscher eine starke Schwellung des Hautmaterials erreicht werden soll. Ebenso kommt bei reinen Kalkäschern ein Kochsalzzusatz, wie wir früher sahen, als quellungsverminderndes Mittel nicht in Frage, da auch hier infolge doppelter Umsetzung zwischen Kalk und Kochsalz gewisse Mengen an Natriumhydroxyd entstehen und demgemäß keine Verminderung der Schwellung, sondern im Gegenteil eine gewisse Anschärfung des Äschers und damit Erhöhung der Quellwirkung verursacht wird. Calciumchloridzusätze zu reinen Kalkäschern können nur in geringen Konzentrationen eine Quellungsverminderung bewirken (vgl. S. 74).

Die Stärke der zu erzielenden Schwellung des Hautmaterials im Äscher hängt ganz von den Eigenschaften ab, die das fertige Leder aufweisen soll. Als allgemeine Richtlinie kann dabei gelten, daß das Hautmaterial im Äscher um so weniger prall werden und um so stärker anpeptisiert werden soll, je weicher und zügiger das zu erzeugende Leder sein soll, daß also für Unterleder vornehmlich Schwelläscher, für leichtere Ober- und Feinleder milde Äscher in Frage kommen. Entsprechend wird man z. B. für ein Sohlleder, das eine gewisse Härte und feste Faserstruktur aufweisen soll, nach Beendigung der eigentlichen Haarlockerung, für die Grubenäscher, Schwöde oder Schwitze (siehe die späteren Abschnitte) verwendet werden, noch einen schwellenden frischen Kalkäscher auf das Hautmaterial einwirken lassen, dessen prallmachende Wirkung noch durch die oben angeführten alkalischen Anschärfungsmittel weiter verstärkt werden kann. Die Gesamtäscherdauer wird natürlich, da jeder Hautsubstanzverlust unerwünscht ist, so kurz wie nur eben möglich gehalten. Bei Vacheleder wird entsprechend der milderen Beschaffenheit dieser Lederart die zu erstrebende Äscherprallheit des Hautmaterials bereits eine geringere sein. Man kann bei diesen Lederarten auch auf Basis reiner Kalkäscher zu einer Art Zweiäschersystem kommen, wobei der zuerst verwendete Äscher der ältere der beiden ist und die eigentliche Haarlockerung bewirken soll und anschließend an diesen Haarlockerungsäscher eventuell nach vorgenommener Enthaarung ein zweiter frischer Kalkäscher als ausgesprochener Schwelläscher verwendet wird. Nachdem einige Partien auf diese Weise das Äschersystem durchlaufen haben, wobei nach jeder Partie mit Äscherchemikalien nachgebessert wird, wird die älteste Äscherbrühe abgelassen, der bisherige Schwelläscher, der inzwischen durch Anreicherung an Proteinabbauprodukten, reduzierenden Stoffen usw. seine eigentliche Schwellwirkung teilweise verloren, sein Haarlockerungsvermögen dagegen erhöht hat, wird zum Haarlockerungsäscher, und es wird als Schwelläscher eine frische Weißkalkbrühe angesetzt. Naturgemäß ist bei jedem Unterleder, bei dem zur Erzielung einwandfreien Leders und günstigen Lederrendements eine weitestmögliche Erhaltung der Hautsubstanz unbedingt erforderlich ist, ganz allgemein zweckmäßig, die Äscherdauer so weit wie nur eben möglich abzukürzen, um eine zu lange Einwirkung der Äscherchemikalien auf die Haut und dadurch unter Umständen verursachte mehr oder weniger starke Hydrolyse des kollagenen Fasergefüges unter allen Umständen zu vermeiden. Bei der Herstellung der verschiedenen Oberleder- und Feinlederarten, die eine mehr oder weniger weiche und geschmeidige Beschaffenheit aufweisen sollen, wird man dagegen prinzipiell auf die Verwendung stark schwellender Äscher weitgehend verzichten und in allen diesen Fällen ist die Verwendung älterer Äscher, die neben einer raschen Haarlockerung auch eine Auflockerung des gesamten Fasergefüges und eine gewisse Anpeptisierung der Kollagensubstanz bewirken, durchaus am Platze. Sehr häufig wird daher in diesen Fällen beim Frischstellen des Äschers ein geringer Anteil des alten Äschers der frischen Kalklösung wieder zugesetzt, um so von vornherein einer bei diesen Lederarten unerwünschten stärkeren Schwellwirkung auf das Hautmaterial entgegenzuwirken und die Anpeptisierung des Fasergefüges zu fördern. Die eigentliche Auflockerung des Hautfasergefüges wird bei allen diesen Lederarten natürlich erst durch den Beizprozeß bewirkt, doch sollen Art der Äscherung und Intensität des späteren Beizprozesses aus Gründen, die bei Besprechung der Wirkungsweise enzymatischer Beizen noch näher zu behandeln sein werden (vgl. S. 240ff.), weitgehend aufeinander abgestimmt sein. Entsprechend wird in dem Maße, wie eine Anpeptisierung und Auflockerung des Hautfasergefüges zum Erhalt weicherer Leder erwünscht ist, auch die Äscherdauer verlängert werden müssen, da mit steigender Äscherdauer auch in zunehmendem Maße ein Angriff auf das kollagene Hautfasergefüge erfolgt. So wird z. B. insbesondere bei Fellen für Handschuhleder, wie Sämisch- und Glacéleder, an das bezüglich Weichheit, Geschmeidigkeit und Zügigkeit ganz besonders hohe Ansprüche gestellt werden, nach der eigentlichen Haarlockerung, gleichgültig ob diese durch Schwöden, durch Äschern in alten Weißkalkäschern oder in mit Schwefelnatrium angeschärften Äschern erreicht wird, stets noch ein Weißkalkäscher von zumeist mehrwöchiger Dauer gegeben, der neben einer teilweise fettverseifenden Wirkung (z. B. bei stark fetthaltigen Schweinshäuten) insbesondere auch den erforderlichen Äscheraufschluß des Hautfasergefüges bewirken soll. Daß gesalzenes Hautmaterial zur Erzielung des gleichen Äschereffektes normalerweise weniger lange als getrocknete Rohware geäschert werden muß, wird in der Praxis allgemein beobachtet. Besonders betont sei indessen in diesem Zusammenhang weiter, daß der Äschereffekt insbesondere hinsichtlich Schwellung des Hautmaterials und Äscheraufschluß des Hautfasergefüges weitgehend auch von Faktoren wie Alter, Gewichtsklasse, Herkunft, Geschlecht usw. des Rohhautmaterials abhängig ist. So sind die Häute jüngerer Tiere der Einwirkung der Äscherchemikalien gegenüber wesentlich empfindlicher und werden entsprechend viel leichter überäschert (vgl. S. 131) als die Häute älterer Tiere, und es ist daher zweckmäßig und unbedingt für eine sachgemäße Durchführung des Haarlockerungsprozesses zu empfehlen, zu den einzelnen Verarbeitungspartien zur Erleichterung und Vereinheitlichung der Durchführung der Wasserwerkstattarbeiten und damit zur Erzielung eines möglichst gleichmäßigen Ausfalls der Leder tunlichst nur Hautmaterial von möglichst gleichartiger Beschaffenheit, Herkunft und Vorgeschichte zu vereinigen.

Der Frage der Temperatur, bei welcher der Äscherprozeß durchgeführt wird, wird in der Praxis vielfach noch nicht die Aufmerksamkeit geschenkt, die sie im Hinblick auf eine sachgemäße Äscherung unbedingt verdient. Bezüglich zweckmäßigster Äschertemperatur wurde bereits in früheren Abschnitten (vgl. S. 76) klargelegt, daß durch Temperatursteigerung eine Beschleunigung der Haarlockerung erreicht wird, wobei aber zweckmäßig mit der Temperatur nicht über etwa 30° C hinausgegangen wird, da andernfalls daneben auch eine zu starke Zunahme des Kollagenabbaues erfolgen und damit flache und leere Leder mit geringem Rendement erhalten würden. Natürlich muß das Erwärmen der Äscherbrühen, um lokale Überhitzungen zu vermeiden, vor Einbringen des Hautmaterials und ebenso ein Wiedererwärmen erst nach vorherigem Aufschlagen der Häute und Felle erfolgen. Ferner ist es zweckmäßig, die Häute und Felle nach Erreichen der Haarlässigkeit nicht unnötig lange in den warmen Äscherbrühen zu belassen. Auch hinsichtlich angewandter Äschertemperatur muß weitgehend auf die gewünschte Beschaffenheit des herzustellenden Leders Rücksicht genommen werden. Da mit steigender Temperatur die Quellung des Hautmaterials verringert, ihre Anpeptisierung dagegen verstärkt wird, wird eine Steigerung der Äschertemperatur ebenfalls um so empfehlenswerter sein, je weicher und zügiger das fertige Leder sein soll. Nach vielfach vertretener Ansicht soll dabei durch Äschern bei gesteigerter Temperatur auch ein Leder mit besonders zartem Narben erhalten werden. Umgekehrt wird die Äschertemperatur um so niedriger zu wählen sein, eine je stärkere Äscherquellung man wünscht, wobei allerdings als untere Grenze allerhöchstens 10° C gelten muß.

## Sulfidäscher.

Für den Sulfidäscher kommen praktisch im wesentlichen die Sulfide und Sulfhydrate der Alkalien (technisch ausschließlich des Natriums), der Erdalkalien (technisch ausschließlich des Calciums) und ferner des Arsens in Frage. Die Sulfide können entweder für sich in Form reiner Sulfidäscher oder im Gemisch mit dem Kalkäscher verwendet werden, während die Sulfhydrate lediglich im Gemisch mit Hydroxydäschern verwendet werden können, da sie in ihrer Lösung nur $SH'$-, aber keine $OH'$-Ionen enthalten, entsprechend zwar auf die Disulfidbrücken der Keratine reduzierend, nicht aber auf die Proteine hydrolysierend einwirken können und demgemäß, wie an früherer Stelle bereits besprochen (vgl. S. 78ff.), für sich allein verwandt keine haarlockernde und schwellende Wirkung auf das Hautmaterial auszuüben vermögen.

**Schwefelnatriumäscher.** Schwefelnatrium wird technisch vornehmlich durch Reduktion von Natriumsulfat bei höheren Temperaturen mittels Kohle hergestellt. Das dabei zunächst erhaltene Rohsulfid wird durch Auslaugen mit heißem Wasser und Kristallisation aus den dabei erhaltenen Laugen gereinigt. Schwefelnatrium kommt technisch entweder in dieser kristallisierten Form ($Na_2S \cdot 9\ H_2O$) mit etwa 30 bis 33% $Na_2S$ in den Handel oder wird anschließend an die Kristallisation durch Schmelzen weiter entwässert und dann als geschmolzenes (konzentriertes) Schwefelnatrium mit etwa 60 bis 66% $Na_2S$ geliefert. Vom konzentrierten Produkt ist also für Äscherzwecke praktisch die Hälfte der von kristallisiertem Schwefelnatrium angewandten Menge zu verwenden. Als Vorteil des kristallisierten Produktes ist seine gute Löslichkeit in Wasser, als Nachteil seine Hygroskopizität und damit leichte Zerfließlichkeit zu werten. Entsprechend muß hierbei auf trockene Lagerung besonderer Wert gelegt werden. Das geschmolzene Produkt hat sich seines im Verhältnis zur Schwefelnatriumkonzentration niedrigen Preises und der infolge des geringeren Wassergehaltes geringeren Transportkosten wegen rasch eingeführt, hat allerdings gegenüber der kristallisierten Form den Nachteil des umständlichen Zerkleinerns und schwierigeren Lösens. Zur bequemeren Handhabung und Dosierung und zur Erleichterung des Lösens sind eine Reihe von Verfahren patentrechtlich geschützt worden, die sich mit den Möglichkeiten günstiger Formgebung des geschmolzenen Schwefelnatriums (Gries-, Plättchen-, Kugelform usw.) befassen. Weiter ist ein Verfahren patentiert worden (D.R.P. 407073), die 60%ige Schwefelnatriumschmelze in Vakuumtrommeln auf 80 bis 85% $Na_2S$ zu konzentrieren und dann zur Vermeidung stärkerer Oxydation zu brikettieren. Das so erhaltene Produkt soll sich vor der handelsüblichen geschmolzenen Ware ebenfalls durch eine wesentlich bessere Löslichkeit auszeichnen. Nach einem anderen Verfahren (P. Ley; D.R.P. 559314; 556987) soll durch Reduktion von Natriumsulfat mittels Wasserstoff in einem einzigen Arbeitsgang ein marktfähiges Produkt mit einem Gehalt von etwa 95% $Na_2S$ erhalten werden.

Die technischen Schwefelnatriumprodukte enthalten neben dem Sulfid meist geringe Mengen an Polysulfiden, die die gelbe bis braune Färbung der technischen Produkte bewirken, und ferner als Verunreinigungen Oxydationsprodukte des Sulfids wie Sulfit, Sulfat, Thiosulfat und durch Einwirkung der Kohlensäure der Luft meist insbesondere bei der kristallisierten Form auch etwas Soda. Verunreinigungen an Eisen, die aus der Fabrikationsapparatur herrühren können, sind für die Durchführung der Äscherarbeiten normalerweise ohne Belang, da sie sich als Eisensulfid unlöslich zu Boden setzen. Auch durch etwaige Verunreinigungen an Eisenverbindungen können Verfärbungen des handelsüblichen Schwefelnatriums verursacht werden.

Bei Verwendung von Schwefelnatrium, gleichgültig in welcher Form es zum Äschern herangezogen wird, ist wesentlich, für ein gutes Lösen und eine gleichmäßige Verteilung in der Äscherflüssigkeit Sorge zu tragen, bevor die Häute darin eingebracht werden, da andernfalls infolge lokaler Überkonzentration Schäden des Hautmaterials verursacht werden können.

Reine Schwefelnatriumäscher werden in allen den Fällen angewandt, wo die Erhaltung der Haare keine Rolle spielt, andererseits auf eine möglichst rasche Haarlockerung bei möglichst geringem Angriff auf die Proteine der Haut besonderer Wert gelegt wird. Durch Einlegen oder Walken der Haut in eine 1 bis 3%ige Lösung von kristallisiertem Schwefelnatrium kann bereits in 3 bis 6 Stunden eine gute Haarlässigkeit erzielt werden, ohne daß ein stärkerer Hautsubstanzangriff erfolgt. Zu hohe Schwefelnatriumkonzentrationen sind allerdings nicht empfehlenswert, da hierbei die Haare zwar rasch zerstört und völlig versulzt, die Haarwurzeln und Einstulpungen der Epidermis aber wegen der nur kurzen Einwirkungsdauer solcher Äscher nicht genügend gelockert werden und sich daher beim Enthaaren nur schwer entfernen lassen und außerdem bei Anwendung von zu viel Schwefelnatrium leicht Leder mit recht grobem Narben erhalten werden.

Um übermäßige Schwellung des Hautmaterials zu vermeiden, wird in den meisten diesbezüglichen Arbeitsverfahren ein Zusatz von etwa 3 bis 5% Kochsalz oder Calciumchlorid vorgenommen (vgl. S. 83 und S. 109). Reine Schwefelnatriumäscher werden mitunter für die Herstellung von Unterleder verwendet, um eine rasche Haarlockerung bei weitmöglichster Schonung des kollagenen Hautfasergefüges zu erreichen, wobei meist eine Schwefelnatriumbrühe von 1 bis 1,5% Bé mit entsprechendem Kochsalzzusatz zur Anwendung gelangt. Nach diesbezüglich mitgeteilten Untersuchungsergebnissen soll das erzielte Rendement stets dem unter Verwendung von Kalkäschern erreichten Rendement überlegen sein [V. Casaburi (*1*)]. Hie und da findet man auch bei der Verarbeitung von Ziegenfellen, also insbesondere bei der Chevreauxfabrikation, daß die zuvor geschwödeten und enthaarten Felle anschließend in einer Schwefelnatriumbrühe von 3 bis $4^0$ Bé $1^1/_2$ bis 2 Tage behandelt und dann noch einige Zeit in frischem Wasser liegen gelassen werden. Dieser Arbeitsweise wird nachgerühmt, daß Ziegenleder mit besonderes dichtem, geschlossenem und glattem Narben erhalten werden, wie man sie bei Verwendung von Kalkäschern nicht erhalten könne.

Beim Ansetzen reiner Natriumsulfidäscher ist zu beachten, daß größere Carbonathärte des Wassers sich insofern auswirken kann, als sich die Bicarbonate mit dem durch hydrolytische Spaltung des Sulfids in der Lösung vorhandenen Natriumhydroxyd umsetzen nach der Gleichung

$$2\,NaOH + Ca(HCO_3)_2 = CaCO_3 + Na_2CO_3 + 2\,H_2O$$

und entsprechend das Verhältnis von SH'- zu OH'-Ionen zugunsten der ersteren verschoben wird, was sich je nach den vorhandenen Konzentrationsverhältnissen unter Umständen in einer gewissen Verschlechterung der Äscherwirkung äußern kann (vgl. S. 80). In Kalk-Natriumsulfidäschern ist eine solche Wirkung nicht zu befürchten, da in diesen Gemischen die OH'-Ionen die SH'-Ionen an und für sich schon wesentlich überwiegen. Bei reinen Sulfidäschern kann diesem Nachteil durch entsprechenden, der Menge der vorhandenen Bicarbonathärte angepaßten vorherigen Zusatz von Kalk zum Wasser und damit Ausfällung der Bicarbonat-Härtebildner begegnet werden.

Wesentlich häufiger als die Anwendung reiner Schwefelnatriumäscher ist die Verwendung des Schwefelnatriums zum Anschärfen des Kalkäschers. Dieses Anschärfen hat in erster Linie den Zweck, die Äscherdauer, die bei reinen, frischen Kalkäschern bis zum Erhalt genügender Haarlockerung meist eine Woche und teilweise mehr beträgt, weitestmöglich herabzusetzen. Die so erhaltenen Gemische sind, streng genommen, keine ausgesprochenen Kalk-Natriumsulfidäscher, denn infolge doppelter Umsetzung bildet sich nach der Gleichung

$$Ca(OH)_2 + Na_2S \rightleftarrows CaS + 2\,NaOH$$

neben den ursprünglichen Komponenten in mäßigem Umfange Calciumsulfid mit seiner im Vergleich zu Natriumsulfid milderen Äscherwirkung und die aliquote Menge Natronlauge.

Für die bei Kalk-Schwefelnatriumäschern angewandten Mengenverhältnisse gilt zunächst für die Kalkmenge sinngemäß das bei der Besprechung reiner Kalkäscher Ausgeführte. Die Schwefelnatriummenge schwankt sowohl beim Gruben- wie auch beim Faß- oder Haspeläscher in weiten Grenzen und richtet sich ganz darnach, inwieweit entweder auf eine möglichst weitgehende Erhaltung der Haare Wert gelegt wird oder unter Verzicht auf eine solche Erhaltung ausschließlich die Haarlockerung möglichst beschleunigt werden soll. P. Chambard gibt bezüglich Beschleunigung der Äscherwirkung durch Schwefelnatriumzusatz für verschieden stark angeschärfte Kalk-Schwefelnatriumäscher, bezogen auf

100 kg Haut und 400 Liter Äscherflüssigkeit, folgende für eine genügende Haarlockerung notwendigen Äscherzeiten an:

| | | |
|---|---|---|
| Reiner Kalkäscher | | 9—10 Tage |
| „ „ | + 0,5% $Na_2S$ (60—63%) | 7— 8 „ |
| „ „ | + 1,0% $Na_2S$ (60—63%) | 4— 5 „ |
| „ „ | + 2,5% $Na_2S$ (60—63%) | 2 „ |
| „ „ | + 5,0% $Na_2S$ (60—63%) | 3— 5 Stunden. |

Dabei soll insbesondere infolge der wesentlich kürzeren Einwirkungsdauer der angeschärften Äscher die Hydrolyse der Hautsubstanz selbst bei Verwendung von 5% Schwefelnatrium viel geringer sein als bei Anwendung reiner Kalkäscher (vgl. auch S. 82).

Bei der ersteren, oben angeführten Möglichkeit, trotz Schwefelnatriumzusatzes auf eine möglichste Erhaltung der Haare Wert zu legen, begnügt man sich allgemein mit einer nur gelinden Anschärfung, zu der man im allgemeinen $^1/_2$ bis 2 kg kristallisiertes Schwefelnatrium pro cbm Äscherflüssigkeit verwendet, was bei Zugrundelegung eines normalen Äschervolumens von 300%, auf das Weichgewicht berechnet, einem Zusatz von etwa 0,15 bis 0,6% Schwefelnatrium, auf das Hautgewicht bezogen, entspricht[1]. G. D. Mc Laughlin und E. R. Theis (*1*) haben festgestellt, daß eine Schädigung der Haare sich in angeschärften Äschern überhaupt erst bei Schwefelnatriummengen über 0,2%, auf Hautgewicht berechnet, bemerkbar macht (vgl. auch S. 82). Bei der praktischen Durchführung dieser Kalk-Schwefelnatriumäscher werden sehr häufig Kombinationen angewandt, bei denen gebrauchte und frische Äscher, angeschärfte und reine Kalkäscher miteinander sinngemäß kombiniert werden. Dabei wird ganz allgemein stets der Grundsatz verfolgt, zunächst solche Äscherbrühen zu verwenden, durch die eine möglichst rasche Haarlockerung erzielt wird, und anschließend in den folgenden Äscherbrühen den notwendigen Hautsubstanzaufschluß und den jeweils erforderlichen Schwellungsgrad des Hautmaterials zu erreichen. Als Beispiel dieser Kombinationen sei hier zunächst das in der Praxis sehr viel verwendete Dreiäschersystem kurz besprochen. Bei diesem System durchläuft das Hautmaterial 3 Einzeläscher, einen reinen Weißkalkäscher, einen einmal benutzten angeschärften Kalk-Schwefelnatriumäscher und einen zweimal benutzten angeschärften Kalk-Schwefelnatriumäscher. Das nachfolgende Schema soll den Gang eines solchen Dreiäschersystems erläutern. Dabei sind A, B und C die drei Äschergefäße, I bis V fünf hintereinanderfolgend eingearbeitete Hautpartien.

| Äschergefäß A | Äschergefäß B | Äschergefäß C |
|---|---|---|
| älteste Äscherbrühe (Kalk—$Na_2S$) | mittlere Äscherbrühe (Kalk—$Na_2S$) | frischer Kalkäscher |
| III | II | I |

Wechsel: Partie I verläßt den Äscher, die übrigen Partien werden weitergezogen, Partie IV wird frisch eingearbeitet. Der älteste Äscher A wird abgelassen und frisch gestellt, der Äscher C angeschärft. Stand nach dem Wechsel:

| | | |
|---|---|---|
| frischer Kalkäscher | älteste Äscherbrühe (Kalk—$Na_2S$) | mittlere Äscherbrühe (Kalk—$Na_2S$) |
| II | IV | III |

[1] Die Schwefelnatriummenge kann entsprechend auf die Wasser- oder die Hautmenge bezogen dosiert werden. Dagegen ist es nicht zweckmäßig, wie dies vielfach üblich, sie in Prozent vom Kalkgewicht anzugeben, da der Kalk nur zum geringen Teil gelöst und damit wirksam vorliegt, während das Schwefelnatrium völlig gelöst ist.

Wechsel: Partie II verläßt den Äscher, die übrigen Partien werden weiter gezogen, Partie V wird neu eingearbeitet. Der älteste Äscher B wird abgelassen und frisch gestellt, der Äscher A angeschärft. Stand nach dem Wechsel:

| mittlere Äscherbrühe (Kalk—$Na_2S$) | frischer Kalkäscher | älteste Äscherbrühe (Kalk—$Na_2S$) |
|---|---|---|
| IV | III | V |

Die Häute kommen zunächst in den ältesten angeschärften Äscher und dann in den mittleren, frisch angeschärften Äscher, in denen im wesentlichen die Haarlockerung erzielt werden soll, und dann anschließend in den im wesentlichen als Schwelläscher dienenden reinen Weißkalkäscher. Sobald eine Partie erledigt ist und das Äschersystem verläßt, wird der älteste Äscher abgelassen, der bisherige mittlere Äscher wird damit zum ältesten, der jetzt die neue Hautpartie zunächst aufnimmt, der bisherige Weißkalkäscher wird an Kalk nachgebessert und erhält einen Schwefelnatriumzusatz und wird damit zum mittleren Äscher, und in dem freigewordenen Äschergefäß wird ein neuer reiner Weißkalkäscher als Schwelläscher angesetzt. Dabei kann der Wechsel der Brühen wie im vorstehenden Beispiel nach jeder Partie vorgenommen werden, man kann aber auch durch die gleichen Äscherbrühen bei entsprechendem Zubessern zunächst mehrere Partien ohne Brühenwechsel hindurchgehen lassen, erst dann den ältesten Äscher fortlassen und den beschriebenen Wechsel in der Beschaffenheit der einzelnen Äscherbrühen vornehmen und diese Brühen wieder in der gleichen Reihenfolge bei entsprechendem Zubessern für mehrere Hautpartien verwenden, bevor erneut der Wechsel der Äscherbrühen erfolgt. Die verwendete Schwefelnatriumkonzentration und die Dauer des Verbleibens der Häute im ältesten und mittleren Äscher richtet sich ganz darnach, wie schnell die Haarlockerung erreicht werden soll, und ebenso wird die Dauer des Verbleibens im reinen Weißkalkäscher sich ganz nach der gewünschten Schwellung und Auflockerung des Hautmaterials richten müssen, wobei nach dieser Richtung im Hinblick auf die Beschaffenheit des fertigen Leders sinngemäß die gleichen Richtlinien wie bei reinen Kalkäschern ihre Gültigkeit haben (vgl. S. 102ff. und 110). Die Enthaarung kann bei diesem Äschersystem entweder aus dem Weißkalkäscher oder auch schon nach Durchlaufen des mittleren Äschers erfolgen. Im allgemeinen soll die Enthaarung im Hinblick auf eine möglichste Werterhaltung der Haare so bald als nur eben möglich vorgenommen werden. Natürlich kann auch die Haarlockerung durch entsprechende Erhöhung der Schwefelnatriumkonzentration bereits im ältesten Äscher erreicht und in den beiden anderen Äschergefäßen jeweils ein reiner Kalkäscher als Schwelläscher gegeben, also die Erreichung der Haarlockerung zeitlich abgekürzt, die Schwellwirkung dagegen zeitlich ausgedehnt werden. Von dieser Arbeitsweise ist nur ein kurzer Schritt zum Zweiäschersystem, bestehend aus einem Haarlockerungsäscher (Kalk-Schwefelnatriumäscher) und einem Schwelläscher (reiner Kalkäscher). Dabei kann jede Äscherbrühe wieder für eine oder auch für mehrere Partien bei entsprechendem Zubessern in der gleichen Weise verwendet werden, dann wird der Haarlockerungsäscher abgelassen, der Schwelläscher durch Schwefelnatriumzusatz zum Haarlockerungsäscher gemacht und der Schwelläscher frisch angesetzt und diese neue Kombination kann dann wieder für eine oder mehrere Partien ohne Brühenänderung verwendet werden. Vor Einbringen der neuen Hautpartie werden die Äscher zumeist mit einem Drittel der Menge an Äscherchemikalien zugebessert, die zum Frischstellen verwendet werden. Diese verschiedenen Kombinationsäscher haben vor dem Einäschersystem den wesentlichen Vorteil, daß Haarlockerung einerseits und Schwellung und Aufschluß des kollagenen Hautfasergefüges andererseits voneinander weitgehend getrennt werden, die Einwirkung des Schwefelnatriums also unabhängig von der zu erreichenden Veränderung der Lederhaut nur bis zur Erzielung der Haarlockerung erfolgt und entsprechend einerseits die Haare weitgehend geschont werden und andererseits die Arbeitsweise der einzelnen Teilprozesse den jeweiligen Erfordernissen des zu erreichenden Effektes zweckentsprechend angepaßt werden kann.

Wählt man den zweiten Weg, die Haarlockerung auf Kosten der Haare weitestmöglich zu beschleunigen, so werden natürlich wesentlich höhere Schwefelnatriumkonzentrationen als im ersteren Falle verwendet, und man kann in diesbezüglichen Rezepten und Betriebsangaben bis zu 25%, vom Hautgewicht berechnet, angegeben finden. Der Verlust der Haare, die bei diesen Schwefelnatriumkonzentrationen natürlich völlig zerstört werden, soll dabei durch die Ersparnis an Zeit ausgeglichen werden. Bezüglich der Schwefelnatriumkonzentrationen ist auch die Art und Konservierung des verarbeiteten Rohhautmaterials zu berücksichtigen, da im allgemeinen getrocknete Häute und Felle mehr Schwefelnatrium vertragen können als durch Salzen konserviertes Rohhautmaterial. Ziegenfelle können ganz allgemein eine wesentlich schärfere Äscherung als Kalb- und Schaffelle vertragen, und man verwendet daher hierbei vielfach das Zwei- bis Dreifache an Schwefelnatrium wie bei den letztgenannten Fellarten. Im allgemeinen soll indessen auch bei diesen Verfahren die Schwefelnatriumkonzentration nicht allzusehr gesteigert werden, da sonst die gleichen Fehler, wie bei reinen Schwefelnatriumäschern diesbezüglich angeführt, auftreten können, also einmal die Haarwurzeln infolge der kurzen Einwirkungszeit und der raschen Schwellung nicht genügend gelockert werden und dann beim Enthaaren nur schwer aus der Haut zu entfernen sind und andererseits bei zu hohen Schwefelnatriummengen leicht Leder mit rauhem und grobem Narben erhalten werden.

Bei der zuletzt angeführten Möglichkeit der Anwendung höherer Schwefelnatriumkonzentrationen bei Inkaufnahme der Zerstörung der Haare wird zumeist die Anwendung von Faß- oder Haspeläschern der Äscherung in ruhender Lage vorgezogen, um durch die gleichzeitige mechanische Bewegung einmal die Äscherung weitestmöglich zu beschleunigen und damit die Dauer der Einwirkung des angeschärften Äschers auf die Haut möglichst zu verkürzen und daneben auch aus dem Grunde, den Arbeitsaufwand für eine nachfolgende mechanische Enthaarung zu sparen und damit die Betriebskosten weiter herabzusetzen. Nachstehend seien, in Prozent vom Weichgewicht des Hautmaterials berechnet, etwa die Grenzen angeführt, innerhalb derer die Konzentration der Äscherchemikalien bei solchen stärker angeschärften Faßäschern normalerweise zu schwanken pflegt:

250—300% Wasser,
2— 6% Schwefelnatrium krist.,
1— 4% Calciumoxyd,
3— 10% Kochsalz oder Calciumchlorid.

Haarlässigkeit wird dabei je nach den gewählten Konzentrationen bereits in wenigen Stunden erreicht. Natürlich kann es sich bei den vorstehenden Zahlen nur um ungefähre Angaben handeln, und man findet hier und da auch Arbeitsvorschriften, in denen andere Konzentrationsverhältnisse, insbesondere noch höhere Schwefelnatriumkonzentrationen angeführt werden. Die Kochsalz- bzw. Calciumchloridzusätze zu Schwefelnatrium- bzw. Kalk-Schwefelnatriumäschern bewirken, wie an früherer Stelle eingehend besprochen wurde, in gewissen Grenzen eine Ermäßigung der alkalischen Quellung des Hautmaterials. Bezüglich der Verwendung des Calciumchlorids ist diese quellungshemmende Wirkung für mäßige Zusätze auch in der einschlägigen Literatur mehrfach bestätigt worden, während sie für die Verwendung von Kochsalz teilweise bestritten wird (vgl. S. 83). Immerhin haben sich auch Kochsalzzusätze in der Praxis durchaus eingeführt und damit wohl auch bewährt. Der Zusatz quellungshemmender Stoffe zum Kalk-Schwefelnatriumfaßäscher erfolgt vorwiegend auch unter dem Gesichtspunkt, daß, je stärker gequollen die Haut ist, um so größer naturgemäß auch die Gefahr einer Beschädigung der in diesem Zustand gegeneinander stark gespannten Hautfasern durch die ständigen Knickungen und Biegungen der Haut bei den normalen Faßbewegungen ist.

Bezüglich der im Äscher zu erzielenden Stärke der Schwellung des Hautmaterials in Abhängigkeit von den Eigenschaften des fertigen Leders gelten für Kalk-Schwefelnatriumäscher natürlich sinngemäß die für den reinen Kalkäscher diesbezüglich gemachten Ausführungen, daß das Hautmaterial im Äscher ganz allgemein um so weniger prall werden und das kollagene Hautfasergefüge um so stärker aufgeschlossen werden soll, je weicher und zügiger das erzeugte Leder sein soll (vgl. S. 102ff.). Entsprechend sind in gleicher Weise auch die dort gemachten Angaben bezüglich zweckmäßigster Äschertemperatur übertragbar. Eine andere Art der Ausnutzung der Förderung der Haarlockerung durch Temperatursteigerung verdient in diesem Zusammenhang Erwähnung. Es ist vielfach üblich, bei ungenügender Haarlockerung der Häute und Felle diese nachträglich mit warmem Wasser zu behandeln. Bekannt ist das sog. „Buffalo-Verfahren", bei dem das Hautmaterial mit nur wenig Kalk und Schwefelnatrium kurz (über Nacht) geäschert wird und die noch ungenügende Haarlässigkeit dann durch eintägige Einwirkung von Wasser mit 35 bis 40° C verbessert wird. Danach sind die Häute haarlässig. Als Vorteil für dieses Verfahren werden geringe Zeitdauer, Schonung der Haut und ferner zarterer Narben und leichteres Enthaaren, als Nachteile insbesondere in bezug auf Unterleder ungenügende Schwellung und bei stärker naturfetthaltigem Hautmaterial ungenügende Verseifung des Hautfettes angeführt.

Natürlich wäre es wünschenswert, wenn es gelänge, durch Anwendung von Kalk-Schwefelnatriumäschern die Haarlockerung weitestmöglich zu beschleunigen, andererseits aber die Haare weitestgehend zu schonen, um sie technisch weiter verwerten zu können. Bei Anwendung geringer Schwefelnatriumkonzentrationen ist dies bis zu einem gewissen Grade möglich, wenn man durch gründliches Waschen der Haare unmittelbar nach Beendigung der Haarlockerung und des Enthaarungsprozesses dafür Sorge trägt, daß die Einwirkung des Schwefelnatriums auf die Haare nicht länger, als eben zur Erzielung einer genügenden Haarlockerung notwendig ist, ausgedehnt wird. Bei Anwendung höherer Schwefelnatriumkonzentrationen tritt dagegen bereits innerhalb der für eine genügende Haarlockerung erforderlichen Äscherdauer eine weitgehende Schädigung der Haare ein, so daß andere Wege beschritten werden müssen, wenn eine Erhaltung der Haare bei diesen Äscherverfahren erreicht werden soll. Es liegen diesbezüglich eine Reihe von Vorschlägen vor, deren technische Verwertung allerdings bisher in den allermeisten Fällen recht beschränkt geblieben ist. Die eine Möglichkeit ist die der Verwendung von Faserschutzmitteln. Unter Faserschutzmitteln versteht man im Hinblick auf den Äscherprozeß ganz allgemein Stoffe, durch deren Zusatz zur Äscherbrühe die haarzerstörende Wirkung des Schwefelnatriums weitgehend gehemmt wird, seine haarlockernde Wirkung dagegen möglichst nicht vermindert werden sollte. Selbstverständlich ist dabei, daß durch die angewandten Mittel auch das Hautfasergefüge im Hinblick auf die nachfolgenden Prozesse des Beizens und vor allem der Gerbung nicht nachteilig beeinflußt werden darf. Es liegen diesbezüglich insbesondere in der Patentliteratur eine Reihe von Vorschlägen vor, die teilweise der Praxis der Textilindustrie entnommen worden sind, bei der die Fasern z. B. bei der Wollwäsche mit alkalischen Mitteln oder beim Färben mit Schwefelfarbstoffen in schwefelalkalischem Medium ähnlichen Einflüssen ausgesetzt sind. So ist, um nur einige diesbezügliche Beispiele anzuführen, unter anderem der Zusatz von Sulfitcelluloseablauge (D.R.P. 370236; 370237; N. Jegorkin), von Gerbstoffen und von Huminstoffen in alkalischer Lösung oder nach Chlorierung oder Oxydation (Schwz.P. 108934), von Diaminen, Chinonen und Oxyverbindungen der Benzol- und Naphthalinreihe (D.R.P. 359228), von Aldehyd- bzw. Keton-Bisulfitverbindungen (D.R.P. 373929), von Melasse oder ihren Bestandteilen, wie Betain (D.R.P. 417707), von Seife und Stärke oder Leim (F.P. 34121), von Terpentinöl oder sonstigen pflanzlichen Ölen (F.P. 617628; 632558), von wasserlöslichen Proteinabbauprodukten (D.R.P. 579228; F.P. 749228), von Alkalisilikaten (D.R.P. 434569; 475301) usw. zur Äscherbrühe vorgeschlagen worden. In diesem Zusammenhang sei auch auf die bereits an früherer Stelle (vgl. S. 83) angeführten Vorschläge hingewiesen, durch Zusatz organischer oder anorganischer stickstoffhaltiger Basen die faserschädigende Wirkung des Schwefelnatriums zurückzudrängen, ohne daß die Äscherwirkung beeinträchtigt werden soll (D.R.P. 432686; 434570).

Ein ganz anderes Prinzip ist von Pawlowitsch und Smetkin propagiert und auch patentrechtlich geschützt worden [P. Pawlowitsch (*2*) Russ.P. 8210, 8848]. Es wird dabei von der Feststellung Gebrauch gemacht, daß die haarzerstörende Wirkung des Schwefelnatriums bei konstanter Schwefelnatriumkonzentration eine Funktion der Wasserstoffionenkonzentration ist, derart, daß die Zerstörung bei $p_H$-Werten unter 10 nur sehr gering ist, dann mit steigendem $p_H$-Wert zunimmt und bei $p_H$-Werten über etwa 12 rasch verläuft (vgl. S. 81). Entsprechend wird die haarzerstörende Wirkung der Sulfide ohne Beeinträchtigung ihrer haarlockernden, d. h. reduzierenden Wirkung dadurch zu hemmen versucht, daß man im ersten Bad Schwefelnatrium auf die Haut einwirken läßt in einer Lösung, die durch Zusatz von neutralisierenden oder puffernden Mitteln (z. B. Säuren oder sauren Salzen organischer Verbindungen) auf $p_H = 7$ oder unter 7 eingestellt worden ist, dann die Häute durch gründliches Auswaschen von überschüssigem Schwefelnatrium befreit und in einem zweiten Bade einen normalen Hydroxydäscher (Kalkäscher) folgen läßt. Unter Umständen soll nach den Angaben der Patentschrift das erste Bad auch gleichzeitig als angeschärfte Weiche dienen können, so daß ein gesondert durchgeführter Weichprozeß überflüssig wird. Nach dem Verfahren von Pawlowitsch und Smetkin soll eine rasche Zerstörung der Protoplasmaproteine und damit Haarlockerung bewirkt werden, ohne daß unter den gegebenen Betriebsbedingungen die resistenteren verhornten Haare geschädigt werden. Bei dem Verfahren von N. Kotelnikow und J. Baß wird die Neutralisation in einem gesonderten Bade durch Behandeln der Häute mit einer 0,5%igen Bisulfitlösung von $p_H =$ ca. 2,5 vorweggenommen und dann das Hautmaterial anschließend mit einem Kalk-Schwefelnatriumäscher bei 28° C und $p_H =$ ca. 12 nachbehandelt. Auch hier soll nach Angaben der Autoren die Beschaffenheit der Haare einwandfrei sein. Ähnlich arbeitet das Verfahren von S. Ramm, bei dem zunächst ebenfalls eine Neutralisation und zwar mit einer 0,1%igen Ammonsulfatlösung erfolgt, dann im zweiten Bad eine 0,06 bis 0,1%ige Schwefelnatriumlösung bei 25° C verwendet wird und schließlich im dritten Bade eine Behandlung in einem reinen Kalkäscher bei 28° C zur Anwendung gelangt.

In diesem Zusammenhang soll schließlich noch erwähnt werden, daß von einer Anzahl Autoren [S. Chejfetz; V. Casaburi (*1*); F. G. A. Enna (*2*)] wiederholt der Vorschlag gemacht worden ist, bei Verarbeitung insbesondere getrockneten Hautmaterials auf einen gesonderten Weichprozeß vor dem Äschern überhaupt zu verzichten, das Weichen vielmehr zugleich mit dem Äschern in reinen Schwefelnatrium- oder in Kalk-Schwefelnatriumäschern durchzuführen. Als wesentliche Vorteile dieser Arbeitsweise wird insbesondere eine Ersparnis an Zeit und Arbeitsaufwand und eine stärkere Erhaltung der Hautsubstanz und damit Erzielung eines höheren Lederrendements angeführt. Das Aufweichen soll bei dieser Arbeitsweise rasch vonstatten gehen. Die aus dem Äscher kommenden Häute und Felle sollen dabei zwar eine etwas stärker knorpelige Beschaffenheit als das zuvor in üblicher Weise geweichte Hautmaterial aufweisen, doch sollen diese Unterschiede bei der weiteren Verarbeitung verschwinden und die erhaltenen Leder sollen eine einwandfreie Beschaffenheit aufweisen, voll und elastisch sein und einen glatten Narben besitzen.

**Natriumsulfhydratäscher.** An Stelle von Schwefelnatrium wird zur Haarlockerung neuerdings bisweilen auch Natriumsulfhydrat (NaSH) verwendet. Natriumsulfhydrat wird zumeist durch Einleiten von Schwefelwasserstoff in Natronlauge oder Schwefelnatriumlösung hergestellt, wobei eine viskose, rotbraune Flüssigkeit von meist etwa 30 bis 32° Bé mit ca. 30% NaSH erhalten wird, die in eisernen Fässern oder Kesselwagen transportiert wird. Es wird teilweise auch als Nebenprodukt bei anderen Verfahren, z. B. bei der Schwefelkohlenstoffherstellung (D.R.P. 436149), gewonnen. Es bestehen auch einige Patente zur Herstellung von festem Natriumsulfhydrat, doch sollen die dabei erhaltenen Produkte an der Luft leicht zerfließlich sein und Schwefelwasserstoff abgeben, so daß sie größere technische Bedeutung bisher nicht haben erlangen können. Wie wir bereits an früherer Stelle sahen, kann mit Sulfhydraten für sich eine Haarlockerung nicht erzielt werden, sondern nur bei Anwendung im Gemisch mit Hydroxydäschern, da nur in diesen Gemischen neben den reduzierend wirkenden SH'-Ionen auch die für die nachfolgende Hydrolyse der Keratine erforderlichen OH'-Ionen vorhanden sind (vgl. S. 78ff.). Die Verwendung von Natriumsulfhydrat als Zusatz zum Weißkalkäscher ist patentrechtlich geschützt (D.R.P. 436150). Nach den Angaben der Patentschrift sollen im Vergleich mit unter Verwendung von Schwefelnatrium und Kalk geäschertem Rohhautmaterial wohl infolge des Fehlens des bei Verwendung von Schwefelnatrium hydrolytisch gebildeten Natriumhydroxyds die Blößen weniger gequollen, infolge der völligen Eisenfreiheit technischen Natriumsulfhydrats wesentlich heller und die erhaltenen Leder im Griff und in der Narbenbildung günstiger sein. Bezüglich Einwirkung auf die Haare gilt für Kalk-Natriumsulfhydratäscher naturgemäß das gleiche wie für Kalk-Schwefelnatriumäscher. Nur bei geringen Natriumsulfhydratzusätzen zum Kalkäscher wird bei guter Beschleunigung der Haarlockerung eine weitgehende Erhaltung der Haare möglich sein, mit steigenden Natriumsulfhydratmengen wird indessen auch eine Zunahme der Zerstörung der Haare bewirkt [V. Casaburi (*2*)].

**Ammoniumsulfidäscher.** Von den Alkalisulfiden sei in diesem Zusammenhang noch das Ammoniumsulfid kurz erwähnt, bei dessen Anwendung die spezifische haarlockernde Wirkung von Sulfid und Ammoniak vereinigt sein soll, doch steht der praktischen Anwendung der unangenehme Geruch des Ammoniumsulfids insbesondere in konzentrierteren Lösungen hinderlich im Wege [J. A. Wilson (*1*), S. 263].

**Calciumsulfidäscher.** Wie bereits bei Besprechung der Wirkungsweise der Sulfide auf tierische Haut eingehend behandelt wurde, weist Calciumsulfid im Vergleich zum Natriumsulfid ein etwas gesteigertes Haarlockerungsvermögen bei vor allem geringerer quellender und prallmachender Wirkung auf. Calciumsulfidäscher, gleichgültig ob sie für sich oder im Gemisch mit Hydroxydäschern zur Anwendung gelangen, wirken daher ganz allgemein milder als entsprechende Natriumsulfidäscher. Wie bereits oben erwähnt, sind auch in den normalen Kalk-

Natriumsulfidäschern infolge doppelter Umsetzung gewisse Mengen an Calciumsulfid vorhanden.

Calciumsulfid ist als Haarlockerungsmittel länger als das Natriumsulfid bekannt. Bereits 1838 berichtete Böttger über ein durch Einleiten von Schwefelwasserstoff in Kalkmilch erhaltenes Haarlockerungsmittel. Es finden sich im gerbereitechnischen Schrifttum zahlreiche Arbeitsvorschriften [vgl. z. B. M. Prevot, F. G. A. Enna (*1*), J. E. Pickles] zur Herstellung solcher Calciumsulfid enthaltender Äscher durch Kochen von Kalkmilch mit Schwefel, wobei neben vorwiegend Calciumsulfid auch geringe Mengen Polysulfide, Calciumsulfit und Calciumthiosulfat entstehen. Vielfach wird in diesen Arbeitsvorschriften noch ein Zusatz von Soda empfohlen, doch werden dadurch die Eigenschaften des Äschers wieder weitgehend denen von Schwefelnatrium-Ätznatronäschern genähert. Calciumsulfidäscher können ferner hergestellt werden durch Zusatz von Calciumchlorid zu einer Lösung von Natriumsulfid, wobei sich wieder infolge doppelter Umsetzung neben den ursprünglichen Komponenten Calciumsulfid und Kochsalz bilden. Entsprechend wird durch derartige Calciumchloridzusätze zu reinen Natriumsulfidäschern deren schwellende und prallmachende Wirkung etwas zurückgedrängt (vgl. S. 84).

Bei Ansatz von Calciumsulfidäschern kann man natürlich auch auf diese in ihrem Verlauf für den Praktiker nicht immer genügend kontrollierbaren Umsetzungen verzichten und handelsübliches Calciumsulfid verwenden. Calciumsulfid wird technisch vorwiegend durch Reduktion von Calciumsulfat meist mit Kohle gewonnen. Früher wurde es in beträchtlichen Mengen als Abfallprodukt bei dem Leblanc-Sodaverfahren erhalten, doch ist heute dieser Anfall bei der weitgehenden Aufgabe des Leblanc-Prozesses sehr gesunken. Calciumsulfid ist in reinem Zustand ein weißes, amorphes Pulver, weist in den technischen Produkten aber meist infolge geringer Verunreinigungen eine gelbliche bis rötliche Färbung auf. Calciumsulfidäscher werden insbesondere für Ober- und Feinleder empfohlen, da sie wie Arsenikäscher milder wirken und Leder mit besonders feinem, geschlossenem Narben, weichem Griff und guter Fülle und Elastizität ergeben sollen.

**Calciumsulfhydratäscher.** Calciumsulfhydrat entsteht durch längeres Einleiten von Schwefelwasserstoff in Kalkmilch. Für die Verwendung von Calciumsulfhydrat zum Äschern gilt sinngemäß das gleiche, wie bei Natriumsulfhydrat ausgeführt, daß es nämlich infolge des Fehlens eigener OH'-Ionen in wäßriger Lösung für sich allein angewandt nicht haarlockernd zu wirken vermag, daß indessen schon geringe Zusätze von Hydroxyden genügen, um Haarlockerung zu bewirken. Calciumsulfhydrat wird zumeist in Form höher konzentrierter, vornehmlich gelbgefärbter Lösungen unter den verschiedensten Phantasienamen, wie Calcin, Casudrat usw. für Äscherzwecke in den Handel gebracht. Aus genügend konzentrierten Lösungen scheidet es sich in Form farbloser Prismen ab.

Der bei der Leuchtgasreinigung bei der Entfernung der Schwefelverbindungen mittels gelöschten Kalks in größeren Mengen anfallende „Gaskalk" wurde infolge seines Gehaltes an Calciumsulfhydrat bzw. -sulfid als gutes Enthaarungsmittel früher viel verwendet. Heute werden indessen meist andere Gasreinigungsverfahren verwendet, so daß die Bedeutung des Gaskalkes weitgehend zurückgegangen ist.

**Arsenikäscher.** In die Gruppe der Sulfidäscher gehört schließlich auch der Arsenikäscher, der insbesondere im Orient für Zwecke des Haarlockerns seit langem bekannt ist und unter der Bezeichnung „Rhusma" auch zur Entfernung des Bartwuchses verwendet wird. Auch in Europa hat sich der Arsenikäscher in zeitweise recht beträchtlichem Umfange als Haarlockerungsverfahren einführen können. Zum Anstellen dieses Arsenikäschers wird sog. roter Arsenik im Gemisch mit Kalk verwendet, derart, daß die beiden Komponenten entweder beim Kalklöschen oder im Anschluß daran bei erhöhter Temperatur aufeinander einwirken gelassen werden. Die dabei sich abspielenden Umsetzungen zwischen den beiden Komponenten, die für die Wirkungsweise des Arsenikäschers von ausschlaggebender Bedeutung sind, haben ein eingehendes Studium erfahren [z. B. J. v. Schröder und Schmitz-Dumont; E. Stiasny (*2*); R. F. Innes, E. Stiasny und R. Würtenberger] und das Ergebnis dieser Untersuchungen soll nachstehend besprochen werden.

Unter rotem Arsenik versteht man handelsmäßig ein Produkt, das im wesentlichen ein Gemisch von Arsendi- und -trisulfid mit Verunreinigungen insbesondere an Arsenpentasulfid und Arsentrioxyd darstellt. Arsendisulfid kommt als Mineral in der Natur als Realgar, Arsentrisulfid als Auripigment vor, doch werden für technische Zwecke zumeist nicht diese Mineralien verwendet, sondern praktisch ausschließlich hüttenmännisch hergestellte Produkte, die vorwiegend durch Zusammenschmelzen von Arsenerzen und Schwefelerzen, in neuerer Zeit auch von arseniger Säure und Schwefel und meist gleichzeitiger Sublimation gewonnen werden. Die Gewinnung durch Zusammenschmelzen von metallischem Arsen und Schwefel ist theoretisch ebenfalls möglich, praktisch indessen infolge des hohen Preises des metallischen Arsens zu teuer. Die erhaltenen Produkte werden zumeist nochmals unter Zusatz von Schwefel geschmolzen, „geläutert“. Die hüttenmännisch dargestellten Produkte entsprechen demgemäß nicht der chemischen Verbindung $As_2S_2$ oder $As_2S_3$, sondern stellen Gemische dieser beiden Sulfide mit wechselnder Zusammensetzung dar. Der Gehalt an Arsen schwankt etwa zwischen 61 und 64%, der Schwefelgehalt etwa zwischen 36 und 39%. Für die Verwendung zu Äscherzwecken ist, wie unten noch erörtert wird, ausschließlich der Schwefelgehalt maßgebend und ferner wichtig, daß das Produkt in möglichst feinpulverisiertem Zustand in den Handel kommt.

Bei der Einwirkung von Alkalien, in unserem Falle des Kalkes auf den roten Arsenik reagiert zunächst das vorhandene Arsendisulfid unter Abscheidung von metallischem Arsen nach der Gleichung

$$3\,As_2S_2 = 2\,As_2S_3 + 2\,As.$$

Entsprechend ist in allen Arsenikäschern metallisches Arsen vorhanden und tatsächlich nachgewiesen worden und im Bodensatz dieser Äscher als schwarzer Rückstand enthalten. Das vorhandene bzw. das nach obiger Gleichung gebildete Arsentrisulfid setzt sich nun seinerseits mit dem Kalk bei gesteigerter Temperatur um nach folgendem Schema:

$$3\,As_2S_3 + 12\,Ca(OH)_2 = 3\,CaS + Ca_3(AsS_3)_2 + 2\,Ca_3(AsO_3)_2 + 12\,H_2O$$
$$Ca_3(AsS_3)_2 + 6\,Ca(OH)_2 = 6\,CaS + Ca_3(AsO_3)_2 + 6\,H_2O$$

$$3\,As_2S_3 + 18\,Ca(OH)_2 = 9\,CaS + 3\,Ca_3(AsO_3)_2 + 18\,H_2O$$

bzw. für Arsendisulfid würde die Gleichung der Gesamtumsetzung lauten:

$$3\,As_2S_2 + 12\,Ca\,(OH)_2 = 6\,CaS + 2\,Ca_3\,(AsO_3)_2 + 12\,H_2O + 2\,As.$$

Es konnte gezeigt werden, daß alle Arsenverbindungen, die als Zwischen- und Endprodukte bei den obigen Umsetzungen auftreten oder infolge unten noch zu besprechender Nebenreaktionen sich bilden können (insbesondere Calciumsulfarsenit, Calciumoxysulfarsenit, Calciumarsenit), hinsichtlich Haarlockerungsvermögens und hinsichtlich schwellender und prallmachender Wirkung wirkungslos sind, allein wirksam ist vielmehr — natürlich neben dem stets vorhandenen

Überschuß an Kalk — das sich als Endprodukt der oben angeführten Umsetzungen bildende Calciumsulfid. Auch die Auffassung, die günstigere Wirkung des Arsenikäschers sei auf die bakterizide Wirkung der in Lösung gehenden geringen Mengen an Arsenverbindungen zurückzuführen (Sadlon), ist bereits von W. Eitner (*3*) als unbegründet zurückgewiesen worden, da er zeigen konnte, daß die Arsenikäscher keinerlei antiseptische Wirkung ausüben.

Bei dieser Erkenntnis über die Wirkungsweise des Arsenikäschers ist es zum Erhalt von Arsenikäschern mit maximaler Wirksamkeit allein wichtig, die Herstellung dieser Äscher so zu leiten, daß der Schwefelgehalt des roten Arseniks gemäß den oben angeführten Umsetzungen möglichst vollständig in Calciumsulfid umgewandelt wird. Hierfür ist einmal erforderlich, daß von den beiden Komponenten Kalk und roter Arsenik die erstere stets in großem Überschuß angewandt wird. Man verwendet praktisch normalerweise Gemische von etwa 1 bis 5 Teilen rotem Arsenik auf etwa 20 bis 25 Teile Kalk, und für diese Gemische mit beträchtlichem Überschuß an Kalk haben die oben angeführten Umsetzungsformulierungen ihre Gültigkeit. Ist indessen der rote Arsenik im Überschuß vorhanden, so bildet sich vorwiegend oder ausschließlich Calciumsulfarsenit, da von der oben angeführten Gesamtumsetzung infolge Kalkmangels vorwiegend nur der erste Teil erfolgen kann und soweit sich dabei Calciumsulfid bildet, dieses sich mit dem überschüssigen Arsensulfid wieder zu Calciumsulfarsenit verbindet. Nach den vorliegenden Untersuchungen übt aber Calciumsulfarsenit keinerlei haarlockernde Wirkung aus und entsprechend sind Kalk-Arsenikäscher mit einem Überschuß an rotem Arsenik für Haarlockerungszwecke nicht geeignet. Außer dem erforderlichen Kalküberschuß ist weiter dafür Sorge zu tragen, daß alle Nebenreaktionen, durch die Verluste an Calciumsulfid entstehen können, weitestmöglich ausgeschaltet werden. Solche Verluste können einmal entstehen bei Einwirkung von heißem Wasser oder von Wasserdampf auf das als Zwischenprodukt auftretende Calciumsulfarsenit, wobei unter Schwefelwasserstoffabspaltung nach der Gleichung

$$Ca_3(AsS_3)_2 + 2\,H_2O = Ca_3(AsS_2O)_2 + 2\,H_2S$$
$$Ca_3(AsS_2O)_2 + 2\,H_2O = Ca_3(AsSO_2)_2 + 2\,H_2S$$
$$Ca_3(AsSO_2)_2 + 2\,H_2O = Ca_3(AsO_3)_2 + 2\,H_2S$$

zunächst Calciumoxysulfarsenite und schließlich Calciumarsenit entstehen, die sämtlich keine haarlockernde oder auf die Hautsubstanz schwellende Wirkung besitzen, während der entstehende Schwefelwasserstoff bei den höheren Temperaturen weitgehend flüchtig ist und damit für den Haarlockerungsprozeß verlorengeht. Weiter können Verluste durch Oxydation des Calciumsulfarsenits infolge Einwirkung von Luftsauerstoff entstehen, wobei Calciumoxysulfarsenat entsteht nach der Gleichung

$$Ca_3(As^{III}S_3)_2 + O_2 = Ca_3\,(As^{V}S_3O)_2.$$

Auch diese Oxydation wird durch gesteigerte Temperatur begünstigt und das dabei entstehende Calciumoxysulfarsenat besitzt gleichfalls keinerlei Haarlockerungsvermögen, ist aber andererseits sehr resistent, so daß es sich nicht oder nur sehr langsam und unvollständig mit weiterem Kalk unter Bildung von Calciumsulfid umsetzt, wesentlich träger zum mindesten als das Calciumsulfarsenit. Alle diese Verlustmöglichkeiten treten, wie wir sahen, mit steigender Temperatur in zunehmendem Maße in die Erscheinung, und aus diesem Grunde ist es zweckmäßig, die Wechselwirkung zwischen Kalk und rotem Arsenik bei solchen Temperaturen vorzunehmen, bei denen die gewünschten Hauptumsetzungen genügend rasch und vollständig erfolgen, die Nebenreaktionen aber noch möglichst wenig in die Erscheinung treten. Aus diesem Grunde empfiehlt es sich, den roten Arsenik dem Kalk entgegen der in der Praxis viel angewandten Arbeitsweise nicht direkt beim Löschen des Kalkes zuzusetzen, da beim Löschvorgang sich das Gemisch bis zum Siedepunkt des Wassers erhitzt und bei diesen hohen Temperaturen die Verlustquellen beträchtlich ins Gewicht fallen können. Zweckmäßig löscht man zunächst den Kalk für sich ab und läßt nach dem Löschen den Kalkbrei erst auf etwa 40 bis 50° C abkühlen, bevor man den roten Arsenik zumischt. Bei Verwendung von handelsüblichen Kalkhydratprodukten wird man in entsprechender Weise zur Herstellung des Arsenikäschers zunächst das Kalkhydrat in der erforderlichen Wassermenge auf etwa 40 bis 50° C anwärmen und dann den roten Arsenik zusetzen. Um bei diesen Temperaturen die Umsetzung zwischen dem Kalk und dem roten Arsenik in einer für die Verhältnisse der Praxis erträglichen Zeit durchführen zu können, ist es erforderlich, den roten Arsenik in einem möglichst feinen Verteilungszustand zur Einwirkung zu bringen. Es ist also einmal zweckmäßig, den roten Arsenik zuvor mechanisch möglichst fein zu vermahlen und entsprechend werden ganz allgemein die feinpulverigen Fabrikate für Gerbzwecke vorgezogen, und weiter ist empfohlen worden, den roten Arsenik zuvor durch Anfeuchten mit wenig Ammoniak in einen geeigneten Verteilungszustand zu bringen, wobei das Arsentrisulfid unter Bildung von Ammoniumsulfarsenit gelöst wird und das Arsendisulfid in sehr feiner Verteilung zurückbleibt. Das gebildete lösliche Ammoniumsulfarsenit setzt sich mit dem Kalk rasch und vollständig um unter Bildung von Calciumsulfid und ebenso erfolgt die Umsetzung zwischen dem Kalk und dem unlöslichen, aber sehr feinverteilten Arsendisulfid unter den angeführten Bedingungen vollständig und genügend rasch. Die Umsetzung ist beendet, wenn die ursprünglich rote Farbe des Schwefelarsens völlig verschwunden ist und das Gemisch eine blaßgrüne Färbung angenommen hat.

Die Wirkung des Arsenikäschers auf die tierische Haut ist in gleicher Weise wie die des Calciumsulfidäschers eine mildere als die von Kalk-Natriumsulfidäschern. Es werden Leder mit guter Fülle und Elastizität, weichem Griff und besonders feinem, glattem und geschlossenem Narben erhalten. Bei der Tatsache, daß der wirksame Anteil des Arsenikäschers neben dem überschüssigen Kalk ausschließlich das sich bildende Calciumsulfid ist, erscheint es naheliegend und zweckmäßig, die möglichen zahlreichen Schwierigkeiten bei der Herstellung durch Ersatz des Arsenikäschers durch einen Kalk-Calciumsulfidäscher zu umgehen. Allerdings ist insbesondere seitens der Praxis oft geltend gemacht worden, die Wirkungsweise dieser beiden Äscher sei nicht völlig die gleiche und dem Arsenikäscher sei infolge Ausbildung eines feineren Narbens der Leder der Vorzug zu geben, doch hat sich eine Erklärung für diese angeblichen Unterschiede bisher nicht erbringen lassen. Der Arsenikäscher hat sich indessen für viele Lederarten, insbesondere Handschuhleder, Chevreaux usw., bei denen die oben angeführten Eigenschaften in gesteigertem Maße erwünscht sind, teilweise bisher nicht völlig verdrängen lassen, wenngleich er in vielen Betrieben inzwischen durch andere, bequemer zu handhabende und besser zu überwachende Äscherverfahren ersetzt worden ist.

## 2. Das Schwöden.

Neben dem Äschern, der weitaus gebräuchlichsten Art der Durchführung des Haarlockerungsprozesses, kommt als zweite Gruppe der chemischen Haarlockerungsmethoden der Schwödeprozeß in Betracht. Äscher und Schwöde unterscheiden sich ganz prinzipiell nicht etwa durch die Art der verwendeten Chemikalien voneinander, sondern lediglich durch die Art und Weise der Einwirkung dieser Chemikalien auf die tierische Haut. Entsprechend können die früheren Ausführungen über die Wirkungsweise der Hydroxyde und Sulfide — auch bei der Schwöde werden diese beiden Chemikaliengruppen praktisch ausschließlich verwendet — auf tierische Haut sinngemäß auch auf die Schwöde übertragen werden.

Wie wir bei Besprechung der Praxis des Äschervorganges sahen, hat das Äscherverfahren insbesondere bei Anwendung von Sulfidäschern den Nachteil, daß das Haarmaterial mehr oder weniger weitgehend zerstört und damit für eine weitere technische Verwertung unbrauchbar wird. Man hat diesen Nachteil dadurch zu beheben versucht, daß man den Zusatz von Faserschutzmitteln zum Äscherbade vorschlug, daß man durch geignete $p_H$-Wert-Variation die Sulfidwirkung auf die Haare zu vermindern suchte, und praktisch vor allem dadurch, daß durch Anwendung von Mehräschersystemen die Haarlockerung einerseits und die Schwellung und Auflockerung des kollagenen Fasergefüges andererseits weitgehend voneinander getrennt werden und damit der eigentliche Haarlockerungsäscher auf ein für die Lockerung der Haare ausreichendes Minimum beschränkt werden kann. Diese Trennung ist bei Anwendung der Schwöde als Haarlockerungsmethode zum Extrem ausgebildet, denn der Schwödevorgang dient ausschließlich zur Erzielung einer Haarlässigkeit, dann werden die Felle enthaart und können im Anschluß daran durch einen normalen Äscher den genügenden Aufschluß und Quellungsgrad erfahren, ohne daß dabei auf Haarlockerungsvorgänge Rücksicht genommen zu werden braucht. Zwar kann eine weitgehende Erhaltung der Haare auch durch Verwendung reiner Weißkalkäscher erzielt werden, doch ist beim Äschern in reinen Weißkalkäschern bei der langen Äscherdauer, die dabei erforderlich ist, ein stärkerer Hautsubstanzverlust unvermeidlich, während bei der Schwöde bei sachgemäßer Durchführung infolge der nur kurzen Einwirkungsdauer eine weitgehende Schonung auch des kollagenen Hautfasergefüges erreicht werden kann.

Bei der praktischen Durchführung des Schwödevorganges wird ein die Haarlockerungschemikalien enthaltender Schwödebrei von geeigneter Zusammensetzung auf die Fleischseite der Haut aufgetragen und dann wird das so behandelte Hautmaterial einige Zeit gelagert. Dabei dringen die die Haarlockerung erzeugenden Chemikalien von der Fleischseite aus in die Haut ein und verursachen, wenn sie bis zur Epidermis und den Haarwurzeln vorgedrungen sind, eine Zerstörung der wenig widerstandsfähigen Protoplasmaproteine und damit Haarlässigkeit, ohne daß die Haare als solche, abgesehen von den Haarwurzeln, mit den zerstörenden Haarlockerungschemikalien in Berührung kommen. Nachdem genügende Haarlässigkeit erreicht ist, wird man umgehend die Enthaarung vornehmen und die Haare umgehend gründlichst waschen, um auch die etwa durch Diffusion von den Haarwurzeln her an die Haare gelangten geringen Mengen der Haarlockerungschemikalien wieder zu entfernen, und erhält bei dieser Arbeitsweise ein Haarmaterial von völlig einwandfreier Beschaffenheit. Die beim Schwödeprozeß erhaltenen Haare zeigen zumeist nur in den untersten Spitzen alkalische Reaktion und dort verständlicherweise auch zumeist stärkere Beschädigungen, der Hauptteil der Haare indessen, der mit der Schwöde bzw. den durch die Haut diffundierenden Sulfiden nicht in Berührung kommt, bleibt dabei völlig unversehrt (E. Franz und M. Hardtmann).

Zur Herstellung des Schwödebreies wird Schwefelnatrium oder roter Arsenik, in selteneren Fällen auch Calciumsulfid verwendet und zumeist mit gelöschtem Kalk auf die gewünschte Konsistenz eingestellt. Der Schwödebrei soll in seiner Beschaffenheit möglichst homogen sein, da andernfalls die Haarlockerung an den einzelnen Hautstellen ungleichmäßig erfolgen würde. Die Zusammensetzung, insbesondere die Sulfidkonzentration richtet sich ganz darnach, wie rasch die Haarlockerung erreicht werden soll. Die praktisch verwendeten Sulfidmengen schwanken etwa zwischen 5 und 15, hie und da bis 20 kg kristallisiertem Schwefelnatrium pro 100 l Schwödebrei und die dabei erforderlichen Zeiten bis zur Erreichung der Haarlässigkeit etwa zwischen 1 bis 2 und 24 Stunden. In der wärmeren Jahreszeit kommt man dabei meist mit einer etwas geringeren Schwefelnatriummenge aus als im Winter. Auch für die Kalk-Schwefelnatriumschwöde ist ein Zusatz von Calciumchlorid bis zu 25 bis 30% der Schwefelnatriummenge vorgeschlagen worden, um insbesondere die Alkalität des Schwödebreies zu vermindern und eine unerwünschte Schwellung des Hautmaterials zu vermeiden, wobei außerdem der Schwöde die Eigenschaften einer Arsenikschwöde verliehen werden sollen (J. R. Lorenz). In der Praxis werden indessen beim Schwöden normalerweise solche Zusätze nur selten angewandt, da die Quellung des Kollagens beim Schwöden im Vergleich zum Äschern infolge Wassermangels des Schwödebreies bereits stets erheblich geringer ist. Entsprechend konnten A. Küntzel und J. Philips (*2*) zeigen, daß, je konzentrierter der Schwödebrei gewählt wird, je weniger Wasser er also enthält, um so geringer auch die Quellung des geschwödeten Hautmaterials ist, eine Feststellung, die bei der Einstellung der Konsistenz des Schwödebreies von Bedeutung ist. Andererseits konnten die gleichen Autoren zeigen, daß mit steigender Schwefelnatriumkonzentration des Breies auch der Abbau an Hautsubstanz beträchtlich zunimmt. Entscheidend ist dabei nicht so sehr die insgesamt auf die Haut aufgetragene Breimenge als vielmehr die Schwefelnatriumkonzentration des Breies, was durchaus verständlich ist, da innerhalb des Schwödebreies infolge dessen breiartiger Konsistenz ein Diffusionsausgleich der Haarlockerungschemikalien nicht oder doch nur in verhältnismäßig geringem Maße erfolgen kann und daher für die haarlockernde Wirkung der Schwöde im wesentlichen nur die mit der Hautoberfläche in unmittelbarer Berührung stehenden Schwödebreischichten maßgebend sind [A. Küntzel und J. Philips (*2*)]. Aus den oben angeführten Gründen empfiehlt es sich aber, auch beim Schwöden die Schwefelnatriumkonzentration nicht zu hoch zu wählen, sondern lieber eine etwas längere Schwödedauer in Kauf zu nehmen, da andernfalls infolge stärkeren Hautsubstanzverlustes leicht ein Überäschern bewirkt und damit insbesondere in den Abfällen losnarbige und übermäßig zügige Leder erhalten werden.

Die Konsistenz des Schwödebreies richtet sich einmal, wie wir oben sahen, nach der gewünschten Quellung des Hautmaterials und ist andererseits durch Gesichtspunkte der praktischen Durchführung insofern bestimmt, als der Brei sich gut auf die Haut auftragen lassen muß, andererseits aber auch gut auf der Hautoberfläche haften und nicht abfließen soll. Bisweilen werden in der Praxis reine Schwefelnatriumschwöden, gegebenenfalls unter Zusatz von Stärke oder anderen Verdickungsmitteln verwendet, meist wird indessen die gewünschte Konsistenz des Schwödebreies durch entsprechenden Kalkzusatz eingestellt. Die haarlockernde Wirkung der Schwöde dürfte bei der verhältnismäßig kurzen Einwirkungsdauer praktisch ausschließlich auf die Wirkung der Sulfide zurückzuführen sein, und der zugefügte Kalk, der zur Wirksamkeit, wie wir bereits beim Äschern sahen, einer wesentlich längeren Einwirkungsdauer bedarf, dürfte bei der Kalk-Schwefelnatriumschwöde im wesentlichen nur als Bindemittel und Konsistenzregler dienen, wozu er sich auf Grund seines Wasserbindungsvermögens und seiner Eigenschaft, mit Wasser einen homogen und plastischen Brei zu liefern, gut eignet [A. Küntzel und J. Philips (*2*)]. Bei der Herstellung von Kalk-Arsenikschwöden hat der Kalk darüber hinaus natürlich noch die weitere Aufgabe, durch Umsetzung mit dem roten Arsenik das für die Haarlockerung solcher Gemische allein wichtige Calciumsulfid zu bilden, und entsprechend muß bei der Herstellung dieses Schwödebreies zur Einleitung der erforderlichen Umsetzungen ein Erwärmen des Gemisches in der gleichen Weise und unter den gleichen Gesichtspunkten wie bei der Herstellung von Kalk-Arsenikäscherbrühen erfolgen (vgl. S. 116). Man verwendet für 100 l Schwödebrei etwa 2 bis 15 kg Schwefelarsen und 30 bis 60 kg gebrannten Kalk.

Der Schwödebrei wird entweder von Hand oder mittels entsprechender maschineller Vorrichtungen auf die Haut aufgetragen. Beim Schwöden ist in noch stärkerem Maße als beim Äschern darauf zu achten, daß zuvor während des Weichens durch mechanisches Strecken alle anhaftenden Fleisch- und Fettreste von der Fleischseite weitestmöglich entfernt werden, da sonst das Eindringen des Schwödebreies in die Haut unliebsam verzögert und die Haarlockerung ungleichmäßig erfolgen würden. Zum Auftrag des Schwödebreies auf die Haut können natürlich keine Haarbürsten verwendet werden, da die Haare dieser Bürsten durch das Schwefelnatrium in Kürze zerstört sein würden. Man verwendet entweder Reisigbesen oder sog. Schwödewedel, Stöcke, an deren Enden lange Fäden befestigt sind. Auch Bürsten aus Kokosfasern oder die Verwendung von Gummischwämmen sind empfohlen worden. Zweckmäßig ist dabei ferner, daß die Arbeiter ihre Hände mit Gummihandschuhen vor der Einwirkung der Haarlockerungschemikalien schützen. Der Schwödebrei soll auf die Haut recht dünn aufgetragen werden, nur in der Rückenlinie und an Kopf und Klauen, wo die Haare besonders fest sitzen, erfolgt der Auftrag etwas stärker. Da dieses Anschwöden einen erheblichen Arbeitsaufwand erfordert, werden in neuerer Zeit vielfach für das Auftragen des Schwödebreies Anschwödemaschinen verwendet. Abb. 20 zeigt eine solche Maschine, bei der die Felle auf ein endloses Gummitransportband aufgelegt und auf diesem unter den in der Mitte des Maschinengestells eingebauten Schutzkasten hindurchtransportiert werden. In diesem Gehäuse wird der Schwödebrei mittels einer oder mehrerer Spritzdüsen in kegelförmigem Strahl in der erforderlichen Menge auf das Hautmaterial aufgespritzt. Um ein gleichmäßiges Arbeiten dieser Maschine zu ermöglichen, muß der Schwödebrei natürlich von möglichst gleichförmiger Beschaffenheit sein ohne gröberteilige Fremdkörper, die die Düsen verstopfen können. Hier sei auch ein weiteres, patentrechtlich geschütztes Verfahren erwähnt (D.R.P. 452578), nach dem das Haarlockerungsmittel in wässeriger Lösung in einer geschlossenen Kammer unter gleichzeitigem Absaugen der gebildeten Dämpfe auf die Fleischseite aufgespritzt werden soll.

Abb. 20. Anschwödemaschine (Badische Maschinenfabrik, Durlach).

Das Schwöden wird vorwiegend bei Hautmaterial mit wertvollen Haaren vorgenommen, also in erster Linie bei Schaffellen, um deren Wolle unversehrt zu erhalten. Daneben werden auch Ziegen- und Kalbfelle und bisweilen auch leichtere Rindshäute geschwödet. Bei starken Häuten ist das Schwöden meist nicht gut anwendbar, da es zur Erzielung einer gleichmäßigen Lockerung der Haare eine möglichst gleichmäßige Dicke der Haut voraussetzt. Der Auftrag des Schwödebreies erfolgt, wie oben besprochen, normalerweise auf der Fleischseite, in selteneren Fällen, wenn auf die Erhaltung der Haare kein Wert gelegt wird, sondern durch das Schwöden lediglich eine stärkere Beschleunigung der Haarlockerung unter Schonung des Hautfasergefüges und Erhaltung der Hautsubstanz erreicht werden soll (Kalbfelle, Rindshäute, insbesondere bei der Herstellung von Unterleder), auf der Haarseite. Nach Auftrag des Schwödebreies werden Rindshäute Narben auf Narben und Fleischseite auf Fleischseite aufgestapelt und bis zur Haarlockerung liegen gelassen. Felle werden meist in der Rückenlinie mit der geschwödeten Seite nach innen zusammengeschlagen und in dieser Form aufeinandergestapelt. Um ein unerwünschtes Erhitzen der Felle zu vermeiden, stapelt man die Felle zweckmäßig in nicht zu hohe Haufen. Bisweilen werden die geschwödeten und zusammengeschlagenen Felle auch in einer Grube aufgeschichtet und dann mit Wasser bedeckt (Setzäscher). Nach erreichter Haarlockerung werden die Häute und Felle umgehend enthaart, eventuell durch Spülen von den anhaftenden Haarlockerungschemikalien befreit und erhalten zumeist dann noch einen Äscher, entweder reinen Kalkäscher oder Sulfidäscher zur Erreichung des erforderlichen Hautsubstanzaufschlusses und des erwünschten Quellungszustandes. Für Art, Beschaffenheit und Dauer dieses Nachäschers im Hinblick auf die Eigenschaften des fertigen Leders gelten die bei Besprechung der Praxis des Äschervorganges gemachten eingehenden Ausführungen, auf die an dieser Stelle verwiesen werden muß.

## II. Biologische Haarlockerungsmethoden.

Wie in den einleitenden Ausführungen über die Methoden der Haarlockerung dargelegt wurde, ist das Grundprinzip aller Haarlockerungsverfahren, die Verbindung zwischen Corium und Epidermis durch Zerstörung der basalen Zellreihe und der dieser unmittelbar benachbarten Schleimschicht, also der Protoplasmaproteine zu lockern und durch diese Lockerung und eine teilweise Erweichung und Zerstörung der verdickten Haarwurzeln eine mechanische Entfernung der Haare und der Epidermis zu ermöglichen. Die chemischen Haarlockerungsmethoden nutzen dabei die nur geringe Widerstandsfähigkeit dieser Protoplasmaproteine gegenüber chemischen Agenzien aus, die Methoden auf biologischer Grundlage, die nun behandelt werden sollen, machen sich die leichte Angreifbarkeit der Protoplasmaproteine durch proteolytisch wirksame Bakterien und Fermente zunutze. Bei den Keratinen nimmt die Fermentempfindlichkeit mit fortschreitender Verhornung ab. Die stark verhornten Haare, Horn, Nägel usw. einerseits sind gegenüber der Einwirkung von Fermenten praktisch völlig resistent, die nahezu überhaupt noch nicht verhornten Protoplasmaproteine andererseits werden durch Fermente ebenso wie durch Chemikalien sehr leicht angegriffen und sehr rasch zerstört. Unter geeigneten Bedingungen ist ihre Fermentempfindlichkeit auch wesentlich größer als die des kollagenen Fasergefüges, eine Tatsache, die für die Durchführung der biologischen Haarlockerung ebenfalls von wesentlicher Bedeutung ist.

Daß tatsächlich Mikroorganismen die Haarlockerung bewirken bzw. beschleunigen können, wurde bereits bei den Ausführungen über die Bakteriologie des Äscherprozesses (vgl. S. 84ff.) eingehend behandelt. Während indessen beim Äschern die Einwirkung der Mikroorganismen zwar die Haarlockerung beschleunigt, prinzipiell aber zum Erhalt einer Haarlockerung nicht unbedingt erforderlich ist, wird bei den biologischen Haarlockerungsverfahren die Einwirkung der Bakterien und Fermente auf die Haut als alleiniges haarlockerndes Prinzip ausgenutzt. Biologische Haarlockerungsmethoden sind bereits sehr lange bekannt, denn der Schwitzprozeß, der anschließend zunächst behandelt werden soll, ist wohl das älteste Haarlockerungsverfahren überhaupt. Daneben sind in neuerer Zeit eine ganze Anzahl sog. Fermentäscherverfahren in Vorschlag gebracht und praktisch auch teilweise eingeführt worden.

## 1. Das Schwitzen.

Das Prinzip des Schwitzprozesses besteht darin, das Hautmaterial nach beendigtem Weichprozeß einem gelinden Fäulnisvorgang zu unterwerfen, wobei durch die Einwirkung von Fäulnisbakterien die Protoplasmaproteine der basalen Zellreihe und der Schleimschicht zerstört werden und damit Haarlässigkeit erreicht wird. An und für sich ist dieses Prinzip außerordentlich einfach und naheliegend. Jeder Fäulnisvorgang tierischer Haut, wenn diese nicht rechtzeitig oder nicht sachgemäß konserviert wird, äußert sich bereits in verhältnismäßig kurzer Zeit durch eine gewisse Haarlässigkeit, die für den Praktiker überhaupt das erste sichtbare Anzeichen für die Tatsache der Einwirkung von Fäulnisbakterien auf das Hautmaterial ist. Es ist daher durchaus verständlich, daß man schon in frühen Zeiten versuchte, diese an und für sich unliebsame Erscheinung sich andererseits bei der Lederbereitung zur Erreichung der Haarlockerung nutzbar zu machen.

Die älteste Art der Durchführung dieses Schwitzprozesses war verhaltnismäßig recht unzweckmäßig. Das geweichte und daher genügend feuchte Hautmaterial wurde einfach in größeren Haufen aufgestapelt, zugedeckt und sich überlassen, bis durch die eintretende Fäulnis eine genügende Haarlässigkeit erreicht war. Teilweise wurden die Hautstapeln sogar in Mistgruben eingelegt, um durch die gesteigerte Temperatur und die in diesen Mistgruben stets in besonders großem Maße vorhandenen Fäulnisbakterien den Fäulnisvorgang auf der Haut weitgehend zu fördern. Diese Arbeitsweise war natürlich äußerst primitiv, vor allem aber absolut nicht kontrollierbar und daher außerordentlich gefährlich für das Hautmaterial. Zwar werden durch die Fäulnisbakterien stets zunächst die Protoplasmaproteine, wie erwünscht, zerstört, doch greift die Einwirkung der Mikroorganismen, wenn der Prozeß nicht rechtzeitig abgebrochen wird, von dort rasch auch auf die Proteine des gerberisch allein wichtigen kollagenen Fasergefüges über, wobei insbesondere die sehr empfindliche Narbenschicht mehr oder weniger stark angegriffen wird. Die im Innern der Haufen befindlichen Häute werden bei der geschilderten Arbeitsweise infolge der dort gesteigerten Temperatur wesentlich rascher haarlässig, so daß die Haufen mehrfach täglich umgeschichtet und die haarlässigen Häute ausgeschieden werden müssen. Durch das Einlegen in Dunggruben wird ferner die Schwierigkeit der Kontrolle der Bakterienentwicklung noch weiter gesteigert und damit die Gefahr für das Hautmaterial entsprechend erhöht. Hinzu kommt weiter, daß der Ablauf des Schwitzvorganges verständlicherweise nicht bei allen Partien gleichmäßig erfolgt, sondern ganz abgesehen von den durch Art, Herkunft und Vorgeschichte des Rohhautmaterials naturgemäß bedingten Unterschieden die Entwicklung der Fäulnisbakterien weitgehend auch von Luftfeuchtigkeit, Temperaturschwankungen usw. abhängig ist, Faktoren also, die je nach Witterungsverhältnissen, Jahreszeit usw. in weitgehenden Grenzen variieren können und durch die entsprechend die Unsicherheit dieses Haarlockerungsvorganges noch erheblich gesteigert wird. Man hat bisweilen versucht, durch Aufstreuen von Salz bzw. Aufstreichen von Salzlösung auf die Fleischseite der Häute die Entwicklung der Fäulnisbakterien zu hemmen und entsprechend durch Verlangsamung der Bakterieneinwirkung eine etwas bessere Kontrollierbarkeit des Schwitzvorganges zu erreichen. Ausgeschaltet wurden dagegen auch bei dieser Arbeitsweise die angeführten zahlreichen Fehlerquellen nicht.

Ein wesentlicher Fortschritt war es daher, als der Schwitzvorgang in besondere Schwitzkammern verlegt wurde, meist fensterlose, unterirdisch bzw. kellerartig angelegte oder doch vor äußeren Temperaturschwankungen möglichst geschützt gelegene Räume. Häufig wird dabei die Isolierung durch Doppeltüren, durch Doppelwände, deren Zwischenräume mit Lohe, Sägemehl usw. ausgefüllt wurden, oder durch Anbringen von Vorräumen vor den eigentlichen Schwitzräumen usw. noch erhöht. Zum Ablaufen des Schwitzwassers werden die Böden der Kammern geneigt angelegt, zur Entlüftung, Ablassung von überschüssigem Dampf und gewisser Temperaturregelung sind verschließbare Abzugsrohre nach außen eingebaut. Die Verwendung solcher Schwitzkammern hat den wesentlichen Vorteil vor den oben beschriebenen Ausführungsformen, daß die beiden wesentlichsten Faktoren für die Entwicklung der Fäulnisbakterien, Temperatur und Luftfeuchtigkeit, weitestmöglich konstant eingestellt und überwacht werden können.

Wesentlich ist bei der praktischen Durchführung des Schwitzprozesses zunächst, daß das Hautmaterial beim Weichen möglichst restlos vom Konservierungssalz befreit wird, da dieses der Entwicklung der Fäulnisbakterien entgegenwirken würde (vgl. S. 36). Ebenso muß beim Weichen solcher für den Schwitzprozeß bestimmter Häute zweckmäßig auch die Anwendung von Sterilisationsmitteln unterbleiben, da die im Hautmaterial etwa verbleibenden restlichen Antiseptika die Entwicklung der Fäulnisbakterien und damit den Schwitzprozeß beeinträchtigen würden. Die Häute und Felle werden in die Schwitzkammern entweder mittels Haken recht dicht, aber ohne gegenseitige Berührung, in etwa 5 bis 10 cm Abstand oder mit der Narbenseite nach außen über Stangen eingehängt. Die Atmosphäre wird möglichst feucht, meist an Wasserdampf gesättigt gehalten. Je nach der Temperatur, bei der der Schwitzvorgang vorgenommen wird, unterscheidet man zwei Arten von Schwitzen, die warme und die kalte Schwitze. Die „warme Schwitze" ist das ältere der beiden Verfahren. Sie wird bei 20 bis 25° C durchgeführt, wobei die Temperatur durch zeitweises Einleiten von Dampf unter den Lattenboden der Kammer oder Versprühen von warmem Wasser in der Schwitzkammer eventuell gleichzeitig auch durch zeitweises Heizen mittels Dampfheizung möglichst konstant gehalten und gleichzeitig die Luft an Wasserdampf gesättigt wird. Unter diesen Bedingungen wird die Haarlockerung normalerweise in 1 bis 2 Tagen bewirkt. Weniger gefährlich, weil langsamer und gleichmäßiger verlaufend und daher unbedingt vorzuziehen ist die „kalte Schwitze", die bei etwa 8 bis 12, höchstens 15° C durchgeführt wird und innerhalb 1 bis 2 Wochen zu genügender Haarlässigkeit führt. Durch ständiges Berieseln der Wände oder Zerstäuben von Wasser wird dafür gesorgt, daß die Luft genügend feucht bleibt und daß die Temperatur in der Schwitzkammer auch bei Wärmeentwicklung während des Schwitzprozesses nicht zu hoch steigt, sondern sich in dem angeführten Temperaturintervall hält. Unter Umständen kann auch durch zeitweises Ventilieren, d. h. Abführen der vorhandenen Warmluft und Zufuhr von kalter Frischluft die Temperatur reguliert werden.

Die Häute müssen während des Schwitzprozesses ständig in regelmäßigen Abständen gründlich hinsichtlich Haarlockerung durchsortiert und die genügend haarlässigen insbesondere bei der warmen Schwitze unverzüglich aus der Schwitzkammer entfernt werden. Um dann die Entwicklung der Fäulnisbakterien und damit den Schwitzvorgang möglichst umgehend zu unterbrechen, werden die Häute sofort in kaltes Wasser, das eventuell einen Zusatz antiseptischer Mittel (vgl. S. 45ff.) erhält, eingelegt oder noch häufiger einige Stunden in gesättigtes Kalkwasser bzw. dünne Kalkmilch eingebracht, wobei durch den Kalk einmal die Entwicklung der Fäulnisbakterien unterbrochen und damit eine gewisse Sterilisierung des Hautmaterials erreicht wird und zumeist gleichzeitig eine gewisse Schwellung der Häute und Felle erzielt werden soll.

Die Wirkung des Schwitzprozesses beruht, wie wir sahen, in allererster Linie auf der Entwicklung von Fäulnisbakterien mit proteolytischer Wirksamkeit und ihrer Einwirkung auf die Haut. Die tierische Haut ist schon unmittelbar nach dem Tode des Tieres der Einwirkung von Bakterien ausgesetzt und bald auf ihrer Oberfläche mit einer Unzahl von Fäulnisbakterien behaftet, die nur durch rechtzeitige und sachgemäße Konservierung in ihrer Entwicklung genügend gehemmt werden können. Bei Besprechung der Bakteriologie des Weichprozesses (vgl. S. 43ff.) wurde zahlenmäßig belegt, welche Unmengen von Bakterien sich bei Einarbeitung der Häute und Felle in der Gerberei auf ihrer Oberfläche befinden und daß von diesen Bakterien durchschnittlich mindestens 30%, teilweise sogar bis zu 80% als proteolytisch wirksam ermittelt werden konnten. Diese Bakterien beginnen nach Aufhebung der Konservierung durch den Weichprozeß sich nach einer gewissen Zeit, der sog. „latenten Periode" erneut zu entwickeln und so bringt die Haut bereits in die Schwitzkammer eine Unzahl von wirksamen Mikroorganismen mit, die bereits während des Weichprozesses die latente Periode ihrer Entwicklung weitgehend durchlaufen oder gar überschritten haben und deren Entwicklung während des Schwitzprozesses lediglich durch entsprechend günstige Lebensbedingungen mehr oder weniger stark gefördert zu werden braucht. Entsprechend verläuft der Schwitzprozeß um so schneller und ist damit auch für das Hautmaterial um so gefährlicher, je stärker bereits in der Weiche der Entwicklung der Bakterien freier Lauf gelassen wurde, während umgekehrt, wie bereits angeführt, auch der Schwitzprozeß gehemmt wird, wenn während des Weichens dem Weichwasser Sterilisationsmittel zugesetzt wurden.

Es sind in einer Reihe von Arbeiten eine Anzahl der auf geschwitztem Hautmaterial bzw. in der Schwitzkammer befindlichen Bakterienstämmen mit proteolytischer Wirksamkeit isoliert worden. Ohne Zweifel muß indessen die bisweilen vertretene Ansicht, bestimmten Bakterienarten eine spezifische Wirksamkeit für den Schwitzprozeß zuzuschreiben, als völlig abwegig bezeichnet werden, denn ohne Zweifel verursachen alle proteolytisch wirksamen Fäulnisbakterien in mehr oder weniger starkem Maße eine Zerstörung der Protoplasmaproteine und tragen damit zur Erzielung der Haarlässigkeit beim Schwitzprozeß bei, und bei der je nach Herkunft und Vorgeschichte des Hautmaterials ständig wechselnden Flora der den tierischen Häuten anhaftenden Bakterien werden in gleicher Weise auch die in der Schwitzkammer zur Entwicklung kommenden Bakterienarten einem ständigen Wechsel unterworfen sein. Völlig unbegründet erscheint daher auch die bisweilen vertretene Unterscheidung der beim Schwitzprozeß sich entwickelnden Bakterien in haarlockernde und damit nützliche Schwitzbakterien und in nicht haarlockernde und damit schädliche Fäulnisbakterien, da hinsichtlich bakterieller Angreifbarkeit der Protoplasmaproteine und der Proteine des kollagenen Fasergefüges höchstens graduelle, jedoch keinerlei prinzipielle Unterschiede bestehen und entsprechend alle anwesenden proteolytisch wirksamen Bakterien zur Erzielung der Haarlockerung beitragen und andererseits alle Haarlockerung verursachenden Schwitzbakterien bei zu langer Einwirkung ohne Zweifel auch einen mehr oder weniger starken Angriff auf das Corium bewirken. In Übereinstimmung damit konnten P. Chambard und J. Azémar bei systematischen Untersuchungen über den Schwitzprozeß zeigen, daß die Haarlockerung nicht durch eine beschränkte Anzahl streng spezifischer Bakterienarten bedingt sei, sondern daß alle Bakterien mit proteolytischer Wirksamkeit beim Schwitzprozeß auch Haarlockerung herbeizuführen vermögen. Die von W. Eitner (*2*) gemachte

Angabe, nur die anaeroben Bakterien würden kallagenlösend und damit beim Schwitzprozeß für das kollagene Fasergefüge gefährlich sein, während die aeroben Bakterienarten lediglich auf die Protoplasmaproteine hydrolysiernd einwirken würden und die geringere Gefährlichkeit der kalten gegenüber der warmen Schwitze sei darauf zurückzuführen, daß bei Temperaturen unter 15° C vornehmlich die Entwicklung der anaeroben Bakterien stark gehemmt sei, muß nach den obigen Ausführungen und vorliegenden Untersuchungen zum mindesten als sehr fraglich angesehen werden. Die größere Gefährlichkeit der warmen Schwitze dürfte vielmehr in erster Linie darauf zurückzuführen sein, daß mit steigender Temperatur ganz allgemein die Entwicklung aller Mikroorganismen in erheblichem Maße gefördert wird und entsprechend auch rascher ein Angriff auf das gerberisch wichtige Kollagen erfolgt. Entsprechend stellten P. Chambard und J. Azémar bei ihren Versuchen fest, daß bei 30° C die Haarlockerung im Vergleich zum Schwitzprozeß bei 14° C in einem Drittel der Zeit erreicht werden konnte, daß aber andererseits die Entwicklung der Fäulnisbakterien bei dieser gesteigerten Temperatur so rasch verläuft, daß eine sachgemäße Kontrolle nur schwer möglich ist und es daher bei diesen Temperaturen praktisch kaum gelingt, den Schwitzprozeß tatsächlich im geeigneten Augenblick zu unterbrechen. Die gleichen Autoren zeigten weiter, daß durch Vorbehandlung der Hautstücke in der Weiche mit verdünnten Säuren [HCl] oder Alkalien [NaOH] der Schwitzprozeß verlangsamt wird, und zwar um so mehr, je saurer bzw. alkalischer die Haut beim Einbringen in die Schwitzkammer war. Im Zeitpunkt der erreichten Haarlässigkeit wies das Schwitzwasser in allen Fällen einen $p_H$-Wert von etwa 7 auf, war also praktisch eine völlige Entfernung bzw. Neutralisation der Säure bzw. des Alkalis erfolgt. Gleichzeitig war insbesondere bei Säurevorbehandlung der Hautsubstanzverlust während des Schwitzens erheblich erhöht. Vorbehandlung der Häute mit Kochsalzlösungen kann bei sehr geringer Konzentration für die Schwitze unter Umständen von Vorteil sein, stärker konzentrierte Kochsalzlösungen dagegen verzögern, wie bereits betont wurde, die Haarlockerung erheblich, und Substanzen mit ausgesprochen antiseptischer Wirkung, wie schweflige Säure und arsenige Säure, verhindern den Schwitzvorgang überhaupt vollständig (P. Chambard und J. Azémar).

Neben der bakteriellen Wirkung des Schwitzvorganges infolge Einwirkung von Fäulnisbakterien auf die tierische Haut kommt in gewissem Umfange auch eine chemische Haarlockerung hinzu. Bei der Einwirkung von Mikroorganismen auf die Proteine der tierischen Haut entstehen infolge bakterieller Desamidierung der Proteinabbauprodukte Ammoniak und infolge bakterieller Decarboxylierung Amine. Wie wir an früherer Stelle sahen, besitzen Ammoniak und von den Aminen insbesondere die primären ein ausgezeichnetes Haarlockerungsvermögen, so daß sie die haarlockernde Wirkung der Fäulnisbakterien noch in erheblichem Maße zu unterstützen vermögen. Es ist sogar vorgeschlagen worden (H. R. Procter, S. 166), den Schwitzvorgang durch Einleiten von Ammoniak in die Schwitzkammer zu beschleunigen, doch ist nach den obigen Ausführungen zweifelhaft, ob im Interesse einer sachgemäßen Überwachung des Schwitzprozesses eine solche Beschleunigung überhaupt wünschenswert ist. Andererseits wird durch die durch Ammoniak verursachte schwach alkalische Reaktion wieder die Entwicklung der Mikroorganismen und damit der biologische Teil des Schwitzprozesses gefördert. Erwähnt sei in diesem Zusammenhang ein Vorschlag (D.R.P. 388245), insbesondere bei Fellen mit zarter und empfindlicher Unterwolle, um diese weitestmöglich zu schonen, dem eigentlichen Schwitzprozeß zunächst eine Behandlung des Hautmaterials mit Sulfitlösung und dann mit Ammoniak vorauszuschicken.

J. A. Wilson und G. Daub [vgl. J. A. Wilson (*1*), S. 224] haben den Verlauf des Schwitzprozesses durch mikroskopische Untersuchungen verfolgt und dabei unter den von ihnen gewählten Versuchsbedingungen (mit Wasserdampf gesättigte Kammer; 38° C) unter dem Mikroskop zunächst eine Trennung der Zellen der basalen Zellreihe voneinander und von der Oberfläche der Lederhaut feststellen können, die allmählich fortschritt, bis nach 42 Stunden die Protoplasmaproteine weitgehend zerstört waren, entsprechend der Zusammenhang zwischen Corium und Epidermis gelöst und damit praktisch auch völlige Haarlässigkeit erreicht war. An dem kollagenen Fasergefüge waren dagegen Schäden nach dieser Zeit noch nicht festzustellen. Wenn demgemäß der Schwitzprozeß bei sachgemäßer Arbeitsweise durchaus einwandfrei arbeitet, so erfordert er andererseits verständlicherweise doch sehr viel Erfahrung und eine ständige sachgemäße Kontrolle, wenn Fäulnisschäden der Haut und damit Verluste vermieden werden sollen. Infolge dieser Gefährlichkeit und schwierig durchzuführenden Kontrolle des Schwitzprozesses ist dieser heute weitgehend durch andere Haarlockerungsverfahren, insbesondere Äscher- und Schwödeverfahren, verdrängt. Infolge der erforderlichen ständigen Kontrolle jeder einzelnen Haut kann der Schwitzprozeß überhaupt nur im Kleinbetriebe bei kleinen Hautpartien durchgeführt werden, während im Großbetriebe eine derartige Überwachung des Prozesses rein technisch kaum durchführbar wäre.

Der Schwitzprozeß wird heute praktisch nur noch entweder für einige Sohllederfabrikate namentlich in kleineren rheinischen Betrieben und in einigen Gegenden Nordamerikas, Englands und Norwegens und hier und da für Schaf- und Lammfelle insbesondere in Frankreich, England und Italien verwendet. Natürlich stehen dem Nachteil der schweren Kontrollierbarkeit und der Gefahr für das Hautmaterial beim Schwitzprozeß auch andererseits nicht unbeträchtliche Vorteile gegenüber. Die geschwitzten Häute und Felle unterscheiden sich von dem geäscherten Hautmaterial in einigen wesentlichen Punkten. Einmal haben die geschwitzten Häute natürlich keinerlei alkalische Quellung erfahren, sind also nicht gequollen und prall wie das normal geäscherte Hautmaterial, sondern weisen einen weichen, schlaffen, verfallenen Zustand ähnlich dem gebeizten Hautmateriales auf. Es ergibt sich damit automatisch, daß die geschwitzten Häute je nach der zu erzeugenden Lederart nachträglich noch in den jeweils erforderlichen Quellungszustand versetzt werden müssen. Bei Sohlleder gibt man entweder bisweilen nachträglich noch einen alkalischen Schwelläscher (Weißkalkäscher) oder man bringt die Häute zwar gleich in die Gerbung, verwendet aber zunächst stark sauer eingestellte Schwellfarben, so daß in diesen der erforderliche Schwellungszustand erreicht wird. Weiter ist zu berücksichtigen, daß die bei allen Haarlockerungsprozessen stets entstehenden Abbauprodukte des kollagenen Hautfasergefüges während des Äscherns weitgehend aus der Haut herausgewaschen werden, während sie beim Schwitzen in der Haut bleiben und damit während der Gerbung teilweise durch die pflanzlichen Gerbstoffe im Innern der Haut wieder unlöslich ausgefällt werden. Damit in Übereinstimmung steht die Erfahrungstatsache, daß das Lederrendement bei geschwitztem Rohhautmaterial größer ist als bei geäscherten Häuten, wobei noch hinzu kommt, daß überhaupt bei sachgemäßer Durchführung des Schwitzens der Hautsubstanzabbau zumeist ein geringerer ist als etwa bei länger ausgedehntem Weißkalkäscher. Außerdem rühmt man dem Unterleder aus geschwitzten Häuten bisweilen eine höhere Haltbarkeit nach. Bei Schaf- und Lammfellen bietet der Schwitzprozeß ähnliche Vorteile wie das Schwödeverfahren, nämlich die Haarlässigkeit der Felle unter weitgehender Schonung des Haarmaterials zu erreichen. Dabei ist wünschenswert, den Ammoniakgehalt in der Schwitzkammer nicht zu sehr ansteigen zu lassen, da Ammoniak unerwünscht stark entfettend wirkt und weiter den

Erhalt einer „leeren" Wolle verursachen soll [E. Stiasny (*1*), S. 265]. Wenn sich der Schwitzprozeß bei Schaffellen trotz der schlechten Kontrollierbarkeit und der großen Gefahren für das Hautmaterial so lange hat halten können, so ist wohl ein wesentlicher Grund hierfür darin zu erblicken, daß die Wolle bei diesen Fellen wesentlich höher als die Haut selbst bewertet wird und entsprechend in erster Linie Wert auf eine gute Erhaltung der Wolle gelegt wird. Als weiterer Vorteil des Schwitzprozesses sei schließlich seine Billigkeit erwähnt, da der Prozeß an und für sich keine Anwendung von Chemikalien benötigt und ferner auch eine nachfolgende Entkälkung sich erübrigt, wenn die Häute in dem zur Unterbrechung des Schwitzprozesses dienenden Kalkwasser nicht zu lange bleiben, so daß noch keine stärkere Kalkaufnahme erfolgt ist.

Wenn schon an und für sich der Schwitzprozeß relativ schwierig sachgemäß durchzuführen ist, so kann die Schwierigkeit der Überwachung und damit die Gefahr für das Hautmaterial noch wesentlich erhöht werden, wenn im Laufe der Zeit eine Überreicherung der Schwitzkammer an Mikroorganismen erfolgt. Es ist daher unbedingt erforderlich, die Schwitzkammern von Zeit zu Zeit einer gründlichen Reinigung zu unterziehen, am besten durch gründliches Abbürsten der Wände, der Decke und des Bodens der Schwitzkammer eventuell unter Mitverwendung von Lösungen geeigneter Desinfektionsmittel wie Zinkchlorid, Natriumbisulfit, Parachlormetakresol usw. Interessant ist in diesem Zusammenhang die Mitteilung von P. Hampshire, daß bei ungenügender Reinigung der Schwitzkammern sich in diesen sehr häufig auch eine gewisse Art von Nematoden entwickeln würde, die auf der Rohhaut vor Einbringen in die Schwitzkammer nicht festzustellen sei, durch die aber namentlich bei Schaffellen beträchtliche Schäden in Form runder und ovaler Löcher oder Stiche insbesondere auf der Fleischseite verursacht würden. Durch Reinhalten der Schwitzkammer soll sich dieser Fehler aber völlig vermeiden lassen (P. Hampshire).

## 2. Fermentäscher.

Die Fermentäscher beruhen auf dem gleichen Prinzip, Haarlässigkeit auf biologische Grundlage infolge hydrolytischer Zerstörung der Protoplasmaproteine durch Einwirkung von Bakterien bzw. Fermenten zu erreichen. Auch die beim Schwitzprozeß sich entwickelnden Bakterien wirken haarlockernd durch die von ihnen erzeugten Enzyme. Da indessen beim Schwitzprozeß die Entwicklung und Lebenstätigkeit der Fäulnisbakterien lediglich durch Festsetzung von Temperatur und Feuchtigkeitsgrad in gewissen Grenzen gesteuert werden kann, im übrigen aber weitgehend willkürlich erfolgt, so müssen auch die von ihnen erzeugten Enzyme hinsichtlich Menge und Wirksamkeit ständig wechselnd und unkontrollierbar sein und die Kontrolle des Schwitzprozesses kann sich vornehmlich nur auf die Auswirkung an den Fellen selbst und die rechtzeitige Entfernung der Häute mit genügender Haarlässigkeit aus der Schwitzkammer erstrecken. Bei den Fermentäschern dagegen handelt es sich um planmäßig ausgebaute Verfahren, bei denen von einer Entwicklung von Bakterien überhaupt abgesehen wird, ja zumeist eine solche Entwicklung während der Fermenteinwirkung auf das Hautmaterial durch Zusatz von geeigneten Desinfektionsmitteln sogar unterdrückt wird. Bei den Fermentäschern wird also die Entwicklung der Fermente nicht einer mehr oder weniger unkontrollierbaren Entwicklung von Bakterien während des Haarlockerungsvorganges selbst überlassen, sondern es werden in getrennten Arbeitsvorgängen gewonnene, isolierte und damit möglichst exakt dosierbare und in ihrer Wirksamkeit kontrollierbare Fermentpräparate verwendet, für die die Entwicklungsbedingungen während des Haarlockerungsprozesses durch möglichst eingehende Angaben über die einzuhaltenden Arbeitsbedingungen zudem weitgehend festgelegt sind.

Den ersten Vorschlag nach dieser Richtung veröffentlichte O. Röhm (*1*), indem er vorschlug, zur Erzielung von Haarlässigkeit tryptische Verdauungsfermente auf die Haut einwirken zu lassen. Auf der älteren Erfahrungstatsache basierend, daß der fermentative Abbau von strukturierten Proteinen zumeist gefördert wird, wenn die letzteren zuvor einem gewissen Quellungsvorgang unterworfen worden waren, hat auch Röhm empfohlen, die Einwirkung der tryptischen Fermente (z. B. des Auszugs der Bauchspeicheldrüse) auf die zuvor geweichten Häute und Felle zum Zwecke der Haarlockerung durch ein vorhergehendes Schwellungsbad zu beschleunigen, wofür in dem ursprünglichen Patent (D.R.P. 268873) eine Vorbehandlung mit 0,5%iger Sodalösung vorgeschlagen, später vorwiegend Natronlauge verwendet wurde. Da zur Beschleunigung des Verfahrens eine Steigerung der Alkalität wünschenswert war, sich andererseits aber mit zunehmender Alkalikonzentration in steigendem Maße eine starke Alkalischwellung des Hautmaterials störend bemerkbar macht und die Gefahr einer Überschwellung in gesteigertem Maße besteht, ist der Zusatz von puffernden Neutralsalzen, insbesondere von Natriumsulfat vorgeschlagen worden. Die Häute und Felle werden nach D.R.P. 386017 zunächst in einer Alkalihydroxyd-Natriumsulfatlösung behandelt, dann wird im zweiten Bade die Natronlauge mittels Bikarbonat wieder neutralisiert und anschließend daran dann die Einwirkung der tryptischen Fermente vorgenommen. Bei dem auf den angeführten Patenten beruhenden „Araäscher" wird die Haut zunächst mit dem Schwellstoff „Arapali" behandelt, der ein Schmelzgemisch von Ätznatron und Natriumsulfat darstellt und dessen Lösungswärme allein zum völligen Auflösen ausreichen soll (D.R.P. 389354), und wird dann im zweiten Bade, dem Haarlockerungsäscher, mit dem das Haarlockerungsferment und das Bikarbonat enthaltenden „Arazym" bis zum Erhalt genügender Haarlässigkeit behandelt, wobei die Fermentlösung zur Ausschaltung etwa möglicher und damit unkontrollierbarer Bakterienentwicklung geeignete Sterilisationsmittel (z. B. Kresolseife) zugesetzt enthält. Nach neueren Verfahren ist es gelungen, auch ohne vorherige alkalische Schwellung eine zufriedenstellende Haarlockerung herbeizuführen.

Die Wirkungsweise des Araäschers ist von J. A. Wilson und A. F. Gallun jr. in systematischen Versuchsreihen eingehend überprüft worden. Dabei wurde festgestellt, daß Pankreasenzyme eine haarlockernde Wirkung auch bei Toluolzusatz, also unter Ausschaltung einer Bakterienentwicklung auszuüben vermögen, wenn sie in genügender Menge angewendet werden. Dabei wurde ohne quellende Vorbehandlung des Hautmaterials eine Haarlockerung nur bei sehr hohen Fermentkonzentrationen erreicht, während bei vorhergehender Quellung des Hautmaterials bereits bei mäßigen Fermentmengen innerhalb 24 Stunden völlige Haarlockerung erreicht wurde. Die Verwendbarkeit tryptischer Fermente als Haarlockerungsmittel ist also weitgehend von einer vorhergehenden Schwellung des Hautmaterials abhängig. Daß hierbei tatsächlich die Schwellwirkung als solche, nicht eine chemische Einwirkung des schwellenden Alkalihydroxyds auf die Hautproteine maßgebend ist, geht aus der weiteren Feststellung hervor, daß durch eine Vorbehandlung mit Ammoniak statt Natronlauge die haarlockernde Wirkung des Pankreatins nicht annähernd so stark gefördert wird. Der gleiche haarlockernde Effekt wird dagegen erzielt, gleichgültig, ob die Quellung mittels Säuren (HCl) oder mittels Alkalien (NaOH) erzielt wurde. Die haarlockernde Wirkung erwies sich dabei, wie zu erwarten, bei 40° C wesentlich größer als bei 25° C. Wird auf eine quellende Vorbehandlung verzichtet, so ist die Fermenteinwirkung auf das Kollagen viel stärker als auf die Epidermis bzw.

die Protoplasmaproteine, wird also zwar keine Haarlockerung erreicht, das kollagene Fasergefüge aber nicht unbeträchtlich angegriffen (J. A. Wilson und A. F. Gallun jr.).

Die von O. Röhm gemachten Vorschläge bezüglich Fermentäschers sind inzwischen durch zahlreiche andere Patente und Arbeiten erweitert worden, von denen die wichtigsten nachstehend kurz angeführt werden sollen. Zunächst empfiehlt ein amerikanisches Patent (A.P. 1753539) ebenfalls die Verwendung von Pankreatin zu Haarlockerungszwecken, während das Patent D.R.P. 579634 die Nutzbarmachung wäßriger Auszüge kathepsinhaltiger tierischer Organe (Leber, Milz, Niere, sowie Magenschleimhaut und Blut) für den gleichen Zweck zum Gegenstand hat, wobei diese Auszüge nach Angaben der Patentschrift durch Essigsäurezusatz auf eine zweckentsprechende Acidität eingestellt werden sollen und gegebenenfalls Zusätze von als Aktivatoren dienenden, reduzierend wirkenden Stoffen erhalten. Nach einem weiteren Patent (D.R.P. 391314) soll dem Weichwasser zur Erzielung der Haarlockerung neben der zur Schwellung des Hautmaterials notwendigen Alkalimenge ein Präparat zugesetzt werden, das durch alkalische Vergärung von Hundekot, insbesondere solcher Sorten, die für Beizzwecke als ungenügend ausscheiden, erhalten wird. Auch dieses Verfahren soll nach Angaben der Patentschrift in 1 bis 2 Tagen Haarlässigkeit bei völliger Unversehrheit der Haare bzw. Wolle und des Hautmaterials und bei guter Lederausbeute bewirken. A. M. Simskaja schließlich wies für Haarlockerungszwecke auf die Verwendbarkeit von Fermentpräparaten aus Fischeingeweiden hin.

Eine Anzahl weiterer Patente enthalten Vorschläge für Verfahren, bei denen grundsätzlich im Gegensatz zu den bisher angeführten Patenten an Stelle von organischen Fermenten und Drüsenflüssigkeiten des tierischen Körpers für den Fermentäscher Enzyme verwendet werden sollen, die durch Züchtung von Bakterien oder Pilzen erhalten werden. So ist vorgeschlagen worden (D.R.P. 334526), zum Erhalt geeigneter Präparate bestimmte Bakterien der Gattung Bac. mycoides teunescens, Megatherium und mesentericus oder bestimmte Schimmelpilzarten und zwar die Mucor- und Aspergillusarten zu verwenden. Die Bakterien und Pilze sollen im Brutschrank auf geeigneten Nährboden gezüchtet werden, bis die für den Fermentäscher in Frage kommenden Enzyme in entsprechender Menge gebildet sind. Die zuvor einer zweckentsprechenden Alkalischwellung unterworfenen Häute und Felle werden mit der erhaltenen Enzymlösung dann bis zum Erhalt genügender Haarlässigkeit behandelt. Weitere Patente (E.P. 250907; F.P. 30797; 609316; vgl. auch F.P. 801661) empfehlen, zur Haarlockerung das zuvor alkalisch oder sauer geschwellte Hautmaterial mit proteolytischen Fermenten zu behandeln, die durch Züchtung von Aspergillus niger und Penicillium glaucum auf geeigneten Nährböden erhalten werden. Die erhaltenen Fermentpräparate sollen auf die Fleischseite der Häute und Felle aufgetragen werden. In Zusatzpatenten (E.P. 253549; F.P. 656770) wurde eine Erweiterung auch auf Aspergillus oryzae zu dem gleichen Zwecke der Erzeugung von Haarlockerungsmitteln auf fermentativer Grundlage empfohlen. Die Züchtung von Aspergillus oryzae in Kulturen auf geeigneten Nährböden ist für den gleichen Zweck auch von anderer Seite vorgeschlagen worden (F.P. 558132; G. Abt; Ch. Berliner). Das Präparat wurde früher unter dem Namen Piltan, später unter der Bezeichnung Sojal in den Handel gebracht. Nach Angaben von G. Abt soll die Temperaturempfindlichkeit dieser Präparate, die zur Verhinderung einer Entwicklung kollagenangreifender Bakterien während des eigentlichen Haarlockerungsprozesses mit Borsäure oder Bikarbonat versetzt werden, geringer sein als die des Pankreatins. Die Fermentkonzentration soll derart eingestellt sein, daß der Haarlockerungsvorgang etwa 24 Stunden dauert.

Auch hier wiederum wird vor der eigentlichen Fermentbehandlung zur Schwellung des Hautmaterials eine Behandlung in 0,2 bis 0,4%iger Sodalösung und nachfolgende Neutralisation mit schwacher Bikarbonatlösung vorgeschlagen (G. Abt).

Auch das französische Patent 678123 empfiehlt die Verwendung von Schimmelpilzen oder Diastasen tierischen oder pflanzlichen Ursprungs zum Zwecke der Haarlockerung. Andere Patente schützen für Haarlockerungszwecke die Behandlung der Häute mit isolierten proteolytischen Enzymen bakterieller Herkunft, z. B. von bact. subtilis, bact. mesenthericus, bact. liquefaciens (E.P. 355306; F.P. 640112; A.P. 2041731; 2041732), Kulturen von Bazillus vulgatus oder Bazillus Megatherium (E.P. 351600) oder auch von Bakterien wie Staphylococcus pyogenes albus, bact. coli commune (F.P. 689858). In allen Fällen werden die Bakterien auf geeigneten Nährböden gezüchtet, eventuell unter Zusatz sachgemäßer Aktivatoren, dann sollen nach den in den Patentschriften teilweise gemachten Angaben die Lösungen getrocknet und im Gemisch mit Holzmehl unter Zusatz geeigneter Neutralsalze verwendet werden. In diesem Zusammenhang sei weiter das französische Patent 622704 erwähnt, in dem Kulturen von Mikrokokken, Diplokokken und Streptokokken zur Haarlockerung vorgeschlagen werden, die in wäßriger Lösung auf die Fleischseite des Hautmaterials aufgestrichen werden sollen, wobei Haarlässigkeit bei etwa 30° C innerhalb von 12 bis 48 Stunden bei Schonung der Haare und des Hautmaterials erreicht werden soll.

Die Verwendung des Papains, eines pflanzlichen Ferments aus dem Safte des Melonenbaumes, ist für Zwecke der Haarlockerung vorgeschlagen und patentrechtlich geschützt worden, wobei zur Aktivierung zumeist Blausäure (E.P. 346836) oder auch Schwefelwasserstoff empfohlen wird, Stoffe, die wegen ihrer Giftigkeit bzw. wegen ihrer Geruchsbelästigung für die Praxis nicht sehr empfehlenswert sind. M. Bergmann, M. Lissitzin und G. Schuck konnten indessen zeigen, daß Papain auch durch andere, ungiftige und wenig riechende Zusätze, insbesondere von Bisulfit für Haarlockerungszwecke genügend aktiviert werden kann. Die gleichen Autoren wiesen ferner darauf hin, daß Papain im Gegensatz zur Verwendung von Pankreasenzymen keine Vorschwellung erfordert.

Schließlich wurden auch Fermentauszüge der Sojabohne und ferner Schimmelpilzkulturen, auf einem Gemisch von Kleie und Sojabohnenschrot gezüchtet, für Haarlockerungszwecke besonders empfohlen (E. K. Kaversnewa und E. M. Olejnikowa).

Prinzipiell ist also auf Grund der vorstehend angeführten zahlreichen Patente über die Durchführung von Fermentäschern festzustellen, daß für diese Haarlockerungsvorgänge entweder bereits proteolytische Fermente enthaltende Drüsenflüssigkeiten und Organe des tierischen Körpers oder des Saftes von Pflanzen verwendet werden oder daß diese Fermente durch Züchtung geeigneter Bakterien oder Hefen auf zweckentsprechenden Nährböden eventuell unter Zusatz geeigneter Aktivatoren geschaffen werden. Im letzteren Falle besteht der prinzipielle Unterschied gegenüber dem Schwitzvorgang darin, daß die Entwicklung der Fermente durch Bakterien oder Pilze in einem von dem eigentlichen Haarlockerungsvorgang völlig getrennten Arbeitsgang erfolgt und daß vor Einwirkung der dabei erhaltenen Fermente auf die tierische Haut zumeist die gleichzeitig noch vorhandenen Bakterien bzw. Pilze durch Zusatz zweckentsprechender Sterilisationsmittel in ihrer Entwicklung gehemmt werden. Damit kommt entgegen dem Schwitzprozeß das Hautmaterial mit den Bakterien und Pilzen selbst nicht in Berührung, wenigstens so lange nicht, als die Bakterien und Pilze sich in lebensfähigem Zustand befinden. In einem Patent ist auch empfohlen worden, bei Schimmelpilzkulturen im Hinblick auf die Verwendung in Fermentäschern durch Zusatz plasmolytischer Salze wie

Kochsalz, Natriumsulfat, Bikarbonat usw. den Micellinhalt von den eigentlichen Sporen zu trennen (F.P. 656770).

Im Vergleich mit den in früheren Abschnitten beschriebenen Äscherverfahren wird von O. Röhm (*1*), (*2*), Ch. Berliner und in den verschiedenen einschlägigen Patentschriften als Vorteil für den Fermentäscher zunächst angeführt, daß eine unkontrollierbare Bakterieneinwirkung (alte Äscher; Schwitze) durch eine genau dosierbare und damit sicher zu handhabende und kontrollierbare Fermenteinwirkung ersetzt worden ist. Weiter werden die Verwendung von Kalk und die dadurch unter Umständen verursachten Schadenserscheinungen (Kalkschatten) und vor allem die Verwendung von Sulfiden und die dadurch verursachte Zerstörung der Haare und Wolle und Verschlechterung des Leimleders und des Abwassers vermieden. Es soll ferner durch die Anwendung der Fermentäscher ein höheres Rendement erzielt werden, was sich beim Unterleder in einer gewichtsmäßig besseren Lederausbeute, beim Oberleder durch den Erhalt eines volleren, auch in den Seiten vollen und nicht losnarbigen Leders bemerkbar macht. Schließlich werden als Vorteile noch besondere Sauberkeit der Durchführung, Vereinfachung der Arbeitsweise und schließlich Schonung der Hände der Arbeiter angeführt. In diesem Zusammenhang sei auch erwähnt, daß bei einer Reihe der einschlägigen Patente und Verfahren besonders angeführt ist, daß es durch entsprechende Wahl der Fermentkonzentration möglich wäre, zugleich mit der Haarlockerung auch ein Beizen des kollagenen Fasergefüges durchzuführen, so daß dieser Arbeitsgang völlig gespart werden könnte, was eine weitere Vereinfachung des Fabrikationsganges bedeuten würde. Ohne Zweifel sind die Vorteile der Fermentäscher derart, daß mit einer wachsenden technischen Bedeutung auch dieser Gruppe der Haarlockerungsverfahren für die Zukunft gerechnet werden muß. Heute steht zumeist der praktischen Anwendung dieser Verfahren noch im Vergleich mit den anderen Haarlockerungsmethoden insbesondere der relativ hohe Preis entgegen, mit dem die meisten dieser Verfahren, soweit die bestehenden Vorschläge überhaupt zur Zeit technisch ausgenutzt werden, verbunden sind.

## III. Fehlermöglichkeiten bei den Prozessen der Haarlockerung.

Die Fehlermöglichkeiten bei den Prozessen zur Erreichung der Haarlockerung von Häuten und Fellen können prinzipiell in drei Gruppen geschieden werden, Fehler, die durch ungenügende Vornahme der Haarlockerungsvorgänge verursacht sind, Fehler, bei denen der Haarlockerungsprozeß zu intensiv durchgeführt wurde, und schließlich Fehler, die durch eine unsachgemäße Handhabung der einzelnen Methoden bzw. unsachgemäße Behandlungsweise des Hautmaterials nach Beendigung der Haarlockerungsvorgänge verursacht sind.

Eine ungenügende Durchführung des Haarlockerungsprozesses, etwa durch zu kurzes Äschern, ungenügende Konzentration der Äscherchemikalien, Äschern bei zu tiefen Temperaturen, ausschließliche Verwendung frischer Kalkäscher, ungenügend langes Schwitzen oder Schwöden usw. macht sich naturgemäß einmal in einer ungenügenden Lockerung der Haare bemerkbar, wobei sich insbesondere die Grundhaare, deren Haarzwiebeln häufig tiefer in der Haut sitzen und die daher schwieriger zu lockern sind als die Oberhaare, beim nachfolgenden mechanischen Enthaaren nicht genügend entfernen lassen. Diese auf der Haut verbleibenden Haare fallen bei Unterleder, wenigstens solange der Umfang des Schadens verhältnismäßig gering ist, weniger störend ins Gewicht als bei Oberleder und Feinleder, wo auch bereits in geringem Umfange vorhandene Grundhaare sich von der Oberfläche insbesondere bei gefärbtem Leder mehr oder weniger deutlich abheben, eine gewisse rauhe Narbenfläche verursachen und beim nachträglichen Auftragen von Narbenappreturen, Deckschichten oder bei Herstellung von Lackleder eine unebene Oberfläche bewirken. Außerdem wird bei Häuten mit ungenügender Haarlässigkeit beim Enthaaren in dem Bestreben, doch noch eine restlose Entfernung der Haare erzielen zu wollen, zumeist übermäßige Gewalt angewandt, wobei vielfach ein Wundstreichen des Narbens oder sogar stärkere Verletzungen verursacht werden. Daneben muß sich aber eine unzureichende Durchführung der Haarlockerungsprozesse auch auf die Beschaffenheit des Coriums bei Beginn der Gerbung und damit auf die Eigenschaften des fertigen Leders auswirken. In dem Maße, wie diese Prozesse unzulänglich durchgeführt werden, wird auch eine nur ungenügende Auflockerung des Hautfasergefüges, eine unzureichende Anpeptisierung der einzelnen Hautfasern und eine nicht genügende Verseifung des Naturfettes der Haut bewirkt. Ein solcher Fehler macht sich zunächst beim Beizen in einem ungenügenden Durchbeizen des Hautfasergefüges und beim Gerbprozeß selbst in einer verminderten Gerbstoffaufnahme durch die Haut bemerkbar und äußert sich in der Beschaffenheit des fertigen Leders insbesondere in einer ungenügend weichen und geschmeidigen Beschaffenheit und mangelnden Zügigkeit des Leders und einer zu beanstandenden Härte und Sprödigkeit insbesondere der Narbenschicht, so daß Leder von mehr oder weniger harter, leerer und blechiger Beschaffenheit erhalten werden. Wie bei Besprechung der Fehlermöglichkeiten des Weichprozesses dargelegt wurde (vgl. S. 58), kann ein ungenügender Äschereffekt und damit der Erhalt harter, blechiger Leder insbesondere bei getrocknetem Hautmaterial auch verursacht werden, wenn die Häute während des Weichprozesses nur ungenügend erweicht werden, so daß die Haarlockerungschemikalien nur ungenügend in das Hautfasergefüge bzw. die Hautfasern selbst eindringen können und entsprechend ein nur ungenügender Hautsubstanzaufschluß bewirkt und dadurch wieder bei der nachfolgenden Gerbung eine ungenügende Gerbstoffaufnahme erreicht wird.

Im Vergleich zu diesen angeführten Fehlermöglichkeiten ist in der Praxis die zweite Fehlergruppe, verursacht durch zu intensive Einwirkung der haarlockernden Mittel auf die Haut, wesentlich häufiger anzufinden. Selbstverständlich wird bei allen diesen Häuten und Fellen die nachfolgende mechanische Entfernung der Haare immer einwandfrei möglich sein, also stets eine völlige Trennung der Verbindung zwischen Epidermis und Corium stattgefunden haben. Darüber hinaus tritt aber sowohl bei den chemischen wie auch bei den biologischen Haarlockerungsverfahren bei zu intensiver Einwirkung eine mehr oder weniger starke unerwünschte Veränderung auch des kollagenen Hautfasergefüges in die Erscheinung. Durch ein Überäschern, etwa durch zu langes Äschern, Äschern bei zu hohen Temperaturen oder längeres Äschern in zu alten, stark bakterienhaltigen Äscherbrühen wird ein zu starker Angriff, also eine zu starke Auflockerung des Hautfasergefüges und zu starke Anpeptisierung der Hautfasern bewirkt, durch die das Hautfasergefüge insbesondere in der Zone unmittelbar unter der Narbenschicht, die bereits von Natur aus durch die vorhandenen Haarlöcher, Schweißdrüsen usw. verhältnismäßig schwach ausgebildet ist, eine weitere Schwächung erfährt. Dieser Angriff äußert sich am fertigen Produkt durch den Erhalt mehr oder weniger leerer Leder ohne gewünschte Fülle, durch eine mehr oder weniger starke Schwammigkeit und Losnarbigkeit („rinnender Narben“) insbesondere in den abfälligen Teilen der Haut (Flanken), durch eine Verminderung der Festigkeitseigenschaften des Leders, durch eine übermäßige Zügigkeit und häufig auch durch eine gewisse mürbe Brüchigkeit insbesondere der empfindlichen Narbenschicht. Der in allen diesen Fällen stets erfolgende übermäßig starke Hautsubstanzverlust macht sich bei der Unterlederherstellung zudem durch die Erzielung eines nur schlechten Lederrendements und den Erhalt von Ledern mit ungenügender Festigkeit und Widerstandsfähigkeit und geringem Stand bemerkbar. Auch durch eine übermäßige Schwellung des Hautmaterials während des Äscherns kann infolge übermäßig starker Zugbeanspruchung und gegenseitiger Verquellung der Hautfasern der Erhalt eines übermäßig lockeren, losnarbigen und schwammigen Leders verursacht werden.

Unbeachtet geblieben bei der Besprechung der zweiten Fehlergruppe des Haarlockerungsprozesses ist bisher überhaupt die Möglichkeit eines fermentativen Angriffs auf die Proteine der Haut und doch ist dieser Fehlerquelle bei den Haarlockerungsprozessen in ganz besonderem Maße Aufmerksamkeit zu schenken. Die Möglichkeit eines bakteriellen Angriffs ist in gleicher Weise bei Verwendung sehr alter, stark bakterienhaltiger Äscher, insbesondere wenn das Hautmaterial darin längere Zeit oder bei gesteigerter Temperatur verbleibt, wie auch beim Schwitzprozeß oder der unsachgemäßen Anwendung von Fermentäschern gegeben. Bei den beiden letztgenannten Haarlockerungsverfahren, insbesondere beim Schwitzen der Häute, ist ein bakterieller bzw. fermentativer Angriff auf das Hautfasergefüge überhaupt die hauptsächlichste Fehlermöglichkeit, der nur durch eine ständige sachgemäße Überwachung des Haarlockerungsvorganges und rechtzeitige Entfernung der genügend haarlässigen Häute und Felle begegnet werden kann. Ein derartiger bakterieller oder enzymatischer Angriff auf das Hautmaterial im Laufe des Haarlockerungsvorganges äußert sich einmal infolge des gesteigerten Hautsubstanzverlustes wieder durch den Erhalt weicher, teils schwammiger, losnarbiger Leder mit verschlechtertem Rendement, darüber hinaus aber auch unter Umständen durch eine sichtbare Zerstörung des Hautfasergefüges, in erster Linie der empfindlichen Narbenschicht. Da ein derartiger fermentativer Angriff auf die Hautsubstanz sich natürlich an der Haut und am fertigen Leder prinzipiell in genau der gleichen Weise auswirkt wie ein Angriff von Fäulnisbakterien auf die rohe Haut während des Lagerns bzw. während des Weichprozesses, kann bezüglich der sichtbaren Auswirkung solchen Angriffs auf die Haut bzw. die Beschaffenheit des fertigen Leders auf die entsprechenden Ausführungen bei Behandlung der Fehlermöglichkeiten während des Weichens verwiesen werden (vgl. S. 57).

Bei der dritten Fehlergruppe, verursacht durch unsachgemäße Handhabung der einzelnen Haarlockerungsmethoden oder unsachgemäße Behandlung des Hautmaterials, ist an erster Stelle die Entstehung von Kalkflecken oder Kalkschatten infolge Abscheidung unlöslicher Kalkverbindungen, insbesondere von Calciumcarbonat im Narben der Haut zu erwähnen. Derartige Kalkflecken entstehen zumeist dadurch, daß die kalkhaltigen Häute der Einwirkung von Kohlensäure ausgesetzt werden. Eine derartige Einwirkung kann einmal erfolgen, wenn die Häute während des Äscherns nicht völlig von der Äscherbrühe bedeckt sind, so daß die Kohlensäure der Luft auf die stark kalkhaltigen Häute zur Einwirkung gelangen kann. In gleicher Weise entstehen solche Flecken, wenn die kalkhaltigen Häute und Felle nach dem Äschern längere Zeit der Luft ausgesetzt werden oder mit einem Wasser gespült werden, das größere Mengen an freier Kohlensäure enthält oder einen höheren Gehalt an Bikarbonathärte aufweist. Durch Zusatz von etwas Kalkmilch zu solchem Wasser vor Einbringen der Häute kann infolge Ausfällens der Kohlensäure bzw. der Härtebildner in Form des unlöslichen Karbonats das Auftreten von Kalkflecken vermieden werden. Beim Äschern selbst spielt entsprechend die Karbonathärte des verwendeten Wassers insofern keine Rolle, als das sich bildende Calciumkarbonat sich schon beim Anstellen des Äschers außerhalb der Haut unlöslich abscheidet und zusammen mit den ungelösten Kalkanteilen sich zu Boden setzt. Gewisse Gefahren bezüglich der Bildung von Kalkflecken bestehen dagegen bei allen Ascherverfahren, bei denen die Ascherbrühe ständig in Bewegung ist, also etwa bei den Rühräschersystemen usw. (vgl. S. 93 ff.), da hierbei die Kohlensäure der Luft in wesentlich intensiverer Weise auf die Äscherbrühe einwirken kann und das sich dabei bildende Calciumcarbonat sich bei der größeren Menge, in der es entsteht, auch auf und in der Narbenschicht der Häute festsetzen kann. Die Ablagerung des Calciumcarbonats im Narben läßt sich erfahrungsgemäß während des Beizens nicht entfernen. Es ist hierfür eine Behandlung des Hautmaterials mit höherkonzentrierten Säurelösungen (natürlich in Form eines Pickels) erforderlich, um die Kalkflecke zu entfernen, und da zumeist derartige Säurekonzentrationen nicht Anwendung finden, machen sich die Kalkflecken auch am fertigen Leder in störender Weise bemerkbar (Abb. 21). Kalkflecken sind meist unregelmäßig begrenzte matte Stellen auf der Narbenseite des Leders, die erfahrungsgemäß in stärkerem Maße insbesondere an solchen Stellen der Oberfläche der Haut auftreten, die einen mechanischen oder enzymatischen Angriff erfahren haben, wohl weil das Calciumcarbonat an der rauhen Oberfläche dieser Stellen am besten haftet [F. Stather (*2*), S. 90]. Am fertigen Leder äußern sich die Kalkflecken durch eine ungleichmäßige Gerbstoff- und Farbstoffaufnahme und dadurch verursachte Fleckenbildung, zumeist auch durch eine gewisse rauhe und harte Beschaffenheit und Brüchigkeit der empfindlichen Narbenschicht. Insbesondere bei pflanzlich gegerbtem Leder wird die Fleckenbildung infolge der Entstehung dunkel gefärbter Kalk-Gerbstoffverbindungen noch erheblich verstärkt (Abb. 21). Die Kalkflecken lassen sich vermeiden, wenn man die Häute in kalkhaltigem Zustand nie längere Zeit der Luft aussetzt, sondern auch nach dem Äschern stets unter Wasser liegen läßt, wobei bei Verwendung von Wasser mit größerer Carbonathärte diese zuvor, wie oben angeführt, durch Kalkmilchzusatz entfernt werden muß. Werden die kalkhaltigen Häute auf Stapel geschichtet, so stets so, daß die äußeren Häute mit der Fleischseite nach außen liegen, da die Kalkflecken insbesondere in der Narbenschicht störend wirken.

Abb. 21. Kalkflecken auf pflanzlich gegerbtem Leder. $^1/_3$ natürl. Größe [nach F. Stather (*2*)].

Weitere in diese Gruppe gehörende Fehlermöglichkeiten sind insbesondere beim Faßäscher gegeben. Die Bewegung der Häute in stark äschergequollenem Zustand stellt ohne Zweifel eine nicht zu unterschätzende Möglichkeit der Überbeanspruchung des Hautfasergefüges und jeder einzelnen Faser und damit eine Ursache für eine Verminderung der Festigkeitseigenschaften des fertigen Leders und ungenügenden Stand bei Unterleder dar. Da diese Gefahr um so größer ist, je stärker die Äscherquellung des Hautmaterials ist, pflegt man, wie an früherer Stelle besprochen (vgl. S. 109), bei Durchführung des Faßäschers zugleich quellungshemmende Zusätze zu verwenden. Hinzu kommt die Möglichkeit einer rein mechanischen Beschädigung der Häute und Felle beim Faßäscher durch ständiges Reiben aneinander oder an der Faßwand, wodurch insbesondere die empfindliche Narbenschicht verletzt wird, was sich am fertigen Leder durch sog.

Scheuerflecke, d. h. in einer matten, glanzlosen und unter Umständen etwas aufgerauhten Oberfläche des Leders bemerkbar macht, wobei infolge andersartiger Gerbstoff- und Farbstoffaufnahme dieser Stellen zumeist auch eine ungleichmäßige Färbung des Leders verursacht wird. Vermeiden lassen sich solche Beschädigungen durch Verwendung genügend großer Äscherfässer mit genügend niedriger Umdrehungszahl und durch Verwendung einer genügend großen Flüssigkeitsmenge, so daß die Häute und Felle im Äscherbade schwimmen und dadurch eine Reibung weitgehend vermieden wird. Erhöht wird andererseits die Gefahr solcher mechanischer Beschädigungen durch das Vorhandensein gröberer Kalkteilchen, insbesondere aber durch Verwendung von Kalksorten, die scharfkantige, sandige Bestandteile enthalten.

Erwähnt seien hier abschließend noch die sog. Sulfidflecken, mehr oder weniger große Flecken von blauschwarzer Färbung, die bisweilen beim Äschern in sulfidhaltigen Äscherbrühen entstehen und die zumeist auf die Bildung und Ablagerung von Eisensulfid zurückgeführt werden. G. W. Schultz hat im Gegensatz hierzu darauf hingewiesen, daß Eisensulfidflecken zumeist eine intensivere Färbung als diese Flecken aufweisen, und führt solche Flecken, da durch Vorbehandlung der Häute mit Alkalien, nicht dagegen mit Säuren ihr Auftreten vermieden werden kann, nicht auf die Gegenwart von Eisenverbindungen, sondern auf eine ungenügende Konservierung zurück. Er nimmt an, daß es sich bei den blauen Flecken um gefärbte Sulfide der infolge mangelnder Konservierung entstehenden Zersetzungsprodukte der Haut, z. B. etwa Sulfoxyhämoglobin, handelt.

## IV. Untersuchung der Haarlockerungsmittel und analytische Kontrolle des Haarlockerungsprozesses.

### 1. Untersuchung der Haarlockerungsmittel.

#### a) Kalk.

Für den Haarlockerungsprozeß allein wirksamer haarlockernder Bestandteil des Kalkes ist das Calciumhydroxyd. Entsprechend interessiert bei der Untersuchung von Kalk für Gerbereizwecke in erster Linie der Gehalt an Calciumoxyd bei Branntkalk bzw. an Calciumhydroxyd bei Kalkhydratprodukten. Ein guter Branntkalk enthält mindestens 85 bis 90% CaO und es gibt viele Branntkalksorten, die bis 95 bis 97% CaO aufweisen. Handelsübliche Kalkhydratprodukte enthalten, wenn es sich um sachgemäße Produkte von genügender Reinheit handelt, über 80% bis zu 93 bis 96% $Ca(OH)_2$. Bei den ganz hochprozentigen Kalksorten haben die vorhandenen geringen Mengen an Verunreinigungen keinerlei Bedeutung, bei weniger reinen Fabrikaten kann ihnen aber für den Ablauf des Haarlockerungsvorganges eine gewisse Bedeutung zukommen, so daß die Kenntnis auch der sonstigen Bestandteile für die Beurteilung eines Kalkes für Haarlockerungszwecke von gewissem Interesse ist. Einmal interessiert der Gehalt der Produkte an Calciumcarbonat, der einmal den ungebrannten Kalkanteil, andererseits den durch die Kohlensäure der Luft wieder carbonisierten Kalkanteil umfaßt. Bei sachgemäß hergestelltem und gelagertem Kalk sollte der Gehalt an Calciumcarbonat nicht wesentlich mehr als 5% betragen. Weiter ist von Bedeutung der Gehalt an Magnesiumoxyd und an Kieselsäure, die insbesondere in mageren Kalksorten vorhanden sind und einmal infolge Bildung unlöschbarer Silikate und starken Sinterns beim Brennen des Kalkgesteins den Löschvorgang beeinträchtigen und damit ein Maß dafür, ob es sich um magere oder fette Kalkarten handelt, darstellen und ferner, soweit es sich dabei um sandige Anteile von scharfkantiger Beschaffenheit handelt, zu einer mechanischen Beschädigung des Hautmaterials, insbesondere der empfindlichen Narbenschicht namentlich bei allen unter Bewegung arbeitenden Äschersystemen Veranlassung geben können. Magnesiumverbindungen sind fast in jedem Branntkalk in gewissen Mengen vorhanden, doch können Mengen über etwa 5% MgO die Fähigkeit des Kalkes, abzulöschen, beträchtlich vermindern und ebenso sollen Mengen über 5 bis 6% $SiO_2$ unter Umständen innerhalb kurzer Zeit auch bei normaler Brenntemperatur ein Totbrennen verursachen. Ferner sind von Interesse alle Alkaliverbindungen, da sie, wie wir an früherer Stelle sahen (siehe auch S. 99), infolge doppelter Umsetzung nach dem Schema

$$Ca(OH)_2 + 2\,NaX = CaX_2 + 2\,NaOH$$

zur Bildung von Alkalihydroxyd und damit zu einer Erhöhung der Alkalität des Kalkwassers, das normalerweise eine $^1/_{21}$-Normalität aufweist, führen („scharfe Kalksorten"). Schließlich soll auch der Gehalt des Kalkes an Eisenverbindungen einige Zehntel Prozent nicht übersteigen, da Verunreinigungen an Eisenverbindungen in größeren Mengen zur Entstehung von Eisenflecken auf dem Leder Veranlassung geben können. Alle Verunreinigungen des zur Haarlockerung verwendeten Kalkes sind zudem unerwünscht auch aus dem Grunde, weil sie den unwirksamen Schlamm der Äscherbrühe in unliebsamer Weise erhöhen.

Für die Gesamtbeurteilung eines Kalkes ist eine quantitative Bestimmung sämtlicher Bestandteile mit den üblichen analytischen Methoden erforderlich. Zur Beurteilung des Kalkes lediglich hinsichtlich seiner Verwendbarkeit zu Haarlockerungszwecken genügt es im allgemeinen, insbesondere den Gesamtkalkgehalt, die Gesamtalkalität, den nutzbaren Kalkanteil und die Alkalität des gesättigten Kalkwassers zu bestimmen.

Die Musterziehung zur Analyse ist bei den normalen handelsüblichen Kalkhydratprodukten recht einfach, da diese zumeist in gut gepulvertem Zustand von einheitlicher Zusammensetzung vorliegen. Aus der Gesamtzahl der Säcke einer Lieferung werden aus einigen, etwa aus 3 bis 5% je eine Probe entnommen, die einzelnen Proben werden vereinigt und gut gemischt und ein aliquoter Teil davon wird für die Untersuchung in einen gut verschließbaren Behälter abgefüllt. Beim Branntkalk dagegen ist eine sachgemäße Musterziehung schwierig, da der gebrannte Kalk aus der Luft begierig Wasser und Kohlensäure aufnimmt und entsprechend eine Veränderung der Zusammensetzung der Oberflächenschichten erfährt. Entsprechend kann bezüglich der Gesamtbeschaffenheit des Kalkes ein ganz falsches Bild entstehen, wenn man, wie vielfach üblich, von den einzelnen Kalkstücken lediglich kleine Randproben abschlägt und für die Analyse verwendet. Zweckmäßig werden für die Musterziehung überhaupt kleine Stücke vermieden, sondern eine Anzahl größere, etwa der Durchschnittsbeschaffenheit der Lieferung entsprechende Stücke zerschlagen und von jedem etwa ein Viertel oder ein Fünftel des Gesamtgewichts für die Analyse verwendet. Das Gesamtmuster wird zunächst grob zerkleinert, fein gemörsert oder gemahlen, sorgfältig vermischt, und dann ganz oder in aliquotem Teil in einem geschlossenen Glas für die Analyse aufbewahrt.

**Gesamtkalk.** 1 bis 2 g des fein zermahlenen Analysenmusters werden in Salzsäure gelöst, zur Abscheidung der vorhandenen Kieselsäure mehrfach mit Salzsäure abgeraucht, filtriert und auf ein bestimmtes Volumen aufgefüllt. Im aliquoten Teil dieser Lösung werden zunächst die vorhandenen Aluminium- und Eisenverbindungen nach Zusatz von Ammoniumchlorid mittels Ammoniak in der Hitze ausgefällt und abfiltriert und dann wird der Kalk in bekannter Weise in siedender Lösung mittels Ammoniumoxalat als Calciumoxalat ausgefällt, abfiltriert, ausgewaschen, verascht und geglüht und als Calciumoxyd gewogen. Bei dem hohen Gehalt des Kalkes an Calciumoxyd bereitet das Auswaschen des

Oxalats gewisse Schwierigkeiten und es empfiehlt sich, das Calciumoxyd erneut zu lösen und nochmals zu fällen.

**Gesamtalkalität.** 1 g des Analysenmusters wird mit genau 50 ccm $^n/_1$-Salzsäure bis zum vollständigen Lösen behandelt, eventuell vorsichtig erwärmt und dann wird der Säureüberschuß zurücktitriert. Bei dieser Bestimmung wird das Calciumoxyd bzw. -hydroxyd bestimmt, daneben werden aber auch alle anderen säurebindenden Bestandteile wie Calciumcarbonat, Magnesiumoxyd usw. miterfaßt.

1 ccm $^n/_1$ HCl entspricht 0,028 g CaO.

**Nutzbarer Kalk (CaO bzw. $Ca(OH)_2$).** 0,1 g Kalkhydrat wird mit Wasser angeteigt bzw. 0,1 g Branntkalk zunächst mit wenig heißem Wasser gelöscht, dann wird die Kalkmilch auf etwa 100 ccm verdünnt und mit $^n/_{10}$-Salzsäure gegen Phenolphthalein titriert, bis gerade die Rotfärbung verschwunden ist (Säureüberschuß vermeiden!) Bei dieser Titration wird nur das freie CaO bzw. $Ca(OH)_2$ erfaßt, nicht dagegen das Calciumcarbonat angegriffen. Die Titration muß langsam und unter ständigem guten Umschütteln vorgenommen werden, da nur so ausschließlich der nutzbare Kalk erfaßt wird und damit gut reproduzierbare Werte erhalten werden. Da in dem Maße, wie der Kalk bei der Titration neutralisiert wird, etwa noch ungelöster nutzbarer Kalk nachgelöst wird, tritt mit der Zeit eine erneute Rötung der Lösung ein und die Titration muß entsprechend über eine längere Zeitspanne ausgedehnt werden, bis auch nach einigem Stehen keine erneute Rotfärbung mehr festzustellen ist. In vielen Vorschriften ist vorgeschrieben, 1 oder gar 10 g Kalk zunächst auf 1 Liter zu lösen, nach gutem Durchschütteln 50 ccm der Kalkmilch abzupipettieren und auf 500 ccm aufzufüllen und davon wieder einen aliquoten Teil zur Titration zu verwenden. Bei dieser Arbeitsweise werden indessen nur schwer einwandfreie Ergebnisse erhalten, da bei der anfänglich erhaltenen Kalkmilch mit verhältnismäßig viel ungelösten Anteilen infolge der sich rasch zu Boden setzenden Anteile nur schwer die abzupipettierende Menge eine einheitliche Durchschnittsbeschaffenheit aufweist und daher die Reproduzierbarkeit verhältnismäßig schlecht ist. Besonders betont sei weiter, daß für diese Bestimmung das verwendete Wasser zuvor durch gründliches Auskochen von gelöster Kohlensäure befreit werden muß, da sonst infolge Bildung von Calciumcarbonat das Analysenergebnis beeinträchtigt wird.

1 ccm $^n/_{10}$ HCl entspricht 0,0028 g CaO.

Die Differenz zwischen Gesamtalkalität und nutzbarem Kalk ist ein Maß für die Verunreinigungen des Kalkes an Calciumcarbonat, Magnesia usw.

**Alkalität des gesättigten Kalkwassers.** Eine abgemessene Menge gesättigten Kalkwassers, die durch Lösen einer beliebigen Kalkmenge in Wasser, bei Branntkalk nach vorherigem Ablöschen, und folgender Filtration hergestellt wird, wird mit $^n/_{10}$-Salzsäure bis zur Neutralität titriert. Reines Kalkwasser weist bei Zimmertemperatur eine $^1/_{21}$-Normalität auf. Bei stärkerer Alkalität enthält der Kalk Alkalihydroxyde infolge doppelter Umsetzung des Kalkes mit verunreinigenden Alkaliverbindungen (s. oben).

**Glühverlust.** Vielfach wird bei Untersuchung des Kalkes der Glühverlust bestimmt. Dabei werden alle flüchtigen Bestandteile, also bei Branntkalk insbesondere die Kohlensäure des vorhandenen Calciumcarbonats und etwa aufgenommenes Wasser, bei Kalkhydrat insbesondere die Kohlensäure und das an Calciumoxyd gebundene bzw. darüber hinaus ungebunden aufgenommene Wasser bestimmt. Der Glühverlust stellt bei einiger Erfahrung eine gute Kontrolle der übrigen Analysenergebnisse dar. Für die Bestimmung des Glühverlustes werden zweckmäßig enge Tiegel oder noch besser Tiegel mit Deckel verwendet, da sonst die Analysenergebnisse infolge erneuter Karbonisierung beim Abkühlen beeinflußt werden.

**Mahlfeinheit.** Kalkhydrat wird handelsüblich in feingemahlenem Zustand geliefert. Da die Gefahr des Auftretens von Narbenbeschädigungen bei bewegten Äschern natürlich um so geringer ist, je kleiner die ungelösten Teilchen sind, wird für die Beurteilung von Kalkhydratprodukten vielfach auch die Prüfung der Mahlfeinheit mit herangezogen. Dabei erfahren die für Haarlockerungszwecke verwendeten Produkte zweckmäßig eine derartig feine Mahlung, daß beim Sieben durch ein Din-Sieb Nr. 50 (2500 Maschen je Quadratzentimeter) der Rückstand 1 bis 3% nicht übersteigt.

**Beständigkeit der Kalksuspensionen.** Wie an früherer Stelle eingehend behandelt wurde (siehe auch S. 100) sind Kalksuspensionen für Äscherzwecke um so günstiger, je länger sich die ungelösten Teilchen darin in der Schwebe halten, je langsamer also eine Sedimentation und damit Klärung erfolgt. Zur Bestimmung der Beständigkeit der Kalkmilch werden Kalksuspensionen der zu untersuchenden Kalksorten, bei Branntkalk nach vorherigem Löschen, hergestellt und in Standzylindern vergleichsweise hinsichtlich Geschwindigkeit des Absitzens der Teilchen beobachtet.

**Kalkgehalt von Kalkmilch.** Der Kalkgehalt frischer Kalkmilch kann in einer für praktische Verhältnisse ausreichenden Genauigkeit durch Spindeln ermittelt werden. In Tabelle 11 sind die diesbezüglichen Unterlagen zusammengestellt. Dabei muß die Kalksuspension vor dem Spindeln gründlich durchgerührt werden und das Ablesen dann möglichst rasch erfolgen, bevor die ungelösten Kalkteilchen sich wieder teilweise abgesetzt haben. Diese Gehaltsbestimmung durch Spindeln ist natürlich nur bei frischer Kalkmilch möglich, nicht bei gebrauchten Äschern, da bei diesen die Dichte auch durch alle vorhandenen Fremdstoffe, wie Abbauprodukte der Haut, Salz, Schmutz usw. mit bestimmt wird.

Tabelle 11. Baumégrade, Litergewicht und Kalkgehalt reiner Kalkmilch bei 15° C (nach Lunge-Berl).

| Grad Baumé | Gewicht von 1 Liter g | CaO im Liter g | Grad Baumé | Gewicht von 1 Liter g | CaO im Liter g |
|---|---|---|---|---|---|
| 1 | 1007 | 7,5 | 16 | 1125 | 159 |
| 2 | 1014 | 16,5 | 17 | 1134 | 170 |
| 3 | 1022 | 26 | 18 | 1142 | 181 |
| 4 | 1029 | 36 | 19 | 1152 | 193 |
| 5 | 1037 | 46 | 20 | 1162 | 206 |
| 6 | 1045 | 56 | 21 | 1171 | 218 |
| 7 | 1052 | 65 | 22 | 1180 | 229 |
| 8 | 1060 | 75 | 23 | 1190 | 242 |
| 9 | 1067 | 84 | 24 | 1200 | 255 |
| 10 | 1075 | 94 | 25 | 1210 | 268 |
| 11 | 1083 | 104 | 26 | 1220 | 281 |
| 12 | 1091 | 115 | 27 | 1231 | 295 |
| 13 | 1100 | 126 | 28 | 1241 | 309 |
| 14 | 1108 | 137 | 29 | 1252 | 324 |
| 15 | 1116 | 148 | 30 | 1263 | 339 |

## b) Sulfide.

Schwefelnatrium kommt vornehmlich als kristallisiertes Produkt ($Na_2S + 9\,H_2O$) mit etwa 30 bis 33% $Na_2S$ oder geschmolzen (konzentriert) mit etwa 60 bis 66% $Na_2S$ in den Handel. Daneben enthalten die technischen Produkte Verunreinigungen an löslichen Polysulfiden, Sulfit, Sulfat, Thiosulfat und Soda (siehe auch S. 105) und ferner an unlöslichem Eisensulfid. Für Gerbzwecke interessiert bei diesen Produkten vornehmlich der Gehalt an Schwefelnatrium, und entsprechend beschränkt sich die Untersuchung zumeist auch auf die Feststellung des Sulfidgehaltes, die bisweilen noch durch die Bestimmung der Gesamtalkalität ergänzt wird.

Die nachstehend zu beschreibenden Untersuchungsverfahren können natürlich sinngemäß auch auf die Untersuchung der übrigen Sulfide bzw. Sulfhydrate für Gerbzwecke, also insbesondere Natriumsulfhydrat, Calciumsulfid, Calciumsulfhydrat usw. übertragen werden. Soweit es sich bei der Beurteilung um Äscherprodukte unbekannter Zusammensetzung handelt, ist außer den angeführten Untersuchungen auch die Bestimmung des Verhältnisses von SH'-Ionen zu OH'-Ionen für die Beurteilung des Produktes hinsichtlich Verhaltens beim Haarlockerungsprozeß von Interesse. Bei der Untersuchung von rotem Arsenik für Haarlockerungszwecke interessiert, wie wir früher sahen (siehe S. 113ff.), ebenfalls ausschließlich das bei der Umsetzung mit Kalk entstehende Calciumsulfid, da dieses beim Arsenikäscher bzw. der Arsenikschwöde der allein wirksame Bestandteil ist. Zur Untersuchung roten Arseniks werden daher zweckmäßig 1 bis 2 g des feingepulverten Analysenmusters zunächst mit Ammoniak befeuchtet, einige Zeit stehen gelassen und dann in einem Erlenmeyer-Kolben mit der 200fachen Menge 2,5%iger Kalkmilch übergossen, die durch Löschen eines aus reinstem Marmor hergestellten Kalkes hergestellt worden ist. Das Gemisch wird am Rückflußkühler bei etwa 60 bis 70° C erhitzt, bis alle roten Teilchen verschwunden sind und somit die Umsetzung mit dem Kalk eine vollständige ist. Dann wird die Flüssigkeit auf ein bestimmtes Volumen aufgefüllt, filtriert, und ein aliquoter Teil des Filtrates wie bei der Analyse der übrigen Sulfide hinsichtlich Sulfidgehaltes untersucht.

Für die Untersuchung wird bei allen Produkten aus der Gesamtlieferung ein gutes Durchschnittsmuster aus 3 bis 5% aller Fässer oder sonstigen Behälter entnommen, gut vermischt, bei festen Produkten sorgfältig gepulvert und dann in einem geschlossenen Gefäß für die Untersuchung aufbewahrt.

**Sulfidgehalt** (J. Paessler). 10 g konzentriertes bzw. 20 g kristallisiertes Schwefelnatrium werden auf 1 Liter Wasser gelöst, die Lösung wird nach vorherigem guten Durchmischen zur Entfernung des stets vorhandenen unlöslichen Eisensulfids durch ein trockenes Faltenfilter filtriert. In einem Becherglas von 1 Liter Inhalt werden 300 ccm destilliertes Wasser zunächst mit 1 ccm konz. Salzsäure (spez. Gewicht 1,125) und dann mit soviel $^n/_{10}$-Jodlösung (meist genügen 45 ccm) versetzt, daß nach Zugabe der Schwefelnatriumlösung noch ein Jodüberschuß vorhanden ist. Dann gibt man genau 25 ccm der obigen Schwefelnatriumlösung unter ständigem Umrühren aus einer Bürette hinzu, titriert das überschüssige Jod unter Stärkezusatz mit $^n/_{10}$-Thiosulfatlösung bis zur Farblosigkeit zurück und stellt die Blaufärbung durch Zusatz eines Tropfens $^n/_{10}$-Jodlösung wieder her. Der ermittelte Jodverbrauch entspricht der Gesamtmenge aller im Schwefelnatrium vorhandener reduzierend wirkender Substanzen, es werden also bei dieser Titration neben dem Schwefelnatrium auch die vorhandenen Verunreinigungen an Thiosulfat, Sulfit usw. miterfaßt. In einer zweiten Bestimmung werden dann zu 50 ccm der obigen Schwefelnatriumlösung 50 ccm Zinksulfatlösung (50 g Zinksulfat krist. pro Liter) zugesetzt, das Gemisch gut durchgerührt, das ausgefällte Zinksulfid abfiltriert und 50 ccm des klaren Filtrats (= 25 ccm der ursprünglichen Sulfidlösung) mit Stärke als Indikator mittels $^n/_{10}$-Jodlösung bis zur beginnenden Blaufärbung titriert. Der Jodverbrauch dieser Titration entspricht den in dem Sulfid vorhandenen Mengen an reduzierend wirkenden Verunreinigungen. Wurden bei der ersten Titration $a$ ccm, bei der zweiten $b$ ccm $^n/_{10}$-Jodlösung verbraucht, so ist

$$\% \, Na_2S = \frac{(a - b) \cdot 15{,}6}{\text{Einwage}}.$$

E. Benesch hat darauf hingewiesen, daß es zweckmäßiger sei, zur Ausfällung des Schwefelnatriums statt Zinksulfat Cadmiumnitrat zu verwenden, da die Ausfällung mit Cadmiumnitrat vollständig verlaufe, während Zink bei Gegenwart von freiem Schwefelwasserstoff (insbesondere also bei Sulfhydraten, die ja einem Gemisch der normalen Sulfide und Schwefelwasserstoff gleichzusetzen sind) in umkehrbarer Reaktion gefällt würde, so daß stets gewisse Mengen Schwefelwasserstoff in Lösung blieben.

Ein anderes Verfahren der Sulfidbestimmung beruht auf der quantitativen Ausfällung des Sulfids mit $^{n}/_{10}$-Zinksulfatlösung. Dabei werden 25 ccm der Sulfidlösung zunächst mit 25 ccm einer Ammoniak-Ammoniumchloridlösung versetzt, die in bezug auf Ammoniak $^{1}/_{2}$ normal, in bezug auf Ammoniumchlorid $^{1}/_{4}$ normal ist und nach gutem Durchmischen mit einer $^{n}/_{10}$-Zinksulfatlösung titriert, die durch Auflösen von 14,38 g reinem kristallisierten Zinksulfat ($ZnSO_4 + 7\,H_2O$) pro Liter Wasser erhalten wird. Das Ende der Reaktion wird durch Tüpfeln entweder gegen kaltgesättigte Nitroprussidnatriumlösung auf weißer Porzellanplatte (Aufhören der rotvioletten Färbung mit Sulfiden) oder gegen alkalische Bleiacetatlösung auf Filtrierpapier (Aufhören der Schwarzfärbung infolge Bildung von Bleisulfid) oder gegen Nickelsulfatlösung (Aufhören der Schwarzfärbung infolge Bildung von Nickelsulfid) erkannt.

1 ccm $^{n}/_{10}$ $ZnSO_4$ entspricht 0,0039 g $Na_2S$.

Erwähnt sei schließlich noch ein weiteres Verfahren zur Bestimmung des Sulfidgehaltes (F. W. Horst), bei dem eine angesäuerte Kupfersulfatlösung (69,3 g reines $CuSO_4 + 5\,H_2O$ pro Liter) verwendet und so lange Sulfidlösung zutropfen gelassen wird, bis beim Tüpfeln der Kupfersulfatlösung auf Filtrierpapier mit Sulfidlösung keine Braunfärbung mehr auftritt. Man ist dann bis auf 0,2 bis 0,3 ccm an das Ende der Reaktion herangekommen, da diese geringen Mengen beim Tüpfeln nicht mehr zu erkennen sind, filtriert nun von der Reaktionsflüssigkeit 1 bis 2 ccm ab und versetzt im Reagensglas mit einem Tropfen der Sulfidlösung. Diese Prüfung setzt man fort, bis auch bei dieser Prüfung keine Braunfärbung mehr auftritt, wozu erfahrungsgemäß nach Ausbleiben der Braunfärbung beim Tüpfeln noch 4 bis 6 Tropfen der Sulfidlösung erforderlich sind. Durch jeweiliges Zurückspülen der kleinen abfiltrierten Menge kann auch der diesbezügliche Fehler vermieden werden.

1 ccm $CuSO_4$-Lösung entspricht 0,0216 g $Na_2S$.

**Gesamtalkalität.** 25 ccm der Sulfidlösung werden mit überschüssiger $^{n}/_{10}$-Schwefelsäure versetzt, dann gekocht, bis aller Schwefelwasserstoff vertrieben ist und der Überschuß an Säure zurücktitriert. Dabei werden neben dem Schwefelwasserstoff auch alle sonstigen alkalischen Bestandteile, insbesondere Natronlauge und Soda miterfaßt, so daß diese Bestimmung, wenn der Sulfidgehalt bekannt ist, ein Maß für derartige alkalische Verunreinigungen darstellt.

**Verhältnis von SH'- und OH'-Ionen.** Bei Zusatz von Formaldehyd zu einer SH'-Ionen enthaltenden Lösung wird nach der Gleichung

$$SH' + CHOH + H_2O = OH' + CH_2\begin{matrix}\diagup OH\\ \diagdown SH\end{matrix}$$

die der SH'-Ionenmenge äquivalente Menge an OH'-Ionen frei. Man versetzt also 25 ccm der zu untersuchenden Lösung zunächst mit einem Überschuß an Formaldehyd, der zuvor gegen Phenolphthalein neutralisiert wurde, und titriert dann mit $^{n}/_{10}$-Salzsäure gegen Phenolphthalein als Indikator, wobei die nach

Umsetzen mit Formaldehyd insgesamt vorhandene Menge an OH'-Ionen, also die Summe an OH'- und SH'-Ionen erfaßt wird. Andererseits kann man den Säureverbrauch der in 25 ccm der zu untersuchenden Lösung vorhandenen SH'-Ionen aus dem Ergebnis der Sulfidbestimmung berechnen, der bei der jodometrischen Titration $= \frac{a-b}{2}$, bei der Titration mit $^n/_{10}$-Zinksulfat $= \frac{\text{ccm } ^n/_{10}\, ZnSO_4}{2}$ ist. Die Differenz ergibt demgemäß den Gehalt der Lösung an OH'-Ionen. Bei reinen Sulfiden ist nach der Gleichung

$$Na_2S \underset{\longleftarrow}{\overset{H_2O}{\longrightarrow}} Na_2^{\cdot\cdot} + SH' + OH'$$

das Verhältnis von SH'- : OH'-Ionen = 1. Bei Sulfhydratpräparaten ist das Verhältnis SH' : OH' $> 1$ und bei überschüssigen Hydroxyden der Sulfidpräparate umgekehrt $< 1$.

#### c) Fermentäscher.

Analysenmethoden für die spezielle Untersuchung des Wertes und der Wirksamkeit von Fermentäschern sind bisher nicht bekannt und der Praktiker wird sich zumeist damit begnügen müssen, rein empirisch den Verlauf der Haarlockerung zu verfolgen und den Prozeß bei Erreichung genügender Haarlässigkeit zu unterbrechen. In der Patentliteratur und den sonstigen Literaturangaben über die Fermentäscher ist bisweilen vorgeschlagen worden, die Wirksamkeit der Fermentäscher, bei denen es sich um Vorgänge auf fermentativer Grundlage handelt, unter Heranziehung der üblichen Beizwertbestimmungsmethoden festzulegen (siehe auch S. 258ff.), doch liegen systematische Untersuchungen darüber, inwieweit eine solche Übertragung möglich ist und tatsächlich eine Parallele zwischen diesen Analysenbefunden und dem effektiven Haarlockerungsvermögen bestehen, bisher nicht vor.

## 2. Analytische Kontrolle des Haarlockerungsprozesses.

Auf die Wichtigkeit einer sachgemäßen Überwachung und Kontrolle des Haarlockerungsvorganges wurde in den vorhergehenden Abschnitten des öfteren hingewiesen. Einmal ist es erforderlich, in regelmäßigen Abständen die fortschreitende Haarlockerung zu verfolgen, um den Prozeß im richtigen Augenblick abzubrechen. Dies gilt insbesondere für alle diejenigen Fälle, bei denen auf eine möglichste Erhaltung der Haare Wert gelegt wird und damit eine übermäßige Einwirkung der Haarlockerungschemikalien unerwünscht ist. Insbesondere ist eine solche Überwachung ferner beim Schwitzprozeß und bei Vornahme von Fermentäschern in gesteigertem Maße erforderlich, um einen stärkeren Übergriff der Enzymwirkung auf die Proteine der Lederhaut selbst zu vermeiden. In gleicher Weise ist ferner bei den Haarlockerungsprozessen der Kontrolle der jeweiligen Schwellung des Hautmaterials besondere Aufmerksamkeit zu schenken. Für die Bestimmung des Schwellungsgrades sind in der Fachliteratur zwar eine Reihe von Vorschlägen veröffentlicht worden, doch hat sich keines dieser Verfahren für die praktische Betriebskontrolle bisher nennenswert einführen können, da sie zumeist umständlich durchzuführen sind und ihnen teilweise auch gewisse nicht unbeträchtliche Fehlerquellen anhaften. Praktisch wird die Beurteilung der Schwellung und des Prallheitsgrades des Hautmaterials ausschließlich rein gefühlsmäßig vorgenommen. Weiter ist eine sorgfältige Kontrolle der Temperatur insbesondere beim Schwitzen und der Verwendung von Fermentäschern unerläßlich, ebenso aber auch bei allen chemischen Haarlockerungsverfahren, bei denen bei teilweise gesteigerter Temperatur gearbeitet wird.

Außer den angeführten Kontrollmöglichkeiten während des Ablaufes des Äschervorganges kann bei den chemischen Haarlockerungsverfahren auch eine zweckentsprechende chemische Untersuchung der Lösungen insbesondere auch hinsichtlich Konzentrationsverhältnissen der Haarlockerungschemikalien wie hinsichtlich Anreicherung gelöster Proteinabbauprodukte für die Überwachung des Haarlockerungsvorganges wertvolle Dienste leisten. Derartige chemische Untersuchungen kommen insbesondere für Grubenäscher in Frage, bei denen die Äscherbrühen auf längere Zeit verwendet werden und naturgemäß in dieser Zeit den verschiedenartigsten Veränderungen unterworfen sein können, nicht dagegen für Faßäscher, die nur einmal verwendet werden und bei denen entsprechend die Zusammensetzung der Lösung durch sachgemäße Dosierung der Chemikalien weitgehend bestimmt ist.

Für die chemische Untersuchung von Äscherbrühen sollen nachfolgend einige Verfahren angeführt werden. Normen für die bei den einzelnen Untersuchungen erhaltenen Ergebnisse lassen sich allerdings nur schwer angeben, da die Befunde je nach der Arbeitsweise des einzelnen Betriebes in weiten Grenzen schwanken können. Entsprechend sind auch die Befunde verschiedener Betriebe nur schwer vergleichbar, für den gleichen Betrieb bedeuten die Untersuchungen dagegen bei gegebener Arbeitsweise eine wertvolle Kontrollmöglichkeit dafür, daß die Arbeitsprozesse stets mit der erforderlichen Konstanz durchgeführt werden.

Zur Entnahme der Analysenprobe müssen die Äscherbrühen zunächst gründlich aufgerührt werden. Die Proben werden in Flaschen abgefüllt, wobei es zweckmäßig ist, die Flaschen möglichst vollständig zu füllen, um eine Veränderung durch Einwirkung der Kohlensäure der Luft weitestmöglich zu vermeiden. Auf alle Fälle ist es zweckmäßig, die Proben möglichst bald nach Musterziehung zu untersuchen, da andernfalls beim längeren Stehen Veränderungen in der Zusammensetzung, insbesondere hinsichtlich Art der gelösten Proteinsubstanzen unvermeidbar sind. Ebenso ist es nicht zweckmäßig, die Äscherbrühe vor Vornahme der Untersuchungen zu filtrieren, da hierbei die Gefahr der Karbonisierung und des Ammoniakverlustes besteht. Es ist zweckmäßiger, die Äscherbrühen über Nacht im geschlossenen Gefäß absitzen zu lassen und die überstehende klare Lösung dann vorsichtig abzuziehen.

**Gesamtalkalität.** (Vgl. W. R. Atkin und W. F. Palmer.) Ein aliquoter Teil der Äscherbrühe wird mit überschüssiger $^n/_1$-Schwefelsäure versetzt, einige Zeit zum Sieden erhitzt und dann der Säureüberschuß gegen Methylorange zurücktitriert. Erfaßt werden bei dieser Bestimmung alle säurebindenden Bestandteile der Äscherbrühen, also alle Hydroxyde [$NaOH$, $Ca(OH)_2$, $NH_3$], alle etwa vorhandenen Sulfide bzw. Sulfhydrate und schließlich die an die vorhandenen Aminosäuren bzw. weniger abgebauten Proteinabbauprodukte gebundene Menge Kalk oder Natronlauge.

**Gesamtkalk.** Ein aliquoter Teil der zuvor gut aufgerührten Äscherflüssigkeit wird eingedampft, verascht, mittels Salzsäure gelöst und auf ein bestimmtes Volumen eingestellt. In einem Teil dieser Lösung wird der Kalk in bekannter Weise mittels Ammoniumoxalat gefällt (siehe auch S. 135).

**Sulfidschwefel.** Der in der Äscherbrühe vorhandene Sulfidschwefel kann einmal wie bei der Untersuchung reiner Sulfide durch Titration mit $^n/_{10}$-Zinksulfat bestimmt werden. Man versetzt 25 ccm der klaren Äscherlösung in der gleichen Weise wie dort angegeben mit einer Ammoniak-Ammoniumchloridlösung und titriert mit $^n/_{10}$-Zinksulfat (siehe auch S. 139). Von anderer Seite ist vorgeschlagen worden, den Schwefelwasserstoff aus der Äscherbrühe nach Ansäuern im Kohlensäurestrom überzudestillieren und in eine essigsaure Kupferacetatlösung einzuleiten und den Kupfergehalt der Lösung vorher und nachher jodometrisch zu bestimmen [F. G. A. Enna (*3*)].

**Gesamtstickstoff.** Die Bestimmung des Gesamtstickstoffs der Äscherbrühe erfolgt durch normalen Kjeldahlaufschluß und Bestimmung des gebildeten Ammoniaks. Bisweilen wird dabei eine Unterscheidung in hitzekoagulierbaren und nichthitzekoagulierbaren Stickstoff vorgenommen. Die Durchführung der Bestimmung erfolgt in der gleichen Weise, wie bei der analytischen Kontrolle des Weichprozesses angegeben, nur muß die Äscherlösung vor Zugabe der 2 ccm Eisessig mit Eisessig gegen Phenolphthalein neutralisiert werden. Der Wert der Bestimmung des Gesamtstickstoffs und noch mehr die Unterteilung in koagulierbaren und nichtkoagulierbaren Stickstoff ist sehr problematisch und sehr häufig überhaupt negiert worden. Die Schwierigkeit liegt in der Unmöglichkeit, die erhaltenen Analysenwerte wirklich exakt auswerten zu können. Die in der Äscherbrühe vorhandenen, recht beträchtlichen Mengen an Stickstoffverbindungen sind ganz verschiedener Herkunft, sie stammen teils von den für den Gerbprozeß wertlosen Keratinen der Epidermis und der Haare, teils von den in der Haut nach dem Weichprozeß etwa noch vorhandenen wasser- und neutralsalzlöslichen Proteinen, und nur zu einem Teil von einer hydrolytischen Spaltung der für den Gerber wichtigen, von Natur aus unlöslichen kollagenen Hautsubstanz, ohne daß eine analytische Unterscheidung zwischen diesen Proteingruppen möglich wäre (siehe auch S. 70). Entsprechend ist auch die bisweilen in der Praxis übliche Kontrolle alter Äscher, auf Grund des Volumens der bei Säure- oder Salzzusatz erhaltenen Fällungen auf die Menge verlorengegangener Hautsubstanz zu schließen, nicht als einwandfrei anzusprechen, da einerseits die aussalzbaren bzw. durch Säure ausflockbaren Proteine teilweise auch von einem Abbau der Epidermis und der Haare stammen und andererseits mit steigendem Abbaugrad die Säurefällbarkeit bzw. Aussalzbarkeit der Proteine bzw. Proteinabbauprodukte teilweise wieder verlorengeht (vgl. F. C. Thompson und W. R. Atkin).

**Gesamtflüchtiger Stickstoff** (Freies Ammoniak + flüchtige Amine) (J. H. Highberger und E. K. Moore). Ein aliquoter Teil der klaren Äscherlösung, der etwa 30 bis 35 mg flüchtigen Stickstoffs entspricht, wird in der in Abb. 22 wiedergegebenen Apparatur in den Kolben $D$ gebracht, eventuell mit überschüssigem gelöschten Kalk alkalisch gemacht, während sich in den Gefäßen $R_1$ und $R_2$ als Vorlage eine ausreichende Menge $^{n}/_{10}$-Schwefelsäure befindet. Danach wird die Apparatur mittels Wasserstrahlpumpe unter Vakuum gesetzt und der Kolben $D$ mittels Wasserbades $B$ erwärmt. Die Destillation wird bei 60 bis 70° C innerhalb 40 bis 45 Minuten durchgeführt. Eine höhere Temperatur ist nicht zu empfehlen, da andernfalls das Ergebnis durch weitere Hydrolyse der an und für sich noch nichtflüchtigen Proteinabbauprodukte in flüchtige Bausteine beeinträchtigt werden kann.

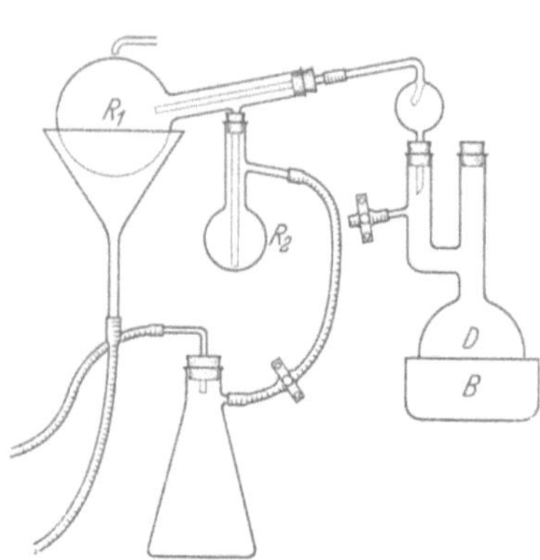

Abb. 22. Apparatur zur Bestimmung des flüchtigen Stickstoffs im Äscher.

Bezüglich der analytischen Trennung des Ammoniaks und der flüchtigen Amine ist ein Arbeitsgang von E. K. Moore, J. H. Highberger, R. Koppenhoefer und F. O'Flaherty veröffentlicht worden. Dabei wird zunächst das Ammoniak nebst den flüchtigen Aminen aus dem Äscher wie oben abdestilliert.

Das Ammoniak wird in einem aliquoten Teil des Destillats von den Aminen mittels HgO als unlösliche Verbindung ausgefällt und abgeschieden, so daß im Filtrat die Amine für sich bestimmt werden können. Ein weiterer Teil des Destillats wird mit salpetriger Säure versetzt. Dabei werden Ammoniak und die primären Amine unter Stickstoffabspaltung in Wasser bzw. Alkohole umgewandelt, aus den sekundären Aminen entstehen unzersetzt destillierbare Nitrosoverbindungen und die tertiären Amine schließlich reagieren nicht mit der salpetrigen Säure bzw. bilden lediglich Nitrite. Bei der nachfolgenden Destillation unter Alkalizusatz werden die Nitrosoverbindungen und die tertiären Amine überdestilliert, durch Auffangen in überschüssiger Säure und Rücktitration des Säureüberschusses aber nur die tertiären Amine erfaßt. Im Destillat werden dann die sekundären Amine durch Einwirkung starker Reduktionsmittel wieder aus den Nitrosoverbindungen regeneriert und anschließend werden durch neue Destillation die sekundären und tertiären Amine gemeinsam bestimmt. Aus den Differenzen der einzelnen Titrationen lassen sich die Gehalte an primären und sekundären Aminen berechnen.

Eine Methode zur direkten Bestimmung des freien Ammoniaks ist im VAGDA-Kalender, S. 62, wiedergegeben. Dabei erfolgt eine Destillation im Vakuum wie oben, doch werden zu 100 ccm der zu destillierenden Äscherbrühe neben 100 ccm Wasser 20 ccm 10%ige Magnesiumsulfatlösung ($MgSO_4 + 7\,H_2O$) zugesetzt. Das im Vakuum bei $40^0$ C überdestillierte Ammoniak wird in den Gefäßen $R_1$ und $R_2$ in 3%iger Borsäurelösung aufgefangen (die mit Methylorange gelb und nach Zusatz von einem Tropfen $^n/_{10}$-Salzsäure orange werden soll) und dann direkt mit $^n/_{10}$-Salzsäure gegen Methylorange titriert

$$1\text{ ccm } ^1/_{10}\,HCl = 0{,}0017\text{ g } NH_3.$$

**Kaustizität.** Die Kaustizität eines Äschers umfaßt den Gehalt der Äscherbrühe an Calciumhydroxyd und eventuell vorhandenem Natriumhydroxyd. Nach dem Vorschlage von W. R. Atkin und J. A. Atkin wird der Äscher mittels $^n/_{10}$-Salzsäure bis auf $p_H = 10$ titriert, wobei als Vergleichslösung eine Ammoniak-Ammoniumchloridpufferlösung von $p_H = 10$ verwendet wird, die durch Mischen von 75,6 ccm $^n/_{10}$-Ammoniaklösung und 24,4 ccm $^n/_{10}$-Ammoniumchloridlösung hergestellt wird. 25 ccm der klaren Äscherlösung werden nach Zusatz von $^1/_2$ ccm alkoholischer Thymolphthaleinlösung als Indikator mit $^n/_{10}$-Salzsäure bis zur Farbgleichheit mit der ebenfalls mit genau der gleichen Menge Indikator versetzten Pufferlösung titriert, wobei der Farbvergleich im Komparator erfolgt und dabei gleichzeitig eine etwa störend wirkende Eigenfarbe des Äschers kompensiert werden kann. Die Titration muß möglichst rasch erfolgen, da der Indikator in Wasser schwer löslich ist und daher die Farbe verhältnismäßig rasch verblaßt. Die verbrauchten Kubikzentimeter $^n/_{10}$-Salzsäure entsprechen der im Äscher vorhandenen Menge an Calcium- und Natriumhydroxyd, sowie einer 24%igen Neutralisation des vorhandenen Ammoniaks. Entsprechend muß das Ammoniak der Äscherbrühe gesondert (siehe oben) bestimmt und die 24% der vorhandenen Ammoniakmenge entsprechende Menge an $^n/_{10}$-Salzsäure in Abzug gebracht werden.

Bei einer zweiten Methode der Kaustizitätsbestimmung wird der Äscherbrühe zunächst Formaldehyd zugesetzt (siehe auch W. R. Atkin und W. F. Palmer, ferner VAGDA-Kalender, S. 63). Dabei werden zunächst, soweit in der Lösung SH'-Ionen vorhanden sind, diese gemäß der an früherer Stelle wiedergegebenen Umsetzung (S. 139) in OH'-Ionen umgewandelt und können damit bei einer Säuretitration erfaßt werden. Die Aminosäuren, die an und für sich neutral reagieren, werden bei Formaldehydzusatz in Methylenaminosäuren verwandelt, die infolge der freien Carboxylgruppen und der blockierten Aminogruppen sauer reagieren. Ammoniak wird schließlich mittels Formaldehyd in Hexamethylentetramin verwandelt und damit der Titration überhaupt entzogen. Wenn man demgemäß 25 ccm einer klaren Äscherbrühe mit 20 ccm 40%iger Formaldehydlösung versetzt, die zuvor gegen Phenolphthalein neutralisiert wurde, und dann mit $^{n}/_{10}$-Salzsäure titriert, so werden Calcium- und Natriumhydroxyd und ferner die Sulfhydrationen über die gebildeten Hydroxylionen erfaßt, während das Ammoniak nicht miterfaßt wird und die Aminosäuren infolge der sauren Reaktion der gebildeten Methylenaminosäuren gewissenmaßen mit negativem Vorzeichen erfaßt werden. Säuert man andererseits zunächst 25 ccm der klaren Äscherbrühe mit $^{n}/_{10}$-Salzsäure an, zerstört den Schwefelwasserstoff durch Zusatz von $^{n}/_{10}$-Jodlösung, neutralisiert das überschüssige Jod mit $^{n}/_{10}$-Thiosulfat und neutralisiert die Lösung mittels $^{n}/_{10}$-Natronlauge und Lackmuspapier als Indikator, so ist in dieser Lösung der Schwefelwasserstoff entfernt und Natrium- und Calciumhydroxyd und Ammoniak sind in die entsprechenden neutralen Chloride verwandelt. Setzt man nun zu dieser neutralisierten Lösung 20 ccm zuvor neutralisiertes Formaldehyd zu, so wird die Lösung sauer einmal infolge Bildung von Methylenaminosäuren aus den Aminosäuren und weiter infolge Umsatzes der dem Ammoniakgehalt entsprechenden Menge Ammoniumchlorid mit Formaldehyd und der dabei freiwerdenden Salzsäure. Titriert man nun mit $^{n}/_{10}$-Natronlauge auf schwach blau, so entspricht der Verbrauch dem Gehalt des Äschers an Ammoniak und Aminosäuren. Die Summe der Titrationsergebnisse der beiden Formoltitrationen umfaßt also, da die Aminosäuren einmal positiv und einmal negativ miterfaßt werden und demgemäß ein Ausgleich stattfindet, den Gehalt an Calciumhydroxyd, Natriumhydroxyd, SH'-Ionen und Ammoniak. Zieht man hiervon die getrennt bestimmten Werte für die SH'-Ionen $\left[= \frac{\text{ccm } ^{n}/_{10}\, ZnSO_4}{2}\right]$ und für Ammoniak, jeweils ebenfalls auf 25 ccm Äscherlösung bezogen, ab, so erhält man die Kaustizität des Äschers. Diese Werte liegen zumeist etwas höher als nach dem Verfahren von W. R. Atkin und J. A. Atkin, da auch das an Hautabbauprodukte gebundene Alkali hierbei miterfaßt wird.

**$p_H$-Wert der Äscherbrühe.** Die Bestimmung des $p_H$-Wertes der Äscherbrühen bereitet gewisse Schwierigkeiten. Kolorimetrische Methoden kommen wegen Ermangelung eines für die verhältnismäßig sehr hohen $p_H$-Werte geeigneten Indikators nicht in Frage. Bei elektrometrischer Messung ist die Wasserstoffelektrode anwendbar für alle diejenigen Äscherbrühen, die keine Sulfide enthalten. Sobald indessen schon geringe Mengen an Sulfid vorhanden sind, wirken diese als Kontaktgifte und entsprechend werden mit der Wasserstoffelektrode keine einwandfreien Werte erhalten. Als brauchbar ist die Glaselektrode empfohlen worden (vgl. z. B. W. B. Pleass), doch ist von anderer Seite auch die Brauchbarkeit der Glaselektrode in Zweifel gezogen worden (W. R. Atkin, L. Goldmann und F. C. Thompson). Nach Angaben von A. W. Goetz soll bei sorgfältiger Arbeitsweise auch die Antimonelektrode verwendbar sein, doch liegen bisher bestätigende Untersuchungen von anderer Seite noch nicht vor. W. R. Atkin, L. Goldmann und F. C. Thompson haben schließlich eine chemische Methode mitgeteilt, beruhend auf einer Kalktitration mit Permanganat. Sie gehen dabei davon aus, daß das Löslichkeitsprodukt des Calciumhydroxyds $S = [Ca^{\cdot\cdot}] \cdot [OH']^2$ konstant bleiben muß. Entsprechend läßt sich aus dem titrimetrisch erhaltenen Wert für $[Ca^{\cdot\cdot}]$ bei konstantem Wert für S der Wert für $[OH']$ und damit der $p_H$-Wert rechnerisch ermitteln. Für diese Berechnung haben die Autoren die Formel $p_H = 11{,}65 + {}^1/_2\, p_{Ca}$ abgeleitet, nach der aus den ermittelten $[Ca^{\cdot\cdot}]$-Werten direkt der $p_H$-Wert errechnet werden kann.

**Bakteriengehalt der Äscherbrühe.** Unter Umständen kann für die Untersuchung von Äscherbrühen auch einmal die Bestimmung des Bakteriengehaltes mit herangezogen werden, wenngleich eine solche Bestimmung nicht zu den normalen Untersuchungen zur Überwachung des Äschers gehören. Bezüglich der Durchführung dieser Untersuchungen sei auf die entsprechenden Angaben bei Besprechung der analytischen Kontrolle des Weichprozesses (siehe auch S. 60) verwiesen.

## Literaturübersicht.

Abt, G.: Cuir techn. **14**, 515 (1925).
Anselme, A. d': Bull. soc. chim. **29**, 936 (1903).
Atkin, W. R. u. J. A. Atkin: J. I. S. L. T. C. **4**, 236 (1920).
Atkin, W. R., L. Godmann u. F. C. Thompson: J. I. S. L. T. C. **17**, 568 (1933).
Atkin, W. R. u. W. F. Palmer: J. I. S. L. T. C. **4**, 111 (1920).
Atkin, W. R. u. F. C. Thompson: Leather Trades Year Book 1926, S. 56.
Benesch, E.: Chem.-Ztg. **57**, 562 (1933).
Bergmann, M., M. Lissitzin u. G. Schuck: Collegium 1931, 132.
Bergmann, M., A. Miekeley, F. Weinmann u. E. Kann: Collegium 1925, 362.
Bergmann, M. u. F. Stather (*1*): Collegium 1925, 109; (*2*): Ebenda 1926, 249.
Berliner, Ch.: Cuir techn. **17**, 508 (1928); **18**, 132 (1929).
Böttger: Dinglers Polytechn. Journ. **72**, 455 (1839).
Brotzu, G.: Annali Igiene **39**, 825.
Casaburi, V. (*1*): Ledertechn. Rdsch. **19**, 105, 117, 129, 141 (1927); (*2*): Cuir techn. **18**, 489 (1929).
Chambard, P.: Cuir techn. **19**, 188 (1930).
Chambard, P. u. J. Azémar: Cuir techn. **21**, 244, 260 (1932); J. I. S. L. T. C. **16**, 27, 403 (1932).
Chejfetz, S.: Ref. Collegium 1926, 284.
Dohogne, A.: Cuir techn. **24**, 29 (1935).
Eitner, W. (*1*): Gerber **39**, 225, 239, 253, 267 (1913); (*2*): Ebenda **29**, 239 (1903); (*3*): Ebenda **33**, 47 (1907).
Enna, F. G. A. (*1*): J. A. L. C. A. **12**, 547 (1917); (*2*): Hide and Leather **80**, 21, 33 (1930); (*3*): J. I. S. L. T. C. **5**, 131 (1921).
Franz, E. u. M. Hardtmann: Melliands Textilber. **15**, 437, 489 (1934).
Frey, R. W. u. I. D. Clarke: J. A. L. C. A. **28**, 490 (1933).
Gerngroß, O.: „Gerberei" in Liesegang, Kolloidchemische Technologie, 2. Aufl., Dresden und Leipzig: Th. Steinkopff, 1932.
Goeller, K. H.: J. I. S. L. T. C. **18**, 388 (1934).
Goerttler, V.: Ztrbl. Bakter. Parasitenk. I., **100**, 195 (1926).
Goetz, A. W.: J. A. L. C. A. **26**, 234 (1931).
Hampshire, P.: J. I. S. L. T. C. **5**, 20 (1921).
Highberger, J. H. u. E. K. Moore: J. A. L. C. A. **24**, 68 (1929).
Hilgermann, R. u. J. Marmann: Arch. Hygiene **77**, 186 (1913).
Horst, F. W.: Ledertechn. Rdsch. **21**, 180 (1929).
Innes, R. F.: Collegium 1914, 629.
Jegorkin, N.: Ref. Collegium 1931, 820.
Kailin, W.: Ref. Collegium 1931, 188.
Kaversnewa, E.: Collegium 1934, 311.
Kaversnewa, E. u. E. M. Olejnikowa: Ref. Collegium 1933, 364.
Kaye, M. u. R. H. Marriott: J. I. S. L. T. C. **9**, 591 (1925).
Klanfer, K. u. H. Engelberg: Collegium 1935, 225.
Kohlschütter u. Walther: Ztschr. Elektrochem. **25**, 159 (1919).
Kohnstein, B.: Häute- u. Lederber. Wien 1920, Nr. 34.
Kotelnikow, N. u. J. Bass: Ref. Collegium 1930, 133.
Küntzel, A.: Chem.-Ztg. **60**, 525 (1936).
Küntzel, A. u. J. Philips (*1*): Collegium 1932, 267; (*2*): Ebenda 1933, 225ff.
Lauffmann, R.: Ledertechn. Rdsch. **9**, 149 (1917).
Leslie-Collet, R. L. (*1*): J. I. S. L. T. C. **7**, 418 (1923); (*2*): Ebenda **10**, 100 (1926).
Ley, P.: Chem.-Ztg. **58**, 859 (1934).
Lissitzin, M.: Ref. Collegium 1930, 339.
Lloyd, D. J., R. H. Marriott u. M. E. Robertson (*1*): Leather World **22**, 590, 670, 792 (1930); (*2*): J. I. S. L. T. C. **14**, 641 (1930).
Lorenz, J. R.: J. A. L. C. A. **20**, 85 (1925).

Lunge-Berl: Chemisch-Technische Untersuchungsmethoden, I. Bd., S. 978. Berlin: Julius Springer, 1921.
McCandlish, D.: Hide and Leather **77**, Nr. 22 u. 23 (1929).
McLaughlin, G. D., J. H. Highberger u. E. K. Moore (*1*): J. A. L. C. A. **22**, 345 (1927); (*2*): Ebenda **23**, 318 (1928).
McLaughlin, G. D. u. F. O'Flaherty: J. A. L. C. A. **22**, 323 (1927).
McLaughlin, G. D., G. E. Rockwell u. J. H. Blank: J. A. L. C. A. **22**, 329 (1927).
McLaughlin, G. D. u. E. R. Theis (*1*): J. A. L. C. A. **20**, 246 (1925); (*2*): Ebenda **21**, 551 (1926); (**3**): Ebenda **20**, 234 (1925).
Marriott, R. H. (*1*): J. I. S. L. T. C. **19**, 169 (1935); (*2*): Ebenda **15**, 25 (1931); (*3*): ebenda **12**, 216, 281, 342 (1928); (*4*): Leather World **22**, 305 (1930); (*5*): J. I. S. L. T. C. **17**, 178 (1933); (*6*): Ebenda **5**, 2 (1921).
Merrill, H. B. (*1*): Ind. engin. Chem. **19**, 386 (1927); (*2*): Ebenda **16**, 1144 (1924); **17**, 36 (1925); (*3*): J. A. L. C. A. **22**, 230 (1927).
Merrill, H. B. u. J. W. Fleming (*1*): Ind. engin. Chem. **20**, 21 (1928); (*2*): siehe Wilson (siehe unten), S. 257.
Meunier, L. u. G. Ray: J. I. S. L. T. C. **11**, 508 (1927).
Moore, E. K. (*1*): J. A. L. C. A. **28**, 206 (1933); (*2*): Ebenda **28**, 245 (1933).
Moore, E. K. u. J. H. Highberger: J. A. L. C. A. **30**, 2 (1935).
Moore, E. K., J. H. Highberger, R. Koppenhoefer u. F. O'Flaherty: J. A. L. C. A. **26**, 341 (1931).
Moore, E. K., J. H. Highberger u. F. O'Flaherty: J. A. L. C. A. **27**, 2 (1932).
N. N.: Gerber **55**, 34 (1929).
Nihoul, E.: Bourse aux Cuirs de Liege 1908, Nr. 38.
O'Flaherty, F. u. W. T. Roddy: J. A. L. C. A. **29**, 53 (1934).
Ossipenko, F.: Ref. Collegium 1932, 97.
Paeßler, J.: Ledertechn. Rdsch. **21**, 61 (1929).
Page, R. O.: J. A. L. C. A. **23**, 495 (1928).
Page, R. O. u. A. W. Page: Ind. engin. Chem. **19**, 1264 (1927).
Pawlowitsch, P. (*1*): Ref. Collegium 1930, 404; (*2*): Gerber **56**, 97 (1930).
Pickles, J. E.: Leather World 1916, 455.
Pleass, W. B.: Journ. Soc. chem. Ind. **48**, 152 (1929).
Prevot, M.: Collegium 1919, 263.
Procter, H. R.: Principles of Leather Manufacture, 2. Aufl. London: C. u. F. Spon, 1922.
Pulewka, P.: Ztschr. physiol. Chem. **146**, 130 (1925); Arch. exp. Pathol. Pharmakol. **140**, 181 (1929).
Ramm, S.: Ref. Collegium 1930, 339.
Ray, K. W. u. F. C. Mathers (*1*): Ind. engin. Chem. **20**, 415 (1928); (*2*): Ebenda **20**, 475 (1928).
Robertson, M. E. (*1*): Leather World **22**, 407, 488 (1930); (*2*): J. I. S. L. T. C. **15**, 593 (1931).
Röhm, O. (*1*): Collegium 1913, 374; (*2*): Der Gerber **53**, 23 (1927).
Sadlon, C.: Gerber **17**, 283 (1891).
Simskaja, A. M.: Ref. Collegium 1936, 473.
Schlichte, A. A.: J. A. L. C. A. **10**, 526, 585 (1915).
Schöberl, A.: Collegium 1936, 412.
Schroeder, J. v.: Gerbereichemie (Berlin 1898).
Schroeder, J. v. u. Schmitz-Dumont: Dinglers Polytechn. Journ. **301**, 90 (1896).
Schtykan, B.: Ref. Collegium 1930, 338.
Schultz, G. W.: J. A. L. C. A. **23**, 356 (1928).
Spiers, C. H.: J. I. S. L. T. C. **18**, 114 (1934).
Stather, F. (*1*): Gerber **53**, 9 (1927); (*2*): Haut- und Lederfehler, Wien: Julius Springer, 1934.
Stather, F. u. H. Herfeld: Collegium 1934, 317.
Stiasny, E. (*1*): Gerbereichemie (Chromgerbung), Dresden und Leipzig: Th. Steinkopff, 1931; (*2*): Der Gerber **32**, 200, 214, 228, 242, 258, 272, 288 (1906).
Stiasny, E. u. R. Würtenberger: Collegium 1923, 43.
Theis, E. R. (*1*): J. A. L. C. A. **26**, 352 (1931); (*2*): Ebenda **23**, 4 (1928).
Thompson, F. C. u. W. R. Atkin: J. I. S. L. T. C. **4**, 15 (1920).
Thompson, F. C. u. Suzuki: J. I. S. L. T. C. **1**, 140 (1917).
Thuau, U. J.: Collegium 1908, 362.
Vagda-Kalender, Gerbereichemisches Taschenbuch, Dresden und Leipzig: Th. Steinkopff, 1932.
Whetzel, J. C.: Leather Trades Rev. 1917, 325.

Wilson, J. A.: Die Chemie der Lederfabrikation, 2. Aufl., deutsche Bearbeitung von F. Stather u. M. Gierth, Wien: Julius Springer, 1930.
Wilson J. A. u. G. Daub: Ind. engin. Chem. **16**, 602 (1924).
Wilson J. A. u. A. F. Gallun jr.: Ind. engin. Chem. **15**, 267 (1923). Vgl. auch unter Wilson S. 265ff.
Wood, J. T., siehe unter Wilson S. 263.
Wood, J. T. u. D. J. Law: Collegium 1912, 121.
Woodroffe, D.: J. I. S. L. T. C. **14**, 353 (1930).

# C. Die mechanischen Arbeiten der Wasserwerkstatt.

Von Dr.-Ing. **Hans Herfeld**, Freiberg (Sa.).

Nachdem durch den Prozeß der Haarlockerung eine genügende Lockerung der Verbindung zwischen der Lederhaut einerseits und der Epidermis samt Haaren andererseits erreicht worden ist, setzt nun im Gange der Lederfabrikation eine mechanische Bearbeitung des Hautmaterials ein mit dem Ziele, eine Isolierung und zweckmäßige mechanische Zubereitung des für den Gerbprozeß allein in Frage kommenden kollagenen Fasergefüges des Coriums, soweit dies rein mechanisch erreicht werden kann, zu bewirken. Diese mechanischen Prozesse können nach ihrer Wirkung auf die Haut prinzipiell in drei Gruppen unterteilt werden:

1. Arbeitsvorgänge, die die Isolierung des Coriums von den übrigen Schichten der Haut bezwecken (Enthaaren bzw. Entwollen, Entfleischen).
2. Arbeitsvorgänge, die der Dickenvariation des Coriums selbst dienen (Falzen, Spalten, Abstoßen des Narbens).
3. Arbeitsvorgänge, die eine mechanische Reinigung des Coriums bezwecken (Streichen oder Glätten, Abziehen).

In diesem Arbeitsstadium wird, falls erforderlich, auch ein Entfetten des Hautmaterials vorgenommen. Viele Hautarten, insbesondere Rindshäute, Kalbfelle usw. enthalten allerdings, von Ausnahmefällen abgesehen, einen nur geringen Prozentsatz an Naturfett, der zudem teilweise während des Äscherns (vgl. S. 77) und vor allem durch das nachfolgende Streichen und Glätten (vgl. S. 170ff.) und Beizen (vgl. S. 233) noch vermindert wird, so daß dadurch eine Beeinträchtigung der einzelnen Arbeitsvorgänge der Lederbereitung nicht zu befürchten ist und daher eine Entfettung weder des Rohhautmaterials noch des fertigen Leders erforderlich ist. Wenn dagegen der Fettgehalt etwa bei Schweinshäuten bis zu 20%, bei Ziegen bis zu 16% und bei Schaffellen bis zu 40% ansteigen kann, so ist in diesen Fällen eine Entfettung unumgänglich. Die praktische Durchführung der Entfettung von Häuten und Fellen wird an anderer Stelle dieses Handbuchs (vgl. III. Band, 1. Teil, S. 22ff.) im Zusammenhang mit der Entfettung gegerbten Leders eingehend behandelt, doch muß auch an dieser Stelle mit Nachdruck auf die Bedeutung dieses Arbeitsvorganges bei stärker naturfetthaltigem Hautmaterial hingewiesen werden. Durch die größeren Mengen an Hautfett, das zudem innerhalb der gleichen Haut ungleichmäßig verteilt ist, wird die Benetzbarkeit des Hautmaterials beeinträchtigt und damit werden sowohl die Prozesse der Wasserwerkstatt wie auch die Gerbung selbst in ihrer Intensität vermindert und in ihrer Gleichmäßigkeit auf die einzelnen Stellen ungünstig beeinflußt und so letzten Endes auch die Beschaffenheit des fertigen Leders in unliebsamer Weise beeinträchtigt. Außerdem bewirkt ein erhöhter, ungleichmäßig in der Fläche der Leder verteilter Naturfettgehalt ein Auftreten von Fettflecken, d. h. mehr oder weniger großer und intensiver, unregelmäßig umrandeter Flecken auf Narben- und Fleischseite des Leders.

## I. Enthaaren und Entwollen.

Die Entfernung der gelockerten Haare wird am einfachsten beim Faßäscher erreicht. Wie bereits an früherer Stelle beschrieben (vgl. S. 96), werden hierbei die Haare, sobald genügende Haarlässigkeit erreicht ist, durch die Bewegung der Häute im Faß zum größten Teil zusammen mit der Epidermis mechanisch abgescheuert und können daher durch ein nachfolgendes gründliches Spülen samt dem etwa oberflächlich noch anhaftenden Schmutz entfernt werden. Dieses Auswaschen erfolgt unmittelbar anschließend an den Prozeß der Haarlockerung bei einer Tourenzahl des Fasses von 5 bis 8 Umdrehungen mit zu- und abfließendem Wasser, bis das Spülwasser klar abläuft. Die Häute kommen danach fast haarrein aus dem Faß, so daß sich eine gesonderte mechanische Enthaarung erübrigt, zumal etwa in geringem Umfange noch anhaftende Grundhaare beim

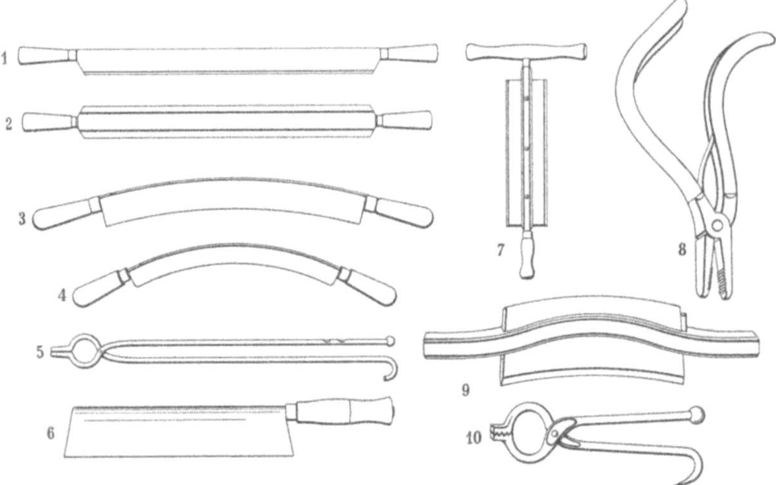


Abb. 23. Gerbereiwerkzeuge der Wasserwerkstatt.
*1* Scherdegen einschneidig, *2* Scherdegen doppelschneidig, *3* Streck-, Haar- und Schabeisen, *4* Glätteisen, *5* Äscherzange, *6* Putzmesser, *7* Falz, *8* Spaltzange, *9* Glättstein, *10* Hand-Äscherzange.

nachfolgenden Streichen oder Glätten (vgl. S. 170ff.) noch entfernt werden können.

Abgesehen von den Verhältnissen beim Faßäscher muß in allen anderen Fällen anschließend an den Haarlockerungsvorgang ein Enthaaren in getrenntem Arbeitsvorgang vorgenommen werden. Teilweise wird dabei das Hautmaterial in Analogie zu den oben geschilderten Verhältnissen beim Faßäscher in Faß, Lattentrommel oder Haspel mit zu- und abfließendem, zweckmäßig lauwarmem Wasser so lange gewalkt, bis die Haare weitgehend entfernt sind, was meist in etwa 15 bis 30 Minuten erreicht ist. Häufiger als dieses Verfahren wird indessen in der Praxis ein mechanisches Enthaaren angewandt, das entweder als Handarbeit oder mittels geeigneter Maschinen vorgenommen wird. Dieses Enthaaren, bisweilen auch als „Haaren“, „Pählen“ oder „Abpählen“ bezeichnet, erfolgt in vielen Fällen unmittelbar im Anschluß an den Haarlockerungsvorgang, in anderen Betrieben legt man das Hautmaterial zunächst in warmes Wasser ein, insbesondere wenn das direkte Enthaaren infolge stärkerer Quellung des Hautmaterials Schwierigkeiten bereitet. Durch die bei den meisten Haarlockerungsverfahren bewirkte Quellung haben die kollagenen Fasern eine meist recht beträchtliche Dickenzunahme erfahren, durch die die Zwischenräume des Hautfasergefüges und die Haarbälge wesentlich verengt werden und damit die Haare, insbesondere die verdickten Haarzwiebeln, in das Fasergefüge gewissermaßen fest eingeklemmt werden. Es ist verständlich, daß in diesem Zustand die Haare nur schwer mechanisch entfernt werden können, insbesondere die Grundhaare, die mit ihren Haarwurzeln zumeist verhältnismäßig tief im Corium sitzen, so daß zu ihrer Entfernung eine gewisse Gewalt angewendet werden muß, wodurch andererseits die Gefahr einer Beschädigung insbesondere der empfindlichen Narbenschicht und damit einer Wertminderung der Haut gegeben ist. Beim Einlegen in warmes Wasser wird dagegen ein Verfallen des Hautmaterials bewirkt, die Häute verlieren ihren Prallheitszustand und werden weich, die Verquellung der Fasern gegeneinander geht zurück, und in diesem Zustand ist natürlich auch ein leichtes Entfernen der Haare, auch der Grundhaare, samt der Epidermis möglich. Daneben wird man darauf Wert legen, bereits in diesem Arbeitsgang den sog. „Grund" (vgl. S. 170) weitgehend aus der Haut zu entfernen, um das spätere Streichen und Glätten zu erleichtern, und auch diesbezüglich wird der zu erreichende Effekt an einem verfallenen Hautmaterial ein besserer sein als bei Bearbeitung der gequollenen Haut.

Das Enthaaren von Hand erfolgt auf dem sog. „Gerberbaum", auch bisweilen als „Schabebaum" bezeichnet (Abb. 24), einer halbrunden, schräg aufgestellten Unterlage. Die Gerberbäume wurden, wie der Name sagt, früher aus Baumstämmen mit geeigneter Rundung gefertigt. Soweit heute noch Holzbäume verwendet werden, werden sie vorwiegend aus Föhrenholz hergestellt und zur Vermeidung des Entstehens von Einschnitten in die Holzunterlage während der Bearbeitung mit einem starken Zinkblechbelag versehen. Daneben werden die Gerberbäume heute in großem Umfange in guß- oder schmiedeeiserner Ausführung geliefert und schließlich auch aus Zement angefertigt.

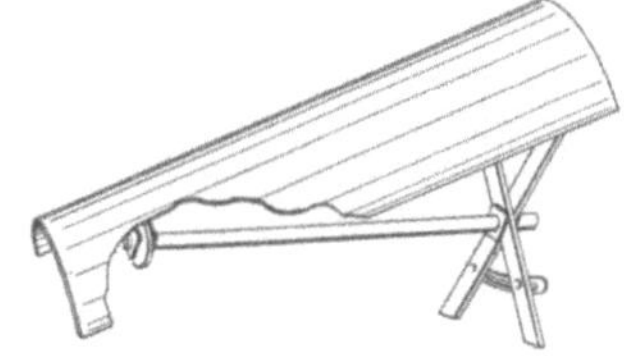

Abb. 24. Gerberbaum.

Beim Enthaaren wird der Gerberbaum durch Auflegen einer oder mehrerer Häute bzw. Felle mit der unempfindlicheren Fleischseite nach oben „gesattelt", um auf diese Weise eine genügend elastische Unterlage zu schaffen und damit einer mechanischen Verletzung des Hautmaterials vorzubeugen. Bisweilen findet man auch, daß bei empfindlichem Hautmaterial eine Gummiplatte als Unterlage verwendet wird. Auf dem gesattelten Baum werden die zu enthaarenden Häute und Felle mit dem Schwanzende nach oben aufgelegt, um auf diese Weise gegen den Strich enthaaren zu können. Um das Auflegen der Häute auf den Baum und das Umlegen während der Bearbeitung zu erleichtern, werden insbesondere bei schwerem Hautmaterial besondere Hand-Äscherzangen verwendet, wie Abb. 23, Nr. 10 eine solche zeigt. Das Enthaaren erfolgt mit dem Haareisen (Abb. 23, Nr. 3), einem mit zwei Handgriffen versehenen, stumpfen, aber sorgfältig abgerundeten, gekrümmten Eisen, mit dem der Arbeiter die Haarseite der Haut Strich für Strich von oben nach unten, soweit er mit dem Arm reichen kann, bearbeitet und die Haare entfernt. Gleichzeitig drückt der Arbeiter mit dem Unterkörper ein vertikal aufgestelltes Brett in etwa der Breite des Baumes gegen die Haut und preßt diese so an der oberen Kante des Baumes zwischen Baum und Brett fest, so daß die Haut dem ausgeübten Zug nicht nachgibt, sondern auf dem Baum fest aufliegt. Dabei ist in jeder Lage der Haut auf dem Baum möglichst dafür zu sorgen, daß die mechanische Bearbeitung stets gegen den Strich der Haare erfolgt, da so der jeweilige Zug auf die Haare am wirksamsten ist. Es ist dabei verständlich, daß zuvor eine gute Lockerung der Haare erreicht sein muß, da sonst der Arbeiter unnötig viel Kraft aufwenden muß und bei diesem übermäßigen Druck die Gefahr der mechanischen Beschädigung des Coriums, insbesondere der sehr empfindlichen Narbenschicht in gesteigertem Maße besteht.

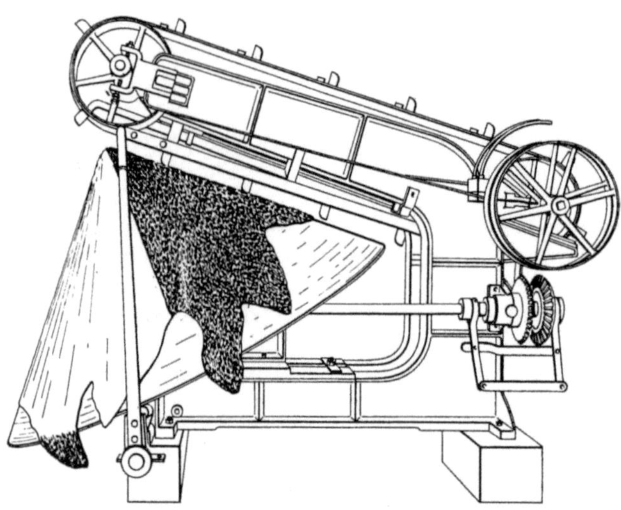

Abb. 25. Conus-Enthaarmaschine (Maschinenfabrik Moenus, Frankfurt a. M.).

Da die Hände der Arbeiter durch die Haarlockerungschemikalien, insbesondere soweit Sulfide vorhanden sind, einem beträchtlichen Angriff ausgesetzt sind, der sich in einer mehr oder weniger starken Zerstörung der Haut und dem Auftreten von sog. „Kalklöchern" äußert, ist bei allen diesen Arbeiten der Wasserwerkstatt die Verwendung von Handschuhen, die zumeist aus Gummi hergestellt sind, zur Vorbeugung unbedingt zu empfehlen, auch wenn dadurch das Gefühl der Hände etwas beeinträchtigt wird.

Zum maschinellen Enthaaren sind eine ganze Reihe von Maschinentypen entwickelt worden, von denen die in der Praxis gebräuchlichsten nachfolgend kurz behandelt werden sollen.

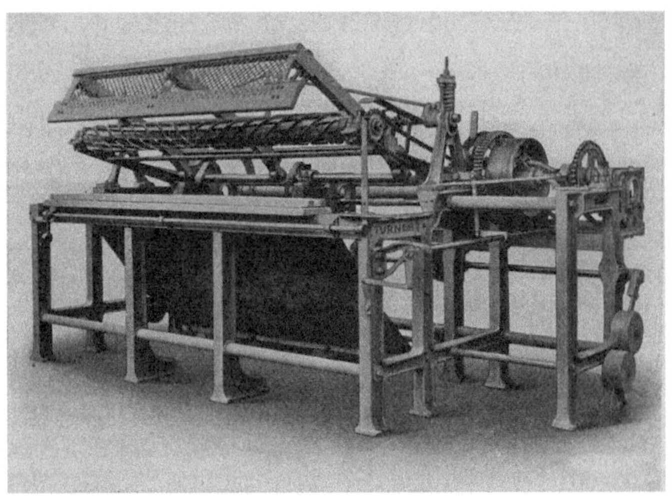


Abb. 26. Enthaar- und Glättmaschine System Leidgen (Maschinenfabrik Turner, Frankfurt a. M.).

Eine ältere, heute nur noch verhältnismäßig wenig in der Praxis verwendete Konstruktion ist die Conus-Enthaarmaschine (Abb. 25), bei der in direkter Nachahmung der Handarbeit schräggestellte Stahlschlicker, die auf einem endlosen Gummiband befestigt sind, unter leichtem Druck mit einer Geschwindigkeit von etwa 1,5 bis 2 m/Sek. über die Haut bewegt werden und die Entfernung der Haare bewirken. Die Haut liegt auf einer kegelförmigen Unterlage, die sich langsam dreht und damit ständig andere Hautstellen der Schlickerbearbeitung zuführt. Durch eine federnde Lagerung des Schlickerbandes wird ein gewisser Ausgleich der unterschiedlichen Dicke des zu bearbeitenden Hautmaterials erreicht.

Viel verwendet werden die Maschinen nach dem Leidgen-System (Abb. 26). Dabei wird das zu enthaarende Hautmaterial auf die innerhalb der Maschine schräg schwebend angeordnete, durch Gewichte in Spannung gehaltene elastische Gummidecke mit der Haarseite nach oben aufgelegt. Sobald der Arbeitsgang eingeschaltet ist, neigt sich der ganze, in der Ruhelage schräg nach oben stehende Teil der Maschine nach unten, die Haut wird durch das sich senkende vordere Brett fest zwischen die beiden oberhalb der Gummidecke angebrachten Holzleisten eingeklemmt und die in schwingenden Lagerarmen ruhende, mit etwa 180 Umdrehungen pro Minute rotierende Arbeitswalze, die mit spiralförmig angebrachten Messern versehen ist, pendelt nun auf einer Kreissektorbahn über die Oberfläche der Haut auf und ab, wobei die nur locker aufsitzende Epidermis samt Haaren entfernt wird. Die Elastizität der Unterlage gewährleistet, da sie alle Unebenheiten weitgehend ausgleicht, daß die Haut in der ganzen Fläche mit dem gleichen Arbeitsdruck bearbeitet wird und verhütet andererseits eine mechanische Beschädigung des Narbens. Eine besondere Einstellung für dicke und dünne Häute ist nicht erforderlich. Während der Bearbeitung wird die Haut gleichzeitig durch ständiges Bespülen mit Wasser gründlich gereinigt. Die Maschine eignet sich zum Enthaaren, Streichen und Glätten von Fellen und Großviehhäuten und besitzt ohne Zweifel einen gewissen Vorteil insofern, als der Arbeiter während des Arbeitsvorganges selbst die ganze Fläche der Haut übersehen und einzelne nicht erfaßte Stellen direkt nachholen kann. Vielfach wird die Maschine über einer Grube aufgestellt, in der die abfallenden Haare aufgefangen werden. Alle Getriebe sind so angeordnet, daß sie durch abfallende Haare und Kalk nicht beschmutzt werden können.

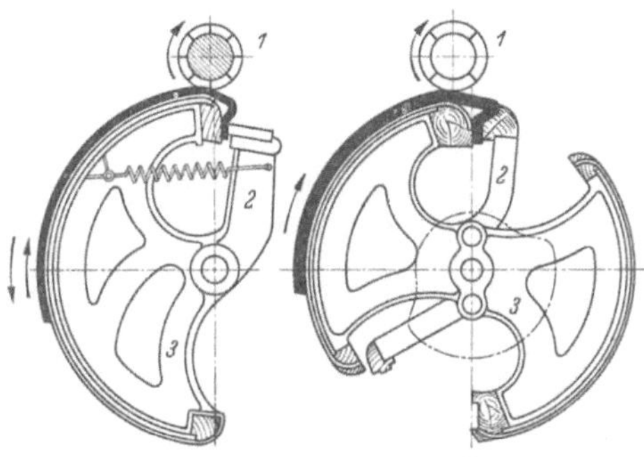

Abb. 27. Schemazeichnungen der Wirkungsweise von Trommelenthaar- und Glättmaschinen (Maschinenfabrik Moenus, Frankfurt a. M.).
*1* Messerwalze, *2* Zange, *3* Auflagetrommel.

Abb 28. Trommelenthaar- und Glättmaschine mit vor- und rückwärtslaufender Trommel mit einer Einlegestelle und Zange (Maschinenfabrik Moenus, Frankfurt a. M.).

In umgekehrter Weise, d. h. unter Bewegung des Hautmaterials bei gleichzeitiger Ruhelage der rotierenden Messerwalze, arbeiten die Trommelmaschinen. Wie die schematischen Darstellungen Abb. 27 zeigen, wird das Hautmaterial auf eine rotierende Trommel aufgelegt und von einer Art Zange, die sich erst kurz vor Erreichung der Enthaarungswalze schließt — eine Gefahr für den Arbeiter, von der Zange erfaßt zu werden, ist damit nicht vorhanden — und nach Beendigung des Arbeitsvorganges wieder automatisch öffnet, während der Bearbeitung festgehalten. Die Messerwalze läuft in feststehenden Ringschmierlagern mit etwa 160 Umdrehungen pro Minute, die Trommel ist entweder mit nur einer Einlegestelle und Zange ausgerüstet und dreht sich ständig auf einer Halbkreisbahn hin und wieder zurück (linke Zeichnung und Abb. 28) oder ist, wie aus der rechten Zeichnung ersichtlich, mit 2 Einlegestellen und Zangen versehen und dreht sich dann ständig in einer Richtung weiter. Die Trommelmaschinen sind je nach Größe für alle Hautarten geeignet, sie sind durch die wirksame Unterstützung der Haut durch die Trommel insbesondere für dünnes, wenig widerstandsfähiges Fellmaterial zu verwenden.

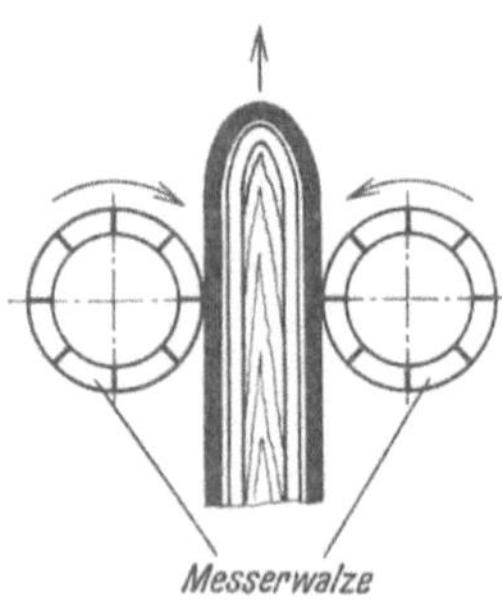


Abb. 29. Schemazeichnung der Wirkungsweise von Vertikal-Tischenthaarmaschinen.

Abb. 30. Vertikale Eintisch-Ausreck-, Enthaar- und Glättmaschine (Nicolai Clasen, Altona-Hamburg).

Vornehmlich für die Bearbeitung von Fellen ist die Vertikal-Tischenthaarmaschine bestimmt, deren Wirkungsweise Abb. 29 erläutern soll. Die Felle werden über einen vertikal angeordneten Tisch gelegt, der mit geeigneter elastischer Unterlage (Filz- und darüber Gummidecke) versehen ist und sich während des Arbeitsvorganges mit dem Fell nach oben bewegt zwischen zwei rotierenden Walzen mit spiralförmig angeordneten Messern hindurch, die sich im entgegengesetzten Sinne seiner Bewegungsrichtung drehen und damit die Entfernung der Haare und der Epidermis bewirken. Bei der Eintischmaschine (Abb. 30) wird die Tischbewegung mittels Handhebels ausgelöst und der Arbeitsdruck der Messerwalzen durch einen Fußtritt erzeugt, mit dem der Arbeiter die Arbeitswalzen gegen den Tisch und damit gegen das zu enthaarende Hautmaterial drückt. Sobald der Tisch die höchste Stellung erreicht hat, fällt er automatisch infolge Betätigung einer Auslösevorrichtung durch sein Eigengewicht in die Anfangsstellung zurück, wobei gleichzeitig die Arbeitswalzen auseinander gezogen werden. Eine Steigerung der Leistung solcher Maschinen wird durch sog.

Mehrtischtypen erreicht (Abb. 31), bei denen bei sonst gleichem Arbeitsprinzip mehrere vertikale Arbeitstische hintereinander geschaltet sind und, statt von der Höchststellung wieder herabzufallen, seitlich abwärts geführt werden und so einen ununterbrochenen Kreislauf vollführen. Der bedienende Arbeiter legt die Felle auf den vorn unten befindlichen Tisch auf. Der Tisch geht dann (in Abb. 31 zurückgelegen) von unten nach oben durch 2 Paare in Gegenrichtung rotierender Messerwalzen hindurch, wobei nach Verlassen des ersten Paares automatisch die Tischpolsterung samt dem aufliegenden Fell etwas verschoben wird, so daß durch das zweite Walzenpaar auch der Fellstreifen, der zunächst auf dem Tischrücken lag und daher nicht durch das erste Walzenpaar erfaßt wurde, enthaart wird.

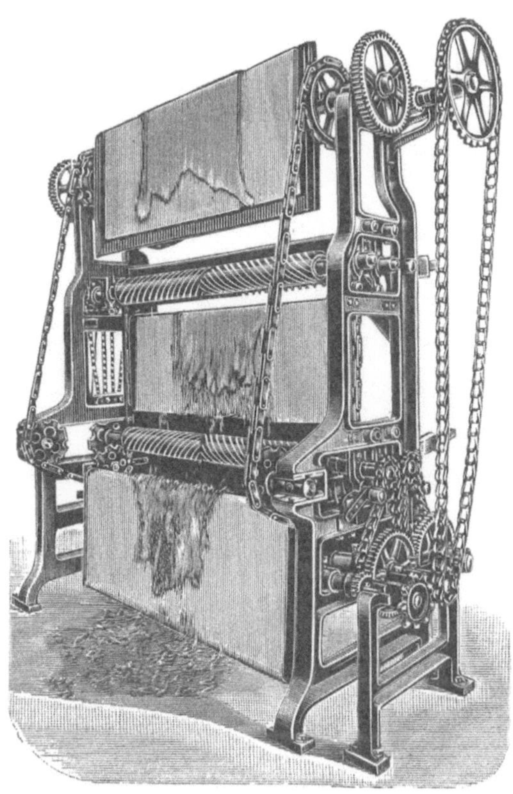

Abb. 31. Vertikale Reihentisch-Enthaar- und Glättmaschine (Maschinenfabrik Turner, Frankfurt a. M.).

In diesem Zusammenhang sei schließlich auf die bei Besprechung des Entfleischens noch eingehend zu behandelnden Walzenmaschinen verwiesen (vgl. S. 157ff.), die außer zum Entfleischen auch zum Enthaaren verwendet werden können und daher insbesondere für kleinere oder mittlere Betriebe, die sich für die einzelnen Arbeitsvorgänge nicht gesonderte Maschinen beschaffen können, von Vorteil sind. Zur Umstellung ist lediglich die Tourenzahl der Messerwalze zu vermindern und die Messerwalze selbst auszuwechseln, da zum Entfleischen scharfe Stahlmesserwalzen, zum Enthaaren dagegen stumpfere Messer verwendet werden.

Soweit die Enthaarungsmaschinen mit rotierenden Messerwalzen arbeiten, wurden die Messer für Enthaarungszwecke früher vornehmlich aus Schiefer gefertigt. Diese Schieferwalzen waren durchaus wirksam, hatten indessen insbesondere den Nachteil des leichten Ausbrechens des Schiefers. Heute werden vorwiegend spiralförmig angeordnete stumpfe Metallmesser verwendet, die aus Messing, Bronze oder nichtrostendem Stahl hergestellt werden.

Dem Entwollen von Lamm- und Schaffellen ist, soweit die Wolle nicht bereits vor Bearbeitung in der Gerberei mittels Schere abgeschnitten wurde („Schafsblößen"), besondere Aufmerksamkeit zu schenken, um die Wolle ihres hohen Wertes wegen nicht zu beschädigen. Gleichzeitig wird zweckmäßig eine sachgemäße Sortierung vorgenommen, da sortierte Wolle wesentlich höher als gemischte bewertet wird. Diese Sortierung wird einmal nach Farbe vorgenommen, wobei weiße Wolle wertvoller als schwarze oder braune, wertvoller auch als die meist gelbe Wolle der Bauchkanten ist, und ferner nach Hautstelle, da die Wolle vom Rücken höher zu bewerten ist als die von den Seiten und vom

Kopf. Die Wollfelle werden zuvor durch Schwöden oder Schwitzen haarlässig gemacht, wobei die Ansicht der Praktiker darüber, welchem der beiden Verfahren im Hinblick auf eine möglichste Erhaltung der Wolle der Vorzug zu geben ist, geteilt sind. Bei geschwödeten Fellen wird meist vor dem Entwollen der anhaftende Schwödebrei gut abgespült. Das Entwollen von Hand wird entweder mit einem stumpfen Messer auf dem Gerberbaum vorgenommen oder die Felle werden auf Tische, ähnlich den bei den Zurichtprozessen verwendeten Tafeln, ausgebreitet und mit den Händen, teilweise unter Verwendung schlickerartiger, aus Kautschuk hergestellter Werkzeuge von der Wolle befreit. In allen Fällen wird die Wolle direkt nach Farbe und Hautstelle streng getrennt in verschiedene Körbe sortiert, nach dem Entwollen sofort gründlich gewaschen und in geeigneten Trockenapparaten getrocknet (Näheres s. S. 408, sowie Bd. III, 1. Teil, S. 279). Auch beim Entwollen werden die Hände der Arbeiter stark angegriffen, da das der Wolle anhaftende Fett viel Pottasche enthält, die infolge ihrer alkalischen Reaktion einen Angriff auf die Haut verursacht. Auch hier ist daher die Verwendung geeigneter Handschuhe unbedingt zu empfehlen.

Abb. 32. Walzen-Enthaarmaschine mit Transportband zum Entwollen (Nicolai Clasen, Altona-Hamburg).

Zum Entwollen mittels Maschine werden teilweise Vertikal-Ein- und Mehrtischmaschinen (siehe oben) verwendet, wobei die Tische mit einer besonders elastischen Gummidecke versehen und die Metallrecker der Arbeitswalzen sorgfältig halbrund geschliffen und glatt poliert sein müssen. Die Felle werden so auf die Tische gelegt, daß Kopf und Schwanz je auf einer Seite nach unten hängen. Voraussetzung für die Verwendung dieses Maschinentyps zum Entwollen ist, daß die Felle zuvor hinsichtlich Wollqualität gut sortiert werden, da ein nachträgliches Sortieren der Wolle wesentlich schwieriger und zeitraubender ist. Vom Gesichtspunkt eines sachgemäßen Sortierens der Wolle aus ist die Verwendung von Walzenmaschinen (siehe S. 157ff.) mit geeigneten Schiefermesserwalzen unbedingt vorzuziehen. Dabei wird hinter die Messerwalze ein endloses Transportband von der Breite des Entwollzylinders (Abb. 32) angebracht, mittels dessen die anfallende Wolle als zusammenhängendes Vließ forttransportiert wird. Von diesem Transportband, das entweder aus einem endlosen Gummiband oder aus an endlosen Gelenkketten befestigten Holzleisten besteht, kann die Wolle dann rasch und zuverlässig in Körbe sortiert werden.

## II. Entfleischen.

Nach dem Enthaaren werden die Häute und Felle entfleischt. Zweck dieses Arbeitsvorganges ist es, das auf der Fleischseite anhaftende Unterhautbindegewebe samt etwa noch vorhandenen Fleisch- und Fettresten zu entfernen. Um diesen Prozeß sachgemäß durchführen zu können, also einerseits das Unterhautbindegewebe möglichst vollständig zu entfernen, andererseits aber das kollagene Fasergefüge nicht mit zu erfassen, muß die Haut eine gewisse Festigkeit und einen inneren Halt aufweisen. Das Hautmaterial wird daher zunächst in kaltes Wasser eingelegt, wobei das kollagene Fasergefüge der Lederhaut wieder einen gewissen Quellungs- und Prallheitszustand und damit eine gewisse volle und kernige Beschaffenheit zurückerlangt und in diesem Zustand dem bei der nachfolgenden Bearbeitung erfolgenden Druck einen gewissen Widerstand entgegensetzt, während das Bindegewebe weich und verschiebbar auf dieser härteren Unterlage aufliegt. Dieses Einlegen in kaltes Wasser ist insbesondere bei geschwitztem Hautmaterial notwendig, das nach Beendigung des Haarlockerungsprozesses weich und verfallen ist, in kaltem Wasser aber unter Aufnahme des zwei- bis dreifachen Gewichts an Wasser eine genügende Quellung des Fasergefüges erfährt.

Das Entfleischen wird entweder als Handarbeit oder mit geeigneten Maschinen durchgeführt. Beim Entfleischen von Hand, insbesondere bei Großviehhäuten und größeren Fellen auch als „Scheren" bezeichnet, wird die Haut mit der Fleischseite nach außen und dem Kopfende nach unten auf den Gerberbaum aufgelegt, glattgestrichen und dann mit dem Scherdegen (Schereisen, Firneisen) bearbeitet. Der Scherdegen (Abb. 23, Nr. 1 und 2) besteht aus einer elastischen Stahlklinge von zumeist etwa 50 bis 75 cm Länge, die entweder in einschneidiger oder doppelschneidiger Form verwendet wird und an beiden Enden mit Handgriffen versehen ist. Teilweise werden auch Schereisen mit etwas gebogener Klinge verwendet. Das Entfleischen erfolgt derart, daß der Arbeiter den zuvor sorgfältig schartenfrei geschliffenen Scherdegen flach auf die Fleischseite der Haut aufgelegt, etwas in das weiche Unterhautbindegewebe eingedrückt und dann über die Haut nach unten drückt, wobei er gleichzeitig die Klinge von links nach rechts zieht und darauf achtet, in einem Zug möglichst weit nach unten zu kommen. Auf diese Weise wird das Unterhautbindegewebe Span für Span vom Corium abgetrennt. Wesentlich ist bei dieser Arbeit, daß das Unterhautbindegewebe in der richtigen Tiefe vom eigentlichen Hautfasergefüge so entfernt wird, daß die an der Grenzfläche befindlichen Adern bloßgelegt werden, was eine große Übung und viel Geschick voraussetzt. Diese freigelegten Adern werden handelsmäßig noch heute insbesondere bei Unterleder vielfach als charakteristisches Merkmal für ein handgeschorenes Hautmaterial gewertet. Durch unsachgemäße Arbeitsweise entstehen Aushebungen und Schnitte in der Lederhaut, durch die eine beträchtliche Wertminderung verursacht werden kann, da durch Schnitte das Fasergefüge direkt verletzt, durch Aushebungen einmal an diesen Stellen die mechanischen Zurichtoperationen nicht in der gleichen Weise wie an einem in der Dicke gleichmäßigen Hautmaterial wirksam sein können und infolgedessen am fertigen Leder matte Stellen entstehen, vor allem aber damit stets ein gewisser Gewichtsverlust verbunden ist. Im Hinblick auf die Gewichts-

Abb. 33. Scheren von Hand. (Aus dem Lehrfilm: „Die Herstellung des Sohlleders bei Knoch in Hirschberg".)

ausbeute an Leder ist das Entfleischen um so vorteilhafter durchgeführt, je geringer der dabei entstehende Gewichtsverlust ist. Abb. 33 läßt den Vorgang des Scherens von Hand deutlich erkennen. Die Haut wird vom Rücken zum Kopf geschoren, zunächst der Kern, dann Hals und Kopf, dann quer zur Rückenlinie die Seitenpartien und schließlich die Schild- und Schwanzteile. Gleichzeitig werden die hornartigen Enden an den Klauen und sonstige für den Gerber wertlose Bestandteile wie Ohren, Maul, Euter und Geschlechtsteile weggeschnitten. Da für das Ausscheren der Klauen häufig der Scherdegen zu weich ist, um sie niederzuhalten, werden diese Stellen vielfach ausgefalzt (siehe S. 163ff.), und ebenso wird häufig auch der Schild ausgefalzt, insbesondere dann, wenn die Haut von einem Tier mit stark hervorstehenden Hüftknochen stammt, da infolge der stark gewellten und harten Beschaffenheit des Hautmaterials an diesen Stellen die Gefahr des Entstehens von Schnitten in besonderem Maße gegeben ist.

Dünnere Felle werden statt des Scherens häufig geschabt. Das Schaben von Hand erfolgt auf dem Gerberbaum mit dem Schabeeisen, einem ähnlich dem Haareisen ausgebildeten Werkzeug mit zwei Handgriffen, dessen bogenförmige Klinge aber stärker gehalten ist und eine scharf geschliffene Schneide besitzt. Mit diesem Schabeisen fährt der Arbeiter flach über die Fleischseite des Felles und entfernt so das anhaftende Unterhautbindegewebe. Dabei ist zu beachten, daß insbesondere bei dünnen Fellen das Hautmaterial genügend geschont wird, um das Fasergefüge nicht zu überstrecken. Seiten und Hals müssen daher besonders vorsichtig geschabt werden, die Flämen werden zumeist überhaupt nicht berührt.

Das beim Entfleischen anfallende Unterhautbindegewebe samt den übrigen Abfällen, in der Praxis als „Leimfleisch" oder „Leimleder" bezeichnet, wird angesammelt und der Leimfabrikation zugeführt. Um Fäulniserscheinungen zu vermeiden, wird es in gesonderten Gruben „eingekalkt", d. h. mit Kalkmilch übergossen oder auch mit Kalkhydrat bestreut und in diesem Zustand bis zur Weiterverarbeitung aufbewahrt. Die Verwendung von Kalkhydrat statt Kalkmilch hat dabei den nicht unwesentlichen Vorteil, daß das Leimfleisch beim Verladen, da es viel weniger Wasser enthält, viel angenehmer zu handhaben ist und nicht so trieft wie ein mit Kalkmilch eingekalktes Leimleder und außerdem eine gewisse Ersparnis an Fracht erzielt wird. Man hat bisweilen auch versucht, das Leimleder in der Gerberei zu trocknen, um die Transportkosten der großen Wassermengen zu vermeiden, doch hat sich ein solches Verfahren bisher nicht nennenswert einführen können, da einmal das Trocknen möglichst rasch erfolgen sollte, andererseits aber im Hinblick auf den Verwendungszweck nur relativ niedrige Temperaturen bis zu höchstens 30° C anwendbar sind und entsprechend auch Trockenapparate eine nur geringe Leistung erzielen können und demgemäß nicht rentabel sind.

Das Entfleischen mittels Maschine ist ein langerstrebtes Ziel der Praxis gewesen, hat aber in seiner praktischen Durchführung beträchtliche Schwierigkeiten bereitet. Das Entfleischen mittels Maschine hat vor der manuellen Durchführung beträchtliche Vorteile einmal hinsichtlich gesteigerter Leistung und zum zweiten hinsichtlich stets gleichmäßigen Ausfalls der Arbeit. Die Handarbeit ist stets recht langwierig und damit kostspielig, setzt eine außerordentliche Übung voraus und schließt, falls die Durchführung nicht ganz sorgfältig erfolgt, recht empfindliche Schadensmöglichkeiten in sich. Außerdem ist die Gewichtsausbeute beim maschinellen Entfleischen ganz allgemein etwas größer als bei der Handarbeit. Die Schwierigkeiten, die sich der maschinellen Durchführung des Entfleischens entgegensetzten, waren bei den älteren Konstruktionen vorwiegend durch die ungleichmäßige Stärke des Hautmaterials bedingt. Die bei den älteren Maschinen verwendeten Unterlagen für die Haut reichten im allgemeinen hinsichtlich ihrer Elastizität aus, um geringe Unterschiedlichkeiten in der Hautstärke auszugleichen, bei stärker abfälligen Großviehhäuten dagegen war ein genügender Ausgleich der Dickenunterschiede innerhalb der gleichen Haut nicht möglich und entsprechend wurden entweder die dickeren Anteile zu stark entfleischt oder das Entfleischen der dünneren Partien war nur ungenügend, ein Teil des Unterhautbindegewebes blieb zurück und mußte durch ein Nachentfleischen von Hand entfernt werden. Es kommt also bei diesen Maschinen im wesentlichen auf eine genügend elastische Unterlage für das Hautmaterial an, die bei den älteren Maschinen nicht vorhanden war. Infolge dieses Nachteils sind die älteren Konstruktionen heute fast völlig wieder verschwunden und durch die neuzeitlichen Walzen-Entfleischmaschinen weitgehend verdrängt worden. Diese Walzenmaschinen, die je nach dem zu verarbeitenden Hautmaterial in den verschiedensten Größen und Ausführungen geliefert werden, sind ganz allgemein auch zum Enthaaren und zum Glätten und Streichen geeignet. Es ist dabei nur erforderlich, die zum Entfleischen notwendige scharfe Spiralmesser-Stahlwalze durch eine entsprechende stumpfe Walze mit Werkzeugen aus Schiefer, Bronze, Messing oder nichtrostendem Stahl zu ersetzen, wozu bei schweren Maschinen besondere Hebevorrichtungen mitgeliefert werden, und die Umdrehungsgeschwindigkeit der Messerwalze entsprechend zu vermindern, da beim Entfleischen eine hohe Tourenzahl von etwa 1200 bis 1500 Umdrehungen, beim Enthaaren und Glätten dagegen eine solche von nur etwa 600 bis 750 Umdrehungen erforderlich ist.

Abb. 34. Walzen-Entfleisch-, Enthaar- und Glättmaschine für Kleinfelle (Bayerische Maschinenfabrik F. J. Schlageter, Regensburg).

Prinzipiell am einfachsten gebaut sind die für die Bearbeitung von Kleintierfellen (Lamm-, Zickel- und Kaninchenfelle usw.) bestimmten Typen, die gleichzeitig in ihrem Bau der Zartheit des zu verarbeitenden Fellmaterials angepaßt sind. Abb. 34 und 35 zeigen zwei derartige Maschinen, von denen die erstere ausgesprochen für Kleinfelle, die zweite auch für größere Schaf-, Ziegen- und Kalbfelle bestimmt ist. Wie die schematische Zeichnung in Abb. 35 erkennen läßt, arbeiten diese Maschinen im Prinzip mit drei Walzen, der stationär gelagerten, meist in Ringschmierlagerung, teils auch in Kugellagerung laufenden Messerwalze *2*, der ebenfalls stationär gelagerten geriffelten Stahlwalze *1* und schließlich der nach vorn ausschwingbaren Gummiwalze *3*. Die letztere Walze ist in Ruhelage in Stellung *3a*, also auf den Arbeiter zu von der Messerwalze abgerückt und auch aus dem Zahngetriebe herausgenommen, so daß sie nicht rotiert und der Arbeiter das Hautmaterial etwa zu zwei Drittel seiner Länge über die Gummiwalze mit der Fleischseite nach oben auflegen kann. Durch Fußhebelbetätigung wird die Gummiwalze nach rückwärts gegen die beiden anderen Walzen gedrückt, wobei gleichzeitig das Zahnrad der Walze *3* in das Getriebe eingreift und die Walze *3* rotiert. Das Hautmaterial wird gemeinsam von den Walzen *1* und *3* aus der Maschine heraustransportiert, während die scharfen Stahlmesser der Messerwalze *2*, die sich in Richtung gegen das Hautmaterial bewegt, die Entfernung des Unterhautbindegewebes infolge Gegendrucks der Walze *3* bewirken. Nach Beendigung dieses Arbeitsvorganges wird durch erneuten Fußhebeldruck die Gummiwalze wieder automatisch in die Einwurfstellung *3a* zurückbewegt. Das etwa zur Hälfte entfleischte Fell wird nun gedreht und mit der anderen Hälfte in gleicher Weise bearbeitet. Die Leistung dieser sog. halbautomatischen Maschinen ist von der Geschicklichkeit der Bedienung weitgehend unabhängig, da lediglich das Hautmaterial auf die Gummiwalze aufzulegen ist, alles andere aber nach Betätigung des Fußhebels automatisch erfolgt. Die Gummiwalze *3* ist aus einem Stahlkern mit Gummiüberzug mit einem Spezialgummi mit guter Elastizität hergestellt, so daß sie unterschiedliche Hautstärken auszugleichen vermag und eine gleichmäßige Bearbeitung der Felle in ihrer ganzen Fläche erfolgt.

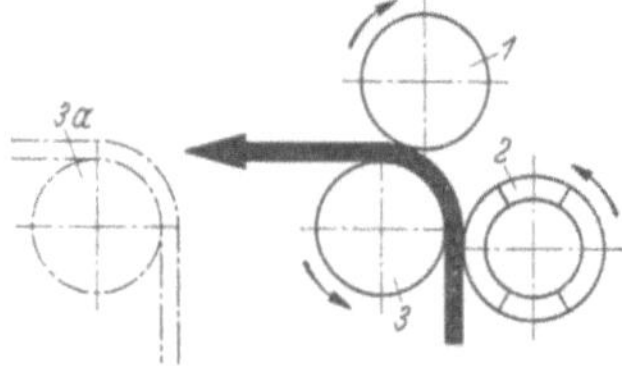

Abb. 35. Walzen-Entfleisch-, Enthaar- und Glättmaschine für Felle (Maschinenfabrik Moenus, Frankfurt a. M.).

*1* Geriffelte Stahlwalze, *2* Messerwalze, *3* Gummiwalze in Arbeitsstellung, *3a* Gummiwalze in Einwurfstellung.

Neben diesen halbautomatischen Konstruktionen sind zeitweise, insbesondere bei für die Bearbeitung von Fellen bestimmten Maschinen, auch ganzautomatische Maschinen gebaut worden, bei denen auch das Ein- bzw. Ausrücken der Gummiwalze mittels Fußhebels in Fortfall gerät, sondern automatisch nach einer bestimmten Anzahl von Umdrehungen ein Einbzw. Ausrücken der Gummiwalze erfolgt. Theoretisch müßte bei dieser vollautomatischen Arbeitsweise die Leistung gesteigert sein, praktisch hat sich das indessen nicht als unbedingt zutreffend erwiesen, da der Arbeiter, wenn er den Zeitpunkt des Einlegens verpaßt, die Zeitspanne eines ganzen Arbeitsvorganges untätig warten muß und damit ein teilweiser Leerlauf entsteht.

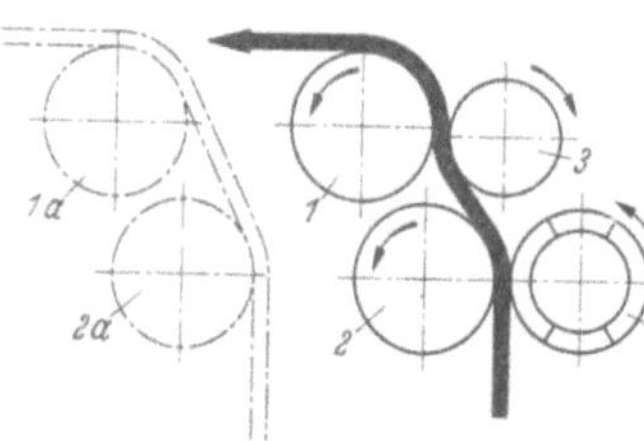

Abb. 36. Walzen-Entfleisch-, Enthaar- und Glättmaschine für größere Felle und Großviehhäute (Maschinenfabrik Moenus, Frankfurt a. M.).

*1* Transportwalze in Arbeitsstellung, *1a* Transportwalze in Einwurfstellung, 2 Gummiwalze in Arbeitsstellung, *2a* Gummiwalze in Einwurfstellung, *3* Geriffelte Stahlwalze, *4* Messerwalze.

Abb. 36 zeigt eine größere Ausführung des gleichen Typs, die für größere

Kalbfelle und gewisse Großviehhäute (Kipse usw.) bestimmt ist. Sie ist in Abweichung zu den beiden oben besprochenen Modellen mit einer weiteren Walze ausgestattet, so daß die Transportwalze von der eigentlichen Gummi-Gegendruckwalze getrennt ist, was den Vorteil bietet, daß die Gummiwalze *2* bei stärkeren Hautpartien dem Hautmaterial nachgeben und sich von der Messerwalze entfernen kann, ohne daß dadurch der durch die Walzen *1* und *3* bewerkstelligte Transport des Hautmaterials geschwächt würde. Bei dieser wie auch bei den oben beschriebenen Maschinen ist die Gummiwalze mit Einstellvorrichtung versehen, um der verschiedenen Stärke des Hautmaterials und der Abnutzung des Messers Rechnung tragen zu können. Auch bei den größeren Maschinen ist natürlich die Gummiwalze wie bei allen diesen Systemen aus einem Gummi mit guten elastischen Eigenschaften hergestellt. Auch die ausgesprochen für Großviehhäute bestimmten Walzen-Entfleischmaschinen sind nach dem gleichen Prinzip gebaut. Sie arbeiten alle halbautomatisch, der Arbeiter hat also nur die Haut einzulegen und mittels Fußhebels den Arbeitsvorgang einzuleiten bzw. nach Beendigung die Auflagewalze wieder nach vorn zu transportieren. Dabei sei eine Sonderkonstruktion erwähnt, bei der die Auflagewalze, um das Einlegen der Häute zu erleichtern, sobald sie sich in Einlegestellung befindet, nach innen rotiert. Eine Erleichterung im gleichen Sinne bedeutet es auch, wenn beim Öffnen gleichzeitig auch die

Abb. 37. Walzen-Entfleisch-, Enthaar- und Glättmaschine mit schwerem Schwungrad (Badische Maschinenfabrik, Durlach).

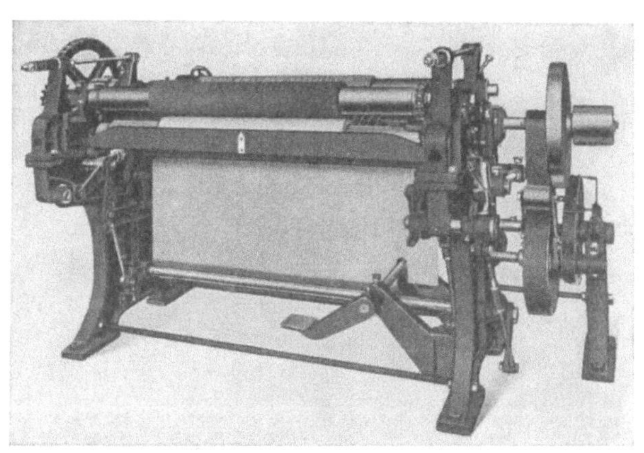

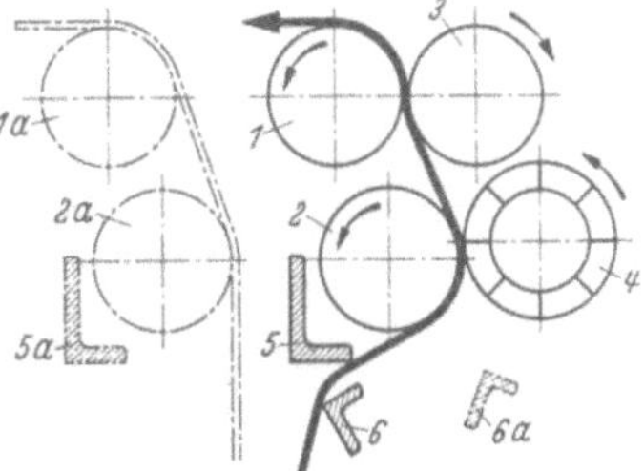


*1* Transportwalze in Arbeitsstellung, *1a* Transportwalze in Einwurfstellung, *2* Gummiwalze in Arbeitsstellung, *2a* Gummiwalze in Einwurfstellung, *3* Geriffelte Transportwalze, *4* Messerwalze, *5* Führungsleiste in Arbeitsstellung, *5a* Führungsleiste in Einwurfstellung, *6* Ausbreitleiste in Arbeitsstellung, *6a* Ausbreitleiste in Einwurfstellung.

Abb. 38. Walzen-Entfleischmaschine für Flanken und Hälse (Maschinenfabrik Moenus, Frankfurt a. M.).

geriffelte Stahlwalze nach hinten ausschwingt, so daß der Einlegeraum noch weiter vergrößert wird. Abb. 37 zeigt eine weitere Walzenmaschine der gleichen Bauart, bei der aber, um einen möglichst gleichmäßigen und leichten Gang der Messerwalze und einen weitgehenden Ausgleich des Kraftbedarfs zu erreichen, auf der Verlängerung der Achse der Messerwalze in einem eigenen Lagerblock ein schweres Schwungrad (in der Abbildung hinten) angebracht ist. Hinsichtlich Bauart in die gleiche Gruppe der Walzenmaschinen gehört schließlich die in Abb. 38 wiedergegebene neuartige Entfleischmaschine für Flanken und Hälse, bei der durch eine besondere Vorrichtung

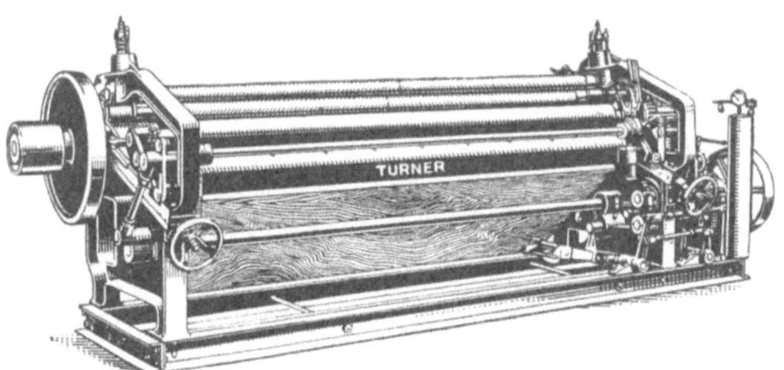


Abb. 39. Pneumatische Entfleischmaschine (Maschinenfabrik Turner, Frankfurt a. M.).

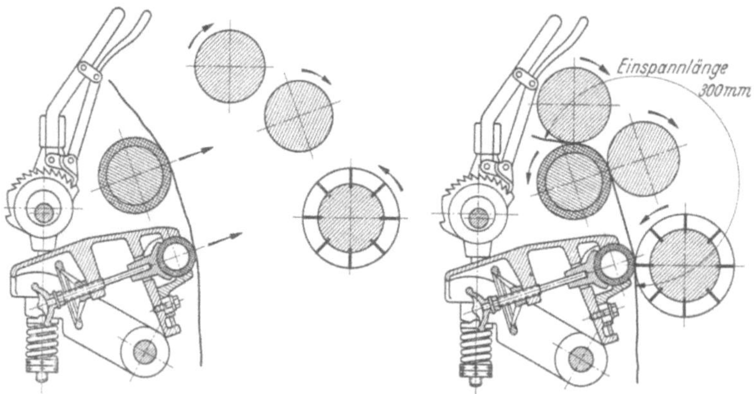


Abb. 40. Schemazeichnung zu der pneumatischen Entfleischmaschine in Abb. 39; links geöffnet, rechts geschlossen.

Abb. 41. Pneumatische Entfleischmaschine (Maschinenfabrik Moenus, Frankfurt a. M.).

(Leisten unter der Gummiwalze) die schmalen Hautteile stets in die Mitte der Maschine geführt werden und damit eine Beschädigung insbesondere der Flanken durch seitliches Verschieben vermieden wird.

Die bisher behandelten Walzen-Entfleischmaschinen mit Vollgummiwalzen (zumeist mit Stahlkern) sind bei Bearbeitung von Großviehhäuten dann unvollkommen, wenn es sich um stark abfälliges Hautmaterial handelt, da die Vollgummiwalzen derartige stärkere Dickendifferenzen nicht genügend auszugleichen vermögen und daher die dickeren Stellen unter stärkerem Druck als die dünnen Anteile bearbeitet werden. Aus diesem Grunde haben sich bei schwerem Hautmaterial die Entfleischmaschinen mit pneumatischer Hautunterlage immer mehr einführen können, da sie die angeführten Nachteile weitgehend vermeiden. Pneumatische Entfleischmaschinen werden heute in leichter und schwerer Ausführung hergestellt. Abb. 39 nebst der dazugehörigen Schemazeichnung in geöffneter und geschlossener Stellung (Abb. 40) und ferner Abb. 41 zeigen solche pneumatischen Entfleischmaschinen. Grundprinzip sämtlicher derartiger Konstruktionen ist der Einbau einer pneumatischen Hautauflage, mittels derer die Haut bei Arbeitsstellung der Maschine gegen die Messerwalze gedrückt wird. Die pneumatische Hautauflage stellt einen luftgefüllten, zwischen Backen eingespannten Schlauch mit meist dickwandigem Mantel dar, der mittels ständig mitlaufender Luftpumpe und geeignetem Druckeinstellventil stets auf dem erforderlichen gleichbleibenden Druck gehalten wird. Durch diese luftgefüllte Auflage wird die Haut an allen Stellen auch bei stärkeren Dickenschwankungen mit dem gleichen Arbeitsdruck gegen die Messerwalze gedrückt und damit ein gleichmäßiges Entfleischen der ganzen Fläche gewährleistet. Dabei benötigt der Luftschlauch infolge seines gegenüber einer Vollgummiwalze viel geringeren Durchmessers einen nur geringen Anpreßdruck, womit weiter eine Schonung des Hautmaterials verbunden ist. Der Abstand zwischen Luftschlauch und Messerwalze kann dabei durch geeignete Momenteinstellvorrichtung (z. B. Sperrklinkeneinstellung in Abb. 40) leicht jedem Hautmaterial angepaßt werden. Zusatzfederungen des Schlauchkastens dienen der Schonung der Pneumatik, die außerdem in den Lagerbacken gedreht und damit in ihrem vollen Umfang abgenutzt werden kann. Bei manchen Konstruktionen wird der Luftschlauch, insbesondere bei schweren Modellen, mittels einstellbarer Tasten abgestützt und damit die Anpassung an den Querschnitt der Haut noch weiter gefördert. Auch alle pneumatischen Maschinen sind halbautomatisch ausgebaut. Schließlich sei noch eine weitere Konstruktion erwähnt, bei der statt der sonst üblichen Gummidruckwalzen (Vollgummi oder pneumatisch) ein rundes Hohlgummikissen als Widerlage zur Arbeitswalze verwendet wird. Dieses Gummikissen ist der jeweiligen Hautstärke entsprechend gut einstellbar und gestattet entsprechend ebenfalls auch bei stark abfälligem Hautmaterial ein gleichmäßiges Bearbeiten der ganzen Fläche der Haut.

Die meisten für Großviehhäute bestimmten Maschinen, zu deren Bedienung zwei Arbeiter erforderlich sind, sind mit einer Sicherheitsvorrichtung versehen, so daß der auf der Seite des Fußtritts stehende Arbeiter die Transportwalze in die Maschine nur mit Einverständnis des anderen Arbeiters einschwingen lassen kann und damit Unfällen vorgebeugt wird. Da ein einwandfreies Arbeiten der Maschinen nur mit tadellos geschliffenen Messern möglich ist, sind stets geeignete Schleifapparate eingebaut, bei denen entweder das Schleifmaterial in einem Support eingespannt mittels Hand- oder Kraftbetrieb in einem Führungsbett an der rotierenden Messerwalze vorbeibewegt wird, oder bei einigen Konstruktionen auch eine rotierende Schmirgelscheibe eingebaut ist. Die Maschinen werden häufig direkt über geeignete Gruben aufgestellt, in denen das abfallende Leimfleisch aufgefangen und bis zum Abtransport eingekalkt wird.

Die üblichen modernen Entfleischmaschinen gestatten ein aderreines Entfleischen der Haut, doch ist es bisweilen nicht zu vermeiden, daß ein geringer Teil loser Fasern an der Blöße verbleibt, wodurch die Fleischseite des fertigen

Leders teilweise ein etwas rauhes Aussehen erhält. Bei schweren Lederarten, insbesondere Unterleder, Blank-, Riemen- und Geschirrleder, ist das weitgehend unerwünscht, da bei diesen Lederarten ein ganz glattes Freilegen der Adern als ein Merkmal für handgeschorenes Hautmaterial bei der Qualitätsbewertung häufig berücksichtigt wird, und man ist daher bei diesen Lederarten, um eine einwandfreie Beschaffenheit der Fleischseite zu gewährleisten, bisweilen wieder zum Handscheren zurückgekehrt. Diesem Nachteil abzuhelfen, sind in neuerer Zeit ausgesprochene Nachentfleischmaschinen auf dem Markt erschienen, von denen eine in Abb. 42 wiedergegeben ist. Die Maschine entspricht in der Konstruktion den bei der Lederzurichtung verwendeten Ausstoßmaschinen. Das Hautmaterial wird mit der Fleischseite nach oben auf die vordere Gummitransportwalze mit zwangsläufigem Antrieb aufgelegt, die mittels Fußtritts mit Kniehebelübersetzung gegen die rotierende Arbeitswalze gedrückt wird, wobei die

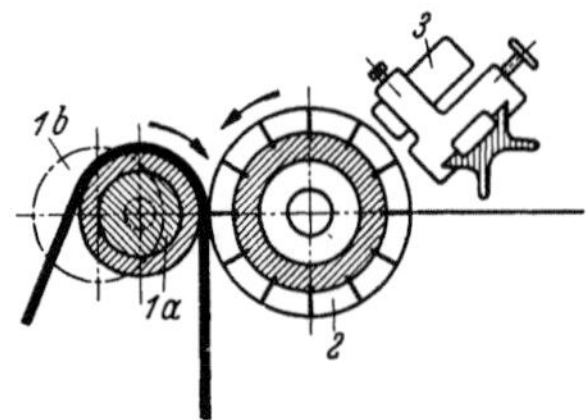


Abb. 42 Nachentfleischmaschine (Maschinenfabrik Moenus, Frankfurt a. M.).
*1a* Gummiauflagewalze in Arbeitsstellung; *1b* Gummiauflagewalze in Einwurfstellung; *2* Bearbeitungswalze, *3* Schleifstein.

Stärke des Druckes durch Druckgebung des Arbeiters auf den Fußtritt variiert wird, so daß die Arbeitsleistung vom Arbeiter den jeweiligen Erfordernissen entsprechend angepaßt werden kann. Die Arbeitswalze ist mit starken Messern aus einer harten Speziallegierung versehen, die nur die Fleischfasern wegnehmen sollen, ohne die Lederhaut selbst anzugreifen. Infolge der Stärke der Messer und durch das zeitweise erfolgende Schleifen, für das hinter der Werkzeugtrommel ein Schleifapparat eingebaut ist, und durch das die Messer an ihren Rücken vollständig glatt werden, wird zugleich mit dem Entfleischen auch ein Glätten der Fleischseite bewirkt.

## III. Falzen, Spalten, Abstoßen des Narbens.

Nachdem die eigentliche Lederhaut, die allein für den Gerbprozeß in Frage kommt, von den übrigen, für den Gerber wertlosen Schichten der tierischen Haut durch die in den vorhergehenden Abschnitten behandelten Arbeitsvorgänge befreit ist, haben die weiteren Operationen die Aufgabe, das Corium nun in den Zustand zu bringen, der für die nachfolgende Gerbung erwünscht ist. Hierher gehören einmal Arbeitsvorgänge, die eine Dickenvariation des Coriums bezwecken, das Falzen und Spalten des Hautmaterials. Diese Arbeitsvorgänge werden zumeist unmittelbar nach dem Entfleischen vorgenommen, da die Haut sich, wie wir früher sahen, durch das dem Entfleischen vorhergehende Einlegen in kaltes

Wasser (vgl. S. 154) in einem mäßigen Prallheitszustand befindet und damit genügende Festigkeit und inneren Halt aufweist, wie sie für eine sachgemäße Durchführung des Falzens bzw. Spaltens ebenfalls unbedingte Voraussetzung sind.

Das Falzen der Haut in kalkhaltigem Zustand, auch als ,,Kalkfalzen" bezeichnet, hat den Zweck, ein gewisses Egalisieren der Dicke der Haut vorzunehmen. Es ist eine umstrittene Frage, ob das Falzen zweckmäßig an der ungegerbten Haut oder am fertig gegerbten Leder vorgenommen wird. Die letztere Möglichkeit ist die in der Praxis meistgewählte. Das Falzen der ungegerbten Haut hat demgegenüber den Vorteil, daß die dabei abfallenden Hautanteile wie das Leimfleisch unmittelbar der Leimfabrikation zugeführt werden können und hierfür sehr geschätzt sind, während die Verwendungsmöglichkeiten der gegerbten ,,Falzspäne" wesentlich geringer sind und, soweit eine Verarbeitung zu Leim überhaupt möglich ist (Chromlederfalzspäne), zunächst wieder eine Entgerbung vorgenommen werden muß. Hinzu kommt als weiterer Vorteil für das Kalkfalzen natürlich ferner eine gewisse Ersparnis an Gerbstoffen. Andererseits ist es infolge der normalen strukturellen Unterschiedlichkeiten der verschiedenen Häute und ihres schwankenden Schwellungsgrades nicht möglich, die Falzstärke beim Kalkfalzen so einzustellen, daß sich ein Egalisieren der Dicke durch Falzen in gegerbtem Zustand erübrigt; ein Falzen im Blößen- und im Lederzustand bedeutet aber einen nicht unbeträchtlichen Arbeitsmehraufwand. Bei Großviehhäuten dient das Falzen im Blößenzustand in erster Linie dazu, die Fleischseite der Haut an den Stellen, an denen die Haut infolge ihrer härteren und stärker gewellten Beschaffenheit mit dem Scherdegen nur ungenügend niedergehalten werden kann, so daß die Gefahr des Entstehens von Aushebungen und Schnitten besteht (Klauen, Schild), von anhaftendem Unterhautbindegewebe zu befreien (siehe S. 156). Weiter sollen dickere Teile der ungespalten zu verarbeitenden Häute in ihrer Dicke der Stärke des übrigen Hautfasergefüges angeglichen werden. Soweit zunächst ein Spalten erfolgt, werden die anfallenden Fleischspalte bisweilen nachträglich durch Falzen in ihrer Stärke egalisiert, und schließlich werden auch bei leichten Fellen, bei denen zumeist nur ein schmaler Streifen im Kern und der Kopf zu egalisieren ist, die bestehenden Dickendifferenzen häufig ebenfalls durch Falzen ausgeglichen.

Das Falzen der ungegerbten Haut während der Arbeiten der Wasserwerkstatt wird praktisch ausschließlich von Hand vorgenommen, Falzmaschinen, die in anderem Zusammenhang ausführlich besprochen werden (vgl. III. Band, 1. Teil, S. 681ff.), werden in der Wasserwerkstatt fast nicht verwendet. Soweit in den Hals- und Kopfpartien größere Flächen egalisiert werden müssen, werden ausgesprochene Kopfspaltmaschinen (siehe unten) gebaut. Zum Falzen von Hand wird der ,,Falz" verwendet (Abb. 23, Nr. 7), ein Werkzeug, das aus einer Falzschere mit Falzblatt besteht, an deren einem Ende ein Griff in der Richtung der Falzschere, am anderen Ende ein Griff quer dazu angebracht ist. Das aus Stahl hergestellte Falzblatt, das mit der Falzschere entweder vernietet oder verschraubt und damit auswechselbar ist, wird an beiden Seiten geschliffen, durch Abziehen sorgfältig geglättet, und dann wird die Schneide mittels besonderem Legestahl etwa rechtwinkelig umgebogen. Mit dem so vorbereiteten Werkzeug zieht der Arbeiter Späne in der jeweils gewünschten Dicke von der Haut ab, indem er den Falz mit der umgelegten Schneide nach unten mit gleichmäßig kräftigem Druck beider Hände über die Fleischseite führt. Dabei ist die Stärke der abgefalzten Späne jeweils durch die Breite des umgelegten Fadens der Schneide bestimmt. Als Unterlage dient beim Kalkfalzen entweder der Gerberbaum oder auch der in der Lederzurichtung übliche Falzblock (Abb. 43), eine geneigt gestellte Holzbohle, auf der eine Auflage aus Pockholz als Falzebene befestigt ist. Es muß beim Falzen sorgfältig darauf geachtet werden, daß die einzelnen Späne gleichmäßig stark abgenommen werden, vor allem muß beim Ansetzen des Falzes dafür Sorge getragen werden, daß an dieser Stelle keine Einschnitte entstehen.

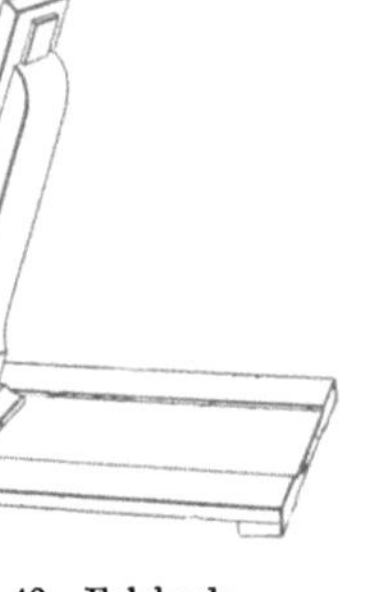

Abb. 43. Falzbock.

Ein Falzen kommt natürlich nur bei dem Hautmaterial in Frage, bei dem ein Spalten sich nicht lohnt, da andernfalls durch ein Spalten natürlich eine zweckmäßigere Ausnutzung des Hautmaterials erreicht wird. Aber auch in diesen Fällen ist das Kalkfalzen heute in allen Betrieben, die über Spaltmaschinen verfügen, weitgehend aufgegeben worden, da auch bei schweren Häuten, bei denen nur ein gewisses Egalisieren etwa der Hals- und Kopfpartien in Frage kommt, ein solches Egalisieren mittels Spaltmaschine viel rascher und gleichmäßiger durchführbar ist.

Das Spalten der Haut stellt einen Arbeitsvorgang dar, bei dem die Haut in ihrer ganzen Fläche in mehrere Schichten von bestimmter Dicke zerlegt wird. Ohne Zweifel stellt dieses Spalten einen wesentlichen Fortschritt in der modernen Lederbereitung dar, der es gestattet, das Hautmaterial wirtschaftlich auszunutzen, da außer dem obersten Spalt, dem sog. Narbenspalt, noch ein oder mehrere sog. Fleischspalte anfallen, die ebenfalls zur Herstellung von marktfähigem Leder, meist unter Aufpressen eines künstlichen Narbenbildes, verwendet werden können. Wenn entsprechend das Spalten in der Hauptsache bei der Herstellung von Leder mit geringerer Dicke, also Ober- und Feinledern, eine bedeutsame Rolle spielt, so ist bei der Verarbeitung besonders dicken Hautmaterials auch der Weg gangbar und praktisch beschritten worden, nach Abspalten eines dünnen Narbenspaltes etwa für Vachetten den noch relativ dicken Fleischspalt zur Herstellung von Unterleder von brauchbarer Qualität weiter zu verarbeiten.

Auch hinsichtlich des Spaltens ist prinzipiell die Frage zu erörtern, inwieweit dieser Arbeitsgang zweckmäßiger im ungegerbten Zustand in der Wasserwerkstatt oder nach Beendigung der Gerbung durchgeführt wird. Als Nachteil für das Spalten der ungegerbten Haut sind ohne Zweifel die gleichen Faktoren wie bezüglich des Kalkfalzens anzuführen, daß nämlich das Hautmaterial infolge der wechselnden strukturellen Beschaffenheit von Haut zu Haut wie auch an den einzelnen Stellen der gleichen Haut, und infolge des stets wechselnden Schwellungsgrades der maschinellen Druckbeanspruchung, etwa durch die Förderwalzen, einen unterschiedlich starken Widerstand entgegensetzt und damit zwangsläufig Unterschiedlichkeiten in der Dicke des gespaltenen Hautmaterials bei gleicher Dickenregulierung der Maschine unvermeidbar sind, während nach der Gerbung diese Unterschiede zwar auch vorhanden sind, sich aber infolge Erhöhung der Festigkeit durch die Gerbung in wesentlich geringem Maße geltend machen. Außerdem erfordert das Spalten des ungegerbten Hautmaterials eine viel größere Geschicklichkeit in der Durchführung als das Spalten bereits gegerbten Leders. Dem steht als Vorteil für das Spalten vor der Gerbung gegenüber, daß die einzelnen Spalte infolge ihrer geringeren Dicke natürlich viel rascher durchgerben, also die Gerbdauer gegenüber der ungespaltenen Haut wesentlich herabgesetzt werden kann, und daß ferner die Fleischspalte nach anderen, dem jeweiligen Verwendungszweck und dem zu erzielenden geringeren Preis des Fertigproduktes besser angepaßten Gerbverfahren als der wertvollere Narbenspalt ausgegerbt werden können, und diese Vorteile sind derart, daß in der Praxis das Spalten der Haut in ungegerbtem Zustand in weitaus den meisten Fällen bevorzugt wird.

Alle Spaltmaschinen beruhen auf dem gleichen Prinzip, die Haut unter Verwendung geeigneter Förder- und Führungseinrichtungen gegen ein scharfes Messer zu bewegen, durch das die Haut in ihrer Fläche in zwei Teile zerlegt wird. Dabei handelt es sich eigentlich nicht um ein Spalten im strengen Sinne des Wortes, also eine ausgesprochene Keilwirkung, da das tierische Hautfasergefüge infolge seines komplizierten Aufbaues, vielleicht abgesehen von den Fischhäuten, keine eine solche Keilwirkung begünstigende Schichtung in einer Richtung aufweist. Es handelt sich vielmehr um ein ausgesprochenes Zerschneiden des Hautmaterials, und es ist daher selbstverständlich, daß die Summe der Reißfestigkeitswerte von Lederspalten geringer als die Reißfestigkeit des ungespaltenen Leders ist (vgl. z. B. J. A. Wilson und E. J. Kern), da die durch das kunstvolle Gefüge des kollagenen Fasergefüges bedingten außerordentlichen Festigkeitseigenschaften der Haut bzw. des Leders in dem Maß vermindert werden, wie durch ein Zerschneiden der Fasern eine Zerstörung dieses Gefüges erfolgt. Da die Haut das Bestreben hat, dem schneidenden Messer seitwärts auszuweichen, kann ein einwandfreies Spalten nur erfolgen, wenn möglichst dicht am spaltenden Messer eine feste Führungsvorrichtung angebracht ist, die ein Ausweichen der Haut unmöglich macht. Gewisse Schwierigkeiten bereitet beim Spalten ungegerbter Haut ferner die Tatsache, daß das zumeist recht glatte Hautmaterial nur schwer gegen das spaltende Messer bewegt werden kann. Es sind besonders wirksame Transportvorrichtungen, meist Walzen mit zweckentsprechender Riffelung erforderlich, um diesen Transport zu ermöglichen.

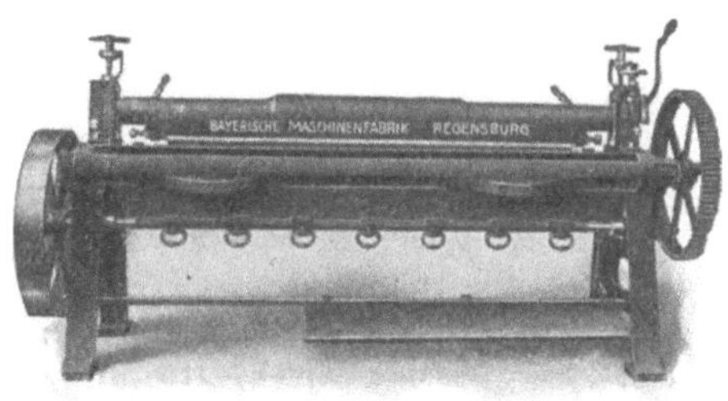

Abb. 44 Unionspaltmaschine (Bayerische Maschinenfabrik F. J. Schlageter, Regensburg.).

Je nach der Anordnung des spaltenden Messers kann man prinzipiell zwei Gruppen von Spaltmaschinen unterscheiden, Maschinen mit feststehendem und solche mit bewegtem Messer.

Der Typ der Spaltmaschinen mit feststehendem Messer ist die Unionspaltmaschine, wie sie in Abb. 44 abgebildet ist. Das zu spaltende Hautmaterial wird in der im Bild abgewandten Seite in die Maschine eingeführt, an dem feststehenden, haarscharf geschliffenen Spaltmesser vorbeigeleitet und an der im Bild vorn sichtbaren Aufwickelwalze befestigt. Oberhalb der Schneide des Spaltmessers befindet sich eine in einem gußeisernen Balken angeordnete Führungswalze, die nach oben und unten verstellt werden kann und die zu spaltende Haut gegen die Schneide des Messers drückt. Sobald die Aufwickelwalze mittels Fußhebels in Bewegung gesetzt wird, wird die Haut gegen das Messer gezogen und gespalten, wobei die jeweilige Spaltstärke durch Heben und Senken der Druckwalze variiert wird derart, daß der obere Spalt um so dünner wird, je tiefer die Haut durch die Druckwalze herabgedrückt wird. Da indessen der bereits auf der Aufwickelwalze befindliche Teil nicht miterfaßt wird, muß in einem zweiten Arbeitsgang dieser Teil nachträglich gespalten werden. Der Fleischspalt wird also bei dieser Maschine nicht zusammenhängend, sondern in zwei Teilflächen erhalten.

Die Union-Spaltmaschinen werden vornehmlich zum Spalten gegerbter Leder verwendet, sind dagegen zum Spalten ungegerbter Haut weniger geeignet, da infolge der verhältnismäßig kräftigen Zugbewegung das Fasergefüge stark beansprucht und unter Umständen das Auftreten von Narbenrissen verursacht wird. Aus diesem Grunde wird ganz allgemein der unten noch zu besprechenden

Bandmesserspaltmaschine für das Spalten ungegerbter Haut weitaus der Vorzug gegeben. Ein dagegen in der Wasserwerkstatt vielverwendeter Typ der Spaltmaschinen mit feststehendem Messer ist die **Kopfspaltmaschine**, die insbesondere zum Ausspalten von Kalbsköpfen verwendet wird. Die einfachste

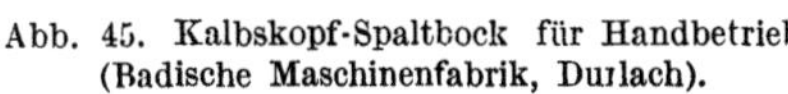

Abb. 45. Kalbskopf-Spaltbock für Handbetrieb (Badische Maschinenfabrik, Durlach).

Abb. 46. Kopfspaltmaschine mit feststehendem Messer (Nicolai Clasen, Altona-Hamburg).

Vorrichtung für dieses Kopfspalten stellt der in Abb. 45 wiedergegebene Spaltbock dar. Der vertikal verstellbare Arbeitstisch wird so eingestellt, daß die Höhendifferenz zwischen Tischplatte und den beiden seitlichen Führungsleisten für das Messer der gewünschten Dicke des zu spaltenden Kalbskopfes entspricht. Dann wird der zu spaltende Kopf auf den Tisch glatt aufgelegt und festgeklemmt und das Messer mit haarscharfer Schneide an den Führungsleisten entlang über den Kopf gezogen, wobei ein glattes Abtrennen des Spaltstückes erfolgt. In größeren Betrieben wird natürlich auch diese Arbeit maschinell durchgeführt. Abb. 46 zeigt eine solche im Prinzip wie die Unionspaltmaschine gebaute Kopfspaltmaschine, die derart bedient wird, daß nach Heben der oberen Druckwalze der Kopf des Kalbfells, soweit er ausgespalten werden soll, jenseits des feststehenden Spaltmessers gelegt wird und dann das Fell durch Herabdrücken der Druckwalze gegen die Schneide des Spaltmessers gedrückt wird. Bei Inbetriebsetzen der vorn befindlichen Aufwickelwalze mittels Fußtritts wickelt sich der heraushängende Teil des Felles auf dieser Walze auf und der zu spaltende Teil wird aus der Maschine herausgezogen und dabei je nach dem Druck der oberen Druckwalze mehr oder weniger stark ausgespalten.

Abb. 47. Kopfspaltmaschine mit oszillierendem Messer (Maschinenfabrik Turner, Frankfurt a. M.).

Von der zweiten Gruppe der Spaltmaschinen, die mit bewegtem Messer ausgerüstet sind, sei zunächst kurz das ältere System der **Maschinen mit oszillierendem Messer** angeführt, bei denen mit vertikal gestelltem, in einer

Abb. 48. Bandmesserspaltmaschine, Vorderansicht (Maschinenfabrik Moenus, Frankfurt a. M.).
1 Bandmesser, 2 Druckwalze, 3 Transportwalze, 4 Tisch, 5 Gummiwalze, 6 Gliederwalze.

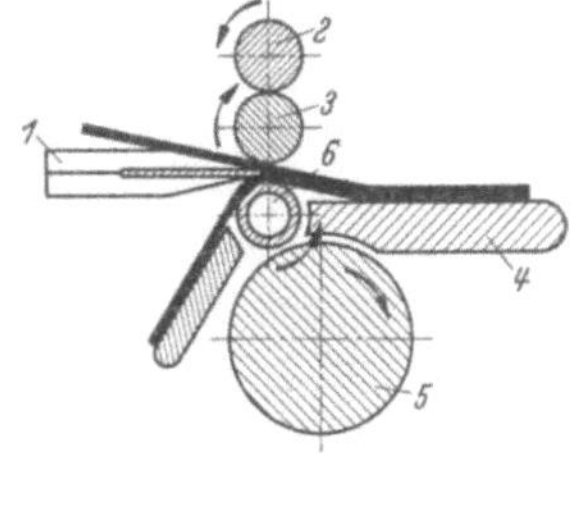


Führung bis zu 500- bis 600mal pro Minute hin und her gehendem Messer gespalten wird und der Transport des Hautmaterials gegen die Walze zumeist wie oben mittels Aufwickelwalze erfolgt. Diese Maschinen, die zumeist zum Ausgleich von Ungleichheiten des zu spaltenden Hautmaterials mit einer klaviaturartigen Unterlage versehen sind, werden zumeist zum Spalten fertiggegerbter Leder, zum Spalten in der Wasserwerkstatt dagegen praktisch nicht verwendet. Erwähnt sei indessen, daß eine Kalbskopfspaltmaschine mit oszillierendem Messer geliefert wird (Abb. 47), bei der die Bedienung und Transporteinrichtung derjenigen bei Walzenentfleischmaschinen entspricht. Die Felle werden über die vordere Gummiwalze gelegt, die nach Betätigung des Fußhebels einrückt, so daß das Fell dann mittels zweier Transportwalzen am Spaltmesser vorbei aus der Maschine herausläuft. Die Leistung dieser Maschine mit oszillierendem Messer soll 4- bis 5mal so groß sein wie die der Kopfspaltmaschinen mit feststehendem Messer.

Abb. 49. Bandmesserspaltmaschine, Seitenansicht (Maschinenfabrik Turner, Frankfurt a. M.).

Als zweckmäßigste Konstruktion für das Spalten ungegerbten Hautmaterials ist ohne Zweifel die **Bandmesserspaltmaschine** zu bezeichnen. Abb. 48 gibt eine derartige Bandmesserspaltmaschine wieder nebst zugehöriger Schemazeichnung, die im Prinzip für alle derartigen Maschinen Gültigkeit hat. Das spaltende Messer ist bei dieser Maschine als horizontal laufendes endloses, aus Spezialstahl hergestelltes Band angeordnet, das über zwei gleichgroße, an beiden Seiten der Maschine angebrachte Scheiben läuft und während des Spaltens ständig rotiert. Durch von Hand zu bedienende oder selbsttätige Spannvorrichtung wird das Messer stets in straffer Spannung gehalten und durch verstellbare Einstellvorrichtungen wird sein Lauf so festgelegt, daß es sich nach jeder Richtung hin nur mit sehr geringem Spielraum bewegen kann und so ein gleichmäßiger Lauf gewährleistet ist. Abb. 49 zeigt die Seitenansicht einer solchen Bandmesserspaltmaschine, die den Lauf des Bandmessers erkennen läßt. Das Hautmaterial wird in dieser Abbildung von rechts her in die Maschine eingeführt, durch das rotierende Messer in der Fläche zerschnitten und verläßt nach links die Maschine, und zwar der obere Spalt über den Tisch, der untere Spalt unterhalb des Tisches schräg nach unten. Die Zufuhr des Hautmaterials zum Messer erfolgt durch die Transportwalze *3* (Abb. 48), die beim Spalten ungegerbten Hautmaterials geriffelt ist, um die schlüpfrigen Häute leichter erfassen und transportieren zu können. Ein Durchbiegen der Walze *3* nach oben wird durch die darüber angeordnete Druckwalze *2* verhindert. Die Walzen *2* und *3* bilden zusammen mit dem Kopfbalken ein Ganzes, das durch die an jeder Seite der Maschine oben angebrachten Schraubenspindeln vertikal verstellbar ist. Durch mehr oder weniger starken Druck von oben auf das Hautmaterial wird die Dicke des oberen Spaltes entsprechend variiert. Die Gegenwalze *6* der Transportwalze ist zwischen Zuführtisch, Abgabetisch und der Gummiwalze *5* eingelagert und besteht zumeist aus einer Anzahl klaviaturähnlich zusammengestellter Glieder, die den Unebenheiten der Haut durch Eindrücken in die Gummiwalze nachgeben können und so einen stets gleichmäßigen Druck auf die Haut auch bei ungleichmäßiger Dickenbeschaffenheit gewährleisten. Die Gummiwalze *5* und damit auch die Gliederwalze *6* sind hinsichtlich ihres Druckes auf das Hautmaterial ebenfalls durch Einstellung variierbar.

Die Bandmesserspaltmaschinen sind mit geeigneter eingebauter Schleifvorrichtung versehen, meist aus zwei schnellaufenden Schmirgel- oder Karborundumscheiben bestehend, die entweder jede für sich oder auch gemeinsam durch ein einziges Handrad verstellt werden können und durch die die Schnittkante des Bandmessers nach zwei Seiten durch Hohlschliff abgeschrägt wird. Beim Spalten aus dem Kalk wird die Schleifvorrichtung meist so eingestellt, daß die obere Abschrägung der Schneide größer ist als die untere; meist wird die obere etwa 4 mm, die untere 2 mm breit geschliffen. Bei den meisten neueren Konstruktionen ist neben dem Schleifapparat noch eine Abziehvorrichtung zum Abziehen des geschliffenen Bandmessers vorgesehen, so daß eine haarscharfe Schneide erhalten wird, die ihrerseits wieder einen glatten Schnitt gewährleistet. Vielfach werden die Maschinen auch mit automatischem Messer-Vorschubapparat ausgestattet, durch den das abgenutzte Bandmesser gemeinsam mit den beiden Messerscheiben vorgeschoben wird und damit die Stellung des Messerschneidenprofils zur Transportwalze immer die gleiche bleibt und entsprechend erreicht wird, daß man lange Zeit weiter spalten kann, ohne sich um Stellung des Meeres und Profil der Schneide kümmern zu müssen.

Vor den Maschinen mit feststehendem Messer haben die Bandmesserspaltmaschinen den Vorteil, viel dünnere und vor allem gleichmäßigere Spalte zu liefern, wobei bei sämtlichen Spalten die Fläche zusammenhängend bleibt. Außerdem erfolgt der Transport nicht durch Zug, sondern durch Förderwalzen, so daß die Gefahr des Reißens des Narbens wesentlich geringer ist. Ein exaktes Arbeiten der Maschine ist indessen weitgehend von sachgemäßer Behandlung und exakter, sorgfältiger Einstellung abhängig. Beim Einlassen der Haut in die Maschine muß vor allem sorgfältig darauf geachtet werden, daß die Haut glatt einläuft. Etwaige Falten vor der Transportwalze sind so lange unbedenklich, als sie parallel zur Walze liegen, beim Auftreten von Querfalten muß dagegen der Spaltvorgang unterbrochen und die Haut zunächst gerichtet werden. Zum faltenlosen Einführen in die Maschine werden meist von den Arbeitern keilförmige Holzteile verwendet, mit denen etwa auftretende Unregelmäßigkeiten und Falten durch Nachdrücken ausgeglichen werden. Beim Verlassen der Maschine wird die Haut von den Arbeitern nach allen Richtungen auseinandergezogen, um auch so eine Faltenbildung zu vermeiden, wobei besonders geeignete Spaltzangen (Abb. 23, Nr. 8) verwendet werden. Erwähnt sei, daß zur Verhinderung der Schlüpfrigkeit des Hautmaterials beim Spalten empfohlen wurde, dieses zuvor

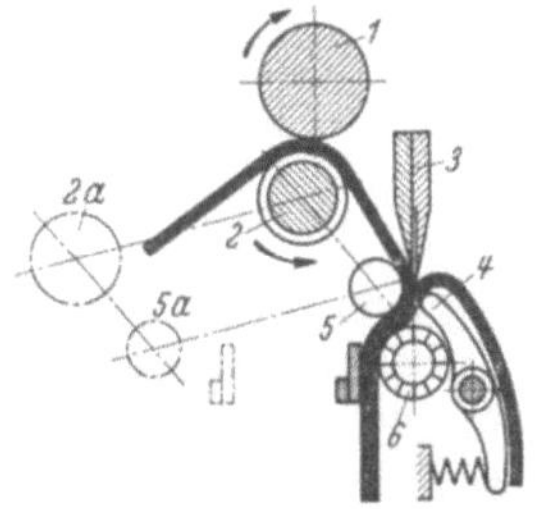

Abb. 50. Kopfspaltmaschine mit Bandmesser (Maschinenfabrik Moenus, Frankfurt a. M.).

*1* Riffelwalze, *2* Gummiwalze in Arbeitsstellung, *2a* Gummiwalze in Einwurfstellung, *3* Bandmesser, *4* Klaviatur, *5* Gegendruckwalze in Arbeitsstellung, *5a* Gegendruckwalze in Einwurfstellung, *6* Ausbreitwalze.

mit einer Suspension von Lithopone oder einer Mischung von Bariumsulfat, Zinksulfid oder -oxyd in Wasser kurz zu walken (A. P. 1961377).

Die Bandmesserspaltmaschinen sind zumeist auch als Kopfspaltmaschinen zu verwenden, wozu der Oberteil der Maschine hebbar angeordnet ist, so daß er mittels einfacher Hebelbewegung bis zu 10 cm gehoben werden kann und so das Einlegen des zu spaltenden Teils in die Maschine vor das Messer mit Leichtigkeit zu erreichen ist. Daneben werden auch ausgesprochene *Kopfspaltmaschinen mit Bandmesser* gebaut. Abb. 50 zeigt eine derartige Konstruktion, bei der das spaltende Messer ebenfalls in Form eines endlosen Bandes rotiert, nur im Gegensatz zu den sonstigen Bandmesserspaltmaschinen vertikal mit der Schneide nach unten gelagert ist. Das zu spaltende Hautmaterial wird über die Gummitransportwalze *2* bzw. *2a* gelegt und diese durch Fußhebel gegen die Riffelwalze *1* gedrückt. Durch diese beiden Transportwalzen erfolgt der Transport der Haut aus der Maschine, während die Gegendruckwalze *5* bzw. *5a* das Hautmaterial gegen das Messer drückt. An Stelle der Glieder- und Gummiwalze bei normalen Bandmesserspaltmaschinen wird hier der Ausgleich der Dickenunterschiede durch die Klaviatur *4* besorgt, deren einzelne Glieder unter einem einstellbaren Federdruck stehen.

In diese Gruppe von mechanischen Arbeitsvorgängen gehört auch das *Abstoßen des Narbens*, soweit es am ungegerbten Fell vorgenommen wird. Das Abstoßen des Narbens vor dem Gerben wird einmal bei der Sämischgerbung vorgenommen, um das Eindringen des Trans in das Innere des Hautfasergefüges zu beschleunigen, aber auch bei der Herstellung von Mochaleder, Velourleder und ähnlichen Lederarten wird vielfach der Narben bereits im Blößenzustand entfernt. Soweit diese Arbeit von Hand geschieht, wird vielfach ein haarscharf geschliffenes Schabeisen verwendet, mit dem die Häute und Felle auf dem Gerberbaum von der Narbenseite behandelt werden, doch reicht diese Bearbeitung zumeist nicht vollständig aus, und es müssen daher mit dem Putzmesser (Abb. 23, Nr. 6) noch die restlichen Narbenteile entfernt werden. Soll das Abstoßen des Narbens maschinell vorgenommen werden, so eignen sich hierfür insbesondere die Walzenentfleischmaschinen, die die Entfernung des Narbens viel besser und gleichmäßiger vorzunehmen gestatten als die Handarbeit. Zum Abstoßen des Narbens wird dabei wie beim Entfleischen eine Arbeitswalze mit scharf geschliffenen Stahlmessern verwendet.

## IV. Streichen, Glätten, Abziehen.

Der letzte mechanische Arbeitsvorgang der Wasserwerkstatt ist das Glätten oder Streichen und das Abziehen. Die Haut enthält nach dem Enthaaren und Entfleischen stets noch Reste der Keratine, d. h. Haarwurzeln, soweit sie sich infolge Faserverquellung der geäscherten Haut und Anwendung stärkerer Sulfidäscher, insbesondere infolge stärkerer Zerstörung der Haare nicht beim Enthaaren entfernen ließen, teilweise Grundhaare und Epidermisreste, insbesondere in den Einstülpungen der Haut. Sie enthält ferner mehr oder weniger abgebaute Fibroblasten und Mastzellen des Coriums, die Auskleidungen der Talg- und Schweißdrüsen, ferner Kalk und sonstige Haarlockerungschemikalien bei Anwendung chemischer Haarlockerungsmethoden und schließlich Haarpigmente und Naturfett, teils in Form von Kalkseifen, teils emulgiert. Diese Stoffe, die in ihrer Gesamtheit vom Praktiker als „Gneist", „Grund", „Schweiß" oder „Schmutz" bezeichnet werden, können teilweise durch ein Spülen der Häute und Felle aus diesen entfernt werden, eine praktisch ausreichende Entfernung ist indessen nur auf mechanischem Wege möglich durch ein Streichen über die Haut unter einem mehr oder weniger intensiven Druck, wobei der „Grund" aus der Haut herausgedrückt und abgestrichen wird. Dieses Streichen oder Glätten wird entweder als Handarbeit oder maschinell durchgeführt. Dabei ist die Wirksamkeit dieses Arbeitsvorganges natürlich umso besser, je stärker das Hautmaterial verfallen ist und die natürlichen Poren der Haut geöffnet sind. Entsprechend wird das Hautmaterial vielfach vor dem Streichen in warmes Wasser eingelegt oder damit gewalkt, wenn man nicht, wie noch zu besprechen sein wird, dieses Verfallen zugleich mit einem vorherigen Entkälkungs- und Beizvorgang zu erreichen sucht.

Das Glätten von Hand geschieht auf dem mit einer mit der Fleischseite nach oben gelegten Haut gesattelten Gerberbaum mit dem Glätteisen oder Glättstein. Das Glätteisen (Abb. 23, Nr. 4) ist ein mit zwei Handgriffen versehenes gekrümmtes Eisen, ähnlich dem Haareisen, das aber an der Schneide dünn geschliffen, abgerundet, glatt und ohne Scharten sein muß. Der Glättstein (Abb. 23, Nr. 9) besteht aus einem Holzheft, in dem der glattgeschliffene Glättstein oder eine entsprechende Kautschukplatte entweder ein- oder zweiseitig eingespannt ist. Die Haut wird mit diesen Werkzeugen in Hochkantstellung mit gleichmäßigem Druck erst in kurzen und zuletzt in langen Strichen ausgestrichen, wobei zumeist zunächst die Rückenpartien nach der Schwanzseite hin, dann der Hals nach dem Kopf zu und schließlich die Seitenpartien in der Querrichtung bearbeitet werden. Das Streichen des Hautmaterials muß ganz allgemein in der Richtung der Haare von der Wurzel zur Spitze erfolgen, da nur so der „Grund" wirksam aus den

Haarbälgen herausgedrückt werden kann, beim Arbeiten in umgekehrter Richtung dagegen in die Haut hineingedrückt würde.

Der bei dem Ausstreichen der Häute abfließende „Grund" stellt eine mehr oder weniger dicke, etwas klebrige, je nach der Färbung der Haarpigmente des Hautmaterials gelb bis schwarz gefärbte Masse dar, die aus einem festen und einem flüssigen Anteil besteht. Der erstere umfaßt insbesondere die unlöslichen Kalkanteile, Epidermisreste, Haarwurzeln und Grundhaare und auch die im Kalkäscher infolge Fettverseifung entstehenden Kalkseifen des Naturfetts, die in Wasser nur sehr wenig löslich sind und daher vorwiegend mechanisch aus der Haut entfernt werden müssen. Der flüssige Anteil umfaßt im wesentlichen die löslichen Kalksalze und löslichen Kalkverbindungen der Proteinabbauprodukte sowie Hautfett in emulgierter Form.

Für das maschinelle Glätten und Streichen kommen im wesentlichen die gleichen Maschinen in Frage, die bereits bei Besprechung des Enthaarens und Entfleischens angeführt wurden. Einmal kann hierfür in gleicher Weise die nach dem System Leidgen arbeitende Maschine (Abb. 26) verwendet werden, bei der die auf- und abpendelnde Messerwalze entsprechend der Bearbeitung auf dem Baum den Grund und die Haarwurzeln aus den Poren herausdrückt und entfernt. Ferner kommen in gleicher Weise die Trommelmaschinen mit vor- und rückwärtslaufender oder mit rotierender Trommel (Abb. 27 und 28) in Frage. Dabei sind außerdem Maschinentypen speziell für das Glätten und Streichen vorhanden (Abb. 51), die sich von den früher besprochenen Konstruktionen insofern unterscheiden, als sie mit zwei in Ringschmierlagern laufenden Werkzeugwalzen ausgerüstet sind. Beide Walzen sind federnd gelagert und durch verstellbaren Federdruck hinsichtlich ihres auf das Hautmaterial ausgeübten Arbeitsdruckes variierbar, so daß die erstere Walze mit leichtem Druck arbeiten kann und das Hautmaterial zunächst von oberflächlich anhaftendem Grund und Schmutz befreit, die zweite Walze dann mit stärkerem Druck die in den Poren sitzenden Grundhaare entfernt. Durch diese doppelte Bearbeitung der Häute und Felle wird die Wirksamkeit der Maschine beträchtlich erhöht und ein gleichmäßigerer Arbeitsausfall bewirkt. Von den schematischen Abbildungen in Abb. 51 stellt die linke wieder eine Trommelmaschine mit einer Arbeitsfläche und Zange, die rechte eine solche mit zwei Arbeitsflächen und Zangen dar. Teilweise werden auch die Vertikal-Ein- oder Reihentischmaschinen (Abb. 30 und 31) zum Glätten von Fellen empfohlen und angewandt. Besonders bewährt für diesen Arbeitsvorgang haben sich vor allem die Walzenmaschinen, bei denen im Vergleich zum Entfleischen wie beim Enthaaren lediglich einerseits eine Verminderung der Geschwindigkeit der Arbeitswalze und ferner ein Auswechseln der Arbeitswalze erforderlich ist, da zum Entfleischen eine scharfe Stahlmesserwalze, zum Glätten dagegen wie zum Enthaaren stumpfe, glatt und rund geschliffene Messer aus Schiefer, Bronze, Messing oder nichtrostendem Stahl verwendet werden (vgl. S. 157ff.). Erwähnt sei hier schließlich

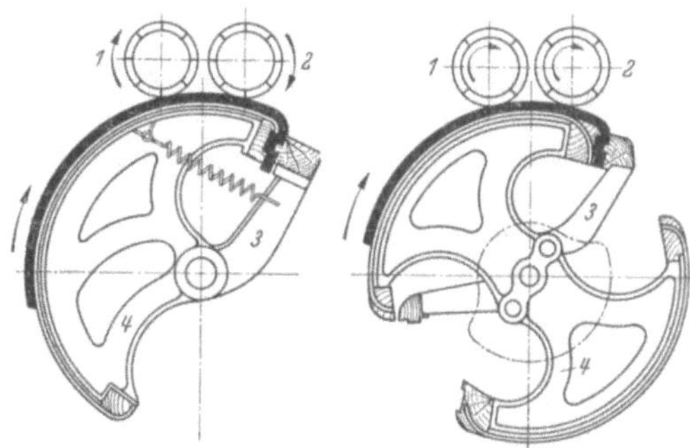


Abb. 51. Schemazeichnungen der Trommelglättmaschinen mit zwei Arbeitswalzen (Maschinenfabrik Moenus, Frankfurt a. M.).
*1* und *2* Glättwalzen, *3* Zange, *4* Trommel.

ein Patent (D. R. P. 466895), bei dem zum mechanischen Reinigen des Hautmaterials (Glätten, Streichen, Enthaaren) eine über die Haut geführte, unter Vakuum gesetzte Streichvorrichtung mit Absaugedüsen verwendet werden soll.

Das Glätten des Hautmaterials ist mit besonderer Sorgfalt durchzuführen, da alle Stellen der Haut peinlichst gründlich gereinigt werden müssen. Würde der „Grund" teilweise in der Haut bleiben, so würden diese Einlagerungen im fertigen Leder in Form harter und spröder Massen vorhanden sein und entsprechend eine Verhärtung und Versprödung des Leders und insbesondere ein Rauh- und Brüchigwerden der empfindlichen Narbenschicht und darüber hinaus ferner unliebsame Fleckenbildungen verursachen. Ein Teil der Substanzen des Grundes wie Kalkseifen, Kalksalze der Proteinabbauprodukte usw. werden beim Einbringen in saure Flüssigkeiten (Pickel, Gerbbrühe) zersetzt und die dabei frei werdenden Proteinabbauprodukte und Fettsäuren unlöslich in der Haut abgeschieden, so daß eine mechanische Entfernung in späteren Stadien der Lederbereitung unmöglich ist, wobei im Hinblick auf die vorhandenen Proteinabbauprodukte noch hinzu kommt, daß diese durch den Gerbstoff innerhalb der Haut in Form unlöslicher Protein-Gerbstoff-Verbindungen gefällt werden. Aus allen diesen Gründen ist daher zum Erhalt einwandfreier Leder eine vollständige Entfernung des „Grundes" aus der Haut und ferner eine restlose Beseitigung der Grundhaare unbedingt erforderlich. Um ein wirklich einwandfreies Arbeitsergebnis zu erzielen, wird das Hautmaterial vielfach zweimal geglättet, dazwischen aber erneut wieder in warmes Wasser eingelegt.

Ob dem Glätten von Hand oder der Maschinenarbeit der Vorzug zu geben ist, ist nur schwer zu entscheiden. Bei wirklich sorgfältiger Durchführung hat das Glätten von Hand den Vorteil, daß jede Hautstelle einen den jeweiligen Erfordernissen angepaßte individuelle Bearbeitung erfährt und daß insbesondere auch hinsichtlich zweckmäßiger Streichrichtung von der Wurzel zur Spitze der Haare mit der Hautstelle gewechselt werden kann. Andererseits weist die Maschinenarbeit neben der größeren Leistung den Vorteil der Gleichmäßigkeit der Bearbeitung der Gesamtfläche unabhängig von der Zuverlässigkeit des Arbeiters auf.

Das Streichen muß mit besonderer Sorgfalt durchgeführt werden, andernfalls das feine Fasergeflecht des Narbens mechanisch verletzt, „wundgestrichen", wird, was sich am fertigen Leder in einem blinden, glanzlosen Narben, bei stärkerer Beschädigung in einer Aufrauhung der Narbenschicht bemerkbar macht. Aus diesem Grunde wird in der Praxis auch vielfach dem Glätteisen vor dem Glättstein der Vorzug gegeben, obwohl dieser besser angreift und den Grund und die Grundhaare besser entfernt, da auch der feinkörnigste Stein immer rauher ist als eine sachgemäß vorgerichtete Stahlklinge und daher die Gefahr des Wundstreichens des Narbens in gesteigertem Maße vorhanden ist.

Das Glätten wird in den einzelnen Fabriken in den verschiedensten Stadien der Lederbereitung vorgenommen. Teilweise wird das Hautmaterial nach erfolgtem Entfleischen und Spalten nur gespült und dann gestrichen, in anderen Betrieben erfolgt dagegen das Streichen erst nach dem Entkälken oder Beizen. Soweit es sich um Hautmaterial handelt, das einem Beizprozeß unterworfen wird, hat das Streichen erst nach dem Beizen den Vorteil, daß das ganze Hautfasergefüge aufgelockert ist, daß die Entfernung des Grundes infolge der hydrolysierenden Wirkung der Beizfermente leichter möglich ist, daß die Fettsubstanzen der Haut besser emulgiert und die Membranen der Fettzellen zerstört sind und daß auch die im Corium befindlichen Bindegewebszellen teilweise zerstört sind, daß also insgesamt das mechanische Ausstreichen nach dem Beizen viel wirksamer erfolgen kann als vorher. Da das Beizen in schwach alkalischem Medium erfolgt, ist ein oben beschriebenes Ausfällen durch Säuren auch bei Vornahme des Streichens nach dem Beizen noch nicht zu befürchten. Den angeführten Vorteilen steht für ein Streichen nach dem Beizen als Nachteil gegenüber, daß das Hautmaterial, insbesondere die Narbenschicht, nach dem Beizen außerordentlich empfindlich ist und entsprechend die Gefahr der mechanischen Beschädigung wesentlich gesteigert ist. Um diesem Nachteil zu begegnen, wird bisweilen die mechanische Bearbeitung nach dem Beizen nicht von der Narbenseite, sondern von der Fleischseite her vorgenommen („Abziehen"). Das Wort „Abziehen" dürfte davon herrühren, daß bei Anwendung der älteren Kotbeizen dem Hautmaterial nach dem Beizen insbesondere auf der Fleischseite eine Schlammschicht anhaftete, die bei diesem Arbeitsvorgang wieder entfernt, „abgezogen" wurde. In den verschiedenen Betrieben wird teilweise das Hautmaterial nach dem Beizen von der Narbenseite geglättet, teilweise von der Fleischseite abgezogen, teilweise werden auch beide Arbeitsvorgänge vorgenommen, entweder beide nach dem Beizen oder das Glätten vor, das Abziehen nach dem Beizen. Die gewählte Arbeitsweise muß sich dabei ganz nach den sonstigen Betriebsverhältnissen, Art des zu verarbeitenden Rohhautmaterials usw. richten.

Etwas anders liegen die Verhältnisse bei dem Hautmaterial, das nicht gebeizt, sondern lediglich entkälkt wird, da bei diesem Entkälken durch die verwendeten Säuren bzw. sauren Salze ein Ausfällen wesentlicher Bestandteile des „Grundes" erfolgt. Bei Unterleder, bei dem ein restloses Entfernen des Grundes nicht nötig, ja im Hinblick auf die zu erzielende Gewichtsausbeute und Festigkeit des Leders nicht einmal erwünscht ist, wird das Streichen zumeist erst nach dem Entkälken vorgenommen, wobei vorwiegend nur noch der beim Entkälken in leichtlösliche Form übergeführte Kalk entfernt wird und entsprechend die beim Streichen ablaufende Flüssigkeit weitgehend klar ist. Soll dagegen auch der „Grund" weitgehend entfernt werden, so empfiehlt es sich, das Glätten vor dem Entkälken durchzuführen, nachdem man das Hautmaterial zuvor durch Einlegen in angewärmtes Wasser genügend verfallen gemacht hat. Durch dieses Glätten wird der Grund weitgehend entfernt und im Anschluß daran der Entkälkungsprozeß durchgeführt, wobei die Entfernung der dabei entstehenden leichtlöslichen Kalkverbindungen durch ein nachfolgendes gründliches Auswaschen mit fließendem Wasser leicht erreicht wird. Ob man danach das Hautmaterial nochmals glättet oder abzieht, läßt sich nur von Fall zu Fall entscheiden.

## V. Fehlermöglichkeiten bei Durchführung der mechanischen Arbeiten der Wasserwerkstatt.

Bei den Fehlern, die bei der Durchführung der mechanischen Bearbeitung des Hautmaterials während der Wasserwerkstatt auftreten können, handelt es sich entsprechend der Natur dieser Arbeitsvorgänge vorwiegend um mehr oder weniger stark ins Gewicht fallende mechanische Zerstörungen des natürlichen Hautfasergefüges. Beim Enthaaren besteht bei ungenügender Haarlässigkeit bzw. bei stärkerer Verquellung des Fasergefüges die Gefahr, daß infolge übermäßiger Gewaltanwendung insbesondere die empfindliche Narbenschicht verletzt wird. Die gleiche Gefahr ist beim Glätten gegeben, insbesondere wenn dieser Arbeitsvorgang erst nach dem Beizen des Hautmaterials vorgenommen wird, da das Fasergefüge sich in diesem Zustand durch besondere Empfindlichkeit auszeichnet. Eine Beschädigung des Narbens macht sich je nach der Intensität der entstehenden Verletzung in einem Wundwerden des Narbens der Haut und damit einem blinden, glanzlosen oder mehr oder weniger rauhen Narben des fertigen Leders, unter Umständen auch in einer stellenweise ausgesprochenen Zerstörung des Narbens bemerkbar. Solche Zerstörungen treten insbesondere auch dann leicht auf, wenn die Häute entlang dem Rücken oder insbesondere am Nacken stärkere Falten und Riefen aufweisen. Narbenbeschädigungen beim Enthaaren oder Streichen können schließlich auch entstehen, wenn die Klinge des Haar- bzw. Streicheisens nicht von einwandfreier Beschaffenheit ist, sondern Einkerbungen, Scharten usw. aufweist, durch die der Narben strichweise beschädigt wird.

Andersartig sind die Beschädigungen, die beim Entfleischen auftreten können. Hier besteht insbesondere bei der Handarbeit die Gefahr, daß das Hautmaterial durch Schnitte in die eigentliche Lederhaut im Wert vermindert wird oder daß durch ungleichmäßiges Scheren sog. Aushebungen entstehen, die sich am fertigen Leder in Form matter Stellen bemerkbar machen, da die mechanischen Zurichtoperationen infolge ungleichmäßiger Dicke des Leders sich ebenfalls nur ungleichmäßig auswirken können. Hinzu kommt, daß durch derartige Aushebungen ein unerwünschter Gewichtsverlust an wertvoller Hautsubstanz verursacht wird. Beträchtliche Schäden können beim Entfleischen mittels Maschine entstehen, wenn die Arbeitswalzen aus ihrer Justierung kommen und die Häute sich um die Arbeitswalzen verwickeln.

In diesem Zusammenhang sei auch auf die Fehlermöglichkeiten beim Kalkfalzen und Spalten hingewiesen. Beim Falzen muß auf ein gleichmäßiges Abnehmen der einzelnen Späne geachtet werden und insbesondere auch darauf, daß an den Ansatzstellen des Falzes keine Einschnitte entstehen. Daß bei einem unsachgemäßen Spalten ein ungeheurer Schaden entstehen kann, braucht nicht besonders betont zu werden. Erwähnt sei die Möglichkeit des Auftretens von Narbenrissen infolge starker Zugbeanspruchung des Hautmaterials bei Spaltmaschinen mit feststehendem Spaltmesser.

Die zweite Gruppe der Fehlermöglichkeiten ist auf ungenügende Durchführung der einzelnen Arbeitsvorgänge zurückzuführen. Erwähnt sei hier einmal, daß die Haare bzw. Grundhaare während des Enthaarens und Streichens nicht restlos entfernt werden und sich am fertigen Leder, insbesondere bei Ober- und Feinlederarten, in unliebsamer Weise als Qualitätsmangel bemerkbar machen. Eine ungenügende Entfernung des „Grundes" beim Streichen führt am fertigen Leder zu einer Verhärtung und Versprödung des Leders und insbesondere einem Rauh- und Brüchigwerden der empfindlichen Narbenschicht und kann sich schließlich in unliebsamer Fleckenbildung störend bemerkbar machen.

Die Übersicht der hauptsächlichsten Fehlermöglichkeiten in diesem Arbeitsstadium kann nicht abgeschlossen werden, ohne nochmals auf die Gefahr des Auftretens von Kalkschatten und Kalkflecken, deren Auswirkung auf die Beschaffenheit des fertigen Leders bereits an anderer Stelle besprochen wurde (S. 132), hinzuweisen. Um die Entstehung von Calciumcarbonatabscheidungen in der Haut zu vermeiden, ist es unbedingt erforderlich, das Hautmaterial, so lange es sich in kalkhaltigem Zustand befindet, zwischen den einzelnen mechanischen Arbeitsprozessen nicht längere Zeit an der Luft liegenzulassen. Das Hautmaterial wird zweckmäßig immer wieder in Wasser zurückgelegt und für ein völliges Untertauchen gesorgt. Falls nur hartes Wasser, insbesondere solches mit größerer Bicarbonathärte zur Verfügung steht, müssen diese Bicarbonate zuvor entweder durch entsprechenden Säurezusatz zersetzt oder durch Zusatz von Kalkwasser als normale Karbonate ausgeschieden werden. Dabei ist im letzteren Falle zu berücksichtigen, daß die vollständige Ausscheidung des Calciumcarbonats je nach Temperatur 5 bis 15 Minuten in Anspruch nimmt, also das Hautmaterial zweckmäßig erst nach dieser Zeit in das Wasser eingebracht wird. Müssen Häute und Felle einmal längere Zeit in kalkhaltigem Zustand frei gelagert werden, so empfiehlt es sich, die obersten Häute der Stapel mit der Fleischseite nach außen zu legen und die Stapel mit nassen Tüchern zuzudecken.

## VI. Das Blößengewicht.

Die reine Lederhaut, die bei Verarbeitung der tierischen Haut in der Wasserwerkstatt nach Entfernen der Epidermis samt Haaren und des Unterhautbindegewebes sowie nach Entfernen der innerhalb des Coriums vorhandenen Unreinlichkeiten verbleibt, als derjenige Teil der Haut, der für die Lederherstellung ausschließlich in Frage kommt, wird technisch als „Blöße“ bezeichnet. Ähnlich wie das Weichgewicht, wie an früherer Stelle gezeigt werden konnte (S. 56), für die Kontrolle des Rohhautgewichts dem Gerber wichtige Unterlagen liefert, ist auch die Bestimmung des Blößengewichts nach verschiedener Richtung hin von wesentlicher Bedeutung und daher für eine sachgemäße Kontrolle und Überwachung des Fabrikationsganges unentbehrlich. Einmal ist das Blößengewicht wie das Weichgewicht ein brauchbares Mittel für die Überwachung des Rohhautgewichtes. Die Beziehung zwischen Weich- und Blößengewicht gibt ferner dem Gerber Anhaltspunkte für die Kontrolle der Art der Durchführung der Wasserwerkstattarbeiten, und in gleicher Weise liefert das Blößengewicht in Verbindung mit der Bestimmung der Gewichtsausbeute an fertigem Leder wichtige Anhaltspunkte für die Überwachung des Gerbprozesses. Schließlich wird das Blößengewicht im allgemeinen für die Dosierung der Gerbmaterialien und sonstigen Chemikalien der folgenden Arbeitsprozesse zugrunde gelegt, was durchaus zweckentsprechend erscheint, da tatsächlich nur der Anteil der Haut, der im Blößenzustand noch vorhanden ist, der Gerbung zugeführt wird.

In den verschiedenen Betrieben wird die Bestimmung des Blößengewichts in den verschiedensten Stadien vorgenommen, teils schon nach dem Enthaaren, teils nach dem Entfleischen und in anderen Fällen, nachdem auch die sonstigen Reinmacharbeiten erledigt sind, das Hautmaterial also in dem Zustand vorliegt, in dem es der Gerbung zugeführt werden soll. Der zuletzt angeführte Zeitpunkt ist ohne Zweifel als der zweckentsprechendste zu bezeichnen, da nur hierfür die oben angeführten Gesichtspunkte, die eine Zugrundelegung des Blößengewichtes für die Dosierung bei den nachfolgenden Arbeitsprozessen rechtfertigen, geltend gemacht werden können, ganz abgesehen davon, daß bei einer stark kalkhaltigen Blöße durch ungleichmäßige Kalkaufnahme und -verteilung beträchtliche Fehlermöglichkeiten und Ungenauigkeiten entstehen können. Nachstehend soll als Blößengewicht daher stets das Gewicht verstanden werden, das nach Beendigung der Reinmacharbeiten ermittelt wird. Bei Bestimmung des Blößengewichts ist ferner zu berücksichtigen, daß der Wassergehalt der Blößen durch die vorhergehende mechanische Bearbeitung in willkürlicher und zweifellos von Haut zu Haut unterschiedlicher Weise beeinflußt wird. Um zu einwandfreien Ergebnissen zu kommen, empfiehlt es sich daher, die Häute nach Beendigung der Reinmacharbeiten zunächst einige Stunden in Wasser einzuhängen, um so einen natürlichen Ausgleich des Wassergehaltes zu ermöglichen, dann die Häute zum Abtropfen 2 Stunden über den Bock zu hängen und erst dann die Wägung vorzunehmen. Zum Erhalt vergleichbarer Ergebnisse muß die einmal gewählte Arbeitsweise natürlich bei allen Partien sorgfältig eingehalten werden.

Das Blößengewicht ist von einer ganzen Reihe von Faktoren abhängig, von denen nachstehend nur die wichtigsten kurz skizziert werden sollen (Ausführliches vgl. J. Paeßler). Es variiert einmal mit der Art, dem Gesundheitszustand und der Vorgeschichte des verarbeiteten Rohhautmaterials, wobei gesunde, kräftige, kernige, sachgemäß konservierte Häute und Felle bessere Ausbeuten als ein flaches, abfälliges, unsachgemäß oder zu spät konserviertes Hautmaterial oder ein solches von ungesundem Vieh geben. Häute mit langem, dichtem Winterhaar liefern ein geringeres Blößengewicht, als solche mit schwachem, kurzem Sommerhaar, Häute mit anhängenden Hufen, Maul, Ohren usw. ein geringeres als ein sauberes, von allen Anhängseln befreites Hautmaterial. In gleicher Weise ist natürlich das Blößengewicht auch von der Art der Durchführung der Wasserwerkstattarbeiten abhängig und allgemein um so höher, je geringer der Hautsubstanzverlust und je stärker die Schwellung während der Prozesse der Wasserwerkstatt ist. Geschwitzte Häute weisen ganz allgemein eine geringere Ausbeute auf als geäscherte, was unter Umständen mit einem größeren Hautsubstanzverlust, in erster Linie aber damit, daß die geäscherten Häute geschwollen, die geschwitzten dagegen verfallen sind, zusammenhängen dürfte. Alte Weichwasser geben größere Verluste als reine Weichwasser. Je frischer der Äscher, um so besser ist infolge stärkerer Schwellung und Fehlens bakteriellen Angriffs die Blößenausbeute. Anschärfungsmittel verursachen allgemein eine um so größere Ausbeute, je stärker schwellend sie auf das Hautmaterial einwirken. Mit zunehmender Intensität der Beize wird, wie noch zu besprechen ist, die Blößenausbeute vermindert, und daß schließlich durch ein zu starkes Ausscheren und Ausfalzen die Ausbeute ungünstig beeinflußt wird, braucht nicht weiter erläutert zu werden.

Das Verhältnis vom Blößengewicht zum Rohhautgewicht ist die Blößengewichtsausbeute, die also angibt, wieviel Teile Blöße aus 100 Teilen Rohhaut in grünem, unkonserviertem Zustand erhalten wurden. Die diesbezüglichen Angaben der Literatur schwanken etwa zwischen 70 und 95%, wobei geschwitztes Hautmaterial sich mehr der unteren, geäschertes sich mehr der oberen Grenze nähert (vgl. z. B. J. Paeßler; A. M. Goldenberg). Wenn teilweise höhere Daten angeführt werden, so sind diese Werte meist in einem anderen Zeitpunkt des Herstellungsganges ermittelt worden oder sie beziehen sich nicht auf das Grüngewicht, sondern auf das Salz- bzw. Trockengewicht des Rohhautmaterials. Bezogen auf Salzgewicht werden Blößengewichtsausbeuten etwa zwischen 90 und 125%, bezogen auf Trockengewicht bei Trockenhäuten solche etwa zwischen 170 und 230% angeführt. Ein Vergleich zwischen den Daten verschiedener Firmen ist natürlich bei den zahlreichen Faktoren, die das Blößengewicht beeinflussen können, nicht möglich und ebenso ist es daher unmöglich, allgemeingültige Normen aufzustellen. Die notwendigen Vergleichsunterlagen müssen in jedem Betrieb ermittelt werden, sind sie erst vorhanden, so bietet die Bestimmung des Blößengewichts ein wertvolles Mittel für die Überwachung des Betriebes.

## Literaturübersicht.

Goldenberg, A. M.: Collegium 1926, 364.
Paeßler, J.: Die Nachprüfung des Gewichtes der Rohhäute, Freiberg 1924.
Wilson, J. A. u. E. J. Kern: Ind. engng. Chem. 18, 312 (1926).

# D. Entkälken und Beizen.

Von Dr.-Ing. **Hans Herfeld**, Freiberg (Sa.).

Die tierische Haut enthält nach dem Enthaaren und Entfleischen recht beträchtliche Mengen an Stoffen, die vor Beginn der eigentlichen Gerbung daraus wieder entfernt werden müssen. Wie in einem der vorhergehenden Abschnitte über das Streichen und Glätten (vgl. S. 170ff.) dargelegt wurde, ist es möglich, diese Stoffe, die unter dem Sammelbegriff „Gneist" oder „Grund" zusammengefaßt werden, teilweise bereits rein mechanisch aus der Blöße durch ein Herausdrücken und -streichen zu entfernen. Eine restlose Entfernung ist indessen auf mechanischem Wege unmittelbar nach dem Entfleischen nicht möglich, da einmal die meist recht beträchtlichen Mengen an ungelöstem Calciumhydroxyd sich zu einem wesentlichen Teil nicht rein mechanisch aus der Haut entfernen lassen und zudem sich das Hautmaterial nach dem Entfleischen in einem gewissen Prallheitszustand befindet, die Hautporen also mehr oder weniger stark verengt sind und auch hierdurch eine mechanische Entfernung des Grundes weiter erschwert wird. Aufgabe des Entkälkungsprozesses ist es daher, durch Verwendung meist sauer reagierender Mittel den in der Haut befindlichen Kalk in leicht lösliche und damit auch leicht aus der Haut entfernbare Kalkverbindungen überzuführen und durch Neutralisation der nach dem Äschern meist stark alkalischen Reaktion der Blößen ein Verfallen des Hautmaterials und damit ein Öffnen der Hautporen zu erreichen.

Für alle diejenigen Lederarten, die eine gewisse Weichheit und Geschmeidigkeit aufweisen sollen, ist ein Entkälken und mechanisches Streichen und Glätten vor dem Gerben nicht ausreichend, das Hautmaterial muß vielmehr darüber hinaus noch einem Beizprozeß unterzogen werden. Dabei wird die Haut einem enzymatischen Vorgang unterworfen, durch den neben einer Förderung der Reinigung der Haut von Keratinresten usw. und einer Verseifung und Emulgierung des Hautfettes in erster Linie das gesamte Fasergefüge eine gewisse Auflockerung erfährt, durch die die Gesamtbeschaffenheit der tierischen Haut in einer im Hinblick auf die Eigenschaften des fertigen Leders günstigen Weise beeinflußt wird.

Im Sprachgebrauch des Praktikers werden die Begriffe „Entkälken" und „Beizen" nicht immer in sachlich einwandfreier Weise voneinander getrennt und häufig insbesondere der Begriff des Beizens auf Vorgänge angewandt, die in Wirklichkeit nur reine Entkälkungsprozesse darstellen. Vielleicht sind diese teilweise vorhandenen Unklarheiten der Begriffe zum Teil darauf zurückzuführen, daß die heutigen Beizpräparate des Handels in ihrer Mehrzahl gleichzeitig Entkälkungsmittel enthalten, so daß für den Praktiker diese beiden Vorgänge nicht immer zeitlich getrennt in die Erscheinung treten. Es muß indessen hier ausdrücklich hervorgehoben werden, daß diese beiden Vorgänge in ihrer Einwirkung auf die Haut prinzipiell unterschiedliche Arbeitsvorgänge darstellen, auch wenn sie zeitlich gemeinsam durchgeführt werden. Dabei ist unter dem Entkälken die Einwirkung meist sauer reagierender Mittel auf die Haut zum Zwecke der Neutralisation und leichten Entfernung des Kalkes und gleichzeitig des Verfallenmachens der Haut, unter dem Beizen dagegen die Einwirkung proteolytisch wirksamer Enzyme zum Zwecke vorwiegend der Auflockerung des Fasergefüges bei der Herstellung weicher und geschmeidiger Leder zu verstehen. Diese prinzipielle Unterscheidung soll auch den nachfolgenden Ausführungen über die Prozesse des Entkälkens und Beizens zugrunde gelegt werden.

# I. Das Entkälken.

Wie wir oben sahen, besteht die Aufgabe des Entkälkungsvorganges darin, den in der Haut gebunden oder kapillar aufgenommenen Kalk durch Umwandlung in leicht lösliche Kalkverbindungen zu entfernen und gleichzeitig damit die Äscherschwellung der Haut aufzuheben und durch Neutralisation der alkalisch reagierenden Äscherchemikalien ein Verfallen des Hautmaterials zu bewirken. Richtiger wäre dieser Arbeitsvorgang wohl als „Entäschern" zu bezeichnen, da nicht nur der Kalk, sondern überhaupt alle Äscherchemikalien hierbei aus der Blöße entfernt werden sollen. Da aber die Alkaliverbindungen unter den Äschermitteln ($Na_2S$, NaSH) in Wasser leicht löslich sind und daher zumeist durch ein einfaches Spülen des Hautmaterials weitgehend aus den Blößen entfernt werden können, ist es insbesondere der schwerer lösliche Kalk, dessen Entfernung aus der Haut größere Schwierigkeiten bereitet und auf dessen Entfernung entsprechend beim „Entäschern" das Hauptaugenmerk zu richten ist. Die Bezeichnung „Entkälken" dürfte entweder unter Berücksichtigung dieser Sachlage entstanden sein oder, was wahrscheinlicher ist, darauf zurückzuführen sein, daß der Kalk das auch heute noch gebräuchlichste und auch mit das älteste Äschermittel darstellt.

Würde man die kalkhaltigen, alkalisch gequollenen Blößen in die Gerbbrühen bringen, so würden bei der pflanzlichen Gerbung stark gedunkelte und in ihrer Oberflächenbeschaffenheit fleckige Leder infolge Bildung dunkel gefärbter Kalk-Gerbstoff-Verbindungen namentlich in der Narbenschicht entstehen, bei der Chromgerbung würde infolge Erhöhung der Basizität stärkerer Narbenzug auftreten und bei Verwendung von Chromalaun bzw. Chromsulfat Abscheidung von Calciumsulfat insbesondere im Narben erfolgen. Die Leder würden infolge dieser Umsetzungen und damit mehr oder weniger starker Ablagerung unlöslicher Stoffe stärkere Brüchigkeit insbesondere in der besonders empfindlichen Narbenschicht aufweisen und gleichzeitig auch infolge Fixierung eines stärkeren Quellungszustandes der Blößen durch die Gerbung in ihrer äußeren Beschaffenheit, ihrem Aussehen und ihren Eigenschaften sehr ungünstig beeinflußt werden. Andererseits muß beim Entkälken auch eine zu starke Einwirkung saurer Entkälkungsmittel, soweit sie sich in einer mehr oder weniger starken Säureschwellung der Blößen äußern würde, bei den meisten Lederarten unbedingt vermieden werden.

Der Kalk ist in der Blöße nach dem Äschern in dreierlei Form vorhanden. Ein Teil des Kalkes ist von der Hautsubstanz gebunden, und zwar nimmt diese an Hautsubstanz gebundene Kalkmenge beim Einbringen frischer Haut in Kalklösung mit steigender Konzentration dieser Lösung an Kalk bis zu einer bestimmten Konzentration zu und bleibt bei weiterer Konzentrationssteigerung konstant [A. Küntzel und R. Biedermann (*1*)]. Gleichzeitig mit dieser Kalkbindung erfolgt eine Steigerung des Quellungszustandes des Hautmaterials, die bei Erreichung der maximalen Kalkaufnahme ebenfalls ihren Höhepunkt erreicht. Da die zur Erreichung maximaler Bindung von Kalk an Hautsubstanz erforderliche Konzentration verhältnismäßig gering ist und daher unter den normalen Äscherbedingungen stets überschritten wird, kann bei der normal geäscherten Haut stets mit einer vollständigen Sättigung der Haut an gebundenem Kalk gerechnet werden. Ein zweiter Teil des Kalkes ist in dem von der Haut kapillar aufgenommenen Wasser ungebunden gelöst, wobei diese Lösung normalerweise an Kalk gesättigt ist, und schließlich enthält die Haut nach dem Äschern darüber hinaus noch einen gewissen, oft recht beträchtlichen Anteil an rein mechanisch von der Haut aus dem Äscher aufgenommenem ungelöstem Kalk. Die Menge dieses Anteils ist in erster Linie von der Weite der Kapillarräume zwischen den

Hautfasern abhängig; je weiter die Faserzwischenräume, um so mehr ungelöster Kalk kann mechanisch darin eingelagert und damit in der Haut aufgespeichert werden. Unberücksichtigt soll dabei hier die Tatsache bleiben, daß ein vierter, geringer Teil des Gesamtkalkes der Haut in Form von Kalkseife durch Umsetzung mit dem verseiften Hautfett in dem geäscherten Hautmaterial vorliegt.

Die Entfernung der an zweiter und dritter Stelle angeführten Kalkanteile aus der Haut wird relativ leicht möglich sein, wesentlich schwieriger ist es dagegen, auch denjenigen Anteil zu entfernen, der in der Blöße an Hautsubstanz gebunden vorliegt. Der Entkälkungsprozeß ist entgegen der von vielen Praktikern und insbesondere auch in dem älteren Fachschrifttum viel vertretenen Auffassung nicht ein einfacher Neutralisationsvorgang des Kalkes der Haut durch die angewandten Entkälkungsmittel, auf den lediglich die Gesetzmäßigkeiten der Stöchiometrie anwendbar sind, sondern die Verhältnisse werden durch die gleichzeitig anwesende Hautsubstanz infolge teilweiser Bindung des Kalkes, der entstehenden Kalksalze und der Entkälkungsmittel an die Haut und infolge der Anhängigkeit der Diffusionsvorgänge von dem jeweiligen Quellungszustand des Hautmaterials noch wesentlich kompliziert. Die Wirkung der einzelnen Entkälkungsmittel ist entsprechend sowohl hinsichtlich Verlaufes und Intensität der Entkälkung selbst wie auch hinsichtlich Einflusses auf die Beschaffenheit, insbesondere den Quellungszustand des Hautmaterials und die Gefahr des Auftretens einer Säureschwellung bei Anwendung eines Überschusses an Entkälkungsmitteln wesentlich unterschiedlich. Bevor die praktische Durchführung des Entkälkungsvorganges besprochen werden kann, soll daher in den folgenden Abschnitten zunächst die prinzipielle Wirkungsweise der einzelnen Entkälkungsmittel behandelt werden.

## 1. Die Möglichkeiten des Entkälkens.

### a) Entkälken mit Wasser.

Durch Behandeln der tierischen Haut mit Wasser kann ein beträchtlicher Teil des Kalkes aus der Haut entfernt werden, eine restlose Beseitigung ist indessen auch bei lang anhaltendem Auswaschen nicht möglich. J. T. Wood [(*1*), S. 4ff.] hat diesbezüglich Ergebnisse mitgeteilt von Versuchen, bei denen ein geäschertes Kalbfell mit einem Kalkgehalt von 4,6% CaO, auf Trockengewicht berechnet, einem kontinuierlichen Auswaschprozeß mit Wasser unterworfen und der Kalkgehalt des Hautmaterials in regelmäßigen Zeitabständen ermittelt wurde. Das dabei erhaltene, in Abb. 52 wiedergegebene Kurvenbild läßt erkennen, wie nach einem zunächst raschen Absinken des Kalkgehaltes nach etwa 2 bis 3 Stunden keine nennenswerte weitere Entkälkung des Hautmaterials mehr eintritt. Dieses Ergebnis ist nicht verwunderlich, denn es ist nicht anzunehmen, daß die Behandlung mit Wasser allein ausreicht, um die Bindung zwischen Kalk und Kollagen in größerem Umfange zu lockern und zu

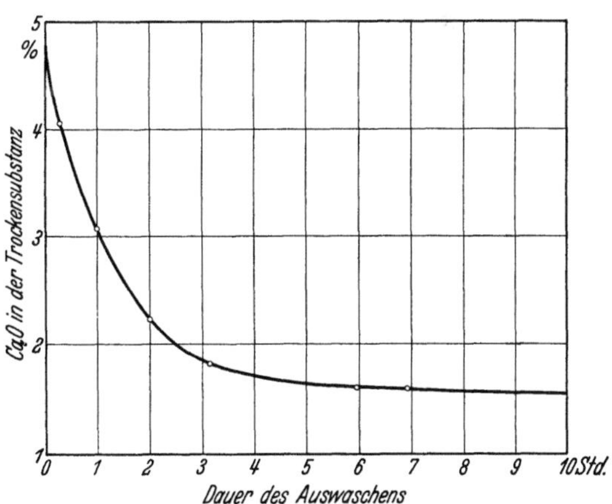

Abb. 52. Verminderung des Kalkgehaltes der Haut beim Auswaschen mit Wasser [J. T. Wood (*1*) S. 5].

zerstören. Wenn es also auch durch genügend langes Auswaschen bei häufigem Wasserwechsel gelingen dürfte, den nur mechanisch in die Haut eingelagerten Kalk zu entfernen, so wird der gebundene Kalkanteil beim Entkälken mit Wasser doch weitgehend in der Blöße verbleiben. Eine gewisse Entfernung dieses Kalkanteils tritt nur insofern ein, als in dem Maße, wie der kapillar eingelagerte Kalk durch Auswaschen entfernt wird, eine Gleichgewichtsverschiebung zwischen diesem und dem gebundenen Kalk im Sinne einer gewissen Abgabe von gebundenem Kalk an die Kapillarflüssigkeit erfolgt, bis das Gleichgewicht wieder eingestellt ist. Allerdings verläuft diese Einstellung so langsam, daß sie unter den praktisch angewandten Zeitbedingungen des Entkälkens nur eine untergeordnete Rolle spielen dürfte.

Das Entkälken mit Wasser ist also im Gegensatz zu den in den nachfolgenden Abschnitten noch zu besprechenden chemischen Entkälkungsverfahren ein rein physikalischer Vorgang. Dabei ist im Hinblick auf die Entfernung des Kalkes aus der Haut die Verwendung von warmem Wasser nicht erforderlich oder zu empfehlen, da, wie wir früher sahen (vgl. S. 99), die an und für sich schon geringe Löslichkeit des gelöschten Kalkes mit steigender Temperatur noch weiter vermindert wird. Andererseits wird aber durch eine erhöhte Temperatur des Wassers die Quellung des Hautmaterials herabgesetzt und der Erhalt einer glatten, verfallenen Blöße ähnlich dem Zustand nach dem Beizen (vgl. S. 202ff.) befördert und selbstverständlich gibt andererseits ein derart verfallenes Hautmaterial seinen Kalk leichter und rascher an Wasser ab als eine pralle Blöße, so daß der erstgenannte Nachteil bei Anwendung von Wasser höherer Temperatur hierdurch zum mindesten teilweise wieder ausgeglichen werden dürfte.

Wichtig ist weiter, daß ein relativ weiches Wasser zum Auswaschen verwendet wird, das insbesondere keine größeren Mengen an Bikarbonaten oder an freier Kohlensäure enthalten darf, da andernfalls infolge Bildung von Calciumcarbonat nach der Gleichung

$$Ca(HCO_3)_2 + Ca(OH)_2 = 2\,CaCO_3 + 2\,H_2O$$

und Ablagerung in der Haut, insbesondere in der Narbenschicht Kalkschatten und Kalkflecken entstehen würden, über deren Auswirkung auf die Prozesse der Lederbereitung und die Eigenschaften des fertigen Leders bereits an anderer Stelle eingehend berichtet wurde (vgl. S. 132). Durch Zusatz von Kalkmilch können die temporären Härtebildner vor der Verwendung des Wassers zum Entkälken unlöslich abgeschieden werden, doch darf im Hinblick auf den Verwendungszweck des Wassers hierbei kein Kalküberschuß verwendet werden, sondern Kalkmilch nur so lange zugesetzt werden, bis sich das Wasser bei Phenolphthaleinzusatz eben rötet.

### b) Entkälken mit Säuren.

Das Entkälken mit Säuren hat vor dem Entkälken mit Wasser ohne Zweifel einige beträchtliche Vorteile. Einmal wird der mechanisch in die Haut eingelagerte schwer lösliche Kalk durch die sauren Entkälkungsmittel gelöst und die entstehenden Kalksalze können, wenn sie in Wasser genügend leicht löslich sind, durch ein nachfolgendes Waschen mit Wasser gut aus der Haut entfernt werden, wesentlich rascher zum mindesten als das nur schwer lösliche Calciumhydroxyd. Man muß also beim Entkälken mit Säuren prinzipiell zwischen zwei Teilprozessen unterscheiden, der Neutralisation des Kalkes und dem nachfolgenden Auswaschen des gebildeten Kalksalzes. Die Neutralisation als solche genügt bereits, um ein Verfallen des Hautmaterials zu bewirken, eine restlose Entfernung des Kalkes aus der Haut kann aber nur erreicht werden, wenn die gebildeten Kalksalze eine genügende Löslichkeit in Wasser aufweisen, die größer sein muß als die des Calciumhydroxyds, um so in annehmbarer Zeit auch einen wirksamen Auswaschprozeß zu ermöglichen. Für eine restlose Entfernung des Kalkes und den Verlauf des Entkälkungsprozesses ist es dabei ferner von Wichtigkeit, inwieweit die angewandten Säuren in der Lage sind, auch den Teil des in der Haut befindlichen Kalkes, der an Hautsubstanz gebunden ist, aus dieser Bindung zu befreien. A. Küntzel und R. Biedermann (*1*) unterteilen die Säuren unter diesem Gesichtspunkt in zwei Gruppen, in schwache und starke Entkälkungssäuren. Sie gehen dabei von dem Gedanken aus, daß die Entkälkungssäuren bei Entfernung des an Kollagen gebundenen Kalkanteils mit der „Kollagensäure", d. h. mit der Hautsubstanz, die als amphoterer Eiweißkörper dem Kalk gegenüber den Charakter einer Säure aufweist, in Wettbewerb treten müssen, und daß nur diejenige Säure in der Lage sein wird, den Kalk aus dieser Bindung zu befreien und damit in eine leichter auswaschbare Form überzuführen, die stärker als die „Kollagensäure" ist und damit eine größere Affinität zum Kalk besitzt als das Kollagen. Unter Zugrundelegung des von W. R. Atkin und G. W. Douglas angegebenen Wertes für die Säuredissoziationskonstante des Kollagens mit $K_s = 2 \cdot 10^{-6}$, der allerdings nicht an Kollagen, sondern an Gelatine ermittelt wurde, werden nur die Entkälkungssäuren mit einem höheren Wert für $K_s$ als starke Entkälkungssäuren bezeichnet, die auch eine Entfernung des an Kollagen gebundenen Kalkes gestatten, alle Säuren mit kleinerem Wert für $K_s$ werden dagegen als schwache Entkälkungssäuren angesprochen. A. Küntzel und R. Biedermann (*1*) konnten experimentell belegen, daß bei Verwendung starker Entkälkungssäuren eine starke Abnahme auch an gebundenem Kalk in der Blöße bewirkt wird, während diese Abnahme bei schwachen Entkälkungssäuren ganz wesentlich geringer ist. Wie die Ausführungen der nachfolgenden Abschnitte zeigen werden, sind aber zwischen diesen beiden Säuregruppen auch hinsichtlich des Verlaufs des Entkälkungsprozesses und der Beschaffenheit der entkälkten Blößen prinzipielle Unterschiede vorhanden. Dabei muß betont werden, daß diese Einteilung sich nicht mit der sonst üblichen Einteilung der Säuren in starke Mineralsäuren und schwache organische Säuren deckt, vielmehr in die Gruppe der starken Entkälkungssäuren neben starken Mineralsäuren wie Salzsäure und Schwefelsäure auch eine ganze Anzahl organischer Säuren wie Ameisensäure, Essigsäure, Milchsäure usw. gehören, während als typische Vertreter der Gruppe der schwachen Entkälkungssäuren insbesondere Borsäure und Bisulfit in Frage kommen.

Tabelle 12. Aufnahme von Kalk und verschiedenen Calciumsalzen durch Kollagen [A. Küntzel und R. Biedermann (*1*)].

| Art des Salzes | Aufgenommene Äquivalente | Aufnahme in mg CaO ausgedrückt | Gebundener und kapillar aufgenommener Kalk in mg CaO |
|---|---|---|---|
| $Ca(OH)_2$ . . . . . | $10{,}8 \cdot 10^{-5}$ | 3,024 | 3,85 |
| $CaCl_2$ . . . . . . | $2{,}8 \cdot 10^{-5}$ | 0,784 | 0,99 |
| $CaSO_4$ . . . . . . | $2{,}8 \cdot 10^{-5}$ | 0,784 | 1,02 |
| $Ca(HCOO)_2$ . . . | $2{,}4 \cdot 10^{-5}$ | 0,67 | 0,92 |
| $Ca(C_3H_5O_3)_2$ . . . | $2{,}4 \cdot 10^{-5}$ | 0,67 | 0,89 |
| $Ca(H_2BO_3)_2$ . . . | $2{,}0 \cdot 10^{-5}$ | 0,56 | — |
| $CaSO_3$ . . . . . . | $1{,}9 \cdot 10^{-5}$ | 0,53 | 0,90 |

Zu berücksichtigen ist schließlich, daß nicht nur das Calciumhydroxyd, sondern auch die bei der Neutralisation entstehenden Calciumsalze von der Haut adsorptiv gebunden werden, wobei ähnliche Gesetzmäßigkeiten wie bei der Aufnahme und Proteinquellung von Säuren und Basen bestehen (vgl. Neutralsalzquellung, Band I, 1. Teil), nur ist die mengenmäßige Aufnahme der

Neutralsalze wesentlich geringer und die Quellung nicht so ausgeprägt. A. Küntzel und R. Biedermann (*1*) haben speziell im Hinblick auf die Vorgänge der Entkälkung das diesbezügliche Verhalten der Calciumsalze studiert. Die bei einer Konzentration der Salze von 0,01 *n* und einem Flottenverhältnis von Kollagen zu Flüssigkeit von 1 : 200 diesbezüglich erhaltenen Werte sind aus Tabelle 12 ersichtlich. Dabei sind die Werte der letzten Spalte durch Veraschung der Kollagenstücke, nicht durch Bestimmung der Konzentrationsverringerung gewonnen und umfassen entsprechend außer dem gebundenen Kalk auch den kapillar aufgenommenen Kalk. Die Werte der Tabelle 12 zeigen, daß die Kalksalze in wesentlich geringerem Maße als der Kalk von Kollagen gebunden werden und daher bei der Neutralisation ein wesentlich geringerer Teil an Hautsubstanz gebunden bleibt. Hinzu kommt ferner, daß die gebundenen Kalksalze durch Waschen mit Wasser in viel stärkerem Maße als der gebundene Kalk aus dieser Bindung an Hautsubstanz befreit werden können, ein Faktor, der ebenfalls für eine wirksame Entkälkung von Bedeutung ist. Voraussetzung hierfür ist natürlich, daß die entstehenden Kalksalze eine gute Löslichkeit in Wasser aufweisen. Tabelle 13 gibt eine Zusammenstellung der diesbezüglichen Daten für die meisten für den Entkälkungsprozeß in Frage kommenden Calciumsalze, auf die in den nachfolgenden Abschnitten noch wiederholt eingegangen werden muß.

Tabelle 13.
Löslichkeit des Kalkes und verschiedener für den Entkälkungsprozeß wichtiger Kalksalze in Wasser [A. Küntzel und R. Biedermann (*1*)].

| Art des Ca-Salzes | Löslichkeit in Normalität (20°) | Literatur |
|---|---|---|
| $CaCl_2$ . . . . . . | 7,72 | Gmelin-Kraut |
| $Ca(CH_3COO)_2$ . . | 4,40 | Beilstein Bd. II |
| $Ca(HCOO)_2$ . . . | 2,55 | Beilstein Bd. II |
| $Ca(C_3H_5O_3)_2$ . . . | 0,80 | Beilstein Bd. III |
| $CaSO_4$ . . . . . . | 0,03 | Gmelin-Kraut |
| $CaSO_3$ . . . . . . | 0,01 | Gmelin-Kraut |
| $Ca(H_2BO_3)_2$ . . . | 0,046 | — |
| $Ca(OH)_2$ . . . . . | 0,047 | — |

**Entkälken mit starken Entkälkungssäuren.** Als Typ für die Wirkungsweise und das Verhalten starker Entkälkungssäuren beim Entkälkungsprozeß sei zunächst die Salzsäure behandelt. Die Salzsäure weist eine Reihe von Eigenschaften auf, die sie für die Verwendung zum Entkälken als gut geeignet erscheinen lassen. Sie ist billig, liefert mit Kalk ein sehr leicht lösliches Kalksalz (vgl. Tabelle 13) und ist als stark dissoziierte Säure ohne Zweifel als starke Entkälkungssäure anzusprechen und damit in der Lage, auch den an Hautsubstanz gebundenen Anteil des in der Blöße befindlichen Kalkes aus dieser Bindung zu entfernen. Es ist darauf zu achten, daß die verwendete Salzsäure eisenfrei ist, um Schwierigkeiten bei der nachfolgenden Gerbung mit pflanzlichen Gerbstoffen zu vermeiden.

Der Vorgang des Entkälkens mit Salzsäure dürfte sich entsprechend so abspielen, daß die Säure bei der Diffusion in die Haut zunächst in den Außenschichten den mechanisch aufgenommenen, teils ungelösten, teils im Kapillarwasser gelösten Kalk neutralisiert. In dem Maße, wie diese Neutralisation fortschreitet, findet natürlich auch eine Verschiebung des Gleichgewichts zwischen kapillar aufgenommenem und gebundenem Kalk statt, wobei ein Teil des gebundenen Kalkes aus seiner Bindung entlassen wird. Gleichzeitig erfolgt durch die nachdiffundierende Säure aber auch eine direkte Verdrängung des Kalkes aus der Bindung an die Hautsubstanz und in dem Maße der Aufhebung der Bindung des gebundenen Kalkanteils an die Hautsubstanz erwartungsgemäß auch eine Verminderung der alkalischen Quellung des Hautmaterials. Die entstehenden

Kalksalze werden zu einem geringen Teil von der Hautsubstanz adsorbiert, der größte Teil diffundiert infolge seiner guten Löslichkeit in Wasser verhältnismäßig rasch aus der Haut in das Entkälkungsbad.

Diese Vorgänge finden zunächst in den Außenschichten der Haut und mit fortschreitender Entkälkung anschließend in immer tieferen Innenschichten statt, und der Verlauf der Entkälkung würde auf diese Weise ein sehr rascher und vollständiger sein, wenn nicht auch die nachdiffundierende Salzsäure wie alle starken Entkälkungssäuren selbst in beträchtlichem Maße mit dem Kollagen in Wechselwirkung treten würde. Einmal findet durch diese Wechselwirkung eine Adsorptionsverdrängung statt, bei der die Calciumsalze aus ihrer adsorptiven Bindung an die Hautsubstanz verdrängt werden. Wenn dieser Vorgang eine restlose Entkälkung befördert, so verursacht die Salzsäure andererseits infolge ihrer Bindung an die Hautsubstanz (vgl. Säureaufnahme und -quellung, Band I, 1. Teil) ihrerseits eine Säurequellung insbesondere der Außenschichten des Hautmaterials, durch die einerseits die Diffusion weiterer Säuremengen in die Haut, andererseits die Diffusion des gebildeten Calciumsalzes aus der Haut behindert wird. Die Säurequellung der Außenzonen des Hautmaterials erfolgt weit bevor die Innenschichten überhaupt von der neutralisierenden Wirkung der Salzsäure erfaßt werden. Abb. 53 zeigt den Verlauf der Entkälkung bei Verwendung von Salzsäure, der aber ohne weiteres auch für alle anderen starken Entkälkungssäuren prinzipielle Gültigkeit besitzt. Es wird also mit Salzsäure wie mit allen anderen starken Entkälkungssäuren mit genügenden Säuremengen eine weitgehende Entfernung des Kalkes aus der Haut erreicht werden, gleichzeitig findet aber nach einer gewissen Entquellungsperiode der alkalischen Quellung eine Säurequellung statt, die bei Salzsäure die ursprüngliche Alkaliquellung in ihrer Intensität weitgehend übersteigt und die infolge Behinderung des erforderlichen Diffusionsausgleichs zwischen Haut und Entkälkungsbad die restlose Entkälkung der Innenschichten sehr erschwert. Vergleichende $p_H$-Wertbestimmungen der Entkälkungsflüssigkeit vor und nach dem Entkälken haben gezeigt, daß bei Salzsäure nur bis zur Anwendung von etwa einem Drittel der Säuremenge, die theoretisch ausreichen würde, um den vorhandenen Kalk zu neutralisieren, keine Säurequellung auftritt und entsprechend auch die gesamte zur Verfügung stehende Säure durch den Entkälkungsvorgang verbraucht wird. In dem Maße aber, wie der Säurezusatz gesteigert wird, findet eine Säurequellung der Außenschichten der Haut statt und ist daher infolge Diffusionsbehinderung der Säure in die Haut nach dem Entkälken immer noch Säure im Neutralisationsbad vorhanden, obwohl das Innere der Haut noch alkalisch reagiert (Abb. 54), und entsprechend wird die Erreichung eines gewissen Gleichgewichts nur vorgetäuscht [A. Küntzel und R. Biedermann (*1*)]. In gleicher Weise demonstriert Abb. 54 diese Verhältnisse. Sie zeigt, daß bei Verwendung von Salzsäure (erste senkrechte Spalte) eine schichtweise Neutralisation des Kalkes der Haut von außen nach innen erfolgt, daß aber bereits nach recht kurzer Zeit die äußeren Hautschichten so sauer reagieren, daß sie eine Rötung mit Methylrot ergeben ($p_H$ unter 4,4) und damit auch eine stärkere Säurequellung zeigen, während ein beträchtlicher Teil des Inneren der Haut infolge noch fehlender

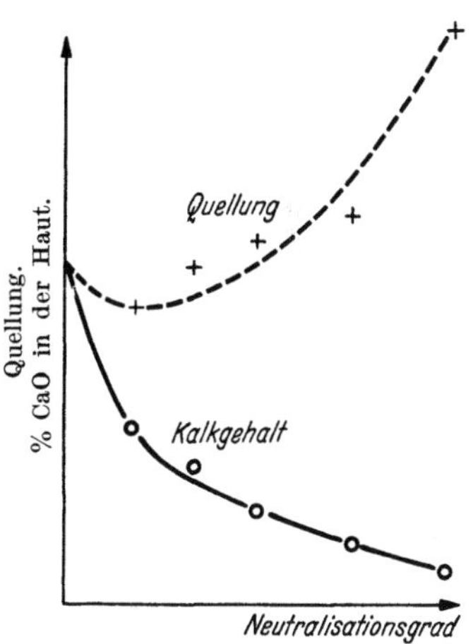

Abb. 53. Verlauf der Entkälkung mittels Salzsäure [A. Küntzel und R. Biedermann (*1*)].

oder ungenügender Neutralisation noch alkalisch reagiert und daher Rötung mit Phenolphthalein ergibt. Da dabei gleichzeitig ein Teil der Salzsäure von der Hautsubstanz gebunden und damit der eigentlichen Neutralisation entzogen wird, genügt eine dem Kalkgehalt der Blöße äquivalente Säuremenge nicht, um eine restlose Neutralisation des Kalkes zu erreichen, es muß vielmehr ein beträchtlicher Säureüberschuß hierfür verwendet werden.

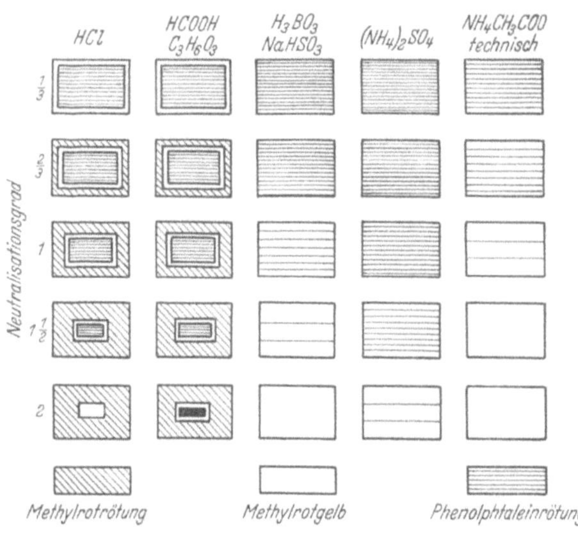


Abb. 54. Verlauf der Entkälkung mit verschiedenen Entkälkungsmitteln bei Prüfung des frischen Hautschnittes mit Indikatoren. Der Neutralisationsgrad entspricht den Säureäquivalenten, bezogen auf den Kalkgehalt der Haut [A. Küntzel und R. Biedermann (*1*)].

Entsprechend den dargelegten Verhältnissen bei der Entkälkung mit Salzsäure weist ein mit starken Entkälkungssäuren entkälktes Hautmaterial infolge der auftretenden Diffusionsschwierigkeiten eine ungleichmäßige Verteilung des in der Haut zurückbleibenden Kalkes bzw. Kalksalzes auf insofern, als die Innenschichten der Haut infolge dieser ungenügenden Diffusion noch prozentual beträchtliche Kalkmengen enthalten, während die Außenschichten weitgehend von Kalk und Kalksalzen befreit sind [A. Küntzel und R. Biedermann (*1*)].

Die Verwendung der Salzsäure für Entkälkungszwecke ist also nur bedingt möglich. Man kann die Blöße mit Salzsäure nicht vollständig entkälken, ohne andererseits eine beträchtliche Säurequellung des Hautmaterials in Kauf zu nehmen, dies um so mehr, als wegen der Bindung der Säure durch die entkälkte Blöße eine über die Äquivalenz des vorhandenen Kalkes wesentlich hinausgehende Säuremenge zur völligen Entkälkung angewendet werden muß. Eine Säurequellung der Blößen ist aber bei der Herstellung insbesondere von Ober- und Feinleder durchaus unerwünscht, da hierdurch die Weichheit und Geschmeidigkeit des Leders und die Narbenbildung ungünstig beeinflußt werden und leicht eine gewisse Brüchigkeit des Leders verursacht wird. Außerdem wird die Empfindlichkeit des Blößenmaterials gegenüber der Einwirkung der Beizfermente wesentlich durch eine starke Quellung vor dem Beizen gesteigert, wobei die Säurequellung besonders wirksam ist (vgl. S. 240). Die Salzsäure wird demgemäß in der Praxis, soweit sie nicht in Form eines Pickels zur Anwendung gelangt (siehe weiter unten), im wesentlichen dazu verwendet, die Blößen nur oberflächlich zu entkälken, soweit eine stärkere Säurequellung nicht zu befürchten ist, d. h. bis zu höchstens ein Viertel bis ein Drittel des Kalkes zu entfernen. Die Salzsäure kommt also entweder zum Vorentkälken bei demjenigen Hautmaterial in Frage, dessen Hauptentkälkung während des nachfolgenden Beizprozesses vorgenommen wird, oder zum Entkälken von Unterleder, das zumeist nur in den äußeren Schichten restlos entkälkt wird, während auf ein vollständiges Entkälken auch der Innenschichten kein sonderlicher Wert gelegt wird (vgl. S. 194) und bei dem auch eine gewisse mäßige Säureschwellung des Hautmaterials vor der Gerbung erwünscht ist. Für alle diese Fälle muß also eine geringere Säuremenge, als der Kalkmenge äquivalent wäre, verwendet werden und die Säure dem Entkälkungsbad zur Vermeidung lokaler Überschwellungen langsam in kleinen Portionen zugesetzt werden.

Für die Schwefelsäure gilt, da es sich ebenfalls um eine starke Entkälkungssäure handelt, sinngemäß das gleiche, wie für die Salzsäure ausgeführt. Als Nachteil gegenüber der Salzsäure muß indessen beachtet werden, daß das sich bildende Calciumsulfat in Wasser nur schwer löslich ist (vgl. Tabelle 13), Abscheidungen unlöslicher Kalksalze in der Haut aber stets die Gefahr in sich bergen, daß durch solche Einlagerungen eine gewisse Brüchigkeit des Leders und insbesondere der empfindlichen Narbenschicht verursacht wird, daß die Weichheit und Geschmeidigkeit des Leders vermindert wird und daß insbesondere dann, wenn die Abscheidungen in kristallinem Zustand erfolgen, der Narben des Leders eine verhältnismäßig rauhe Oberflächenbeschaffenheit erhält. Diese Schwerlöslichkeit des Calciumsulfats muß auch bei der Chromlederherstellung berücksichtigt werden, wenn als Pickelsäure Schwefelsäure verwendet wird, und es ist in diesen Fällen unerläßlich, daß vor dem Einbringen des Hautmaterials in den Pickel eine möglichst weitgehende Entkälkung bereits stattgefunden hat. Die gleiche Gefahr ist sinngemäß auch für das bisweilen zum Entkälken empfohlene Natriumbisulfat vorhanden. Die angeführten Gründe lassen die Schwefelsäure bzw. das Natriumbisulfat auf keinen Fall als zum Entkälken von Ober- und Feinledern zweckmäßig erscheinen. Für Unterleder wird dagegen die Verwendung der Schwefelsäure in der Praxis verhältnismäßig häufig angetroffen, wobei durch eine gewisse Calciumsulfatabscheidung in den Innenzonen des Leders eine gewisse Rendementserhöhung verursacht und Stand und Festigkeit des Leders in gewissen Grenzen verbessert werden sollen. Auch in diesen Fällen muß aber eine Abscheidung von unlöslichem Calciumsulfat im Narben weitmöglichst vermieden werden, und es empfiehlt sich daher, zunächst durch gründliches Waschen des Hautmaterials mit fließendem Wasser die Hauptmenge des Kalkes aus den Außenschichten der Haut zu entfernen und dann die Entkälkung mit Schwefelsäure in solcher Verdünnung vorzunehmen, daß die Löslichkeitsgrenze des sich bildenden Calciumsulfats zum mindesten für die Außenschichten nicht überschritten wird.

Die Verwendung der Schwefelsäure hat vor der Salzsäure andererseits insbesondere bei empfindlichem Hautmaterial den Vorteil, daß das gebildete Calciumsulfat keinen nennenswert peptisierenden Einfluß auf die Proteine der Haut ausübt, während das bei Verwendung von Salzsäure sich bildende Calciumchlorid einen solchen Einfluß je nach seiner lokalen Anreicherung im Innern des Hautfasergefüges in praktisch ins Gewicht fallender Intensität auszuüben vermag.

In die gleiche Gruppe der starken Entkälkungssäuren gehören auch organische Säuren wie Ameisensäure, Essigsäure, Milchsäure und Buttersäure, die ebenfalls Dissoziationskonstanten über $2 \cdot 10^{-6}$ besitzen. Entsprechend gilt auch für diese Säuren hinsichtlich ihres Verhaltens und ihrer Wirkungsweise beim Entkälkungsprozeß grundsätzlich das gleiche wie für die Salz- und Schwefelsäure. Abb. 54 läßt in Spalte 2 erkennen, daß der Verlauf der Entkälkung mit diesen Säuren prinzipiell der gleiche ist wie mit Salzsäure. Lediglich graduelle, nicht prinzipielle Unterschiede sind hinsichtlich der Entkälkungsfunktion insofern vorhanden, als bei diesen Säuren infolge ihrer im Vergleich zur Salzsäure und Schwefelsäure geringeren Dissoziation die Gefahr einer Säurequellung der Außenschichten des Hautmaterials in ganz erheblich geringem Maße gegeben ist, insbesondere dann, wenn durch langsamen Säurezusatz dafür gesorgt wird, daß die Säurekonzentration im Entkälkungsbad verhältnismäßig gering bleibt.

Die ältere Auffassung, daß bei einem langsamen Zusatz dieser organischen Säuren durch die während des Entkälkens entstehenden entsprechenden Kalksalze und dadurch verursachte Pufferung des weiteren Säurezusatzes die Schwellung des Hautmaterials vermindert würde, ist indessen irrig, denn die Haut nimmt aus Säure-Salz-Puffergemischen bevorzugt die Säure auf und auch bei $p_H$-Werten dieser Puffergemische über 4 erfolgt infolge dieser bevorzugten Säureaufnahme im Gegensatz zum Verhalten reiner Säurelösungen eine Quellung des Hautmaterials (siehe weiter unten). Immerhin haben die angeführten organischen Säuren vor Salz- und Schwefelsäure den Vorteil, daß eine Säurequellung in unerwünschtem Umfange weniger stark und erst bei höheren Säurekonzentrationen auftritt und daß entsprechend bei genügend langsamem portionsweisem Zusatz der Säuren in genügender Verdünnung und Vermeidung eines nichterforderlichen Überschusses eine Säurequellung des Hautmaterials weitgehend vermieden werden kann. Entsprechend werden Ameisensäure, Essigsäure und Milchsäure heute in beträchtlichem Umfange zum Entkälken verwendet. Insbesondere die Milchsäure wird zum Entkälken sehr empfohlen; ihr wird nachgerühmt, daß sie einen zarteren Narben des Hautmaterials als die anderen organischen Säuren verursachen soll und sich in dieser Wirkung der unten noch zu besprechenden Borsäure nähern soll, während demgegenüber die Ameisen- und Essigsäure eine etwas rauhere Beschaffenheit des Narbens bewirken sollen. Auch die Buttersäure hat sich für die Zwecke des Entkälkens in gewissem Umfange einführen können und soll sich, soweit diesbezüglich Urteile vorliegen, für diese Zwecke gut eignen.

Bei Dosierung der Milchsäure ist zu berücksichtigen, daß diese außer Säure in freier Form auch stets gewisse Anteile in anhydridischer Form enthält. In dem Maße, wie die freie Säure während des Entkälkens verbraucht wird, wird das Gleichgewicht zwischen freier und anhydridischer Form langsam unter Aufnahme von Wasser verschoben. Das Anhydrid stellt also eine Säurereserve dar, die selbst nur schwach sauer reagiert, in dem Maße des Säureverbrauches aber in Funktion tritt. Schon früh ist daher die Verwendung von Milchsäureanhydrid und auch der Anhydride anderer organischer Säuren infolge ihres geringen Säurecharakters und einer entsprechend milden Wirkung empfohlen worden (G. Eberle), durch deren Verwendung ein außerordentlich zarter Narben erhalten werden soll. Vorwiegend preisliche Gründe dürften bisher der Verwirklichung dieser Vorschläge in größerem Umfange entgegengestanden haben. In diesem Zusammenhang sei auch das als „Purgatol“ bezeichnete Präparat erwähnt, das in der Hauptsache aus den Anhydriden bzw. Ammoniumsalzen organischer Säuren, insbesondere der Milchsäure, und Zuckermelasse bestehen soll und nach dieser Zusammensetzung als ausgesprochenes Entkälkungsmittel anzusprechen ist.

In die Gruppe der starken Entkälkungssäuren gehört natürlich auch die Oxalsäure, die indessen, da sie ein schwer lösliches Calciumsalz liefert, für Entkälkungszwecke nicht in Frage kommen kann.

In diesem Zusammenhang sei auch die Kresolsulfosäure erwähnt, die den wesentlichen Bestandteil des als Entkälkungsmittel früher unter der Bezeichnung „Anticalcium“ gelieferten Produktes darstellte. Sie liefert im Gegensatz zur Schwefelsäure leicht lösliche Kalksalze und besitzt neben ihrer entkälkenden Wirkung gewisse antiseptische Eigenschaften, so daß sie sich zum Entkälken insbesondere solchen Hautmaterials eignen soll, das bereits etwas angefault ist. Sie scheint indessen heute weitgehend durch die organischen Carbonsäuren als Entkälkungsmittel wieder verdrängt zu sein.

Die bisherigen Betrachtungen bezogen sich sämtlich auf den Fall, daß das Entkälkungsbad ausschließlich eine starke Entkälkungssäure ohne weitere Zusätze enthielt. Es entsteht nun die Frage, inwieweit diese Verhältnisse eine Änderung erfahren, wenn die starken Entkälkungssäuren in Form eines Pickels oder eines Puffergemisches zur Anwendung kommen.

Was zunächst die Frage der Verwendung von Säure-Salz-Pickeln anbetrifft, so wird an anderer Stelle des Handbuches eingehend über die Beziehungen und Gesetzmäßigkeiten zwischen Säure- und Salzaufnahme, Quellung usw. in Abhängigkeit von der Zusammensetzung des Pickels und über die theoretischen Erklärungen der Pickelwirkung berichtet, so daß auf diese Ausführungen verwiesen werden kann (vgl. diesen Band S. 276ff.). Beim Zusatz geeigneter Neutralsalze zu einer Säurelösung in ausreichender Menge wird deren schwellende Wirkung auf die Haut je nach Art der vorhandenen Elektrolyte und der gewählten Mengenverhältnisse mehr oder weniger stark unterdrückt. Man teilt dabei die in der Pickelflüssigkeit insgesamt vorhandenen Elektrolyte zum besseren Verständnis ihrer Wirkungsweise zweckmäßig nicht in Basen bzw. Säuren einerseits und Neutralsalze andererseits ein, sondern in kationophile Elektrolyte (z. B. Säuren, $CaCl_2$) und in anionophile Elektrolyte (z. B. NaOH, NaCl), je nachdem, ob das Kation oder das Anion stärker von der Hautsubstanz adsorbiert wird [A. Küntzel (*1*)]. Verschiedenartige Elektrolyte werden sich entsprechend entweder in ihrer Wirkung verstärken, wenn sie der gleichen Gruppe angehören, oder, was im Hinblick auf die Pickelwirkung wesentlich ist, vermindern, wenn sie verschiedenen Gruppen angehören. Werden zwei entgegengesetzt wirkende Elektrolyte so kombiniert, daß sie sich in ihrer Wirkung aufheben, so befindet sich das Protein im isoelektrischen Zustand und weist damit ein Quellungsminimum auf, unabhängig von dem herrschenden $p_H$-Wert [A. Küntzel (*1*)]. Diese Feststellung, daß das Quellungsminimum des isoelektrischen Punktes bei jeder beliebigen Reaktion erreicht werden kann, läßt die Wirkung von Pickelflüssigkeiten durchaus verständlich erscheinen.

Wie zu erwarten, wird durch die Zurückdrängung der Säurequellung in Säure-Salz-Pickeln gegenüber der Verwendung reiner Säurelösungen beim Entkälken die Diffusion der Säure in die Haut und andererseits der gebildeten Calciumsalze aus der Haut weitgehend gefördert. Entsprechend kann bei Verwendung starker Entkälkungssäuren im Gemisch mit geeigneten Neutralsalzen [A. Küntzel und R. Biedermann (*1*) verwendeten Salzsäure-Kochsalz- und Essigsäure-Kochsalz-Pickel] infolge Fehlens einer stärkeren Säurequellung mit steigender Menge Entkälkungssäure eine ständige Abnahme der Quellung der Haut, infolge der besseren Diffusionsmöglichkeit der Säure in die Haut eine raschere Neutralisation des Kalkes und damit bessere Ausnutzung der Säure und infolge der guten Diffusionsmöglichkeit der Kalksalze aus der Haut eine weitgehende Entfernung des Kalkes bzw. der Kalksalze auch aus den Innenschichten der Haut erreicht werden.

Unter den starken Entkälkungssäuren weisen die schwächeren organischen Säuren vor den starken Mineralsäuren einen Unterschied in ihrem Verhalten insofern auf, als sie — nicht die starken Mineralsäuren — eine Pufferung durch die beim Entkälken gebildeten entsprechenden Kalksalze erfahren und man hat daher vielfach die Auffassung vertreten, daß die organischen Säuren infolge dieser Pufferung im Hinblick auf die Quellung des Hautmaterials weniger gefährlich wären. Man ist dabei von dem Gesichtspunkt ausgegangen, daß nach den grundlegenden Arbeiten von Procter über die Säurequellung eine Quellung des Hautmaterials in Säurelösungen erst bei $p_H$-Werten unter 4 auftritt, und hat daraus gefolgert, daß in dem Maße, wie durch Pufferung der Säuren der $p_H$-Wert erhöht wird, die Quellung auch in Puffergemischen trotz gleichbleibender Säurekonzentration vermindert würde. Wie indessen A. Küntzel und R. Biedermann (*1*) zeigen konnten, gilt diese Angabe Procters nur für reine Säurelösungen, eine Verschiebung des $p_H$-Wertes durch Pufferung schützt dagegen nicht vor Säurequellung. Die beiden Forscher haben Milchsäure-Natriumlactatgemische und Essigsäure-Natriumacetatgemische verschiedenen Mischungsverhältnisses untersucht und dabei festgestellt, daß die Haut aus diesen Gemischen die Säure bevorzugt aufnimmt und daß auch bei $p_H$-Werten über 4 eine fast ebenso starke Quellung wie bei niedrigerem $p_H$-Wert ohne puffernde Zusätze erreicht wird. Eine alleinige Pufferung der Entkälkungssäure auf $p_H = 4$ und höher kann also eine Quellung des Hautmaterials nicht verhindern; erst wenn die Neutralsalzzusätze mengenmäßig so stark erhöht werden, daß eine Pickelwirkung einsetzt, wird die Säurequellung, wie oben besprochen, zurückgedrängt [A. Küntzel und R. Biedermann (*1*)] und damit der Verlauf des Entkälkungsprozesses in günstiger Weise beeinflußt.

Über die Wirkungsweise der starken Entkälkungssäuren kann also zusammenfassend gesagt werden, daß sie mit steigender Menge eine zunehmende Neutralisation des Kalkes und eine fortschreitende Verdrängung auch des an Hautsubstanz gebundenen Kalkanteils aus dieser Bindung gestatten, daß aber insbesondere bei Salz- und Schwefelsäure eine restlose Neutralisation und Entkälkung nicht möglich ist, ohne gleichzeitig eine starke Säureschwellung des Hautmaterials mit in Kauf zu nehmen. Bereits solche Säuremengen, die nicht zur Neutralisation des in der Blöße vorhandenen Kalkes ausreichen, verursachen in diesen Fällen bereits eine Quellung der Außenschichten des Hautmaterials. Bei den in diese Gruppe gehörigen organischen Säuren erfolgt diese Säurequellung infolge ihres weniger starken Säurecharakters in geringerem Maße und erst bei höheren Säurekonzentrationen, so daß diese Säuren insbesondere bei langsamem, portionsweisem Säurezusatz und Vermeidung eines unnötigen Überschusses eine einwandfreie Entkälkung gestatten. Durch Anwendung von Puffergemischen wird die Säurequellung nicht vermindert, dagegen kann sie durch Anwendung quellungsverhindernder Pickelgemische zum Entkälken vermieden und damit eine weitgehende Förderung des Verlaufs der Entkälkung erreicht werden.

Erwähnt sei in diesem Zusammenhang ein weiterer patentrechtlich geschützter Vorschlag (D.R.P. 476678), demzufolge Säurequellung bei Verwendung an und für sich bekannter Säuren zum Entkälken durch Zusatz von 1% Nitrobenzol zum Entkälkungsbad vermieden werden soll. Entsprechend soll durch Nitrobenzolzusatz eine sehr schöne Narbenbeschaffenheit des fertigen Leders erreicht werden (J. A. Sagoschen).

**Entkälken mit schwachen Entkälkungssäuren.** Andersartig ist der Verlauf des Entkälkungsprozesses bei Verwendung schwacher Entkälkungssäuren, d. h. Säuren, deren Dissoziationskonstante einen kleineren Wert als $2 \cdot 10^{-6}$ aufweist. In die Gruppe dieser Säuren gehören die Borsäure ($K = 6{,}6 \cdot 10^{-10}$), Blausäure ($K = 4{,}7 \cdot 10^{-10}$), Phenol ($K = 1{,}3 \cdot 10^{-10}$), Schwefelwasserstoff ($K_1 = 5{,}7 \cdot 10^{-8}$) und Kohlensäure ($K_1 = 3 \cdot 10^{-7}$). In die gleiche Gruppe gehört auch das Natriumbisulfit, das entweder in Form der Bisulfitlauge ca. 40%ig oder in fester, anhydridischer, wegen seiner größeren Reinheit und bequemeren Handhabung vorzuziehender Form als Natriummetabisulfit ($Na_2S_2O_5$), das sich mit Wasser nach der Gleichung

$$Na_2S_2O_5 + H_2O = 2\,NaHSO_3$$

umsetzt, verwendet wird und ebenfalls als schwache Säure aufgefaßt werden kann (zweite Dissoziationskonstante der schwefligen Säure $= 1 \cdot 10^{-7}$). Für die Praxis des Entkälkungsvorganges kommen von diesen Mitteln nur die Borsäure und das Natriumbisulfit in Frage, so daß die weiteren Betrachtungen sich nur mit diesen beiden Entkälkungsmitteln zu befassen haben.

Zur Verfolgung der entkälkenden Wirkung schwacher Entkälkungssäuren sei auf die dritte Spalte in Abb. 54 verwiesen. Verfolgt man die Entkälkung mit Indikatoren, so ist nicht wie bei der Verwendung starker Entkälkungssäuren eine schichtweise Neutralisation von außen nach innen festzustellen, die Rotfärbung wird vielmehr über die ganze Fläche des Hautschnittes gleichmäßig immer blasser, bis sie schließlich vollständig verschwindet. Dabei muß berücksichtigt werden, daß die entstehenden Neutralisationssalze ebenfalls infolge starker hydrolytischer Spaltung noch Phenolphthalein röten und ein Verschwinden der Rötung erst erzielt wird, wenn nach Erreichung der Neutralisation die Haut noch einen Überschuß an Entkälkungsmittel aufgenommen hat. Gegen die Anwendung eines solchen Säureüberschusses sind Bedenken nicht zu erheben, da die schwachen Entkälkungssäuren zu wenig dissoziiert sind, um eine praktisch in Betracht kommende Säurequellung des Hautmaterials auch bei beträchtlichem Überschuß zu bewirken. Abb. 55, die den Verlauf der Entkälkung mit Borsäure darstellt und prinzipiell in gleicher Weise auch für die Entkälkung mit Bisulfit Geltung hat, läßt erkennen, daß bis zum maximal dargestellten Neutralisationsgrad (Anwendung der doppelten Menge Entkälkungsmittel als der Kalkmenge der Haut entsprechen würde) die alkalische Quellung eine Verminderung erfährt, ohne daß eine Säurequellung auftritt. Parallel damit erfolgt eine Verminderung des Kalkgehalts, die zunächst verhältnismäßig rasch verläuft, aber bald auch bei weiterer Erhöhung der Säurezugabe zum Stillstand kommt, so daß die Blößen auch nachher noch einen beträchtlichen Kalkgehalt aufweisen.

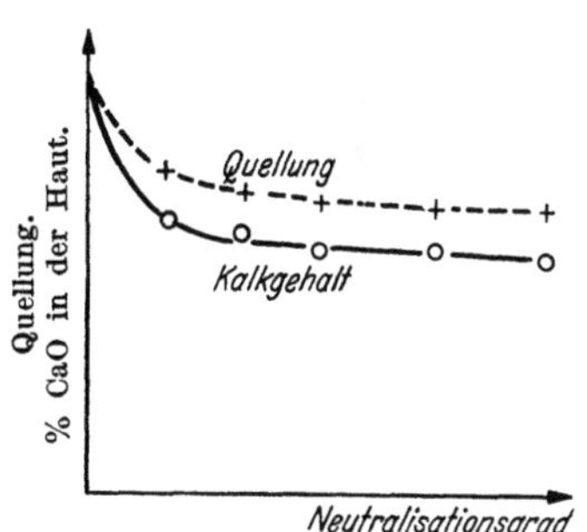


Abb. 55. Verlauf der Entkälkung mittels Borsäure [A. Küntzel und R. Biedermann (*1*)].

Der Verlauf der Entkälkung mit schwachen Entkälkungsmitteln ist also so, daß die Säure zunächst in die Blöße diffundiert und den nur mechanisch aufgenommenen ungelösten und kapillar gelösten Kalk neutralisiert. Ein Teil der gebildeten Kalksalze diffundiert nach außen, ein weiterer Teil bleibt indessen infolge der verhältnismäßig geringen Löslichkeit des Calciumborats bzw. Calciumsulfits (Tabelle 13) zunächst unlöslich in der Haut und kann erst durch gründliches Auswaschen und Spülen nach dem Entkälken ganz oder doch teilweise aus der Haut entfernt werden. Aus dieser geringen Löslichkeit erklärt sich zu einem Teil der relativ hohe Kalkgehalt der mit schwachen Entkälkungsmitteln entkälkten Blößen auch nach Erreichung der Neutralisation gegenüber Phenolphthalein. Als zweiter Faktor hierfür kommt hinzu, daß die schwachen Entkälkungssäuren den gebundenen Kalk nicht aus seiner Bindung an Hautsubstanz zu verdrängen vermögen. Eine Verminderung dieses Gehalts findet in gewissen Grenzen nur insofern statt, als mit fortschreitender Neutralisation des kapillaren Kalkes das Gleichgewicht zwischen diesem und dem gebundenen Kalkanteil verschoben wird und entsprechend ein Teil des gebundenen Kalkes unter Einstellung eines neuen Gleichgewichts aus der Bindung an Kollagen verdrängt wird. In dem gleichen Maße der Abnahme des Gehalts an gebundenem Kalk findet auch eine Verminderung der Quellung des Hautmaterials statt. Die Einstellung des Gleichgewichts erfolgt aber nach Überschreiten der ersten Stadien des Entkälkungsvorganges so langsam, daß auf diese Weise eine restlose oder nur weitgehende Entfernung des gebundenen Kalkanteils aus der Haut unter den Arbeitsverhältnissen der Praxis nicht zu erreichen ist [A. Küntzel und R. Biedermann (*1*)]. Ist eine Neutralisation der Haut gegen Phenolphthalein erfolgt, so kann durch weitere Zugabe schwacher Entkälkungssäuren weder eine weitere Abgabe von gebundenem Kalk an die Entkälkungsflüssigkeit noch eine weitere Zurückdrängung der alkalischen Quellung erreicht werden. Dabei muß berücksichtigt werden, daß der an Hautsubstanz gebundene Kalk keine Rötung des Phenolphthaleins mehr zu verursachen vermag (vgl. S. 200), also die Erreichung der Neutralisation gegen Phenolphthalein nicht als ein Maß für die Menge in der Haut noch vorhandenen, an Hautsubstanz gebundenen Kalkes gewertet werden kann.

Ein weiterer Unterschied hinsichtlich der Wirkungsweise starker und schwacher Entkälkungssäuren besteht schließlich in der Verteilung des nach dem Entkälkungsvorgang in der Haut noch verbleibenden Restes an Kalk und Calciumsalzen in den einzelnen Hautschichten. Während bei Verwendung starker Entkälkungssäuren eine weitgehende Entkälkung der Außenschichten erfolgt und der zurückbleibende Kalk vorwiegend in den Innenschichten angereichert ist, ist der Kalk bei Verwendung schwacher Entkälkungssäuren weitgehend gleichmäßig über die ganze Dicke der Haut verteilt [A. Küntzel und R. Biedermann (*1*)].

Die schwachen Entkälkungssäuren vermögen also den Kalkgehalt der Blößen unter gleichzeitiger Abnahme der alkalischen Quellung nur bis zu einer bestimmten Grenze zu vermindern. Dabei wird vornehmlich nur der kapillare Kalk neutralisiert, der gebundene Kalk kann nicht direkt, sondern nur durch Gleichgewichtsverschiebung gegenüber dem kapillaren Kalk zu einem geringen Teil aus seiner Bindung an Hautsubstanz verdrängt werden. Die Wirkungsweise und das Endergebnis der Entkälkung mit schwachen Entkälkungssäuren ist also ähnlich dem der Entkälkung mit Wasser mit dem Vorteil, daß bei Anwendung schwacher Entkälkungssäuren der Endzustand wesentlich rascher erreicht wird. Eine Säurequellung der Haut vermögen die schwachen Entkälkungssäuren infolge ihrer geringen Dissoziation nicht zu bewirken, so daß sie ohne weiteres im Überschuß angewandt werden können. Die Anwendung eines Überschusses ist, wie wir oben sahen, zur Erreichung einer Neutralisation gegenüber Phenolphthalein unbedingt erforderlich. Ferner ist das sich bildende Calciumsulfit in überschüssigem Natriumbisulfit wesentlich stärker löslich als in Wasser, und ebenso wird die Löslichkeit des Calciumborats durch überschüssige Borsäure erhöht, so daß durch Verwendung eines Überschusses an Entkälkungsmittel auch eine wesentlich weitgehendere Entfernung des Kalkes aus der Haut erreicht werden kann.

Der Borsäure wird als Entkälkungsmittel ein besonders günstiger Einfluß auf Weichheit und Zartheit des Narbens nachgerühmt, der auch am fertigen Leder noch in beträchtlichem Umfang erhalten bleiben soll (vgl. auch E. Vigezzi). Sie wird daher von vielen Seiten als außerordentlich günstiges Entkälkungsmittel angesprochen, dessen Verwendung allerdings der im Vergleich mit anderen Entkälkungsmitteln ziemlich hohe Preis etwas entgegensteht. Gleichzeitig übt die Borsäure eine gewisse antiseptische Wirkung aus. Der Verwendung des Bisulfits wird allerdings bisweilen noch der Vorzug gegeben, da es eine stärker auflockernde, „verfallend" machende Wirkung und ein speziell bei der Herstellung von Ledern mit hellendem Farbton in Betracht kommendes gewisses Bleichvermögen besitzt [A. Küntzel und R. Biedermann (*1*)].

Erwähnt werden muß hier schließlich noch der Vorschlag, auch die Kohlensäure für die Entkälkung zu verwenden (E.P. 7744 und 12681; H. R. Procter, S. 211). Dabei soll die Kohlensäure in besonderen Apparaten unter Druckeinwirkung auf die zu entkälkenden Blößen zur Einwirkung kommen und den Kalk in Form des löslichen Bikarbonats neutralisieren und lösen:

$$Ca(OH)_2 + 2\,H_2CO_3 = Ca(HCO_3)_2 + 2\,H_2O.$$

Prinzipiell müssen auch für diesen Vorgang die oben für schwache Entkälkungssäuren besprochenen Gesetzmäßigkeiten gelten. Es besteht indessen die große Gefahr, daß das gebildete Bikarbonat sich vor Entfernung aus der Haut unter Kohlensäureabgabe zersetzt nach der Gleichung

$$Ca(HCO_3)_2 = CaCO_3 + CO_2 + H_2O$$

und sich das schwer lösliche Calciumcarbonat in der Haut abscheidet und zur Bildung von Kalkschatten und Kalkflecken (vgl. S. 132) Veranlassung gibt. Die Vorschläge sind entsprechend wohl nirgends in größerem Umfange praktisch verwirklicht worden.

### c) Entkälken mit Ammonsalzen.

Die Wirkung der Ammonsalze als Entkälkungsmittel beruht darauf, daß sie sich mit dem Kalk der Blößen umsetzen nach der allgemeinen Gleichung

$$Ca(OH)_2 + 2\,NH_4X = CaX_2 + 2\,NH_4OH,$$

so daß an Stelle des verhältnismäßig starken, basischen, quellend und prallmachend wirkenden Calciumhydroxyds das flüchtige und nicht prallmachende Ammoniak entsteht. Wenn man zunächst von einer Dissoziation des vorhandenen Ammonsalzes in Wasser absieht, so ist bei Verwendung von Ammonsalzen zur Entkälkung keine Säure vorhanden, die mit der „Kollagensäure“ in Wettbewerb treten könnte und entsprechend können die Ammonsalze nur den kapillaren Kalk neutralisieren, nicht dagegen den gebundenen Kalk in Freiheit setzen [A. Küntzel und R. Biedermann (*1*)].

Diese Verhältnisse erfahren eine Änderung, wenn man berücksichtigt, daß die Ammonsalze teilweise hydrolysiert sind. Die im Hydrolysengleichgewicht stehende Säure kann, wenn es sich dabei um eine starke Entkälkungssäure handelt, den gebundenen Kalk aus seiner Bindung an die Hautsubstanz verdrängen, und die Wirkungsweise der Ammonsalze hängt entsprechend weitgehend davon ab, in welchem Maße sie in wässeriger Lösung hydrolysiert sind. Von diesem Gesichtspunkt aus muß prinzipiell unterschieden werden zwischen dem Verhalten von Ammoniumchlorid und -sulfat einerseits und den Ammonsalzen organischer Säuren andererseits.

Ammoniumchlorid ist in wässeriger Lösung zu nur 0,062%, Ammonsulfat zu 1,1% hydrolysiert [A. Küntzel und R. Biedermann (*1*)]. Bei diesen Ammonsalzen ist entsprechend die Menge hydrolysierter Säure so gering, daß sie für den Verlauf des Entkälkens praktisch kaum in Betracht zu ziehen ist. Die entkälkende Wirkung dieser Ammonsalze entspricht also etwa der Wirkung schwacher Entkälkungssäuren, d. h. lediglich der kapillar aufgenommene Kalk wird neutralisiert, der gebundene Kalkanteil nur insoweit miterfaßt, als er infolge Gleichgewichtsverschiebung zwischen kapillarem und gebundenem Kalkanteil aus der Bindung an Hautsubstanz verdrängt wird. Ammoniumchlorid ist ursprünglich in großen Mengen für Zwecke des Entkälkens verwendet worden, heute wird in beträchtlichem Umfange auch Ammoniumsulfat hierfür herangezogen. Bei dieser Wahl ist vornehmlich das bei der Entkälkung gebildete Calciumsalz von Bedeutung. Calciumchlorid besitzt eine gute Löslichkeit in Wasser, wirkt aber andererseits peptisierend auf die Proteine der Haut, was sich in einer Auflockerung des Fasergefüges, insbesondere einer starken Auflockerung der Flanken bemerkbar macht, insbesondere dann, wenn Entkälken und Beizen in gemeinsamem Bade durchgeführt werden (vgl. S. 241). Eine solche Peptisation ist bei Calciumsulfat nicht zu befürchten, so daß aus diesem Grunde dem Ammoniumsulfat vor dem Ammoniumchlorid heute vielfach der Vorzug gegeben wird. Andererseits ist aber zu berücksichtigen, daß bei Verwendung von Ammoniumsulfat bei höheren Kalkkonzentrationen Abscheidungen von unlöslichem Calciumsulfat entstehen, zu deren Verhütung die gleichen Richtlinien wie bei der Verwendung von Schwefelsäure als Entkälkungsmittel (vgl. S. 185) beachtet werden müssen. Immerhin ist aus diesem Grunde das Ammoniumsulfat unter der Gruppe der Ammonsalze nicht gerade als ideales Entkälkungsmittel anzusprechen.

Der Verlauf der Entkälkung mit Ammoniumsulfat ist aus Spalte 4 der Abb. 54 ersichtlich. Der $p_H$-Wert des Entkälkungsbades verändert sich nur verhältnismäßig wenig, da das entstehende Ammoniak mit dem überschüssigen Ammoniumsulfat ein Puffergemisch bildet, das gegen Phenolphthalein alkalisch reagiert, sodaß noch bei Anwendung der doppelten Menge von Ammoniumsulfat, als zur Neutralisation des Kalkes erforderlich, der Hautschnitt mit Phenolphthalein eine schwache Rötung ergibt. Erst bei Anwendung eines wesentlich größeren Überschusses an Ammoniumsulfat, das an und für sich sauer reagiert, verschwindet diese Rötung [A. Küntzel und R. Biedermann (*1*)].

Wesentlich anders liegen die Verhältnisse bei Verwendung der Ammoniumsalze einiger organischer Säuren, da diese wesentlich stärker hydrolysiert sind (z. B. Ammoniumacetat zu 7,0%). Bei diesen Ammonsalzen ist also bei Beurteilung ihrer entkälkenden Wirkung zu berücksichtigen, daß der hydrolysierte Säureanteil, soweit es sich hierbei um eine starke Entkälkungssäure handelt, auch den gebundenen Kalk aus seiner Bindung an Hautsubstanz zu verdrängen vermag, und entsprechend nähern sich diese Ammonsalze in ihrem entkälkenden Verhalten dem starker Entkälkungssäuren, weisen diesen gegenüber indessen den wesentlichen Vorteil auf, daß sie infolge der doch verhältnismäßig geringen Konzentration des Entkälkungsbades an dissoziierter Säure auch im Überschuß angewandt keine Säurequellung verursachen. Entsprechend sind Ammoniumformiat und Ammoniumacetat als sehr geeignete Entkälkungsmittel anzusprechen [A. Küntzel und R. Biedermann (*1*)], dies um so mehr, als die technischen Produkte außer dem Ammonsalz noch freie Ameisen- bzw. Essigsäure enthalten, da alle Ammonsalze der niedrigen Fettsäuren gemeinsam mit einem Mol Säure als entsprechende Molekülverbindungen kristallisieren, wodurch die Entkälkungswirkung noch weiter erhöht wird. Auch Ammoniumlactat und -butyrat sind für die Entkälkung empfohlen worden und werden teilweise auch praktisch angewandt bzw. sind in künstlichen Beizen als entkälkend wirkender Bestandteil enthalten und in gleicher Weise sind schließlich auch die Salze, insbesondere Ammonsalze der Zitronensäure und Weinsäure für die Entkälkung empfohlen und patentrechtlich geschützt worden (E.P. 409599). Dabei wird in dieser Patentschrift auch vorgeschlagen, an Stelle von Ammoniumcitrat auch Abfälle von Zitronen oder Orangen mit Ammoniak versetzt zu verwenden. Diese sämtlichen Ammonsalze haben neben ihrer hydrolytischen Spaltung in wässeriger Lösung im Hinblick auf ihre Verwendung als Entkälkungsmittel noch den weiteren Vorteil, daß sie mit Kalk leicht lösliche Kalksalze bilden, die auf die Proteine der Haut nur schwach peptisierend einwirken.

Abb. 56 und die letzte Spalte in Abb. 54 zeigen den Verlauf der Entkälkung mittels technischem Ammoniumacetat. Die Abnahme des Kalkgehaltes und der Quellung mit zunehmendem Neutralisationsgrad ist wesentlich größer als bei Ammoniumsulfat oder schwachen Entkälkungssäuren. Dabei verschwindet die Rötung mit Phenolphthalein, wie Abb. 54 zeigt, bereits bei Anwendung eines nur geringen Überschusses an Entkälkungsmittel gegenüber der theoretisch auf Grund des Kalkgehaltes errechneten Menge. Sollte der Gehalt der technischen Produkte an freier Säure so hoch sein, daß eine Säureschwellung zu befürchten ist, so kann dieser Nachteil durch Zusatz von Ammoniak ohne weiteres behoben werden, und andererseits kann durch Säurezusatz der Anteil an freier Säure am

Gesamtgemisch erhöht werden. Das zweckmäßigste Verhältnis muß von Fall zu Fall den Erfordernissen des zu entkälkenden Hautmaterials durch praktische Versuche angepaßt werden.

Auf Grund der vorliegenden Untersuchungen und praktischen Erfahrungen sind die Ammonsalze schwacher organischer Säuren, eventuell im Gemisch mit den zugehörigen freien Säuren als ideale Entkälkungsmittel angesprochen worden, da sie die Vorteile beider Gruppen von Entkälkungssäuren in sich vereinen, ohne andererseits ihre Nachteile zu besitzen [A. Küntzel und R. Biedermann (*1*)]. Sie vermindern mit steigernder Menge den Kalkgehalt und dabei auch den gebundenen Kalkanteil und gleichzeitig die Quellung der Haut, ohne daß eine Säurequellung auch bei Anwendung eines Überschusses zu befürchten ist. Ihre Handhabung ist überaus einfach und der Verlauf der Entkälkung sehr sicher, da ein Überschuß an Ammonsalzen in weiten Grenzen dem Hautmaterial keinen Schaden zuzufügen vermag. Die Verteilung des nach dem Entkälken in der Haut verbleibenden Kalkes in den einzelnen Hautschichten entspricht bei Ammonsalzen etwa der bei Verwendung schwacher Entkälkungssäuren, d. h. der restliche Kalk bzw. das restliche Kalksalz ist in der gesamten Dicke der Haut etwa gleichmäßig verteilt [A. Küntzel und R. Biedermann (*1*)].

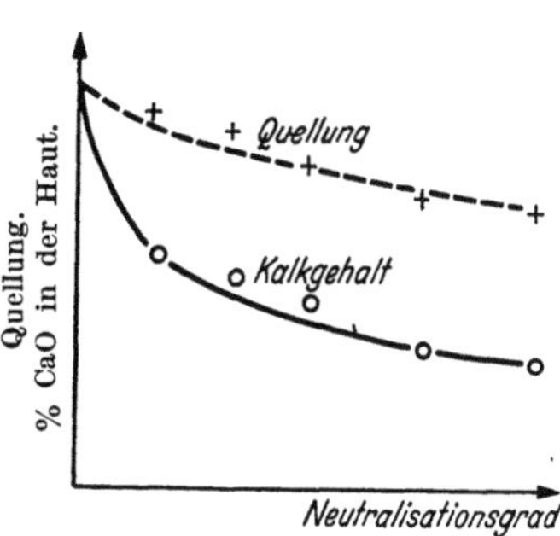


Abb. 56. Verlauf der Entkälkung mittels Ammoniumacetat-Essigsäure-Gemisch [A. Küntzel und R. Biedermann (*1*)].

Nach einem neueren Verfahren (Schwz. P. 191019) werden polymere Metaphosphorsäuren sowie ihre Alkali- oder Ammoniumsalze als Entkälkungsmittel verwendet. Ihre entkälkende Wirkung beruht auf der Bildung löslicher komplexer Alkali-Calcium-Metaphosphate.

## 2. Die Praxis des Entkälkens.

Wie wir bereits eingangs dieses Abschnittes sahen, hat der Prozeß des Entkälkens in erster Linie die Aufgabe, die Haut kalkfrei zu machen und die alkalische Quellung zu vermindern. In der Praxis wird dieser Prozeß in mannigfacher Weise, insbesondere zu den verschiedensten Zeitpunkten im Verlaufe der Lederbereitung durchgeführt. Bei Hautmaterial, das nicht gebeizt wird, erfolgt das Entkälken zumeist vor dem mechanischen Streichen. Dabei ist allerdings, wie bereits an anderer Stelle betont wurde (vgl. S. 173), zu berücksichtigen, daß durch die verwendeten Säuren bzw. sauren Salze ein Ausfällen gewisser Bestandteile des „Grundes" (Kalksalze der Proteinabbauprodukte, Kalkseifen) verursacht wird. Wo auf eine vollständige Entfernung des Grundes Wert gelegt wird (bei Unterleder ist dies keineswegs immer das Fall), ist es zweckmäßig, das Hautmaterial vor dem Entkälkungsvorgang nach Einlegen in warmes Wasser zunächst zu streichen und so den Grund weitgehend zu entfernen und erst dann den Entkälkungsprozeß durchzuführen. Bei Hautmaterial, das gebeizt wird, wird der Entkälkungsprozeß zumeist zu einem wesentlichen Teil während des Beizens selbst vorgenommen, da die meisten handelsüblichen künstlichen Beizen neben dem Beizferment entkälkend wirkende Chemikalien enthalten. Reicht diese Entkälkung nicht aus, so erfolgt bisweilen bereits ein teilweises Entkälken in getrenntem Arbeitsgange vor dem Beizprozeß, wobei vielfach schon vor dem Beizen eine möglichst weitgehende Entkälkung und Entfernung des Kalksalzes aus der Blöße angestrebt wird. Bei der Herstellung von Chromleder wird andererseits bisweilen ein gewisser Anteil des Gesamtentkälkungsprozesses dem nach dem

Beizen vorgenommenen Pickeln überlassen. Dabei muß nochmals ausdrücklich darauf hingewiesen werden, daß bei Anwendung von Schwefelsäure als Pickelsäure die Gefahr der Abscheidung von Calciumsulfat in der Haut besteht, wenn noch größere Mengen an Kalk in der Haut vorhanden sind.

Ebenso wie bezüglich des Zeitpunktes des Entkälkens lassen sich auch hinsichtlich Intensität der Durchführung keine allgemein gültigen Regeln aufstellen. Allgemein kann man sagen, daß für alle diejenigen Lederarten, für die keine große Zügigkeit gewünscht wird, eine restlose Entfernung des Kalkes nicht unbedingt anzustreben ist. Bei Unterleder ist eine vollständige Entkälkung nicht erforderlich, im Interesse des Lederrendements und der Festigkeit des Leders nicht einmal erstrebenswert, und man begnügt sich daher meist damit, eine gewisse Entkälkung der Außenschichten zu erreichen, ohne auch die Mittelschicht völlig zu entkälken. Für Sohlleder wird zumeist nicht einmal eine restlose Neutralisation der Gesamtdicke der Haut angestrebt, da die Angerbung dieser Leder verhältnismäßig recht sauer erfolgt und dabei die Säuren wesentlich schneller als die Gerbstoffe in die Haut diffundieren und so eine Neutralisation des noch alkalisch reagierenden Kalkes in der Innenschicht bewirken, bevor der Gerbstoff den Kalk erreicht. Vielfach begnügt man sich daher bei der Herstellung von Sohlleder überhaupt damit, das Hautmaterial nach dem Äschern, Enthaaren und Entfleischen gründlich auszuwaschen und auf dem Baum auszustreichen. In neuerer Zeit wird indessen von mancher Seite die Auffassung vertreten, daß auch das für Sohlleder bestimmte Hautmaterial vor der Gerbung zweckmäßiger restlos entkälkt werden sollte. Für Riemenleder, Blankleder usw. wird bereits eine wesentlich weitgehendere Kalkentfernung angestrebt und für Oberleder und Feinleder, insbesondere solche Lederarten mit besonders ausgeprägter Zügigkeit wie Handschuhleder ist eine möglichst restlose Entfernung des Kalkes unbedingt erforderlich. Für solche Ober- und Feinleder, für deren Gerbung pflanzliche Gerbstoffe verwendet werden sollen, ist eine vollständige Entfernung des Kalkes schon deshalb nötig, weil die sich bildenden, dunkel gefärbten Kalk-Gerbstoff-Verbindungen die Beschaffenheit des Leders sowohl hinsichtlich Färbung wie auch hinsichtlich Weichheit und Geschmeidigkeit ungünstig beeinflussen. Bei der Chromgerbung wird ebenfalls normalerweise zum mindesten im Pickel eine restlose Entkälkung angestrebt, da durch den Kalk infolge Erhöhung der Basizität der Chromsalze in der Haut Narbenzug erhalten und infolge stärkerer, oft ungleichmäßiger Chromsalzabscheidung insbesondere in den Außenschichten des Leders eine gewisse Brüchigkeit des Leders und unter Umständen die Entstehung von Chromflecken verursacht wird. Bisweilen wird indessen auch bei der Chromgerbung so gearbeitet, daß nur die Außenschichten restlos entkälkt werden, die Innenschichten dagegen bei der Gerbung noch einen gewissen Kalkgehalt aufweisen, wobei als Vorteil angeführt wird, daß durch die noch alkalische Mittelschicht eine gewisse Fällung im Innern des Leders unter Bildung hochbasischer Chromsalze erfolgt, während die völlig entkälkten Außenschichten wesentlich saurer gegerbt werden und damit die angeführten Nachteile bezüglich Aussehens und Beschaffenheit des fertigen Leders bei Gerbung von auch in der Narbenschicht kalkhaltigen Blößen vermieden werden [E. Stiasny (*1*), S. 271].

Von der Art der gewünschten Entkälkung, d. h. davon, ob die überhaupt oder vor dem Beizprozeß vorgenommene Entkälkung nur oberflächlich oder eine vollständige sein soll und ferner von der Art der gewünschten Beeinflussung des Schwellungszustandes der Haut hängt auch die Auswahl der verwendeten Entkälkungsmittel ab. Über die Wirkungsweise der einzelnen Entkälkungsmittel sind in den vorhergehenden Abschnitten eingehende Angaben gemacht worden, so daß in diesem Zusammenhang auf die dort gemachten Ausführungen verwiesen werden kann. Behandelt werden müssen indessen in diesem Zusammenhang noch die in der Praxis des Entkälkens vielfach verwendeten Kombinationen verschiedener Entkälkungsmittel. So werden vielfach Ammonsalze und Säuren derart kombiniert, daß dem zunächst nur die Ammonsalze enthaltenden Entkälkungsbad allmählich die Säure zugesetzt wird, um das sich beim Entkälken bildende Ammoniak wieder in Ammonsalze zu verwandeln. Das Verfahren hat den Vorteil, mit einer verhältnismäßig geringen Ammonsalzmenge doch einen Verlauf des Entkälkens wie unter ausschließlicher Verwendung von Ammoniumsalzen zu bewirken und so bei entsprechender Auswahl der Säure billiger zu arbeiten als bei ausschließlicher Verwendung größerer Ammonsalzmengen. In gleicher Weise ist auch die Verwendung eines Gemisches von Ammoniumlactat und Milchsäureanhydrid empfohlen worden (D.R.P. 234584). Ähnliche Verhältnisse liegen bei Kombination von Säuren der beiden verschiedenen Gruppen von Entkälkungssäuren vor. Wird z. B. die Entkälkung mit Borsäure begonnen und dann langsam Salzsäure oder Ameisensäure oder Milchsäure usw. zugesetzt, so wird das zunächst gebildete Calciumborat immer wieder unter erneuter Freisetzung der Borsäure zersetzt, die dann ihrerseits wieder für die weitere Entkälkung zur Verfügung steht. Solche Gemische sollen insbesondere im Hinblick auf eine zarte Narbenbildung zu sehr günstigen Ergebnissen geführt haben, wobei einmal im Vergleich mit der Entkälkung unter ausschließlicher Verwendung von Borsäure eine wesentliche Verbilligung erreicht, der Verlauf der Entkälkung beschleunigt wird und insbesondere auch der sich durch die geringe Löslichkeit des Calciumborats ergebende Nachteil vermieden wird. Ähnliche Verhältnisse liegen auch dem Vorschlag zugrunde, bei der Bisulfitentkälkung nach Beendigung der Bisulfiteinwirkung dem Entkälkungsbad vorsichtig Salzsäure zuzusetzen (E. Giusiana). In diesem Zusammenhang sei weiter ein von H. R. Procter (S. 210) vorgeschlagenes Verfahren erwähnt, Metabisulfit, Ammonsalze und Mineralsäuren (Schwefelsäure) kombiniert zur Entkälkung zu verwenden. Dabei neutralisiert das Bisulfit einerseits einen Teil des Kalkes, andererseits das bei der Ammonsalzentkälkung entstehende Ammoniak. Durch die Schwefelsäure werden aus den gebildeten Sulfiten die Bisulfite, bzw. die schweflige Säure teilweise wieder zurückgewonnen. Das Verfahren wird insbesondere für alle die Lederarten empfohlen, wo eine vollständige Entkälkung ohne stärkere Verminderung des Prallheitszustandes angestrebt wird.

Über die anzuwendenden Mengen an Entkälkungsmitteln lassen sich allgemeine Angaben nur schwer machen, da die erforderlichen Zusätze einmal von der Vorgeschichte des Blößenmaterials, insbesondere der Art und Durchführung der Haarlockerungsmethode und damit dem tatsächlichen Gehalt an Kalk und an sonstigen, Säure beim Entkälkungsprozeß verbrauchenden Äscherchemikalien und andererseits von der Art der Durchführung des Entkälkungsprozesses und der durch vorheriges Spülen, Streichen usw. bedingten Beeinflussung des Gehalts der Blößen an Kalk und anderen Chemikalien und schließlich natürlich weitgehend auch von der gewünschten Intensität der Entkälkung und damit wieder von den Eigenschaften des herzustellenden Leders hinsichtlich Festigkeit, Geschmeidigkeit, Weichheit usw. abhängig sind. Um die Dosierung zu erleichtern, seien nachfolgend die Säuremengen der verschiedensten Säuren (100%ig) angeführt, die für die Neutralisation von 1 kg Kalk (CaO) erforderlich sind:

| | | | |
|---|---|---|---|
| 1,30 kg | Salzsäure | 3,14 kg | Buttersäure |
| 1,75 „ | Schwefelsäure | 2,21 „ | Borsäure |
| 1,64 „ | Ameisensäure | 3,71 „ | Natriumbisulfit |
| 2,14 „ | Essigsäure | 1,91 „ | Ammoniumchlorid |
| 3,21 „ | Milchsäure | 2,35 „ | Ammoniumsulfat |

Aus dem tatsächlichen Gehalt der verwendeten Säuren und dem Kalkgehalt der zu entkälkenden Blößen kann unter Zugrundelegung der angeführten Zahlen die für die Neutralisation des Kalkes erforderliche Menge an Entkälkungsmittel berechnet werden. Es muß dabei natürlich weiter berücksichtigt werden, daß von den meisten Entkälkungsmitteln ein gewisser Überschuß angewendet werden muß, und daß unter Umständen außer dem Kalk auch andere alkalisch reagierende Äschermittel in der Blöße vorhanden sind. Schließlich muß auch der Härtegrad des verwendeten Wassers mit berücksichtigt werden, da insbesondere durch die vorübergehende Härte eine gewisse Säuremenge gebunden wird. E. Pilz teilte in neuerer Zeit ein diesbezügliches Beispiel aus der Praxis mit, wo ein starkes Narbenplatzen bei Boxcalf insbesondere auf die Nichtbeachtung der vorübergehenden Härte des Betriebswassers zurückzuführen war. Die zum Entkälken verwendete Säure und ebenso ein Teil der Pickelsäure war durch die Härtebildner des Wassers völlig neutralisiert worden, so daß die Felle ungenügend entkälkt und ungenügend gepickelt in die Gerbung kamen und infolgedessen eine starke Übergerbung des Narbens erfolgte. Die endgültige Dosierung der Entkälkungsmittel erfolgt daher zweckmäßig unter periodischer Kontrolle des Hautmaterials während des Entkälkens mittels Indikatoren (siehe S. 199). Auf alle Fälle ist beim Entkälken durch zweckentsprechende Dosierung des Entkälkungsmittels im Interesse der nachfolgenden Gerbung und der Beschaffenheit des fertigen Leders hinsichtlich Narbenbildung, Elastizität, Weichheit und Geschmeidigkeit dafür Sorge zu tragen, daß eine stärkere Säureschwellung des Hautmaterials beim Entkälken vermieden wird.

Die Ausnutzung der Entkälkungssäure für die Entkälkung und damit die anzuwendende Menge an Entkälkungsmittel wird wesentlich auch durch das Verhältnis von Blößenmaterial zu Flüssigkeitsmenge beeinflußt. Da ganz allgemein der osmotische Druck der in die Haut hineindiffundierenden Säure in verdünnterer Lösung kleiner ist als in konzentrierterer und die Diffusion entsprechend unabhängig von der Anfangskonzentration stets bei der gleichen Säurekonzentration des Bades zum Stillstand kommt, wird die Entkälkungssäure um so besser ausgenutzt, je kleiner die Flüssigkeitsmenge des Entkälkungsbades ist [A. Küntzel und R. Biedermann (*1*)].

Der zeitliche Verlauf der Entkälkung ist außer von der Art des verwendeten Entkälkungsmittels von einer Reihe weiterer Faktoren abhängig. Einmal übt die Dichte des Fasergefüges, wie zu erwarten, einen gewissen Einfluß auf die beim Entkälken sich abspielenden Diffusionsvorgänge aus. Je größer die Faserzwischenräume von Natur aus oder durch Auflockerung des Fasergefüges während der Haarlockerungsprozesse sind, um so rascher kann die Aufnahme des Entkälkungsmittels durch die Haut und die Abgabe der gebildeten Kalksalze an die Entkälkungsflüssigkeit erfolgen und damit der Entkälkungsprozeß verlaufen [A. Küntzel und R. Biedermann (*1*)]. Je dicker die Hautstelle, um so langsamer verläuft die Entkälkung, wobei sich insbesondere bei Verwendung starker Entkälkungsmittel eine Diffusionshemmung infolge Quellung der Außenschichten mit zunehmender Dicke in steigendem Maße in einer unvollständigen Entfernung des Kalkes aus der Haut bemerkbar macht [A. Küntzel und R. Biedermann (*1*)]. Entsprechend ist auch an ein und derselben Haut an den verschiedenen Hautstellen ein unterschiedlicher Verlauf der Entkälkung je nach Dicke und Dichte des Fasergefüges zu erwarten.

Der zeitliche Verlauf der Entkälkung ist weiter von der Art der Durchführung des Entkälkungsvorganges abhängig. Bei gewissen Lederarten, insbesondere bei Sohlleder, wird das Hautmaterial in das Entkälkungsbad eingehängt und darin in ruhendem Zustand belassen, bis der gewünschte Grad der Entkälkung erreicht wird. Durch gleichzeitige Bewegung des Hautmaterials während des Entkälkens wird erwartungsgemäß der Verlauf der Entkälkung beschleunigt, da durch die Bewegung sowohl das Eindringen des Entkälkungsmittels in die Haut wie auch die Diffusion der Kalksalze aus der Haut gefördert wird. Insbesondere wird aber durch die Bewegung der an die eigentliche Neutralisation sich anschließende Auswaschprozeß wesentlich befördert. Praktisch erfolgt die Bewegung im Faß oder Haspelgeschirr, wobei auf eine Schonung des Hautmaterials, insbesondere der abfälligen Teile, besonders geachtet werden muß. Aus diesem Grunde wird in der Praxis vielfach dem Haspel vor dem Walkfaß ein Vorzug eingeräumt. Die Geschwindigkeit der Umdrehung soll aus dem gleichen Grund insbesondere beim Faß möglichst niedrig gehalten werden.

Der Verlauf der Entkälkung wird wesentlich beschleunigt und gleichzeitig auch die erforderliche Menge an Entkälkungsmittel erheblich herabgesetzt, wenn man das Hautmaterial vor dem eigentlichen Entkälken gründlich spült. Man arbeitet zweckmäßig so, daß man das Hautmaterial vor dem eigentlichen Entkälken zunächst $^1/_2$ bis $^3/_4$ Stunden in ab- und zufließendem, eventuell auch, um einen gewissen Verfall des Hautmaterials zu erreichen, in etwas angewärmtem Wasser gründlich spült und dann entkälkt, wobei alle Entkälkungsmittel, die eine stärkere Quellung des Hautmaterials verursachen, portionsweise zugesetzt werden müssen. Zur Erzielung einer genügenden Entfernung der Kalksalze muß anschließend an diesen Neutralisationsvorgang wieder ein gründliches Auswaschen insbesondere mit fließendem Wasser vorgenommen werden. Man spült meist mit zu- und abfließendem Wasser nochmals $^1/_4$ bis $^1/_2$ Stunde, um alle Kalksalze und etwa im Hautmaterial noch vorhandenen Überschuß an Entkälkungsmittel möglichst weitgehend zu entfernen.

Besonders gesteigerte Temperaturen sind für den Entkälkungsvorgang nicht erforderlich, eine gewisse Erhöhung der Temperatur ist dagegen zum Verfallen der Blößen vor dem eigentlichen Entkälkungsvorgang durchaus zu empfehlen. Allerdings sollen, insbesondere so lange die Blößen stark alkalisch sind, Temperaturen über höchstens 25 bis 30° C vermieden werden.

Auf einem ganz anderen Prinzip beruht das Entkälken mit Zuckerstoffen, das man in der Praxis bisweilen angewendet findet. Wie wir bereits an früherer Stelle zahlenmäßig belegten (vgl. S. 99), wird die Löslichkeit des Calciumhydroxyds in Wasser durch Zusatz von Zucker infolge Bildung von Calciumsaccharaten ganz wesentlich erhöht. So löst eine 2%ige Zuckerlösung etwa sechsmal so viel Kalk wie reines Wasser. Entsprechend werden bisweilen Zucker, Melasse usw. für Entkälkungszwecke verwendet und in früheren Zeiten ist schon Honig für den gleichen Zweck verwendet worden und soll auch heute noch in beschränktem Umfang in manchen Ländern Verwendung finden (A. Gansser, S. 56). Ein Zuckerüberschuß ist natürlich völlig gefahrlos, andererseits wird der gebundene Kalkanteil erwartungsgemäß bei diesem Verfahren nicht bzw. nur in geringem Umfang infolge Gleichgewichtsverschiebung zwischen freiem und gebundenem Kalk mit erfaßt. Gegenüber dem Entkälken mit Wasser hat das Entkälken mit Zuckerlösung also nur den Vorteil eines zeitlich rascheren Ablaufens des Entkälkungsvorganges infolge gesteigerter Löslichkeit des Kalkes im Entkälkungsbad.

Die Betrachtung der Entkälkungsvorgänge kann nicht abgeschlossen werden, bevor nicht noch die Verhältnisse bei der Kleienbeize ihrer geringen praktischen Bedeutung entsprechend nur kurz behandelt wurden. Die Bezeichnung dieses Vorganges als Beize ist irreführend, denn das eingangs dieses Abschnittes angeführte Kriterium einer Beize — Einwirkung proteolytischer Enzyme auf die

Proteine der Haut — ist hierbei nicht vorhanden. Man muß allgemein unterscheiden zwischen saurer und frischer Kleienbeize.

Bei Anstellung der sauren Kleienbeize werden stärkehaltige Stoffe wie Weizenkleie, Gerstenschrot, Stärkesirup usw. mit Wasser übergossen und der Ausguß am besten unter Zusatz alter Beize einige Tage stehengelassen. Dabei wird das Gemisch einem Gärungsprozeß unterworfen (die einzelnen Stadien der Gärung werden bei Behandlung der frischen Kleienbeize besprochen), als deren Endprodukte neben anderem beträchtliche Mengen an organischen Säuren, insbesondere Milchsäure, daneben auch Ameisensäure, Essigsäure usw. gebildet werden. Erst nach Beendigung dieses Gärungsvorganges, dessen Ende an dem Aufhören der Gasentwicklung erkenntlich ist, wird die Beizlösung für die Zwecke des Gerbers verwendet. Die Behandlung des Hautmaterials mit saurer Kleienbeize ist also lediglich ein Entkälkungsprozeß infolge Einwirkung der gebildeten organischen Säuren auf das Hautmaterial, wobei gleichzeitig zunächst ein Verfallen der Blößen und danach, da es sich bei den gebildeten Säuren vorwiegend um starke Entkälkungssäuren handelt, je nach Menge der vorhandenen Säuren eine mehr oder weniger starke Säureschwellung des Hautmaterials eintritt. Für ein Hautmaterial, das keine Säureschwellung erfahren soll, ist daher die saure Kleienbeize ungeeignet. Ohne Zweifel ist der direkten Verwendung von Entkälkungssäuren vor der Anwendung solcher saurer Kleienbeizen der Vorzug zu geben, da im letzteren Falle eine einwandfreie Kontrolle, insbesondere eine exakte Dosierung der angewandten Säuremengen nicht möglich ist und entsprechend stets die Gefahr einer Schädigung des Hautmaterials durch übermäßig starke Säureeinwirkung gegeben ist, zumal die erforderliche Säuremenge nicht portionsweise zugesetzt wird, sondern von vornherein in ihrer Gesamtmenge im Entkälkungsbad vorhanden ist. Die saure Kleienbeize wird entsprechend auch heute nur noch in ganz untergeordnetem Umfange verwendet.

Andersartig ist die Wirkungsweise der frischen Kleienbeize, über deren Verlauf und Wirkungsweise von J. T. Wood [(*1*) S. 185ff.] und von W. Eitner (*1*) eingehende Untersuchungen und Beobachtungen mitgeteilt worden sind. Dabei wird das Hautmaterial in den Aufguß stärkehaltiger Stoffe in Wasser bereits vor dem Einsetzen der Gärungsvorgänge eingebracht. Man arbeitet vielfach so, daß man die Kleie zunächst in kaltem Wasser gründlich wäscht, um Mehl, das unerwünschte saure Gärungserscheinungen verursachen könnte, weitgehend zu entfernen, sie dann zerquetscht, mit Wasser von etwa 30 bis 35° C übergießt und diesen Aufguß nach Einbringen der Blößen stehen läßt. Dabei geht die Stärke durch Einwirkung von Amylase zunächst in Glukose und Dextrin über, die dann unter Bakterieneinwirkung, namentlich durch Bacillus furfuris $\alpha$ und $\beta$ weiter unter Bildung zunächst von Alkohol und dann von Säuren (Milchsäure, Essigsäure, Ameisensäure usw.) und Gasen (Kohlensäure, Wasserstoff, Stickstoff) vergoren werden. Die Hauptwirkung der frischen Kleienbeize ist eine mechanische, indem die sich entwickelnden Gase eine Auflockerung des Fasergefüges bewirken. Hinsichtlich ihrer Einwirkung auf die Haut kommt die frische Kleienbeize derjenigen echter Beizen also insofern nahe, als auch hier eine Auflockerung des Fasergefüges verursacht wird. Diese Auflockerung erfolgt aber im Gegensatz zum eigentlichen Beizvorgang nicht auf enzymatischer, sondern auf dynamischer Grundlage, da durch die Gasentwicklung, die nicht nur in der Beizflüssigkeit, sondern auch in der Blöße selbst stattfindet, das Fasergefüge mechanisch auseinandergetrieben und damit aufgelockert wird [W. Eitner (*1*)]. Eine Säurequellung des Hautmaterials ist bei der frischen Kleienbeize völlig unerwünscht und daher wird die Beizbrühe nur in den ersten Stadien der Gärung ausgenutzt, in denen eine alkoholische Gärung stattfindet, und abgebrochen, bevor die dieser folgende saure Gärung, die, wie wir oben sahen, für die saure Kleienbeize das Wesentliche ist, in stärkerem Maße zur Entwicklung kommt.

Die frische Kleienbeize hat also nur eine mäßig entkälkende, vorwiegend eine auflockernde Wirkung. Sie kommt also nicht als Entkälkungsmittel in Frage, sondern als Ergänzungsbeize für bereits mit Säuren oder saurer Kleienbeize entkälktes Hautmaterial oder wurde vielfach auch im Anschluß an die Kotbeizen verwendet. Durch die sich entwickelnden Gase werden die Felle während der Beize an die Oberfläche der Beizflüssigkeit gehoben und vom Arbeiter, falls die Beizwirkung dann noch nicht genügt, mit Stangen wieder niedergedrückt. Der Prozeß ist bei dünnem Hautmaterial normalerweise nach einmaligem Hochsteigen, bei kräftigeren Häuten und Fellen nach zwei- bis dreimaligem Aufsteigen beendet.

Seit Einführung der künstlichen Beizen hat die frische Kleienbeize sehr an Bedeutung verloren und wird heute nur noch in sehr seltenen Fällen angewandt.

Die Durchführung der frischen Kleienbeize kann mit einer Reihe von Fehlermöglichkeiten verbunden sein. Erwähnt sei zunächst, daß durch zu lange Fortsetzung des Prozesses, bzw. durch zu häufiges Aufsteigenlassen des Hautmaterials infolge zu starker Auflockerung der Erhalt eines schwammigen Leders verursacht sein kann. Ein häufig auftretender Fehler ist das „Pickieren", das sich im Auftreten kleiner, runder, nadelstichähnlicher Löcher, insbesondere auf der Narbenseite und einer starken Verminderung der Festigkeitseigenschaften äußert. Das Entstehen dieses Fehlers wird zumeist auf zu starke bzw. zu schnelle Gasentwicklung innerhalb der Blöße selbst zurückgeführt, wobei das Gas in kleinen Bläschen den Narben gewaltsam durchbricht. Allerdings ist von anderer Seite auch die Auffassung vertreten worden, das Pickieren sei auf stärkere Bakterientätigkeit beim fauligen Umschlag zurückzuführen (siehe unten; F. Merlier). Insbesondere bei Gewittern ist die Gefahr des sogenannten „sauren Umschlagens" der Beize gegeben, wobei infolge abnorm starker Säuregärung eine glasige Säurequellung des Hautfasergefüges verursacht wird und das Hautmaterial bei sehr starkem Auftreten dieses Fehlers schließlich eine völlige Zerstörung erfährt. Durch raschen Kochsalzzusatz kann infolge Pickelwirkung die Zerstörung vermieden werden [J. T. Wood (*1*), S. 186]. Unter ähnlich atmosphärischen Bedingungen tritt bisweilen auch ein „fauliges Umschlagen" ein, wobei die Beizflüssigkeit leicht alkalische Reaktion annimmt, das Hautmaterial stark verfällt und eine intensive Entwicklung proteolytischer Enzyme das Hautmaterial sehr gefährdet.

## 3. Analytische Kontrolle des Verlaufes der Entkälkung.

Der Ablauf des Entkälkungsprozesses erfolgt in verhältnismäßig kurzer Zeit, und für die Kontrolle dieses Vorganges kommen daher für die Praxis nur solche Methoden in Frage, die einen raschen, möglichst momentanen Einblick hinsichtlich des Entkälkungszustandes gewährleisten. Entsprechend scheiden analytische Verfahren wie Kalkbestimmungen usw. aus, da die Durchführung dieser Bestimmungen zumeist längere Zeit als der Entkälkungsprozeß selbst benötigt und das Ergebnis daher auf alle Fälle zu spät kommen würde. Solche Bestimmungen sind nur bei gelegentlicher Kontrolle der prinzipiellen Eignung der verwendeten Entkälkungsmethode am Platze.

Die Kontrolle des Verlaufes der Entkälkung erfolgt in der Praxis im allgemeinen so, daß das zu entkälkende Hautmaterial in gewissen Zeitabständen an einer dicken Hautstelle angeschnitten wird und der frische Schnitt mit einer 1%igen alkoholischen Lösung von Phenolphthalein (Rötung von $p_H = 8{,}3$ aufwärts), bisweilen daneben auch mit Methylrot in 1%iger alkoholischer Lösung (ausgesprochen rot von $p_H = 4,4$ an abwärts) bestrichen wird. Die mit Phenolphthalein noch auftretende Rötung zeigt durch die Dicke der roten Mittelschicht und die Intensität der Rotfärbung den erreichten Grad der Entkälkung an. Ein einwandfrei in seiner ganzen Dicke entkälktes Hautmaterial darf keine Rötung mit Phenolphthalein mehr ergeben, andererseits aber auch keine Rotfärbung mit Methylrot, da dadurch angezeigt würde, daß durch Anwendung eines unzweckmäßig hohen Überschusses an Entkälkungssäure die Gefahr einer unerwünschten Säurequellung besteht. In gleicher Weise können auch Proben des Entkälkungsbades selbst im Reagensglas durch Versetzen mit Phenolphthalein bzw. Methylrot geprüft werden. Eine Rötung mit Phenolphthalein würde zeigen, daß zu wenig Entkälkungsmittel verwendet wurde und entsprechend alkalische Äscherstoffe unneutralisiert aus der Blöße hinausdiffundiert sind; eine Rötung mit Methylrot zeigt an, daß die Entkälkungsflüssigkeit relativ große Säuremengen enthält und entsprechend die Gefahr der Säureschwellung besteht. Wie wir an früherer Stelle sahen (S. 187), gibt indessen bei Verwendung von Puffergemischen eine Gelbfärbung mit Methylrot nicht unbedingt eine Sicherheit dafür, daß keine Säureschwellung des Hautmaterials im Entkälkungsbad auftreten kann.

Besonders betont sei in diesem Zusammenhang, daß durch die Prüfung des Blößenschnittes mit Indikatoren entgegen der häufig anzutreffenden irrigen Ansicht vieler Praktiker kein direktes Urteil über die Gesamtentkälkung abgegeben werden kann, sondern lediglich über den ersten Teilprozeß der Entkälkung, die Neutralisation des alkalischen Kalkes unter Überführung in entsprechende Neutralsalze. Würde man z. B. die Entkälkung mit Schwefelsäure in solchen Konzentrationsverhältnissen vornehmen, daß eine teilweise Abscheidung von unlöslichem Calciumsulfat in der Blöße erfolgt, so würde auch hierbei die Rötung des Hautschnittes mit Phenolphthalein allmählich verschwinden, trotzdem aber ein beträchtlicher Kalkanteil in der Haut verbleiben und zu unliebsamer Versprödung des Narbens und eventueller Fleckenbildung und Farbverschlechterung Veranlassung geben. Es ist also stets zu bedenken, daß eine vollständige bzw. weitgehende Entfernung des Kalkes aus der Blöße neben der Neutralisation des Kalkes weitgehend auch von einer gründlichen Auswaschprozedur nach dieser Neutralisation abhängig ist. Dabei kommt als weiterer, stets zu beachtender Faktor noch hinzu, daß der an Hautsubstanz gebundene Kalkanteil, da er durch die letztere gewissermaßen neutralisiert wird, keine Rötung des Phenolphthaleins zu bewirken vermag und entsprechend wird nur der darüber hinaus aufgenommene ungebundene Kalkanteil bei der Prüfung mit Phenolphthalein überhaupt erfaßt [A. Küntzel und R. Biedermann (*1*)]. Es kann also nicht nachdrücklich genug darauf hingewiesen werden, daß die Prüfung des frischen Hautschnittes mit Indikatoren nur dann ein Maß auch für die Entfernung des Kalkes aus der Haut darstellt, wenn durch Verwendung solcher Entkälkungsmittel, die mit Kalk leichtlösliche Kalksalze liefern und außer dem kapillaren auch den an Hautsubstanz gebundenen Kalkanteil zu entfernen vermögen und wenn durch gründliches Spülen des Hautmaterials mit Wasser nach der eigentlichen Entkälkung Gewähr für eine restlose Entfernung der durch die Neutralisation entstandenen Kalksalze gegeben ist.

## 4. Fehlermöglichkeiten beim Entkälken.

Die bei der Durchführung des Entkälkungsprozesses auftretenden Fehlermöglichkeiten sind in den vorhergehenden Abschnitten an geeigneter Stelle schon eingehend behandelt worden, so daß hier eine kurze Zusammenfassung genügt.

In erster Linie ist naturgemäß beim Entkälken auf eine genügende Entfernung des Kalkes aus der Haut Wert zu legen. Beim Einbringen stark kalkhaltiger, insbesondere in den Außenschichten noch kalkhaltiger und alkalisch gequollener Blößen in pflanzliche Gerbbrühen würde nicht nur eine starke Dunklung der Farbe des Leders und Fleckenbildung infolge Entstehung dunkel gefärbter Kalk-Gerbstoff-Verbindungen auftreten, sondern gleichzeitig würde auch eine gewisse spröde Brüchigkeit insbesondere der empfindlichen Narbenschicht und bei Ober- und Feinleder eine ungünstige Beeinflussung der Weichheit und Geschmeidigkeit des Leders verursacht werden. Bei Chromleder würde infolge starker Erhöhung der Basizität durch den Kalk Narbenzug entstehen, infolge stärkerer Chromabscheidung im Narben Brüchigkeit des Leders verursacht werden und unter Umständen auch eine Art Totgerbung in gewissem Umfange auftreten und ferner würden bei ungleichmäßig entkälktem Blößenmaterial infolge ungleichmäßiger Chromablagerung Chromflecken auf der Narbenseite entstehen. In allen Fällen würde infolge Fixierung eines stärkeren Quellungszustandes des Hautmaterials durch die Gerbung das Leder in seiner äußeren Beschaffenheit, seinem Aussehen und seinen Eigenschaften sehr ungünstig beeinflußt werden.

In diesem Zusammenhang sei auch darauf hingewiesen, daß ähnliche Fehler unter Umständen entstehen können, wenn durch die verwendeten Entkälkungsmittel bzw. eventuell auch die Pickelsäuren der Kalk in schwer löslicher Form in der Haut niedergeschlagen wird (Calciumsulfat, Calciumoxalat). Auch durch solche Einlagerungen zwischen die Fasern der Haut wird die Weichheit und Geschmeidigkeit vermindert, eine gewisse Brüchigkeit insbesondere des Narbens verursacht und namentlich, wenn die Abscheidung in kristallinem Zustand erfolgt, eine verhältnismäßig rauhe Oberflächenbeschaffenheit des Leders verursacht.

Über die zweckmäßigste Intensität der Entkälkung ist an anderer Stelle (vgl. S. 194) eingehend berichtet worden. Während bei Unterlederarten eine restlose Entkälkung nicht erforderlich ist, wird bei Ober- und Feinlederarten in dem Maße, wie Kalk in der Blöße verbleibt, die Weichheit und Geschmeidigkeit des fertigen Leders in ungünstiger Weise beeinflußt. Andererseits muß eine stärkere Säurequellung des Hautmaterials insbesondere bei Ober- und Feinleder unbedingt als unerwünscht vermieden werden, da auch hierdurch die Weichheit und Geschmeidigkeit des zu erzielenden Leders und die Narbenbildung in ungünstiger Weise beeinflußt werden.

Schließlich sei nochmals auf die Verwendung eines möglichst weichen Wassers, das insbesondere keine größeren Mengen an Bicarbonaten und an freier Kohlensäure enthalten sollte, hingewiesen, da andernfalls Kalkschatten und Kalkflecken entstehen können und die Beschaffenheit des fertigen Leders in ungünstiger Weise beeinflussen (vgl. S. 132). Die Carbonathärte bzw. freie Kohlensäure kann entweder durch Säurezusatz entfernt werden oder durch Zugabe von Kalkmilch, wobei allerdings im Hinblick auf den Verwendungszweck ein Überschuß vermieden werden sollte, der Zusatz vielmehr nur so lange erfolgen darf, bis eben Rötung bei Zusatz von Phenolphthalein auftritt. Besonders zu berücksichtigen ist weiter, daß die Bicarbonathärte des Wassers gewisse Mengen an Entkälkungssäuren zu binden vermag, die der eigentlichen Entkälkung verlorengehen. Durch Nichtbeachtung dieser Tatsache können ebenfalls empfindliche Schäden verursacht werden (vgl. S. 196).

Die bei der Kleienbeize möglichen Fehler wurden an anderer Stelle im Zusammenhang behandelt, so daß auf die dortigen Ausführungen verwiesen werden kann (vgl. S. 197ff.).

# II. Das Beizen.

Nach den bereits an früherer Stelle getroffenen prinzipiellen Definitionen und Unterteilungen ist unter dem Beizprozeß im Rahmen der Wasserwerkstattarbeiten ein Vorgang zu verstehen, der auf der Einwirkung proteolytisch wirkender Enzyme auf die Proteine der Haut beruht und dem in erster Linie die Aufgabe zufällt, bei der Herstellung solcher Lederarten, bei denen eine gewisse Weichheit und Geschmeidigkeit verlangt wird, eine diesen Eigenschaften entsprechende Auflockerung des Hautfasergefüges zu bewirken. Um eine Kenntnis der Vorgänge dieses Beizprozesses und des heutigen Standes unseres Wissens um das Wesen dieser Vorgänge zu vermitteln, ist es erforderlich, zunächst die Beschaffenheit und Vorgeschichte der verschiedenen natürlichen oder künstlichen Beizstoffe des Gerbers zu besprechen, die Wirkungsweise der Beizen auf die verschiedenen Bestandteile der Haut zu diskutieren und schließlich Angaben über die praktische Durchführung des Beizprozesses zu machen. Diesen speziellen Betrachtungen des Beizprozesses soll indessen zunächst ein Abschnitt über die Enzyme, insbesondere die hier interessierenden proteolytisch wirksamen Enzyme, ihr Wesen, ihre Unterteilung, ihre Wirkungsweise und die sie beeinflussenden Faktoren vorausgeschickt werden.

## 1. Die Enzyme und ihre Wirkungsweise.

### a) Wesen und Einteilung der Enzyme.

Die meisten Vorgänge des biologischen Ab-, Um- und Aufbaues sind von der Anwesenheit bestimmter „Katalysatoren“, sogenannter „Enzyme“ oder „Fermente“, abhängig, die von der lebenden Zelle des tierischen und pflanzlichen Organismus, also sowohl von höheren Tieren und Pflanzen wie auch von Mikroorganismen (Bakterien, Hefen, Pilzen) erzeugt werden. Enzyme sind also Katalysatoren, die von der lebenden Zelle erzeugt werden.

Unter Katalysatoren verstehen wir ganz allgemein Stoffe, die durch ihre bloße Anwesenheit den Ablauf von Reaktionen beschleunigen, ohne dabei selbst erkennbar verändert oder verbraucht zu werden. Für die Wirkung der wirklichen oder „idealen“ Katalysatoren ist charakteristisch, daß sie lediglich die Erreichung des Gleichgewichts der katalysierten Reaktion beschleunigen, ohne aber das Gleichgewicht als solches zu verschieben und ferner, daß im allgemeinen schon sehr kleine Mengen von ihnen die Umwandlung sehr großer Mengen der umzusetzenden Substanz, des Substrats, zu bewirken vermögen. In vielen Fällen, und insbesondere bei den meisten Katalysen durch Enzyme, liegen die Verhältnisse so, daß die betreffenden Reaktionen in Abwesenheit von Katalysatoren praktisch nicht, d. h. mit unmeßbar geringer Geschwindigkeit ablaufen; in diesen Fällen wird also die Reaktion, praktisch gesprochen, durch die Gegenwart des Katalysators erst ermöglicht oder ausgelöst.

Den so gekennzeichneten „positiven“ Katalysatoren oder Reaktionsbeschleunigern stellt man mitunter als „negative Katalysatoren“ solche Stoffe gegenüber, die durch ihre Anwesenheit den Ablauf einer Reaktion verlangsamen. Besser werden diese letzteren Stoffe als „Hemmungskörper“, „Stabilisatoren“ oder dergleichen bezeichnet; ihre Wirkung beruht in vielen Fällen darauf, daß sie sich mit vorhandenen positiven Katalysatoren zu inaktiven Produkten verbinden und so die Wirkung der positiven Katalysatoren ausschalten (s. S. 216 und 217). Die Enzyme gehören jedenfalls ausschließlich zu den positiven Katalysatoren.

Bei den zahlreichen bekannten anorganischen Katalysatoren handelt es sich zum Teil um verhältnismäßig einfache Stoffe, die ihre Wirkung in Lösung ausüben („homogene Katalyse“, z. B. Esterverseifung durch $H^{\cdot}$- oder $OH'$-Ionen), zum Teil um feste unlösliche Substanzen, an deren Oberfläche die betreffenden Reaktionen zum Ablauf kommen („Grenzflächenkatalyse"; z. B. Übertragung von Wasserstoff durch fein verteiltes Platin; Vereinigung von Stickstoff und Wasserstoff zu Ammoniak an der Oberfläche von gewissen Metalloxyden usw.). Schon Berzelius (1837) hat erkannt, daß die Wirkung der Fermente prinzipiell eine gleichartige ist wie diejenige der genannten anorganischen Katalysatoren. Es war etwa um diese Zeit erkannt worden, daß eine Reihe von Enzymen auch außerhalb des lebenden Organismus bzw. abgetrennt von den Zellen, durch welche sie hervorgebracht wurden, zu wirken vermögen. Dies gilt z. B. für das Pepsin, das eiweißspaltende Ferment des Magensaftes (T. Schwann 1836), für das Emulsin der bitteren Mandeln (J. v. Liebig und H. Wöhler 1837; Robiquet 1838) und die stärkespaltende Diastase (A. Payen und J. Persoz 1833). Man hat aber lange Zeit den von diesen Enzymen bewirkten Reaktionen eine Gruppe anderer Umsetzungen gegenübergestellt, von denen man glaubte, daß ihr Ablauf notwendigerweise an die Anwesenheit lebender Zellen gebunden sei, und man hat die Erreger dieser letzten Reaktionen, als deren wichtigstes Beispiel die alkoholische Gärung betrachtet wurde, als „geformte Fermente" von den löslichen und in Extrakten oder Exkreten anzutreffenden „Enzymen" scharf unterschieden. E. Buchner (1897) hat dann gezeigt, daß auch das Enzymsystem der Gärung (Zymase) von der lebenden Hefezelle abgetrennt werden kann, und seitdem ist es üblich, die Begriffe „Ferment" und „Enzym" als vollkommen gleichbedeutend zu gebrauchen.

Bei Mikroorganismen unterscheiden wir allerdings auch heute noch zwischen den „Ektoenzymen", die von dem betreffenden lebenden Organismus in das umgebende Substrat sezerniert werden, und den „Endoenzymen", die vom lebenden Organismus nicht abgegeben werden, sondern nur in seinem Zellinneren wirksam sind. Diese Unterscheidung besagt aber offenbar etwas ganz anderes als die alte Unterscheidung zwischen Enzymen und geformten Fermenten. Wieder einen anderen Sinn hat die von Willstätter eingeführte Unterscheidung zwischen Lyo- und Desmoenzymen. Lyoenzyme (von λύω, ich löse) sind wasserlöslich bzw. an wasserlösliche Kolloide der Zelle gebunden, Desmoenzyme (von δέσμιω, ich binde) sind wasserunlöslich bzw. an unlösliche Kolloide gebunden. Endoenzyme brauchen durchaus nicht immer Desmoenzyme zu sein; im Gegenteil sind auch diese von der Zelle normalerweise nicht nach außen abgegebenen Enzyme in vielen Fällen im Zellinhalt gelöst, und es ist nur nötig, die Zellmembram mechanisch zu zerstören oder ihre Permeabilität zu erhöhen (z. B. durch Behandlung mit organischen Lösungsmitteln), um die Überführung in zellfreie Lösungen zu erreichen. Aber auch die wirklich wasserunlöslichen Desmoenzyme können in vielen Fällen wasserlöslich gemacht werden, nämlich dann, wenn die wasserunlöslichen Zellkolloide, an denen sie verankert sind, abgebaut und dadurch löslich gemacht werden. Ein solcher Abbau tritt immer ein, wenn nach der Abtötung der Zelle ein ungeregeltes Spiel der vorhandenen Enzyme einsetzt (Autolyse). Die Wirkung der Autolyse kann durch Zusatz von eiweiß-, kohlenhydrat- oder fettspaltenden Enzymen noch unterstützt werden. Sowohl durch Autolyse als auch durch zugesetzte Enzyme können so Desmoenzyme in Lyoenzyme verwandelt, d. h. urpsrünglich unlösliche Enzyme löslich gemacht werden. Die Kenntnis dieser Verhältnisse ist für die Gewinnung von Enzymlösungen sowohl aus Organen wie auch aus Mikroorganismen praktisch wichtig.

Im Gegensatz zu den anorganischen Katalysatoren sind die Enzyme wohl durchweg organische Stoffe. Ihrem Verhalten nach nehmen sie eine Mittelstellung zwischen den in homogenen Systemen wirkenden und den Oberflächenkatalysatoren ein. Denn wenn auch die meisten Enzyme wasserlöslich sind, so bilden sie doch nur kolloidale oder semikolloidale Lösungen, d. h. ihre Teilchen sind in Lösung weit größer als die Moleküle gewöhnlicher organischer Verbindungen. Dementsprechend kann man die Enzymreaktionen in vielen Fällen ebenso gut als Katalysen im homogenen Medium wie auch als Grenzflächenreaktionen, die sich an der Oberfläche der kolloiden Enzymteilchen abspielen, auffassen. Der kolloide Charakter der Enzyme äußert sich auch in ihrer geringen Diffusionsfähigkeit und in ihrer schlechten bzw. fehlenden Dialysierbarkeit; man kann daher die Enzyme durch Dialyse fast in allen Fällen von beigemengten niedermolekularen Stoffen abtrennen. Die Enzyme sind im allgemeinen lyophile Kolloide, ihre Teilchen haben also eine starke Verwandtschaft zum Wasser und sind in wässeriger Lösung stets stark hydratisiert. In organischen Lösungsmitteln sind sie unlöslich, und dementsprechend können sie durch mit Wasser mischbare organische Lösungsmittel aus ihren wässerigen Lösungen ausgefällt werden.

Durch Erhitzen auf Temperaturen oberhalb etwa 60° werden die meisten Enzyme, im Gegensatz zu den meisten anorganischen Katalysatoren, inaktiviert, was vermutlich auf einer irreversiblen Zerstörung ihrer empfindlichen Kolloidstruktur beruht. Die genaue Inaktivierungstemperatur ist im übrigen von Enzym zu Enzym verschieden. Manche Enzymlösungen werden schon bei etwa 40° mit erheblicher Geschwindigkeit inaktiviert, einige wenige halten noch kurzes Erhitzen auf etwas über 90° aus; durch Aufkochen werden dagegen alle Enzyme praktisch vollständig zerstört. Trockenpräparate von Enzymen sind im allgemeinen temperaturbeständiger als Enzymlösungen; sie können zum Teil längere Zeit auf Temperaturen über 100° erhitzt werden, ohne ihre Aktivität vollständig einzubüßen.

Wie die meisten Kolloide können die Enzyme durch Neutralsalze in höherer Konzentration, ferner durch Schwermetallsalze und durch entgegengesetzt geladene Kolloide aus ihren Lösungen ausgefällt werden, wobei insbesondere im letzteren Falle die Mengenverhältnisse zwischen Ferment und fremdem Kolloid von wesentlicher Bedeutung sind, da ein Überschuß jeder der beiden Komponenten den Niederschlag zumeist wieder zu lösen vermag. Diese Fällungseigenschaften können für die Isolierung und Anreicherung der Enzyme Verwendung finden.

Besonders wichtig sowohl für die Wirkung der Enzyme wie auch für ihre Reinigung und Isolierung ist ihre Eigenschaft, an der Oberfläche fester Körper adsorbiert zu werden, und andererseits selbst gelöste Stoffe zu adsorbieren. Der Abbau unlöslicher Substanzen durch Enzyme, z. B. der enzymatische Abbau der Hautsubstanz, geht wohl immer so vor sich, daß das Enzym zunächst an der Oberfläche des unlöslichen Substrates adsorbiert wird und umgekehrt kann man sich die Spaltung niedermolekularer, wasserlöslicher Substrate durch Enzyme so vorstellen, daß das Substrat zunächst an der Oberfläche des Enzymkolloids adsorbiert wird.

Von der leichten Adsorbierbarkeit der Enzyme wird vielfach bei deren Reinigung Gebrauch gemacht. An der Oberfläche fein verteilter fester Körper (Kaolin, Aluminiumhydroxyd, Eisenhydroxyd, Klärerden usw.) oder Niederschläge (z. B. Calciumphosphat, Bleiphosphat, Eiweiß) können die Enzyme in vielen Fällen adsorbiert und in diesem Zustande durch Abfiltrieren oder Abzentrifugieren aus ihren Lösungen abgeschieden werden. Eine Ablösung der Enzyme vom adsorbierenden Stoff („Elution") gelingt in vielen Fällen leicht, z. B. durch Behandeln mit Phosphaten, verdünnter Ammoniaklösung usw. Die Adsorption ist mitunter sehr spezifisch, d. h. ein bestimmtes Adsorptionsmittel adsorbiert z. B. ein Enzym A, aber nicht ein gleichzeitig anwesendes Enzym B, ein anderes Adsorptionsmittel kann sich umgekehrt verhalten und auf diese Weise kann in vielen Fällen eine Trennung von Enzymen aus ihren Gemischen ermöglicht werden.

Die Enzymforschung hat in den letzten Jahrzehnten ein gewaltiges Material zusammengetragen, so daß es hier nur möglich sein kann, einen zusammenfassenden Überblick über den Stand der heutigen Kenntnisse zu geben. Für ein eingehendes Studium muß auf die diesbezüglichen größeren Fachwerke, z. B. von H. v. Euler (*1*), C. Oppenheimer, C. Oppenheimer und R. Kuhn, C. Oppenheimer und L. Pincussen, R. Willstätter, W. Grassmann (*1*), E. Waldschmidt-Leitz (*4*), A. Bertho und W. Grassmann u. a. m. verwiesen werden.

Die chemische Natur der Fermente war trotz ausgedehnter Untersuchungen lange Zeit in ein scheinbar undurchdringliches Dunkel gehüllt, ja es sind sogar zeitweise Zweifel geäußert worden, ob die Enzyme überhaupt stofflicher Natur seien (A. Fodor und L. Frankenthal). Diese Mißerfolge beruhen einmal darauf, daß die Enzyme, die schon in kleinster Menge eine außerordentlich große katalytische Wirkung entfalten, in allen natürlichen Fermentmaterialien nur in verschwindend geringer Konzentration vorkommen und daher im allgemeinen nur durch ihre Wirkungen, nicht aber durch stoffliche Nachweisreaktionen erkannt werden können, und weiterhin auch auf dem Umstand, daß die Enzyme außerordentlich empfindlich sind und als hochmolekulare Substanzen nur außerordentlich schwer kristallisiert erhalten oder in kristallisierte Derivate verwandelt werden können.

Die letzten Jahre haben aber in dieser Richtung entscheidende Fortschritte gebracht. Es ist in mehreren Fällen gelungen, Fermentpräparate in kristallisierter Form zu gewinnen, so bei der Urease, dem Pepsin und dem Trypsin, bei der Lipase und bei der Carboxy-Polypeptidase (vgl. z. B. J. B. Sumner, J. B. Sumner und D. B. Hand, J. H. Northrop und M. Kunitz, E. Bamann und P. Laeverenz, M. L. Anson). Bei diesen kristallisierten Präparaten handelt es sich in allen Fällen um Eiweißkörper, ohne daß bis heute angegeben werden könnte, durch welche Eigenschaften ihres chemischen Aufbaus diese Eiweißkörper sich von anderen, enzymatisch unwirksamen Proteinen unterscheiden bzw. welchen Besonderheiten ihrer Struktur sie ihre spezifische enzymatische Wirkung verdanken.

Durch diese Befunde ist die Frage, ob die Enzyme den Eiweißkörpern angehören, in ein neues Stadium getreten. Während man in früherer Zeit geneigt war, die Enzyme den Eiweißkörpern zuzuzählen, hatte R. Willstätter in seinen ausgedehnten Untersuchungen eine Reihe von hoch gereinigten Enzympräparaten erhalten können, die die gebräuchlichen Reaktionen auf Eiweißkörper nicht oder doch höchstens ganz schwach gaben. Diese Untersuchungen führten aber in ihrer Gesamtheit zu der schon früher gelegentlich vertretenen Auffassung, daß in den Fermenten zusammengesetzte Systeme vorliegen, in denen eine an sich nicht hochmolekulare „aktive Gruppe", die für die Reaktion mit dem Substrat unmittelbar verantwortlich zu sein scheint, an einen „kolloiden Träger" gebunden ist. Untersuchungen der letzten Jahre, die hauptsächlich an den Atmungs- und Gärungsenzymen durchgeführt wurden [O. Warburg und W. Christian, H. v. Euler (*2*), H. Negelein, H. Theorell, O. Lohmann u. a.], haben nun ergeben, daß der „kolloide Träger" tatsächlich bei vielen Fällen ein bestimmter und spezifischer Eiweißkörper ist, während als „aktive Gruppen" gewisse häminartige Farbstoffe (also Verwandte des roten Blutfarbstoffes), ferner die gelben Flavinfarbstoffe sowie nukleotidartige Verbindungen, an deren Aufbau u. a. Nikotinsäureamid und Adenylsäure beteiligt sind, und schließlich das schwefelhaltige Aneurin erkannt worden sind. Sowohl die spezifischen Eiweißkörper („Fermentproteine") wie auch die aktiven Gruppen konnten in vielen Fällen rein dargestellt und zum Teil kristallisiert erhalten werden. Bemerkenswerterweise haben sich die rein dargestellten aktiven Gruppen in mehreren Fällen als identisch bzw. nahe verwandt mit bestimmten Vitaminen erwiesen. Dabei liegen die Verhältnisse in allen Fällen so, daß sowohl die „Fermentproteine" für sich allein, wie auch die „aktive Gruppe“ für sich allein fermentativ unwirksam sind, und daß erst durch ihr Zusammenwirken das katalytisch aktive Fermentsystem entsteht. Damit ergibt sich nun auch eine einfache Deutung der sogenannten Co-Fermente (siehe S. 215). Die in vielen Fällen gemachte Feststellung, daß manche Enzyme in Form inaktiver Vorstufen existieren, die erst durch den Zusatz bestimmter Organ- oder Gewebsauszüge oder dgl. zur Wirkung gebracht werden, bedeutet in den meisten Fällen nichts anderes, als daß im „inaktiven Ferment“ das Fermentprotein, in der aktivierenden Co-Enzymlösung die „aktive Gruppe“ als wirksamer Bestandteil enthalten ist und durch die Vereinigung beider Teile das aktive Fermentsystem gebildet wird.

Von den anorganischen Katalysatoren unterscheiden sich die Enzyme als biologische Katalysatoren prinzipiell durch die für sie charakteristische Spezifität. Für jedes Substrat ist ein darauf spezifisch eingestelltes Enzym erforderlich. Fermente, die z. B. eine Fettspaltung katalytisch zu beeinflussen vermögen, sind auf Proteine oder Kohlenhydrate völlig wirkungslos. Durch $H^{\cdot}$- oder $OH'$-Ionen wird dagegen z. B. ebensowohl die Spaltung von Estern wie von Peptiden oder Glukosiden katalysiert. Die Enzyme sind also einmal in ihrer Wirkung auf ganz bestimmte Stoffgruppen eingestellt, aber darüber hinaus ist auch hinsichtlich der einzelnen Substratgruppen, wie für den Spezialfall der proteolytischen Enzyme noch eingehend zu behandeln sein wird, eine noch feinere Spezifizierung hinsichtlich Größe des zu spaltenden Moleküls, Art der zu spaltenden Bindung, sterischen Molekülbaus usw. vorhanden. So benötigen z. B. die isomeren Disaccharide, Saccharose, Maltose und Lactose für ihre Spaltung je ein spezifisch wirkendes Enzym. E. Fischer hat für diese, für enzymatische Vorgänge erforderliche spezifische Affinität den zutreffenden Vergleich benutzt, Ferment und Substrat müßten zueinander passen wie Schlüssel zum Schloß.

Der Mechanismus der Fermentwirkung, insbesonders die überraschend feine Spezifität der Fermente, kann am besten unter der Annahme verstanden werden, daß zunächst Ferment und Substrat miteinander zu einer Art Molekülverbindung zusammentreten, die sich dann — gegebenenfalls unter dem Einfluß anwesender $H^{\cdot}$- oder $OH'$-Ionen — unter Bildung der Spaltstücke des Substrates und Rückbildung des freien Fermentes zersetzt. Die Zerlegung eines Substrates $S$ in die beiden Spaltstücke $S_1$ und $S_2$ durch ein Enzym $E$ würde also in die beiden folgenden Teilvorgänge aufzulösen sein:

$$1)\ E + S \rightleftarrows (ES), \qquad 2)\ (ES) \rightarrow S_1 + S_2 + E.$$

Das zurückgebildete freie Enzym $E$ kann sich dann erneut mit $S$ umsetzen, bis das ganze Substrat verbraucht ist.

Auf Grund dieser Annahme läßt sich die Kinetik vieler Enzymreaktionen verstehen und quantitativ rechnerisch behandeln. Vor allem wird es dadurch verständlich, daß die Kinetik von Enzymreaktionen außerordentlich wechselnd sein kann und daß wir Reaktionen mit annähernd linearem Verlauf und andere mit ungefähr monomolekularem Reaktionsverlauf sowie alle Übergänge zwischen beiden Gruppen kennen. Die tatsächliche Umsatzgeschwindigkeit wird in jedem Falle bei gegebenen Reaktionsbedingungen, wie Temperatur, Wasserstoffionenkonzentration usw., der jeweiligen Konzentration des „reaktionsvermittelnden Komplexes“ $(ES)$ proportional sein. Nimmt man nun an, daß das Gleichgewicht der Reaktion 1) praktisch ganz nach rechts liegt und sich augenblicklich einstellt, dann folgt, daß immer praktisch das gesamte vorhandene Enzym in Form von $(ES)$ vorliegt. Die Konzentration von $(ES)$ und damit die Umsetzungsgeschwindigkeit ist also proportional der Enzymkonzentration und (solange noch genügend Substrat vorhanden ist) unabhängig von der Substratkonzentration:

linearer Reaktionsverlauf. Wenn dagegen z. B. das Gleichgewicht der Reaktion 1) weit nach links liegt und sich im Verhältnis zur Geschwindigkeit der Reaktion 2) langsam einstellt, dann ist die Nachlieferung von $(ES)$ und damit die Reaktionsgeschwindigkeit auf Grund des Massenwirkungsgesetzes proportional dem Produkt aus Enzym- und Substratkonzentration. Die Umsetzungsgeschwindigkeit bei gegebener und konstanter Enzymmenge wird also dann in jedem Stadium der Reaktion der Konzentration des noch vorhandenen, unverbrauchten Substrates $S$ proportional sein, wie es der monomolekularen Reaktion entspricht.

Die obigen Grundannahmen erklären schließlich die häufig beobachtete Tatsache, daß die Geschwindigkeit einer enzymatischen Spaltungsreaktion durch die Anwesenheit der Spaltstücke verzögert wird. In vielen Fällen wird z. B. der Abbau von Peptiden oder Eiweißkörpern durch Anwesenheit von Aminosäuren in hoher Konzentration stark verzögert. Dies beruht darauf, daß auch die Spaltstücke des Substrates wegen ihrer oft nahen strukturchemischen Ähnlichkeit mit diesem sich gleichfalls mit dem Enzym zu Additionsverbindungen vereinigen können. Neben die Reaktion 1) treten dann noch die weiteren Gleichgewichtsreaktionen

$$1\,a)\; E + S_1 \rightleftarrows (ES_1), \qquad 1\,b)\; E + S_2 \rightleftarrows (ES_2),$$

wodurch ein Teil des Enzyms der Reaktion mit dem Substrat nach Gleichung 1) entzogen wird.

Wenngleich diese Betrachtungsweise in vielen Fällen den Ablauf von Enzymreaktionen in überraschend guter Weise auch quantitativ zu deuten vermag, muß doch darauf hingewiesen werden, daß auch die Auffassung der Enzyme als Oberflächenkatalysatoren unter bestimmten Annahmen zu formal ganz ähnlichen Beziehungen führt. Bei der rechnerischen Behandlung tritt in diesem Falle an Stelle von $E$ der freie, an Stelle von $(ES)$ der durch das adsorbierte Substrat besetzte Teil der Katalysatoroberfläche; die Hemmung durch die Spaltprodukte beruht darauf, daß ein Teil der Katalysatoroberfläche von ihnen blockiert wird und dadurch für die Reaktion verlorengeht usw. Die gute Bewährung der aus den obigen Reaktionsgleichungen abgeleiteten reaktionskinetischen Beziehungen besagt also nichts darüber, ob es sich bei den Enzymreaktionen um Oberflächenreaktionen oder um Katalysen im homogenen Medium handelt.

Da von den Fermenten über ihre chemische Zusammensetzung nur wenig bekannt ist, ihre Wirkungsweise dagegen auf allen Gebieten ein eingehendes Studium erfahren hat, hat man auch diese Gesichtspunkte für die Einteilung des Gesamtgebietes der Enzyme herangezogen und eine Unterteilung unter Zugrundelegung ihrer Spezifität durchgeführt. Zunächst teilen wir die Enzyme ein in die beiden großen Gruppen der hydrolysierenden Enzyme (Hydrolasen) und die an den Oxydations- und Reduktionsprozessen beteiligten Oxydoreduktasen oder auch Desmolasen. Zu den letzteren gehören u. a. die Enzymsysteme der Atmung und der Gärung sowie der Milchsäurebildung, ferner die Peroxydasen, welche die oxydierende Wirkung der Peroxyde beschleunigen, und die Katalasen, die die Zersetzung von Wasserstoffsuperoxyd bewirken.

Unter den Hydrolasen unterscheiden wir als die wichtigsten die folgenden Hauptgruppen:

1. Die Esterasen bewirken die Spaltung der Ester ein- und mehrwertiger Alkohole. Hierher gehören in erster Linie die fettspaltenden Lipasen.

2. Carbohydrasen bewirken die Spaltung der Glukosidbindungen von Glukosiden, Di- und Polysacchariden.

3. Die Proteasen bewirken die Spaltung der Peptidbindungen in den Proteinen und deren Abbauprodukten. Den Proteasen stehen nahe die sogenannten Amidasen, welche die Hydrolyse von Amiden (Harnstoff, Asparagin usw.) unter Abspaltung von Ammoniak bewirken. Gemeinsam ist den Proteasen und den Amidasen die Aufspaltung der Gruppierung —CO—N$\langle$.

Im Hinblick auf den Beizprozeß sind vorwiegend die Proteasen von Interesse, d. h. diejenigen Enzyme, die eine Spaltung der Proteine in einfachere Bausteine zu bewirken vermögen und die nachfolgenden Abschnitte sollen sich daher ausschließlich mit dieser Enzymgruppe befassen.

### b) Unterteilung und Wirkungsweise der proteolytischen Enzyme.

Der Abbau der Proteine unter dem Einfluß proteolytischer Enzyme ist ein vorwiegend hydrolytischer, der durch Spaltung von Peptidbindungen (—CO—NH—) unter Bildung freier Amino- und Carboxylgruppen erfolgt, wobei aus den natürlichen, hochmolekularen Eiweißkörpern mit fortschreitendem Abbau Peptone, Polypeptide, Dipeptide und schließlich Aminosäuren entstehen. Es wurde bereits oben erwähnt, daß die Unterteilung des Gesamtgebietes der Enzyme nach Stoffklassen der Substrate, wie dies oben geschehen ist, der feinen Spezifität der Enzyme noch nicht gerecht wird, sondern darüber hinaus eine noch weitergehende Unterteilung erforderlich ist. Bei den Proteasen müssen zunächst wieder zwei Hauptgruppen unterschieden werden, Proteinasen und Peptidasen, die sich in der Natur zumeist vergesellschaftet finden, von denen aber die ersteren nur die hochmolekularen Eiweißkörper, nicht dagegen die tieferen Abbauprodukte anzugreifen vermögen, während die Enzyme der zweiten Gruppe unwirksam gegenüber den Eiweißstoffen selbst sind und nur die Eiweißabbauprodukte von einer bestimmten Abbaustufe an zu zerlegen vermögen. Damit ist indessen die Spezifität noch nicht erschöpft und man kann das Gebiet der Proteasen insgesamt etwa nach folgendem Schema zergliedern (A. Bertho und W. Grassmann, S. 99):

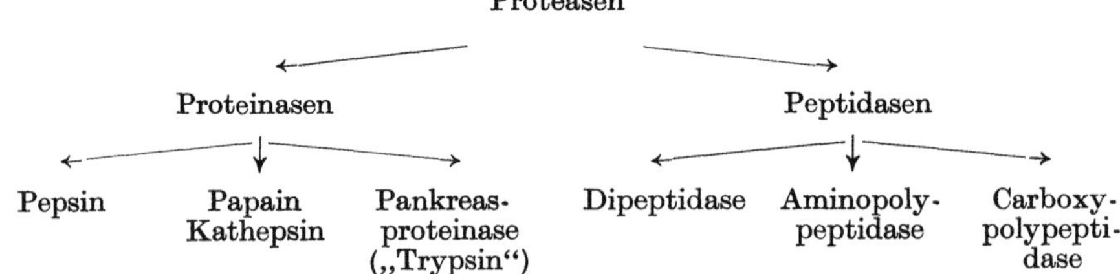


Die Proteinasen leiten den Abbau der Eiweißkörper ein und führen ihn bis zu mittleren Abbaugraden, den Peptonen und eventuell höhermolekularen Polypeptiden fort. Bei den Proteinasen ist eine weitere Unterteilung nach strukturchemischen Unterschieden des Substrats nicht möglich, da unsere Kenntnisse über die chemische Struktur der hochmolekularen genuinen Eiweißkörper, auf die die Proteinasen einzuwirken vermögen, heute für eine solche Unterteilung noch zu mangelhaft sind. Die drei oben angeführten Untergruppen unterscheiden sich vielmehr in ihrer Wirkungsweise, insbesondere durch den $p_H$-Bereich ihrer Wirksamkeit. Das Pepsin ist in stark saurem Gebiet unterhalb $p_H = 4$ wirksam, und zwar vermutlich nur auf kationisch geladene Proteine, die Pankreasproteinase ist entgegengesetzt in schwach alkalischem Gebiet wirksam, und zwar vermutlich auf anionisch geladene Proteine, und das Kathepsin der Tiere bzw. das Papain der Pflanzen schließlich spalten die Proteine bei neutraler oder schwach saurer (isoelektrischer) Reaktion. Die beim Abbau der Eiweißkörper durch Einwirkung der Proteinasen erfolgende Aufspaltung der Peptidbindungen scheint stets in der Mitte der Peptidketten, nicht an einem Ende zu erfolgen, da bei der Einwirkung von Proteinasen bisher stets nur größere Spaltstücke, niemals aber freie Aminosäuren festgestellt wurden. Die verschiedenen oben angeführten Proteinasetypen scheinen die Peptidketten an verschiedener, für das jeweilige Enzym charakteristischer Stelle anzugreifen, ohne daß über die Art und Gesetzmäßigkeit dieser Auswahl bisher etwas bekannt ist.

Es steht heute fest, daß die Wirkung der Proteinasen ebenso wie diejenige der Peptidasen in einer Hydrolyse von —CO—NH—-Bindungen unter Bildung freier Amino- und Carboxylgruppen besteht. Die Wirkung aller eiweißspaltenden Enzyme ist also nach dieser Richtung grundsätzlich einheitlich. Inwieweit daneben insbesondere in den ersten Stadien der Einwirkung auch eine Desaggregierung, also eine Lockerung nebenvalenzmäßiger Bindungen erfolgt, darüber sind die Auffassungen heute noch geteilt (vgl. z. B. E. Waldschmidt-Leitz und G. Künstner, P. Rona und E. Mislowitzer, P. Rona und H. A. Oelkers, M. Frankel, A. Küntzel und O. Dietsche). Von manchen Autoren wird neben der vorwiegenden Hydrolyse insbesondere in den ersten Stadien auch eine gewisse Desaggregierung angenommen, da zumeist in den ersten Stadien der Einwirkung eine Veränderung im physikalischen Verhalten und damit der Molekülgröße der Proteine bei nur geringer Vermehrung des Gehalts an freien Amino- und Carboxylgruppen festgestellt wurde. In anderen Arbeiten wird dagegen eine etwaige desaggregierende Wirkung der Proteinasen auch in den ersten Stadien der Einwirkung höchstens als eine sekundäre und unwesentliche Folge des hydrolytischen Angriffs betrachtet.

In vielen Fällen ist beobachtet worden, daß genuine native Proteine, wie z. B. Albumine und Globuline von Trypsin und von Papain bzw. Kathepsin nicht oder nur sehr schwer angegriffen werden. Das gleiche gilt von der nativen Kollagenfaser (vgl. auch S. 236ff.). In diesen Fällen läßt sich durch Hitzedenaturierung eine Umwandlung in enzymatisch leicht angreifbares Eiweiß bewirken. Die Fermentresistenz faserförmiger nativer Proteine beruht wohl sicher darauf, daß bei ihnen die Peptidketten in feste Kristallgitter eingeordnet, also unbeweglich, weniger reaktionsfähig und dem enzymatischen Angriff nicht oder schwer zugänglich sind. Das Verhalten genuiner Albumine oder Globuline ist schwerer verständlich, es spricht aber manches für die Annahme, daß auch in diesen nativen Eiweißkörpern die Peptidketten nicht frei beweglich, sondern zu geordneten, gitterähnlichen Systemen angeordnet und dadurch an einer Reaktion mit den Enzymen gehindert sind. Wie man sich ein solches geordnetes „Eiweißgitter" etwa vorstellen könnte, zeigt das übrigens zunächst hypothetische Strukturbild von Wrinch.

Dem Pepsin gegenüber tritt die Fermentresistenz nativer Proteine nicht oder nur undeutlich in Erscheinung, vielleicht deshalb, weil bei saurer Reaktion eine Aufweitung der Gitter bzw. eine Zerstörung der geordneten nativen Struktur erfolgt.

Die Peptidasen setzen den Abbau der Proteinasen fort, indem sie die durch diese gebildeten Abbauprodukte mittleren Abbaugrades weiter bis schließlich zu den einfachsten Bausteinen der Proteine, den Aminosäuren, abbauen. Für die Peptidasen ist die Frage der Spezifität an zahlreichen synthetisch gewonnenen und in ihrer Struktur und Konfiguration bekannten Peptidmolekülen wachsender Kettenlänge beobachtet und geklärt worden.

Die Polypeptidasen sind in der Lage, Polypeptide von der Molekülgröße an, wie sie von den Proteinasen beim Abbau der Eiweißstoffe geliefert werden, bis hinab zu den Tripeptiden einschließlich zu spalten, besitzen dagegen nicht die Fähigkeit, einerseits hochmolekulare Eiweißkörper zu spalten und andererseits Dipeptide weiter in Aminosäuren zu zerlegen. Die Polypeptidasen können weiter unterteilt werden in Aminopolypeptidasen und Carboxypolypeptidasen, je nachdem, ob der Angriff vom Aminoende oder vom Carboxylende der Polypeptidketten aus erfolgt.

$$\mathbf{H_2N}\text{—CHR—CO—NH—}\text{CHR}_1\text{—CO—NH—}\text{CHR}_2\text{—CO} \ldots \text{NH—CHR—}\mathbf{COOH}$$

↑ (zwischen CO und NH)

Angriffspunkt der
Amino-Polypeptidasen

$H_2N$—CHR—CO—NH—$CHR_1$—CO ... NH—$CHR_2$—CO—NH—CHR—**COOH**

↑ Angriffspunkt der Carboxypolypeptidasen

Im ersteren Falle darf die endständige Aminogruppe, im zweiten Falle die endständige Carboxylgruppe nicht durch Substituenten blockiert sein, während Substitution am anderen Ende des Substrats den fermentativen Angriff nicht beeinflußt. Andererseits müssen die Aminosäuren an demjenigen Ende der Polypeptidketten, an dem der Angriff erfolgt, der physiologischen l-Reihe angehören. Sind diese Forderungen an das Substrat nicht erfüllt, so unterbleibt der Angriff.

Die Dipeptidasen vermögen nur Dipeptide, keine Polypeptide mit größerer Aminosäurezahl zu spalten. Auch hier ist die fermentative Wirksamkeit an die Forderung gebunden, daß die Dipeptide aus Aminosäuren der natürlichen l-Reihe aufgebaut sind.

Der Vollständigkeit halber sei in diesem Zusammenhang erwähnt, daß die Di- bzw. Polypeptidketten mit eingebauten Aminodicarbonsäuren (Asparaginsäure, Glutaminsäure) nur dann fermentativ durch Di- bzw. Polypeptidasen abspaltbar sind, wenn die peptidartige Verknüpfung dieser Aminodicarbonsäuren im Molekül an der der Aminogruppe benachbarten $\alpha$-Carboxylgruppe erfolgt, und bei den Diaminosäuren (Lysin, Arginin) scheinen, soweit das diesbezüglich bisher vorliegende, noch verhältnismäßig geringe Material schon ein Urteil zuläßt, auch nur die Peptide mit $\alpha$-Verknüpfung innerhalb der Polypeptidkette enzymatisch abspaltbar zu sein. Beim Einbau von Aminodicarbonsäuren und Diaminosäuren im nativen Eiweißmolekül dürften demgemäß, da eine enzymatische Spaltbarkeit tatsächlich vorhanden ist, die Proteinketten selbst ebenfalls nur durch Verknüpfung von in $\alpha$-Stellung benachbarten Carboxyl- und Aminogruppen gebildet und damit unverzweigt sein [vgl. W. Grassmann (*3*)].

```
... HN—CHR—CO—NH—CH—CO—NH—CHR ...
                 |
                 CH2        Glutaminsäure,
                 |          durch α-Carboxyl-
                 CH2        und Aminogruppe
                 |          in Peptidkette ein-
                 COOH       gebaut.
```

Als Peptidasen mit besonderem, in ihrer Spezifität gegenüber den oben behandelten Gruppen wesentlich engerem Wirkungsbereich seien hier noch erwähnt die Prolinase, die endständige Prolinmoleküle aus Polypeptiden zu spalten vermag, und die Protaminase, die die Abspaltung des Arginins am Carboxylende von Protaminen bewirkt.

Die aus den Organen des tierischen Körpers gewonnenen Enzymauszüge (z. B. das aus der Bauchspeicheldrüse gewonnene Rohtrypsin) stellen zumeist Enzymgemische der verschiedenen Gruppen dar, und es ist daher erklärlich, wenn bei der Anwendung solcher Organauszüge etwa zum Beizen die oben dargelegte feinere Spezifität nicht ins Auge fällt, die vorhandenen Enzyme vielmehr scheinbar verschiedenartige Funktionen zu erfüllen vermögen. Durch fraktionierte Adsorption ist indessen eine Trennung dieser einzelnen Gruppen und damit eine Kennzeichnung ihrer spezifischen Wirkungsweise möglich. Es würde den Rahmen dieser Ausführungen überschreiten, auf die verschiedenen Trenungsmethoden, ihre Grundprinzipien und ihre Durchführung näher einzugehen. Das folgende Schema soll lediglich für den Spezialfall des für den Beizprozeß wichtigen Auszugs der Bauchspeicheldrüse schematisch darlegen, wie generell eine solche Trennung möglich ist und wie tatsächlich in diesen Organauszügen Proteasen mit verschiedenstem Wirkungsbereich vergesellschaftet sind, so daß der Gesamtauszug in der Lage ist, den Abbau der genuinen Proteine bis zu den Aminosäuren zu bewirken. Im Hinblick auf den Beizprozeß sei schließlich schon hier erwähnt, daß die Auszüge der Bauchspeicheldrüse außer den Proteasen auch Enzyme anderen Wirkungsbereichs, z. B. fettspaltende Lipasen enthalten (vgl. S. 230 und 233).

Schema der adsorptiven Trennung der verschiedenen Gruppen proteolytischer Enzyme der Pankreasdrüse (aus A. Bertho und W. Grassmann, S. 105).

Roher Pankreasauszug
(Proteinase, Protaminase, Carboxypolypeptidase, Aminopolypeptidase, Prolinase, Dipeptidase)
Adsorption an Tonerde C$\gamma$ bei $p_H = 4$

- Adsorptionsrestlösung: Proteinase + Protaminase + Carboxypolypeptidase
  Adsorption an Tonerde C$\gamma$ bei $p_H = 7{,}0$
  - Ads. Restlösung: Proteinase + Protaminase
  - Elution: Carboxypolypeptidase
- Elution: Aminopolypeptidase + Prolinase + Dipeptidase
  Adsorption an $Fe(OH)_3$ bei $p_H = 4{,}0$
  - Ads. Restlösung: Aminopolypeptidase + Prolinase
  - Elution: Dipeptidase

Nach ihrer Herkunft kann man vier Proteasensysteme unterscheiden:

1. Das peptische Proteasensystem des Magens. Die peptischen Proteasen werden im Magen fast sämtlicher Wirbeltiere erzeugt, ihre Darstellung erfolgt am häufigsten aus der Schleimhaut des Schweinemagens.

2. Das tryptische Proteasensystem der Bauchspeicheldrüse, das, wie wir später sehen werden, im Hinblick auf den Beizprozeß von besonderer Bedeutung ist.

3. Das katheptische Proteasensystem der Körperorgane (Leber, Milz, Niere) und der Gewebe.

4. Das pflanzliche Proteasensystem der höheren und niederen Pflanzen. Hierher gehört insbesondere das Papain, das in wirksamster Form in Milchsaft des tropischen Melonenbaumes (Carica Papaya L.) enthalten ist, ferner die Proteasen der Hefe, die Schimmelpilzproteasen, die durch Bakterien erzeugten Proteasen usw.

Wie bereits oben angeführt, enthalten die meisten dieser Systeme Proteinase, Polypeptidase und Dipeptidase miteinander vergesellschaftet und sind daher in der Lage, im Rahmen einer naturgegebenen Arbeitsteilung native Eiweißkörper bis zu den einfachsten Bausteinen, den Aminosäuren, abzubauen.

Während der Abbau durch die meisten proteolytischen Enzympräparate bei den Aminosäuren stehen bleibt, gilt dies nicht für den bakteriellen Eiweißabbau bzw. für die Eiweißfäulnis. Hier schließen sich der Bildung der Aminosäuren noch eine Reihe von Zersetzungsreaktionen an, die, teils mit, teils ohne die Mithilfe von Luftsauerstoff, zur Bildung von Ammoniak und Aminen sowie von anderen Zersetzungsprodukten führen. Bei der normalen Enzymbeize spielt die Bildung dieser Produkte keine Rolle, wohl aber bei Bakterienbeizen, in alten Äschern und beim Schwitzprozeß. Wir beschränken uns darauf, im folgenden die wichtigsten hierher gehörenden Enzyme und die von ihnen bewirkten Umsetzungen kurz anzuführen:

1. Arginase:

$$\underset{\text{Arginin}}{H_2N{-}CH(COOH){-}CH_2{-}CH_2{-}CH_2{-}NH{-}C({=}NH){-}NH_2} \rightarrow \underset{\text{Ornithin}}{H_2N{-}CH(COOH){-}CH_2{-}CH_2{-}CH_2{-}NH_2} + \underset{\text{Harnstoff}}{CO(NH_2)_2}$$

2. Urease:

$$\underset{\text{Harnstoff}}{CO(NH_2)_2} \xrightarrow{+\,H_2O} 2\,NH_3 + CO_2$$

Ammoniak + Kohlensäure

3. Decarboxylierung:

$$\underset{\text{Ornithin}}{H_2N{-}CH(COOH){-}CH_2{-}CH_2{-}CH_2{-}NH_2} \rightarrow \underset{\text{Cadaverin}}{H_2N{-}CH_2{-}CH_2{-}CH_2{-}CH_2{-}NH_2} + CO_2;$$

$$\underset{\text{Isoleucin}}{H_2N{-}HC(COOH){-}CH(CH_3)(C_2H_5)} \rightarrow \underset{\text{Amylamin}}{CH_2(NH_2){-}CH(CH_3)(C_2H_5)} + CO_2$$

4. Asparaginase:

$$\underset{\text{Asparagin}}{COOH{-}CH(NH_2){-}CH_2{-}CONH_2} \xrightarrow{+\,H_2O} \underset{\text{Asparaginsäure}}{COOH{-}CH(NH_2){-}CH_2{-}COOH} + NH_3$$

5. Aspartase:

$$\underset{\text{Asparaginsäure}}{COOH{-}CH(NH_2){-}CH_2{-}COOH} \rightleftarrows \underset{\text{Fumarsäure}}{COOH{-}CH{=}CH{-}COOH} + NH_3$$

6. Oxydative Desaminierung:

$$\underset{\displaystyle R}{H_2N—\overset{}{CH}—COOH} \xrightarrow{-2H} \underset{\displaystyle R}{HN{=}\overset{}{C}—COOH}$$

$$\swarrow \searrow$$

$$NH_3 + \underset{\displaystyle R}{OC—COOH}$$

$$\swarrow \searrow$$

$$\underset{\displaystyle R}{HCO} + CO_2$$

## c) Faktoren, die die Wirksamkeit der proteolytischen Enzyme beeinflussen.

Die nachfolgenden Abschnitte sollen einen Überblick über die Faktoren geben, die die Wirkungsweise der Proteasen zu beeinflussen vermögen. Wenn dabei unter den möglichen Fermentsystemen insbesondere die Verhältnisse der Pankreasenzyme bevorzugt berücksichtigt werden, so deswegen, weil im Hinblick auf den Beizprozeß ihnen vorwiegend praktische Bedeutung zukommt. Das Pepsin besitzt keinerlei gerbereitechnische Bedeutung, da man zur Einhaltung des für Pepsin optimalen $p_H$-Bereichs von 1,7 bis 2 stark saure Beizbäder verwenden müßte und andererseits Pepsin Kollagen stark angreift, ohne den Blößen die beim Beizen erwünschten Eigenschaften zu erteilen [E. Stiasny (*2*)] und Papain und Kathepsin sind bisher nur theoretisch in gewissen Grenzen von Interesse. Aus dem gleichen Grunde der Anlehnung an die Praxis des Beizprozesses werden von den Substraten vorwiegend die Proteine der Haut, in erster Linie das Kollagen, berücksichtigt werden.

**Temperatur.** Es ist schon oben darauf hingewiesen worden (vgl. S. 204), daß die Enzyme bei höheren Temperaturen, meist oberhalb 60°, in wässerigen Lösungen rasch zerstört, also inaktiviert werden. Diese Zerstörung kann schon bei tieferen Temperaturen erheblichen Umfang annehmen, namentlich bei langen Versuchszeiten. Andererseits nimmt die Geschwindigkeit der durch die Enzyme ausgelösten Reaktionen als solche mit steigender Temperatur zu, wobei der Temperaturkoeffizient gewöhnlich ein annähernd normaler ist. Durch Steigerung der Temperatur wird also die Geschwindigkeit der enzymatischen Umsetzungen zunächst zunehmen, bis man in dasjenige Bereich kommt, wo die Hitzezerstörung des Enzyms beginnt, und schließlich wird man ein Temperaturoptimum antreffen bei derjenigen Temperatur, bei der der Einfluß der Enzymzerstörung eben über den Einfluß der Temperatursteigerung auf die Erhöhung der Reaktionsgeschwindigkeit zu überwiegen beginnt. Aus dem Gesagten ergibt sich, daß das „Temperaturoptimum" der enzymatischen Wirksamkeit keine konstante und charakteristische Größe eines Enzyms sein kann. Man wird z. B. unter sonst gleichen Bedingungen bei kurzen Versuchszeiten und großen Enzymmengen ein höheres Optimum finden, als wenn man mit kleinen Enzymmengen und entsprechend längeren Zeiten arbeitet, weil im letzten Falle die Zerstörung des Enzyms viel stärker und schon bei tieferen Temperaturen ins Gewicht fällt.

Für den Abbau von Spaltkollagen durch Pankreatin fanden F. Stather und H. Machon (*1*) unter bestimmten Bedingungen ein Temperaturoptimum von etwas über 50° (Abb. 57) und bei Erhöhung der Enzymmenge wurde das Optimum erwartungsgemäß zu höheren Temperaturen verschoben. Diese Befunde sind neuerlich von J. Nabholz bestätigt worden, der bei seinen Versuchsreihen unter den von ihm gewählten Bedingungen eine maximale Wirksamkeit von Pankreatin auf den Abbau von geschrumpften Kollagenfasern bei einer Temperatur von etwa 50° C feststellte; unterhalb von etwa 30 bis 35° C und oberhalb von etwa 60 bis 65° C nahm die Wirksamkeit der Beize rasch ab. Wenn A. Küntzel und O. Dietsche bei entsprechenden Untersuchungen ein solches Temperaturoptimum nicht feststellen konnten, so ist dies daher vermutlich darauf zurückzuführen, daß sie ein außerordentlich großes Verhältnis von wirksamer Enzymmenge zu abbaufähigem Kollagen anwandten [F. Stather und H. Machon (*1*)].

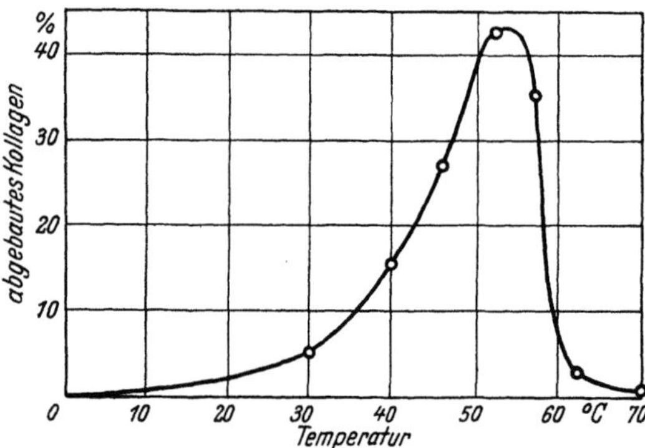


Abb. 57. Einfluß der Temperatur auf den Abbau von Kollagen durch Pankreation (3g Trockenkollagen; 50 ccm einer 0,05 %igen Enzymlösung von $p_H$ = 8,0; 2½ Stunde) [F. Stather und H. Machon (*1*)].

Die optimale Temperatur ist ferner vom $p_H$-Wert und von Art und Menge der gleichzeitig vorhandenen Neutralsalze abhängig. Wesentlich ist auch die Art des Substrates. So zeigte H. B. Merrill (*1*), daß die Hydrolyse des Kollagens durch Enzyme in viel stärkerem Maße von der Temperatur beeinflußt wird als z. B. die der Keratosen, und weist in Auswertung dieses Befundes darauf hin, daß es in dem Maße, wie bei Durchführung des Beizprozesses auf eine Erhaltung der Kollagensubstanz Wert gelegt wird, empfehlenswert ist, das Beizen bei niederen Temperaturen unter entsprechender Erhöhung der Beizdauer durchzuführen.

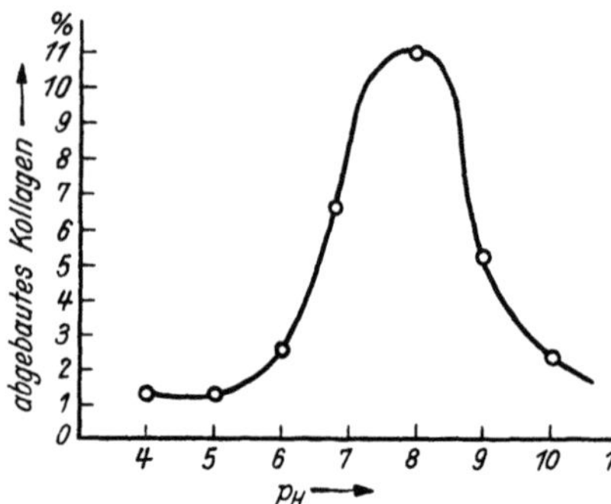


Abb. 58. Einfluß des $p_H$-Wertes auf den Abbau von Kollagen durch ein Enzymgemisch aus Fischeingeweiden (Konzentration 0,02%; Einwirkungsdauer 2½ Stunden; Temperatur 40° C) [F. Stather und H. Machon (*2*)].

**$p_H$-Wert.** Der Verlauf enzymatischer Vorgänge ist weitgehend von den jeweiligen Aziditäts- bzw. Alkalitätsbedingungen abhängig und zwar ist hierbei nicht oder nur in ganz untergeordnetem Maße die Gesamtazidität bzw. -alkalität von Bedeutung als vielmehr vorwiegend die tatsächliche Wasserstoff- bzw. Hydroxylionenkonzentration, also der $p_H$-Wert des Mediums. Nur innerhalb eines bestimmten $p_H$-Intervalls, das für jede Enzymart charakteristisch ist, sind die Fermente wirksam. Innerhalb dieses Intervalls steigt die Wirksamkeit, wie Abb. 58 zeigt, mit zunehmendem $p_H$-Wert zunächst an, erreicht schließlich ihren Optimalwert, um dann mit weiter steigendem $p_H$-Wert wieder abzunehmen. Der für jede Enzymart spezifische $p_H$-Wert der optimalen Wirksamkeit liegt für Pepsin bei etwa $p_H = 1,7$ bis 2,0, für tryptische Proteasen zwischen etwa 7,5 bis 8,5 und für das katheptische Proteasensystem und das pflanzliche Proteasensystem zwischen etwa 5 und 7.

Der $p_H$-Einfluß kann sich entweder auf das Ferment als solches auswirken und dessen Wirksamkeit durch Dissoziation, sterische Umlagerungen usw. verändern, er kann aber andererseits auch, eine Änderung der elektrochemischen und eventuell sterischen Eigenschaften des Substrats bewirken.

In gewissen Grenzen ist der optimale $p_H$-Bereich auch von der Beschaffenheit und den Eigenschaften des Substrats abhängig. So wurde bei der Einwirkung der Pankreaenzyme auf Keratosen, d. h. die aus Keratinen durch mäßige Hydrolyse gewonnenen, noch durch Säuren fällbaren Abbauprodukte eine optimale Wirksamkeit bei etwa $p_H$ 8 gefunden [J. A. Wilson und H. B. Merrill (*1*)]. Auch in bezug auf Kollagen liegt das Optimum der Wirksamkeit der Pankreasenzyme im $p_H$-Bereich von 7,5 bis 8,5, aber der Übergang ist hier nach den beiden Seiten hin kein so schroffer, wie er im ersten Falle bei Keratosen festgestellt wurde, sondern ein viel allmählicher, so daß eine viel breitere Zone der Wirksamkeit vorhanden ist [E. Stiasny (*2*); vgl. auch A. Küntzel und B. Pototschnig (*2*)]. Auch F. Stather und H. Machon (*2*) fanden bei ihren Untersuchungen mit Enzymen aus Fischeingeweiden gegenüber Kollagen ebenfalls einen optimalen $p_H$-Wert von etwa 8 (Abb. 58). J. Nabholz hat bei neutralsalzhaltigen Enzympräparaten gegenüber Kollagenfasern ebenfalls ähnliche Werte erhalten, bei salzfreien Enzympräparaten allerdings niedrigere Werte, etwa zwischen 6 und 6,5, festgestellt. A. Küntzel und O. Dietsche haben schließlich bei gleichzeitiger Einwirkung von Kalk, Ammonsulfat und Pankreatin auf Kollagen festgestellt, daß innerhalb des normalen $p_H$-Bereichs, in dem die Beize durchgeführt wird, der Einfluß des $p_H$-Wertes auf die enzymatische Wirksamkeit gegenüber dem Einfluß unterschiedlichen Quellungszustandes des Substrats wesentlich zurücksteht, eine Feststellung, die bei der oben gemachten Angabe einer verhältnismäßig breiten Zone optimaler Wirksamkeit tryptischer Enzyme auf Kollagen durchaus verständlich erscheint.

**Enzymmenge.** Der Einfluß der Enzymmenge auf den Verlauf des enzymatischen Angriffes tryptischer Fermente auf Kollagen ist mehrfach untersucht worden [A. Küntzel und O. Dietsche, F. Stather und H. Machon (*2*), J. Nabholz]. Danach ist der Abbau von Kollagen, der zu einem Inlösunggehen von Stickstoffsubstanzen führt, erst von einer gewissen Mindestmenge an Ferment an festzustellen und andererseits konnte bei starker Erhöhung der angewandten Enzymmengen schließlich eine gewisse Sättigung erreicht werden. Wie an anderer Stelle noch eingehend zu besprechen sein wird (vgl. S. 243), ist der fermentative Abbau bei einem Überschuß an Ferment nicht so sehr von der angewandten Fermentmenge als solcher als vielmehr von der vorhandenen Fermentkonzentration abhängig (M. Bergmann und F. Föhr).

**Aktivatoren.** Aktivatoren sind ganz allgemein Substanzen, die an und für sich keine katalytische Wirkung auf einen bestimmten Vorgang auszuüben vermögen, die aber die fermentative Katalyse in ihrer Intensität verstärken. Als „Co-Enzyme" oder „Co-Fermente" bezeichnet man solche Aktivatoren dann, wenn es sich um spezifisch wirkende, nicht durch andere Stoffe ersetzbare und auch für die Wirkung eines Enzyms physiologisch bedeutsame „natürliche Aktivatoren" handelt, ohne deren Anwesenheit das betreffende Enzym auf ein bestimmtes Substrat nicht einzuwirken vermag. Diese Bezeichnung ist vor allem dann gerechtfertigt, wenn nachgewiesen werden kann, daß das „Co-Enzym" mit dem für sich allein unwirksamen „Pro-Ferment" („Zymogene", „Apo-Enzym") sich zu dem katalytisch wirksamen „Voll-Enzym" („Holo-Enzym") vereinigt (vgl. auch S. 206).

Apo-Enzym + Co-Enzym → **Holo**-Enzym

Als typisches Beispiel der Enzymaktivierung sei hier zunächst die Pankreasproteinase angeführt, die in der Pankreasdrüse und damit auch in frischen

Pankreasauszügen in inaktiver Form vorhanden ist und daher zur Spaltung höhermolekularer Proteine, wie Kollagen, Gelatine, Casein usw. nur in geringem Maße in der Lage ist. Erst durch gleichzeitige Anwesenheit des für sie spezifischen Aktivators, der „Enterokinase", eines in der Darmschleimhaut vorkommenden, stark thermolabilen Stoffes, kann ihre Wirkung in starkem Maße aktiviert werden. Dabei sei besonders betont, daß die Wirkung der Enterokinase sich vornehmlich auf die im Pankreasauszug befindliche Proteinase und in gewissem Umfange auch auf die Carboxypolypeptidase erstreckt, während die zugehörigen übrigen Peptidasen dieses Proteasensystems auch ohne Aktivierung wirksam sind. Zur Klärung der Wirkung der Enterokinase ist die Auffassung vertreten worden, daß zwischen dieser und der Pankreasproteinase eine Bindung unter stöchiometrischen Verhältnissen und unter Bildung des eigentlich wirksamen, aktiven Systems stattfindet [E. Waldschmidt-Leitz (*1*)]. Demgegenüber kommen H. Dyckerhoff, H. Miehler und V. Tadsen zu dem Ergebnis, daß die Pankreasproteinase bereits von sich aus aktiv sei, in ihrer Wirkung aber durch Hemmungskörper behindert würde und daß die Enterokinase nicht mit dem Enzym selbst, sondern mit diesen Hemmungskörpern reagiere bzw. den Komplex, den die an und für sich aktive Pankreasproteinase mit den Hemmungskörpern bilde, aufhebe und daß so die hemmende Wirkung vernichtet würde. Interessant ist in diesem Zusammenhang weiter, daß gealterte Auszüge der Bauchspeicheldrüse auch ohne Enterokinasezusatz eine beträchtliche Wirksamkeit der darin enthaltenen Proteinase zeigen. Man hat hierfür teils eine Enterokinasebildung durch Selbstverdauung der Pankreassubstanz, teils eine Zerstörung von Hemmungskörpern verantwortlich gemacht, einwandfrei geklärt ist indessen dieser Vorgang noch nicht. Erwähnt sei schließlich, daß auch Calciumsalze eine Aktivierung der Pankreasenzyme zu bewirken vermögen, eine Feststellung, die für den Verlauf des Beizprozesses, bei dem ja meist von der Entkälkung her gewisse Calciumsalzmengen vorhanden sind, von Interesse ist.

Die Proteinase und in geringerem Umfange auch die Carboxypolypeptidase des katheptischen und des pflanzlichen Proteasensystems werden ebenfalls durch geeignete Aktivatoren in ihrer Wirksamkeit verstärkt, und zwar sind für beide Systeme die gleichen Aktivatoren wirksam. Hier seien in erster Linie Blausäure, Sulfhydrylverbindungen, wie Schwefelwasserstoff und Cystein, Arsentrioxyd, aktiver Wasserstoff usw., erwähnt, also sämtlich reduzierend wirkende Stoffe, die eine mehr oder weniger aktivierende Wirkung insbesondere auf die Proteinasen der beiden Systeme auszuüben vermögen. Während die angeführten Stoffe als „künstliche" Aktivatoren zu bezeichnen sind, denen eine physiologische Funktion nicht zukommt, sind die Enzyme der beiden angeführten Proteasensysteme in der Natur mit „natürlichen Aktivatoren" vergesellschaftet, die man zunächst mangels eingehender Kenntnis dieser Stoffe bei dem pflanzlichen System als Phytokinase, bei dem tierischen als Zookinase bezeichnet hat, bei denen es sich aber nach neueren Arbeiten bei beiden Systemen um den gleichen Stoff und zwar um Glutathion handelt [W. Grassmann, H. Dyckerhoff und O. v. Schoenebeck, E. Waldschmidt-Leitz (*2*), W. Grassmann, O. v. Schoenebeck und H. Eibeler]. Bei dem Glutathion handelt es sich um ein $\gamma$-Glutamyl-Cysteinyl-Glycin, also ein Tripeptid aus Glutaminsäure, Cystein und Glykokoll (W. Grassmann, H. Dyckerhoff und H. Eibeler). Dabei ist eine aktivierende Wirkung nur dann vorhanden, wenn das Cystein tatsächlich in der reduzierten Form vorliegt, nicht dagegen beim Vorhandensein der Cystinform, so daß auch hier wie bei den künstlichen Aktivatoren gefolgert werden kann, daß das Aktivierungsvermögen des Glutathions mit dem Reduktionsvermögen in direkter Beziehung stehen dürfte. Diese Aktivierungsvorgänge sind demgemäß auf eine Aufspaltung bzw. Reduktion von Disulfidbindungen innerhalb des Enzyms (Th. Bersin, Th. Bersin und W. Logemann), in gewissen Fällen eventuell auch des Substrats (E. Maschmann und E. Helmert) zurückgeführt worden. Eventuell sind auch, wie Th. Bersin annimmt, die betreffenden Enzyme selbst Disulfid-Sulfhydryl-Systeme, die in der oxydierten Form inaktiv, in der reduzierten dagegen aktiv sind. Wie dem auch sei, die Tatsache, daß die Wirkung dieser Enzyme vom Redoxypotential derart abhängig sei, daß durch reduzierend wirkende Substanzen eine Aktivierung verursacht wird, findet eine weitere Stütze in der Feststellung von Th. Bersin und W. Logemann, daß umgekehrt Oxydationsmittel wie Brom, Jod, Wasserstoffsuperoxyd usw. diese Fermente inaktivieren, daß aber diese Inaktivierung wenigstens teilweise eine reversible ist und durch Einwirkung von Reduktionsmitteln wieder aufgehoben werden kann. Untergeordnete Bedeutung dürfte diesen Feststellungen gegenüber der Annahme von H. A. Krebs zukommen, die Aktivierung beruhe auf einer Komplexsalzbildung der Aktivatoren mit etwa in den Enzymauszügen vorhandenen, vergiftenden Schwermetallsalzspuren, so daß also das Wesen der Inaktivierung lediglich eine Unschädlichmachung von Hemmungskörpern darstelle [vgl. auch W. Grassmann (*2*), E. Waldschmidt-Leitz (*3*)].

Für die Verhältnisse der Praxis z. B. des Gerbereibetriebes kommen die genannten künstlichen Aktivatoren wie Blausäure und Schwefelwasserstoff ihrer Giftigkeit bzw. ihres üblen Geruches wegen nicht in Frage, M. Bergmann, M. Lissitzin und G. Schuck haben statt dessen andere, ungiftige und wenig riechende Zusätze, insbesondere Bisulfit, bei der Untersuchung der Brauchbarkeit von Papain für Haarlockerungszwecke vorgeschlagen (vgl. S. 129) und in D.R.P. 532398 werden für die Aktivierung pflanzlicher Proteasen Salze der Thiosäuren, in D.R.P. 546145 allgemein sauerstoffhaltige Verbindungen, die Schwefel in 2- oder 4wertiger Form enthalten, wie Sulfite, Hyposulfite usw. empfohlen.

Das System Cystin/Cystein wirkt ebenfalls als Aktivator auf die Trypsinproteinase, nur liegen hier die Verhältnisse umgekehrt als im oben angeführten Falle, Cystin wirkt indifferent oder aktivierend wie Enterokinase, Cystein dagegen hemmend (W. Grassmann, H. Dyckerhoff und O. v. Schoenebeck). A. Küntzel und R. Biedermann (*2*) haben darauf hingewiesen, daß dieser Befund eine Erklärung dafür gibt, daß während der normalen Haarlockerungsvorgänge, bei denen das Cystin des Haarkeratins zu Cystein reduziert wird (vgl. S. 65 und 79), eine gleichzeitige tryptische Beizwirkung nicht erfolgen könne.

**Hemmungskörper.** Die Zahl der chemischen Agenzien, die zu einer Schädigung oder völligen Zerstörung der Fermente Veranlassung geben und entsprechend als Hemmungskörper, eventuell auch als ausgesprochene Fermentgifte anzusprechen sind, ist sehr groß. Erwähnt seien z. B. Alkalien und Säuren in höheren Konzentrationen, Schwermetallsalze, darunter namentlich Quecksilber-, Kupfer- und Zinkverbindungen, Formaldehyd, Phenol usw. Allgemeingültige Angaben über die hemmende Wirkung dieser Agenzien lassen sich indessen nicht machen, da sowohl die Art der schädigenden Stoffe wie auch die zu einer schädigenden Wirkung erforderliche Mindestkonzentration bei den einzelnen Enzymgruppen eine unterschiedliche ist.

Auch die Proteinabbauprodukte können eine Hemmung der Enzymwirkung bewirken, die auf intermediäre Reaktionen zwischen Enzym und Abbauprodukten zurückzuführen ist (vgl. S. 207). Das Ausmaß der Hemmung durch Aminosäuren und andere Eiweißabbauprodukte (Euler, Albers) bei der enzymatischen Eiweiß- oder Peptidspaltung kann je nach der Natur des Substrates und der hemmenden Aminosäure recht verschieden groß sein; im allgemeinen treten aber diese Hemmungen erst bei etwas größeren Konzentrationen der hemmenden

Substanz stärker in Erscheinung, im Gegensatz zu den Hemmungen durch gewisse Schwermetalle, wie z. B. Hg, die mitunter schon bei Konzentrationen von etwa $10^{-7}$ Mol/l erheblich sein können.

**Neutralsalze.** Von wesentlichem Einfluß auf den Ablauf enzymatischer Vorgänge ist schließlich die gleichzeitige Anwesenheit von Neutralsalzen, die je nach Art und Menge des anwesenden Salzes die Enzymwirkung entweder fördern oder hemmen können. Man muß dabei prinzipiell unterscheiden zwischen der Neutralsalzwirkung auf das Ferment einerseits und auf das Substrat andererseits, ohne daß es immer möglich wäre, experimentell einwandfrei diese beiden Möglichkeiten voneinander zu trennen.

Was zunächst die Frage des Einflusses auf das Ferment anbetrifft, so konnte z. B. für die Pankreasamylase gezeigt werden, daß durch Dialyse völlig elektrolytfrei gemachte Fermentauszüge wirkungslos sind. Auch das dabei erhaltene Dialysat für sich besitzt keinerlei enzymatische Wirkung, erst nach Wiedervereinigung der beiden Anteile kehrt die Wirksamkeit der Enzyme wieder zurück. Diese Feststellungen zeigen also, daß für die Fermentwirkung ein gewisser Elektrolytgehalt unentbehrlich sein kann. Darüber hinaus können gewisse Neutralsalze, wie wir bereits sahen (vgl. S. 215ff.), eine ausgesprochen aktivierende Wirkung auf gewisse Enzymgruppen ausüben. Im Hinblick auf den Beizprozeß sei hier nochmals die spezifische Aktivierung der Pankreasproteinase durch Calciumsalze erwähnt, die während des Beizens infolge des vorhergehenden oder gleichzeitigen Entkälkungsvorganges in der Blöße in mehr oder weniger großen Mengen anwesend sind.

Eine eingehende Untersuchung hat die Frage der Wirkung des Neutralsalzzusatzes auf das Proteinsubstrat erfahren, wobei hier im Hinblick auf den Beizprozeß im wesentlichen diejenigen Arbeiten interessieren, die sich mit Kollagen als Substrat befassen. Dabei ist von wesentlichem Interesse der Zusammenhang, der zwischen dem Quellungsvermögen der Neutralsalze einerseits und ihrer beschleunigenden Wirkung auf den enzymatischen Vorgang andererseits besteht. In der Hofmeisterschen Anionenreihe

$$CNS, J, ClO_3, NO_3, Cl, SO_4$$

nimmt die Quellwirkung von links nach rechts ab, die Rhodanide zeigen also die stärkste, die Sulfate die geringste quellende Wirkung, und in der gleichen Richtung vermindert sich auch der fördernde Einfluß der Neutralsalze auf die Enzymwirkung, wobei in Konzentrationsreihen des gleichen Elektrolyten das Maximum der Quellung und die maximale Förderung des enzymatischen Angriffs übereinstimmen (E. Stiasny und W. Ackermann). Bei weiterer Steigerung der Konzentration der Neutralsalze über dieses Maximum hinaus wird die fördernde Wirkung der Neutralsalze wieder vermindert bzw. teilweise überhaupt in eine hemmende verwandelt. So wird die tryptische Wirkung auf Kollagen durch Kaliumrhodanid in geringen Konzentrationen bis zu $^1/_{10}$ Normalität kaum beeinflußt, in etwa normalen Lösungen wird das Maximum der fördernden Wirkung erreicht und eine fünffach normale Lösung übt andererseits eine stark hemmende Wirkung auf das Trypsin aus (E. Stiasny und W. Ackermann). Die fördernde oder hemmende Wirkung der Neutralsalze ist also weitgehend auch von der angewandten Salzkonzentration abhängig. Im Sinne der Hofmeisterschen Anionenreihe nimmt naturgemäß entsprechend von links nach rechts auch die Zeit zu, die erforderlich ist, um einen gewissen Abbaugrad bzw. eine gewisse Zerstörung von Kollagen durch Trypsin zu erreichen. Bei Beizversuchen mit Trypsin wurde bei Gegenwart von normaler Kaliumrhodanidlösung das Blößenmaterial bereits in verhältnismäßig kurzer Zeit stark angegriffen, während das im

Parallelversuch ohne Rhodanidzusatz gebeizte Blößenstück normale Beizwirkung aufwies (E. Stiasny und W. Ackermann; vgl. auch J. A. Jovanovits und A. Alge). Zusätze von Kaliumjodid und in geringerem Maße auch von Kaliumnitrat bewirkten unter den gleichen Versuchsbedingungen ebenfalls ein stärkeres Überbeizen, wenn auch zu einem direkten Angriff der Hautproben ein wesentlich längerer Zeitraum als bei Kaliumrhodanid erforderlich war (E. Stiasny und W. Ackermann).

Auf Grund dieser Neutralsalzwirkung ist es also möglich, durch geeignete und zweckentsprechende Neutralsalzzusätze die Beizwirkung je nach Art und Menge der verwendeten Neutralsalze weitgehend zu beeinflussen. Interessant und beachtenswert ist dabei, wie sich Gemische von Neutralsalzen auswirken und wie sie sich in ihrer Wirkung gegenseitig beeinflussen. So wiesen Blößen, die mit Trypsin in 2molarer Kaliumrhodanidlösung gebeizt wurden, starke Beschädigungen und große Stickstoffverluste auf. Bei entsprechenden Versuchen mit Trypsin im Gemisch mit 2molarem Kaliumrhodanid und 1molarem Natriumsulfat wurden dagegen solche Beschädigungen der Haut nicht bewirkt und der Grad der Peptisierung war ein wesentlich geringerer [E. Stiasny (*1*), S. 297].

Interessant ist in diesem Zusammenhang die weitere Feststellung, daß derart ausgesprochene Neutralsalzwirkungen und Beziehungen zwischen Quellvermögen und Begünstigung der Enzymwirkung, wie sie E. Stiasny und W. Ackermann bei Versuchen mit Hautpulver und mit Blößenstücken feststellen konnten, nicht erhalten wurden, wenn als Substrat Gelatine verwendet wurde, was darauf zurückgeführt wurde, daß die Hydrophilie der Gelatineteilchen auch ohne Neutralsalzzusatz bereits so groß sei, daß eine weitere Steigerung nicht mehr deutlich zur Wirkung komme. Die stark hemmende Wirkung z. B. höherkonzentrierter Rhodanidlösungen wurde indessen auch bei Gelatine beobachtet (E. Stiasny und S. R. Das Gupta).

Ähnliche Beobachtungen wie E. Stiasny und W. Ackermann hat F. Nauen mit Salzen der Benzoesäure, Salicylsäure und p-Oxy-benzoesäure gemacht. Er hat hierbei in noch stärkerem Maße als bei den Rhodaniden eine Proportionalität insofern festgestellt, als auch hier mit steigender Quellwirkung der Salze auch eine Zunahme der Proteolyse durch tryptische Enzyme festzustellen war.

Bedeutungsvoll im Hinblick auf den Beizprozeß ist insbesondere der Einfluß der Ammonsalze auf den Verlauf des Beizvorganges, da Ammonsalze in den meisten künstlichen Beizpräparaten als Entkälkungsmittel enthalten sind. Über die entkälkende Wirkung der Ammonsalze wurde bereits an anderer Stelle berichtet (vgl. S. 191 ff.), hier soll lediglich die Frage ihres Einflusses auf die enzymatische Wirksamkeit der Beizenzyme geprüft werden. Dabei kann ganz allgemein festgestellt werden, daß den Ammonsalzen ein fördernder Einfluß zugesprochen werden muß. Diese Aktivierung steigt bei niederen Salzkonzentrationen fast proportional zur Salzmenge bis zur Erreichung eines Maximums an, über das hinaus weitere Ammonsalzzusätze keine Förderung der enzymatischen Wirksamkeit mehr verursachen. Die maximale Aktivierung wird bei höheren Enzymkonzentrationen bereits durch geringere Ammonsalzmengen erreicht als bei niederen Enzymkonzentrationen. Anderseits ist, solange die Maximalgrenze der Aktivierung noch nicht erreicht oder überschritten ist, der Einfluß des Ammoniumsalzes proportional der Beizdauer, macht sich also bei längerer Beizdauer und entsprechend niedrigerer Beiztemperatur besser bemerkbar als bei kürzerer Beizdauer und höherer Temperatur, da der quellende Einfluß auf das Kollagen erst nach längerer Einwirkungsdauer in praktisch in Betracht kommendem Maße in Erscheinung tritt [vgl. z. B. J. Schneider jr. und A. Vlcek (*1*); V. Kubelka und J. Wagner (*1*), (*2*); V. Kubelka und K. Dousa; A. Vlcek (*2*);

A. Küntzel und O. Dietsche]. Die meisten Beizpräparate des Handels enthalten, wie V. Kubelka und J. Wagner (*1*), (*2*) auf Grund zahlreicher Beizuntersuchungen mitteilten, bereits einen Überschuß an Ammonsalzen, der zur maximalen Aktivierung bei weitem ausreicht.

Über das Wesen der Ammonsalzaktivierung ist in der einschlägigen Fachliteratur noch keine einheitliche Auffassung vertreten. Es ist noch nicht geklärt, inwieweit die Ammonsalzeinwirkung sich vorwiegend auf die Fermente oder auf die Substrate erstreckt oder inwieweit nur die Auslaugbarkeit des Enzyms aus den Beizpräparaten durch die Anwesenheit der Ammonsalze gefördert und auf diese Weise die enzymatische Wirksamkeit gesteigert wird. Erwähnt sei hier schließlich noch die jüngst von J. Näbholz vertretene Auffassung, der zufolge Ammonsalzzusätze — zum mindesten bei der von ihm untersuchten Verdauung geschrumpfter Hautfasern — keine Steigerung der Enzymwirksamkeit als solcher bewirken, sondern lediglich das $p_H$-Optimum nach der alkalischen Seite hin verschieben (vgl. S. 215).

Die oben angeführte Hofmeistersche Anionenreihe läßt erkennen, daß Chloride eine stärker kollagenpeptisierende und die Enzymwirkung beschleunigende Wirkung als die Sulfate auszuüben vermögen. Es wird daher erklärlich, daß sich ein höherer Ammoniumchloridgehalt der Beizmittel stärker peptisierend und damit insbesondere flankenlockernd auswirken muß als ein entsprechender Zusatz von Ammoniumsulfat, und es wird so verständlich, daß man heute bei der Herstellung künstlicher Beizen vorwiegend das letztere Ammonsalz als entkälkende Komponente verwendet.

## 2. Die Beizen des Gerbers.

### a) Natürliche Beizen.

Der Vorgang, proteolytische Enzyme bei der Lederbereitung zum Beizen der tierischen Haut zu verwenden, ist uralt. Wenn auch das Wesen dieses Vorganges all die Jahrhunderte hindurch bis in die jüngste Zeit, da die Entwicklung der Fermentchemie auch für diesen technischen Vorgang eine Klärung der Grundprinzipien vermittelte und das Rüstzeug zu einem eingehenden Spezialstudium lieferte, in Dunkel gehüllt war, so hat doch der Praktiker empirisch sehr früh in der Natur diejenigen Stoffe aufgefunden und für seine Zwecke nutzbar zu machen verstanden, die ihm die für das Beizen erforderlichen proteolytischen Enzyme zu liefern vermochten, die Exkremente des tierischen Körpers, und zwar, da am leichtesten zugänglich, die der Haustiere. Hundekot, Hühner- und Taubenmist sind entsprechend seit jeher als Beizmaterialien verwendet worden. Ihre Verwendung, insbesondere die des Hundekotes, reicht viele Jahrhunderte zurück, und in der unhygienischen und unangenehmen, ja ekelerregenden Durchführung des Beizprozesses und in dem üblen Geruch dieses Arbeitsvorganges ist wohl der Hauptgrund dafür zu suchen, daß das Gerberhandwerk in frühen Zeiten als ein notwendiger und wichtiger, aber nicht sehr geschätzter Beruf gewertet wurde, und die Bewertung der Tätigkeit des Gerbers in frühen Zeiten ist treffend gekennzeichnet worden durch die bekannte Stelle des Talmuds: „Die Welt kann weder des Gewürzkrämers noch des Gerbers entbehren. Wohl dem Gewürzkrämer, aber wehe dem, dessen Beschäftigung es ist, Gerber zu sein“ [J. T. Wood (*1*), S. 1]. Heute sind diese natürlichen Beizen meist durch die künstlichen Beizpräparate verdrängt worden und nur in vereinzelten kleineren Gerbereien findet man noch die alten Beizverfahren ausgeübt und damit ist auch dieser früher so unappetitliche Arbeitsvorgang dank der eingehenden wissenschaftlichen Untersuchungen heute zu einem sauberen und hygienisch einwandfreien Prozeß geworden. Der Vollständigkeit halber und um die stattgefundene Entwicklung kurz darzutun, sollen im nachfolgenden zunächst die natürlichen Beizen eine ihrer praktischen Bedeutung entsprechende kurze Behandlung erfahren.

**Hundekotbeize.** Eingehende Angaben über die Hundekotbeize sind von J. T. Wood (*1*) übermittelt worden. Der Hundekot wurde vom Gerber in getrocknetem Zustand bezogen. Insbesondere aus dem Orient wurde der Hundekot in früheren Zeiten in beträchtlichem Umfange eingeführt. Er wurde gesammelt, wobei insbesondere der Kot aus Hundezwingern wegen seiner Reinheit, d. h. des Fehlens von Beimischungen von Schmutz und Staub besonders geschätzt war, getrocknet und in Fässern in den Handel gebracht, wobei er nicht zu stark aufgetrocknet sein durfte, da sonst leicht unerwünschte Erhitzungen eintraten, durch die die Wirksamkeit infolge irreversibler Zerstörung der Enzyme vermindert wurde. Weißer Hundekot wurde besonders gut bewertet, was man früher auf einen höheren Phosphatgehalt dieser Sorten zurückführte, dem bei den Beizvorgängen eine wesentliche Rolle zukommen sollte (Hermbstädt, S. 65). Die weiße Farbe war insofern ein Maßstab für die Beschaffenheit des Kots, als schädigende Fäulniserscheinungen stets mit einer Dunklung verbunden sind und aus der hellen Farbe demgemäß gefolgert werden konnte, daß der Kot noch keinen schädigenden Zersetzungsprozessen unterworfen war [E. Stiasny (*1*), S. 289]. Der normale Kot ist von gelber, gelbbrauner bis brauner Farbe, während bei dunkelbrauner oder gar schwarzer Farbe stets der Verdacht besteht, daß der Kot verdorben ist, so daß von der Verwendung solcher Kotarten prinzipiell abgeraten wurde.

Die Verwendung des Hundekots zu Beizzwecken erfolgte so, daß der Kot in der Grube mit meist warmem Wasser übergossen wurde, so daß er von der Flüssigkeit stets vollständig überdeckt war, und dann wurde der Aufguß 1 bis 3 Wochen stehen gelassen, wobei der Brei einem „Gärungsprozeß“ ausgesetzt war. Der Aufguß wurde dann meist durch Tücher oder feinmaschige Drahtsiebe, bisweilen auch nur durch Körbe filtriert oder in manchen Fällen auch nur einfach absitzen gelassen, um ihn von allen mechanischen Verunreinigungen, wie erdige und sandige Mineralstoffe, Blätter, unlöslichen Kotresten usw. zu befreien, und dann in dieser Form, eventuell nach weiterem Verdünnen zum Beizen verwendet. Der Beizprozeß selbst wird zumeist im Haspelgeschirr bei einer Temperatur zwischen 25 und 35° C durchgeführt und ist zumeist in einigen Stunden beendet, wenn das Blößenmaterial verfallen ist und der Beizeffekt ein genügender ist (vgl. auch S. 270ff.).

Die Hundekotbeize wurde insbesondere bei der Herstellung leichterer Ledersorten verwendet, also für feinere Oberleder in pflanzlicher Gerbung oder in Chromgerbung, leichte Kalbleder, Schaf- und Ziegenleder und insbesondere zum Beizen von Lamm- und Zickelfellen bei der Glacélederherstellung. Ihre eigentliche Beizwirkung ist eine stärkere als die der Vogelmistbeizen, die Blößen verfallen rasch und bei intensivem Beizen werden Leder von schöner zügiger Beschaffenheit erhalten.

J. T. Wood [(*1*), S. 21ff.] hat die Ergebnisse eingehender Untersuchungen über die chemische Zusammensetzung des Hundekots mitgeteilt, doch sind diese Angaben bei unseren heutigen Kenntnissen über das Wesen des Beizprozesses von nur untergeordneter Bedeutung, da die eigentliche Beizwirkung des Hundekots lediglich auf die Tätigkeit der in der Beizflotte vorhandenen Enzyme zurückzuführen ist. Damit soll natürlich nicht zum Ausdruck gebracht werden, daß die sonstigen anorganischen und organischen Bestandteile bei Beurteilung der Wirkungsweise völlig unbeachtet gelassen werden können, denn sie werden ohne

Zweifel teilweise den Verlauf der biokatalytischen Fermentwirkung beeinflussen. Erwähnt sei nur als Beispiel die aktivierende Wirkung von Kalksalzen, die im Kot vorhanden sind, auf die proteolytische Wirksamkeit vieler Enzyme (vgl. S. 218) und ohne Zweifel ist die von J. T. Wood gemachte Feststellung, daß die aus dem Kot isolierten Enzyme andersartig als die Kotbeizen selbst auf Kollagen einwirken, zum mindesten teilweise auf diese Beeinflussung in den Kotbeizen zurückzuführen.

Eingehende Untersuchungen über die Bakteriologie des Hundekots sind insbesondere von J. T. Wood [(*1*), S. 71 ff.] und von H. Becker [(*1*), (*2*)] durchgeführt worden. J. T. Wood führt 91 Bakterienarten an, die er vorwiegend aus dem Hundekot isoliert und in Reinkulturen gezüchtet und studiert hat und H. Becker hat aus dem Hundekot 54 Bakterienarten in Reinkultur isoliert, darunter Bacillus erodiens, auf den noch in anderem Zusammenhang bei der Behandlung der künstlichen Beizen eingegangen werden muß. J. T. Wood konnte weiter zeigen [(*1*), S. 79], daß im frischen Hundekot vermutlich nur vier bis fünf Bakterienarten, zumeist Bazillen, vorhanden sind, daß aber nach einiger Zeit andere, meist Fäulnis verursachende Arten, vornehmlich Kokken, hinzukommen. Er wies darauf hin, daß eine Bakterienart für sich allein nicht in der Lage sei, die zum Beizen nötigen Enzyme zu liefern, sondern daß erst nach Entwicklung verschiedener Arten, die in der „Gärungszeit" der Kotbeizen erfolgt, der Kot für den Beizprozeß geeignet würde. Er konnte zeigen, daß in der „tätigen" Beizbrühe wesentlich mehr Bakterien vorhanden waren als in der frischen Beize, wobei ohne Zweifel aus der Luft und aus dem verwendeten Wasser neue Bakterienarten in die Beizbrühe gebracht wurden. Erwähnt sei schließlich, daß natürlich auch je nach den Lebensbedingungen, klimatischen Verhältnissen, dem Futter, Gesundheitszustand usw. des Tieres stets auch ein Wechsel der im Kot vorhandenen Bakterienarten bedingt ist, so daß hierin einer der Hauptgründe zu suchen ist, warum die Wirkungsweise solcher natürlicher Beizen nie völlig die gleiche sein kann, sondern jeder Aufguß wieder ein etwas abweichendes Verhalten zeigt, so daß die Kontrolle und sachgemäße Durchführung solcher Beizvorgänge unter Verwendung natürlicher Beizen außerordentlich erschwert ist. Man hat die aus dem Hundekot rein dargestellten Bakterienarten bei der Prüfung ihrer Eigenschaften teilweise unterteilt in solche, die Gelatine verflüssigen, und solche, die zu einer solchen Verflüssigung nicht befähigt sind, wobei nur die letzteren als zum Beizen geeignet angesprochen wurden, da bei den ersteren ein unerwünscht starker Angriff auf die Proteine der Haut befürchtet werden müßte. E. Stiasny [(*1*), S. 289] hat aber mit Recht darauf hingewiesen, daß dieses Kriterium der Gelatineverflüssigung im Hinblick auf den Beizprozeß nicht immer einwandfrei sei, da es ohne Zweifel Bakterienarten gibt, die eine Verflüssigung von Gelatine bewirken, ohne andererseits bei sachgemäßer Verwendung Kollagen in unerwünscht intensiver Weise anzugreifen.

Daß der Beizprozeß unter Verwendung natürlicher Beizen ein enzymatischer Vorgang ist, steht ohne Zweifel, es erhebt sich aber die Frage, inwieweit hierbei nur die von den Bakterien erzeugten Fermente wirksam sind oder inwieweit auch Verdauungsfermente, die mit dem Kot aus dem Körper in die Beizflotte gebracht werden, daran mitbeteiligt sind. Die in der älteren Fachliteratur diesbezüglich geäußerten Ansichten sind teilweise sehr widersprechend, doch kann nach den heute vorliegenden Kenntnissen der Enzymchemie angenommen werden, daß tatsächlich beide Enzymarten bei Verwendung der natürlichen Beizen zur Entwicklung und Einwirkung gelangen und E. Stiasny [(*1*), S. 290] hat seine Ansicht dahingehend zusammengefaßt, daß wahrscheinlich im frischen Hundekot die tryptischen Verdauungsfermente, im gealterten und „vergorenen" Kot dagegen die Bakterienfermente überwiegen.

Erwähnt sei schließlich noch, daß die frische Hundekotbeize wohl infolge der stattgefundenen Gärungserscheinungen sauer reagiert und eine Reihe organischer Säuren teils frei, teils an alkalische Erden und an Amine gebunden enthält, beim Gebrauch dagegen wohl infolge Neutralisation der sauer reagierenden Bestandteile durch den Kalk des Blößenmaterials alkalische Reaktion annimmt. Neben den sauer reagierenden Anteilen wirken auch die durch Zersetzung von Eiweißsubstanzen im Kot bzw. in der Beizflotte vorhandenen Eiweißabbauprodukte in gewissem Umfange entkälkend (vgl. S. 253). Es ist indessen eine Erfahrungstatsache, daß die sauren Bestandteile und Eiweißabbauprodukte der Hundekotbeize nicht ausreichen, um eine genügende Entkälkung des Hautmaterials zu bewirken, und aus diesem Grunde hat man das gebeizte Hautmaterial früher anschließend noch mit einer Kleienbeize behandelt (vgl. S. 198). Die weitere Erfahrungstatsache, daß ein Zusatz von Zucker zur Kotbeize ein rascheres Verfallen bewirkt, dürfte entsprechend zum mindesten teilweise darauf zurückzuführen sein, daß die Entkälkung des Hautmaterials befördert wird, sei es durch den Zucker als solchen infolge Erhöhung der Löslichkeit des Kalkes (vgl. S. 197), sei es, daß durch saure Vergärung des Zuckers entkälkend wirkende organische Säuren entstehen.

Wie bereits eingangs erwähnt, wird die Hundekotbeize heute nur noch ganz vereinzelt in einigen kleinen Gerbereien verwendet. Eine Einfuhr von Hundekot aus dem Orient wie in früheren Zeiten kommt heute gar nicht mehr in Frage, und so weit kleine Gerbereien vereinzelt noch Hundekot verwenden, wird das Beizmaterial zumeist an Ort und Stelle selbst beschafft. Soweit überhaupt an den natürlichen Beizen festgehalten wurde, ist die Beize mit Hundekot vielfach durch den leichter in genügender Reinheit zu beschaffenden Taubenmist ersetzt worden, wenn auch die Wirkungsweise und der Beizeffekt der Vogelmistbeizen von der mit Hundekot, wie wir nachstehend sehen werden, etwas abweicht.

**Vogelmistbeizen.** Für das Beizen auf Vogelmistbasis kommen für die Praxis vornehmlich Tauben- und Hühnermist als Ausgangsmaterialien in Frage.

Die Herstellung der Beizen erfolgt ähnlich wie bei Hundekot. Der Mist wird mit meist warmem Wasser übergossen, der Aufguß einige Zeit bis zum Eintritt von Gärungserscheinungen, die man am Aufsteigen von Gasblasen erkennt, stehen gelassen und dann die abgezogene Flüssigkeit, eventuell nach vorheriger Filtration und nach Verdünnen zum Beizen verwendet. Der Beizprozeß wird bei den Vogelmistbeizen bei niedrigeren Temperaturen, nicht über höchstens 30$^0$ C, vorgenommen, meist aber bei noch niedrigeren Wärmegraden und erfordert entsprechend eine längere Zeit bis zu mehreren Tagen.

Vogelmistbeizen wurden im Gegensatz zu Hundekotbeizen namentlich für stärkeres Hautmaterial, also bei der Herstellung von schwererem Kalbleder, schwererem Rindoberleder, Vachetten, Blank- und Riemenleder usw. verwendet. Dabei soll sich die Hühnermistbeize vor der Taubenmistbeize durch ihre größere Milde auszeichnen. Die Vogelmistbeizen bewirken gegenüber der Hundekotbeize eine raschere Entkälkung, anderseits aber ist die eigentliche Beizwirkung eine geringere und vor allem langsamere und damit in der Gesamtdicke des Hautmaterials gleichmäßigere, und gerade der letztere Punkt macht die Vogelmistbeizen für dickeres Hautmaterial geeigneter als die Hundekotbeize, bei der stets die Gefahr besteht, daß die Außenschichten bei dickem Hautmaterial zu stark gebeizt werden, bevor die Innenschichten überhaupt eine Beizwirkung erfahren. Infolge der geringeren Beizwirkung zeigen andererseits die mit Vogelmistbeizen gebeizten Häute nie ein so starkes Verfallen wie bei der Verwendung von Hundekotbeizen, sie bleiben derber, sind weniger glatt und schlüpfrig, und ein stark zügiges Leder kann mit Vogelmistbeizen nur schwer erreicht werden.

Auch die Vogelmistbeizen wirken beizend auf Grund ihres Gehaltes an Bakterien- und Verdauungsenzymen. W. Cruess und F. H. Wilson haben aus der Taubenmistbeize 10 verschiedene Bakterienarten isoliert und ihre Eigenschaften studiert. Dabei ist bemerkenswert und im Hinblick auf die geringere Beizintensität wesentlich, daß von diesen 10 Arten nur eine einzige befähigt war, Gelatine zu verflüssigen. Ohne Zweifel ist die Bakterienflora der Vogelmistbeizen eine etwas andere als bei Verwendung von Hundekot, wofür einmal die andersartige Vorgeschichte verantwortlich zu machen ist, zum anderen aber auch die Tatsache mitbestimmend sein dürfte, daß die Vogelmistbeizen einen höheren $p_H$-Wert als die Hundekotbeizen aufweisen und im Gegensatz zu diesen von vornherein alkalisch reagieren.

In ihrer chemischen Zusammensetzung unterscheiden sich die Vogelmistbeizen von den Hundekotbeizen noch insofern, als die Ausscheidungsprodukte des Körpers bei Vögeln ausschließlich in Form des Mistes den Körper verlassen und daher die Exkremente der Vögel auch die Bestandteile des Harns, also Harnstoff und ferner Harnsäure enthalten. Da diese Stoffe bei der Gärung Ammoniak liefern, ist hierin wohl der Grund für die alkalische Reaktion der Vogelmistbeizen zu suchen. J. T. Wood [(*1*), S. 43] hat auch die raschere Diffusion der Vogelmistbeizen in die Haut auf die Anwesenheit dieser Stoffe zurückgeführt.

Es sei hier abschließend der Vollständigkeit halber noch erwähnt, daß die natürlichen Beizen nicht nur Proteasen enthalten, sondern es wurden auch andere Enzyme, insbesondere Lipasen und Stärke spaltende Enzyme festgestellt.

### b) Künstliche Beizen.

Zwischen den natürlichen und künstlichen Beizen bestehen für die Praxis etwa die gleichen Unterschiede und die gleichen Vorteile für die letztere Gruppe, die wir an anderer Stelle bei den biologischen Haarlockerungsmethoden für den Schwitzprozeß einerseits und die Fermentäscher andererseits bereits eingehend dargelegt haben. Die Exkremente des tierischen Körpers sind bereits je nach den klimatischen Verhältnissen, den Lebensbedingungen und der Ernährungsweise des betreffenden Tieres, der Art der Konservierung und anderen Faktoren mehr von weitgehend unterschiedlicher Beschaffenheit. Hinzu kommt weiter, daß die Entwicklung der Bakterien und damit die Erzeugung von Bakterienenzymen je nach der Beschaffenheit und Herkunft der verwendeten Kotsorten, der klimatischen Verhältnisse während der Gärung und des Beizprozesses und je nach dem Alter der Beizflotte zwangsläufig eine andersartige sein muß und daß schließlich auch die Menge und Art der vorhandenen Verdauungsenzyme, soweit sie bei den natürlichen Beizen eine Rolle spielen, mit jedem Kot wechseln muß. Ein stets gleichmäßiger Beizverlauf kann entsprechend mangels exakter Dosierung der Enzyme bzw. der diese erzeugenden Bakterien bei Verwendung natürlicher Beizen nicht erreicht werden, ein Nachteil, der sich bei der Durchführung des Beizprozesses mit natürlichen Beizen außerordentlich störend bemerkbar macht und es durchaus erklärlich erscheinen läßt, daß der Beizprozeß von jeher das Schmerzenskind unter den mannigfachen Prozessen der Lederbereitung war. Hinzu kommt weiter die außerordentlich unhygienische und unappetitliche Durchführung und ekelerregende Handhabung der Kotbeizen, und es ist daher verständlich, daß man sich schon früh um die Herstellung künstlicher, exakt dosierbarer und in ihrer Wirkung konstanter und damit gut normierbarer Beizprodukte bemühte. Diese Versuche wurden wesentlich dadurch gefördert, daß man bei der bakteriellen Untersuchung der Kotbeizen, wie sie insbesondere J. T. Wood und H. Becker durchführten, die verschiedensten darin vorhandenen Bakterienarten isolierte und in Reinkulturen züchtete, und es natürlich naheliegend war, diese Reinkulturen für sich ebenfalls hinsichtlich ihrer Beizwirkung zu prüfen.

Schon in der ersten Hälfte des vorigen Jahrhunderts wurden mehrfach Vorschläge unterbreitet, die sich mit der Herstellung künstlicher Beizen befaßten, die indessen zumeist infolge falscher Auffasung der Beizwirkung als einem Prozeß zum Entkälken der Blößen lediglich Gemische von Entkälkungsmitteln (Säuren, Bisulfit, Ammonsalze) enthielten, und es ist selbstverständlich, daß die Bemühungen, diese Produkte als Ersatzmaterialien für die Kot- und Mistbeizen zu verwenden, erfolglos bleiben mußten. Auch heute befinden sich im Handel bisweilen Produkte, die, trotzdem sie in ihrer Handelsbezeichnung als „Beize" angesprochen werden, enzymfreie Entkälkungsmittel darstellen. In diesem Zusammenhang kann natürlich auf solche Produkte nicht näher eingegangen werden, da die eingangs gegebene Definition für den Beizprozeß als einem enzymatischen Vorgang unter Einwirkung proteolytischer Enzyme für die Verwendung dieser Produkte nicht zutreffend ist und damit de facto eine Beizwirkung als solche überhaupt nicht vorliegt.

Die älteren künstlichen Beizen auf enzymatischer Grundlage lehnen sich noch eng an die Kotbeizen an und verwerten im wesentlichen die Kenntnis, daß die Entwicklung von Bakterien in den natürlichen Beizen mit der Beizwirkung als solcher in engem Zusammenhang steht. So wurde in D.R.P. 86334 und 96936 (H. Nördlinger) eine Beize empfohlen und geschützt, zu deren Herstellung Bakterien beliebiger Art auf geeigneten Nährböden zur Vegetation gebracht wurden und dann die Bakterien samt dem Nährboden zum Beizen verwendet werden sollten. In E. P. 24488 und A. P. 798070 wird von F. J. Oakes empfohlen, ein eiweißhaltiges Substrat, z. B. Kasein, zur fauligen Gärung zu bringen und dann im Gemisch mit Schwefelblumen als Beize zu verwenden. In einem anderen Patent (F. P. 404926, D.R.P. 234376) wird Knochenmehl zusammen mit Lupinensamen mit Wasser verrührt und dann einige Wochen einer willkürlichen Gärung überlassen, wobei sich die zum Beizen erforderlichen Mikroorganismen entwickeln sollen, und dieses Gemisch soll dann zum Beizen verwendet werden. Die angeführten drei Beispiele dürften genügen, um darzutun, daß auch diesen Verfahren kein nennenswerter Erfolg beschieden sein konnte. Es soll dabei natürlich nicht abgestritten werden, daß diese Beizpräparate im Gegensatz zu reinen Entkälkungsmitteln eine beizende Wirkung auf das Hautmaterial auszuüben vermögen, doch besitzen diese künstlichen Beizen vor den natürlichen keinerlei Vorteile, die ihre Einführung als Beizmaterial als Ersatz für die natürlichen Beizen gerechtfertigt hätten. Auch bei diesen Produkten ist ja die Entwicklung der Bakterien und damit die Erzeugung der für den Beizprozeß wirksamen Enzyme sowohl hinsichtlich Art wie Menge gänzlich dem Zufall überlassen, und es ist selbstverständlich daher auch hier die Beizwirkung mit jeder Lieferung zwangsläufig eine andersartige, zumal ja nicht nur die im Herstellungsprozeß der Beizpräparate entwickelten Enzyme, sondern auch die Bakterien selbst mit in das Beizbad gelangen und dort je nach den vorhandenen Lebensbedingungen mehr oder weniger große Mengen weiterer Enzyme erzeugen, ohne daß der Gerber bei der ohne Zweifel stets wechselnden Zusammensetzung der Bakterienflora eine wirksame Kontrolle ihrer Entwicklung auszuüben in der Lage gewesen wäre. Eine exakte Dosierung des Beizpräparates unter Zugrundelegung der Beizwirkung, eine einwandfreie Überwachung des Beizvorganges und ein stets gleichmäßiger Beizeffekt auf das Blößematerial war daher bei diesen Verfahren nicht zu erreichen.

Einen wesentlichen Fortschritt bedeutete es demgegenüber, als unabhängig voneinander J. T. Wood einerseits und Popp zusammen mit H. Becker andererseits (D. R. P. 86335; E.P. 21720) auf Grund ihres eingehenden Studiums der Bakterien des Hundekots und der Kotbeizen eine besonders wirksame Bakterienart, den bereits an anderer Stelle erwähnten Bacillus erodiens in Reinkultur züchteten und zusammen mit der zugehörigen Nährflüssigkeit und Zusätzen von entkälkend wirkenden organischen Säuren bzw. deren Ammonsalzen als Beizprodukt in den Handel brachten. Dieses als „Erodin" bezeichnete Präparat ist zeitweise von einer Reihe von Fabriken in größerem Umfange verwendet worden. Seine Beizwirkung soll bei sachgemäßer Anwendung eine gute, die Wirksamkeit eine recht zuverlässige gewesen sein. Dabei hatte J. T. Wood [(*1*), S. 144] die Beobachtung gemacht, daß klare Beizbrühen langsamer beizen als getrübte und daß durch Zusatz indifferenter, fein verteilter, fester Substanzen die Beizwirkung erhöht wird. Die Erodinbeize enthielt aus diesem Grunde etwas Kaolin als Trübungsmittel beigemischt. Auch W. Eitner (*2*) hat Beizversuche mit Bakterienkulturen eines aus Haferstrohbeize gezüchteten Bazillus auf Unterhautbindegewebe als Nährboden vorgeschlagen und nach seinen Angaben damit sehr günstige Beizergebnisse erhalten. Praktische Bedeutung hat indessen diese Beize nicht erlangen können.

Diese zweite Gruppe von Beizen hat vor den zuerst behandelten Produkten den wesentlichen Vorteil, daß nicht mit beliebigen, in ihrer Zusammensetzung ständig wechselnden Bakterienkulturen gearbeitet wird, sondern daß ganz bestimmte, in ihren Eigenschaften und Lebensbedingungen bekannte, in Reinkulturen gezüchtete Bakterienarten verwendet werden. Da indessen bei diesen Präparaten die Bakterien auch während des Beizvorganges selbst zugegen waren und man die Erzeugung von beizend wirkenden Enzymen während des Beizprozesses selbst auch bei möglichst gleicher Einhaltung der Lebensbedingungen nicht immer ganz sicher in der Hand hat, und da außerdem die Gefahr der Infizierung mit anderen Bakterienarten bestand, zumal die Haut selbst stets mehr oder weniger große Mengen an Mikroorganismen mit in die Beize bringt, so war die Frage der stets gleichmäßigen Wirkungsweise und exakten Dosierbarkeit des Beizpräparates auf Grund eines bekannten Beizwertes auch bei diesen Produkten noch nicht in völlig befriedigender Weise gelöst. Die Bestrebungen gingen entsprechend wie bei den Fermentäschern dahin, die Bakterientätigkeit während des Beizprozesses selbst möglichst auszuschalten und die Kunstbeizen auf Basis der Enzyme aufzubauen, sei es durch Verwendung der in den verschiedenen Körperorganen gebildeten Enzyme, sei es durch Verwendung von Bakterienenzymen, wobei aber die Erzeugung dieser Enzyme in einem vom eigentlichen Beizvorgang getrennten Arbeitsgang erfolgen muß und vor dem Beizen entweder eine Trennung der Enzyme von den sie erzeugenden Bakterien oder eine Abtötung der Bakterien durch entsprechende Zusätze erfolgen muß. Solche Produkte haben ohne Zweifel den wesentlichen Vorteil, daß die Fermente unabhängig von einem parallel laufenden Lebensprozeß die Beizwirkung vollbringen, die insgesamt in der Beizflotte vorhandene Enzymmenge also während des ganzen Beizvorganges konstant bleibt, daß damit auch die Wirkungsweise dieser Beizen genau festgelegt werden kann, daß eine einwandfreie Dosierung der Beizenzyme möglich ist und daß bei genauer Einhaltung der die enzymatische Wirksamkeit beeinflussenden Faktoren, wie Zeit, Konzentration, $p_H$-Wert, Temperatur usw., die Beizwirkung stets in der gleichen Weise bei Verwendung eines Hautmaterials von gleicher Beschaffenheit erfolgt. Durch Zusatz geeigneter Sterilisationsmittel kann auch die Möglichkeit der Beeinflussung des Beizvorganges durch Infizierung des Beizbades mit anderen Bakterien, etwa den in der Haut befindlichen Mikroorganismen ausgeschaltet werden.

Vorschläge, dahingehend, zum Beizen das Trypsin der Bauchspeicheldrüse zu verwenden, sind um die letzte Jahrhundertwende herum bereits mehrfach gemacht worden. E. Simon hat z. B. einen solchen Vorschlag unterbreitet und auch J. T. Wood (*1*) hat mit den Verdauungsenzymen des Pankreas Beizversuche vorgenommen; zu einem positiven Ergebnis, das eine praktische Verwertung der Pankreasenzyme zum Beizen erfolgversprechend erscheinen ließ, haben indessen alle diese Versuche nicht geführt. Es ist das große Verdienst O. Röhms, die tryptischen Verdauungsfermente der Bauchspeicheldrüse für den Beizprozeß nutzbar gemacht zu haben und damit als erster den wichtigen Schritt zur direkten Verwendung von Enzymen zum Beizen getan zu haben. Die von ihm 1907 geschaffene Oroponbeize (D.R.P. 200519; 203889) besteht aus einem Gemisch von Fermenten der Bauchspeicheldrüse in Form eines wässerigen Auszugs, Ammonsalzen als Entkälkungsmittel, etwas Kochsalz und Sägemehl. Sie wird als trockenes Pulver in den Handel gebracht, das beim Ansetzen des Beizbades einfach in der Beizflüssigkeit bei zweckentsprechender Temperatur verrührt wird. An Ammonsalzen wurde ursprünglich Ammoniumchlorid verwendet, später Ammoniumsulfat, da sich das bildende Calciumchlorid einmal von sich aus eine stärker peptisierende Wirkung auf Kollagen ausübt und andererseits eine starke Aktivierung auf das Trypsin ausübt, so daß leicht ein zu starker Angriff insbesondere der abfälligen, von Natur aus lockeren Hautteile erfolgt und damit Leder mit losnarbigen Abfällen, insbesondere Flanken, erhalten werden. Wie bereits an früherer Stelle erwähnt (vgl. S. 191), üben Chloride allgemein einen stärker peptisierenden Einfluß als Sulfate aus. Voraussetzung für die Verwendung von Ammoniumsulfat ist, daß das Blößenmaterial zur Vermeidung einer Calciumsulfatabscheidung keine größeren Kalkmengen mehr enthält. Die Ammonsalze haben in den Beizen mehrere Zwecke zu erfüllen. Einmal wirken sie entkälkend und damit verfallenmachend auf das Hautmaterial ein, zum andern liefern sie zusammen mit dem beim Entkälken sich bildenden Ammoniak ein Puffergemisch von schwach alkalischer Reaktion, so daß das Beizbad einen für die optimale Wirksamkeit tryptischer Enzyme erforderlichen $p_H$-Wert annimmt bzw. beibehält, und schließlich üben sie eine aktivierende Wirkung auf den enzymatischen Angriff der Beizenzyme auf das Kollagen aus (vgl. S. 219). Als Träger der Beizen hat sich Sägemehl außerordentlich bewährt und wird heute als solches für die meisten Beizpräparate verwendet. Es ist unlöslich, billig, besitzt eine gute Porösität und andere Eigenschaften mehr, die es für den fraglichen Zweck besonders geeignet erscheinen lassen.

Das Oropon wird heute für die verschiedenen Verwendungszwecke in verschiedenen Typen auf den Markt gebracht, die sich durch unterschiedliche Mischungsverhältnisse der einzelnen Bestandteile voneinander unterscheiden. Für Unterleder, Blankleder usw. werden, da bei diesen Lederarten die Entkälkung von primärer, der eigentliche Beizeffekt von nur untergeordneter Bedeutung ist, Produkte mit hohem Ammonsalzgehalt, aber nur geringer Enzymmenge geliefert, und umgekehrt werden für die Herstellung solcher Leder, die stark gebeizt werden sollen, Produkte mit hoher Enzymkonzentration hergestellt. J. T. Wood [(*1*), S. 150] hat auch Versuche mit dem Oropon entsprechenden Gemischen durchgeführt, bei denen er als Ammonsalz Ammoniumbutyrat und statt der Sägespäne die vermahlenen Preßlinge von Rizinusölsamen verwandte und hat nach seinen Mitteilungen mit diesem Produkt eine günstige Beizwirkung erzielt.

Heute werden für Beizzwecke praktisch vorwiegend Produkte auf Basis der Enzyme der Bauchspeicheldrüse verwendet, die nach dem Verfall der Oroponpatente im wesentlichen wie dieses aufgebaut sind. Sie erhalten in der größten Mehrzahl als Trägersubstanz Holzmehl, ferner als entkälkende Komponente

Ammonsalze, unter denen, wie bereits erwähnt, heute das Ammoniumsulfat überwiegt, und schließlich als Beizkomponente die Enzyme der Bauchspeicheldrüse. A. Vlcek (*1*) unterteilte die Pankreasbeizen nach der Herstellungsart in drei Gruppen. Bei den beiden ersten Gruppen wird aus der Pankreasdrüse zunächst ein wässeriger Extrakt hergestellt. Dann wird bei der ersten Gruppe aus dem Extrakt das pulverige Rohpankreatin gewonnen, das dann mit Salz und Holzmehl vermischt wird, während bei der zweiten Gruppe der Wasserextrakt zunächst mit Holzmehl vermischt, erst dann getrocknet und schließlich mit den Salzen vermischt wird. Die Präparate der ersten Gruppe sind nach den Angaben von A. Vlcek hell gelbgrau, die der zweiten Gruppe tief gelbgrau gefärbt. In die dritte Gruppe schließlich gehören solche Produkte, die einfach durch Trocknen der zermahlenen Drüsen und Vermischen mit Holzmehl und Salzen hergestellt werden. Diese Produkte enthalten also auch die wasserunlöslichen Drüsenbestandteile und sind meist gelbbraun gefärbt.

Neben den für die Herstellung künstlicher Beizen vorwiegend verwendeten Enzymen der Bauchspeicheldrüse sind auch andere tierische Körperenzyme hinsichtlich ihrer Eignung für Beizzwecke untersucht worden. So haben F. Stather und H. Machon (*2*) ein Enzymgemisch aus Fischeingeweiden hinsichtlich seiner Beizeigenschaften untersucht und dabei festgestellt, daß dieses Gemisch sich in seiner Wirkung gegenüber Kollagen, Elastin und Keratosen vollkommen genau so verhält wie die Pankreasenzyme von Warmblütlern, ein Unterschied lediglich insofern zu bestehen scheint, als der Anteil an lipatischen Enzymen in dem Enzymgemisch der Bauchspeicheldrüse der Warmblütler wesentlich größer zu sein scheint als in dem der Fischeingeweide. P. S. Kopeliowitsch (*1*) hat Versuche mit einem aus Darmschleim hergestellten Beizpräparat vorgenommen und auch hierbei eine brauchbare Beizwirkung feststellen können und B. Schtykan hat den in den Schlächtereien bei der Reinigung der Dünndärme anfallenden sog. „Schlamm" infolge seines Gehaltes an Erepsin für Beizzwecke empfohlen und nach seinen Angaben bei praktischen Beizversuchen als geeignet befunden. Interessant ist in diesem Zusammenhang auch der Vorschlag (E.P. 373567), aus Gründen der Schonung der Hautsubstanz und damit zum Erhalt von Ledern mit gutem, vollem Griff zum Beizen nicht die Enzymgemische zu verwenden, wie sie aus den Körperorganen erhalten werden, sondern nur die Proteinasen frei von Peptidasen zur Einwirkung zu bringen. Technische Verfahren zur Herstellung solcher Beizen, d. h. zur Zerstörung oder Abtrennung der Peptidasen in peptidasehaltigen Proteinaselösungen sind mehrfach ausgearbeitet worden (vgl. z. B. E.P. 356638; F.P. 707166; D.R.P. 560463).

Es liegen weiter Vorschläge vor, auch Fermente pflanzlichen Ursprungs, dem früher erwähnten pflanzlichen Proteasensystem angehörend, zu verwenden. So hat W. Ackermann das in den Blättern, Früchten und vornehmlich im Milchsaft des Melonenbaumes Carica papaya vorkommende Papain einer Untersuchung hinsichtlich beizender Wirkung unterzogen und dabei festgestellt, daß bei Temperaturen von etwa 37° C und neutraler bzw. schwach saurer Reaktion eine ähnlich beizende Wirkung wie mittels Trypsin erhalten werden kann. Der praktischen Verwendung dürfte wohl insbesondere der relativ hohe Preis des Papains zunächst noch entgegenstehen.

Hierher gehören schließlich auch die auf Basis von Bakterienenzymen vorgeschlagenen Beizpräparate, bei denen allgemein die Bakterien in vom Beizprozeß getrenntem Arbeitsgange gezüchtet werden und nach erfolgter Enzymerzeugung die Bakterienentwicklung durch Zusätze geeigneter Antiseptika oder teilweise Fermentisolierung für den Beizvorgang selbst ausgeschaltet wird. Auch von den in diese Gruppe gehörenden Vorschlägen sollen nachstehend die wichtigsten und prinzipiell neue Gesichtspunkte ergebenden angeführt werden, eine ausführliche diesbezügliche Patentzusammenstellung findet sich S. 440ff. dieses Bandes. Eine Reihe von Patenten geht zunächst vom Hundekot selbst aus, wobei das Grundprinzip darin besteht, zunächst in getrenntem Arbeitsgange durch normale Vergärung die für den Beizprozeß wichtigen Bakterienenzyme zu erzeugen, dann aber die Wirkung der Bakterien zu unterbinden und die erhaltenen Produkte auf eine bestimmte Enzymkonzentration und damit genormte Beizwirkung einzustellen. Erwähnt sei hier zunächst das D.R.P. 379298, durch das ein Verfahren zur Herstellung von Beizen aus Hundekot und Taubenmist geschützt wird, demzufolge man den Kot zunächst zur vollen Vergärung bringt, dann aber die Gärung mittels Salzsäure oder Alkohol oder Neutralsalzen unterbricht und den Beizbrei dann mit desinfizierenden Stoffen versetzt, durch die die Lebenstätigkeit der Bakterien unterdrückt wird, so daß in der fertigen Beize nur noch die gebildeten Enzyme wirksam sind. Die hergestellten Trockenpräparate können dann auf eine gleichmäßige Beizkraft eingestellt werden [Naipin; vgl. K. H. Goeller (*1*)]. In einem Zusatzpatent (D.R.P. 396956) wird der gleichzeitige Zusatz von Bleichmitteln, wie Natriumbisulfit, Natriumhydrosulfit usw., zum Erhalt gleichmäßig heller Leder vorgeschlagen. Im D.R.P. 379204 wird empfohlen, die Enzyme aus vergorenem Hundekot oder Taubenmist durch Elektrolyse mit Hilfe des Diaphragmaverfahrens zu isolieren. Die Enzyme und Säuren sollen dabei durch das Diaphragma nach außen diffundieren und von Sägemehl als Trockenstoff aufgesogen werden. In anderen Patenten werden nicht Kot oder Mist, sondern andere Substrate für die Züchtung der Bakterien und die Erzeugung der beizenden Bakterienenzyme empfohlen. So ist vorgeschlagen worden, Kulturen von Aspergillus oryzae zum Beizen zu verwenden, wobei nach erfolgter Enzymerzeugung die Bakterienentwicklung durch geeignete Antiseptika unterbrochen werden soll (F.P. 558132; G.Abt.). Im D.R.P. 459990 wird die Verwendung von Mikroorganismenkulturen zur Erzeugung von Beizen ganz allgemein vorgeschlagen, wobei insbesondere betont wird, daß als Nährboden nicht, wie dies vielfach üblich, Leimfleisch, also Kollagensubstanz verwendet wird, sondern ein Nährboden aus Weizenkleie mit Zusätzen von nach dem Beizen beim Streichen gewonnenem „Gneist“ oder „Grund“, um so die Spezifität der erzeugten Enzyme gegen diese Anteile der Haut zu erhöhen, nicht dagegen gegenüber Kollagen, das beim Beizen nicht nennenswert angegriffen werden solle. In einem Zusatzpatent (D.R.P. 531017) wird ein Nährboden empfohlen, der statt der als Grund bezeichneten Massen hydrolytisch aufgeschlossene keratinhaltige Stoffe, wie Haare, Horn u. dgl. enthält. In weiteren Patenten werden Bakterienkulturen, insbesondere der Mesentericusgruppe, zum Beizen vorgeschlagen, die auf eiweiß- und fetthaltigem Nährboden wie Fleisch, Blut usw. (E.P. 304214; 304294) bzw. die auf verwesenden Fischen als Nährboden (D.R.P. 545443) gezüchtet werden sollen. Weiter werden im D.R.P. 605961 Nährböden mit geringem Stickstoffgehalt wie die Abfallstoffe der Ölfabrikation, Abwässer bei der Malzbereitung unter Zusatz von Kohlenhydraten vorgeschlagen, die man mit Reinkulturen der in Frage kommenden Mikroorganismen impft. Nach genügender Fermentierung wird die Lösung zur Entfernung der Bakterien zentrifugiert und dann mit einem geeigneten Antiseptikum versetzt. Der jeweils gewünschte $p_H$-Wert während des Fermentierungsvorganges wird durch Zugabe entsprechender Puffergemische eingestellt und aufrechterhalten (D.R.P. 606662). Schließlich sei noch ein Verfahren zur Herstellung von Beizen angeführt (A.P. 1851763), bei dem die bei Verarbeitung geäscherter Häute erhaltenen Hautabfälle einer mehrtägigen Autolyse unter Entwicklung der in der Haut vorhandenen Bakterien überlassen bleiben, dann die Bakterienbildung durch Zusatz von Konservierungsmitteln unterbrochen wird, die gebildeten Bakterien von den Fermenten durch Filtration getrennt oder mittels geeigneter Konservierungsmittel unschädlich gemacht werden und die letzteren zusammen mit den Hautabbauprodukten in bekannter Weise mit Ammonsalzen und Sägemehl vermischt zum Beizen verwendet werden.

Daß sowohl in den natürlichen wie auch in der Mehrzahl der künstlichen Beizen des Gerbers neben den Proteasen auch fettspaltende Enzyme vorhanden sind, die ebenfalls für den Beizprozeß eine Rolle spielen (vgl. S. 233), ist in der einschlägigen Literatur wiederholt betont worden. J. T. Wood (*1*) weist z. B. in seinem Werk über das Beizen wiederholt auf diesen Punkt hin. In den Patentschriften des Oropons wird besonders erwähnt, daß auch die Lipase der Bauchspeicheldrüse eine Bedeutung für den Beizprozeß besitzt, und in den oben erwähnten Versuchen Woods über die Abänderung der Zusammensetzung des Oropons (S. 227) wird besonders betont, daß der an Stelle des Sägemehls verwendete Rizinusölsamen fettspaltende Enzyme enthält. Erwähnt sei ferner ein Vorschlag von G. Eberle (E.P. 21202), Pankreasauszug und Darmsaft zum Beizen im Gemisch mit Gallensaft zu verwenden, da durch diesen Zusatz der Gehalt der Beize an fettspaltenden Enzymen wesentlich erhöht würde. Hierher gehört auch die Escobeize, die nach den Angaben der Literatur neben Ammonsalzen und Bakterienenzymen auch Enzyme lipatischen Charakters enthalten soll. Sie soll in ihrer Wirkung etwa zwischen der sauren Kleienbeize und der Taubenmistbeize stehen. Schließlich sei in diesem Zusammenhang darauf hingewiesen, daß in der einschlägigen Patentliteratur auch einige Verfahren zur Herstellung von Beizen patentiert sind, die lediglich auf Basis fettspaltender Enzyme, eventuell im Gemisch mit entkälkenden oder fettlösenden bzw. -emulgierenden Mitteln aufgebaut sind. Als eigentliche Beizen im Sinne der eingangs gegebenen Definition können diese Produkte nicht angesprochen werden, solange nicht auch Proteasen in diesen Gemischen vorhanden sind. Sie üben neben einer entkälkenden Wirkung lediglich eine stärker entfettende Wirkung auf das Blößenmaterial aus, sind also ihrer Wirkung nach mehr als Entfettungsmittel auf enzymatischer Grundlage anzusprechen.

## 3. Das Wesen des Beizvorganges.

Nachdem in den vorhergehenden Abschnitten eingehend über die proteolytischen Enzyme, ihre Wesen, ihre Wirkungsweise und die sie beeinflussenden Faktoren, speziell im Hinblick auf den Beizprozeß und weiter über die Beizen des Gerbers, die natürlichen Beizen sowie die Vorschläge zur Herstellung künstlicher Beizprodukte berichtet wurde, erhebt sich nunmehr zwangläufig die Frage, worin das Wesen des Beizprozesses besteht und welche Bestandteile der Haut beim Beizen erfaßt und entfernt bzw. in ihrer Beschaffenheit verändert werden. Theoretisch kommen für den eigentlichen Beizprozeß, wenn man von dem in den Blößen befindlichen Kalk absieht, der durch die Entkälkung erfaßt und mehr oder weniger weitgehend entfernt wird, die folgenden Bestandteile der Haut als Substrate für die Beizwirkung in Frage: Keratinreste der Epidermis und der Haare, soweit eine Entfernung nicht beim Enthaaren und eventuell Glätten vor dem Beizen erfolgte, Reste des Unterhautbindegewebes, soweit dieses nicht beim Entfleischen entfernt wurde, Hautfett, elastische Fasern, das kollagene Fasergefüge selbst und die zwischen diesen Fasern eingelagerten Bindegewebszellen. Ohne Zweifel werden sämtliche angeführten Bestandteile im Rahmen des gesamten Beizvorganges in geringerem oder stärkerem Umfange erfaßt, die Frage aber, ob und in wieweit einzelnen dieser Teilprozesse hierbei eine hervorragende Rolle zukommt, ist indessen heute noch nicht restlos geklärt und die Ansichten der einzelnen Forscher weichen in diesem Punkte teilweise noch weitgehend voneinander ab. Während teilweise die Entfernung der elastischen Fasern als für die Erzielung einer einwandfreien Beizwirkung besonders wichtig angesprochen wurde, wird von anderer Seite wieder die Auffassung vertreten, die Hydrolyse der Epidermisreste (Loslösen des Grundes) sei als Hauptfaktor anzusprechen, und in neuerer Zeit hat sich immer mehr die Auffassung Geltung verschafft, daß die Hauptaufgabe des Beizprozesses in einer Entquellung und gelinden Anpeptisierung des kollagenen Fasergefüges zu erblicken sei. Diese Frage ist indessen heute noch nicht endgültig entschieden und es sollen daher in den folgenden Abschnitten an Hand der einschlägigen Literatur die einzelnen Teilprozesse besprochen und ihre Bedeutung im Rahmen des gesamten Beizvorganges diskutiert werden.

### a) Die Entfernung der Keratinreste.

Nach dem Enthaaren, Entfleischen und Spülen und dem eventuell auch in diesem Arbeitsstadium vorgenommenen Glätten enthält die Blöße stets noch Keratinreste in Form von Haarwurzeln, Grundhaaren, Auskleidungen der Haar-, Talg- und Schweißdrüsen und bei ungenügender Haarlockerung auch Reste der auf dem Narben sitzenden Epidermis, also Substanzen, die zusammen mit den in der Haut befindlichen Äscherchemikalien, dem Hautfett und den Fibroblasten und Mastzellen des Coriums den sog. „Grund" bilden. Diese aus Keratinen bestehenden, durch den Haarlockerungsprozeß schon mehr oder weniger angegriffenen und abgebauten Restsubstanzen müssen vor der Gerbung unbedingt aus der Haut entfernt werden, da sie nur in alkalischem Medium in Lösung zu bringen sind, bei saurer Reaktion unter etwa $p_H = 5$, also auch in den sauren Gerbbrühen aber gefällt werden und dann auch durch gründliche mechanische Bearbeitung nicht mehr entfernt werden können, zumal sie während der Gerbung selbst durch die Gerbstoffe in noch widerstandsfähigere und unlöslichere Formen umgewandelt werden. Im fertigen Leder, insbesondere im Narben, verursachen diese Einlagerungen von harter und spröder Beschaffenheit eine rauhe und brüchige und zudem fleckige Beschaffenheit des Fabrikates. Die Wichtigkeit der Entfernung der Keratinreste während des Beizens steht also außer Frage, und J. A. Wilson und H. B. Merrill (*1*), die das Verhalten solcher bereits anpeptisierter Keratinsubstanzen, die sie als „Keratosen" bezeichnen, während des Beizprozesses eingehend studiert haben, sprechen diesen Vorgang, die Keratosen durch enzymatische Einwirkung in Produkte zu zerlegen, die viel leichter aus der Haut auswaschbar und durch Säuren nicht mehr fällbar sind, als den überhaupt wichtigsten Teilprozeß des Beizens an, demgegenüber allen anderen Vorgängen nur sekundäre Bedeutung zukomme. Auch von anderer Seite ist diese Auffassung bisweilen vertreten worden [z. B. H. B. Merrill und J. W. Fleming (*1*)], doch hat E. Stiasny [(*1*), S. 302; (*2*)] andererseits diese Auffassung bestritten und bei aller Anerkennung der Wichtigkeit der Entfernung des Grundes doch darauf hingewiesen, daß die Einwirkung der Beize auf das kollagene Fasergefüge mindestens ebenso wichtig sei. Ähnliche Auffassungen sind auch von R. H. Marriott (*2*) und von G. D. McLaughlin, J. H. Highberger, F. O'Flaherty und K. Moore vertreten worden und die letzteren haben darauf hingewiesen, daß der Keratoseabbau nach dem Ergebnis ihrer Untersuchungen nicht so sehr wichtig sein könne, daß er als ein besonders maßgeblicher Vorgang für das Zustandekommen der Beizwirkung anzusprechen sei, da die Menge der während des Beizens gelösten schwefelhaltigen Bestandteile nicht sehr groß sei.

Die Eigenschaften und das Verhalten der Keratine sind an anderer Stelle dieses Handbuches eingehend behandelt (Band I, 1. Teil), so daß es genügt, an dieser Stelle die im Hinblick auf die Fermenteinwirkung interessierenden Punkte kurz zusammenzufassen und im übrigen auf die dort gemachten Angaben zu verweisen. Die Keratine zeichnen sich, soweit sie vollständig verhornt sind (Haare, Horn, Nägel usw.), durch eine Unangreifbarkeit durch Fermente aus, wenn man von einigen Spezialfällen absieht (z. B. Fermente der Pelzmotte), die im Hinblick auf den Beizprozeß nicht interessieren. Diese Widerstandsfähigkeit ist aber eng mit dem Grad der Verhornung verbunden, sie nimmt mit abnehmender Verhornung ebenfalls ab und die überhaupt noch nicht verhornten Protoplasmaproteine werden, wie wir auch bei Besprechung der biologischen Haarlockerungsmethoden sahen, ohne Schwierigkeit enzymatisch gespalten. Aber auch die verhornten Keratine verlieren ihre Widerstandsfähigkeit gegenüber Enzymen in dem Maße, wie sie zuvor eine Hydrolyse (z. B. durch Erwärmen mit Natronlauge) erfahren haben, und zwar wird hierbei die Fermentempfindlichkeit um so größer, je weiter die Hydrolyse fortgeschritten ist. Die in der tierischen Haut nach dem Äschern und den Reinmacharbeiten in der Blöße zurückbleibenden Keratinreste haben, auch wenn sie an und für sich schon stark verhornt waren (Reste der Epidermis und insbesondere der Haare), während des Prozesses der Haarlockerung bereits einen mehr oder weniger starken Angriff und Abbau erfahren, so daß die Frage, ob ein enzymatischer Angriff auf diese Substanzen überhaupt möglich ist, prinzipiell wohl bejaht werden kann.

J. A. Wilson und H. B. Merrill (*1*) verwandten für ihre Versuche als „Keratosen"-Substrat ein Hydrolysat aus Kalbshaaren nach 18stündigem Behandeln mit zweifach normaler Natronlauge bei 25° C, wobei E. Stiasny [(*1*), S. 300] allerdings mit Recht darauf hingewiesen hat, daß in dem „Grund" der tierischen Haut neben Abbauprodukten des Haares auch solche von weniger verhornten Keratinen bzw. von Protoplasmaproteinen vorhanden sind, die unter Umständen ein von dem von J. A. Wilson und H. B. Merrill (*1*) verwendeten Substrat abweichendes Verhalten aufweisen können. Nach dem Ergebnis der Versuche von J. A. Wilson und H. B. Merrill (*1*) erfahren die Keratosen bei Einwirkung von Pankreatin einen Abbau unter Bildung von durch Säure nicht mehr ausfällbaren Produkten, der mit zunehmender Konzentration sowohl des Enzyms wie auch der Keratosen zunimmt und bei $p_H = 7{,}9$ seinen optimalen Verlauf aufweist. H. B. Merrill (*1*) hat die Frage der Temperaturabhängigkeit des Keratosenabbaues untersucht und dabei mit steigender Temperatur einen Anstieg des Abbaues bis zu einer optimalen Temperatur von etwa 45° C festgestellt, während bei weiterer Steigerung, wie zu erwarten, wieder eine Abnahme eintrat.

Für den Praktiker besteht ein typisches Kennzeichen dafür, daß eine Lockerung und ein ausreichender Abbau der Keratosen während des Beizprozesses stattgefunden hat, darin, daß man den „Grund" nach genügendem Beizen als eine dicke, etwas klebrige Masse durch leichten Fingerdruck aus den Blößen herauszudrücken vermag.

### b) Die Lockerung von Resten des Unterhautbindegewebes.

Das Unterhautbindegewebe wird, wie wir früher sahen, beim Entfleischen weitgehend entfernt. Gewisse Reste bleiben natürlich zumeist haften, und E. Stiasny [(*1*), S. 304] hat darauf hingewiesen, daß eine Aufgabe bzw. Wirkung der Beize auch darin bestünde, diese Reste durch gelinde Peptisierung zu lockern und damit ihre mechanische Entfernbarkeit zu erleichtern. Ohne Zweifel ist aber diese Aufgabe im Vergleich mit den übrigen Teilprozessen von nur sehr untergeordneter Bedeutung.

### c) Die Wirkung der Beize auf das Naturfett der Haut.

Wie wir bereits an früherer Stelle sahen (vgl. S. 77 und 147), findet schon während des Äscherns eine Verminderung des Gehaltes der tierischen Haut an Naturfett durch teilweise Verseifung und Emulgierung statt, doch wird hierbei stets nur ein Teil des Naturfettes erfaßt, insbesondere bei stark fetthaltigem Hautmaterial und in den Fällen, in denen das Hautfett etwa wie bei vielen Schaffellen zu einem beträchtlichen Teil aus schwer verseifbaren Cholesterinfetten besteht. Eine weitere Verminderung erfolgt durch die mechanische Bearbeitung des Hautmaterials beim Glätten und Streichen, aber auch dem Beizprozeß kommt hinsichtlich der Frage der Entfernung des Naturfettes aus der Haut eine wesentliche Rolle zu. Auch hier sind allerdings Meinungen laut geworden, die der Beize keine bedeutende Rolle bei der Entfernung des Naturfettes zuerkennen wollen, die meisten Erfahrungen und Mitteilungen sprechen aber dafür, daß dem Beizprozeß ein nicht unbeträchtlicher Einfluß auf die Entfernung des Naturfettes aus der Haut einzuräumen ist.

Bei Besprechung der Beizen des Gerbers ist ausdrücklich darauf hingewiesen worden, daß die natürlichen Kot- und Mistbeizen wie auch die meisten auf Basis tryptischer Körperfermente aufgebauten künstlichen Beizpräparate neben den Proteasen auch fettspaltende Lipasen enthalten und daß andererseits Vorschläge und Verfahren bestehen, diese fettspaltende Wirkung der Beizen durch Zusätze lipasehaltiger Materialien noch zu erhöhen. Die Lipasen verseifen während des Beizens die Triglyceridfette der Blößen, soweit eine solche Verseifung nicht schon während der Prozesse der Haarlockerung erfolgte, und emulgieren ferner zu einem beträchtlichen Teil auch die schwer verseifbaren cholesterinartigen Fette, wie sie insbesondere in Schaffellen häufig in beträchtlichem Umfange vorhanden sind. Hinzu kommt weiter, daß während des Beizens auch die schützenden Membranen der Fettzellen angegriffen und zerstört werden, wodurch die Erfassung und Verseifung bzw. Emulgierung weiteren Hautfettes ermöglicht wird. Schließlich wird während des Beizens auch eine wenigstens teilweise Spaltung der vom Äscher her in der Haut befindlichen Kalkseifen bewirkt. Die vorstehenden Ausführungen lassen also eindeutig den Einfluß der Beize auf den Naturfettgehalt der Blöße erkennen. Die Bedeutung dieser Fettverseifung und -emulgierung während des Beizens erhellt auch daraus, daß nach Untersuchungen von G. Eberle und L. Krall des bei Ausstreichen von Lammfellen daraus entfernten „Grundes" darin etwa 60% cholesterinhaltiges Fett von salbenartiger Beschaffenheit und gelbbrauner Farbe und etwa 9% Kalkseifen, auf Trockensubstanz berechnet, festgestellt wurden. Als für die eigentliche Beizwirkung wesentlicher Vorgang kann dagegen diese Entfernung des Naturfettes nicht bezeichnet werden, da sonst die gleiche Beizwirkung auch durch ausschließliche Verwendung von Lipasen erreicht werden müßte.

### d) Die Wirkung der Beize auf die elastischen Fasern.

G. J. Rosenthal hat als erster darauf hingewiesen, daß der Angriff der tryptischen Enzyme des Beizprozesses in erheblichem Umfange auf eine Verdauung der Elastinfasern gerichtet sei. Wenn er dabei den gesamten Gehalt der Stickstoffsubstanzen, der während des Beizprozesses in die Beizflotte gelangt, auf diesen Angriff der Elastinfasern zurückführt, so kann dies ohne Zweifel nicht zutreffen, denn ein beträchtlicher Teil der in Lösung gehenden Stickstoffsubstanzen stammt ohne Zweifel von anderen Proteinelementen der Haut her. Immerhin aber haben sich im Laufe der Zeit eine ganze Reihe von Fachgenossen seiner Auffassung insofern angeschlossen, als sie in der Einwirkung der Beizenzyme auf die elastischen Fasern der Haut den wichtigsten Teilprozeß des Beizvorganges erblickten. A. Seymour-Jones (*1*) führte zusammen mit J. T. Wood Beizversuche durch, bei denen das verwendete Hautmaterial zunächst gespalten und dann je eine Hälfte des Narben- und Fleischspaltes nur mit Essigsäure entkälkt, die andere mit Pankreatin gebeizt wurde. Dabei waren beträchtliche Unterschiede hinsichtlich äußerer Beschaffenheit des Hautmaterials nur zwischen den beiden Narbenspalten, nicht zwischen den Fleischspalten festzustellen, und daraus schloß A. Seymour-Jones (*1*), daß die vorwiegend in der Narbenschicht vorhandenen Elastinfasern beim Beizprozeß in erster Linie entfernt werden müßten. Zu dem gleichen Ergebnis, daß die Entfernung des Elastins als hauptsächlichste Wirkung des Beizvorganges anzusprechen sei, kamen J. A. Wilson (*2*) und J. A. Wilson und G. Daub, die den Beizprozeß durch Anfertigung von Hautschnitten vor, während und nach dem Beizen, Anfärben der elastischen Fasern mit geeigneten Farbstoffen, mikroskopische Untersuchung und schätzungsweise quantitative Auswertung dieser Schnitte verfolgten und dabei feststellen konnten, daß die ursprünglich infolge andersartiger Färbung scharf erkennbaren elastischen Fasern mit zunehmender Beizdauer sich verminderten und die Färbung schließlich überhaupt verschwand, und aus diesen Befunden folgerten, daß die elastischen Fasern während des Beizprozesses aus der Blöße entfernt würden. Sie führten eingehende Untersuchungen auch über die Abhängigkeit dieser Entfernung der elastischen Fasern von der Enzymkonzentration, dem $p_H$-Wert der Beizbrühe, der Beizdauer und der Konzentration des gleichzeitig vorhandenen Ammoniumchlorids durch, doch soll auf die Ergebnisse dieser Untersuchungen hier nicht näher eingegangen werden, da, wie unten noch besprochen wird, die angewandte histologische Methode keinen einwandfreien Maßstab für eine tatsächlich stattfindende Elastinverdauung darstellt. Vor Veröffentlichung der Untersuchungen von J. A. Wilson und G. Daub hatte bereits L. Krall mikroskopische Untersuchungen über die Veränderung der tierischen Haut während des Beizens mit Hundekot durchgeführt und war dabei ebenfalls zu dem Ergebnis gelangt, daß die Hauptwirkung des Beizens in einer Entfernung der elastischen Fasern aus der Haut bestünde.

Die angeführten Arbeiten und die darin angeführte Ansicht, die Verdauung der elastischen Fasern stelle den Hauptvorgang des Beizprozesses dar, sind nicht unwidersprochen geblieben. So hat J. T. Wood (*2*) darauf hingewiesen, daß eine geringfügige Schwächung der elastischen Fasern während des Beizens zweckentsprechend, eine vollständige Entfernung aber weder notwendig noch wünschenswert sei. R. H. Marriott (*1*) ist von dem Gesichtspunkt ausgegangen, daß die bekannte verschiedenlange Beizdauer bei verschiedenartigem Hautmaterial (vgl. S. 249ff.), wenn eine vorwiegende Bedeutung der Elastinverdauung für den Beizprozeß zuträfe, auf eine unterschiedlich rasche Entfernung des Elastins zurückzuführen sein müsse. Da Ziegenfelle bekanntlich länger gebeizt werden müssen als Kalbfelle, wäre entsprechend im letzteren Falle, bei sonst gleichen Beizbedingungen, eine raschere Entfernung des Elastins zu erwarten gewesen als bei Ziegenfellen. Bei praktischen Versuchen mußte indessen das Umgekehrte festgestellt werden, da unter den gewählten Versuchsbedingungen das Elastin des Ziegenfells bereits nach 3 Stunden weitgehend, nach $5^1/_2$ Stunden völlig entfernt war, beim Kalbfell dagegen eine völlige Entfernung erst nach 12 Stunden erreicht werden konnte. Der gleiche Autor entfernte bei anderen Untersuchungen [R. H. Marriott (*2*)] das Elastin weitgehend aus der Haut durch langandauerndes Äschern (60 Tage), entkälkte die Haut dann mit Essigsäure und brachte sie durch Behandlung mittels Essigsäure-Natriumacetat-Puffer auf den isoelektrischen Punkt. Die Beschaffenheit dieses Hautmaterials war indessen eine andersartige, als wenn ein Beizprozeß durchgeführt worden wäre, und auch auf Grund dieses Versuchs ist die Elastintheorie verneint worden. Ebenso wurde von Röhm und Haas die vorwiegende Elastinverdauung beim Beizen als nicht genügend bewiesen bezeichnet und darauf hingewiesen, daß ohne Zweifel auch andere Bestandteile der Haut, insbesondere auch das kollagene Fasergefüge eine Veränderung erführe, die sich allerdings auf mikroskopischem Wege nicht feststellen ließe, was aber noch kein Beweis gegen ihr tatsächliches Vorhandensein sei. Schließlich haben auch G. D. McLaughlin, J. H. Highberger, F. O'Flaherty und K. Moore eine Elastinverdauung als maßgeblichen Prozeß bei der Beize als praktisch nicht in Betracht kommend abgelehnt.

Ausschlaggebende neue Gesichtspunkte in der Beurteilung der vorliegenden Arbeiten über die Elastinverdauung während des Beizens brachte A. Küntzel [(*2*), (*3*), S. 31 und 68], der auf Grund seiner Untersuchungen die Auffassung vertrat, daß die elastischen Fasern der Haut beim Beizprozeß nicht entfernt, sondern nur derart verändert würden, daß sie die gleichen Färbeeigenschaften wie das Kollagen annähmen, so daß sie bei den angewandten histologischen Methoden im kollagenen Fasergefüge durch Anfärben nicht mehr sichtbar gemacht werden könnten. Nach seinen Darlegungen bestehen die elastischen Fasern aus einer kollagenen Grundsubstanz, in deren Inneres ein Körper eingelassen ist, der der elastischen Faser ihre besonderen Eigenschaften, insbesondere auch ihre abweichende Färbbarkeit verleihe. Bei der Pankreatineinwirkung wird nicht die ganze Faser, sondern nur diese Substanz entfernt, wobei dieser Angriff in der Mitte der Fibrillen, nicht vom Rande her beginnt, so daß gefolgert wurde, daß die Randzonen der Fasern widerstandsfähiger als die Mittelschicht seien. Bei dieser Sachlage wird aber der Hauptstütze der Elastintheorie, den histologischen Arbeiten unter Anfärbung der Elastinfasern ihre Beweiskraft genommen, und damit muß die Frage, welche Rolle die Elastinverdauung beim Beizprozeß spielt, als noch nicht geklärt bezeichnet werden. Allerdings muß berücksichtigt werden, daß die in den elastischen Fasern eingelagerte Substanz nach Ansicht A. Küntzels (*2*) diesen neben der Färbbarkeit überhaupt ihre gegenüber dem Kollagen besonderen Eigenschaften verleiht. Wird also diese Substanz während des Beizens entfernt, so bleibt lediglich die kollagenartige Grundsubstanz der elastischen Fasern zurück, so daß im Grunde genommen der Wirkung nach in gewissem Sinne vielleicht doch eine Elastinentfernung während des Beizens erfolgt. Daß zwischen Kollagen und Elastin hinsichtlich ihres Aufbaues weitgehende Verwandtschaft besteht, haben andererseits R. O. Herzog und W. Jancke auf Grund der großen Übereinstimmung der Röntgendiagramme zeigen können.

Auch J. A. Wilson, der mit seinen Mitarbeitern ursprünglich die Elastintheorie verfocht, ist später zu anderer Ansicht gelangt, und wie wir bereits an anderer Stelle sahen (vgl. S. 231 ff.), hat er später zusammen mit H. B. Merrill die Entfernung der Keratinsubstanzen aus der Haut als den wichtigsten Teilvorgang des Beizens bezeichnet [J. A. Wilson und H. B. Merrill (*1*)]. Er hat ferner größere vergleichende praktische Beizversuche mit größeren Partien von Hunderten von Kalbfellen durchgeführt, um Fehlermöglichkeiten durch die individuelle Beschaffenheit einzelner Felle weitestmöglich auszuschalten und ist auch bei diesen Versuchen zu dem Ergebnis gekommen, daß die Entfernung der elastischen Fasern nicht erforderlich ist, um einen einwandfreien Beizeffekt zu erzielen und daß beim fertigen Leder insbesondere die Narbenbeschaffenheit weitgehend die gleiche ist, ob die Elastinfasern entfernt sind oder nicht. Die charakteristische Narbenbeschaffenheit gebeizten Hautmaterials kann mittels Enzymbeizen auch erreicht werden, ohne daß die elastischen Fasern sichtbar angegriffen sind [J. A. Wilson (*1*), S. 298ff.].

### e) Die Wirkung der Beize auf das kollagene Fasergefüge.

Da das kollagene Fasergefüge des Coriums den für den Gerber allein wichtigen Bestandteil der Proteine der Haut darstellt, ist es nur zu selbstverständlich, daß die mit dem Wesen des Beizprozesses sich beschäftigenden Forscher auch immer wieder die Frage erörtert und diskutiert haben, inwieweit dabei auch das Kollagen einen Angriff oder doch eine Veränderung erfährt. Von vielen Seiten ist diese Frage prinzipiell verneint worden, und alle die angeführten Autoren, die in der Entfernung der elastischen Fasern oder der Keratinsubstanzen aus der Haut den wesentlichsten Teilvorgang des Beizprozesses erblicken, räumen damit ja automatisch dem Einfluß der Beizenzyme auf das kollagene Fasergefüge, wenn sie einen solchen Einfluß nicht überhaupt negieren, doch in allen Fällen zum mindesten eine nur untergeordnete, für die Beizwirkung als solche weniger wesentliche Bedeutung ein. Schon bald ist indessen zunächst in Diskussionsbemerkungen immer wieder der Hinweis aufgetaucht, man müsse dem Kollagen selbst bei der Beurteilung der Vorgänge des Beizprozesses eine größere Aufmerksamkeit schenken, als dies bisher geschehen sei.

Die Auffassung, daß Kollagen von Proteasen, insbesondere auch von Pankreatin nicht angegriffen wird, ist ursprünglich von Physiologen vertreten [vgl. z. B. W. Kühne, A. Ewald und W. Kühne, Baumstark und Cohnheim] und dann von vielen Gerbereichemikern übernommen worden [vgl. z. B. G. J. Rosenthal, A. Seymour-Jones (*2*), J. A. Wilson (*3*), W. Möller u. a. m.], so daß die Wirkung der Beize als lediglich auf die anderen Proteine der Haut wirksam angenommen wurde. In einer ganzen Reihe neuerer Arbeiten, von denen die meisten in den nachfolgenden Ausführungen eingehende Beachtung finden werden, ist indessen die Ansicht vertreten worden, daß auch natives Kollagen fermentempfindlich sei. Auch H. B. Merrill und J. W. Fleming (*1*), die zwar unter den Bedingungen des praktischen Beizprozesses einen enzymatischen Angriff auf das kollagene Fasergefüge nicht in nennenswertem Umfange für möglich hielten, haben doch prinzipiell die Angreifbarkeit des Kollagens durch Proteasen zugegeben.

Um die älteren Arbeiten, die die enzymatische Angreifbarkeit des Kollagens überhaupt negierten, und die neueren, die einen solchen Angriff unter geeigneten Bedingungen nachweisen konnten, in Übereinstimmung miteinander zu bringen, hat man vielfach angenommen, das ursprüngliche, unbehandelte Kollagen der tierischen Haut sei gegenüber enzymatischen Angriffen widerstandsfähig, es würde aber durch die dem Beizprozeß bei der Lederbereitung normalerweise vorhergehenden Arbeitsvorgänge und dadurch bedingte Einwirkungen insbesondere von Kalk und von Neutralsalzen in eine trypsinempfindliche Form übergeführt, und man hat entsprechend teilweise zwischen einem $\alpha$-Kollagen als der enzymresistenten Form und einem $\beta$-Kollagen als der trypsinempfindlichen Form unterschieden [vgl. z. B. R. H. Marriott (*2*)]. Die Beizwirkung wird in diesen Arbeiten unter Zugrundelegung dieser Annahme dahingehend erläutert, daß das $\beta$-Kollagen durch die Beizenzyme entfernt werden müsse, da es sonst bei der Gerbung mit den Gerbstoffen reagieren, eine hornartige Schicht um die Hautfasern bilden und so den Erhalt eines harten und blechigen Leders verursachen würde [R. H. Marriott (*2*)]. Nun ist ein Einfluß einer solchen Vorbehandlung, wie wir unten sehen werden, auf die Intensität des enzymatischen Angriffs auf das Hautmaterial ohne Zweifel vorhanden und anderseits sind die meisten Arbeiten, in denen die Angreifbarkeit des Kollagens durch Enzyme untersucht wurde, an bereits geäschertem Hautmaterial bzw. Hautpulver und mit Enzymlösungen, denen zur Einstellung des $p_H$-Wertes Puffergemische zugesetzt worden waren oder die gleichzeitig entkälkende Ammonsalze enthielten, durchgeführt worden, so daß eine Umwandlung des Kollagens in fermentempfindlichere Formen im oben dargelegten Sinne unter Umständen stattgefunden haben kann. Es erhebt sich entsprechend zwangsläufig die Frage, wie der Angriff von Pankreatin auf Kollagen bei völliger Ausschaltung dieser Begleitfaktoren verlaufen würde. H. B. Merrill und J. W. Fleming (*1*) haben diesbezügliche Betrachtungen angestellt. Wenn die beim intensiven Beizen geäscherten Hautmaterials in Lösung gehenden Stickstoffmengen neben Grund, also Keratosen, nur das während des vorhergehenden Äscherns gebildete $\beta$-Kollagen umfassen würden, so müßte die Kurve der gelösten Stickstoffverbindungen in Abhängigkeit von der Verdauungszeit einen Verlauf wie Kurve *A* im linken Kurvenbild der Abb. 59 nehmen, es dürfte also nach einer gewissen Zeit, wenn $\beta$-Kollagen und Keratosen entfernt wären, keine weitere Zunahme an gelöster Stickstoffsubstanz mit weiter steigender Beizdauer mehr erfolgen. Die Kurve *C* des gleichen Kurven-

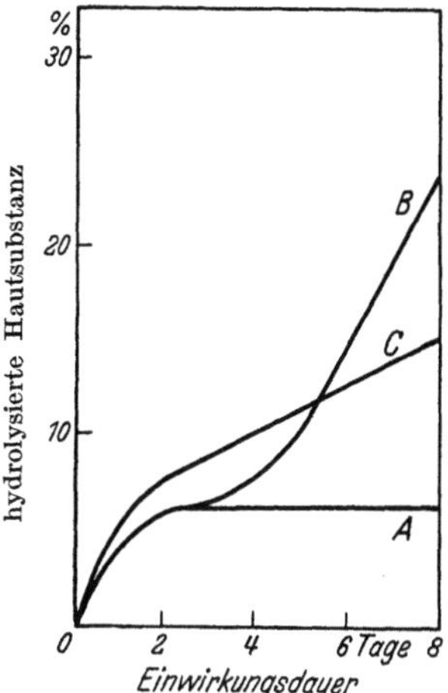


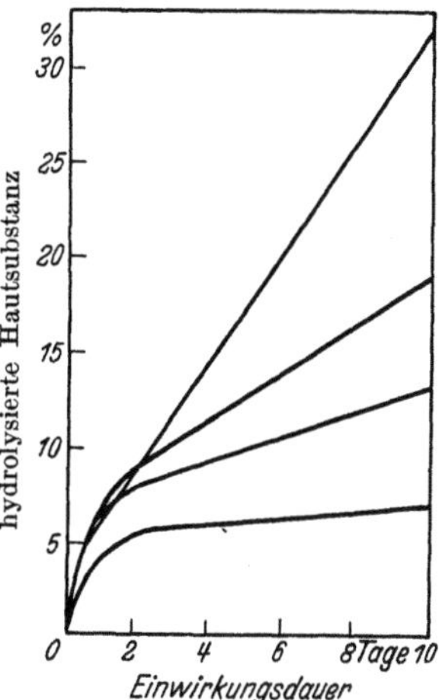


Abb. 59. Beim Beizen geäscherten Hautmaterials in Lösung gehende Hautsubstanzmengen in Funktion der Verdauungszeit. Das linke Kurvenbild umfaßt die theoretischen Möglichkeiten, das rechte die mit Beizpräparaten experimentell ermittelten Kurven [H. B. Merrill und J. W. Fleming (*1*)].

bildes würde dagegen dem Fall entsprechen, daß anfänglich eine reichliche Bildung löslicher Hydrolysenprodukte vorwiegend infolge Abbaues von Keratosen stattfindet, während der daran anschließende mäßige weitere Anstieg der Kurve einem stetig fortgesetzten Angriff des Trypsins auf das kollagene Fasergefüge entsprechen würde. Der Verlauf der 4 Kurven des rechten Kurvenbildes in Abb. 59, die experimentell mit 4 verschiedenen Beizpräparaten bei einer Temperatur von 40° C ermittelt wurden, bestätigt diese zweite Annahme und ist als Beweis dafür gewertet worden, daß der Angriff des Trypsins sich tatsächlich auch auf das ursprüngliche Kollagen erstrecken muß [H. B. Merrill und J. W. Fleming (*1*)]. Die Kurve *B* des linken Kurvenbildes schließlich ist für den Fall angenommen worden, daß die in der Literatur wiederholt erwähnte und verteidigte Annahme den Tatsachen entspräche, daß die Kollagenfaser aus einer schwerer fermentverdaubaren Außenschicht und einer fermentativ verhältnismäßig leicht verdaubaren Kernsubstanz bestünde. Nach dem Verlauf der Kurve *B* würden zunächst die Keratosen in Lösung gehen und dann ein gewisser Stillstand eintreten, der auf eine weitgehende Entfernung der Keratosen hindeutet, bis dann die schwer verdaubaren Hüllen der Kollagenfasern gesprengt sind und dann infolge Angriffs der Enzyme auf die leichter verdaubare Kernsubstanz der Kollagenfasern wieder ein Anstieg erfolgt. Allerdings hat E. Stiasny (2) darauf hingewiesen, daß die Tatsache, daß der experimentell ermittelte Kurvenverlauf der Kurve *C* und nicht der Kurve *B* entspricht, noch nicht gegen die Annahme widerstandsfähigerer Außenschichten der Kollagenfasern spräche. Wenn diese Außenschichten nämlich rascher zerstört wären, bevor eine restlose Entfernung der Keratosen aus der Blöße erreicht wäre, würde automatisch der flach verlaufende Mittelteil der Kurve *B* in Fortfall geraten und damit die Kurven *B* und *C* gleichen Verlauf aufweisen.

H. B. Merrill und J. W. Fleming (2) konnten in einer weiteren Arbeit zeigen, daß auch frisches, nicht geäschertes oder sonst vorbehandeltes Hautmaterial durch Trypsin verdaut wird, ein weiterer Beweis, daß die Auffassung, Kollagen müsse erst durch die Vorbehandlung mit Kalk trypsinempfindlich werden, nicht zutrifft. Schließlich haben A. Küntzel und O. Dietsche Beizversuche mit reinem, unvorbehandeltem Kollagen (Spaltkollagen) durchgeführt, das der Pankreatineinwirkung ohne Zugabe von Neutralsalzen unterworfen wurde. Auch hierbei konnte einwandfrei ein enzymatischer Angriff auf das Kollagen festgestellt werden, und es gelang, durch Einwirkung stets neuer Mengen von Pankreatin auf dasselbe Kollagenstück bei 40° C nach 23maligem Wechsel einen Abbau von 72% zu erreichen. Wenn bei diesen Versuchen nach etwa 4tägiger Einwirkung der prozentuale Abbau des Kollagens pro Zeiteinheit eine Verminderung erfährt, so dürfte dies vornehmlich auf den bekannten hemmenden Einfluß der im Kollagen gebildeten und angereicherten Abbauprodukte auf die Enzymaktivität zurückzuführen sein (vgl. S. 217), es kann aber auch hier die Möglichkeit diskutiert werden, ob das Kollagen aus verschieden schwer verdaulichen Anteilen besteht und etwa eine leichter verdauliche Innenzone rascher abgebaut wird als die schwerer verdaulichen Außenschichten (A. Küntzel und O. Dietsche). Aber auch ohne ständige Erneuerung der Fermentlösung kann, wie M. Bergmann und G. Pojarlieff zeigen konnten, ein erheblicher Prozentsatz des Kollagens verdaut werden.

Ohne Zweifel sind die Ergebnisse der angeführten Arbeiten wegen der gewählten intensiven Einwirkung der Beizenzyme auf das Kollagen nicht ohne weiteres mit den unter viel milderen Bedingungen und in viel kürzerer Zeit verlaufenden Vorgängen des technischen Beizprozesses zu vergleichen oder direkt in Parallele zu setzen. Jedenfalls haben aber die vorliegenden Versuche gezeigt, daß das Kollagen prinzipiell fermentempfindlich ist und damit ohne Zweifel auch die Einwirkung der Beizfermente auf das kollagene Fasergefüge der Haut namentlich bei langem und intensivem Beizen ohne weiteres im Bereich der Möglichkeit liegt und bei Behandlung der Einzelvorgänge des Beizprozesses mitberücksichtigt werden muß. In gleicher Weise ist mit vollem Recht auch darauf hingewiesen worden, daß es unzulässig und prinzipiell unrichtig ist, zu versprechen, wie dies bisweilen geschieht, daß eine Beize, wenn sie tatsächlich auf fermentativer Grundlage aufgebaut ist, eine Schädigung der Hautsubstanz generell nicht zu bewirken vermöge oder, wie dies amerikanische Forscher teils vorgeschlagen haben, als Kennzeichen der Güte einer Beize ihre Nichteinwirkung auf Kollagen anzusehen (W. Schindler).

In gewissen Grenzen ist eine Umwandlung eines an und für sich trypsinresistenten in ein trypsinempfindlicheres Kollagen nach neueren Untersuchungen wohl anzunehmen. Die Frage der Trypsinempfindlichkeit von Kollagen ist in neuester Zeit wieder Gegenstand wiederholter Untersuchungen und Erwägungen gewesen [vgl. z. B. W. Graßmann (4); W. Graßmann, J. Janicki und F. Schneider; A. Küntzel (8)]. Nach dem Ergebnis dieser Untersuchungen ist die Fermentresistenz des Kollagens grundlegend davon abhängig, ob die Peptidketten in ein festes Fasergitter eingeordnet sind oder ob eine Umwandlung dieses von Natur aus geordneten Zustandes der Moleküle zu einem mehr oder weniger ungeordneten Zustand stattgefunden hat. Ganz allgemein weisen die faserförmigen Proteine, wie bereits früher erwähnt (vgl. S. 209), infolge der Einordnung ihrer Peptidketten in feste Kristallgitter und dadurch verursachte Verminderung ihrer Beweglichkeit und ihrer Reaktionsfähigkeit eine hohe Fermentresistenz auf. Entsprechend wird das gefaserte native Kollagen durch Fermente nur in sehr geringem Umfange angegriffen, zu mindest ist die Verdauung in der Größenordnung wesentlich geringer als bei anderen normalverdaulichen Eiweißkörpern, und die tatsächlich vorhandene geringe Verdaubarkeit wird darauf zurückgeführt, daß das native Kollagen der Fasern nicht ausschließlich aus in ein festes Gitter eingebauten Peptidketten besteht, sondern in den Außenzonen auch ungeordnete und damit leicht verdaubare Randmoleküle vorhanden seien. In dem Maße, wie der naturgegebene Einbau der Peptidketten bei den Faserproteinen, im vorliegenden Falle also bei dem nativen Kollagen, in ein Gitter gelockert wird und damit eine Vereinzelung der Moleküle stattfindet, etwa durch Quellung oder durch irreversible Denaturierung durch Schrumpfung beim Erhitzen mit Wasser von etwa 62 bis 64° C, erfolgt auch eine Umwandlung des Kollagens in eine enzymatisch empfindlichere Form. Eine Veränderung des Kollagens im Sinne höherer Fermentempfindlichkeit ist aber oft notwendig mit den Fermentversuchen verbunden und vielleicht erklären sich daher die einander widersprechenden Angaben der Literatur. Es steht heute fest, daß insbesondere durch Erhitzen denaturiertes Kollagen sehr leicht von Pankreatin verdaut wird, während natives Kollagen im Vergleich dazu nur ganz wenig angegriffen wird.

Die Intensität des enzymatischen Angriffs auf Kollagen ist von einer ganzen Reihe von Faktoren abhängig und wird zunächst weitgehend durch Art und Vorgeschichte des Substrats bedingt. Dabei ist in einigen Arbeiten zunächst darauf hingewiesen worden, daß die Widerstandsfähigkeit gegen Trypsin bei der Kollagensubstanz verschiedener Tierarten und verschiedenen Alters der Tiere eine recht unterschiedliche sei (vgl. z. B. W. Ssadikoff; Mörner). Im Zusammenhang dieser Ausführungen und im Hinblick auf den Beizprozeß interessieren natürlich die einschlägigen Arbeiten nur insofern, als hierbei als Substrat Hautkollagen der für die Lederherstellung gebräuchlichen Hautarten verwendet wurde.

Weiter ist der Verteilungsgrad des Kollagens von wesentlichem Einfluß. Es ist wiederholt festgestellt worden, daß Hautpulver, also gemahlene Hautsubstanz, in ganz wesentlich stärkerem Maße unter sonst gleichen Bedingungen von tryptischen Enzymen angegriffen wird als Blößenstücke, und zwar um so stärker, je feiner die Mahlung ist (vgl. z. B. A. W. Thomas und F. L. Seymour-Jones, E. Stiasny und W. Ackermann, A. Küntzel und O. Dietsche; W. Graßmann, J. Janicki und F. Schneider). So ermittelten z. B. A. Küntzel und O. Dietsche für das gleiche Spaltkollagen unter sonst gleichen Arbeitsbedingungen einen Abbau von 2,88% im unzerkleinerten Zustand, dagegen von 62,03% nach Zerkleinerung zu einem Kollagenpulver. Zur Erklärung dieser Feststellungen sind verschiedene Faktoren in Betracht gezogen worden. Offenbar werden beim Mahlen des Hautpulvers infolge oberflächlicher Erhitzung in gewissem Umfange leichter verdaubare Umwandlungsprodukte der Hautsubstanz gebildet. Dafür spricht, daß intensive Kühlung während des Zermahlens die tryptische Angreifbarkeit stark herabsetzt; auch findet man in feuchtem Zustande und unter schonenden Bedingungen feinst zerfasertes Kollagen ebenso schwer angreifbar wie isolierte Kollagen-Einzelfasern (W. Graßmann und Mitarbeiter). Andererseits ist vermutet worden, daß vielleicht ähnlich wie bei den elastischen Fasern (vgl. S. 235) auch die Kollagenfasern in ihrer Mittelschicht fermentempfindlicher seien als die Randzonen, die Mittelschichten aber nach der Zerkleinerung besser zugänglich seien als zuvor [vgl. E. Stiasny (*2*); A. Küntzel und O. Dietsche]. Ferner dürfte als maßgeblicher Faktor zu berücksichtigen sein, daß durch die Zerkleinerung des Substrats dessen Oberfläche vergrößert wird und damit den Enzymen im Sinne der Annahme einer Bildung von Enzym-Substrat-Verbindungen als erste Stufe des enzymatischen Angriffs (vgl. S. 206) eine größere Angriffsfläche geboten wird. Gleichzeitig damit erfolgt eine raschere Durchtränkung und es konnte an Kollagenscheiben verschiedener Dicke gezeigt werden, daß bei gleicher Oberfläche der Angriff auf dünnere und daher leichter durchtränkbare Kollagenscheiben stets ein größerer war als der auf dickere Scheiben (A. Küntzel und O. Dietsche). Schließlich ist, wie an anderer Stelle noch eingehend besprochen wird, auch der Umstand als maßgebend mit zu berücksichtigen, daß Schnittflächen und Zerreißungsstellen stets leichter angegriffen werden als intakte Oberflächen des Substrats (vgl. S. 243).

Ein weiterer Faktor, der Einfluß der Vorbehandlung des Hautmaterials, ist für die Intensität des enzymatischen Angriffs auf Kollagen ebenfalls von Bedeutung und nach den obigen Ausführungen über die Bedeutung der Umwandlung der Proteinmoleküle von der geordneten Fasergitteranordnung in einen weniger geordneten Zustand für die Resistenz gegenüber Enzymen durchaus verständlich. Über den Einfluß von Neutralsalzen allgemein und der beim Beizprozeß insbesondere interessierenden Ammonsalze wurde bereits an anderer Stelle berichtet (vgl. S. 218ff.), wobei namentlich auch auf die Parallele zwischen Quellung des Substrates und Erhöhung der Fermentempfindlichkeit hingewiesen wurde. Diese Parallele besteht nicht nur im Hinblick auf die Neutralsalzvorbehandlung der Haut, sondern ganz allgemein wird das Verhalten des Kollagens gegenüber Beizfermenten weitgehend durch eine vorherige Quellung beeinflußt. Eine Quellung bedeutet stets eine wenn auch zumeist nur gelinde Peptisierung, und eine solche Peptisierung andererseits wirkt sich in der Richtung einer Erhöhung der Fermentempfindlichkeit des Substrates aus, da dadurch die ursprüngliche Fasergitterordnung eine mehr oder weniger starke Auflockerung erfährt. Ein vorher gequollenes Hautmaterial ist entsprechend gegenüber Fermenten wesentlich empfindlicher als ein unvorbehandeltes Kollagensubstrat und wird nicht nur in den äußeren an und für sich bereits weniger geordneten Randfibrillen, sondern an allen Fibrillen der Fasern gleichmäßig angegriffen, wodurch eine gleichmäßigere Auflockerung der gesamten Faserstruktur erfolgt [A. Küntzel und B. Pototschnig (*1*)]. Dabei bewirkt eine Säurequellung die größte Fermentempfindlichkeit und bei der Alkaliquellung nimmt die Steigerung der Empfindlichkeit in der Reihenfolge Kalk-Schwefelnatrium, Kalk, Schwefelnatrium, Natronlauge ab [A. Küntzel und B. Pototschnig (*1*); R. H. Marriott (*3*)]. Daß aber nicht der gequollene Zustand als solcher, sondern die durch die Quellung gleichzeitig bewirkte Anpeptisierung der Fasern und strukturelle Auflockerung für die Steigerung der Fermentempfindlichkeit maßgebend ist, erhellt aus der Tatsache, daß es nicht erforderlich ist, daß die quellenden Substanzen bei der Fermenteinwirkung selbst zugegen sind, bzw. das Hautmaterial bei der Fermenteinwirkung selbst sich in gequollenem Zustande befindet, vielmehr auch nach Neutralisation der quellenden Agenzien und einem dadurch bewirkten Quellungsrückgang dasjenige Kollagen die stärkste Fermentangreifbarkeit aufweist, das zuvor am stärksten gequollen war, bei dem also die stärkste Auflockerung der Nebenvalenzbindungen stattgefunden hat und damit in stärkstem Maße bereits eine Peptisierung eingeleitet wurde [vgl. auch F. Nauen; A. Küntzel und B. Pototschnig (*1*)].

Diese Verhältnisse sind für die Praxis des Beizprozesses von außerordentlicher Wichtigkeit. Sie lassen erkennen, in welch bedeutsamem Maße die einzelnen Prozesse der Wasserwerkstatt bei einem sachgemäßen Fabrikationsgang aufeinander eingestellt sein müssen und in welchem Maße schon durch die Prozesse der Haarlockerung der Verlauf des nachfolgenden Beizvorganges beeinflußt werden kann und erklären damit die dem Praktiker empirisch längst bekannte Tatsache, daß Äscher und Beize sorgfältig aufeinander abgestimmt sein müssen. Mit Hilfe der Bestimmung der Aufnahmefähigkeit des Hautmaterials für Gerbstoff (Chrom) konnten A. Küntzel und B. Pototschnig (*1*) feststellen, daß der Wirkungsgrad der Beize umso größer ist, je ausgiebiger die vorangehende Äscherung war, daß also die Anpeptisierung durch den Äscher die Beizwirkung befördert. Nach den Untersuchungsergebnissen der letzten Jahre kann also gefolgert werden, daß Äscher und Beize sich an der Haut in derselben Richtung auswirken und es wäre daher theoretisch denkbar, diese beiden Prozesse durcheinander zu ersetzen, also etwa die Enthaarung durch kurzes Schwöden zu erreichen und dann statt eines Nachäschers die Beize zu verstärken. A. Küntzel und B. Pototschnig (*1*) konnten indessen zeigen (Tab. 14), daß zum mindesten

Tabelle 14. Chromaufnahme von geschwödeten und geäscherten Blößenstücken nach verschiedener Entkälkung und Beize [A. Küntzel und B. Pototschnig (*1*)].

| Vorbehandlung der Blößenstücke | | Zugabe an $(NH_4)_2SO_4$ in g | Fermentmenge | Chromaufnahme in Prozent vom Trockengewicht des Leders |
|---|---|---|---|---|
| Schwöde und 3 Tage | Nachäscherung in Kalkmilch | 1 | 0 | 3,54 |
| „ „ 3 „ | | 1 | 1 | 3,76 |
| „ „ 3 „ | | 1 | 2 | 4,20 |
| „ „ 3 „ | | 1 | 4 | 4,59 |
| Nur Schwöde . . . . . . . . . . | | 1 | 4 | 2,20 |

für die Chromaufnahme der Nachäscher wichtiger ist als die Auflockerung durch die Beizenzyme. Ohne Nachäscher blieb die Chromaufnahme sogar hinter der der nachgeäscherten und dann nur entkälkten Probe zurück. Trotzdem Äscher und Beize in der gleichen Richtung wirken, haben A. Küntzel und B. Pototschnig (*1*) doch Unterschiede insofern festgestellt, als bei der Peptisierung der Hautproteine durch die Äscherchemikalien zunächst nur eine Lockerung der Mizellen bewirkt wird und größere, die Biuretreaktion noch gebende Bausteine erhalten werden (Gelatine!!), bei der Beize dagegen direkt eine Überführung der Kollagenmizellen in kleinermolekulare Abbauprodukte erfolgt, so daß die Beizflüssigkeiten, auch wenn sie gelöste Stickstoffsubstanzen enthalten, keine Biuretreaktion zeigen.

Weiter muß berücksichtigt werden, daß unneutralisierter Kalk während des Beizens die Wirksamkeit der tryptischen Fermente in beträchtlichem Maße hemmt, wobei diese Hemmung durch den Kalk dadurch erklärt wurde, daß der Kalk das Pankreatin aus seiner wässerigen Lösung zum mindesten teilweise auszuflocken vermag (A. Küntzel und O. Dietsche). Andererseits wirken die bei der Entkälkung gebildeten Kalksalze schwellungsvermindernd und aktivierend auf die Fermentwirkung [vgl. z. B. A. Küntzel und B. Pototschnig (*1*), A. Grynkraut]. Diese beschleunigende Wirkung beruht einmal auf der direkten aktivierenden Wirkung der Calciumsalze auf die Pankreasenzyme (vgl. S. 216), zum anderen auf dem normalen Neutralsalzeinfluß auf das Kollagen. Ohne Zweifel steht das bekannte ungünstigere Verhalten von Ammoniumchlorid gegenüber Ammoniumsulfat als entkälkender Bestandteil der Beizen aber auch damit in Beziehung, daß Calciumchlorid eine besonders stark peptisierende Wirkung auf die Hautsubstanz ausübt, die wesentlich stärker als die von Calciumsulfat ist [vgl. z. B. K. H. Gustavson, A. Küntzel und R. Biedermann (*1*), A. Küntzel und B. Pototschnig (*1*)]. Auch diese Faktoren sind für die Art der Durchführung des Beizprozesses von Wichtigkeit, insbesondere bei Behandlung der Frage, inwieweit die Entkälkung bereits vor dem eigentlichen Beizen zweckmäßig vorgenommen wird bzw. inwieweit es ratsam erscheint, Entkälken und Beizen in gemeinsamem Bade durchzuführen, Fragen, die an anderer Stelle noch einer eingehenden Behandlung bedürfen (vgl. S. 251).

Einzelne gequollene Fasern werden bei der Fermenteinwirkung rasch gelöst, bei gleichzeitiger Zugspannung werden die Fasern aber ohne Auflösung in der Hauptsache entquollen. Für die Praxis des Beizvorganges ist hieraus gefolgert worden, daß das unterschiedliche Verhalten der verschiedenen Anteile ein und derselben Haut mit dem verschiedenartigen Spannungszustand der Fasern in Beziehung gesetzt werden kann. Die von Natur aus lockeren Hautteile (Flanken, Bauch), bei denen die Fasern sich in weniger starker gegenseitiger Verspannung befinden, erfahren beim Beizprozeß bei gleichzeitiger geringerer Entquellung einen stärkeren Angriff, sind also in stärkerem Maße der Gefahr eines übermäßigen Hautsubstanzverlustes, also des Überbeizens (vgl. S. 254ff.) ausgesetzt als die Kernpartien der Haut, bei denen die gegenseitige Verspannung der Fasern eine wesentlich stärkere ist [A. Küntzel und B. Pototschnig (*1*)]. Dem hat allerdings W. Schindler die Erfahrung der Praxis gegenüber gehalten, daß im allgemeinen die lockeren Teile der Haut im Äscher nicht genügend schwellen, in der Beize aber rasch und weitgehend verfallen, während die dickeren Teile im Äscher leicht prall werden und nur schwer wieder zum Verfallen zu bringen sind.

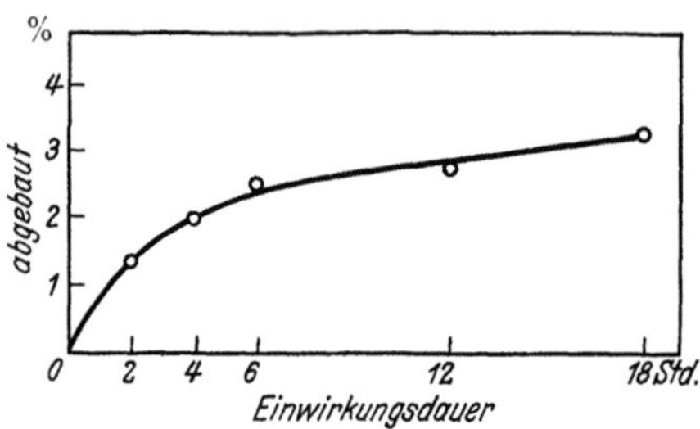


Abb. 60. Einfluß der Einwirkungsdauer auf die Pankreatinverdauung von Spaltkollagen. 1 g Kollagen in 50 ccm 0,5 %ige Pankreatinlösung bei 37° C (A. Küntzel und O. Dietsche).

Wenn wir den Ablauf des enzymatischen Angriffs auf Kollagen betrachten, so liegen auch nach dieser Richtung eine Reihe wichtiger und aufschlußreicher Beobachtungen und Untersuchungen vor. Was zunächst die Einwirkungsdauer anbetrifft, so haben A. Küntzel und O. Dietsche festgestellt, daß die Einwirkung des Pankreatins auf Kollagen in den ersten Stunden am intensivsten erfolgt und sich dann pro Zeiteinheit verlangsamt (Abb. 60). Die hierfür möglichen Erklärungen wie hemmender Einfluß der Abbauprodukte, verschieden verdauliche Anteile des Kollagens usw. wurden bereits oben erläutert (S. 238). Die Angaben von A. Küntzel und O. Dietsche konnten auch von F. Stather und H. Machon (*2*) bestätigt werden.

Der Beizprozeß stellt einen Vorgang in heterogenem System dar, so daß die Vorgänge, die sich an der Grenzfläche zwischen Haut und Beizflotte abspielen, für den Ablauf des Beizprozesses außerordentlich interessieren. Eingehende diesbezügliche Untersuchungen sind zunächst mit Gelatinefolien durchgeführt worden, in denen ein Schwärzungskörper gleichmäßig verteilt war, so daß bei der enzymatischen Lösung der Gelatine stets gleichzeitig ein entsprechender Teil dieses Schwärzungskörpers mit gelöst wurde, die meßbare Abnahme der

Schwärzung also parallel der Ablösung der Gelatine verlief [M. Bergmann (*2*), M. Bergmann und F. Föhr]. Dabei konnte gezeigt werden, daß unter den gewählten Versuchsbedingungen der Abbaugrad bei Einwirkung von Trypsin proportional der Zeit und der Quadratwurzel aus der Fermentkonzentration war, während die Fermentmenge nur bei geringen Fermentkonzentrationen von Bedeutung ist, bei hinreichendem Fermentüberschuß aber ohne Einfluß auf die Verdauungsarbeit ist. Ist die Fermentkonzentration $F$ und die Verdauungszeit $t$, so ist der Abbaugrad $x$

$$x = k \cdot t \cdot \sqrt{F},$$

wobei $k$ eine von der Versuchstemperatur, der Beschaffenheit des Fermentpräparats und anderen experimentellen Daten abhängige Konstante darstellt. Bei Hautstücken liegen die Verhältnisse natürlich wesentlich schwieriger. Das gewachsene Kollagen weist infolge seines Aufbaues aus Faserelementen keine homogene Beschaffenheit wie Gelatine, sondern eine recht unregelmäßige Oberfläche auf. M. Bergmann, G. Pojarlieff und H. Thiele haben indessen unter geeigneten Versuchsbedingungen auch für die Beizversuche mit strukturiertem Kollagen die oben für Gelatine angeführten Gesetzmäßigkeiten bestätigen können.

Es konnte weiter auch für Gelatine und Hautkollagen als Substrat die bereits an anderer Stelle allgemein erwähnte Auffassung (vgl. S. 206) bestätigt werden, daß der erste Teilvorgang der enzymatischen Einwirkung in einer Bindung der Enzyme an das Substrat besteht [M. Bergmann (*2*), M. Bergmann, G. Pojarlieff und H. Thiele]. Es konnte gezeigt werden, daß das wirksame Ferment mit der Gelatine nach bestimmten stöchiometrischen Mengenverhältnissen eine Verbindung mit andersartigen physikochemischen Eigenschaften, z. B. abweichender Benetzbarkeit eingeht, die durch bloßes Auswaschen nicht wieder zerstört werden kann. Anschließend daran findet die eigentliche Verdauung statt, die, wenn erst die Bildung der Ferment-Substrat-Verbindung erfolgt ist, auch außerhalb der Fermentlösung stattfindet. Die gebundene Fermentwirkung und damit auch die Abbaugeschwindigkeit ist nur von der Größe der Oberfläche des Substrats abhängig [M. Bergmann (*2*)]. Entsprechende Verhältnisse ergaben sich auch bei der Untersuchung an strukturiertem Kollagen. Bei Versuchen mit ungeäschertem Kollagen konnte ebenfalls eine Substrat-Ferment-Verbindung festgestellt werden, die trotz Auswaschens nicht entfernt werden konnte, so daß nach Bildung dieser Verbindung Verdauung auch nach Einlegen des Kollagenstücks in warmes Wasser stattfand. Werden indessen die Oberflächenschichten und die Seiten abgeschärft, so findet beim Einlegen in warmes Wasser keine Verdauung mehr statt, das Trypsin ist also nur in den Oberflächenschichten des Kollagens gebunden und nicht ins Innere vorgedrungen. Die Verdauung steigt in dem Maße, wie die Kollagenfasern mechanisch durch Spalten oder Zerschneiden mit dem Messer zerstört werden, so daß es scheint, als ob das Trypsin die Hautsubstanz nur von ihren mechanisch verletzten Stellen aus anzugreifen vermag, eine Feststellung, die die größere Verdaulichkeit von Hautpulver gegenüber unzerkleinerter Hautsubstanz in anderem Licht erscheinen läßt, da beim Mahlen ja unendlich viele Fasern zerschnitten werden. Andererseits kann der mechanischen Zerstörung der Hautfasern die Anpeptisierung zur Seite gestellt werden, die ebenfalls einen beginnenden Angriff auf die Hautsubstanz darstellt. Verwendet man für die oben geschilderten Versuche statt unvorbehandelten Kollagens solches, das zuvor geäschert oder mit Neutralsalzen gequollen wurde, so kann die Substrat-Ferment-Verbindung nicht durch ein Abspalten der Oberflächenschichten restlos entfernt werden, denn auch nach dem Abschärfen konnte beim Einlegen des Reststücks in warmes Wasser eine enzymatische Verdauung festgestellt werden (M. Bergmann, G. Pojarlieff und H. Thiele). Diese Feststellung berechtigt nach dem oben Dargelegten zu der Folgerung, daß durch eine vorherige Quellung und damit Anpeptisierung und strukturelle Auflockerung des Kollagens die Fermente auch im Innern der Haut genügend angegriffene Stellen vorfinden, die für eine Bindung des Ferments an das Substrat in Frage kommen, eine Folgerung, die die Erhöhung der Fermentempfindlichkeit durch quellende und damit peptisierende Agenzien, die auch nach Rückgängigmachen der Quellung selbst bestehen bleibt, erklärlich erscheinen läßt.

In welchem Umfang ist nun unter den praktischen Bedingungen des Beizprozesses eine Einwirkung der Beizenzyme auf das Kollagen zu erwarten? Die meisten Arbeiten, die die prinzipielle Angreifbarkeit des Kollagens durch Enzyme nachweisen, sind ohne Zweifel unter Bedingungen durchgeführt worden, die eine wesentlich intensivere enzymatische Wirkung herbeiführen, als sie beim Beizprozeß praktisch eintritt. Der Verlauf des Angriffs ist in diesen Arbeiten zumeist durch Bestimmung der in Lösung gehenden Stickstoffanteile ermittelt worden, während ein solches Inlösunggehen von Kollagenanteilen, also derart weitgehende Abbauvorgänge praktisch beim Beizen in nennenswertem Umfang ohne Zweifel erst bei einem Überbeizen des Hautmaterials in Betracht kommen dürften [vgl. z. B. E. Stiasny (*2*), V. Kubelka (*1*), G. D. McLaughlin, J. H. Highberger, F. O'Flaherty und K. Moore]. Andererseits ist es aber experimentell außerordentlich schwierig, exakte Unterlagen darüber zu erhalten, inwieweit die ungelösten Kollagenfasern durch die Fermentbehandlung beim Beizen eine Veränderung ihrer Eigenschaften erfahren haben. So ist von verschiedenen Forschern versucht worden festzustellen, inwieweit das Kollagen durch eine Trypsinbehandlung eine Herabsetzung der Schrumpfungstemperatur erfährt, allerdings ohne Erfolg [vgl. A. Küntzel und B. Pototschnig (*1*)]. Allerdings hat J. Nabholz in neuester Zeit an kollagenen Hautfasern, die aus einer gebeizten Blöße isoliert wurden, eine niedrigere Schrumpfungstemperatur als bei den Fasern des gleichen ungebeizten Hautmaterials feststellen können. Auch die Röntgendiagramme ungebeizten und gebeizten Kollagens zeigen nach A. Küntzel und B. Pototschnig (*1*) keine Unterschiede. Die weiter von N. J. Gabrilow und A. Simskaja gemachte Angabe, daß durch Einwirkung von Trypsin der isoelektische Punkt des Kollagens nach der sauren Seite verschoben würde, eine Angabe, der für die Auswertung des Beizeffekts auf das Kollagen ohne Zweifel eine große Bedeutung zugekommen wäre, hat einer kritischen Nachprüfung nicht standgehalten [A. Küntzel und B. Pototschnig (*1*)]. Von mehreren Seiten (z. B. L. Althausen, E. Lenk) ist auf die Durchführung mikroskopischer Untersuchungen zur Verfolgung des Beizprozesses hingewiesen worden, doch haben auch derartige Versuche bisher noch keinen Erfolg gebracht und A. Küntzel (*4*) hat auf Grund seiner Versuche diesen Vorschlag als undurchführbar bezeichnet, da das Fasergefüge der Haut auch unter dem Mikroskop nicht die geringste durch Fermenteinwirkung herbeigeführte Veränderung erkennen lasse. Ein etwas andersartiges Ergebnis hat neuerdings J. Nabholz, allerdings bei Verdauungsversuchen an einzelnen kollagenen Hautfasern mitgeteilt, wobei bei mikroskopischer Untersuchung festgestellt werden konnte, daß durch das Pankreatin zunächst nur eine Faserzwischensubstanz abgebaut wird und erst in späteren Stadien auch eine Hydrolyse der Fasersubstanz selbst erfolgt. Hinsichtlich Reißfestigkeit und Dehnbarkeit haben sich zwischen ungebeiztem und gebeiztem Hautmaterial ebenfalls keine für die praktische Auswertung in Betracht kommende Unterschiede feststellen lassen [A. Küntzel und B. Pototschnig (*1*), J. Nabholz]. Schließlich berichtet W. Schindler über Versuche, die durch die Beizwirkung veränderte Zusammensetzung der Haut durch eine veränderte Farbstoffaufnahme nachzuweisen, doch haben auch diese Versuche bisher zu keinem Ergebnis geführt. Ein gewisser Aufschluß konnte lediglich von M. Bergmann (*1*) erhalten werden, der vergleichende Bestimmungen der Durchlässigkeit der Haut für Luft und Wasser durchführte. Wie Abb. 61 zeigt, wird durch das Beizen eine wesentliche Erhöhung der Durchlässigkeit bewirkt, die nur durch eine während des Beizens stattgefundene Auflockerung des Fasergefüges erklärt werden kann.

Trotz dieses Mangels, die für den Beizprozeß allein in Frage kommenden ersten Stadien der Einwirkung der Beizenzyme auf das kollagene Fasergefüge experimentell exakt zu erfassen, hat sich doch in neuerer Zeit immer mehr die Auffassung Geltung verschaffen können, daß die Hauptaufgabe des Beizprozesses in einer Einwirkung der Beizenzyme auf die kollagenen Anteile der Haut zu erblicken sei. W. Schindler hat jüngst darauf hingewiesen, daß, wenn heute vornehmlich die amerikanischen Forscher noch die Einwirkung der Beize auf die nichtkollagenen Bestandteile der Haut als maßgeblich für den Beizprozeß ansehen, in Europa dagegen bei voller Anerkenntnis der Wichtigkeit dieser Vorgänge die Einwirkung auf das kollagene Fasergefüge als wesentlichster Teilprozeß angesprochen werde, dies auf verschiedenartige Anforderungen an das Fertigfabrikat und damit auch an den Beizprozeß diesseits und jenseits des Atlantiks zurückzuführen sein dürfte. Das amerikanische Oberleder weise unzweifelhaft eine geringere Auflockerung auf, aber bei der in Europa üblichen stärkeren Enzymbehandlung von Oberleder sei es nicht wahrscheinlich, daß sich die Beizwirkung lediglich auf die Entfernung des „Grundes" beschränke.

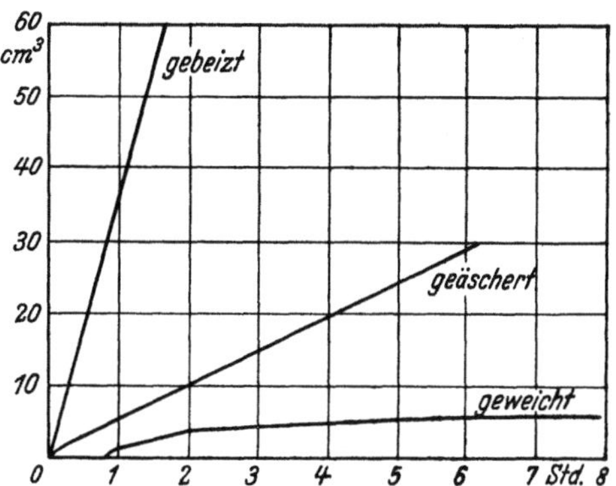


Abb. 61. Durchlässigkeit der Haut nach verschiedener Vorbehandlung [M. Bergmann (*1*)].

Da die Art der Veränderung der kollagenen Anteile der Haut experimentell nur schwer erfaßbar ist, gehen die Ansichten darüber, in welcher Weise sich der Angriff der Beizenzyme auf das Kollagen auswirkt, auch heute noch auseinander und die Richtigkeit und Zuverlässigkeit dieser verschiedenen Auffassungen muß sich erst erweisen, da man heute nur auf mehr oder weniger zuverlässige und berechtigte Rückschlüsse und Annahmen angewiesen ist. Von vielen Seiten wird angenommen, daß die Beize lediglich auflösend auf die zwischen den eigentlichen Kollagenfasern befindliche bzw. die Kollagenfasern umhüllende Faserzwischensubstanz erstrecke (vgl. z. B. G. D. McLaughlin, J. H. Highberger, F. O'Flaherty und K. Moore) und erst in allerneuester Zeit ist auf Grund mikroskopischer Untersuchungen der Beschaffenheit gebeizter und ungebeizter kollagener Fasern von J. Nabholz erneut die Auffassung vertreten worden, daß zwischen den Teilelementen der Hautfaser eine Zwischensubstanz vorhanden sein müsse, die diese Teilelemente zusammenhält und daß diese bei der Einwirkung von Pankreatin auf die Haut in erster Linie verdaut würde. Dadurch würde eine Aufteilung der Hautfasern in Fibrillen und eine starke Vergrößerung der Oberfläche bewirkt, wodurch die Angreifbarkeit auch der Fasern selbst erhöht würde. Die Elementarfasern seien aber an und für sich wesentlich fermentresistenter als die Zwischensubstanz. Inwieweit das kollagene Fasergefüge sich von Natur aus hinsichtlich Fermentempfindlichkeit einheitlich verhält, ist heute noch nicht einwandfrei erklärt. Es ist bereits darauf hingewiesen worden, daß die Auffassung in der einschlägigen Literatur lebhaft erörtert worden ist, inwieweit die kollagenen Fasern aus einer fermentempfindlichen Innenschicht und einer fermentresistenteren Außenzone besteht (vgl. auch S. 237ff.) und auch die Auffassung, der Angriff der Enzyme beim Beizprozeß erstrecke sich nicht so sehr auf das kollagene Fasergefüge als solches, als vielmehr auf die Zerstörung einer Art Hüllsubstanz der Fasern bzw. den Abbau von Zwischenfaserstoffen usw., beruhen im Grund ebenfalls auf der grundlegenden Annahme verschieden fermentresistenter Anteile des Hautkollagens. In neuester Zeit hat auch W. Graßmann (*3*) auf Grund interferometrischer Messungen des Verlaufs der enzymatischen Einwirkung auf Hautfasern gefunden, daß nur ein Teil des Kollagens leichtlöslich, der Rest dagegen nur schwer angreifbar sei. Er hat daraus das teilweise Vorhandensein von Kollagen in leichter angreifbarem, amorphem Zustand, etwa als eine zwischen dem eigentlichen Faserkollagen eingelagerte Art Kittsubstanz gefolgert. W. Schindler hat indessen darauf hingewiesen, daß dieser Befund auch andersartig, etwa durch Hemmung der Enzymwirkung durch die gebildeten Abbauprodukte erklärt werden könnte.

Insbesondere E. Stiasny hat im Gegensatz zu der Auffassung wonach die Beizwirkung sich vorwiegend auf eine kollagene Zwischensubstanz erstrecken soll, immer wieder die Ansicht vertreten, daß sich die Wirkung der Beizenzyme insbesondere auf das kollagene Fasergefüge selbst bezieht und sich in einer Entquellung und gelinden Anpeptisierung des Kollagens auswirkt, die bei normal verlaufender Beize noch nicht zu wesentlichen Mengen löslicher Abbauprodukte führe, aber eine chemische und strukturelle Auflockerung der kollagenen Fasergefüges bewirke, wie sie zum Erhalt eines genügend weichen und geschmeidigen Leders und eines guten Griffes wünschenswert ist [E. Stiasny (*1*), S. 300ff. (*2*)]. A. Küntzel und B. Pototschnig (*1*) haben diese Auffassung in ihrer Auswirkung noch weiter präzisiert. Sie sprechen bei der Diskutierung der Einwirkung der Beize auf das Kollagen von einer inneren Auflockerung der Fasern und Trennung in Fibrillen, die dadurch zustandekomme, daß bei der zuvor gequollenen Faser nicht nur die äußeren, sondern sämtliche Fibrillen den Fermenten zugänglich seien. Es sei in diesem Zusammenhang auf die schlüpfrige Oberflächenbeschaffung des gebeizten Hautmaterials hingewiesen, die nicht nur ein Kennzeichen der gebeizten Narbenschicht ist, sondern ebenso auch an den Oberflächen gebeizten Spaltkollagens auftritt und die demgemäß nicht mit der Entfernung von Epidermisresten zu erklären ist, sondern nur mit einer Anpeptisierung des Kollagens selbst erklärt werden kann [A. Küntzel und B. Pototschnig (*1*)]. Die Schwierigkeit für die Praxis und vielleicht die wichtigste Aufgabe des Gerbers während des Beizens besteht darin, diesen enzymatischen Einfluß auf das kollagene Fasergefüge selbst in den richtigen Grenzen zu halten, eine Aufgabe, die um so schwieriger ist, als es keine Methode gibt, um diese gelinde Peptisierung zahlenmäßig zu erfassen, so daß man ausschließlich auf eine gefühlsmäßige Bewertung angewiesen ist. Wird der Beizprozeß zu weit getrieben, so daß der peptisierende Einfluß auf das kollagene Fasergefüge nicht in seinen Anfangsstadien stehen bleibt, sondern zu einem mehr oder weniger starken Substanzverlust an für die Lederbereitung wichtiger Kollagensubstanz führt, so werden leere und blechige Leder erhalten, also ein typisches Überbeizen (vgl. S. 254ff.) bewirkt.

Völlig abweichend von den üblichen Auffassungen über den Beizvorgang ist eine von E. Lenk (*1*) entwickelte Beiztheorie. Danach soll das Wesen des Beizvorganges nicht in einem Eiweißabbau, sondern in einem Eiweiß koagulierenden Vorgang zu erblicken sein. Diese koagulierende Wirkung der Beizen soll durch ein im Pankreatin vorhandenes Labenzym ausgelöst werden, wobei darauf hingewiesen wird, daß schon Wood in den Kotbeizen neben tryptischen auch „labende“ Fermente festgestellt hat. Unter Hinweis auf die Tatsache eines nur geringfügigen Abbaues zu löslichen Stickstoffsubstanzen beim technischen Beizen nimmt Lenk für diesen Prozeß primär eine Koagulation und erst beim Überbeizen eine tryptische Verdauung an. Diese Theorie ist natürlich nicht unwidersprochen geblieben. Insbesondere A. Küntzel und B. Pototschnig (*1*) haben darauf hingewiesen, daß Gelatinesole und einzelne Kollagenfasern durch ein Beizen einwandfrei abgebaut bzw. gelöst werden, während eine Koagulation sich in einer Flockung auswirken müßte, was indessen nicht der Fall ist. Nur durch direkte Beizversuche mit den isolierten koagulierenden Anteilen des Pankreatins sei eine einwandfreie Klärung der Frage möglich, welche Bedeutung dieser Koagulation beim Beizprozeß zukomme [A. Küntzel und B. Pototschnig (*1*)]. V. Kubelka (*2*) hat weiter angeführt, daß unter Umständen auch die Auffassung denkbar sei, daß abbauende und koagulierende Wirkung bei der Beize gleichzeitig verliefen und dadurch einerseits die Proteine der Faserzwischensubstanz durch proteolytische Enzyme aufgelöst, andererseits das Kollagengel der Faser durch ein koagulierendes Ferment koaguliert bzw. entquollen würde. In diesem Zusammenhang ist schließlich von Interesse, daß J. H. Northrop und M. Kunitz im Rohtrypsin ein kristallisiertes Chymotrypsin isoliert haben, das gleichzeitig eine Labwirkung und eine eiweißspaltende Wirkung auszuüben vermag. Die Lenksche Theorie hat durch diesen Befund rein theoretisch an Bedeutung gewonnen, ohne daß es allerdings auf Grund des vorliegenden Materials heute möglich wäre, sichere Schlüsse im Hinblick auf die Beizwirkung zu ziehen.

#### f) Die Wirkung der Beize auf die Bindegewebszellen des Coriums.

Die Betrachtungen über die Wirkungsweise des Beizprozesses und die hierbei wesentlichen Teilprozesse können nicht abgeschlossen werden, ohne den Einfluß auf die Bindegewebszellen (Fibroblasten) zu erwähnen, die sowohl außerhalb der Hautfasern in den Gewebespalten auftreten wie auch am Aufbau der Faser selbst als eine Art Kittsubstanz teilnehmen (vgl. I. Band, 1. Teil). Bei mikroskopischer Untersuchung der Hautproben vor und nach dem Beizen zeigt sich, daß diese Fibroblasten nach dem Beizen nicht mehr feststellbar sind, sei es, daß sie entfernt werden, sei es, daß sie wie die elastischen Fasern eine Veränderung erfahren, durch die ihr typisches Färbevermögen vernichtet wird. Ob also eine vollständige Entfernung durch das Beizen angenommen werden darf, ist nicht einwandfrei bewiesen, sicherlich aber erfahren sie durch den Beizprozeß einen Angriff und eine Veränderung ihrer Eigenschaften. Es darf daher mit großer Wahrscheinlichkeit gefolgert werden, daß auch dieser Teilprozeß zu einer Isolierung der Fasern und Fibrillen und damit zu einer günstigen Beeinflussung der Weichheit und Geschmeidigkeit des Leders beiträgt [E. Stiasny (*2*)].

#### g) Das Verfallen der Blöße.

Eine typische Veränderung, die das Hautmaterial während des Beizprozesses erfährt und charakteristisch für die Beschaffenheit der Blöße nach dem Beizen ist das Verfallen der Haut, so daß hier im Zusammenhang über diese Erscheinung noch einiges prinzipiell dargelegt werden soll, zumal die Ansichten über das Zustandekommen dieses Verfallens insbesondere in der Praxis häufig noch recht widersprechende sind. Ohne Zweifel ist dieses Verfallen einmal eine Funktion der Wasserstoffionenkonzentration, da durch die Neutralisation der alkalischen Äscherchemikalien der $p_H$-Wert der Blöße dem des isoelektrischen Punktes der Proteine nahe gebracht wird. Durch diese Neutralisation oder auch ein Behandeln mit warmem Wasser wird indessen nur eine Entquellung erreicht, nicht dagegen der charakteristische Zustand, den das Hautmaterial nach dem Beizen aufweist und den man als Verfallen normalerweise bezeichnet. Die tryptischen Fermente bewirken eine verstärkte Erschlaffung der behandelten Faser, die im Fasergeflecht unter dem Einfluß der Spannung entquillt (vgl. S. 242) und nur diese Herbeiführung der Erschlaffung und das dadurch bewirkte vollkommene Verfallen darf als Beizwirkung im engeren Sinn des Wortes aufgefaßt werden [Stiasny (*2*), A. Küntzel und B. Pototschnig (*1*)]. Die Beizwirkung ist also auch im Hinblick auf das Verfallen der Blößen eine ganz spezifische, die nicht durch ein bloßes Entkälken ersetzt, sondern nur durch enzymatische Einwirkung erreicht werden kann. Auch die vielfach herrschende Annahme, Ammonsalze würden ähnlich verfallen machend wirken wie Fermente, ist irrig und K. Klanfer und E. Römer konnten durch zahlenmäßige Festlegung des Rückgangs der Prallheit des Hautmaterials zeigen, daß die Fermente sowohl rascher wie auch wesentlich weitgehender wirken.

## 4. Die Praxis des Beizens.

Der Beizvorgang wird nur selten in ruhendem Zustand durchgeführt, nur für schwere Lederarten wird bisweilen das Einhängen in die Grube dem Beizen unter Bewegung vorgezogen. Zumeist wird unter gleichzeitiger Bewegung gebeizt, um eine gleichmäßige Beizwirkung der Gesamtpartie zu bewirken und lokale Konzentrationsänderungen und -differenzen infolge ungleichmäßiger Diffusion innerhalb der Beizflotte zu vermeiden. Bisweilen, insbesondere bei schweren Häuten, wird das Beizen in Walkfässern nach Art der Weich- und Äscherfässer (vgl. S. 51 und 95) vorgenommen. Im geschlossenen Walkfaß ist die Einhaltung einer bestimmten höheren Temperatur, wie sie zum Beizen erforderlich ist, am besten möglich. Allerdings darf zur Schonung des Hautmaterials nur ein zeitweises Bewegen erfolgen, da das Hautmaterial im Faß leicht zu lose und schwammig wird, und die Umdrehungszahl ist möglichst niedrig zu halten, nicht über höchstens fünf Umdrehungen pro Minute. Häufiger als im Faß erfolgt indessen das Beizen in der Lattentrommel oder insbesondere im Haspelgeschirr. Um im letzteren Falle eine einwandfreie Temperatureinhaltung zu ermöglichen, werden zum Beizen zweckmäßig geschlossene Haspelgeschirre mit Oberbau und aufklappbarem Deckel verwendet, wie Abb. 62 ein solches zeigt. Im übrigen gilt für die Anlage und Aufstellung der Haspelgeschirre das an früherer Stelle Gesagte (vgl. S. 50). Die Zahl der Umdrehungen des Haspelrades soll nicht über 20 betragen. Auch beim Beizen im Haspel ist zur Schonung des Hautmaterials zweckmäßig, die Bewegung nur zeitweise vorzunehmen. Allerdings dürfen andererseits die Ruhepausen nicht zu lange gewählt werden, da sonst infolge ungleichmäßiger Enzymkonzentration und damit ungleichmäßigen Beizeffekts leicht sog. Beizflecken ent-

Abb. 62. Beizhaspel geschlossen mit Deckel (Badische Maschinenfabrik, Durlach).

stehen (vgl. S. 254ff.). Man arbeitet zumeist mit einer Flottenmenge von etwa 300%, vom Weichgewicht des Hautmaterials berechnet. Das Anwärmen der Beizbrühe erfolgt zumeist durch Einleiten von Dampf, bisweilen findet man aber auch kupferne Heizrohre zum Anwärmen am hinteren Teil des Haspelgeschirrs angebracht, davor ein durchbohrtes Schutzbrett, damit die Häute nicht mit den Heizrohren in direkte Berührung kommen. Diese Art des Heizens hat den Vorteil, auch während des Beizens selbst etwaige Temperaturänderungen leicht ausgleichen zu können.

Wesentlich ist, daß der Beizvorgang in einer im Hinblick auf die Beschaffenheit, Provenienz und Konservierungsart des Rohhautmaterials einerseits und die Eigenschaften des fertigen Leders andererseits zweckentsprechenden Intensität durchgeführt wird. Wir haben an anderer Stelle die einzelnen Teilprozesse des Beizvorgangs in ihrer Wirkungsweise und ihrer Bedeutung besprochen. Wesentlich ist aber diese Bedeutung der einzelnen Teilprozesse auch von der Beschaffenheit und den gewünschten Eigenschaften des zu erzeugenden Leders abhängig. Während z. B. bei der Herstellung von weichem, zügigem Handschuhleder ohne Zweifel die Einwirkung der Beizenzyme auf das Kollagen und damit eine sachgemäße Anpeptisierung des kollagenen Fasergefüges der weitaus bedeutungsvollste Teilvorgang ist, wird man beim Beizen z. B. von Unterleder eine Einwirkung auf die Kollagensubstanz überhaupt so weit wie möglich ausschalten und den Hauptzweck des Beizens in der Lockerung und Entfernung der nichtkollagenen Bestandteile der Haut, insbesondere des „Grundes" erblicken.

Zunächst einiges über die Abhängigkeit der Beizintensität von der Art des Rohhautmaterials und den Eigenschaften des herzustellenden Leders. Soweit das Hautmaterial für schwerere Lederarten wie Blankleder, Geschirrleder und Riemenleder überhaupt einem Beizprozeß unterzogen und nicht nur entkälkt wird, muß natürlich der eigentliche Beizprozeß gering gehalten werden und es werden für diesen Zweck meist besondere Beizpräparate mit geringer Enzymmenge und hohem Gehalt an Entkälkungsmitteln auf den Markt gebracht. Auch bei für Unterleder bestimmtem Hautmaterial wird in neuerer Zeit bisweilen ein Beizprozeß vor der Gerbung durchgeführt, der indessen im wesentlichen eine Reinigung der Häute vom „Grund" und Keratinresten bewirken soll, ohne daß die Festigkeit des Leders dadurch beeinträchtigt werden darf. Entsprechend darf eine nur ganz milde Beize vorgenommen werden. Das Beizen bei Unterleder soll, abgesehen von der Reinigung des Hautmaterials, auch den Vorteil haben, die Gerbung infolge schnellerer Durchdringung der Haut mit Gerbstoffen zu beschleunigen und ein Leder mit mildem Narben und schöner gleichmäßiger Farbe zu bewirken (Ch. Berliner). In pflanzlicher Gerbung gegerbte Oberleder, Vachettenleder, Feinleder, Ziegen- und Schafleder erhalten eine intensivere Beize, die um so stärker gewählt wird, einen je stärkeren Grad von Weichheit und Geschmeidigkeit des fertigen Leders man zu erreichen wünscht. Ähnliches gilt für in Chromgerbung für Oberlederzwecke hergestelltes Kalb- und Rindleder, wobei allgemein in Zweibadgerbung zu gerbende Blößen eine stärkere Beizintensität vertragen können als bei Anwendung der Einbadgerbung, da im letzteren Falle in wesentlich stärkerem Maße die Gefahr des Auftretens von Losnarbigkeit besteht, die meist auf ein Überäschern oder Überbeizen zurückzuführen ist. Die Beize darf bei allen diesen Lederarten natürlich nicht bis zu einer Lockerung des Narbens vom übrigen Fasergefüge führen. Handschuhleder benötigen eine recht beträchtliche Beizintensität, um dem Leder die erforderliche Weichheit und Zügigkeit zu verleihen. Ebenso benötigen Schweinshäute eine recht intensive und langandauernde Beize, wobei bei diesem stark fetthaltigen Rohhautmaterial der Entfernung des Naturfetts aus der Haut während des

Beizprozesses eine besondere Bedeutung zukommt. Auch Roßspiegel bedürfen im allgemeinen einer stärkeren Beize und insbesondere Ziegenfelle für Chromchevreau müssen zum Erhalt einer einwandfreien Lederqualität einem sehr intensiven Beizprozeß unterzogen werden.

Außer von der Art des Hautmaterials und der Beschaffenheit des herzustellenden Leders muß die Intensität der Beize auch weitgehend der Beschaffenheit und Vorgeschichte des Rohhautmaterials angepaßt werden. Hier sei als erster Faktor die Provenienz der Häute erwähnt. Es ist z. B. selbstverständlich, daß bei Ziegenfellen ein weichnaturiges Hautmaterial, z. B. russische und brasilianische Felle nicht so intensiv zu beizen sind wie hartnaturige Felle, etwa die meist sehr harten indischen Ziegenfelle. Weiter ist die Konservierungsart zu berücksichtigen, wobei ganz allgemein getrocknetes Hautmaterial intensiver gebeizt werden muß als durch Salzen konservierte Häute und Felle. Ferner soll das mit Kalk und Schwefelnatrium geäscherte Hautmaterial sich rascher beizen lassen als nur mit Kalk geäscherte Blößen [M. C. Lamb (*1*), S 68; vgl. auch S. 240], andererseits aber stärkere Hautsubstanzverluste als nur mit Kalk geäschertes Hautmaterial erfahren (G. D. McLaughlin, J. H. Highberger, F. O'Flaherty und K. Moore). Schließlich ist auch der Grad der vorangegangenen Entkälkung von Bedeutung, da ein starker Gehalt an unneutralisiertem Kalk die Beizwirkung hemmt (vgl. S. 241).

Der Beizeffekt ist von einer Reihe wesentlicher Faktoren abhängig. Wichtig ist einmal die gewählte Enzymkonzentration. Für die künstlichen Beizen lassen sich diesbezüglich keine allgemeingültigen Angaben machen, da die zu verwendende Menge ganz von der Zusammensetzung des gewählten Handelsprodukts abhängig ist, so daß diesbezüglich auf die Angaben der herstellenden Firmen verwiesen werden muß. Bei den Mistbeizen werden nach den veröffentlichten Unterlagen je nach dem zu erzielenden Beizeffekt 5 bis 20% Hundekot bzw. Vogelmist, teilweise auch eine noch höhere Menge verwendet. Ganz allgemein ist zur Vermeidung eines Überbeizens empfehlenswert, die Enzymkonzentration lieber etwas niedriger zu halten und dafür die Beizdauer entsprechend zu verlängern, da bei zu hohen Enzymkonzentrationen infolge des raschen Beizverlaufes leicht der Endpunkt des Beizprozesses nicht rechtzeitig erkannt wird.

Wesentlich für die Intensität des Beizprozesses ist ferner die Beiztemperatur. Die allgemeinen Gesetzmäßigkeiten der Beziehung zwischen enzymatischer Wirksamkeit und Temperatur wurden bereits an anderer Stelle behandelt (vgl. S. 213). Die Beiztemperatur darf sowohl im Hinblick auf das hitzeempfindliche Hautmaterial wie auch auf die bei höherer Temperatur stattfindende Denaturierung der Enzyme nicht zu hoch gewählt werden; aus dem letzteren Grunde müssen höhere Temperaturen, etwa gar Siedehitze des Wassers auch beim Ansetzen der Beize unbedingt vermieden werden. Es ist zweckmäßig, entweder das Wasser vor Zugabe des Beizpräparats auf die erforderliche Temperatur zu erwärmen oder, falls die Beizenzyme bereits anwesend sind, das Haspelgeschirr während des Anwärmens der Beizflotte laufen zu lassen, um lokale Überhitzungen zu vermeiden. In der Praxis wird der Beizprozeß im allgemeinen bei Temperaturen zwischen 25 und 35° C bis höchstens 40° C durchgeführt, also bei Temperaturen, die zumeist unterhalb der optimalen Temperatur der Wirksamkeit der Beizenzyme liegen, da die ungegerbte Haut gegen höhere Wärmegrade außerordentlich empfindlich ist. Zum Erhalt eines stets gleichmäßigen Beizergebnisses ist dabei auf eine möglichst gleichmäßige Temperatureinhaltung besonderer Wert zu legen. Über die Vorteile der Anwendung geschlossener Haspelgeschirre für die Temperatureinhaltung wurde bereits an anderer Stelle berichtet. Um die Temperatur während des Beizens besser konstant halten zu können, ist es empfehlenswert, das Hautmaterial durch Vorbehandlung mit warmem Wasser vor dem Beizen bereits anzuwärmen. Vielfach ist es in der Praxis üblich, die Beizflotte zunächst um einige Grade wärmer zu stellen und dann die nicht angewärmten Blößen hineinzugeben, so daß durch die dabei erzielte Abkühlung die gewünschte Temperatur erreicht werden soll. Dieses Verfahren ist indessen nicht ganz zweckmäßig, da die zunächst eingefüllten Blößen in ein wesentlich zu warmes Bad kommen und hierdurch unter Umständen Schaden leiden können, zumal ein noch äschergequollenes Hautmaterial gegen höhere Wärmegrade ganz außerordentlich empfindlich ist. Auch hinsichtlich der Äschertemperatur ist es zweckmäßig, zur Vermeidung eines Überbeizens lieber bei etwas niedrigeren Wärmegraden zu beizen und die Beizdauer entsprechend zu verlängern. Insbesondere bei schweren Lederarten, bei denen ein nur mäßiger Beizeffekt erreicht werden soll, wird vielfach mit der Temperatur bis auf 20° C herabgegangen.

Ein weiterer wesentlicher Faktor für die Intensität des Beizprozesses ist der $p_H$-Wert des Beizbades. Über die Beziehungen zwischen $p_H$-Wert und enzymatischer Wirksamkeit wurde bereits berichtet (vgl. S. 214). Die für Beizzwecke heute vorwiegend verwendeten tryptischen Fermente weisen ihre optimale Wirksamkeit in schwach alkalischem Gebiet auf und entsprechend sind die meisten handelsüblichen Beizpräparate auf etwa $p_H = 7$ bis 9 eingestellt, ein $p_H$-Wert von etwa 8 wird allgemein als günstigster $p_H$-Wert angesprochen. Der Praktiker braucht sich zumeist um die Einstellung des $p_H$-Wertes seiner Beizflotte bei Verwendung künstlicher Beizpräparate nicht zu kümmern, da die Produkte schon durch die herstellenden Firmen diesbezüglich zweckentsprechend eingestellt werden und sich auch zumeist während des Beizprozesses selbst infolge Zusatzes oder Bildung von Puffergemischen (Ammoniak-Ammonsalz-Puffergemisch bei der Verwendung entkälkender Ammonsalze) nicht wesentlich ändern. Immerhin ist eine $p_H$-Wert-Kontrolle während des Beizverlaufs unbedingt zu empfehlen.

Die Sachlage änderte sich natürlich wesentlich, sobald zur Verstärkung der entkälkenden Wirkung des Beizbades weitere Entkälkungsmittel zugesetzt werden und es sei daher an dieser Stelle die für die Praxis des Entkälkens und Beizens wichtige Frage angeschnitten und diskutiert, ob diese Prozesse zweckmäßig gleichzeitig, d. h. in gemeinsamem Bade durchgeführt werden, obwohl es sich um zwei Teilprozesse handelt, deren Gesetzmäßigkeiten, Geschwindigkeit und Endziel andersartig sind, oder ob eine getrennte Durchführung mehr zu empfehlen ist. Bei vielen handelsüblichen Beizpräparaten, die größere Mengen an Ammonsalzen enthalten, ist automatisch eine Verknüpfung des Entkälkens mit dem Beizen gegeben. In vielen dieser Fälle wird aber das Verhältnis von Beizenzymen zu Entkälkungsmitteln des Beizpräparats nicht immer den jeweils praktischen Erfordernissen entsprechen, entweder wird bei nur mäßiger Beizwirkung und damit nur geringer Enzymmenge die vorhandene Menge an Entkälkungsmitteln nicht ausreichen, um auch eine genügende Entkälkung zu bewirken oder andererseits wird bei Einstellung auf genügende Entkälkung der Beizeffekt ein unerwünscht starker sein. Man kann in solchen Fällen zwei verschiedene Wege einschlagen. Entweder man nimmt in einem getrennten Arbeitsgang ein zum mindesten teilweises Entkälken vor dem Beizen unter Berücksichtigung der diesbezüglichen gültigen Gesetzmäßigkeiten vor (vgl. S. 178ff.), spült dann zur Entfernung der Calciumsalze, die den enzymatischen Prozeß wesentlich beeinflussen können (S. 216), das Hautmaterial gründlich mit zu- und abfließendem Wasser und beizt dann in getrenntem Bade. Diese Arbeitsweise erhöht natürlich den erforderlichen Arbeitsaufwand, hat aber andererseits den Vorteil, daß Entkälken und Beizen unter den für diese Teilvorgänge zweckmäßigsten Arbeitsbedingungen ohne Rücksicht auf einen anderen, parallel laufenden Vorgang durchgeführt werden können und daß vor allem die Beeinflussung des enzymatischen Vorgangs durch ungebundenen Kalk und durch Calciumsalze (vgl. S. 241) weitgehend fortfällt und damit der Verlauf des Beizvorgangs und seine Überwachung nicht unnötig kompliziert wird. Beim Beizen zuvor entkälkter Blößen ist ein größerer Ammonsalzgehalt nicht erforderlich, da schon geringe Ammonsalzmengen eine genügende Beschleunigung der enzymatischen Wirksamkeit bewirken, große Mengen dagegen den $p_H$-Wert des Beizbades leicht aus dem optimalen Bereich nach der sauren Seite verschieben.

Im anderen Falle — gemeinsame Durchführung des Entkälkens und Beizens — müssen, falls die Entkälkungsmittel des Beizpräparats unter gegebenen Beizbedingungen nicht ausreichen, weitere Mengen an Entkälkungsmitteln dem Beizbad zugesetzt werden. Man verwendet hierfür teils Ammonsalze, vielfach werden aber auch gewisse Mengen an entkälkenden Säuren, auch stärkeren Entkälkungssäuren wie Salzsäure, Milchsäure oder Essigsäure usw. dem Entkälkungsbad zugesetzt. Hinsichtlich Auswahl der Entkälkungsmittel gelten auch hier sinngemäß die bei Besprechung des Entkälkungsvorganges dargelegten Gesetzmäßigkeiten. Dabei muß indessen berücksichtigt werden, daß durch Zusatz von Entkälkungssäuren das Entkälkungsbad wenigstens vorübergehend saure Reaktion annimmt und damit nicht mehr den für die Wirksamkeit der tryptischen Beizenzyme optimalen $p_H$-Bereich aufweist und so die Wirksamkeit der Beize bis zur Neutralisation der Säure vermindert und damit die erforderliche Beizdauer verlängert wird. Diese Überlegungen lassen auch erkennen, daß bei gleichzeitigem Entkälken und Beizen der Zusatz von Entkälkungssäuren nur ein zusätzlicher sein kann, gleichzeitig aber auch entkälkende Ammonsalze vorwiegend zugegen sein müssen, damit der für die Beizenzyme optimale $p_H$-Bereich baldmöglichst wieder erreicht wird.

Beide Arbeitsweisen führen bei sachgemäßer Durchführung zum Ziel und werden in der Praxis angewandt. E. Stiasny (*2*) hat allerdings gegen das gemeinsame Entkälken und Beizen eine Reihe von Gründen geltend gemacht, die nachstehend kurz angeführt werden sollen. Ganz abgesehen davon, daß es nicht zweckmäßig erscheine, zwei in ihrem Wesen völlig verschiedene Prozesse miteinander zu verquicken, verlaufe die Entkälkung zumeist langsamer als der Beizvorgang auf fermentativer Grundlage und man würde daher nur schwer vollständige Entkälkung und richtigen Beizeffekt zusammen erreichen können, sondern entweder ein gewisses Überbeizen oder eine ungenügende Entkälkung in Kauf nehmen müssen. Der $p_H$-Wert des unentkälkten Blößenmaterials sei zu Beginn ein recht hoher und ändere sich während des Beizens mit fortschreitender Entkälkung ständig, wobei außerdem die verschiedenen Hautschichten sich hinsichtlich ihrer Azidität unterschiedlich verhielten. Da die Beizwirkung vom jeweiligen lokalen $p_H$-Wert abhängig sei, müsse sie an den verschiedenen Stellen der Haut stets unterschiedlich sein. Der unneutralisierte Kalk, seine teilweise fällende Wirkung auf das Trypsin, der Einfluß der gebildeten Kalksalze und der ständig abnehmende Gehalt an Ammonsalzen beeinflussen den Beizprozeß mit fortschreitender Beizdauer in stets andersartigem und daher völlig unkontrollierbarem Maße und auch dadurch würde das Beizproblem verwickelt und die Kontrolle schwieriger und unübersichtlicher als nötig. Schließlich sei die Anwendung höherer Beiztemperaturen bis zu 40° C in den Anfangsstadien einer stark kalkhaltigen, äschergeschwellten Blöße gegenüber nicht ungefährlich [E. Stiasny (*2*)]. Es sei demgegenüber nochmals betont, daß in der Praxis das Verfahren des gleichzeitigen Entkälkens und Beizens sehr viel durchgeführt wird, doch sind die Bedenken E. Stiasnys nicht von der Hand zu weisen und es ist durchaus möglich, daß manche Mißerfolge des Beizprozesses, für die der Praktiker sich keine rechte Erklärung weiß, auf die angeführten Gründe zurückzuführen sind.

A. Küntzel und O. Dietsche haben vergleichende Beizversuche mit Spaltkollagen derart durchgeführt, daß das zuvor gekälkte Kollagenmaterial einmal zunächst mit Ammoniumsulfat entkälkt und dann mit Pankreatin gebeizt wurde, während im Parallelversuch Entkälken und Beizen gleichzeitig vorgenommen wurden. Die in Tabelle 15 wiedergegebenen Werte zeigen, daß bei getrenntem Entkälken und Beizen eine größere Ausnutzung des Pankreatinmaterials erreicht wird, daß also der Beizeffekt, der erfahrungsgemäß der Bildung löslicher Hydrolysenprodukte proportional ist, hierbei ein intensiverer ist als bei Durchführung in gemeinsamem Bade. A. Küntzel und B. Pototschnig (*1*), die ebenfalls die Frage der Gleichzeitigkeit oder Trennung der Prozesse des Beizens und Entkälkens prüften, indem sie den Verfall der geäscherten Kollagenstücke zum Maßstab der erfolgten Beizwirkung machten, haben beim gleichzeitigen Entkälken und Beizen einen stärkeren Verfall als bei getrennter Ausführung der beiden Vorgänge festgestellt. Im Falle der gemeinsamen Durchführung des Entkälkens und Beizens ist bei der Dosierung der Entkälkungsmittel zu berücksichtigen, daß auch die während des Beizens unter Umständen entstehenden Abbauprodukte den Kalk zu neutralisieren vermögen [A. Küntzel und B. Pototschnig (*1*)]. Wenn auch die bei diesen Versuchen angewandten Enzymmengen über den in der Praxis des Beizens üblichen lagen, so wird durch diesen Befund doch ein gewisser Zusammenhang zwischen Entkälkung und Beizen nachgewiesen und andererseits wird erklärlich, daß auch Beizen ohne Zusatz besonderer Entkälkungsmittel, z. B. Kotbeizen neben der eigentlichen Beizwirkung eine gewisse neutralisierende Wirkung auszuüben vermögen.

Tabelle 15. Abbau von Kollagen bei getrenntem und gemeinsamem Entkälken und Beizen (A. Küntzel und O. Dietsche).

| Vorbehandlung des Kollagens | Entkälken und Beizen | Abbau in Prozent Kollagen bei | |
|---|---|---|---|
| | | 0,01 n $(NH_4)_2SO_4$ | 0,1 n $(NH_4)_2SO_4$ |
| 1. gekälkt | gleichzeitig | 2,85 | 3,39 |
| 2. ,, | nacheinander | 3,18 | 3,93 |

Schließlich sei auch im Hinblick auf das Beizen der Einfluß der Beschaffenheit des verwendeten Wassers auf die Arbeitsbedingungen erwähnt. Weiche moorige Wasser fördern die Beizwirkung, bakterienhaltige Wasser bedeuten stets eine Gefahr für das Hautmaterial [E. Stiasny (*1*), S. 309]. Hartes Wasser wird zweckmäßig, da es die Beizwirkung verzögert, zuvor mit Kalkmilch enthärtet, soweit es sich bei den Härtebildnern um Karbonathärte handelt, wobei auf alle Fälle ein Überschuß an Kalk vermieden werden muß (vgl. S. 241).

Ein wesentlicher, nicht zu vernachlässigender Faktor beim Beizen ist ein gründliches Spülen des Hautmaterials. Einmal ist es zweckmäßig, die Blößen schon vor dem eigentlichen Beizen gründlich $^1/_4$ bis $^1/_2$ Stunde zu spülen, um einen Teil des Kalkes und der in der Haut befindlichen Unreinlichkeiten zu entfernen. Um hierbei schon ein gewisses Verfallen des Hautmaterials zu bewirken und auch während der Durchführung der Beize die gewünschte Temperatur besser halten zu können, erscheint es zweckmäßig, für dieses Spülen warmes Wasser zu verwenden. Nach dem Beizen müssen die Blößen wieder gründlich gewaschen werden, am besten ebenfalls mit warmem Wasser, da bei Verwendung kalten Wassers insbesondere bei Ziegenfellen leicht ein etwas rauher, gänsehautähnlicher Narben erzeugt wird (vgl. S. 256). Die Blößen werden dann zumeist noch einer mechanischen Bearbeitung insbesondere zur Entfernung des durch das Beizen gelockerten Grundes durch Streichen und Glätten (vgl. S. 170ff.) unterzogen, nochmals gespült und sind dann für die Gerbung fertig.

Über die Dauer des Beizprozesses lassen sich ebenfalls allgemeingültige Angaben nicht machen, der Prozeß muß abgebrochen werden, sobald bei der Überwachung des Beizprozesses die gewünschte Beizwirkung festgestellt wird. Der Beizprozeß ist beendet, sobald die Blößen genügend verfallen sind, den für ein gebeiztes Hautmaterial charakteristischen schlaffen, gelockerten Griff, eine genügende Porosität und eine gewisse schlüpfrige Narbenbeschaffenheit aufweisen und der Grund hinreichend gelockert ist, so daß er sich mit leichtem Fingerdruck aus den Blößen als dicke, etwas klebrige Masse herausdrücken läßt. Über die Möglichkeiten und Verfahren zur Überwachung des Verlaufs des Beizvorgangs wird noch an anderer Stelle ausführlich berichtet (vgl. S. 270ff.).

## 5. Beizfehler.

Wie bei dem Prozeß der Haarlockerung kann man auch beim Beizprozeß die möglichen Fehlerquellen im wesentlichen in zwei Gruppen einteilen und entsprechend unterscheiden zwischen Fehlern, die durch ein ungenügendes Beizen verursacht sind und Fehlern, die auf ein zu intensives Beizen zurückgeführt werden müssen. Daneben sind von meist untergeordneterer Bedeutung auch einige Fehlermöglichkeiten zu erwähnen, die durch eine unsachgemäße Durchführung des Beizprozesses bedingt sind.

Ein ungenügend gebeiztes Hautmaterial wird stets ein Leder liefern, das infolge unzureichender Auflockerung des kollagenen Fasergefüges bzw. ungenügender Entfernung der nichtkollagenen Bestandteile der Haut bezüglich Weichheit, Geschmeidigkeit und Griffigkeit nicht den an die betreffende Lederart zu stellenden Anforderungen entspricht. Es wird unerwünscht hart und spröde und von blechiger Beschaffenheit sein. Ebenso wird durch ein ungenügendes Beizen der in der Haut befindliche „Grund" nicht genügend gelockert, so daß er beim nachfolgenden Glätten nicht restlos aus den Blößen entfernt werden kann, bei der nachfolgenden Gerbung in saurer Lösung unlöslich in der Blöße abgeschieden wird und insbesondere dann, wenn die Abscheidung vornehmlich in der Narbenschicht erfolgt, eine rauhe und brüchige Narbenbeschaffenheit und Fleckenbildung verursacht. Schließlich kann durch ein ungenügendes Beizen Losnarbigkeit des Leders verursacht werden und ein sog. „geflinkerter" Narben entstehen, wenn das übrige Hautfasergefüge im Verhältnis zur Narbenschicht nicht genügend durchgebeizt wird [W. Eitner (*3*)]. Ein ungenügendes Beizen kann während des Beizprozesses selbst durch zu kurzes Beizen, Anwendung zu geringer Enzymmengen oder ungeeignete Beizbedingungen ($p_H$-Wert, Temperatur usw.) verursacht sein, es kann aber, wie wir bereits bei Besprechung der Fehlermöglichkeiten bei der Haarlockerung sahen (vgl. S. 131), auch durch eine ungenügende Durchführung des Haarlockerungsprozesses und dadurch bedingte ungenügende Auflockerung des Hautfasergefüges und unzureichende Anpeptisierung der einzelnen Hautfasern bedingt sein.

Wesentlich häufiger als die durch ungenügendes Beizen verursachten Fehler sind diejenigen Beizfehler, die durch ein zu intensives Beizen, ein sog. Überbeizen des Hautmaterials verursacht werden, da es einer großen praktischen Erfahrung bedarf, den Beizprozeß im rechten Augenblick zu unterbrechen, in dem durch die Einwirkung der Beizenzyme insbesondere auf das kollagene Fasergefüge eine genügende Auflockerung ohne unerwünscht starken Angriff erreicht wurde. Ein Überbeizen kann bedingt sein durch zu lange Beizdauer, durch zu hohe Enzymkonzentration der Beizflotte oder auch durch zu hohe Beiztemperatur.

Bei Verwendung natürlicher Beizen war ein Überbeizen auch häufig durch ein sog. „Umschlagen“ der Beize insbesondere bei Gewittern infolge dadurch verursachter plötzlicher Veränderungen der Lebensbedingungen der Bakterien und ein Überwuchern kollagenangreifender Bakterien bedingt. Ein übermäßig starkes Beizen führt zunächst zu einer stark ausgeprägten Zügigkeit des Leders, die bei manchen Lederarten, z. B. Glacéleder, erwünscht ist und durch ein stärkeres Beizen direkt erreicht werden soll, bei den meisten Lederarten aber als ein Fehler anzusprechen ist, da eine übermäßige Dehnbarkeit unerwünscht ist. Ein Überbeizen ist infolge stärkeren Angriffs auf die Kollagensubstanz stets mit einem mehr oder weniger großen Hautsubstanzverlust verbunden, der eine Schwächung des Hautfasergefüges, insbesondere in der durch Haarlöcher, Schweißdrüsen usw. bereits verhältnismäßig schwach ausgebildeten Zone unmittelbar unter dem Narben bewirkt und sich am fertigen Leder in einer mangelnden Fülle und einem leeren Griff, einer gewissen Schwammigkeit und Losnarbigkeit insbesondere in den abfälligen Teilen, einer gewissen mürben und brüchigen Beschaffenheit

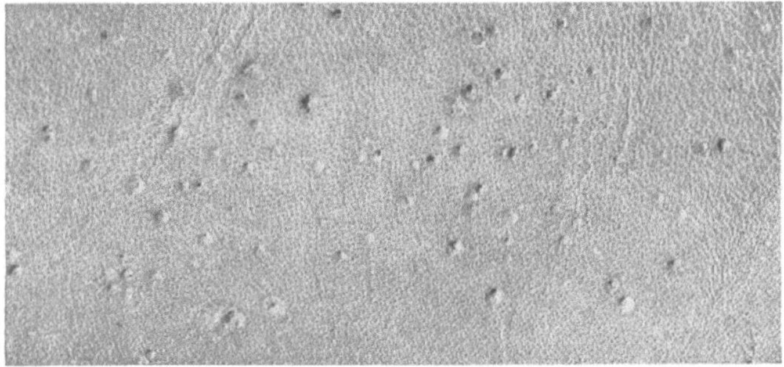

Abb. 63. Beizstippen auf unzugerichtetem Vachettenleder. Natürl. Größe (F. Stather, S. 25).

insbesondere des Narbens und in einer Verminderung der Festigkeitseigenschaften des Leders äußert. Im übrigen können sich Beizschäden infolge Überbeizens natürlich auch in einem sichtbaren Angriff auf die Haut, insbesondere die empfindliche Narbenschicht auswirken. Ein derartiger Beizfehler äußert sich am fertigen Leder natürlich wie jeder andere enzymatische Angriff auf die tierische Haut, wirkt sich also prinzipiell in der gleichen Weise aus wie ein durch Fäulnisschäden an der rohen Haut bzw. während des Weichens oder der Prozesse der Haarlockerung verursachter bakterieller Angriff, so daß auf die bei Besprechung der Weichfehler diesbezüglich gemachten Ausführungen (S. 57) verwiesen werden kann. Entsprechend lassen sich solche Beizschäden am fertigen Leder von Fäulnisschäden in der Mehrzahl der Fälle nicht einwandfrei unterscheiden. In geringem Umfang macht sich ein derartig sichtbarer Angriff der Beizenzyme am fertigen Leder durch einen matten, glanzlosen, sog. „blinden“ Narben und durch eine Fleckenbildung infolge andersartiger Aufnahme der Gerbstoffe, Fette und Farbstoffe an diesen Stellen bemerkbar. Mit fortschreitender Intensität des Angriffs treten aber schließlich lochartige Anfressungen der Narbenschicht, sog. Beizstippen auf (Abb. 63), die meist von Haarbälgen ausgehend schließlich zu einem stellenweisen vollständigen Ablösen des Narbens führen (F. Stather). Zur Vermeidung eines Überbeizens ist es im allgemeinen zweckmäßig, die Enzymkonzentration und Beiztemperatur nicht zu hoch zu wählen und dafür lieber eine längere Beizdauer in Kauf zu nehmen. Es empfiehlt sich weiter zur Verminderung der Gefahr von Narbenbeschädigungen beim Beizen, die Blößen nicht im prallen, alkaligeschwellten und stark alkalischen Zustand in die Beize zu bringen, sondern zuvor zu entkälken und verfallen zu lassen [E. Stiasny (*1*), S. 313]. Falls Überbeizung befürchtet wird oder bereits erfolgt ist, empfiehlt es sich, die Blößen sofort in eine die Fermententwicklung hemmende Lösung zu bringen. E. Stiasny [(*1*), S. 310] empfiehlt, das Hautmaterial in solchen Fällen kurze Zeit in Borsäure, sehr verdünntem Lysol oder dgl. zu spülen.

Erwähnt sei hier schließlich, daß aus Gründen, die an anderer Stelle bereits eingehend besprochen wurden, Beizfehler bei Bakterienbeizen viel eher auftreten können als bei Enzymbeizen auf Basis von Verdauungsenzymen oder von isolierten Bakterienenzymen, da die Lebenstätigkeit der Bakterien im Beizbad selbst nie ganz einwandfrei überwacht werden kann, nie ein gleichmäßig dosierbare Beizwirkung erreichbar ist und damit die Gefahr eines Überbeizens in gesteigertem Maße vorhanden ist.

Abb. 64. Vertikalschnitt durch enthaarte und gebeizte Ziegenblöße (G. D. McLaughlin, J. H. Highberger, F. O'Flaherty und K. Moore).

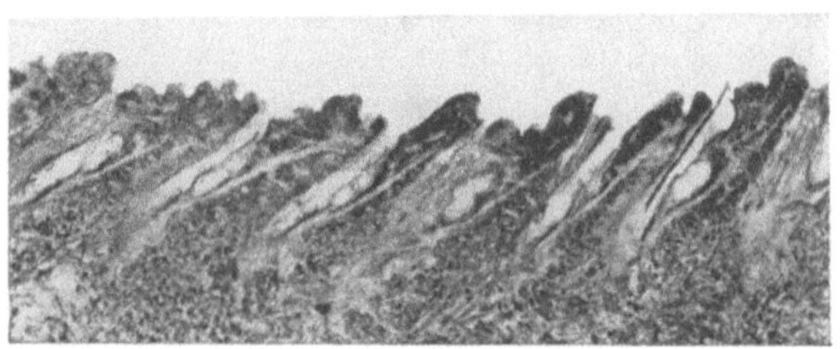

Abb. 65. Vertikalschnitt durch enthaarte und gebeizte Ziegenblöße nach nachfolgendem Einlegen in kaltes Wasser (G. D. McLaughlin, J. H. Highberger, F. O'Flaherty und K. Moore).

Von der Gruppe der Fehlermöglichkeiten, die durch unsachgemäße Durchführung der mit dem Beizen in Zusammenhang stehenden Arbeitsvorgänge verursacht werden, seien hier nur zwei der wichtigsten erwähnt. Einmal sei die Entstehung von sog. Beizflecken angeführt, die dann auftreten, wenn das Hautmaterial in der Beizflotte nicht genügend bewegt wird, so daß infolge ungleichmäßiger Enzymkonzentration im Beizbad ein ungleichmäßiger Beizeffekt verursacht wird. Einen zweiten Fehler haben G. D. McLaughlin, J. H. Highberger, F. O'Flaherty und K. Moore erwähnt. Sie haben darauf hingewiesen, daß es unsachgemäß sei, warm gebeiztes Hautmaterial in kaltes Wasser zu bringen. Insbesondere bei Ziegenfellen tritt in solchen Fällen ein rauher, gänsehautähnlicher Narben auf, den die Autoren darauf zurückführen, daß das in der Papillarschicht vorhandene Muskelgewebe im Äscher stärker als das kollagene Fasergefüge quillt, in der Beize dann eine starke Quellungsverminderung erfährt, in kaltem Wasser aber erneut besonders stark quillt. Abb. 64 und 65 demonstrieren dieses Verhalten der Ziegenblößen. Wenn der Fehler bei anderen Hautarten, insbesondere bei Kalbfellen nicht bemerkt wird, so dürfte dies auf die Kleinheit und Unentwickeltheit der Hautmuskeln bei diesen Hautarten zurückzuführen sein.

## 6. Untersuchung der Beizen des Gerbers und Kontrolle des Beizvorganges.

### a) Untersuchung der Beizen des Gerbers.

Wie wir an früheren Stelle sahen, bestehen die meisten handelsüblichen Beizpräparate des Gerbers neben einer unlöslichen, porösen Trägersubstanz, meist Sägemehl, im wesentlichen aus meist tryptischen Fermenten als beizender Komponente und Ammonsalzen als entkälkender Komponente. Nach den Angaben von A. Vlcek (*1*) schwankt in den Beizpräparaten des Handels der Holzmehlgehalt zwischen 12 und 75%, der Salzgehalt zwischen 0 und 87% und die Menge der organischen Stoffe im wässerigen Auszug zwischen 0 und 12%. Entsprechend muß die Untersuchung solcher Beizpräparate zum mindesten einmal die quantitative Bestimmung der Ammonsalze, zum andern die Feststellung der fermentativen Wirksamkeit umfassen. Bisweilen wird daneben auch die Bestimmung des Gehalts an unlöslichen Bestandteilen durchgeführt.

*Bestimmung der unlöslichen Stoffe.*

5 g des Beizpräparats werden genau abgewogen und wiederholt mit lauwarmem Wasser digeriert; nach dem Umrühren und Absitzenlassen des Unlöslichen wird die Flüssigkeit durch ein gewogenes quantitatives Filter in einen Litermeßkolben filtriert. Diese Arbeitsweise wird wiederholt, bis das ablaufende Filtrat salzfrei ist, also keine Reaktion auf Chlor- und Sulfationen mehr ergibt. Dann wird der unlösliche Rückstand quantitativ auf das Filter gespült und bei 100° C bis zur Gewichtskonstanz getrocknet, während das Filtrat bis zur Marke aufgefüllt und für die Bestimmung der Ammonsalze verwendet wird.

Durch Veraschen kann der Gehalt an unlöslichen Stoffen weiter unterteilt werden in solche organischen und mineralischen Ursprungs. Falls der Aschegehalt mehr als 2 bis 3% des ursprünglichen Beizmusters beträgt, besteht der Verdacht, daß Beschwerungsmittel zugesetzt wurden und es empfiehlt sich in diesen Fällen eine weitere analytische Untersuchung der Mineralstoffe [V. Kubelka und J. Wagner (*1*)].

*Bestimmung des Gehalts an Ammonsalzen.*

Für die Bestimmung der Ammonsalze wird das bei der Bestimmung der unlöslichen Anteile anfallende Filtrat verwendet, das zunächst qualitativ auf die Art der vorhandenen Ammonsalze geprüft wird. An Ammonsalzen kommen in Beizpräparaten heute praktisch ausschließlich Ammoniumchlorid und Ammoniumsulfat in Frage, so daß auch die qualitative Prüfung sich im wesentlichen auf die Anwesenheit von Chlor- und Sulfationen beschränken kann.

Ist ausschließlich Ammoniumsulfat zugegen, so erfolgt dessen quantitative Bestimmung durch Zugabe von überschüssigem Alkali zu einer genau abgemessenen Menge des wässerigen Auszugs, Überdestillieren des Ammoniaks, Auffangen in $^{n}/_{10}$-Schwefelsäure und Rücktitration der unneutralisierten Säure

$$1 \text{ ccm } ^{n}/_{10}\text{-}H_2SO_4 = 0{,}0066 \text{ g } (NH_4)_2SO_4.$$

Eine andere Methode der Ammoniakbestimmung beruht auf der Titration in alkoholischer Lösung (Vagda-Kalender, S. 69). Dabei werden 2 ccm des wässerigen Auszugs des Beizpräparats mit 50 ccm 96%igem Alkohol versetzt und nach Zugabe von 0,5 ccm 1%iger alkoholischer Thymolphthaleinlösung mit $^{n}/_{5}$ alkoholischer Kalilauge (90%iger Alkohol) bis zum Auftreten des ersten graublauen Farbtons titriert.

$$1 \text{ ccm } ^{n}/_{5}\text{-KOH} = 0{,}0132 \text{ g } (NH_4)_2SO_4.$$

Enthält das Beizpräparat ausschließlich Ammoniumchlorid, so sind die beiden angeführten Methoden sinngemäß in der gleichen Weise anwendbar

$$1 \text{ ccm } ^{n}/_{10}\text{-}H_2SO_4 = 0{,}00535 \text{ g } NH_4Cl$$
$$1 \text{ ccm } ^{n}/_{5}\text{-KOH} = 0{,}0107 \text{ g } NH_4Cl.$$

Andererseits ist es in diesem Fall auch möglich, im wässerigen Auszug des Beizpräparats die Chlorionen mittels normaler Chlortitration mit $^{n}/_{10}$ Silbernitrat nach einem der bekannten Verfahren der analytischen Chemie direkt zu bestimmen und daraus den Gehalt an Ammoniumchlorid zu berechnen

$$1 \text{ ccm } ^{n}/_{10}\text{-}AgNO_3 = 0{,}00535 \text{ g } NH_4Cl.$$

Enthält das Beizpräparat Ammoniumchlorid und Ammoniumsulfat nebeneinander, so müssen Chlor- und Ammoniakbestimmung nebeneinander durchgeführt werden. Aus dem Ergebnis der Chlorbestimmung kann der Gehalt an Ammoniumchlorid direkt berechnet werden. Aus dem Ergebnis der Ammoniakbestimmung wird der Gehalt an Ammoniumsulfat berechnet, nach dem vor der Umrechnung die bei der Ammoniakdestillation ermittelte Anzahl ccm $^{n}/_{10}$-Schwefelsäure um die bei der Chlortitration verbrauchten ccm $^{n}/_{10}$-Silbernitrat vermindert wurde.

*Bestimmung der fermentativen Wirksamkeit.*

Es liegen eine Unzahl von Methoden und Vorschlägen für die Bestimmung des fermentativen Wertes technischer Beizprodukte vor, doch ist die Frage ihrer Brauchbarkeit und Zweckmäßigkeit heute noch recht umstritten. Die Hauptschwierigkeit bei der Behandlung dieser Fragen liegt natürlich darin begründet, daß man ja noch nicht mit Sicherheit weiß, worin eigentlich die Hauptwirkung des Beizprozesses besteht und es ist natürlich schwierig, wenn nicht unmöglich, den Wert eines Produkts mit Sicherheit festzustellen, dessen Wirkungsweise man im Grunde nicht genau kennt. Daneben und damit im Zusammenhang stehend bereitet insbesondere die Frage der Auswahl eines für die Beizwertbestimmungen geeigneten Substrats beträchtliche Schwierigkeiten und hat in der einschlägigen Literatur zu vielen Meinungsverschiedenheiten und Polemiken Anlaß gegeben. Vorgeschlagen worden sind Casein, Milch, Gelatine und Kollagen, daneben auch Elastin, Keratosen und Fettsubstanzen. Ohne Zweifel wäre das Kollagen das idealste Substrat und es werden immer wieder Methoden, die die Verwendung von Kollagen als Substrat vorsehen, vorgeschlagen und diskutiert. Die Hauptschwierigkeit besteht hierbei indessen darin, Kollagen mit stets einheitlichen, wohldefinierten Eigenschaften zu erhalten, zumal ja die Einwirkung der Enzyme auf Kollagen in ihrer Intensität je nach der Vorgeschichte des Substrats stark variiert. Ebenso ist die Gelatine nur schwer in stets gleichmäßiger Beschaffenheit und mit gleichen Eigenschaften zu erhalten, zumal bei der Gelatinebereitung zumeist Kollagensubstanzen unterschiedlicher Herkunft und Vorgeschichte miteinander verarbeitet werden. Ferner sind die Lösungen der Gelatine zu viskos und neigen leicht zur Gelbildung, und schließlich dauert der Abbau bei Gelatine unter sonst gleichen Bedingungen wesentlich länger als bei Casein. Casein andererseits kann natürlich als ideales Substrat für die Beizwertbestimmungen keineswegs bezeichnet werden und es ist immer wieder betont worden, daß man die Beizwirkung eines Enzympräparats zuverlässig nur an Kollagensubstanzen prüfen könne und daß aus den Werten, die an anderen, artfremden Proteinen erhalten würden, nicht mit Sicherheit auf die Wirksamkeit der Beize gegenüber Hautsubstanz unmittelbar gefolgert werden könne. So haben z. B. J. A. Wilson und H. B. Merrill (*3*), A. Küntzel (*4*), A. Küntzel und B. Pototschnig (*2*), W. Ackermann, P. S. Kopeliowitsch (*2*) u. a. darauf hingewiesen, daß keine Parallelität zwischen den Wirkungen des gleichen Enzympräparats auf verschiedene Proteinsubstrate bestünde. Ohne Zweifel gehören Kollagen und Casein recht verschiedenen Klassen von Eiweißstoffen an und es konnte bei vergleichenden Beizwertbestimmungen mit unterschiedlichen Substraten an einer Reihe von Beizpräparaten gezeigt werden, daß Casein Testwerte liefert, die mit den an Kollagen und an Gelatine erhaltenen Werten nicht vergleichbar sind [A. Küntzel und B. Pototschnig (*2*)]. Wenn trotzdem heute den Caseinmethoden praktisch stets der Vorzug gegeben wird, so liegt dies einmal daran, daß Casein, namentlich die bekannte Marke des „Hammarsten"-Caseins stets in befriedigender Reinheit, Einheitlichkeit und Gleichartigkeit erhalten werden kann. Die Proportionalität zwischen Fermentzusatz und Zunahme an titrierbaren Gruppen ist bei Casein eine viel regelmäßigere als bei Gelatine [A. Küntzel und B. Pototschnig (*2*)] und die Caseinmethoden sind methodisch einfach und exakt. V. Kubelka (*1*) hat darauf hingewiesen, daß, wenn man zwei Substrate zur Verfügung hätte, von denen das erste der Hautsubstanz nahe verwandt, aber nur schwer und nicht einheitlich erhältlich, das zweite zwar weniger verwandt, aber in genau definiertem Zustand und mit praktisch stets gleichen Eigenschaften lieferbar wäre, man für eine analytische Methode unbedingt den zweiten Stoff wählen müsse. Der Milch gegenüber ist Casein als Substrat ebenfalls überlegen, da ersteres außer Eiweiß noch beträchtliche Mengen an Fett und Zucker enthält und damit die Einheitlichkeit eine geringere ist.

H. B. Merrill (*2*) hat im Hinblick auf die Substratfrage bei den Methoden der Beizwertbestimmung darauf hingewiesen, daß er prinzipiell für die Beurteilung der praktischen Eignung eines Beizpräparats kein Substrat für geeignet halte, da diese Frage überhaupt nicht durch eine Beizwertbestimmung, sondern lediglich durch praktische Beizversuche entschieden werden könnte. A. Vlcek (*4*) hat weiter angeführt, daß bei Beurteilung des Wertes der Beizwertbestimmung darauf hingewiesen werden müsse, daß die Blöße aus verschiedenen Eiweißkörpern mit unterschiedlichen Eigenschaften bestünde und daß die Fermentwirkung einem solchen Polysubstratsystem gegenüber eine ganz andere sein könne als sie bei einfachen, monosubstratischen Modellversuchen ermittelt würde. Die Beizwertbestimmung kann ohne Zweifel nicht praktische Beizversuche ersetzen, sondern lediglich den Zweck haben, eine handelsmäßige Bewertungsbasis für die Herstellung und Einstellung der Beizpräparate und für die Normierung im normalen Warenaustausch zu schaffen und hierfür ist ohne Zweifel dasjenige Substrat und die Methode am geeignetsten, die die Feststellung des Beizwerts möglichst einfach und möglichst zuverlässig gestattet.

Im nachstehenden sollen die einzelnen Beizwert-Bestimmungsmethoden, nach Substraten geordnet, besprochen werden. Dabei werden für die beiden, heute praktisch ausschließlich verwendeten Methoden, die Caseinmethoden nach Löhlein-Volhard und nach Fuld-Groß, ausführliche Durchführungsvorschriften gegeben werden, bei den übrigen Verfahren wird dagegen nur das Prinzip behandelt, während bezüglich der Einzelheiten der vorgeschlagenen Durchführung auf die angeführten Originalarbeiten verwiesen werden muß.

Ganz allgemein muß hier zunächst darauf hingewiesen werden, daß alle Methoden der Beizwertbestimmung Kompromißverfahren darstellen, deren Durchführung mehr oder weniger empirisch oder willkürlich entwickelt und festgesetzt worden ist. Es ist daher selbstverständlich, daß jede dieser Methoden nur dann überhaupt vergleichbare und reproduzierbare Werte zu liefern vermag, wenn die Versuchsbedingungen in strengster Weise eingehalten werden. Über den Einfluß des $p_H$-Wertes, der Temperatur, der Einwirkungsdauer, der angewandten Flüssigkeitsmenge, des Verhältnisses von Enzymmenge zu Substratmenge, der Elektrolytkonzentration usw. auf den Verlauf enzymatischer Vorgänge ist an anderer Stelle bereits eingehend berichtet worden und es ist daher selbstverständlich nur dann ein einwandfreies Ergebnis möglich, wenn diese Faktoren in den Durchführungsvorschriften eindeutig präzisiert sind und bei Vornahme der Untersuchungen strengstens innegehalten werden.

**Methoden mit Milch als Substrat.** Wirksamer Bestandteil bei der Verwendung von Milch als Substrat ist das Casein der Milch, so daß die hier zu behandelnden Methoden eigentlich in die Gruppe der Caseinmethoden gehören. Wie aber bereits oben erwähnt, weist Milch als Substrat gegenüber der direkten Verwendung von Casein den Nachteil geringerer Einheitlichkeit infolge der gleichzeitigen Anwesenheit von Fett und Zucker auf, so daß Milch als Substrat praktisch kaum Verwendung findet. Die beiden unten in ihrem Prinzip kurz besprochenen Verfahren beruhen darauf, daß Milch durch Fermenteinwirkung zum Gerinnen gebracht wird. Hier wird also weniger eine hydrolysierende, als vielmehr eine labende Wirkung des Fermentpräparats im Sinne der Beiztheorie von E. Lenk erfaßt (vgl. S. 246) und so lange diese Theorie und die Bedeutung der labenden Wirkung für den praktischen Beizprozeß nicht eingehend geprüft ist, muß auch aus diesem Grunde den Methoden mit Milch als Substrat gegenüber eine gewisse Skepsis bewahrt werden.

1. Methode Chiesa. Die Methode beruht darauf, daß Milch durch Fermenteinwirkung zum Gerinnen gebracht wird. Es soll die Zeit festgestellt und als Maß für die enzymatische Wirksamkeit gewertet werden, die benötigt wird, bis die Milch so weit geronnen ist, daß ein in die Milch gestellter Strohhalm nicht mehr umfällt. Die Methode kann natürlich nur Annäherungswerte liefern und es ist darauf hingewiesen worden, daß das Gerinnen der Milch durch das öftere Hineinstellen eines Strohhalms gestört und damit die Zuverlässigkeit der Methode ungünstig beeinflußt wird [A. Küntzel und B. Pototschnig (*2*)].

2. Methode Boidin (*1*). Es handelt sich bei diesem Verfahren um eine Reihenmethode, bei der das Gerinnungsvermögen ausgedrückt wird durch die Menge Milch, die von 1 g des Beizpräparats gerade noch zum Gerinnen gebracht werden kann. Von dem zu untersuchenden Beizpräparat wird eine Verdünnungsreihe mit abnehmender Fermentmenge hergestellt, jedes Glas mit der gleichen Menge Milch versetzt, festgestellt, in welchem Glase unter genau festgelegten Versuchsbedingungen nach einer festgelegten Zeit gerade noch ein Gerinnen bewirkt wurde und daraus die Fermentmenge bestimmt, die gerade noch ausreicht, um die angewandte Milchmenge zum Gerinnen zu bringen.

**Methoden mit Casein als Substrat.** Über die Vor- und Nachteile der Verwendung von Casein als Substrat bei der Beizwertbestimmung wurde bereits oben berichtet. Die Caseinmethoden stellen heute die für die Praxis ausschließlich verwendeten Verfahren dar, so daß es gerechtfertigt ist, auf diese Methoden auch hinsichtlich ihrer Durchführung selbst ausführlicher einzugehen.

1. Methode Löhlein-Volhard. Wird Casein aus alkalischer Lösung mittels Salzsäure und Natriumsulfat gefällt, so wird eine bestimmte Menge Salzsäure durch Casein gebunden. Die restliche ungebundene Salzsäure kann im Filtrat zurücktitriert werden, wobei außerdem auch ein geringer Teil der Caseinabbauprodukte miterfaßt wird. In dem Maße, wie Casein fermentativ verdaut und damit auch durch Säure unfällbar wird, steigert sich im Filtrat der Gehalt an Säure und damit die Menge des bei der Rücktitration verbrauchten Alkalis. Der Alkaliverbrauch bei der Rücktitration kann also in seiner Zunahme bei fermentativer Einwirkung als direkter Maßstab für die fermentative Wirksamkeit des verwendeten Enzympräparats dienen. Bei der nachstehend wiedergegebenen zweckmäßigsten Durchführungsvorschrift dieser Methode sind weitgehend die Ergebnisse der von A. Küntzel (*5*) durchgeführten Nachprüfung der Methode zugrunde gelegt (vgl. auch Vagda-Kalender, S. 69).

Für die Durchführung werden die folgenden Lösungen benötigt:

1. 5%ige Caseinlösung. 50 g Hammarsten-Casein werden mit Wasser zu einem gleichförmigen Brei verrührt, nach Zugabe von genau 50 ccm $^{n}/_{10}$-Natron-

lauge bis zum völligen Lösen auf dem Wasserbad erwärmt und dann auf 1 l aufgefüllt und zur Erhöhung der Haltbarkeit mit einigen Tropfen Toluol versetzt. Der $p_H$-Wert der Lösung beträgt ca. 8,4.

2. $^n/_{10}$-Natronlauge.
3. $^n/_5$-Salzsäure.
4. 20%ige Natriumsulfatlösung.
5. 1%ige α-Naphtholphthaleinlösung in verdünntem Alkohol.

Zur Durchführung der Bestimmung ist die Einwage an Beizpräparat derart zu wählen, daß höchstens die Hälfte des Caseins verdaut wird, da bei einer Steigerung des Abbaues über 60% der angewandten Caseinmenge keine direkte Proportionalität zwischen Fermentstärke und dem Ergebnis der Titration mehr besteht [A. Küntzel (*5*)]. Die erforderliche Menge des Beizpräparats (Vorversuch!) wird in eine 100 ccm-Pulverflasche mit 10 ccm Wasser übergossen und unter öfterem Umschütteln im Thermostaten bei 37° C etwa $^1/_4$ Stunde angewärmt. Dann werden 20 ccm der 5%igen Caseinlösung entsprechend 1 g Casein zugesetzt, das Gemisch genau 1 Stunde bei 37° C der verdauenden Wirkung der vorhandenen Enzyme ausgesetzt und dann durch Zugabe von 10 ccm $^n/_5$-Salzsäure und 10 ccm Natriumsulfatlösung die Verdauung unterbrochen und das unverdaut gebliebene Casein ausgefällt. In 10 ccm des Filtrats wird die Salzsäure mittels $^n/_{10}$-Natronlauge und α-Naphtholphthalein als Indikator zurücktitriert, wobei als Umschlagspunkt, der infolge der puffernden Wirkung der Caseinabbauprodukte nicht ganz leicht erkennbar ist, die erste hellgrüne Verfärbung der vorher farblosen Lösung gewählt wird. Vom erhaltenen Titrationsergebnis ist das Ergebnis eines parallel durchzuführenden Blindversuchs abzuziehen, bei dem in Abweichung vom Hauptversuch die Verdauungszeit von 1 Stunde weggelassen wird. Die Differenz des Titrationsergebnisses zwischen Haupt- und Blindversuch entspricht dem verdauten Anteil des Caseins. Zur Berechnung der Wirksamkeit ist zugrundezulegen, daß unter den angeführten Versuchsbedingungen und Titration von 10 ccm des Filtrats die Differenz von 1 ccm $^n/_{10}$-Natronlauge zwischen Haupt- und Blindversuch einem Caseinabbau von ca. 36% entspricht, also bei Anwendung von 1 g Casein pro Versuch einem Unfällbarwerden von 360 mg. Ein Maß für die enzymatische Wirksamkeit sind die sog. Enzymeinheiten, d. h. diejenige Menge Casein in Milligramm, die von 1 g Beizpräparat in 1 Stunde bei 37° C verdaut wird. Diese Zahl wird errechnet durch Multiplikation der verbrauchten Kubikzentimeter Natronlauge mit 360 und Umrechnung von der angewandten Beizpräparatmenge auf 1 g des Beizpräparats.

Es ist auch vorgeschlagen worden, das verdaute Casein im Filtrat direkt durch Stickstoffbestimmung zu ermitteln (H. C. Sherman und D. E. Neun), eine praktische Anwendung hat indessen dieser Vorschlag für die Beizwertbestimmung nicht gefunden.

2. Methode Schneider-Vlcek (*2*). Leitgedanke des Vorschlags von J. Schneider jr. und A. Vlcek (*2*) ist der, die beim enzymatischen Abbau von Casein in Freiheit gesetzten Aminosäuren durch Titration zu ermitteln und als Maß für den enzymatischen Angriff und damit den fermentativen Wert des Beizprodukts zu verwenden. Wie bei der Methode Löhlein-Volhard wird zunächst das Casein unter genau festgelegten Bedingungen der Einwirkung des zu untersuchenden Beizpräparats ausgesetzt, dann das unverdaute Casein mittels Glaubersalz und Salzsäure gefällt und nach Filtration das klare Filtrat nach Zusatz von Formaldehyd mittels Natronlauge unter Verwendung von Kresolphthalein als Indikator titriert. Hierbei werden die überschüssige Salzsäure und infolge des Formalinzusatzes auch die nunmehr stark sauer reagierenden Formaldehydadditionsprodukte der Abbauprodukte des Caseins quantitativ

erfaßt. Diese Gesamtmenge ist der enzymatischen Wirksamkeit der Beize proportional. Daneben werden auch die Ammonsalze mit erfaßt, da sich deren Ammoniak mit dem Formalin zu Hexamethylentetramin umsetzt und eine äquivalente Säuremenge frei wird.

Der Vorteil dieser Methode gegenüber der ursprünglichen Methode von Löhlein-Volhard ist von verschiedenen Seiten bestritten worden. So hat V. Kubelka (*1*) darauf hingewiesen, daß Löhlein-Volhard mit ihrer Titration der überschüssigen Salzsäure im wesentlichen nur den unverdauten Caseinanteil bei der definierten Grenze der Koagulierbarkeit erfassen, Schneider und Vlcek (*2*) dagegen die Verhältnisse komplizieren, indem sie daneben auch die Produkte der tiefer gegangenen Aufspaltung miterfassen. Er hält allgemein die ausschließliche Messung der Abnahme des Substrats bei einer definierten Abbaugrenze für ein besseres Prinzip als die Messung der Zunahme der Abbauprodukte, besonders wenn dabei auch noch der Grad des Abbaues die Messung beeinflußt. Ebenso haben A. Küntzel und B. Pototschnig (*2*) die Abänderung von Schneider und Vlcek als eine Verschlechterung der Methode Löhlein-Volhard gewertet. Die Titration umfaßte im letzteren Falle drei Anteile, Salzsäureüberschuß, verdautes Casein und Ammonsalze, von denen nur die beiden ersten auf der Wirkung der Fermente beruhen, während der Titrationswert der Ammonsalze durch einen Blindversuch bestimmt und abgezogen werden muß, wobei Fehler unvermeidlich seien, die um so größer seien, je höher der Ammonsalzgehalt des Präparats und je ungleichmäßiger die Vermengung ist. Aber auch die beiden ersten Anteile seien einander proportional, so daß die Kenntnis der Salzsäuremenge im Filtrat (Löhlein-Volhard) allein als Maß für die fermentative Wirksamkeit ausreichend sei, der Formalinzusatz also lediglich eine unnötige Komplikation bedeute [A. Küntzel und B. Pototschnig (*2*)]. Der von J. Schneider jun. und A. Vlcek (*2*) insbesondere angeführte Vorteil, die bei der Salzsäuretitration bei Anwesenheit von Ammonsalzen mit den üblichen Indikatoren auftretenden Schwierigkeiten würden durch den Formalinzusatz beseitigt, wird von A. Küntzel und B. Pototschnig (*2*) für nicht sehr groß erachtet, da es auch durch Auswahl geeigneter Indikatoren ($\alpha$-Naphtholphthalein) bei der Methode Löhlein-Volhard gelänge, diese Indikatorschwierigkeiten zu überwinden.

Erwähnt sei, daß die Methode Löhlein-Volhard ohne Zweifel nur die ersten Stadien des enzymatischen Abbaues erfaßt, der etwa durch die Proteinasen bewirkt wird, während die Methode Schneider-Vlcek auch den weitergehenden Abbau erfaßt, also teilweise auch den Einfluß der Peptidasen bis zu den Dipeptidasen hinab, obwohl diese Stadien des enzymatischen Angriffs im Hinblick auf den Beizprozeß weitgehend ohne Interesse sind. Allerdings hat A. Vlcek (*2*) betont, daß unter den gewählten Versuchsbedingungen diesem Teilprozeß noch keine sonderliche Bedeutung zukomme.

3. Methode Fuld-Groß. Die Methode von E. Fuld und G. Groß (G. Groß) stellt eine Reihenmethode dar, die auf der Tatsache beruht, daß Casein aus schwach alkalischer Lösung mittels alkoholischer Essigsäure gefällt werden kann, die beim fermentativen Abbau erhaltenen Abbauprodukte dagegen nicht mehr fällbar sind. Eine Verdünnungsreihe des Beizpräparatauszugs wird mit je der gleichen Menge Caseinlösung versetzt, die Verdauung unter genau definierten Bedingungen durchgeführt und dann durch Zusatz von Essigsäure geprüft, welche Proben noch eine Fällung oder Trübung ergeben bzw. in welchem der Gläser der Verdünnungsreihe die Fermentmenge gerade ausgereicht hat, um die vorhandenen Caseinmengen unter den gegebenen Versuchsbedingungen bis zum Verschwinden der Säurefällbarkeit zu verdauen. Auch die Methode

Fuld-Groß soll, da sie für die Ermittlung des Beizwerts häufig verwendet wird, in ihrer Durchführung nachstehend eingehender behandelt werden (Vagda-Kalender, S. 71).

Für die Vornahme der Bestimmung werden folgende Lösungen benötigt:

1. 0,1%ige Caseinlösung. 0,1 g Hammarsten-Casein werden unter schwachem Erwärmen in 100 ccm 0,1%iger Sodalösung gelöst.

2. Alkoholische Essigsäure. 1 Teil Eisessig werden mit 49 Teilen Wasser und 50 Teilen 96%igem Alkohol vermischt.

Zur Durchführung der Bestimmung werden zunächst 5 g des Beizpräparats wiederholt mit lauwarmem Wasser ausgelaugt und der Auszug jeweils abfiltriert und schließlich auf 500 ccm aufgefüllt. Dann wird eine Verdünnungsreihe mit 8 bis 10 Reagensgläsern hergestellt, indem man mit 2 ccm der Auslaugung beginnt und in den folgenden Gläsern die Menge an Auszug immer mehr vermindert und das Gesamtvolumen auf 2 ccm mit destilliertem Wasser auffüllt. Diese Verdünnungsreihe wird zunächst mit weiten Abständen hergestellt und nach Ermittlung der etwaigen Lage der für die Berechnung in Frage kommenden Verdünnung innerhalb dieses Intervalls eine weitere Verdünnungsreihe mit engeren Verdünnungsabständen. Nach Herstellung der Verdünnungsreihe wird jedes Gläschen mit 2 ccm der 0,1%igen Caseinlösung versetzt, genau 1 Stunde im Thermostaten bei 38° C der Verdauung überlassen und nach Ablauf dieser Zeit mit 0,5 ccm der alkoholischen Essigsäure versetzt. In dem Reagensglas, das innerhalb der Verdünnungsreihe gerade keine Trübung mehr zeigt, hat also die vorhandene Fermentmenge gerade zur Verdauung der Caseinmenge von 2 mg ausgereicht, und diese Fermentmenge wird nun zur Berechnung der Trypsineinheiten zugrunde gelegt, die angeben, wieviel mg Casein 1 g des untersuchten Beizpräparats innerhalb 1 Stunde bei 38° C zu verdauen vermag. Hat also z. B. der Versuch ergeben, daß 0,016 ccm des Fermentauszugs = 0,16 mg des Fermentpräparats gerade noch in der Lage sind, die angewandten 2 mg Casein zu verdauen, so enthält 1 g des Beizpräparats 2 dividiert durch 0,00016 = 12500 Trypsineinheiten (vgl. Vagda-Kalender, S. 72). In praktisch der gleichen Weise definieren V. Kubelka und J. Wagner (*1*) ihre Caseinzahl als die Zahl, die angibt, wieviel Gramm Casein von 1 kg Beize unter den vorgeschriebenen Bedingungen verdaut werden.

V. Kubelka und J. Wagner (*1*), (*3*) haben eine andere, von den obigen Angaben etwas abweichende Ausführungsvorschrift mitgeteilt und eine Apparatur aufgebaut, die es ermöglicht, die Enzymmenge und später die Säurelösung den einzelnen Caseinlösungen der gleichen Verdünnungsreihe gleichzeitig zuzusetzen, so daß die durch ungleichzeitige Zugabe verursachten Fehlerquellen vermieden werden. Schließlich sei erwähnt, daß auch vorgeschlagen worden ist, die Caseinlösung nach der Verdauungszeit kurz aufzukochen und die Menge des dabei entstehenden Niederschlags für die Bewertung der Enzymwirkung heranzuziehen (L. Chiesa).

Es ist wiederholt in der einschlägigen Literatur darauf hingewiesen worden, daß der Gehalt des zu untersuchenden Beizpräparats an Ammonsalzen einen wesentlichen Einfluß auf die enzymatische Wirksamkeit und damit auch auf das Ergebnis der Beizwertbestimmung ausübe und daß insbesondere der Gehalt an Ammonsalzen einen großen Einfluß auf die Auslaugbarkeit der Fermente ausübe und es ist daher vorgeschlagen worden, schon bei der Herstellung der Enzymauszüge nicht Wasser, sondern Ammonsalzlösungen zu verwenden [J. Schneider jr. und A. Vlcek (*2*), (*3*); A. Vlcek (*2*)]. V. Kubelka und J. Wagner (*1*) haben aber demgegenüber mit Recht darauf hingewiesen, daß bei technischen Beizuntersuchungen diejenige enzymatische Wirksamkeit ermittelt werden soll, die das jeweilige Beizpräparat bei gegebener Zusammensetzung besitzt, da auch nur diese Wirksamkeit für die Praxis in Betracht käme und daß es daher nicht zulässig sein könne, diese Wirksamkeit durch Salzzusätze bei der Beizwertbestimmung mehr oder weniger willkürlich zu beeinflussen und zu verändern. Die oben angeführte Methode Schneider-Vlcek ergibt unter diesen Gesichtspunkten nicht ganz einwandfreie Werte, da hierbei alle zu analysierenden Muster zunächst auf den gleichen Ammonsalzgehalt eingestellt werden. Andererseits besteht bei der Methode Fuld-Groß eine Fehlerquelle insofern, als bei Nichtberücksichtigung des Ammonsalzgehalts bei jeder Verdünnung eine andere Ammonsalzkonzentration und damit auch ein anderer Grad der Enzymaktivierung besteht. V. Kubelka und J. Wagner (*2*) haben allerdings darauf hingewiesen, daß praktisch alle im Handel vorkommenden Beizpräparate so hohe Ammonsalzgehalte aufweisen, daß maximale Aktivierung erreicht ist und entsprechend der Ammonsalzgehalt zumeist nicht berücksichtigt zu werden braucht.

4. Vergleich der Methoden Löhlein-Volhard und Fuld-Groß. Für die Praxis der Beizwertbestimmung kommen heute fast ausschließlich die beiden Caseinmethoden von Löhlein-Volhard und von Fuld-Groß in Frage und es erscheint daher berechtigt, in diesem Zusammenhang kurz auch auf die Angaben der einschlägigen Literatur einzugehen, die diese beiden Verfahren gegenüber stellen und ihre Vor- und Nachteile gegeneinander abwägen. In der Praxis wird das Verfahren von Fuld-Groß auch heute noch zweifellos am meisten angewandt, doch sind eine Reihe von Gesichtspunkten dargelegt worden, die das Verfahren von Löhlein-Volhard als das zweckmäßigere erscheinen lassen und ihm den Vorzug vor der Methode Fuld-Groß geben. A. Küntzel und B. Pototschnig (*2*) haben zunächst bei ihren kritischen Betrachtungen der verschiedenen Beizwertbestimmungsmethoden darauf hingewiesen, daß ganz allgemein die Einzelmethoden den Reihenmethoden vorzuziehen seien, da bei der Durchführung der Einzelmethoden stets eine bestimmte Zahl, bei den Reihenmethoden dagegen nur ein gewisser, oft methodisch nicht genügend einzuengender Konzentrationsbereich erhalten werde. Weiter kann bei den Einzelmethoden das Beizpräparat wie in der Praxis in toto verwendet werden, während bei den Reihenmethoden eine vorherige Auslaugung des Beizpräparats unerläßlich ist, wobei zweifelhaft ist, ob dabei die Erfassung der Beizenzyme immer quantitativ erfolgt, andernfalls hierin eine weitere Fehlerquelle zu erblicken ist. Außerdem kommt bei der Methode Fuld-Groß die Schwierigkeit der exakten Feststellung der beginnenden Trübung hinzu [A. Küntzel (*7*)]. Aus diesen angeführten Gründen ist die Methode Fuld-Groß als wesentlich ungünstiger als die Methode Löhlein-Volhard angesprochen worden. Die letztere Methode kann außerdem, wie unten zu besprechen sein wird, in ihrer Schärfe noch wesentlich verbessert werden, wenn statt der titrimetrischen Bestimmung die interferometrische Bestimmung der Caseinabbauprodukte tritt [A. Küntzel (*6*)]. Allerdings muß es fraglich erscheinen, inwieweit die recht kostspielige Beschaffung eines Interferometers eine Verbreitung dieser Methode gestattet.

5. Interferometrische Caseinmethode nach Goeller (*4*). Die Methode beruht darauf, mit Hilfe des Interferometers die in der Verdauungslösung befindlichen, nicht fällbaren Caseinabbauprodukte quantitativ zu erfassen. Eine 8,65%ige, unter vorgeschriebenen Bedingungen hergestellte Caseinlösung [vgl. auch K. H. Goeller (*2*)] wird unter genau festgelegten Versuchsbedingungen mit einem Auszug des Beizpräparats versetzt, nach der Verdauungszeit von 1 Stunde bei 40° C wird der unverdaute Caseinanteil mit Salzsäure und Natriumsulfat gefällt und das Filtrat für die interferometrische Messung verwendet. In entsprechender Weise wird ein Blindversuch durchgeführt, wobei die Enzymlösung erst nach der

Verdauungszeit und der Zugabe von Salzsäure und Natriumsulfat zugesetzt wird. Im Interferometer wird die eine Kammer mit dem Filtrat des Blindversuchs, die andere mit dem des Hauptversuchs gefüllt. Die abgelesenen Trommelteile werden an Hand einer Eichkurve in Fermenteinheiten umgewertet.

A. Küntzel (*6*) hat darauf hingewiesen, daß die interferometrische Bestimmung der Caseinabbauprodukte viel empfindlicher sei als die titrimetrische Erfassung (Methode Löhlein-Volhard). Er schlägt indessen vor, statt der von K. H. Goeller (*4*) gewählten Versuchsbedingungen die der Methode Löhlein-Volhard einzusetzen, da insbesondere die Herstellung einer 8,65%igen Caseinlösung gewisse technische Schwierigkeiten bereiten könne, eine 5%ige Caseinlösung aber andererseits ebenfalls einwandfreie Werte liefere, zumal auch bei der Arbeitsweise von Goeller die Caseinlösung bei Durchführung der Bestimmung stark verdünnt würde. Er teilt eine Eichkurve der Caseinverdauung für die Auswertung der Interferometerwerte bei Innehaltung der Vorschriften von Löhlein-Volhard mit. Erwähnt sei schließlich, daß auch W. Graßmann (*3*) die interferometrische Messung wegen ihrer Empfindlichkeit für die Verfolgung enzymatischer Vorgänge empfiehlt, wobei allerdings nicht Casein, sondern Kollagenfasern als Substrat verwendet wurden.

**Methoden mit Gelatine als Substrat.** Wie bereits an früherer Stelle erörtert, hat die Verwendung von Gelatine statt Casein als Substrat für die Beizwertbestimmungen den Vorteil, daß ein dem Kollagen sehr verwandtes Material verwendet wird. A. Küntzel und B. Pototschnig (*2*) konnten zeigen, daß infolge dieses sehr ähnlichen Verhaltens von Kollagen und Gelatine die mit der letzteren erhaltenen Beizwerte direkte Einblicke auch in das Verhalten der Beizpräparate gegenüber Kollagen gestatten. Andererseits besteht der wesentliche Nachteil, daß Gelatine ganz allgemein nur schwer in stets gleichbleibender Beschaffenheit und mit gleichen Eigenschaften zu erhalten ist.

1. Methode Lenk (*2*). Der Methode liegt die Feststellung zugrunde, daß durch die Einwirkung von Fermenten auf Gelatinesole das Eintreten der Erstarrung mehr oder weniger verzögert wird. Es wird also vergleichsweise die Erstarrungszeit eines 1 bis 2%igen Gelatinesols ohne und nach Fermenteinwirkung beim Einbringen in Wasser von 15° C derart gemessen, daß die Gläser von Zeit zu Zeit umgekippt werden, um den Grad der erreichten Erstarrung zu prüfen. A. Küntzel und B. Pototschnig (*2*) haben indessen darauf hingewiesen, daß die Methode Lenk für genauere Messungen infolge der gewählten Methodik nicht brauchbar sei, da der Erstarrungsvorgang durch das wiederholte Umkippen infolge Zerreißens des in Bildung befindlichen Gefüges erheblich gestört würde und daher die Erstarrungsdauer in unkontrollierbarer Weise verlängern würde und reproduzierbare Werte nicht erhalten werden könnten.

2. Methode Lepetit. Im Gegensatz zur Methode Lenk wird bei der Methode Lepetit bei der Einwirkung der Fermente auf Gelatine nicht die Verzögerung der Gelatineerstarrung gemessen, sondern als Maß für den enzymatischen Wert der Beize die Dauer der Fermenteinwirkung bestimmt, die erforderlich ist, um den Abbau so weit zu treiben, daß überhaupt keine Erstarrung der Gelatine mehr eintritt.

3. Schmelzpunktbestimmungsmethode [A. Küntzel und B. Pototschnig (*2*)]. Durch Einwirkung von Fermenten wird der Schmelzpunkt eines Gelatinegels herabgesetzt. Die Methode wird derart durchgeführt, daß in Reihenversuchen unbehandelte und fermentativer Einwirkung mit steigender Fermentintensität ausgesetzte Gelatinegele einer Schmelzpunktbestimmung unterzogen werden und der Abfall des Schmelzpunkts als Maß für den Beizwert verwendet wird. Die Methode ergibt gut reproduzierbare Ergebnisse, ist indessen nur zur

qualitativen Bewertung, nicht für quantitative Beizwertbestimmungen geeignet, da keine lineare Abhängigkeit zwischen angewandter Fermentmenge und Herabsetzung des Schmelzpunkts besteht, die für eine quantitative Auswertung unbedingt erforderlich wäre.

4. Methode Boidin (*2*). Das Verfahren besteht darin, daß in 10 ccm einer 0,1 bzw. 0,2 bzw. 0,4%igen Lösung des zu untersuchenden Beizpräparats Streifen kinomatographischen Films von bestimmter Größe bis zur Hälfte eingetaucht werden und die Zeit bis zur völligen Auflösung des Films bei 25° C bestimmt wird. Die Summe der Zeitwerte aus den drei Beizversuchen soll ein allerdings nur relatives Maß für die enzymatische Aktivität ergeben. A. Boidin (*2*) selbst hat seine Methode als nur für vergleichende Schätzungen geeignet bezeichnet.

5. Methode Bergmann-Dietsche. Als Substrat werden bei der Methode von M. Bergmann und O. Dietsche Gelatinestreifen auf Glasunterlage verwendet und es wird gemessen, bis zu welcher Tiefe von der Oberfläche her die Gelatine unter festgelegten Bedingungen durch die Fermente abgebaut und damit aufgelöst wird. Um die verschiedenen Tiefen der Gelatinefolien zu kennzeichnen, sind die Gelatinestreifen mit einem in 20 Stufen eingeteilten Graukeil versehen, dessen Schwärze von Stufe zu Stufe zunimmt, da die schwarzen Partikelchen mit jeder Stufe tiefer in die Gelatine hineinreichen. Durch den fermentativen Angriff wird in dem Maße, wie die Gelatine gelöst wird, auch eine Aufhellung des Graukeils bewirkt. Durch Vergleich des Helligkeitsgrades eines unbehandelten und eines fermentativ behandelten Gelatinestreifens derart, daß die beiden nebeneinander gelegten Streifen in ihrer Längsrichtung so lange verschoben werden, bis 2 Felder mit gleichem Helligkeitsgrad nebeneinander liegen, kann der Grad dieser Aufhellung quantitativ ausgewertet und damit ein Maß für die enzymatische Wirksamkeit des untersuchten Beizpräparats erhalten werden.

6. Methode Willstätter-Waldschmidt-Leitz. Die durch enzymatische Einwirkung auf Gelatinelösung infolge Hydrolyse frei werdenden Carboxylgruppen werden in alkoholischer Lösung durch Titration mit $^{n}/_{10}$-Natronlauge gegen Thymolphthalein bestimmt. Die unter festgelegten Versuchsbedingungen der enzymatischen Einwirkung erfolgende Zunahme an Carboxylgruppen ist ein Maß für den fermentativen Abbau der Gelatine und damit für die Wirksamkeit der Enzyme. Dabei darf einerseits die verwendete Enzymmenge im Verhältnis zur Substratmenge nicht zu groß sein, da andernfalls keine Proportionalität zwischen Enzymmenge und Alkaliverbrauch bei der Titration besteht, andererseits muß der Verdauungsvorgang über längere Zeit ausgedehnt werden, um einen genügenden Abbau und damit hinreichend große Titrationswerte zu erhalten [A. Küntzel und B. Pototschnig (*2*)]. Da bei der Titration die Ammonsalze mit erfaßt werden und dadurch der Anteil des Titrationsergebnisses, der auf die freiwerdenden Carboxylgruppen entfällt, bei den meisten Beizpräparaten nur gering ist gegenüber dem Anteil der Ammonsalze, eignet sich die Methode vorwiegend zur Beizwertbestimmung von ammonsalzfreien Präparaten.

**Methoden mit Kollagen als Substrat.** Kollagen wäre im Hinblick auf den Erhalt von Ergebnissen, die eine gewisse Proportionalität mit den Verhältnissen des praktischen Beizprozesses aufweisen, ohne Zweifel für die Beizwertbestimmungen als das geeignetste Substrat anzusprechen und es hat daher insbesondere in den letzten Jahren nicht an Vorschlägen für derartige Methoden gefehlt. Dabei wäre natürlich eine solche Methode besonders zweckmäßig, die sich unter Berücksichtigung der Vorgänge des Beizprozesses weniger damit befassen würde, wieviel Hautsubstanz in Lösung geht, als vielmehr in erster Linie mit der Frage, welche Veränderungen die übriggebliebene Hautsubstanz hinsichtlich Struktur und Beschaffenheit erfahren hat. Der Erfassung dieser Veränderungen stehen indessen, wie bereits an anderer Stelle erörtert, erhebliche Schwierigkeiten gegenüber (vgl. S. 244). Außerdem sind bei der Verwendung von Kollagen als Substrat für Beizwertbestimmungen prinzipielle Schwierigkeiten auch insofern vorhanden, als es schwierig ist, ein Kollagensubstrat von stets gleichbleibender Beschaffenheit zu erhalten, insbesondere wenn man bedenkt, in welch starkem Maße die Einwirkung der Enzyme auf das Kollagen durch dessen Vorbehandlung (Neutralsalzeinwirkung, Quellungszustand bei der Vorbehandlung usw.) beeinflußt wird.

1. Methode Wilson-Merrill (*2*). Zuvor durch gründliches Auswaschen von löslichen Stickstoffsubstanzen befreites, getrocknetes und durch Aussieben in der Oberflächenbeschaffenheit möglichst einheitlich gemachtes Hautpulver wird nach vorhergehendem Einweichen der Einwirkung des zu untersuchenden Beizpräparats bei verschiedenen Konzentrationen unter genau festgelegten Versuchsbedingungen ausgesetzt und der Stickstoffgehalt des Filtrats als Maß für den enzymatischen Abbau bestimmt. In entsprechender Weise werden Blindversuche mit Fermentlösungen, die zuvor durch Kochen inaktiviert wurden, durchgeführt und die hierbei erhaltenen Werte von denen der Hauptversuche abgezogen. Aus diesem korrigierten Wert wird die Enzymaktivität gegen Kollagen berechnet, die definiert wurde als der reziproke Wert der Gramm Enzym pro Liter, die zum Abbau von 20% der angewandten Hautpulvermenge unter den festgelegten Versuchsbedingungen gerade erforderlich sind.

2. Alkoholtitration der Kollagenabbauprodukte [A. Küntzel und B. Pototschnig (*2*)]. Die unter den Gelatinemethoden angeführte Methode Willstätter-Waldschmidt-Leitz läßt sich sinngemäß auch bei Verwendung von Hautpulver statt Gelatine als Substrat verwenden.

3. Hautpulvermethode Goeller (*3*). Die Methode stellt ein gewichtsanalytisches Verfahren zur Fermentbestimmung dar. Das Hautpulver wird unter genau festgelegten Bedingungen eingeweicht und die erhaltene Aufschwemmung mit dem filtrierten Extrakt des Beizmittels versetzt und 1 Stunde im Thermostaten bei 45° C stehengelassen. Nach Verdünnen mit kaltem Wasser wird das unverdaut gebliebene Hautpulver abfiltriert, nach Vorschrift ausgewaschen und getrocknet. Die Differenz zwischen der angewandten Hautpulvermenge und dem Rückstand stellt ein Maß für die Fermentstärke des Beizmittels dar. Die Methode wird insbesondere für ammonsalzreiche Beizpräparate empfohlen.

4. Methode Jovanovits. Als Substrat werden Hautfasern verwendet, die aus frischen oder gesalzenen und gewässerten Hautstücken von Stirnpartien von Bullenhäuten präpariert und dann der Dicke nach sortiert wurden. Verwendet werden Fasern von 0,04 bis 0,06 mm Dicke. Die Fasern werden mit Klammern aus V2A-Stahl von 0,3 g Gewicht bei einer freien Einspannlänge von 2 cm belastet, unter genau festgelegten Bedingungen vorgeweicht, in Wasser von 80° C geschrumpft, um so die Fermentempfindlichkeit zu steigern und in die Beizlösung eingehängt. Als Maß für die enzymatische Wirksamkeit gilt die Zeit vom Einhängen der Fasern in die Beizlösung bis zu dem infolge Einwirkens der Enzyme auf die Fasern eintretenden Abfallen der Klammern. Da naturgegebene Streuungen der Einzelergebnisse unvermeidlich sind, muß stets der Mittelwert von einer Anzahl von Einzelbestimmungen für die Beurteilung verwendet werden. J. Nabholz hat festgestellt, daß trockene Hautfasern beim Lagern eine gewisse Alterung erfahren, die nach etwa 1 Jahr abgeschlossen ist und dann einen gegenüber der Einwirkung von Fermenten konstanten Zustand erreicht haben. Er empfiehlt daher, insbesondere für Versuchsreihen größeren Umfangs nur Hautfasern zu verwenden, die zuvor mindestens 1 Jahr trocken gelagert wurden.

5. Methode Küntzel-Marquardt-Engel. A. Küntzel, G. Marquardt und O. Engel haben darauf hingewiesen, daß die von J. A. Jovanovits vorgeschlagene Fasermethode zwar für qualitative, nicht jedoch für quantitative Untersuchungen von Beizpräparaten geeignet sei, wobei insbesondere auf die Schwierigkeit der Beschaffung eines stets einheitlichen Fasermaterials, die Notwendigkeit einer verhältnismäßig hohen Fermentkonzentration und den Erhalt nur relativer Werte hingewiesen wird. Sie schlagen als Substrat an Stelle der Hautfasern ein mit Kaliumrhodanid geschrumpftes Hautpulver vor, das sich nach den durchgeführten Versuchen wesentlich besser für die Durchführung von Fermentbestimmungen eigne und in geschrumpftem Zustand ohne Verminderung der Fermentempfindlichkeit längere Zeit aufbewahrt werden könne. Allerdings weisen sie darauf hin, daß auch das geschrumpfte Hautpulver wie überhaupt geschrumpftes Kollagen in seinem Verhalten gegenüber Fermenten von dem nativen Kollagens weit entfernt sei, vielmehr ähnlich der Gelatine zu bewerten sei. Sie teilen genaue Angaben über die Herstellung des geschrumpften Hautpulvers und die Durchführung der Beizwertbestimmung mit.

**Methoden mit Keratosen bzw. Elastin als Substrat.** Es sind Verfahren zur Beizwertbestimmung ausgearbeitet worden, bei denen als Substrat Keratosen bzw. Elastin verwendet werden. Dabei ist zumeist von der Voraussetzung ausgegangen worden, daß die Einwirkung der Beizenzyme auf die Keratosen bzw. die elastischen Fasern der tierischen Haut einen wesentlichen Faktor des praktischen Beizvorgangs darstellt. Wie wir indessen an früherer Stelle sahen (vgl. S. 233ff.), hat die Auffassung, daß die Beizwirkung ausschließlich oder auch nur vorwiegend in einer Elastinverdauung bestünde, sehr an Bedeutung verloren und es besteht daher heute keinerlei Berechtigung mehr dafür, Elastin als Substrat in Betracht zu ziehen, zumal es als Handelspräparat mit garantiert stets einheitlicher Beschaffenheit nicht erhältlich ist. Über die Bedeutung der Entfernung der Keratinreste während des Beizens andererseits bestehen keine Zweifel. Keratosen als Beizsubstrat zu verwenden hat aber andererseits den prinzipiellen Nachteil, daß solche Präparate in stets einheitlicher Beschaffenheit nicht erhältlich sind und daher eine Grundbedingung für die Auswahl des Substrats nicht erfüllt ist. Außerdem hat E. Stiasny [(*1*), S. 312] darauf hingewiesen, daß eine Begrenzung der Beizwirkung dem „Grund“ gegenüber, da hierbei eine möglichst vollständige Entfernung erreicht werden soll, ohne Interesse sei. Lediglich der Vollständigkeit halber seien nachstehend kurz die Beizwertmethoden mit Keratosen bzw. Elastin als Substrat angeführt.

1. Keratosenmethode Wilson-Merrill (*2*). Als Substrat wird eine Keratoselösung verwendet, die durch Alkalipeptisation von weißem Kalbshaar unter festgesetzten Bedingungen und Einstellung auf $p_H = 8$ hergestellt wird. Der enzymatische Abbau wird verfolgt durch Ausfällung und quantitative Bestimmung der unverdauten Keratosemenge vor und in gewissen Zeitabständen während der Enzymeinwirkung. Daraus wird die Aktivität des Enzympräparats gegenüber Keratosen errechnet, die definiert ist als der reziproke Wert des Produkts aus der Enzymkonzentration (g/l) und der Stundenzahl bis zur Erreichung eines 40%igen Abbaues der vorhandenen Keratosen.

2. Elastinmethode Wilson-Daub. Streifen geäscherter, enthaarter und gewaschener Kalbsblöße werden der Einwirkung der Beizenzyme in verschiedenen Konzentrationen unter festgelegten Versuchsbedingungen ausgesetzt und dann werden Dünnschnitte des Hautmaterials nach Anfärben auf die Anwesenheit elastischer Fasern geprüft. Die geringste Konzentration, die noch imstande ist, alle elastischen Fasern in ihrer Färbbarkeit unter den festgelegten Versuchsbedingungen zum Verschwinden zu bringen, dient zur Berechnung der Aktivität

gegenüber Elastin, die definiert worden ist als der reziproke Wert der Anzahl Gramm Enzympräparat pro Liter, die zur Entfernung aller elastischen Fasern unter den gegebenen Versuchsbedingungen gerade erforderlich sind. Auf den prinzipiellen Fehler der Methode, daß das Ausbleiben der andersartigen Färbung der elastischen Fasern kein Maß für deren enzymatische Verdauung darstellt, wurde bereits an anderer Stelle hingewiesen (vgl. S. 235).

3. Elastinmethode Schneider-Hajek. Als Substrat wird ein Elastinpräparat vorgeschlagen, das aus dem Nackenband (ligamentum nuchae) durch Mahlen, wiederholtes Auskochen und Entfetten hergestellt wird. Der Grad der Verdauung wird durch Stickstoffbestimmungen im Filtrat gemessen und als Maß für die Bewertung des Beizpräparats zugrunde gelegt.

**Methoden mit Fettsubstanzen als Substrat.** Daß beim Beizvorgang auch der Einwirkung der in den Beizpräparaten meist neben den Proteasen gleichzeitig vorhandenen Lipasen auf das in der tierischen Haut vorhandenen Hautfett eine gewisse Bedeutung zukommt, wurde bereits an anderer Stelle ausgeführt (vgl. S. 233), es würde aber zweifelsohne abwegig sein, bei der normalen Beizwertbestimmung Fettsubstanzen als Substrat zu verwenden, da diesem lipolytischen Teilprozeß im Hinblick auf die eigentliche Beizwirkung ohne Zweifel nur eine zweitrangige Bedeutung zukommt. Immerhin kann auch die Frage des Verhaltens der Beizen gegenüber Fetten bei Spezialuntersuchungen einmal von Interesse sein und es seien daher nachstehend zwei diesbezügliche Methoden kurz skizziert. Als Substrat wird in beiden Fällen Olivenöl verwendet und es muß natürlich stets berücksichtigt werden, daß die lipolytische Aktivität gegenüber den Fetten der Haut eine andersartige sein kann als gegenüber dem verwendeten Substrat und daher direkte Schlüsse nur bedingt möglich sind.

1. Methode Willstätter-Waldschmidt-Leitz-Memmen. Das Olivenöl wird der Einwirkung des zu untersuchenden Beizpräparats unter definierten Bedingungen ausgesetzt und dann das Gemisch mit $^{n}/_{10}$ Natronlauge gegen Phenolphthalein neutralisiert. Nach Abzug des in Blindversuchen ermittelten Alkaliverbrauchs des ursprünglichen Öls, der verwendeten Pufferlösung und der Enzymlösung entspricht die verbleibende Alkalimenge der durch Enzymeinwirkung entstandenen Menge an freien Fettsäuren und gibt damit ein Maß für die lipolytische Aktivität. Diese Aktivität wird definiert als der reziproke Wert der Gramm Enzympräparat, die zu einem 24%igen Abbau der angewandten Menge Olivenöl in 1 Stunde gerade erforderlich sind [vgl. auch J. A. Wilson und H. B. Merrill (*2*)].

2. Methode Wohlgemuth. 10 g Olivenöl werden mit Natronlauge gegen Phenolphthalein neutralisiert, dann wird 0,1 g des Enzympräparats zugesetzt, die enzymatische Verdauung unter genau festgelegten Bedingungen durchgeführt und das Gemisch nach 2 Stunden erneut gegen Phenolphthalein neutralisiert. Diese Alkalimenge abzüglich der bei einem Blindversuch mit zuvor durch Erhitzen inaktiviertem Enzympräparat verbrauchten Alkalimenge stellt ein Maß für die während der Enzymeinwirkung entstandenen freien Fettsäuren und damit für die lipolytische Aktivität dar. Diese Aktivität wird definiert als dieAnzahl Kubikzentimeter $^{n}/_{10}$ Natronlauge, die zur Neutralisation der unter den festgelegten Bedingungen entstehenden freien Fettsäuren erforderlich sind.

**Alterung der Beizpräparate.** Die Ausführungen über die Methoden der Bestimmung der enzymatischen Wirksamkeit von Beizpräparaten können nicht abgeschlossen werden, ohne kurz auch auf den Einfluß der Alterung der Produkte auf die Wirksamkeit hinzuweisen. Allerdings sind die diesbezüglichen Unterlagen heute noch verhältnismäßig gering, so daß es wünschenswert erscheint, noch weiteres umfangreiches Material zu dieser für den Praktiker wichtigen Frage zu erhalten.

A. Vlcek (3) hat gefunden, daß die Beizpräparate nach 14monatiger Lagerung ihre enzymatische Wirksamkeit gegenüber Casein (Methode Schneider-Vlcek) nicht ändern, gegen Elastin (Methode Schneider-Hajek) dagegen eine Verminderung ihrer Wirksamkeit erleiden, wenn es sich um ammonsalzhaltige Präparate handelt, während salzfreie Präparate keine Herabsetzung ihrer Wirksamkeit erfahren. Er führte diesen Einfluß auf eine Beeinflussung des Dispersitätsgrades der Fermente durch die Ammonsalze zurück, wobei das unterschiedliche Verhalten gegenüber verschiedenen Substraten so erklärt wurde, daß sich eine Teilchenvergrößerung an einem Substrat, das wie das Casein in kolloider Lösung fein verteilt ist und eine dementsprechend bedeutende Oberfläche besitzt, nicht äußert, wohl aber an einem festen Substrat wie dem Elastin, da die größeren Fermentteilchen schlechter in das Substrat eindringen können und damit ihrer Einwirkung eine kleinere Oberfläche zur Verfügung steht. V. Kubelka und V. Nemec haben bei ihren Untersuchungen, die sich auf eine Lagerdauer der Beizpräparate bis zu 10 Jahren erstrecken, mit der von Kubelka und Wagner modifizierten Caseinmethode Fuld-Groß festgestellt, daß frisch hergestellte Beizpräparate etwa in den ersten 12 Monaten eine Herabsetzung ihrer enzymatischen Wirksamkeit gegenüber Casein um etwa 25 bis 40% erfahren, dann aber ohne bedeutendere Veränderungen in ihrem Beizwert weitgehend stabil bleiben.

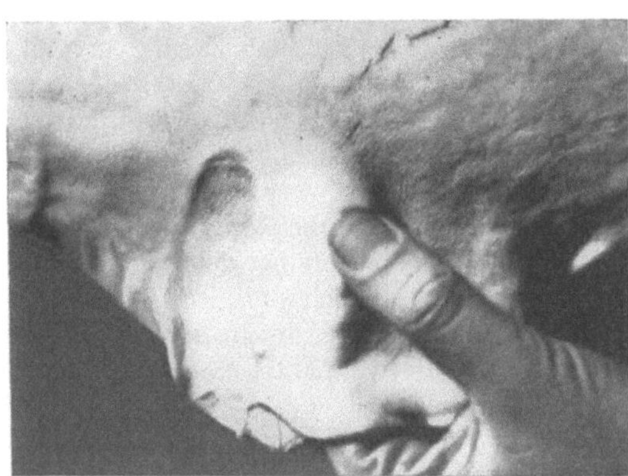

Abb. 66. Daumendruckprobe an gebeiztem Hautmaterial; rechts im Augenblick des Druckes, links nach Beendigung des Druckes.

## b) Kontrolle des Beizvorganges.

Die Bedeutung und Wichtigkeit der Überwachung des Beizvorgangs und der Erfassung des richtigen Endpunktes, in dem die Beizwirkung in der gewünschten Intensität ohne Schädigung des Hautmaterials erreicht ist, ist in den früheren Abschnitten bei Besprechung der theoretischen Verhältnisse und der Praxis des Beizprozesses immer wieder betont worden und es hat daher auch nicht an Bestrebungen gefehlt, den Verlauf des Beizens zahlenmäßig zu erfassen und durch exakte Messungen zu verfolgen. Zu einem befriedigenden Ergebnis haben diese Bemühungen indessen bisher noch nicht geführt. Gewiß ist man in der Lage, durch Kontrolle der Beiztemperatur und des $p_H$-Wertes der Beizflotte usw. eine gewisse, stets einheitliche Einhaltung der Beizbedingungen zu gewährleisten und es ist wohl überflüssig, nach den früheren Darlegungen die Bedeutung dieser Faktoren und die Wichtigkeit ihrer Kontrolle hier nochmals zu betonen. Die eigentliche Beizwirkung indessen an der Haut zahlenmäßig zu erfassen ist bisher noch nicht gelungen und es wird auch kaum möglich sein, eine wirklich objektive Prüfmethode zu schaffen, solange die Frage der Wirkung der Beize auf die Hautbestandteile noch nicht restlos geklärt ist. Der Praktiker ist daher nach wie vor in der Hauptsache auf gefühlsmäßige Prüfmethoden angewiesen, Methoden also, die eine außerordentlich große Erfahrung voraussetzen und denen natürlich auch dann alle Nachteile anhaften, die eine subjektive Prüfung zwangsläufig in sich schließt.

Die meistverwendete Prüfart ist die Daumendruckprobe, bei der das Hautmaterial mit Daumen und Zeigefinger zusammengepreßt wird (Abb. 66). Der dabei entstehende Abdruck der Daumenkuppe muß bei einem gut gebeizten Hautmaterial, wie in Abb. 66 links zu sehen ist, bestehen bleiben; je weniger intensiv die Blößen gebeizt sind, um so rascher verschwindet der Fingerabdruck infolge der noch vorhandenen Elastizität des Fasergefüges wieder. Man läßt ferner das Hautmaterial mit dem Narben nach außen zusammengefaltet durch die Hand gleiten, wobei die für gebeizte Blößen charakteristische schlaffe Beschaffenheit und der schlüpfrige Narbenzustand bei genügender Erfahrung ebenfalls einen gefühlsmäßigen Maßstab für den erzielten Beizeffekt abgeben, der im allgemeinen als recht verläßlich angesprochen werden kann. A. Küntzel und B. Pototschnig (*1*) haben eine Methode zur zahlenmäßigen Bewertung dieser Schlüpfrigkeit mitgeteilt, bei der ein kleineres Blößenstück auf ein größeres Stück Narben auf Narben gelegt wird und auf das obere Stück ein zunehmender seitlicher Zug ausgeübt wird, bis der Reibungswiderstand überwunden wird und das kleinere Blößenstück ins Gleiten gerät. Die Reproduzierbarkeit der Ergebnisse dieser Methode wird allerdings von den Autoren nicht als sehr günstig beurteilt, da insbesondere die jeweilige Lage und Richtung der Haarlöcher das Ergebnis wesentlich beeinflusse, so daß sie selbst das Verfahren für nicht geeignet halten, die gefühlsmäßige Prüfung zu ersetzen. Auch K. Klanfer und E. Römer haben eine ähnliche Versuchsanordnung beschrieben, bei der der Winkel bestimmt wird, bei dem ein auf die Oberfläche der gebeizten Haut aufgelegter kupferner Gleitschlitten ins Gleiten kommt, doch auch dieses Verfahren gestattet nach Angaben der Autoren nur gewisse Vergleiche, ist aber für die Betriebskontrolle nicht geeignet.

Eine weitere, vielfach angewandte Prüfung beruht darauf, die erzielte Auflockerung des Hautmaterials an Hand seiner Luftdurchlässigkeit zu prüfen. Hierzu wird das Blößenmaterial sackartig mit dem Narben nach außen zusammengefaltet, so daß ein kleiner luftgefüllter Sack entsteht und dann durch Pressen geprüft, welcher Druck genügt, um die eingeschlossene Luft auf dem Narben in Form kleiner Bläschen entweichen zu lassen. Je leichter dies möglich ist, um so größer ist die Porosität, um so stärker ist also während des Beizens eine Auflockerung des Fasergefüges erfolgt. Während ein Durchpressen von Luft durch die ungebeizte Haut nur in geringem Maße möglich ist, läßt die gründlich gebeizte Haut bei der oben beschriebenen Prüfung die Luft schon bei geringem Druck in beträchtlichem Maße durch.

Ein Maß dafür, ob der Grund bereits genügend gelockert und abgebaut ist, ist so zu erhalten, daß mit dem Nagel des Daumens über den Narben gestrichen wird. Der ausgedrückte Schmutz kann als Maß dafür gewertet werden, ob das Beizen im Hinblick auf die Entfernung des Grundes vollendet ist oder fortgesetzt werden muß. Bei einem einwandfrei gebeizten Hautmaterial muß sich der Grund schon mit leichtem Fingerdruck leicht aus der Blöße als eine klebrige, dicke Masse herausdrücken lassen.

Bisweilen findet man in der Praxis, daß die Prüfung des gebeizten Hautmaterials auch so vorgenommen wird, daß die Blöße mit der Narbenseite zum Beobachter gegen das Licht gehalten wird. Dabei soll das Blößenmaterial gleichmäßig durchscheinend sein.

Es sind eine Reihe von Apparaten konstruiert worden, um die Wirkung der Beize, bzw. eine der Wirkungen am gebeizten Hautmaterial zahlenmäßig zu erfassen, von denen hier nur einige kurz erwähnt seien. So hat z. B. H. J. S. Sand einen Apparat (Puerometer) konstruiert, bei dem der Grad des Zusammendrückens der Blöße unter jedem beliebigen Druck und ebenso die Wiederzunahme der Dicke nach Aufhören des Drucks mittels elektrischen Kontaktschlusses und Telephons gemessen werden kann und aus diesen beiden Zahlen der Dicke der Haut bei Druck und nach Wiederaufheben des Drucks die Elastizität des Hautmaterials bestimmt werden kann. J. A. Wilson und A. F. Gallun jr. haben einen Apparat zur Prüfung des Verfallens der Blößen beschrieben, bei dem die Blößenstücke mittels eines Dickenmessers zwischen einer Metallplatte und einem runden Drücker von 1 qcm Druckfläche einem konstanten Druck ausgesetzt werden und die Dicke an einer Skala ablesbar ist. Die Ablesung erfolgt nach 5 Minuten und soll eine Genauigkeit von 0,001 mg zeigen. A. Küntzel und B. Pototschnig (*3*) haben einen Apparat mitgeteilt, der an Stelle der subjektiven Daumendruckprobe den Verfall und die schwindende Widerstandsfähigkeit und Elastizität gegen Druck der gebeizten Blöße durch exakte Messung zu erfassen gestatten soll (Abb. 67). Dabei wird mittels eingebauten Dickenmessers (Meßuhr mit Einteilung in Einheiten von $^1/_{100}$ mm) zunächst die ursprüngliche Dicke, dann die Dicke nach Belastung mit 1 kg (Belastungsdauer 2 Minuten) und schließlich die Dicke nach Entlastung (nach einer Wartedauer von 2 Minuten) bestimmt. Durch die Wagenanordnung wird eine weitgehende Verminderung der Eigenbelastung der Apparatur erreicht, so daß bei Messung vor bzw. nach Belastung der Einfluß des Eigengewichts weitgehend ausgeschaltet ist. Die Dickenzunahme nach der Entlastung ist ein Maß für die Prallheit der Blöße. Je praller das Hautmaterial, um so mehr nimmt es die ursprüngliche Dicke wieder an, je mehr das Hautmaterial verfallen ist, um so geringer ist die Dickenzunahme bei der Entlastung, so daß bei einer ideal verfallenen Haut die entlastete Blößenstelle keine Dickenzunahme zeigen dürfte. Eine etwas andersartige Apparatur ebenfalls zur zahlenmäßigen Erfassung des Verfalls und der Verminderung der Elastizität haben K. Klanfer und F. Römer vorgeschlagen (Abb. 68). Die Blößenprobe wird dabei auf den Tisch *T* gelegt, und dieser mit der Schraube *S* so lange gehoben, bis der Zeiger *Z* auf Teilstrich 100 steht. Da bei verfallenem Hautmaterial schon bei dem geringsten Druck ein Einsinken des Drucktellers *D* bewirkt wird, wird das Hebel-

Abb. 67. Apparat zur Bestimmung der Prallheit bzw. des Verfalls von Blößen [A. Küntzel und B. Pototschnig (*3*)].

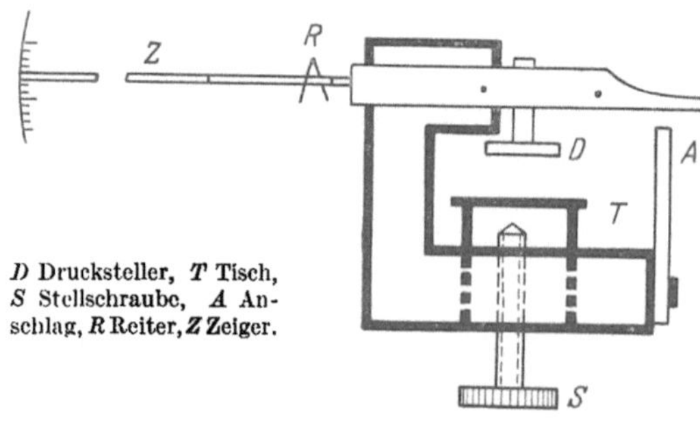


Abb. 68. Apparat zur Bestimmung des Verfalls von Blößen beim Entkälken und Beizen (K. Klanfer und E. Römer).

system schon vorher mittels des Reiters *R* auf 95 bis 97 eingestellt. Nach Einstellen auf den Teilstrich 100 wird der Reiter wieder so weit zurückgesetzt, wie er stehen muß, um das Hebelgewicht ohne Hautstück bei Teilstrich 0 ins Gleichgewicht zu bringen und dann der kürzere rechte Hebelarm bis zum Anschlag *A* herunter gedrückt, wobei der Zeiger auf Skalenstrich 0 geht und der Teller *D* 0,5 mm in die Blöße eingedrückt wird. Nach Druckentlastung kann an der Skala direkt der Rückgang des Eindrucks, ausgedrückt in Prozenten des Gesamteindrucks, nach einer Wartezeit von 2 Minuten abgelesen werden. Je mehr die Blößen verfallen sind, um so geringer ist der prozentuale Rückgang.

In der Praxis hat sich bisher keiner der vorgeschlagenen Apparate zur Überwachung des Beizvorgangs in nennenswertem Umfang einführen können. Der Grund hierfür dürfte wohl in erster Linie darin zu erblicken sein, daß der Praktiker durch seine subjektiven Prüfmethoden neben dem Zustand des Verfallens und der Verminderung der Elastizität noch eine Reihe anderer Eigenschaften und Veränderungen des gebeizten Hautmaterials gefühlsmäßig miterfaßt, die bei den vorgeschlagenen Methoden nicht berücksichtigt werden.

Soweit die Entkälkung des Hautmaterials gemeinsam mit dem Beizen vorgenommen wird, muß während des Beizens natürlich auch der Verlauf der Entkälkung beobachtet werden. Die diesbezüglichen Methoden sind bereits an anderer Stelle eingehend behandelt worden, so daß an dieser Stelle auf die dort gemachten Ausführungen verwiesen werden kann (vgl. S. 199ff.).

## Literaturübersicht.


Abt, G.: Cuir techn. **14**, 515 (1925).
Ackermann, W.: Collegium **1930**, 74.
Albers, H.: Angew. Chemie **49**, 448 (1936).
Althausen, L.: Gerber **56**, 4 (1930).
Anson, M. L.: Science **81**, 467 (1935).
Atkin, W. R. u. G. W. Douglas: J. A. L. C. A. **19**, 528 (1924).
Balls, A. K. u. F. Köhler: Ber. Dtsch. chem. Ges. **64**, 34, 294 (1931).
Bamann, E. u. P. Laeverenz: Ztschr. physiol. Chem. **223**, 18 (1934).
Baumstark u. Cohnheim: Ztschr. physiol. Chem. **65**, 477 (1910).
Becker, H.: (*1*) Ztschr. öffentl. Chem. **10**, 447 (1904); (*2*): Collegium **1909**, 169.
Bergmann, M.: (*1*) Collegium **1927**, 576; (*2*): Collegium **1932**, 751.
Bergmann, M. u. O. Dietsche: Collegium **1929**, 583.
Bergmann, M. u. F. Föhr: Biochem. Ztschr. **250**, 568 (1932).
Bergmann, M., M. Lissitzin u. G. Schuck: Collegium **1931**, 132.
Bergmann, M. u. G. Pojarlieff: Collegium **1932**, 608.
Bergmann, M., G. Pojarlieff u. H. Thiele: Collegium **1933**, 581.
Berliner, Ch.: Cuir techn. **19**, 275 (1930).
Bersin, Th.: Ztschr. physiol. Chem. **222**, 177 (1933).
Bersin, Th. u. W. Logemann: Ztschr. physiol. Chem. **220**, 209 (1933).
Bertho, A. u. W. Graßmann: Biochem. Praktikum, Berlin und Leipzig: Walter de Gruyter u. Co. 1936.
Berzelius: Lehrbuch der Chemie, Dresden und Leipzig: Arnoldsche Buchhandlung 1837.
Boidin, A. (*1*): Cuir techn. **18**, 440 (1929); (*2*): Chim. et Ind., Sonder.-Nr. **17**, 485 (1927).
Buchner, E.: Ber. Dtsch. chem. Ges. **30**, 117, 1100, 2668 (1897); **31**, 209, 508, 1084, 1090 (1898); **32**, 127 (1899).
Chiesa, L.: Boll. R. Staz. Industria Pelli. **4**, 112 (1926).
Cruess, W. u. F. H. Wilson: J. A. L. C. A. **8**, 180 (1913).
Dyckerhoff, H., H. Miehler u. V. Tadsen: Biochem. Ztschr. **268**, 17 (1934).
Eberle, G.: Collegium **1910**, 372.
Eberle, G. u. L. Krall: Collegium **1911**, 445.
Eitner, W. (*1*): Gerber **24**, 127, 166, 178, 204 (1898); (*2*): ebenda **29**, 111 (1903); (*3*): ebenda **36**, 77 (1910).

Euler, H. v. (*1*): Chemie der Enzyme. 3. Aufl. München: J. F. Bergmann 1925; (*2*): Ztschr. physiol. Chem. **235**, 104 (1935); **239**, 85 (1936); **237**, 221 (1935); **245**, 1 (1937); **242**, 215 (1936).
Euler, H. v. u. K. Josephson: Ztschr. physiol. Chem. **133**, 279 (1923/24).
Ewald, A. u. W. Kühne: Verh. d. Naturhist. med. Vereins zu Heidelberg **1**, Heft 5 (1876).
Fodor, A. u. L. Frankenthal: Biochem. Ztschr. **228**, 101 (1930).
Frankel, M.: Biochem. Ztschr. **207**, 53 (1929).
Gabrilow, N. J. u. A. Simskaja: Biochem. Ztschr. **244**, 238 (1931).
Gansser, A.: Taschenbuch des Gerbers, bearbeitet v. J. Jettmar, Leipzig: Bernh. Friedr. Voigt 1920.
Giusiana, E.: Collegium **1910**, 14.
Goeller, K. H. (*1*): Collegium **1931**, 334; (*2*): ebenda **1932**, 950; (*3*): ebenda **1933**, 547; (*4*): J. I. S. L. T. C. **17**, 16 (1933).
Graßmann, W. (*1*): Neue Methoden und Ergebnisse der Enzymforschung, München: J. F. Bergmann 1928; (*2*): Angew. Chem. **44**, 105 (1931); (*3*): Collegium **1934**, 549; (*4*): Kolloid-Ztschr. **77**, 205 (1936).
Graßmann, W., H. Dyckerhoff u. H. Eibeler: Ztschr. physiol. Chem. **189**, 112 (1930).
Graßmann, W., H. Dyckerhoff u. O. v. Schönebeck: Ztschr. physiol. Chem. **186**, 183 (1930).
Graßmann, W., J. Janicki u. F. Schneider: Stiasny-Festschr. 1937, 74.
Graßmann, W., O. v. Schönebeck u. H. Eibeler: Ztschr. physiol. Chem. **194**, 124 (1931).
Groß, G.: Arch. exp. Pathol. Pharmakol. **58**, 157 (1906).
Grynkraut, A.: J. A. L. C. A. **27**, 577 (1932).
Gustavson, K. H.: J. A. L. C. A. **21**, 206 (1926).
Hermbstädt: Chemisch-technologische Grundsätze der gesamten Ledergerberei. Bd. II, Berlin 1805.
Herzog, R. O. u. W. Jancke: Ber. Dtsch. chem. Ges. **59**, 2487 (1926).
Jovanovits, J. A.: Collegium **1932**, 761.
Jovanovits, J. A. u. A. Alge: Collegium **1932**, 215.
Klanfer K. u. E. Römer: Collegium **1931**, 738.
Kopeliowitsch, P. S. (*1*): Ref. Collegium **1932**, 596; (*2*): ebenda **1931**, 235.
Krall, L.: Fermente in der Gerberei, Societe Anonyme ehem. B. Siegfried, Zofingen, Schweiz 1918; Privatdruck.
Krebs, H. A.: Biochem. Ztschr. **220**, 289 (1930).
Kubelka, V.: (*1*) Collegium **1928**, 604; (*2*): ebenda **1931**, 710.
Kubelka, V. u. K. Dousa: Collegium **1930**, 66.
Kubelka, V. u. V. Nemec: Collegium **1936**, 34.
Kubelka, V. u. J. Wagner (*1*): Collegium **1929**, 247; (*2*): ebenda **1929**, 328; (*3*): Gerber **52**, 73 (1926).
Kühne, W.: Unters. a. d. physiol. Inst. Heidelberg **1**, 219 (1877).
Küntzel, A. (*1*): Biochem. Ztschr. **209**, 326 (1929); (*2*): Collegium **1926**, 176; (*3*): Die Histologie der tierischen Haut, Dresden u. Leipzig: Th. Steinkopff 1925; (*4*): Gerber **56**, 199 (1930); (*5*): Collegium **1932**, 404; (*6*): ebenda **1934**, 325; (*7*): ebenda **1935**, 550; (*8*): Stiasny-Festschr. **1937**, 191.
Küntzel, A. u. R. Biedermann (*1*): Collegium **1931**, 495; (*2*): ebenda **1931**, 167.
Küntzel, A. u. O. Dietsche: Collegium **1931**, 136, 144, 155.
Küntzel, A., G. Marquardt u. O. Engel: Collegium **1934**, 330.
Küntzel, A. u. B. Pototschnig (*1*): Collegium **1932**, 480, 559, 571; (*2*): ebenda **1931**, 475; (*3*): ebenda **1931**, 647.
Lamb, M. C.: Die Chromlederfabrikation, Deutsche Übersetzung von E. Mezey. Berlin: Julius Springer 1925.
Lenk, E. (*1*): Collegium **1931**, 732; (*2*): Collegium **1926**, 559, 572.
Lepetit, R.: Cuir techn. **13**, 250 (1924).
Liebig, J. v. u. H. Wöhler: Liebigs Ann. **22**, 1 (1837).
Löhlein-Volhard in Glinkin, Methodik der Stoffwechselanalyse, 1916. Vgl. auch Volhard: Münch. med. Wchschr. **1903**, 2129; W. Löhlein: Hofmeisters Berichte **7**, 120 (1906).
Lohmann, O.: Biochem. Ztschr. **294**, 188 (1937).
Marriott, R. H. (*1*): J. I. S. L. T. C. **5**, 280 (1921); (*2*): ebenda **10**, 132 (1926); (*3*): ebenda **16**, 6 (1932).
Maschmann, E. u. E. Helmert: Ztschr. physiol. Chem. **223**, 127 (1934).
McLaughlin, G. D., J. H. Highberger, F. O'Flaherty u. K. Moore: J. A. L. C. A. **24**, 339 (1929).

Merlier, F.: Collegium **1930**, 333.
Merrill, H. B. (*1*): Ind. engin. Chem. **19**, 382 (1927); (*2*): J. A. L. C. A. **28**, 288 (1933).
Merrill, H. B. u. J. W. Fleming (*1*): J. A. L. C. A. **22**, 139 (1927); (*2*): ebenda **22**, 274 (1927).
Möller, W.: Collegium **1918**, 105.
Mörner: Ztschr. physiol. Chem. **18**, 225 (1894).
Nabholz, J.: Collegium **1936**, 13.
Nauen, F.: Collegium **1931**, 151.
Negelein, H.: Biochem. Ztschr. **287**, 329 (1936); **289**, 436 (1937).
Northrop, J. H. u. M. Kunitz: Ergebn. d. Enzymforsch. **2**, 104 (1933); Science **80**, 505 (1934); J. gen. Physiol. **16**, 267, 295, 313 (1932); **18**, 433 (1935).
Oppenheimer, C.: Die Fermente und ihre Wirkungen. 5. Aufl. Leipzig: G. Thieme 1925/29.
Oppenheimer, C. u. R. Kuhn: Lehrbuch der Enzyme. 5. Aufl. Leipzig: G. Thieme 1927.
Oppenheimer, C. u. L. Pincussen: Die Methodik der Fermente. Leipzig: G. Thieme 1929.
Payen, A. u. J. Persoz: Ann. Chim. Phys. **53**, 73 (1833).
Pilz, E.: Gerber **61**, 18, 26, 36, 51 (1935).
Procter, H. R.: The Principles of Leather Manufacture. 2. Aufl. London: E. & F. N. Spon 1922.
Robiquett, erwähnt in Extrait du procès verbal de la Société de Pharmacie de Paris, Séance du 7⁰ mars 1838.
Röhm u. Haas Co.: J. A. L. C. A. **16**, 516 (1923).
Rona, P. H., Kleinmann u. E. Dreßler: Biochem. Ztschr. **228**, 6 (1930).
Rona, P. u. E. Mislowitzer: Biochem. Ztschr. **196**, 197; **200**, 152; **202**, 453 (1928).
Rona, P. u. H. A. Oelkers: Biochem. Ztschr. **217**, 50 (1930).
Rosenthal, G. J.: J. A. L. C. A. **11**, 463 (1916).
Sagoschen, J. A.: Allg. Lederind.-Ztg. **36**, Nr. 8 (1934); **37**, Nr. 1, 2, 3 (1935).
Sand, H. J. S. in J. T. Wood (*1*): S. 65ff.
Schindler, W.: Collegium **1935**, 186.
Schneider jr., J. u. A. Hajek: Biochem. Ztschr. **195**, 403 (1928).
Schneider jr., J. u. A. Vlcek (*1*): Collegium **1928**, 22; (*2*): ebenda **1927**, 342; (*3*): Gerber **53**, 45 (1927).
Schtykan, B.: Ref. Collegium **1931**, 190.
Schwann, T.: Müllers Archiv **1836**, 90.
Seymour-Jones, A. (*1*): J. I. S. L. T. C. **4**, 60 (1920); (*2*): ebenda **2**, 288 (1918).
Shermann, H. C. u. D. E. Neun: Journ. Amer. chem. Soc. **38**, 2199 (1916).
Simon, E.: Berlin. Ber. 1893, Nr. 51 (23. XII. 1893).
Ssadikoff, W.: Ztschr. physiol. Chem. **41**, 15 (1904); **46**, 387 (1906).
Stather, F.: Haut- und Lederfehler. Wien: Julius Springer 1934.
Stather, F. u. H. Machon (*1*): Collegium **1931**, 719; (*2*): ebenda **1931**, 721.
Stiasny, E. (*1*): Gerbereichemie (Chromgerbung). Dresden und Leipzig: Th. Steinkopff 1931; (*2*): Collegium **1929**, 608.
Stiasny, E. u. W. Ackermann: Collegium **1923**, 33, 74.
Stiasny, E. u. S. R. Das Gupta: Collegium **1925**, 57.
Sumner, J. B.: Ber. Dtsch. chem. Ges. **63**, 582 (1930).
Sumner, J. B. u. D. B. Hand: Journ. biolog. Chem. **76**, 149 (1928); Journ. Amer chem. Soc. **51**, 1255 (1929).
Theorell, H.: Biochem. Ztschr. **272**, 153 (1934).
Thomas, A. W. u. F. L. Seymour Jones: Journ. Amer. chem. Soc. **45**, 1515 (1923).
Vagda-Kalender, Gerbereichemisches Taschenbuch. Dresden und Leipzig: Th. Steinkopff 1932.
Vigezzi, E.: Boll. R. Staz. Industria Pelli **11**, 371 (1933).
Vlcek, A. (*1*): Gerbtchn. Rdsch. **11**, 13, 22, 35, 43 (1935); (*2*): Gerber **55**, 208, 219 (1929); (*3*): ebenda **59**, 47 (1933); (4): Collegium **1935**, 546.
Waldschmidt-Leitz, E. (*1*): Ztschr. physiol. Chem. **132**, 181 (1924); (**2**): Naturwiss. **18**, 644 (1930); (*3*): ebenda **18**, 952 (1930); (*4*): Die Enzyme. Braunschweig: Vieweg u. Sohn 1926.
Waldschmidt-Leitz, E. u. G. Künstner: Ztschr. physiol. Chem. **171**, 70 (1927).
Waldschmidt-Leitz, E. u. G. v. Schuckmann: Ztschr. physiol. Chem. **184**, 56 (1929).
Warburg, O. u. W. Christian: Biochem. Ztschr. **234**, 458 (1932); **285**, 81 (1936); **286**, 140 (1936); **287**, 291 (1936).
Willstätter, R.: Untersuchungen über Enzyme. Berlin: Julius Springer 1928.

Willstätter, R. u. E. Waldschmidt-Leitz in R. Willstätter, S. 1390.
Willstätter, R., E. Waldschmidt-Leitz u. F. Memmen: Ztschr. physiol. Chem. **125**, 93 (1932).
Wilson, J. A. (*1*): Die Chemie der Lederfabrikation. 2. Aufl. Deutsche Bearbeitung von F. Stather u. M. Gierth. Wien: Julius Springer 1930; (*2*): Ind. engin. Chem. **12**, 1087 (1920); (*3*): J. A. L. C. A. **12**, 108 (1917).
Wilson, J. A. u. G. Daub: Ind. engin. Chem. **13**, 1137 (1921).
Wilson, J. A. u. A. F. Gallun jr: Ind. engin. Chem. **15**, 71 (1923).
Wilson, J. A. u. H. B. Merrill (*1*): Ind. engin. Chem. **18**, 185 (1926); (*2*): ebenda **21**, 2 (1926); (*3*): J. A. L. C. A. **21**, 50 (1926).
Wohlgemuth, J.: Grundriß der Fermentmethoden. Berlin: Julius Springer 1913.
Wood, J. T. (*1*): Das Entkälken und Beizen von Fellen. Deutsche Übersetzung von J. Jettmar. Braunschweig: Vieweg u. Sohn 1914; (*2*): Ind. engin. Chem. **13**, 1135 (1921).
Wrink, B. U.: Naturwiss. **137**, 411 (1936).

# E. Pickeln.

Von Dr.-Ing. **D. Balányi**, Waalwijk.

## I. Aufgabe und Grundlage des Pickelns.

Der Pickel ist ein aus Säure und Neutralsalz bestehendes Bad, in welchem die Blößen nach dem Beizen behandelt werden. Die Behandlung selbst wird Pickeln genannt und spielt besonders bei der Chromgerbung, als eine vorbereitende Operation, eine wichtige Rolle. Außerdem dient das Pickeln auch zur Konservierung geäscherter bzw. gebeizter Blößen.

Beim Beizen und Entkälken wird der im Äscherprozeß aufgenommene Kalk nie vollständig entfernt und auch dann nicht, wenn man in der Praxis von vollständiger Entkälkung spricht [A. Küntzel und R. Biedermann; E. R. Theis und A. W. Goetz (*1*)]. Als vollständig entkälkte Blößen bezeichnet man nämlich solche, deren Schnitt beim Betupfen mit einer Phenolphthaleinlösung eben farblos bleibt, d. h. einen $p_H$-Wert hat, der etwas unter 8,3 liegt. Bei diesem $p_H$-Wert ist wohl der in der Quellflüssigkeit befindliche ungebundene Kalk vollständig entfernt, jedoch nicht die Alkalimenge, welche durch die Hautsubstanz salzartig gebunden sein muß, um diese von dem isoelektrischen Punkt ($p_H$ ca. 5,7) auf ca. $p_H$ 8 zu bringen. Würde man solche Blößen, ohne sie zu pickeln, in die Chromgerbung bringen, so würde der Chromgerbstoff, durch die Alkalimenge und durch die Säureaufnahme seitens der Blöße hoch basisch gemacht, die Faser in den Außenpartien der Blöße stark anfallen und eine oberflächliche Übergerbung verursachen. Durch diese Übergerbung wäre die Diffusion des Chromgerbstoffs in das Innere der Faser stark gehemmt und so der ganze Gerbvorgang außerordentlich stark verlangsamt. Die starke Übergerbung würde an dem wertvollsten und zugleich empfindlichsten Teil der Blöße, an dem Narben, den größten Schaden anrichten. Sie würde gezogenen, groben, rauhen und platzenden Narben verursachen, somit das fertige Leder entweder unverkäuflich machen oder mindestens stark entwerten.

Die Aufgabe des Pickelns ist: die Blößen unter Vermeidung jeglicher Säurequellung vollständig zu entkälken und sie schwach sauer zu stellen, mit anderen Worten, den Unterschied im $p_H$-Wert zwischen der Beize ($p_H$ 8) und der Chromgerbbrühe ($p_H$ 3 bis 4) zu überbrücken. Diese Forderungen zeigen, daß die Hauptrolle beim Pickeln die Säure spielt und das Neutralsalz zur Verhinderung der Säurequellung dient.

Als Pickelsäuren werden in der Praxis fast nur Salzsäure, Schwefelsäure und Ameisensäure verwendet. Die vielfach geäußerte Meinung, daß die Schwefelsäure ungeeignet sei, weil sie die in der Blöße befindlichen Kalksalze in Form von schwer löslichem $CaSO_4$ niederschlägt, ist nicht berechtigt. $CaSO_4$ ist bei der im Pickel herrschenden Azidität viel löslicher als im Wasser, so daß der Kalk praktisch vollständig in dem ausgezehrten Pickel zu finden ist (R. Balderston).

Die zweite Pickelkomponente, das Neutralsalz, ist fast ausschließlich das Kochsalz, außer ihm kommt höchstens noch Glaubersalz in Frage. Da die Salzkonzentration im Vergleich zur Säurekonzentration ziemlich hoch ist, besteht bei der Verwendung von Glaubersalz die Gefahr von Gips-Abscheidung in der Blöße.

Die Säureaufnahme durch die Haut beruht auf chemischer Reaktion und nicht, wie früher vielfach angenommen wurde, auf Adsorption. Das Kollagenmolekül besteht aus einigen hundert Aminosäuren, die miteinander durch Peptidgruppen zu einer Kette vereinigt sind. Sieht man von den Carboxyl- bzw. Amino-

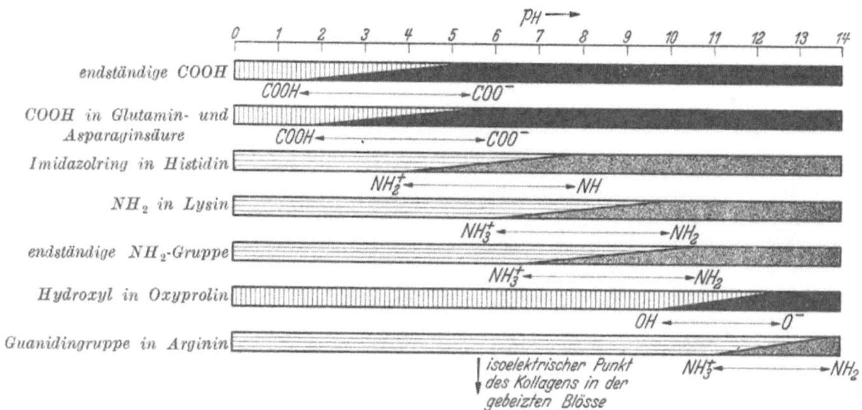


Abb. 69. Reaktion der aktiven Gruppen des Kollagens mit Säure in verschiedenen $p_H$-Gebieten [D. J. Lloyd (1)].

gruppen an den Kettenenden ab und bedenkt, daß bei jedem Kettenglied zur Peptidbindung mit den benachbarten Aminosäuren eine Carboxyl- und eine Aminogruppe in $\alpha$-Stellung verbraucht werden, so müssen die mit Säure bzw. die mit Alkali reagierenden Gruppen: Amino-, Imino-, Guanidin-, Hydroxyl- und Carboxylgruppen, von den Aminosäuren Lysin (4,35), Histidin (0,80), Arginin (7,35), Oxyprolin (12,18), Glutaminsäure (5,09) und Asparaginsäure (2,94) stammen (D. J. Lloyd). Die in den Klammern befindlichen Zahlen geben den prozentualen Gehalt des Kollagens an erwähnten Aminosäuren an [W. R. Atkin (*1*)][1].

Die Abb. 69 gibt an, in welcher Reihenfolge die aktiven Gruppen reagieren, wenn eine Säure auf gebeizte Blöße ($p_H$-Wert ca. 8) einwirkt[2]. Bis ca. 5,7 werden die ungeladenen $NH_2$-Gruppen in die geladenen $NH_3^+$-Gruppen und ein Teil der ungeladenen NH-Gruppen in die geladenen $NH_2^+$-Gruppen umgewandelt. Der $p_H$-Wert 5,7 zeichnet sich dadurch aus, daß hier die Summe der Anzahl

[1] Entsprechend einer kürzlich veröffentlichten Arbeit von W. Graßmann und F. Schneider mit J. Janicki, L. Klenk und G. Richter enthält gereinigtes Kollagen Histidin nicht, bzw. höchstens in Spuren.

[2] Hierbei wurde die vereinfachende Annahme gemacht, daß durch den Einbau der Aminosäuren in das Kollagenmolekül die Dissoziationskonstanten der aktiven Gruppen nicht verändert werden. Streng genommen trifft dies nicht zu (siehe z. B. E. J. Cohn, A. A. Green und M. H. Blanchard).

$NH_3^+$- und $NH_2^+$-Gruppen gleich ist der Anzahl $COO^-$-Gruppen. Schematisch läßt sich das folgendermaßen vorstellen:

| $NH_3^+$ | $COO^-$ | $NH_2^+$ | NH | $COO^-$ |
|---|---|---|---|---|
| $COO^-$ | $NH_3^+$ | $COO^-$ | | $NH_3^+$ |

Die zwei Parallelen stellen aus Peptidgruppen bestehende benachbarte Ketten dar, die geladenen Gruppen befinden sich in den Seitenketten. Die entgegengesetzt geladenen Gruppen stehen nebeneinander und sind paarweise miteinander salzartig verbunden. Je ein Ionenpaar entspricht einem Ammonsalz, z. B. $CH_3COONH_4$. Der Unterschied besteht darin, daß die Ionen im Kollagen in zwei benachbarten Peptidketten eingebaut sind und nicht wie die Ionen eines gelösten Ammonsalzes frei beweglich sind. Der $p_H$-Wert 5,7 stellt den isoelektrischen Punkt dar, da in diesem Punkte die geladenen Gruppen in Form von Ionenpaaren in sich abgesättigt sind und das Kollagen neutral erscheint.

Läßt man eine Säure auf isoelektrisches Kollagen einwirken, so reagieren zwischen $p_H$ 3 und $p_H$ 4 die ungeladenen Iminogruppen und gleichzeitig auch geladene Carboxylgruppen. Analog wie $NH_3$ mit einer Säure, z. B. HCl reagiert: $NH_3 + HCl = NH_4^+Cl^-$, so reagiert im Kollagen die ungeladene Iminogruppe, und wie Salzsäure mit Ammonazetat: $HCl + NH_4^+COO^- = NH_4^+Cl^- + CH_3COOH$, so reagieren die $COO^-$-Gruppen. Die ungeladene Iminogruppe NH wird in die geladene $NH_2^+$ verwandelt und die geladene $COO^-$ in die ungeladene COOH-Gruppe:

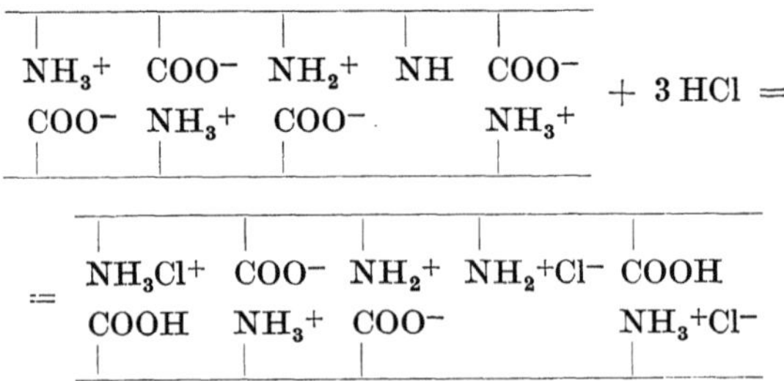

Bei weiterem Säurezusatz bis zu ca. $p_H$ 1,8 werden die noch vorhandenen $COO^-$-Gruppen durch die Säure in die ungeladenen COOH-Gruppen verwandelt. Die Bindung der Säure beginnt praktisch genommen bei dem isoelektrischen Punkt und hört bei vollständiger Entladung der COO-Gruppen auf. In diesem Punkte sind alle basischen Gruppen, einfachheitshalber als $RNH_2$ bezeichnet, als das Chlorid, $RNH_3Cl$, vorhanden. Ein Mol Kollagen nimmt also eine ganz bestimmte Menge Säure auf. Da das Molekulargewicht des Kollagens sehr hoch ist und nur annähernd bestimmt werden kann, spricht man lieber von dem Säureäquivalent des Kollagens, d. h. wieviel Gramm Kollagen bei maximaler Säurebindung ein Säureäquivalent bindet. Tabelle 16 zeigt das von verschiedenen Forschern für einige Säuren gefundene Säureäquivalent. Die Zahlen divergieren etwas, was zum Teil auf das verschiedene Versuchsmaterial und zum Teil auf die verschiedene Arbeitsweise zurückzuführen ist. Charakteristisch ist, daß das Säureäquivalent für Schwefelsäure ein niedrigeres ist, als das für Salzsäure.

Es muß ausdrücklich betont werden, daß man nur bei einem $p_H$ von ca. 1,8 von diesem Säureäquivalent sprechen darf. Das Kollagensalz, z. B. Kollagenchlorid KHCl, ist nämlich hydrolytisch gespalten: $KHCl = K + HCl$, so daß

Tabelle 16. Säureäquivalent des Kollagens.

| Säureäquivalent des Kollagens | Art der Säure | Forscher | Bemerkungen |
|---|---|---|---|
| 1160 und 1090 | HCl | Hitchcock | Gelatine |
| 1180 | HCl | W. R. Atkin u. Douglas | ,, |
| 1142 | HCl | A. Küntzel u. K. Buchheimer | Trockenkollagen s. S. 284 |
| 1307 | HCl | C. Felzmann | isoelektr. Blöße |
| 1261 | HCl | G. Otto | ,, ,, , Lösung 6%ig an NaCl |
| 1220 | HCl | C. Felzmann | ,, ,, , ,, 5%ig an $Na_2SO_4$ |
| 1090 | HCl | E. Elöd u. E. Silva | ,, ,, |
| 1220 | $HClO_4$ | C. Felzmann | ,, ,, |
| 1220 | $HClO_4$ | C. Felzmann | ,, ,, , Lösung 5%ig an $Na_2SO_4$ |
| 1127 | $H_2SO_4$ | A. Küntzel u. W. Preisentanz | Trockenkollagen |
| 980 | $H_2SO_4$ | C. Felzmann | isoelektr. Blöße |
| 1064 | $H_2SO_4$ | C. Felzmann | ,, ,, , Lösung 5%ig an NaCl |
| 1041 | $H_2SO_4$ | C. Felzmann | ,, ,, , ,, 5%ig an $Na_2SO_4$ |
| 1124 | $H_2SO_4$ | G. Otto | ,, ,, , ,, 6%ig an $Na_2SO_4$ |
| 1316 | $H_3PO_4$ | C. Felzmann | ,, ,, , ,, 5%ig an $Na_2SO_4$ |

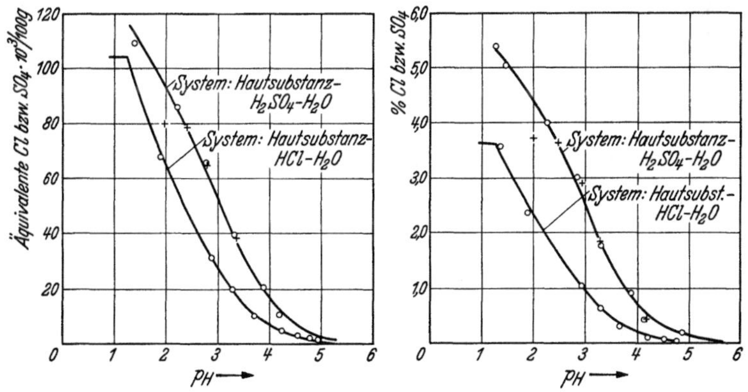

Abb. 70. Säurebindung durch isoelektisch gestellte Blöße. Titrationskurve (E. Elöd und W. Siegmund).

das Kollagen entsprechend diesem Gleichgewicht bis zu jedem $p_H$-Wert eine ganz bestimmte Menge Säure bindet (Abb. 70). Die Säuremenge, die bei verschiedenen $p_H$-Werten gebunden wird, stellt die Titrationskurve des Kollagens dar. Die erste solche Titrationskurve stammt von W. R. Atkin und J. M. Campos. Sie benutzten Hautpulver zu diesem Versuch. Die Abb. 70 zeigt die Titrationskurve isoelektrischer Blöße.

Legt man isoelektrische Blöße ins Wasser, so hydratisiert sich diese und ihr Volumen nimmt zu. Diese Quellung wird durch Säurezusatz vergrößert. Diese zusätzliche Volumenvermehrung, welche durch die Bindung von Säure eintritt, bezeichnet man als Säurequellung. Es ist das große Verdienst von H. R. Procter und J. A. Wilson, erkannt zu haben, daß die Säurequellung ein osmotisches Phänomen ist, welches auf das Donnansche Membrangleichgewicht zurückzuführen ist. Die experimentelle Bestätigung führten sie mit Gelatine aus, die als Modell für die Haut diente. Eine mathematische Behandlung dieser Versuche verdanken wir J. A. Wilson und W. H. Wilson. Hier soll das Donnansche Membrangleichgewicht nur kurz und ohne seine thermodynamische Ableitung behandelt werden. Eine ausführliche Darstellung befindet sich im Abschnitt über physikalische Chemie der Eiweißkörper.

Wird eine Gelatinelösung von einer Salzsäurelösung durch eine Membran getrennt, welche für die Ionen der Salzsäure durchlässig ist, jedoch für die Gelatinemoleküle nicht, so diffundiert Salzsäure zur Gelatine hinüber. Die Gelatine (G) bindet Säure und geht in Gelatinechlorid GHCl über, welches vollständig in die Ionen $GH^+$ und $Cl^-$ dissoziiert ist. Die Diffusion der Salzsäure geht solange weiter, bis schließlich das Gleichgewicht sich einstellt. Das Gleichgewicht ist dann vorhanden, wenn von beiden Seiten der Membran dieselbe Menge Salzsäure auf die andere Seite diffundiert, d. h. die Konzentration der Salzsäure an beiden Seiten der Membran sich nicht mehr ändert.

Der Versuch ist im folgenden schematisch dargestellt, wobei als Beginn der Zeitpunkt gewählt ist, in dem die durch die Membran diffundierte Salzsäure gerade zur Bildung des Salzes GHCl ausreicht:

| Versuchsbeginn: | | Gleichgewichtszustand: | |
|---|---|---|---|
| $GH^+$ $a$ | $H^+$ $c$ | $GH^+$ $a$ | $H^+$ $c-b$ |
| $Cl^-$ $a$ | $Cl^-$ $c$ | $Cl^-$ $a$ | $Cl^-$ $c-b$ |
| | | $H^+$ $b$ | |
| | | $Cl^-$ $b$ | |

Die Buchstaben geben die Konzentration der nebenstehenden Ionen an. Wäre die Membran auch für das Gelatineion, $GH^+$, durchlässig, so würden sich im Gleichgewicht sowohl das Gelatinechlorid als auch die Salzsäure an beiden Seiten der Membran gleichmäßig verteilen. Da jedoch das positiv geladene Gelatineion nicht durch die Membran diffundieren kann, muß das zu ihr gehörige negative Cl-Ion ebenfalls auf der Seite bleiben, wo sich die Gelatine befindet. Die Donnansche Membrantheorie besagt nun; daß in diesem Falle der im System befindliche Elektrolyt, hier die Salzsäure, sich ungleichmäßig an beiden Seiten der Membran verteilt, und zwar so, daß die Salzsäurekonzentration an der Seite, wo sich die Gelatine befindet, kleiner ist, als die Salzsäurekonzentration an der anderen Seite. Dies läßt sich sehr einfach beweisen. Beim Gleichgewicht muß das Produkt der diffusiblen Kationen und Anionen auf beiden Seiten der Membran gleich sein, d. h.

$$(a + b) \,.\, b = (c - b)^2.$$

Daraus:

$$a b + b^2 = c^2 - 2 c b + b^2$$

und

$$b (a + 2 c) = c^2$$

und

$$b = \frac{c^2}{a + 2 c}$$

Nun ist das Verhältnis

$$\frac{\text{HCl-Konzentration rechts der Membran}}{\text{HCl-Konzentration links der Membran}} = \frac{\text{H-Konzentration rechts der Membran}}{\text{H-Konzentration links der Membran}} =$$

$$= \frac{c-b}{b} \text{ und da } b = \frac{c^2}{a+2c},$$

so ist

$$\frac{c-b}{b} = \frac{c - \frac{c^2}{a+2c}}{\frac{c^2}{a+2c}} = 1 + \frac{a}{c}$$

Da das Verhältnis größer ist als 1, muß gelten $c - b > b$. Weiterhin ist leicht einzusehen, daß die ungleiche Verteilung der Salzsäure auf beiden Seiten der Membran mit steigender Säurezugabe abnimmt, denn der Ausdruck $1 + \frac{a}{c}$ nähert sich um so mehr dem Wert 1, je größer $c$ wird. Ähnlich wie Salzsäure verteilt sich jeder zum System zugesetzte Elektrolyt so, daß das Produkt seiner Ionen auf beiden Seiten der Membran gleich ist. Bei einem mehrwertigen Elektrolyten $A_xB_y$ erhält man: Konzentration rechts der Membran $[A]_r^x \cdot [B]_r^y$ = Konzentration links der Membran $[A]_l^x \cdot [B]_l^y$, d. h. die Wertigkeit der Ionen erscheint als Exponent ihrer Konzentration. Im Gegensatz zur Gleichheit des Produkts aus der Konzentration der diffusiblen Ionen an beiden Seiten der Membran ist die Summe der Konzentration der diffusiblen Ionen an beiden Seiten eine ungleiche. Diese ungleiche Ionenverteilung ist die Ursache für die Verschiedenheit des osmotischen Drucks auf beiden Seiten der Membran. Der osmotische Druck ist der Summe der Konzentration der diffusiblen Ionen proportional, d. h. auf der linken Seite des oben angeführten Beispiels $(a + b) + b$ und auf der rechten Seite $2(c - b)$. Da die Produkte aus den Konzentrationen gleich sind, muß $a + 2b$ als Summe ungleicher Faktoren größer sein als $2(c - b)$, die Summe gleicher Faktoren. Es gilt also $a + 2b > 2(c - b)$ oder

$$a + 2b = 2(c - b) + e,$$

$$e = \frac{a^2}{a+2c}.$$

$e$ ist das Maß für den Überdruck links der Membran. Man erkennt, daß dieser um so kleiner wird, je mehr Säure dem System zugesetzt wird, d. h. je größer $c$ wird. Bei $c = \infty$ ist $e = 0$.

Die Verminderung von $e$ durch Zusatz eines Neutralsalzes, $Me^+X^-$, welches mit der Gelatine nicht reagieren darf, ergibt sich aus dem folgenden: Es seien

$v$ = Konzentration MeX an der Gelatineseite der Membran,
$u$ = „ „ „ „ gelatinefreien Seite der Membran.

Aus der Gleichheit der Produkte aus der Summe der diffusiblen Kationen und Anionen an beiden Seiten der Membran:

$$(b + v)(a + b + v) = (c - b + u)^2$$

und

$$e = 2(b + v) + a - 2(c - b + u)$$

ergibt sich

$$e = -2(c - b + u) + \sqrt{4(c - b + u)^2 + a^2}.$$

Da $a$ konstant ist, nimmt $e$ mit wachsendem $(c - b + u)$, d. h. bei Neutralsalzzusatz ab.

Nimmt man statt HCl $H_2SO_4$, so ist der Druckunterschied zwischen den beiden Seiten der Membran viel kleiner. Infolge der Zweiwertigkeit des $SO_4$-Ions sind nämlich zur Bildung von Gelatinesulfat halb so viel $SO_4$-Ionen nötig als Cl-

Ionen zur Bildung von Gelatinechlorid, so daß der Überschuß der Ionen an der Gelatineseite der Membran geringer wird. Bei sehr kleinem $c - b$ wird der Druckunterschied bei $H_2SO_4$ halb so groß sein wie bei HCl.

Das erwähnte System Gelatine—Salz-(Schwefel-)säure hat J. Loeb eingehend untersucht und die Forderungen des Donnanschen Membrangleichgewichtes quantitativ realisiert.

Überträgt man den erwähnten Versuch auf Gelatinegel, so muß man das Gelatinemolekül, in dem Gel festgelegt, als die Membran betrachten, und die Salzsäurekonzentration wird innerhalb des Gels stets geringer sein, als in der Lösung außerhalb des Gels. Da das Gelatinegel elastisch ist, gibt es dem Druck $e$ nach und vergrößert sein Volumen. Die Volumenvergrößerung $V$ ist von $e$ und von der Elastizität des Gels abhängig. Den Zusammenhang dieser Größen gibt folgende Gleichung: $C V = e$, wobei $C$ der Elastizitätsmodul des Gels ist (H. R. Procter und J. A. Wilson).

Der weitere Schritt ist die Übertragung der osmotischen Säurequellung auf die Haut. Als Membran fungieren hier die aus Kollagen aufgebauten Mizellen und die Lösung zwischen den Mizellen und zwischen den Seitenketten entspricht der Lösung innerhalb des Gelatinegels. Die Lösung in den Kapillaren der Blöße und die Lösung, in welcher die Blöße sich befindet, entsprechen der Lösung außerhalb der Gelatine.

Das Donnansche Membrangleichgewicht ist nur bei verdünnten Lösungen quantitativ gültig. Es ist deswegen verständlich, daß für den Pickelvorgang, bei welchem die gewachsene Haut gleichzeitig reagierender Körper und Membran ist und man von einer verdünnten Lösung nicht sprechen kann, die Verhältnisse nicht quantitativ, sondern nur qualitativ wiedergegeben werden. Im Konzentrationsbereich, in welchem das Pickeln stattfindet, beeinflussen die Ionen einander stark. Während außerhalb der Blöße nur die Ionen des Pickelsalzes und der Pickelsäure sich und die Dielektrizitätskonstante des Wassers beeinflussen, üben im Innern der Blöße auf die Ionen die polaren Anteile des Kollagens ihre Wirkung aus. Dieselbe Säurekonzentration würde also eine andere Säureaktivität zeigen innerhalb der Blöße als außerhalb der Blöße (F. G. Donnan). Auch von einer ungehinderten Diffusion der Ionen in die Blöße kann man kaum sprechen. Eine weitere Komplikation kann dadurch eintreten, daß bei hohen Salzkonzentrationen Salz-Kollagen-Additionsverbindungen auftreten können.

Die physikalische Chemie der konzentrierten Lösungen ist noch wenig entwickelt und ein so kompliziertes, mehrphasiges System, in welchem ein fester Körper, das Kollagen, eine Rolle spielt, kann bei dem Stande unseres heutigen Wissens quantitativ gar nicht behandelt werden.

## II. Aufnahme der Pickelkomponenten durch die Haut.

### 1. Die Aufnahme der Pickelsäure.

Die Säure, welche die Haut aus dem Pickel aufnimmt, ist zum Teil an Hautsubstanz gebunden und zum Teil in der Quellflüssigkeit und kapillar aufgenommener Pickelflüssigkeit vorhanden. Die chemische Reaktion zwischen Hautsubstanz und Säure führt zur Bildung des Kollagensalzes, KH X, welches mit der Quellflüssigkeit entsprechend $KH^+ \rightleftarrows K + H^+$ dem $p_H$-Wert der Quellflüssigkeit in Gleichgewicht steht. Die Säurebindung ist also vom $p_H$-Wert abhängig. Wie groß die Unterschiede zwischen den $p_H$-Werten der starken Mineralsäuren und schwachen organischen Säuren bei den im Pickel üblichen Konzentrationen sind, zeigt Tabelle 17. Aus dieser Tabelle ist ersichtlich, daß, um den $p_H$-Wert einer

Tabelle 17. $p_H$-Werte von Säuren in den beim Pickeln üblichen Konzentrationen [E. Stiasny (*1*)].

| | n/5 | n/10 | n/20 |
|---|---|---|---|
| HCl. . . . . | 0,74 | 1,02 | 1,32 |
| $H_2SO_4$ . . . | 0,92 | 1,19 | 1,46 |
| HCOOH. . . | 2,19 | 2,35 | 2,49 |
| Milchsäure. . | 2,27 | 2,43 | 2,58 |
| Essigsäure . . | 2,74 | 2,89 | 3,02 |

Mineralsäurelösung zu erhalten, die mehrfache Konzentration an organischer Säure nötig ist, sofern dieser $p_H$-Wert überhaupt erreichbar ist.

Der $p_H$-Wert der Quellflüssigkeit wird durch das Pickelsalz in doppelter Weise beeinflußt:

1. durch die Salzwirkung auf die Aktivität der $H^+$. Die Tabelle 18 zeigt, wie die $p_H$-Werte der Säuren durch die Pickelsalze NaCl und $Na_2SO_4$ verändert werden. NaCl erniedrigt und $Na_2SO_4$ erhöht das $p_H$. Die Veränderung ist auch von der Art der Säure abhängig. Die Erniedrigung des $p_H$-Wertes durch NaCl ist viel größer bei den starken Mineralsäuren als bei den schwachen organischen Säuren, so daß die Unterschiede in bezug auf $p_H$-Wert zwischen den NaCl-Mineralsäure- und NaCl-Organischesäure-Pickeln noch größer werden, als bei den reinen Säuren. Das Gegenteil ist zu sagen von den $Na_2SO_4$-Mineralsäure- und $Na_2SO_4$-Organischesäure-Pickeln, da die $p_H$-Werte der Mineralsäuren durch $Na_2SO_4$ stärker erhöht werden, als die der organischen Säuren;

2. entsprechend der Membrantheorie durch die ungleichmäßige Verteilung der Säure in der Flüssigkeit innerhalb und außerhalb der Blöße. Diese Wirkung wird nur bei niedrigen Salzkonzentrationen einen Einfluß ausüben können, denn mit wachsender Salzkonzentration nimmt dieser Konzentrationsunterschied immer mehr ab. Man muß jedenfalls damit rechnen, daß bei konstantem $p_H$-Wert in der Außenflüssigkeit der $p_H$-Wert im Inneren der Blöße mit wachsendem Salzzusatz sinkt. Noch komplizierter ist der Fall bei den schwachen Säuren, bei welchen eine geringere Änderung im $p_H$-Wert mit viel größerer Konzentrationsänderung verbunden ist, als bei den starken Säuren (siehe Tab. 18). Bei einem geringen $p_H$-Unterschied zwischen der Lösung innerhalb und außerhalb der Blöße ist demnach der Unterschied in der Säurekonzentration größer als bei den starken Säuren. Dieser Konzentrationsunterschied in der Säure innerhalb und außerhalb der Blöße wird durch das Kollagensalz $KH^+X^-$ (X ist hierbei das Anion einer schwachen Säure) vermindert. Das Kollagensalz ist weitgehend in seine Ionen dissoziiert und drängt die Dissoziation der schwachen Säure im Inneren der Blöße zurück (Pufferwirkung). Um das Gleichgewichts-$p_H$ im Inneren der Blöße zu erreichen, muß demnach eine höhere Konzentration der schwachen Säure in der Blöße vorhanden sein als ohne diese Pufferwirkung. Der Puffereinfluß ist um so größer, je weitgehender das Kollagen in Kollagensalz umgewandelt ist.

Tabelle 18. Einfluß von Salzen auf $p_H$ von Säuren [E. Stiasny (*1*)].

| | Ohne Salz | NaCl | | | $Na_2SO_4$ | | |
|---|---|---|---|---|---|---|---|
| | | n/10 | n/1 | 4 n | n/10 | n/1 | 3,5 n |
| n/10 HCl . . . . . . . . . . . . | 1,08 | 1,06 | 0,91 | 0,20 | 1,18 | 1,60 | 1,79 |
| n/10 $H_2SO_4$ . . . . . . . . . . . | 1,19 | 1,18 | 0,98 | 0,30 | 1,27 | 1,68 | 1,85 |
| n/10 HCOOH . . . . . . . . . | 2,39 | 2,32 | 2,17 | 1,77 | 2,50 | 2,63 | 2,70 |
| n/10 Milchsäure . . . . . . . . . | 2,45 | 2,34 | 2,12 | 1,64 | 2,53 | 2,56 | 2,58 |
| n/10 Essigsäure . . . . . . . . . | 2,87 | 2,74 | 2,62 | 2,39 | 3,02 | 3,10 | 3,13 |
| n/100 HCl . . . . . . . . . . . | 2,11 | 2,06 | 1,91 | 1,24 | 2,38 | 2,75 | 2,88 |
| n/100 $H_2SO_4$ . . . . . . . . . . | 2,11 | 2,06 | 1,91 | 1,24 | 2,40 | 2,78 | 2,90 |
| n/100 HCOOH . . . . . . . . . | 2,89 | 2,84 | 2,72 | 2,35 | 3,05 | 3,19 | 3,26 |
| n/100 Milchsäure . . . . . . . . | 2,91 | 2,84 | 2,69 | 2,28 | 3,06 | 3,17 | 3,19 |
| n/100 Essigsäure . . . . . . . . | 3,39 | 3,27 | 3,17 | 3,07 | 3,55 | 3,65 | 3,69 |

Tabelle 19. Einfluß des Pickelsalzes auf die Säureaufnahme (HCl und $H_2SO_4$) durch Kollagen (A. Küntzel; A. Küntzel und W. Preisentanz).

| Art des Pickels | Äquivalente Salz/kg TK | Äquivalente Säure/kg TK | Aufgenommene Äquivalente Säure/kg TK |
|---|---|---|---|
| HCl | — | 0,1 | 0,1 |
| | — | 0,2 | 0,19 |
| | — | 0,5 | 0,47 |
| | — | 0,8 | 0,67 |
| | — | 1,0 | 0,7 |
| HCl—NaCl | 10 | 0,1 | 0,1 |
| | 10 | 0,2 | 0,19 |
| | 10 | 0,5 | 0,47 |
| | 10 | 0,8 | 0,7 |
| | 10 | 1,0 | 0,73 |
| $H_2SO_4$—NaCl | 0 | 0,8 | 0,71 |
| | 0,5 | 0,8 | 0,71 |
| | 5 | 0,8 | 0,6 |
| $H_2SO_4$—$Na_2SO_4$ | 0 | 0,8 | 0,7 |
| | 0,5 | 0,8 | 0,68 |
| | 5 | 0,8 | 0,67 |

TK = Trockenkollagen.

Die Tabelle 19 zeigt den Einfluß des Pickelsalzes auf die Säurebindung bei den HCl- und $H_2SO_4$-Pickeln (A. Küntzel; A. Küntzel und W. Preisentanz). Entsprechend der $p_H$-erniedrigenden Wirkung des Kochsalzes ist die gebundene Säuremenge bei HCl-NaCl-Pickeln etwas größer als bei den salzfreien Säurelösungen. Der Unterschied ist jedoch sehr gering. Die Tatsache, daß NaCl-Zusatz bei HCl die Säureaufnahme etwas erhöht, ist frühzeitig erkannt worden [H. R. Procter (1)]. Bei Versuchen mit Hautpulver konnte sogar festgestellt werden, daß bei sehr hoher NaCl-Konzentration (3,4 molar) ein Anwachsen der Säureaufnahme mit wachsender Säurekonzentration erfolgt, und sich kein Maximum einstellt, während bei nicht allzu hoher NaCl-Konzentration (1,7 molar) durch Erhöhung der Säurekonzentration die maximale Säureaufnahme sich nicht mehr ändert (V. Kubelka).

Bei den $H_2SO_4$-Pickeln erniedrigt das Neutralsalz die gebundene Säuremenge. Diese Erniedrigung kommt bei dem $Na_2SO_4$—$H_2SO_4$-Pickel schon bei niedriger Salzkonzentration zum Vorschein, ist jedoch geringer als bei dem NaCl—$H_2SO_4$-Pickel, bei welchem die Erniedrigung erst bei höherer Salzkonzentration eintritt. Die Erniedrigung der Säurebindung beim NaCl—$H_2SO_4$-Pickel kommt eigentlich unerwartet. Entsprechend der $p_H$-erniedrigenden Wirkung des Kochsalzes hatte man nämlich eine Erhöhung der Säurebindung erwartet. Der unerwartete Befund von Küntzel und Preisentanz konnte von anderer Seite bestätigt werden (C. Felzmann).

Die Versuche von Küntzel bzw. von Küntzel und Preisentanz wurden mit „Trockenkollagen" (TK) durchgeführt. Dieses Trockenkollagen stellt die an der Luft getrocknete Mittelschicht des Kerns einer vollständig unvorbehandelten Kuhhaut dar, welche sofort nach dem Schlachten des Tieres durch Spalten gewonnen wurde und 20% Wasser enthielt (A. Küntzel und K. Buchheimer). 1 g TK wurde in 10 ccm der Pickellösung gebracht und nach 24 Stunden die gebundene Säuremenge aus der titrimetrisch bestimmten Konzentrationsänderung der Pickellösung berechnet. Der Membranwirkung wurde keine Rechnung getragen und die vereinfachende Annahme gemacht, daß die Säurekonzentration in der Quellflüssigkeit dieselbe ist wie in der ausgezehrten Pickellösung. Die Menge der Pickelkomponenten wurde nicht auf Blößengewicht bezogen, sondern in Äquivalenten Säure oder Neutralsalz pro Kilogramm TK angegeben. Division durch 10 ergibt auch die Normalität bzw. Molarität der Lösung an ihren Bestandteilen. Die obige Flüssigkeitsmenge von 10 ccm pro Gramm Trockenkollagen entspricht 10 Liter pro Kilogramm Trockenkollagen. Diese Flüssigkeitsmenge wird den Verhältnissen in der Praxis gerecht, denn sie entspricht einer Flottenmenge von ca. 250%, wenn man sie auf Blößengewicht bei 75% Wassergehalt der Blöße umrechnet. Leider wurden die Resultate nur mit der Konzentration beim Versuchsbeginn in Beziehung gebracht und weder die Säurekonzentration noch der $p_H$-Wert in der ausgezehrten Pickellösung, d. h. Säurekonzentration im Gleichgewicht bzw. Gleichgewichts-$p_H$ angegeben.

Der Grund dafür, daß Küntzel seine Resultate mit der Anfangskonzentration und nicht mit der Gleichgewichtskonzentration in Beziehung brachte, liegt darin, daß diese Beziehung eine annähernde Proportionalität zwischen angewandter und gebundener Säuremenge aufweist (siehe Abb. 71). Auf Grund dieser Gesetzmäßigkeit kann die jeweilige Säurebindung, die bei einer geringeren Säuremenge stattfindet als die, welche zur Erreichung des Aufnahmemaximums nötig ist, für praktische Zwecke genügend genau berechnet werden. Die Änderung der maximalen Säurebindung durch Neutralsalz kann in diesem Falle sowohl bei HCl—NaCl-, als auch bei $H_2SO_4$—$Na_2SO_4$-Pickeln vernachlässigt und als 0,7 Äquivalente/kg TK angenommen werden. Bei $H_2SO_4$—NaCl-Pickeln muß sie aber korrigiert und als 0,6 Äquivalente/kg TK in Rechnung gesetzt werden. Bezeichnet man diejenige Säuremenge/kg TK in dem Pickel, bei welcher das Säuremaximum aufgenommen wird, mit $S_{max}$, so berechnet sich bei Anwendung einer Säuremenge $S$ gebundene Säuremenge $X$ entsprechend der Gleichung:

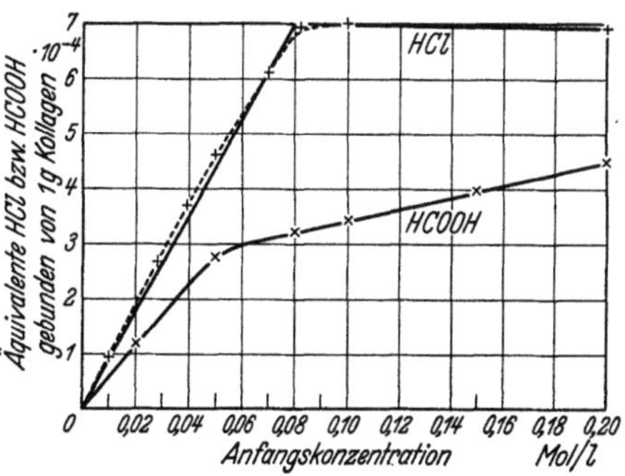

Abb. 71. HCl-Bindung durch TK (A. Küntzel).

$$\frac{S_{max}}{0,7 \text{ bzw. } 0,6} = \frac{S}{X} \text{ und daraus } X = 0,7 \text{ bzw. } 0,6 \frac{S}{S_{max}}$$

Tabelle 20 zeigt, daß bei wachsender Flottenmenge $S_{max}$ ebenfalls anwächst. Da der Zahlenzusammenhang zwischen den ersten beiden Zahlenreihen der Tabelle eine Gerade ergibt (siehe Abb. 72), kann man $S_{max}$ bei jeder Flottenmenge im Pickel berechnen, wenn man in die Gleichung der Geraden:

$$S_{max} = 0,008\, W + 0,731$$

an Stelle von $W$ die Flüssigkeitsmenge pro Kilogramm TK einsetzt. Als Beispiel soll folgende Be-

Tabelle 20. Abhängigkeit der zur Erreichung des Säurebindungsmaximums erforderlichen Säuremenge ($S_{max}$) von der Flottenmenge des Pickels (A. Küntzel).

| Liter $H_2O$/kg TK | Äquivalente HCl/kg TK notwendig zur Erreichung des Säureaufnahmemaximums ($S_{max}$) | Normalität der entstehenden Säurelösung |
|---|---|---|
| 10 | 0,8 | 0,08 |
| 25 | 0,9 | 0,036 |
| 50 | 1,1 | 0,022 |
| 100 | 1,5 | 0,015 |
| 200 | 2,3 | 0,011 |

rechnung dienen, wobei angenommen sei, daß die Flüssigkeitsmenge 15 l/1 kg TK und die angewandte Säuremenge 0,65 Äquivalente HCl/1 kg TK betragen soll: $S_{max} = 0{,}008 \,.\, 15 + 0{,}731 = 0{,}851$ Äquivalente, daraus $X = \frac{0{,}7 \,.\, 0{,}65}{0{,}851}$ Äquivalente. Der Pickel enthält also nach Eintritt des Gleichgewichtes $0{,}65 - 0{,}535 = 0{,}115$ Äquivalente HCl in 15 Liter gelöst. Da das Gewicht des Kollagens von 1 kg auf 2 kg gewachsen ist, ist 1 Liter Pickelflüssigkeit als Quellflüssigkeit vorhanden, die $\frac{0{,}115}{15} = 0{,}0077$ Äquivalente HCl enthält. Die Gesamtsäureaufnahme beträgt also $0{,}535 + 0{,}008 = 0{,}543$ Äquivalente HCl.

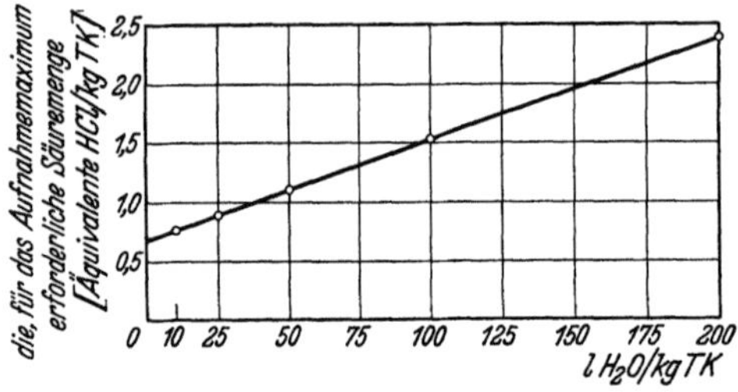


Abb. 72. Abhängigkeit der zur Erreichung des Säurebindungsmaximums erforderlichen Säuremenge ($S_{max}$) von der Flottenmenge des Pickels (A. Küntzel).

Während Küntzel und Mitarbeiter sich mit der Säurebindung beschäftigt haben, haben Theis und Mitarbeiter [E. R. Theis und A. W. Goetz (*1*), (*2*); E. R. Theis und E. J. Serfass (*1*)] die Gesetzmäßigkeiten der Gesamtsäureaufnahme (gebundene Säure + Säure in der Quellflüssigkeit) zu erforschen versucht. Als Versuchsmaterial diente eine kalkgeäscherte, mit einem technischen Beizpräparat behandelte Blöße, welche nach dem Waschen in kleine Stücke geschnitten wurde. Auf eine vollständige Entkälkung wurde nicht hingearbeitet. In den Vereinigten Staaten von Amerika arbeitet man in der Praxis vielfach so, daß man sich auf die Menge des in den Handelsbeizen befindlichen Entkälkungsmittels verläßt und die Blößen nur oberflächlich entkälkt in den Pickel bringt. Anscheinend wollten Theis und Mitarbeiter diese Arbeitsweise nachahmen, haben jedoch dadurch Verhältnisse geschaffen, die für Erforschung allgemein gültiger Gesetzmäßigkeiten wenig geeignet sind und zumindest eine unnötige Komplizierung bedeuten. Die Säureaufnahme ergab sich als die Differenz zwischen den Säuremengen vor und nach dem Pickeln. Salzmenge, Säuremenge und $p_H$ der ausgezehrten Pickel wurden bestimmt und mit den entsprechenden Werten der ungebrauchten Pickel in Tabellenform angegeben. Bezüglich dieser Werte muß auf die Originalarbeit verwiesen werden.

Bei den HCl—NaCl-Pickeln nimmt die aufgenommene Säuremenge mit wachsender NaCl-Konzentration zu. Dies steht im Einklang damit, daß mit wachsender NaCl-Konzentration der Unterschied in der Säurekonzentration innerhalb und außerhalb der Blöße, entsprechend der Membrantheorie, geringer wird. Ohne diesen Unterschied in der Säurekonzentration müßte die Säureaufnahme mit wachsender Salzkonzentration nicht zu-, sondern abnehmen, denn die Quellung, d. h. die Menge der Quellflüssigkeit, nimmt mit wachsender Salzkonzentration ab. Die Erhöhung der Säureaufnahme durch das Kochsalz (siehe Abb. 73) erfolgt bei niedrigen NaCl-Konzentrationen (bis 20 Mol) und ist, wie dies die Membrantheorie verlangt, bei derjenigen Säurekonzentration (127 Mol) am ausgeprägtesten, bei welcher die maximale Säurebindung stattfindet und das Kollagen vollständig in das Kollagenchlorid $KH^+Cl^-$ verwandelt ist. Bei höherer Säurekonzentration nimmt die Wirkung des Kochsalzes deswegen ab, weil die überschüssige Säure, ebenso wie das Neutralsalz, den erwähnten Konzentrationsunterschied verkleinert. Diese Versuche sind von Theis und Goetz leider nur bei sehr niedrigen Salzkonzentrationen durchgeführt worden. Die höchste Salzkonzentration betrug 0,769 Äquivalente NaCl/l (4,5%ige NaCl-Lösung) und liegt unterhalb derjenigen Konzentrationsgrenze, welche in der Praxis beim Pickeln verwendet wird. Die Abb. 74 zeigt, daß die Säureaufnahme eine lineare Funktion des Logarithmus der NaCl-Konzentration ist.

Für die Erforschung der Gesetzmäßigkeiten beim Pickeln sind wichtiger diejenigen Versuche, bei welchen das Pickelvolumen, d. h. das Verhältnis zwischen Blößenmenge und Flottenmenge, variiert wurde [E. R. Theis und E. J. Serfass (*1*)]. Wie die Abb. 75 zeigt, steigen die $p_H$-Werte in den gebrauchten Pickeln bei zunehmendem Pickelvolumen nur wenig an. Damit in Übereinstimmung nimmt die Säureaufnahme mit der Verdünnung nur wenig ab, am stärksten jedoch bei der höchsten Säuremenge (Abb. 76). Betrachtet man die Flottenverhältnisse, welche in der Praxis hauptsächlich verwendet werden (*1*—*4*), so sieht man, daß die Pickelsäure bei niedrigen Säuremengen fast vollständig durch die Blöße aufgenommen wird. Auch bei der angewendeten höchsten Säuremenge (1,5% HCl) beträgt die Säureaufnahme über 90%. Die in der Praxis übliche Pickelangabe, bei welcher die Säuremenge in Prozenten der Blößenmenge angegeben wird, ist also berechtigt, denn die Säure wird praktisch fast vollständig aufgenommen. Vergleicht man die Säureaufnahme bei Pickeln (1% HCl), in welchen die Salzkonzentration variiert, mit der Säureaufnahme bei Pickeln, in welchen die Salzkonzentration konstant gehalten wurde, so sieht man, daß die Säureaufnahme bei Vergrößerung des Pickelvolumens bei konstanter Salzkonzentration weniger von dem Pickelvolumen abhängig ist als bei abnehmender Salzkonzentration. Aus der Abb. 77 ist ersichtlich, daß die Säureaufnahme bei wachsendem Pickelvolumen eine geradlinige Funktion des Verhältnisses zwischen Flottenmenge und Blößenmenge ist.

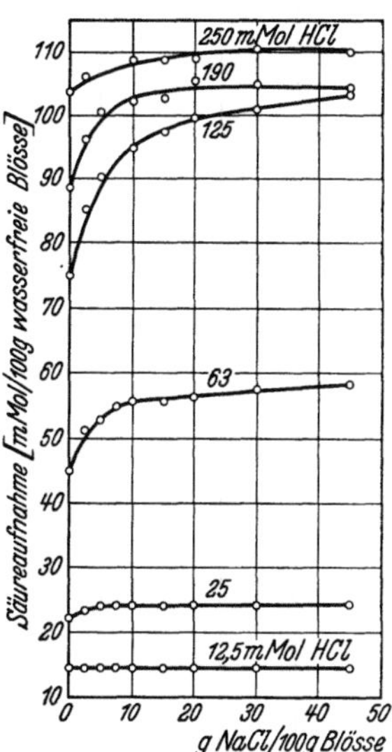


Abb. 73. Einfluß der Salzkonzentration im Pickel auf die Säureaufnahme bei verschiedenen Säuremengen [E. R. Theis und A. W. Goetz (*1*)]. Millimol HCl/100 g wasserfreie Blöße. 45 g Blöße mit einem Wassergehalt von 75% wurden in 450 ccm Pickelflüssigkeit gelegt, d. h. ein Flottenverhältnis 1:10. Pickeldauer: 24 Stunden.

Wie die Abb. 78 zeigt [E. R. Theis und A. W. Goetz (*2*)], wird auch beim $H_2SO_4$—NaCl-Pickel die Säureaufnahme bei niedrigen Säuremengen durch das Kochsalz erhöht. Bei höheren Säuremengen wirkt jedoch das Kochsalz erniedrigend auf die Säureaufnahme. Im allgemeinen ist die Wirkung des Kochsalzes auf die Säureaufnahme ziemlich gering.

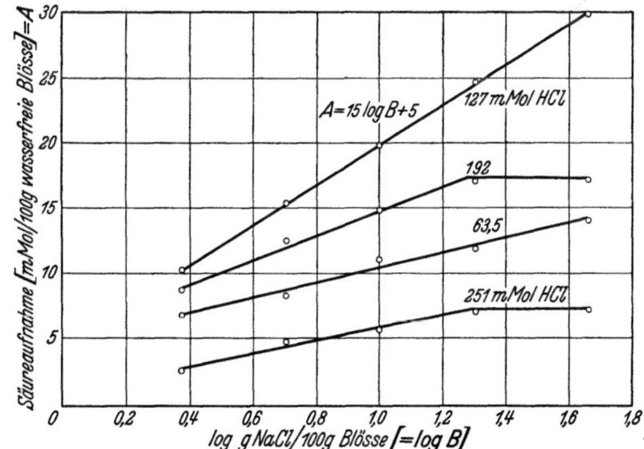


Abb. 74. Säureaufnahme als lineare Funktion des Logarithmus der NaCl-Konzentration [E. R. Theis und A. W. Goetz (*1*)]. Versuchsanordnung siehe Abb. 73.

Wie schon erwähnt, sind die Verhältnisse in Pickeln, in welchen die Pickelsäure eine schwache Säure ist, komplizierter, als wenn die Pickelsäure eine starke

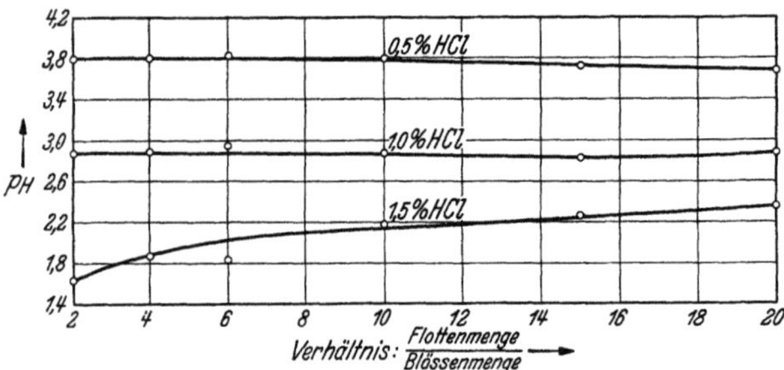


Abb. 75. $p_H$ des Pickels nach Gebrauch bei wachsender Flottenmenge und konstanter Salz- und Säuremenge [E. R. Theis und E. J. Serfass (*1*)]. Blößenmenge: 45 g mit einem Wassergehalt von 69%. Salzmenge: 30% auf Blößengewicht bezogen. Pickeldauer: 24 Stunden. Die Säuremengen in der Abbildung sind in Prozenten des Blößengewichtes angegeben.

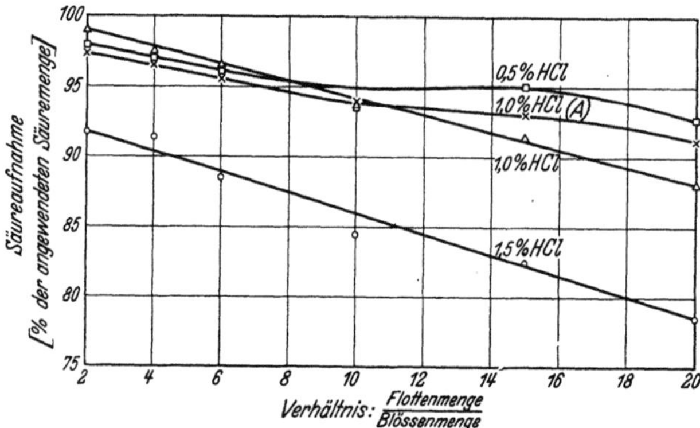


Abb. 76. Säureaufnahme in Prozenten der angewandten Säuremenge bei wachsendem Flottenverhältnis [E. R. Theis und E. J. Serfass (*1*)]. Versuchsbedingungen siehe Abb. 75. Bei *A* ist die NaCl-Konzentration konstant gehalten worden.

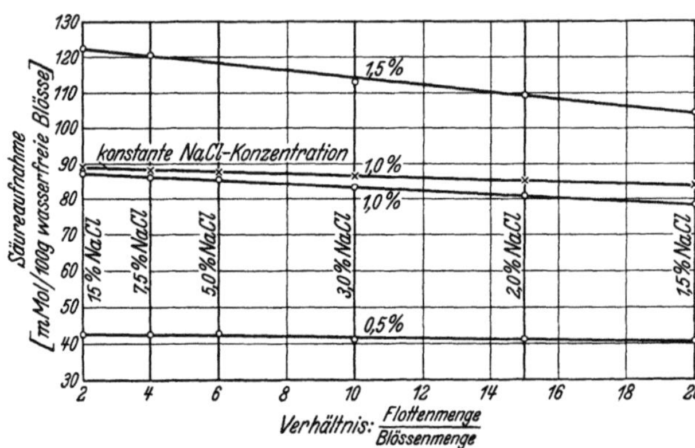


Abb. 77. HCl-Aufnahme in Millimolen bei wachsendem Flottenverhältnis [E. R. Theis und E. J. Serfass (*1*)]. Versuchsbedingungen siehe Abb. 75.

Säure ist. Die geradlinige Funktion zwischen Säurebindung und angewandter Säuremenge ist bei Pickeln mit schwachen Pickelsäuren nicht vorhanden. Wenn man die Säurebindung in Pickeln mit starken Säuren mit der Säurebindung in Pickeln mit schwachen Säuren vergleichen will, so könnte dies nur auf Grund der $p_H$-Werte bei gleicher Salzkonzentration geschehen. Ein Vergleich bei gleicher Konzentration oder bei gleichem Anfangs-$p_H$, wie dies Küntzel und Preisentanz tun, erscheint für theoretische Zwecke wenig geeignet, denn er trägt den Folgen, welche die großen Unterschiede zwischen den Dissoziationskonstanten bei schwachen und starken Säuren verursachen, keine Rechnung. Der Einfluß, den die Art der Säure ausübt und der nicht nebensächlich sein muß, tritt dagegen in den Hintergrund. Auch das Hautmaterial spielt bei Versuchen mit schwachen Säuren eine viel wichtigere Rolle als bei den Versuchen mit starken Säuren. Enthält die Blöße noch Alkali (B), so reagiert dieses mit der schwachen Säure HX, unter Bildung des Salzes $B^+X^-$, welches mit der vorhandenen Pickelsäure einen Puffer bildet und den $p_H$-Wert stark beeinflußt [W. R. Atkin (*2*)]. Die Nichtbeachtung dieser Umstände führte schon vielfach zu bedauerlichen Trugschlüssen. Die Säureaufnahme in Pickeln mit verschiedenen schwachen Säuren [Versuche von E. R. Theis und E. J. Serfass (*2*)] lassen sich nicht nur deshalb nicht miteinander vergleichen, weil die

Blößen kalkhaltig waren, sondern auch deshalb, weil die angewendeten Säuremengen wohl prozentuell gleich waren (1,5% in Bezug auf Blößengewicht), doch verschiedene Äquivalente darstellten. Auch das Trockenkollagen scheint Kalksalze enthalten zu haben, denn der Aschengehalt 0,33% konnte durch Kohlensäure vollständig entfernt werden.

Man gibt in der Praxis die Menge der Pickelsäure in Prozenten der Blößenmenge an, so daß ein Vergleich der Säurebindung beim Gebrauch äquivalenter Mengen starker und schwacher Säuren aus diesem Grunde lehrreich ist. Die Tabelle 21 zeigt, daß unter diesen Umständen die Säurebindung bei den organischen Säuren viel geringer ist als bei den starken Säuren (vgl. Tab. 18). Wie NaCl die $p_H$-Werte der schwachen organischen Säuren beeinflußt, ist aus der Tabelle 19 zu ersehen. Der $p_H$-Wert der Milchsäure wird durch NaCl stärker erniedrigt als bei Ameisensäure, wo nur eine geringe $p_H$-Erniedrigung stattfindet. Behält man diese Erscheinung im Auge und betrachtet die NaCl-Wirkung auf die Säurebindung, so sieht man, daß NaCl die Säurebindung bei Ameisensäure und Essigsäure stark erhöht. Auffallend anders verhält sich die Milchsäure. Trotz der $p_H$-Erniedrigung, welche sie durch NaCl erfährt, wird die Säurebindung erniedrigt, so daß die Säurebindung in Gegenwart von NaCl kleiner als bei der schwächeren Essigsäure ist. Ähnliche Erscheinungen haben vor sehr langer Zeit auch Eitner und Stiasny wahrgenommen. Es ist sehr deutlich, daß die Säurebindung bei den schwachen organischen Säuren auch von der Natur der Pickelsäure ab-

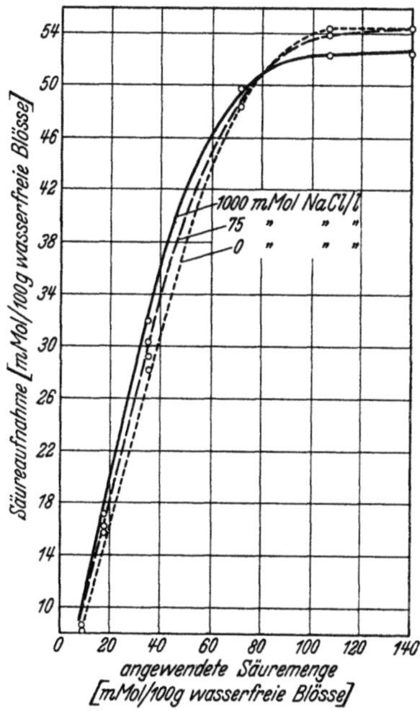


Abb. 78. Einfluß der Salzkonzentration im $H_2SO_4$—NaCl-Pickel auf die Säureaufnahme bei verschiedenen Säuremengen [E. R. Theis und A. W. Goetz (2)]. 45 g Blöße mit einem Wassergehalt von 70% wurden in 450 ccm Pickelflüssigkeit gelegt, also ein Flottenverhältnis 1:10. Pickeldauer: 24 Stunden.

Tabelle 21. Säureaufnahme durch Kollagen aus Ameisensäure-, Milchsäure- und Essigsäurepickeln (A. Küntzel und W. Preisentanz).

| Art des Pickels | Pickelzusammensetzung | | Gebundene Säure in Äquivalenten pro kg TK | Pickelzusammensetzung | | Gebundene Säure in Äquivalenten pro kg TK |
|---|---|---|---|---|---|---|
| | Äquivalente Salz/kg TK | Äquivalente Säure/kg TK | | Äquivalente Salz/kg TK | Äquivalente Säure/kg TK | |
| HCOOH—NaCl | 0 | 0,8 | 0,32 | 0 | 2 | 0,44 |
| | 0,5 | 0,8 | 0,34 | 0,5 | 2 | 0,46 |
| | 5 | 0,8 | 0,39 | 5 | 2 | 0,58 |
| $C_3H_6O_3$—NaCl | 0 | 0,8 | 0,288 | 5 | 2 | 0,404 |
| | 0,5 | 0,8 | 0,250 | 0,5 | 2 | 0,360 |
| | 5 | 0,8 | 0,270 | 5 | 2 | 0,360 |
| $CH_3COOH$ | 0 | 0,8 | 0,19 | 0 | 2 | 0,3 |
| | 0,5 | 0,8 | 0,21 | 0,5 | 2 | 0,4 |
| | 5 | 0,8 | 0,22 | 5 | 2 | 0,41 |

hängig ist und ihre Beeinflussung durch verschiedenen NaCl-Gehalt ungleichmäßig erfolgt.

Neben der Höhe der Säureaufnahme ist auch wichtig, welche Säure beim Pickeln aufgenommen wird. In Pickeln, in denen das Pickelsalz ein Salz der Pickelsäure ist, z. B. HCl—NaCl, $H_2SO_4$—$Na_2SO_4$, ist kein Zweifel darüber möglich, welche die aufgenommene Säure ist. Anders ist es bei gemischten Pickeln, in denen das Anion der Pickelsäure ein anderes ist als das des Pickelsalzes, z. B. in $H_2SO_4$-NaCl-, Ameisensäure-NaCl-Pickel. In solchen Pickeln sind die Ionen H,X (X = ein Säureanion, jedoch kein Cl), bei schwachen Säuren auch undissoziierte Säuremoleküle, HX, und die Ionen des Pickelsalzes Na und Cl vorhanden. Nach der Auffassung H. R. Procters (*2*) wird aus diesem Ionengemisch die der gebundenen $H^+$-Menge entsprechende $Cl^+$-Menge aufgenommen. Demnach würde jeder NaCl-Pickel ungeachtet der Art der Säure als HCl—NaCl-Pickel wirken. Bei mehrmaligem Gebrauch würde sich also im $H_2SO_4$—NaCl-Pickel $Na_2SO_4$ und im HCOOH—NaCl-Pickel HCOONa anreichern. Der Versuch, der Procter zu dieser Auffassung führte, war folgender: Er nahm sorgfältig gereinigte Gelatine und sorgfältig entkälkte Schafblößenstücke und behandelte diese so lange mit einer $^n/_{10}$ HCOOH-Lösung, bis das Quellungsmaximum eintrat und entquellte sie dann durch Sättigung der Lösung mit Kochsalz. Um bei Vermeidung jeglicher Hydrolyse des Kollagensalzes alles Natriumformiat zu entfernen, wurden die so behandelten Stücke mit einer an NaCl gesättigten $^n/_{100}$ HCOOH-Lösung gewaschen. Die gebundene Säure wurde nach der Procter-Searle-Methode durch Veraschen der gepickelten Stücke mit 25 ccm $^n/_{10}$ $Na_2CO_3$ und Rücktitration des überschüssigen Alkalis mit $^n/_{10}$ HCl bestimmt. Da NaCl neutral reagiert und etwa gebildetes NaOOCH beim Glühen wieder in $Na_2CO_3$ übergehen würde, mußte die gesamte aufgenommene Säure aus HCl bestehen. Die erhaltenen Resultate bei den Gelatineversuchen 1,044; 0,986; 0,903 und 0,988 im Millimol, im Mittel 0,98 Millimol (3,58%) HCl pro Gramm trockener Gelatine und bei den Blößenversuchen: 1,06; 1,03; 1,03 Millimol HCl pro Gramm Hautsubstanz stimmen praktisch überein. Da die aufgenommene Salzsäuremenge annähernd das Maximum darstellte, welches erhalten wird, wenn bei dem gleichen Versuch statt Ameisensäure Salzsäure genommen wird, erachtete Procter als erwiesen, daß an Stelle von HCOOH HCl aufgenommen wird.

Die von Procter angewandte Waschflüssigkeit, eine konzentrierte Kochsalzlösung in $^n/_{100}$ Ameisensäure, hat einen $p_H$-Wert, der sicher nicht höher ist als 2,35 (siehe Tab. 18 beim 4 n NaCl), so daß bei diesem Gleichgewichts-$p_H$ von Kollagen tatsächlich annähernd die maximale Säuremenge gebunden wird. Die Proctersche Auffassung bedeutet demnach keineswegs soviel, daß in NaCl-gleichen Pickeln bei Anwendung gleicher Äquivalenten Salzsäure und HX (X Anion einer schwachen organischen Säure) dieselbe Säuremenge in Form von HCl aufgenommen wird. Sie besagt allein, daß aus NaCl-Pickeln bei gleichem Gleichgewichts-$p_H$ dieselbe Säureäquivalente HCl aufgenommen werden, ungeachtet der Art der Pickelsäure. Die oben erwähnten Versuche Procters sind einwandfrei. Er verallgemeinerte jedoch ein Resultat, welches unter extremen Bedingungen (gesättigte NaCl-Lösung) erzielt wurde. Die Konzentration des Neutralsalzes ist hierbei ein nicht zu vernachlässigender Faktor. Der Proctersche Versuch läßt vermuten, daß mit wachsender NaCl-Konzentration im Pickel der Salzsäureanteil der aufgenommenen Säuremenge anwächst. Daß auch bei sehr niedrigen NaCl-Konzentrationen ein Teil der aufgenommenen Säure HCl ist, konnten Atkin und Jackson zeigen [W. R. Atkin (*2*)]. In einem Versuch behandelten sie 5 g schwere Kalbsblößenstücke mit 100 ccm $^n/_{20}$ HCOOH-Lösung, welche in bezug auf NaCl $^m/_{50}$ war. In einem zweiten Versuch wurden 10 g

Blöße mit 500 ccm $^{n}/_{40}$ HCOOH-Lösung, welche in bezug auf NaCl $^{m}/_{100}$ war, behandelt. Nach 24-stündiger Behandlung wurde in den Blößenstücken eine Procter-Searlesche Bestimmung ausgeführt. In beiden Fällen ergab diese Bestimmung positive Werte, d. h. Bindung von HCl an Kollagen.

Tabelle 22. Abhängigkeit des HCl-Anteils der aufgenommenen Säure von der Menge der Pickelsäure [E. Stiasny (*1*)]. Wassermenge: 500%, NaCl: 10%.

| Art der angewandten Säure | Angewandte Säuremenge in % | Säureaufnahme | HCl-Anteil der aufgenommenen Säure |
|---|---|---|---|
| $H_2SO_4$ . . . | 0,5 | fast vollständig | $^{3}/_{4}$ |
| $H_2SO_4$ . . . | 1 | ,, ,, | $^{2}/_{3}$ |
| $H_2SO_4$ . . . | 2 | 60% | $^{1}/_{3}$ |
| HCOOH . . | 1 | geringer als bei $H_2SO_4$ | $^{2}/_{3}$ |

Andererseits zeigten orientierende Versuche [E. Stiasny (*1*)], deren Resultate in Tabelle 22 enthalten sind, daß mit wachsenden Mengen an Pickelsäure ihr Anteil in der aufgenommenen Säure sich vergrößert. So verursachte die Erhöhung der $H_2SO_4$-Menge von 0,5 auf 2% ein ständiges Anwachsen des $H_2SO_4$-Anteils in der aufgenommenen Säure. Bei dem HCOOH—NaCl-Pickel war auch immerhin ein Drittel der aufgenommenen Säuremenge HCOOH.

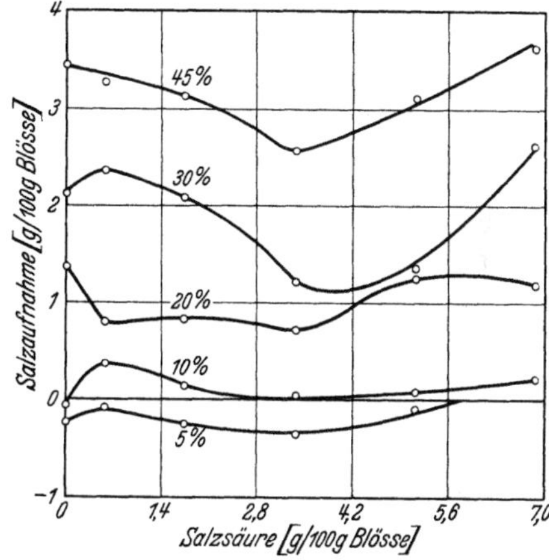


Abb. 79. Einfluß der Säurekonzentration im HCl—NaCl-Pickel auf die Salzaufnahme bei verschiedenen Salzkonzentrationen [E. R. Theis und A. W. Goetz (*1*)]. Versuchsbedingungen siehe Abb. 73.

## 2. Die Aufnahme des Pickelsalzes durch die Haut.

Es ist schon sehr früh erkannt worden, daß der weitaus größte Teil des Neutralsalzes, welches die Blöße nach dem Pickeln enthält, in der Quellflüssigkeit und in der kapillar aufgenommenen Pickelflüssigkeit vorhanden ist, so daß die Salzaufnahme der Salzkonzentration im Pickel annähernd proportional angenommen werden kann (W. Eitner und E. Stiasny). Nur ein geringer Teil des Neutralsalzes wird durch die Blöße, sei es durch Adsorption oder analog der Bildung von Molekülverbindungen zwischen Aminosäuren und NaCl nebenvalentig an die Peptidgruppe gebunden.

Die Resultate, welche Theis und Goetz für die Salzaufnahme in NaCl—HCl-Pickeln [E. R. Theis und A. W. Goetz (*1*)]

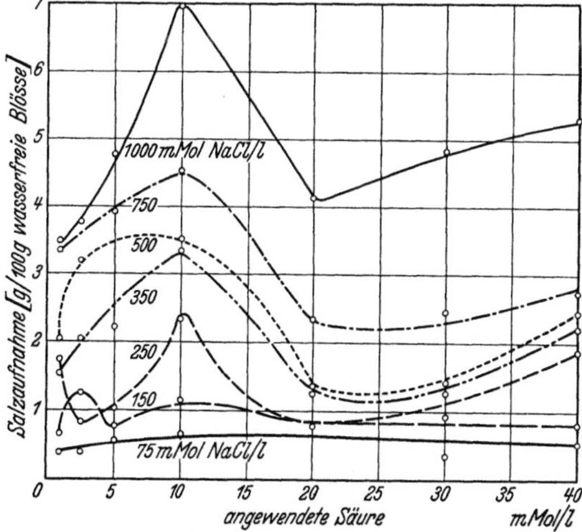


Abb. 80. Einfluß der Säurekonzentration im $H_2SO_4$—NaCl-Pickel auf die Salzaufnahme bei verschiedenen Salzkonzentrationen [E. R. Theis und A. W. Goetz (*2*)]. Versuchsbedingungen siehe Abb. 78.

und in $H_2SO_4$—NaCl-Pickeln [E. R. Theis und A. W. Goetz (*2*)] erhalten haben, zeigen die Abb. 79 und 80. Infolge Benützung ammonchloridhaltiger Blößen lassen die Resultate nur qualitative Schlüsse zu.

Bei den HCl—NaCl-Pickeln ist der Einfluß der Säurekonzentration auf die Salzaufnahme sehr gering und kommt nur bei Salzkonzentrationen zum Vorschein, welche die Schwellung verhindern. Bis zur Erreichung der maximalen Säurebindung durch Kollagen nimmt die aufgenommene Salzmenge mit wachsender Säurekonzentration etwas ab, um bei weiterer Erhöhung der Säurekonzentration zuzunehmen.

Bei den $H_2SO_4$—NaCl-Pickeln ist der Einfluß der Säurekonzentration viel ausgeprägter. Wie die Kurven in Abb. 80 zeigen, tritt bei 10 m Mol/l $H_2SO_4$ ein deutliches Maximum in der Salzaufnahme auf.

## III. Quellungserscheinungen im Pickel.

Eine Säurequellung tritt nur dann auf, wenn die Reaktion zwischen Säure und Kollagen zu einem Kollagensalz, KHX, führt, welches mehr oder weniger in seine Ionen, $KH^+X^-$, dissoziiert ist. Nur in diesem Falle kann nämlich durch die Membranwirkung eine ungleichmäßige Verteilung der Ionen innerhalb der Blöße und in der Außenflüssigkeit auftreten, die wiederum zu einem osmotischen Druckunterschied führt, welcher in der Quellung der Blöße seinen Ausdruck findet. Die starken Säuren, Chromsäure (P. Chambard und M. Queroix) und Naphthalinsulfosäure (M. Bergmann, W. Münz und L. Seligsberger) verursachen deswegen keine Quellung, weil ihr Kollagensalz undissoziiert ist [W. R. Atkin (*2*)]. Da das Neutralsalz nur zur Verhinderung der Säurequellung dient, würde beim Pickeln mit Naphthalinsulfosäure kein Salzzusatz nötig sein.

Wie schon früher erwähnt (siehe S. 281), wird die durch den osmotischen Druckunterschied $e$ erzeugte Quellung durch die Gleichung $e = C \,.\, V$ wiedergegeben. Hierbei bedeutet $V$ die Volumenzunahme und $C$ die Elastizitätskonstante der Blöße. Die Verringerung von $e$ und damit $V$ wird, wie erwähnt, durch Salzzusatz erreicht. Man sieht aber, daß $V$ auch von der Größe von $C$ abhängig ist. $C$ ist bestimmt durch die Art des Hautmaterials sowie von der Arbeitsweise in der Wasserwerkstatt. So ist z. B. $C$ einer für Chromsohlleder bestimmten Haut größer als $C$ einer für Handschuhleder bestimmten Zickelblöße. Bei sehr hohen Salzkonzentrationen, besonders wenn das Pickelsalz $Na_2SO_4$ ist, tritt beim Pickeln nicht nur keine Säurequellung auf, sondern es findet sogar eine Entquellung statt, d. h. es tritt eine Verminderung der Wasserquellung ein. Diese Erscheinung läßt sich mit einer Membranwirkung nur dann erklären, wenn man annimmt, daß die Blöße bei sehr hoher Neutralsalzkonzentration für das Neutralsalz undurchlässig geworden ist und die hohe Konzentration des Neutralsalzes in der Außenflüssigkeit einen osmotischen Druck auf die Blöße ausübt, demzufolge das Wasser aus der Blöße in die Außenflüssigkeit herauswandert [H. R. Procter (*3*), S. 234]. Auch damit kann man die Entquellung erklären, daß die Blöße gebundenes Wasser verliert, in dem die hydratisierten Gruppen des Kollagens durch die hohe Salzkonzentration entwässert werden (A. Küntzel, R. Kinzer und E. Stiasny).

Die Wirkung von NaCl, $Na_2SO_4$ und $CaCl_2$ auf die Quellung der Blöße bei Gegenwart von HCl bzw. $H_2SO_4$ haben R. O. Page und A. W. Page untersucht. Sie benutzten 2,5 cm große Kernstücke einer Kuhhaut. Nach dem Beizen und nach 24stündigem Wässern wurden diese in je 250 ccm der Lösungen gebracht, welche die gewünschte Konzentration des betreffenden Salzes enthielten und mit HCl bzw. $H_2SO_4$ auf $p_H$ 2 gebracht worden waren. Durch Zugabe von HCl bzw. $H_2SO_4$ wurde der $p_H$-Wert während der Versuchsdauer konstant gehalten. Nach 24 Stunden wurden frische Lösungen von derselben Salzkonzentration und demselben $p_H$-Wert hergestellt und die Stücke weiter 48 Stunden in diesen liegengelassen. Die Dickenzunahme der Stücke wurde nach der Methode von Wilson und Gallun gemessen. Die Resultate zeigen (siehe Abb. 81), daß das Minimum der Quellung bei den geprüften Salzen bei einer Molarität von 0,75 eintritt und die weitere Erhöhung der Salzkonzentration eine für jedes Salz verschiedene Quellungszunahme verursacht. Der Verlauf der Quellungsabnahme bis 0,75 Molarität an Salz stimmt mit den Forderungen der Donnanschen Membrantheorie überein, weicht aber bei höheren Salzkonzentrationen von diesen ab. Zur Erklärung der Erscheinung, daß die Quellung bei höheren Salzkonzentrationen nicht weiter asymptotisch ab-, sondern zunimmt, wird auf die Möglichkeit der Bildung einer Nebenvalenzverbindung zwischen Kollagen und Salz hingewiesen, welche zur Vermehrung der Kollagenionen und dadurch entsprechend der Membrantheorie zur Quellungserhöhung führen soll. Das Auftreten eines Quellungsminimums bei $p_H$ 2 und einer NaCl-Konzentration von 0,75 Mol konnten P. Chambard und R. Garnot bestätigen. Bemerkenswert ist noch, daß bei Salzkonzentrationen, bei welchen die Quellung wohl vermindert, jedoch nicht vollständig zurückgedrängt wird, das Quellungsminimum bei wachsenden Salzkonzentrationen nach niedrigeren $p_H$-Werten verschoben wird (Abb. 82).

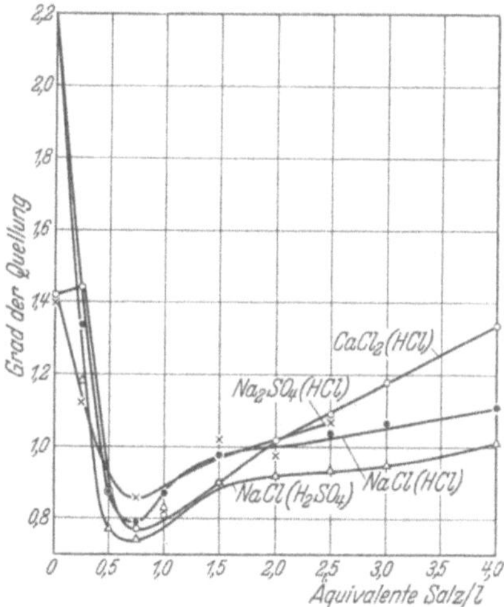


Abb. 81. Quellung bei $p_H$ 2 in Gegenwart von Neutralsalzen (R. O. Page und A. W. Page).

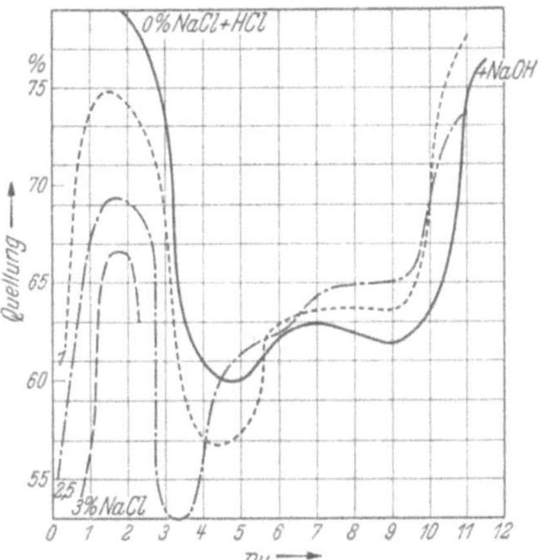


Abb. 82. Verschiebung des Quellungsminimums bei wachsenden Salzkonzentrationen nach niedrigeren $p_H$-Werten (P. Chambard und R. Garnot). Arbeitsmethode: Kleine quadratische Blößenstücke wurden auf 24 Stunden in die Pickellösung gelegt. Das $p_H$ wurde durch HCl- bzw. NaOH-Zusätze konstant gehalten und mit der Glaselektrode kontrolliert. Die Quellung wurde nach 15 Minuten langem Zentrifugieren bestimmt. Tourenzahl: 3500/min.

$$\% \text{ Quellung} = \frac{\text{Gewicht nach Zentrifugieren minus Gewicht des zentrifugierten Stückes}}{\text{Gewicht des zentrifugierten Stückes}}$$

Blößenmaterial: Mit $CO_2$ entkälkte Kalbsblöße, welche durch Einlegen in Wasser und Evakuieren von $CO_2$ befreit wurde.

Ganz in Übereinstimmung mit der Donnanschen Theorie stehen die Resultate, die Küntzel und Mitarbeiter mit Trockenkollagen, und Theis und Mitarbeiter mit gebeizten Blößen erhalten haben. In NaCl-freien Lösungen steigt bei der Salzsäure die Quellung mit wachsender Säurekonzentration so lange, bis das Kollagen vollständig in das dissoziierte Kollagensalz umgewandelt wird (siehe Abb. 83a und b). Bei weiterem Säurezusatz findet eine Quellungsabnahme statt. Bei NaCl-Zusatz nimmt die Quellung mit wachsender NaCl-Konzentration ab und erreicht bei einer Molarität von 0,5 unabhängig von der

Säurekonzentration die Quellung, welche das Kollagen im Wasser aufweist. Das Verhältnis Säure : Salz, oder Salz : Kollagen spielt hierbei keine Rolle. Bei sehr hohen NaCl-Konzentrationen ist die Quellung der Blöße etwas geringer als die Wasserquellung, der Unterschied ist jedoch sehr gering.

Grundsätzlich gleiche Erscheinungen sind wahrzunehmen bei den Pickelsystemen $H_2SO_4$—NaCl und $H_2SO_4$—$Na_2SO_4$ (siehe Abb. 84a und b bzw. 85a und b). Der Unterschied besteht nur darin, daß entsprechend der Zweiwertigkeit des $SO_4$-Ions die maximale Quellung des Kollagens in reiner Schwefelsäurelösung ungefähr halb so groß ist, wie bei der Salzsäure mit dem einwertigen Cl-Ion. Auch in den Pickeln, in welchen die Salzkonzentration die Quellung nicht vollständig zurückdrängt, ist die Quellung bei den $H_2SO_4$-Pickeln geringer als bei den entsprechenden HCl-Pickeln. Vergleicht man die Quellungserscheinungen in den Pickelsystemen, HCl—NaCl, $H_2SO_4$—NaCl und $H_2SO_4$—$Na_2SO_4$, so kann man allgemein sagen, daß die absolute Quellung um so mehr abnimmt, je mehr in den Pickeln die Cl-Ionen mit $SO_4$-Ionen ersetzt werden.

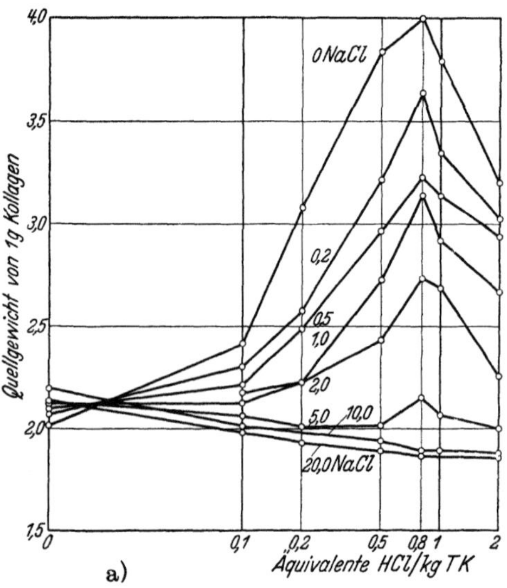


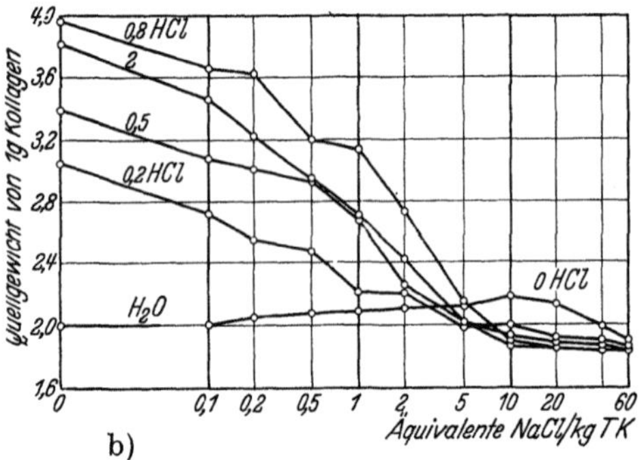


Abb. 83 a und b. Quellung in HCl—NaCl-Pickeln (A. Küntzel). Versuchsbedingungen: 1 g TK wurde erst geweicht und dann auf 24 Stunden in den Pickel gelegt. Feststellung der Quellung: die gepickelten Stücke wurden mit der Pinzette aus der Pickellösung herausgenommen, 1 Minute abtropfen gelassen und auf einem Uhrgläschen bis 5 mg genau gewogen.

Während Theis und Mitarbeiter die Resultate, welche sie bei den Pickelsystemen, HCl—NaCl und $H_2SO_4$—NaCl, erhalten haben, entsprechend der Membrantheorie erklären, versuchen Küntzel und Mitarbeiter die Zurückdrängung und Verhinderung der Säurequellung durch Neutralsalz auf eine andere Ursache zurückzuführen. Sie gehen dabei davon aus, daß sowohl Säure (siehe die oberste Kurve der Abb. 83a und 85a) als auch Neutralsalz (siehe die unterste Kurve der Abb. 83b und 85b) die Quellung des Kollagens verursachen. Diese Quellung wird nach Küntzel durch die Säure- bzw. Salzaufnahme verursacht. Die Quellung erreicht ihr Maximum in dem Punkt, in welchem die maximale Säureaufnahme bzw. Salzaufnahme stattfindet und wird durch weiteren Säurezusatz bzw. Salzzusatz erniedrigt. Der ganze Unterschied zwischen der Säurequellung und der Salzquellung besteht nur darin, daß die letztere erst in höherer Salzkonzentration ihr Maximum erreicht und dieses Maximum nicht so deutlich ist wie bei den Säuren. Dieses Maximum tritt bei ca. 1 Molarität (10 Äquivalente NaCl pro Kilogramm TK) bzw. 0,5 Molarität (5 Äquivalente $Na_2SO_4$ pro Kilogramm TK) auf und der gesamte Gewichtszuwachs beträgt ca. 10% bzw.

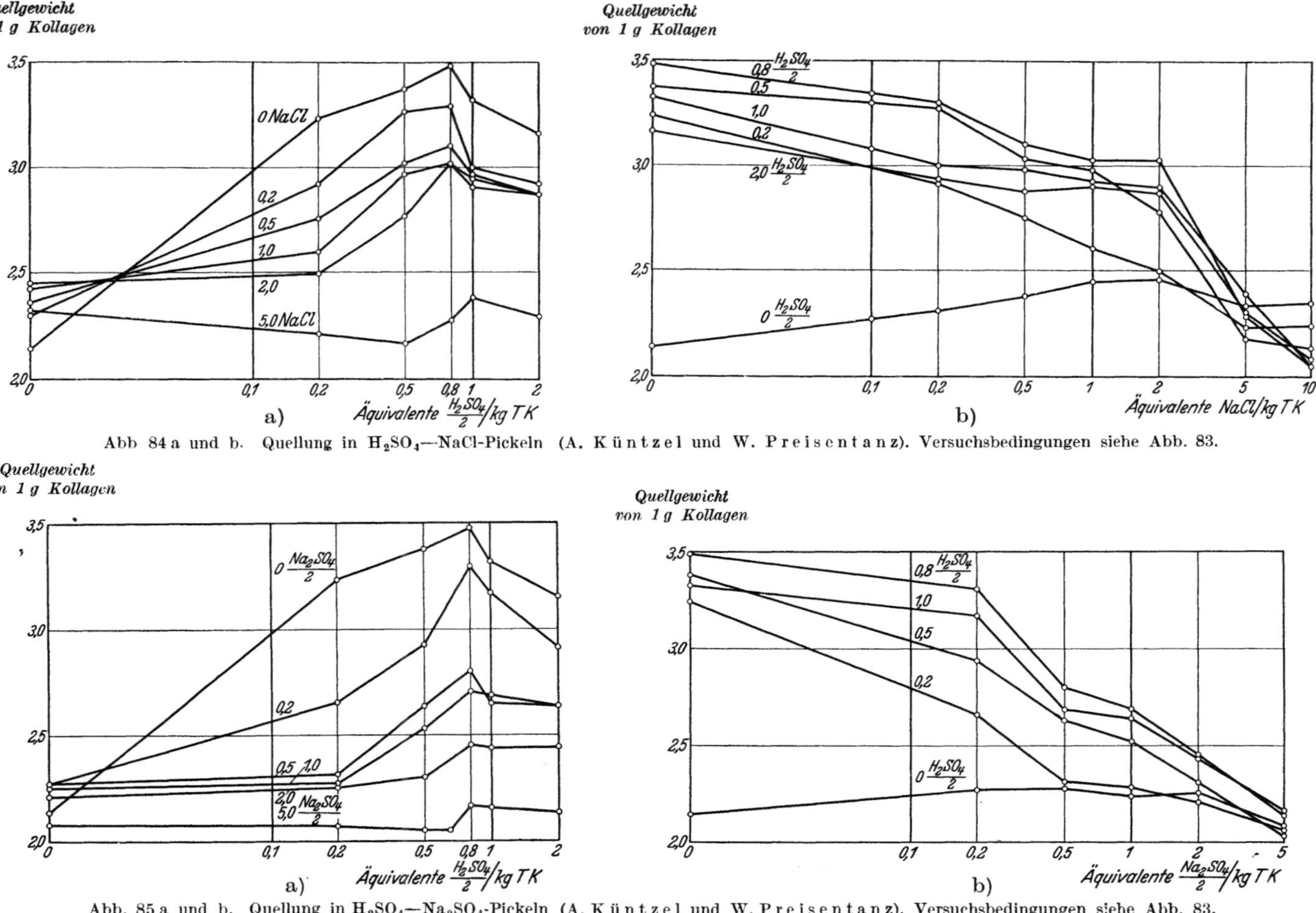


Abb 84 a und b. Quellung in $H_2SO_4$—NaCl-Pickeln (A. Küntzel und W. Preisentanz). Versuchsbedingungen siehe Abb. 83.



Abb. 85 a und b. Quellung in $H_2SO_4$—$Na_2SO_4$-Pickeln (A. Küntzel und W. Preisentanz). Versuchsbedingungen siehe Abb. 83.

ca. 6% mehr als bei der Quellung im Wasser. Bei HCl beträgt er 100% und bei $H_2SO_4$ 61%.

Läßt man aber Säure und Salz gemeinsam auf Kollagen einwirken, so beeinflussen sie sich bei der Quellung in starkem Maße. Nicht nur die Säurequellung wird durch Neutralsalzzusatz stark heruntergedrückt, sondern auch die Salzquellung wird durch Säurezusatz gehemmt. Die zwei untersten Kurven der Abb. 83a zeigen, daß durch wachsenden Säurezusatz die Salzquellung bei 10 und 20 Äquivalenten NaCl pro Kilogramm TK stetig abnimmt. Diese gegenseitige Hemmung der Pickelkomponenten, die beide für sich allein quellend auf Kollagen wirken, zeigt, daß sich Säure und Salz „antagonistisch" beeinflussen, womit ausgedrückt wird, „daß die Wirkung, die jede Komponente für sich allein auf die Ladung und Quellung des Kollagens auszuüben imstande ist, durch Hinzutreten der anderen Komponente unterdrückt werden kann" (A. Küntzel). Die starke quellungserniedrigende Wirkung des $SO_4$-Ions wird auf die spezifische antagonistische Eigenschaft des $SO_4$-Ions zurückgeführt.

Es besteht kein Zweifel darüber, daß die verschiedenen Salze im isoelektrischen Punkte des Kollagens je nach ihrer Art eine spezifische Wirkung auf die Quellung des Kollagens ausüben (Hofmeistersche Ionenreihe). Unterhalb des isoelektrischen Punktes, d. h. im Pickelgebiet, treten jedoch diese Wirkungen gegenüber dem osmotischen Membraneffekt in den Hintergrund. Die Membrantheorie ruht auf einem starken Fundament und konnte in den verschiedensten Gebieten der Chemie bestätigt werden. Die Theorie der antagonistischen Beeinflussung kann im Gegensatz zur Membrantheorie keine quantitative Behandlung der mit der Quellung verbundenen Erscheinungen geben und bietet auch für die Behandlung der Pickelprobleme gegenüber der Membrantheorie keinen Vorteil.

Bei Annahme einer Adsorptionsverbindung zwischen Kollagen und Neutralsalz läßt sich die Salzquellung und ihre Zurückdrängung bei weiterer Erhöhung der Salzkonzentration mit der Membrantheorie erklären. Durch die Adsorption des Kations bzw. Anions des Neutralsalzes wird das Kollagen aufgeladen und diese Ladung wird durch das zum Neutralsalz gehörende Anion bzw. Kation, welches als diffusibles Ion in Lösung bleibt, kompensiert. Der Unterschied zwischen Säurebindung und Salzbindung würde also nur darin bestehen, daß die Säure mit dem Kollagen ein ionisiertes Kollagensalz bildet und das Salz eine ionisierte Adsorptionsverbindung. Für die Gültigkeit der Membrantheorie ist jedoch dieser Unterschied gleichgültig.

Die Membrantheorie bietet auch für solche Erscheinungen eine Erklärung, die auf den ersten Blick mit ihr in Widerspruch zu stehen scheinen. So wird z. B. die Quellung erhöht, wenn man nach Erreichung des Gleichgewichtes zwischen Kollagen und Schwefelsäure zur Außenflüssigkeit etwas NaCl gibt [W. R. Atkin (*3*)]. Ebenfalls wird die Quellung erhöht, wenn man zum System Ameisensäure-Kollagen wenig NaCl zufügt. So betrug in den schon erwähnten Versuchen von Atkin und Jackson (siehe S. 290) bei $^{n}/_{20}$ Ameisensäure die Quellung 234% gegenüber 274%, wenn die Lösung in bezug auf NaCl $^{m}/_{50}$ war und bei $^{n}/_{40}$ Ameisensäure betrug die Quellung 167% gegenüber 250%, wenn die Lösung in bezug auf NaCl $^{m}/_{100}$ war [W. R. Atkin (*2*)]. Bei den NaCl-haltigen Lösungen bildet sich neben Kollagenformiat auch Kollagenchlorid. Dadurch, daß Kollagenchlorid stärker dissoziiert ist als Kollagenformiat, wird die Konzentration der diffusiblen Ionen innerhalb der Blöße erhöht und dadurch auch die Quellung.

Im allgemeinen bewirkt der Kochsalzzusatz natürlich auch bei den Ameisensäurepickeln eine Erniedrigung bzw. Verhinderung der Säurequellung. Die Abb. 86a

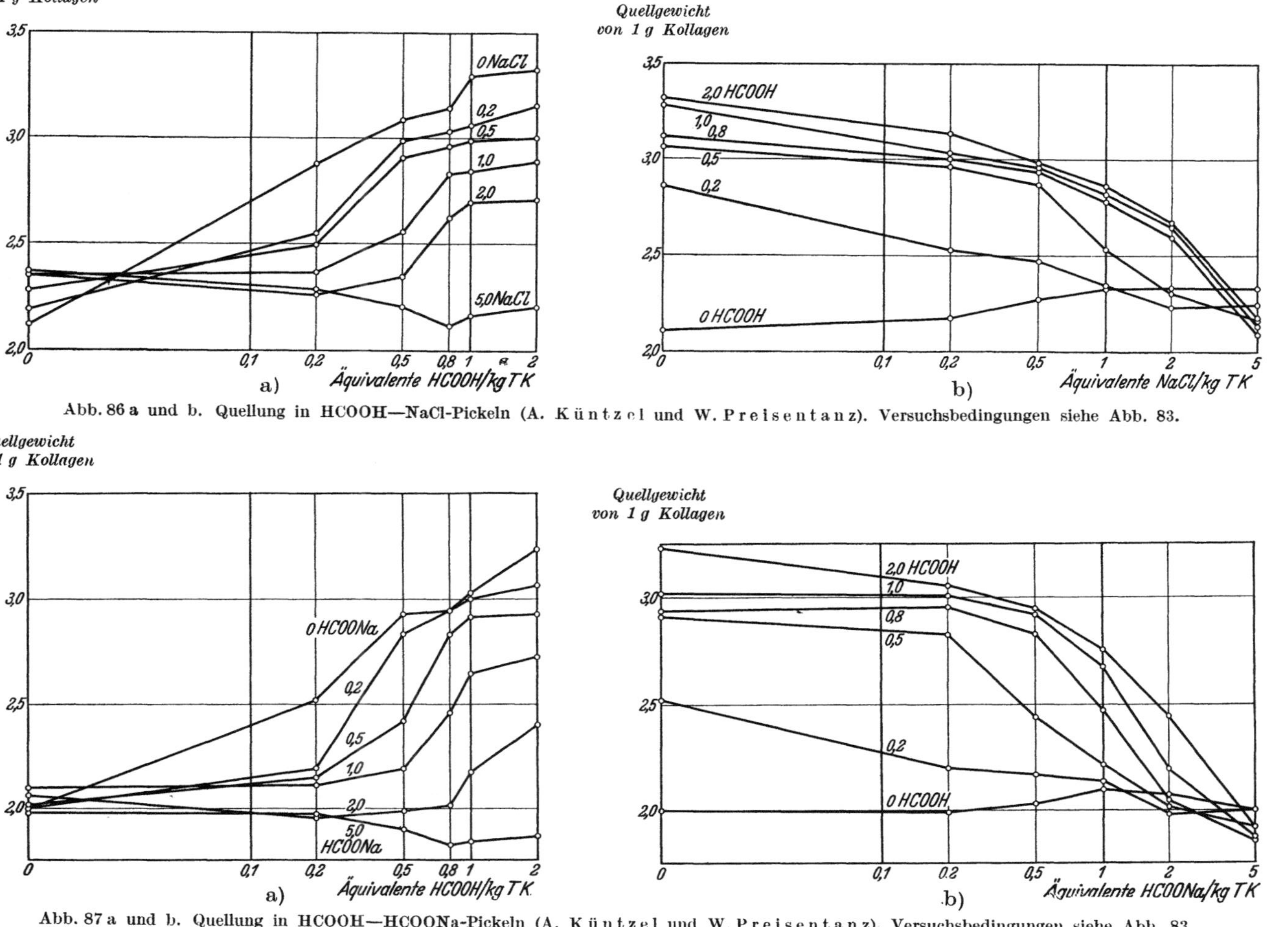


Abb. 86 a und b. Quellung in HCOOH—NaCl-Pickeln (A. Küntzel und W. Preisentanz). Versuchsbedingungen siehe Abb. 83.

Abb. 87 a und b. Quellung in HCOOH—HCOONa-Pickeln (A. Küntzel und W. Preisentanz). Versuchsbedingungen siehe Abb. 83.

zeigt, daß bei dem HCOOH—NaCl-Pickel die NaCl-Konzentration ebenfalls 5 Äquivalente pro Kilogramm TK betragen muß, um jegliche Säurequellung zu unterdrücken. Wie die unterste Kurve der Abb. 86a zeigt, verursacht die Erhöhung der HCOOH-Konzentration bei hoher Salzkonzentration nicht eine stetige Abnahme der Quellung, wie dies bei den Mineralsäurepickeln der Fall ist (siehe die entsprechenden Kurven in Abb. 83a, 84a, 85a), sondern nach Erreichung eines Minimums eine Vergrößerung. Zur Erklärung dieser Erscheinung wird die peptisierende Wirkung der HCOOH in Erwägung gezogen (A. Küntzel und W. Preisentanz). Es soll erwähnt werden, daß beim Vergleich der HCOOH-Pickel mit den Mineralsäurepickeln nicht außer acht gelassen werden darf, daß bei diesen die Quellung sowohl im Gebiete vor als auch nach der Erreichung der maximalen Säurequellung untersucht worden ist, bei jenen aber nur im Gebiet vor Erreichung der maximalen Quellung (vgl. Abb. 83a und 85a mit 86a und 87a).

Bei Vergleich der Pickelsysteme HCOOH—NaCl (siehe Abb. 86b) und HCOOH—HCOONa (siehe Abb. 87b) miteinander muß in Betracht gezogen werden, daß HCOOH—HCOONa ein Puffer ist. Bei genügender Pufferkapazität ändert sich der $p_H$-Wert des Pickels durch die Bindung der Säure an Kollagen nur wenig. Solange der $p_H$-Wert des Pickels nach Einstellung des Gleichgewichtes unterhalb des isoelektrischen Punktes liegt, ist mit einer Quellung zu rechnen. Die Quellung wird hierbei, ebenso wie durch NaCl, nur dann vermieden, wenn die Konzentration des Natriumformiats zur Erreichung einer pickelnden Wirkung ausreicht.

Ältere Untersuchungen (G. Grasser), die zu dem Resultat führten, daß durch Neutralsalze die Säurequellung bei Verwendung von Mineralsäuren, entsprechend der Reihenfolge: Jodide, Nitrate, Chloride, Phosphate, Bromide, Sulfate, Chlorate und bei Verwendung von starken und schwachen organischen Säuren, entsprechend der Reihenfolge: Sulfat, Oxalat, Nitrat, Chlorid zurückgedrängt wird (wobei in höchsten Konzentrationen Nitrat stärker als Sulfat wirkt), dürften den Tatsachen kaum gerecht werden.

Um die Frage zu lösen, ob eine vorherige Alkali- oder Säurequellung durch nachheriges Pickeln vollständig rückgängig gemacht werden kann, wurden durch A. Küntzel Kollagenstücke mit Alkali- bzw. Säurelösungen von verschiedener Konzentration behandelt und die Lösungen durch geeignete NaCl- und HCl-Zusätze in Pickel verwandelt. Die Resultate und gleichzeitig alle Angaben enthalten die Tabellen 23 und 24. Sie zeigen, daß weder eine vorherige Alkali- noch Säurequellung durch Pickeln auf den Quellungswert zurückgedrängt werden kann, den das Kollagen in reinem Wasser ergibt. Die Reversibilität ist um so schlechter, je größer die vorherige Quellung war, und wird auch dann nicht besser,

Tabelle 23. Die unvollständige Reversibilität der Säurequellung des Kollagens durch Behandlung im Pickel (A. Küntzel).

| Ausgangskonzentration an Säure. Äquivalente HCl/kg TK | Quellungsgewicht von 1 g Kollagen in 10 ccm Säure nach 24 Stunden in g | Quellungsgewicht, nachdem alle Lösungen auf den Säuregehalt 1 und NaCl-Gehalt 10 und das Doppelte an Wasser gebracht worden sind. Pickeldauer 24 Stunden |
|---|---|---|
| 0 | 2,015 | 2,01 |
| 0,2 | 3,2 | 2,43 |
| 0,4 | 3,48 | 2,63 |
| 0,8 | 3,72 | 2,77 |
| 1 | 3,53 | 2,68 |

Tabelle 24. Die unvollständige Reversibilität der Alkaliquellung des Kollagens durch Behandlung im Pickel (A. Küntzel).

| Ausgangskonzentration an Alkali. Äquivalente NaOH/kg TK | Quellungsgewicht von 1 g Kollagen in 10 ccm NaOH-Lösung nach 24 Stunden in g | Quellungsgewicht, nachdem alle Lösungen auf den Säuregehalt 1 und NaCl-Gehalt 10 und das Doppelte an Wasser gebracht worden sind. Pickeldauer 24 Stunden |
|---|---|---|
| 0 | 2,015 | 2,01 |
| 0,2 | 2,71 | 2,43 |
| 0,4 | 2,93 | 2,54 |
| 0,8 | 3,00 | 2,55 |
| 1 | 2,85 | 2,45 |

wenn man die Pickellösung mit NaCl sättigt. Da in der Praxis die Zurückdrängung der alkalischen Quellung, welche durch den Äscher hervorgerufen wird, durch den Beizprozeß und durch die mechanische Behandlung beim Pickeln im Faß oder Haspel unterstützt wird, darf man die obigen Ergebnisse nicht unmittelbar auf die Praxis übertragen. Die praktische Erfahrung, daß der Quellungszustand der Felle oder Häute im Äscher trotz nachherigem Beizen und Pickeln die Qualität des Leders weitgehend beeinflußt, läßt vermuten, daß die Veränderungen, welche mit der Quellung verbunden sind, nicht vollständig rückgängig gemacht werden können. Der Vorläufer der heute üblichen Pickelmethode, nämlich die Behandlung der Blößen in einem Säurebad und die Entquellung in einem zweiten konzentrierten Kochsalzbad, ist mit Recht verlassen worden. Die Operation in einem Bad auszuführen, ist nicht nur einfacher, sondern auch theoretisch richtig.

Die Hydratation des Kollagens wird durch die Säurebindung nicht verändert (H. H. Weber; H. H. Weber und D. Nachmannsohn; vgl. auch E. J. Winetzkaja). Die Volumenänderung, welche in dem System Säurelösung-Eiweiß eintritt, ist hauptsächlich darauf zurückzuführen, daß die stark hydratisierten H-Ionen bei der Reaktion mit dem Eiweißkörper:

$$R\text{—}NH_2 + H^+ \cdot x\,H_2O = R\text{—}NH_3^+ + x\,H_2O$$

$$R\text{—}COO^- + H^+ \cdot x\,H_2O = R\text{—}COOH + x\,H_2O$$

ihre Wasserhüllen abgeben und so eine Volumenvergrößerung verursachen. Die Änderung des Volumens in dem System Kollagen-Pickelflüssigkeit, welche E. R. Theis und A. W. Goetz (*1*) beim Pickeln mit verschiedenen Säuremengen dilatometrisch verfolgten, ist demnach auf die Reaktion der H-Ionen mit Kollagen zurückzuführen und nicht auf die Änderung der Hydratation des Kollagens, wie dies Theis und Goetz annahmen [K. H. Gustavson (*1*)].

## IV. Einfluß der Pickeldauer und Pickeltemperatur.

Die Säurebindung durch Kollagen ist eine topochemische Reaktion, d. h. die Säure wird an Ort und Stelle bestimmter Gruppen in einem festen Körper, in der Haut, gebunden. Die Zeit, welche für die Säureionen nötig ist, um durch Diffusion zu diesen Gruppen zu gelangen, hängt natürlich von der Dicke der Blöße ab. Jedenfalls benötigen die dickeren Großviehhäute eine längere Pickeldauer als die dünneren kleinen Felle. Die Pickeldauer ist auch von der Konzentration der Säure abhängig. Je höher die Konzentration, um so größer ist die Diffusionsgeschwindigkeit und um so schneller stellt sich das Gleichgewicht ein. So nimmt die Blöße die Säure aus einem Ameisensäure—NaCl-Pickel wahrscheinlich deshalb langsamer auf als aus einem HCl—NaCl- bzw. $H_2SO_4$—NaCl-Pickel (W. Schindler, E. Flaschner und K. Klanfer), weil das $p_H$ in dem Ameisensäure—NaCl-Pickel viel höher ist als das $p_H$ in den Pickelsystemen HCl—NaCl, $H_2SO_4$—NaCl. Auch die Auswaschbarkeit der Säure aus den gepickelten Blößen ist nach den Befunden von W. Schindler und K. Klanfer größer, wenn die Pickelsäure keine starke Mineralsäure, sondern eine schwache organische Säure

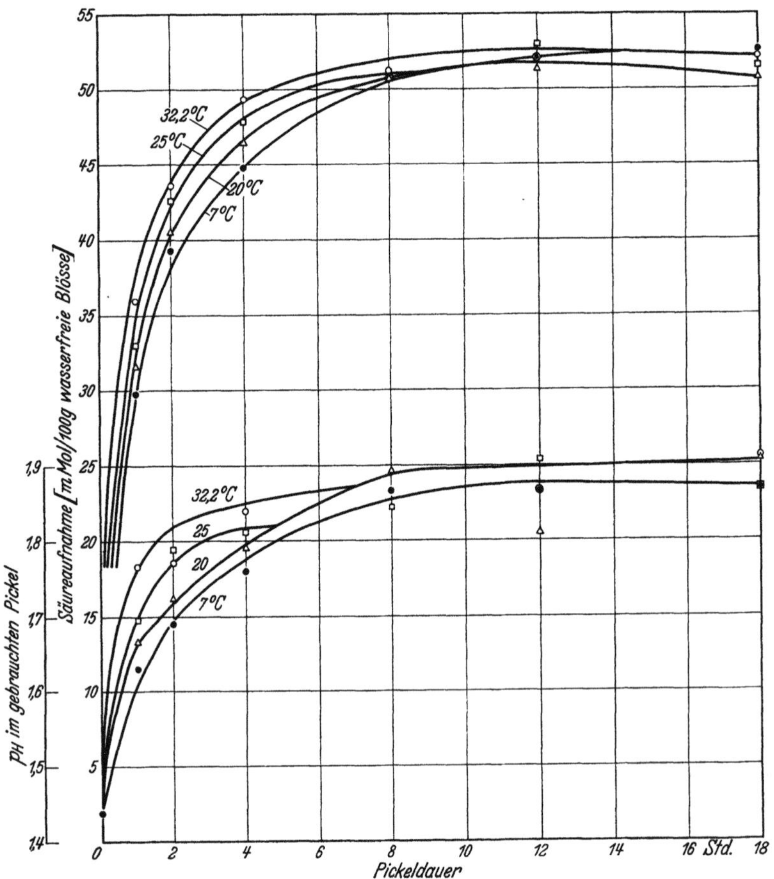


Abb. 88. Einfluß der Pickeltemperatur und Pickeldauer auf die Säureaufnahme und das $p_H$ des gebrauchten Pickels [E. R. Theis und A. W. Goetz (*3*)]. Versuchsbedingungen: 25 g gebeizte Blöße. Flottenmenge: 250 ccm. NaCl-Konzentration: 500 Millimol/l; $H_2SO_4$-Konzentration: 25 Millimol/l (= 83,2 Millimol auf wasserfreie Blöße berechnet); $p_H$ bei Versuchsbeginn: 1,43.

ist. Wahrscheinlich hängt das damit zusammen, daß die Verbindung Kollagen-organische Säure stärker hydrolysiert als die Verbindung Mineralsäure-Kollagen. Ebenso ist die viel schnellere Auswaschbarkeit der Salzsäure gegenüber der Auswaschbarkeit der Schwefelsäure darauf zurückzuführen, daß das Kollagenchlorid stärker hydrolysiert als das Kollagensulfat (G. Otto).

Die Erhöhung der Temperatur bewirkt eine schnellere Einstellung des Gleichgewichtes. Die Abb. 88 zeigt [E. R. Theis und A. W. Goetz (*3*)] dies ganz deutlich. Wie zu erwarten ist, ändern sich durch die Temperaturerhöhung weder die Säureaufnahme noch das $p_H$ im ausgezehrten Pickel, wenn man die Pickeldauer bis zur Erreichung des Endgleichgewichtes ausdehnt.

Ganz eindeutig ist die Wirkung der Temperaturerhöhung auf die Quellung (siehe Abb. 89). Bei höheren Temperaturen als 32° C nimmt die Quellung ab. Bis zu dieser Temperatur ist die Quellung ziemlich unabhängig von der Temperatur. Bei nicht allzu langer Pickeldauer scheint eine niedrige Temperatur, Temperaturen unterhalb 10° C, quellungserhöhend zu wirken. Bei Temperaturen bis zu 25° C wird der Abbau, gemessen am Stickstoffgehalt des gebrauchten Pickels, durch die wachsende Temperatur nur beschleunigt, führt jedoch bei längerer Pickeldauer zu ungefähr gleichen Abbauwerten. Anders ist das Bild bei Temperaturen über 32° C. Wie die entsprechenden Kurven in der Abb. 90 zeigen, wächst der Abbau hierbei mit der Pickeldauer sehr rasch an. Die Ansicht, daß Pickeltemperaturen bis zu 45° C unschädlich sind (A. Dahl), läßt sich also nicht aufrechterhalten.

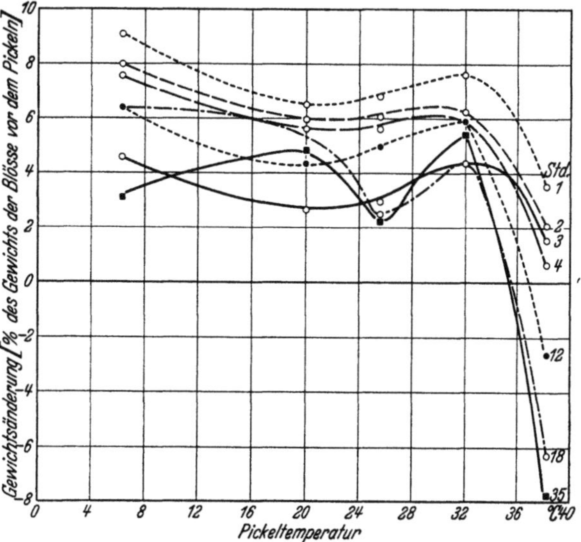


Abb. 89. Einfluß der Pickeltemperatur auf die Quellung bei verschiedener Pickeldauer [E. R. Theis und A. W. Goetz (*3*)]. Versuchsbedingungen siehe Abb. 88.

In bezug auf Hydrolyse wirken die verschiedenen Pickel verschieden. Die hydrolytische Wirkung des HCl—NaCl-Pickels ist größer als die des $H_2SO_4$—NaCl-Pickels. Beim HCl—NaCl-Pickel (siehe Abb. 91a und b) wächst der Stickstoffgehalt des gebrauchten Pickels mit steigender Säurekonzentration. NaCl wirkt deutlich hemmend auf die Hydrolyse. So ist der Abbau in der reinen Säurelösung stets größer als in der kochsalzhaltigen, also im Pickel, weiterhin nehmen die Abbauwerte in den säuregleichen Pickeln mit wachsender NaCl-Konzentration ab [E. R. Theis und A. W. Goetz (*1*)]. Ob man hierbei wirklich mit der Hydrolyse des Kollagens zu tun hat, oder nur mit der Hydrolyse der Kollagenabbauprodukte, welche beim Äschern und Beizen entstanden sind, läßt sich nicht ohne weiteres sagen.

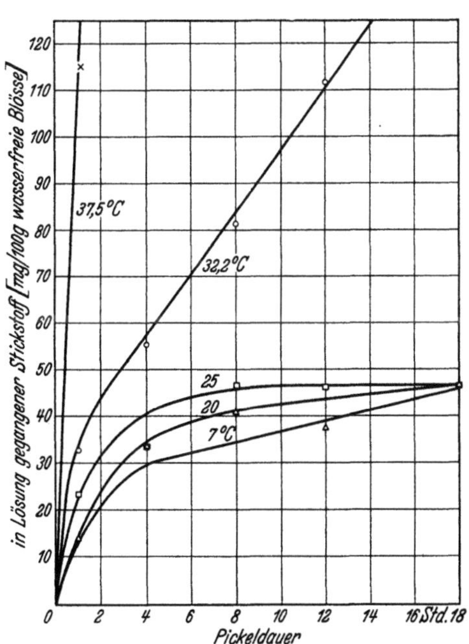


Abb. 90. Einfluß der Pickeltemperatur und Pickeldauer auf den hydrolytischen Abbau [E. R. Theis und A. W. Goetz (*3*)].

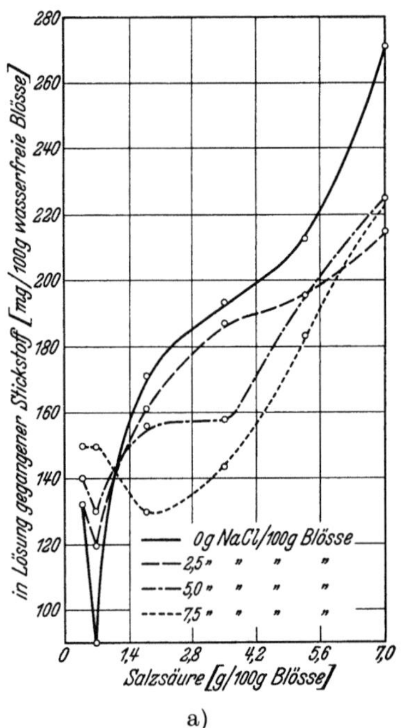


a)

Während beim HCl—NaCl-Pickel die Hydrolyse mit wachsender Säurekonzentration ständig zunimmt, steigt sie beim $H_2SO_4$—NaCl-Pickel (siehe Abb. 92) bis zu einem Maximum, um dann wieder abzunehmen [E. R. Theis und A. W. Goetz (*2*)].

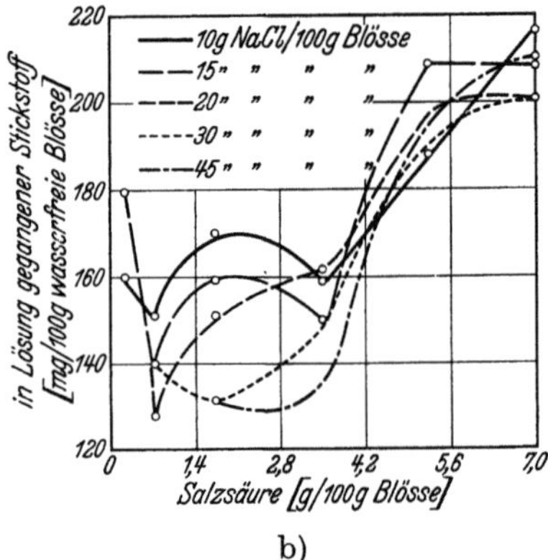


b)

Abb. 91 a und b. Einfluß der Säure- und Salzkonzentration im HCl—NaCl-Pickel auf den hydrolytischen Abbau [E. R. Theis und A. W. Goetz (*1*)]. Versuchsbedingungen siehe Abb. 73.

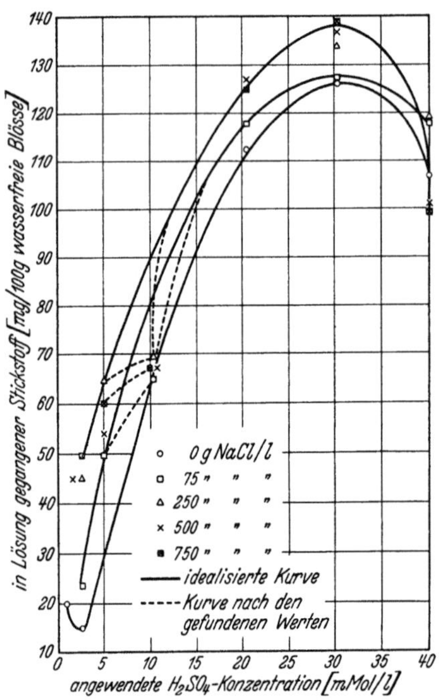


Abb. 92. Einfluß der Säure- und Salzkonzentration im $H_2SO_4$—NaCl-Pickel auf den hydrolytischen Abbau [E. R. Theis und A. W. Goetz (*2*)]. Versuchsbedingungen siehe Abb. 78.

## V. Einfluß des Pickelns auf die Chromgerbung.

Die Chrombrühen der Praxis haben ein $p_H$, das unterhalb des isoelektrischen Punktes des Kollagens liegt. Bringt man die Blößen in die Gerbbrühe, so nehmen diese nicht nur den Chromgerbstoff auf, sondern sie binden wie aus jeder Säurelösung Säure. Infolge der großen Diffusionsgeschwindigkeit der H-Ionen findet erst die Aufnahme der Säure statt und dann erst die Aufnahme des Chromgerbstoffes. Durch die Säurebindung wird das hydrolytische Gleichgewicht in der Chrombrühe gestört, die basischen Chromverbindungen werden zu weiterer Hydrolyse gezwungen und dadurch in noch basischere Chromverbindungen verwandelt. Da mit wachsendem Basizitätsgrad der Chromverbindung die Chromaufnahme anwächst, wird aus der Chrombrühe um so mehr Chrom gebunden, je mehr Säure die Blöße bindet. Aus dem geschilderten Zusammenhang zwischen Säurebindung und Chromaufnahme in der Gerbbrühe, dessen

Erforschung wir der grundlegenden Arbeit von E. Stiasny (*2*) verdanken, folgt, daß die Chromaufnahme um so niedriger wird, je weitgehender die Säurebindungskapazität des Kollagens beim Pickeln abgesättigt wurde. Mit anderen Worten, die Chromaufnahme bei der Gerbung wird um so kleiner, je mehr Säure die Blößen beim Pickeln aufgenommen haben, d. h. je mehr Säure beim Pickeln verwendet wurde. Solange das $p_H$ des gebrauchten Pickels über dem $p_H$ der Gerbbrühe liegt, nimmt die Blöße aus der Gerbbrühe natürlich Säure auf. Liegt das $p_H$ des gebrauchten Pickels unterhalb des $p_H$-Wertes der Gerbbrühe, so tritt in der Gerbbrühe Hydrolyse des im Pickel gebildeten Kollagensalzes ein und durch die freigewordene Säure wird die Basizität erniedrigt. Dies alles geht aus dem Ergebnis der genannten Arbeit Stiasnys hervor und wurde auch kürzlich durch die Arbeiten von Theis und Mitarbeiter [E. R. Theis und A. W. Goetz (*4*); E. R. Theis und E. J. Serfass (*2*)] bestätigt. In Übereinstimmung mit der Verminderung der Chromaufnahme bei wachsenden Säuremengen im Pickel, nimmt auch die Intensität der Gerbung, gemessen an der Erhöhung der Schrumpfungstemperatur, ab (S. Sawayama).

Nicht nur die Menge der aufgenommenen Pickelsäure, sondern auch die Art dieser beeinflussen die Chromaufnahme. Dies gilt besonders für solche organische Säuren, z. B. Ameisensäure, Oxalsäure, Essigsäure, welche zur Komplexbildung mit dem Chrom neigen. Das Gerbvermögen der so gebildeten Komplexe ist ein anderes als das der Chromverbindung, welche ursprünglich in der Gerbbrühe vorhanden war. Bei diesen Säuren muß man sowohl das Maß der Absättigung des Säurebindungsvermögens des Kollagens als auch das Gerbvermögen der gebildeten Chromkomplexe im Auge behalten, wenn man die Wirkung ihrer Pickel auf die Chromgerbung vergleichen will. Man darf auch nicht verallgemeinern und z. B. sagen, beim Oxalsäurepickel wird die Chromaufnahme kleiner, weil die Oxalsäure zur Bildung nicht gerbender Chromverbindungen führt [E. R. Theis und E. J. Serfass (*2*)]. Es gibt nämlich Oxalatosalze, z. B. das Monoxalatosalz, bei welchem die Chromaufnahme sehr hoch ist, andererseits auch solche, die gar keine Gerbwirkung besitzen, z. B. das Trioxalatosalz. Die hohe Chromaufnahme (siehe Abb. 93), die Theis und Serfass bei der Gerbung nach einem in bezug auf Essigsäure 1,5%ige-Essigsäure—NaCl-Pickel erhalten haben, ist darauf zurückzuführen, daß in diesem Pickel, in welchem die Essigsäure mit dem in der Blöße befindlichen Kalk Calciumacetat bildet und dieses durch Pufferung den $p_H$-Wert erhöht, die Säureaufnahme nur gering ist.

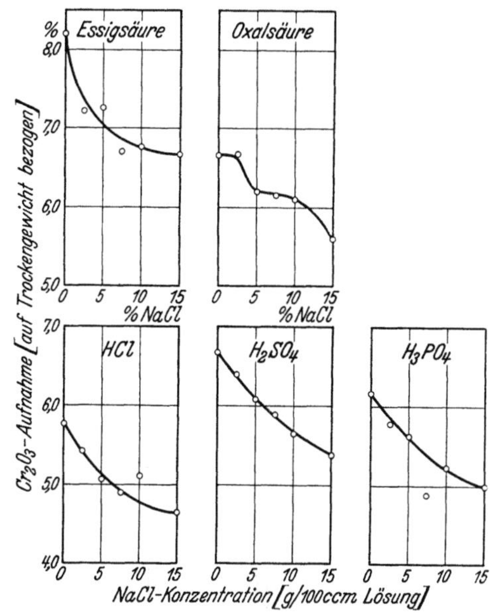


Abb. 93. Einfluß der NaCl-Konzentration und Art der Säure im Pickel auf die Chromaufnahme bei der Gerbung [E. R. Theis und E. J. Serfass (*2*)]. Pickel: Verhältnis Blöße : Flottenmenge 1 : 4. Angewendete Säuremenge: 1,5%. Blößenmenge: 50 g. Pickeldauer: 24 St. Gerbung: 200 ccm 1% $Cr_2O_3$ enthaltende basische Chromsulfatlösung (bereitet aus dem Handelsextrakt Tanolin R). Gerbdauer: 24 St. Nach der Gerbung 48 St. lang mit fließendem Wasser gewaschen.

Für die Praxis ist der Befund von W. Schindler und K. Klanfer (*2*) wichtig. Sie fanden nämlich, daß die schichtweise Verteilung des Chroms im Leder eine sehr gleichmäßige ist, wenn man Ameisensäurepickel benutzt. Es ist bekannt, daß die Formiatochrombrühen sehr mild angerben, so daß die Wirkung des Ameisensäurepickels auf die Bildung von Formiatochromkomplexen zurückzuführen ist.

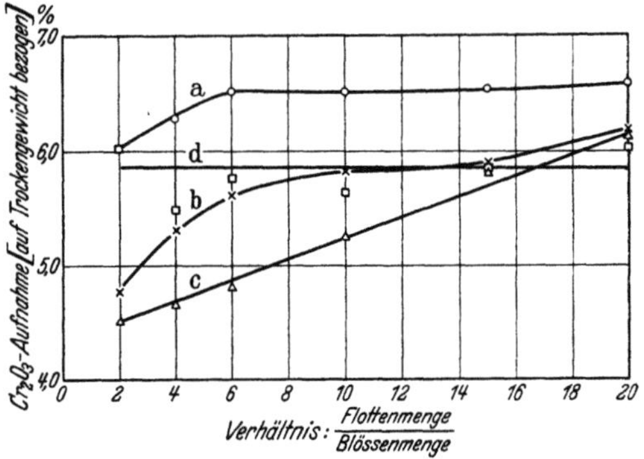


Abb. 94. Einfluß der Erhöhung der Flottenmenge beim Pickeln auf die Chromaufnahme bei der Gerbung [E. R. Theis und E. J. Serfass (2)]. Blößenmenge: 50 g. Pickeldauer: 24 St. a: 0,5% HCl, 30% NaCl; b: 1,0% HCl, 30% NaCl; c: 1,5% HCl, 30% NaCl; d: 1,0% HCl, 6%ige NaCl-Lösung. Die Pickelangaben sind in Prozenten des Blößengewichts angegeben. Gerbung: siehe Abb. 93.

Ganz eindeutig ist die Wirkung des Kochsalzes im Pickel auf die Chromaufnahme. NaCl erniedrigt die Chromaufnahme aus Chromsulfatbrühen. Je mehr NaCl also die Blöße nach dem Pickeln enthält, um so niedriger wird die Chromaufnahme. Deshalb nimmt bei konstanter Säurekonzentration und wachsender NaCl-Konzentration im Pickel die Chromaufnahme ab (Abb. 93) und deshalb wächst die Chromaufnahme (Abb. 94), wenn man bei konstanten Säure- und Salzmengen das Verhältnis Pickelflotte : Blößenmenge erhöht (Verringerung der NaCl-Konzentration durch die Verdünnung). Daß man hierbei tatsächlich nur mit der NaCl-Wirkung zu tun hat, zeigt deutlich die konstante Chromaufnahme nach Pickeln, bei welchen bei wachsenden Flottenmengen die NaCl-Konzentration konstant gehalten wird (Abb. 94, Kurve d).

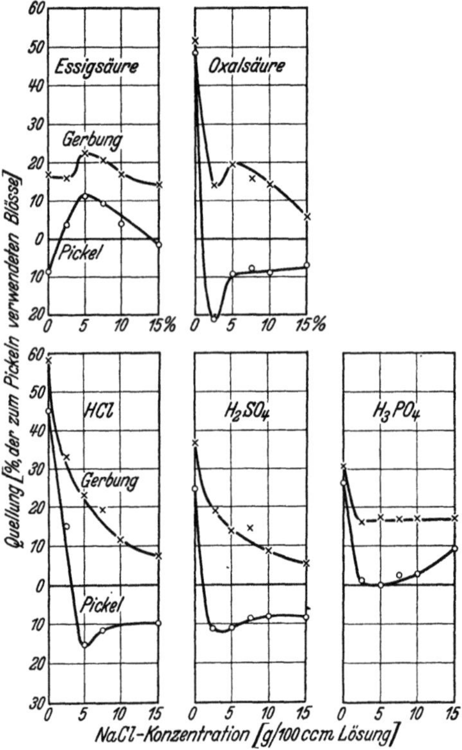


Abb. 95. Einfluß des Pickelns und der nachfolgenden Gerbung auf die Quellung [E. R. Theis und E. J. Serfass (2)]. Versuchsbedingungen siehe Abb. 93.

E. R. Theis und E. J. Serfass (2) haben auch untersucht, wie die Quellung im Pickel die Quellung in der Chromgerbung beeinflußt. Wie die Abb. 95 zeigt, verläuft die Quellung in der Chromgerbung symbat mit der Quellung im Pickel. Dieser Befund von Theis und Serfass hat nach Auffassung des Verfassers nur einen bedingten Wert. Die Quellung der gepickelten Blößen bei der Chromgerbung hängt nämlich in starkem Maße davon ab, wie man die Gerbung ausführt.[1] Gerbt man z. B. gepickelte Blößen mit sehr verdünnten Chrombrühen, denen man kein Neutralsalz zusetzt, so erhält man eine starke Quellung.

[1] In ähnlichem Sinn äußert sich E. Mezey in einer nach der Drucklegung erschienenen Arbeit. Eine einfache Proportionalität zwischen der Quellung bei der Gerbung und dem reziproken Wert der Neutralsalzkonzentration in der Gerbbrühe darf jedoch kaum angenommen werden.

# VI. Entpickeln.

Das Pickeln als Konservierungsmethode wird meistens bei Schaffellen und nur selten bei anderen Hautsorten angewendet. Die Wolle ist beim Schaffell mindestens ebenso wertvolles Rohprodukt wie die Haut selbst. Die Entwollung der Schaffelle, sei es durch Schwitzen oder Schwöden, hat sich in manchen Gegenden zu einem Gewerbe entwickelt, welches selbständig und nicht als eine Arbeitsphase der Lederherstellung ausgeübt wird. Die entwollten Schaffelle werden vielfach durch Pickeln konserviert und gelangen als gepickelte Blößen in die Gerberei. Die meisten gepickelten Schafblößen stammen aus Neuseeland und Australien und kommen in Fässern verpackt auf den Markt.

Der Konservierungspickel unterscheidet sich von dem Pickel, der vor der Chromgerbung gebraucht wird, dadurch, daß sein Säuregehalt ein hoher ist. Im allgemeinen wird ein $H_2SO_4$—NaCl-Pickel verwendet. Der Pickel muß so zusammengesetzt sein, daß beim Pickeln das Säurebindungsvermögen des Kollagens eben abgesättigt wird. Das erreicht man, wenn nach Einstellung des Gleichgewichts zwischen der Blöße und dem Pickel der gebrauchte Pickel eine $H_2SO_4$-Konzentration von ca. 0,8% und eine NaCl-Konzentration von 9 bis 10% aufweist. Gut konservierte Blößen haben pro Gramm Kollagen einen NaCl-Gehalt von 0,3 bis 0,7 g und das $p_H$ im wässerigen Extrakt der Blößen beträgt 2,0 bis 2,4 (W. B. Pleass). Im einzelnen sei hinsichtlich des Wesens und der Wirkung des Konservierungspickels auf die im Abschnitt „Konservierung und Desinfektion der Haut", Band I, 1. Teil dieses Handbuches wiedergegebene Darstellung verwiesen. Der hohe Säuregehalt der Pickelblößen macht vielfach nötig, diese vor der Gerbung zu entpickeln. Gepickelte Blößen dürfen niemals in Wasser gebracht werden, welches nicht mindestens $^1/_2$ molar an Kochsalz ist. Würde man dies tun, so würde das aufgenommene Kochsalz sehr schnell aus der Blöße herausdiffundieren und die aufgenommene Säure würde eine glasige, pralle Blöße erzeugen. Zur Entpickelung werden die Blößen in eine Haspel gebracht, welche eine 5 bis 7%ige, d. h. ca. 1 molare Kochsalzlösung enthält, und mit dem Haspel in Bewegung gesetzt. Nun gibt man in kleineren Portionen solange eine konzentrierte Natriumbicarbonatlösung zu, bis die Brühe gegenüber Methylrot neutral reagiert. Man soll zur Einstellung des Gleichgewichtes genügend Zeit lassen. Tut man dies nicht, so kann trotz der neutralen Außenflüssigkeit in der Blöße noch so viel Säure vorhanden sein, daß bei der Entfernung des Kochsalzes mit Wasser eine unerwünschte Säurequellung auftritt. Nach der Einstellung des Gleichgewichtes werden die Blößen im Walkfaß nach Aufsetzen der Gittertür mit fließendem Wasser gespült und so vom Kochsalz befreit. Man kann natürlich auch die Neutralisation der gepickelten Blößen im Walkfaß ausführen. Statt Bicarbonat kann man auch jedes schwache Alkali benutzen, welches keine Alkaliquellung verursacht, z. B. Borax, Natriumsulfit. Auch Magnesiumoxyd wird zum Entpickeln empfohlen. Im Wasser hydratisiert sich MgO und das gebildete $Mg(OH)_2$ wirkt entpickelnd. Wegen der sehr geringen Löslichkeit des Magnesiumhydroxyds ist Magnesiumoxyd zwar ein sehr mildes, gleichzeitig jedoch ein viel zu langsam wirkendes Mittel und deshalb zum Entpickeln nicht sehr geeignet. Ferner ist Natriumthiosulfat dazu geeignet, man erhält jedoch dabei eine Schwefelablagerung in der Blöße. Obwohl die Entpickelung mit Thiosulfat schon lange bekannt ist (A. Seymour-Jones), kommt es trotzdem vor, daß diese als eine Neuerfindung patentiert wird (E. P. 307987; A. P. 1899422).

Mit Recht werden starke Alkalien, z. B. Natronlauge, zum Entpickeln nicht verwendet. Salzzusätze zu einer Natronlaugelösung vermindern nämlich die schwellende Wirkung auch bei hohen Salzkonzentrationen viel weniger als Salzzusätze zu einer Säurelösung (P. Chambard und R. Garnot)[1], so daß die Außenpartien der Blöße bereits eine alkalische Schwellung aufweisen könnten, während das Innere der Blöße noch sauer ist.

Die neutralisierende Wirkung der schwachen Alkalien, d. h. Salze schwacher Säuren mit starken Basen, beruht auf deren Hydrolyse:

$$NaY + H_2O = NaOH + HY$$
$$NaOH + HX = NaX + H_2O$$

Da beim Entpickeln ein Überschuß an Neutralisationsmitteln in dem Bad vorhanden ist, wird der $p_H$-Wert um so niedriger sein, je geringer die Hydrolyse ist. Der $p_H$-Wert beim Entpickeln ändert sich nur langsam, weil sich dabei ein Puffer bildet: NaY—HY. Bei flüchtigen, in Wasser wenig löslichen Säuren entweicht die frei gewordene Säure zum Teil in die Luft. Dies ist z. B. der Fall bei Soda, Natriumcarbonat und Natriumsulfit.

Während bei den schwachen Alkalien das Entpickelungsbad im Beginn schwach alkalisch reagiert, ist dies beim Natriumthiosulfat nicht der Fall. Eine $Na_2S_2O_3$-Lösung reagiert neutral, da $Na_2S_2O_3$ als Salz einer starken Säure, der Thioschwefelsäure, nicht hydrolytisch gespalten wird. Die neutralisierende Wirkung beruht darauf, daß das Thiosulfat unter Verbrauch von H-Ionen zerfällt. Der Zerfall erfolgt entsprechend folgenden Gleichungen:

$$\text{I} \quad \ldots\ldots \quad S_2O_3'' + H^+ \rightleftarrows HSO_3' + S$$
$$\text{II} \quad \ldots\ldots \quad 5\,S_2O_3'' + 6H^+ \rightleftarrows 2\,S_5O_6'' + 3\,H_2O$$

Sekundär eintretende Reaktionen wurden dabei unberücksichtigt gelassen. Beide Reaktionen verlaufen unvollständig und führen zu ausgesprochenen Gleichgewichten. Mit sinkender $[H^+]$ verschiebt sich das Gleichgewicht von rechts nach links, so daß bei $p_H\,5$ praktisch genommen auch bei sehr hohen Thiosulfatkonzentrationen keine Zersetzung stattfindet. Wie E. Stiasny und F. Prakke (Collegium 1933, 465) zeigen konnten, zerfällt das Thiosulfat bei $p_H < 3$ entsprechend der Gleichung I, wobei das Bisulfit-Ion entsprechend

$$\text{Ia} \quad \ldots\ldots \quad HSO_3' + H^+ = SO_2 + H_2O$$

in schweflige Säure übergeht und diese zum größten Teil in die Luft entweicht. Bei $p_H > 3{,}3$ entsteht keine freie $SO_2$ mehr und der Zerfall des Thiosulfats nach I spielt gegenüber dem Zerfall nach II eine ganz untergeordnete Rolle. Obwohl entsprechend dem Massenwirkungsgesetz der mit Thiosulfat erreichbare $p_H$-Wert von der Thiosulfatkonzentration abhängig ist, erreicht man in der Praxis infolge des langsamen Zerfalles bei $p_H > 3$ auch bei sehr hoher Thiosulfatkonzentration ($1\,n\,Na_2S_2O_3 = 12{,}4\%$ige $Na_2S_2O_3 \cdot 5\,H_2O$-Lösung) keine höheren $p_H$-Werte als 4 bis 4,2.

Der Grund dafür, daß das Thiosulfat bei $p_H < 3$ hauptsächlich nach I unter S-Abscheidung zerfällt, liegt darin, daß die Reaktionsgeschwindigkeit von I größer ist als die von II. Bei $p_H > 3$ liegt das Gleichgewicht so, daß das Thiosulfat nur zu geringem Prozentsatz nach I zerfällt, während die Reaktion II noch im Gange bleibt.

Die Entpickelung mit Thiosulfat dauert länger als mit einem schwachen Alkali, da man hierbei nicht mit der augenblicklich verlaufenden Ionenreaktion $H^+ + OH' = H_2O$, sondern mit einer verhältnismäßig langsam verlaufenden Zerfallsreaktion zu tun hat. Bei niedrigen $p_H$-Werten verläuft der Zerfall deshalb rascher, weil durch das Entweichen von $SO_2$ das Gleichgewicht zugunsten des

[1] Im Gegensatz zur Gelatine, bei welcher die alkalische Schwellung bei NaCl-Konzentrationen über 0,1 Mol. zurückgedrängt wird [D. J. Lloyd (*2*)].

Zerfalls verschoben wird. Auch die Schwefelaufnahme durch die Haut wirkt in demselben Sinne.

Aus den Gleichungen I, Ia und II ergibt sich, daß der Neutralisationswert von 1 Mol. Thiosulfat zwischen 2 (I + Ia) und 1 (I) bzw. 6/5 (II) Äquivalenten schwankt.

Die konservierende Eigenschaft des Pickels wird auch bei einer unvorhergesehenen, plötzlichen Stillegung einer Gerberei ausgenüzt. In keiner Arbeitsphase in der Wasserwerkstatt darf die Haut, ohne Schaden zu leiden, viel längere Zeit als vorgesehen verweilen. Man muß unbedingt danach trachten, die Häute soweit zu bekommen, daß sie in den Pickel gebracht und so gegen jede Gefahr geschützt aufbewahrt werden können. Um Schimmeln zu verhüten genügt es meistens, wenn man zu dem Pickel *p*-Nitrophenol (1 Teil auf 5000 Teile Pickelflüssigkeit) zusetzt (J. H. Blank). Müssen die Blößen sehr lange aufbewahrt werden, so müssen natürlich diejenigen Konzentrationen der Pickelbestandteile angewendet werden, die im Konservierungspickel üblich sind.

## VII. Kontrolle des Pickelprozesses.

Die Analyse des Pickels besteht in der Bestimmung der beiden Komponenten Säure und Kochsalz.

a) Die Säure wird durch Titration mit $^{n}/_{10}$ NaOH bestimmt, in dem 10 ccm des Pickels unter Verwendung von Methylorange bei den Mineralsäuren und Phenolphtalein bei den organischen Säuren titriert werden.

1 ccm $^{n}/_{10}$ NaOH = 4,9 mg $H_2SO_4$ oder 5,14 mg konz. Schwefelsäure (96%ige),
1 ccm $^{n}/_{10}$ NaOH = 3,65 mg HCl oder 11,05 mg konz. Salzsäure (33%ige),
1 ccm $^{n}/_{10}$ NaOH = 4,6 mg HCOOH oder 5,41 mg konz. Ameisensäure (85%ige).

b) Nun spült man die titrierte Lösung quantitativ in einen 100 ccm Meßkolben, füllt zur Marke auf und titriert in 10 ccm nach Zusatz von 2 ccm Kaliumchromatlösung (1%ige) das Cl-Ion mit $^{n}/_{10}$ Silbernitratlösung, bis ein Tropfen eine rötliche Färbung von Silberchromat hervorruft.

$$1 \text{ ccm } ^{n}/_{10} \text{ AgNO}_3 = 5{,}846 \text{ mg NaCl}.$$

Bei einem HCl—NaCl-Pickel ist die Säure nach a) von dem Ergebnis nach b) abzuziehen, um den Kochsalzgehalt zu erhalten. Nach den Angaben von F. A. Sapegin und M. S. Strojeff kann man die titrimetrische Bestimmung der NaCl-Konzentration vermeiden. Man dividiert den gefundenen Prozentgehalt des Pickels an HCl durch 200 und zieht diese Zahl (Korrekturtabelle in Tab. 25) von dem mit Aräometer bestimmten spezifischen Gewicht des Pickels ab. Die dem auf diese Weise korrigierten spezifischen Gewicht entsprechende NaCl-Konzentration entnimmt man der Tabelle. 25.

In der Praxis genügt es meistens, wenn man die Säure titrimetrisch bestimmt und den Salzgehalt durch Spindeln kontrolliert, da geringe Unterschiede in der Salzkonzentration keine Rolle spielen. Der Pickel soll vor und nach dem Gebrauch kontrolliert werden. Man hat nur dann die Sicherheit, daß die von den Blößen aufgenommene Säuremenge immer die gleiche ist, wenn die Konzentration der Säure bei Innehaltung aller anderen Faktoren im gebrauchten Pickel dieselbe bleibt. Bei wechselndem Kalkgehalt der Blößen wird man also durch Zubessern in der Lage sein, die Endkonzentration der Säure konstant zu halten. Die Bestimmung des $p_H$-Wertes im gebrauchten Pickel ist die beste Kontrolle, da bei gleicher Salzkonzentration und End-$p_H$ gleiche Säuremengen gebunden werden. Will man die von den Blößen im Pickel aufgenommene Säuremenge direkt bestimmen, so kann man dazu die etwas modifizierte Gustavsonsche Pyridinmethode benutzen [K. H. Gustavson (*2*)].

Tabelle 25. Gehalt von Kochsalzlösungen in g/l, spez. Gewicht und Dichte in ° Bé bei 20° C (F. A. Sapegin und M. S. Strojeff).

| Dichte ° Bé | Spez. Gewicht g/cm³ | NaCl-Gehalt g/l | Dichte ° Bé | Spez. Gewicht g/cm³ | NaCl-Gehalt g/l |
|---|---|---|---|---|---|
| 2,2 | 1,0153 | 24,4 | 6,2 | 1,0442 | 66,8 |
| 2,4 | 1,0167 | 26,4 | 6,4 | 1,0457 | 69,0 |
| 2,6 | 1,0182 | 28,5 | 6,6 | 1,0471 | 71,2 |
| 2,8 | 1,0196 | 30,6 | 6,8 | 1,0486 | 73,4 |
| 3,0 | 1,0210 | 32,7 | 7,0 | 1,0500 | 75,6 |
| 3,2 | 1,0225 | 34,8 | 7,2 | 1,0515 | 77,8 |
| 3,4 | 1,0239 | 36,9 | 7,4 | 1,0529 | 80,0 |
| 3,6 | 1,0254 | 39,0 | 7,6 | 1,0544 | 82,2 |
| 3,8 | 1,0268 | 41,1 | 7,7 (5) | 1,0559 | 84,5 |
| 4,0 | 1,0283 | 43,2 | 7,9 (5) | 1,0574 | 86,7 |
| 4,2 | 1,0297 | 45,3 | 8,1 (5) | 1,0589 | 88,9 |
| 4,4 | 1,0312 | 47,4 | 8,3 (5) | 1,0604 | 91,2 |
| 4,6 | 1,0326 | 49,6 | 8,5 (5) | 1,0619 | 93,4 |
| 4,8 | 1,0340 | 51,7 | 8,7 (5) | 1,0633 | 95,7 |
| 5,0 | 1,0355 | 53,8 | 8,9 (5) | 1,0648 | 98,0 |
| 5,2 | 1,0369 | 56,0 | 9,1 | 1,0663 | 100,2 |
| 5,4 | 1,0384 | 58,2 | 9,3 | 1,0678 | 102,5 |
| 5,6 | 1,0399 | 60,3 | 9,5 | 1,0693 | 104,8 |
| 5,8 | 1,0413 | 62,5 | 9,7 | 1,0707 | 107,1 |
| 6,0 | 1,0428 | 64,7 | | | |

Korrekturtabelle zur Dichtetabelle in ° Bé.

| Gehalt an HCl g/l | Korrektur ° Bé | Gehalt an HCl g/l | Korrektur ° Bé |
|---|---|---|---|
| 0,5 | 0,03 | 8,0 | 0,50 |
| 1,0 | 0,06 | 8,5 | 0,53 |
| 1,5 | 0,09 | 9,0 | 0,56 |
| 2,0 | 0,12 | 9,5 | 0,59 |
| 2,5 | 0,15 | 10,0 | 0,62 |
| 3,0 | 0,19 | 10,5 | 0,65 |
| 3,5 | 0,22 | 11,0 | 0,68 |
| 4,0 | 0,25 | 11,5 | 0,71 |
| 4,5 | 0,28 | 12,0 | 0,74 |
| 5,0 | 0,31 | 12,5 | 0,78 |
| 5,5 | 0,34 | 13,0 | 0,81 |
| 6,0 | 0,37 | 13,5 | 0,84 |
| 6,5 | 0,40 | 14,0 | 0,87 |
| 7,0 | 0,43 | 14,5 | 0,90 |
| 7,5 | 0,47 | 15,0 | 0,95 |

Ca. 10 g einer zerkleinerten Probe der gepickelten Blößen werden mit 100 ccm einer 4%igen Pyridinlösung 2 Stunden lang geschüttelt. Danach wird die wässerige Pyridinlösung abgegossen und mit 75 ccm Waschflüssigkeit, welche aus 25 ccm 4%iger Pyridinlösung und dest. Wasser besteht, ersetzt und eine halbe Stunde geschüttelt. Das Auswaschen wird noch zweimal mit 75 bzw. 50 ccm dest. Wasser wiederholt. Die Waschflüssigkeiten werden mit der abgegossenen Pyridinlösung vereinigt und mit $^{n}/_{10}$ NaOH (Indikator Phenolphtalein) titriert. Pyridin, Py, vereinigt sich mit der Säure, HX, zum Pyridinsalz, PyHX. Dieses Salz reagiert mit NaOH nach folgender Gleichung: $PyHX + NaOH = NaX + H_2O + Py$. Da Pyridin in der angegebenen Konzentration ein $p_H$ besitzt, das auf der sauren Seite des Phenolphtaleins liegt, verursacht ein Tropfen der Lauge nur dann den Umschlag des Indikators, wenn die obige Reaktion beendet ist.

Will man einen Pickel mehrmals benutzen, so wird der gebrauchte Pickel auf das Volumen des ungebrauchten Pickels gebracht, die fehlende Säuremenge, die man vorher ermittelt hat, zugesetzt und soviel Kochsalz zugegeben, bis man durch Spindeln denselben Salzgehalt wie in dem ungebrauchten Pickel findet.

## VIII. Das Pickeln in der Praxis.

In der Wasserwerkstatt wird die Arbeit so geleitet, daß die gebeizten Blößen am Ende der täglichen Arbeitszeit im Pickel oder nach dem Verlassen des Pickels auf Böcke geschlagen oder am Fußboden aufeinandergeschichtet aufgehoben werden. Würde man die Felle nach der Beizoperation nicht sofort pickeln, sondern im Wasser liegen lassen, so würde die Fermentwirkung durch die niedrige Temperatur des Wassers zwar gehemmt, jedoch weitergehen können und je nach der Temperatur ein unkontrollierbares Weiterbeizen verursachen. Die in diesem Stadium sehr empfindlichen Blößen würden außerdem einem Bakterienangriff ausgesetzt sein. Durch das Pickeln wird dies alles vermieden.

Da das Pickeln eine vorbereitende Operation für die nachfolgende Chromgerbung ist, muß die zum Pickeln verwendete Säuremenge vollkommen der Chrombrühe angepaßt sein. Es gilt der Grundsatz, je basischer die Angerbbrühe, um so saurer müssen die Blößen gestellt werden. Durch einen geeigneten Pickel ist so die Möglichkeit gegeben, die Chromgerbung mit stark basischer Brühe zu beginnen, in dem der Säuregehalt der Blöße erniedrigend auf die Basizität der Angerbbrühe wirkt. Bringt man aber infolge eines starken Pickels zuviel Säure in die Chromgerbung, so wird zwar die Diffusion der Chrombrühe in die Blöße beschleunigt, aber der Gerbvorgang selber unnötig verlangsamt und unter Umständen ohne Neutralisierung der überschüssigen Säuremenge nicht durchführbar. Alle Angaben der Pickelkomponenten, Wasser, Säure und Kochsalz, erfolgen in der Praxis in Prozenten des Blößengewichts. Diese Ausdrucksweise ist in den folgenden Ausführungen beibehalten worden. Es ist immer zu beachten, daß die gebräuchlichsten Säuren in ihrer handelsüblichen Form nicht gleiche Äquivalente enthalten. So entsprechen 100 kg Salzsäure (33%ig) 42,57 kg Schwefelsäure (96%ig) und 35,39 kg Ameisensäure (85%ig). Diese Verhältniszahlen müssen berücksichtigt werden, da sie bei einer Angabe der Pickelsäure in Prozenten des Blößengewichts nicht zum Ausdruck kommen. Die meisten Pickel, die in der Praxis verwendet werden, enthalten 1 bis 3% Salzsäure (33%ig) oder die äquivalente Menge anderer Säuren, gleichgültig ob in der Haspel oder im Faß gepickelt wird. Das Pickeln in der Haspel ist entschieden milder, da die Blößen durch das Haspelrad nur getrieben und so mechanisch nur wenig beansprucht werden. Anders ist es im Faß, wo die Blößen beim Drehen des Fasses durch dessen Zapfen hochgehoben werden, dann herunterfallen und so bei dem Aufschlag mechanisch stärker beansprucht werden. Trotzdem viele bei empfindlichen Ledersorten, z. B. bei Boxkalb, den Haspelpickel, der die Felle schont, bevorzugen, wird der Faßpickel auch bei diesen verwendet. Arbeitet man im Faß, so beträgt die Wassermenge meistens 100%, variiert jedoch zwischen 80 bis 200%. Bei der Haspel werden 200 bis 500% Wasser genommen. Die verschiedenen Wassermengen beim Faß- und Haspelpickel bedingen verschiedene Kochsalzmengen. Diese variieren beim Faßpickel (Flottenmenge 100%) von 6 bis 10%. Im Hinblick auf die Neutralsalzwirkung bei der Chromgerbung ist die Salzkonzentration im Pickel besonders dann zu berücksichtigen, wenn man die Chromgerbung durch Zusatz von Chromextrakt in dem ausgezehrten Pickel oder in einem Teil davon durchführt. Im Haspelpickel wird eine 6 bis 10° Bé starke Kochsalzbrühe verwendet, d. h. ungefähr dieselbe Salzkonzentration wie beim Faßpickel (siehe Tab. 25). Wie man sieht, arbeitet die Praxis mit einem genügend großen Sicherheitsfaktor in bezug auf die zur Verhinderung jeglicher Säurequellung nötige Salzkonzentration.

Die gebeizten Felle kommen entweder in den ganz fertig gestellten Pickel oder in die Kochsalzlösung, in welche die mit Wasser verdünnte Säure während des Laufens zugegeben wird. Im Hinblick auf die schnellere Diffusion der Säure in die Blöße ist die letztgenannte Arbeitsweise besonders bei den dickeren Großviehhäuten angebracht.

Die Pickeldauer hängt einerseits von der Säurekonzentration des Pickels, andererseits von der Dicke der Blößen ab. Je konzentrierter der Pickel, um so schneller stellt sich das Gleichgewicht ein, deshalb dauert beim gleichen Material das Pickeln in der Haspel länger als im Faß. Je dicker die Blößen sind, um so länger muß das Pickeln dauern, denn mit wachsender Blößendicke wächst die Zeit, die zur Durchdringung der Blößen mit der Pickelbrühe nötig ist. Geschieht dies nicht, so nehmen die dickeren Blößen weniger Säure auf als die dünneren und die Chromgerbung verläuft basischer als bei den letzteren (R. M. Cobb und F. S. Hunt). Die Pickeldauer hängt auch davon ab, ob man auf die Einstellung eines wirklichen Gleichgewichts zwischen Blöße und Pickel hinarbeitet, oder ob man nur die äußeren Schichten der Blößen sauer zu stellen wünscht. In letzterem Falle ist die Pickeldauer kurz und die Blößen müssen sofort in die Gerbung. Meistens beträgt die Pickeldauer in der Praxis 1 bis 2 Stunden. Manche Gerbereien arbeiten so, daß sie die Blößen nach beendigtem Pickeln auf Böcke schlagen oder auf dem Fußboden aufeinanderschichten und diese über Nacht so liegenlassen, andere wieder lassen die Blößen bis zum nächsten Tag in der Pickelbrühe liegen. Verschiedene Gerbereien in den Vereinigten Staaten lassen nach Verlassen des Pickels die Blößen 48 Stunden liegen. Es wird behauptet, daß dies der Geschmeidigkeit und Weichheit des Fertigleders zugute kommt.

Ob man die Blößen nach dem Pickeln in der Pickelbrühe läßt oder nicht, hängt meistens von den örtlichen Verhältnissen ab und hat nur dann einen Einfluß auf die Menge der gebundenen Säure, wenn die Pickeldauer zu kurz bemessen war. Wenn die Blößen nach dem Pickeln direkt in die Gerbung gebracht werden, enthalten sie mehr Pickelflüssigkeit als wenn sie aufeinandergeschichtet, sei es auf dem Bock oder auf dem Fußboden, über Nacht liegenbleiben. In letzterem Falle übt nämlich das Gewicht der Blößen auf diese einen Druck aus, demzufolge ein gar nicht geringer Teil der aufgenommenen Pickelflüssigkeit wegfließt. Der Pickelprozeß kann als beendet betrachtet werden, wenn sich die Säurekonzentration bzw. das $p_H$ der Pickelbrühe nicht mehr ändert. Die Pickeltemperatur liegt allgemein zwischen 18 bis 25° C. Wie die Resultate von E. R. Theis und A. W. Goetz (*3*) zeigen (siehe S. 301), ist in diesem in der Praxis üblichen Temperaturintervall keine schädliche Säurehydrolyse zu befürchten.

Die Pickelbrühe wird meistens nur einmal verwendet und nach dem Gebrauch weglaufen gelassen. Will man sie jedoch mehrmals benutzen, so steht dem bei einem HCl—NaCl-Pickel nichts im Wege. In diesem Falle ist es ratsam, die Pickelbrühe entweder nach ca. viermaligem Gebrauch ganz frisch zu stellen oder jedesmal vor der Regeneration (siehe S. 308) ein Viertel der gebrauchten Brühe wegzulassen, um die Anreicherung der Fremdstoffe zu vermeiden. Bei den Pickeln, welche aus Kochsalz und aus einer anderen Säure als Salzsäure oder Schwefelsäure bestehen, sind die Verhältnisse zu kompliziert, so daß man zur Vermeidung ungleichmäßigen Arbeitens die Pickelbrühen nur einmal verwenden und nicht regenerieren soll.

Außer den Säure-Kochsalz-Pickeln gibt es auch solche, die noch andere Komponenten, z. B. künstliche Gerbstoffe, Formaldehyd enthalten. Die künstlichen Gerbstoffe, die meistens Sulfosäuren sind, werden bei der Azidität, welche im Pickel herrscht, gut aufgenommen und gerben die Blößen an. Es wird behauptet, daß durch diese milde Angerbung ein feiner, geschlossener Narben zu erzielen ist. Es soll hierbei erwähnt werden, daß eine allzu starke Gerbung mit künstlichen Gerbstoffen die Erhaltung eines kochbeständigen Leders bei der

Chromgerbung verhindert [K. H. Gustavson (*3*)]. Mit dem Formaldehydzusatz bezweckt man ebenfalls die Erhaltung eines schönen, feinen Narbens, und zwar durch Fixierung der in der Beize entstandenen Narbenbeschaffenheit. Da Formaldehyd erst im alkalischen Gebiet gerbend wirkt (O. Gerngroß und R. Gorges), ist es fraglich, ob es bei der Azidität beim Pickeln eine Gerbwirkung ausübt.

Von den bisher geschilderten Pickeln unterscheiden sich diejenigen, welche aus einem hydrolysierbaren Salz und Kochsalz bestehen. Meistens wird das Aluminiumsulfat entweder als solches oder in Form von Kaliumaluminiumalaun verwendet. Durch Wasser wird es hydrolysiert:

$$Al_2(SO_4)_3 + 2\,H_2O = 2\,AlOHSO_4 + H_2SO_4,$$

wobei $H_2SO_4$ und ein basisches Aluminiumsalz entsteht. Dadurch, daß die Blöße die gebildete Säure bindet, geht die Hydrolyse weiter, bis schließlich der Gleichgewichtszustand erreicht wird. Es ist denkbar, daß das gebildete basische Aluminiumsalz durch seine Pseudogerbwirkung günstig wirkt. Es ist auch möglich, daß das mit den Blößen in die Chrombrühe gebrachte Aluminiumsalz die Gerbwirkung der Brühe beeinflußt [K. H. Gustavson (*4*)]. In anderen Hinsichten verhält sich ein Aluminiumsulfat—NaCl-Pickel wie der entsprechende $H_2SO_4$—NaCl-Pickel (E. R. Theis und E. J. Serfass). Mit wachsender Salzkonzentration nimmt die Schwellung ab. Abgesehen von niedrigen Neutralsalzkonzentrationen wird durch wachsende Salzzusätze (NaCl oder $Na_2SO_4$) die Aluminiumaufnahme und die Gesamtsäureaufnahme (hydrolytisch gebildete Säure und an aufgenommenes Aluminium gebundene Säure) erniedrigt [E. R. Theis und E. J. Schafferl (*1*), (*2*)].

Außer den Aluminiumsulfat—NaCl-Pickeln, welche aus ca. 2 bis 5% $Al_2(SO_4)_3$, 5 bis 10% NaCl, 100 bis 200% Wasser bestehen, sind noch solche im Gebrauch, die außerdem noch Schwefelsäure (Salzsäure) enthalten und folgendermaßen zusammengesetzt sind: 2 bis 5% $Al_2(SO_4)_3$, 0,5 bis 1% $H_2SO_4$, 10 bis 20% NaCl, 150 bis 200% Wasser. Ist die zugegebene Säuremenge so bemessen, daß diese nur den in der Blöße zurückgebliebenen Kalk neutralisiert, so kann das Aluminiumsalz hydrolysieren. Ist jedoch die Säuremenge zu hoch bemessen worden, so drängt die Säure die Hydrolyse zurück und es bildet sich kein basisches Aluminiumsalz. In diesem Falle ist der Aluminiumsulfatzusatz zum Pickel zwecklos [E. Stiasny (*1*)].

## Literaturverzeichnis.

Atkin, W. R. (*1*): J. I. S. L. T. C. **17**, 575 (1933); (*2*): J. I. S. L. T. C. **17**, 220 (1933); (*3*): J. I. S. L. T. C. **4**, 248, 268 (1920).
Atkin, W. R. u. J. M. Campos: J. I. S. L. T. C. **6**, 406 (1924).
Balderston, L.: J. A. L. C. A. **11**, 309 (1916).
Bergmann, M., M. Münz u. L. Seligsberger: Collegium **1930**, 520.
Blank, J. H.: J. A. L. C. A. **27**, 380 (1932).
Chambard, P. u. M. Queroix: J. I. S. L. T. C. **9**, 218 (1925).
Chambard, P. u. R. Garnot: J. I. S. L. T. C. **21**, 138 (1937).
Cobb, R. M. u. F. S. Hunt: J. A. L. C. A. **20**, 341 (1925).
Cohn, E. J., A. A. Green u. M. H. Blanchard: Journ. Amer. chem. Soc. **59**, 509 (1937).
Dahl, A.: Diskussionsbemerkung. Collegium **1924**, 96.
Donnan, F. G.: J. I. S. L. T. C. **17**, 136 (1933).
Eitner, W. u. E. Stiasny: Gerber **1905**, 125.
Elöd, E. u. E. Silva: Ztschr. physikal. Chem. **137**, 142 (1928).
Elöd, E. u. W. Siegmund: Collegium **1932**, 135.
Felzmann, C.: Collegium **1933**, 373.
Gerngroß, O. u. R. Gorges: Collegium **1926**, 398.
Grasser, G.: Collegium **1920**, 353.

Graßmann, W. u. F. Schneider mit J. Janicki, L. Klenk u. G. Richter: Collegium **1937**, 522.
Gustavson, K. H. (*1*): Ind. engin. Chem. **23**, 1298 (1931); (*2*): J. A. L. C. A. **22**, 60 (1927); (*3*): J. I. S. L. T. C. **21**, 4 (1937); (*4*): J. A. L. C. A. **18**, 568 (1923).
Kubelka, V.: Collegium **1918**, 357.
Küntzel, A.: Collegium **1930**, 218.
Küntzel, A. u. R. Biedermann: Collegium **1931**, 495.
Küntzel, A. u. K. Buchheimer: Collegium **1930**, 205.
Küntzel, A. u. W. Preisentanz: Collegium **1930**, 577.
Küntzel, A., R. Kinzer u. E. Stiasny: Collegium **1934**, 213.
Lloyd, D. J. (*1*): J. I. S. L. T. C. **17**, 245 (1933); (*2*): Biochem. Journ. **21**, 1352 (1927).
Loeb, J.: Die Eiweißkörper und die Theorie der kolloiden Erscheinungen. Wien: Julius Springer 1924.
Mezey, E.: Collegium **1937**, 277.
Otto, G.: Collegium **1935**, 586.
Page, R. O. u. A. W. Page: Ind. engin. Chem. **19**, 1264 (1927).
Pleass, W. B.: J. I. S. L. T. C. **18**, 464 (1934).
Procter, H. R. (*1*): Kolloidchem.Beih. **2**, 243 (1911); (*2*): Collegium **1912**, 687; (*3*): The Principles of Leather Manufacture, 2. Aufl., London: E. u. F. N. Spon 1922.
Procter, H. R. u. J. A. Wilson: Journ. chem. Soc. London **109**, 307 (1916).
Sapegin, F. A. u. M. S. Strojeff: Russ. Led. Schuh **1935**, 393; n. Referat Collegium **1936**, 368.
Sawayama, S.: Journ. Fac. Agricult. Hokkaido Imp. Univ. **31**, 1 (1931).
Schindler, W. u. K. Klanfer (*1*): Private Mitteilung; (*2*): Collegium **1929**, 125.
Schindler, W., E. Flaschner u. K. Klanfer: Kolloidchem. Beih. **31**, 149 (1930).
Seymour-Jones, A.: Collegium **1912**, 622.
Stiasny, E. (*1*): Collegium **1924**, 96; (*2*): Collegium **1908**, 337.
Theis, E. R. u. A. W. Goetz (*1*): J. A. L. C. A. **26**, 505 (1931); (*2*): J. A. L. C. A. **27**, 109 (1932); (*3*): J. A. L. C. A. **27**, 570 (1932); (*4*): J. A. L. C. A. **28**, 193 (1933).
Theis, E. R. u. E. J. Schafferl (*1*): Journ. Tech. Assoc. Fur Ind. **7**, 55 (1936); (*2*): Journ. Techn. Assoc. Fur Ind **7**, 67 (1936).
Theis, E. R. u. E. J. Serfass (*1*): J. A. L. C. A. **30**, 166 (1935); (*2*): J. A. L. C. A. **30**, 235 (1935).
Weber, H. H.: Biochem. Ztschr. **218**, 1 (1930).
Weber, H. H. u. D. Nachmannsohn: Biochem. Ztschr. **204**, 215 (1929).
Wilson, J. A.: Die Chemie der Lederfabrikation. 2. Aufl. Wien: Julius Springer 1930.
Wilson, J. A. u. W. H. Wilson: Journ. Amer. chem. Soc. **40**, 886 (1918).
Winetzkaja, E. I.: Russ. Led.-Ber. **1934**, 77; n. Referat Collegium **1937**, 57.

Drittes Kapitel.

# Die Nebenprodukte der Wasserwerkstatt und ihre Verwertung.

## A. Leimleder.

Von **E. A. Bohne**, Weinheim.

### I. Herstellung, Beurteilung und Verwendung von Leim.

Mit Leimleder, das in den Gerbereien als Nebenprodukt anfällt und das weder Leim noch Leder ist, bezeichnet man alle leimgebenden Teile von Häuten und Fellen, die für Gerbzwecke wenig oder gar nicht geeignet sind, so Köpfe, Füße und Bauchteile (Schnitzel, Abschnitte), Schwänze, maschinell oder mit der Hand abgeschabte Fleisch- und Bindehautgewebeteile (maschinengeschorenes, handgeschorenes Leimleder), Spaltabfälle und Sehnen. Diese Teile fallen trocken, naß gesalzen, grün oder gekalkt an, je nach der Werkstatt, in der sie abgeschnitten werden. Soweit Köpfe, Füße und Schwänze nicht schon von der gesalzenen Haut abgeschnitten sind, werden sie nach der Weiche entfernt, wo auch das auf der Unterseite der Haut befindliche Bindehautgewebe meist maschinell durch Messerwalzen abgeschabt wird (Streckfleisch). Bei Köpfen von schweren Häuten werden oft nur Ohren und Schnauzen ausgeschnitten, während Backen und Stirnen mitgegerbt werden. Schwere Häute werden mit Scherdegen auf Scherböcken entfleischt. Das hier anfallende handgeschorene Leimleder ist ebenso wie das an der Spaltmaschine anfallende Spaltleimleder für Leimzwecke besonders wertvoll, weil es zum großen Teil aus reinen Kernteilen besteht.

Während Köpfe und Beine von schweren Häuten, Schwänze, Streckfleisch, hand- und maschinengeschorenes Leimleder zur Leimgewinnung dienen, werden Köpfe und Beine von Kälbern und Jungvieh und Spalt auf Gelatine verarbeitet.

Seit kurzem verwendet man Leimleder noch zur Herstellung von künstlichen Wursthüllen und künstlichem Roßhaar (siehe auch S. 338).

Da das Leimleder, soweit es nicht trocken oder gut gesalzen ist, leicht verdirbt und in Zersetzung übergeht, wird es so schnell als möglich konserviert, was am einfachsten und zweckmäßigsten mit verdünnter Kalkmilch geschieht. Neben der Konservierung spielt der Kalk noch eine wesentliche Rolle bei der Aufarbeitung, da er, infolge seiner Eigenschaft, bei mäßiger Quellung die Eiweißsubstanz schwach hydrolytisch aufzuspalten, die notwendige Reife des Materials herbeiführt.

Eine gute und früher viel geübte Konservierungsart ist das Trocknen, die aber den Nachteil hat, daß das Leimleder durch die Trockenkosten unnötig verteuert wird und in den Leimfabriken viel Grubenraum blockiert, da es zum Aufweichen lange Zeit benötigt.

Eine Konservierung mit Desinfektionsmitteln ist nicht zu empfehlen, da diese Mittel sehr teuer sind und meist eine angerbende Wirkung haben, wodurch die Hautteile einen lederähnlichen Charakter bekommen und sich beim späteren Kochprozeß schlecht oder gar nicht auflösen.

Wie oben schon gesagt, hat es sich am besten bewährt, das Leimleder in verdünnter Kalkmilch, und zwar in Gruben schwimmend, aufzubewahren. Zur Herstellung der Kalkmilch nehme man keinen Graukalk, der bis zu 50% Verunreinigungen enthält (Magnesiumcarbonat und Silikate), sondern aus reinem Kalkstein hergestellten Weißkalk, der mit nicht mehr als 5% Verunreinigungen erhältlich ist. Mit einer mehrfachen Menge seines Gewichtes wird der Kalk mit Wasser gelöscht, wobei er unter starker Wärmeentwicklung zerfällt. Die so entstandene Kalkmilch wird durchgesiebt, wobei Sand, Steine und ungelöschte Kalkstückchen zurückgehalten werden.

Soweit Leimlederteile, Köpfe, Beine, Schwänze und Bauchteile von der Rohhaut abgeschnitten sind, werden sie durch einen Äscherprozeß enthaart. Die hierbei anfallenden Haare (siehe Abschnitt „Verwertung von Haaren", S. 339) werden den Spinnereien bzw. Filzfabriken zugeführt.

Das Einkalken des Leimleders wird meist so gehandhabt, daß eine Schicht Leimleder in die Grube geworfen und mit Kalkmilch von ca. $2^0$ Bé (entspricht ca. 15 g CaO im Liter) übergossen wird. Es folgt wieder eine Schicht Leimleder, wieder Kalkmilch und so fort, bis die Grube gefüllt ist. Die oberste Leimlederschicht soll unter Wasser sein, weil herausragende Teile austrocknen oder anfaulen und sich durch die Einwirkung der Kohlensäure der Luft mit Calciumcarbonat überziehen, das die Poren verschließt und den späteren Auswaschprozeß unnötig in die Länge zieht.

Bei dem Einkalkungsprozeß wird es vorkommen, daß einzelne Leimlederstücke mit wenig oder gar keinem Kalk in Berührung gekommen sind und Herde für Zersetzungserscheinungen bilden, daß weiter durch Aufnahme des Kalkes durch die Haut kalkarme oder kalklose „Kalkmilch" entsteht. Man kalkt deshalb nach ca. 8 Tagen die Grube in derselben Weise, wie oben beschrieben, in eine andere Grube um, wobei der obere Teil der alten Grube zu unterst in der neuen Grube zu liegen kommt. Es wäre falsch, an Kalk zu sparen, da die Kalkbrühen nur gesättigt bleiben, wenn sich die durch die Haut aufgenommenen Kalkmengen aus ungelöstem Kalk ergänzen können.

Die Gruben sind am zweckmäßigsten in gedeckten Hallen zu errichten, wo sie nicht der direkten Sonnenbestrahlung ausgesetzt sind und wo sie auch im Winter temperiert bleiben. Nach Möglichkeit sollte die Temperatur in den Gruben Sommer wie Winter ca. $18^0$ C betragen.

Die gewachsene Bindegewebesubstanz von Haut, Sehnen, Knochen und Knorpeln wird als Kollagen bezeichnet. Leim und Gelatine bestehen in der Hauptsache aus Glutin und Chondrin, wobei Glutin das Verkochungsprodukt von Haut-, Knochen- und Sehnenkollagen, Chondrin das Verkochungsprodukt von Knorpel darstellt.

In der Natur kommt Leim nicht vor. Er entsteht erst durch Kochen der oben genannten leimgebenden Teile der tierischen Haut. Das Vorhandensein leimgebender Substanz ist sicherlich rein zufällig erkannt worden. Man wird bei der Zubereitung fleischlicher Nahrung bemerkt haben, daß erkaltete Fleischbrühen eine klebrige Gallerte bildeten, die als Klebemittel zu verwenden war.

Der Leim war bereits den alten Ägyptern bekannt. Neben Stücken aus Leder wurde Leim in altägyptischen Gräbern gefunden. Auf einer Skulptur aus der Zeit des mittleren Reiches (2100 bis 1580 v. Chr.), das die Herstellung von Furnieren (siehe auch S. 326) darstellt, ist der Leimtopf auf offenem Feuer zu sehen. Daß es im Mittelalter und zur Zeit der Renaissance guten Leim gegeben hat, beweisen die aus dieser Zeit stammenden Möbel und Holzinstrumente.

Während sich die handwerksmäßige Leimherstellung um das Jahr 1700 nachweisen läßt, wird Leim und Gelatine industriell erst von der Mitte des 19. Jahrhunderts an hergestellt. Anfangs hielt man sich nur an die von den Vätern übernommenen, empirisch erkannten Verfahren. Erst in neuerer Zeit hat sich die Chemie auch dieses Gebietes angenommen, hat lang Erkanntes erklärt und neue Wege gewiesen. So erst wurde es möglich, den hohen Anforderungen, die heute an Leim und Gelatine, besonders an Emulsionsgelatine (siehe auch S. 334), gestellt werden, gerecht zu werden (O. Gerngroß und E. Goebel, S. 124ff.).

Das in den Gerbereien in oben beschriebener Weise behandelte Material kommt — naß gekalkt oder trocken — in die Leimfabrik. Trockenes Leimleder wird einige Tage in Wasser geweicht und dann mit Kalkmilch eingekalkt. Das gekalkte Material muß nun so lange im Kalk liegen, bis es reif ist. Reifes Material hat eine glasige, blauviolette Schnittfläche. Die Dauer des Reifprozesses richtet sich nach der Art und der Vorbehandlung des Materials. Trockenes Material braucht fast die doppelte Zeit als ein Material, das nicht getrocknet war. Dicke Stücke benötigen längere Zeit als dünne, dichtgewachsene Kernstücke längere Zeit als lockere Flämenstücke. Da es nicht möglich ist, in der Leimfabrik eine Sortierung auf dick und dünn vorzunehmen, schneiden einige Leimfabriken das eingehende Material auf einer Schneidemaschine in gleichmäßige Stücke. Es ist notwendig, den richtigen Reifegrad zu erkennen, da das Verkochen eines überreifen Materials mit Substanzverlust verbunden ist. Infolge der Verschiedenheit der eingekalkten Stücke — die auch durch die Schneidemaschine nicht ganz aufgehoben werden kann — wird man sich auf einen mittleren Reifegrad festlegen müssen.

Abb. 96. Waschholländer (Max Friedrich, Zwickau).

Beim Kalkungsprozeß wird die Unterhaut von der Lederhaut getrennt, die Fleischteile der Unterhaut werden zersetzt, die Fette zum Teil in unlösliche Calciumfettseifen verwandelt, die beim späteren Siedeprozeß leicht von der Leimbrühe abgeschöpft werden können. Das Fasergefüge der Lederhaut wird durch das Eindringen des Kalkes in die Haut und die dann entstehende Quellung durch Calciumhydroxyd gelockert. Man nimmt an, daß in der Lederhaut eine gebundene und eine kapillare Kalkaufnahme stattfindet, woraus sich zum Teil auch die Schwierigkeit einer vollständigen Entkalkung beim Auswaschen erklärt. Entsprechend der Entfernung des Kalkes aus den äußeren Schichten diffundiert der kapillare Kalkgehalt nur langsam in die Flotte.

Hat das Leimgut den richtigen Reifegrad erreicht, so wird es in Waschholländern (Abb. 96) gewaschen, wobei Kalk und wasserlösliche Verbindungen entfernt werden.

Die Waschholländer sind bis zu 15 t Material fassende Holz-, Eisen- oder Betontröge, in denen das Wasser mit dem eingebrachten Leimgut durch Schaufelräder in rotierende Bewegung versetzt wird. Ein Siebboden mit einer Ablaufvorrichtung ermöglicht es, daß das Schmutzwasser in demselben Maße ablaufen kann, wie frisches Wasser zuläuft. Bei reichlichem Wasserzulauf ist es möglich, das Leimgut in 12 Stunden so zu reinigen, daß es neutral ist.

Das Leimleder soll soweit ausgewaschen sein, daß es im Schnitt nicht mehr von Phenolphtalein rot gefärbt wird. E. Goebel hat durch Versuche festgestellt, daß ein guter Leim nach dem Eindampfen ein $p_H$ von 6,9 bis 7,3 haben soll.

Der $p_H$-Wert der uneingedämpften Brühen liegt etwas höher, weil in ihnen noch Calciumcarbonat vorhanden ist, das beim Eindampfen ausfällt.

Beim Waschen des Leimleders wird das hohe Anfangs-$p_H$ des Waschwassers schnell bis auf $p_H$ 8 zurückgehen. Die jetzt einsetzende Entkalkung der Kapillaren geht weit langsamer vor sich und ist erst beendet, wenn der $p_H$-Wert des ablaufenden und des zulaufenden Wassers derselbe ist.

Ist es infolge harten oder kalkhaltigen Wassers nicht möglich, das Leimgut neutral ($p_H = 7$) zu stellen, so setzen einige Leimfabriken dem letzten Waschwasser Säure zu. Besondere Vorsicht ist hier geboten, da die bei einem Säureüberschuß eintretende Säurequellung der Hautteile, die man an ihrem glasigen Aussehen leicht feststellen kann, eine niedrige Viskosität des Leimes hervorruft. Außerdem ist damit noch ein Substanzabbau verbunden, der bei reifem Material verhältnismäßig groß sein kann.

Nach dem Waschen wird das Leimleder in eiserne Siedekessel gebracht, wo die eigentliche Umwandlung des Kollagens in Glutin vor sich geht. Das Rohkollagen wird bei einer bestimmten Temperatur, die von der Festigkeit des Gewebes abhängig ist und zwischen 60 bis 70° C liegt, unter einer erheblichen Faserverkürzung verleimt. Diesen Vorgang nennt man Schrumpfung oder Schnurrung. Es ist nicht möglich, das verleimte Kollagen in das ursprüngliche Kollagen zurückzuverwandeln. Andererseits ist das geschrumpfte Kollagen noch keine Gelatine, da die Faserelemente auch im geschrumpften Zustand einen inneren Zusammenhang haben. Das geschrumpfte Kollagen ist also ebenso wie das native Kollagen ein unlöslicher Körper. Durch die für die Sudreifmachung notwendige Kalkung wird nicht nur der Temperaturpunkt der Verleimung herabgesetzt, sondern der innere Zusammenhang zwischen den Hautfasermizellen auch so stark gelockert, daß durch die beim Verleimen erfolgende Deformationsenergie der Zusammenhang zwischen den Mizellen aufgehoben wird und die Mizellen in Lösung gehen.

Auf diese Weise wird die Gelatine bei der Verleimung des sudreifen Kollagens „ausgeschmolzen".

Der Verleimungspunkt ist ein echter Schmelzpunkt und zeigt auch thermodynamisch die besonderen Eigentümlichkeiten eines Schmelzpunktes. Alles Nähere siehe im Abschnitt „Physikalische Chemie der Hautsubstanz", Band I, 1. Teil.

In früheren Zeiten wurden die Kessel direkt befeuert und innen mit Stroh ausgelegt, um eine zu große Erhitzung und damit ein Anbrennen des Leimgutes zu vermeiden. Der so gewonnene Leim war dunkel, oft von Stroh angefärbt und von schlechter Qualität. In neuerer Zeit heizt man die Kessel mit direktem oder indirektem Dampf, wodurch eine gleichmäßige, leicht regulierbare Beheizung ermöglicht ist.

Die offenen, 5 bis 10 t Leimgut fassenden Kessel sind ein- oder doppelwandig. Erstere werden mit einer Dampfschlange beheizt, die sich auf dem Boden des Kessels befindet. Ein darüberliegender Siebboden verhindert, daß das Leimgut in direkte Berührung mit den Heizrohren kommt. An der tiefsten Stelle des Kessels ist ein Abflußrohr angebracht, durch das die Leimbrühen abfließen können.

Zur Beschleunigung der Extraktion und um ein Kochen bei der Extraktion zu vermeiden, versieht die Firma Hch. Schirm die von ihr gebauten Kochkessel (Abb. 97) mit Zirkulationspumpen, die die Leimbrühe in lebhafter Bewegung erhalten. Hierdurch wird bei niedriger Temperatur eine rasche Extraktion der Leimbrühe und allerbeste Qualität des Leimes erzielt.

Werden die Kessel für die Gewinnung feinster Gelatine angewandt, so werden dieselben entweder aus Kupfer oder aus Eisen, verzinnt, hergestellt. Die Kessel werden in verschiedenen Größen gebaut, je nach der gewünschten Leistungsfähigkeit.

Um das Material zu schonen, macht man mehrere Abzüge, meist 3 bis 5, mit einer Konzentration von ca. 10%. Während der erste Abzug bei ca. 75° C (bei Gelatine bei 50 bis 55° C) gemacht wird, wird bei den folgenden die Temperatur jeweils um ca. 6° C gesteigert. Der letzte Abzug wird bei 100° C vorgenommen. Die einzelnen Abzüge werden vor dem Erkalten vermischt, sofern nicht erste Abzüge zur Herstellung von technischer Gelatine (Colle) verwendet werden.

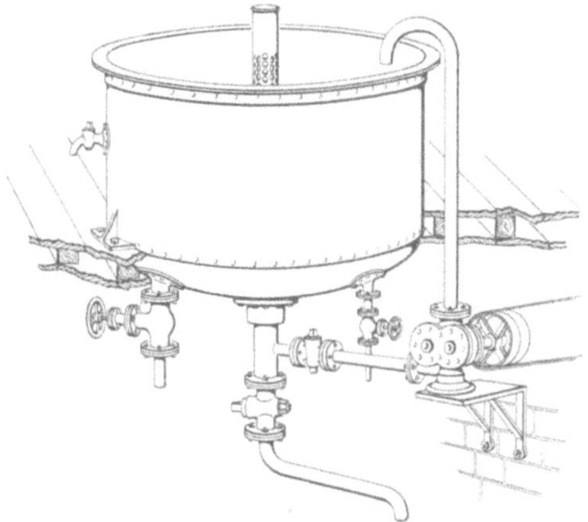

Abb. 97. Leim-Kochkessel.

Soweit Brühen noch geringe Alkalität aufweisen, soll man lieber nicht versuchen, mit schwachen Säuren zu neutralisieren, wie es in einigen Lehrbüchern vorgeschlagen wird. Durch die Neutralisation beseitigt man wohl die Alkalität und mit ihr auch die beste Konservierung, die es für Leimbrühe gibt, man beseitigt aber nicht die mit der Alkalität verbundenen Nachteile (niedrigere Viskosität usw.).

Das auf den Brühen schwimmende Fett wird vor dem Abzug abgeschöpft, die Rückstände auf Fett und Düngemittel verarbeitet. Die Fettgewinnung spielt in der Kalkulation des Leimes eine nicht zu unterschätzende Rolle. Während man früher auf eine Entfettung, besonders der Rückstände, keinen Wert legte, ist sie bei Ländern, die Fett importieren müssen, nicht nur aus kalkulatorischen, sondern auch aus volkswirtschaftlichen Gründen eine Notwendigkeit.

Man unterscheidet drei Sorten von Fetten: Schöpffett, Aufschließfett und Extraktionsfett.

Das Schöpffett wird, wie schon der Name sagt, von den heißen Brühen abgeschöpft. Man behandelt es bei ca. 80° C mit verdünnter Salzsäure. Hierbei fallen die Schmutzteile als noch etwas fetthaltiger Schlamm aus, der zur weiteren Entfettung den Kesselrückständen beigegeben wird. Diese werden mit verdünnter Salzsäure oder Schwefelsäure erwärmt, wobei man durch Aufschließen der Kalkseifen das Aufschließfett erhält. Schöpffett und Aufschließfett ergeben mit Kaliumbichromat behandelt, ein helles, fast geruchloses Fett.

Der nach dem Aufschließen der Rückstände verbleibende Schlamm enthält noch größere Mengen Fett, die mit Fettlösungsmitteln, meist Benzin, extrahiert werden. Dieses dunkle, übelriechende Extraktionsfett enthält, ebenso wie das Aufschließfett, noch 50 bis 60% Fettsäure, während das Schöpffett nur wenige Prozent davon enthält. Die drei Fettsorten finden Verwendung in der Seifenindustrie bzw. zur Herstellung von Stearin und Olein. Die Extraktionsrückstände werden zu Dünger verarbeitet.

Um dem fertigen Leim ein helles, durchsichtiges Aussehen zu geben, werden die Brühen geklärt und gebleicht. Das Absitzenlassen der Fremdstoffe genügt nicht, um einen klaren, transparenten Leim zu erhalten. Die in den Brühen befindlichen festen Stoffe sind äußerst fein verteilt und setzen sich nur sehr schwer ab. Neben mechanischen Filtern, wie Tüchern, Papiermassen, Knochenkohle, wird man sich zur Klärung auch chemischer Reaktionen bedienen müssen. Die Fällmittel (z. B. Kalkmilch und Alaun) müssen bei Temperaturen über 54° C zugesetzt werden, da die Fällmittel nur bei diesen hohen Temperaturen grobflockig ausfallen und hierdurch beim Absinken die Verunreinigungen mitreißen. Sind die Brühen noch heiß und die Fällmittel richtig bemessen, so setzt sich der dickflockige Niederschlag schnell ab.

Die mit Alaun behandelten Brühen geben einen Leim von hoher Viskosität, der allerdings den Nachteil hat, sehr schnell abzubauen.

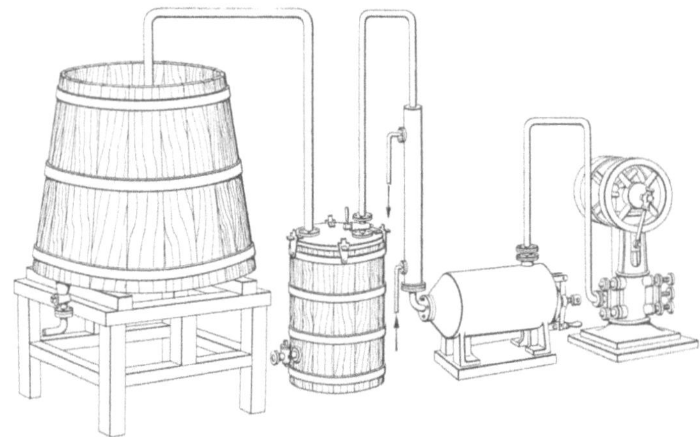

Abb. 98. Anlage zum Bleichen der Leimbrühen.

Ziegen- und Schafleimleder geben dem Leim eine milchige Trübung, die sich auch durch Klären nicht beseitigen läßt.

Das Bleichen der Brühen erfolgt — vor oder nach dem Eindampfen — entweder durch Oxydation mit Wasserstoffsuperoxyd, Kaliumpermanganat oder durch Reduktion mit schwefliger Säure oder Blankit (Abb. 98).

Zur Herstellung von Tafelleim benötigt man eine nach dem Erkalten der Brühe schneidfähig gewordene Gallerte, die sich aus den Abzügen mit ca. 10% Leimtrockensubstanz nicht bilden kann. Es ist deshalb notwendig, die Brühen auf 25 bis 30% einzudampfen.

Das Eindampfen wurde früher in offenen Kesseln vorgenommen. Da die Leime hierbei infolge der langdauernden Erhitzung bei hohen Temperaturen eine Verminderung der Viskosität und der Gallertfestigkeit erfahren, ging man dazu über, die Verdampfung im Vakuum vorzunehmen, wo Temperaturen von 40 bis 50° C notwendig sind. Je niedriger die Temperatur, um so besser wird der Leim und um so weniger Heizmaterial wird benötigt.

Verdampfungsapparate sind große Wärmeverbraucher, doch besteht die Möglichkeit, durch mehrstufige Dampfausnutzung, Brüdenkompression und Anordnung von Vorwärmern bis zu 80% gegenüber einfacher Verdampfung zu ersparen. Durch die Anwendung von Vakuum erzielt man keine wesentliche Dampfersparnis, sie ist aber meist erforderlich, um niedrig gespannten Dampf

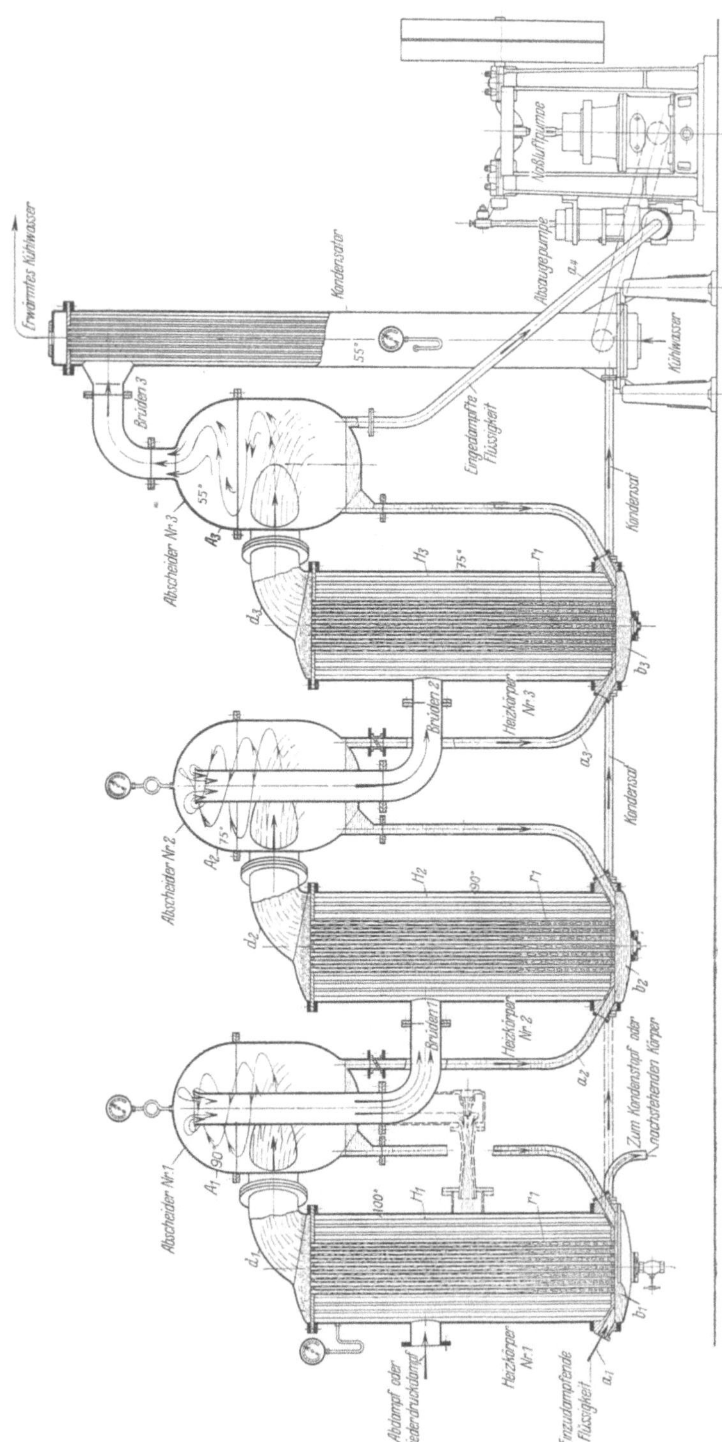


Abb. 99. Dreikörper-Vakuumverdampfer (Wilh. Wiegand, Merseburg).

mehrstufig oder durch Brüdenkompression ausnutzen zu können und das Produkt nicht zu schädigen.

Die in der Leimindustrie verwendeten Verdampfungsapparate sind in Konstruktion und Ausführung sehr mannigfaltig. Sie unterscheiden sich durch die Form, die Art der Beheizung und der Kondensation u. a. m.

Wir führen hier zwei der bekanntesten Vakuumverdampfer auf, von den Firmen Wilh. Wiegand, Merseburg, und Hch. Schirm, Leipzig-Plagwitz.

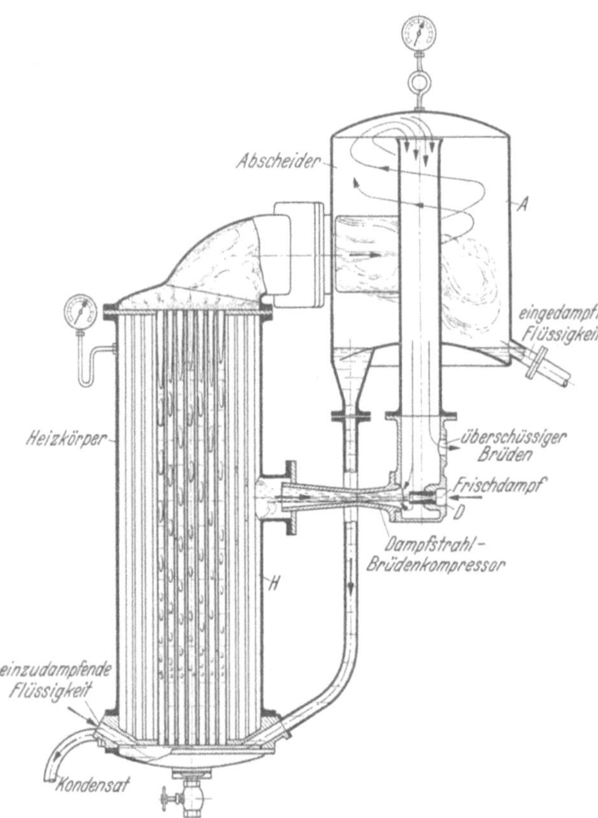


Abb. 100. Brüdenkompression (Wilh. Wiegand, Merseburg).

Bei dem Wiegand-Verdampfer (Abb. 99) erfolgt die mehrstufige Dampfausnutzung in der Weise, daß der in einem Verdampfkörper entwickelte Brüden zur Beheizung eines zweiten Körpers benutzt wird. Bedingung ist dabei, daß der zweite Körper in seinem Siederaum unter geringerem Druck (oder höherem Vakuum) steht als der erste, weil der Heizdampf oder Heizbrüden höhere Temperatur und damit höheren Druck haben muß als der Siederaum. Der Brüden des zweiten kann dann wieder zur Beheizung eines dritten Körpers benutzt werden und so fort. Im nachstehenden ist am Durchschnitt eines kontinuierlich arbeitenden Apparates die Arbeitsweise erklärt. Die angegebenen Temperaturen sind nur zum leichteren Verständnis eingesetzt und sind je nach den vorliegenden Verhältnissen verschieden. Die Siedetemperatur im letzten Körper wird durch die Kondensation bestimmt, die Temperatur im Heizraum des ersten durch den Druck des Heizdampfes, die übrigen stellen sich selbsttätig ein.

Nachdem der Apparat luftleer gesaugt ist, tritt bei $a_1$ die einzudampfende Flüssigkeit in den Doppelboden $b_1$ ein und steigt in den mit Dampf von $100^0$ umgebenen Röhren $r_1$ gleichmäßig hoch. Sie gerät ins Sieden und strömt mit dem gebildeten Brüden durch den Stutzen $d_1$ in den Abscheider $A_1$. Hier sinkt die Flüssigkeit zu Boden und steigt dann durch das Rohr $a_2$ in den Doppelboden und die Heizröhren des zweiten Körpers, während der $90^0$ C warme Brüden in den Heizraum $H_2$ strömt. Der Vorgang der Verdampfung wiederholt sich hier in gleicher Weise wie im ersten Körper, jedoch hat der Brüden hier nur noch $75^0$ C, und dann nochmals im dritten Körper mit Brüden von $55^0$ C, der dann nach dem Kondensator geleitet wird.

Auch bei der Brüdenkompression (Abb. 100) wird der aus der einzudampfenden Flüssigkeit entstehende Brüden ausgenutzt, und zwar in der Weise, daß er durch einen Kompressor, auch Wärmepumpe genannt, auf höheren

Druck und damit höhere Temperatur gebracht wird, so daß er erneut auch im gleichen Verdampfer Verdampfarbeit leisten kann. Als Kompressor dient meist ein Dampfstrahlbrüdenkompressor. Im nachstehenden ist die Arbeitsweise beschrieben.

Der Frischhampf tritt gespannt in die Laval-Düse *D* ein und als Strahl von großer Geschwindigkeit aus. Er reißt aus dem Abscheider *A* etwa das Doppelte seiner eigenen Menge an Brüden mit in den Heizraum *H*, so daß z. B. drei Teile Mischdampf in denselben gelangen (je nach der Spannung des Frischdampfes und den sonstigen Verhältnissen mehr oder weniger).

Der Heizdampf besteht also zu zwei Drittel aus kostenlosem Brüden: dementsprechend wird an Frischdampf gespart.

Der Brüden kann durch den Frischdampf nur um ein verhältnismäßig kleines Maß in seinem Druck und damit seiner Temperatur erhöht werden; die Heizflächentemperaturen sind daher niedrig, was für manche Stoffe von großem Vorteil ist, aber andererseits sind dadurch größere Heizflächen erforderlich.

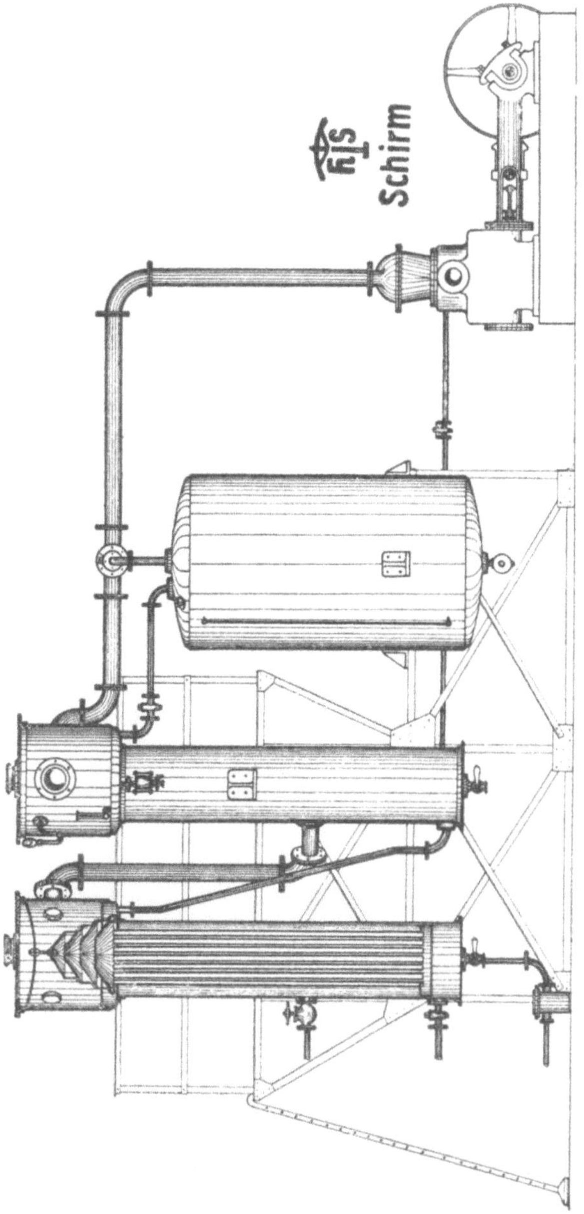

Abb. 101. Verdampfapparat, Zweifacheffektapparat (Hch. Schirm, Leipzig-Plagwitz).

Die Kosten für 1000 Liter Wasserverdampfung berechnet W i e g a n d für seine Apparate wie Tabelle 26 zeigt.

Welches Verdampfersystem angewendet werden kann, hängt zunächst von der Art der einzudampfenden Flüssigkeit und der erforderlichen Endkonzentration, dann von den Kosten, welche im Interesse der Wirtschaftlichkeit für den Apparat aufgewendet werden dürfen, und schließlich von den vorliegenden Dampfverhältnissen ab. Die oben angegebenen Zahlen können je nach der vorhandenen Dampfspannung und den sonstigen vorliegenden Verhältnissen günstiger oder ungünstiger werden.

Tabelle 26.

| | Dampf kg | Wasser m³ | Kraft PS/std. | RM |
|---|---|---|---|---|
| Einstufiger Vakuumverdampfer | 1100 | 25 | 5 | 5,65 |
| Einstufiger Vakuumverdampfer mit Brüdenkompression | 450 | 10 | 2 | 2,30 |
| Dreikörper-Vakuumverdampfer | 430 | 10 | 2 | 2,22 |
| Dreikörper-Vakuumverdampfer mit Brüdenkompression | 300 | 6,5 | 2 | 1,60 |
| Vierkörper-Vakuumverdampfer | 360 | 8 | 2 | 1,88 |
| Vierkörper-Vakuumverdampfer mit Brüdenkompression | 260 | 5,5 | 2 | 1,40 |

Die Verdampfapparate der Firma Schirm sind im Prinzip ähnlich gebaut. Für die Leimfabrikation empfiehlt die Firma die Zweifacheffektapparate, weil in diesen die Leimbrühe einer Überhitzung am wenigsten ausgesetzt ist. Abb. 101 zeigt einen Schnitt durch den Verdampfkörper.

Durch die Heizrohre hindurch wird die Leimbrühe gesaugt, während das Äußere der Rohre von dem Heizdampf umspült wird. Bei Eintritt der Leimbrühe in das Heizsystem kommt erstere ins Kochen. Die Leimbrühe fließt in die obere Sammelhaube, aus welcher die Brüden nach dem Heizsystem des zweiten Apparates und von diesem in den Kondensator entweichen.

In der Haube sammelt sich die konzentrierte Leimbrühe und fließt in den nächsten Verdampfkörper und aus diesem dann in den Sammelbehälter. Da die Leimbrühe beim Kochen unter Vakuum stark schäumt, sind die Sammelhauben der Verdampfkörper mit einer patentierten Einrichtung zur Beseitigung des Schaumes versehen. Die Einrichtung besteht aus dachförmig übereinander angeordneten Prellblechen, gegen welche die Leimbrühe geschleudert wird. Auf diese Prellflächen prallen die Schaumbläschen, platzen auf und tropfen als flüssige Leimbrühe zu Boden.

Zur Herstellung des Tafelleims läßt man die konzentrierte Leimbrühe — meist 30% — in verzinkte Eisenblechkästen (Abmessung ca. 70×20×12) laufen, die von kaltem Wasser umspült werden (Leimgießtisch, Abb. 102) oder in besonderen Kühlkammern aufgestellt sind. Nach 12 bis 24 Stunden — die Zeit richtet sich nach der Konzentration der Leimbrühe und nach der Art der Kühlung — ist die Gallerte so fest, daß sie aus den Behältern herausgenommen werden kann. Dies geschieht meist dadurch, daß man unter Zusatz von kaltem oder lauwarmem Wasser mit einem ⌐ geformten eisernen Leimlöser die Blöcke in den Kästen löst und diese dann umstülpt. Auf einer Leimschneidemaschine (Abb. 103), deren Messer — meist aus Bandstahl oder Messingbändern — verstellbar sind, werden die Gallertblöcke in Tafeln von 15 bis 30 mm Dicke geschnitten, die beim späteren Trocknen bis zu einem Drittel der ursprünglichen Stärke einschrumpfen.

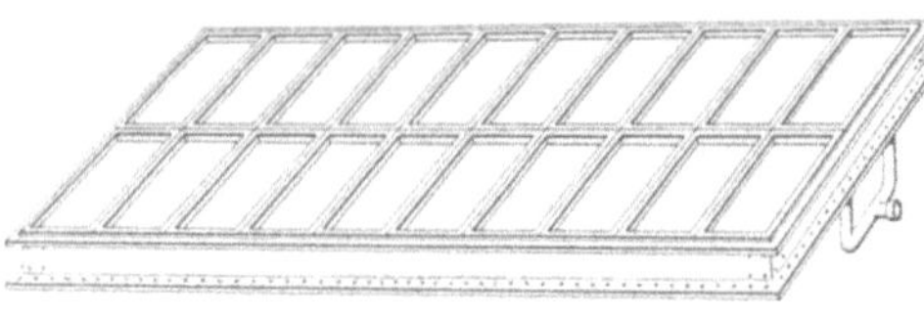

Abb. 102. Leimgießtisch.

Zur Trocknung werden die Gallerttafeln mit der Hand oder in größeren Betrieben maschinell auf Rahmen — Abmessung 2×1 m — aufgelegt, die mit einem Draht- oder Hanffadengeflecht bespannt sind. Mehrere Rahmen kommen auf einen Wagen (Hordenwagen, Abb. 104), der in einen Trockenkanal (Abb. 105) geschoben wird.

Das Trocknen des Leimgutes ist einer der wichtigsten Vorgänge bei der Leimbereitung, da hier durch ungeschickte Maßnahmen noch der beste Leim verdorben werden kann. Die Trocknung muß schnell erfolgen, um die Gallerte, die einen guten Nährboden für Bakterien bildet, vor Schimmelbildung und

Abb. 103. Leimschneidemaschine (Hch. Schirm, Leipzig-Plagwitz).

Fäulnis zu bewahren. Da die Gallerte bei Temperaturen über 30° C schmilzt, ist eine schnelle Trocknung mit Temperaturerhöhung allein nicht zu erreichen. Es muß deshalb noch für starken Luftwechsel gesorgt werden. In den Trockenkanälen strömt die erwärmte Luft den Hordenwagen entgegen. Die Wagen mit frischen Gallerttafeln werden an dem der Luftquelle entgegengesetzten Ende des Kanals eingeschoben. Damit wird erreicht, daß die frische Gallerte zuerst mit dem schon etwas abgekühlten Luftstrom in Berührung kommt und langsam bei zunehmender Trocknung an die Eintrittsstelle des Luftstromes heranrückt. Mit fortschreitender Trocknung vertragen die Tafeln höhere Temperaturen, da der Schmelzpunkt mit dem Trockengehalt der Tafeln steigt. Der Feuchtigkeitsgehalt der den Trockenkanälen zugeführten angewärmten Außenluft ist abhängig von dem Feuchtigkeitsgehalt der Außenluft, der an warmen Sommertagen sehr

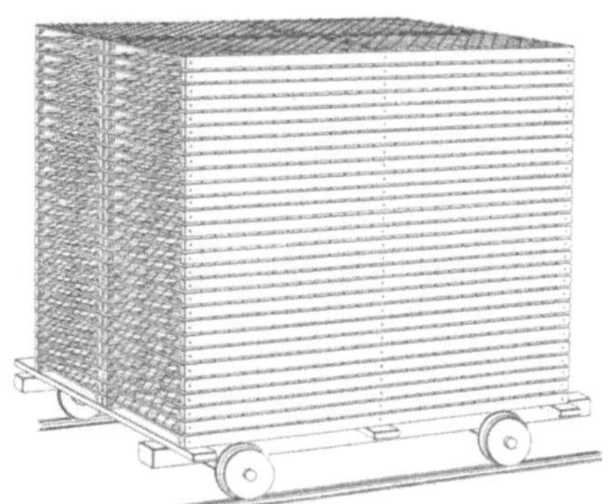

Abb. 104. Hordenwagen (Hch. Schirm, Leipzig-Plagwitz).

hoch sein kann. Da deshalb der Luftstrom aus den Tafeln nicht mehr viel Feuchtigkeit aufnehmen kann, geht im Sommer die Trocknung verhältnismäßig langsam vor sich, so daß die Gefahr des Verderbens in dieser Zeit besonders groß ist. Um diesem Übelstand zu begegnen, trocknen einige Firmen die Luft, ehe sie in den Kanal eintritt. Die Luft wird zuerst stark abgekühlt, wobei sie ihre Feuchtigkeit abgibt, und nachher wieder angewärmt.

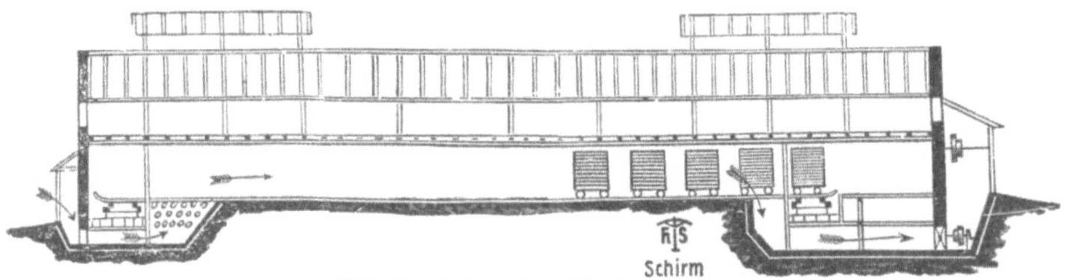


Abb. 105. Anlage eines Trockenkanals.

Bei der Anlage von Trockenanlagen ist auf die richtige Anordnung derselben, richtige Dimensionierung der Kanäle, der Heizkörper und der Ventilatoren besondere Rücksicht zu nehmen; nur dann kann eine rationelle, schnelle und billige Trocknung des Leimes gewährleistet werden.

In den Trockenkanälen werden die Tafeln bis zur handelsüblichen Trockenheit (ca. 15% Wasser) getrocknet. Eine weitere Trocknung würde sich nachteilig auf die Güte des Leimes auswirken und wäre auch zwecklos, da die Tafeln bei der Lagerung wieder Feuchtigkeit aus der Luft aufnehmen.

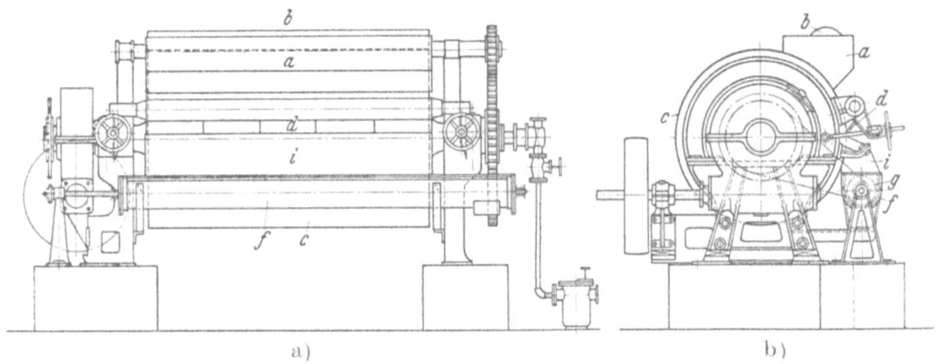


Abb. 106 a und b. Großflächenwalzentrockner (Max Oschatz, Dresden).

Außer in Tafeln kommt der Leim noch als Kristall- und Brockenleim, in Pulverform, als Flocken, Perlen und Flakes in den Handel.

Der Kristalleim hat den großen Vorzug, daß die einzelnen kristallähnlichen Stückchen porös sind und deshalb eine große Angriffsfläche für das Quellwasser bieten. Daher ist nach einer halben Stunde Weichzeit die Leimbrühe gebrauchsfertig.

Das Leimpulver kann aus zerbrochenen oder unansehnlichen Leimtafeln, die in Schlagkreuzmühlen grob- bis feinkörnig gemahlen werden, oder unmittelbar aus der Leimbrühe hergestellt werden. Bei diesem Verfahren wird die Leimbrühe auf einen geheizten Metallzylinder aufgebracht. Seine Dimensionen und die Konzentration der Brühe müssen so gewählt sein, daß nach dreiviertel Umdrehung die aufgebrachte Brühe getrocknet ist. Das Aufbringen der Brühe kann auf mehrere Arten erfolgen:

1. Der Zylinder taucht in die Brühe ein und nimmt bei der Drehung die Brühe mit.
2. Die Brühe wird von einer Auftragwalze aufgenommen und von dieser auf den Zylinder übertragen.
3. Die Brühe wird durch eine besondere Ablaufvorrichtung auf den Zylinder aufgebracht.
4. Die Brühe wird mit Düsen verstäubt auf den Zylinder aufgebracht.

Der von dem Zylinder abfallende trockene Leim ist sehr porös und wird in einer Mühle zu einem feinen Pulver vermahlen.

Abb. 106a und 106b zeigen im Schnitt den Großflächen-Walzentrockner der Firma Max Oschatz, Dresden.

Die Trockenwalze *c* wird mit Dampf beheizt. Das Naßprodukt wird dem Auftragrahmen *a* zugeführt und durch die Auftragwalze *b* besonderer Bauweise auf die Trockenwalze *c* in dünner Schicht aufgetragen. Die Trocknung erfolgt während einer Umdrehung der Trockenwalze *c*. Das Trockengut wird kontinuierlich durch Messer *d* abgelöst, fällt in die Sammelmulde *f* und wird durch Förderschnecke *g* nach dem Auslauf transportiert. Zwischen Sammelmulde *f* und Messern *d* ist eine Staubklappe *i* angeordnet.

Ein noch feinkörnigeres Leimpulver erhält man, wenn man Leimbrühe in einem heißen Luftstrom zerstäubt, wobei das jedem Stäubchen anhaftende Wasser verdampft und der Leim als äußerst feinkörniges Pulver ausfällt.

Perlleim entsteht dadurch, daß man Leimbrühen durch Tropfvorrichtungen in Benzin, Benzol, Trichloräthylen, Tetrachlorkohlenstoff, Schwefelkohlenstoff tropfen läßt, wobei die Leimtropfen in den kalten Lösungsmitteln schnell erstarren und so auf dem Boden der Gefäße nicht mehr zusammenfließen können.

Zur Herstellung von Flakes-Leim, der besonders in Amerika beliebt ist, bringt man Leimbrühen auf unendliche Metall- oder Gummibänder. Die nach dem Trocknen entstehenden dünnen Leimplatten werden zerkleinert und kommen in kleinen Stücken auf den Markt.

Die Leimindustrie hat diese verschiedenen Sorten auf den Markt gebracht, weil dem Tafelleim, wie aus dem folgenden ersichtlich ist, einige Mängel anhaften.

Die Weichzeit des Leimes ist von verschiedenen Umständen abhängig. Je nach Stärke der Tafeln und Temperatur des Weichwassers (= Raumtemperatur) beträgt sie 12 bis 48 Stunden. Die Temperatur ist möglichst niedrig zu halten. Nach dem Abgießen des von den Tafeln nicht aufgenommenen Wassers werden die Tafeln im Wasserbad auf 60 bis 70° C erwärmt. Da nach 24 Stunden die Quellfähigkeit des Leimes noch nicht beendet ist — er kann bis zum Sechsfachen seines Trockengewichtes Wasser aufnehmen — wird oft der Fehler gemacht, den Leim zu lange quellen zu lassen, was dann dünne Leimbrühen mit geringer Klebkraft gibt. Da die Gallerte einen günstigen Nährboden für Bakterien bildet, ist bei dem verhältnismäßig langen Quellvorgang, besonders im Sommer, die Gefahr des Verderbens groß, indem die Bakterien in kürzester Zeit den Leim abbauen. Ein weiterer Nachteil der langen Quellzeit ist der, daß viele Betriebe, weil die benötigte Menge schwer abzuschätzen ist, mehr Leim einweichen, als später gebraucht wird, wodurch ein Teil dann verloren geht.

Diese Mängel, zu denen noch die Sperrigkeit beim Verpacken kommt, gibt es nicht bei den zerkleinerten Leimen, deren Quellfähigkeit so hoch ist, daß man in kürzester Zeit eine gebrauchsfertige Leimbrühe erhält.

Ein nicht zu unterschätzender Vorteil der Tafeln besteht darin, daß der Fachmann schon aus dem Äußeren bestimmte Schlüsse auf die Qualität ziehen kann. Bei den zerkleinerten Leimen ist dies nicht möglich. Je feiner die Korngröße ist, um so größer ist die Möglichkeit, daß minderwertige Qualitäten beigemengt sind.

Leimpulver backen leicht zusammen, wenn sie nicht ganz trocken gelagert werden.

Lederleime sind solche Leime, die aus Lederabfällen, Falzspänen und Beschneideabfällen hergestellt werden. Ehe man es verstand, diese Abfälle bis auf einen geringen Prozentsatz Gerbmittel zu entgerben, waren die Leime durch ihre niedrige Viskosität minderwertig. Es gibt heute Fabriken, die aus diesem Ausgangsprodukt Leime herstellen, die dem besten Hautleim gleichwertig sind. Da die Abfälle reine Lederhaut darstellen, ist die Leimausbeute entsprechend hoch. Einige Fabriken haben sich ganz auf dieses Material eingestellt. Jede Fabrik hat ihr besonderes — „geheimes" — Verfahren der Entgerbung, das bei chromgaren Ledern im Prinzip darauf beruht, daß sich nach einer längeren Kalkbehandlung der Abfälle ein basisches Chromsalz bildet, das durch Zugabe von Säure in lösliche Bestandteile aufgespalten wird.

Während es keine Schwierigkeiten macht, chrom-, alaun- und fettgare Leder zu entgerben, hat die Entgerbung vegetabilisch gegerbter Leder bis jetzt zu keinem Ergebnis geführt, das industriell verwertet werden könnte.

Der Vollständigkeit halber sei hier noch als tierischer Leim der Fischleim und der Hausenblasenleim erwähnt. Ersterer wird aus Fischhäuten, Köpfen und Gräten hergestellt, der Hausenblasenleim aus der Schwimmblase einiger Störarten.

Als nichttierische Leime sind zu nennen: Vegetabilische Leime, Harz- und Kunstharzleime und Kautschukleime.

Leim wird verwendet in Tischlereien, in der Möbel- und Papierindustrie, im Instrumentenbau, in der chemischen, elektrischen und der Kunstseidenindustrie. Die vielen Verwendungsgebiete machen es erklärlich, daß es eine große Anzahl von Leimsorten gibt, da jedes Gebiet, wie aus folgendem ersichtlich ist, besondere Eigenschaften vom Leim verlangt.

Holzverarbeitende Industrie. Vor Auftragen des Leimes werden die zu leimenden Hölzer getrocknet und angewärmt, damit die Poren sich öffnen. Nach Auftragen des im Wasserbad auf 60 bis 70° C erwärmten Leimes, das in großen Betrieben mit Auftragwalzen geschieht, werden die geleimten Hölzer mit Pressen stark zusammengepreßt. Früher mußten sie ungefähr 20 Stunden unter Druck liegenbleiben. Heute werden dem Leim „Strecker", z. B. Kreide zugesetzt, die das Wasser aufsaugen und damit einen schnellen Abbindeprozeß ermöglichen. Bei glatten Werkstücken ist die Leimung nach einer halben Stunde erfolgt. In 7 Minuten ist der Prozeß schon beendet bei Benutzung von hydraulischen Pressen, die während der Pressung durch heißes Wasser erhitzt und gegen Ende derselben schnell abgekühlt werden.

Gut verleimtes Holz soll beim Auseinanderschlagen nicht in der geleimten Fläche, sondern in der Faser platzen. Die Bindekraft der Hautleime beträgt nach Methode Rudeloff (siehe unten) 80 bis 110 kg/cm$^2$.

Durch Aufleimen von dünn geschnittenen Edelholzblättern mit schöner Maserung auf Hölzer mit weniger schöner Maserung erhält man Furnierholz. Unter Sperrholz versteht man zwei oder mehr Lagen in der Faserrichtung kreuzweise verleimte Hölzer, die damit die Eigenschaft bekommen, bei Feuchtigkeits- oder Temperaturschwankungen nicht zu reißen, sich nicht zu werfen oder zu verziehen. Furnierholz wird in der Möbelindustrie, Sperrholz in Möbel- und Modelltischlereien und im Flugzeugbau verwendet.

Zur Leimung von Furnier- und Sperrholz besonders geeignet ist ein Verfahren, das sich eine deutsche Leimfabrik hat patentieren lassen (D. R. P. 593938) und das darin besteht, daß ein Gewebe als Träger für einen Leimfilm benutzt wird. Der Film wird passend geschnitten und dann auf Blindholz bzw. Sperrholz gelegt. Dann wird er mit einer weichen Bürste oder einem Schwamm mit kaltem oder lauwarmem Wasser gut und gleichmäßig angefeuchtet, das Furnier auf den Film gelegt und alles gepreßt. Die Vorteile liegen auf der Hand: Kein Einweichen und kein Kochen des Leimes, keine Verluste, da der Film nur so viel Leim enthält, wie zum Furnieren notwendig ist.

Leime mit besonders hoher Klebkraft werden im Klavierbau benötigt. Der aus mehreren verleimten Buchenhölzern hergestellte Stimmbock, auf dem die Saiten aufgespannt sind, unterliegt einer besonders hohen Zugbeanspruchung. Die Filze auf den Hämmerchen werden mit Mundleim aufgeklebt, einem Leim, dem Zucker zugesetzt ist, um ihn schmackhaft zu machen. Kleine, dünne Gallertblättchen dieses Leimes werden mit Speichel angefeuchtet und zum Kleben der Filze verwendet. Zum Kleben der weißen Elfenbeinblättchen auf die Tastatur kann nur ein heller Leim genommen werden, der die weiße Farbe des Elfenbeins nicht beeinträchtigt.

Bei der Bilderrahmenherstellung wird die aus Kreide und Zinkweiß gefertigte Grundierung durch Leim fixiert. Zum Grundieren wird meist der aus Hasennudeln hergestellte Hasenleim verwendet. Hasennudeln sind die nach dem Abscheren der Haare (in Hutmachereien) maschinell in feine Streifen geschnittenen Felle von Kaninchen und Hasen.

In der Zündholzindustrie wird die Zündmasse mit Leim versetzt, damit sie beim Eintauchen der Hölzer an diesen haften bleibt. Man verlangt hier einen Leim von hoher Viskosität, damit er bei dem langen Erwärmen der in den Tauchbehältern befindlichen Zündmasse nicht dünnflüssig wird, weiter einen Leim mit geringem Aschengehalt, d. h. frei von Salzen, welche die Zündmasse hygroskopisch machen, und frei von Säuren, die den Zündsatz angreifen würden.

Neben der Holzindustrie war früher die Papierindustrie der wichtigste Leimverbraucher. Eine Papiermasse ohne Leimzusatz gibt ein aufsaugefähiges Löschpapier. Um Papier zum Schreiben benutzen zu können, muß es mit Leim wasserundurchlässig gemacht werden, was einmal schon im Holländer oder erst später nach Herstellung der Bogen geschehen kann. In neuerer Zeit wird in den meisten papierherstellenden Betrieben statt des Leimes Harz und Kasein verwendet, die billiger sind, weil sie im Holländer fast restlos auf die Faser aufziehen, während der Leim zum größten Teil mit der Flotte weggeschwommen ist.

In der Tapeten- und Buntpapierfabrikation dient der Leim zum Fixieren des farbigen Anstrichs. Hier kann nur ein Leim verwendet werden, der die Farben nicht verändert.

Photographische Papiere (siehe auch unter Gelatine) werden vor Auftragen der Emulsion mit einer chemisch neutralen Grundierung versehen, die dem Papier einen höheren Glanz gibt und verhindert, daß die lichtempfindliche Schicht von dem Papier aufgesaugt wird. Das als Grundierung verwendete Bariumsulfat wird mit Leim gebunden, der hell, eisen- und säurefrei sein muß.

In der Schmirgel- und Sandpapierherstellung dient der Leim zum Festhalten des Schmirgels und Sandes auf der Unterlage. Mit Anleimmaschinen wird der Leim auf Spezialpapiere aufgetragen, Schmirgel oder Sand mit Streuvorrichtungen aufgebracht.

Bei der Metallverarbeitung werden Schmirgelscheiben verwendet, bei denen die Schmirgelmasse durch Leim gebunden ist.

Für Buchbinderzwecke kann zum Kleben der Bücherrücken und Einbanddeckel nur ein Leim Verwendung finden, der nicht spröde, sondern biegsam ist, was durch einen Zusatz von Glycerin erreicht wird. Weiter dürfen die hier verwendeten Leime die zum Einbinden verwendeten Papiere oder Leder nicht angreifen, sie müssen alkali- und säurefrei sein.

Weitere Verwendung finden Leime in der Kartonagenindustrie, zur Herstellung von Aktien- und Banknotenpapieren, von Kleberollen und Etiketten (Briefmarken).

In der Textilindustrie dient Leim zum Appretieren der Stoffe, die dadurch eine höhere Festigkeit, einen besseren Glanz und damit vorteilhaftes Aussehen erhalten. Auf diesem Gebiet ist allerdings der Leim zum großen Teil durch Kasein und Stärke verdrängt worden. Beim Schlichten der Garne verwendet man Leim, um sie glatt und geschmeidig zu machen. Um Gewebe wasserundurchlässig zu machen, werden sie mit Leim getränkt, der auf der Faser mit Fällmitteln, Formaldehyd, Alaun, Tannin u. a. gehärtet wird. Acetatseide kann nur gefärbt werden, wenn dem Farbbad Leim oder Gelatine zugesetzt wird (Dr. René Chavel, D.R.P. 355533/1920). In der Textilindustrie wird also der Leim nicht seiner Klebkraft, sondern anderer Eigenschaften wegen verwendet.

In Schuhfabriken benutzt man Leim zum Kleben der Brandsohlen, Schuheinlagen und Kappen, in der Kofferindustrie zum Kleben der Lederteile, des Innenfutters u. a. m. Ledertreibriemen werden miteinander verbunden, indem man die schräg geschnittenen Enden mit Riemenkitt, Leim mit 1 bis 2% Kolophonium, verleimt.

Um auf die Verwendung von Leim in der Gummi-, Elektro- und Glasindustrie einzugehen, fehlt hier der Raum.

Es werden verwendet:

Hochwertige Leime von Stukkateuren, in der Möbel-, Instrumenten-, Zündholz-, Bürsten-, Papier- und Schmirgelpapierindustrie und in Tischlereien.

Mittelwertige Leime in der Kartonagen-, Spielwaren-, Buntpapier- und Steifleinenindustrie.

Geringwertige Leime von Appreteuren und Tapezierern.

Nichtschäumende Leime in der Zündholz- und Kartonagenindustrie und bei Anleimungsmaschinen.

Schäumende Leime in der Leimwattefabrikation.

Schwefel- und fettfreie Leime für Buntpapiere.

Fettfreie Leime zur Herstellung von Schmirgelpapier.

Nach der Viskosität teilt man die Leime ein in:

| | | | |
|---|---|---|---|
| Ausleseleime . . . . . . . | Viskosität | 7—10 | Englergrade |
| sehr gute Ware . . . . . . | „ | 5— 7 | „ |
| gute Ware . . . . . . . . | „ | 4— 5 | „ |
| geringe Ware . . . . . . . | „ | 3— 4 | „ |
| schlechte Ware . . . . . . | „ | — 3 | „ |

Aus dem Vorhergehenden ist ersichtlich, daß jeder Fabrikationszweig einen besonderen Leim mit besonderen Eigenschaften verlangt, daß man also von der „Güte“ eines Leimes nicht sprechen sollte, da er für den einen Verwendungszweck gut, für den anderen weniger gut sein kann. Spricht man jedoch von einem guten Leim, so ist damit ein hochviskoser, säurefreier, gallertfester Leim gemeint.

Guter Leim soll geruchfrei sein. Helle Farbe ist kein Merkmal für besondere Güte, da helle Leime gebleicht sind und unter Umständen die Bleichmittel die Bindekraft herabsetzen können. Durchsichtigkeit ist ebenfalls kein Beweis für besondere Güte, sie ist lediglich ein Zeichen dafür, daß die Leime gut filtriert sind.

Finden sich Blasen im Leim, so kann es sich um bedeutungslose Luftblasen, aber auch um Blasen handeln, die von Zersetzungserscheinungen herrühren. Ein bedenkliches Zeichen ist es, wenn die Blasen nicht rund, sondern länglich oder anders geformt sind. Sticht man eine solche Blase auf, so wird man am Geruch feststellen können, wie wenig harmlos sie ist.

Die Bruchflächen von gutem Leim sind muschelig, nicht glatt. Guter Leim soll nach 24stündiger Quellung nicht zerfallen, das Einquellwasser nicht trüb sein.

Diese äußerlichen Merkmale geben nur Anhalte, genaue Ergebnisse kann man nur durch chemische Prüfung erhalten.

Da das Glutin Leim und Gelatine die wertvollen Eigenschaften verleiht, basieren sämtliche Prüfungsmethoden mehr oder weniger auf Bestimmung des Glutins.

Der Wassergehalt des Leimes soll in Deutschland nicht mehr als 17% betragen und bewegt sich bei Hauttafelleimen zwischen 14 und 17%, bei Knochentafelleimen zwischen 12 und 14%.

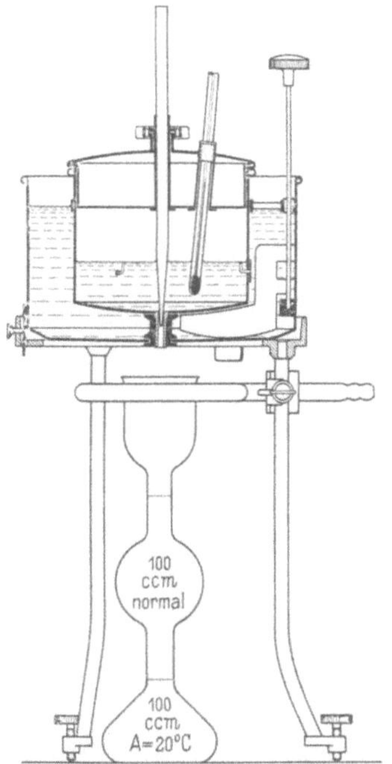


Abb. 107 a. Viskosimeter nach Engler.

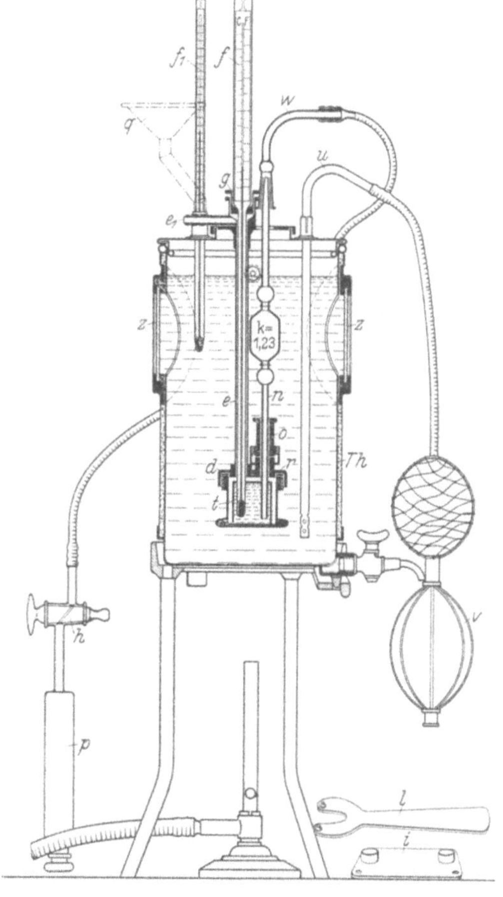


Abb. 107 b. Viskosimeter nach Vogel-Ossag.

*t* Aufnahmegefäß, *r* Schraubdeckel, *d* Dichtungsring, *e* Luftauslaßrohr, $e_1$ Rohrstück, *n* Kapillare mit zwei Marken, *o* Fassung für die Kapillare, *w* gebogenes Schlauchstück, *k* Meßvolumen, *p* Saugpumpe, *h* Dreiwegehahn, *f* Prüfgefäßthermometer, *g* Fassung zum Prüfgefäßthermometer, *i* unterer Schlüssel, *l* oberer Schlüssel, *Th* Thermostat, $f_1$ Badegefäßthermometer, *q* Trichter, *u* Luftrührer, *v* Doppelgebläse, *z* Schaugläser.

Da bei der Wassergehaltsbestimmung durch Trocknung der zu Pulver zerkleinerten Präparate oft Wasserverluste eintreten, bedient man sich besser der „Soltrocknung", die darin besteht, daß ein gewisses Quantum des zu untersuchenden Leimes in einer bestimmten Menge Wasser gelöst, in einer flachen Aluminiumschale zu einem sehr dünnen Film eingedampft und bei ca. 100° C getrocknet wird.

Mit Erfolg wird auch die Xylol-Destillationsmethode im Apparat nach Aufhäuser (D.R.P. 377057) angewendet.

Da Viskosität und Gelatinierungsgeschwindigkeit stark vom $p_H$ abhängig sind, ist eine Bestimmung der Wasserstoffionenkonzentration nötig.

Der $p_H$-Wert der Hautleime liegt meist zwischen 7 und 8 (Knochenleime zwischen 4,8 und 6). Gelatine soll möglichst neutral sein. Die Bestimmung erfolgt in etwa 1%iger Lösung.

Da, wie oben schon gesagt, das Glutin der wertvolle Bestandteil von Gelatine und Leim ist, könnte man das Glutin ausfällen und hätte in der ausgefallenen Menge einen Maßstab für die Güte des Objektes. W. Ostwald und R. Köhler schlagen eine Methode vor, die gute Dienste leistet. 5 g des Präparates werden in 50 ccm Wasser gelöst, mit 20 ccm einer 2-n-Sulfo-Salicylsäure-Lösung versetzt und auf 100 ccm aufgefüllt. Nach 2 Stunden bestimmt man bei 25° C die Fällungshöhe in Kubikzentimetern, die mit besserer Qualität der Gelatine zunimmt.

Man kann diese Methode anwenden, um Haut- und Knochenleim zu unterscheiden, da nach obigem Verfahren die Hautleime eine flüssige viskose Fällung mit darüberstehender klarer Flüssigkeit zeigen, während sich bei den Knochenleimen eine flockige voluminöse Fällung mit darüberstehender trüber Flüssigkeit ergibt.

Die Viskosität ist das Verhältnis der Geschwindigkeit des aus dem Viskosimeter bei einer bestimmten Temperatur herauslaufenden Kollagens zu der des aus demselben Apparat bei gleichen Bedingungen ausfließenden destillierten Wassers.

Im allgemeinen sind die Viskosimeter nach Engler und Vogel-Ossag im Gebrauch (Abb. 107a und 107b).

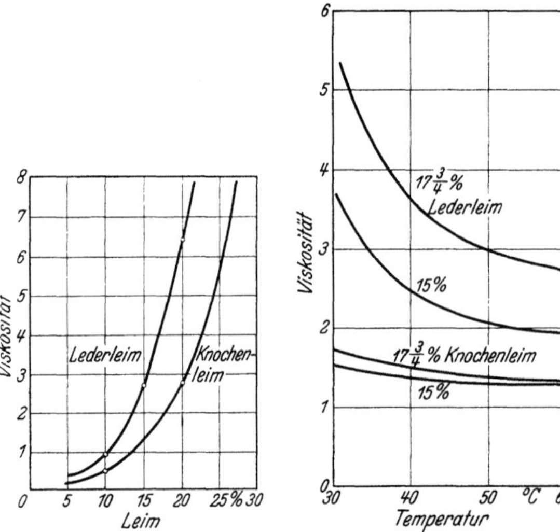


Abb. 108 a. Einfluß der Konzentration der Leimbrühe auf die Viskosität.

Abb. 108 b. Einfluß der Temperatur auf die Viskosität.

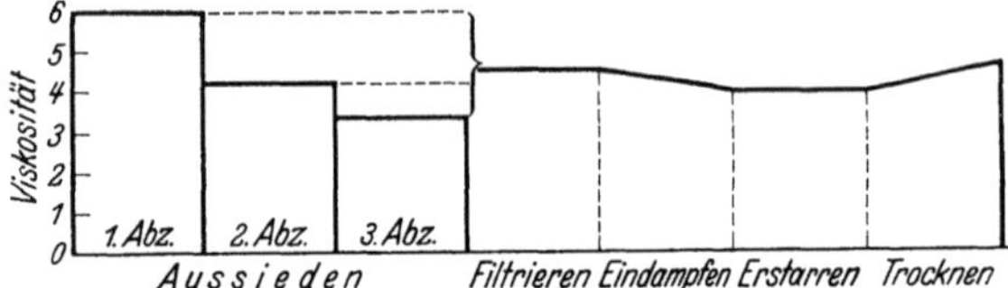


Abb. 108 c. Viskositätswerte in verschiedenen Stadien der Leimherstellung.

Die Viskositätsbestimmung ist wohl das einfachste und zuverlässigste Mittel zur Feststellung der Qualitäten der Glutinpräparate.

Im Engler-Apparat werden 200 ccm 17³/₄%ige nach Suhr gespindelte Leimlösung mit normalem Wasser- und Aschegehalt (15% bzw. 1,5%) bei 40° C (Knochenleime bei 30° C) gemessen. Mit der Suhrschen Leimspindel, die mit einer Temperaturkorrektur versehen ist, kann der Prozentgehalt einer Leimbrühe bei den auf der Korrektur angegebenen Graden sofort abgelesen werden.

O. Gerngroß (*1*) gibt an: „Die Verschiedenheit der Meßtemperatur bei Haut- und Knochenleimen scheint den Vergleich dieser Präparate untereinander zu erschweren, und zwar in dem Sinne, daß die bei 30° C geprüften Knochenleime im Vergleich zu den bei 40° C, also höherer Temperatur, viskosimetrierten Hautleimen höhere Viskositäten vortäuschen. Nun zeigt es sich aber, daß Knochenleime von gleicher Bindekraft wie Hautleime, bei ein und derselben

Temperatur gemessen, geringere Viskositäten als diese Präparate anzeigen. Die Viskositäten von Haut- und Knochenleimen sind also an und für sich nicht direkt miteinander vergleichbar, und es hat eine gewisse Berechtigung, die bei gleicher Bindekraft weniger zähflüssigen Knochenleime bei niederer Temperatur als die Hautleime zu prüfen, vor allem auch um eine bessere Differenzierung der Knochenleime untereinander zu erhalten. Es wurden daher in einer Sitzung des Leimprüfungsausschusses des Deutschen Verbandes für die Materialprüfung der Technik (D. V. M.) in Berlin vorgeschlagen, Hautleime bei 40° C und Knochenleime billigerweise bei 30 und 40° C zu viskosimetrieren. In Deutschland fabrizierte Hautleime haben unter den angegebenen Bedingungen bei 40° C Viskosi-

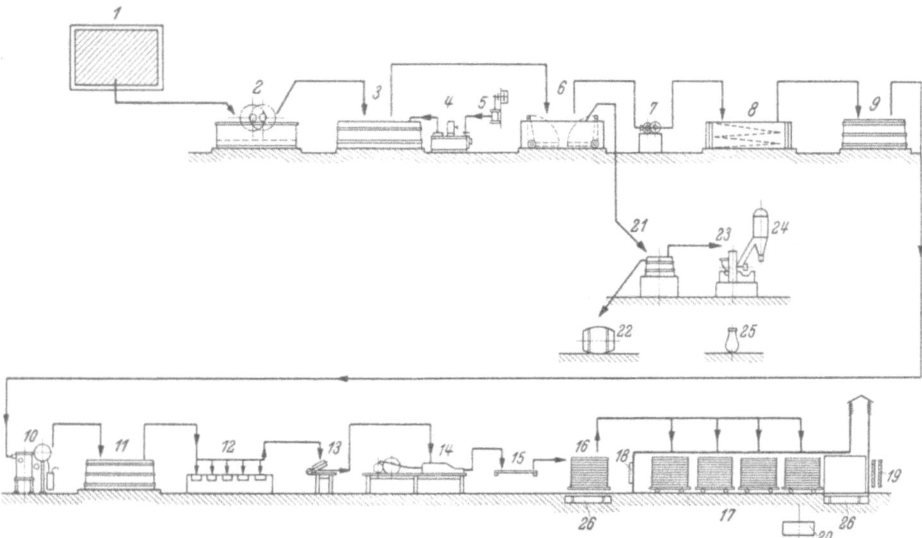

Abb. 109. Schema für Leimlederverarbeitung (Max Friedrich, Zwickau).

*1* Lager, *2* Waschen und Vorbereitung des Leimleders, *3* Präparationsbottich, *4* Schwefelofen, *5* Luftpumpe, *6* Kochbottich, *7* Rotationspumpe zum Überdrücken der Leimbrühen, *8* Leimfilter, *9* Dünnleimbottich, *10* Verdampfer, *11* Dickleimbottich, *12* Kühltische, *13* Leimblockschneidemaschine, *14* Leimtafelschneidemaschine, *15* Horden zum Auslegen der Tafeln, *16* Hordenwagen, *17* Trockenkanal, *18* Ventilator, *19* Heizelement, *20* Leimtafel, *21* Fettauskochbottich für Leimlederrückstände, *22* Faß für gewonnenes Fett, *23* Schlagkreuzmühle, *24* Staubballon, *25* Sack für gewonnene Düngemittel, *26* Schiebebühne.

täten von etwa 3 bis 10 Englergraden, Knochenleime bei 40° C bloß 1,6 bis 2,6, bei 30° C 2,1 bis 4,9 Englergrade."

Abb. 108a zeigt den Einfluß der Konzentration der Leimbrühe auf die Viskosität, Abb. 108b den Einfluß der Temperatur auf die Viskosität. Aus beiden Abbildungen ist zu ersehen, wie stark der Viskositätswert einer Glutinlösung von der Konzentration und der Temperatur derselben abhängig ist.

Abb. 108c zeigt Viskositätswerte in verschiedenen Stadien der Leimherstellung (E. Sauer).

Zur Messung der Gallertfestigkeit sind Glutinometer (u. a. von O. Gerngroß und C. Greiner) im Gebrauch. Je reicher eine Gallerte an Glutin ist, um so größer ist der Widerstand, den sie einem auf sie ausgeübten Druck entgegensetzt. Da die Gallertfestigkeit stark von der Temperatur abhängig ist, benötigt man zur Messung einen für mehrere Stunden konstant zu haltenden Thermostaten. Durch Versuche ist festgestellt, daß mit der Gallertfestigkeit auch Viskosität und Bindekraft des Leimes steigen.

Um die Bindekraft des Leimes festzustellen, sind eine Anzahl Prüfmethoden vorgeschlagen. Die in Deutschland gebräuchlichste ist das umständliche, aber ziemlich genaue Werte ergebende Verfahren von Rudeloff.

Der Praktiker hilft sich in der Weise, daß er $^1/_2$ cm dicke, 5 cm lange und 5 cm breite glatte, trockene Buchenholzstücke Hirn auf Hirn zusammenleimt. Nach einer Trocknungszeit von 2 bis 3 Tagen werden die verleimten Stücke an den Enden frei aufgelegt und in der Mitte mit steigendem Gewicht belastet, bis die Fuge bricht.

Zur Bestimmung des Schmelzpunktes hat sich folgendes Verfahren als zweckmäßig erwiesen:

Man steckt mehrere Glasröhren von ca. 4 mm Durchmesser und 8 cm Länge in die zu messende, verflüssigte Gelatine- bzw. Leimlösung so ein, daß sie ca. 1 cm in den Röhrchen hoch steht. Nach dem Erkalten zieht man die Röhrchen, in denen sich nun ein Pfropfen aus Gelatine befindet, heraus, hängt sie senkrecht in ein mit einem Thermometer versehenes Becherglas, das bis zum Rand mit Wasser gefüllt ist. Man erwärmt nun unter Umrühren das Wasser so langsam, daß für eine Temperaturzunahme von $1^0$ ca. 1 Minute notwendig ist. Sobald der Schmelzpunkt erreicht ist, wird sich der Gelatinepfropfen in dem Röhrchen heben. Auf dem Thermometer liest man dann die Temperatur ab.

Man nimmt an, daß mit der Erhöhung des Schmelzpunktes die Qualität des Leimes steigt, daß also der beste Leim den höchsten, der minderwertigste den niedrigsten Schmelzpunkt hat. Die Methoden zur Bestimmung des Schmelzpunktes sind sehr mannigfaltig. Eine originelle Bestimmung des Schmelzpunktes der Gelatine wurde kürzlich von J. H. C. Merckel beschrieben. Sie beruht darauf, daß man die Gelatine in ein Reagensglas füllt, ein kegelförmiges Messingkörperchen mit der Spitze in die Gelatine steckt und sodann das Reagensglas im Thermostaten erwärmt. Als Schmelztemperatur wird diejenige gewählt, bei welcher der Messingkegel schnell untersinkt.

Abb. 109 zeigt ein Schema der Verarbeitung von Leimleder auf Leim und Dünger.

## II. Herstellung, Beurteilung und Verwendung von Gelatine.

Die Eigenschaften der Gelatine hängen im hohen Maße von der richtigen Auswahl und der richtigen Vorbehandlung des Rohmaterials ab. Bei der fabrikmäßigen Herstellung der Gelatine ist es auch unter Verwendung desselben Rohmaterials und bei Einhaltung derselben Arbeitsbedingungen nicht möglich, ein gleichbleibendes Endprodukt zu erhalten. Um diese Schwankungen, deren Ursache wohl im komplizierten Aufbau des Stoffes und in den vielen Veränderungsmöglichkeiten während der Fabrikation zu suchen ist, so gering als möglich zu machen, legen die Gelatinefabriken großen Wert darauf, daß schon in den Gerbereien die Rohware eine gleichmäßige Sortierung und eine gleichmäßige Behandlung erfährt. Die Gelatineindustrie bevorzugt deshalb auch das Material aus großen Gerbereien, die sich durch Bau von Gruben in gedeckten, Winter und Sommer gleich temperierten Hallen ganz auf die Bedürfnisse ihrer Abnehmer eingestellt haben. Da der Anfall des Rohmaterials in diesen Fabriken sehr groß ist, dauert es nur wenige Tage, bis eine Ladung — meist 15.000 kg — angesammelt ist, so daß die Einkalkungszeit aller in der Grube befindlichen Leimlederteile praktisch dieselbe ist.

Zur Gelatineherstellung wird nur ausgesuchtes Material, in erster Linie Köpfe und Abschnitte von Kälbern und Jungvieh sowie Spalt verwendet.

Gelatine soll vollkommen rein, geschmack- und geruchlos sein. Der Gang der Fabrikation ist im wesentlichen derselbe wie bei der Herstellung von Leim: Kalken, Waschen, Neutralisieren und Auflösen des Rohmaterials; Klären, Filtern, Eindicken der Brühen; Schneiden, Auflegen und Trocknen der Gallerte. Für die Fabrikation einer erstklassigen Hautgelatine ist besonderer Wert auf gut ausgewaschenes Leimleder zu legen. Als Leimlederwaschmaschine verwendet die Gelatineindustrie bevorzugt die sogenannte Rollerwaschmaschine mit einem Fassungsvermögen von etwa 6 t Leimleder. Sie besteht aus einem kreisrunden Betonbottich von 6 bis 8 m Durchmesser und $1^1/_2$ m Tiefe, in dem ein geriefter Holzkegel, der sogenannte Roller, mit etwa 12 bis 14 Umdrehungen in der Minute rotiert. Er dreht sich dabei 7- bis 8mal um seine eigene Achse (Abb. 110).

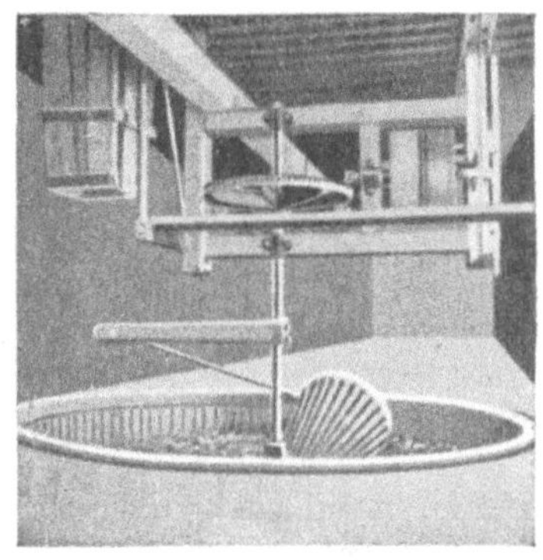
Abb. 110. „Cone"-Rollerwaschmaschine.

Während bei der Leimherstellung die einzelnen Abzüge gemischt werden, werden sie bei der Gelatinefabrikation getrennt gehalten. Auch wird die Gelatine bei möglichst niedriger Temperatur ausgeschmolzen (50 bis 55° C). Um die Sude nicht zu lange erhöhten Temperaturen auszusetzen, werden die Abzüge mit geringer Konzentration gemacht, während man bei der Leimherstellung die Brühen viel höher konzentriert. Sie sind als folgende Speisegelatinemarken im Handel:

| | |
|---|---|
| 1. Abzug . . . . . | Nonplusultra |
| 2. und 3. Abzug. . | Goldextra und Gold |
| 3. Abzug . . . . . | Silber |
| 4. ,, . . . . . | Kupfer |
| Ausgekocht . . . . | Schwarz. |

Außer für Speisezwecke findet Gelatine Verwendung für photographische und pharmazeutische Zwecke, zur Herstellung von Druckerwalzenmassen und Gelatinefolien, als Appreturmittel für feine Gewebe u. a. m.

Speisegelatine stellte man früher im Haushalt durch Auskochen von Kalbsfüßen her. Heute decken die Hausfrauen und die Konservenfabriken, die Fisch- und Fleischkonserven herstellen, ihren Bedarf bei den Gelatinefabriken, die zur Großindustrie zählen. Außer für diese Zwecke wird Speisegelatine in erster Linie für Eiscreme und Marmeladen verwendet. Nach Dr. L. A. Thiele [i. O. Gerngroß, E. Goebel (S. 122ff.)] wurden im Jahre 1932 in USA 3,6 Millionen Kilogramm Speisegelatine für ,,Icecreame" und 2,6 Millionen Kilogramm für Marmeladen verbraucht. Im Jahre 1927 wurden in USA 9,5 Millionen Kilogramm Gelatine für Speisezwecke hergestellt. Im Hinblick auf den Verbrauch der Speisegelatine in weiten Bevölkerungskreisen sind in allen Ländern durch Nahrungsmittelgesetze scharfe Verordnungen erlassen, die Verunreinigungen nur bis zu einem gewissen Prozentsatz zulassen. Es kann deshalb nur ein Rohmaterial verwendet werden, das mit Giftstoffen nicht in Berührung gekommen ist. Hier ist an trockene Ware zu denken, die gegen Ungeziefer mit Arsen behandelt ist, und an ein Material, das aus giftigen Äschern stammt.

In USA darf Speisegelatine höchstens enthalten:

| | |
|---|---|
| $SO_2$. . . . . . . . . . . | 0,035% |
| Zn . . . . . . . . . . . | 0,010% |
| Cu . . . . . . . . . . . | 0,003% |
| Pb . . . . . . . . . . . | 0,002% |
| As . . . . . . . . . . . | 0,00014% |

In Deutschland ist die Grenze für $SO_2$ auf 0,125% festgesetzt.

Die für Speisezwecke gefärbte Gelatine darf nur mit unschädlichen Farbstoffen gefärbt werden.

Pulverisierte Speisegelatine wird zum Klären von Wein und Bier benutzt. Die in den Flüssigkeiten befindlichen, fein verteilten, schwebenden Stoffe werden durch das Gelatinepulver mit zu Boden gerissen.

Die für photographische Zwecke verwendete Gelatine soll farblos, fettfrei, frei von Salzen und Abbauprodukten des Glutins sein, deren Gegenwart eine Störung der beim Belichten und Entwickeln entstehenden chemischen Vorgänge hervorrufen würde.

In erster Linie wird Gelatine zur Herstellung von Filmen und Trockenplatten verwendet, wo es ihre Aufgabe ist, Träger für die in ihr fein verteilten lichtempfindlichen Silbersalze (Bromsilber, Chlorsilber, Bromjodsilber) zu sein und diese auf der Unterlage zu fixieren. Die Gelatine — hier ein Schutzkolloid — bestimmt den Verteilungsgrad der körnigen Bromsilberteilchen und ist damit mitbestimmend für die Lichtempfindlichkeit der photographischen Produkte [H. Stadlinger (S. 5); A. Steigmann].

Bei der Herstellung der „Emulsion" für Platten und Filme spielt die Eigenart der verwendeten Gelatine eine große Rolle. Trotz der langjährigen Arbeiten im Laboratorium und in der Praxis, und trotz der vielen auf diesem Gebiete erteilten Patente ist der Gelatinefabrikant heute noch nicht in der Lage, mit Sicherheit sagen zu können, ob ein Sud für Emulsionsgelatine brauchbar ist. Die Entscheidung liegt beim Emulsionär, der mit Hilfe eigener, streng geheimgehaltener Verfahren die einzelnen Sude prüft und mischt und so die für seine Zwecke bestgeeignetsten Sorten herausfindet. Da die Methoden und Ansprüche der einzelnen Emulsionäre voneinander abweichen, kann es vorkommen daß ein Sud von einem verworfen, von einem anderen als brauchbar befunden wird.

Es hat sich gezeigt, daß manche Gelatinen hochempfindliche Emulsionen geben. Man hat sich mit der Frage beschäftigt, welche Gelatinebestandteile diese hohe Empfindlichkeit verursachen. Die Gelatine muß offenbar gewisse chemische Bestandteile enthalten, die die Aktivität der Emulsion beeinflussen. Durch Untersuchungen der amerikanischen Kodak-Gesellschaft unter Leitung von Sheppard, sowie der I. G. Farbenindustrie A. G., konnte nachgewiesen werden, daß die photochemischen Eigenschaften der Gelatine in Abhängigkeit stehen von gewissen Schwefelverbindungen (Allylsenföl, Thioharnstoff, Allylthioharnstoff), die man als Reifungssubstanzen oder Sensibilisatoren bezeichnet, weil sie die Empfindlichkeit der Emulsion erhöhen. Man hat weiter erkannt, daß man die natürliche Empfindlichkeit durch Zusätze solcher Sensibilisatoren weiter erhöhen kann, wobei eine Steigerung über das maximale Maß hinaus zu Schleierbildung führt.

Sheppard hat sein Verfahren erweitert und sich Patente geben lassen auf Verwendung von organischen Schwefel-, Selen- und Tellurverbindungen (A. P. 1574944, 1602591, 1602592).

Die I. G. Farben-Industrie A. G. hat sich 1925 ebenfalls verschiedene Patente erteilen lassen, von denen die von Dieterle, Matthies, Reitstoetter und Mauerhoff (D. R. P. 464450, 468171, 437900, 448775 und 468604) erwähnt seien. Es handelt sich um Verwendung von Abbauprodukten pflanzlicher und tierischer Eiweißkörper.

Nach Steigmann erlauben sensibilisatorenreiche Gelatinen vielfach die Anwendung niedrigerer Reifungstemperaturen und kürzerer Reifungszeiten der damit hergestellten Emulsionen, als sensibilisatorenarme Gelatinen. Gelatinen, die reich an natürlichen Sensibilisatoren sind, lassen sich am leichtesten in den

Wintermonaten erzielen, oder auch dadurch, daß man die Kalkbrühen, in denen das Material reifen soll, nur selten erneuert und die Waschzeiten verkürzt. Da aber letztere Maßnahmen in anderer Hinsicht nachträglich für die Gelatinen sind, ist es besser, die Rohware des öfteren umzukalken und gut auszuwaschen und die so erhaltene Gelatine durch künstliche Sensibilisatoren hochempfindlich zu machen.

Neben den Reifungssubstanzen kennt man noch Hemmungskörper, die sich nach A. Steigmann dadurch zu erkennen geben, daß sie während des Reifens die Trübung einer aus Knochengelatine hergestellten silberarmen Emulsion verzögern. Die Trübungszunahme erfolgt um so langsamer, je mehr natürliche Hemmungskörper zugesetzt werden. Gelatinen aus Hautabfällen junger Tiere sind reicher an Hemmungskörpern, als Gelatinen, die aus Hautabfällen alter Tiere hergestellt sind. Ebenso geben Narbenleimleder Gelatinen mit mehr Hemmungskörpern als solche aus Spaltabfällen. Durch photoelektrische Prüfungsmesser kann der Hemmungsgrad einer Gelatine gemessen werden.

Über die Natur der Hemmungskörper ist wenig bekannt. Es sind wohl eiweißartige Stoffe, die je nach dem Rohmaterial verschiedene Zusammensetzung haben. In ihrer photographischen Wirkung sind die natürlichen Hemmungskörper jedenfalls nahe verwandt, auch wenn die einen mehr den Globulinen, die anderen mehr den Keratosen (wasserlösliche oder aufgeschlossene Keratine) zugehören sollten. Mit Adsorptionsmitteln (Adsorptionskohle, Tricalciumphosphat u. a.) können die Hemmungskörper aus einer Gelatinelösung entfernt werden, wobei eine schwachsaure Reaktion ($p_H$ 5) für die Adsorption am günstigsten ist (A. Steigmann).

Um eine gleichmäßige Gelatine zu bekommen, hat man versucht, die natürlichen Sensibilisatoren zu entfernen, die Gelatine „inert" zu machen, um dann der inerten Gelatine durch Zusatz von künstlichen Sensibilisatoren den gewünschten Empfindlichkeitsgrad zu geben.

In Anlehnung an ein Rezept von Sheppard sieht Steigmann in Anwendung von Wasserstoffsuperoxyd die einfachste Methode zum Inertmachen der Photogelatine.

Auf 100 kg feste Gelatine (2000 l 5%ige Lösung) nimmt man 10 l 3%iges Wasserstoffsuperoxyd, die der filtrierten Gelatinebrühe bei 60° zugegeben werden, und die man 1 bis 2 Stunden einwirken läßt. Dann erfolgt die Reduktion des überschüssigen Wasserstoffsuperoxyds mit schwefliger Säure, etwa 3 l $SO_2$-Lösung von 1 Bé auf die angegebene Gelatinemenge.

H. Stadlinger (S. 10) teilt die Verfahren zur Herstellung von Bromsilber-Gelatine-Emulsion in 3 Gruppen:

1. das ammoniakalische Verfahren,
2. die saure Siedemethode,
3. die kalte Emulsionsbereitung.

Das erste Verfahren wird fast allgemein angewendet, da es zu hochempfindlichen Emulsionen führt. Wo es weniger auf die hohe Empfindlichkeit, aber mehr auf die Klarheit der Platten ankommt, z. B. bei der Herstellung von Diapositivplatten, verwendet man Verfahren 2. Die kalte Emulsionsbereitung ist von untergeordneter Bedeutung.

Die von J. M. Eder gegebene und von H. Stadlinger gekürzte Vorschrift für das ammoniakalische Verfahren lautet:

Lösung A: 250 ccm Wasser, 40 g Gelatine, 40 g Ammoniumbromid und 8 ccm Kaliumjodidlösung (1 : 10) lösen und auf 60° erwärmen.

Lösung B: 30 g Silbernitrat in 250 ccm Wasser lösen und so lange mit Ammoniak versetzen, bis sich der gebildete Niederschlag aufgelöst hat. Lösung auf 20° temperieren.

Hierauf A und B auf dem Wasserbad $^3/_4$ Stunden lang bei 40° erwärmen und schließlich unter häufigerem Schütteln stehenlassen. Ausgießen der Emulsion in eine durch fließendes Wasser gekühlte Schale. 3 Stunden kühlen, dann 10 bis 12 Stunden bei 15° „nachreifen" lassen. Die gereifte Emulsion in feine Nudeln pressen, im Waschapparat durch längeres Auswässern mit fließendem Wasser von den Umsetzungssalzen befreien, Wasserreste abtrennen und zuletzt bei 45° umschmelzen. Filtrieren und Gießen bei 35 bis 40°.

Bei diesem Verfahren wird die Gesamtmenge der Gelatine längere Zeit einer Temperatur von 40° C ausgesetzt. Weil eine solche Behandlung der Gelatine schaden muß, verwenden einige Emulsionsfabriken zuerst nur einen kleinen Teil der Gelatine, zu dem sie Kaliumbromid, Ammoniumcarbonat und Kaliumjodid zugeben. Dieser Mischung wird dann bei 40° C die Silbernitratlösung beigegeben und anschließend alles mit der restlichen Gelatine gemischt.

Zur Herstellung von Emulsionsgelatine sind nur beste Rohstoffe zu verwenden, wie Kalbsköpfe, Kalbshautschnitzel, Hornschläuche, Brillen. Die Kalkung soll nicht zu lange ausgedehnt werden. Da sich bei der Emulsionsbereitung das Silbernitrat mit Chlorionen zu wenig empfindlichem Chlorsilber umsetzt, ist darauf zu achten, daß beim Auswaschen der kochreifen mit Salzsäure nachbehandelten Rohstoffe das entstandene Chlorcalcium weitgehendst entfernt wird.

Da es, wie oben beschrieben, möglich ist, stark und schwach gehemmte Typen, durch Mischung Mitteltypen herzustellen, da es weiter möglich ist, Gelatinen inert zu machen und durch Zusatz von Sensibilisatoren eine maximale Empfindlichkeit zu erreichen, ist man der Lösung des Photogelatineproblems wesentlich näher gekommen.

Eine weitere Verwendung findet Gelatine im photographischen Druckverfahren, wie Kohledrucke, Heliogravüre, Kupferdrucke. Das Wesentliche ist hier, daß eine mit Ammonium- oder Kaliumbichromatlösung versetzte Gelatineschicht durch Belichtung angegerbt und in heißem Wasser unlöslich gemacht wird. Da sich bei Behandlung mit heißem Wasser die unbelichteten Stellen auswaschen und die belichteten stehenbleiben, entsteht ein Relief, das auf einer Druckpresse in beliebiger Anzahl auf Papier übertragen werden kann (Lichtdruck) oder einer Kupferplatte als Ätzgrund dient (Heliogravüre, Kupferdruck).

Die für pharmazeutische Zwecke verwendete Gelatine muß besonders rein sein und unterliegt genauen Vorschriften, die im Deutschen Arzneibuch unter „Gelatina alba, Weißer Leim" zu finden sind. Unter anderem wird verlangt, daß 1 g weißer Leim nach dem Verbrennen nicht mehr als 0,02 g Rückstand hinterlassen darf, und daß der nach dem Verbrennen von 10 g weißen Leims erhaltene mit 3 ccm verdünnter Salpetersäure (übersättigt mit Ammoniakflüssigkeit) versetzte Rückstand keine blaue Färbung zeigen darf (Kupfersalz). Der Gehalt an schwefliger Säure soll 0,05% nicht übersteigen.

Für Buch- und Steindruckwalzenmassen und Hektographenmassen wird Gelatine von hoher Gallertfestigkeit verwendet. Die Farbe spielt eine untergeordnete Rolle. Die Buchdruckerwalzen dienen zum Übertragen der Druckerschwärze auf die Typen der Druckmaschinen oder auf die Steine beim Steindruck. Die Elastizität dieser Walzen erreicht man dadurch, daß man der Gelatine Glycerin und Zucker beigibt. Bei Hektographenmasse ist ein richtiges Verhältnis von Gelatine und Glycerin notwendig. Ist zu wenig Glycerin darin enthalten, so können nur wenig Abzüge gemacht werden, während bei zu viel Glcyerin die Schrift ein verwaschenes Aussehen erhält.

Die aus Gelatine hergestellten Gelatinefolien sind dünne (0,1 bis 0,5 mm) Gelatineblättchen, die durchsichtig und undurchsichtig, farblos und farbig, irisierend und metallglänzend auf den Markt kommen. Die Herstellung ist kurz folgende:

Träger (Glas- oder Metallplatten) werden kurz in Gelatinelösung getaucht, vorgetrocknet und nach der Vortrocknung nochmals eingetaucht und zwar mit der (vorher) oberen Seite zuerst, um eine gleichmäßige Dicke des Überzuges zu erhalten. Nach einer zweiten Vortrocknung kommen die Platten in die eigentlichen Trockenräume, wo sie langsam mit staubfreier nicht zu trockener Warmluft endgültig getrocknet werden. Von den getrockneten Platten werden die Folien dann abgezogen. Von der zur Folienherstellung verwendeten Gelatine verlangt man, daß sie besonders elastisch ist und nicht zu stark klebt. Gelatine mit hoher Klebkraft haftet zu sehr an der Unterlage, die Folien lassen sich nicht abziehen. Bei zu geringer Elastizität der Gelatine werden die Folien spröde und platzen bei der Trocknung ab. Die natürliche Elastizität der Gelatine genügt nicht, um die Spannungen, die beim Trocknen entstehen, auszugleichen. Es müssen noch Weichmachungsmittel zugesetzt werden, die in erster Linie aus Glycerin, Türkischrotöl und anderen sulfurierten Ölen bestehen. Meist hilft man auch durch Ochsengallenpräparate nach, um die Klebkraft zu verringern. Da die Gelatine nie ganz hell ist, wendet man zur Herstellung heller Folien Bleichmittel an. Gelatinelösungen für farbige Folien werden mit wasserlöslichen Teerfarben gefärbt. Metallisch glänzende Aufdrucke werden durch Aufbringen von Silber oder Nickel auf den Träger erzielt.

Während man früher als Träger nur Glasplatten kannte, ist man in neuerer Zeit dazu übergegangen, polierte Metall- oder hergerichtete Stoffbänder zu verwenden, die den Vorzug einer längeren Lebensdauer haben. Die Dicke der herzustellenden Folien wird durch Konzentration und Temperatur der Tauchlösung geregelt.

Die Folien dienen in erster Linie als Verpackungsmaterial für Lebensmittel (besonders für Schokolade, Pralinen und Bonbons), für Luxusartikel, für Tabakwaren u. a.

Sicherheitsglas besteht aus zwei Glasplatten mit dazwischenliegender transparenter Gelatinefolie.

Weitere Verwendungszwecke sind: Die Herstellung von Flitter, von bunten Lichtfiltern, künstlichen Blumen, von Heiligenbildern, von Gelatinefurnieren, das sind Imitationen von Elfenbein, Halbedelsteinen und Schildpatt. Der Effekt wird dadurch erreicht, daß man auf eine Folie das typische der jeweiligen Imitation aufmalt und das Ganze nach dem Trocknen mit Gelatinelösung übergießt.

## III. Verarbeitung von Hautabfällen zu plastischen Massen.

Auf dem großen Gebiet der künstlichen plastischen Massen spielen auch Leim und Gelatine eine gewisse Rolle. Daß sich Leim und Gelatine zur Herstellung plastischer Massen eignen, ist seit langem bekannt; ihre Verwendung hat praktisch jedoch keine große Bedeutung gewonnen, was wohl darauf zurückzuführen ist, daß die Härtung dieser Produkte gewisse Schwierigkeiten bereitet und sie sich schwer wasserunempfindlich machen lassen. Jedenfalls treten die aus Leim und Gelatine hergestellten Massen an Bedeutung gegenüber den Kunststoffen aus Kasein (Galalith), Zellulosederivaten, Phenol-Formaldehyd bzw. Harnstoff-Formaldehyd-Kondensationsprodukten und Kunstharzen immer mehr und mehr zurück. Leim wird meist als Bindemittel zur Vereinigung zweier oder mehrerer Füllstoffe verwendet, während Gelatine meist als Hauptbestandteil, oft auch allein zur Herstellung formbarer Massen gebraucht wird. Um die Gelatine wasserunlöslich zu machen, wird sie mit Härtungsmitteln und Gerbmitteln (Formaldehyd, Tannin, Alaun, Chromate) behandelt.

Kapseln aus Gelatine werden dazu verwendet, um unangenehm schmeckende Arzneimittel, die erst im Magen oder im Darm zur Wirkung kommen sollen, einzuhüllen. Für solche Zwecke hergestellte Kapseln werden, da sie sich ja auflösen sollen, nicht gehärtet. Die Herstellung von Kapseln und anderen Gegenständen, wie Perlen, Früchten, Rohren u. dgl. ist verhältnismäßig einfach. Auf eingefetteten Formen wird durch Erwärmen verflüssigte Gelatine zum Erstarren gebracht. Perlen werden entweder aus Gelatinemasse gepreßt oder abgeschnittene Stückchen eines Gelatinerohres werden in Drehtrommeln zugeschmolzen. Die zu verschiedenen Zwecken verwendeten Poiletten werden aus dünnen Gelatineblättern ausgestanzt, mit einem Metallüberzug versehen oder mit Nitrozellulose irisierend gemacht. Zur Erzielung farbiger Effekte werden der flüssigen Gelatine Farbstoffe zugesetzt.

Es gibt mehrere Hundert patentierte Vorschläge zur Herstellung plastischer Massen aus Leim und Gelatine (vgl. Oskar Kausch, S. 31 f.). Die wichtigsten Patente sind in den Patentlisten (S. 455—459) angeführt.

## IV. Verarbeitung von Hautabfällen zu Faserstoffen; Naturin.

Wie schon oben erwähnt, verwendet man Spaltleimleder seit kurzem zur Herstellung von künstlichen Wursthüllen (Naturindarm) und künstlichem Roßhaar (Marena). Im Gegensatz zu dem aus Cellulosederivaten hergestellten Darm (Cellophan), besteht der Naturindarm aus tierischen, eiweißhaltigen Produkten und kommt deshalb in Aussehen und Eigenschaften dem Naturdarm näher.

An die künstlichen Wursthüllen, die einen vollwertigen Ersatz für Naturdärme darstellen, werden hohe Anforderungen gestellt. Sie sollen aus verdaulichen Stoffen bestehen, im feuchten Zustand eine große Widerstandskraft gegen mechanische Beanspruchung aufweisen, den natürlichen Därmen möglichst ähnlich sehen und schließlich fettundurchlässig sein.

Über die Herstellung des Naturindarms sei kurz folgendes gesagt: Die Hautsubstanz wird, nachdem sie einen Reifeprozeß, ähnlich wie bei der Aufbereitung des Materials für Leim und Gelatine, durchgemacht hat, durch Einwirkung quellend wirkender Mittel und durch Zerteilung und Zerfaserung unter Schonung der Fasern in eine plastische Fasermasse mit einem bestimmten Gehalt an Quellungswasser übergeführt. Die Faserpaste wird dann durch eine Ringdüse gepreßt und unter gleichzeitigem Einblasen von Luft in Schlauchform gebracht. Für das Durchpressen der Masse durch die Ringdüse wird je nach dem Wassergehalt der Masse ein Druck von 350 bis 450 Atm. benötigt.

Um zu vermeiden, daß sich die Fasern beim Auspressen aus der Düse nur in der Längsachse der Bewegungsrichtung anordnen, erfährt die Masse in der Düse eine spiralige Drehbewegung, wodurch eine teilweise Umlagerung der Fasern erfolgt. Hierdurch wird eine Schichtung der Fasern erzielt, ähnlich wie sie beim Naturdarm vorhanden ist.

Nach Austritt des Darmes aus der Ringdüse wird er in Trockenkanäle geführt, wo er gehärtet wird. Nach Fertigstellung wird er nochmals aufgeweicht und durch Druckluft von $^1/_2$ Atm. auf Festigkeit und Lochfreiheit geprüft, wobei die Teile des Darmes, die den Druck nicht aushalten, oder sonst nicht einwandfreie Stellen ausgeschieden werden. Hierauf werden die Därme in bewetterten Räumen bis zu einem Wassergehalt von ca. 15% getrocknet, in Längen von 20 m gebündelt und verpackt.

Für künstliches Roßhaar (Marena) wird im Prinzip das gleiche Ausgangsmaterial verwendet, wobei die Fäden in analoger Weise durch Düsen gepreßt und getrocknet werden. Um ihnen die notwendige Wasserfestigkeit zu geben, werden sie mit Chrom gegerbt. Außer für Polsterzwecke wird das Material zu Bürsten und Besen verwendet.

## Literaturübersicht.

Abderhalden, E.: Biochem. Handlexikon. Berlin: Julius Springer 1911.
Bogue, R. H.: The Chemistry and Technology of Gelatin and Glue. London: McGraw-Hill 1922.
Cambon, V.: Fabrications des Colles animales, 2. Aufl.: Fabrication des Colles animales et gelatines. Paris: Dunod 1923.
Gerngroß, O. (*1*): Ztschr. angew. Chem. **40**, 970 (1929); (*2*): In Ullmanns Enzyklopädie d. techn. Chem. Berlin-Wien: Urban & Schwarzenberg 1929.
Gerngroß, O. u. E. Goebel: Chemie und Technologie der Leim- und Gelatinefabrikation. Dresden-Leipzig: Th. Steinkopff 1933.
Hausbrand, E.: Das Trocknen mit Luft und Dampf. Berlin: Julius Springer 1920.
Kausch, O.: Handb. d. künstl. plastischen Massen. München: J. F. Lehmann 1931.
Kestner, O.: Chemie d. Eiweißkörper. Braunschweig: F. Vieweg & Sohn 1925.
Kißling, R.: Leim und Gelatine. Stuttgart: Wissensch. Verlagsgesellschaft 1923.
Merckel, J. H. C.: Kolloid-Ztschr. **78**, 339 (1937).
Ostwald, W. u. R. Köhler: Kolloid-Ztschr. **43**, 345 (1927).
Pauli, W. u. E. Valko: Elektrochemie d. Kolloide. Wien: Julius Springer 1929.
Sauer, E.: Leim und Gelatine, in E. Liesegang, Kolloidchemische Technologie, 2. Aufl. Dresden-Leipzig: Th. Steinkopff 1932.
Sheppard, S. E.: Gelatin in Photography. New York: van Nostrand 1923.
Smith, P. I.: Glue and Gelatin. London: Pittman 1929.
Stadlinger, H.: Emulsionsgelatine. Berlin: Allgem. Industrie-Verlag, G. m. b. H. 1929.
Steigmann, A.: Chem.-Ztg. **81**, 821 (1935).
Thiele, L.: Leim und Gelatine. Leipzig: M. Jänecke 1922.
Truax, T. R.: The Gluing of Wood. United States Government Printing Office, Washington (1929).

# B. Haare.[1]

Von **E. A. Bohne**, Weinheim.

## I. Die Haare, ihre natürlichen und durch die Art der Gewinnung bedingten Eigenschaften.

Die in den Gerbereien als Nebenprodukt anfallenden Haare werden zum größten Teil zur Herstellung von Filzen und Haargarnen verwendet. Je nach der Behandlung, die die Felle zum Zwecke der Enthaarung erfahren, haben die Haare verschiedene Eigenschaften, die sie für die oben angeführten Verwendungsmöglichkeiten mehr oder weniger geeignet machen.

Die Haare, die dem Tier als Schutz gegen Kälte und gegen mechanische Einflüsse dienen, sind in ihrer Dicke und Länge abhängig von der Jahreszeit und von der Umgebung, in der es lebt. Gebirgs- und Weidevieh, das mehr den wechselnden Witterungseinflüssen ausgesetzt ist, hat kräftigere und längere Haare als Niederungs- und Stallvieh. Winterhaar ist kräftiger, länger und dichter als Sommerhaar.

Das Haar, bei dem man Haarspitze (Abb. 111a), Haarschaft (Abb. 111b) und Haarwurzel (Abb. 111c) mit dem verdickten Ende der Haarzwiebel unterscheidet, ist ein hornartiges Gebilde und sitzt meist schräg in den Haarbälgen, schlauchartigen Vertiefungen der Ober- und Lederhaut (Abb. 112).

Das einzelne Haar besteht meist aus 3 Schichten: dem Haarmark, der Rindenschicht mit dem die Haarfarbe bestimmenden Pigment, und dem

[1] Herrn Dr. M. Clauss von der Firma Herm. Müller, Hartha, Sa., der das Manuskript in wesentlichen Teilen ergänzt hat, sind Herausgeber und Verfasser zu großem Dank verpflichtet.

Oberhäutchen, das aus verhornten Zellen besteht, die schuppenartig übereinanderliegen (Abb. 113a und b).

Nach A. Küntzel unterscheidet man drei Arten der Hornbildung:

Die Hornbildung auf der Körperoberfläche der Wirbeltiere, die Hornbildung, die zu Haaren, und die, die zu Nägeln, Krallen, Hufen usw. führt. Durch eine chemische Umwandlung werden die ursprünglich wasserreichen Epidermiszellen der Körperoberfläche in eine zusammenhängende, fast trockene Membran, das Horn, übergeführt. Die Hornbildung stellt chemisch eine Oxydation des unverhornten Zellmaterials dar. Im letzteren findet sich Cysteïn, die Sulfhydrylform des im Horn befindlichen Cystins.

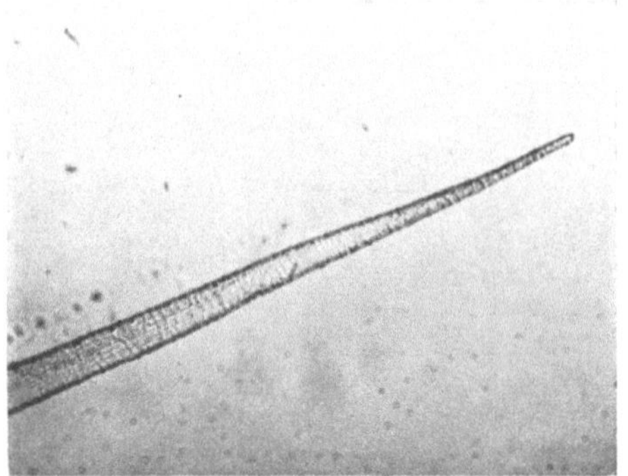

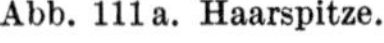

Abb. 111a. Haarspitze.

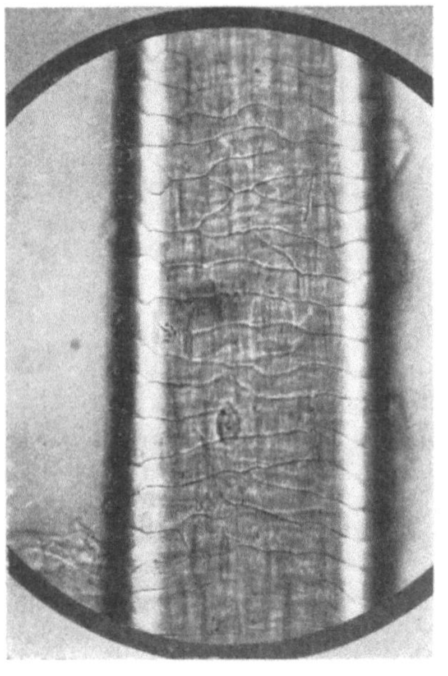

Abb. 111b. Haarschaft.

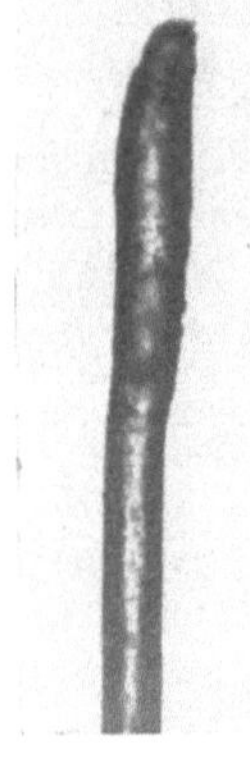

Abb. 111c. Haarwurzel.

An vielen Stellen der Körperoberfläche senkt sich die Epidermis in das Bindegewebe ein und bildet Einstülpungen, auf deren Grunde eine gesteigerte Hornbildung infolge lebhaftem Zellwachstums stattfindet. Die Zellen verkleben miteinander und steigen aus der Einstülpung, die wie eine Spinndüse wirkt, als Haar empor. Dieses wird kontinuierlich gebildet, es wächst, und wird erst dann ausfallen, wenn eine Unterbrechung in der Neubildung von Horn auf dem Grunde des Haarbalges eintritt.

Nicht alle sich bildenden Zellen werden für das eigentliche Haar verwendet. Die, die auf dem peripheren Teil des Haarbodens sich bilden, dienen zum Aufbau der Wurzelscheide, einer hornigen Hülle, die den Wurzelteil des Haares umschließt. Infolge der hierdurch entstehenden Verdickung des Wurzelteiles des Haares kann das Haar nicht aus der Haarpore herausgezogen werden. Die Hornstruktur der Wurzelscheide ist dieselbe, wie die der Epidermis, wo auch in demselben Maße alte Zellen absterben und abgestoßen werden, wie sich neue Zellen bilden und verhornen.

Die Verhornung des Haarschaftes geht in der Weise vor sich, daß ein durch Protoplasmafasern durchzogenes Zellsystem erstarrt, wobei das Keratin wie die Betonmasse in einem Eisenbetonpfeiler, die Protoplasmafasern wie die Eisenstangen zu betrachten sind, die dem Material die wertvollen mechanischen Eigenschaften (Reißfestigkeit usw.) verleihen. Durch das Sulfhydrylreagens Nitroprussidnatrium läßt sich in der Haarpore die Stelle genau angeben, wo die Umwandlung des unverhornten Prä-Keratins in das eigentliche Keratin vor sich geht. Sie liegt ziemlich nahe der Ausmündung des Haarbalges und ist auf Mikroaufnahmen als Einschnürung des Haares zu erkennen. A. Küntzel bezeichnet diese Stelle als „Verhornungszone“ und den ganzen unverhornten Anteil des Haares, einschließlich der zwiebelartigen Haarpapille, als die „eigentliche Haarwurzel“.

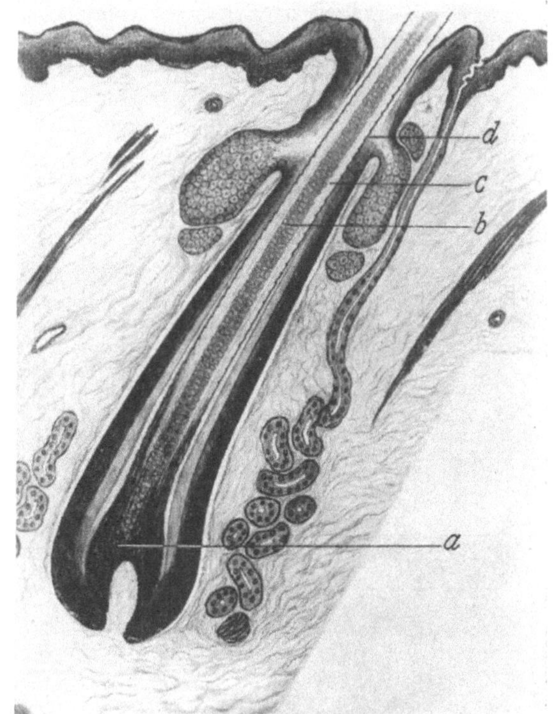


Abb. 112. Haar im Haarbalg.
*a* Haarzwiebel, *b* Haarmark, *c* Rindenschicht, *d* Oberhäutchen.

Durch allmählichen Zerfall der Wurzelscheide in Schüppchen werden die Papillenhaare (junge Haare mit Wurzelscheide) in Kolbenhaare — wegen der kolbenartigen Verdickung an der Wurzel — umgewandelt. Durch Fortfall der Wurzelscheide sind diese Haare aus der Haut leicht zu entfernen, ein Vorgang, der in der Natur bei Abwerfen des Winterkleides stattfindet.

Für den Gerber würde eine mäßige Eiweißhydrolyse genügen, wenn das Tierkleid nur aus Kolbenhaaren bestünde. Da aber auch die Entfernung der Papillenhaare (Grundhaare) notwendig ist, muß mit chemi-

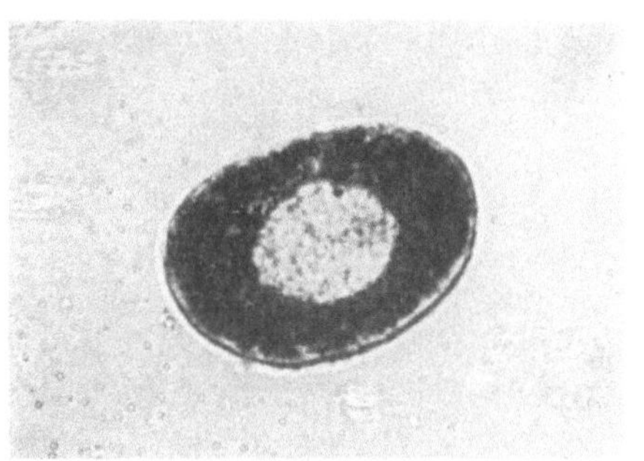

Abb. 113a. Horizontalschnitt durch ein Kälberhaar.

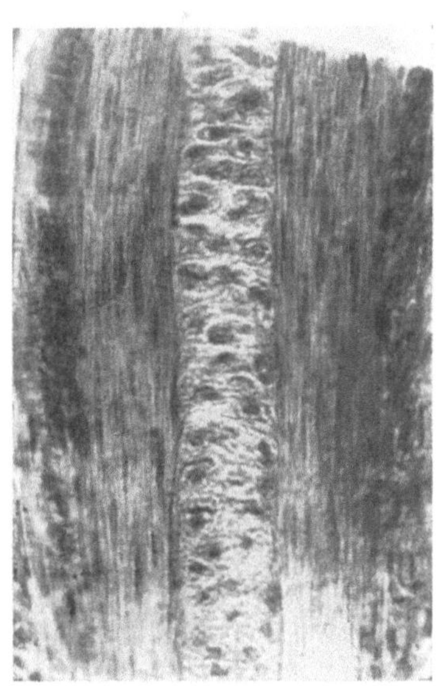

Abb. 113b. Vertikalschnitt durch ein Rinderhaar.

schen Mitteln gearbeitet werden, die das Keratin zerstören. Man würde sich mit der Zerstörung des Wurzelscheidenkeratins begnügen können, doch gibt es kein hornlösendes Mittel, das die Wurzelscheide zerstört und die Hornsubstanz des Haares nicht angreift, trotz wesentlicher Unterschiede, die die Hornsubstanz der Wurzelscheide und die des Haares aufweisen.

Nach F. Fein sind weiße Haare fester und dehnbarer als schwarze von gleicher Körperstelle desselben Tieres, haben weiße und schwarze Haare männlicher Tiere eine größere Bruchlast, aber eine geringere Dehnung als die weiblicher Tiere.

K. Toldt unterscheidet drei Hauptformen von Haaren:

1. Leithaare, die vereinzelt im Haarkleid stehen, verhältnismäßig kräftig und lang sind,

2. Grannenhaare, etwas weniger stark als Leithaare, doch zahlreicher als diese,

3. Wollhaare, gleichmäßige, zarte Haare, meist gekräuselt, die den Hauptteil des Haarkleides ausmachen.

F. Fein stellt die Haarbreite, Markbreite und Anzahl der Oberhäutchen eines Grannenhaares eines Kalbes wie Tabelle 27 zeigt, fest.

Tabelle 27.

| Abstand mm | Haarbreite $\mu$ | Markbreite $\mu$ | Oberhäutchen pro mm |
|---|---|---|---|
| 0 | — | — | — |
| 1,2 | — | — | — |
| 1,4 | 8,6 | 3,0 | 177 |
| 3,4 | 17,6 | 10,4 | 69 |
| 5,4 | 20,2 | 13,7 | 69 |
| 7,4 | 22,0 | 15,3 | 62 |
| 9,4 | 21,7 | 15,5 | 54 |
| 11,4 | 19,6 | 13,5 | 54 |
| 13,4 | 18,9 | 12,0 | 46 |
| 15,4 | 16,5 | 11,2 | 46 |
| 17,4 | 15,3 | 10,1 | 54 |
| 22,4 | 14,6 | 9,1 | 69 |
| 27,4 | 14,6 | 9,1 | 69 |

Wie oben schon gesagt, hängen die Eigenschaften der Haare von der Vorbehandlung ab, d. h. in erster Linie von dem Enthaarungsprozeß, dem die Häute und Felle in der Gerberei unterworfen sind.

Den Gerber interessiert nur die Lederhaut. Er muß deshalb die Oberhaut und die Haare entfernen, was auf drei Arten geschehen kann, durch Schwitzen, Äschern, Anschwöden.

Bei dem Schwitzverfahren werden die Felle in einem feuchten Raum bei ca. 20° C aufgehängt. Die sich hierbei auf den Fellen entwickelnden Bakterien leiten einen Abbauprozeß ein. Die zwischen Ober- und Lederhaut befindliche Schleimschicht wird zerstört, die Haare werden gelockert, so daß Oberhaut, Schleimschicht und Haare abgestreift werden können. Dieses Verfahren der bakteriologischen Haarlockerung, das besonders bei Wollfellen gute Dienste leistet, liefert ein in keiner Weise angegriffenes Haar, erfordert jedoch eine sorgfältige Kontrolle, um Schädigungen der Narbenschicht zu vermeiden (vgl. S. 121).

Zum Äschern und Anschwöden werden Alkalien und Sulfide verwendet. Haare von Fellen, die in reinem Weißkalk geäschert sind, geben für die Filzherstellung ein ideales Walkhaar. Als die Ansprüche, die an das Leder gestellt wurden, wuchsen, mußte der Gerber, um ein besseres Narbenbild und ein festeres, griffigeres Leder zu bekommen, die Äscherdauer abkürzen, was durch Beigabe von Anschärfungsmitteln, wie Schwefelnatrium und Schwefelarsen, erreicht wurde. Dies führte zu einer starken Schädigung, ja teilweisen Vernichtung der Haare, da das Oberhäutchen und die keratinösen Stoffe aufgelöst bzw. ganz zerstört wurden (Abb. 114).

Fabriken, die das Haar erhalten wollen, schwöden, um die Haare entfernen zu können, die Felle an, bevor diese den starken Äschern ausgesetzt werden. Die Felle werden auf der Fleischseite mit einem Brei, meist aus Schwefelnatrium und Kalk, bestrichen und Fleisch auf Fleisch und Haar auf Haar aufeinandergelegt. Schwefelnatrium und Kalk dringen so von der Fleischseite her in die Haut ein und zerstören die Haarwurzeln, so daß die Haare bereits in kurzer Zeit, je nach Dicke der Felle und Konzentration des Schwefelnatriumbreies, entfernt werden können (vgl. S. 119). Ein kleiner Teil der Haare wird bei diesem Verfahren ganz verlorengehen, weil durch die ungleichmäßige Stärke der Felle die Wirkung des Schwödbreies nicht gleichmäßig vor sich geht. Sind beim größten Teil des Felles die Haarwurzeln gerade zerstört und das Fell damit zum Enthaaren geeignet, wird die Wirkung des Schwefelnatriums an den dünnen Stellen der Flämen bereits durch das Fell durchgedrungen sein und dort das Haar mehr oder weniger geschädigt, unter Umständen auch schon zerstört haben. An den dicken Teilen dagegen, z. B. am Hals, werden die Haare noch so fest sitzen, daß sie sich beim Enthaaren nicht entfernen lassen und in dem nachfolgenden scharfen Äscher völlig zerstört als Brei verlorengehen.

Abb. 114. Durch Schwefelnatrium zerstörtes Haar. *a* Oberhäutchen.

Dieses Schwödverfahren ist im allgemeinen nur für Kalb-, Ziegen- und Schaffelle (Gerberwolle) anwendbar. Für Häute ist diese Methode wegen ihrer Dicke ungeeignet. Aus diesem Grunde werden bei den meisten Fabriken die Rindshaare vernichtet.

Wenn wir die durch die drei angeführten Methoden — Schwitzen, Äschern, Schwöden — gewonnenen Haare, die wir als Schwitzhaare, Kalkäscherhaare und Schwödhaare bezeichnen wollen, auf ihre Eignung für die Filzfabrikation betrachten, so ist folgendes festzustellen:

1. Die durch das Schwitzen gewonnenen Schwitzhaare sind durch Chemikalien in keiner Weise angegriffen. Sie behalten, da die Haarwurzeln nur gelockert werden und am Haar bleiben, ihre natürliche Länge. Für den Filzhersteller haben sie den Nachteil, daß sie nur für bestimmte, weniger wertvolle Filze zu verwenden sind. Sie filzen wohl, walken aber nicht. Das kommt daher, daß ein geschwitztes Haar, genau wie ein Haar, das mit der Schere vom Fell des lebenden Tieres abgeschnitten ist, noch zu „lebendig", zu borstig ist und sich infolge seiner natürlichen Elastizität dem Walkprozeß widersetzt. Auch ist es nicht möglich, dieses Haar kalt zu färben. Die Farbe zieht nur sehr schwach auf und überdeckt die natürliche Farbe des Haares nicht. Diese Eigenschaft ist den Pelzfärbern seit langer Zeit bekannt. Sie helfen sich in der Weise, daß sie die Haare am Fell mit Alkalien behandeln, sie „töten", wie der Fachausdruck lautet.

2. Wie schon oben erwähnt, kommt das für gute Walkfilze geeignetste Haar, das Kalkäscherhaar, aus dem Kalkäscher. Auch hier wird ein Teil des Hautgewebes zersetzt und aufgelöst. Die Haare heben sich aus den geweiteten Haar-

bälgen mit der Haarwurzel heraus, so daß sie wie die Schwitzhaare ihre natürliche Länge behalten. Durch die Einwirkung des 10- bis 14tägigen Äschers sind sie soweit „getötet“, daß sie filzen, walken und sich kalt färben lassen.

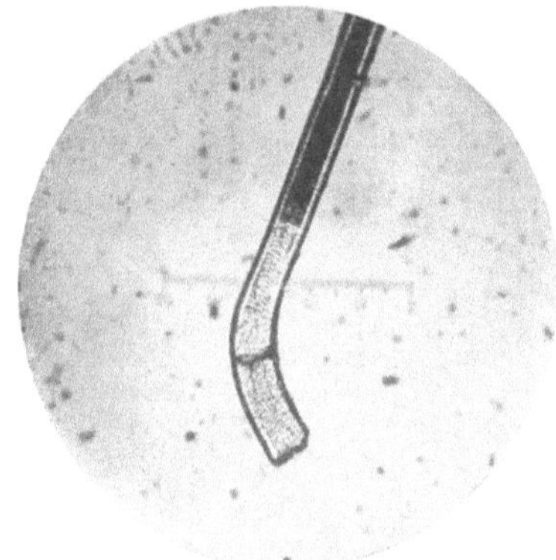

Abb. 115 a. Kälberhaar, Haarmark teilweise zerstört.

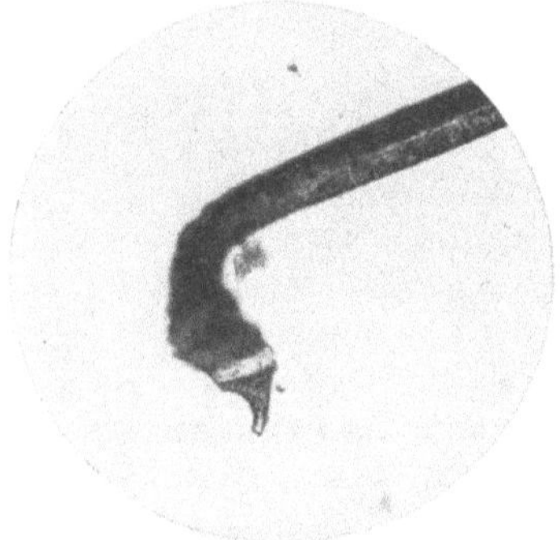

Abb. 115 b. Kälberhaar, Haarwurzel zerstört.

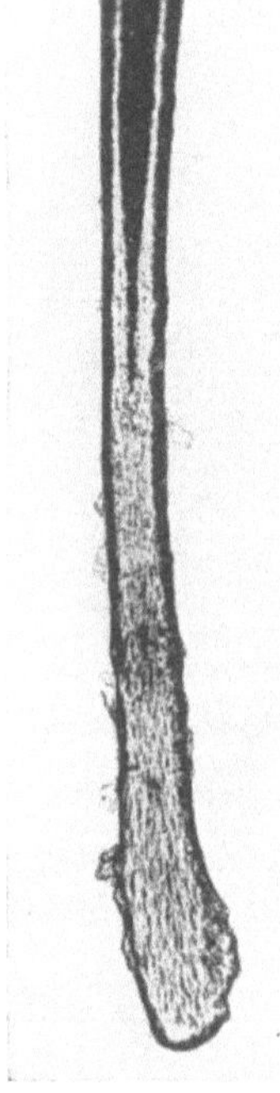

Abb. 115 c. Kälberhaar, Haarwurzel und Haarmark teilweise zerstört.

Köpfe und Beine werden meist noch mit Kalkäscher behandelt. Die hier anfallenden Haare sind sehr kurz und oft durch Hautteilchen verunreinigt. Die ebenso behandelten Schwanzhaare sind ein von Spinnereien gesuchter Artikel.

Werden die Äscher durch Schwefelnatrium oder Arsen angeschärft, so leiden die Haare erheblich. Die Zerreißfestigkeit und Dehnbarkeit der Haare nimmt mit der steigenden Schärfe der Äscher und mit der Dauer der Einwirkung mehr und mehr ab, und schließlich kommt es zur vollkommenen Zerstörung des Haares (Abb. 114).

3. Das durch das Schwödverfahren gewonnene sog. Schwödhaar hat für die Filzherstellung, wenigstens soweit es sich um die Erzeugung gewalkter Filze handelt, den gleichen Nachteil wie das Schwitzhaar: Es ist noch „zu lebendig“, filzt daher zwar gut, walkt jedoch nicht. Hierzu kommt noch, daß durch das Schwefelnatrium die Haarwurzel zerstört, das Haar infolgedessen kürzer wird und an seinem unteren Ende oft stark zerfranst und brüchig ist. Durch allzulange Einwirkung des Schwefelnatriums ist dieses in das Haarmark vorgedrungen und hat das Haar von innen heraus geschwächt (Abb. 115a, b und c).

Es liegt daher im Interesse der Haarerzeuger wie der Verarbeiter, daß in der Gerberei der richtige Zeitpunkt für die Enthaarung wahrgenommen wird.

Mit dem Übergang einer großen Anzahl von Gerbereien vom Weißkalkäscher zum Schwödverfahren erhielten die Verarbeiter der Haare, in erster Linie die Filzhersteller, von Gerbern, die ihnen seit langer Zeit gut walkende Haare geliefert hatten, plötzlich ein Material, das hinsichtlich Filz- und Walkfähigkeit alle bekannten Eigenschaften verloren hatte. Das neue Haar filzte zwar gut, walkte jedoch nicht und ließ sich nur unter gewissen Voraussetzungen färben. Wenn damals die Filzerzeuger sagten, das Haar sei zerstört, so trafen sie damit nur zu einem kleinen Teil das Richtige.

Die Haarwurzel war wohl zerstört und der untere Teil bei einigen Haaren zerfasert und brüchig. Der größte Teil des Haares war aber gesund, zu gesund, weil er ja mit Alkalien nicht in Berührung gekommen war und, wie unter 1. beschrieben, für Walkzwecke erst hätte getötet werden müssen. Daß sie gesund waren, bewies auch der Umstand, daß die Schwödhaare zum Filzen hervorragend geeignet waren.

Die geschilderte Umstellung der Gerbereien von der Erzeugung von Kalkäscherhaaren auf Schwödhaare bewirkte bei den Filzfabriken einerseits eine erhöhte Produktion von lediglich gefilzten Filzen, zumal die Nachfrage nach dem damals die billigste Filzqualität darstellenden Rollmaschinenfilz dauernd stieg, andererseits zwang sie dazu, die Rohstoffe für gewalkte Filze aus dem Auslande zu beschaffen. Die wichtigsten Haarlieferanten wurden die Vereinigten Staaten von Nordamerika und Rußland, daneben Rumänien, Polen, Österreich und die nordischen Länder.

Anfangs hatte dies für Deutschland nur den Nachteil, daß die Handelsbilanz ungünstig beeinflußt wurde. Später konnte man sich im Ausland nur noch zum Teil oder gar nicht mehr eindecken, als durch die zunehmenden Zahlungsschwierigkeiten der Welthandel immer mehr eingeengt wurde und sich einzelne Länder infolge der Devisenschwierigkeiten auf sich selbst gestellt sahen.

Die Auswirkungen der Störung des freien Warenverkehrs werden besonders deutlich ersichtlich aus der folgenden Tabelle 28 über die Ein- und Ausfuhr von Haaren der Nr. 145c (Rinder- und Kälberhaaren) des deutschen statistischen Warenverzeichnisses in den letzten vergangenen Jahren.

Tabelle 28.

| Jahr | Einfuhr | Ausfuhr | Einfuhrüberschuß |
|---|---|---|---|
| 1933 | 8,0 Mill. kg | 2,4 Mill. kg | 5,6 Mill. kg |
| 1934 | 8,1 „ „ | 1,8 „ „ | 6,3 „ „ |
| 1935 | 4,6 „ „ | 0,6 „ „ | 4,0 „ „ |
| 1936 | 3,7 „ „ | 0,4 „ „ | 3,3 „ „ |

Dieser so entstandenen schwierigen Lage der Haarverbraucher haben die Lederfabriken Rechnung getragen und nach Methoden gesucht, die Haare weitmöglichst zu erhalten, ohne die Güte des Leders herabzusetzen, und die gewonnenen Haare so zu verbessern, daß auch aus einem Schwödhaar ein guter Walkfilz hergestellt werden kann. In Deutschland ist dies in großem Umfang gelungen, aber noch nicht restlos durchgeführt.

# II. Die Filzherstellung.

## 1. Die eigentlichen, echten Filze.

### a) Theorie des Filzens und Walkens.

Filz entsteht dadurch, daß ein bestimmtes Gewicht gereinigter und sorgfältig gemischter tierischer Faser auf eine bestimmte Fläche gleichmäßig verteilt und sodann durch Einwirkung von Feuchtigkeit, Wärme, Druck und Bewegung zu einem losen, stoffähnlichen Gebilde verfilzt wird. Nach Beizen mit Säure erhält hierauf der Filz durch schlagende und stauchende Bearbeitung unter Volumenverminderung beim Walken eine größere Dichte und damit die gewünschte Festigkeit.

Haarfilz wird aus Kuh-, Kälber- und Ziegenhaaren, der wertvollere Wollfilz aus Schafwolle hergestellt. Kunstfasern und vegetabilische Fasern (Baumwolle, Jute usw.) filzen allein nicht, können aber zu einem geringen Prozentsatz als Füllmaterial zu Haar und Wolle beigegeben werden.

In fast allen Lehrbüchern und Zeitschriften wird die Filztheorie von O. N.

Witt angeführt. Nach ihr soll der Filzeffekt dadurch entstehen, daß sich die Haare mit ihren zahnartigen Schuppen ineinanderhaken und verzahnen.

Abb. 116. Schematische Darstellung des Filzprozesses.
*a* Eingang der Rohware, *b* Entstauben der Haare und Transport durch Gebläse, *c* Krempelwolf, *d* Waage, *e* Fachwolf, *f* Fachkasten, *g* Filzmaschine, *h* Beize, *i* Walke, *k* Trocknung, *l* Presse, *m* Verwiegen und Verladen des fertigen Filzes.

R. Brauckmeyer (*3*) kommt in seiner Abhandlung „Theorie und Praxis des Filzens und Walkens" zu dem Ergebnis, daß die Wittsche Theorie falsch ist. Weder in gefilzten Geweben, noch in Hutfilzen oder technischen Filzen konnten solche parallelliegenden Fasern, deren Schuppen ineinandergreifen, gefunden werden. R. Brauckmeyer ist der Ansicht, daß beim Filzen und Walken eine Wanderung der Fasern stattfindet, und zwar infolge der Schuppenanordnung — die Zähne sind nach der Haarspitze zu gerichtet — mit dem Wurzelende nach vorn. Bei jedem Druck und jedem Stoß wird die Faser vorwärts geschoben und wird nach Beendigung des Druckes oder Stoßes infolge ihrer Elastizität versuchen, in ihre alte Lage zurückzukehren. Liegen nun anders gerichtete Fasern daneben, so werden die Schuppen wie Sperrklinken wirken und die Faser in ihrer Lage festhalten. Bei erneutem Stoß wird die Verhakung aufgehoben und die Faser ein Stück weiter wandern. Durch dieses „planlose" Wandern der Fasern bildet sich ein Gewirr von Fasern, die miteinander verschlungen sind und Festigkeit, Dichte und Charakter der Filzdecke verursachen.

Ähnliche Gedankengänge verfolgte schon C. Heinrich Löbner (*4*), der die Ursache des Filzens in der „lebendigen Bewegung des Wollhaares in der Richtung des Wurzelendes und in der Krumpfkraft der Wolle" fand. In demselben Sinne haben sich Arnold und der englische Forscher Speakmann ausgesprochen.

Ungeklärt ist immer noch die Frage, warum ein Schwitzhaar (oder ein sich ebenso verhaltendes Schwödhaar) wohl filzt, aber nicht walkt. Mit der Wittschen Theorie würde man hier nicht weiterkommen, da ein Unterschied in der Anordnung der Schuppen bei Schwitzhaar und Walkhaar nicht zu erkennen ist.

Es ist schon oben angeführt, daß ein Haar, das noch seine natürliche Elastizität besitzt, zum Walken untauglich ist, während ein Haar, das den Äscherprozeß durchgemacht hat, walkfähig ist. Legen wir die „neue" Theorie hier zugrunde, so ist der Vorgang folgendermaßen zu erklären:

Werden Schwitzhaare (auch Schwödhaare) gefilzt, so will jedes Haar durch seine natürliche „Borstigkeit" in der Richtung seiner ursprünglichen Lage — Haarwurzel nach vorn — geradeaus wandern. Es bildet sich so infolge der vielen Marschrichtungen ein Haargemisch, in dem jedes einzelne Haar nur zwangsläufig seine ursprüngliche Richtung geändert hat. Die ganze Filzplatte steht deshalb unter einer gewissen Spannung, die von den vielen Haaren ausgeht, die infolge ihrer Elastizität in ihre alte Lage zurückwollen. Wird nun eine solche Filzplatte gewalkt, so werden die Haare wohl anfangs noch etwas ineinandergehen, doch bei weiterem Walken wird jeder Schlag der Walke denselben Effekt haben, wie ein Hammerschlag auf eine Spiralfeder, die nach dem Schlag in ihre alte Lage zurückkehrt. Bei weiterem Walken wird durch das dauernde Schieben — Druck — Gegendruck — der Filz auseinandergehen.

Anders ist es mit einem Haar, das durch den Äscher getötet ist, das seine Borstigkeit verloren hat und nur noch einen Bruchteil seiner ursprünglichen Elastizität besitzt. Wird ein solcher Filz gewalkt, so werden die Haare oft ihre Richtung ändern und deshalb durcheinanderkriechen, und da keine Kraft da ist, die die Haare in eine bestimmte Richtung weist, werden sich die Haarwurzeln da hineinschieben, wo sie den geringsten Widerstand finden.

### b) Die Vorbereitung des Materials.

Da durch Art, Provenienz und Vorbehandlung die in den Gerbereien anfallenden Haare sehr verschieden sind, laufen in den Filzfabriken Haare verschiedenster Art ein, kurze und lange, gut gewaschene und auch „verwaschene", d. h. bereits teilweise verfilzte Haare. In manchen Gerbereien werden die Haare auch gar nicht oder nur sehr mangelhaft gewaschen, sind infolgedessen außerordentlich staubig. Dies gilt insbesondere für die in den südosteuropäischen Ländern im Kalkäscher gewonnenen Haare.

Je nach der Güte des herzustellenden Filzes werden die Haare gemischt, im Öffner (Abb. 117 und 118) geöffnet und von groben Verunreinigungen befreit. Für den gleichen Zweck werden teilweise auch noch Krempelwölfe, sog. kombinierte Wölfe, verwendet (Abb. 119a und b). Je besser der Filz werden soll, um so besser muß das Haar geöffnet sein. Haarbündel, sog. Zotten, filzen nicht.

Die entstaubten, geöffneten und verwogenen Haare kommen in einen Fachwolf (Abb. 120), der sie durcheinanderwirbelt und sie einem darunterstehenden rechteckigen Holzkasten bestimmter Größe, dem Fachkasten (Abb. 121) zuführt, der von einem Spezialarbeiter so hin- und herbewegt wird, daß die Haare

Abb. 117. Crighton-Öffner (Sächs. Maschinenfabrik vorm. Rich. Hartmann A.-G., Chemnitz).

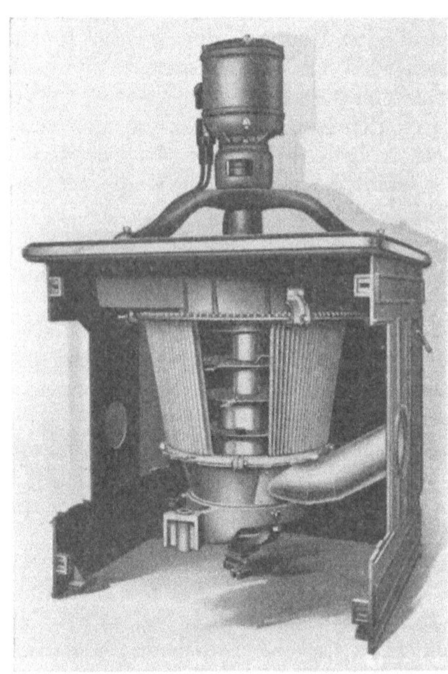

Abb. 118. Crighton-Öffner, Innenansicht (Sächs. Maschinenfabrik vorm. Rich. Hartmann A.-G., Chemnitz).

vollkommen gleichmäßig auf das Fach verteilt sind. Im Fachkasten werden sodann mit Hilfe eines sog. „Abdrücksiebes“ die Haare zusammengedrückt, so daß sie auf einem Tuche als Unterlage als nur lose zusammenhängendes Vlies zur Filzmaschine gebracht werden können.

Für den gleichen Arbeitsgang sind auch besondere Fachmaschinen verschiedenster Konstruktion gebaut worden (Abb. 122).

Bei diesen wird das abgewogene Material in der Maschine entstaubt und in gleichmäßigen Lagen auf ein Transportband geworfen, bis sich ein Pelz von gewünschter Stärke gebildet hat. Im allgemeinen werden Maschinen von 2 m Breite benutzt.

In neuerer Zeit ist man dazu übergegangen, das Fachen durch das Krempeln zu ersetzen, das den Vorteil hat, daß das Haar weitgehend geöffnet wird und deshalb besser filzt, oder anders ausgedrückt, daß zur Erzielung desselben Effektes ein etwas schlechteres und damit billigeres Haar verwendet werden kann.

Die Krempel (Abb. 123 und 124) arbeitet in der Weise, daß die Haare durch einen mit einer Waage versehenen Aufgabeapparat, der sie gleichmäßig auf die Breite der Maschine verteilt, den Krempelwalzen zugeführt werden, wo sie aufgelockert und vermengt werden und als gleichmäßiges, loses Fasergemisch auf ein Transportband fallen und hier den Krempelflor bilden, der je nach der gewünschten Stärke des Filzes durch Änderung der Einstellung der Waage mehr

Abb. 119a. Krempelwolf (Sächs. Maschinenfabrik vorm. Rich. Hartmann A.-G., Chemnitz).

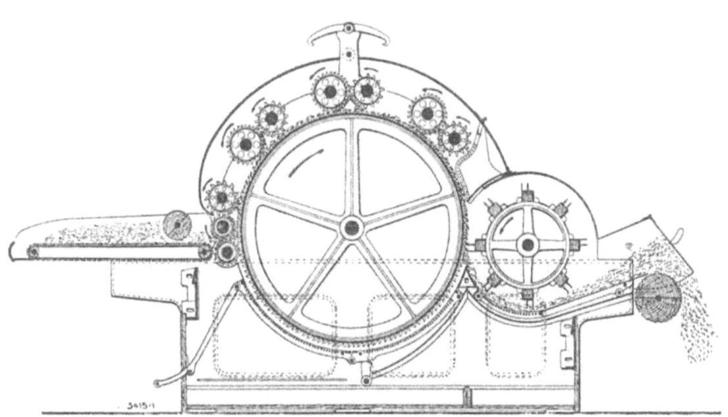

Abb. 119b. Krempelwolf, Querschnitt (Sächs. Maschinenfabrik vorm. Rich. Hartmann A.-G., Chemnitz).

oder weniger dick gemacht werden kann. Am Ende des Transportbandes wird das Vlies in beliebiger Länge auf eine Holzrolle aufgewickelt und so der Filzmaschine zugeführt.

## c) Das Filzen.

Die Filzmaschinen bestehen aus zwei eisernen heizbaren Platten. Teilweise liegt die untere fest, während die obere Kreisrüttelbewegungen macht (Kreisrüttelfilzmaschine, Abb. 125 und 126). Bei Maschinen älteren Systems bewegen sich beide Platten hin- und herlaufend in einer Richtung. Der Nachteil dieser Rüttelungsart war bekannt, jedoch ist es erst seit einigen Jahren gelungen, diesen Nachteil zu beheben und damit auch bei dem maschinellen Filzen die kreisende Bewegung anzuwenden, die bei dem handwerklichen Filzen bereits von

Abb. 120. Fachwolf (Sächs. Maschinenfabrik vorm. Rich. Hartmann A.-G., Chemnitz).

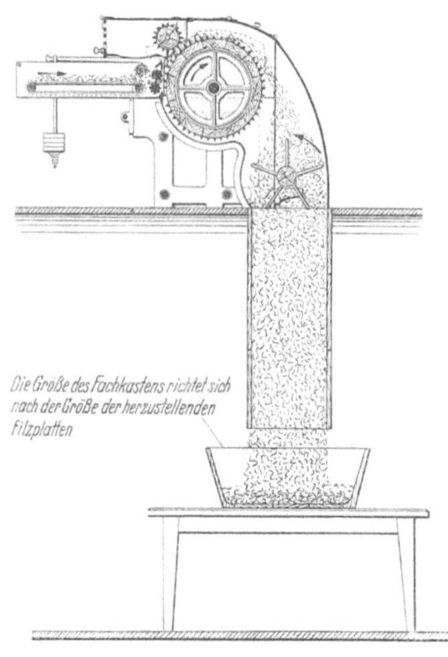


Abb. 121. Fachwolf mit Fachkasten, Querschnitt (Sächs. Maschinenfabrik vorm. Rich. Hartmann A.-G., Chemnitz).

jeher üblich war. Die Verfilzung erfolgt hierdurch bedeutend schneller. So können z. B. Filze bis zu 10 mm Stärke, welche früher drei und mehr Minuten gefilzt werden mußten, in 30 Sekunden hergestellt werden. Stärkere Filze, z. B. von 80 mm Stärke, erforderten teilweise mehrere Stunden Filzzeit, während jetzt die Verfilzung in 3 Minuten erreicht ist, ohne daß sich Blasen in dem Filz befinden.

Die Filzmaschinen werden je nach der gewünschten Leistung in verschiedenen Größen ausgeführt. Die Maschinen mit 1,5 × 2,5 m Filzfläche erhalten zwei Antriebsexzenter, während größere Maschinen mit vier Antriebsexzentern ausgeführt werden, von denen zwei sich gegenüberstehen.

Von dem Vordämpfer, auf dem das teilweise abgerollte Vlies erhitzt und befeuchtet wird, schiebt sich dieses zwischen die Platten, von denen sich die obere heben und senken läßt.

Während des eigentlichen Filzvorganges bewegt sich die obere Platte im gesenkten Zustand und übt durch ihr eigenes Gewicht den erforderlichen Druck aus. Nach dem Filzprozeß, der bei den hauptsächlich gangbaren Filzen mittlerer Stärke 1 bis 5 Minuten dauert, wird die obere Platte gehoben und der Filz vor-

Abb. 122. Fachmaschine (Maschinenfabrik Aug. Dzulko, Breslau).

gezogen, wobei sich das nächste vorgedämpfte Stück zwischen die Platten schiebt. Es gibt Filzmaschinen, die vollkommen automatisch arbeiten, wobei die Filzzeit von $^1/_4$ bis 6 Minuten eingestellt werden kann.

Abb. 123. Krempel (Sächs. Maschinenfabrik vorm. Rich. Hartmann A.-G., Chemnitz).

In dem Zustand, in dem der Filz die Filzmaschine verläßt, kann er, in Tafeln geschnitten, ohne weitere Bearbeitung als Isolierfilz zum Isolieren von Dampf- und Wasserleitungen und Kesseln verwendet werden.

In großem Umfange werden auch Filze unmittelbar nach dem Filzen appretiert, um als sog. Rollmaschinenfilze in der Hausschuhindustrie zu Zwischensohlen ver-

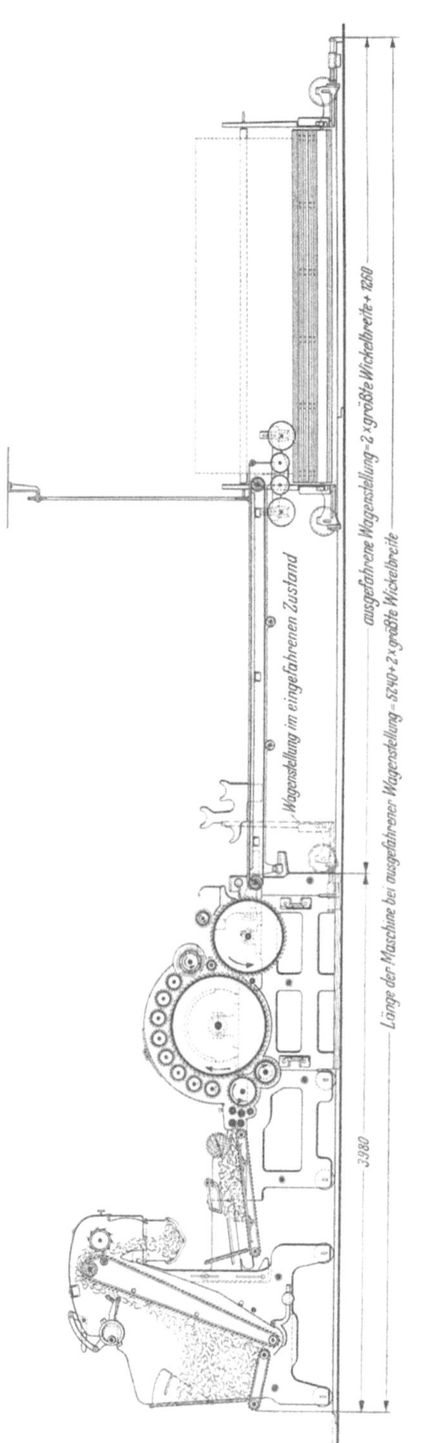

Abb. 124. Krempel, Querschnitt (Sächs. Maschinenfabrik vorm. Rich. Hartmann A.-G., Chemnitz).

wendet zu werden. Die Bezeichnung „Rollmaschinenfilz" kommt daher, daß diese Filzsorte früher ausschließlich auf Rollenfilzmaschinen hergestellt wurde.

Das Appretieren der Filze geschieht auf Steifmaschinen, deren zur Zeit gebräuchlichste Bauart in Abb. 127 wiedergegeben ist. Die Appretur besteht im wesentlichen aus Stärke und zwar in den meisten Fällen aus Kartoffelstärke. Daneben wird auch Reis- und Weizenstärke verarbeitet. Mitunter wird die Stärke nicht im unveränderten Zustande verwendet, sondern in aufgeschlossener, mehr oder minder abgebauter Form (wasserlösliche Stärke, Dextrin und ähnliche Produkte). Vielfach wird dem Stärkekleister noch Leim, Harz, Wasserglas oder sog. Kaltleim (Sulfitablauge) zugesetzt. Nach dem Durchgang durch die Steifflüssigkeit wird der Filz zwischen Quetschwalzen ausgepreßt, in Trockenkammern oder -kanälen getrocknet und dann in hydraulischen Pressen gepreßt (Abb. 128a und b).

Schwitz- und Schwödhaare eignen sich für diese Filzart, den sog. Rollmaschinenfilz, auch Riffel- oder Waffelfilz, besser als Kalkäscherhaar, das in der Filzmaschine wesentlich längere Zeit benötigen würde, um einen brauchbaren Filz zu geben.

### d) Das Walken.

Zur Herstellung eines strapazierfähigen Filzes, wie er zu Zwischen- oder Obersohlen verwendet wird, vor allem aber auch zu den meisten Filzen für technische Zwecke, muß der Filz, nachdem er die Filzmaschine verlassen hat, noch dem Walkprozeß unterworfen werden, wobei eine noch innigere Verschlingung der einzelnen Haare stattfindet. Während beim Filzprozeß die Größe der Filzplatten unverändert bleibt, werden sie beim Walken, ohne dicker zu werden, kleiner. Bei gutem, walkfähigem Haar beträgt die Größe der fertigen Platte etwa ein Drittel der ursprünglichen Fläche.

Ehe die Filzplatten in die Walke kommen, werden sie gebeizt, d. h. man

Abb. 125. Kreisrüttelfilzmaschine (Maschinenfabrik Aug Dzulko, Breslau).

Abb. 126. Kreisrüttelfilzmaschine (Maschinenfabrik Aug. Dzulko, Breslau).

Abb. 127. Steifmaschine (Maschinenfabrik Aug. Dzulko, Breslau).

läßt sie einige Stunden in verdünnter Schwefelsäure von 3 bis 6° Bé liegen. Nach der Beize werden sie auf ca. 10 cm starke Rundholzknüppel aufgerollt und mit einem Tuch umwickelt. 15 bis 20 solcher Wickel kommen dann in die Walke

(Abb. 129 a und b), einen Hartholztrog von halbrundem Querschnitt, in welchem die Filzrollen unter Beigabe von heißem Wasser durch breite Eichenholzhämmer geschlagen werden. Durch die Art der Bewegung dieser Hämmer und durch die Wölbung des Troges drehen sich die Filzrollen bei jedem Schlag, so daß Druck und Stoß jedesmal auf eine andere Stelle der Rollen wirken. Nach einer bestimmten Zeit, die von der Qualität der Haare und von der für den fertigen Filz vorgeschriebenen Dichte bzw. Festigkeit abhängt, holt man die Rollen aus der Walke, rollt den Filz ab und rollt ihn von der anderen Seite wieder auf. Dieses Spiel wiederholt sich je nach dem Verwendungszweck des Filzes verschiedene Male. Zwischensohlenfilze werden viermal, beste Obersohlenfilze bis achtmal gewalkt, wobei bei jedem Walkvorgang die Platte kleiner und damit der Filz dichter wird.

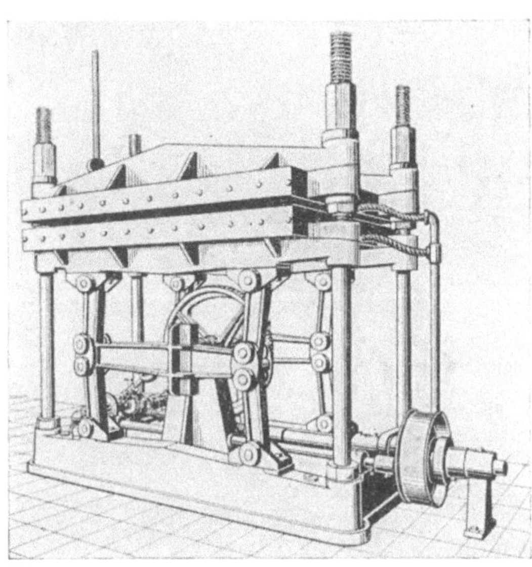

Abb. 128 a. Hydraulische Presse (Maschinenfabrik Aug. Dzulko, Breslau).

Gewisse Sorten technischer Haar- und Wollhaarfilze, z. B. Polier- und Schleifscheiben usw., werden ohne Holzknüppel gewalkt.

Einen Maßstab für die Dichte des Filzes und damit zugleich einen Anhalt für seine Festigkeit gibt sein scheinbares spezifisches Gewicht. Es beträgt bei lediglich gefilztem Filz (Rollmaschinenfilz) etwa 0,2, bei wenig gewalkten Filzen 0,3, bei gutem Walkfilz aus Haaren etwa 0,45. Die unter Zusatz von Wolle oder nur aus Wolle hergestellten technischen Filze, wie Polierscheiben, Werkzeugfilze usw. erreichen ein scheinbares spezifisches Gewicht von 0,6 bis 0,7.

Abb. 128 b. Hydraulische Presse (Maschinenfabrik Aug. Dzulko, Breslau).

Schwitz- und Schwödhaare eignen sich zum Walken nicht. Aus ihnen hergestellte Filzplatten würden beim Walken nicht dichter und fester werden, vielmehr den durch das Filzen bereits erreichten Zusammenhalt wieder verlieren und auseinandergehen. Die diesen Haaren eigene natürliche Elastizität macht sie für den Walkprozeß untauglich. Wie schon oben gesagt, eignet sich hierfür neben Wolle am besten ein Kalkäscherhaar. Beim Kalkäscherhaar gibt es verschiedene

Qualitäten. Am besten geeignet für Walkzwecke sind nordamerikanische Kälber- und Rinderhaare, ferner russische Kuhhaare. Als Ersatz hierfür werden in zunehmendem Maße Schwödhaare, die durch Behandlung mit Kalk od. dgl. walkfähig gemacht sind, verwendet.

Abb. 129 a. Hammerwalke (Maschinenfabrik Aug. Dzulko, Breslau).

Die vielen Walkvorgänge für Obersohlenfilze halten nur die besten Haare aus. Schlechtere Qualitäten walkt man entsprechend weniger und kürzer. Zur Erlangung der für die Weiterverarbeitung notwendigen Festigkeit und Härte werden sie in der für Rollfilze bereits geschilderten Weise appretiert.

Nach dem Walken werden die nassen Tafeln, je nach dem Verwendungszweck, getrocknet, gepreßt, gefärbt oder imprägiert.

Besonders hohe Anforderungen hinsichtlich der Walkfähigkeit werden an die Haare gestellt, die zusammen mit Wolle zu Polierscheiben und ähnlichen technischen Filzen, ferner zu Walkschuhen, Walkpantoffeln, Eisenbahnerstiefeln usw. verarbeitet werden.

Abb. 129 b. Hammerwalke (Maschinenfabrik Aug. Dzulko, Breslau).

Die Fabrikation dieser Artikel ist insofern interessant, als es sich hierbei im Gegensatz zu den bisher geschilderten Filztafeln, also flächenartigen Erzeugnissen, um Hohlkörper handelt. Die Schuhe, Stiefel usw. sind im fertigen Zustande nahtlos, also aus einem Stück. Die Vorbereitung des Materials ist die gleiche wie bei den flächenförmigen Filzen: mischen, wolfen, krempeln. Aus dem von der Krempel kommenden Vlies werden mit Hilfe von Schablonen die der gewünschten Form entsprechenden Fache mit der Hand ausgerupft und zur Erlangung einer gewissen Festigkeit auf der Rüttelfilzmaschine bis zu einem bestimmten Grade angefilzt. Auf das angefilzte Fach (Abb. 130a) wird eine Papierschablone aufgelegt (Abb. 130b) und der überstehende Rand über die Papierschablone umgeschlagen und verzogen (Abb. 130c). Die bei *d* der Abb. 130c verbleibende offene Stelle wird durch Auflegen von gekrempeltem Stoff sog. Buße, verschlossen. Sodann wird das Stück mit der bisher oben befindlichen Seite nach unten auf ein zunächst angefilztes Fach aufgelegt und der geschilderte Vorgang, den man als „Aufschließen" bezeichnet, wiederholt. Hierauf wird maschinell oder mit der Hand nach vorangegangenem Dämpfen das Stück fertiggefilzt, die Papierschablone entfernt, die lediglich ein Zusammenfilzen verhindern sollte, und sodann nach dem Beizen gewalkt.

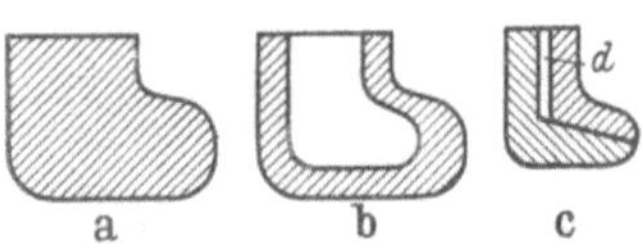


Abb. 130a—c. Papierschablonen.

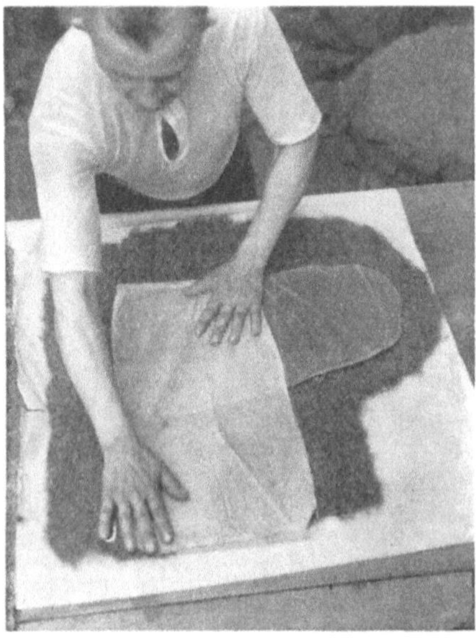

Abb. 130d. Auf das angefilzte Fach wird die Schablone aufgelegt.

Die Herstellung von Walkschuhen, Walkstiefeln und ähnlichen Artikeln erfolgt auch heute noch meist durch gelernte Hutmacher. Von diesen, die zunftmäßig zusammengeschlossen waren, wurden früher vor dem Übergang zur Maschinenarbeit alle Filze in Handwerksbetrieben erzeugt. Der Meister stellte auf Grund seiner persönlichen Erfahrungen eine Mischung aus Wolle und Haaren zusammen, deren Auflockerung und Vermischung mit Hilfe des mit der Hand betätigten Fachbogens erfolgte. Dieser kann seiner Form nach etwa mit einem Geigenbogen verglichen werden und ist ungefähr 2 m lang. Die Saite wurde durch Zupfen mit dem sog. Schlagholz unter gleichzeitigem Hinwegstreichen über das auf einem Tische ausgebreitete Material in Schwingungen versetzt, die die Haare erfaßten und aufgelockert durcheinanderwirbelten. Mit der Hand wurde dann der „gefachte" Stoff gleichmäßig verteilt. Die verwendete Wolle wurde zuvor meist auf dem sog. Kratzbock gekämmt. Dieser Vorgang wird jetzt durch das Krempeln ersetzt. Später besaßen die Filzmacher teilweise auch mit Muskelkraft getriebene kleine Wölfe, die ihrer Arbeitsweise nach die Vorläufer der jetzt verwendeten Krempelwölfe darstellen. Das Filzen und Walken geschah ausschließlich mit der Hand, auch bei Filztafeln. Mit der Aufstellung von Maschinen und dem Übergang zum industriellen Betrieb sind naturgemäß Fachbogen und Kratzbock verschwunden. Vereinzelt wird das Fachen mit dem Bogen nur noch bei der Anfertigung kleiner Walkmuster angewendet, die beim Kauf eine Beurteilung der Wolle bzw. Haare hinsichtlich der Eignung für die Filzherstellung ermöglichen sollen.

Abb. 131. Zylinderwalke (Maschinenfabrik L. Ph. Hemmer, Aachen).

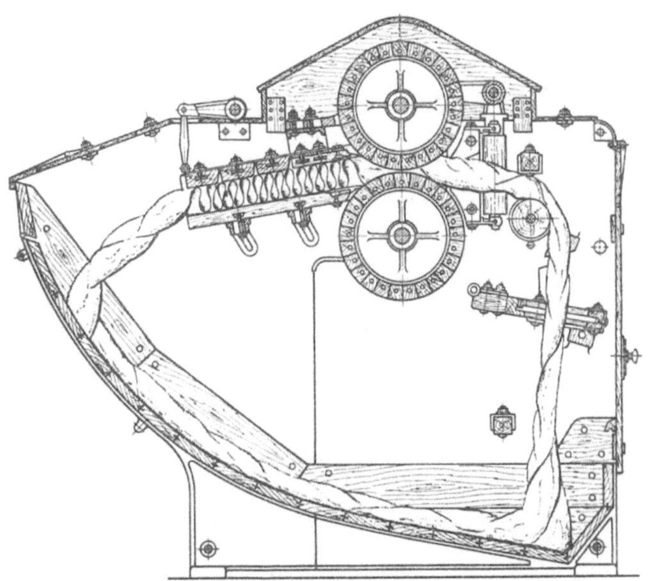

Abb. 132. Zylinderwalke, Schnitt (Maschinenfabrik L. Ph. Hemmer, Aachen).

Wollfilze werden ebenfalls in Tafeln, Scheiben oder langen Bahnen hergestellt. Scheiben für Polier- und Schleifzwecke werden aus dem Vlies nach einer runden Schablone ausgerupft und einzelne Lagen kreuzweise übereinander gelegt, bis das gewünschte Gewicht, bzw. Größe und Stärke der Scheiben erreicht ist.

Stärkere Stücke werden, soweit Tafeln hergestellt werden sollen, ebenfalls aus einzelnen Teilen bis zur gewünschten Stärke übereinandergelegt und gefilzt.

Haarfilze finden Verwendung als:

Filzsohlen in der Hausschuhindustrie;

sog. technische Filze in Form von Unterlagen unter Maschinen zur Dämpfung, Dichtungsmitteln für Achsen, Fenster, Türen, Unterlagen für Motorradsättel;

Teppichunterlagfilze;

Pfropfenfilze für Patronen und Kartuschen,

Isolierfilze für Dampf- und Wasserrohre, bzw. Kessel.

Wollhaarfilze und Wollfilze finden Verwendung als:

Tuch- und Garderobefilze;

Stückfilze in der Hausschuhindustrie;

Schleif- und Polierscheiben für Metalle, verschiedenartig geformte Polierkörper für Zahnärzte, Goldschmiede usw.

Filze für orthopädische Zwecke (Prothesen);

technische Filze (Filzringe, Filzstreifen, Filztrichter, Dichtungsringe für Kugellager, Lichtpausfilze, Filtrierfilze u. a.).

### 2. Die gewebten Filze.

Eine besondere Herstellung erfahren die gewebten Filze. Aus dem Vorhergehenden ist ersichtlich, daß die gewalkten Filze nur in begrenzten Maßen hergestellt werden können. Die gewebten Filze kann man beliebig lang und so breit wie die Webstühle machen (bis zu 25 m). Die aus Haaren oder Wolle (oder Gemisch) gesponnenen Garne werden derart verwebt, daß 2 bis 4 Lagen übereinanderliegen, die bereits während des Webens durch Kreuzen der Kett- und Schußfäden miteinander verbunden werden. Die Lagen selbst können weit und eng gewebt werden, so daß hier schon ein leichteres bzw. schwereres Gewebe und später leichterer und schwererer Filz entsteht. Die Gewebe werden in Zylinderwalken (Abb. 131 und 132) bzw. Hammerwalken (Abb. 129a und b) gewalkt. Nahtlos hergestellt dienen sie zur Umkleidung von Walzen für verschiedene Arten von Maschinen, so für Trockenmaschinen, die aus feinen Tuchen die Feuchtigkeit beseitigen. Beim Bedrucken von Geweben werden mit Filz bezogene Walzen als Unterlage für die Gewebe verwendet, so daß sich die darüberlaufenden mit dem Muster versehenen Druckwalzen gut einpressen können. Die Papierindustrie nimmt lange, rund gewebte Filze, sog. Mitläufer, zur Beförderung der Papiermasse. Da sich jede Unebenheit in der Masse abzeichnen würde, müssen diese Filze nahtlos und besonders glatt sein.

## III. Die Haargarnspinnerei.

Zur Gewinnung von Haargarn werden verschiedene Haarsorten, darunter ein langstapeliges Bindematerial, gemischt und auf dem Wolf geöffnet. Vor oder bei dem Wolfen erhält das Haar die Schmälze, wozu man meist Olein, ein Nebenprodukt der Stearinfabrikation, verwendet. Das Olein zeichnet sich dadurch aus, daß es nicht eintrocknet, klebt oder schmiert, und daß es leicht verseift, so daß es nach Fertigstellung des Gewebes ohne Schwierigkeit ausgewaschen werden kann. Das gewolfte Haar wird auf der Krempel (Abb. 133, 134a und b) durch die feinen Spitzen der Kratzenbeläge weiter aufgelockert und parallel gelegt. Es bildet sich ein Krempelflor, der zur Erreichung eines gleich-

Abb. 133. Zweikrempelsatz (Sächs. Maschinenfabrik vorm. Rich. Hartmann A.-G., Chemnitz).

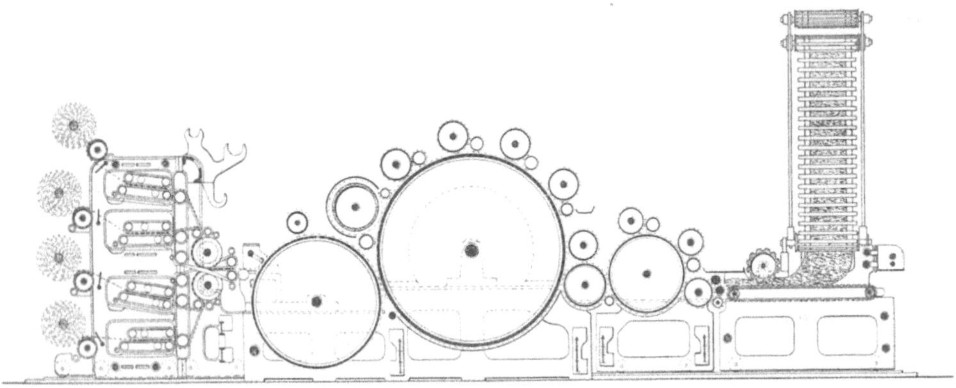

a)

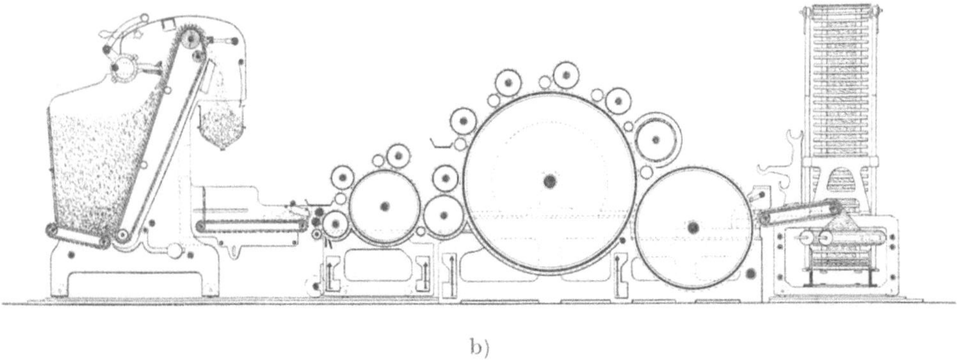

b)

Abb. 134 a und b. Zweikrempelsatz (Sächs. Maschinenfabrik vorm. Rich. Hartmann A.-G., Chemnitz).

mäßigen Gemisches noch ein zweites-, oft ein drittesmal gekrempelt wird. Der letzte Flor wird dem Florteiler (Abb. 135a und b) zugeführt, einem Apparat, der den Flor durch Riemchen in schmale Bänder aufteilt, die im Nitschelwerk (Abb. 135b und c) zu einem losen Faden, dem Vorgarn, leicht

a)

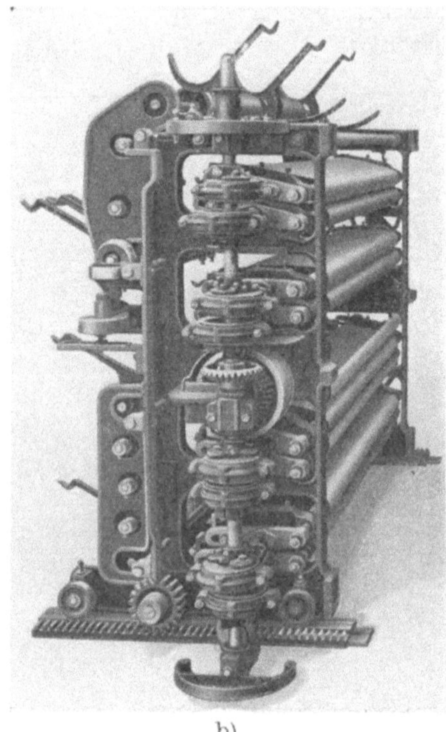

b)

Abb. 135 a und b. Florteiler (a) und Nitschelwerk (b) zur besseren Veranschaulichung auseinandergerückt (Sächs. Maschinenfabrik vorm. Rich. Hartmann A.-G., Chemnitz).

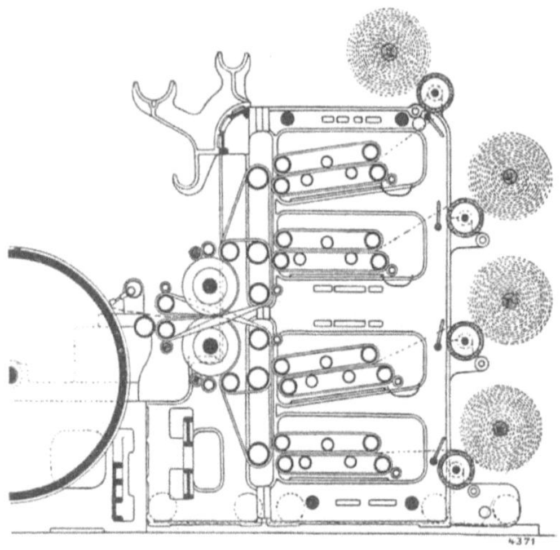

Abb. 135 c. Schnitt durch Florteiler und Nitschelwerk in Betriebsanordnung (Sächs. Maschinenfabrik vorm. Rich. Hartmann A.-G., Chemnitz).

gedreht werden. Das fertige Vorgarn wird mit schwacher Kreuzwicklung auf Vorgarnwalzen aufgewickelt und diese dem Selfactor, einer Feinspinnmaschine, zugeführt.

Der Selfactor (Abb. 136 und 137), der dem Vorgarn durch Ausziehen Feinheit und durch Drehung Festigkeit gibt, spinnt das Feingarn und spult es auf. Die von der Vorgarnwalze durch eine Lieferwalze abgenommenen Vorgarnfäden werden an den Spindeln befestigt, die auf einem fahrbaren Wagen sitzen. Der Spinnprozeß ist kurz folgender:

Das Vorgarn, das infolge seiner Ungleichmäßigkeit der Faseranordnung, so wie es von dem Nitschelwerk kommt, keinen Verzug verträgt, muß zuerst eine Vordrehung erhalten, wobei die Spindelgeschwindigkeit ca. 1000/2000 T/min. beträgt. Da die spezifische Drehungszahl an den schwächeren Stellen größer ist als an den Stellen mit dichteren Faserbündeln, werden die schwachen Stellen durch die Vordrehung verdichtet, während die Fasern an kräftigeren Stellen beim Verzug auseinandergezogen werden, womit eine Egalisierung des Vorgarns erreicht wird. Wenn der Wagen jetzt weiter ausfährt, wird die Garnzuführung abgestellt, wobei das Garn durch die Zugspannung noch mehr verzogen wird.

Der hierbei infolge Lockerung der Fasern auftretenden Reißgefahr tritt man dadurch entgegen, daß man die Spindeln schneller, mit ca. 2000/3000 T/min., laufen läßt. Kurz ehe der Wagen ganz ausgefahren ist, wird die Tourenzahl auf 3000/4000 T/min. erhöht, um dem Faden bei ganz ausgezogener Länge die nötige Drehung zu erteilen, wobei der Faden endgültig gedreht wird. Während der Wageneinfahrt wird der so gebildete Faden bei entgegenlaufender Spindeldrehung auf Cops aufgespult. Die Tourenzahl der Spindeln hängt vom Gebrauchszweck des zu spinnenden Garnes, von der Verzugslänge und vom Material ab.

Abb. 136. Selfactor, Wagen eingefahren (Sächs. Maschinenfabrik vorm. Rich. Hartmann A.-G., Chemnitz).

Zur Herstellung der Haargarnteppiche wird eine Haarmischung mit gröberem Haar, z. B. Ziegenhaar, verwendet. Nach dem Spinnen werden die Garne, die eine stärkere Drehung als bei Sealskin erhalten, verzwirnt, wodurch man haltbarere Garne erzielt. Diese werden dann als Kette verwebt, während als Schußfäden in der Regel Hanf verwendet wird. Gefärbt wird meist schon im Garn. Für besondere Effekte werden verschiedenfarbige Fäden miteinander verzwirnt. Diese Garne werden in Streifenmustern oder für große und farbige Muster auf Jacquardstühlen verwebt. Der Jacquardstuhl unterscheidet sich grundsätzlich von einem gewöhnlichen Schaftstuhl, auf dem man nur einfachere Gewebe herstellen kann, dadurch, daß auf ihm sämtliche Gewebebindungen und Figuren gewebt werden können.

Die beim Weben entstandenen Schäden (gerissene Kettfäden, Webnester, Knoten usw.) werden ausgebessert und die Stücke auf der Rückseite appretiert, so daß sie ihren lappigen Zustand verlieren und glatt daliegen.

## IV. Die Sealskinherstellung.

Zur Sealskinherstellung, bei der der Faden nur leichte Drehung erhält, werden die Cops in die Webschützen des Webstuhles eingelegt, der die Haargarnfäden als Schußfäden mit Baumwollzwirn als Kette zu einem meist $1^1/_2$ bis

2 m breiten Gewebe verwebt. Längen von ca. 50 m werden in Zylinderwalken (Abb. 131 und 132) mit Spinnfett und einer Beize von Ammoniak gewalkt, wodurch das vorher mager aussehende Gewebe Dichtigkeit, Festigkeit, eine gleichmäßige Oberfläche und damit ein schönes Aussehen erhält. Nach dem

Abb. 137. Selfactor, Wagen eingefahren (Sächs. Maschinenfabrik vorm. Rich. Hartmann A.-G., Chemnitz).

Walken wird der „Gerber", das verseifte Spinnfett, in warmem Wasser ausgewaschen. Auf einer Rauhmaschine, die mit feinen Nadelkratzen versehen ist, wird die Oberseite aufgerauht, wobei die Haare der Oberseite der Haargarnschußfäden freigelegt werden und einen samt- oder plüschartigen Flor bilden. Dann werden die Stücke gefärbt oder farbig gedruckt. Zur Erzielung besonderer Effekte kann schon im Garn gefärbt und mit gleichfarbigen oder gemischtfarbigen

Fäden gewebt werden. Die fertigen Stücke erhalten dann noch eine Ausrüstung; sie werden gepreßt, appretiert, getrocknet, gebürstet, geschoren, die Farben werden fixiert.

Verwendet wird Sealskin zu Wagen- und Reisedecken, zu Schuhfutter, zu Fellimitationen für Damenjacken und -mäntel, Teddybärenstoff, Futter in Herrenkleidung, Autokühlerhauben usw.

## Literaturübersicht.

Bernhardt, O. u. J. Marcher: Streichgarnspinnerei: Technologie der Textilfasern. VIII. Bd., 2. Teil. Berlin: Julius Springer 1932.

Brauckmeyer, R.: Theorie und Praxis des Walkens und Filzens. Melliand Textilberichte, Bd. XVII, Lieferung 1 u. 3 (1936).

Fein, F.: Beiträge zur Kenntnis des Einflusses des Äscherns auf die physikalischen und chemischen Eigenschaften der Rinderhaare. Dissertation[1]. Dresden 1924.

Herzinger, Ed.: Filzfabrikation. Wien u. Leipzig: A. Hartleben 1935.

Küntzel, A.: Collegium **1937,** 802.

Löbner, C. Heinrich: Studien und Forschungen über Wolle und andere Gespinstfasern. Grünberg: Löbner & Co. 1898.

Marschick, Christian: Feinmechanik und Präzision, Heft 9, Jahrg. 44, S. 2, 1936.

Toldt, K.: Annalen des k. k. naturhistorischen Hofmuseums, XXIV. Wien 1910.

# C. Wolle.

Von Dr.-Ing. **Karl Grafe,** Leipzig.

Unter den Abfällen und Nebenprodukten, die im Verlauf der Lederherstellung aus der Rohhaut entstehen, kommt den Haaren, die mit der Haut in die Gerberei gelangen, eine große Bedeutung zu. Sie stehen wertmäßig weit über den Falzspänen und anderen Abfällen, da sie ein Rohprodukt darstellen, das Ausgangsmaterial anderer großer Industriezweige ist.

Von den Haaren, die im Gerbereibetrieb gewinnbar sind, sind diejenigen von besonderem Wert, die sich verspinnen lassen, d. h. aus denen man auf geeignete Weise einen endlosen Faden mit brauchbarer Festigkeit herstellen kann. Das sind für europäische Verhältnisse die Schaf- und Ziegenhaare, während für andere Erdteile u. a. noch Kamel-, Lama- und Alpakahaare in Frage kommen. Für Haare, wie sie Rind und Pferd tragen, besteht nur in bestimmten Teilen der Textilindustrie Interesse, weil dieses Material infolge seiner Grannenhaarnatur zu kurz, zu wenig geschmeidig und zu glatt ist. Daher waren die Preise stets niedrig, und der Anreiz zur Gewinnung war daher gering. Diese Haare sind jedoch ein unentbehrlicher Rohstoff für die Filz- und die Teppichgarnindustrie. Infolgedessen wird neuerdings wieder großer Wert darauf gelegt, auch diese Haare in schonender Weise und in einer für die weiterverarbeitende Industrie geeigneten Beschaffenheit zu gewinnen.

Der Bedarf der Wollindustrie an Rohmaterial ist so groß, daß der Anfall an Wolle aus den Gerbereien nur einen Bruchteil der nötigen Menge ausmacht und der größte Teil des Rohstoffs vom lebenden Tier gewonnen werden muß. Dieses Verhältnis von Gewinnung in der Gerberei zu Bedarf in der Textilwirtschaft ruft die Sonderstellung hervor, die die Schaffelle normalerweise beim Enthaarungsprozeß gegenüber anderen Fellarten einnehmen. Der Gerber hat zeitig genug Methoden gefunden, die Wolle ohne den beim Äschern unvermeidlichen starken chemischen Angriff vom Fell zu entfernen, so daß der Spinner aus diesen durch Schwöden oder Schwitzen gewonnenen Wollen durchaus vollwertige

[1] Die Abbildungen 111b, 112, 113b und 115c sind der Dissertation Fein entnommen.

Fertigware herstellen kann. Durch Verkauf der Wolle als Nebenprodukt kann der Schaffellgerber andererseits noch einen beachtlichen Gewinn erzielen, der zum Teil die Hälfte des Wertes des hergestellten Leders und mehr ausmachen kann. Da der Wert der Wolle, die in der Wasserwerkstatt anfällt, nicht nur von der Gewinnungsart und der Mühe abhängt, die sich der Lederfabrikant damit macht, sondern zum guten Teil schon in Rasse, Alter und Geschlecht, im Ursprungsland, in der Weide und manch anderem mehr begründet liegt, muß jeder Fachmann, der sich mit der Verarbeitung von Schaffellen befaßt, genügend Kenntnisse von der Wolle besitzen, um zu einem möglichst hochwertigen Material zu kommen. Im folgenden ist daher zunächst das Notwendige über Herkunft, Eigenschaften und technische Verarbeitung der Wolle gesagt. Erst dann soll das Besondere, das den verschiedenen Hautwollen eigentümlich ist, behandelt werden.

Wolle ist ein uralter Rohstoff für die Herstellung von Kleidung und in den verschiedensten Kulturkreisen sehr zeitig bekannt gewesen. Es mag wohl auch nahegelegen haben, von der Urform der Kleidung, dem Fell, die Haare abzutrennen und sie erneut zum warmhaltenden Körperschutz zu verarbeiten. Hierzu war am besten das Haarkleid des Schafes geeignet. Schon ca. 2000 Jahre v. Ch. muß Schafzucht in Mitteleuropa betrieben worden sein, da man aus dieser Zeit neben Kleidungsstücken aus Flachs solche aus Wolle gefunden hat. Zu einem besonders hohen Stand der Schafzucht ist es auf europäischem Boden in Spanien gekommen, wo große begraste Flächen eine ausgedehnte Schafzucht begünstigten. Wir treffen hier bereits im Mittelalter auf eine systematische Züchtung von Schafen mit einer besonders feinen Wolle,[1] obwohl auch aus viel älteren Kulturen schon Gewebereste aus Wollen verschiedener Feinheit bekanntgeworden sind. Jahrhundertelang hatte Spanien diese Vorherrschaft in der Erzeugung und in der Ausfuhr der besten Wollen unbestritten inne.

Neben Spanien hat England auch schon im Mittelalter eine gutentwickelte Schafzucht gehabt und darauf schließlich seine bedeutende Wollindustrie aufgebaut. Beide Länder büßten aber an Absatz und Preis sehr viel ein, als die Schafzucht der überseeischen Länder emporzublühen begann. Anfang des 19. Jahrhunderts waren größere Transporte spanischer Merinos nach Südafrika, Australien, Neuseeland und Amerika gegangen. Hier wuchsen bald bei immer steigender Besiedelung der Kolonien zahllose und zum Teil riesige Herden heran, deren Absatzgebiet nur in Europa lag. Diese Länder übten überall in Europa einen solchen Preisdruck aus, daß sich in den meisten europäischen Staaten die Wollerzeugung nicht mehr lohnte und erheblich zurückging. Die Weltproduktion an Rohwolle vor einem Jahrzehnt etwa hat folgendes Gesicht:

| | | |
|---|---|---|
| Europa | 400 | Mill. kg |
| Afrika | 150 | „ „ |
| Asien | 76 | „ „ |
| Nordamerika | 157 | „ „ |
| Südamerika | 232 | „ „ |
| Australien und Neuseeland | 452 | „ „ |
| Welt | 1470 | „ „ |

(Nach „Annuaire Statistique International“.)

Darnach macht also die europäische Rohwollerzeugung nur noch etwa ein Viertel der gesamten Welterzeugung aus!

Unter den Erzeugerländern steht Australien mit Neuseeland an erster Stelle, die zusammen rund 30% des gesamten Weltanfalls liefern und zum allergrößten

[1] Aus der spanischen Schafzucht ist auch der Begriff der Merinowolle als eine durchschnittlich feinfaserige Wolle übernommen worden. „Merino“ bedeutet soviel wie „Wandern“, da die spanischen Herden je nach Jahreszeit zwischen weit voneinander entfernten Weideplätzen wechseln mußten.

Teil auch ausführen. Australiens Schafzucht baut sich auf spanischen Merinos auf, die die Engländer bei ihrer Besiedelung einführten und die sich auf den riesigen Flächen gut vermehren konnten. Überwiegend werden feine Wollen erzeugt, doch steigt seit Jahren allmählich der Hundertsatz der sog. Kreuzzuchtwollen, d. h. der gröberen Wollen, da auch Australien anfängt, mehr Wert auf das Fleischgewicht des Schafes zu legen. Nach H. Behnsen und W. Genzmer (S. 9) ist das Verhältnis von Merino- zu Kreuzzucht um 1930 wie 82 : 18. Die Qualität der Wollen ist meist hervorragend und neben den Capwollen allgemein die beliebteste. Praktisch ganz und gar zu den gröberen Wollen übergegangen ist Neuseeland, das der günstigen Konjunktur der Fleischpreise, seit Schaffleisch gekühlt nach Europa verfrachtet wird, ziemlich zeitig gefolgt ist.

Ein weiterer wichtiger Lieferant von Wolle für die europäische Industrie sind die südamerikanischen Staaten, besonders Argentinien und Uruguay. Hier werden ebenfalls Kreuzzuchtwollen bevorzugt, da die Ausfuhr von Gefrierfleisch von großer Bedeutung ist. Anders geartet ist die Wolle der Südafrikanischen Union, die einen guten Ruf als feine und besonders gut gekräuselte Wolle genießt. Dies steht wie in Australien in Zusammenhang mit der Natur des Landes und den Wasserverhältnissen, die die Zucht kleiner Schafrassen mit dünnem Wollhaar bedingen.

Während für die gesamte europäische Wollverarbeitung die eben genannten Ursprungsländer allein Bedeutung haben, setzt sich die über die Lederindustrie zu uns kommende Wollmenge wesentlich anders zusammen. Es sind hierüber leider keine Unterlagen vorhanden, aber man kann, wenigstens für Deutschland, aus den Ursprungsländern der Schaffelle, die im Reich verarbeitet wurden, erkennen, daß hier ganz andere Verhältnisse vorliegen. Wenn die nebenstehende Übersicht (Tabelle 29) auch nicht Wolle, sondern das ganze Fell erfaßt, so kann man doch ersehen, daß die typischen Wollproduzenten, wie Australien, durchaus nicht vorherrschen. Das ist teilweise daraus verständlich, daß in den überseeischen Gebieten vorwiegend Merinoschafe gezüchtet werden, deren Haut bekanntlich kein gutes Leder gibt. Die deutschen Käufe verteilen sich auf eine große Zahl von Ländern mit nicht ausgeprägter Schafzucht, in denen vielfach Schafrassen mit grobem und langem Haar gehalten werden. Diese geben meist auch ein entsprechend kräftiges und haltbares Leder.

Tabelle 29. Deutsche Einfuhr von Schaffellen (aus Jahrbuch der Lederindustrie 1930).

| | 1928 | 1929 |
|---|---|---|
| Gesamteinfuhr | 5427000 kg | 5849000 kg |
| davon aus: | = 100 | = 100 |
| Rußland | 7,7% | 27,2% |
| Dänemark | 17,1% | 11,2% |
| Litauen | 3,5% | 5,9% |
| Britisch-Indien | 3,2% | 5,7% |
| Lettland | 5,8% | 4,8% |
| Peru | 4,3% | 4,1% |
| Frankreich | 3,7% | 3,9% |
| Ungarn | 1,5% | 3,1% |
| Finnland | 2,7% | 3,0% |
| Großbritannien | 2,6% | 3,0% |
| Jugoslawien | 5,1% | 2,7% |
| Bulgarien | 1,7% | 2,1% |
| Italien | 2,9% | 2,1% |

## 1. Schafrassen.

Nach A. Golf, dem bekannten Fachmann für Schafzucht, werden die Schafrassen nach der Beschaffenheit des Haarkleides eingeteilt. Man unterscheidet: 1. Haarschafe, 2. mischwollige Schafe, 3. schlichtwollige oder glanzwollige Schafe und 4. reinwollige oder merinowollige Schafe.

**Haarschafe** haben noch einen regelmäßigen Haarwechsel; ihre Decke besteht im wesentlichen aus schlichtem Grannenhaar mit wenig gekräuseltem Wollhaar.

Hierzu gehören nur außereuropäische Arten, wie z. B. das Stummelschwanzschaf (Perserschaf) Südwestafrikas.

**Mischwollige Schafe** tragen ein Fell, in dem der Anteil an Unterhaar schon beträchtlich ist. Beide Haararten hängen im Vlies zusammen. Hierher gehören die Heidschnucke, die in heißen Ländern stark verbreiteten Fettschwanz- und Fettsteißschafe mit vielfach brauner Wolle, das Zackelschaf, das in Südosteuropa und Ungarn besonders zu Hause ist.

**Schlichtwollige Schafe** geben eine mittellange, wellige Wolle, bei der der Unterschied zwischen Grannen- und Wollhaar mehr oder weniger verwischt ist. Sie ist mittelfein und gut brauchbar für Kammgarne. Es gehören in diese Klasse die deutschen Niederungsschafarten, das schlichtwollige deutsche Landschaf und die meisten englischen Rassen.

**Merinowollige Schafe** ergeben ein Vlies, das ausschließlich aus Wollhaar besteht, daher feine, weiche, kurze bis mittellange Wolle von ausgeprägter Kräuselung liefert. Man rechnet hierzu das Merinoschaf, das deutsche Fleischwollschaf, das Württemberger Landschaf u. a.

## 2. Aufbau und Arten des Wollhaares.

Bei mikroskopischer Betrachtung eines Wollhaares fällt zunächst das kennzeichnende Bild der Haaroberfläche auf (Abb. 138 bis 141). Diese wird durch eine

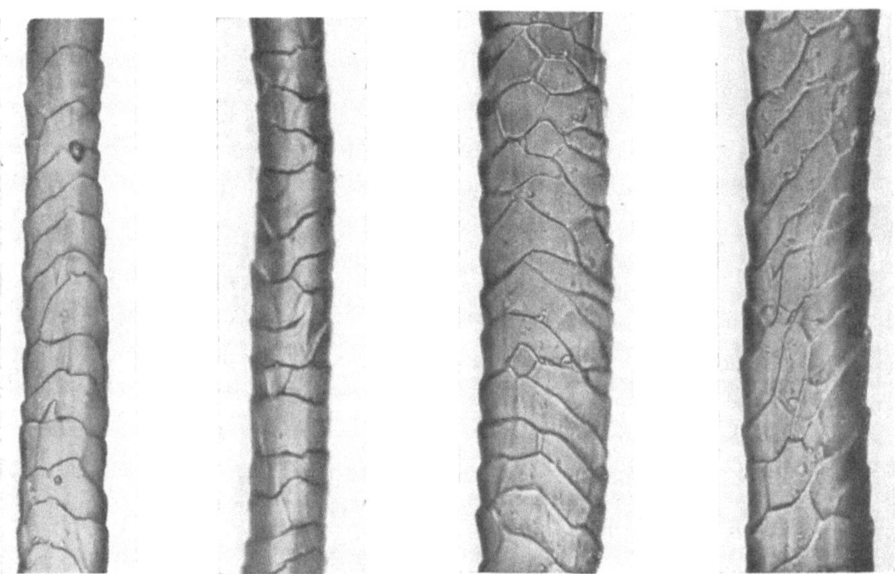

Abb. 138. Cap-Wolle. Abb. 139. Austral-Wolle. Abb. 140. Buenos Aires-Wolle. Abb. 141. Neuseeland-Wolle.

Abb. 138—141. Mikroaufnahmen von Wollen verschiedener Herkunft[1] (Vergr. 550 mal).

Schuppenschicht (Oberhäutchen oder Cuticula) gebildet, deren einzelne Schuppen meist dachziegelartig übereinandergelagert sind. Bei feinen Wollen umfassen diese Schuppen oft den ganzen Haarschaft. Die Größe der Schuppen schwankt nur wenig, ihre Ränder sind unregelmäßig gezeichnet. Der Abstand der Schuppenränder in der Längsrichtung ist verschieden. Bei schnellwachsenden Haaren ist

[1] Diese und alle folgenden Aufnahmen von Fasern stammen aus dem Laboratorium der Leipziger Wollkämmerei.

ein Übereinanderlagern der Schuppen oft kaum noch zu erkennen, während bei kürzeren Wollen mit langsamem Wachstum jede Schuppe deutlich unter der weiter nach der Haarwurzel hin liegenden hervorwächst. Aus dieser Verschiedenheit der Oberfläche ergeben sich wesentliche Unterschiede bei der Verarbeitung, da die Haare mit den weniger hervorstehenden Schuppenrändern wesentlich weniger filzbar sind und anderseits einen gewissen Glanz aufweisen (vgl. die Rolle der Schuppen beim Filzen, S. 387).

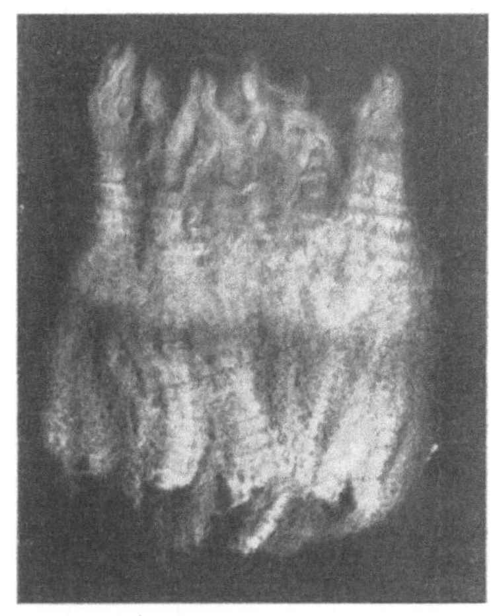

Abb. 142. Stapel von kranker Wolle.

Unter der Oberhaut liegt die Rindenschicht, die bei allen feinen Wollen das ganze Innere des Haarschaftes ausfüllt. Sie besteht aus einzelnen, beiderseits zugespitzten, langgestreckten Zellen, die dicht gepackt aneinanderlagern. Ihre Länge ist bei allen Wollarten annähernd gleich und beträgt 80 bis 110 $\mu$ bei einer Breite von 2 bis 5 $\mu$. In ihrer Längsrichtung sind sie viel inniger verbunden als quer. Daraus ergibt sich die große Widerstandsfähigkeit gegen Zerreißen und die geringere gegen Aufspalten. Auf chemischem oder fermentativem Wege lassen sich die einzelnen Spindelzellen trennen, da die verkittende Substanz eine andere Zusammensetzung hat als die Rindenzellen. Sie ist z. B. durch konzentrierte Schwefelsäure verhältnismäßig schnell zerstörbar und kann auch durch gewisse Bakterien abgebaut werden.

Als dritten Bestandteil trifft man bei manchen, stets gröberen Wollhaaren im Innern die Marksubstanz als einen scharf abgegrenzten Zellenstrang oder auch

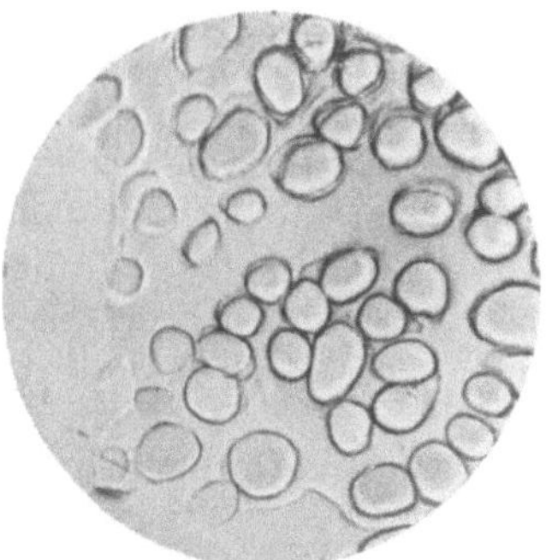

Abb. 143. Querschnitt durch Merino-Wolle.

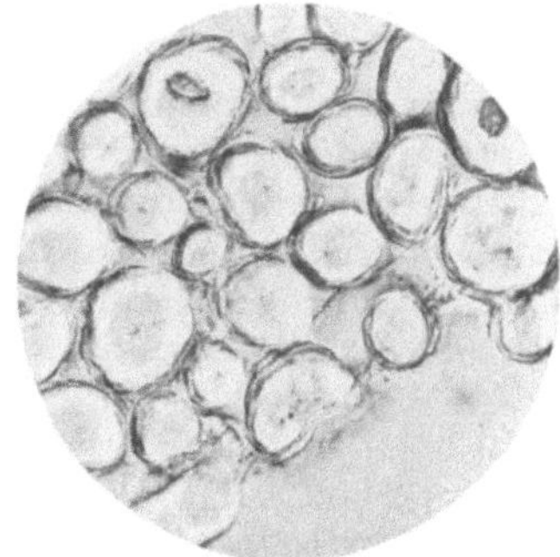

Abb. 144. Querschnitt durch Kreuzzucht-Wolle.

als Markzelleninseln an. Die Zellen sind rechteckig oder unregelmäßig polygonal, teils einreihig, teils zu mehreren nebeneinander. Sie sind oft mehr oder weniger mit Luft gefüllt. Dann erscheint der ganze Markkanal dunkel, ohne daß Einzelheiten erkennbar sind. Am stärksten ist das Mark bei den Stichelhaaren (siehe unten) ausgebildet; bei den Mischwollen ist es schwächer und nicht immer vorhanden, bei Merinowollen fehlt es meist ganz.

Die Dicke des Haarschafts ist nicht an allen Stellen gleich. Es finden sich vielmehr viele unregelmäßige Verdickungen und Einschnürungen, die auf

Schwankungen im physiologischen Zustand des Organismus zurückzuführen sind. Größere Unregelmäßigkeiten rühren von Krankheiten, schlechter Ernährung und Trächtigkeit her (vgl. Abb. 142); kleinere, die noch normal zu nennen sind, haben wohl auch geringfügigere physiologische Ursachen. Der Züchter bezeichnet die Dickenschwankungen als „Untreue“. Sind sie erheblich, so können sie den Wert eines Vlieses wesentlich herabsetzen.

Der Querschnitt der Wolle ist, wie Abb. 143 und 144 zeigen, oval bis rund. Bei den gröberen Wollen mit schlichtem Haar herrschen die ovalen und unregelmäßigen Querschnittsformen, bei den feineren und den Merinowollen die mehr runden vor.

Die Haare der Schafarten sind in Gestalt und biologischem Aufbau nicht einheitlich. Man findet vielmehr in jedem Vlies mindestens zwei, vielfach drei Typen, von denen je nach Schafrasse der eine oder der andere überwiegt. Die gebräuchlichste Einteilung der Haararten unterscheidet:

**Wollhaare (Unterhaar):** Das sind feine, stets gekräuselte, fast immer markfreie Haare, die, in verschiedenem Verhältnis mit Grannenhaar gemischt, das Vlies unserer Schafrassen ausmachen. Bei gewissen, hochgezüchteten Rassen, wie Merinos, besteht das Vlies fast ausschließlich aus solchem Haar.

**Grannenhaare (Oberhaar)** sind im Gegensatz zu den vorigen dicker und vor allem länger, wenig oder gar nicht gekräuselt und meist markhaltig. Aus ihnen besteht vorwiegend das Vlies gröberer Rassen. Zwischen beiden Arten gibt es sehr viele Übergänge, die eine strenge Unterscheidung ausschließen.

**Stichelhaare:** An einzelnen Stellen des Schafkörpers, die besonders beansprucht werden, wie Schnauze und Füße, finden sich diese besonders kräftigen, mit einem breiten Markkanal ausgestatteten Haare. Sie sind meist kurz und steif und erscheinen wegen der Hohlräume im Markkanal weiß. Da sie sich für die Spinnerei nicht eignen, werden sie beim Sortieren so weit wie möglich entfernt.

## 3. Chemischer Aufbau des Wollhaares.

Als organisch gewachsener Stoff gehört das Keratin, der Baustoff der Säugetierhaare, zu den Eiweißstoffen (Proteinen). Es erweist sich als solcher ferner durch seinen Gehalt an Stickstoff und alle für Eiweiß typischen Reaktionen. Es ist chemisch identisch mit dem Baustoff des Haares, der Federn und Hufe. Unter den Proteinen nimmt Keratin insofern eine besondere Stellung ein, als es ohne chemische Veränderung nicht in Lösung zu bringen ist. Es zählt daher mit einigen anderen Proteinen zu den Gerüsteiweißstoffen, denen infolge ihrer besonderen Aufgaben am lebenden Organismus eine außerordentliche chemische und physikalische Widerstandsfähigkeit zu eigen ist. Von den Gerüsteiweißstoffen, wie dem Kollagen der Haut oder dem Fibroin der natürlichen Seide, unterscheidet sich das Keratin weiterhin durch einen beträchtlichen Schwefelgehalt, der in anderen Proteinen nur in viel geringerer Menge vorhanden ist. Er schwankt nach neuen Analysen von 40 bis 50 verschiedenen Wollsorten (J. Barritt und A. T. King) zwischen 3,0 und 4,1%. Wesentlich weniger schwankt der Stickstoffgehalt, der nach zahlreichen Analysen von J. Barritt 16,50 bis 17,07% beträgt.

Ein annäherndes Bild von der tatsächlichen Zusammensetzung der Schafwolle erhält man aus Tabelle 30, in der die Analysenergebnisse verschiedener Forscher wiedergegeben sind. Es ist dazu zu bemerken, daß die einzelnen Autoren niemals alle Aminosäuren bestimmt haben. Ferner weichen die Ergebnisse zum Teil voneinander ab, was wegen der Unsicherheiten bei derartigen Analysen verständlich ist. Daraus erklärt sich auch die Differenz der Summe aller Aminosäuren gegen 100%. Die Zusammensetzung des Keratins ist nicht an allen Stellen des

Tabelle 30. Zusammensetzung des Keratins der Schafwolle.

| | Nach Abderhalden und Voitinovici | Nach Marston | Nach Stewart und Rimington | Nach Vickery und Block | Nach Barritt |
|---|---|---|---|---|---|
| Glykokoll . . . . | 0,6% | — | — | — | — |
| Alanin . . . . . | 4,4% | — | — | — | — |
| Valin . . . . . | 2,8% | — | — | — | — |
| Leucin . . . . . | 11,5% | — | — | — | — |
| Serin . . . . . . | 0,1% | — | — | — | — |
| Prolin . . . . . | 4,4% | — | — | — | — |
| Phenylalanin . . | 3,0% | — | — | — | — |
| Tyrosin . . . . | 2,9% | 4,8% | — | — | — |
| Tryptophan . . . | — | 1,8% | — | — | — |
| Histidin . . . . | — | 6,9% | 0,6; 0,7% | 0,7% | — |
| Lysin . . . . . | — | 2,8% | 2,2; 2,8% | 2,3% | — |
| Arginin . . . . . | — | 10,2% | 5,8; 6,3% | 7,8% | — |
| Asparaginsäure . | 2,5% | — | — | — | — |
| Glutaminsäure . | 12,9% | — | — | — | — |
| Cystin . . . . . | — | 13,1% | — | — | — |
| Methionin . . . | — | — | — | — | 0,5% |

Wollhaares gleich: in der Schuppenschicht fehlt das Tyrosin und auch das Histidin. Es wurde deshalb ein Keratin A der Schuppenschicht und ein Keratin C der Rindenzellen angenommen (P. Unna und L. Golodetz).

Nach den Erkenntnissen von W. T. Astbury und J. B. Speakman sind die Keratinmoleküle, die aus langen Ketten von aneinandergereihten Aminosäuren bestehen, im Haar angeordnet wie die Fasern in einem Garn, d. h. nahezu parallel zur Faserachse. Die Ketten sind untereinander verbunden durch sog. Seitenketten, d. h. durch solche Atomgruppen der Aminosäuren, die nicht in Richtung der Hauptkette liegen (R in folgender Formel). Es ergibt sich dann folgendes schematische Bild, in dem die Hauptketten horizontal gezeichnet sind:

```
            R                    R                    R
            |                    |                    |
... -CO-NH-CH-CO-NH-CH-CO-NH-CH-CO-NH-CH-CO-NH-CH- ...
                      |                    |
                      R                    R

                      R                    R
                      |                    |
... -CO-NH-CH-CO-NH-CH-CO-NH-CH-CO-NH-CH-CO-NH-CH- ...
            |                    |                    |
            R                    R                    R

            R                    R                    R
            |                    |                    |
... -CO-NH-CH-CO-NH-CH-CO-NH-CH-CO-NH-CH-CO-NH-CH- ...
                      |                    |
                      R                    R
```

Die Seitenketten werden teilweise vom Cystin gebildet, das über die beiden Schwefelatome hinweg zwei Hauptketten verbinden kann (Schema A). Teilweise wird aber die Bindung salzartig sein, wenn nämlich die endständigen Gruppen von Diamino- und Aminodicarbonsäuren gegenseitig abgesättigt werden (Schema B).

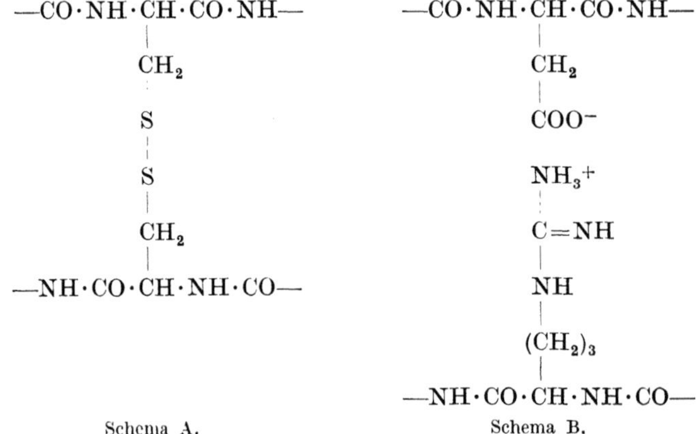


Schema A. Schema B.

Durch diese Brücken werden die Molekülketten in bestimmten festen Entfernungen voneinander gehalten, die von W. T. Astbury genau ausgemessen worden sind.

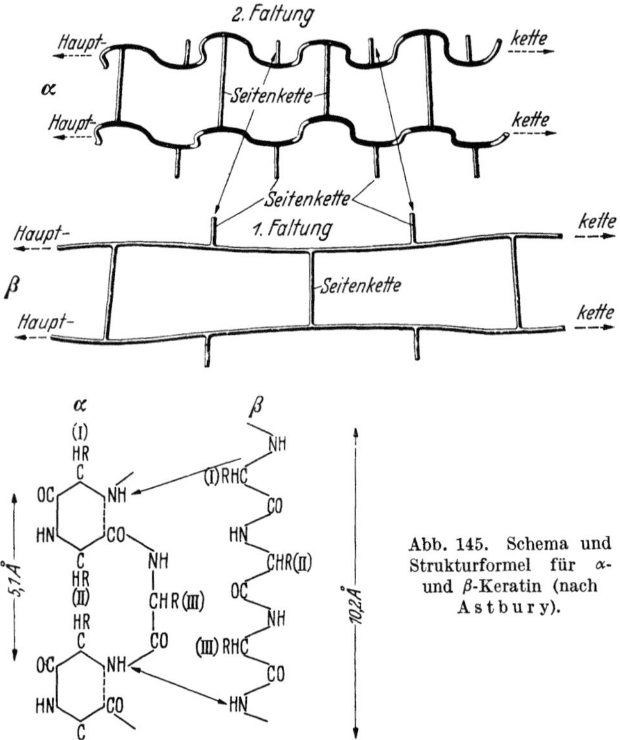


Abb. 145. Schema und Strukturformel für α- und β-Keratin (nach Astbury).

Nach Forschungen von Astbury muß angenommen werden, daß im normalen ungedehnten Zustand die Ketten nicht gestreckt sondern gefaltet liegen. Dies ergibt sich aus der Änderung des Röntgendiagramms, die beim Strecken der Wolle in Wasser eintritt. Astbury nennt die normale Form des Keratins mit gefaltet liegenden Ketten α-Keratin zum Unterschied von β-Keratin, in dem die Polypeptidketten gestreckte Lage haben[1] (vgl. Abb. 145). Der Übergang von der α- in die β-Form ist reversibel. Es erklärt sich so der hohe Anteil an elastischer Dehnung bei Wolle (vgl. S. 384).

Die geschilderte Anschauung vom Aufbau des Keratins erklärt auch die häufig technisch verwertete Wirkung von Wasser und Dampf auf Wolle, mit der man

[1] Diese und andere Anschauungen von W. T. Astbury und von J. B. Speakman sind in jüngster Zeit von M. Harrison angegriffen worden. Harrison legt bei physikalischen und chemischen Änderungen am Wollhaar dessen biologischem Aufbau, d. h. der Rindenschicht und der Oberhaut, größere Bedeutung bei.

gedehnte Wollfasern in ihrer Länge je nach der Temperatur fixieren oder schrumpfen lassen kann. Durch längere Einwirkung von Dampf nimmt die gedehnte Wolle nach der Entlastung sogar eine Länge an, die größer ist als die ursprüngliche (bleibende Dehnung). W. T. Astbury und H. J. Woods nehmen an, daß durch Wasser die Querverbindungen zwischen den einzelnen Hauptvalenzketten (die zwischenmolekularen Salzbindungen) gelöst werden. Bei längerer Einwirkung von Wasser oder Wasserdampf kann dann eine zunehmende Umlagerung in der gegenseitigen Lage der Hauptketten eintreten, wodurch ein geringeres Bestreben zur Verkürzung hervorgerufen wird. Nach J. B. Speakman (*2*) ist bei der Einwirkung von Wasser auch eine hydrolytische Spaltung der Disulfidbindungen anzunehmen, die folgendermaßen formuliert wird:

$$R\cdot S\cdot S\cdot R + H_2O \rightarrow R\cdot SH + R\cdot SOH.$$

Dafür spricht der Nachweis von Schwefelwasserstoff, der aus dem Sulfensäurerest R . SOH entstehen kann (an Modellversuchen von A. Schöberl nachgewiesen). Die Seitenkette mit dem Sulfensäurerest könnte nach Speakman in folgendem Sinne mit basischen Seitenketten erneute Bindungen eingehen:

$$R\cdot SOH + NH_2\cdot R \rightarrow R\cdot SNH\cdot R + H_2O.$$

Diese neuen, gegen Wasser beständigen Bindungen verhindern die Rückkehr der Hauptketten in ihre ursprüngliche Lage und bedingen somit die Überdehnung. Die hier nur angedeuteten heutigen Anschauungen sind in zahlreichen Versuchen und Messungen der englischen Forscher begründet, die die große und komplizierte Reaktionsfähigkeit des Wollkeratins beleuchten.

## 4. Chemisches Verhalten.

Wenn auch Keratin als der chemisch widerstandsfähigste aller Eiweißkörper anzusehen ist, so ist es anderseits doch durch eine Reihe von Chemikalien angreifbar und von einigen sogar besonders leicht. Eine Übersicht über die Einwirkung verschiedener eiweißlösender Stoffe auf Keratin hat K. Grafe gegeben. Folgendes ist für die praktische Arbeit mit Wolle wichtig: Aus der Eiweißnatur des Wollkeratins ergibt sich das Verhalten der Wolle gegen Alkali und Säure, die beide während der Verarbeitung häufig mit ihr in Berührung kommen. Schon bei längerem Kochen in Wasser werden aus Wolle Schwefelwasserstoff und Ammoniak abgespalten. Dabei findet offenbar eine Hydrolyse der Cystinbindung statt:

$$R\cdot S\cdot S\cdot R + HOH \rightarrow R\cdot SH + R\cdot SOH.$$

Der zunächst entstandene Sulfensäurerest (R . SOH) spaltet Ammoniak und Schwefelwasserstoff ab (A. Schöberl).

Trifft Wolle mit verdünnten Lösungen von Säure oder Alkali zusammen, so wird durch die sauren bzw. basischen Gruppen des Keratins Säure bzw. Alkali chemisch gebunden, so daß ein restloses Entfernen auch durch viel Wasser nicht möglich ist. Darüber hinaus werden Chemikalien infolge der großen inneren Oberfläche auch adsorptiv stark festgehalten. Während aber verdünnte Säuren selbst in der Hitze und bei längerer Einwirkungszeit chemisch nur wenig angreifen, tritt mit Ätzalkalien schon bei niedrigen Konzentrationen eine hydrolytische Spaltung ein. Zweiproz. Natronlauge löst z. B. bei $100^0$ Wolle in wenigen Minuten vollständig auf. Auch heiße Sodalösungen von mehr als 0,5% verursachen nicht nur einen harten Griff, sondern schädigen erheblich. Obwohl diese Wirkungen seit langem bekannt sind, sind nur wenig quantitative Untersuchungen hierüber ausgeführt worden. Von F. R. Harrison liegen Messungen an Wollgarn vor, das in alkalischen Lösungen steigender Konzentration gelegen hatte. Aus ihnen ergibt sich, daß oberhalb $p_H$ 12 eine deutliche Schädigung eintritt.

Dasselbe fand M. Harris, der Wolle 30 Minuten bei 52° mit Soda und mit Natronlauge steigender Konzentration behandelte. Der Gewichtsverlust blieb bis ca. $p_H$ 12 unter 1%, stieg dann aber schnell. Der Schwefelgehalt änderte sich bis $p_H$ 12 nur unwesentlich, nahm dann aber bei höherer $OH^-$-Konzentration rasch ab: bei $p_H$ 12,7 betrug er nur noch 2,5% gegenüber 3,16% im ursprünglichen Zustand. Bei Behandlung von Wolle mit verschiedenen in der Textilindustrie vorkommenden alkalischen Salzen, wie Borax, Trinatriumphosphat, Soda, Wasserglas und Seife (30 Minuten, 65° C, 0,25%ige Lösungen, mit NaOH auf $p_H$ 12,2 eingestellt) fand M. Harris, daß Soda und Trinatriumphosphat am stärksten angreifen. Nach Versuchen von R. Brauckmeyer (*1*) zeigt Wolle nach einstündigem Liegen in 1proz. Sodalösung von 50° schon eine deutliche Schädigung, die bei 70° erheblich wird (nachgewiesen durch die Reaktionen nach v. Allwörden, Pauly, Becke; vgl. auch S. 375). Ein Teil der chemischen Schädigungen an Wolle tritt erst dann in Erscheinung, wenn die Fasern einer zweiten Einwirkung von Chemikalien ausgesetzt werden. Schon eine Behandlung mit Wasser wirkt sich in dieser Richtung aus. So haben nach H. Markert einmal chemisch behandelte Wollen oft eine höhere Trockenreißfestigkeit als unbehandelte, erst die Naßreißfestigkeit ist schlechter als in nicht behandeltem Zustand. Sauer vorgeschädigte Wolle wird durch saure und alkalische Weiterbehandlung weiter geschädigt. Alkalisch vorgeschädigte Wolle kann sich durch saure Nachbehandlung wieder etwas erholen. In der Dehnbarkeit tritt bei saurer Schädigung eine geringere Änderung ein als bei alkalischer.

Die empfindlichste Stelle des Keratinmoleküls gegenüber Alkali ist zweifellos die Schwefelbindung. Schon in alkalischen Waschbädern bei Verwendung von Soda wird etwas Schwefel abgespalten, dessen Menge mit steigendem $p_H$-Wert der Flotte zunimmt. Es findet hier, wie beim Kochen mit Wasser, eine Hydrolyse vornehmlich an den Cystinbausteinen des Keratins statt, wobei die Wolle auch an Stickstoff verarmt. Der Verlust an Schwefel geht aber nur bis zu einem bestimmten Prozentsatz (1,8%). Der Rest wird durch längere Einwirkung von Alkali nicht mehr entfernt, ist also in eine andere, noch unbekannte Bindungsart übergegangen. Mit Kalkwasser kann der Wolle der Schwefel bis auf ca. 0,5% entzogen werden, ohne daß die äußere Fasergestalt zerstört wird (Chevreul). Aus der besonderen Alkaliempfindlichkeit der Wolle ergibt sich die Forderung, den üblichen Gebrauch von Soda beim Waschen tunlichst einzuschränken und dabei die Temperatur möglichst tief zu halten.

Eine ganz spezifische Wirkung auf Keratine haben Lösungen der Alkalisulfide und Erdalkalisulfide, z. B. Schwefelnatriumlösungen. Dies wird bekanntlich beim Schwödeverfahren (vgl. S. 401) und beim angeschärften Äscher benutzt. In Natriumsulfidlösungen von geringer Konzentration quillt das tierische Haar außerordentlich stark (bis zum Mehrfachen der ursprünglichen Dicke). Ferner treten Längenänderungen ein, wie J. B. Speakman (*3*) gezeigt hat. In einer Lösung von 0,151 n-$Na_2S$ (= ca. 1,1%) findet innerhalb der ersten Stunde eine Verkürzung statt, die aber darnach in eine erhebliche Verlängerung (bis 100%) übergeht. Von Lösungen etwas höherer Konzentration, z. B. 3% $Na_2S$, wird Keratin innerhalb weniger Stunden in eine gelatinöse Masse verwandelt, die bei Gegenwart von genügend Sulfidlösung in eine dünnflüssige kolloide Lösung übergeht. Die gelösten Proteinstoffe erweisen sich nach Untersuchungen von W. Küster und Mitarbeitern teils als wasserlöslich, zum größeren Teil aber als wasserunlösliche Abbauprodukte. Sie sind saurer Natur und lösen sich schon in verdünntem Alkali, z. B. in Sodalösung. Es hat also eine vollständige Änderung der wertvollen Eigensöhaften des Keratins stattgefunden.

Die Einwirkung von Schwefelnatrium auf Keratin beruht nicht allein, wie man zunächst annehmen könnte, auf den durch Hydrolyse des Alkalisulfids entstehenden OH-Ionen. Wird z. B. Alkalisulfid und Alkalihydroxyd so gelöst, daß beide Lösungen etwa gleiche OH-Ionenkonzentration besitzen, so wirkt die Sulfidlösung wesentlich stärker [W. Küster; P. Pulewka (*1*)]. Der Vorgang läßt sich auf eine Reduktion der empfindlichen S-S-Bindung im Keratin zurückführen, wie P. Pulewka (*2*) wohl als erster nachweisen konnte. Es findet also folgende Reaktion statt, bei der die Brückenbindung zweier Peptidketten des Keratins aufgehoben wird:

$$\begin{array}{l} \mathrm{R} \qquad\qquad\qquad\qquad\quad \mathrm{R} \\ | \qquad\qquad\qquad\qquad\quad\; | \\ \mathrm{CH \cdot CH_2 \cdot S \cdot S \cdot CH_2 \cdot CH} \\ | \qquad\qquad\qquad\qquad\quad\; | \\ \mathrm{R} \qquad\qquad\qquad\qquad\quad \mathrm{R} \end{array} \rightarrow 2 \begin{array}{l} \mathrm{R} \\ | \\ \mathrm{CH \cdot CH_2 \cdot SH.} \\ | \\ \mathrm{R} \end{array}$$

Dadurch tritt eine Lockerung des ganzen molekularen Gefüges ein, das nun auch dem Einfluß der Hydroxylionen leicht unterliegt und hauptsächlich an den Peptidbindungen weiter aufgespalten wird. Die Frage, ob die in einer Alkalisulfidlösung vorhandenen Schwefel- oder Sulfhydrylionen die aktiven sind, wurde von P. Pulewka dahin beantwortet, daß die Schwefel-Ionen die wirksamen sind. Zu ähnlichem Ergebnis war schon früher E. Stiasny (*1*) durch die Feststellung gekommen, daß die haarlockernde Wirkung von Alkalisulfid bei Überwiegen von SH-Ionen gehemmt wird. Der Gesamtvorgang ist charakteristisch für Keratin und wird daher als Keratolyse bezeichnet. Auch anderen Reduktionsmitteln, wie Kaliumcyanid [P. Pulewka (*2*)] und thioglykolsaurem Natrium (D. R. Goddard und L. Michaelis), kommt eine keratolytische Wirkung zu; letzterem allerdings nur in alkalischer Lösung, was wiederum für die Zusammenwirkung von reduzierenden und hydrolysierenden Kräften spricht. Dieselben Beobachtungen wurden für den Enthaarungsvorgang an Fellen gemacht (R. H. Mariott).

Gegen Oxydationsmittel ist Wolle ziemlich empfindlich. Durch Halogene wird besonders die Oberhaut abgebaut, so daß eine stark chlorierte Wolle die Schuppenschicht nur noch schwach oder gar nicht mehr zeigt. Gleichzeitig verliert sie an Festigkeit und Elastizität sowie die Fähigkeit zu filzen, erhält aber eine wesentlich größere Affinität zu Farbstoffen und einen härteren Griff (vgl. z. B. Russina). Zum Bleichen ist daher Chlor oder Hypochlorit nicht geeignet! (Eine Zusammenstellung der neueren Literatur über Einwirkung von Halogen auf Wolle findet sich bei E. Valkó, S. 289).

Wasserstoffsuperoxyd wirkt ebenfalls von bestimmten Konzentrationen an auf Wolle ein. A. Smith und M. Harris fanden neuerdings, daß bei dreistündigem Liegen in schwachsauren Lösungen von $50^0$ eine deutliche Schädigung von 1,8% $H_2O_2$ an eintritt. Diese macht sich durch Sinken des N- und S-Gehalts und besonders durch ein Ansteigen der Löslichkeit der Wolle in verdünnter Natronlauge bemerkbar. Wasserstoffsuperoxyd ist jedoch heute das beste Bleichmittel für Wolle, da es bei niedrigeren Konzentrationen praktisch nicht schädigt und ein nicht gilbendes Weiß ergibt.

Reduktionsmittel sind verhältnismäßig unwirksam. Schweflige Säure wird z. B. vielfach noch in kleineren Betrieben ohne eigentliche Schädigung zum Bleichen angewandt, allerdings leidet der Griff etwas. Auch Natriumhydrosulfit und -bisulfit (z. B. zum Abziehen von Färbungen) werden gut vertragen[1].

Fermente vermögen unbehandeltes Keratin nicht abzubauen. Darin unterscheidet es sich, zusammen mit einigen nahe verwandten Gerüsteiweißstoffen,

[1] R. Haller konnte allerdings beim Ätzen mit Hydrosulfit Schädigungen feststellen.

von allen anderen Eiweißarten. Diese besondere Widerstandsfähigkeit ist wichtig im Hinblick auf den Schwitzprozeß, bei dem bekanntlich die Haarlockerung durch fermentativen Abbau einer bestimmten Hautschicht erfolgt. Die Ursachen der Unangreifbarkeit dürften auch hier die polaren Bindungen und die S—S-Brücken sein, die die Peptidketten besonders fest verknüpfen. Hebt man die Disulfidbindungen durch Reduktion in alkalischer Lösung auf, so erhält man einen Eiweißstoff, der durch Trypsin und Pepsin verdaulich ist (D. R. Goddard und L. Michaelis). Da er jedoch gleichzeitig in Säure und Alkali löslich ist, unterscheidet er sich schon wesentlich vom natürlichen Keratin. Auch mit Oxydationsmitteln (Wasserstoffperoxyd, Brom in Eisessig) gewonnene Abbauprodukte des Keratins unterliegen dem Angriff von Fermenten (Z. Stary). Die Verdaulichkeit der Keratinsubstanzen, die von der Kleidermottenlarve und gewissen Käferarten (Dermestiden[1]) gefressen werden, scheint ebenfalls auf einer vorhergehenden chemischen Reduktion des Keratins und anschließenden proteolytischen Spaltung zu beruhen (K. Linderström-Lang und F. Duspiva).

## 5. Nachweis von Wollschädigung.

Bei zahlreichen Verarbeitungsprozessen der Wolle, insbesondere bei solchen, bei denen die Faser mit Chemikalien zusammentrifft, liegt die Gefahr einer Schädigung der Faser auf der Hand. Da auch die meisten Entwollungsverfahren mit angreifenden chemischen Stoffen arbeiten, gilt dasselbe für die Wollgewinnung in der Gerberei. Es besteht daher ein großes Interesse, Methoden zu besitzen, die eine Schädigung anzuzeigen und wenn möglich quantitativ zu erfassen gestatten. Zahlreiche Verfahren sind hierfür vorgeschlagen worden[2]. Es ist aber trotzdem bei Wolle noch nicht möglich, eine chemische Änderung an der Grundsubstanz so eindeutig zu ermitteln, wie es z. B. für Cellulose mit Hilfe einiger Kennzahlen möglich ist.

Die vorhandenen Faserprüfmethoden gliedern sich in chemische und mechanisch-physikalische Verfahren. Unter den ersteren sind besonders einfach und schnell anwendbar die Anfärbeverfahren, von denen die bekannteste und empfindlichste die Paulysche Diazoreaktion ist. Bei dieser Reaktion tritt an der geschädigten Stelle eine Rot- bis Orangefärbung ein, die sich, makroskopisch gesehen, der ganzen Faserprobe mitteilt. Der Nachweis beruht auf einer Farbstoffbildung zwischen Diazobenzolsulfosäure, in deren Lösung man die Wolle einlegt, und dem Tyrosinanteil des Keratins. Da nur die Rindenschicht, nicht die Oberhaut, Tyrosin enthält, tritt nur dort eine Reaktion ein, wo die Oberhaut beschädigt ist. Das können sowohl durch Säure oder Alkali als auch mechanisch hervorgerufene Schäden sein. Die Reaktion wird folgendermaßen durchgeführt:

2 g Sulfanilsäure werden in 3 ccm Wasser und 2 ccm konz. Salzsäure aufgeschwemmt. Unter Schütteln gibt man eine Lösung von 1 g Natriumnitrit in 2 ccm Wasser vorsichtig hinzu. Die dabei ausfallende Diazobenzolsulfosäure wird abfiltriert und noch feucht in 10%iger Sodalösung gelöst. In diese Lösung legt man die Fasern ein; sie ist nur kurze Zeit haltbar.

Die Auswertung erfolgt entweder durch Vergleich des Farbtons eines ganzen Musters, bei genaueren Bestimmungen mikroskopisch. H. Mark (S. 41) teilt die behandelten Haare in verschiedene Gruppen ein, je nachdem, ob sie ganz ungefärbt oder nur örtlich gefärbt, ob sie zur Hälfte oder vollständig gefärbt

[1] Zu den haarfressenden Käferarten zählen der Speckkäfer (Dermestes), der Pelzkäfer (Attagenus) und der Teppichkäfer (Anthrenus).

[2] Eine Zusammenstellung aus jüngster Zeit haben O. Viertel sowie G. Ziersch und M. Peter gegeben.

sind. Eine andere Auswertungsmethode ist Auflösen der diazotierten Wolle in 10%iger Natronlauge und kolorimetrische Messung der gefärbten Lösung bzw. Vergleich mit einer 0,1%igen Standardlösung von Neusäurebraun S (C. Rimington). Die Methode ist von J. H. Kettering kürzlich weiter verbessert worden. Kettering hat auf die Bedeutung ganz konstanter Temperaturen hingewiesen und gibt folgende abgeänderte Vorschrift:

Zu einer Mischung von 10 ccm einer 10%igen Natriumsulfanilatlösung und 5 ccm einer 8%igen Natriumnitritlösung werden 2 ccm konzentrierte Schwefelsäure hinzugegeben, leicht geschüttelt und 1 Minute stehen gelassen. Hierauf gibt man 15 ccm 9%ige Natriumcarbonatlösung hinzu, die 0,1 g des zu untersuchenden Wollmusters enthält. Das Ganze muß genau 10 Minuten stehen. Hierauf entfernt man das Muster, wäscht es in einem Tiegel aus gesintertem Glas mit 300 ccm destilliertem Wasser und trocknet es auf einem Uhrglas in einem dunklen Raum. Wenn das Wollmuster getrocknet ist, gibt man 50 ccm 2 n-Natriumhydroxydlösung hinzu und läßt in diesem Zustand 18 Stunden stehen, schüttelt gut und vergleicht die Lösung mit einer 0,1%igen Neusäurebraun-S-Lösung unter Verwendung eines Kolorimeters und künstlichen Lichtes. Neusäurebraun S ist ein Produkt der British Dyestuff Corporation und ist unter dem Namen Naphtalene Leather B. S. im Handel. Die Farblösung bereite man einen Tag vor der Prüfung zu und filtre sie unmittelbar vor dem Gebrauch. Für die zahlenmäßige Bewertung gibt Rimington an, daß 100 Schädigungseinheiten dann vorhanden sind, wenn 0,1 g Wolle nach der Behandlung in einer 25-ccm-Lösung genau die gleiche Farbtiefe gibt wie eine 0,1%ige Neusäurebraun-S-Lösung. Man berechnet die Schädigung nach der Gleichung:

$$D = \frac{V}{25} \cdot 100 \cdot \frac{S}{W} \cdot \frac{0,1}{G}.$$

Hierin bedeuten $D$ = Schädigungseinheiten, $V$ = Volumen der Natriumhydroxydlösung, $S$ = Kolorimeterablesung der Farbstofflösung, $W$ = Kolorimeterablesung der Wollösung und $G$ = das Gewicht des Wollmusters.

Andere Arbeitsweisen, die auch quantitative Schlüsse erlauben, gründen sich auf die Bestimmung von Abbauprodukten [Biuretreaktion (Becke), Bichromatmethode (Krahn), Phosphorwolframsäurefällung (Krahn), Bestimmung des löslichen Stickstoffs (Sauer), der Alkalilöslichkeit (Harris und Smith)] oder auf eine Änderung der Zusammensetzung des Keratins (Änderung des Stickstoff- und Schwefelgehalts). Wieder andere verfolgen die Quellung der Faser in verschiedenen Chemikalien und schließen aus deren Verlauf auf eine Änderung des ursprünglichen Zustands des Keratins. Hier ist die Reaktion nach v. Allwörden zu nennen, bei der an nicht geschädigten Fasern unter dem Einfluß von Chlorwasser kleine, mikroskopisch gut sichtbare Bläschen entstehen, die perlschnurartig an der Oberhaut haften. Bei geschädigten Fasern tritt die Bläschenbildung nicht oder nur unvollständig ein. Die Reaktion ist wissenschaftlich zwar sehr interessant, praktisch aber von beschränkter Verwendbarkeit. F. Fein behauptet, daß nur geschwitzte Haare (Kalbshaare) diese Reaktion gäben, während alle nach den anderen Gerbereimethoden gewonnenen Haare versagten. Verfasser konnte aber an vielen geschwödeten Hautwollen dieselben Erscheinungen und im gleichen Maße beobachten wie an Schurwolle. Bei manchen geschwödeten Wollen bilden sich allerdings die Hervorquellungen nicht entlang der ganzen Oberfläche aus. Geäscherte Wolle zeigt nur an einzelnen Stellen Bläschen. Man kann unter Umständen nach R. Brauckmeyer (*1*) (H. Mark, S. 52) die Anteile der Faserlänge ermitteln, die von Bläschen bedeckt sind, und daraus einen Schädigungsgrad ermitteln.

Verhältnismäßig empfindlich ist ein von P. Krais und O. Viertel angegebener Nachweis von Säureschädigung an Wollfasern, der äußerlich der v. Allwördenschen Reaktion ähnelt. Säuregeschädigte Wolle zeigt unter dem Mikroskop bei Berührung mit ammoniakalischer Kalilauge nach kurzer Zeit kleine bis große Ausstülpungen aus dem Wollhaar, die sich schnell zu Blasen entwickeln und das Wollhaar in seiner ganzen Länge in kleineren und größeren Abständen bedecken[1]. Ungeschädigte Wolle zeigt auch Bläschen, doch zeitlich sehr viel später. Außerdem ist der Endzustand der Quellung anders. Das Quellmittel wird hergestellt durch Auflösen von 20 g Ätzkali in 50 ccm konz. Ammoniak unter Kühlung und Stehenlassen, bis überschüssiges Ammoniak entwichen ist.

Mit Ausnahme einiger weniger Verfahren gehen die genannten Reaktionen nur wenig über einen qualitativen Nachweis hinaus. Da nun in jeder Wolle als Folge von Urin- und Kotverschmutzung, Licht- und Witterungseinwirkung von vornherein geschädigte Fasern anzutreffen sind, gibt in praktisch nicht geschädigter Wolle ein Teil der Fasern schon eine positive Reaktion. Man kann dann die Reaktionen mikroskopisch auswerten, indem man die Fasern mit positiver Reaktion auszählt und auch die teilweise veränderten berücksichtigt (vgl. z. B. H. Mark, S. 41f.); außerdem muß man möglichst mit der gleichen Wolle, die den schädigenden Einflüssen nicht unterlegen war, vergleichen können. Für die Praxis ist das aber vielfach zu langwierig. Am besten zieht man gleichzeitig physikalische Methoden mit heran:

Abb. 146. Durch Alkali leicht geschädigte Wolle.

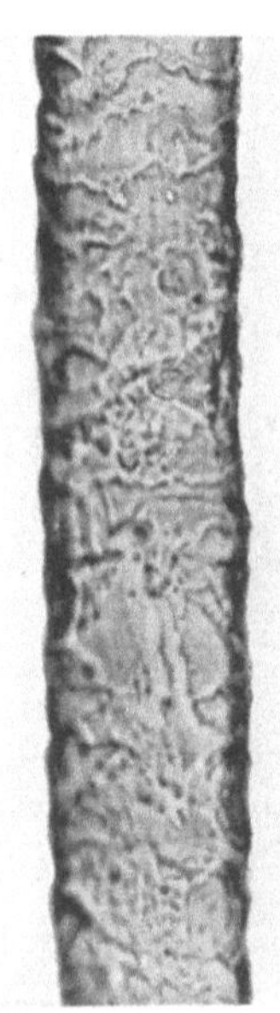

Abb. 147. Durch Alkali schwer geschädigte Wolle.

Wertvolle Aufschlüsse kann schon das Mikroskop geben. Man vergleicht bei 200- bis 300facher Vergrößerung die am bequemsten in Glycerin eingebetteten Fasern hinsichtlich Beschaffenheit der Faseroberfläche. Zeichnen sich die Schuppen klar und scharf ab und ist die Oberfläche glatt und ohne Poren und Risse, dann kann höchstens eine geringe Schädigung vorliegen (Abb. 146). Bei größerem Schaden sind die Schuppen in den Konturen unscharf, zum Teil kaum noch sichtbar (Abb. 147). Gleichzeitig tritt manchmal eine Längszeichnung, die aus der Rindenschicht stammt, auf. Es ist aber wichtig, eine größere Anzahl Fasern und diese auch an verschiedenen Stellen zu betrachten, weil in jedem Wollmaterial immer verschiedene Schädigungsgrade vorliegen.

Zuverlässige Bestimmungen der Faserschädigung lassen sich durch Ermittlung der Festigkeit und Dehnung ausführen, da eine chemische Veränderung im Gefüge des Keratins sich auf die mechanischen Eigenschaften auswirkt. Stellt man das Verhältnis der Reißfestigkeiten in trockenem und in nassem Zustand fest, so kann man schon geringfügige Veränderungen am Feinbau der Faser nachweisen; ebenso, wenn man die Naßreißfestigkeit in Prozent der Trockenreißfestigkeit der ungeschädigten Fasern ausdrückt (wirkliche Naßfestigkeit nach Markert). Die Naßreißfestigkeit beträgt bei gesunden Wollen mindestens 70% der Trockenreißfestigkeit. Die Dehnbarkeit und Elastizität werden in etwa gleichem Maße

[1] Nach einer privaten Mitteilung von Fräulein Dr. H. Mendrzyk, Staatl. Materialprüfungsamt, Berlin, ist die Reaktion nur positiv, wenn noch Säure in der Faser vorhanden ist. Nach sorgfältigem Neutralwaschen der säuregeschädigten Fasern treten die Blasen in normaler Zeit auf.

durch Schädigungen beeinflußt und können ebenfalls als Nachweis herangezogen werden. Dies gilt nach Markert nur für Messungen an trockenen Fasern. Da für Rohwolle nur eine Untersuchung an einzelnen Fasern in Frage kommt und diese vor dem Versuch mikroskopisch ausgemessen bzw. ausgesucht werden müssen, sind solche Messungen zeitraubend. Man findet daher die hierfür geeigneten Apparate nur in Instituten und größeren Betrieben (vgl. auch die Kapitel „Festigkeit" sowie „Dehnbarkeit und Elastizität"). Von anderen Fasereigenschaften läßt sich für unverarbeitete Wolle noch die Bauschelastizität zur Bewertung benutzen. Auf einen hierfür geeigneten Apparat ist auf S. 385 näher eingegangen.

Da allen Verfahren zur Schädigungsermittlung irgendein Mangel anhaftet, ist es zur endgültigen Beurteilung wichtig, daß man stets mehrere Verfahren heranzieht, möglichst chemische und physikalische gleichzeitig. Zu berücksichtigen ist ferner noch, daß vielfach Schädigungen, die anfangs gering erscheinen, sich erst dann voll auswirken, wenn die betreffenden Fasern einem zweiten, an sich harmlosen chemischen Einfluß unterliegen. So wird z. B. eine alkalisch schwach geschädigte Wolle bei saurer Nachbehandlung viel stärker verschlechtert als eine ungeschädigte. Das ist z. B. bei geäscherter Wolle, die zur Kalkentfernung in ein Säurebad kommt, der Fall.

# I. Die Eigenschaften der Wolle.

Den für die menschliche Bekleidung wertvollsten Fasern, Baumwolle, Wolle und Seide, zu denen sich die Kunstseide und Zellwolle gesellt haben, sind einige Eigenschaften gemeinsam, die sie in hervorragendem Maße für diesen Zweck geeignet machen. Es sind das ihre Festigkeit, Feinheit, Dehnbarkeit, Elastizität und Schmiegsamkeit. Dazu kommen, als ebenfalls wichtig, ihre Farblosigkeit, ihre Anfärbbarkeit, ihre Wandelbarkeit bei chemischer Behandlung u. a. m. Bei den Fasern, die versponnen werden müssen, wie Baumwolle, Flachs, Wolle und Zellwolle, kommt noch eine besondere Oberflächenbeschaffenheit hinzu, die die Herstellung eines endlosen Fadens aus kurzen Einzelfasern gestattet. Aus der Reihe der verspinnbaren Faserrohstoffe hebt sich die Schafwolle noch mit einigen Sondereigenschaften heraus, die sie uns ganz besonders wertvoll machen. Dies ist die hohe elastische Dehnung, die sehr beständige Kräuselung und die Walk- bzw. Filzfähigkeit. Im folgenden sollen die wichtigsten Eigenschaften der Schafwolle etwas näher besprochen werden.

## 1. Die Feinheit der Wolle.

Wie aus der Besprechung der Schafrassen und der Wollsorten hervorgeht, spielt die Feinheit des Vlieses, d. h. die durchschnittliche Dicke des einzelnen Wollhaares, die größte Rolle bei der Bewertung der Qualität; denn es stehen mit ihr wieder eine ganze Anzahl anderer Faktoren, wie Kräuselung, Weichheit, Glanz u. a., in Zusammenhang. Diese Faktoren geben zusammen die Grundlage für die Bestimmung des Sortiments, d. h. der Qualität der Wolle ab. Von der Feinheit hängt ferner in hohem Maße die Ausspinnbarkeit ab, d. h. ein Garn läßt sich um so dünner herstellen, je feiner die verwendete Wolle ist, und wird daher um so wertvoller. Die Klassierung nach Feinheitsgraden erfolgt im Handel und in der Industrie fast ausschließlich durch Hand und Auge. Das Auge beobachtet dabei besonders die Kräuselung (vgl. unten), da der Grad der Kräuselung normalerweise parallel zur Feinheit verläuft, d. h. die feinsten Wollen sind am stärksten gekräuselt. Von den früher viel benutzten

Kräuselungsmessern, die die Zahl der Bögen je Längeneinheit angeben, ist man in der Industrie ganz abgekommen. Zur genauen Kennzeichnung nach der Feinheit hat man allgemein eine Anzahl Klassen geschaffen, die in Deutschland mit den Buchstaben A bis E und mit Hilfe der Zahlen I und II bezeichnet werden. Man erhält so folgende Einteilung:

AAAA, AAA, AA, A, B, C, C I, C II, D I, D II, E I, E II.

Bei den feinen Klassen von AAAA bis B kennt man noch Zwischenklassen, wie AA/A usw. Diese Klassen gelten heute für Kamm- und Tuchwollen[1]. Die Wollen von AAAA (= 4 A) bis einschließlich B bezeichnet man allgemein als Merinowollen, während man die gröberen und groben Sorten von C bis E II Kreuzzucht- oder Crossbredwollen nennt. In anderen Ländern sind andere Bezeichnungen üblich. Den englischen Bezeichnungen, denen man in der Industrie häufig begegnet, liegt die Ausspinnbarkeit zugrunde, d. h. die Zahlen sollen angeben, wieviel Yards Garn aus einem (englischen) Pfund Wolle im Höchstfall gesponnen werden können[2]. Die französische Benennung ist willkürlich wie die deutsche. Das Verhältnis der drei Bezeichnungsarten ergibt sich aus Tabelle 31.

Tabelle 31. Verhältnis der Qualitätsbezeichnungen (nach R. Sellentin).

| Deutsche | Englische | Französische |
|---|---|---|
| | 1. Merinowollen. | |
| AAA/AA | 90's | 145 |
| AA | 74's | 120 |
| A/AA | 64's | 105 |
| A/B | 60's | 95 |
| | 2. Kreuzzuchtwollen. | |
| B/C | 58's (comeback) | Prime croisée |
| C I | 56's (crossbred) | Nr. I |
| C II | 54's | Nr. II |
| D I | 50's | Nr. III |
| D II | 46/44's | Nr. IV |
| E | 40's | Nr. V |
| EE | 36's | Nr. VI |

Wenn auch Züchter und Wollfachleute eine ganz erstaunliche Sicherheit in der Klassierung der Wolle haben, so sind doch die Klassen keine absolut feststehenden Größen. Vielmehr sind sie leicht zeitlichen und örtlichen Schwankungen unterworfen. Daher kommt es über diesen Punkt gelegentlich zu Meinungsverschiedenheiten zwischen Käufer und Verkäufer. Man hat daher schon mehrfach die Feinheit der Klassen durch Ausmessen der Dicke der Haare und Ermittlung einer durchschnittlichen Haardicke festgestellt. Die neuesten Messungen liegen aus dem Laboratorium der Leipziger Wollkämmerei (E. Franz und H. Mendrzyk) vor. Gemessen wurden hier die von den deutschen Wollkämmereien gemeinsam ausgesuchten Typenmuster, die als eine gewisse Norm

Tabelle 32. Verhältnis von Feinheit zu mittlerem Durchmesser der Fasern.

| Sortiment | Mittlere Feinheit | |
|---|---|---|
| | nach Plail | nach Franz und Mendrzyk |
| AAA | 16,5—18,5 μ | 17,5 μ |
| AA | 18,5—21,0 „ | 18,7 „ |
| A | 21,0—24,5 „ | 19,5 „ |
| B | 24,0—28,5 „ | 23,0 „ |
| C I | 28,5—32,5 „ | 25,5 „ |
| C II | 32,5—37,5 „ | 27,3 „ |
| D I | 37,5—42,5 „ | 29,1 „ |
| D II | 42,5—49,5 „ | 30,8 „ |
| E I | 49,5—59,5 „ | 34,0 „ |
| E II | — | 36,5 „ |

[1] Für Tuchwollen hatte man früher folgende Klassen: Super super Elektra, Super Elektra, Elektra I, Elektra II, Prima I, Prima II, Secunda, Tertia, Quarta.

[2] Heute kann man infolge der besseren Maschinen z. T. noch höher ausspinnen, so daß die Bezeichnungen nicht mehr stimmen; sie werden aber beibehalten.

gelten. Im Vergleich dazu sind noch Zahlen angegeben, die J. Plail an zahlreichen Mustern des Handels festgestellt hat (Tabelle 32).

Zur objektiven Ermittlung der Wollfeinheit sind verschiedene Verfahren ausgearbeitet worden (Näheres vgl. P. Heermann und A. Herzog, S. 284). In jüngster Zeit hat sich die optische Methode der Bestimmung der Dicke gegenüber den Wägungsmethoden, die auf Grund der Beziehung zwischen Gewicht und Länge die metrische Feinheitsnummer der Wollfaser bestimmen, durchgesetzt[1]. Mit Hilfe eines Mikroskops werden die Fasern in starker Vergrößerung auf eine Mattscheibe projiziert, wo sie schnell und bequem ausgemessen werden können. Der Fehler, der durch den nicht kreisrunden Querschnitt der meisten Wollfasern entsteht, wird durch Ausmessen einer großen Anzahl von Fasern (400 bis 600) ausgeglichen. Derartig viele Einzelmessungen machen sich ferner wegen der starken Streuungen der einzelnen Faserdurchmesser nötig (vgl. Abb. 149 und 150). Der neueste Apparat, der nach diesem Prinzip arbeitet und auch von der Internationalen Vereinigung des Wollhandels als Schiedsgerät vorgeschrieben wird, ist ein aus dem

Abb. 148. Lanameter.

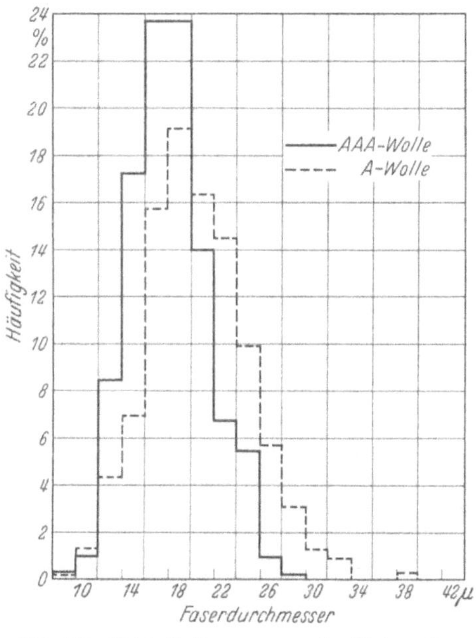


Abb. 149. Feinheitsdiagramme zweier Merinowollen.

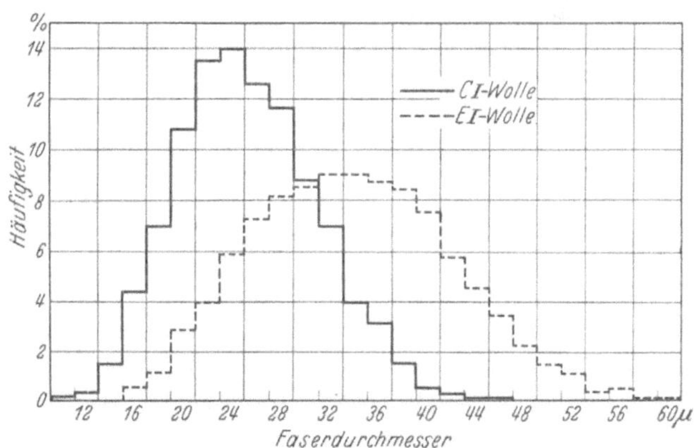


Abb. 150. Feinheitsdiagramme zweier Kreuzzuchtwollen.

[1] Die optische Methode ist im Jahre 1936 von der Internationalen Wollvereinigung als alleinige Schiedsmethode für die Feinheitsbestimmungen an Wolle festgesetzt worden (vgl. E. Franz).

„Lanameter“ von H. Doehner hervorgegangenes Gerät der Firma Carl Zeiß, Jena (Lanameter nach Franz-Doehner, Abb. 148).

Die optische Methode der Feinheitsbestimmung gestattet ferner, neben der mittleren Faserfeinheit Aussagen über die prozentuale Verteilung der einzelnen Faserdurchmesser im untersuchten Muster zu machen. Man erhält bei graphischem Auftragen Diagramme, wie sie die Abb. 149 und 150 zeigen. Aus den gewählten Beispielen geht hervor, daß die Streuung der Faserdicke um so geringer ist, je feiner eine Wolle ist.

## 2. Die Ausgeglichenheit.

Die einzelnen Haare eines Wollstapels, d. h. eines vom Vlies entnommenen Büschels zusammengehöriger Fasern, schwanken je nach Schafrasse in ihrer Dicke. Auch die mittlere Einzelfaserdicke eines Stapels wechselt je nach der Körperstelle, auf der die Wolle wächst. Die feinsten Wollen findet man an den Schultern, dann folgen Hals, Widerrist, Rücken, Kreuz, Hüfte, Schenkel, Bauch, Kopf, Beine. Starke Schwankungen in den Faserdurchmessern, d. h. in der Feinheit, wirken sich bei der Verarbeitung ungünstig aus. Deshalb geht das Streben der Züchter dahin, diese Unterschiede möglichst gering zu machen. Ferner suchen sie zu erreichen, daß auch innerhalb einer Herde, unter Umständen auch innerhalb eines ganzen Zuchtgebietes, Wolle mit geringer Streuung der Faserdicken anfällt. Der Verarbeiter sucht außerdem dadurch zu einem recht gleichmäßigen Rohstoff zu kommen, daß er nach Körperstellen bzw. nach Feinheitsgraden sortiert. Die Bedeutung einer guten Ausgeglichenheit liegt darin, daß eine Wolle um so besser versponnen und zu einem um so feineren Garn ausgesponnen werden kann, je weniger die mittleren Feinheiten innerhalb einer Partie schwanken. Daraus geht hervor, wie wichtig gutes Sortieren in der Gerberei ist! Gute Gleichmäßigkeit findet sich normalerweise bei Mischwollschafen (siehe S. 366). (Tabellen über die Ausgeglichenheit verschiedener Schafrassen finden sich bei Frölich-Spöttel-Tänzer, S. 228f.) Als Beispiel, wie sehr verschieden in ihrer Gleichmäßigkeit zwei Merinowollen ausfallen können, dienen nebenstehende Sortierergebnisse, die sich auf große Mengen Rohwolle beziehen (Tabelle 33).

Tabelle 33. Sortierergebnisse zweier Merinowollen (nach Heyne).

| 955 Ballen Deutsche Schweißwolle ergaben | | 172 Ballen Austral-Schweißwolle ergaben | |
|---|---|---|---|
| A | = 46,76% | A | = 98,58% |
| A-Futter | = 1,63% | B | = 1,19% |
| B | = 39,67% | C | = 0,14% |
| B-Futter | = 2,71% | Brand | = 0,09% |
| C | = 7,84% | Summe | = 100,—% |
| D | = 0,27% | | |
| E | = —,—% | | |
| Locken | = 0,40% | | |
| Braune | = 0,12% | | |
| Brand | = 0,60% | | |
| Summe | = 100,—% | | |

Man ersieht daraus, zu welcher Ausgeglichenheit eine hochstehende Schafzucht kommen kann, die freilich im vorliegenden Falle auf besonders günstigen klimatischen und geographischen Verhältnissen aufbauen konnte.

## 3. Die Länge.

Wie Feinheit und Kräuselung, ist die Länge ein ausschlaggebender Faktor bei der Auswahl der Wolle für ihren Verwendungszweck. Im allgemeinen gehen Länge und Faserdicke parallel, d. h. feine Wollen sind verhältnismäßig kurz, grobe Wollen lang (vgl. unten die Diagramme). Die durchschnittliche Länge hängt vor allem ab von der Rasse: Merinokammwollschafe liefern bei einjähriger

Schur 12 bis 15 cm lange Stapel[1], die Tuchwollschafe, die viel feinere Wolle liefern, dagegen nur 5 bis 6 cm lange. Die schlichtwolligen Schafrassen, bei denen das Grannenhaar vorherrscht (englische Rassen, südamerikanische Crossbred), ergeben dagegen bei wesentlich geringerer Feinheit Wollen bis 30 cm Stapellänge.

Unterschieden werden muß zwischen der natürlichen Länge der Fasern und der im gestreckten Zustand.

Wie bei der Feinheit sind die Haarlängen im gleichen Vlies sehr verschieden. Auch innerhalb eines Stapels finden sich erhebliche Unterschiede. Die Rücken- und Schulterhaare sind länger als die der Schenkel, diese wieder länger als die Bauchhaare.

Für die technische Verarbeitung ist vor allem die mittlere Faserlänge eines Wollmaterials und ferner die prozentuale Verteilung der verschiedenen Längen wichtig. Der Einkäufer prüft die Länge der Rohwolle durch Strecken des Stapels in der Hand; der Techniker wünscht ein genaues Bild der gesamten Längenverteilung und hat dafür verschiedene Apparate gebaut, die ein schnelles Ausmessen gestatten. An Rohwolle werden solche Messungen allerdings kaum durchgeführt, da bei der schlechten Durchmischung zu viele Messungen nötig wären, um ein gutes Bild zu erhalten. Für Wollkammzug, der die erste Form der zu einem endlosen Band geordneten Fasern darstellt, hat sich der Stapelziehapparat von Schlumberger bewährt, der die Fasern in Längenklassen von je 10 mm Längenunterschied ordnet. Laboratoriumsmäßig wird dasselbe mit dem Stapelziehapparat von Johannsen-Zweigle erreicht, mit dem man auch Garne usw. hinsichtlich der Längenverhältnisse ihrer Einzelfasern untersuchen kann. Die Verteilung der Faserlängen, bezogen auf die Gesamtmenge der Fasern, stellt man gewöhnlich in Diagrammen dar. Am gebräuchlichsten ist das Aneinanderlegen der sortierten Fasern zu einem Schaubild. Ein sehr gutes Bild erhält man auch durch eine graphische Darstellung, in der auf der Abszisse die Längenklassen und auf der Ordinate ihr prozentualer Anteil an der Gesamtmenge aufgetragen wird (Abb. 151). Besondere Bedeutung haben diese Untersuchungen für den Kammgarnspinner, da er für die Herstellung eines feinen Garns neben möglichst großer Stapellänge möglichst wenig Streuung in der Länge haben muß. Außerdem steht die Festigkeit eines Garns im umgekehrten Verhältnis zur mittleren Faserlänge und zum Anteil an kurzen Fasern.

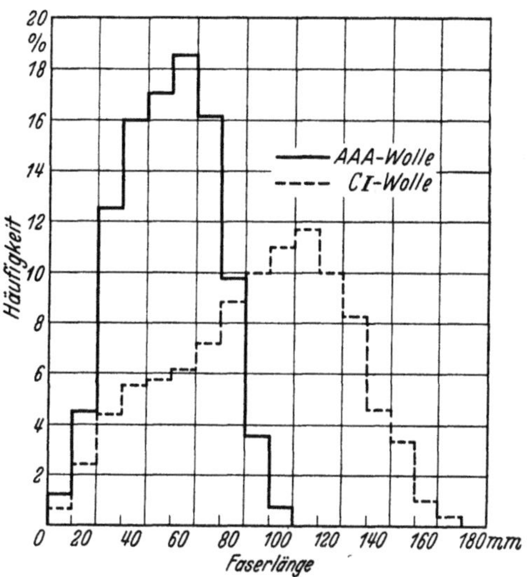

Abb. 151. Längendiagramm einer feinen und einer groben Wolle.

## 4. Die Kräuselung.

Eine besondere Eigenart der Wolle, die alle Sorten, wenn auch in recht verschiedenem Maße, besitzen, ist die Kräuselung. Sie hat für die Brauchbarkeit

[1] Unter „Stapel" versteht man einerseits, solange man von Wolle im Vlies spricht, die durch das Wachstum zusammengehörigen Gruppen von Haaren. Im technischen Sinn versteht man unter „Stapel" bzw. „Stapellänge" die mittlere Länge des längsten Fasermaterials (Frölich-Spöttel-Tänzer, S. 235).

der Wolle als Textilstoff wie für die technische Verarbeitung größte Bedeutung, da mit ihr andere wichtige Faktoren, wie Spinn-, Filz- und Walkfähigkeit, in Zusammenhang stehen.

Über die Entstehung und Ursache der Kräuselung gibt es keine einheitliche Erklärung. Die zuerst von dem Wollfachmann W. v. Nathusius ausgesprochene Ansicht, daß die spiralige Form des Haarbalgs dem Haar schon im plastischen Zustand die spätere Form aufpräge, hat heute noch viel für sich, denn es ist eine Tatsache, daß bei groben Wollen der Haarbalg fast gestreckt liegt, während er bei Merinos z. B. in Windungen im Corium sitzt. Dazu kommen Einflüsse, die durch den Zusammenschluß von Haargruppen zum Stapel und deren Verklebung durch Schweiß und Fett entstehen. Ferner werden innere Wachstumsschwankungen und Spannungen bei der Verhornung eine Rolle spielen, wie W. Spöttel und E. Tänzer annehmen (Frölich-Spöttel-Tänzer, S. 70). Eine umfassende Darstellung aller Faktoren, die für die Entstehung der Kräuselung in Frage kommen, findet sich bei S. G. Barker.

Nach einer Einteilung von J. Bohne unterscheidet man allgemein flachbogige, normalbogige und hochbogige Kräuselungsformen, die noch weiter unterteilt werden. Zur ersten Gruppe gehören die meisten grobwolligen Schafe, wie die Landschafe, die schlichte Wollen liefern. Normalbogig sind die feinen Wollen der Merinos, die annähernd halbkreisförmige Kräuselungsbögen haben. Hochbogigkeit findet sich selten und dann bei schon überzüchteten feinstwolligen Tieren; sie ist ein Zeichen für geringe Festigkeit.

Die größte Bedeutung der Kräuselung liegt in dem Charakter, den der gesponnene Faden durch sie erhält. Durch die zahlreichen Bögen, die das Haar trotz der außerordentlichen Zugbeanspruchung beim Verarbeiten beibehält und beim Ablagern in verstärktem Maße wieder annimmt, wird verhindert, daß die Einzelfasern so dicht aneinanderkommen wie etwa im Baumwollgarn. Dadurch werden Faden und Gewebe locker, schließen viel Luft ein und bedingen damit das gute Wärmeschutzvermögen des wollenen Gewebe- oder Strickstückes. Die vielverbreitete Meinung, das Wärmeleitvermögen der Wollsubstanz an sich sei die Ursache des guten Wärmeschutzes, ist ein Irrtum: Das Keratin der Wolle leitet etwa genau so wie die Cellulose der Baumwolle und Zellwolle. Entscheidend ist die eingeschlossene Luftmenge, d. h. das Porenvolumen des Textilgutes. Von Bedeutung dürften ferner die Oberflächen der Wollfasern sein, die infolge der etwas hervorstehenden Schuppenränder eine ganz dichte Berührung auch bei schlichten Wollen unmöglich machen und so stets Luft einschließen.

Gut gekräuselte Wollen ließen sich früher nur nach dem Streichgarnverfahren verarbeiten, da die Parallellagerung der Fasern beim Verarbeiten zum Kammzug große Schwierigkeiten machte. Auch heute noch bevorzugt man für den weichen, moosigen Charakter des Streichgarns die Tuchwollen mit ausgeprägter Kräuselung. Das hat seinen weiteren Grund darin, daß bei der späteren Walke des Streichgarngewebes die gut gekräuselten Fasern ein besonders dichtes Tuch ergeben. Sie suchen in besonderem Maße die beim Spinnen erfolgte teilweise Entkräuselung durch Zusammenziehen rückgängig zu machen und verfilzen so unter den Bedingungen der Walke besonders kräftig.

## 5. Die Festigkeit.

Bei der praktischen Beanspruchung der Textilien im Gebrauch wie auch schon bei der Herstellung spielen die mechanischen Eigenschaften der Einzelfasern eine entscheidende Rolle. Es wird daher deren Festigkeit, genauer deren Zugfestigkeit häufig zur Bewertung eines Textilmaterials herangezogen. Schon der Wolleinkäufer prüft den Stapel bei Besichtigung eines Wollballens, indem er ihn zwischen Daumen und Zeigefinger beider Hände ausspannt und mit einem Finger anreißt. Dabei kann morsche Wolle schon erkannt werden. Genauere Messungen können mit Hilfe besonderer Apparate an der Rohwolle und an Garnen, Geweben u. dgl. durchgeführt werden.

Für Messungen an einzelnen Fasern kommen praktisch heute nur zwei Typen in Frage: der von P. Krais angegebene Apparat „Deforden"[1] und der „Feinfaserfestigkeitsprüfer" der Firma L. Schopper, Leipzig. Der Kraissche Apparat arbeitet nach dem Waagenprinzip, d. h. an das eine Ende des Balkens einer Waage wird zwischen zwei Backen eine Faser eingespannt; das andere Ende der Faser halten feststehende Backen. Die andere Seite des Waagebalkens trägt ein Gefäß, das man durch Eintropfenlassen von Wasser steigend belastet, bis die Faser durch den Zug nach oben reißt. Nach Bruch der Faser wird die zugeflossene Wassermenge gewogen und damit die Bruchlast bestimmt. Die Dehnung läßt sich bei dem Apparat von Krais durch ein kleines Diagramm ermitteln, das der Zeiger des Waagebalkens während der Belastung aufnimmt. Das neueste Modell (F. Kurtz) erlaubt abwechselnd Be- und Entlastung und somit eine Verfolgung der elastischen Dehnung. — Der Apparat von L. Schopper entspricht den bekannten Festigkeitsprüfern mit Gewichtshebelbelastung, wie sie auch für Leder verwendet werden. Der Antrieb der unteren Klemme erfolgt hier hydraulisch. Die Festigkeit wird in Prozenten des am Hebel aufgesteckten Gewichts angegeben. Die Dehnung läßt sich durch eine sinnreiche Übertragung der Wegdifferenzen von ziehender und gezogener Faserklemme auf einer Skala ablesen. Der gesamte Belastungs- und Dehnungsvorgang ist gleichzeitig graphisch auftragbar. Der Apparat gestattet auch, die Faser nach Belasten wieder zu entlasten und so die Dehnung bei verschiedener Belastung und den Dehnungsrückgang bei Entlastung zu ermitteln.

Da die Meßergebnisse an Einzelfasern, wie überhaupt sämtliche Meßergebnisse an Textilien, sehr stark von den Versuchsbedingungen abhängen, hat man die

Tabelle 34. Festigkeit von Wollen verschiedener Feinheit (nach O. Schmidhäuser).

| Wollart | Feinheit | | Festigkeit | | | | | | Naßfestigkeit in Prozent der Trockenfestigkeit |
|---|---|---|---|---|---|---|---|---|---|
| | | | trocken | | | naß | | | |
| | Klasse | Nummer metrisch | Bruchlast $P$ g | Reißlänge $R$ km | spez. Festigkeit $p$ kg/qmm | Bruchlast $P$ g | Reißlänge $R$ km | spez. Festigkeit $p$ kg/qmm | |
| Austral . . . . . . . | AAA | 2300 | 5,77 | 13,1 | 17,3 | 5,51 | 12,6 | 16,6 | 96,5 |
| Kap . . . . . . . . | A | 2064 | 5,20 | 10,7 | 14,1 | 4,22 | 8,7 | 11,5 | 81,2 |
| Austral . . . . . . . | A | 2060 | 5,20 | 10,7 | 14,1 | — | — | — | — |
| „ . . . . . . . | A/B | 1852 | 5,50 | 10,2 | 13,5 | — | — | — | — |
| Neuseeland . . . . . | B | 1350 | 9,63 | 13,0 | 17,2 | 8,70 | 11,7 | 15,5 | 90,5 |
| Punta Arenas . . . . | C I | 1360 | 10,72 | 14,6 | 19,3 | 8,40 | 11,4 | 15,1 | 78,5 |
| Württemb. Landwolle | C | 1100 | 13,10 | 14,4 | 19,0 | 10,20 | 11,2 | 14,8 | 78,0 |
| Neuseeland . . . . . | C II | 880 | 13,70 | 12,0 | 15,9 | 10,90 | 9,6 | 12,7 | 79,6 |
| „ . . . . . | D II | 704 | 18,70 | 13,2 | 17,4 | 17,40 | 12,2 | 16,1 | 92,6 |
| „ . . . . . | D II | 670 | 22,10 | 14,8 | 19,7 | — | — | — | — |
| „ . . . . . | E | 619 | 26,50 | 16,4 | 21,6 | — | — | — | — |

[1] Hersteller: Hugo Keyl, Dresden-A, Marienstraße.

Verfahren genormt (Prüfverfahren für Textilien, DIN DVM 3801). Es ist üblich, die Festigkeit als Bruchlast in Gramm oder als Reißlänge in Kilometer anzugeben. Die Festigkeit in Gramm ist natürlich abhängig von der Dicke der Fasern und steigt daher mit abnehmender Feinheit. Über systematische Untersuchungen unterrichtet die Tabelle 34.

Große Unterschiede in der spezifischen Festigkeit, d. h. in der Substanzfestigkeit (kg/qmm) bestehen nicht. Ebenso ist im allgemeinen keine Abhängigkeit von der Rasse festzustellen. Dagegen sind Faktoren, die von außen auf die Wolle einwirken, wie Licht, Feuchtigkeit, Chemikalien, von großem Einfluß auf die Festigkeit. Im Licht ist es vor allem der ultraviolette Anteil, der stark schädigt. Kerteß fand an ungefärbtem Wollstoff nach achtmonatiger Lichteinwirkung eine Abnahme der Reißfestigkeit um 35%. Der Nachweis von Lichteinwirkungen kann nach v. Bergen durch Einlegen in $^{n}/_{10}$-Natronlauge gut geführt werden. Die prozentuale Zunahme der Quellung durch die Lauge gegenüber der vorher bestimmten in Wasser gibt ein Maß für die Schädigung.

Mißt man die Festigkeit in ganz nassem Zustand der Wolle, so tritt ein relativ geringer Festigkeitsverlust ein. Er beträgt 5 bis 20% der Trockenfestigkeit. Da Wolle große Mengen Wasserdampf aus der Luft aufzunehmen vermag (vgl. S. 386), beeinflußt der Feuchtigkeitsgehalt der Luft während der Messung die Festigkeit; sie sinkt mit steigendem Feuchtigkeitsgehalt. Bis zu 80% relativer Luftfeuchtigkeit nimmt die Festigkeit nur wenig ab, dann aber sehr rasch, so daß bei 90% relativer Feuchtigkeit nur noch 70% der Zugfestigkeit bei 50% relativer Feuchtigkeit vorhanden sind. Dies geht aus wiederholt aufgenommenen Kurven hervor (z. B. Willkomm).

Tabelle 35. Bruchdehnung verschiedener Faserarten (nach O. Schmidhäuser).

| Faserart | Bruchdehnung in Prozent | |
|---|---|---|
| | trocken | naß |
| Wolle . . . . . . . . | 28,0—48,3 | 34,8—60,5 |
| Baumwolle . . . . . . | 5,7—12,5 | 6,1—13,2 |
| Flachs . . . . . . . . | 1,8 | 2,2 |
| Seide . . . . . . . . | 13,5—17,2 | ca. 30 |
| Viskose-Zellwolle . . . | 7,8—25,8 | 13,0—42,8 |
| Kupfer-Zellwolle . . . | 16,9—19,6 | 17,0—29,0 |

## 6. Die Dehnbarkeit und Elastizität.

Noch wertvoller als die Festigkeit ist für die praktische Brauchbarkeit eines wollenen Stückes die Dehnbarkeit der Einzelfasern, die sich weitgehend auf das Gewebe überträgt. Wolle ist hierin allen anderen Textilfasern, besonders denen pflanzlicher Herkunft, weit überlegen (Tabelle 35).

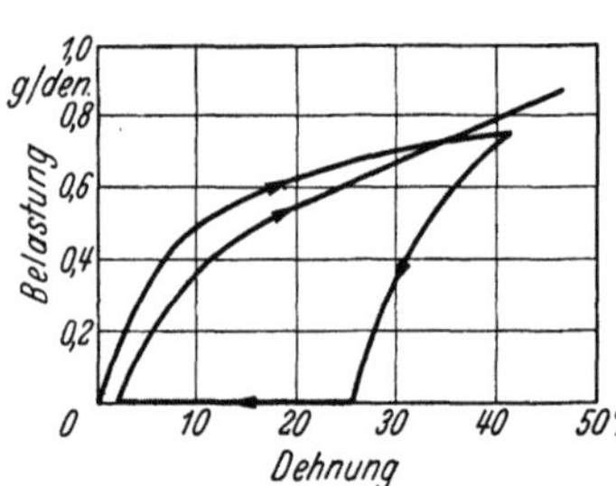

Abb. 152. Rückkehrende und bleibende Dehnung bei Wolle.

Belastet man eine Wollfaser, so wird sie zunächst entkräuselt und dehnt sich schließlich aus, ehe sie reißt. Entlastet man vor dem Bruch, so nimmt die Faser weder die zuletzt erhaltene noch die ursprüngliche Länge ein. Es geht vielmehr nur ein Teil der Dehnung zurück. Man hat demnach zwischen bleibender und elastischer Dehnung zu unterscheiden. Das wird veranschaulicht durch die Abb. 152, in der die prozentuale Dehnung in Abhängigkeit von der Belastung aufgezeichnet ist. Hier sind Fasern bis kurz vor dem Bruch belastet, dadurch gedehnt und rasch wieder entlastet worden. Nach 24 Stunden wurde wieder belastet. Man erkennt daraus nicht nur die sehr große Dehnbarkeit der Wolle (ca. 40%), sondern auch, daß der Anteil an elastischer Dehnung außerordentlich groß ist, da die Faser nach der Entlastung ihre ursprüngliche Länge nahezu wieder erreicht hat. Demgegenüber ist die synthetische Cellulosefaser (Abb. 153) im Nachteil, da sie nur eine Dehnung von ca. 20% hat und nach der Entlastung nicht einmal bis zur Hälfte zurückgegangen ist. Diese weitgehend reversible Dehnbarkeit der Wolle ist eine der Ursachen des hohen Wertes, den Wolle z. B. als Material für Anzugstoff und Stricksachen hat. Die beim Tragen dauernd gedehnten Stellen, wie am Ellbogen und am Knie, behalten verhältnismäßig lange ihre Form.

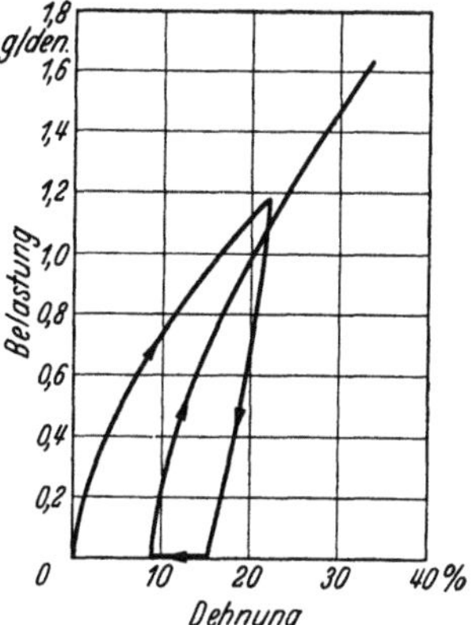

Abb. 153. Rückkehrende und bleibende Dehnung bei synthetischer Cellulosefaser.

Die Dehnung wird allgemein beim Reißen der Faser gemessen und als Bruchdehnung in Prozent der Einspannlänge angegeben. Über die Werte bei Wollen verschiedener Feinheit unterrichtet Tabelle 36.

Mit der Dehnbarkeit hängt die Elastizität zusammen, die der Wolle im losen oder locker versponnenen Zustand eigentümlich ist. Nach Zusammendrücken eines Wollbausches mit der Hand muß dieser nach Öffnen der Hand sofort seine alte Form wieder annehmen. Gut gekräuselte und sorgfältig gewaschene Wollen besitzen diese Eigenschaft in hohem Maße, haben also eine hohe „Bauschelastizität" und eignen sich besonders für Strickgarne. Auf der guten Formelastizität beruht ferner die gute Beständigkeit gegen Knittern, worin die Wolle den Pflanzenfasern weit überlegen ist. Ein Apparat zur Messung der Bauschelastizität ist von H. J. Henning (*1*) angegeben worden („Pendultex", Modell LWK)[1]. Als Maß dient die Zahl der Ausschläge eines Pendels, dessen Energie durch wiederholtes Zusammendrücken eines in einer Kammer befindlichen Wollbausches mehr oder weniger schnell verbraucht wird.

Tabelle 36. Bruchdehnung von Wollen verschiedener Feinheit (nach O. Schmidhäuser).

| Wollart | Dehnung in Prozent trocken | Dehnung in Prozent naß |
|---|---|---|
| AAA-Austral | 39,2 | 38,1 |
| A-Capwolle | 33,0 | 35,2 |
| A-Austral | 33,0 | — |
| A/B-Austral | 28,0 | — |
| B-Neuseeland | 37,5 | 46,8 |
| C I-Punta Arenas | 40,0 | 53,0 |
| C-württembergische Landwolle | 28,2 | 34,8 |
| C II-Neuseeland | 45,7 | 60,5 |
| D II-Neuseeland | 48,3 | 59,1 |
| D II-Neuseeland | 37,7 | — |
| E-Neuseeland | 39,6 | — |

## 7. Farbe und Glanz.

Erwünscht sind in der Textilindustrie im allgemeinen möglichst helle Wollen, da ein guter Teil entweder weiß oder in hellen Tönen gefärbt verarbeitet wird. Rohwollen haben vielfach charakteristische Farbtöne, die von der Bodenbeschaffenheit des Ursprungslandes herrühren. Wollen mit natürlicher Färbung, wie von Heidschnucken, sind nur für besondere Zwecke brauchbar, am besten als Schwarzpartien. Gewaschen geben Merinowollen meist schöne weiße Garne und Gewebe. Gröbere Wollen neigen zu gelblichen oder grauen Tönen. Schafe, die viel im Stall stehen, geben oft stark gelbe Wollen, z. B. teilweise die ungarischen.

Um eine Zahl für den Weißgehalt bei einer gewaschenen Wolle zu haben, kann man Muster auf optischem Wege mit einem Photometer (z. B. Stufenphotometer) messen. Diese Messungen sind jedoch nicht besonders sicher, außer-

[1] Hersteller: R. Knote, Leipzig-Großzschocher.

dem für das Auge sehr anstrengend. Deshalb sind Meßanordnungen mit Photozellen angegeben worden, die die Helligkeit der Wolle so beurteilen, wie sie das Auge empfindet [F. Bühring, H. J. Henning (2)]. Die von letzterem beschriebene Anordnung[1] ist besonders einfach und gebrauchstüchtig.

Für manche Zwecke sind Wollen mit einem bestimmten Glanz erwünscht, wie ihn gewisse englische Wollen an sich haben. Bei solchen Fasern greifen die Schuppen nicht übereinander, sondern stoßen nur aneinander; die Oberfläche ist daher besonders glatt.

## 8. Die Feuchtigkeitsaufnahme.

Wie alle Faserstoffe, steht Wolle mit der jeweiligen Luftfeuchtigkeit in einem Gleichgewichtsverhältnis, d. h. jedem Feuchtigkeitsgehalt der Umgebung entspricht ein bestimmter Feuchtigkeitsgehalt des Faserstoffs. Die prozentual aufgenommene Wassermenge richtet sich auch nach der Vorgeschichte des Fasergutes. Das Gewicht einer Menge Wolle, gleichgültig ob Rohwolle, Kammzug, Garn oder Stück, ändert sich daher dauernd, solange der Feuchtigkeitsgehalt der umgebenden Luft veränderlich ist. Diese Verhältnisse sind von Obermiller (Abb. 154) genau untersucht worden.

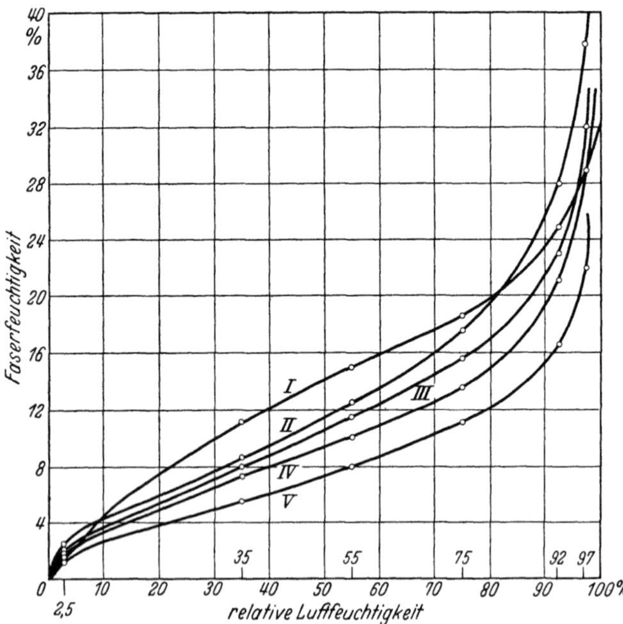


Abb. 154. Feuchtigkeit von Wolle und anderen Fasern in Abhängigkeit von der relativen Luftfeuchtigkeit (20° C) (nach J. Obermiller). *I* Wolle, *II* Kunstseide, *III* Seide roh, *IV* Seide entbastet, *V* Baumwolle.

Die Praxis hat die Unannehmlichkeiten, die sich aus dem wechselnden Feuchtigkeitsgehalt im Handel ergeben, so umgangen, daß man von jedem Warenposten an Hand einer festgelegten Anzahl von Proben das absolute Trockengewicht feststellt und dazu einen vereinbarten Feuchtigkeitsprozentsatz zuschlägt (Konditionieren). Dieser Prozentsatz richtet sich nach dem Verarbeitungszustand der Wolle und ist seit 1933 international festgelegt. Er beträgt z. B. für

| | |
|---|---|
| Reingewaschene Wolle . . . . . . . . | 17% |
| Nicht ganz reingewaschene Wolle . . . | 18% |
| Kammzug in Öl . . . . . . . . . . . | 19% |
| „ ohne Öl . . . . . . . . . . | 18¼% |

Trockengewicht + Feuchtigkeitszuschlag ergibt das sog. Handelsgewicht. Rohwolle wird nicht konditioniert gehandelt.

Die Bestimmung des Trockengewichts geschieht in anerkannten Konditionieranstalten und Warenprüfämtern, teilweise auch in den verarbeitenden Fabriken.

[1] Modell der Leipziger Wollkämmerei.

Die Konditionieranlagen von großen deutschen Kämmereien sind ebenfalls als unparteiisch anerkannt. In den Konditionieranlagen werden die Proben bei 105 bis 110° in einem trockenen Luftstrom ausgetrocknet. Die Apparate sind so gebaut, daß die Hauptmenge der Feuchtigkeit in einem Vortrockner entfernt wird. Das endgültige Gewicht zeigen Waagen an, die während des Trocknens Wägungen gestatten. (Näheres z. B. bei P. Heermann und A. Herzog, S. 251.)

### 9. Die Filzfähigkeit.

Diese Eigenschaft der Wolle, die nicht zu den äußerlich erkennbaren Merkmalen gehört, ist für die gesamte Verarbeitung und Verwendung der Wolle ungemein wichtig. Man versteht unter Filzvermögen bekanntlich die Fähigkeit der Wollfasern, unter dem gleichzeitigen Einfluß von Feuchtigkeit, Wärme und mechanischer Bearbeitung aus einem nur lose gebundenen oder regelmäßig geordneten Zustand in einen solchen engster Verschlingung sowie dichter und unregelmäßiger Lage der Einzelfasern überzugehen. Begünstigt wird die Filzfähigkeit, wenn die Wolle von alkalischer oder saurer Flüssigkeit durchtränkt wird. Auf dem Filzvermögen gründet sich nicht nur die Herstellung von Filz, sondern u. a. auch die gesamte Tuchfabrikation, bei der durch das Walken des fertiggewebten Stoffes eine nachträgliche Verschlingung der im Streichgarn nicht sehr fest gebundenen Fasern zu einer einheitlichen Oberfläche angestrebt wird. Die Kenntnis des Filzvorgangs ist wichtig, da sich die Neigung zum Filzen auch ungünstig auswirken kann, wie z. B. beim Waschen von Rohwolle. Hier sind Bewegung, Wärme, Feuchtigkeit und normalerweise auch Alkali vorhanden. Erfolgt die Bewegung des Waschgutes zu schnell oder zu häufig, so verschlingen sich die Fasern so stark, daß die Wolle ihren offenen Charakter und damit an Wert verliert. Bei der gewaltsamen Öffnung auf der Krempel werden bei verfilzter Wolle entsprechend mehr Fasern zerrissen, was sich in der Kammgarnindustrie in einer schlechteren Romaine (vgl. S. 396 Anm.) ausdrückt.

Das Filzvermögen der Wolle beruht, wie A. Shorter, H. Arnold, R. Brauckmeyer (*2*) u. a. gezeigt haben, auf einer Wanderung der Fasern ineinander, die durch die schiebende und drückende Bewegung der Filz- und Walkmaschinen hervorgerufen wird (vgl. S. 346). Da die Schuppen auf der Wollfaser nur nach der Haarspitze zu von der Oberfläche etwas abstehen, wird einer Bewegung in dieser Richtung ein größerer Widerstand entgegengesetzt als in der Richtung des Haarwurzelendes. Infolgedessen werden die Fasern in Richtung des Wurzelendes wandern können. Entsprechendes wird eintreten, wenn die durch die Bearbeitung immer wieder gedehnten Fasern sich zusammenziehen. Dann wird der nach der Haarspitze zu gelegene Teil der Faser nachgeben können, während der andere beim Schrumpfen wegen der Schuppigkeit Widerstand findet. Tatsächlich ist der Reibungswiderstand der einzelnen Wollfaser in Richtung vom Wurzelende zur Haarspitze viel geringer als in umgekehrter Richtung (I. B. Speakman und E. Stott).

## II. Die Bezeichnung der Wolle.

Im Wollhandel und in der Wollindustrie bedient man sich besonderer Bezeichnungen, um die verschiedenartigen Wollen je nach Herkunft, Beschaffenheit, Gewinnungsart, Verwendungszweck usw. zu unterscheiden.

Sehr häufig begegnet man Namen, die die Herkunft der Wolle verraten, wie Austral-, Kap- oder Buenos-Aires-Wollen. Da jedes Land durch die Eigenart seines Klimas, seines Bodens, aber auch seiner Zuchtrichtung einen bestimmten Typus erzeugt oder zumindest bevorzugt, sagen die Namen dem Fachmann schon viel über den Charakter der vorliegenden Ware. So handelt es sich bei Austral-Wolle wie auch bei Kap-Wolle fast stets um feinfaserige Wollarten.

Beide Länder sind als ausgesprochene Trockengebiete mit spärlichem Weideland der Zucht von kleinen Tieren mit feiner Wolle günstig gewesen. Kap-Wolle ist diejenige mit dem normalerweise kürzeren Stapel und wird daher in der Streichgarnindustrie bevorzugt. Buenos-Aires-, Montevideo- und Chile-Wollen sind dagegen zum größten Teil kräftige, weniger weiche Wollen, die von Rassen mit vorwiegend Grannenhaar stammen. Neuseeland-Wollen sind heute von sehr einheitlicher Qualität, lang, kräftig und wenig schweißig, da das ganze Gebiet sich auf die Zucht starker Tiere mit hohem Fleischanfall gelegt hat. Von europäischen Wollen haben die englischen und die ungarischen einen ziemlich einheitlichen Charakter. Englische Wollen sind vorwiegend lang, kräftig und mit losem Stapel, von der Feinheit B bis D, während ungarische Wollen heute noch den Charakter der früher stark gezüchteten äußerst feinen und sehr weichen Wollen haben. Die Bezeichnung „Deutsche Wolle" sagt über die Art wenig aus, da bei uns sowohl feine als grobe Rassen gezüchtet werden. Im Jahre 1935 bestand der Anfall an deutscher Wolle zu 69% aus Merinowollen (einschließlich B-Qualität) und zu 31% aus gröberen Sorten (Doehner). Infolge der vielen Schafrassen kommt auch viel verschiedenes Material auf den Markt, doch ist man zur Zeit dabei, die Vielzahl der Zuchtrichtungen zu vereinheitlichen. Asiatische Wollen spielen bei uns normalerweise eine geringe Rolle. Sie sind immer sehr grob und eignen sich wegen ihrer Steifheit in erster Linie für Teppiche und Decken.

Eine Reihe von Wollbezeichnungen bezieht sich auf den Verwendungszweck, der entsprechend der Vielseitigkeit der Textilindustrie recht verschieden ist. Man unterschied früher scharf in Tuchwollen und Kammwollen. Die erstere Art kommt besonders für die Streichgarnindustrie (siehe S. 393) in Frage, da sie kurz ist, einen rauhen Faden ergibt und sich gut filzen läßt. Als Kammwolle verwendet man gern lange und ziemlich schlichte Wollen, die sich auf der Kammaschine gut zu Kammzug verarbeiten lassen. Doch ist man längst dazu übergegangen, auch kürzere Wollen, etwa bis 7 cm Stapellänge, für Kammgarn heranzuziehen. Auch starke Kräuselung, die früher das Arbeiten nach dem Kammgarnverfahren erschwerte, spielt keine Rolle mehr. Bei gleicher Feinheit von Rohwollen bezeichnet man vielfach die längere Sorte mit Kettenwolle, die kürzere mit Schußwolle, ohne damit sagen zu wollen, daß die Wolle jeweils für Kette- bzw. Schußgarn verwendet werden soll. Feinere Wirkwollen heißen vielfach Zephirwollen. Teppichwollen sind sehr grobe, häufig asiatische Wollen.

Normalerweise wird Wolle im Schweiß, d. h. mit allen anhaftenden Verunreinigungen gekauft und verfrachtet (Rohwolle, Schweißwolle). In dieser Form enthalten die Wollen große Mengen von Fett und Schweiß, Ausscheidungen aus den Talg- und Schweißdrüsen der Haut, die biologisch in engem Zusammenhang mit dem Haarwachstum stehen. Dazu kommen Verunreinigungen von Staub und Erde, Kot, Pflanzenteile und Futterreste. Die Menge der Nichtwolleanteile schwankt in weiten Grenzen von etwa 30 bis 70%. Beim Einkauf von Rohwolle handelt es sich daher darum, das Gewichtsverhältnis an reiner Wollsubstanz, d. h. das Rendement[1] zu schätzen. Trotz der starken Verschiedenheiten gelingt dies den Fachleuten mit erstaunlicher Genauigkeit. Das Abschätzen wird dabei unterstützt durch den engen Zusammenhang, der zwischen Faserfeinheit und Rendement besteht. Diese Abhängigkeit erklärt sich durch die wesentlich größere Oberfläche, die eine feinere Wolle gegenüber einer gröberen hat; bei den feineren Fasern ist mehr Fett nötig, um dem Haar einen schützenden Überzug zu geben.

[1] Vgl. die Angaben über die Größe des Rendements bei verschiedenen Wollarten S. 392.

Das Rendement ist ferner bei gleicher Feinheit abhängig von der Herkunft der Wolle und steht im Zusammenhang mit dem Klima, der Bodenbeschaffenheit und Art der Schafhaltung, aber auch mit der besonderen Zuchtrichtung.

Es entspricht an sich nicht den Grundsätzen der Wirtschaft, ein Rohprodukt mit einem so großen Anteil an Verunreinigungen auf langen Seewegen nach Europa zu verfrachten. Daß dies bei Wolle geschieht, hat verschiedene Gründe. Würde die Wolle im Ursprungsland gewaschen, müßte sie auch dort sortiert werden, da ein ordentliches Sortieren nach der Wäsche nicht möglich ist. In der Sortierung liegt aber das Hauptgeschäft des europäischen Wollhändlers. Gegen ein Waschen im Erzeugungsland spricht ferner ein gewisses Mißtrauen gegen die Sorgfalt und das Können der überseeischen Wäschereien. Dies ist nicht unberechtigt; denn die gewaschenen Wollen von drüben können vielfach einen Vergleich mit den europäischen Waschwollen nicht aushalten. Muß aber — wie dann meist — ein zweites Mal gewaschen werden, so ist das für die Wolle — hauptsächlich wegen der unvermeidlichen Verfilzung — in jedem Falle ein Nachteil. — Gewaschene australische Wollen tragen den Namen Scoured-Wollen, während man bei afrikanischen von Snowwhites spricht.

Der allergrößte Teil der Wolle gelangt naturgemäß als Schurwolle auf den Markt. Beim Scheren, das zu Beginn der warmen Jahreszeit vorgenommen wird, ist wichtig, daß schon hier eine Einteilung in Gruppen mit gleicher Vliesbeschaffenheit stattfindet. Teilweise erfolgt unmittelbar nach dem Scheren ein weiteres Sortieren bzw. ein Bereißen der Vliese. Diese werden dann einzeln zusammengeschlagen, so daß sie beim Verbraucher den Ballen als einzelne Bündelchen entnommen und genau sortiert werden können. Geschoren wird meist im Jahre einmal (Vollschur), seltener zweimal (Halbschur), wie teilweise am Kap und in Deutschland. Halbschurwolle bringt gewichtsmäßig mehr, wegen der kürzeren Faser aber unter Umständen wertmäßig weniger.

Auf die andere Art der Gewinnung von Wolle, nämlich der von der Haut des geschlachteten Tieres, wird im Anschluß an die Beschreibung des normalen Wollanfalls genau eingegangen werden. Es müssen dann besonders behandelt werden die Gewinnung der Hautwollen durch Scheren, Äschern, Schwöden und die biologischen Verfahren (Schwitzen, Enzymäscher). Unterschiede in der Wollqualität treten auch durch verschiedenes Alter und Geschlecht der Tiere hervor. Das Lamm hat das feinste Haar. Vom dritten bis etwa zum neunten Jahre wächst nun die Wolle gleichmäßig stark, bis später bei abnehmenden Lebenskräften eine Verfeinerung eintritt.

Im Handel werden Lamm- und Jährlingswollen wegen ihrer besonderen Eigenschaften gesondert behandelt. Lammwolle zeichnet sich stets durch Weichheit und Geschmeidigkeit aus, ist aber andererseits kurz und weniger fest. Trotzdem wird sie gut bezahlt, da sie in Mischung mit anderen Wollen zur Erzeugung besonders feiner, weicher Tuche sehr wertvoll ist. Ähnliches gilt für Jährlingswollen. Lammwollen sind kenntlich an den Spitzen, sog. Lammspitzen, die nur an den bei der Geburt vorhandenen Haaren zu beobachten sind. Männliche Tiere haben eine etwas gröbere Wolle als Mutterschafe.

## III. Technologie der Wolle.

Die in der Welt erzeugte Wolle geht zum allergrößten Teil in die Bekleidungsindustrie. Die Erzeugung von Teppichen, Decken, Möbelstoffen und technischen Artikeln, wie Filzen, braucht nur einen verhältnismäßig geringen Anteil.

Die Herstellung eines Wollgewebes, wie es uns in zahllosen Arten, Mustern und Färbungen bekannt ist, geschieht bekanntlich dadurch, daß aus dem wirren

Haar nach Entfernen aller Verunreinigungen ein endloser Faden hergestellt wird, der dann zum Stoff verarbeitet werden kann. Da die Natur der vorliegenden Wolle entscheidend für die Art der Verarbeitung ist und Hautwolle in mancher Beziehung besondere Eigenschaften hat, sei hier das Wesentlichste aus der Technologie der Wolle angeführt.

Wollstoffe werden auf zwei verschiedenen Wegen hergestellt: nach dem Kammgarn- und nach dem Streichgarnverfahren. Diese beiden Teilgebiete der Wollspinnerei unterscheiden sich in folgendem:

Die Kammgarnindustrie liefert Material für Stoffe, die, wie die meisten Herrenanzugstoffe, deutlich den Charakter eines Gewebes durch Hervortreten des Gewebemusters zeigen und eine glatte Oberfläche haben sollen. Dafür werden festgedrehte glatte Garne gebraucht, die wiederum lange und weniger gekräuselte Fasern erfordern. Die einzelnen Fasern müssen im Faden parallel liegen.

Die Streichgarnindustrie erstrebt Stoffe, in denen die Bindung der Fäden mehr oder weniger verschwinden soll. Zu diesem Zweck braucht sie lose Garne mit rauher Oberfläche und vielen Faserenden, da diese beim Walken (z. B. bei Herstellung von Uniformtuch) eine geschlossene Oberfläche ergeben. Hierzu sind am besten kurzstapelige Wollen mit hoher Kräuselung und guter Filzfähigkeit geeignet. Die Einzelfasern sind hier nicht parallel geordnet (vgl. S. 392/93).

## 1. Sortieren.

Da die Wolle auf dem Schaf in Länge, Feinheit, Kräuselung usw. je nach Körperteil verschieden wächst, andererseits in den meisten Fällen für den Erfolg der Verarbeitung ein möglichst einheitliches Material Vorbedingung ist, muß die von der Schur kommende Wolle sortiert werden (vgl. auch S. 380). Dies geschieht in den Wollkämmereien und -wäschereien bzw. in den Spinnereien, wenn diese selbst waschen. Die Arbeiter und Arbeiterinnen, die für diese Tätigkeit besonders geschult sein müssen, breiten die Wolle auf großen Tischen aus und teilen das Material je nach Beschaffenheit in verschiedene Klassen.

Für die Kammgarnindustrie macht sich eine mehr oder weniger weitgehende Unterteilung jeden Postens Rohwolle nötig. Der Grad der Unterteilung richtet sich nach der Ausgeglichenheit (siehe S. 380) der vorliegenden Wolle sowie nach der Art der Garne, die gesponnen werden sollen. Infolgedessen bestimmt der Eigner, der vielfach nur Händler ist, wie sortiert werden soll. Er gibt an, ob besonders scharf oder ob weniger scharf in die einzelnen Feinheitsklassen getrennt werden soll. Als Beispiel, wie verschieden zwei gleichmäßige Lose Wolle sortiert werden können, seien die beiden Sortierergebnisse in Tabelle 37 angeführt. Die Mengen der in jeder Klasse anfallenden Wolle sind in Prozenten der Gesamtmenge unsortierter Wolle angegeben.

Tabelle 37. Sortierergebnisse von Merinowolle. Kap-Schweißwolle.

| Eigner A | | Eigner B | |
|---|---|---|---|
| A/AA | 95,10% | AA | 9,90% |
| B | 4,43% | A/AA | 76,93% |
| C | 0,32% | A lang | 0,27% |
| Brand | 0,08% | A/B gelb | 6,65% |
| | | B | 5,82% |
| | | C | 0,32% |
| | | D | 0,02% |
| | | E | 0,00% |
| | | Braune | 0,00% |
| | | Brand[1] | 0,09% |

[1] Unter „Brand“ und „Brandspitzen“ versteht man die durch Kot und Urin stark verschmutzten Vliesanteile, die nach der Wäsche eine gelbe bis braune Farbe behalten und schwer geschädigt sind.

Zur Erleichterung der Sortierarbeit ist es wichtig, daß das Vlies als zusammenhängendes Ganzes vorliegt, damit der Sortierer weiß, zu welchem Körperteil jedes Stück des Vlieses gehört, denn es haben z. B. Schultern und Hals stets feinere Wolle als Schenkel und Bauch. Die Leistungen eines Sortierers sind erstaunlich, wenn man bedenkt, daß die Feinheitsklassen sich nur ein bis zwei Tausendstel Millimeter voneinander unterscheiden (vgl. S. 378). Sind keine einheitlichen Vliese und keine zusammenhängenden Stücke da, wie z. B. bei den Hautwollen und gewaschenen Wollen, läßt sich nur oberflächlich sortieren. Für Streichgarnzwecke wird im allgemeinen weniger fein aussortiert wie für Kammgarn. Man begnügt sich bei gleichmäßiger Qualität der Vliese mit einer Entfernung der Kot- und Brandspitzen[1] sowie der Locken-,[2] Hals-, Bein- und der schlechtesten Bauchwolle.

## 2. Waschen.

Zur Entfernung allen Schmutzes sowie des Wollschweißes und Wollfettes muß die Wolle mit Waschmitteln behandelt werden, die in der Lage sind, alle erdigen Bestandteile von der Faser zu trennen und sie zu suspendieren sowie das Wollfett zu emulgieren. Es hat sich dafür bis heute die Wäsche mit Seife und Soda bewährt. Synthetische Waschmittel, wie Fettalkoholsulfonate, Fettsäurekondensationsprodukte usw., haben sich im allgemeinen nicht durchsetzen können, da einerseits der Preis sehr hoch ist, andererseits auch der besondere Vorzug dieser Stoffe, wie ihre Waschkraft in neutraler Flotte, für die Rohwollwäsche nicht unbedingt einen Vorteil darstellt. Dies hängt, wie J. B. Speakman nachgewiesen hat, mit dem inneren Aufbau des Keratins zusammen, das in schwach alkalischem Quellungszustand für den der Wäsche folgenden mechanischen Bearbeitungsgang den günstigsten physikalischen Zustand erhält. Nach J. B. Speakman und M. C. Hirst ist eine Wolle in schwach alkalischem Zustand ($p_H$ 8—10) besser dehnbar als eine Wolle in neutralem Zustand und ist daher den Zugbeanspruchungen auf Kämmerei- und Spinnereimaschinen besser gewachsen.

In größeren Betrieben wird die Wäsche kontinuierlich in großen Kufen von 3 bis 5 cbm Fassungsvermögen, von denen 4 oder 5 zu einem sog. Leviathan hintereinandergeschaltet sind, durchgeführt. Die Wolle durchläuft, meist nach selbsttätiger Einweiche im ersten Bottich, schwimmend die Kufen und wird dabei von mechanisch geführten Gabeln langsam fortbewegt. Am Ende jeder Kufe wird sie automatisch ausgehoben und von Quetschwalzen unter hohem Druck ausgepreßt und gelangt in den nächsten Bottich. Die Art des Seifen- und Sodazusatzes wird verschieden gehandhabt; die letzte Waschkufe dient jedenfalls als Spülbottich. Hier wird auch laufend Frischwasser zugesetzt. Im Gegenstromprinzip durchläuft die Flotte den gesamten Leviathan. Die Temperaturen in den Bädern betragen bei Merinos höchstens 50° C, bei Kreuzzuchtwollen bis 60° C. Näheres über das Waschen von Rohwolle vgl. S. 406.

Zum Teil geht der Wäsche noch ein Auslaugen mit kaltem Wasser im sog. „Malard“ voraus. Die dadurch gewonnene Schweißlauge enthält erhebliche Mengen Salz, vor allem Pottasche und Kaliumsalze organischer Säuren, die durch Eindampfen und Kalzinieren in eine rohe Pottasche übergeführt werden können. Solche Lauge besitzt ein hervorragendes Emulgier- und Dispergiervermögen und läßt sich gut zum Vorwaschen von Wolle verwenden.

[1] Siehe S. 390, Anm. 1.

[2] „Locken“ nennt man diejenigen Wollen von Kopf und Beinen, die mit dem Vlies nicht mehr in Zusammenhang stehen. Sie sind meist stärker verstaubt und verschmutzt und in ihrer Widerstandsfähigkeit herabgesetzt.

Stark kalkhaltige Wollen, wie geäscherte Hautwollen, erfahren häufig eine gesonderte Behandlung. Sie werden zunächst durch einen Klopfwolf mechanisch von lose anhaftendem Staub befreit und dann in ein Säurebad gebracht, das den Kalk aus der Faser herauslöst. Es werden lauwarme Bäder mit einer Säurekonzentration bis zu 10 g HCl im Liter angewandt. Darnach muß sehr gründlich bis zur Säurefreiheit gespült werden; zur Überwachung benutzt man Lackmuspapier oder ähnliche Reagentien. Man arbeitet meist in ovalen Spülmaschinen, die natürlich aus säurebeständigem Material bestehen müssen.

Beim Waschen verliert die Rohwolle erheblich an Gewicht. Der Gewichtsverlust drückt sich im sog. Rendement aus. Dieses gibt an, wieviel Prozent an gewaschener Wolle die Rohwolle ergibt. Der Preis einer Rohwolle richtet sich daher stark nach dem voraussichtlichen Rendement, das von Wollkaufleuten sehr sicher geschätzt wird. In der Tabelle 38 sind für einige Wollarten die Grenzen angegeben, in denen normalerweise die Rendements schwanken.

Tabelle 38. Rendement verschiedener Wollsorten.

| Wollart | Rendement in Prozent |
|---|---|
| Merino-Wollen: | |
| Australische Vliese (Sydney) | 50—64 |
| „ „ (West-Australien) | 40—48 |
| Cap-Vliese | 40—52 |
| Mazamet-Wolle | 68—80 |
| Deutsche, spanische, ungarische, französische Wolle | 32—42 |
| Kreuzzucht-Wollen: | |
| Buenos-Aires-Wolle, C-Qualität | 48—60 |
| „ „ „ , D- „ | 50—64 |
| „ „ „ , E- „ | 60—70 |
| Montevideo-Wolle, C-Qualität | 55—66 |
| „ „ , D- „ | 60—72 |
| „ „ , E- „ | 62—72 |
| Deutsche Schweißwolle | 40—55 |
| Türkische Wolle | 36—45 |
| Chinesische Wolle | 38—50 |

Das Trocknen der gewaschenen Wolle geschieht im großen ebenfalls fortlaufend in dampfgeheizten Apparaten, die das Material auf endlosen Siebbändern im Zickzack von oben nach unten durchläuft, während kräftige Ventilatoren warme Luft von unten nach oben durch die dünnen Schichten des losen Gutes befördern (vgl. auch S. 408).

Die nun folgende Verarbeitung ist verschieden, je nachdem, ob nach dem einen oder anderen Spinnverfahren gearbeitet wird.

Kammgarnverfahren. Hier wird die lose Wolle, nachdem sie mit etwas pflanzlichem Öl zur Verminderung der Reibung auf den Arbeitsorganen der Maschinen „geschmälzt“ worden ist, den Krempeln vorgelegt, auf denen die einzelnen Fasern, die noch stapelweise zusammenhängen und etwas verfilzt sind, voneinander getrennt werden. Gleichzeitig erhalten sie ungefähr parallele Lage. Die letzte Walze der Krempel verläßt die Wolle in Form eines Flors, der zu einem endlosen Bande zusammengefaßt wird. Die Krempel entfernt ferner grobe Verunreinigungen, insbesondere die meisten der unangenehmen Kletten, durch besonders eingebaute Vorrichtungen. Zur weiteren Parallelisierung der Fasern und zur Herstellung eines möglichst gleichmäßigen Bandes durchläuft die Wolle jetzt mehrere Vorstrecken. Im Anschluß daran erfolgt das Kämmen, wobei alle kurzen Fasern, Noppen[1] und noch vorhandene kleine Unreinheiten als Kämmling entfernt werden. Das so erhaltene saubere Band heißt Kammzug; es wird nun noch mehrfach verstreckt (Nachstrecken). Darnach müssen Reste von Schmutz sowie das zugesetzte Fett der Schmälze entfernt werden. Dies geschieht beim Durchlaufen eines Seifen- und eines Spülbades. Das feuchte Band wird auf sog. Plätten mit Hilfe heißer Walzen getrocknet, und zwar unter Spannung, wenn es sich um stärker gekräuseltes Material handelt. Gröbere und schlichte Wollen werden auf ähnlichen Apparaten ohne Spannung getrocknet. Nach nochmaligem Verstrecken auf dem Fein-Gill ist die Kammzugspule fertig und damit die Arbeit der Kämmerei beendet.

In der Spinnerei durchläuft der Kammzug zunächst die Vorspinnerei, wo das verhältnismäßig dicke Kammzugband auf Nadelstabstrecken und Nadelwalzenstrecken immer weiter ausgezogen wird. Es nimmt allmählich Fadenform an (Vorgarn) und muß nun, um der Zugbeanspruchung auf den Maschinen gewachsen zu sein, etwas verfestigt werden. Dies geschieht bei den meisten Wollen durch das Nitscheln, wobei der Faden zwischen umlaufenden Ledern hin- und hergerollt wird und auf diese Weise einen sog. „falschen Draht" erhält. Bei groben, ungekräuselten Wollen wird dem Vorgarn zum Teil auch auf Flügelspinnmaschinen ein echter Draht, d. h. eine wirkliche Drehung, gegeben. In der Feinspinnerei wird das Vorgarn dann entweder auf Selfaktoren (Wagenspinnern), auf Ringspinnmaschinen oder Flügelspinnmaschinen zum fertigen Garn verarbeitet.

Streichgarnverfahren. Die gewaschene Wolle wird zunächst je nach dem herzustellenden Garn mit Reißwolle (Altwolle), Kämmlingen, Abgängen usw. gemischt und dann auf dem Wolf oder Krempelwolf, unter Umständen nach Entstauben mit einem Klopfwolf (vor allem bei kalkhaltiger Hautwolle), vorgeöffnet. Anschließend geht das Material auf Krempeln, die es weiter öffnen und zu einem feinen Flor ausbreiten; durch besondere Einrichtungen werden auch hier die Kletten entfernt. Auf der zweiten oder dritten Krempel wird der Flor durch endlose, sich kreuzende Riemchen in Streifen geteilt, die unmittelbar darnach durch die „Nitschelhosen" laufen; das sind endlose Leder, die um zwei Walzen laufen und gleichzeitig eine hin- und hergehende Bewegung ausführen. Der Florstreifen wird dadurch gerollt und gerundet und unmittelbar in ein Garn (Vorgarn) übergeführt. Gegenüber dem Kammgarnverfahren gelangt man also hier mit viel weniger Arbeitsgängen zu einem Faden. Das Feinspinnen geschieht dann vorwiegend auf Wagenspinnern.

Als nächste große Fabrikationsstufe folgt das Weben bzw. Wirken, wobei aus dem Garn das Stück entsteht. Das Prinzip der Herstellung von Flächen aus dem Faden ist allgemein bekannt.

Um ein Gewebe gebrauchsfertig zu machen, muß es normalerweise noch ausgerüstet, man sagt: veredelt werden. Dem dient das Bleichen, das Färben und Drucken. Das endgültige Aussehen erhält ein Wollgewebe durch die sog. Appretur, vor der es nochmals gründlich gewaschen wird. Streichgarnwaren werden gewalkt, um durch Verfilzen der Faser ein gleichmäßiges Gefüge zu schaffen, dann gerauht, um eine wollige Decke auf der Ware zu erzeugen. Schließlich wird unter Spannung getrocknet, gepreßt und dekatiert. Bei Kammgarnstoffen fällt das Walken und meist auch das Rauhen fort.

Herstellung von Filzen. Hierbei spielt Schafwolle ebenfalls eine wesentliche Rolle. Vom Haar ausgehend, gelangt man hier unmittelbar zum flächigen Gebilde, indem man das Filzvermögen des tierischen Haares ausnutzt. Auf

[1] Unter Noppen versteht man kleine Knötchen und Verschlingungen einzelner Fasern, wie sie beim Waschen und nachfolgenden maschinellen Bearbeiten entstehen.

Maschinen, die den Krempeln ähneln, wird aus den Haaren das sog. „Fach" hergestellt, das, wie eine Watte, die Fasern ungeordnet und locker enthält. Das Verdichten geschieht auf der Filzmaschine und in der Walke, wo die Haare durch Ineinanderwandern sich gegenseitig fest umklammern. In den Filzen ist meist nur ein Bruchteil frischer Schafwolle. Hier finden Reißwolle, Ziegen- und Kamelhaare, aber auch andere Tierhaare Verwendung (vgl. S. 345).

# IV. Hautwolle.

Die Wolle, die von den Fellen geschlachteter Schafe als Rohmaterial in die Textilindustrie gelangt, wird hier normalerweise von reiner Schurwolle getrennt gehalten und besonders bezeichnet. Während für alle anderen Rohwollarten klare Begriffe vorhanden sind (vgl. S. 378), fehlt es bei der hier zu behandelnden Rohwollart an einer einheitlichen Bezeichnung. In der Praxis wie in der Literatur begegnet man den verschiedensten Namen. Es liegt das offenbar daran, daß man je nach der Gewinnungsart der Wolle gern gesonderte Namen benutzt. Diese sind aber zum Teil so wenig bezeichnend, daß sie ebensogut für mehrere Gewinnungsverfahren verwandt werden können, wie z. B. Gerberwolle oder Kalkwolle. Man findet folgende Bezeichnungen: Blut-, Fell-, Gerber-, Haut-, Kalk-, Pelz-, Rauf-, Schab- und Schlachtwolle[1,2]. Am häufigsten kommen die Namen „Gerberwolle" und „Hautwolle" vor, ohne daß jedoch die Begriffe hierfür eindeutig wären. In dem bekannten Buch von Frölich-Spöttel-Tänzer (S. 147) wird z. B. die Wolle, die vom Fell abgeschoren worden ist, als Haut- oder Fellwolle bezeichnet, während sie Gerberwolle genannt wird, wenn sie mit Kalk oder Schwefelnatrium entfernt worden ist. Demgegenüber definiert z. B. R. Sellentin (S. 45) als Gerberwolle die durch Äschern entfernte Wolle, während mit Hautwolle die abgeschwitzte und abgeschwödete Wolle bezeichnet wird. Diese Definition entspricht der in der Praxis heute bevorzugten Ausdrucksweise. Da jedoch die Kenntnis über die verschiedenen Gewinnungsverfahren in der Textilindustrie sehr wenig verbreitet ist und man auch über den Einfluß der Gewinnungsverfahren auf die Qualität schlecht unterrichtet ist, werden die Begriffe durcheinandergeworfen. Es wäre deshalb am zweckmäßigsten und klarsten, wenn man den Begriff „Hautwolle" als Oberbegriff für alle vom geschlachteten Schaf gewonnene Wolle anwendete und dann jeweils die Gewinnungsart beifügte, also geäscherte, geschwödete, geschwitzte oder geschorene Hautwolle. Die Anwendung des Begriffs „Gerberwolle" auch auf die mit schonenden Verfahren erhaltene Wolle dürfte viel zu der ungünstigen Beurteilung aller aus Gerbereien stammenden Wollen beigetragen haben.

## 1. Allgemeines über die Eigenschaften von Hautwolle.

In der Unkostenrechnung jeder Schaffellgerberei spielt der Verkaufspreis der angefallenen Wolle eine erhebliche Rolle. Dies wird dort um so stärker der Fall sein, wo ein verhältnismäßig billiges Schafleder, z. B. Futterleder, gewonnen wird. Anstrengungen, recht gute Wolle zu gewinnen, werden dauernd gemacht und führen auch zu Erfolgen. Trotzdem bleibt — und das ist wohl vielfach enttäuschend — der erzielte Gewinn im allgemeinen noch erheblich hinter den Preisen für Rohwolle zurück[3]. Worin dies begründet liegt, worin sich ganz all-

[1] Nach Behnsen-Genzmer erscheinen in neuerer Zeit besser gewaschene Hautwollen sogar als „Scoured-Wolle" auf dem Markt.

[2] In Australien heißen die Hautwollen „slipes", in Argentinien „frigorificos".

[3] Für Deutschland gelten zur Zeit besondere Bedingungen, da die Preise für im Inland anfallende Hautwolle durch Verordnungen geregelt sind.

gemein Hautwolle von Schurwolle unterscheidet, soll im folgenden erörtert werden.

Wie im einleitenden Kapitel über Wolle betont worden ist, betrachtet der Wollspinner als eine der wichtigsten Eigenschaften seines Rohmaterials die Ausgeglichenheit der Wolle, weil davon die Garnqualität in hohem Maße abhängig ist (vgl. S. 380). Diesem Wunsche der Verarbeiter tragen die Züchter durch sorgfältige Zuchtwahl und teilweise durch eine Vorsortierung beim Scheren weitgehend Rechnung. Ferner kommt stets nur Wolle gleichartiger Tiere, die unter gleichen Bedingungen gelebt haben, als ein Block zum Verkauf. Diese Blocks haben oft gewichtsmäßig einen außerordentlichen Umfang und gestatten dann dem Fabrikanten, große Warenmengen aus ganz gleichem Material herzustellen. Beim Anfall von Hautwolle liegen die Voraussetzungen für ein gleichmäßiges Material viel ungünstiger. In die Schlachthöfe gelangen Tiere aus verschiedenen Gegenden mit zum Teil verschiedenem Klima. Sie sind unter verschiedenen Bedingungen aufgewachsen und haben anderen Boden und andere Weide gehabt. Alle diese Faktoren sind von Einfluß auf die Qualität der Wolle. Es ist klar, daß beim Entwollen trotz Sortierung keine so gleichmäßigen Lose entstehen können wie bei der Schur großer Herden. Was die Länge betrifft, so muß man bedenken, daß das ganze Jahr über geschlachtet wird, daß aber nur ein- oder zweimal geschoren wird. Daher kommen nach der Schur ganz kurze Wollen zum Enthaaren, und erst vor der Schur erreichen sie die Länge der normalen Wolle. Ehe also die Wolle in die Gerberei kommt, wohnen ihr schon gewisse Nachteile inne, auf die der Gerber nur noch wenig Einfluß haben kann. Noch verhältnismäßig günstig schneiden die großen Schlachthäuser in Übersee ab, da sie sehr viele Tiere schlachten und bei guter Sortierung ziemlich gleichmäßige Wollen abliefern können (vgl. auch S. 402).

Manchmal macht man der in Gerbereien gewonnenen Hautwolle den Vorwurf, sie sei „tot", da sie vom toten Tier gewonnen wird. Bedenkt man, daß das Haar des lebenden Tieres gefäßlos ist und mit dem Organismus nicht mehr in unmittelbarer Beziehung steht, so erscheint dieser Einwand gegenstandslos. Tatsächlich ist bisher noch nicht nachgewiesen worden, daß nach dem Tod des Tieres Veränderungen im Haar auftreten, die sich technologisch auswirken könnten.

Während des Lagerns der Felle in den Schlachthäusern und Speichern erleidet die Wolle unter Umständen auch ungünstige Veränderungen. Abgesehen von Schäden durch Motten und Käfer kommt gelegentlich eine Rot- bis Braunfärbung der Faser vor. Gefärbt sind immer nur Teile der Fasern, meist die mittleren Partien. Der Farbstoff haftet außerordentlich fest auf der Faser und ist durch Waschen und Bleichen nicht zu entfernen. Der Schaden kann so schlimm sein, daß die gesamte Wolle im gewaschenen Zustand einen roten Schein erhält. Die Ursache ist das besonders im Ausland zur Konservierung von Schaffellen viel benutzte Naphthalin (P. Huc). Huc macht dafür die Verunreinigungen des Rohnaphthalins, die als ein- und mehrwertige Phenole in ammoniakalischem Medium oxydiert werden und in sehr beständige Farbstoffe übergehen, verantwortlich. Versuche des Kaiser Wilhelm-Instituts für Lederforschung ergaben auch mit Reinnaphthalin gleichstark braunrot gefärbte Wolle, so daß das Naphthalin selbst als Ursache in Frage kommt (W. Graßmann und W. Hausam). Für diesen Schaden ist der Gerber auch nicht verantwortlich zu machen.

Im Gerberei- bzw. Entwollungsbetrieb erwachsen der Wolle noch weitere Nachteile. Diejenigen, die auf die Enthaarungsmethode zurückzuführen sind, wurden bereits oben besprochen. Da alle Methoden (mit Ausnahme des Scherens) ein Weichen der Felle bedingen, kommt alle diese Wolle nicht mehr mit dem dem Wollfachmann vertrauten, für Schurwolle typischen Griff und Aussehen in den Handel. Durch das Hantieren im Weichwasser ist die Wolle nicht mehr so offen wie im ursprünglichen Zustand. Auch der Geruch ist nicht mehr der übliche und meist etwas dumpf. Für den Kammgarnspinner besonders wichtig ist, daß sich Hautwollen nur noch schlecht oder gar nicht mehr sortieren lassen. Gut und weitgehend sortieren läßt sich eine Wolle nur dann, wenn sie noch im Vlies zusammenhängt oder wenn zumindest die Stapel noch so erhalten sind, wie sie auf dem Tier gewachsen waren. Dieser Mangel der Hautwollen, den die unterschiedliche Herkunft der Felle noch vergrößert, läßt sich aber erheblich vermindern, wenn beim Entwollen sortiert wird (vgl. z. B. S. 390). Leider läßt sich dies nicht durch einfache Anweisungen der Arbeiter erreichen, denn Wollesortieren setzt eine mehrjährige Einarbeitungszeit voraus, da Auge und Hand ganz gründlich zur Erfassung der geringen Unterschiede geschult werden müssen. Immerhin ist es, wie viele Beispiele zeigen, doch möglich, Wollen von verhältnismäßig einheitlichem Typ abzuliefern. Hier wird derjenige, der bei einer oder wenigen Schaffellprovenienzen bleiben kann, stets im Vorteil sein.

Im Laufe der maschinellen Verarbeitung der Hautwolle und deren Fertigstellung zum Stück treten ebenfalls Verschiedenheiten gegenüber normaler Schurwolle auf. Beim Waschen von Hautwolle wird stets mehr Waschmittel verbraucht als bei Schurwolle. Dies gilt nicht nur für eine geäscherte Wolle, bei der durch Kalkseifenbildung Seifenverluste entstehen und die Waschflotte durch den suspendierten Kalk stark verschmutzt wird. Auch die geschwödete Wolle hat an Waschfähigkeit eingebüßt, da ihr durch die Weiche der Schweiß entzogen wird, der das Waschen bekanntlich außerordentlich unterstützt. Dasselbe tritt auf bei Hautwollen, die schon in der Gerberei gewaschen worden sind. Diese müssen für Kammgarne fast regelmäßig in der Kämmerei noch ein zweites Mal gewaschen werden, da der erforderliche Reinheitsgrad und niedrige Fettgehalt (höchstens 0,75% Fett) nur selten vorhanden ist. Diese restlichen Verunreinigungen lassen sich nachträglich wesentlich schwerer und nur unter Aufwand von mehr Waschmittel und unter Umständen bei höheren Temperaturen entfernen, als es bei der ersten Wäsche möglich gewesen wäre. Eine zweite Wäsche wird aber auch deshalb nicht begrüßt, weil dadurch die beim Waschen unvermeidliche Verwirrung der Einzelfasern und Stapel sowie die Noppenbildung verstärkt wird. Das verursacht eine erschwerte Öffnung auf der Krempel und dadurch mehr Faserbrüche. Bei der Kammgarnverarbeitung drückt sich dies durch eine Erhöhung des Kämmlingsprozentsatzes aus, bei der Verarbeitung auf Streichgarn durch verminderte Festigkeit des Garns.

Bei ungewaschener geschwödeter oder geschwitzter Hautwolle treten im Laufe der weiteren maschinellen Bearbeitung keine wesentlichen Unterschiede gegenüber Schurwolle mehr auf. In der Kämmerei und Kammgarnspinnerei kann man sogar von einer gewissen Überlegenheit der Hautwollen sprechen. Diese neigen im allgemeinen weniger zur Noppenbildung und ergeben geringere Romaine[1] als Schurwollen. Der Grund hierfür ist darin zu suchen, daß, wie beim Abscheren vom Fell (vgl. S. 397), auch beim Scheren des lebenden Tieres manche Haare zweimal durchgeschnitten werden, wenn beim ersten Schnitt die Schere bzw. der Scherapparat nicht tief genug gefaßt hat, oder beim wiederholten Bearbeiten einer schon geschorenen Stelle („Unterschnitte"). Die kurzen Fasern wandern in den Kämmling, vergrößern so den minderwertigen Anteil einer Kammpartie und verschlechtern auch den Stapel des Kammzugs.

Sehr gefürchtet wird vom Wollverarbeiter, daß Rohwolle aus der Gerberei

[1] Unter Romaine versteht man das bei der Abrechnung in der Kämmerei ermittelte Verhältnis von entstandener Kämmlingsmenge zur Gesamtmenge von Kammzug + Kämmling.

beim Färben Schwierigkeiten machen kann. Es ist eine bekannte Tatsache, daß eine durch alkalische Schädigung veränderte Wolle eine wesentlich andere Affinität zu Farbstoffen hat. Dies drückt sich dadurch aus, daß solche Wolle im gleichen Farbbad anders, meist tiefer gefärbt wird als ungeschädigtes Material. Die Folge davon ist bei Waren, die einen größeren Prozentsatz solchen Rohstoffs enthalten, eine ungleichmäßige Färbung und ein unruhiges Warenbild. Dies kann bei Verwendung von geäscherter Wolle in starkem Maße eintreten, worauf auf S. 400 näher hingewiesen wird. Bei geschwödeter Hautwolle ist die Gefahr jedoch kaum vorhanden. Es lassen sich zwar, wenn man einen Bausch geschwödeter und gewaschener Hautwolle mit Säurefarbstoff anfärbt, die Stellen herausfinden, die mit dem Schwödebrei in Berührung waren, da diese einen deutlich anderen Farbton aufweisen. Nach der Bearbeitung durch die Maschinen ist aber eine so gute Mischung vorhanden, daß der geringe Anteil anders gefärbter Fasern nicht mehr in Erscheinung tritt. Bei abgeschwitzter Wolle ist überhaupt keine unterschiedliche Anfärbbarkeit zu beobachten.

Aus dem Vorstehenden geht hervor, daß Hautwolle durch die Eigenart des Fellanfalls in den Schlachthöfen und auch je nach Gewinnungsweise Nachteile und auch Vorteile gegenüber Schurwolle in sich birgt. Es ist daher wichtig, daß der Handelsbrauch, Hautwolle als solche genau zu bezeichnen, eingehalten wird. Dadurch können dem Verarbeiter immerhin wichtige Fingerzeige gegeben werden. In der Praxis gibt es viele Zwecke, für die eine Schurwolle nicht besser geeignet sein kann als eine sorgfältig gewonnene Hautwolle.

## 2. Die Gewinnungsverfahren für Hautwolle.

Über die verschiedenen Arten der Enthaarung ist in erster Linie im Hinblick auf die Haut und deren Bearbeitung an anderer Stelle dieses Buches berichtet worden. Hier muß nochmals etwas näher darauf eingegangen werden, da es jetzt gilt, die Einflüsse der einzelnen Methoden auf die Eigenschaften der erzeugten Hautwolle zu beleuchten. Denn man richtet sich bei der Wahl der Äschermethode nicht allein nach dem Leder, das man erzeugen will, sondern mindestens im gleichen Maße nach der Wolle.

Es bestehen heute eine ganze Anzahl von Hautwollegewinnungsverfahren, die sich auf Grund praktischer Erfahrungen und systematischer Versuche herausgebildet haben. Man kann sie grundsätzlich in folgende Arten einteilen:

1. Gewinnung durch Abscheren,
2. Gewinnung durch Äschern,
3. Gewinnung durch Schwöden,
4. Gewinnung durch Schwitzen,
5. Gewinnung durch Behandeln mit biologischen Präparaten.

Bis auf das Abscheren werden heute alle Methoden betriebsmäßig durchgeführt, wenn auch in verschiedenem Maßstab.

## 3. Durch Scheren gewonnene Hautwolle.

Es liegt an sich nahe, das Fell des toten Schafes genau so von der Wolle zu befreien, wie es beim lebenden Tier nicht anders möglich ist, nämlich durch Abscheren. Gegenüber den anderen Arbeitsweisen hätte dies den Vorzug, daß die Wolle nicht mit chemisch wirkenden und Faser oder Haut angreifenden Stoffen in Berührung käme. Die Wolle behält ganz und gar den Charakter einer Schurwolle. Sie ist sogar bei entsprechender Länge der Wollhaare als zusammenhängendes Vlies gewinnbar und in diesem Falle in einem Zustand, der für eine gute

Sortierung der Wolle wichtig ist. Auch braucht beim Scheren die Wolle nicht der Weiche ausgesetzt zu werden, was zeitsparend wäre und auch der Wolle zugute käme. Unkosten durch Chemikalien entstünden ebenfalls nicht. Auf der anderen Seite erfordert aber das Scheren der Felle — besonders bei trockenen Fellen, wo es sich überhaupt nur sehr schwer durchführen läßt — im Gegensatz zu anderen Entwollungsverfahren sehr viel Handarbeit. Für die Haut besteht aber ferner die Gefahr der Schädigung durch Schnitte, die schon beim lebenden Tier nicht selten vorkommen. Gegen das Scheren spricht jedoch vor allem die Tatsache, daß man mit der Schere die Haare nicht vollständig entfernen kann, so daß die Häute auf alle Fälle noch einen Äscher erhalten müssen. Dieser auf dem Fell stehengebliebene Teil der Wolle, der immerhin 5 bis 10 mm Haarlänge beträgt, geht dann restlos verloren. E. Franz und M. Hardtmann stellten bei Vergleichen zwischen Scheren, Schwöden und Schwitzen fest, daß die mittlere Faserlänge der abgeschorenen Wolle 8 bis 9 mm geringer war als bei der abgeschwitzten und der abgeschwödeten Wolle. Sie stellten ferner fest, daß eine abgeschorene Wolle mehr Kämmling macht als geschwödete oder geschwitzte. Das ergibt sich aus dem Schervorgang, bei dem ein Teil der Haare zweimal geschnitten wird, und zwar dann, wenn der erste Schnitt nicht tief genug gesessen hat. Durch diese Unterschnitte sind in der abgeschorenen Wolle mehr kurze Fasern vorhanden. Man erhält also, sorgfältige Arbeit vorausgesetzt, bei den Methoden, die das Haar samt Wurzel oder kurz über der Wurzel entfernen, auf alle Fälle eine größere Ausbeute an Wolle.

Das Abscheren der Häute wird daher mit Recht wenig ausgeübt[1]. Auch das Abbrennen mit einem glühenden Draht ist, zumindest in Deutschland, nicht üblich.

## 4. Durch Äschern gewonnene Hautwolle.

Behandelt man Schaffelle zur Entfernung des Haarpelzes genau so wie die anderen tierischen Häute, indem man sie vollständig in eine Äscherbrühe einlegt, so erzielt man zwar bequem und mit wenig Handarbeit, also auch billig, eine gute Haarlässigkeit. Die Wolle läßt sich nach zwei bis drei Tagen genau so wie Rinder- oder Kälberhaare von der Haut entfernen. In vielen Fällen verbleiben aber die Felle darüber hinaus noch längere Zeit im Äscher, damit die Haut selbst den gewünschten Grad alkalischer Schwellung erreicht und, ohne daß ein Nachäscher wie beim Schwöden und Schwitzen nötig wäre, zur Weiterverarbeitung fertig ist.

Neben dem Schwimmäscher, der sich nur für Felle mit kurzer Wolle eignet, hat sich für langwollige Felle vor allem in der Handschuhindustrie der sog. Setzäscher erhalten. Bei diesem Verfahren werden die langwolligen geweichten Felle, da sie leichter als Wasser sind und auf dem Äscher schwimmen, auf der Fleischseite mit einem Schwödebrei bestrichen, der sich meist aus Kalk und Schwefelnatrium zusammensetzt. Die längs der Rückenlinie zusammengeklappten Felle werden in einer leeren Äschergrube versetzt und in geeigneter Weise beschwert, worauf die Gruben erst mit Wasser oder mit Kalkmilch abgetränkt werden. Im Setzäscher verbleiben die Schaffelle meist ein bis zwei Wochen.

In beiden Fällen wird aber der Gerber am eigenen Geldbeutel erkennen müssen, daß eine derartige Behandlungsweise den Wert der anfallenden Wolle sehr weit herabsetzt. Und da der Erlös aus gut erhaltenen Wollen eine erhebliche Einnahme für den Schaffellgerber bedeutet, ist man immer mehr davon abgekommen, Schaffelle durch Äschern zu enthaaren.

---

[1] In Deutschland ist das Scheren der Schafe vor dem Schlachten sowie das Abscheren der Felle neuerdings aus volkswirtschaftlichen Gründen verboten.

Wie im Kapitel „Chemisches Verhalten“ (S. 371) näher beschrieben wurde, ist die Aufbausubstanz aller tierischen Haare empfindlich gegenüber Alkali und wegen der im Keratin vorhandenen Cystingruppierung ganz besonders wenig widerstandsfähig gegenüber Lösungen, die OH- und SH-Ionen enthalten. Nun besteht der Schwimmäscher aus einer gesättigten Lösung von Ätzkalk, der man als Anschärfungsmittel noch Schwefelnatrium oder Arsensulfid zusetzt. Eine ähnliche Zusammensetzung weist nach einiger Zeit auch die Flüssigkeit im Setzäscher auf, da aus dem Schwödebrei Calciumhydroxyd und Schwefelnatrium herausgelöst werden. Es ist also klar, daß hier während des Äscherns nicht nur das Ziel, nämlich Zersetzung und Auflösung des Wurzelscheidenkeratins bzw. der haltgebenden Zellen im Haarbalg, erreicht wird, sondern daß darüber hinaus der gesamte Haarschaft einem kräftigen Angriff der hohen OH- und SH-Ionenkonzentration unterliegen muß. Bei Gegenwart von Natriumsulfid im Äscher findet nach G. D. McLaughlin und G. R. Theis schon dann eine Schädigung statt, wenn der Gehalt an $Na_2S$ 0,2% vom Hautgewicht übersteigt. Zum Anschärfen wird aber normalerweise noch erheblich mehr Schwefelnatrium verwendet. Die Veränderung, die die Wolle dabei erleidet, ist zunächst äußerlich durch eine Verkrustung mit Kalk erkennbar. Geäscherte Wollen enthalten bis zu 15% Kalk! Die einzelne Faser läßt vielfach keine Schuppenzeichnung mehr erkennen, zeigt vielmehr auf der Oberfläche zahlreiche Löcher in der Cuticula und Ablagerung von Kalk (Abb. 155). Solche Wollpartien stauben infolgedessen bei der Verarbeitung sehr stark. Harter und spröder Griff, totes, lebloses Aussehen und starker Rückgang aller wertvollen technologischen Eigenschaften der Wolle, wie Reißfestigkeit, Dehnung, Elastizität, Bauschigkeit u. a. m. sind weitere Folgen des Äscherns. In welchem Maße sich die Verschlechterung der physikalischen Eigenschaften auswirkt, zeigt die Tabelle 39. Eine erhebliche Schädigung durch den Äscher haben auch S. W. Ssadikow und L. Lewinson durch Bestimmung des Cystingehalts verschieden lange geäscherter Wolle festgestellt (Tabelle 40). (Es ist bekannt, daß die Abnahme des Schwefel- und des Cystingehalts von Wolle, die dem Einfluß alkalischer Bäder unterliegt, parallel mit einer Abnahme der wertvollen technologischen Eigenschaften geht.) Die Durchtränkung der gesamten Faser mit der Äscherbrühe ruft durch die dabei stattfindende reduktive Aufspaltung des Keratins auch Änderungen im chemischen und adsorptiven Verhalten der Faser hervor, so daß auch bei der Ausrüstung, wie Netzen, Färben, Drucken, Imprägnieren usw., große Unterschiede gegenüber normaler Schurwolle auftreten.

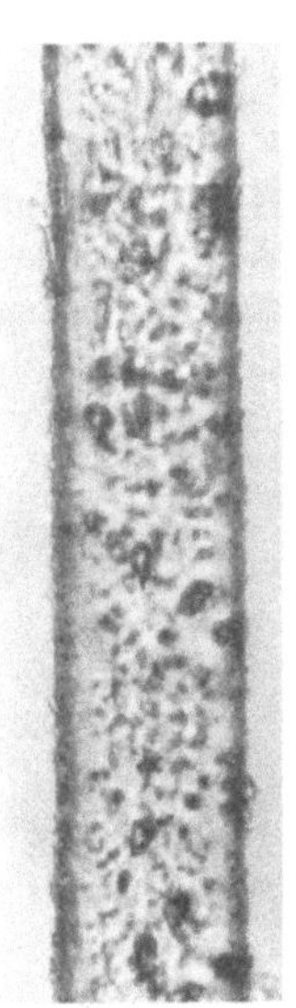
Abb. 155. Geäscherte Wolle (Gerberwolle).

Tabelle 39. Abnahme der Einzelfaserfestigkeit von Wolle beim Äschern (nach Versuchen des Verfassers[1]).

| | Bruchlast trocken | Dehnung trocken |
|---|---|---|
| Unbehandelte Faser | 7,4 g | 42,6% |
| Zwei Tage geäschert mit Kalk-Schwefelnatrium | 6,5 „ | 42,8% |
| Nicht geäscherte Fasern nach dem Färben | 8,2 „ | 46,0% |
| Geäscherte Fasern nach dem Färben | 5,8 „ | 37,9% |

[1] Ausgeführt im Laboratorium der Leipziger Wollkämmerei.

Tabelle 40. Abnahme des Cystingehalts von Wolle beim Äschern (nach Ssadikow und Lewinson).

| Art der Behandlung | Behandlungsdauer bei 20° Tage | Cystin in der Trockensubstanz in Prozent | Cystinverlust in Prozent |
|---|---|---|---|
| Unbehandelt | — | 11,8 | — |
| Reiner Kalkäscher | 1 | 8,0—8,1 | 31,8 |
| | 3 | 7,5—7,6 | 36,0 |
| | 5 | 7,1—7,0 | 40,0 |
| | 8 | 6,8—6,95 | 41,0 |
| | 30 | 4,5—4,1 | 63,6 |
| | 60 | 3,2—3,0 | 73,8 |
| Schwefelnatrium-Äscher 1%ig | 8 | 3,9 | 67,0 |

Mischt man bei der Fabrikation, wie es bei der Verwendung von geäscherter Hautwolle immer geschieht, mit normaler Schweißwolle, so treten in der fertigen Ware sehr leicht Flecken, Streifen und Farbtonverschiedenheiten auf, die sich aus der größeren Affinität der alkalisch behandelten Wolle gegenüber Farbstoffen und Textilhilfsmitteln erklären. Solche Fehler sind dann nicht oder kaum wieder gutzumachen und führen zu langwierigen Reklamationen und unter Umständen zu großen Verlusten für den Fabrikanten. Die Abb. 156 zeigt, wie verschieden eine normale und eine geäscherte Wolle unter gleichen Bedingungen Farbstoff aufnehmen. Es handelt sich um zwei Filze aus derselben Wolle. Die Fasern für den linken Filz blieben unbehandelt, während die Wolle für das rechte Stück zwei Tage lang in einer normalen Äscherbrühe lag.

Abb. 156. Unterschiedliches Anfärbevermögen normaler und geäscherter Wolle für einen sauren (blauen) Farbstoff (nach Versuchen des Verfassers).

Die schlechten Eigenschaften solcher „Gerberwollen", wie die geäscherten Wollen heute meist heißen, haben wohl die Abneigung der Wollindustrie gegen alle aus Gerbereien stammenden Wollen verursacht. Von jeder Wolle, die vom Fell gewonnen wurde, fürchtet man bei der Verarbeitung Schwierigkeiten, die um so schlimmer sind, je später im Gang der Fabrikation der Fehler auftritt. Es liegt daher sowohl im Interesse der Gerberei- wie der Wollindustrie, daß aus der Bezeichnung einer Hautwolle ihre Gewinnungsweise hervorgeht und daß der Verarbeiter darüber im klaren ist, welchen Einfluß das jeweilige Gewinnungsverfahren auf die Wolle hat.

Trotz der ganz außerordentlich schlechten Eigenschaften der geäscherten Wolle und des niedrigen Preises, der dafür erzielt wird, hat sich das Äschern bei Schaffellen bis heute erhalten. Wenn man vielleicht auch nicht Felle mit hochwertigen Merinowollen in die Gruben legt, so äschert man an vielen Stellen, besonders in der Handschuhlederindustrie, doch noch in großem Maßstab. Als Grund für diese gewiß unrationelle Arbeitsweise wird angegeben, daß anders enthaarte Felle für den besonderen Zweck kein so geeignetes Leder ergäben wie die im Haarkleid geäscherten. Nähere Begründungen für diese Behauptung fehlen. Es steht aber fest, daß man auch mit geschwödeten Schaffellen ein tadelloses Handschuhleder erzeugen kann. Bei der deutschen Rohstofflage bedeutet das Einbringen der Schafwolle in den Äscher eine starke Wertminderung eines wichtigen Textilrohstoffs und damit eine Vergeudung von Volksvermögen.

## 5. Durch Schwöden gewonnene Hautwolle.

In den meisten Fällen, in denen der Gerber Wert darauf legt, beim Entwollen ein gut verwertbares Haar zu erzielen, greift er zum Schwödeverfahren. Diese Art der Haarentfernung bringt zwar mehr Handarbeit mit sich als das normale Äschern, da jedes einzelne Fell mit dem Schwödebrei bestrichen werden muß. Aber das Haar, insbesondere die Wolle, behält doch so viel von ihren ursprünglichen günstigen Eigenschaften, daß der vergrößerte Arbeitsaufwand leicht entschädigt wird.

Beim Schwöden bedient man sich bekanntlich der Fähigkeit der tierischen Haut, wässerige Lösungen anorganischer Stoffe ziemlich schnell diffundieren zu lassen. Von der Fleischseite her gelangen die aktiven Ionen, hier besonders SH- und OH-Ionen, in die Haarbälge und damit an die Zellschichten, die zur Lockerung des Haares abgebaut werden müssen[1]. Beim Auftreffen auf die verhornten Teile der Haarwurzel setzt dann die oben (S. 373) geschilderte Reaktion des Keratins mit den reduzierenden Schwefelionen ein, die zu einer teilweisen Erweichung und Verflüssigung der Haarwurzel führen. (Näheres z. B. bei A. Küntzel.) Damit ist die Befestigung der Haare in der Haut gelöst, so daß sie sich leicht von Hand, unter Umständen auch maschinell, abstreifen lassen. Wichtig für die Beurteilung des Wertes geschwödeter Wolle ist, daß ein Weiterdiffundieren der alkalischen Sulfidlösung in die Haare selbst und damit eine Wertminderung auch des Haarteils, der oberhalb der Haut liegt, nicht stattfindet. Eine Schädigung am abgeschwödeten Haar ist nur insoweit festzustellen, als es in der Haut gesteckt hat. Zirka $^1/_2$ mm Faser am Wurzelende zeigt mit der Paulyschen Diazoreaktion eine starke Schädigung. Dieses Faserstück verschwindet aber beim Waschen und Trocknen (E. Franz und M. Hardtmann). Die nicht mit dem Schwödebrei in Berührung gekommenen Fasern zeigen keinerlei Schädigungen.

Geschwödete Hautwolle kommt in ihrem Charakter einer Schurwolle schon erheblich näher als geäscherte Wolle. Sie ist zwar in ihrem Griff verändert, da sie schon einmal im Wasser gelegen hat. Beim Weichen wird ein großer Teil des Schweißes und auch des Fettes entfernt, so daß sich geschwödete Wolle eher etwas trocken anfühlt. Sie ist mehr oder weniger offen und nicht spröde und hart. Charakteristisch sind Partikel von Kalk, die sich immer finden, da es sich auch bei sorgfältigem Arbeiten nicht ganz vermeiden läßt, daß der Schwödebrei mit Wolle in Berührung kommt. Diese Reste sitzen als Verklebungen in den Wollstapeln. Sie bestehen zum Teil aus Ätzkalk, der mehr oder weniger in Karbonat übergegangen ist. Sulfid ist nur noch selten enthalten, da dieses an der Luft zu

Tabelle 41. Kalkgehalt von abgeschwödeten Hautwollen (nach Versuchen des Verfassers[2]).

| Bezeichnung | % CaO |
|---|---|
| Südamerikanische Hautwolle . . | 2,3 |
| Buenos-Aires-Hautwolle . . . . | 0,9 |
| Halbausgewaschene Hautwolle . | 0,9 |
| Verschiedene Hautwolle . . . . | 1,1 |
| ,, ,, . . . . | 0,4 |
| ,, ,, . . . . | 0,2 |
| ,, ,, . . . . | 0,8 |
| ,, ,, . . . . | 1,2 |
| ,, ,, . . . . | 1,6 |
| ,, ,, . . . . | 1,5 |

[1] In Versuchen wurde nachgewiesen, daß von den wirksamen Ionen eines Schwödebreis nur die OH- und S-Ionen, nicht aber Calciumionen durch Schafhaut zu diffundieren vermögen (E. Franz und M. Hardtmann).

[2] Ausgeführt im Laboratorium der Leipziger Wollkämmerei.

unschädlichem Sulfit und Sulfat oxydiert wird. Die Mengen Kalk, die sich finden, gehen aus Tabelle 41 hervor.

Die Fasern, die mit dem Schwödebrei in Berührung gewesen waren, sind vollkommen morsch. Sie dürften, da sie stark verringerte Festigkeit haben, bei der Verarbeitung zum guten Teil in den Abgang wandern. Immerhin ist ihr Anteil an der Gesamtmenge normalerweise nicht sehr hoch.

Da der Kalk in der Schwöde in der Hauptsache nur als Verdickungsmittel dient, während der wirksame Bestandteil das Schwefelnatrium ist, werden in einzelnen Betrieben zum Schwöden reine Schwefelnatriumlösungen verwendet, die eventuell in geeigneter Weise, wie z. B. durch Stärke, verdickt sind. Der Vorteil dieser Arbeitsweise liegt naturgemäß darin, daß die Wollen nicht durch Kalk verunreinigt werden. Zum anderen werden die reinen Schwefelnatriumschwöden von der Haut vollkommen aufgenommen, während bei einer Kalk-Schwefelnatrium-Schwöde eine dicke Paste aus Kalk auf der Fleischseite der Felle zurückbleibt, die beim Entwollen leicht Anlaß zur Verunreinigung der Wollen gibt. Wird dieser dicke Schwödebrei, um dieses unsaubere Arbeiten zu vermeiden, vor dem Entwollen der Felle durch Waschen entfernt, so muß man hierbei wiederum mit einer Verunreinigung der Wolle durch Kalk und damit mit einer Schädigung rechnen.

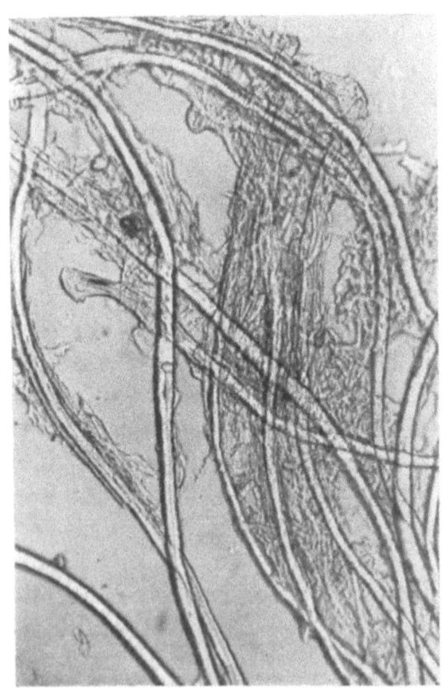

Abb. 157. Durch Hautreste verklebte Wurzelenden bei Mazametwolle.

Geschwödete Wollen zeigen ferner an ihren Wurzelenden meist eingetrocknete Reste von abgebauter Haut (entsprechend Abb. 157); die Fasern hängen dann an ihren Enden locker zusammen. Das ist jedoch nicht störend, da diese Reste in der Waschflotte leicht abgelöst werden. Unter dem Mikroskop findet man zahlreiche Haare, die an den Wurzelenden das früher im Haarbalg befindliche Stück noch erkennen lassen. Ebenso finden sich Reste der Haut und des Haarbalgs selbst.

In sehr großem Maßstab wird in den Schlachthäusern Südamerikas geschwödet. Aus einer näheren Beschreibung [Ungenannt (*1*)] geht hervor, daß die Schaffelle hier ähnlich wie es bei Mazametwolle beschrieben ist (S. 404), vor dem Schwöden auf der Haarseite maschinell gereinigt werden. Es wird sorgfältig sortiert, und zwar in fünf Gruppen nach der Feinheit und jede Gruppe wieder in fünf verschiedene Längenklassen. Geschwödet wird mit Kalk-Schwefelnatrium. Während des Entwollens wird nochmals nach Körpergegenden genau klassiert. Gewaschen wird offenbar nicht.

Soll eine wirklich gute Hautwolle durch Schwöden gewonnen werden, so erfordert die Arbeit in der Gerberei viel Aufmerksamkeit und Sorgfalt. Daß diese nicht immer angewandt werden, mag zum Teil daran liegen, daß die Wolle für manche Gerbereien immer noch ein Nebenprodukt darstellt, dessen Qualität den Gerber nicht so unmittelbar interessiert wie die des Leders. Eingehendere Beschäftigung mit der Wolle scheint aber doch zu lohnen, wie man an den stellenweise stark entwickelten Entwollungsbetrieben, wie in Kirchhain, sehen kann.

Die Konzentrierung dieser Arbeitsweise auf einige wenige Gegenden läßt erkennen, daß außer günstigen äußeren Umständen, wie vor allem genügend Wasser, besondere Erfahrungen wichtig sind. Diese erstrecken sich wohl nicht so sehr auf die Entwollung selbst wie auf die Kenntnis der Wolle und deren technologische Eigenschaften. Besonders wichtig ist die Fähigkeit, Wolle sortieren zu können[1]. Diese läßt sich jedoch nicht ohne weiteres und nebenher erlernen, sondern wird dort, wo es mit Erfolg geschieht, von Generation zu Generation weitergetragen. Unbedingt nötig ist, daß wenigstens die sog. Randwollen, die meist am stärksten mit Kalk oder Schwefelnatrium verschmutzt sind, von der Hauptmasse getrennt gehalten werden.

In Vliesen aus Übersee finden sich vielfach Stellen, an denen die Spitzen der Wollfasern durch schwarzes oder rotes Pech fest verkrustet sind. Diese Pechstellen, die bei der Verarbeitung außerordentlich stören, müssen ebenfalls beim Entwollen sorgfältig ausgelesen werden, da es kein Mittel gibt, das Pech beim Waschen zu entfernen.

## 6. Durch Schwitzen gewonnene Hautwolle.

Neben den Methoden, die Haare mit chemischen Mitteln vom Fell zu entfernen, sind auch Arbeitsweisen im Gebrauch, die sich biologischer Vorgänge bedienen, wie das Schwitzen. Es beruht bekanntlich darauf, gewisse Mikroorganismen zur Entwicklung zu bringen, die die Fähigkeit haben, mit Hilfe der von ihnen ausgeschiedenen Enzyme die Schleimschicht der Haut und damit die Haarbälge zu zerstören. Damit verlieren die Haare selbst ihren Halt in der Haut und können leicht entfernt werden. Derartige Kleinlebewesen sind auf jeder Haut vorhanden, so daß die Aufgabe des Gerbers nur darin besteht, die notwendigen Lebensbedingungen für sie zu schaffen und eine Zeitlang aufrecht zu erhalten. Da das Keratin gegenüber Fermenten im allgemeinen unempfindlich ist, bleiben die Haare bei dem Schwitzvorgang intakt, wenn der Prozeß nicht zu lange ausgedehnt wird. Die Bakterienarten, die auch Wolle mit Hilfe ihrer proteolytischen Enzyme anzugreifen vermögen, finden offenbar beim normalen Schwitzvorgang nicht die richtigen Lebensbedingungen, obwohl auch für sie schwach alkalische Feuchtigkeit sehr förderlich ist.

So einfach das Schwitzverfahren demnach aussieht, so schwierig ist es in der Praxis, die erforderlichen Bedingungen immer genau einzuhalten und zu einer Haut zu gelangen, bei der der Bakterienangriff sich auf den Abbau der Epidermis beschränkt hat. Die Gefahr, daß andere wertvolle Hautsubstanz, insbesondere der Narben, mitangegriffen wird, ist außerordentlich groß. Es fällt leicht eine Haut mit losem oder stippigem Narben an. Dann ist die Einbuße an gutem Leder meist größer als der Gewinn, der mit einer guten Hautwolle erzielbar ist. Es ist daher verständlich, wenn das Schwitzen von Häuten verhältnismäßig selten vorgenommen wird.

Eine Überlegenheit des Schwitzverfahrens über die anderen Enthaarungsmethoden bezüglich Qualität der Haare ist von F. Fein vor längerer Zeit mit Hilfe von Messungen an Kalbshaaren nachgewiesen worden. Nach seinen Beobachtungen gibt überhaupt nur geschwitztes Haar eine positive Allwördensche Reaktion (vgl. S. 375), so daß diese Reaktion ein Erkennungszeichen für geschwitztes Haar sei. Für Wolle gilt dies keinesfalls, da Verfasser feststellen

[1] Die „Vorläufige Regelung für die Preisgestaltung der Haut- und Gerberwollen“ (1937) sieht in jeder Feinheitsklasse eine Sortierung 1 und 2 vor, wobei unter Sortierung 1 eine lange, gut gepflegte Wolle, unter Sortierung 2 eine kurze, weniger gut gepflegte Wolle verstanden wird. Sortierung 2 ist im Preis etwa 10% niedriger als die Sortierung 1.

konnte, daß auch die geschwödeten Wollen mit Chlorwasser durchaus positiv reagieren. Wie sich geschwitzte Wolle gegenüber geschorener und geschwödeter verhält, haben E. Franz und M. Hardtmann gezeigt. Sie haben insbesondere die technologischen Eigenschaften von gleichen, nach den drei Verfahren gewonnenen Wollen geprüft. Dabei war die geschwitzte Wolle in wesentlichen Punkten überlegen, z. B. in der mittleren Länge, im Stapeldiagramm, in der Romaine; in anderen Eigenschaften, wie Feinheit, Festigkeit und Dehnung, Bauschelastizität, Affinität zu Farbstoffen sowie Fadenbruchzahl der Garne, war sie mit geschwödeter Wolle gleich. Für die mittlere Länge z. B. ergaben sich folgende Zahlen:

| | |
|---|---|
| abgeschoren . . . . . | 41,2 mm, |
| abgeschwödet . . . . | 48,5 und 47,7 mm, |
| abgeschwitzt . . . . . | 49,2 „ 50,5 „ . |

Man sieht daraus deutlich, daß beim Schwitzen die Fasern durchschnittlich noch etwas länger gewonnen werden, da hier auch der Teil des untersten Haarschafts erhalten bleibt, der beim Schwöden in der Haut sitzt und durch das Sulfid so leidet, daß er teils aufgelöst, teils bei der Weiterverarbeitung abgetrennt wird. Damit steigt nicht nur der Wert für den Verarbeiter, sondern auch das Gewicht für den Verkäufer der Hautwolle.

Mazametwolle. In großem Maßstab werden Schaffelle in Frankreich, und zwar besonders in der südfranzösischen Stadt Mazamet, durch Schwitzen entwollt. Aber auch im Wollzentrum Belgiens Verviers und in Tilburg (Holland) wird in Schwitzkammern gearbeitet. Mazametwolle ist ein fester Begriff und allen Wollfachleuten bekannt. Dies beruht einerseits auf den riesigen Mengen, die Mazamet produziert und auch ins Ausland verschickt, und andererseits auf der guten Qualität der dort gewonnenen Hautwolle. Die in Mazamet verarbeiteten Mengen an Schafwollen betrugen von 1922 bis 1931 34 bis 56 Millionen Kilogramm jährlich (M. Dubrau und H. Krawehl).

Die Gründe, warum Mazametwolle so gut bewertet wird, sind folgende: In den Entwollungsfabriken Mazamets wird bewußt der Hauptwert auf eine einwandfreie Wolle gelegt, während die anfallende Haut erst in zweiter Linie wichtig ist. Es herrschen also ganz andere Verhältnisse als z. B. in deutschen Schaffellgerbereien. Da fast die gesamte Wolle, wie die Tabelle 42 zeigt, aus schafzüchterisch sehr hochstehenden Ländern kommt, steht ein hervorragendes Rohmaterial zur Verfügung. Da auch die Mengen sehr groß sind, können die Entwollungsfabriken (délainages) sehr einheitliche Lose geschwitzter Wolle abgeben. Die Fabrikanten besitzen offenbar, im Gegensatz zum durchschnittlichen Schafledergerber, die erforderliche Fachkenntnis, um die Felle zur Gewinnung bestimmter Wolltypen auszusuchen. Sie stellen im allgemeinen Standardlose zusammen, die den Wollhändlern bemustert werden.

Tabelle 42. Ursprungsländer der in Mazamet verarbeiteten Schaffelle (nach M. Dubrau und H. Krawehl).

| | | |
|---|---|---|
| Südamerika . . . . . . | etwa | 50% |
| Australien . . . . . . . | „ | 20% |
| Südafrika . . . . . . . | „ | 8% |
| Nordafrika . . . . . . . | „ | 5% |
| Neuseeland . . . . . . | „ | 5% |
| Spanien . . . . . . . . | „ | 5% |
| Verschiedene . . . . . | „ | 7% |
| | | 100% |

Die Gewinnung der Wolle [Ungenannt (*2*)] in Mazamet unterscheidet sich von der bei uns üblichen insofern etwas, als hier nach einer ersten Weiche in reinem Wasser eine maschinelle Bearbeitung des Felles erfolgt. Die Maschine (sabreuse) besteht im wesentlichen aus einer mit Stahlklingen besetzten Walze, der durch Führungswalzen die Felle zugeleitet werden. Die Walze bearbeitet unter Mitwirkung eines kräftigen Wasserstrahls die Haarseite und entfernt den größten Teil der pflanzlichen Verunreinigungen sowie Erde und Kot, so daß die Wolle stark aufgehellt wird. Das Wollfett bleibt aber im wesentlichen in der Faser. Auf diese Bearbeitung folgt eine kurze Nachweiche, nach der das Schwitzen beginnt. Man hängt in Kammern auf, die nicht geheizt werden und nur unter Umständen durch Einspritzen von Wasser gekühlt werden können. Wichtig ist, daß beim Entwollen sortiert wird, und zwar werden zunächst die Anteile, die in Feinheit, Länge und Farbe von der Hauptmasse abweichen, entfernt. Gleichzeitig werden die Pechstellen ausgelesen. Dann erst wird die Hauptmasse der Wolle vom Fell gelöst. Der größere Teil geht ohne weitere Reinigung fort und wird nur nach gründlichem Abpressen oder Zentrifugieren getrocknet. Ein Teil der Mazameter Wolle erscheint auch als gewaschene Wolle auf dem Markt. Viele Mazametwollen lassen sich infolge der guten Länge und Ausgeglichenheit auf Kammzug verarbeiten. Die Rendements für ungewaschene Mazametwollen sind (nach M. Dubrau und H. Krahwehl):

| | Buenos Aires % | Montevideo % | Austral % | Kap % |
|---|---|---|---|---|
| Merinowolle . . . . . | 68 | 80 | 74 | 68 |
| B-Wolle . . . . . . . | 74 | 82 | 78 | — |
| C-Wolle . . . . . . . | 78 | 85 | 84 | — |
| D I-Wolle . . . . . . | 84 | 90 | 86 | — |
| D II-Wolle . . . . . . | 88 | 92 | 90 | — |

Ungewaschene Mazametwolle hat durch die besondere Behandlungsweise ein typisches Aussehen und einen eigenartigen Geruch. Der äußere Charakter wird dadurch beherrscht, daß es sich um helle, aber doch oft recht fettige Wolle handelt, während normalerweise fettige Wollen schmutzig und helle gewaschene Wollen nicht mehr fettig sind.

## 7. Durch Enzympräparate gewonnene Hautwolle.

Zu den seit langem bekannten Enthaarungsverfahren sind in jüngster Zeit neue Methoden hinzugekommen: das Enthaaren mit Hilfe enzymatisch wirksamer Präparate. Diese Verfahren sind zwar gegenüber dem Schwitzverfahren nicht grundsätzlich neu, da bei diesem ebenfalls Fermente das wirksame Agens sind. Immerhin ist die Arbeitsweise doch anders, so daß eine gesonderte Behandlung gerechtfertigt ist. Der Gedanke, der zu diesen Stoffen geführt hat, ist derselbe, der die Kot- und Kleienbeize durch Beizpräparate ersetzt hat, nämlich an Stelle eines Gemisches biologisch wirkender Stoffe, die sich während des technischen Verarbeitungsprozesses zum Teil erst entwickeln, ein einheitliches oder wenigstens wesentlich einheitlicheres Präparat mit gleicher biologischer Funktion anzuwenden. Vor längerer Zeit schon hat die Firma Röhm & Haas, Darmstadt, ein Verfahren ausgearbeitet, um die Enzyme der Bauchspeicheldrüse, die im Oropon enthalten sind, auch für die Enthaarung heranzuziehen. Dies geschah zur Vermeidung von Schädigungen sowohl der Haut als auch der Haare. Dieses „Ara-Äscher“ genannte Verfahren hatte den Nachteil, daß die Haut mit Alkali vorbehandelt werden muß, also mit Mitteln, die allem Keratin sehr abträglich sind. Es hat sich deshalb wenig einzuführen vermocht. Ergebnisse bezüglich Beschaffenheit von Wolle sind nicht in die Öffentlichkeit gekommen. In jüngster Zeit ist es der Firma Röhm & Haas gelungen, ein Produkt herauszubringen, das ohne Ätzalkali nur in sodaalkalischer Lösung arbeitet (Arazym-Äscher). Die Felle werden gewöhnlich mit einer Lösung gewisser Salze vorbehandelt und dann gleichzeitig oder nacheinander in die Enzymlösung und in Sodalösung eingelegt. Haarlässigkeit ist nach 1 bis 2 Tagen vorhanden. Die so erhaltene Wolle macht einen vorzüglichen Eindruck, ist offen und quillig und bietet bei der Weiterverarbeitung keine Schwierigkeiten. Leider liegen die Kosten des enzymatischen Verfahrens wesentlich höher als die der chemischen Methoden. Infolgedessen kommt es für den Gerber nur dann in Frage, wenn ihm die Wolle entsprechend bezahlt wird. Daher kommt der Arazym-Äscher nur bei hochwertigen, vor allem Merinowollen, zur Anwendung.

Zu erwähnen ist noch eine Reihe von Verfahren und Vorschlägen, die ebenfalls auf enzymatischem Wege eine schonende Enthaarung herbeizuführen suchen. So ist in Frankreich das Produkt „Sojal" bekannt, das aus Aspergillus oryzae gewonnen wird (M. C. Berliner). Von M. Bergmann, M. Lissitzin und G. Schuck ist Papain als Enthaarungsmittel näher untersucht worden. Nach russischen Arbeiten wird auch ungeschädigte Wolle mit Hilfe von Enzymen aus Sojabohnen gewonnen (E. K. Kawersnewa und E. M. Olejnikowa).

## 8. Waschen und Trocknen der Hautwolle im Gerbereibetrieb.

Nach dem Abtrennen der Wolle vom Fell muß diese getrocknet werden. Feuchtes Lagern in dicken Schichten kann, besonders in Gegenwart von Alkali, innerhalb weniger Tage zu großen Schäden führen. Es entwickeln sich dann lebhaft Bakterien, die Keratin anzugreifen und das Haar in der Längsrichtung aufzuspalten vermögen. So behandelte Wolle wird schleimig, fällt vollkommen zusammen und entwickelt einen äußerst unangenehmen Geruch.

Das Trocknen geschieht in kleineren Betrieben auf recht einfache Weise, im Sommer im Freien oder auf luftigen Böden, im Winter in geheizten Räumen. Größere Betriebe haben Trockenapparate, wie sie in der Wollindustrie üblich sind. Bei Anfall größerer Mengen haben sich dafür allgemein Bandtrockner eingeführt. Die Wolle durchläuft auf mehreren endlosen, horizontal geführten Siebbändern einen großen kastenförmigen Apparat im Zickzack von oben nach unten. Im Gegenstrom wird ihr warme Luft zugeführt, die das Material auf die nötige Restfeuchtigkeit bringt. Der günstigste Feuchtigkeitsgehalt liegt bei 15 bis 18%, bezogen auf Trockengewicht; er entspricht dann der natürlichen Feuchtigkeit bei mittlerer Luftfeuchtigkeit. Die Trockentemperatur soll nicht über 60° steigen, vor allem dort nicht, wo die Wolle schon fast trocken ist. Die neuesten Apparate (H. Krantz, Aachen) arbeiten mit stufenförmiger Lufterhitzung, bei der die Luft mit 20 bis 30° bei der schon trockenen Wolle einströmt und entsprechend dem zunehmenden Wassergehalt der Wolle immer höher geheizt wird. Auf diese Weise ist ein sehr rationelles Trocknen möglich (vgl. auch das Kapitel „Trocknen" in Band III, 1. Teil dieses Handbuches).

Ein Teil der Hautwollen verläßt die Gerbereien in gewaschenem Zustand. Für die Kammgarnindustrie ist dies nicht besonders erwünscht, da die Wollen meist ein zweites Mal gewaschen werden müssen und dadurch etwas leiden. Die Streichgarnindustrie legt dagegen weniger Wert auf Fett- und Schmutzfreiheit, da ihre Fabrikate in einem späteren Verarbeitungszustand noch gründlich gewaschen werden müssen. In der Gerbereiliteratur wird das Waschen zum Teil empfohlen, da die Wolle so noch besser verkäuflich sei (z. B. Schmidt, S. 478). Die hierfür am besten geeigneten Maschinen sind die Leviathane[1], die in allen größeren Wollwäschereien arbeiten. Sie eignen sich dort, wo täglich 1000 kg und mehr gewaschen werden müssen. Heute baut man auch Waschbatterien in kleinerem Ausmaß. Die Firma F. Bernhardt, Leisnig, hat dafür die „Hexe"-Waschmaschinen geschaffen, die sich je nach der erforderlichen Leistung aus verschieden vielen Kufen zusammensetzen. Sie ähneln sehr den Leviathanen, haben automatische Beförderung mit Gabeln

[1] Nähere Beschreibung S. 391.

sowie Pressen zwischen den einzelnen Bottichen. Die einfachste Form für je 50 bis 75 kg je 8 Stunden setzt sich aus einem Einweichtrog und einer ovalen Spülmaschine zusammen. Zwischen beide Teile können für größere Leistungen (bis 500 kg in 8 Stunden) dann ein bis drei Waschkufen eingeschaltet werden (Abb. 158). Für kleine Posten, zum Säubern von Randwollen usw., kommen auch ovale Spülmaschinen allein in Frage. Sie bestehen aus einem ovalen Becken, in dem die Wolle durch Gabeln im Kreise bewegt wird. Meist sind automatische Aushebevorrichtungen mit oder ohne anschließendes Abquetschen angebracht (Abb. 159). Die Waschkufen sind mit direktem Dampf heizbar. Über dem Boden liegen Siebplatten, die absitzenden Sand und Schlamm von der Waschflotte trennen.

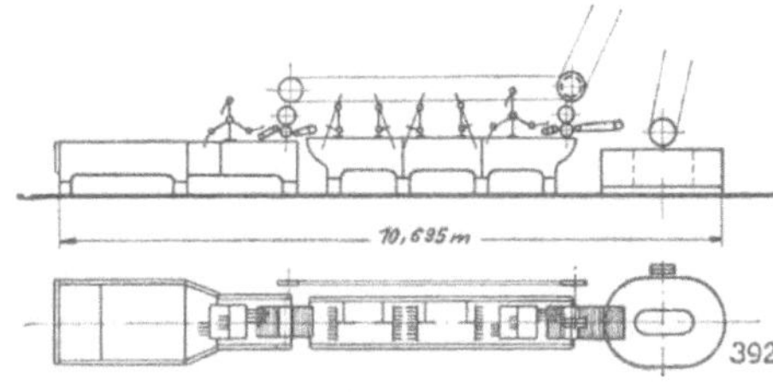


Abb. 158. Waschmaschinensatz, bestehend aus Einweichtrog, einer Waschkufe und ovaler Spülmaschine (F. Bernhardt, Leisnig).

Wichtig für die Rohwollwäsche ist die Beschaffenheit des Wassers. Hartes Wasser ist wegen der Kalkseifenbildung ganz ungeeignet. Kalkseife setzt sich auf der Faser fest und bringt allerlei Nachteile mit sich. Die Wolle bekommt einen ungünstigen klebrigen Griff, neigt zu ranzigem Geruch und macht Schwierigkeiten bei der späteren Ausrüstung der Wollware. So können z. B. durch den fettsauren Kalk beim Färben Flecken und Wolken entstehen. Es ist also notwendig, mit weichem bzw. enthärtetem Wasser zu waschen, wie es in der Textilindustrie allgemein geschieht. Dies bringt als weiteren Vorteil eine wesentliche Seifenersparnis mit sich. Das Enthärten kann unter Umständen umgangen werden, wenn man an Stelle von Seife synthetische Waschmittel, wie Fettalkoholsulfonate, Fettsäurekondensationsprodukte u. ä., benutzt. Deren oberflächenaktive Ionen geben mit den Härtebildnern des Wassers entweder keine oder doch sehr leicht dispergierbare unlösliche Verbindungen, die das Textilgut nicht mehr beeinflussen. Ferner kommt auch eine Beseitigung der Wasserhärte durch Calgon in Frage (vgl. S. 408).

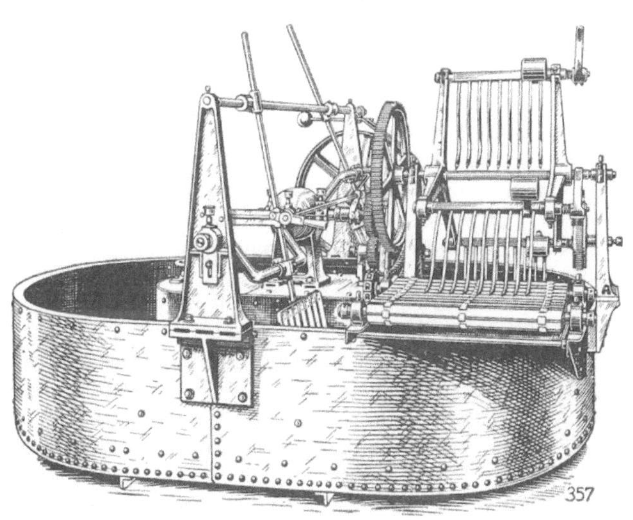


Abb. 159. Ovale Spülmaschine mit selbsttätiger Aushebevorrichtung (F. Bernhardt, Leisnig).

Über die zum Waschen nötige Wassermenge lassen sich keine genaueren Angaben machen, da sie sehr vom Verschmutzungsgrad, vom Waschverfahren und vom gewünschten Reinheitsgrad abhängt. Man bekommt jedenfalls eine um so offenere und weichere Wolle, je reichlicher Spülwasser man verwendet. Dem Praktiker dient zur Beurteilung der Sauberkeit neben der Farbe und dem Griff auch der Geruch.

Der Waschmittelzusatz wird sehr verschieden gehandhabt. Im allgemeinen führt man in besonderen Leitungen Seife und Soda in Lösung heran. Bei fortlaufendem Betrieb läßt man dauernd zufließen, um eine gleichmäßige Waschkraft zu erhalten. Der Zusatz erfolgt bei ganzen Waschbatterien an den mittleren Bottichen, da der erste durch die Anreicherung an Salzen des Schweißes schon eine erhebliche Waschkraft hat. Der erste Bottich ist oft als Einweichbottich ausgebildet, d. h. die Wolle wird, ziemlich dicht gepackt, in die Lauge eingedrückt und durchwandert den Bottich ganz langsam. Erst in den folgenden Bottichen wird die Emulgierung des Fetts und Schmutzes durch Bewegen der Wolle mit den mechanisch geführten Gabeln gefördert. Die nötigen Mengen an Seife und Soda sind sehr abhängig vom Fettgehalt der Wolle. Fettreiche Wollen erfordern mehr Soda, fettarme mehr Seife. Mit dem Zusatz von Soda, die aus preislichen Gründen an Stelle von Seife gern reichlich verwendet wird, muß zurückgehalten werden, wenn der $p_H$-Wert über 9 steigt, da sonst ein merklicher Angriff der alkalischen Flotte auf die Wolle einsetzt. Es spielt natürlich auch die Zeit, die die Wolle in dem betreffenden Bad bleibt, eine erhebliche Rolle. Beim fortlaufenden Waschbetrieb bleibt die Wolle nur etwa 10 Minuten in der Flotte. Die schädigende Wirkung zu starker alkalischer Bäder läßt sich gut mit der Paulyschen Diazoreaktion verfolgen. Ein Zuviel an Soda wirkt sich übrigens um so weniger schädlich auf die Faser aus, je mehr Wollschweiß im Waschwasser gelöst ist, da diese Substanzen die Fähigkeit besitzen, zu puffern, d. h. einen Teil des zugefügten Alkalis unschädlich zu machen.

Beim Waschen von Hautwolle, die Kalk enthält, kommt es darauf an, ob dieser im wesentlichen noch als Ätzkalk vorliegt oder ob das Calciumhydroxyd durch Lagern schon weitgehend in Carbonat übergegangen ist. Im letzteren Falle ist die Bildung von Kalkseife natürlich viel geringer. Im anderen Falle kann der Kalk zum großen Teil durch Soda gefällt werden. Aus den freien Fettsäuren des Wollfetts werden trotzdem unlösliche Calciumverbindungen entstehen, die auf und in der Faser haften bleiben. Es läßt sich deshalb der Kalk durch Waschen und Spülen allein niemals entfernen. Zum Unschädlichmachen gelöster Kalksalze in der Textilindustrie hat sich in letzter Zeit Calgon[1], das im wesentlichen aus Alkalimetaphosphat besteht, einen Namen gemacht. Es vermag gelöste Kalksalze in ein komplexes lösliches Salz überzuführen und die Calcium-Ionen zu binden, so daß kein unlöslicher fettsaurer Kalk mehr ausfallen kann. Calgon wird dort eine gute Wirkung haben, wo aus dem Wasser oder aus der Wolle störende Mengen Calciumionen in die Waschflotte gelangen. Da die neueren synthetischen Waschmittel wesentlich weniger kalkempfindlich sind, d. h. entweder keine unlöslichen oder wenigstens leicht dispergierbaren Kalkverbindungen bilden, dürften auch diese zum Waschen kalkhaltiger Wollen in Frage kommen. Ihre Anwendung scheitert allerdings vielfach an dem gegenüber Seife hohen Preis.

Das gespülte Material wird vor dem Trocknen so weit als möglich mechanisch vom Wasser befreit. Deshalb sind mit dem Ausheber der Spülmaschine bzw. der Spülkufe Walzenpressen verbunden, die einen sehr großen Teil des Wassers abpressen (je nach Beschaffenheit der Wolle bis auf 50—70% Wasser). Bei kleinen Mengen benutzt man auch Zentrifugen, die allerdings mehr Handarbeit erfordern, dafür aber etwas schonender arbeiten.

Das Trocknen der gewaschenen Wolle geschieht am besten, wie oben beschrieben. Für kleinere Mengen haben sich auch Kammertrockner bewährt, in die das Material mit Hilfe von Wagen, auf Hürden ausgebreitet, eingefahren wird. Häufig findet man Hordentrockner, bei denen das Material ebenfalls in Hür-

[1] Hergestellt von der Chemischen Fabrik Benckiser, Ludwigshafen a. Rh.

den eingelegt wird. Diese wandern selbsttätig in einem Schacht in senkrechter Richtung durch einen Warmluftstrom, wobei der Inhalt fortschreitend und auf schonende Weise getrocknet wird. Solche Apparate eignen sich insbesondere dort, wo mehrere kleine Posten verschiedener Wolle anfallen, die gleichzeitig getrocknet werden sollen. Näheres über Trockenapparate für Wolle findet sich im III. Band, 1. Teil dieses Handbuches S. 279.

## Literaturübersicht.

Abderhalden, E. u. A. Voitinovici: Ztschr. physiol. Chem. **52**, 348 (1907).
Abt, Gg.: Cuir techn. **23**, 515 (1925); Collegium **1928**, 33.
v. Allwörden: Studien über Einwirkung von Chlor auf Schafwolle. Diss. Berlin 1913.
Arnold, H.: Textile Forschung **11**, 143 (1929); Monatsschr. Text. Ind. **44**, 463, 507, 540 (1929); Diss. Dresden 1929.
Astbury, W. T.: Fundamentals of fibre structure, Oxford 1933; Kolloid-Ztschr. **69**, 340 (1934); Melliands Textilber. **16**, 1 (1935).
Astbury, W. T. u. H. J. Woods: Philos. Trans. Roy. Soc. London, A **232**, 333 (1933).
Barker, S. G.: Trans. Faraday Soc. **29**, 239 (1933).
Barritt, J.: Journ. Soc. chem. Ind. **47**, T 69 (1928).
Barritt, J. u. A. T. King: Journ. Textile Inst. **17**, 386 (1926); ebenda **20**, 151 (1929).
Behnsen, H. u. W. Genzmer: Handwörterbuch der Staatswissenschaften.
Bergen, W. v.: Amer. Soc. for Testing Materials **35 II**, 705 (1935).
Bergmann, M., M. Lissitzin u. G. Schuck: Collegium **1931**, 132.
Bergmann, M. u. F. Stather: Collegium **1925**, 109.
Berliner, M. C.: Cuir techn. **21**, 508 (1928); **22**, 132 (1929); Collegium **1929**, 307.
Bohm, J.: Die Schafzucht nach ihrem jetzigen rationellen Standpunkt. Erster Teil: Die Wollkunde. Berlin: H. P. Wiegandt 1873.
Brauckmeyer, R. (*1*): Die Veränderung des Wollhaares durch mechanische und chemische Behandlung, in H. Mark, Beiträge zur Kenntnis der Wolle und ihrer Bearbeitung. Berlin: Gebr. Borntraeger 1925; (*2*): Melliands Textilber. **17**, 31, 205 (1936).
Bühring, F.: Melliands Textilber. **13**, 137, 212, 264 (1932).
Doehner, H.: Melliands Textilber. **17**, 17 (1936).
Dubrau, M. u. H. Krawehl: Das Deutsche Wollengewerbe **68**, 94 (1936).
Edwards, C. H.: Journ. Textile Inst. **24**, 1 (1933).
Fein, F.: Beiträge zur Kenntnis des Einflusses des Äscherns auf die physikalischen und chemischen Eigenschaften der Rinderhaare. Diss. Dresden 1924.
Franz, E.: Melliands Textilber. **17**, 625 (1936).
Franz, E. u. M. Hardtmann: Melliands Textilber. **15**, 439, 489 (1934).
Franz, E. u. H. Mendrzyk: Melliands Textilber. **15**, 194, 242, 289 (1934).
Frölich, G., W. Spöttel u. E. Tänzer: Wollkunde, 8. Bd., 1. Teil der Technologie der Textilfasern, herausgegeben von R. O. Herzog. Berlin: Julius Springer 1929.
Goddard, D. R. u. L. Michaelis: Journ. biol. Chemistry **106**, 605 (1934); **112**, 361 (1935).
Golf, A.: „Schafzucht“, in Handbuch der Landwirtschaft, herausgegeben von F. Aereboe, J. Hansen u. Th. Roemer, 5. Bd. Berlin: P. Parey 1929.
Grafe, K.: Angew. Chem. **49**, 303 (1936).
Graßmann, W. u. H. Hausam: Ledertechn. Rdsch. **29**, 57, 65 (1937).
Haller, R.: Melliands Textilber. **14**, 244 (1933).
Harris, M.: Bur. Stand. Journ. Res. **15**, 63 (1935).
Harrison, F. R.: Text. World **12**, 87 (1935).
Harrison, M.: Chemistry and Industry **56**, 731 (1937).
Heermann, P. u. A. Herzog: Mikroskopische und mechanisch-technische Textiluntersuchungen, 3. Aufl. Berlin: Julius Springer 1931.
Henning, H. J. (*1*): Melliands Textilber. **15**, 537 (1934); (*2*): ebenda **16**, 166 (1935).
Heyne, J.: Die Wollkunde. Leipzig: Reichenbachsche Verlagsbuchhandlung 1924.
Huc, P.: Halle aux Cuirs **1934**, 150, zit. nach Ledertechn. Rdsch. **26**, 104 (1934).
Kawersnewa, E. K. u. E. M. Olejnikowa: Russ. Lederber. Nr. 2, 24 (1932); Collegium **1933**, 364.
Kertesz: Leipz. Monatsschr. Textilind. 1924.
Kettering, J. H.: Rayon **6**, 49 (1936), zit. nach Melliands Textilber. **18**, 323 (1937).
Krais, P.: Textile Forschung 1920; dasselbe 1922; Monatsschr. f. Textilind. **1936**, 131.
Krais, P. u. O. Viertel: Textile Forschung **15**, 35 (1933).

Küntzel, A.: Ztschr. ges. Textilind. **40**, 147 (1937).
Küster, W. u. W. Irion: Ztschr. physiol. Chem. **184**, 225 (1929).
Küster, W., W. Kumpf u. W. Köppel: Ztschr. physiol. Chem. **171**, 114 (1927).
Kurtz, F.: Melliands Textilber. **17**, 145, 310 (1936).
Linderström-Lang, K. u. F. Duspiva: Ztschr. physiol. Chem. **237**, 131 (1935).
Mark, H.: Beiträge zur Kenntnis der Wolle und ihrer Bearbeitung. Berlin: Gebr. Borntraeger 1925.
Markert, H.: Monatsschr. f. Textilind. **10**, 229 (1934).
Marriott, R. H.: J. I. S. L. T. C. **12**, 216, 281, 342 (1928), zit. nach Collegium **1929**, 79.
Marston, H. R.: The chemical composition of wool. Council f. scientific and ind. Research (Australia). Bull. Nr. 38, Melbourne 1928, zit. nach Chem. Ztrbl. **1929** II, 507.
McLaughlin, G. D. u. G. R. Theis: J. A. L. C. A. **20**, 246 (1925).
Obermiller, J.: Ztschr. physikal. Chem. **109**, 145 (1924); Angew. Chem. **36**, 429 (1923).
Plail, I.: Melliands Textilber. **11**, 515 (1930).
Pulewka, P. (*1*): Ztschr. physiol. Chem. **146**, 130 (1925); (*2*): Arch. exp. Pathol. Pharmakol. **140**, 181 (1929).
Rimington, C.: Journ. Textile Inst. **21**, 237 (1930); **24**, 174 (1933).
Russina: Melliands Textilber. **12**, 404 (1931); **13**, 207 (1932).
Schmidhäuser, O.: Melliands Textilber. **17**, 905 (1936).
Schmidt, I.: Gerbereitechnisches Auskunftsbuch für die gesamte Lederindustrie, 2. Aufl. Durlach: Selbstverlag I. Schmidt 1918. S. 478/79.
Schöberl, A.: Collegium **1936**, 412.
Schöberl, A., Berninger u. Harren: Ber. dtsch. chem. Ges. **67**, 1545 (1934).
Sellentin, R.: Die Rohstoffe der Woll- und Haarindustrie. Leipzig: F. Meiner 1937.
Shorter, A.: Journ. Soc. Dyers Colourists **39**, 270 (1923).
Smith, A. u. M. Harris: Amer. Dyestuff Reporter **25**, 180 (1936), zit. nach Chem. Ztrbl. **1936 I**, 216; Journ. of Research Nation. Bur. Standards **16**, 301 (1936); ebenda **17**, 97 (1936); ebenda **17**, 577 (1936).
Speakman, J. B. (*1*): Nature **126**, 565 (1930); ebenda **128**, 1073 (1931); ebenda **132**, 930 (1933); Journ. Soc. Dyers Colourists **49**, 180 (1933); Melliands Textilber. **17**, 580, 658, 736 (1936); (*2*): Journ. Textile Inst. **27**, P 231 (1936); (*3*): Journ. Soc. chem. Ind. **48**, 321 (1929); ebenda **50**, 1 (1931); (*4*): Melliands Textilber. **17**, 580 (1936).
Speakman, J. B. u. M. C. Hirst: Trans. Faraday Soc. **28**, 152 (1933); ebenda **29**, 148 (1932).
Speakman, J. B. u. E. Stott: Journ. Textile Inst. **22**, 339 (1931).
Ssadikow, S. W. u. L. Lewinson: Westnik Nr. 5 (1931), zit. nach Collegium **1932**, 187.
Stary, Z.: Ztschr. physiol. Chem. **136**, 160 (1937); ebenda **144**, 147 (1925); ebenda **175**, 178 (1928).
Stewart u. Rimington: Biochemical Journ. **25**, 2189 (1931).
Stiasny, E.: Der Gerber **1906**, 259.
Stiasny, E.: Gerbereichemie (Chromgerbung). Dresden u. Leipzig: Th. Steinkopff 1931.
Ungenannt: Der Gerber **47**, 112, 131, 137 (1921).
Ungenannt: Ztschr. Fleisch-, Milchhyg. **45**, 281 (1934/35).
Unna, P. u. L. Golodetz: Die Biochemie der Haut, in Oppenheimers Handbuch der Biochemie des Menschen und der Tiere, Erg.-Bd. Jena: G. Fischer 1913.
Valko, E.: Kolloidchemische Grundlagen der Textilveredelung. Berlin: Julius Springer 1937.
Vickery u. Block: Journ. biol. Chemistry **86**, 107 (1930).
Viertel, O.: Melliands Textilber. **17**, 868 (1936).
Ziersch, G. u. M. Peter: Melliands Textilber. **18**, 785 (1937).

# Auszug aus der Patentliteratur.

Von Dr. **Arthur Mieckeley**-Dresden und Dr. **Gertrud Schuck**-Dresden.

Erklärung der Abkürzungen.

| | | | |
|---|---|---|---|
| A.P. | Amerikanisches Patent. | Jap.P. | Japanisches Patent. |
| Aust.P. | Australisches Patent. | Jugosl.P. | Jugoslawisches Patent. |
| Belg.P. | Belgisches Patent. | Norw.P. | Norwegisches Patent. |
| Can.P. | Canadisches Patent. | Ö.P. | Österreichisches Patent. |
| Dän.P. | Dänisches Patent. | Pol.P. | Polnisches Patent. |
| D.R.P. | Deutsches Reichspatent. | R.P. | Russisches Patent. |
| E.P. | Englisches Patent. | Schwed.P. | Schwedisches Patent. |
| F.P. | Französisches Patent. | Schwz.P. | Schweizer Patent. |
| Finn.P. | Finnisches Patent. | Tschechosl.P. | Tschechoslowakisches Pat. |
| Holl.P. | Holländisches Patent. | Ung.P. | Ungarisches Patent. |
| It.P. | Italienisches Patent. | Zus.P. | Zusatzpatent. |

## Die Gebrauchswässer.

### Neuere Verfahren zur Reinigung und Enthärtung von Wasser.

**D.R.P. 403263**/Kl. 85a vom 5. 3. 1915. — C. 1925, I, 424.
*Valerius Kobelt*, München.

**Zus.P. 445377**/Kl. 85 vom 14. 9. 1918. — C. 1927, II, 967.
*Willy Gradenwitz*, Hamburg.

**Zus.P. 445378**/Kl. 85b vom 19. 9. 1918. — C. 1927, II, 968.
*Willy Gradenwitz*, Hamburg.

**A.P. 1493455** vom 4. 10. 1923. — C. 1924, II, 1390.
**Ö.P. 114101** vom 21. 1. 1924. — C. 1929, II, 2925.
*Valerius Kobelt*, München.

**Herstellung basenaustauschender Stoffe zur Enteisenung, Entmanganung und Enthärtung von Gebrauchs- und Trinkwasser.** Aluminiumsilikat enthaltender Ton wird durch Behandlung mit Säure (HCl) austauschfähig gemacht. Gegebenenfalls wird mit alkalischen Mitteln nachbehandelt und ausgewaschen.

**D.R.P. 423224**/Kl. 85b vom 18. 11. 1916. — C. 1926, I, 1687.
*Permutit A. G.*, Berlin.

**Herstellung eines basenaustauschenden Materials aus Ton für die Enthärtung von Wasser.** Ton wird nach Körnung bei 500 bis 550° gebrannt.

**D.R.P. 437809**/Kl. 85b vom 6. 6. 1920. — C. 1927, I, 641.
*Permutit A. G.*, Berlin.

**Enthärten von Wasser durch Basenaustausch.** Verwendung von Glaukonit in natürlichem Zustande oder nach Erhitzen auf 200 bis 800°.

**D.R.P. 420698**/Kl. 13b vom 24. 5. 1922. — C. 1926, I, 1259.
*Siemens-Schuckertwerke G. m. b. H.*, Berlin-Siemensstadt.

**Einrichtung zum elektrolytischen Reinigen von Wasser.**

**D.R.P. 417254**/Kl. 85a vom 15. 5. 1923. — C. 1925, II, 2081.
**F.P. 580566** vom 23. 4. 1924. — C. 1925, I, 1895.

*Gesellschaft für chemische Produktion m. b. H.* und *Berthold Deutsch*, Mannheim-Waldhof.

**Entfernung von Eisen aus Wasser** durch Behandlung mit aktiver Kohle.

**A.P. 1689036** vom 1. 11. 1923. — C. 1929, I, 685.

*Paul E. Leiss*, Youngstown, Ohio, V. St. A.

**Wasserenthärtung** mittels einer Mischung von Bariumcarbonat und Kalkhydrat. Der Zusatz von Kalkhydrat bewirkt eine schnellere und vollständigere Umsetzung des Bariumcarbonats mit den die dauernde Härte verursachenden Calcium- und Magnesiumsulfaten.

1. **A.P. 1570006** vom 21. 1. 1924. — C. 1926, I, 3619.

*Hermann Reinbold* und *Hugo Reinbold*, Omaha, Nebraska, V. St. A.

2. **A.P. 1646596** vom 10. 8. 1925. — C. 1928, I, 392.

*Hermann Reinbold*, Omaha, Nebraska, V. St. A.

**Reinigen und Enthärten von Wasser mit Aluminiumsilikaten.**

1. Bentonit u. dgl. wird bei der Sinterungstemperatur mit Aluminiumsulfat und Ätznatron behandelt und gemahlen.

2. Bentonit oder andere wasserhaltige Aluminiumsilikate werden mit 15—30% trockenem Ätznatron oder der entsprechenden Menge Soda oder einem Gemisch von beiden vermischt und nach dem Trocknen der gelatinösen Masse gemahlen.

1. **A.P. 1604124** vom 24. 4. 1924. — C. 1927, I, 163.
2. **A.P. 1604126** vom 24. 9. 1924. — C. 1927, I, 163.

*Herbert A. Kern*, Chicago, V. St. A.

**Mittel zum Weichmachen von Wasser**

1. mittels Natriumaluminat und Natronlauge,
2. mittels Natriumaluminat und Soda.

**A.P. 1679777** vom 23. 12. 1926. — C. 1928, II, 2276.
**A.P. 1680506** vom 20. 9. 1927. — C. 1928, II, 2276.

*National Aluminate Corp.*, Chicago, V. St. A.

**Reinigung von Wasser** durch Zusatz von Kalk oder Soda in Gegenwart von Natriumaluminat und Aluminiumsulfat oder Natriumaluminat und Magnesiumsulfat als Koagulierungsmittel.

**F.P. 628346** vom 1. 2. 1927. — C. 1928, I, 392.

*Hermann Breyer*, Frankreich.

**Verhütung der Kesselsteinbildung** durch Versetzen des Wassers mit einem Gemisch, bestehend aus 10 kg Quebrachoextrakt (in 80 l 80° heißem Wasser gelöst), 15,8 kg Myrobolanenextrakt, 0,14 kg $NaHCO_3$ und 0,01 kg Natriumfluorid. Von dieser Mischung werden 250 ccm auf 1000 l Kesselwasser benötigt.

**F.P. 631530** vom 28. 3. 1927. — C. 1928, I, 1902.

*Fritz Schmidt*, Deutschland.

**Reinigungs- und Enthärtungsmittel für Wasser,** bestehend aus einem Gemisch von Natron- oder Kalilauge, Soda und Wasser und einem eventuellen Zusatz von Silikaten, Aluminaten oder Aluminiumsulfaten.

**Belg.P. 352415** vom 27. 6. 1928. — C. 1931, I, 663; Coll. 1932, 315.
**Belg.P. 352416** vom 27. 6. 1928. — C. 1931, I, 663; Coll. 1932, 315.

*G. Leschik*, Wriezen a. O.

**Weichmachen von Wasser** durch Soda und Borax und anschließende Behandlung mit löslichen Aluminiumsalzen, z. B. Aluminiumsulfat, denen eine weniger als äquivalente Menge Soda und Borax zugesetzt ist.

**E.P. 316023** vom 10. 8. 1928. — C. 1930, I, 116.

*W. Evans*, Chicago, V. St. A.

**Reinigung und Weichmachen von Wasser** mit Kalk und Soda unter Zusatz von Bariumaluminat.

**A.P. 1878237** vom 24. 4. 1930. — C. 1933, I, 474.

*Northwest Paper Co.*, Cloquet, Minnesota, V. St. A.

**Elektrische Reinigung von Wasser zwecks Entfernung der kolloidalen und elektrolytischen Verunreinigungen auf elektrodialytischem Wege.**

**E.P. 358604** vom 15. 7. 1930. — C. 1932, I, 561.
**F.P. 695965** vom 22. 5. 1930. — C. 1931, I, 2098.

*Jörgen Krüger*, Kopenhagen.

**Enthärten von Wasser** mittels Kalk, Natronlauge, Soda oder Gemischen davon. Nach der Behandlung wird das Wasser durch körniges oder stückiges Calcium- oder Magnesiumcarbonat (Marmor) geleitet, wodurch die Niederschläge gleichzeitig festgehalten werden.

**E.P. 361810** vom 2. 5. 1931. — C. 1932, I, 984.

*Chemische Fabrik Budenheim A. G.*, Mainz.

**Verfahren und Einrichtung zum Enthärten von Wasser.** Zunächst wird alkalisches Kesselwasser oder Kesselschlammwasser zugesetzt und danach ein alkalisch reagierendes Alkaliphosphat, wie $Na_3PO_4$, zugefügt.

**E.P. 389076** vom 4. 6. 1931. — C. 1933, I, 4008.

*United Water Softeners Ltd.*, London.

**Enthärten von Wasser mittels Basenaustauschern,** die ein austauschbares H-Ion besitzen, z. B. Glaukonit, der mit verdünnter Salzsäure behandelt worden ist.

**Pol.P. 18535** vom 10. 6. 1931. — C. 1934, I, 3100.

*Permutit A. G.*, Berlin.

**Weichmachen von Wasser** mittels Zeolithen mit austauschfähigem H-Ion allein oder in Verbindung mit Zeolithen, die austauschfähige Alkalimetalle enthalten.

**D.R.P. 595235**/Kl. 12i vom 12. 7. 1931. — C. 1934, II, 818.

*Chemische Fabrik Budenheim A. G.*, Mainz.

**Herstellung von fluorhaltigem Natriumphosphat** von der Zusammensetzung $2\,Na_3PO_4 \cdot NaF \cdot 19\,H_2O$. Das Salz ist an Stelle von $Na_3PO_4$ als Wasserenthärtungsmittel verwendbar.

**F.P. 724384** vom 23. 9. 1931. — C. 1932, II, 1337.

*Permutit Co.*, V. St. A.

**Verfahren zum Enthärten von Wasser** mittels basenaustauschender Stoffe, wie Zeolithe oder Silikate, in den üblichen drei Stufen: Enthärten, Regenerieren und Waschen.

**E.P. 387755** vom 29. 9. 1931. — C. 1933, I, 4008.

*F. W. Brackett & Co., Ltd.*, und *Reginald Humphrey Lee*, Pennell, Colchester, England.

**Enthärten von Wasser** nach dem Kalk-Soda-Verfahren, wobei die Enthärtungsmittel in fester Form zugefügt werden.

**Schwz.P. 157352** vom 3. 11. 1931. — C. 1933, I, 3480.

*Chemische Fabrik Budenheim A. G.*, Mainz.

**Verfahren zum Enthärten von Wasser** mit wasserlöslichen, gegen Lackmus nicht alkalisch reagierenden Phosphaten, wie primäre Alkaliphosphate, Ammoniumphosphat, Calciumphosphat oder $Na_3H_3(PO_4)_2$.

**A.P. 1956515** vom 20. 3. 1933. — C. 1934, II, 1665.
**F.P. 756761** vom 10. 6. 1932. — C. 1934, II, 301.
**E.P. 425001** vom 25. 5. 1933. — C. 1935, II, 568.

*Hall Laboratories Inc.*, Pittsburgh, V. St. A.

**Enthärten von Wasser** mittels $NaPO_3$ bzw. Hexametaphosphat, $Na_2(Na_4P_6O_{18})$. Es werden 4 Mol $NaPO_3$ auf 1 Mol Calcium bzw. Calciumverbindungen angewandt. Nach E.P. 425001 kann auch $(NaPO_3)_6$ verwendet werden.

**D.R.P. 642419**/Kl. 85b vom 3. 3. 1933. — C. 1937, II, 1423.
**Schwz.P. 186855** vom 23. 4. 1935. — C. 1937, II, 1423.

*Kaspar Ruegg*, Berlin.

**Enthärten, Enteisenen, Entmanganen, Entsalzen und Entsäuern von Gebrauchs- und Trinkwasser** mit aus aktiviertem Aluminium hergestelltem Tonerdehydrat [$Al(OH)_3$], das zuvor mit Phosphorsäure, Kieselsäure oder Oxalsäure bzw. deren Salzen behandelt worden ist.

**A.P. 2024543** vom 21. 8. 1933. — C. 1936, I, 3555.

*Hall Laboratories Inc.*, Pittsburgh, V. St. A.

**Weichmachen von Wasser.** Dem Wasser wird eine Mischung von Alkalimetaphosphat, z. B. $(NaPO_3)_6$ und Alkaliborat, z. B. Borax, zugesetzt.

**It.P. 328387** vom 13. 2. 1934. — C. 1937, I, 2052.

*Chemische Fabrik Johann A. Benckiser G. m. b. H.*, Ludwigshafen.

**Weichmachen von Wasser.** Zusatz von alkalischen Metaphosphaten oder einem Gemisch von Meta- und Pyrophosphaten in Mengen, die den vorhandenen Härtebildnern mindestens äquivalent sind. Seife, Soda, Triorthophosphate können gleichzeitig beigemischt werden.

**Schwz.P. 174090** vom 15. 5. 1934. — C. 1935, II, 1232.

*Franz Siegwart*, Bern.

**Enthärten von Wasser** mittels Milchsäure und phosphorsauren Salzen.

**F.P. 777180** vom 14. 8. 1934. — C. 1935, II, 316.
**Schwz.P. 178553.**

*Chemische Fabrik Johann A. Benckiser G. m. b. H.*, Ludwigshafen a. Rh.

**Gerben von tierischen Häuten und Fellen mit vegetabilischen Gerbstoffen.** Zur Verhinderung von Ausfällungen und Verfärbungen bei Verwendung von eisenhaltigem Wasser werden den Brühen Pyro- oder Metaphosphate oder Mischungen beider zugesetzt, die die vorhandenen Fe-Salze in wasserlösliche Komplexverbindungen überführen (vgl. S. 29).

**A.P. 2059570** vom 7. 12. 1934. — C. 1937, I, 2052.

*Rumford Chemical Works*, Rumford, V. St. A.

**Weichmachen von Wasser** durch in Wasser lösliche Salze der Tetraphosphorsäure, $H_6P_4O_{13}$.

**Schwed.P. 89303** vom 8. 7. 1935. — C. 1937, II, 1637.

*Maschinenbau-A. G. Balke*, Bochum.

**Gewinnung von Kesselspeisewasser aus organische Stoffe, insbesondere Huminstoffe enthaltendem Wasser** durch stufenweise Enthärtung, indem das erwärmte Wasser zunächst mit Kalk, Soda und Natronlauge behandelt wird und nach Abscheidung der organischen Stoffe eine Nachenthärtung mit Alkaliphosphat erfolgt.

**F.P. 811723** vom 8. 1. 1936. — C. 1937, II, 1868.

*Soc. pour l'Exploitation des Procédés et Brevets Fogex*, Frankreich.

**Enthärten von Wasser.** Verwendung eines Gemisches von Natriumsilikat und Natriumaluminat. Der verbrauchte Enthärter wird mittels NaCl-Lösung regeneriert.

**F.P. 809393** vom 16. 7. 1936. — C. 1937, II, 118.

*I. G. Farbenindustrie A. G.*, Frankfurt a. M.

**Enthärten von Kesselspeisewasser.** Das Wasser wird zunächst bei höherer Temperatur mit Ätzkalk in einer Menge, die der Carbonathärte entspricht, versetzt und dann mit Alkaliphosphat in Gegenwart von Alkali behandelt.

# Die Arbeiten der Wasserwerkstatt.

## A. Das Weichen.

### 1. Weichmittel und Weichverfahren.

**D.R.P. 288095**/Kl. 28a vom 12. 11. 1914. — C. 1915, II, 1083; Coll. 1915, 462.

*Dr. Otto Röhm,* Darmstadt.

**Verfahren zum Weichen von Häuten und Fellen.** Behandlung in einer wässerigen Lösung fett- und eiweißspaltender Enzyme der Bauchspeicheldrüse, gegebenenfalls bei alkalischer Reaktion.

**D.R.P. 298322**/Kl. 28a vom 24. 10. 1915. — C. 1917, II, 258; Coll. 1917, 284.

*Dr. Otto Röhm,* Darmstadt.

**Verfahren zur Herstellung von Blößen.** Dem Weichwasser werden Eiweißstoffe oder Eiweißabbauprodukte zugesetzt, gegebenenfalls kann das Weichen und Äschern in einem gemeinsamen Bade bei Gegenwart von Kalk oder Ätzalkalien und Eiweißstoffen vorgenommen werden.

**D.R.P. 386891**/Kl. 28a vom 28. 7. 1920. — C. 1924, I, 2658; Coll. 1924, 63.

*Dufour-Lepetit A. G.* und *Dr. August Gansser,* Mailand.

**Verfahren zur Vorbereitung der Haut für die Gerbung sowie zur Desinfektion und Vorgerbung.** In das in rasch zirkulierender Bewegung sich befindende Weichwasser wird gasförmige schweflige Säure eingeblasen. Das Weichwasser dient zur Entkälkung und Vorgerbung.

**D.R.P. 391314**/Kl. 28a vom 4. 12. 1921. — C. 1924, I, 2053; Coll. 1924, 180.

*Chemische Fabrik Haltingen, Jucker & Co.,* Haltingen i. B.

**Verfahren zum Weichen und Äschern von Häuten.** Es wird dem Weichwasser 4—8% vom Hautgewicht an alkalisch vergorenem Kotbrei zugesetzt, der zugleich Haarlockerung bewirkt.

**D.R.P. 369587**/Kl. 28a vom 17. 3. 1922. — C. 1923, II, 882; Coll. 1923, 27.

*Röhm & Haas A. G.,* Darmstadt.

**Verfahren zum Weichen von Häuten und Fellen.** Behandlung mit wässerigen Lösungen von Rhodansalzen, denen gegebenenfalls Enzyme der Bauchspeicheldrüse und alkalische Salze, wie Soda oder Bicarbonat, zugefügt werden können.

**F.P. 556600** vom 24. 7. 1922. — C. 1925, I, 1260; Coll. 1926, 40.

*Ahmed Labib el Batanouni,* Bordeaux, Frankreich.

**Weichen von Schaffellen.** Dem Weichwasser wird Chlor als Hypochlorit oder in irgendeiner anderen Form zugesetzt. Die Häute werden gegen Fäulnis geschützt und die Wolle gebleicht.

**E.P. 221058** vom 27. 7. 1923. — C. 1926, I, 2993; Coll. 1927, 366.

*Dorothy Jordan Lloyd, Robert Howson Pickard* und *The British Leather Manufacturers' Research Association,* London.

**Weichflüssigkeit für trockene Häute u. dgl.** Dem Weichwasser werden Salze polyvalenter Säuren, wie Natriumcitrat, Kaliumferrocyanid, Natriumpyrophosphat u. dgl., zugesetzt, die fähig sind, durch Hitze koaguliertes Serumalbumin zu dispergieren und keine gerbenden Eigenschaften besitzen.

**A.P. 1570383** vom 22. 7. 1925. — C. 1926, I, 2644.
**E.P. 235678** vom 10. 4. 1924. — C. 1926, I, 2644.
**F.P. 600823** vom 16. 7. 1925.

*Douglas McCandlish,* Leeds, und *William Rearden Atkin,* Heckmondwike, England.

**Verfahren zum Weichen, Enthaaren und Beizen von Häuten und Fellen.** Die Häute oder Felle werden mit einer wässerigen Lösung autolysierter Hefe behandelt, der Ammoniumsalze und Säuren, wie Ameisensäure, oder Alkalisalze, wie Soda, Natriumbicarbonat, sekundäres Natriumphosphat, zugesetzt sind.

**E.P. 255566** vom 1. 5. 1925. — C. 1926, II, 2652; Coll. 1928, 173.

*Johannes Hell*, Eßlingen, Württemberg.

**Behandeln von Häuten und Fellen vor dem Gerben.** Die Rohhäute werden in mit Wasser verdünnter Sulfitablauge, gegebenenfalls unter Zusatz von bakteriziden Stoffen, wie Lysol oder $ZnCl_2$, geweicht, mit reinem Wasser gespült und in bekannter Weise weiter verarbeitet. Bei Verwendung roher Sulfitzelluloseablauge wird diese mit Essig-, Ameisen- oder Milchsäure versetzt.

**F.P. 612409** vom 30. 6. 1925. — C. 1927, I, 1780; Coll. 1928, 374.

*Émile Bohon, Évence Mailliard* und *Pierre Mailliard*, Paris.

**Mittel zum Weichen von Häuten.** Abkürzung der Weichdauer auf die Hälfte durch Zusatz von Stärke, Kalk, Calciumphenolat und Natronlauge zum Weichwasser.

**D.R.P. 479927**/Kl. 28a vom 31. 8. 1926. — C. 1930, I, 2673; Coll. 1929, 603.
**A.P. 1794920** vom 26. 8. 1927. — C. 1931, I, 3642.

*Chemische Fabrik Pott & Co.*, Dresden.

**Verfahren zum Weichen und Naßmachen von Häuten und Leder.** Dem Weichwasser werden netzend wirkende aliphatische, isozyklische, aromatische bzw. partiell hydrierte aromatische oder hydroaromatische Verbindungen zugesetzt, wie z. B. aromatische Sulfosäuren oder deren Salze oder Sulfosäuren bzw. sulfosaure Salze von im Kern substituierten aromatischen Kohlenwasserstoffen.

1. **D.R.P. 579374**/Kl. 28a vom 16. 8. 1929. — Coll. 1933, 576.
2. **A.P. 1870179** vom 8. 8. 1930.
   **E.P. 341851** vom 16. 10. 1929. — C. 1931, I, 3204.
   **F.P. 698842** vom 11. 7. 1930. — C. 1931, I, 3204; Coll. 1932, 295.
3. **D.R.P. 618049**/Kl. 28a vom 8. 2. 1934. — C. 1936, I, 264; Coll. 1935, 563.
   **Zus.P.** zu **579374**/Kl. 28a.
   **A.P. 2043667** vom 29. 1. 1935.
   **E.P. 430767** vom 21. 3. 1934.

*I. G. Farbenindustrie A. G.*, Frankfurt a. M.

**Verfahren zum Weichen von trockenen Häuten und Fellen aller Art.**

1. Mit wässerigen Lösungen von netzend wirkenden aliphatischen Aminen, die einen oder mehrere organische Reste mit einer oder mehreren Oxygruppen enthalten, wie z. B. Triäthanolamin.

2. Mit wässerigen Lösungen von aliphatischen, aromatischen und heterozyklischen Aminen, wie Äthylendiamin, Propylamin, Butylamin, Benzylamin, Pyridin, Piperidin u. dgl., oder den unter 1 genannten Oxyaminen.

3. Mit wässerigen Lösungen, die Umsetzungsprodukte der unter 1 und 2 genannten Amine mit schwefliger Säure bzw. wasserlöslichen Sulfiten enthalten.

**A.P. 1844769** vom 29. 4. 1930. — C. 1932, I, 3024; Coll. 1933, 114.

*Samuel Isermann*, Summit, und *Hans J. Kalscheuer*, New Jersey, V. St. A.

**Vorbehandlung tierischer Häute und Felle für die Gerbung.** Zur Abkürzung der Weiche setzt man dem Weichwasser alkylierte, aromatische Sulfosäuren oder deren Salze, wie z. B. Isopropylnaphthalinsulfosäure oder deren Salze, als Netzmittel zu.

1. **R.P. 38248** vom 24. 1. 1934. — C. 1935, II, 3343; Coll. 1937, 255.

*A. S. Schibalow*, USSR.

2. **Zus.P. 45715** vom 15. 7. 1935. — C. 1936, II, 417.

*A. S. Schibalow* und *K. W. Gerbunow*, USSR.

**Herstellung eines Einweichmittels für Blößen.**

1. Fischdärme werden mit heißem Wasser gespült und der Gärung überlassen, die erhaltene Lösung eingedampft und der Rückstand getrocknet.

2. Dem Auslaugewasser werden etwa 0,15% Kupfersulfat zugesetzt.

## 2. Vorrichtungen.

**E.P. 166495** vom 14. 2. 1920. — C. 1921, IV, 1075.
**Schwz.P. 87970** vom 2. 3. 1920. — C. 1921, IV, 307.

*Albert Manvers*, London.

**Verfahren zum Weichen und Enthaaren von rohen und gesalzenen Fellen.** Die Häute werden in einem Autoklaven aufgehängt und abwechselnd bei hohem Vakuum und bei gewöhnlichem oder erhöhtem Druck mit Wasser geweicht.

**D.R.P. 446729**/Kl. 28b vom 4. 3. 1924. — Coll. 1927, 409.

*Johannes Lüttig*, Neumünster.

**Verfahren und Vorrichtung zum Naßbehandeln von Häuten und Fellen.** Die Häute oder Felle werden von einer Stirnseite in zur Mittelachse geneigt liegende, umlaufende Trommeln ohne Anhalten derselben unter fortlaufender Beschickung in Gegenwart von in Gleich- oder Gegenstrom laufenden Flüssigkeiten gegeben und durch geeignet angebrachte Schaufeln zur anderen Stirnseite befördert, wo sie bearbeitet herausfallen.

**D.R.P. 540795**/Kl. 28b vom 16. 7. 1930. — Coll. 1932, 184.
**Dän.P. 44148** vom 7. 7. 1930. — C. 1933, II, 484.

*N. V. Industrieele Maatschappij v. H. Noury* und *van der Lande*, Deventer, Holland.

**Waschen von nichtenthaarten Häuten.** Die flach und eben auf einen Arbeitstisch gelegten Häute werden im Flüssigkeitsbad hin und herbewegt und hierbei einem von einer über der Flüssigkeit angebrachten Walze ausgeübten Druck ausgesetzt. Drehungsrichtung und Umlaufgeschwindigkeit der Walze entsprechen der Bewegungsrichtung und Geschwindigkeit des Arbeitstisches.

## B. Die Methoden der Haarlockerung.

### I. Chemische Haarlockerungsmethoden.

#### 1. Hydroxyd-Äscher.

**E.P. 2873** (1898).

*E. M. Payne* und *J. u. E. Pullman*, Godalming, England.

**Verfahren zum Enthaaren von Häuten und Fellen.** Vorbehandlung mit Natronlauge und anschließend Behandeln mit Calciumchloridlösung. Die Häute müssen vor den Enthaarungsbädern einer faulen Weiche oder nachher einer Behandlung mit fauligen Brühen unterworfen werden (vgl. S. 68).

**D.R.P. 102643** vom 23. 3. 1898. — C. 1899, II, 279.

*John Pullman* und *Edward England Pullman*, London.

**Verfahren zum Äschern von Häuten und Fellen.** Die Häute und Felle werden zuerst mit Alkalilauge und anschließend mit Kalksalzen oder umgekehrt behandelt.

**1. D.R.P. 297522**/Kl. 28a vom 31. 7. 1912. — C. 1917, I, 1040; Coll. 1917, 243.
**2. Zus.P. 299318**/Kl. 28a vom 11. 11. 1913. — C. 1917, II, 439.

*Dr. Émile d'Huart*, Luxemburg.

**Verfahren zum Enthaaren und Zubereiten von Fellen und Häuten für den Gerbprozeß.**

1. Enthaaren und Schwellen von Fellen und Häuten mit starken Barium- oder Strontiumhydroxydlösungen und nachfolgendes Entschwellen mit Lösungen von glycerophosphorsauren Alkalien oder Erdalkalien.

2. Die glycerophosphorsauren Alkalien oder Erdalkalien werden ganz oder teilweise durch Glycerophosphorsäure ersetzt.

**D.R.P. 298322**/Kl. 28a vom 24. 10. 1915. — C. 1917, II, 258; Coll. 1917, 284.

*Dr. Otto Röhm*, Darmstadt.

**Verfahren zur Herstellung von Blößen.** Zusatz von Eiweißstoffen oder Eiweißabbauprodukten zum Kalkäscher; die Häute und Felle können gegebenenfalls ohne vorhergehende Weiche mit dieser Äscherflüssigkeit behandelt werden.

**1. D.R.P. 304251**/Kl. 28a vom 8. 4. 1917. — C. 1921, II, 832; Coll. 1921, 153.
**2. Zus.P. 338095**/Kl. 28a vom 4. 8. 1918. — C. 1921, IV, 386; Coll. 1921, 328.

*Wilhelm Rautenstrauch*, Trier.

**Verfahren zum Enthaaren und Vorbereiten von Häuten und Fellen für den Gerbprozeß mittels Barytlösung.**

1. Behandeln der Häute und Felle mit Barytlösung in einer Stärke, die größer ist als $^1/_{10}$ normal (8,6 g im Liter) (vgl. S. 70).

2. Zusatz von kleinen Mengen Alkalicarbonat (40 bis 50 g auf 1 l) oder Alkalihydroxyd (20 bis 30 g auf 1 l) (vgl. S. 70).

1. **D.R.P. 341276**/Kl. 28a vom 10. 5. 1919. — C. 1922, II, 54; Coll. 1921, 439.
2. **F.P. 520532** vom 10. 7. 1920. — C. 1921, IV, 837.
3. **Schwz.P. 89063** vom 31. 7. 1920. — C. 1921, IV, 1049.
4. **Norw.P. 32959.**

*Wilhelm Rautenstrauch*, Trier.

**Verfahren zum Äschern von Häuten und Fellen.** Um einem Hautsubstanzverlust beim Äschern von Häuten und Fellen entgegenzuwirken, werden dem Äscher Eiweißstoffe (Leimleder u. dgl.) in solchen Mengen zugesetzt, daß sich ein annähernder Gleichgewichtszustand zwischen diesen Stoffen und den in der Haut enthaltenen Eiweißstoffen oder auch ein Übergewicht über die letzteren ergibt. Vorzugsweise wird ein Barytäscher verwendet; einem Kalkäscher müssen außerdem noch geeignete Desinfektionsmittel zugefügt werden (vgl. S. 70).

1. **F.P. 590901** vom 27. 2. 1924. — C. 1927, I, 1780.
2. **F.P. 606214** vom 17. 2. 1925. — C. 1927, I, 1780.

*Émile Bohon, Évence Mailliard* und *Pierre Mailliard*, Paris.

**Mittel zur Enthaarung und Konservierung von Fellen und Häuten.**

1. Einlegen der Häute und Felle in die Lösung eines Gemisches von Seife, Ätznatron und Phenol.

2. Die Seife kann durch andere Emulsionsmittel, das Phenol durch seine Derivate oder Homologen und das Ätznatron durch jede andere Base oder ein genügend alkalisch reagierendes Salz ersetzt werden.

1. **F.P. 632558** vom 30. 7. 1926. — C. 1928, II, 1851; Coll. 1930, 129.
2. **Zus.P. 33266** vom 10. 12. 1926. — C. 1928, II, 2768; Coll. 1930, 131.
3. **Zus.P. 34121** vom 13. 7. 1927. — C. 1930, II, 345; Coll. 1932, 289.

*Roger Caujolle, Louis Barrié* und *Georges de Crozals*, Paris.

**Verfahren zum Enthaaren von Häuten und Fellen.**

1. Eine Mischung aus vegetabilischem Öl und Alkali mit Zusätzen von Terpentin, Mirbanöl und Talk wird in Pasten- oder Pulverform oder flüssig auf die Fleischseite der Häute und Felle aufgetragen (vgl. S. 111).

2. Die Mischung wird mit Wasser zu einer 10%igen Lösung verdünnt, in die man die Häute und Felle eintaucht oder mit der man sie auf der Fleischseite bepinselt.

3. Neue Zusammensetzung der Paste: Alkali, Schutzemulsion (Seife und Stärke oder Leim), Terpentin, Nitrobenzol und Farbstoff (vgl. S. 111).

**R.P. 50010** vom 8. 6. 1934. — C. 1937, II, 516.

*A. S. Frolow*, USSR.

**Kalklösung zum Äschern von Häuten.** Die beim Äschern von Häuten entstehenden Abfälle werden mit Wasser verdünnt und die erhaltene Flüssigkeit zum Kalklöschen verwendet.

**F.P. 804943** vom 15. 4. 1936. — C. 1937, I, 1625.

*Alfred N. H. Amalvy*, Frankreich.

**Enthaaren und Entfetten von tierischen Häuten und Fellen.** Behandeln der Häute und Felle mit einer Schwöde aus Natriumcarbonat, Pottasche, Natriumsulfit, Ammoniak, Ammoniumphosphat, Ätzkali und Wasser.

## 2. Sulfidäscher.

**D.R.P. 108510** vom 26. 10. 1898. — C. 1900, I, 1152.

*George Dexter Burton*, Boston.

**Verfahren zum schnellen Enthaaren von Häuten und Fellen mittels für diesen Zweck bekannten Chemikalien bei gleichzeitiger Anwendung des elektrischen Stromes.** Die Häute werden in Enthaarungsbädern, die Ätzkalk, Schwefelarsen und gegebenenfalls Alaun enthalten, der Einwirkung des elektrischen Stromes ausgesetzt.

**A.P. 1394588** vom 23. 5. 1919. — C. 1922, IV, 975.

*Albert H. Stone*, Boston, Mass., V. St. A.

**Verfahren zur Herstellung eines Enthaarungsmittels für tierische Felle.** In einer Mischvorrichtung wird gepulvertes oder zerkleinertes CaO mit kalter, oder $Ca(OH)_2$ mit heißer Natriumsulfidlösung gerührt, solange das Gemisch noch heiß ist, die pastenförmige Masse dann getrocknet und pulverisiert.

**A.P. 1331723** vom 24. 2. 1920. — Coll. 1921, 209.

*P. Remer.*

**Kälken und Enthaaren von Häuten.** Vorbehandlung in schwach alkalischer Lösung von Kalk und Natriumsulfid, Waschen und Weiterbehandlung in starkem Kalkwasser.

1. **D.R.P. 343820**/Kl. 28a vom 29. 7. 1920. — C. 1922, II, 168; Coll. 1921, 503.
2. **Ö.P. 84985** vom 9. 6. 1920. — C. 1921, IV, 1162.

*Josef Simet*, Innsbruck, Österreich.

**Enthaarungsmittel für tierische Häute.** Verwendung der Glührückstände bituminöser Gesteine (Schiefer), die Calciumsulfid und -sulfhydrat enthalten, für Enthaarungszwecke.

**E.P. 173788** vom 2. 7. 1920. — C. 1922, IV, 910.

*Thomas Burnell Carmichael*, Liverpool, und *William Henry Ockleston*, Kelsall, Chester.

**Verfahren zum Enthaaren von Fellen.** Die geweichten Felle werden zuerst mit einer sehr schwachen Natriumsulfidlösung und dann mit ebenfalls sehr schwacher Natriumhydroxydlösung behandelt.

**D.R.P. 377133**/Kl. 28a vom 15. 2. 1922. — C. 1923, IV, 271; Coll. 1923, 233.
**F.P. 541658** vom 19. 2. 1921. — C. 1923, II, 978.
**E.P. 175620** vom 9. 2. 1922. — C. 1923, II, 978.
**A.P. 1586062** vom 7. 2. 1922. — C. 1926, II, 3134.
**Can.P. 229188** vom 21. 2. 1922. — C. 1924, I, 1304.

*Société du Feutre*, Paris.

**Verfahren zur Vermeidung der Schädigung der Woll- oder Haardecke beim Schwöden von Fellen.** Vor dem Schwöden werden die Felle in schwach angesäuertem Wasser eingeweicht, so daß die durch Kapillarwirkung in die Woll- bzw. Haardecke eindringenden alkalischen Bestandteile der Schwöde unschädlich gemacht werden.

**F.P. 532824** vom 29. 3. 1921. — C. 1922, IV, 910.

*Giacomo Bosio* und *Alfredo Sola*, Italien.

**Verfahren zum Enthaaren von Fellen.** Die Felle werden ca. 24 Stunden mit einer Lösung von Ätznatron, Natriumsulfid und Kalk oder besser von Ätznatron, Natriumsulfid, Arsensulfid, Kalk und Quecksilberjodid in Wasser behandelt.

**E.P. 191431** vom 13. 8. 1921. — C. 1925, I, 927.

*Sres Nordenflycht, Bustos y Cia, c/o. Sres Magnere*, Santiago di Chile, Chile.

**Mittel zum Enthaaren von Fellen und Häuten.** Zu einer konzentrierten Lösung von Natriumpolysulfiden wird eine zur Überführung in Natriumsulfid unzureichende Menge Ätznatron gegeben. Das Produkt erstarrt zu einer festen Masse, die in der Hauptsache aus $Na_2S_2$ neben wenig $Na_2S_2O_3$ und $Na_2SO_3$ besteht (vgl. S. 82).

1. **D.R.P. 432686**/Kl. 28a vom 20. 9. 1923. — C. 1926, II, 1719; Coll. 1926, 449.
2. **D.R.P. 434570**/Kl. 28a vom 30. 1. 1924. — C. 1927, I, 219; Coll. 1926, 587.

*Dr. Max Bergmann, Dr. Eugen Immendörfer* und *Dr. Alice Immendörfer*, geb. *Goodson*, Dresden.

**Verfahren zum Äschern von Häuten und Fellen.**

3. **D.R.P. 434569**/Kl. 28a vom 24. 4. 1924. — C. 1927, I, 219; Coll. 1926, 586.
4. **Zus.P. 475301**/Kl. 28a vom 3. 7. 1924. — C. 1929, II, 1121; Coll. 1929, 455.
5. **Zus.P. 496922**/Kl. 28a vom 13. 2. 1925. — C. 1930, II, 345; Coll. 1930, 242.

*Dr. Max Bergmann, Dr. Eugen Immendörfer* und *Dr. Hermann Loewe*, Dresden.

**Verfahren zum Enthaaren und Äschern von Häuten und Fellen.**

6. **D.R.P. 482418**/Kl. 28a vom 17. 6. 1925. — C. 1930, I, 1420; Coll. 1929, 659.

*Dr. Max Bergmann*, Dresden.

**Verfahren zum Enthaaren von Häuten und Fellen.**

1. Zusatz von organischen stickstoffhaltigen Verbindungen (wie Harnstoff, Pyridin), die neben äschernden auch netzende Eigenschaften haben, zum Natriumsulfidäscher. Die Konzentration des Natriumsulfids kann durch diese Zusätze soweit herabgesetzt werden, daß es nicht mehr faserschädigend wirkt (vgl. S. 83 u. S. 111).

2. Verwendung von Sulfiden von anorganischen oder organischen Stickstoffbasen (Ammoniak, Harnstoff usw.), die frei sind von wirksamen Alkalisulfiden zum Enthaaren von Häuten und Fellen, gegebenenfalls zusammen mit beliebigen anderen Zusätzen (vgl. S. 83 u. S. 111).

3. Gleichzeitige Verwendung löslicher Silikate (z. B. Wasserglas) mit geeigneten alkalischen Enthaarungsmitteln (z. B. Natriumsulfid, Natronlauge) zum Enthaaren von Häuten und Fellen (vgl. S. 111).

4. An Stelle der unter 3 genannten Verbindungen der fixen Alkalien (Natriumsulfid, Natronlauge) werden Ammonsulfid oder andere Ammoniakderivate bzw. deren Gemische gleichzeitig mit den löslichen Silikaten zum Enthaaren verwendet (vgl. S. 111).

5. Das unter 4 genannte Gemisch von Ammonsulfid oder anderen Ammoniakderivaten und löslichen Silikaten wird vor, während oder nach der Behandlung der Häute mit einem der üblichen Äschermittel, wie Kalk, Kalk- und Natriumsulfid usw., angewendet.

6. Die Häute und Felle werden nach erfolgter Weiche vor dem eigentlichen Enthaarungsprozeß (Äschern, Schwöden) einer Vorbehandlung mit organischen oder anorganischen Stickstoffbasen (Ammoniak, Äthylendiamin, Pyridin usw.) bzw. deren Verbindungen, wie insbesondere den Sulfiden oder mit löslichen Silikaten, einzeln oder in Mischung, unterworfen (vgl. S. 89 u. S. 91).

Zu den unter 1 bis 6 angeführten D.R.P. gehören folgende **Auslandspatente**:

Zu **D.R.P. 432686** (1.):
**E.P. 222121** vom 16. 9. 1924. — C. 1926, II, 1719.
**F.P. 585535** vom 10. 9. 1924. — C. 1926, II, 1719.
**It.P. 233560** vom 16. 9. 1924.

Zu **D.R.P. 475301** (4.):
**E.P. 236543** vom 25. 6. 1925. — C. 1926, II, 2651.
**F.P. 600139** vom 3. 11. 1925. — C. 1926, II, 2651.
**It.P. 240802** vom 1. 7. 1925.

Zu **D.R.P. 496922** (5.) und **D.R.P. 482418** (6.):
**A.P. 1765199** vom 27. 7. 1925.
**E.P. 247826** vom 6. 7. 1925. — C. 1926, II, 3088.
**F.P. 600360** vom 6. 7. 1925. — C. 1926, II, 3088.
**It.P. 240953** vom 7. 7. 1925.

Zu **D.R.P. 432686** (1.) und **D.R.P. 475301** (4.):
**A.P. 1599358** vom 13. 9. 1924. — C. 1926, II, 2651.

Zu **D.R.P. 475301** (4.), **D.R.P.** 496922 (5.) und **D.R.P.** 482418 (6.):
**Aust.P. 24464/25** vom 12. 8. 1925.

**E.P. 241666** vom 1. 9. 1924. — C. 1926, I, 3576.
**F.P. 603228** vom 18. 9. 1925. — C. 1926, I, 3576.

*Hugh Campbell Ross*, Liverpool, *Hubert Clifton Marris* und *William Walker & Sons Ltd.*, Bolton, England.

**Verfahren zum Enthaaren von Fellen.** Gepulverter Schwefel wird mit Kalkmilch 1 Stunde zum Kochen erhitzt und die dunkelorangefarbige Lösung in der Kälte auf eine Dichte von 1,120 eingestellt. In diese Äscherflüssigkeit werden die Häute eingehängt und wässeriges Ammoniak (D 0,9) zugegeben.

**D.R.P. 436149**/Kl. 28a vom 5. 12. 1924. — C. 1926, II, 3134; Coll. 1927, 54.

*Dr. Hans Benfey*, Berlin-Wilmersdorf.

**Verfahren zur Herstellung eines Enthaarungsmittels.** Die Abgase der Schwefelkohlenstofföfen werden in Lösungen von Natriumsulfid, denen Kalkmilch zugesetzt ist, absorbiert; dabei entsteht unter anderem Natriumsulfhydrat (vgl. S. 112).

**D.R.P. 436150**/Kl. 28a vom 14. 1. 1925. — C. 1926, II, 3134; Coll. 1927, 54.

*Dr. Hans Benfey*, Berlin-Wilmersdorf.

**E.P. 246114** vom 17. 12. 1925. — C. 1926, II, 1488.

*Fritz Ullmann*, Genf, Schweiz.

**F.P. 608975** vom 5. 1. 1926. — C. 1927, I, 219.

*J. Michael, Aktienges. für chemische und metallurgische Industrie*, Deutschland.

**Verfahren zum Enthaaren von Fellen.** Behandeln der Felle mit einer Äscherflüssigkeit, die Kalk und weniger als 1% Natriumsulfhydrat enthält (vgl. S. 112).

**R.P. 8210** vom 4. 5. 1926. — Coll. 1926, 590.
**R.P. 8848** vom 4. 5. 1926. — C. 1931, I, 2152; Coll. 1932, 460.

*P. I. Pawlowitsch* und *A. I. Smetkin*, USSR.

**Verfahren zum Enthaaren von Fellen.** Die Häute werden zuerst mit einer Lösung von Alkali- oder Ammoniumsulfid, die durch Zusatz von neutralisierenden oder puffernden Mitteln auf einen $p_H$-Wert von 7 und darunter gebracht sind, bis zur Durchdringung behandelt, ausgewaschen und dann mit Erdalkalihydroxyden (Kalk) oder Alkalisilikaten behandelt (vgl. S. 111).

**F.P. 617628** vom 17. 6. 1926. — C. 1927, II, 661; Coll. 1929, 273.

*Rene Botson*, Belgien.

**Can.P. 275518** vom 23. 8. 1926. — C. 1930, II, 1938.
**Ö.P. 117011** vom 25. 10. 1926. — C. 1930, II, 345.
**Dän.P. 38361** vom 16. 5. 1927. — C. 1931, II, 180.

*Société Industrielle des Applications Chimiques S. A. „I. N. D. A. C.“*, Brüssel.

**Herstellung eines Enthaarungsmittels für Häute und Felle.** Natriumsulfid oder andere Sulfide werden im Autoklaven unter 4 bis 5 Atm. Druck mit Wasserdampf behandelt, die erhaltene Flüssigkeit mit geringen Mengen Terpentinöl versetzt, filtriert, mit der gleichen Gewichtsmenge Natronlauge derselben Konzentration wie die Flüssigkeit versetzt, nochmals filtriert, eingeengt und der Kristallisation überlassen (vgl. S. 111).

**R.P. 9500** vom 6. 8. 1926. — Coll. 1926, 590.

*I. E. Weißberg*, Taganrog.

**Verfahren zur schnellen Enthaarung und alkalischen Schwellung der Häute im Faß.** Die geweichten oder ungeweichten Häute werden im Faß zuerst bei 30° mit 2%iger Schwefelnatriumlösung behandelt, bis die Haare zerstört sind, dann mit Wasser ausgewaschen und zum Schluß ebenfalls im Faß mit Kalkmilch oder verdünnter Natronlauge behandelt.

**F.P. 621577** vom 16. 9. 1926. — C. 1928, I, 459; Coll. 1929, 47.

*Joseph Peiny*, Paris.

**Mittel zum Enthaaren von Häuten.** Den bekannten Enthaarungsmitteln wird zur Mäßigung der Reaktion Kochsalz zugesetzt; das Mittel besteht z. B. aus Natriumsulfid oder Arsensulfid, Ätznatron, Soda und Kochsalz.

**Ung.P. 95665** vom 12. 12. 1927. — C. 1930, II, 1027.

*K. Garai*, Pécs, Ungarn.

**Verfahren zum Äschern von Kalb- und Roßhäuten.** Die geweichten Häute werden im Faß mit 0,3 bis 0,5%iger Natriumsulfidlösung bis zur Durchdringung behandelt und dann nach und nach weitere Mengen Natriumsulfid und gelöschter Kalk zugesetzt.

**A.P. 1743938** vom 4. 2. 1928. — C. 1930, II, 1179; Coll. 1932, 300.

*Grasselli Chemical Co.*, Cleveland, Ohio, V. St. A.

**Verfahren zum Enthaaren von Häuten** mit einer Mischung von Kalk, Natriumsulfid und Natriumsulfhydrat.

**R.P. 10639** vom 30. 3. 1928. — C. 1931, I, 3080; Coll. 1932, 460.

*B. I. Griliches*, *A. A. Friedman* und *I. J. Morgulis*, USSR.

**Verfahren zum Enthaaren von Häuten.** Die Häute werden zuerst mit neutralen Alkali- oder Erdalkalisalzen und anschließend mit Ätz- und Schwefelalkalien behandelt.

**Belg.P. 356694** vom 14. 12. 1928. — C. 1932, II, 1404.

*M. Martens*, Zulte, Belgien.

**Enthaaren von Häuten.** Zusatz von Alkalisilikaten zu den üblichen Enthaarungsmitteln zur Schonung der Häute.

**D.R.P. 524210**/Kl. 28a vom 29. 1. 1929. — C. 1931, II, 668; Coll. 1931, 406.

*Diaponfabrik Herbert Krull G. m. b. H.*, Hamburg.

**Verfahren zur Herstellung gerbfertiger Blößen mit Schwefelnatrium.** Schwöden oder Äschern von Häuten und Fellen ohne Kalk unter Zusatz einer oder mehrerer Zuckerarten und Milchsäure, gegebenenfalls auch gereinigter Sulfitablauge.

**Aust.P. 18112/29** vom 29. 1. 1929. — C. 1933, II, 979; Coll. 1934, 32.

*Société Industrielle des Applications Chimiques S. A. „I. N. D. A. C.“*, Brüssel.

**Verfahren zum Enthaaren von Häuten und Fellen.** Die geweichten Häute und Felle werden vor dem Äschern mit Wasser von 25 bis 35° C vorbehandelt und dann mit einer Lösung geäschert, die 2,5 bis 7 g reines $Na_2S$ pro Liter und zweckmäßig noch Natriumsulfarsenit und eine geringe Menge Soda enthält.

**F.P. 687931** vom 28. 3. 1929. — C. 1930, II, 3887; Coll. 1932, 293.
**E.P. 355368** vom 27. 3. 1930.

*Soc. Financière de Crédit Mobilier et Immobilier*, Schweiz.

**Verfahren zum Enthaaren und Entwollen von tierischen Häuten.** Verwendung eines Enthaarungsmittels, bestehend aus einem Alkali- oder Erdalkalisulfid, Hautabfällen, Alkali, einer Harzseife und einem Antiseptikum.

**R.P. 35319** vom 9. 4. 1929. — C. 1935, I, 2304.
**R.P. 32662** vom 22. 5. 1929. — C. 1934, II, 2345.

*I. T. Bass* und *N. N. Kotelnikow*, USSR.

**Enthaaren von Häuten.** Die Häute werden vor der üblichen Enthaarung mit Natriumsulfid und Kalkmilch mit einer schwachen Natriumbisulfitlösung getränkt (vgl. S. 111).

**F.P. 678455** vom 16. 7. 1929. — C. 1931, I, 884; Coll. 1932, 292.

*Société Industrielle des Applications Chimiques S. A. „I. N. D. A. C.“*, Brüssel.

**Enthaarungsmittel für Häute und Felle.** Schwödebrei, bestehend aus Natriumsulfid, Kaolin und Sägemehl, gegebenenfalls unter Zusatz von Soda.

**F.P. 701953** vom 10. 12. 1929. — C. 1931, II, 1805; Coll. 1932, 296.

*Soc. Financière de Crédit Mobilier et Immobilier*, Schweiz.

**Verfahren zum Äschern und gleichzeitigen Entfetten von Häuten.** Die Häute werden mit einer auf 100° erwärmten Mischung aus 20 kg $Na_2S$, 20 kg feingesiebtem Kalk, 20 kg Fullererde und 100 l Wasser gewalkt, bis die Haare entfernt sind.

**F.P. 701968** vom 12. 12. 1929. — C. 1931, II, 1664; Coll. 1932, 296.

*Soc. Financière de Crédit Mobilier et Immobilier*, Schweiz.

**Verfahren zum Enthaaren von Häuten und Fellen.** Schwöde aus Alkali, Schwefel, Hautabfällen, Phenol und Fullererde.

**F.P. 700557** vom 30. 6. 1930. — C. 1931, II, 180; Coll. 1932, 296.

*Raimond-Moïse Loubié*, Frankreich.

**Verfahren zum Enthaaren von Häuten und Fellen** mit einem Gemisch von 250 Teilen Natriumsulfid, 200 Teilen Ätznatron, 30 Teilen Kalk, 60 Teilen Orpin und 40 Teilen Kohlenhydraten (Kleie, Mehl, Stärke), das mit Wasser auf die gewünschte Konsistenz verdünnt wird.

**A.P. 1859417** vom 3. 11. 1930. — C. 1932, II, 1404; Coll. 1933, 115.

*Frank Warra*, Woodriver, Illinois, V. St. A.

**Äscherverfahren.** Vorbehandlung mit einer Äscherbrühe aus 6% Kalk, 1,25% Natriumsulfid (60%ig) und so viel Wasser, daß eine 15%ige Lösung erhalten wird, wobei die Äscherbrühe in drei Raten innerhalb sechs Stunden zugesetzt wird. Nach dem Enthaaren Nachäscher aus 2,5% Kalk, 2,7% Natriumsulfid, 0,5% Ätznatron, 4% Kochsalz und 250% Wasser.

**Aust.P. 316/31** vom 21. 1. 1931. — C. 1932, II, 1736; Coll. 1933, 116.

*Woolf Dale*, Dulwich Hill, Sidney, Neusüdwales, Australien.

**Verfahren zum Enthaaren bzw. Entwollen von tierischen Häuten und Fellen.** Bestreichen der Fleischseite mit einer 2%igen Alkalilösung, nach 2 bis 4 Stunden mit einer 5%igen Kochsalzlösung und nach weiteren 2 bis 4 Stunden mit einem Schwödebrei aus Natriumcarbonat, Kochsalz, Bariumsulfid, Kieselgur und Wasser oder aus Ätznatron, Kochsalz, Bariumsulfid, Seife und Wasser.

**D.R.P. 630250**/Kl. 28a vom 25. 1. 1931. — C. 1936, II, 918; Coll. 1936, 353.

*Johann Georg Kästner*, Frankfurt a. M., und *Carl Herbert Tröger*, Melun, S. & M., Dammarie-Les-Lys, Frankreich.

**Verfahren zum Äschern tierischer Häute im Faß.** Verwendung einer aus 0,5% Natriumsulfid und 1,5% gelöschtem Kalk — bezogen auf die Flüssigkeitsmenge — bestehenden Äscherbrühe, der eine wässerige Lösung von 0,75% Natriumsulfid (35proz.), 0,375% Natriumthiosulfat (krist.) und 0,375% Natronlauge (45° Bé), berechnet auf die Gesamtflüssigkeitsmenge der Äscherbrühe, zugesetzt ist.

**D.R.P. 627394**/Kl. 28a vom 22. 4. 1933. — Coll. 1936, 234.
**Aust.P. 8250/1932** vom 13. 7. 1932. — C. 1934, I, 990; Coll. 1935, 138.
**A.P. 2018359** vom 20. 4. 1933.
**F.P. 754841** vom 27. 4. 1933.

*Oonah Limited*, Christchurch, Neuseeland.

**Verfahren zur Entfernung von Wolle oder Haaren von Häuten oder Fellen.** Auf die Fleischseite der Häute oder Felle wird ein Schwödebrei aus 4000 bis 5000 Gewichtsteilen Wasser, 800 bis 900 Gewichtsteilen Natriumsulfid, 110 Gewichtsteilen Seife, 30 Gewichtsteilen Klauenöl, 200 Gewichtsteilen Kleienmehl und gegebenenfalls 3,25 Gewichtsteilen Naphthalin aufgetragen.

**A.P. 2016260** vom 24. 10. 1932. — C. 1936, I, 941; Coll. 1937, 299.

*Harold G. Turley*, Moorestown, N. J., V. St. A.

**Enthaaren von tierischen Häuten und Fellen.** Die geweichten Häute und Felle werden mit einer auf $p_H = 11,8$ bis 12,2 eingestellten Natriumsulfidlösung bis zur beginnenden Haarlässigkeit behandelt und mit Kalk nachgeäschert. Die Einstellung auf den genannten $p_H$-Bereich erfolgt durch Zusatz von Alkali- oder Erdalkalisulfhydraten, anorganischen oder organischen Säuren, sauren Salzen od. dgl. zur Natriumsulfidlösung.

**A.P. 1973130** vom 21. 7. 1933. — C. 1935, I, 1161; Coll. 1937, 190.

*Röhm & Haas Co.*, Philadelphia, Pa., V. St. A.

**Verfahren zum Enthaaren und Äschern von tierischen Häuten und Fellen.** Zu den bekannten alkalischen Äschermitteln (Kalk, Ätznatron) werden organische Verbindungen zugesetzt, die eine oder mehrere SH-Gruppen enthalten oder diese in alkalischer Lösung bilden (primäre, sekundäre und tertiäre aliphatische Mercaptane, alizyklische Mercaptane, Thioacetamid, Thiosemicarbazid).

**A.P. 2007984** vom 20. 9. 1933. — C. 1935, II, 3192; Coll. 1937, 244.
**E.P. 459875** vom 16. 7. 1935.
**F.P. 792441** vom 16. 7. 1935.
**Schwz.P. 184619** vom 16. 7. 1935.

*Bernhardt Quendt*, Essen.

**Äschern von tierischen Häuten und Fellen.** Behandeln der Häute und Felle mit einer auf $p_H = 9$ bis 10 eingestellten, alkalimetallfreien Äscherbrühe, die durch Einleiten von Schwefelwasserstoff in eine Erdalkalien und Ammoniak enthaltende Lösung hergestellt ist und die gegebenenfalls noch einen Gehalt von Arsensalzen und Hexamethylentetramin aufweist.

**R.P. 40500** vom 23. 2. 1934. — C. 1935, II, 3739.

*D. N. Kusmin*, USSR.

**Enthaaren von Hasen- und Kaninchenhäuten.** Die Häute werden zunächst mit verdünnter Natronlauge (1° Bé) bei etwa 20 bis 25° benetzt, abgepreßt und anschließend etwa 2 bis 6 Stunden mit Schwefelwasserstoff behandelt.

**D.R.P. 632882**/Kl. 28a vom 19. 5. 1934. — Coll. 1936, 470.
**F.P. 796216** vom 11. 10. 1935. — C. 1936, II, 918.

*Otto Grünwald*, Berlin-Schmargendorf (und *Ernst Weiß*, England).

**Enthaarungs- und Entwollungsmittel für tierische Häute und Felle.** Auf die Fleischseite der Häute und Felle wird ein Gemisch aus 1 Gewichtsteil Natriumsulfid, $2^1/_2$ Gewichtsteilen ungelöschtem Kalk, $^1/_2$ Gewichtsteil Kochsalz und 10 Gewichtsteilen Wasser aufgetragen, dem ein aus 1 Gewichtsteil Kalilauge (40° Bé), 2 Gewichtsteilen Äthylalkohol und 4 Gewichtsteilen vegetabilischem Öl gebildetes Reaktionsprodukt in Mengen von 10 bis 25% zugesetzt ist.

**Ung. P. 113839** vom 31. 10. 1934. — C. 1936, I, 3956; Coll. 1937, 316.

*Gyula Wolfner es Társa*, Budapest, und *Anton Hevesi*, Ujpest.

**Äschern oder Anschwöden von tierischen Häuten.** Verwendung einer Alkalisulfide (Natriumsulfid) und Alkalisulfate (Natriumsulfat) enthaltenden Lösung, gegebenenfalls des durch Zusatz indifferenter Verdickungsmittel, wie Kohlepulver, Kaolin, Gips, entstehenden Breis.

**D. R. P. 646721**/Kl. 28a vom 28. 4. 1935. — C. 1937, II, 1931; Coll. 1937, 445.

*Böhme Fettchemie G. m. b. H.*, Chemnitz.

**Verfahren zum Enthaaren und Äschern von Häuten und Fellen.** Schwöden mit einer Paste, bestehend aus Lösungen von Sulfiden, Mischungen von Sulfiden und Ätzalkalien, Polysulfiden oder Sulfhydraten und Schutzkolloiden (Eiweiß, Stärke, Pflanzenschleime), wobei die Häute und Felle nach dem Enthaaren ohne vorheriges Auswaschen längere Zeit (24 bis 72 Stunden) liegen bleiben. Ein Nachäscher ist dann nicht mehr nötig.

**R. P. 48992** vom 5. 8. 1935. — C. 1937, II, 516.

*A. S. Frolow*, USSR.

**Enthaaren von Häuten.** Die Häute werden mit einer Paste eingerieben, die aus Sulfiden in Mischung mit Casein, Mehl, Fischmehl, gemahlenem Ölkuchen, Schlempe, Naphthensäuren, Sulfosäuren, Glycerin und (oder) Paraffin besteht.

### 3. Ammoniak- und Aminäscher.

1. **D. R. P. 371030**/Kl. 28a vom 7. 1. 1921. — C. 1923, II, 1266; Coll. 1923, 64.
2. **D. R. P. 371029**/Kl. 28a vom 27. 8. 1920. — C. 1923, II, 1266; Coll. 1923, 63.

*Patentfellenthaarungs G. m. b. H.*, Halle a. S.

1. **E. P. 175314** vom 14. 8. 1920. — C. 1922, IV, 1072.
2. **Zus. P. 182240** vom 13. 4. 1921. — C. 1922, IV, 1072.

*Otto Richter*, Brandenburg a. H.

1. **F. P. 532469** vom 23. 9. 1920. — C. 1923, II, 69.

*Karl Vigener*, Deutschland.

**Verfahren zum Enthaaren von Fellen und Häuten.**

1. Die geweichten Häute und Felle werden in verschließbaren Kammern aufgehängt und bei 37 bis 45° C mit gasförmigem Ammoniak (150 bis 300 g Ammoniak pro Kubikmeter Kammerraum) behandelt, wobei die Kammer stets feucht gehalten werden muß. Nach eingetretener Haarlockerung werden die Häute vom Ammoniak befreit (Auswaschen mit warmem Wasser oder Überführen in ein wasserlösliches Salz [Carbonat] durch Einleiten von $CO_2$ in die Kammern und Auswaschen) und noch warm enthaart. An Stelle von Ammoniak können z. B. Methylamin, Hydroxylamin, Pyridin Verwendung finden (vgl. S. 89).

2. Um das Eindringen des Ammoniaks in die Felle und Häute zu erleichtern, werden diese entweder vor dem Einbringen in die Kammer mit fettlösenden oder fettverseifenden Mitteln behandelt oder der Kammerprozeß so geleitet, daß in seinem ersten Stadium die Fette durch Ammoniak verseift werden. Statt gasförmigen Ammoniaks kann auch wässerige Ammoniaklösung durch Zerstäuben in die Kammern eingeführt werden (vgl. S. 89).

**D. R. P. 432282**/Kl. 28a vom 8. 2. 1924. — C. 1926, II, 1719; Coll. 1926, 447.

*I. G. Farbenindustrie A. G.*, Frankfurt a. M.

**Verfahren zum Äschern bzw. Enthaaren und Entwollen von Häuten und Fellen.** Dem Kalkäscher werden Ammonsalze (Ammoniumbicarbonat, -sulfat, -phosphat u. a.) zweckmäßig in Mengen von 0,3 bis 0,6% (bezogen auf Flüssigkeitsmenge) zugesetzt.

1. **D. R. P. 416407**/Kl. 28a vom 2. 4. 1924. — C. 1925, II, 1327; Coll. 1925, 485.
   **Ö. P. 103896** vom 4. 6. 1924. — C. 1926, II, 2372.
2. **D. R. P. 446883**/Kl. 28a vom 1. 6. 1924. — C. 1927, II, 1321.
   **Zus. P.** zu **D. R. P. 416407.**

1. u. 2. **F. P. 595057** vom 13. 3. 1925. — C. 1926, II, 2371.

*Otto Röhm*, Darmstadt.

**Verfahren zur Herstellung gerbfertiger Blößen.**

1. Die Häute und Felle werden mit Lösungen von Alkali-, Erdalkali- oder Ammoniumsalzen und Säuren behandelt, die Säuren sodann neutralisiert und die Salze ausgewaschen. Anschließend werden die Häute und Felle mit Ammoniaklösung bis zur Haarlässigkeit behandelt, wobei gleichzeitig oder nach der Enthaarung Pankreasenzyme mitverwendet werden (vgl. S. 89).

2. Der Ammoniaklösung können noch andere alkalische Verbindungen ($Na_2CO_3$) zugesetzt oder das Ammoniak gasförmig angewendet werden.

**D.R.P. 482418**/Kl. 28a vom 17. 6. 1925.

*Dr. Max Bergmann*, Dresden.

**Verfahren zum Enthaaren von Häuten und Fellen.** Vgl. unter Sulfidäscher (S. 419).

**A.P. 1785092** vom 15. 3. 1927. — C. 1931, I, 2428.
**E.P. 327132** vom 27. 10. 1928. — C. 1930, II, 1325.
**Aust.P. 17133/1928** vom 30. 11. 1928. — C. 1930, II, 1325; Coll. 1932, 304.

*Tanners Council of the United States of America*, Columbia, New York.

**Verfahren zum Äschern von Häuten und Fellen.** Behandeln der Häute und Felle mit konz. Calciumhydroxydlösung (Kalkwasser), der primäre Amine (Methyl-, Äthylamin), die bedeutend wirksamer als sekundäre und tertiäre Amine sind, zugesetzt werden (vgl. S. 90).

**A.P. 1763319** vom 5. 3. 1928. — C. 1930, II, 3228; Coll. 1932, 301.

*Pfister & Vogel Leather Co.*, Milwaukee, Wisconsin, V. St. A.

**Enthaarungsmittel für Häute und Felle.** Die Häute und Felle werden 30 bis 48 Stunden bei 21 bis 30° mit einer alkalischen Lösung von Zuckerrübenmelasse behandelt; die Haarlässigkeit wird durch freiwerdende Amine bewirkt.

**R.P. 30389** vom 24. 10. 1928. — C. 1934, I, 990; Coll. 1935, 148.

*W. M. Schtikan*, USSR.

**Enthaaren von Häuten.** Behandeln der Häute mit Kalk unter Zusatz von Eiweißabbauprodukten, die in der Weise gewonnen werden, daß Leimleder zunächst mit Pankreassäften und darauf mit Darmschleimhaut behandelt wird (vgl. S. 91).

**R.P. 16810** vom 11. 12. 1928. — C. 1931, II, 668; Coll. 1932, 461.

*N. N. Koschewnikow*, USSR.

**Verfahren zum Enthaaren von Häuten.** Die Häute werden zuerst mit einer Lösung von Ammoniak und hydrolysierten Eiweißstoffen und darauf in üblicher Weise mit Natriumsulfid und Kalk behandelt (vgl. S. 89 u. S. 91).

**F.P. 666415** vom 27. 12. 1928. — C. 1930, I, 2034.

*Société Industrielle des Applications Chimiques*, Belgien.

**Entwollen von Fellen ohne Schädigung der Wolle und der Haut.** Die Felle werden mit schwachen Natriumsulfidlösungen behandelt (2,5 bis 7 g pro Liter), in die zwecks Bewegung der Felle Luft oder ein inertes Gas eingeblasen wird und der ein desinfizierendes Mittel, z. B. Formaldehyd, zugefügt wird. Statt Natriumsulfid kann auch das Natriumsalz der sulfoarsenigen Säure verwendet werden.

**R.P. 16811** vom 3. 1. 1929. — C. 1931, II, 668; Coll. 1932, 461.

*M. I. Bojarski*, USSR.

**Verfahren zum Enthaaren von Häuten** mittels einer Kalklösung, der die Produkte der trockenen Destillation eiweißhaltiger Stoffe, z. B. von Lederabfällen, zugesetzt sind.

**A.P. 1844160** vom 21. 3. 1930. — C. 1932, I, 2919; Coll. 1933, 113.

*Carbide and Carbon Chemicals Corp.*, New York, V. St. A.

**Äscherverfahren.** Verwendung einer auf $p_H = 11{,}6$ bis $11{,}7$ eingestellten 1proz. Lösung von Monoäthanolamin in Wasser, gegebenenfalls zusammen mit bekannten Äschermitteln, wie Alkalien, Erdalkalien oder Sulfiden (vgl. S. 91).

**R.P. 37242** vom 3. 3. 1932. — C. 1935, II, 2617; Coll. 1937, 254.

*W. G. Leites, N. M. Tschetwerikow* und *J. J. Margulis*, USSR.

**Enthaaren und Weichen von Häuten.** Die Häute werden mit Wasser unter Zusatz von Xylosemelasse und Salz- oder Milchsäure behandelt.

**A.P. 1976881** vom 15. 3. 1932. — C. 1935, I, 1490; Coll. 1937, 191.
*Carbide and Carbon Chemicals Corp.*, New York, V. St. A.

**Äschern von tierischen Häuten und Fellen.** Verwendung von wässerigen Lösungen aliphatischer Amine (Methylamin, Äthylendiamin, Mono-, Di- und Triäthanolamin), in die Schwefelblumen eingetragen oder Schwefelwasserstoff oder Schwefeldioxyd eingeleitet werden; gegebenenfalls kann auch Kalk mitverwendet werden.

**Aust.P. 11136/1933** vom 31. 1. 1933. — C. 1934, I, 3689; Coll. 1936, 120.
*Jan W. Archibald*, Dulwich Hill, und *Thomas S. Bull*, Haberfield, Australien.

**Enthaaren von Häuten und Fellen.** Behandeln der geweichten Häute und Felle mit einer Lösung aus 100 Teilen Wasser, 4 Teilen sulfoniertem Tran und 1 Teil Ammoniumhydroxyd während 10 bis 20 Stunden (vgl. S. 89).

### 4. Verschiedene Äscher.

**D.R.P. 345400**/Kl. 28a vom 21. 4. 1921. — C. 1922, II, 493.
**E.P. 163294** vom 22. 4. 1921. — C. 1921, IV, 837.
*Soc. Pichard Frères*, Paris.

**Verfahren zum Enthaaren von Fellen.** Vollständig getrocknete, unenthaarte Häute werden für einen Augenblick in flüssige Luft, flüssigen Sauerstoff oder Stickstoff eingetaucht und die gefrorenen Haare oder Wolle durch Abbrechen entfernt; die Haarwurzeln bleiben in der Haut.

**F.P. 552899** vom 9. 11. 1921. — C. 1925, I, 1669.
**E.P. 200763** vom 2. 12. 1922. — C. 1925, I, 1669.
**Aust.P. 10740** vom 18. 1. 1923. — C. 1925, I, 1669.
*Urbain Jules Thuau* und *Marcel Massin*, Paris.

**Verfahren zum Enthaaren roher oder gegerbter Felle.** Rohe oder gegerbte, auf alle Fälle entpökelte Felle werden sehr tiefen Temperaturen ausgesetzt (Aufschleudern flüssiger Luft gegen die Fleisch- oder Haarseite, Eintauchen der Felle in flüssige Luft oder Einhängen in Gefrierräumen) und enthaart.

1. **Belg.P. 353899** vom 1. 9. 1928. — C. 1931, II, 2547; Coll. 1932, 455.
2. **Belg.P. 353900** vom 1. 9. 1928. — C. 1931, II, 2547.
*M. Martens*, Zulte.

**Enthaaren von Häuten.**

1. Enthaarungsmittel, bestehend aus 0,1 Teil chemisch reinem, kristallinem, feinst gepulvertem Natriumsulfit, 0,45 Teilen feinst gemahlenem Kaolin und 0,45 Teilen feinst gemahlenem Sägemehl.

2. Die Häute werden, ohne sich zu berühren, in einen durch eine Scheidewand unterteilten und mit Rührwerk versehenen Behälter gebracht. Das Enthaarungsbad (Natriumbisulfitlösung) wird dauernd durch eine Pumpe umgewälzt.

**F.P. 691196** vom 5. 3. 1930. — C. 1931, I, 884; Coll. 1932, 294.
*Hilaire Alexis Bare*, *Marie Josephine Kerremans* und *Henri Marie Joseph Antoine de Coster*, Belgien.

**Verfahren zur Gewinnung von Haaren und Wolle.** 5 g Melioran B, 0,5 g Cykloran M, 0,05 g Silbernitrat werden in 1 l Wasser gelöst, 6% Schwefelsäure zugesetzt, auf 70° erhitzt und 8 Stunden stehen gelassen; in diese Lösung werden die zu enthaarenden Felle eingehängt.

**Belg.P. 371026** vom 12. 6. 1930. — C. 1934, I, 2701.
*P. Fuetterer* und *G. Maes*, Brüssel, Belgien.

**Abtrennen von Wolle oder Haaren von Fellen.** Die Felle werden in ein Bad, enthaltend Wasser, Schwefelsäure, Silbernitrat oder schweflige Säure oder ein Alkaloid, besonders Nikotin, eingelegt.

**Aust.P. 19020/1934** vom 23. 8. 1934. — C. 1936, I, 941; Coll. 1937, 304.
*Jan W. Archibald*, Dulwich Hill, Australien.

**Herstellung eines Enthaarungsmittels für tierische Häute und Felle.** Tierische und pflanzliche Öle und Fette werden unter Zusatz von 5% Schwefel 2 Stunden auf 140 bis 180° erhitzt und das entstehende Produkt mit alkoholischer Kalilauge verseift. Die zu enthaarenden Häute und Felle werden nach dem Weichen ca. 20 Stunden in eine 1%ige Lösung der so behandelten Öle eingehängt.

### 5. Faserschutzmittel.

**D.R.P. 370236** vom 23. 5. 1920. — Coll. 1923, 59.

*Aktiengesellschaft für Anilinfabrikation,* Berlin-Treptow.

**Verfahren zum Schutze der tierischen Faser bei der Behandlung mit alkalischen Flüssigkeiten.** Zusatz von Sulfitablauge oder der in ihr enthaltenen wirksamen Stoffe (z. B. Zellpech) zu den alkalischen Behandlungsbädern (vgl. S. 111).

**D.R.P. 370237**/Kl. 29b vom 4. 8. 1920. — Coll. 1923, 60.
**E.P. 183868** vom 27. 1. 1921. — C. 1922, IV, 1111.
**F.P. 538492** vom 19. 7. 1921. — C. 1922, IV, 1181.

*Aktiengesellschaft für Anilinfabrikation,* Berlin-Treptow.

**Verfahren zum Schutze der tierischen Faser bei der Behandlung mit alkalischen Flüssigkeiten.** Zusatz von Zuckerarten für sich oder im Gemisch mit Sulfitcelluloseablauge oder den in ihr enthaltenen wirksamen Stoffen zu den alkalischen Behandlungsbädern (vgl. S. 111).

1. **D.R.P. 359228**/Kl. 29b vom 17. 11. 1920. — C. 1923, II, 1007; Coll. 1922, 290.
2. **Zus.P. 418110**/Kl. 29b vom 22. 8. 1924. — C. 1925, II, 2189.
**E.P. 238857** vom 2. 7. 1925. — C. 1926, I, 1073.
**F.P. 30594** vom 30. 5. 1925. — C. 1927, I, 378.

*Aktiengesellschaft für Anilinfabrikation,* Berlin-Treptow.

3. **Zus.P. 485216**/Kl. 29b vom 6. 1. 1923.

*I. G. Farbenindustrie A. G.,* Frankfurt a. M.

**Verfahren zum Schutz der tierischen Faser bei der Behandlung mit alkalischen Flüssigkeiten.**

1. Zusatz von p-Diaminen, Chinonen oder Oxyverbindungen der Benzol- oder Naphthalinreihe (Phenole, Naphthole und ihre Derivate) zu den alkalischen Behandlungsbädern (vgl. S. 111).
2. Zusatz geschwefelter Phenole, wie sie durch Behandeln von Phenolen mit Schwefel in starker Schwefelsäure oder mit Schwefelchlorür usw. erhalten werden.
3. Zusatz von Huminverbindungen, insbesondere Huminsäuren.

1. **D.R.P. 373929**/Kl. 29b vom 16. 6. 1921. — C. 1923, IV, 68; Coll. 1923, 230.
2. **Zus.P. 387594**/Kl. 29b vom 2. 6. 1922. — C. 1924, I, 980.

*Aktiengesellschaft für Anilinfabrikation,* Berlin-Treptow.

**Verfahren zum Schutze der tierischen Faser bei der Behandlung mit alkalischen Flüssigkeiten.**

1. Zusatz von Aldehyd- (Formaldehyd-) oder Keton-Bisulfitverbindungen (vgl. S. 111).
2. Zusatz der Bisulfitverbindung des Hexamethylentetramins.

**D.R.P. 426624**/Kl. 8m vom 1. 3. 1923. — C. 1926, II, 647; Coll. 1926, 236.

*Dr. Max Bergmann, Dr. Eugen Immendörfer* und *Dr. Hermann Loewe,* Dresden.

**Verfahren zur Behandlung der tierischen Faser mit sauren, alkalischen, oxydierenden und reduzierenden Flüssigkeiten.** Zusatz von Saponin oder saponinähnlichen Stoffen zu den Behandlungsbädern.

**D.R.P. 417707**/Kl. 29b vom 20. 3. 1923. — C. 1926, I, 1740; Coll. 1925, 529.

*Dr. Max Bergmann, Dr. Eugen Immendörfer* und *Dr. Hermann Loewe,* Dresden.

**Verfahren zum Schutze tierischer und pflanzlicher Fasern.** Zusatz von Melasse oder ihren Bestandteilen, insbesondere Betain (vgl. S. 111).

**D.R.P. 440996**/Kl. 8m vom 29. 3. 1923. — C. 1927, I, 2375.
**Ö.P. 106852** vom 15. 12. 1923.
**F.P. 575416** vom 15. 12. 1923.
**Schwz.P. 108934** vom 17. 12. 1923. — C. 1927, I, 1401.
**E.P. 208563** vom 18. 12. 1923. — C. 1924, I, 1603.

*Dr. Max Bergmann, Dr. Eugen Immendörfer* und *Dr. Hermann Loewe,* Dresden.

**Verfahren zum Schutze tierischer Fasern.** Zusatz von pflanzlichen oder synthetischen Gerbstoffen, gerbstoffähnlichen Stoffen, gebrauchten Gerbbrühen, Huminstoffen oder ihren Umwandlungsprodukten (vgl. S. 111).

**D.R.P. 437836**/Kl. 29b vom 14. 10. 1923. — C. 1927, I, 539; Coll. 1928, 282.

*Dr. Max Bergmann*, Dresden.

**Verfahren zum Schutze tierischer Faserstoffe gegen alkalische Flüssigkeiten.** Zusatz von durch Oxydation, Reduktion oder Halogenisation in ihren wirksamen Gruppen chemisch veränderter Sulfitablauge oder ihrer wirksamen Bestandteile.

**D.R.P. 434979**/Kl. 8m vom 21. 12. 1923. — C. 1927, I, 204.

*I. G. Farbenindustrie A. G.*, Frankfurt a. M.

**Verfahren zum Schutze tierischer Fasern bei der Behandlung mit alkalischen Flüssigkeiten.** Zusatz von Sulfo- oder Carbonsäuren der aus aromatischen Kohlenwasserstoffen durch Kondensation mit Halogenkohlenwasserstoffen, Alkoholen, Chlorschwefel u. dgl. erhältlichen harzartigen Verbindungen.

**E.P. 285554** vom 16. 11. 1926. — C. 1928, I, 3014.
**F.P. 643742** vom 10. 11. 1927. — C. 1929, I, 1874.

*British Dyestuffs Corp. Ltd.*, *Ronald Smith Horsfall* und *Leslie Gordon Lawrie*, Manchester.

**Schutz der tierischen Faser gegen die schädigende Wirkung von alkalischen und sauren Flüssigkeiten.** Zusatz der löslichen Kondensationsprodukte von Harnstoff mit Aldehyden, z. B. Mono- oder Dimethylolharnstoff zu den Behandlungsflüssigkeiten.

**D.R.P. 601196**/Kl. 8o vom 12. 10. 1927. — C. 1934, II, 2626.

*I. G. Farbenindustrie A. G.*, Frankfurt a. M.

**Schutz der tierischen Faser bei der Behandlung mit alkalischen Flüssigkeiten.** Zusatz bestimmter Metallsalze (wie Mg-, Al-, Cr- und Zn-Salze) sowie von Stoffen, die das Ausfallen dieser Metallhydroxyde in alkalischer Lösung verhindern (Ammoniakverbindungen, Amine, Kohlehydrate, Melasse, Sulfitablaugen, Eiweißverbindungen). Vgl. auch E.P. 396050 vom 19. 10. 1931. — C. 1933, II, 3069; Coll. 1935, 140.

**D.R.P. 579228**/Kl. 12p vom 6. 1. 1931. — C. 1933, II, 1809; Coll. 1933, 575.

*A. Th. Böhme*, Dresden.

**Herstellung von wasserlöslichen Produkten aus Eiweißstoffen.** Eiweißstoffe oder deren durch tryptischen oder Säureabbau erhaltene Abbauprodukte werden in Gegenwart von $NH_2$- oder NH-haltigen organischen Verbindungen in alkalischer Lösung oder in Gegenwart von Phenolen in saurer Lösung mit Stoffen, die an sich unlösliche Eiweißverbindungen geben (aliphatische Aldehyde, Ketone, Halogene), so lange behandelt, bis vollständige Löslichkeit eingetreten ist. Die so erhaltenen Produkte finden u. a. als Faserschutzmittel Verwendung (vgl. S. 111).

**A.P. 1964934** vom 27. 4. 1931. — C. 1935, I, 635.

*I. G. Farbenindustrie A. G.*, Frankfurt a. M.

**Schutzmittel für die Behandlung von Wolle, Seide, Pelzen und anderen tierischen Faserstoffen in sauren und alkalischen Bädern.** Zusatz von Sulfitablauge mit einem Gehalt an Magnesiumoxyd.

**F.P. 749228** vom 18. 1. 1933. — C. 1933, II, 3933; Coll. 1935, 145.

*Chemische Fabrik Grünau Landshoff & Meyer A. G.*, Berlin-Grünau.

**Herstellung von Verbindungen aus Eiweißabbauprodukten.** Eiweißabbauprodukte (abgebaute Lederabfälle oder Gelatine) werden mit gesättigten oder ungesättigten Fettsäuren oder ihren Derivaten (Ölsäurechlorid, Palmitinsäurebromid) behandelt; die Produkte können als Faserschutzmittel verwendet werden (vgl. S. 111).

## 6. Äscher-Vorrichtungen.

**D.R.P. 304973**/Kl. 28b vom 10. 2. 1917.

*Gustav Pollak*, Wien.

**Einrichtung zum Weichen und Äschern von Häuten und Fellen unter zeitweisem Aufrühren der Äscherbrühe.** Das Rühren erfolgt in einem für alle Äscherbottiche gemeinsamen Rührraum, aus dem die Brühe in die Äscherbottiche gehoben wird und von da in natürlichem Gefälle wieder in den Rührraum zurückfließt.

**D.R.P. 304649**/Kl. 28b vom 12. 9. 1917.

*Hermann Weber*, Langensalza.

**Vorrichtung zum Spülen der Häute nach dem Schwöden.** Die geschwödeten Häute werden auf einem in Drehung versetzbaren Tisch mit Wasser besprüht, das in feststehenden Rinnen aufgefangen wird.

**D.R.P. 339701**/Kl. 28b vom 27. 1. 1920. — Coll. 1921, 375.

*Arthur Noel Walker*, Bolton, Großbritannien.

**Nebeneinanderliegende Gerb- oder Äschergruben.** Durch Einblasen von Druckluft oder eines Gasstromes an der tiefsten Stelle der Gruben wird die Gerb- oder Äscherflüssigkeit in Bewegung gesetzt (vgl. S. 94).

**E.P. 166495** vom 14. 2. 1920. — C. 1921, IV, 1075.

*Albert Manvers*, London.

**Verfahren zum Weichen und Enthaaren von rohen, gesalzenen Fellen** (vgl. auch Schwz.P. 87970 vom 2. 3. 1920. — C. 1921, IV, 1075). Die in einem Autoklaven aufgehängten Felle werden mit Wasser und anschließend bei ca. 27° mit Kalkmilch behandelt, wobei sie abwechselnd einem hohen Vakuum und Überdruck ausgesetzt werden.

**D.R.P. 332121**/Kl. 28a vom 18. 2. 1920. — C. 1921, II, 679; Coll. 1921, 97.

*Chicago Process Company*, Chicago, V. St. A.

**Verfahren zum Äschern von Häuten.** Die geweichten Häute werden in der ersten Stufe mit einer schwachen Kalk-Schwefelnatrium-Lösung behandelt, gewaschen und in der zweiten Stufe mit stärker konzentrierter Kalklösung nachbehandelt. Die Häute durchlaufen dabei ein Aggregat von Äschergefäßen, durch das die Behandlungsflüssigkeiten im Sinne des Gegenstromprinzips geführt werden.

**D.R.P. 384126**/Kl. 28b vom 25. 3. 1922. — Coll. 1924, 28.

*Albert Jacob Leopold af Forselles*, Stockholm.

**Verfahren zum Enthaaren, Entwässern, Gerben und Trocknen von Häuten.** Behandeln der Häute mit Äscherlösungen, Wasser, Gerbbrühen usw. in Zylindern unter Vakuum (vgl. S. 94).

**D.R.P. 452578**/Kl. 28a vom 11. 9. 1924. — C. 1928, I, 2480; Coll. 1928, 32.

*Maschinenfabrik Turner A. G.*, Frankfurt a. M., und *Paul Schneider*, Homburg v. d. Höhe.

**Verfahren zum Haarlässigmachen von tierischen Häuten und Fellen, insbesondere von Schaffellen, für die Gerbung.** Aufspritzen wässeriger Lösungen der üblichen Enthaarungsmittel (Natrium-, Ammoniumsulfid, Ammoniak) auf die Fleischseite der Felle in geschlossenen Kammern unter gleichzeitigem Absaugen der Dämpfe (vgl. S. 119).

## II. Biologische Haarlockerungsmethoden.

**D.R.P. 268873**/Kl. 28a vom 23. 12. 1910. — C. 1914, I, 438; Coll. 1914, 86.

*Dr. Otto Röhm*, Darmstadt.

**Verfahren zum Enthaaren und Reinmachen von Häuten oder Fellen.** Behandeln der Häute mit gegebenenfalls alkalischen Lösungen von Tryptasen, insbesondere Pankreastryptasen (vgl. S. 127).

**D.R.P. 334526**/Kl. 28a vom 26. 10. 1918. — C. 1921, II, 885; Coll. 1921, 202.

*Dr. Robert Hilgermann*, Saarbrücken, und *Max Emmerich*, Kreuznach.

**Verfahren zum Enthaaren von Häuten und Fellen.** Nach einer alkalischen Vorweiche werden die Häute und Felle mittels Enzymen enthaart, die durch Züchten bestimmter Bakterien- und Pilzgattungen in Nährlösungen gebildet werden (vgl. S. 128).

**D.R.P. 386017**/Kl. 28a vom 28. 6. 1919. — C. 1924, I, 2658; Coll. 1924, 30.
**Zus.P. 389354**/Kl. 28a vom 20. 12. 1919. — C. 1924, I, 2658; Coll. 1924, 141.
**E.P. 156079** vom 12. 10. 1920. — C. 1921, II, 678.
**F.P. 527286** vom 16. 11. 1920. — C. 1922, II, 493.
**Schwz.P. 92142** vom 29. 10. 1920. — C. 1922, II, 833.
**Schwed.P. 53544** vom 15. 12. 1920. — C. 1923, IV, 841.
**Ö.P. 94834** vom 3. 11. 1920. — C. 1924, I, 2658.

*Dr. Otto Röhm*, Darmstadt.

**Verfahren zum Enthaaren, Neutralisieren und Beizen von Häuten und Fellen sowie Äschermittel zwecks Durchführung dieses Verfahrens.** Die Häute werden mit Lösungen von Alkali-, Erdalkalihydroxyden oder Ammoniak, denen Alkali- oder Erdalkalisalze (Sulfate, Chloride) zugesetzt sind, vorbehandelt, dann zur Neutralisation der freien Basen mit Natriumbikarbonat, Ammonsalzen oder schwachen Säuren (Bor-, Milchsäure) und mit Enzymen der Bauchspeicheldrüse behandelt. Zur Vorbehandlung wird zweckmäßig ein festes Schmelzgemisch von Ätznatron und Natriumsulfat verwendet (vgl. S. 127).

**F.P. 548606** vom 15. 7. 1921. — C. 1925, I, 1040.

*Gaston Balland*, Paris.

**Verfahren zum Enthaaren von Fellen.** Behandeln der geweichten Felle mit Papain in schwach saurer Lösung bei 85° C ( ?).

**D.R.P. 391314**/Kl. 28a vom 4. 12. 1921. — C. 1924, I, 2053; Coll. 1924, 180.

*Chemische Fabrik Haltingen, Jucker & Co.*, Haltingen i. B.

**Verfahren zum Weichen und Äschern von Häuten** mit alkalisch vergorenem Kotbrei (vgl. S. 128).

**D.R.P. 388245**/Kl. 28a vom 5. 9. 1922. — C. 1924, I, 1612; Coll. 1924, 69.
**F.P. 555755** vom 7. 9. 1922. — C. 1924, I, 1612.
**A.P. 1488101** vom 13. 9. 1922.
**Can.P. 231009** vom 13. 9. 1922. — C. 1924, I, 1612.
**E.P. 186608** vom 19. 9. 1922.

*George Duckworth*, Albert Park, Australien.

**Verfahren zur Gewinnung der feinen Unterwolle von Fellen.** Felle mit feiner Unterwolle, z. B. von Beuteltieren (Känguruh, Opossum) und Nagetieren (Hasen, Kaninchen) werden zuerst etwa 12 Stunden mit einer schwachen (3%igen) Natriumsulfitlösung, dann weitere 12 Stunden bei 25 bis 50° mit Ammoniaklösung behandelt und schließlich geschwitzt (vgl. S. 124).

**F.P. 558132** vom 31. 10. 1922. — C. 1925, II, 1917.

*Léon Krall* und *Société Lengrand, Krall & Co.*, Paris.

**Enthaarungs- und Beizmittel für tierische Häute.** Kulturen eines Schimmelpilzes (Aspergillus oryzae) auf Reis, mit oder ohne Zusatz von Hautbestandteilen, wie Elastin und Keratin, gezüchtet (vgl. S. 128).

**E.P. 235678** vom 10. 4. 1924. — C. 1926, I, 2643.
**A.P. 1570383** vom 22. 7. 1925. — C. 1926, I, 2643.
**F.P. 600823** vom 16. 7. 1925.

*Douglas McCandlish*, Leeds, und *William Rearden Atkin*, Heckmondwike, England.

**Verfahren zum Weichen, Enthaaren und Beizen von Häuten und Fellen.** Behandeln der Häute und Felle mit einer wässerigen Lösung von autolysierter Hefe mit oder ohne Zusatz von Aktivatoren, wie Ammoniumsalzen und Säuren (Ameisensäure) oder Alkalisalzen (Natriumcarbonat, Natriumbicarbonat, sekundäres Natriumphosphat).

1. **F.P. 609316** vom 18. 4. 1925. — C. 1927, II, 535.
**E.P. 250907** vom 27. 1. 1926. — C. 1927, II, 535; Coll. 1929, 269.

*Charles Joseph Michel Marie Le Petit*, Paris.

**A.P. 1772258** vom 7. 7. 1925. — C. 1930, II, 3495.
**A.P. 1767536** vom 21. 5. 1926. — C. 1930, II, 3495.

*Röhm & Haas Co.*, Philadelphia, Pennsylvania, V. St. A.

**Can.P. 262484** vom 8. 7. 1925. — C. 1927, II, 535.

*Charles Joseph Michel Marie Le Petit*, Paris, und *John Kiel Tullis*, New York, V. St. A.

2. **F.P. 30797** vom 28. 4. 1925. — C. 1927, II, 535; Coll. 1929, 272.
**Zus.P.** zu **F.P. 609315.**
3. **E.P. 253549** vom 11. 6. 1926. — C. 1927, II, 535; Coll. 1929, 269.
**Zus.P.** zu **E.P. 250907.**

*Charles Joseph Michel Marie Le Petit*, Paris.

**Enthaaren von Häuten und Fellen.**

1. Häute und Felle werden nach einer Schwellung in alkalischem oder saurem Bad und Neutralisation mit Pilzkulturen von Aspergillus niger und Penicillium glaucum entweder auf der Haarseite bestrichen und in einem belüfteten Raum bei 25 bis 38° aufgehängt oder in eine die Pilzkulturen enthaltende Lösung von 25 bis 36° eingetaucht, die durch Einpumpen von Luft belüftet oder mit wenig Wasserstoffsuperoxyd versetzt wird. Die Pilzkulturen werden hergestellt, indem reife Pflanzensamen od. dgl. (Ricinus-, Soja-, Lein-, Baumwollsamen, Kleie, Mais) nach Verzuckerung einer Milchsäuregärung unterworfen und mit den Pilzsporen beimpft werden. Zur Herstellung sehr weicher Leder kann dem Enthaarungsmittel noch Papain oder Bromelin zugesetzt werden (vgl. S. 128).

2. Das Kulturmedium (Kleie für sich oder im Gemisch mit Getreidemehl oder Ölkuchen) wird zuerst mit den Schimmelpilzen beimpft und bewachsen und anschließend der Milchsäuregärung unterworfen (vgl. S. 128).

3. Verwendung von Kulturen von Aspergillus oryzae (vgl. S. 128).

**F.P. 622704** vom 10. 2. 1926. — C. 1927, II, 2732; Coll. 1928, 651.

*Marcel Massin*, Paris.

**Verfahren zur Enthaarung von Fellen und Häuten.** Die Häute und Felle werden auf der Fleischseite mit wässerigen Aufschwemmungen von Bakterienkulturen (Mikrokokken, Diplokokken, Streptokokken) bestrichen. Dauer und Temperatur der Behandlung schwanken zwischen 12 und 48 Stunden und 25 bis 35° C (vgl. S. 129).

**F.P. 640112** vom 4. 2. 1927. — C. 1928, II, 2768; Coll. 1930, 130.

*Progil*, Frankreich.

**Enthaaren von Häuten.** Die Häute werden mit isolierten, proteolytischen Enzymen bakterieller Herkunft (Bacillus subtilis, Bacillus mesentericus, Bacillus liquefaciens) vorzugsweise in einem Bad von 37° C behandelt (vgl. S. 129).

**F.P. 656770** vom 16. 11. 1927. — C. 1931, I, 1054; Coll. 1932, 289.

*Charles Joseph Michel Marie Le Petit*, Paris.

**Schwz.P. 135466** vom 20. 10. 1928. — C. 1930, I, 2506; Coll. 1930, 410.

*Co. Industrielle des Diastases*, Paris.

**A.P. 1779243** vom 23. 10. 1928. — C. 1931, I, 1054.

*Röhm & Haas Co.*, Philadelphia, Pennsylvania, V. St. A.

**E.P. 300615** vom 15. 11. 1928. — C. 1931, I, 3080; Coll. 1932, 286.

*Enzymetan Ltd.*, London, und *Charles Joseph Michel Marie Le Petit*, Paris.

**Verfahren zur Gewinnung von diastasehaltigen Produkten für Gerbereizwecke,** indem Schimmelpilzkulturen (z. B. von Aspergillus oryzae) mit plasmolytischen Salzen (NaCl, $Na_2SO_4$, $NaHCO_3$ u. dgl.) behandelt werden (vgl. S. 128 und S. 130).

1. **D.R.P. 605961**/Kl. 12p vom 7. 4. 1929. — Coll. 1935, 86.
   **F.P. 670099** vom 18. 6. 1928. — C. 1930, II, 1180; Coll. 1932, 290.
2. **D.R.P. 606662**/Kl. 12p vom 16. 6. 1929. — Coll. 1935, 86.
   **Zus.P.** zu **D.R.P. 605961.**
   **F.P. 37420** vom 23. 5. 1929. — C. 1931, I, 2152; Coll. 1932, 291.
   **Zus.P.** zu **F.P. 670099.**

*Albert René Boidin* und *Ivan Auguste Effront*, Frankreich.

**Verfahren zur Herstellung von proteolytischen Enzymen mit Hilfe von Mikroorganismen für die Lederherstellung.**

1. Nährböden, die kohlehydratreich, aber stickstoffarm sind (Abfälle von Ölfabriken, Ölkuchen aus Erdnüssen, Sojabohnen usw.), werden einer Milchsäuregärung unterworfen oder mit stark verdünnten Mineralsäuren erwärmt, filtriert, neutralisiert und nach Zusatz von Salzen und Kohlehydraten sterilisiert, mit Bakterienreinkulturen beimpft und gären lassen. Mit dem gewonnenen Produkt lassen sich Häute und Felle bei Temperaturen von 15 bis 17° C enthaaren und bei 28 bis 30° C beizen (vgl. S. 229).

2. Durch Zusatz von puffernd wirkenden Salzen werden die Nährböden während der Gärung auf einem $p_H$-Wert von 6,3 bis 6,8 gehalten (vgl. S. 229).

**F.P. 678123** vom 29. 10. 1928. — C. 1930, II, 345; Coll. 1932, 292.
**A.P. 1812921** vom 17. 10. 1929.

*Albert René Boidin* und *Ivan Auguste Effront*, Frankreich.

**Verfahren zum Enthaaren und Beizen von Häuten und Fellen.** Geweichte Häute werden mit einer schwach alkalischen Lösung und anschließend mit proteolytischen Enzymen bei dem gleichen $p_H$-Wert behandelt. Zum Einstellen der schwach alkalischen Reaktion werden Lösungen von Borax und Borsäure, von Silikaten, Silicofluoriden, Arseniten u. a. verwendet (vgl. S. 129).

**A.P. 1753539** vom 26. 12. 1928. — C. 1930, II, 1325; Coll. 1932, 300.

*Harry M. Ullmann* und *Edwin R. Theis*, Bethlehem, Pennsylvania, V. St. A.

**Verfahren zum Enthaaren von Häuten und Fellen.** Weichen der rohen Häute bei 16 bis 26° C in Wasser, das 0,2 bis 1% Pankreatin enthält. Nach 20 Stunden werden die haarlässigen Häute mit Kalk nachgeäschert (vgl. S. 128).

**A.P. 1985267** vom 2. 4. 1929.
**E.P. 355306** vom 22. 3. 1930. — C. 1931, II, 3709; Coll. 1932, 288.

*Wallerstein Co.*, Inc., New York, N. Y., V. St. A.

**Verfahren zum Enthaaren und Beizen von Häuten und Fellen.** Aerobe, sporenbildende Bakterien (z. B. Bacillus subtilis, Bacillus mesentericus u. a.) werden auf stickstoff- und kohlehydratreichen sterilen Nährböden gezüchtet und dann mit einem Desinfektionsmittel versetzt, um weiteres Bakterienwachstum zu unterbinden. Geweichte Häute werden nach alkalischer Vorbehandlung (0,1 n Natronlauge, der etwas Formaldehyd zugesetzt ist) gespült und in einem durch Zusatz von Natriumbicarbonat auf $p_H = 7$ bis 11 eingestellten Bad unter Zusatz von Formaldehyd mit den Bakterienenzymen behandelt. Die Enzympräparate können auch nach Art einer Schwöde angewendet werden (vgl. S. 129).

1. **D.R.P. 541831**/Kl. 28a vom 24. 11. 1929. — C. 1932, I, 2670; Coll. 1932, 440.
2. **E.P. 351600** vom 4. 4. 1930. — C. 1931, II, 2259; Coll. 1932, 288.

*I. G. Farbenindustrie A. G.*, Frankfurt a. M.

**Verfahren zur Gewinnung von Mikroorganismen für Enthaarungszwecke.**

1. Proteolytisch wirksame Bakterienstämme (von schwitzender Haut isoliert) werden in wiederholter Überimpfung auf vom Corium getrennter Epidermis als Nährboden gezüchtet und dadurch solche Stämme ausgewählt, die Epidermisprotein spezifisch abbauen.

2. Statt Epidermis findet abgebautes Keratin (Haare) als Nährboden Verwendung (vgl. S. 129).

**E.P. 346836** vom 18. 1. und 24. 2. 1930. — C. 1931, II, 668; Coll. 1932, 288.

*I. G. Farbenindustrie A. G.*, Frankfurt a. M.

**Verfahren zum Enthaaren und Beizen von Häuten und Fellen.** Behandeln von Häuten und Fellen mit pflanzlichen Enzymen, insbesondere Papain, für sich allein oder zusammen mit anderen Enzymen bei Temperaturen unterhalb 40° C und in einem $p_H$-Bereich von 6,7 bis 12. Zur Einstellung auf den gewünschten $p_H$-Wert werden die Häute mit Lösungen von Puffergemischen vorbehandelt oder die Puffer den Enzymlösungen zugesetzt. Durch Zufügen von Aktivatoren (Blausäure, Schwefelwasserstoff) wird die enzymatische Wirksamkeit erhöht (vgl. S. 129).

**F.P. 689858** vom 13. 2. 1930. — C. 1931, I, 884; Coll. 1932, 294.

*Emil Lenk* und *Felix Lippner*, Wien, Österreich.

**A.P. 1946218** vom 1. 10. 1930.

*American Cyanamid & Chemical Corporation*, New York.

**Enthaarungs- und Beizmittel für Häute und Felle.** Proteolytische Bakterien (Staphylococcus pyogenes albus, Bacterium coli commune) werden unter Zusatz von Katalysatoren auf eiweißhaltigen Nährböden gezüchtet, die Masse mit Holzmehl gemischt und bei Temperaturen bis 50° C getrocknet (vgl. S. 129).

**D.R.P. 579634**/Kl. 28a vom 21. 2. 1931. — C. 1933, II, 1632; Coll. 1933, 557.
**Schwz.P. 157955** vom 5. 2. 1932.
**Ö.P. 132392** vom 8. 2. 1932. — C. 1933, I, 3664; Coll. 1934, 47.
**E.P. 398524** vom 15. 2. 1932.
**F.P. 731445** vom 16. 2. 1932.
**A.P. 1974889**

*J. R. Geigy A. G.*, Basel, Schweiz.

**Verfahren zur Herstellung gerbfertiger Blößen aus tierischen Häuten und Fellen.** Behandeln von geweichten Häuten und Fellen mit einem wässerigen Auszug kathepsinhaltiger, tierischer Organe (Leber, Milz, Niere sowie Magenschleimhaut und Blut) bei $p_H$-Werten zwischen 5 und 7 und einer Temperatur von ca. 37° C, gegebenenfalls unter Zusatz von als Aktivatoren dienenden, reduzierend wirkenden Stoffen (Natriumhydrosulfid, Cystein) (vgl. S. 128).

**A.P. 2033163** vom 25. 5. 1932. — C. 1936, I, 5020; Coll. 1937, 303.

*Wallerstein Co.*, Inc., New York, N. Y., V. St. A.

**Verfahren zum Enthaaren und Beizen von Häuten.** Zusatz von organischen Verbindungen, die die $C\overset{\diagup}{=}O$-Gruppe $\diagdown NH_2$ enthalten (Harnstoff, Acetamid, Semicarbazid, Acetanilid), in Mengen von weniger als 1% zu enzymatischen Enthaarungs- und Beizflüssigkeiten. Es wird dadurch ein besonders feiner und glatter Narben erzielt.

**R.P. 37795** vom 13. 5. 1933. — C. 1935, II, 3192; Coll. 1937, 255.

*A. B. Mesheritzki* und *D. A. Selikow*, USSR.

**Entborsten von Schweinehäuten.** Die Häute werden zuerst mit Ätzkalilösung bei etwa 20° 5 bis 10 Stunden und anschließend mit Pankreasenzymen unter Zusatz von Ammonsulfat behandelt.

1. **A.P. 2041731** vom 7. 7. 1934. — C. 1936, II, 1662.
2. **A.P. 2041732** vom 7. 7. 1934. — C. 1936, II, 1662.

*Wallerstein Co.*, Inc., New York, N. Y., V. St. A.

**Enthaaren von tierischen Häuten und Fellen.**

1. Die geweichten Rohhäute werden mit einer 0,05 bis 0,3 n Natronlauge bei 30° geschwellt, ausgewaschen, auf $p_H$ 7 bis 9 eingestellt, anschließend mit proteolytischen Enzymen in Gegenwart von aliphatischen Aminen mit 2 bis 6 Kohlenstoffatomen sowie Phenolen bei $p_H$ 9 bis 10 2 Tage bei 34° C behandelt und enthaart. Die proteolytischen Enzyme werden erhalten durch Züchten von Bakterien (Bacillus subtilis, Bacillus mesentericus) oder Pilzen (Mucor mucedo, Aspergillus oryzae, Aspergillus niger, Penicillium glaucum u. a.) auf geeigneten Nährböden (vgl. S. 129).

2. Nach dem Schwellen werden die Häute ohne Neutralisation in einem Enzymbad bei $p_H$ 9,6 bis 12 enthaart (vgl. S. 129).

1. **E.P. 472911** vom 1. 4. 1936.
   **F.P. 801661** vom 17. 12. 1935. — C. 1936, II, 3504.
2. **E.P. 472973** vom 1. 4. 1936.
   **F.P. 817692** vom 10. 11. 1936.

*Dr. Otto Röhm*, Darmstadt.

**Herstellung gerbfertiger Blößen.**

1. Enthaaren der geweichten Rohhäute mittels Pilzenzymen (z. B. mit Aspergillus flavus) unter Zusatz von Natriumbisulfit (Natriumsulfit, Natriumthiosulfat) und gegebenenfalls Ammonsalzen (vgl. S. 128).

2. Behandeln der Häute und Felle in schwach alkalischem bis schwach saurem Bad mit Pilztryptasen in Gegenwart eines oder mehrerer Oxydationsmittel, ausgenommen Bichromate, Permanganate und chlorhaltige Oxydationsmittel.

## C. Die mechanischen Arbeiten der Wasserwerkstatt.

### 1. Enthaaren und Entwollen.

**D.R.P. 278615**/Kl. 28b vom 30. 4. 1912.

*Max Glasel*, Wien.

Maschine zum Bearbeiten (Enthaaren, Entfleischen, Recken, Glätten usw.) von Häuten, Fellen und Leder mit zueinander symmetrisch angeordneten, drehbaren und gegeneinander schwingbaren Arbeitswalzen.

**D.R.P. 321887**/Kl. 28b vom 26. 10. 1913.

*John Ormerod*, Castleton b. Manchester, England.

Maschine zum Enthaaren und Entfleischen von Häuten und Fellen.

**D.R.P. 333267**/Kl. 28b vom 13. 2. 1917.

*The Turner Tanning Machinery Comp.*, Peabody, V. St. A.

Maschine zum Bearbeiten (Enthaaren, Entfleischen) von Häuten und Fellen mittels einer Unterlagwalze und einer Messerwalze, indem die eine Walze gegen die andere mit Preßluft bewegt wird und während der Arbeit unter dem nachgiebigen Druck des Preßmittels steht.

**D.R.P. 326042**/Kl. 28b vom 10. 8. 1917.

*Andreas Thomann*, Worms.

Maschine zum Enthaaren, Entfleischen, Recken und Glätten von Häuten und Fellen.

**D.R.P. 349609**/Kl. 28b vom 12. 9. 1919.
**D.R.P. 370395**/Kl. 28b vom 8. 9. 1920.

*The Turner Tanning Machinery Comp.*, Peabody, V. St. A.

Maschine zum Bearbeiten von Häuten und Fellen (Enthaaren, Recken, Scheren).

**D.R.P. 432387**/Kl. 28b vom 16. 9. 1924.

*Jules Halgand*, Straßburg i. Els.

Vorrichtung zum Enthaaren und Spülen von Häuten und Fellen mittels keilförmiger Schaberklingen, die um eine Tragwelle schwingbar angeordnet sind.

**D.R.P. 437930**/Kl. 28b vom 11. 12. 1924.

*Maschinenfabrik Turner A. G.*, Frankfurt a. M.

Maschine zur Bearbeitung von Häuten und Ledern, insbesondere zum Enthaaren und Entfleischen.

**D.R.P. 452287**/Kl. 28b vom 21. 1. 1925.

*„Germa" Gerbereimaschinen-Gesellschaft m. b. H.*, Gößnitz, Kr. Altenburg.

Maschine zum Enthaaren und Recken von Häuten mit einer gegen ein walzenförmiges Druckkissen mit elastischer Decke arbeitenden Messerwalze.

**D.R.P. 437379**/Kl. 28b vom 19. 12. 1925.

*Maschinenfabrik Turner A. G.*, Frankfurt a. M.

Auszugsvorrichtung für Lederbearbeitungsmaschinen, insbesondere zum Enthaaren, Entfleischen und Glätten von Häuten, bestehend aus zwei mit einer Ringwalze zusammenarbeitenden, spiralig genuteten, aber mit entgegengesetztem Drall versehenen Förderwalzen.

**D.R.P. 475539**/Kl. 28b vom 5. 3. 1927.

*Maschinenfabrik Moenus A. G.*, Frankfurt a. M.

Maschine zum Enthaaren, Reinigen und Glätten von Häuten und Fellen mit umlaufender Auflagetrommel.

**D.R.P. 486248**/Kl. 28b vom 12. 2. 1928.
**Zus.P. 513271**/Kl. 28b vom 7. 4. 1929.

*Badische Maschinenfabrik und Eisengießerei vorm. G. Sebold u. Sebold & Neff*, Durlach, Baden.

Werkstückwiderlager aus Vollgummi zum Bearbeiten (Enthaaren, Entfleischen, Ausrecken u. dgl.) von Häuten und Fellen.

**D.R.P. 528839**/Kl. 28b vom 27. 11. 1929.

*M. Brück G. m. b. H.*, Düren.

Maschine zum Enthaaren, Glätten, Ausrecken u. dgl. von Häuten, Fellen und Leder.

### 2. Entfleischen.

**D.R.P. 280191**/Kl. 28b vom 9. 8. 1912.

*Max Glasel*, Wien.

Maschine zum Entfleischen von Häuten und Fellen.

**D.R.P. 280562**/Kl. 28b vom 26. 10. 1913.

*Maschinenfabrik Moenus A. G.*, Frankfurt a. M.

Entfleisch-, Falz- und Ausreckmaschine für Häute und Leder mit schmaler Werkzeugwalze und längs sowie quer zur Achse der letzteren verschiebbarem Werkstückträger.

**D.R.P. 311239**/Kl. 28b vom 9. 11. 1917.

*Max Thorer*, Leipzig-Leutzsch.

Entfleischmaschine.

**D.R.P. 371746**/Kl. 28b vom 25. 3. 1921.

*Lothar de Hesselle*, Düsseldorf.

Hautglättvorrichtung für Entfleischmaschinen.

**D.R.P. 378006**/Kl. 28b vom 19. 8. 1922.
**D.R.P. 380454**/Kl. 28b vom 15. 7. 1922.

*Façoneisen-Walzwerk L. Mannstaedt & Cie. A. G.*, Troisdorf b. Köln.

Entfleisch- und Falzmaschine.

**D.R.P. 442424**/Kl. 28b vom 18. 11. 1925.

*Badische Maschinenfabrik und Eisengießerei vorm. G. Sebold u. Sebold & Neff*, Durlach, Baden.

Walzenmaschine zum Bearbeiten, insbesondere zum Entfleischen von Häuten und Fellen.

**D.R.P. 474819**/Kl. 28b vom 29. 5. 1927.

*Romualdo N. Ricchino*, Genua.

Von Hand bewegte Vorrichtung zum Entfleischen, Schaben und Glätten von Häuten od. dgl. mit von einem Motor angetriebener Werkzeugwalze.

**D.R.P. 478494**/Kl. 28b vom 6. 10. 1927.

*Dr. Fritz Moll*, Brieg, Bez. Breslau.

Vorrichtung zum Entfleischen von Häuten mittels rasch umlaufender Messerscheiben, die gegen die Haut verstellbar sind und zur Haut in einem geringen spitzen Winkel stehen.

**F.P. 644742** vom 30. 11. 1927. — C. 1929, I, 339; Coll. 1929, 369.

*Gustav Miran Ekland*, Schweden.

Bäder zum Abfleischen von Häuten: Den Bädern werden schaumbildende (Seife) und gasentwickelnde (Ammoniumcarbonat) Stoffe und Kartoffelstärke zugesetzt. Durch die Schaumbildung wird die Lösung des Hautfettes erleichtert.

**D.R.P. 482375**/Kl. 28b vom 3. 12. 1927.

*Lucien Nicolas Henry*, Soissons, Frankreich.

Vorrichtung zum Entfleischen von Häuten mittels Kreismessers vor dem Gerben.

## 3. Falzen, Spalten.

**D.R.P. 269947**/Kl. 28b vom 30. 6. 1912.

*Joseph Henry Gay*, Newark, New Jersey, V. St. A.

Spaltmaschine für Häute und Leder, bei der die Schneidkante des Messers in der unmittelbaren Nähe der Drucklinie zwischen dem Druckstück und der Zuführwalze liegt.

**D.R.P. 280282**/Kl. 28b vom 24. 6. 1913.

*Peter Heldmann*, Frankfurt a. M.

Maschine zum Spalten und Abschärfen von Häuten, Fellen, Leder und anderen weichen Stoffen mit durch Rollen geführtem, umlaufendem Bandmesser mit nach oben gekehrter Schneide.

**D.R.P. 308506**/Kl. 28b vom 18. 4. 1917. — Coll. 1919, 298.

*Carl Freudenberg G. m. b. H.*, Weinheim, Baden.

Verfahren zum Falzen und Spalten von Häuten: Um das Kleben der Häute an den Messern der Maschine zu verhindern und einen glatten Schnitt zu erzielen, werden die Häute oder Blößen vor dem Falzen oder Spalten mit konzentrierten Salzlösungen nichtgerbender Salze durchtränkt.

**D.R.P. 466344**/Kl. 28b vom 30. 1. 1925.

*The Turner Tanning Machinery Comp.*, Peabody, Mass., V. St. A.

Maschine zum Spalten und Abschälen von Häuten mit gradlinig bewegtem Messer.

**D.R.P. 456939**/Kl. 28b vom 1. 2. 1927.

*Maschinenfabrik Turner A. G.*, Frankfurt a. M.

Bandmesserspaltmaschine, insbesondere für Häute und Leder.

**D.R.P. 465701**/Kl. 28b vom 23. 3. 1927.

*Maschinenfabrik Turner A. G.*, Frankfurt a. M.

Maschine zum Spalten von Häuten und Fellen, insbesondere zum Spalten von Kalbsköpfen u. dgl.

**D.R.P. 483578**/Kl. 28b vom 29. 6. 1927.

*Maschinenfabrik Turner A. G.*, Frankfurt a. M.

Bandmesserspaltmaschine zum Spalten und Narbenabziehen für Häute, Leder und dergleichen mit unterer und oberer Förderwalze zum Vorschub der Häute und Abstreifplatte für die untere Förderwalze.

**A.P. 1961377** vom 2. 1. 1932. — C. 1934, II, 1884; Coll. 1936, 119.

*Tanning Process Co.*, Boston, V. St. A.

Vorbereitung von Hautblößen für das Spalten: Zur Vermeidung der Schlüpfrigkeit werden die Blößen mit einer wässerigen Suspension von Lithopon oder einer Mischung aus Bariumsulfat, Zinksulfid und Zinkoxyd gewalkt. Zur Entfernung der anhaftenden Mineralien werden die gespaltenen Blößen im Faß mit einer 40proz. Kochsalzlösung behandelt.

**D.R.P. 634261**/Kl. 28b vom 6. 10. 1934.

*Maschinenfabrik Turner A. G.*, Frankfurt a. M.

Maschine zum Falzen von Häuten mit einem rotierenden Falzzylinder und einer Andruckwalze, deren Lager federnd nachgiebig auf der Schwingtraverse befestigt sind.

**D.R.P. 635929**/Kl. 28b vom 23. 12. 1934.

*Maschinenfabrik Turner A. G.*, Frankfurt a. M.

Maschine zum Bearbeiten von Häuten, insbesondere zum Falzen.

## 4. Streichen, Glätten usw.

**D.R.P. 410172**/Kl. 28b vom 18. 1. 1923.

*Façoneisen-Walzwerk L. Mannstaedt & Cie. A. G.*, Troisdorf b. Köln.

Ausstoß- und Aussetzmaschine für Häute, Felle und Leder.

**D.R.P. 440223**/Kl. 28b vom 25. 9. 1924.

*Alexander Kehrhahn*, Frankfurt a. M.

Werkstückwiderlager für Maschinen zum Bearbeiten von Häuten und Fellen, insbesondere zum Glätten und Streichen von Häuten mittels Werkzeugwalze.

**D.R.P. 471077**/Kl. 28b vom 4. 4. 1925.

*The Turner Tanning Machinery Comp.*, Peabody, Mass., V. St. A.

Ausreckmaschine für Häute, Felle und Leder.

**D.R.P. 466895**/Kl. 28b vom 31. 7. 1926.

*Otto Guttmann*, Prag.

Verfahren zum mechanischen Reinigen, insbesondere Ausstreichen, Glätten und Enthaaren geäscherter Häute und Blößen: Schmutz und Haare werden durch eine über die Haut geführte Streichvorrichtung mit Absaugedüsen ausgesaugt (vgl. S. 172).

**D. R. P. 481453**/Kl. 28b vom 30. 11. 1927.

*Klöckner-Werke A. G., Abtlg. Mannstaedtwerke*, Troisdorf b. Köln.

Glättmaschine für Häute und Felle mit pneumatischem Andruckpolster.

**D.R.P. 510823**/Kl. 28b vom 12. 5. 1928.

*Maschinenfabrik Turner A. G.*, Frankfurt a. M.

Maschine zum Ausrecken und Aussetzen von Häuten, Leder od. dgl.

**D.R.P. 520476**/Kl. 28b vom 19. 7. 1928.
**D.R.P. 552180**/Kl. 28b vom 8. 6. 1930.

*Machinery Development Comp.*, Milwaukee, Wisc., V. St. A.

Hautstreck- und -preßmaschine.

**D.R.P. 472774**/Kl. 28b vom 21. 7. 1928.

*Maschinenfabrik Turner A. G.*, Frankfurt a. M.

Maschine zur Bearbeitung von Häuten, Fellen u. dgl., insbesondere zum Aussetzen und Ausstoßen der Narbenseite.

**D.R.P. 506573**/Kl. 28b vom 11. 11. 1928.

*Maschinenfabrik Turner A. G.*, Frankfurt a. M.

Trommelmaschine zum Reinmachen, Glätten oder Enthaaren von Häuten und Fellen.

**D.R.P. 533278**/Kl. 28b vom 31. 1. 1929.

*Bayrische Maschinenfabrik Regensburg F. J. Schlageter*, Regensburg.

Maschine zum Abwelken und Ausrecken von Häuten und Ledern mit einer Mehrzahl saugfähiger Preßwalzen, zwischen denen die Häute entwässert werden, mit einer Spiralmesserwalze und mit einer nachgiebigen, drehbaren Widerlagwalze.

## D. Entkälken und Beizen.

### I. Entkälken.

**E.P. 7744.**
**E.P. 12681.**

*Nesbitt.*

**Verfahren zum Entkälken von Häuten und Fellen.** Einwirkung von Kohlendioxyd unter Druck auf die Häute und Felle; dabei bildet sich lösliches Calciumbicarbonat (vgl. S. 190).

1. **E.P. 10110.**
   **E.P. 12521.**
2. **E.P. 14889** (1888).
3. **E.P. 22546** (1894).

*J. Hauff*, Feuerbach.

**Entkälken von Häuten und Fellen**
1. mit einer Mischung unreiner Kresotinsäuren,
2. mit Oxynaphthoesäure,
3. mit einer Mischung verschiedener unreiner Kresolsulfonsäuren.

**E.P. 8096** vom 12. 5. 1891.

*Charles Sedgwick Hull* und *Peter Salmis Burns.*

**Entkälken von Häuten und Fellen** mit Mono- oder Disulfonsäuren des Naphthalins.

**D.R.P. 170135** vom 28. 9. 1904.
**E.P. 18514** (1904).

*Otto Paul Amend*, New York, V. St. A.

**Verbesserter Prozeß zum Beizen und Reinmachen von Fellen und Verbesserungen des Beizens, Entsäuerns und Oxydierens von Häuten und Fellen.** Die Felle werden mit der Lösung eines Ammoniumsalzes behandelt, wobei kleine Mengen irgendeiner Säure, z. B. Salzsäure, portionsweise zugesetzt werden.

**D.R.P. 181727**/Kl. 28a vom 26. 9. 1905. — C. 1907, II, 110.

*Arthur Weinschenk*, Mainz.

**Verfahren zum Entkälken von Häuten.** Beim Entkälken mit organischen Säuren (Essigsäure, Milchsäure) werden Pyridin oder die Homologen der Pyridin- oder Chinolinreihe in solchen Mengen zugesetzt, daß die Entkälkungslösung Methylorange nicht mehr rötet; hierdurch wird eine Säureschwellung der Häute verhindert.

**A.P. 875382** vom 18. 8. 1906.

*Otto Röhm*, Stuttgart.

**Verfahren zum Beizen von Häuten und Fellen.** Entkälken mit einer wässerigen Lösung von Schwefelwasserstoff, Kohlendioxyd und Ammoniak (Ammoniumsulfid + Ammoniumcarbonat + freies Ammoniak).

**D.R.P. 222670**/Kl. 28a vom 1. 9. 1908. — C. 1910, II, 260; Coll. 1910, 372.

*Gustav Eberle*, Stuttgart.

**Verfahren zum Beizen von Häuten.** Die geäscherten Häute werden bei $40^0$ C etwa 2 Stunden mit den Anhydriden, Lactonen oder Lactiden von Fettsäuren (Essig-, Propion-, Butter-, Milchsäure) behandelt; es wird dadurch ein schädlicher Überschuß freier Säure in der Entkälkungsflüssigkeit vermieden.

**D.R.P. 234584**/Kl. 28a vom 18. 4. 1909. — C. 1911, I, 1664; Coll. 1912, 24.

*C. H. Boehringer Sohn*, Niederingelheim a. Rh.

**Verfahren zum Beizen von Häuten.** Verwendung einer Auflösung von Milchsäureanhydrid in milchsaurem Ammonium (vgl. S. 195).

**D.R.P. 251594**/Kl. 28a vom 9. 3. 1910. — C. 1912, II, 1508.

*Edmund Simon*, Ilmenau, Thür.

**Verfahren zum Entkälken und Beizen von Häuten und Fellen unter Sauerstoffeinwirkung.** Verwendung von schleimgebenden organischen Stoffen und zweckmäßig auch Ammoniumsalzen in Gegenwart von Sauerstoff, der als solcher eingeleitet oder aus sauerstoffabgebenden Stoffen entwickelt werden kann.

**D.R.P. 246650**/Kl. 28a vom 24. 6. 1910. — C. 1912, I, 1742.

*C. H. Boehringer Sohn*, Niederingelheim a. Rh.

**Verfahren zum Entkälken von Häuten.** In der Entkälkungsflüssigkeit wird zunächst das Salz einer organischen Säure (milchsaures Natrium) gelöst und dann die Entkälkung mit einer höchstens äquivalenten Menge einer anorganischen Säure in bekannter Weise durchgeführt. Der Salzzusatz soll etwa ein Viertel bis ein Halb der sonst zum Entkälken notwendigen äquivalenten Menge organischer Säure betragen.

1. **D.R.P. 268236**/Kl. 28a vom 22. 12. 1910. — Coll. 1914, 48.
2. **Zus.P. 268994**/Kl. 28a vom 16. 9. 1911. — Coll. 1914, 86.

*Paul Schneider*, Dessau-Ziebigk.

**Verfahren zum Entkälken und Beizen von Häuten und Fellen.**

1. Gleichzeitige Verwendung von sauren Salzen, z. B. Kaliumbisulfat, und von Kochsalz im Überschuß, denen außerdem zweckmäßig Borsäure und Zucker oder zuckerhaltige Stoffe zugesetzt werden.

2. An Stelle der sauren Salze werden zwei oder mehr Säuren oder Salze solcher Säuren gleichzeitig angewendet, von denen eine zur Gruppe der stärkeren, die anderen zur Gruppe der schwächeren Säuren gehören und außerdem eine an eine flüchtige se gebundene Säure oder Zucker zugesetzt.

**D.R.P. 305808**/Kl. 28a vom 2. 11. 1916. — C. 1918, II, 84; Coll. 1919, 328.

*Dr. Ernst Luksch*, Wien.

**Verfahren zum Beizen und Entkälken von Hautblößen.** Verwendung der nach den verschiedenen bekannten Fabrikationsarten der Weinsäure aus Weinhefe oder aus Weinstein gewonnenen, bei der Fällung des weinsauren Kalkes entstehenden Abfall-Laugen, gegebenenfalls nach vorheriger Konzentration.

**D.R.P. 351015**/Kl. 28a vom 13. 4. 1917. — C. 1922, IV, 200; Coll. 1922, 72.

*C. H. Boehringer Sohn*, Niederingelheim a. Rh.

**Verfahren zum Beizen von Häuten und Fellen.** Verwendung von reinen oder rohen verseiften Gallsäuren, deren Salzen oder Mischungen derselben allein oder in Gemeinschaft mit anderen, Bakterien oder Enzyme nicht enthaltenden Beizmitteln.

**D.R.P. 313995**/Kl. 28a vom 28. 6. 1918. — C. 1919, IV, 699.

*Dr. Carl Siegfried Fuchs*, Heppenheim a. d. Brenz.

**Mittel zum Entkälken von Häuten.** Verwendung der Ablaugen der alkalischen Aufschließung pflanzlicher Rohstoffe (Stroh, Holz); die Ablaugen werden zweckmäßig eingedampft und durch Ansäuern und Filtrieren von den unlösliche Kalksalze bildenden Bestandteilen, wie Ligninsulfosäure, befreit.

**D.R.P. 317804**/Kl. 28a vom 28. 9. 1918. — C. 1920, II, 573; Coll. 1920, 41.

*R. Haberer & Co.*, Osterwieck, Harz.

**Verfahren zum Entkälken von Häuten.** Behandlung der Häute mit den bei der Entbitterung von Lupinen abfallenden Laugen, die mit Alkalien oder alkalisch wirkenden Salzen neutralisiert sein können; die entkälkende Wirkung beruht u. a. auf den in den Laugen enthaltenen Ammoniumsalzen.

**D.R.P. 320301**/Kl. 28a vom 9. 10. 1918. — C. 1920, IV, 102; Coll. 1920, 176.

*Chemische Fabrik Rosenberg & Co.*, Karlsruhe.

**Verfahren zum Entkälken und Gerben von Blößen.** Geäscherte Häute werden mit Entkälkungsflüssigkeiten behandelt, die durch Auflösung von kalkfreier, gereinigter und eingedickter neutraler Sulfitzelluloseablauge in salbenförmigem Glycerinabfallpech und nachfolgende Verdünnung mit Wasser erhalten werden.

**A.P. 1382124** vom 26. 4. 1919. — C. 1922, IV, 603.

*Wallace Savage*, New York, N. Y., V. St. A.

**Verfahren zum Entkälken tierischer Häute.** Verwendung einer Paste aus basenaustauschenden Stoffen (Fullererde, Zeolithe, Permutit), die man auf der Haut auftrocknen läßt und nach genügender Einwirkung, gegebenenfalls durch Auswaschen, entfernt.

**D.R.P. 386891**/Kl. 28a vom 28. 7. 1920. — C. 1924, I, 2658; Coll. 1924, 63.

*Dufour-Lepetit A. G.* und *Dr. August Gansser*, Mailand.

**Verfahren zur Vorbereitung der Haut für die Gerbung sowie zur Desinfektion und Vorgerbung.** Die Häute werden in rasch zirkulierendes Wasser eingebracht, in das Schwefeldioxyd eingeleitet wird. Die Entkälkungsflüssigkeit kann auch zum Weichen Verwendung finden; mit dem Entkälkungsprozeß kann eine Vorgerbung verbunden werden.

**E.P. 255566** vom 1. 5. 1925. — C. 1926, II, 2652; Coll. 1928, 173.

*Johannes Hell*, Eßlingen, Württ.

**Behandeln von Häuten und Fellen vor dem Gerben.** Zum Entkälken von geäscherten Häuten und Fellen findet Sulfitablauge, gemischt mit Ameisen-, Essig- oder Milchsäure, Verwendung.

**D.R.P. 476678**/Kl. 28a vom 26. 5. 1926. — C. 1929, II, 1121; Coll. 1929, 457.

*Société Industrielle des Applications Chimiques, Soc. An. I. N. D. A. C.*, Brüssel.

**F.P. 617629** vom 17. 6. 1926. — C. 1927, II, 534; Coll. 1929, 271.

*René Botson*, Belgien.

**Neutralisierungs- und Entkälkungsbad für enthaarte Häute.** Zusatz von Nitrobenzol zu den bekannten schwach sauren Entkälkungsbädern, um eine Überschwellung, besonders des Narbens, zu verhindern (vgl. S. 188).

**Schwz.P. 133206** vom 28. 6. 1927. — C. 1930, I, 3268; Coll. 1931, 319.

*Carl Dreyfuß*, Frankfurt a. M.

**Verfahren zur Vorbehandlung, Gerbung und Zurichtung von Häuten und Fellen.** Zum Entkälken können hochsulfonierte Öle (Ricinusöl) mit einem Gehalt von mindestens 6% organisch gebundener Schwefelsäure, gegebenenfalls in Mischung mit üblichen Entkälkungssäuren, Verwendung finden.

**R.P. 14985** vom 10. 3. 1928. — C. 1931, I, 3642; Coll. 1932, 461.

*P. W. Wjatkin*, USSR.

**Verfahren zum Entkälken von Blößen.** Verwendung von Zinksalzen, deren Anionen mit dem Calciumion lösliche Salze bilden.

**R.P. 41965** vom 25. 7. 1930. — C. 1935, II, 3739.

*Ukrainski institut prikladnoi chimii*, USSR.

**Schwellen von Blößen und Fellen.** Die Blößen bzw. Felle werden zunächst in eine frisch bereitete weiße Schwellbeize aus Mehl oder Kleie etwa 9 Stunden bei $35^0$ C eingehängt und anschließend in einer rotierenden Trommel etwa 8 Stunden mit der bereits benutzten, jedoch ausgereiften Schwellbeize behandelt.

**R.P. 48993** vom 25. 10. 1932. — C. 1937, II, 516.

*A. A. Fridman*, USSR.

**Gerben von Häuten und Fellen.** Die Häute und Felle werden geäschert, enthaart und darauf mit Natrium- oder Ammoniumsalzen von Mineralsäuren behandelt.

**It.P. 323555** vom 30. 10. 1933. — C. 1937, I, 2916.

*Arenalla, Soc. Italiana per l'Industria Dell'Acido Citrico Ed Affini*, Palermo.

**E.P. 409599** vom 3. 11. 1933. — C. 1934, II, 1248; Coll. 1936, 121.

*Filippo Perciabosco*, Palermo, Italien.

**Entkälken von geäscherten Häuten und Fellen.** Behandeln der geäscherten Häute und Felle mit Citraten oder Tartraten oder Abfällen von Zitronen oder Orangen, die mit Alkalien oder Ammoniak alkalisch gemacht wurden; gegebenenfalls Vorbehandlung mit Sulfaten oder Bisulfaten (vgl. S. 192).

**Ung.P. 112047** vom 19. 3. 1934. — C. 1935, II, 3622.

*Anton Hevesi* und *Paul Sors*, Ujpest.

**Vorbereitung der Blößen zum Gerben.** Man erzeugt in der Schwellbeize den Säure- und Salzgehalt mittels eines oder mehrerer saurer Salze, z. B. Natriumbisulfat.

**R.P. 41625** vom 11. 8. 1934. — C. 1935, II, 3622.

*W. N. Mischejew*, USSR.

**Gerben von Schafshäuten und -fellen.** Die Häute bzw. Felle werden vor dem üblichen Gerben in einer wässerigen Lösung der bei der Alkoholgärung abfallenden Schlempe, die einen $p_H$-Wert von 4,5 bis 4,7 hat, bei etwa 36 bis $37^0$ C behandelt.

**Schwz.P. 191019** vom 8. 6. 1936.

*Chemische Fabrik Joh. A. Benckiser G. m. b. H.*, Ludwigshafen a. Rh.

**Verfahren zum Entkälken von geäscherten Häuten und Fellen.** Verwendung dissoziierbarer Verbindungen, die im Anion 5wertigen Phosphor und Sauerstoff enthalten, z. B. polymere Metaphosphorsäuren, insbesondere Hexametaphosphorsäure oder deren Alkali- oder Ammoniumsalze (vgl. S. 193).

## II. Beizen.

**D.R.P. 86335**/Kl. 28 vom 19. 4. 1895.
**E.P. 21720** (1895).

*Chemisch-Technisches und Hygienisches Institut Dr. Popp und Dr. Becker*, Frankfurt a. M.

**Verfahren zur Herstellung einer Beize für zu gerbende Hautblößen mittels Propagierung der im Kot, insbesondere Hundekot, befindlichen Bakterien.** Aus hochwirksamem Hundekot oder Tauben- oder Hühnermist werden die für die Beizwirkung günstigen Bakterienarten auf geeigneten Nährböden (Streckfleisch) gezüchtet und die so erhaltenen Bakterienkulturen zum Beizen von Häuten und Fellen verwendet (vgl. S. 226).

1. **D.R.P. 86334** vom 26. 2. 1896.
2. **Zus.P. 96936** vom 26. 2. 1896. — C. 1898, II, 240.

*Dr. H. Nördlinger*, Flörsheim a. M.

**Verfahren zur Herstellung einer Beize.**

1. Kartoffelbrei wird einige Tage bei 30 bis 37° C der Gärung überlassen, bei 40 bis 50° C getrocknet und in gleicher Weise wie Hundekot verwendet (vgl. S. 225).

2. Rohe Kartoffeln, Runkelrüben, Rübenschnitzel, Abfälle jeder Art, die aus stärke-, dextrin-, eiweiß- und zuckerhaltigen Stoffen pflanzlichen oder tierischen Ursprunges bestehen, werden zerkleinert, unter Dampfdruck gekocht, schwach alkalisch gemacht und bei 30 bis 40° C an feuchter Luft unter gleichzeitiger reichlicher Lüftung exponiert. Das mit Bakterien und ihren Stoffwechselprodukten durchsetzte Präparat wird getrocknet und gepulvert (vgl. S. 225).

**E.P. 12549** (1898).
**A.P. 638828** vom 12. 12. 1899.

*J. T. Wood*, Nottingham.

**Verbesserungen in den Mitteln und deren Zubehör, die zum Beizen von Häuten und Fellen gebraucht werden.** Verwendung von Kulturen von Bakterien, die aus Hundekot oder geschwitzten Häuten abgezüchtet wurden, zusammen mit Alkali- oder Ammoniumsalzen organischer Säuren.

**A.P. 798070** (1905).
**E.P. 24488** (1905).

*Francis James Oakes*, New York.

**Verfahren zur Herstellung von Beizen.** Eiweißhaltige Substanzen, z. B. Casein, werden zur faulen Gärung gebracht und darin bei 38° C einige Tage gehalten; das gleiche Gewicht an Schwefelblumen wird zugesetzt und das Gemisch als Beize verwendet (vgl. S. 225).

**D.R.P. 190702** vom 28. 11. 1905.
**A.P. 798293.**

*Francis James Oakes*, New York.

**Verfahren zum Beizen von Häuten und Fellen.** Verwendung eines Gemisches aus gleichen Teilen Schwefel und Glucosesirup mit etwas Hefe.

1. **D.R.P. 200519**/Kl. 28a vom 7. 6. 1907. — Coll. 1909, 58.
2. **Zus.P. 203889**/Kl. 28a vom 10. 9. 1907. — C. 1908, II, 1796.
3. **Zus.P. 217934**/Kl. 28a vom 23. 5. 1908.
4. **Zus.P. 281717**/Kl. 28a vom 5. 11. 1909. — Coll. 1915, 137.

*Dr. Otto Röhm*, Eßlingen a. N. (Darmstadt).

**Verfahren zum Beizen von Häuten.**

1. Verwendung eines wässerigen Auszugs der Bauchspeicheldrüse unter Zusatz eines ein lösliches Kalksalz bildenden Ammonium- oder Alkalisalzes oder eines Gemisches dieser Salze als Beizflüssigkeit (vgl. S. 227).

2. Verwendung von Auszügen der Bauchspeicheldrüse ohne Zusatz von Salzen. Um eine Abscheidung von Calciumcarbonat auf den Häuten zu verhindern, können der Beizflüssigkeit Stärkekleister oder andere das entstehende Calciumcarbonat einhüllende Stoffe zugesetzt oder die im Wasser vorhandene Kohlensäure vor der Beize durch Ausfällen entfernt werden (vgl. S. 227).

3. Der Beizflüssigkeit (Auszug von Bauchspeicheldrüsen) werden schwache Säuren (Milchsäure) allein oder in Verbindung mit Ammoniumsalzen zugesetzt.

4. Die Enzyme der Bauchspeicheldrüse werden in einer in Gärung oder Fäulnis befindlichen, Salze enthaltenden Flüssigkeit auf die Blößen einwirken gelassen.

**D.R.P. 234376.** — Coll. 1912, 148.
**F.P. 404926** (1909).

*L. Lederer.*

**Ersatzmittel für die aus animalischen Exkrementen, vorzugsweise Hundemist, erzeugte Beize zur Erzeugung von Leder, besonders Glacéleder.** Gemahlenes Knochenmehl und zerkleinerte Lupinensamen oder -schoten werden mit Wasser angerührt 3 bis 4 Wochen der Gärung überlassen, wobei sich gerade die für das Beizen geeigneten Mikroorganismen entwickeln sollen. Zum Beizen werden dem Produkt noch Fett, Natriumpolysulfid und Kochsalz zugefügt, die das Entkälken erleichtern sollen (vgl. S. 225).

**E.P. 21202** (1909).

*Dr. Gustav Eberle*, Stuttgart.

**Verbesserter Prozeß für das Beizen von Häuten.** Verwendung einer Mischung von Galle, der Ausscheidung der Pankreasdrüse und von Darmsaft oder einer Mischung der in den genannten Flüssigkeiten wirksamen Enzyme.

**E.P. 24982** (1910).

*Prof. Dr. Heinrich Becker*, Frankfurt a. M.

**Verbesserungen im Beizen von Häuten und Fellen.** Verfahren zum Beizen von Häuten und Fellen unter Verwendung von Bakterienkulturen, deren Stoffwechselprodukten und Enzymen, wobei gleichzeitig oder anschließend noch Verdauungssäfte, Mischungen von Verdauungsenzymen, reine Verdauungsenzyme oder fettspaltende Stoffe verwendet werden.

**E.P. 120928** vom 30. 1. 1919. — Coll. 1921, 209.

*L. R. Peyrache* und *O. V. Bailly*.

**Verbesserungen bei der Herstellung von Beizen.** Verwendung eines Pankreaspräparates, das nicht nur die wasserlöslichen, sondern die gesamten löslichen und unlöslichen Fermente enthält, gegebenenfalls im Gemisch mit einem Präparat aus Darmschleimhaut.

1. **D.R.P. 379298**/Kl. 28a vom 28. 8. 1919. — C. 1923, IV, 972; Coll. 1923, 270.

*Chem. Fabrik König, Dr. Göller und Kreglinger*, König im Odenwald.

**Ö.P. 100851** vom 3. 3. 1924. — C. 1926, I, 1349.

2. **D.R.P. 396956**/Kl. 28a vom 14. 1. 1920. — C. 1924, II, 1424; Coll. 1924, 264. **Zus.P.** zu **D.R.P. 379298.**

*Chem. Fabrik Haltingen, Jucker & Co.*, Haltingen i. B.

**Verfahren zur Herstellung von Beizen aus dem Kot von Hunden und Tauben durch Vergären des vom Sande gereinigten Kotes.**

1. Der vom Sand gereinigte Kot wird mit Wasser angerührt, bei etwa 40° C 12 Stunden sich selbst überlassen und, falls dann Gärung nicht stattgefunden hat, durch Zusatz eines eiweißabbauenden Fermentes in geringer zur Beizwirkung nicht in Frage kommender Menge oder säurebildender Bakterien zur vollen Vergärung gebracht, dann durch geeignete Zusätze die Gärung unterbrochen und der Beizbrei durch Zufügen geringer Mengen von Natriumfluorid oder ähnlichen Stoffen desinfiziert (vgl. S. 229).

2. Das Beizmittel wird zwecks Erzielung besonders reiner Blößen vorher gebleicht oder mit Bleichmitteln (Bisulfiten, Hydrosulfiten, Formaldehydsulfoxylaten) vermischt (vgl. S. 229).

**E.P. 154103** vom 4. 2. 1920. — C. 1921, II, 679; Coll. 1921, 210.

*J. T. Wood*, Nottingham.

**Verfahren zum Beizen und Entkälken von Häuten.** Um Verluste an Hautsubstanz bzw. an Lederrendement zu vermeiden, wird das Enzym in Pastenform auf die Narbenseite aufgetragen, wobei die Beizwirkung der Paste durch Verdünnung mit indifferenten Stoffen, wie Kaolin oder Sägemehl, geregelt werden kann.

**E.P. 179135** vom 28. 9. 1921. — C. 1922, IV, 568.

*Hermann Renner* und *Willi Moeller*, Hamburg.

**Verfahren zur Herstellung von Beizmitteln für tierische Häute.** Die Beizmaterialien (Hundekot, Bauchspeicheldrüse) werden mit Lösungen von Calcium- oder Magnesiumhydroxyd extrahiert und die Lösungen neutralisiert; die Hydroxyde sollen aktivierend wirken.

**D.R.P. 379204**/Kl. 28a vom 27. 4. 1922. — C. 1923, IV, 971; Coll. 1923, 269.

*Auguste Finck*, Frankfurt a. M.

**Verfahren zur Herstellung von Beizen aus tierischen Ausscheidungsstoffen und Organen.** Die Aufschwemmungen der Beizmaterialien (Kot, Bauchspeicheldrüse) werden der Elektrolyse mit Hilfe des Diaphragmenverfahrens unterworfen, wobei die in Wasser gelösten Enzyme und Säuren in das zur Aufnahme der wirksamen Bestandteile dienende Trockenmittel, z. B. Sägespäne, hineindiffundieren (vgl. S. 229).

**F.P. 555854** vom 11. 9. 1922. — C. 1923, IV, 691.

*Soc. An. Ledoga*, Mailand.

**Die Gesamtbestandteile der Pankreasdrüse in fester trockener Form enthaltende Präparate.** Die frischen oder gesalzenen Organe werden mit wasserfreien anorganischen Salzen zusammen gemahlen und getrocknet. Die so gewonnenen, zum Beizen von Häuten und Fellen geeigneten Produkte zeigen höhere proteolytische oder diastatische Wirkung als die durch Imprägnieren von Sägemehl mit Pankreassaft erhaltenen Produkte.

**D.R.P. 462214**/Kl. 28a vom 30. 12. 1923. — C. 1928, II, 1412; Coll. 1928, 625.
**Aust.P. 16527** vom 21. 2. 1924. — C. 1926, I, 2993.
**F.P. 575009** vom 26. 12. 1923. — C. 1926, I, 2993; Coll. 1927, 365.
**Schwz.P. 112000** vom 26. 1. 1924. — C. 1926, I, 2993.

*James Stuart Burns*, London.

**E.P. 216546** vom 1. 1. 1923. — C. 1926, I, 2993.

*Charles Joseph Michel Marie Le Petit*, Paris, *James Stuart Burns*, London, und *Christian Andrew Blanke*, Paris.

**Verfahren zum Behandeln von Häuten und Fellen u. dgl.** Beizen von Häuten und Fellen mit Enzymbädern aus lipaseliefernden Ausgangsstoffen vegetabilischer Herkunft, z. B. Ricinusölsamen, die einer vorherigen Gärung unterworfen werden. Dem Enzymbad werden außerdem organische Säuren (Milch-, Buttersäure), ein Lipaseaktivator und gegebenenfalls Fettemulgatoren (Alkalisulforicinat) zugefügt.

**D.R.P. 390863**/Kl. 28a vom 27. 2. 1923. — C. 1924, I, 2053; Coll. 1924, 145.

*Chem. Fabrik Haltingen, Jucker & Co.*, Haltingen i. B.

**Verfahren zur Herstellung getrockneter Beizmittel.** Aufschwemmungen von Hundekot und anderen Beizmitteln werden mit Sägemehl oder anderen Trockenmitteln gemischt, das Gemisch getrocknet und einem Luftstrom bestimmter Stärke ausgesetzt, wodurch das mit den wirksamen Bestandteilen des Beizmaterials getränkte Sägemehl von den unwirksamen oder schädlichen Ballaststoffen getrennt wird.

1. **D.R.P. 459990**/Kl. 28a vom 28. 3. 1925. — C. 1928, II, 1851; Coll. 1928, 504.

*Dr. Otto Gerngroß*, Berlin-Grunewald.

**Verfahren zur Herstellung eines Beizmittels für tierische Häute aller Art von besonderer Wirkung auf die durch den Beizvorgang zu entfernenden Bestandteile der Haut.**

2. **Zus.P. 531017**/Kl. 28a vom 15. 10. 1927. — C. 1931, II, 2547; Coll. 1931, 664.

*Röhm & Haas A. G.*, Darmstadt.

**Verfahren zur Herstellung eines Beizmittels für tierische Häute.**

1. Proteolytische Mikroorganismen werden auf Nährböden gezüchtet, denen man die als „Gneist“ oder „Grund“ bezeichneten Massen, die beim Streichen und Reinigen der Häute nach der Beize entfernt werden, beimengt; die so gezüchteten Organismen werden in bekannter Weise mit Salzen und anderen für Beizzwecke üblichen Stoffen vermischt (vgl. S. 229).

2. Den zur Züchtung der Mikroorganismen dienenden Nährböden werden an Stelle der als „Gneist“ oder „Grund“ bezeichneten Massen hydrolytisch aufgeschlossene, keratinhaltige Stoffe, wie Haare, Horn u. dgl., zugefügt (vgl. S. 229).

1. **D.R.P. 532398**/Kl. 12p vom 15. 7. 1928. — C. 1931, II, 3361; Coll. 1931, 799.
**E.P. 324651** vom 19. 10. 1928. — C. 1930, I, 3492.
**F.P. 677662** vom 1. 7. 1929. — C. 1930, I, 3492.

2. **D.R.P. 546145**/Kl. 12p vom 22. 1. 1930. — C. 1932, I, 2868; Coll. 1932, 451.
**Zus.P.** zu **D.R.P. 532398.**
**F.P. 39628** vom 12. 1. 1931. — C. 1932, I, 2868.
**Zus.P.** zu **F.P. 677662.**

*I. G. Farbenindustrie A. G.*, Frankfurt a. M.

1. **Verfahren zur Aktivierung von pflanzlichen Proteasen.** Verwendung der Salze von Thiosäuren in neutraler oder schwach saurer Lösung als Aktivatoren von pflanzlichen Proteasen, z. B. Papain (vgl. S. 217).

2. **Verfahren zur Aktivierung von pflanzlichen oder tierischen Proteasen.** Verwendung sauerstoffhaltiger Verbindungen, die Schwefel in 2- oder 4wertiger Form enthalten, z. B. Hyposulfite, Sulfite, xanthogensaures Kalium, als Aktivatoren für pflanzliche und tierische Proteasen (vgl. S. 217).

**D.R.P. 545443**/Kl. 28a vom 14. 10. 1928. — C. 1932, I, 2671; Coll. 1932, 448.

*Carl Herbert Tröger*, Melun bei Paris.

**Verfahren zum Beizen von Häuten und Fellen.** Verwendung von Bakterienkulturen, die auf verwesenden Fischen, z. B. Schellfischen, gezüchtet und gegebenenfalls nach ihrer Verpflanzung auf anorganische Nährböden unter ultraroter Bestrahlung bei einer Temperatur von 20 bis 50° C weiter entwickelt werden (vgl. S. 229).

**D.R.P. 575218**/Kl. 28a vom 6. 1. 1931. — Coll. 1933, 349.
**A.P. 1851763** vom 18. 12. 1928. — C. 1932, I, 3531; Coll. 1933, 114.

*Dr. Karl Hermann Göller*, Worms.

**Verfahren zum Beizen von Häuten und Fellen.** Tierische Hautabfälle werden einige Tage bei ca. 30° C der Autolyse überlassen, diese dann unterbrochen, die Bakterien durch Konservierungsmittel abgetötet oder durch Filtration abgetrennt und das erhaltene Produkt zum Beizen von Häuten und Fellen verwendet. Gegebenenfalls werden der Beizbrühe noch die bei der Säurehydrolyse von Streckfleisch gewonnenen Eiweißabbauprodukte zugesetzt.

**E.P. 304214** vom 16. 1. 1929. — C. 1930, II, 1325; Coll. 1932, 286.

*I. G. Farbenindustrie A. G.*, Frankfurt a. M.

**Verfahren zur Herstellung eines Beizmittels.** Eiweiß- und fettspaltende Bakterien werden auf eiweiß- und fetthaltigen Nährböden (Blut, Fleisch) gezüchtet, die Lösung von Schwebekörpern und Bakterien befreit und zum Beizen von Häuten und Fellen verwendet (vgl. S. 229). Vgl. auch **E.P. 304294** vom 18. 1. 1929. — C. 1930, II, 1325; Coll. 1932, 286.

**It.P. 267378** vom 4. 9. 1929. — C. 1935, I, 3087; Coll. 1937, 252.

*Soc. An. Ledoga*, Mailand, *Max Hotz* und *Adolf Lüthy*, Mailand.

**Beizmittel für Häute und Felle.** Zu Pankreas enthaltenden Beizmitteln werden aromatische und aliphatische Nitrile zugesetzt.

1. **D.R.P. 560463**/Kl. 12p vom 10. 12. 1929. — C. 1932, II, 3581.
**F.P. 707166** vom 5. 12. 1930. — C. 1931, II, 3230; Coll. 1932, 459.
2. **E.P. 356638** vom 2. 2. 1931. — C. 1931, II, 3230; Coll. 1932, 457.
**Schwz.P. 152250** vom 23. 1. 1931.
3. **E.P. 373567** vom 18. 1. 1932. — C. 1932, II, 1736; Coll. 1933, 122.
**F.P. 730350** vom 23. 1. 1932.
**Schwz.P. 158838** vom 9. 1. 1932.

*Kalle & Co. A. G.*, Wiesbaden-Biebrich.

1. **Verfahren zur Trennung von Proteinasen von Carboxypolypeptidasen.** Die Enzymgemische werden einer fraktionierenden Behandlung mit als Enzymfällungsmitteln bekannten wasserlöslichen Lösungsmitteln, z. B. Aceton oder Alkohole, unterworfen (vgl. S. 228).

2. **Verfahren zur Darstellung von peptidasefreien Proteinasen.** Die peptidasehaltigen Proteinaselösungen werden mit Säuren auf $p_H$ 3 bis 4 eingestellt, wodurch in kurzer Zeit die Peptidasen zerstört werden, während die Proteinasen erhalten bleiben (vgl. S. 228).

3. **Verfahren zum Beizen von Hautblößen.** Verwendung der nach 2 hergestellten oder anders gewonnenen von Peptidasen freien Proteinasen zum Beizen von Häuten und Fellen.

**D.R.P. 571056**/Kl. 28a vom 21. 2. 1930. — C. 1933, I, 3664; Coll. 1933, 237.

*Dr. Johannes Altenburg*, Berlin-Charlottenburg.

**Verfahren zum Beizen von Häuten und Fellen.** Beizen mit lipolytischen Pflanzenfermenten, z. B. Fermenten des Ricinus- und Sonnenblumensamens in Gegenwart von fettlösenden und fettemulgierenden Salzen, wie Trinatriumphosphat, mit oder ohne Zusatz von hydrierten Naphthalinsulfosäuren bzw. deren Estern oder Salzen.

1. **F.P. 708285** vom 23. 12. 1930. — C. 1932, I, 466.
   **E.P. 368888.**
2. **E.P. 377128** vom 22. 2. 1932. — C. 1932, II, 3319; Coll. 1933, 123.
   **Zus.P.** zu **E.P. 368888.**
   **A.P. 1985661** vom 7. 3. 1932.

*H. Th. Böhme A. G.*, Chemnitz.

**Fermente für technische Zwecke.**

1. Verwendung von in den Verdauungsorganen von Fischen enthaltenen Fermenten in frischem oder getrocknetem Zustand in der Leder-, Textil- und anderen Industrien.

2. Statt der Fermente aus Fischeingeweiden werden solche aus den sogenannten Pylorusanhängern von Fischen (mit Ausnahme der Plagiostomata) verwendet, da sie stärkere proteolytische Eigenschaften zeigen. Zum Beizen von Häuten und Fellen kann ein Brei von zerkleinerten Pylorusanhängern unmittelbar verwendet werden.

**D.R.P. 636471**/Kl. 28a vom 9. 9. 1934. — C. 1937, I, 266; Coll. 1936, 711.

*Kalle & Co. A. G.*, Wiesbaden-Biebrich.

**Verfahren zum Beizen von tierischen Häuten.** Den Enzyme enthaltenden Beizbrühen werden in geringen Mengen solche organische Basen (Amine) oder deren Salze zugefügt, die einen höheren aliphatischen hydroaromatischen oder Cykloparaffinrest enthalten.

Weitere Patente über Enzymbeizen vgl. unter „Biologische Enthaarungsmethoden“ (S. 429 bis S. 433).

## E. Pickeln.

**D.R.P. 179610**/Kl. 28a vom 7. 7. 1905. — C. 1907, I, 1472.

*Sebastiano Bocciardo & Co.*, Genua.

**Schnellgerbverfahren.** Die Blößen werden vor der vegetabilischen Gerbung in einem Bad behandelt, das neutrale nicht gerbend wirkende Salze und nicht gerbend wirkende Säuren enthält, z. B. 22,5% NaCl, 3% $Na_2SO_4$ und 1,5% HCl. Nach beendeter Gerbung werden Salze und Säuren aus dem Leder durch wiederholtes Auswaschen entfernt.

**D.R.P. 390945**/Kl. 28a vom 23. 9. 1922. — C. 1924, I, 2053; Coll. 1924, 174.

*Gustav Arth*, Oberursel.

**Gerben von mit Salzlösungen vorbehandelten Häuten und Fellen.** Die wie üblich vorbereiteten Blößen werden mit 15 bis 20° Bé starken Salzlösungen (NaCl) behandelt, getrocknet und in diesem Zustand in die Gerbbrühe gebracht.

**A.P. 1899422** vom 23. 8. 1928.
**E.P. 307987** vom 21. 12. 1927. — C. 1930, I, 155; Coll. 1931, 271.

*British India Corp.* und *G. Peace*, Cawnpore, Indien.

**Herstellung von Leder.** Zur Vorbereitung für die vegetabilische Gerbung werden die Häute nach dem Beizen gepickelt und hierauf mit dem Natriumsalz einer schwachen Säure, z. B. Natriumthiosulfat, entpickelt und auf ein $p_H$ von 3,5 bis 5 eingestellt (vgl. S. 305).

**R.P. 16812** vom 10. 7. 1928. — C. 1931, II, 668; Coll. 1932, 461.

*P. A. Andrejew*, USSR.

**Verfahren zum Neutralisieren von Fellen nach dem Pickeln.** Die Neutralisation erfolgt mit gasförmigem Ammoniak, gegebenenfalls unter gleichzeitigem Trocknen der Felle.

**E.P. 344417** vom 27. 11. 1929. — C. 1931, II, 180; Coll. 1932, 287.

*Gordon Peace*, Harpenden.

**Verfahren zum Vorbehandeln von Häuten und Fellen vor der vegetabilischen Gerbung.** Die Blößen werden nach der Äscherung entkälkt, gebeizt und dann mit organischen Säuren und ihren Salzen (Essigsäure, Milchsäure) auf $p_H$ 3,5 bis 5 eingestellt.

**R.P. 42250** vom 3. 2. 1932. — C. 1935, II, 3622.

*G. A. Labsin* und *M. J. Satschinjajew*, USSR.

**Gerbverfahren.** Die Blößen werden vor dem Gerben mit einer bereits erschöpften Gerbbrühe behandelt, der eine Mineralsäure und Kochsalz in einer solchen Menge zugesetzt sind, daß das Verhältnis von Säure zu Salz zu Wasser 1:10:100 beträgt.

**A.P. 2004473** vom 21. 4. 1933. — C. 1935, II, 3472; Coll. 1937, 243.

*Georg R. Pensel*, Amsterdam, N. Y., V. St. A.

**Herstellung chromgarer Leder.** Normal gepickelte Blößen von einem $p_H$ von ca. 2 werden durch Behandlung mit organischen Säuren und deren Salzen entpickelt und auf ein $p_H$ von ca. 5 eingestellt und dann gegerbt.

Vgl. **E.P. 434745** vom 13. 4. 1934. — C. 1936, I, 1559; Coll. 1937, 306.

*Ritter Chemical Company*, Boston, V. St. A.

# Die Nebenprodukte der Wasserwerkstatt und ihre Verwertung.

## A. Leimleder.

### I. Herstellung von Leim und Gelatine.

#### a) Verarbeitung von Hautabfällen.

**D.R.P. 278614**/Kl. 22i vom 22. 5. 1912. — C. 1914, II, 902; Coll. 1915, 39.

*Moriz Fischel*, Wien.

**Verfahren zur Behandlung von ungegerbtem Leimleder für die Leimgewinnung.** Vorbehandlung mit verdünnter Säure (Salzsäure), um den bei der Enthaarung mit Kalk entstandenen kohlensauren Kalk in den Poren zu lösen und eine Verhärtung des Materials zu verhüten.

**D.R.P. 303184**/Kl. 22i vom 29. 9. 1915. — C. 1918, I, 501.
**A.P. 1405741** vom 10. 3. 1917. — C. 1922, II, 881.
**Ö.P. 85525** vom 3. 3. 1916. — C. 1922, II, 92.

*Otto Röhm*, Darmstadt.

**Verfahren zur Verarbeitung von Leimleder zu Leim od. dgl.** mittels eiweißspaltender Enzyme, z. B. Enzyme der Bauchspeicheldrüse, eventuell nach eintägiger Schwellung mit 0,5%iger Natronlauge.

**D.R.P. 365448**/Kl. 22i vom 19. 10. 1921. — C. 1923, II, 532.

*Joseph Landau* und *Edmund Trepka*, Warschau.

**Verfahren zur Vorbehandlung von Rohstoffen der Leim- und Gelatinefabrikation.** Behandlung mit einem Fettspalter, wie Kontaktöl, Twitchell-Reagens usw., in Mischung mit einer alkalischen Flüssigkeit, wie Natronlauge, Soda oder Kalkmilch.

1. **D.R.P. 380195**/Kl. 22i vom 1. 2. 1923. — C. 1923, IV, 670; Coll. 1924, 27.
**E.P. 203276** vom 9. 3. 1923. — C. 1924, I, 607.
2. **Zus.P. 395520**/Kl. 22i vom 1. 4. 1923. — C. 1924, II, 413; Coll. 1924, 233.

*Köln-Rottweil A. G.*, Berlin.

**Reindarstellung von Gelatine (oder Leim).**

1. Die Ausgangsstoffe, wie Spaltleimleder od. dgl., werden mit einer wässerigen Chlordioxydlösung behandelt, nach Beendigung der Reaktion mit kaltem Wasser gereinigt und Gelatine (Leim) mit warmem Wasser ausgezogen.

2. Verunreinigte Gelatinen oder Handelsgelatinen werden wie nach 1 behandelt.

**D.R.P. 413683**/Kl. 22i vom 4. 9. 1923. — C. 1925, II, 378; Coll. 1925, 426.

*Dr. Heinrich August Kraus*, Neuß a. Rh.

**Verfahren zur Vorbehandlung von Hautabfällen für die Leimfabrikation.** Eingeweichte, gegebenenfalls angesäuerte oder alkalisch gemachte Hautabfälle werden mit oder ohne Druck mit Ozon oder hochozonisierter Luft behandelt.

**D.R.P. 532115**/Kl. 22i vom 11. 12. 1925. — C. 1931, II, 2260; Coll. 1931, 668.

*Akt.-Ges. für chemische Produkte vorm. H. Scheidemandel*, Berlin.

**Verfahren zur Herstellung von Leim und Gelatine aus Haut oder ähnlichen leimgebenden Stoffen** durch Behandlung mit ca. $^1/_{25}$-normalen Säuren oder Alkalien, nachfolgendem Auswaschen und Verkochen mit Wasser.

**A.P. 1911205** vom 6. 3. 1929. — C. 1934, I, 2383; Coll. 1936, 114.

*Swift & Co.*, Chicago, Ill., V. St. A.

**Herstellung einer insbesondere für photographische Zwecke geeigneten Gelatine.** Gewaschenes und zerkleinertes Rohmaterial wird unter zeitweiliger Bewegung im Faß mit einer 1- bis 2%igen Ammoniaklösung behandelt, gewaschen, neutralisiert, auf $p_H$ 4,7 bis 5 eingestellt, bei niedriger Temperatur (60 bis 65° C) verkocht und die filtrierte Leimlösung im Vakuum eingedickt.

**R.P. 15964** vom 7. 6. 1929. — C. 1931, II, 952; Coll. 1932, 461.

*M. W. Kurilew* und *W. G. Witlock*, USSR.

**Verfahren zum Vorbehandeln von ungegerbten Lederabfällen für die Leimbereitung.** Das Material wird in Trommeln mit Wasser, dann mit verdünnten Mineralölsulfonsäuren unter schwachem Erwärmen und schließlich mehrmals mit Kalkmilch von 3 bis 4° Bé behandelt.

**D.R.P. 580447**/Kl. 22i vom 10. 3. 1932. — C. 1933, II, 2625; Coll. 1933, 579.

*Dr. Otto Röhm*, Darmstadt.

**Verfahren zur Vorbehandlung von Leimgut** mit Natriumsulfitlösungen allein oder zusammen mit anderen zur Äscherung bekannten Mitteln, wie Alkali- oder Erdalkalihydroxyden bzw. -salzen.

**D.R.P. 607026**/Kl. 22i vom 27. 10. 1932. — C. 1935, I, 1810; Coll. 1935, 86.

*Dipl.-Ing. Arthur Hirsch*, Weinheim, Baden.

**Verfahren zur Äscherung von Leimleder.** Zur Abkürzung der Kälkungsdauer wird das Leimleder mit einer mit Erdalkalichlorid versetzten Kalkbrühe behandelt.

1. **D.R.P. 614604**/Kl. 22i vom 27. 11. 1932. — C. 1935, II, 2166; Coll. 1935, 443.
2. **D.R.P. 624783**/Kl. 22i vom 5. 3. 1933. — C. 1936, I, 4387; Coll. 1936, 113.

*I. G. Farbenindustrie A. G.*, Frankfurt a. M.

1. **Verfahren zur Vorbehandlung von Hautblößen.** Zur Herstellung von Leim und Gelatine werden die Hautblößen vor dem Äschern, gegebenenfalls nach vorausgegangener Alkali- oder Säureschwellung, in wasserfeuchtem Zustand zum Gefrieren gebracht.

2. **Verfahren zur Vorbehandlung von tierischen Rohhäuten für die Leim- und Gelatinegewinnung.** Die Rohhäute werden wie nach 1 behandelt.

**R.P. 46011** vom 26. 5. 1935. — C. 1936, II, 735.

*P. W. Kalinin*, USSR.

**Herstellung von Leim.** Tierische Abfälle werden mit Naphthensulfonsäure übergossen, 15 bis 25 Stunden stehen gelassen, gewaschen und geschmolzen. Der erhaltene Leim ist in Alkohol löslich.

### b) Verarbeitung von Lederabfällen (Entgerbung).

**D.R.P. 155444**/Kl. 22i vom 10. 10. 1902. — C. 1904, II, 1676.

*Chemische Düngerfabrik Vogtmann & Co. G. m. b. H.*, Hilchenbach i. W.

**Verfahren zur Vorbereitung von mineral- oder chromgarem Leder für die Leimbereitung.** Für die Entgerbung wird statt Oxalsäure verdünnte Schwefelsäure verwendet, um Chromsulfat als Nebenprodukt zu gewinnen.

**D.R.P. 202510**/Kl. 22i vom 11. 7. 1905. — C. 1908, II, 1398.
**Zus.P. 202511**/Kl. 22i vom 14. 8. 1906. — C. 1908, II, 1399.

*F. W. Weiß Dlns Sohn G. m. b. H.*, Hilchenbach i. W.

**Verfahren zur Herstellung von Leim aus mineral-, besonders chromgarem Leder.** Entgerbung mit Ätzalkalien, ätzalkalischen Erden oder auch Salzen, wie z. B. phosphorsauren Salzen, bei geeigneten Temperaturen. Die Mittel können auch kombiniert werden.

**D.R.P. 235592**/Kl. 22i vom 12. 3. 1909. — C. 1911, II, 174.

*Carl Stiepel*, Hannover.

**Verfahren zur Vorbereitung von chromgarem Leder für die Leimbereitung.** Das chromgare Leder wird zuerst mit einem Alkalicarbonat und nach dem Auswaschen mit einer Säure behandelt.

**D.R.P. 242246**/Kl. 22i vom 12. 3. 1909. — C. 1912, I, 306.

*Carl Stiepel*, Hannover.

**Verfahren zur Vorbereitung von chromgarem Leder für die Leimbereitung.** Die Abfälle werden möglichst rasch mit 0,2%iger Säure auf 100° erhitzt, von der Chrombrühe befreit und ausgewaschen, oder man läßt sie mit stark verdünnten Säuren in der Kälte stehen, wobei zweckmäßig Salze zugesetzt werden, die mit Schwefelsäure unlösliche Verbindungen eingehen.

**D.R.P. 237752**/Kl. 22i vom 2. 7. 1909. — C. 1911, II, 1084; Coll. 1912, 148.

*Carl Sadlon*, Nagyszombat, Ungarn.

**Verfahren zur Herstellung von Leim aus chromgaren Lederabfällen.** Die Abfälle werden mit so großen Mengen Ätzalkali vermischt, daß ohne Verkochen eine teigige Masse entsteht.

**D.R.P. 253242**/Kl. 28a vom 25. 3. 1910. — C. 1912, II, 1888.

*Albert George Manus*, Chicago, V. St. A.

**Verfahren zur Wiedergewinnung roher Haut aus Chromleder** durch Behandlung mit Kalkwasser oder verdünnten alkalischen Lösungen, Auswaschen, Nachbehandeln mit verdünnten Säuren, Neutralisieren und Auswaschen.

**D.R.P. 259247**/Kl. 28a vom 21. 1. 1912. — C. 1913, I, 1846; Coll. 1913, 327.

*Samuel Russell Trotman*, Nottingham.

**Verfahren zum Entfernen des Chroms von mit Chrom gegerbtem Leder.** Das gegebenenfalls durch Vorbehandlung mit Säuren oder Alkalien teilweise entgerbte Leder wird mit Natriumsuperoxyd, Wasserstoffsuperoxyd oder einem Stoff, der dieses zu bilden vermag, behandelt. Man erhält ein weißes Produkt, das zu Leim verarbeitet werden kann.

1. **D.R.P. 257286**/Kl. 22i vom 15. 6. 1912. — C. 1913, I, 1156; Coll. 1913, 153.
2. **Zus.P. 287288**/Kl. 22i vom 2. 8. 1914. — C. 1915, II, 1037; Coll. 1916, 28.

*Dipl.-Ing. Willy Prager*, Darmstadt.

**Verfahren zur Vorbereitung von chromgarem Leder für die Leimbereitung.**

1. Chromgare Lederabfälle werden durch Lösungen saurer Salze, wie $NaHSO_4$, in der Wärme unterhalb der Verleimungstemperatur entgerbt.

2. Verfahren nach 1 unter gleichzeitiger Anwendung reduzierend wirkender Säuren, wie schweflige, hydroschweflige, chlorige Säure usw., bzw. deren Salze, um helle Leimbrühen zu erhalten.

**D.R.P. 293047**/Kl. 22i vom 19. 2. 1915. — C. 1916, II, 293.

*Karl Twele*, Wladislau.

**Verfahren zur Herstellung von Leim und Gelatine.** Indische Sehnen, Alaunlederabfälle oder das übliche Leimleder werden mit Kochsalzlösungen behandelt, ausgewaschen und in bekannter Weise verkocht.

**D.R.P. 310309**/Kl. 22i vom 13. 2. 1917. — C. 1919, II, 203.

*Albert Wolff*, Hamburg.

**Verfahren zur Verwertung von Chromlederabfällen.** Die Abfälle werden in der eben notwendigen Menge etwa 5%iger Schwefelsäure gelöst und das dabei abgeschiedene Fett gewonnen. Chromoxydhydrat vermischt mit Gips und eventuell Farbstoffen wird mit Kalk gefällt und auf Chromalaun verarbeitet.

**D.R.P. 305598**/Kl. 28a vom 8. 8. 1917. — C. 1920, II, 573; Coll. 1920, 172.

*Dr. Eugen Immendörfer*, Weinheim, Baden.

**Verfahren zum Entgerben von Chromlederabfällen.** Um das Leimleder gegenüber Säuren und Alkalien beständiger zu machen, werden die Abfälle mit Aldehyden (Formaldehyd) oder Chinonen vorbehandelt und der aufeinanderfolgenden Einwirkung starker Laugen und Säuren unterworfen.

**E.P. 132864** vom 24. 9. 1918. — Coll. 1920, 437.

*M. C. Lamb*, London.

**Herstellung von Leim aus Chromleder.** Nach einer Behandlung mit Lösungen von Oxal-, Phthal-, Milch-, Wein- oder Bernsteinsäure und Abtrennung der erhaltenen Chromlösung wird der Rückstand mit Alkali auf Leim verarbeitet.

**D.R.P. 383567**/Kl. 22i vom 17. 3. 1921. — C. 1924, I, 276; Coll. 1923, 392.

*Heinrich August Kraus*, Neuß a. Rh.

**Vorbehandlung von Lederabfällen für die Leimfabrikation.** Angefeuchtete, eventuell angesäuerte oder alkalisch gemachte Abfälle werden mit oder ohne Druck mit Ozon oder hochozonisierter Luft behandelt.

**A.P. 1710687** vom 11. 10. 1922. — C. 1929, II, 1124.

*Litmo Adhesion & Products Co.*, Lynn, Massachusetts, V. St. A.

**Leim aus Chromleder** durch Behandlung mit Lösungen von schwefliger Säure verschiedener Konzentration und mit heißem Wasser.

1. **D.R.P. 409959**/Kl. 22i vom 18. 5. 1923. — C. 1925, I, 1833; Coll. 1925, 279.
2. **D.R.P. 425131**/Kl. 22i vom 13. 1. 1923. — C. 1926, I, 3376; Coll. 1926, 192.
   **Schwz.P. 112400** vom 8. 8. 1924. — C. 1926, I, 1915.

*Dr. Egon Meier*, Friedberg, Hessen.

1. **Verfahren zum Aufschließen stark lederstaubhaltiger Chromlederabfälle für die Gelatine- und Leimbereitung** mit Natronlauge und Kalk, indem die Abfälle vor der Behandlung getrocknet und abgesiebt werden.

2. **Verfahren zur Entgerbung und Entchromung von mit Zusatz von Formaldehyd gegerbten Chromlederabfällen.** Die Abfälle werden gleichzeitig oder nacheinander mit Natronlauge und Ätzkalk behandelt.

**D.R.P. 426471**/Kl. 22i vom 5. 5. 1923. — C. 1926, I, 3377; Coll. 1926, 234.

*Ellenberger & Schrecker*, Frankfurt a. M., und *Oskar Huppert*, Passau.

**Darstellung von Leim aus Chromleder.** Chromleder bzw. Abfälle davon werden mit Säuren von 0,02 bis 0,1 Normalität gekocht (1 bis 2 Stunden), zur Abscheidung des Chroms und zur Neutralisation mit der notwendigen Menge Kalk versetzt, mit Wasser zu Leim verkocht und die Leimbrühe von den unlöslichen Kalk- und Chromverbindungen getrennt.

**D.R.P. 438459**/Kl. 22i vom 12. 1. 1924. — C. 1927, I, 1108; Coll. 1927, 110.

*Ellenberger & Schrecker*, Frankfurt a. M.

**Gewinnung von technisch chromfreier sowie vollkommen chromfreier Gelatine und Leim.** Chromgares Leder bzw. Chromfalzspäne werden ohne besondere Vorbereitung in schwach alkalischer Lösung zweckmäßig in Gegenwart geringer Mengen löslicher Phosphate (1% oder weniger) verkocht.

**D.R.P. 457725**/Kl. 22i vom 29. 1. 1924. — C. 1928, I, 2564.
**F.P. 590950** vom 26. 12. 1924. — C. 1925, II, 2119.
**Schwed.P. 62985** vom 26. 1. 1925. — C. 1931, II, 2548.
**Holl.P. 15229** vom 27. 1. 1925.

*Ellenberger & Schrecker*, Frankfurt a. M.

**A.P. 1612746** vom 4. 9. 1924. — C. 1927, I, 1108; Coll. 1928, 327.
*Jacob Rinck*, Neu-Erlaa b. Wien.
**E.P. 226722** vom 15. 4. 1924. — C. 1926, I, 3377.
*Arthur Alfred Bergin*, Westminster.

**Herstellung chromfreier Gelatine** aus Chromlederabfällen durch Verkochung mit Wasser in Gegenwart geringer Mengen von kaust. gebranntem Magnesit oder anderen entsprechenden Magnesiumverbindungen.

**A.P. 1629556** vom 10. 5. 1924. — C. 1927, II, 664.
*American Glue Co.*, Boston, V. St. A.

**Herstellung von Leim und Gelatine aus Chromleder.** Behandlung mit Alkali (CaO), Waschen, Umsetzen des Kalkes mit Magnesiumsulfat, Auswaschen und Verkochen.

**D.R.P. 613904**/Kl. 22i vom 31. 12. 1926. — Coll. 1935, 298.
*Carl Max Nachtigall*, Schkölen, Thüringen.
**F.P. 708602** vom 30. 12. 1930. — C. 1931, II, 2259; Coll. 1932, 297.
*Karl Dillenburger*, Deutschland.

**Entgerben von chromgarem Leder und Chromlederabfällen** durch Behandlung mit Alkali- oder Erdalkalihydroxydlösungen in Gegenwart von Salzen der Chlor-, Salpeter- oder Phosphorsäure. Anschließend wird das Material mit anorganischen oder organischen Säuren behandelt, gewaschen und zu Leim verkocht; die anfallende Chrombrühe wird auf Chromsalze verarbeitet.

**D.R.P. 480378**/Kl. 22i vom 4. 2. 1928. — C. 1929, II, 1759; Coll. 1929, 606.
*Dr. Carl Stiepel*, Berlin-Charlottenburg.

**Verfahren zur Leimgewinnung aus chromgaren Lederabfällen.** Die Abfälle werden vor den einzelnen Arbeitsgängen bei den bekannten Entgerbungsverfahren zu dünnen Platten gepreßt.

**D.R.P. 526859**/Kl. 22i vom 15. 5. 1928. — C. 1931, II, 1804.
*Dr. Carl Stiepel*, Berlin-Charlottenburg.
**Pol.P. 11043** vom 27. 10. 1928. — C. 1931, I, 404.
*Samuel Lewkowicz*, Polen.

**Verfahren zur Aufhebung des Gerbzustandes chromgarer Lederabfälle** durch Verkneten mit Kalkbrei bis zum Auftreten von Ammoniakbildung.

**D.R.P. 582628**/Kl. 22i vom 15. 9. 1928. — C. 1933, II, 2625; Coll. 1933, 640.
*Otto Gerngroß*, Berlin-Grunewald.

**Verfahren zum Entgerben von chromgaren Ledern** durch alkalische Behandlung mit Hydroxyden der Erdalkalien, mit Ausnahme von Magnesiumoxyd, unter Zusatz wasserlöslicher Salze von Erdalkalien (Mg-Salze ausgenommen) und nachfolgendem Lösen des Chroms mit Säuren.

**D.R.P. 521477**/Kl. 22i vom 11. 11. 1928. — C. 1931, II, 366.
*Henkel & Krause, Chem. Fabrik G. m. b. H.*, Heilbronn.

**Verfahren zum Entgerben von chromgarem Leder oder von Chromlederabfällen** mit alkalischen Stoffen in Gegenwart löslicher Borsalze oder mit alkalisch reagierenden löslichen Borsalzen und nachfolgendem Lösen des Chroms mit verdünnten Säuren.

**D.R.P. 531015**/Kl. 22i vom 18. 10. 1929. — Coll. 1931, 662.
**F.P. 667076** vom 8. 1. 1929. — C. 1930, I, 2044.
*Dr. Heinrich Munzinger*, Köln-Lindenthal.
**Pol.P. 15754** vom 27. 11. 1929. — C. 1933, I, 2771.
**Schwz.P. 149423** vom 3. 1. 1930.
*Dr. Carl Schleicher*, Buchs, Schweiz.

**Verfahren zur Gewinnung von Leim und Gelatine aus chromgegerbten Lederabfällen** durch Verkochen mit verdünnter Alkali- oder Erdalkalilauge unter Zusatz von Bariumhydroxyd.

**E.P. 338584** vom 17. 8. 1929. — C. 1931, I, 1712.

*British Glues and Chemicals Ltd.*, London, und *Royston Barry Drew*, Morden.

**Gewinnung von Leim und Gelatine aus Chromlederabfällen.** Die mit 3% MgO oder BaO vermischten Abfälle werden auf ein Gitter in einem heizbaren Behälter, der mit einer Umlaufpumpe versehen ist, gebracht und zunächst mit kaltem, dann mit warmem Wasser bis zur Erschöpfung extrahiert. Man erhält ohne Filtration eine klare Leimlösung.

**Jugosl. P. 7559** vom 7. 1. 1930. — C. 1932, I, 3255.

*Sigmund Katscher*, Wien.

**Leim und Gelatine aus Chromlederabfällen.** Durch Behandlung mit Ätz- oder Erdalkalien und Baryt, wobei das Endprodukt kein gelöstes Sulfat enthält.

**D.R.P. 582919**/Kl. 22i vom 28. 8. 1931. — C. 1933, II, 2625; Coll. 1933, 731.

*Deutsche Gold- und Silberscheideanstalt, vorm. Roeßler*, Frankfurt a. M.

**Verfahren zum Entgerben von ungefärbtem Chromleder.** Chromlederabfälle werden mit Salzen der Blausäure, z. B. Alkalicyaniden behandelt und die dabei entstehenden Cyanchromkomplexsalze ausgewaschen.

**D.R.P. 612246**/Kl. 22i vom 29. 10. 1933. — C. 1935, II, 471; Coll. 1935, 238.

*Chemische Fabrik Grünau Landshoff & Meyer A. G.*, Berlin-Grünau.

**Verfahren zur Entchromung von chromgaren Lederabfällen** durch Behandlung mit Säuren, die mindestens 5% Neutralsalz enthalten, oder mit sauren Salzen (Bisulfate) in Konzentrationen von mindestens 10% mit oder ohne Vorbehandlung mit Alkali.

**R.P. 45025** vom 11. 3. 1935. — C. 1936, I, 4527.

*N. A. Spasski*, USSR.

**Gewinnung von Leim aus Chromlederabfällen.** Die Abfälle werden zunächst mit einer etwa 0,5%igen NaOH-Lösung, darauf mit einer etwa 0,5- bis 1%igen Magnesium- oder Ammoniumchloridlösung behandelt und nach Zusatz von 1 bis 2% MgO im Autoklaven mit Wasser verkocht.

### c) Vorrichtungen für die Gewinnung.

1. **D.R.P. 338489**/Kl. 22i vom 28. 11. 1919. — C. 1921, IV, 426; Coll. 1922, 158.
   **Zus.P. 355878**/Kl. 22i vom 9. 12. 1919. — C. 1922, IV, 553; Coll. 1922, 158.
   **E.P. 156646** vom 6. 1. 1921. — C. 1921, II, 816.
   **Zus.P. 156647** vom 3. 2. 1921. — C. 1921, II, 816.
2. **D.R.P. 355877**/Kl. 22i vom 9. 12. 1919. — C. 1922, IV, 553.
   **E.P. 156645** vom 6. 1. 1921. — C. 1921, II, 816.

*Carl Nießen*, Pasing.

**Verfahren und Vorrichtung zur Extraktion entfetteter Knochen und sonstiger leimgebender Bestandteile.**

1. Abwechselndes Extrahieren mit Dampf und siedendem Wasser in einer Batterie von Extraktoren.

2. Extrahieren in einer Batterie von Extraktoren, in die Heizflächen eingebaut sind, wobei eine von Extraktor zu Extraktor zunehmende Eindickung der Leimbrühe bewirkt wird.

**D.R.P. 344238**/Kl. 22i vom 3. 3. 1921. — C. 1922, II, 210; Coll. 1921, 507.

*Plauson's Forschungsinstitut G. m. b. H.*, Hamburg.

**Verfahren zur Gewinnung der Leimstoffe aus Lederabfällen, Knochen usw.** Die Leim enthaltenden Stoffe werden in einer schnellaufenden Schlagmühle mit Wasser, gegebenenfalls unter erhöhtem Dampfdruck, dispergiert und anschließend durch eine zweite Behandlung in der Schlagmühle mit Chlorkohlenwasserstoffen oder Äther in eine Emulsion übergeführt, die sich in eine wässerige Leimlösung und eine Eiweißstoffe und Fett enthaltende Emulsion scheiden läßt.

**D.R.P. 453884**/Kl. 22i vom 4. 1. 1924. — C. 1928, I, 1250.
**E.P. 251523**/Kl. 22i vom 13. 10. 1925. — C. 1926, II, 1721.
**F.P. 600156** vom 25. 5. 1925. — C. 1926, I, 2422.
**R.P. 13926** vom 5. 8. 1925. — C. 1931, II, 2260.
**Zus.P. 14874** vom 14. 1. 1926. — C. 1931, II, 2260.

*Louis Bierling*, Dresden.

**Apparat zum Ausschmelzen von Stoffen tierischen Ursprungs, wie Leimleder od. dgl., mit einem von außen geheizten Behälter.**

**D.R.P. 554373**/Kl. 22i vom 9. 4. 1930. — Coll. 1932, 643.
**Aust.P. 1508/31** vom 8. 4. 1931. — C. 1932, I, 3255.

*Aktiengesellschaft für chemische Produkte vorm. H. Scheidemandel*, Berlin.

**Verfahren und Vorrichtung zur Gewinnung von Leim aus leimenthaltendem Material** mittels einer Dämpferbatterie durch abwechselnde Dampfdruckbehandlung und Auslaugung, wobei vor Beginn jeder Dampfdruckperiode alle Dämpfer von Flüssigkeit geleert und dann unter Dampfdruck gesetzt werden.

## d) Reinigung und Veredlung.

**D.R.P. 187261**/Kl. 22i vom 24. 8. 1906. — C. 1907, II, 1764.

*Badische Anilin- und Sodafabrik*, Ludwigshafen.

**Verfahren zum Bleichen von Leim** mit basischem Zinksalz der Formaldehydsulfoxylsäure.

1. **D.R.P. 293188**/Kl. 22i vom 3. 3. 1914. — C. 1916, II, 360.
2. **Zus.P. 293762**/Kl. 22i vom 3. 3. 1914. — C. 1916, II, 622.

*Elektro-Osmose A. G.*, Berlin.

**Verfahren zur Reinigung von Leim und Gelatine sowie leimartiger oder leimhaltiger Körper,** indem die Stoffe 1. in gelöstem oder gequollenem Zustand oder 2. in Wasser suspendiert zwischen Diaphragmen der Einwirkung des elektrischen Stromes ausgesetzt werden.

1. **E.P. 210748** vom 22. 12. 1923. — C. 1924, II, 413.

*Electro-Osmose A. G.*, Berlin.

2. **A.P. 1577642** vom 13. 3. 1924. — C. 1926, II, 317.

*American Elektro Osmosis Corporation*, New York.

**Emulsionsgelatine.**

1. Durch Elektroosmose. Von den dabei ausgeschiedenen Eiweißstoffen wird abfiltriert und mit Alkali neutralisiert.

2. Die Elektroosmose einer 10- bis 20%igen Gelatinelösung wird fortgesetzt, bis die anorganischen Bestandteile entfernt sind und der $p_H$-Wert von 4,7 überschritten ist; im übrigen wird nach 1 verfahren.

**E.P. 245456** vom 5. 6. 1925. — C. 1926, II, 317.

*Kodak Ltd.*, London.

**Herstellung photographischer Gelatine.** Durch Behandlung mit oxydierenden Mitteln, wie Superoxyde oder Chlorkalk, von Aktivierungsstoffen befreite Gelatine wird mit aktiver Gelatine oder mit aktivierenden Stoffen vermischt.

**D.R.P. 442046**/Kl. 22i vom 29. 10. 1925. — C. 1927, I, 3045; Coll. 1927, 255.

*Dr. Wolff von Rechenberg*, Dresden-Bühlau.

**Verfahren zur Herstellung gebrauchsfertiger, gequollener oder verflüssigter tierischer Leime.** Um die Bildung von freien Säuren zu verhindern, wird dem Leim außer Konservierungsmitteln ein kohlensaures Salz zugesetzt.

**D.R.P. 597045**/Kl. 22i vom 17. 11. 1928. — Coll. 1934, 301.
**A.P. 1942478** vom 2. 10. 1929. — C. 1934, I, 2383.

*Siemens Elektro-Osmose G. m. b. H.*, Berlin.

**Verfahren zur elektroosmotischen Fraktionierung von Leim oder Gelatine.**

**A.P. 2020234** vom 23. 7. 1932. — C. 1936, I, 3068; Coll. 1937, 301.

*United Chemical & Organic Products Company,* Del., V. St. A.

**Verbesserung der Viskosität von Gelatine.** Hochwertige Gelatine, deren $p_H$ nicht unter 3,5 liegt, wird ca. 5 bis 10 Stunden in einem geschlossenen, mit Dampfmantel versehenen Gefäß, das rotiert, unter Einleiten von Luft auf 95 bis 125° erhitzt.

**R.P. 46010** vom 4. 11. 1934. — C. 1936, II, 735.

*B. G. Slawin,* USSR.

**Herstellung von Gelatine.** Leim wird mit Wasser gekocht, das durch Filtrieren über ein versilbertes Filter sterilisiert wurde. Die erhaltene Leimlösung wird gleichfalls durch ein versilbertes Filter filtriert und dann in bekannter Weise verarbeitet.

**D.R.P. 650501**/Kl. 39b vom 5. 5. 1934.

*Dr. Egon Elöd,* Karlsruhe, Baden.

**F.P. 789602** vom 4. 5. 1935. — C. 1936, I, 2022.
**E.P. 439784** vom 7. 5. 1935.

*Carl Freudenberg G. m. b. H.,* Weinheim.

**Weichmachen von Gelatine** durch Quellen in mit Wasser mischbaren Flüssigkeiten, wie Glycerin, Methylalkohol, teilweises oder vollständiges Entfernen des Quellungsmittels und Behandeln mit in Wasser unlöslichen Weichmachungsmitteln, wie Ricinusöl, Tran usw.

### e) Formgebung, Trocknung.

1. **D.R.P. 296522**/Kl. 22i vom 31. 10. 1914. — C. 1917, I, 548.
2. **Zus.P. 298386**/Kl. 22i vom 11. 2. 1915. — C. 1917, II, 257.
3. **Zus.P. 302853**/Kl. 22i vom 4. 5. 1915. — C. 1918, I, 399.

*Aktiengesellschaft für chemische Produkte vorm. H. Scheidemandel,* Berlin.

**Verfahren, gelatinierende Substanzen mehr oder weniger fein zu verteilen.**

1. Man läßt die bei Abkühlung erstarrenden Lösungen (Leim) in mit diesen nicht mischbare Kühlflüssigkeiten, wie Benzol, Trichloräthylen usw., eintreten.

2. Man läßt das gelatinierende Kolloid in reines Öl eintreten und wäscht die erhaltenen Produkte mit Benzin od. dgl.

3. Das spezifische Gewicht der Kühlflüssigkeit wird so gewählt, daß es bei gleicher Temperatur etwas kleiner ist als das des in feste Perlen überzuführenden Leims.

**D.R.P. 409500**/Kl. 22i vom 31. 8. 1923. — C. 1925, I, 2599; Coll. 1925, 278.
**Schwz.P. 107210** vom 31. 8. 1923. — C. 1925, I, 1833.

*Charles Antonius Franciscus Hoffmanns,* Waalwijk, Holland.

**Verfahren zur Herstellung von Leim, Gelatine od. dgl.** Die Leimbrühe wird ohne nachträgliche Eindickung aus den Extraktionsgefäßen in flache Behälter von größeren Flächenabmessungen eingelassen, in denselben gekühlt, zerschnitten und getrocknet.

**D.R.P. 419927**/Kl. 22i vom 25. 4. 1924. — C. 1926, I, 1245.

*Aktiengesellschaft für chemische Produkte vorm. H. Scheidemandel,* Berlin, *Daniel Sakom,* Wiesbaden, und *Paul Askenasy,* Karlsruhe.

**Herstellung mehr oder weniger fein verteilter gelatinierender Kolloide.** Man läßt die gelatinierenden Kolloide in Kühlflüssigkeiten, wie Wasser, Salzlösungen oder wässerige Emulsionen, eintreten, die ein möglichst sofortiges Erstarren gewährleisten.

1. **D.R.P. 452623**/Kl. 22i vom 16. 12. 1924. — C. 1928, I, 1250.
2. **D.R.P. 434011**/Kl. 22i vom 8. 4. 1925. — C. 1926, II, 2865.
3. **D.R.P. 437346**/Kl. 22i vom 19. 12. 1924. — C. 1927, I, 1108.
4. **Zus.P. 476328**/Kl. 22i vom 29. 5. 1926.

*Aktiengesellschaft für chemische Produkte vorm. H. Scheidemandel,* Berlin.

**Verfahren zum Gewinnen von tierischem Leim, Gelatine od. dgl. in körniger Form.**

1. Durch Auftropfen der Lösungen auf eine blanke, überzugsfreie, unter der Tropfstelle fortbewegte Kühlfläche werden Körner oder Perlen erhalten.

2. Unmittelbare Vermahlung von Leimgallerten geeigneter Konzentration und Trocknen des zerkleinerten Gutes.

3. Die Leimlösung oder Leimgallerte wird durch einen Siebboden gepreßt und zerkleinert.

4. Nach 3, indem die Zerkleinerung beim Durchpressen durch einen quer zur Vorschubrichtung bewegten Siebboden oder durch ein hin und her bewegtes Schneidgatter erfolgt.

**A.P. 1744884** vom 17. 1. 1928. — C. 1930, I, 2676.

*Carl Greiner*, Neuß a. Rh.

**Leim und Gelatine in Tropfen- oder Linsenform.** Die konzentrierte Leimbrühe tropft auf ein endloses Metallband, das zunächst durch einen auf $0^0$ C abgekühlten, dann durch einen erwärmten Raum geführt wird, wo das auf den Tropfen als Eis abgeschiedene Wasser verdunstet. Darnach werden die Tropfen auf ein Metallgazeband abgestreift, wo sie unter Zuführung von warmer Luft getrocknet werden.

**D.R.P. 611043**/Kl. 22i vom 28. 1. 1928. — C. 1935, II, 171; Coll. 1935, 241.

*Vitalis Pantenburg*, Düsseldorf-Oberkassel.

**A.P. 1965509** vom 12. 5. 1932. — C. 1935, I, 3375.

*Aktiengesellschaft für chemische Produkte vorm. H. Scheidemandel*, Berlin.

**Herstellung von Gelatine oder Leim in kleinstückiger Form.** Aufbringen von Leimlösungen in Form von Tropfen oder dünnen Strahlen auf eine bewegte Unterlage und Entwässern durch Erwärmen.

1. **D.R.P. 592383**/Kl. 22i vom 5. 4. 1931. — C. 1934, I, 2866.
2. **D.R.P. 603932**/Kl. 22i vom 29. 1. 1930.

*G. Eberlein's Sohn*, Mühlhausen, Thür.

**Verfahren zur Herstellung von Leim und Gelatine in kleinstückiger Form.**

1. Eine mit Erhöhung versehene gekühlte Trommel wird so durch die Leimlösung bewegt, daß nur die Erhöhungen eintauchen.

2. Der Leimblock wird gegen eine sich bewegende, mit lamellenartigen Schneidkanten versehene Hobelvorrichtung gedrückt.

**A.P. 2000042** vom 23. 3. 1933. — C. 1935, II, 3048.

*Eastman Kodak Co.*, Rochester, N. Y., V. St. A.

**Herstellung von Gelatineflocken.** Gelatinelösungen werden durch Einleiten von Luft oder in einer Kolloidmühle in Schaumform übergeführt, gegossen, getrocknet, gepreßt und zerkleinert.

## f) Verwendung.

### 1. Klebmittel.

**D.R.P. 446288**/Kl. 22i vom 21. 6. 1925. — C. 1927, II, 1655; Coll. 1927, 408.

*Gebr. Merz, Merzwerke* und *Dr. Raphael Eduard Liesegang*, Frankfurt a. M.

**Klebmittel aus Gelatine oder Leim.** Zusatz von Harnstoff bis zur gleichen Menge der Gelatine oder des Leims, wodurch das Klebmittel kaltflüssig bleibt.

Vgl. **A.P. 1950483** vom 13. 7. 1931. — C. 1934, II, 549.

*Swift & Co.*, Chicago, V. St. A.

**D.R.P. 576996**/Kl. 22i vom 22. 1. 1929. — C. 1933, II, 1632; Coll. 1933, 353.

*Dr. Hugo Wilcken*, Berlin.

**Verwendung trägerloser Klebfolien zum Verleimen.** Anwendung glutinhaltiger (Haut-, Leder-, Knochenleim) Eiweißfolien, die hygroskopische Substanzen, wie Glycerin, Calciumchlorid, Zuckerarten, Sulfitablauge, enthalten, zum Verleimen unter Druck und Hitze.

**D.R.P. 629586**/Kl. 22i vom 25. 3. 1931. — C. 1936, II, 919.

*Richard Hüneke*, Bonn.

**Trägerklebfolie zum Verleimen von Holz.** Saugfähiger Träger (Papier usw.), der mit einem Gemisch von tierischen Eiweißstoffen, wie Lederleim, und Oxalkylaminen getränkt ist.

**D.R.P. 593938**/Kl. 22i vom 7. 8. 1932. — C. 1934, I, 3162.

*Ph. C. Weiß, Leimfabriken G. m. b. H.*, Haiger, Dillkreis.

**Verfahren zur Herstellung von Klebfolien** durch Tränken von Gewebe mit tierischen Leimlösungen (vgl. S. 326).

**D.R.P. 605756**/Kl. 22i vom 11. 6. 1933. — C. 1935, I, 1811.

*Britzer chemische Fabrik G. m. b. H.*, Britz.

**Trägerlose glutinhaltige Klebefolie.** Der Leimsubstanz, die in Wasser gequollen wird, werden 3 bis 100% Harnstoff oder Harnstoffderivate, Glykol oder Glycerin, zugesetzt und die Lösung auf der Foliengießmaschine verarbeitet.

**F.P. 768823** vom 19. 2. 1934. — C. 1934, II, 3890.

*Emile Campi*, Frankreich.

**Wasserunlöslicher Holzleim.** Eine Mischung von 100 kg Wasser, 10 kg Leim oder Gelatine, 0,5 kg Salicylsäure und 5 g Ammoniumacetat wird 6 Stunden bei 70° erhitzt. Der erhaltene Leim läßt sich bei 22° verflüssigen. Zum Verleimen bestreicht man die eine Seite der zu verleimenden Flächen mit dieser Leimlösung, die andere mit einer 5%igen Formaldehydlösung. Der Leim wird in Wasser, Alkohol und Säure unlöslich.

## 2. Plastische Massen.

1. **D.R.P. 91905**/Kl. 22i vom 29. 8. 1893. — C. 1898, I, 589.
2. **Zus.P. 116800**/Kl. 22i vom 15. 3. 1895. — C. 1901, I, 155.

*Chemische Fabrik auf Aktien vorm. E. Schering*, Berlin.

1. **Herstellung von in heißem Wasser unlöslichen oder sehr schwer löslichen Gelatineplatten oder -folien und von photographischen Platten** durch Einwirkung von Formaldehyd in Lösung oder Gasform.
2. **Verfahren zur Herstellung von wasserunlöslicher Gelatine.** Statt Formaldehyd können andere Aldehyde, wie Acetaldehyd, Propionaldehyd, Acrolein, Crotonaldehyd, Benzaldehyd u. a., als Härtungsmittel verwendet werden.

**D.R.P. 102846**/Kl. 39b vom 30. 6. 1898. — C. 1899, II, 279.

*Chester Ives*, London.

**Verfahren zur Herstellung einer plastischen Masse.** Leim oder Gelatine werden unter Zusatz von wasserfreiem Glycerin in feinster Zerteilung vermischt und unter Anwendung von Druck und Wärme geformt.

**D.R.P. 132609**/Kl. 39b vom 24. 7. 1901.

*Jules Deborde*, Berlin.

**Herstellung einer elastischen plastischen Masse.** Aus Gelatine, Glycerin und Formaldehyd unter Zusatz von 5 bis 10% Terpentin.

**A.P. 714235** vom 4. 3. 1902.

*Joseph Poliakoff.*

**Kunstmasse.** 100 Teile von in Wasser gelöstem Leim werden mit 100 bis 200 Teilen Ton vermischt und zum Sieden erhitzt, darnach werden 20 bis 30 Teile Glycerin, 20 bis 30 Teile Wachs und kurz vor dem Einfüllen in Formen 2 bis 5 Teile Alaun zugefügt.

**A.P. 748708** vom 21. 4. 1902.

*Casein Co. of America.*

**Unlösliches Produkt aus Gelatine.** Die aus 85 Teilen Leim oder Gelatine, 200 Teilen Wasser, 15 Teilen Hexamethylentetramin unter Zusatz von Füll- und Farbstoffen hergestellte Masse wird unter Anwendung von Druck und Hitze geformt.

**A.P. 726582** vom 13. 9. 1902.

*Edward P. Smith, Mark L. Morrison* und *George Schindler.*

**Kunstmasse.** Zerkleinerte Ligninsubstanzen werden in feuchtem und warmem Zustand mit Leim oder Gelatine, Glycerin und Formaldehyd vermischt und geformt.

**D.R.P. 200952**/Kl. 39b vom 9. 9. 1906. — C. 1908, II, 741.

*Benjamin Sauton*, Paris.

**Verfahren zur Herstellung kautschukähnlicher Massen.** Gelatine und Glycerin werden mit Trioxymethylen oder anderen Formaldehyd abspaltenden Stoffen und pulverförmigen Oxydationsmitteln, wie Superoxyden, vermischt.

**D.R.P. 202131**/Kl. 39b vom 5. 4. 1907.

*Rudolf Neufeld*, Wien.

**Herstellung kompakter Körper aus Chromleimmassen.** Gemisch von Leim, Kieselgur, Glycerin und Kaliumbichromat.

**D.R.P. 234253**/Kl. 39b vom 7. 11. 1908. — C. 1911, I, 1568.

*Heinrich Linnekogel*, Aschersleben.

**Verfahren zur Herstellung plastischer Massen.** Fasermaterial beliebiger Herkunft wird mit Leim durchtränkt und nach Zusatz von Glycerin, Öl, Härtemitteln, wie Tonerdesalzen, Chromaten usw., und Harzseife, gegebenenfalls nach Zumischung von Kautschuk oder Balata, getrocknet.

**D.R.P. 278667**/Kl. 39b vom 27. 4. 1913.

*Ludwig Trommer.*

**Herstellung transparenter Gegenstände aus Gelatinemassen.** Eine wässerige Lösung von 100 Teilen Gelatine wird mit 1 bis 3 Teilen Kaliumbichromat, 2 bis 4 Teilen Bittersalz, 3 bis 4 Teilen Borax und 3 bis 4 Teilen Kochsalz vermischt. Die Masse wird eingedickt und die daraus gegossenen Gegenstände wie üblich gehärtet.

**F.P. 475760** vom 16. 3. 1914.

*Etienne Donzal, Léopold Davion* und *Edouard Deloume.*

**Herstellung von künstlichem Perlmutter.** Glimmer wird mit Titanchlorid behandelt, stark erhitzt und die irisierenden Blättchen mit Gelatine und Formaldehyd verarbeitet.

1. **D.R.P. 321512**/Kl. 151 vom 3. 2. 1916. — C. 1920, IV, 256.
2. **D.R.P. 321513**/Kl. 151 vom 3. 2. 1916. — C. 1920, IV, 256.

*Usher-Walker Ltd.* und *Charles Emile Soane*, London.

**Verfahren zur Herstellung einer nicht schmelzbaren elastischen Masse für Druckwalzen.**

1. Ein Gemisch von in Wasser gequollenem Leim und Glycerin wird mit aus Aldehyden, z. B. Formaldehyd, und Aminen, z. B. Anilin oder o-Toluidin, erhaltenen Kondensationsprodukten vermischt.
2. In Wasser gequollener Glycerinleim wird mit Fufurol behandelt.

1. **F.P. 501465** vom 7. 7. 1919.
2. **Zus.P. 22785** vom 24. 2. 1920. — C. 1922, II, 1116.

*Cellulose et Papier, Soc. de Recherches et d'Application*, Frankreich.

**Herstellung von beim Eintrocknen unlöslich werdendem Leim.**

1. Man versetzt Leim mit polymerem Formaldehyd.
2. Eine langsamere Härtung als mit polymerem Formaldehyd wird durch Zusatz von 5% Chinon erzielt.

**F.P. 507275** vom 10. 12. 1919.

*Charles Soulier.*

**Plastische Massen.** Leim oder Gelatine werden in der gleichen Menge Wasser gelöst und mit Natriumbicarbonat und einer 5- bis 18%igen Lösung eines Chromats oder Aluminats oder mit Aldehyden oder Gerbstoffen behandelt.

**A.P. 1747774** vom 24. 9. 1923. — C. 1930, II, 1805.

*William Hoskins*, Chicago, V. St. A.

**Plastische Masse.** Inerte Füllstoffe, wie Sägespäne, Korkmehl od. dgl., werden mit einer Leim- oder Gelatinelösung getränkt, getrocknet, zermahlen, mit einer wässerigen Hexamethylentetraminlösung befeuchtet und unter Anwendung von Druck und Hitze geformt.

**E.P. 205808** vom 17. 10. 1923. — C. 1924, I, 702.
**A.P. 1569272** vom 17. 10. 1923.

*A. Forster*, Kullebund bei Christiania.

**Kunstholz.** Sägemehl und fein pulverisierte Füllstoffe, wie Kreide od. dgl., werden mit einer Lösung von Leim, die Kaliumbichromat und Essigsäure enthält, getränkt und unter hohem Druck gepreßt.

**F.P. 591935** vom 21. 1. 1925.

*Auguste Jest.*

**Herstellung von Verschlußkapseln.** Man taucht Glas oder vernickelte Metallformen in eine Mischung von 100 Teilen Gelatine, 300 Teilen Wasser, 6 Teilen Glycerin und 1 Teil Formaldehyd. Nach dem Erstarren zieht man die Kapseln ab und erweicht sie vor Gebrauch.

**R.P. 10398** vom 6. 8. 1926. — C. 1931, I, 2416.

*K. I. Tarassow*, USSR.

**Herstellung von plastischen Massen** aus Eiweißstoffen, wie Leim, Gelatine, Casein usw., und Phenolformaldehyd-Kondensationsprodukten.

**F.P. 621179** vom 8. 9. 1926. — C. 1927, II, 656.

*F. Claireaux*, Seine, Frankreich.

**Herstellung plastischer Massen.** Mit Formaldehyddämpfen behandeltes Gelatine- oder Leimpulver wird mit Füllstoffen, wie Sägemehl od. dgl., vermischt und bei 150° und einem Druck von 80 kg/qcm verpreßt.

**R.P. 13959** vom 17. 12. 1926. — C. 1931, I, 3630.

*G. S. Petrow*, USSR.

**Herstellung plastischer Massen.** Leim oder Gelatine werden mit an der Luft oxydiertem Mineralöl, fetten Ölen oder Naphthensäuren vermischt und mit Aldehyden oder Tannin behandelt. Mit dieser Masse werden Papier, Gewebe od. dgl. getränkt und gepreßt.

**E.P. 268804** vom 31. 3. 1927. — C. 1927, II, 656.
**F.P. 631831** vom 30. 3. 1927.

*I. G. Farbenindustrie A. G.*, Frankfurt a. M.

**Härten von Casein und anderen Eiweißstoffen.** Die Eiweißstoffe werden mit beim Erwärmen Formaldehyd abgebenden Stoffen, wie Methylolverbindungen von Amiden, Harnstoff oder Urethanen, z. B. Methylolharnstoff, vermischt.

**A.P. 1866410** vom 15. 8. 1927. — C. 1932, II, 2414.

*Marsene Products Co.*, Illinois, U. S. A.

**Wasserfeste Gelatinefolie.** Zusatz von Glykolderivaten und gegebenenfalls etwas sulfoniertem Ricinusöl.

**A.P. 1842544** vom 8. 5. 1928. — C. 1933, I, 1207.

*Fiberplastic Corp.*, New York.

**Herstellung von geformten Kunstmassen.** Gelatine, Hautleim od. dgl. werden in wässeriger Lösung mit einer Chromverbindung versetzt, eingedampft, mit Füllstoffen vermischt und heiß verpreßt.

**E.P. 315103** vom 16. 7. 1928. — C. 1930, II, 1646.
**F.P. 656556** vom 27. 6. 1928. — C. 1929, II, 1371.

*Parke, Davis & Co.*, Detroit, V. St. A.

**Gelatineflaschenkapseln.** Die geformten Kapseln werden in plastischem Zustand, bevor sie von ihren Formen abgezogen werden, in ein wässeriges Aldehydbad (Benzaldehyd), dem Glycerin zugesetzt ist, getaucht.

**Norw.P. 49447** vom 3. 6. 1929. — C. 1933, II, 1788.

*B. Ström* und *W. Obermann*, Oslo.

**Herstellung einer gummiartigen plastischen Masse für Kapseln.** Eine dickflüssige Leim- oder Gelatinelösung wird mit in Benzol gelöstem Rohgummi versetzt und unter Rühren bei 70 bis 80° mit Glycerin und Metalloxyd vermischt. Darnach werden weitere Mengen Glycerin sowie Kopal, Leinöl, Formaldehyd und Terpentin zugegeben und noch mehrere Stunden bei 60° gerührt.

**D.R.P. 521664**/Kl. 39b vom 14. 7. 1929. — C. 1931, I, 3415.

*Hans Gilowy* und *Leo Ledermann*, Berlin.

**Verfahren zur Herstellung einer plastischen Masse aus tierischem Leim.** Eine warme Leimlösung und Tragant werden so lange verrührt, bis eine klare Masse entsteht, die nach Zusatz von Glycerin und Farbstoff in bekannter Weise gehärtet wird.

**F.P. 701744** vom 6. 9. 1930. — C. 1931, II, 2243.

*I. G. Farbenindustrie A. G.*, Frankfurt a. M.

**Härten von Eiweißstoffen.** Gelatine und andere Eiweißstoffe werden mit Aldehyden und Ketonen (Acetaldehyd, Aceton), Chinonen oder Oxyaldehyden (Aldol, Glyoxal) bei $p_H$ 4 bis $p_H$ 7 gehärtet.

**F.P. 717313** vom 20. 5. 1931. — C. 1933, I, 360.

*Jules Robert Keller*, Schweiz, und *Michael Stein*, Österreich.

**Herstellung von Gelatinekapseln durch Tauchen.** Es wird eine Masse verwendet, die aus 400 Teilen Gelatine, 100 Teilen Glycerin, 0,015 bis 0,02 Teilen Mineralöl und 0,03 bis 0,04 Teilen Benzoeharz besteht. Als Härtebad dient eine Mischung von Glycerin, 3- bis 5%igem Formaldehyd und Alkohol im Verhältnis 1:2:3.

**F.P. 745627** vom 29. 1. 1932. — C. 1934, I, 2384.

*Léon François André Zabel*, Frankreich.

**Verfahren zur Herstellung einer transparenten Gelatinemasse.** 120 bis 150 Teile Gelatine, 24 bis 30 Teile Glycerin, 30 bis 50 Teile wässerige Formaldehydlösung, 15 bis 20 Teile Essigsäure, 150 bis 200 Teile Alkohol und 100 Teile Wasser werden bei 45 bis 50° vermischt und zur Herstellung von Filmen, Schallplatten usw. verwendet.

**D.R.P. 642398**/Kl. 39b vom 18. 2. 1933. — C. 1937, II, 1905.

*Studiengesellschaft der deutschen Lederindustrie G. m. b. H.*, Dresden.

**Verfahren zur Herstellung von plastischen Massen und Preßkörpern daraus.** Hautabfälle werden unter Zusatz von Harnstoff, Thioharnstoff bzw. deren Derivaten mit Wasser in Lösung gebracht und die erhaltene eingeengte Leimlösung mit Formaldehyd od. dgl. gehärtet, getrocknet, gepulvert und unter Anwendung von Druck und Hitze verpreßt. Der Masse können gegebenenfalls Fluß- und Füllmittel zugesetzt werden.

**F.P. 770662** vom 12. 6. 1933. — C. 1935, II, 3308.

*Henri Charles Douley* und *Jules Rosinger*, Frankreich.

**Herstellung von plastischen Massen aus Gelatine, Leim od. dgl.** Je nach dem Verwendungszweck werden der Leimlösung neutrale mineralische Stoffe, pflanzliche Substanzen (Cellulose) in Pulverform sowie Fettstoffe zugesetzt. Alsdann wird mit Formaldehyd gehärtet und durch Gießen geformt.

**F.P. 757592** vom 24. 6. 1933. — C. 1934, II, 1034.

*Soc. Parisienne Artistique de Moulage*, Frankreich.

**Herstellung von plastischen Massen** aus Leim oder Gelatine unter Zusatz von Glucose und Füllmitteln. Die Massen können mit Bichromat gehärtet werden.

1. **A.P. 2040033** vom 1. 9. 1933. — C. 1937, I, 1573.
2. **A.P. 2053850** vom 1. 9. 1933. — C. 1937, I, 1573.

*Resinox Corp.*, New York.

**Eiweißenthaltende plastische Massen.**

1. Gelatine, Glutin, Casein usw. werden mit $\alpha$-Äthyl-$\beta$-Propylacrolein gehärtet, gemahlen und unter Druck und Hitze verpreßt.

2. Als Härtungsmittel werden harzartige, unter Verwendung von Aldehyden und Ketonen hergestellte Kondensationsprodukte, wie Phenol- oder Harnstoff-Formaldehydharze, verwendet.

**R.P. 40568** vom 23. 9. 1933. — C. 1936, I, 448.

*E. P. Larkin*, USSR.

**Herstellung plastischer Massen** aus Eiweißstoffen mit einer wässerigen Lösung von Aluminiumsulfat und Ammoniumpolysulfid. Es wird in üblicher Weise geformt und mit Formaldehyd gehärtet.

**F.P. 767110** vom 31. 1. 1934. — C. 1935, I, 1133.

*Michel Gouss* und *Charles Emile Henry Leroy*, Frankreich.

**Herstellung einer plastischen Masse aus Gelatine.** Zur Härtung erhält die Gelatinemasse einen Zusatz einer verdünnten Aluminiumacetat- oder Wasserglaslösung. Die geformten Massen werden in einem Bad, enthaltend 600 g Soda, 200 g Paraformaldehyd und 1 l Wasser, gehärtet und anschließend mit verdünnter Essigsäure behandelt. Um die Plastizität zu erhöhen, werden bei durchsichtigen Produkten (Filme) 5 bis 25% Milchsäure, bei undurchsichtigen (Schallplatten) 5 bis 25% einer Lösung von Lactose, Ricinusöl in Essigsäure, Kalium- oder Natriumsulforicinat oder Leinöl zugesetzt.

**F.P. 788764** vom 16. 7. 1934. — C. 1936, II, 3210.

*François Césaire*, Frankreich.

**Formbare Massen** aus Leim oder Gelatine mit gepulvertem Sand, MgO und Milchsäure.

**F.P. 785009** vom 31. 1. 1935. — C. 1936, I, 1329.
**F.P. 792989** vom 27. 7. 1935. — C. 1936, I, 3922.

*Deutsche Hydrierwerke A. G.*, Deutschland.

**Weichmachen von Massen aus Gelatine, Leim u. dgl.** Als Weichmacher werden höher molekulare, aliphatische, aromatische oder cykloaliphatische Alkohole verwendet.

### 3. Verarbeitung von Hautabfällen zu Massen, Faserstoffen, Naturin u. dgl.

**D.R.P. 72923**/Kl. 39b vom 31. 5. 1892.

*Louis Munk.*

**Herstellung eines Ersatzes für Fischbein.** Mit Kalk und Schwefelnatrium behandelte Tierhaut wird 12 Stunden in eine verdünnte Kaliumbichromatlösung gelegt, auf 60° erwärmt und scharf getrocknet.

**D.R.P. 140424**/Kl. 39b vom 15. 9. 1901. — C. 1903, I, 906.

*Dr. G. Gautier*, Paris.

**Verfahren zur Herstellung von künstlichem Leder.** In Kalkwasser bis zu beginnendem Zerfall behandelte Hautabfälle werden nach dem Auswaschen im Zerreiber zerfasert und homogenisiert, mit Zinksulfat behandelt, in beliebige Formen gegossen und bei 70° nicht übersteigenden Temperaturen im Vakuum oder auch in einem Strom warmer Luft getrocknet.

**F.P. 330006** vom 6. 3. 1903.

*Eugen Jetter.*

**Herstellung von Kunsthorn aus Häuten.** Gereinigte Haut wird mit Gelatine- oder Leimlösung unter Zusatz von 5% Essigsäure getränkt, mit Aluminiumchlorid gehärtet, getrocknet und in gewünschte Form gepreßt.

**Ö.P. 85838** vom 6. 8. 1920. — C. 1922, II, 970.

*Rahel Mieses*, Wien.

**Verfahren zur Herstellung künstlicher Membran, künstlicher Haut und von Lederersatz.** Hautartige tierische Abfälle werden zerkleinert und solange mit starken Quellmitteln ($Ca(OH)_2$) behandelt, bis die erhaltene Masse homogen erscheint. Nach Zusatz von Öl und Glycerin wird sie auf Platten gestrichen oder gegossen, getrocknet und gegebenenfalls gegerbt.

**D.R.P. 395977** vom 27. 1. 1923. — Coll. 1924, 263.

*Jacob Samuel*, Bonn.

**Verfahren zur Herstellung von künstlichen Fäden aus Hautabfällen.** Durch Klopfen und Hämmern werden Hautabfälle in eine zähe Masse verwandelt und daraus durch Ziehen oder Pressen durch Düsen Fäden hergestellt.

**D.R.P. 415464**/Kl. 55f vom 15. 4. 1923. — C. 1925, II, 1825; Coll. 1925, 481.

*Jacob Samuel*, Bonn.

**Herstellung von Papier aus den bei der Lederverarbeitung anfallenden Hautspalten.** Die zu einer formlosen Masse zerkleinerten und mit Wasser zu einem Brei verrührten Hautspalte werden auf Flächen ausgegossen.

**D.R.P. 413864**/Kl. 39b vom 16. 6. 1923. — C. 1925, II, 1120.

*Jacob Samuel*, Bonn.

**Erzeugung von Kunstholz.** Hautabfälle werden zusammen mit Sägemehl oder ähnlichen organischen Stoffen zerkleinert, gepreßt und getrocknet.

**D.R.P. 442520**/Kl. 39b vom 1. 2. 1925. — C. 1927, I, 3238; Coll. 1927, 256.

*Dr. Max Bergmann*, Dresden.

**Verfahren zum Auflösen und Wiederausfällen von Kollagen oder Glutin.** Kollagen (Hautabfälle, Leim od. dgl.) wird in Metallamminverbindungen, wie Kupferoxydammoniak, gelöst. Die Lösung kann durch Säuren oder Salze wieder gefällt werden. Durch Einpressen der Lösung, die gegebenenfalls mit einer Auflösung von Cellulose in Metallamminlösungen vermischt werden kann, durch Düsen in geeignete Fällbäder können Fäden hergestellt werden.

**D.R.P. 460149**/Kl. 39b vom 21. 7. 1925. — C. 1928, II, 1732; Coll. 1928, 505.

*Dr. Max Bergmann*, Dresden.

**Verfahren zur Herstellung von Kunstmassen** aus tierischer Haut, Hautabfällen, wie Leimleder, Hautumwandlungsprodukten, wie Leim usw., durch Behandlung mit aromatischen oder hydroaromatischen Sulfosäuren oder deren Salzen bzw. Kondensationsprodukten in Konzentrationen von über 15%. Den Massen können Füllstoffe zugesetzt werden.

**D.R.P. 575842**/Kl. 29b vom 20. 2. 1928. — Coll. 1933, 352.
**E.P. 306464** vom 20. 2. 1929. — C. 1930, II, 1805.
**F.P. 669634** vom 14. 2. 1929. — C. 1930, II, 922.
**Ung.P. 98346** vom 31. 1. 1929. — C. 1930, II, 337.

*Heberlein & Co. A. G.*, Wattwil, Schweiz.

**Überführung tierischer Eiweißstoffe in spinnbare Lösungen.** Man läßt die Eiweißstoffe in Wasser, gegebenenfalls in Gegenwart geringer Mengen von Säure, bei höherer Temperatur und Druck quellen, löst alsdann in Phenolen oder deren Homologen. Aus den Lösungen lassen sich die verschiedensten Kunststoffe, wie Filme, Fäden u. dgl., herstellen.

**E.P. 290154** vom 6. 3. 1928. — C. 1928, II, 1055; Coll. 1931, 267.

*R. Tandler*, Wien.

**Textilfaser.** Tierische Häute, Fischhäute u. dgl. werden nach der Weiche mit Kalkmilch oder Natriumsulfat und anschließend mit einer 20proz. Lösung von Kochsalz, Aluminiumsulfat oder Natriumsulfat, der 10% Salzsäure oder Schwefelsäure zugesetzt sind, behandelt, gemahlen und eingemaischt. Nach einer Chromzweibadgerbung und Fettung werden die Häute gespalten, kardiert, zerrissen oder gebürstet. Die erhaltene Faser wird zu Garn verarbeitet.

**D.R.P. 638585**/Kl. 39b vom 6. 9. 1933. — Coll. 1936, 716.
**F.P. 780123** vom 23. 10. 1934. — C. 1935, II, 1483.
**E.P. 439532** vom 1. 11. 1934.
**Schwz.P. 184315** vom 31. 10. 1934.
**Schwz.P. 184316** vom 7. 11. 1934.

*Carl Freudenberg G. m. b. H.*, Weinheim, Baden.

**Verfahren zur Überführung von aus Hautsubstanz gewonnenem, Wasser oder wässerige Flüssigkeiten enthaltendem Fasermaterial in haltbare, transportfähige Form.** Das aus tierischen Häuten durch eine geeignete Quellung und Zerfaserung erhaltene Fasermaterial wird mit organischen Flüssigkeiten, die mit Wasser mischbar sind (Alkohol, Aceton), entwässert oder auf irgendeine Art gegerbt und getrocknet.

1. **D.R.P. 645070**/Kl. 29b vom 3. 11. 1933.
**E.P. 446533** vom 2. 11. 1934.
**F.P. 780157** vom 24. 10. 1934. — C. 1936, I, 5010.
**Schwz.P. 188592** vom 31. 10. 1934.
2. **D.R.P. 646085**/Kl. 29b vom 26. 5. 1934. — Coll. 1937, 443.
**Zus.P.** zu **D.R.P. 645070.**

*Carl Freudenberg G. m. b. H.*, Weinheim, Baden.

**Verfahren zur Herstellung von Gespinsten, Geweben oder anderen Textilien aus Hautfasern.**

1. Das durch Grobzerfaserung aus mit Quellungsmitteln behandelter Haut gewonnene Fasermaterial wird mit in Wasser mischbaren organischen Lösungsmitteln entwässert, fein zerfasert und gegebenenfalls unter Mitverwendung von Textilfasern versponnen. Um die Wasserbeständigkeit, Biegsamkeit, Elastizität usw. zu verbessern, können die Fasern auch mit Gerbstoffen, Ölen, Fetten, Beizen, Weichmachern usw. behandelt werden.

2. Statt der mit Wasser mischbaren organischen Flüssigkeiten werden Gerbstoffe, Scheingerbstoffe oder als Gerbstoffe wirkende Stoffe verwendet.

**E.P. 429040** vom 28. 11. 1933. — C. 1935, II, 3028.
**F.P. 766016** vom 28. 11. 1933. — C. 1934, II, 2921.
**Jugosl.P. 11124** vom 28. 11. 1933. — C. 1935, I, 2105.

*Naturin G. m. b. H.*, Weinheim, Baden.

**Künstliche Wursthüllen.** Ungegerbte, gegebenenfalls mechanisch zerkleinerte tierische Haut wird nach einer Vorbehandlung mit quellend wirkenden Mitteln, wie Kalkmilch, Säuren oder Salzen, die gegebenenfalls nacheinander angewendet werden können, durch Zerfaserung in eine plastische, breiförmige Masse mit 75 bis 90% Quellwasser übergeführt und durch Pressen durch Ringdüsen unter gleichzeitigem Einblasen von Luft oder anderen Gasen in Schlauchform gebracht, getrocknet und gehärtet. Der Masse können Bindemittel, Weichmacher, natürliche oder künstliche Fasern beigemischt werden (vgl. S. 338).

**E.P. 429039** vom 28. 11. 1933. — C. 1936, II, 571.
**F.P. 764642** vom 28. 11. 1933.

*Naturin G. m. b. H.*, Weinheim, Baden.

**Fasergewinnung aus tierischer Haut.** Die mit $Ca(OH)_2$ oder Alkali gequollene, gewaschene und darnach mit 1- bis 10%iger Salzsäure behandelte Haut wird gewaschen, auf $p_H$ 2,5 bis 3,5 eingestellt und zerfasert. Die Fasern werden durch Wärme, Beiz- und Entwässerungsmittel gefestigt.
Vgl. auch **F.P. 781138** vom 10. 11. 1934. — C. 1936, II, 571.
**E.P. 445721** vom 9. 11. 1934.

*Carl Freudenberg G. m. b. H.*, Weinheim, Baden.

**F.P. 772959** vom 7. 5. 1934. — C. 1935, I, 3866.

*Hans Bergmann* und *Carl Cahn*, Deutschland.

**Herstellung künstlicher Därme.** 25 kg Haut werden in 100 l Wasser bei 30 bis 40° mit 200 g Pankreatin oder Pepsin behandelt, die erweichte Masse mechanisch zerkleinert und zu Schläuchen oder Schichten verarbeitet.

**D.R.P. 652874**/Kl. 29b vom 26. 4. 1935.
**F.P. 803094** vom 10. 3. 1936. — C. 1937, I, 766.

*Carl Freudenberg G. m. b. H.*, Weinheim, Baden.

**Künstliches Roßhaar für Matratzen, Bürsten u. dgl.** Die nach F. P. 764642 (vgl. S. 338) aus tierischer Haut, Muskeln oder Chromfalzspänen nach alkalischer und saurer Quellung und Zerfaserung erhaltene Faserpaste wird durch sich verjüngende 0,5 bis 1 mm weite Düsen gepreßt und die gewonnenen Fäden entwässert, gegerbt und gefärbt.

**D.R.P. 652322**/Kl. 29b vom 26. 4. 1935.
**E.P. 457912** vom 17. 3. 1936. — C. 1937, I, 4055.
**F.P. 804897** vom 10. 4. 1936. — C. 1937, I, 4055.

*Fa. Carl Freudenberg,* Weinheim.

**Verfahren zum Bügelfestmachen von Fasern oder Fäden aus tierischem Haut- oder Sehnenkollagen.** Die aus Haut- oder Sehnenkollagen durch basische oder saure Quellung und anschließende mechanische Zerfaserung gewonnenen Fasern werden in bekannter Weise mit Chromsalzen gegerbt, wobei mindestens 4%, vorzugsweise 7% Chromoxyd auf der Faser fixiert und die gegerbten Fasern gegebenenfalls mit Mitteln, wie Seife, sulfosauren Salzen, auf $p_H$-Werte von 3 bis 6 eingestellt werden. Die Chromgerbstoffe können auch mit synthetischen Gerbstoffen kombiniert angewendet werden.

**It.P. 331067** vom 5. 6. 1935. — C. 1937, I, 3909.

*Felice Gilardini,* Turin.

**Textilfäden aus tierischen Hautfasern.** Hautabfälle werden zerfasert und der sich bildende Hautbrei durch Pressen durch Düsen oder Zerteilen von Bändern zu Fäden geformt. Die getrockneten Fäden werden mit Natriumbichromat gegerbt, entsäuert und gefärbt.

**F.P. 795027** vom 4. 9. 1935. — C. 1936, II, 2056.
**E.P. 464406** vom 15. 10. 1935.

*Carl Freudenberg G. m. b. H.,* Weinheim, Baden.

**Herstellung von Fasern aus tierischen Häuten.** Die aus Haut nach geeigneter alkalischer und saurer Quellung hergestellte Faserpaste wird durch sich verjüngende Düsen gepreßt und der austretende Faden gegerbt (Chromsulfat), erweicht, gefettet und gefärbt.

Vgl. auch **F.P. 796279** vom 14. 10. 1935. — C. 1936, II, 3499.
**Schwz.P. 188894** vom 10. 10. 1934.

**E.P. 466064** vom 12. 5. 1936. — C. 1937, II, 2110.

*Carl Freudenberg G. m. b. H.,* Weinheim, Baden.

**Herstellung von Watte aus tierischem Fasermaterial.** Nach einem Schwellprozeß oder einer Wärmebehandlung wird das Hautmaterial unter Erhaltung der Faserstruktur mechanisch zerfasert und der erhaltene Faserbrei mit in Wasser mischbaren organischen Lösungsmitteln, wie Aceton, entwässert und mit Gerbstoffen, wie Formaldehyd, angegerbt.

## B. und C. Haare und Wolle.

### I. Waschen, Reinigen, Entfetten.

**F.P. 570855** vom 17. 9. 1923. — C. 1928, I, 2145.

*William Rhys-Davies* und *Thomas Haigh,* England.

**Waschen, Entfetten, Bleichen, Carbonisieren von Wolle.** Während die Wolle das Behandlungsbad passiert, wird sie periodisch einem Druck, z. B. durch Preßwalzen, ausgesetzt.

1. **E.P. 221521** vom 8. 9. 1924. — C. 1925, I, 796.

*E. C. Duhamel* und *Compagnie Générale des Industries Textiles,* Roubaix, Frankreich.

2. **Zus.P. 234055** vom 2. 3. 1925. — C. 1926, I, 1073.

*Compagnie Générale des Industries Textiles* und *E. C. Duhamel,* Roubaix, Frankreich.

**Waschen von Wolle**

1. mit Pottaschelösungen oder Seife, indem das Gut während der Behandlung geschleudert und der Einwirkung des elektrischen Stromes ausgesetzt wird.

2. Die nach dem Hauptpatent erhaltene Waschflüssigkeit wird mit Hilfe des elektrischen Stromes gereinigt oder man erzeugt auf der Flüssigkeit einen Schaum, der die Fettstoffe aufnimmt und entfernt wird, oder man filtriert durch Rohwolle.

1. **E.P. 240482** vom 8. 9. 1924. — C. 1926, I, 2638.
2. **E.P. 240499** vom 8. 9. 1924. — C. 1926, I, 2638.

*Compagnie Générale des Industries Textiles* und *E. C. Duhamel,* Roubaix, Frankreich.

**Waschen von Rohwolle mit Wollschweißlauge**

1. mit Wollwaschlauge von $4^0$ Bé und anschließende Behandlung in einem Seifenbad,

2. mit Wollwaschlaugen, denen fäulnisverhindernde Stoffe, wie Thymol, Chloroform od. dgl., zugesetzt sind.

Vgl. auch **E.P. 240477** vom 8. 9. 1924. — C. 1926, I, 2638.
**Zus.P. 274100** vom 3. 5. 1926. — C. 1927, II, 2248.
**E.P. 307199** vom 20. 2. 1928. — C. 1929, II, 1241.
**F.P. 665345** vom 21. 3. 1928. — C. 1930, I, 2034.

1. **E.P. 256635** vom 2. 3. 1925. — C. 1927, I, 522.
2. **Zus.P. 258615** vom 18. 9. 1926. — C. 1927, I, 952.

*E. C. Duhamel* und *Compagnie Générale des Industries Textiles*, Roubaix, Frankreich.

**Waschen von Wolle.**

1. Die Wolle geht ununterbrochen durch eine Reihe von Bädern, zwischen denen Quetschwalzen oder andere die Flüssigkeit entfernende Mittel angeordnet sind. Die Reinigungsbäder zirkulieren.

2. Die Wollhäute werden in eine Wollschweißflüssigkeit getaucht, die wiederholt gebraucht werden kann, dann zentrifugiert, bis man eine konzentrierte Wollschweißflüssigkeit erhält, die für die Heißwaschoperation gebraucht werden kann.

Vgl. auch **E.P. 251669** vom 3. 5. 1926. — C. 1926, II, 1215.
**E.P. 273755** vom 3. 5. 1926. — C. 1927, II, 2131.
**Zus.P.** zu **E.P. 256635.**
**F.P. 635812** vom 3. 5. 1926. — C. 1928, I, 2757.

**E.P. 306916** vom 28. 9. 1927. — C. 1930, I, 305.

*V. G. Walch* und *E. V. Hayes-Gratze*, London.

**Reinigen von Wolle, Haaren und Pelzen** durch Waschen mit alkalifreiem, sulfonierte vegetabilische Öle, insbesondere sulfoniertes Ricinusöl enthaltendem Wasser bei Temperaturen von 15 bis $50^0$. Die Wolle kann auch am lebenden Tier gereinigt werden.

**D.R.P. 580212**/Kl. 8i vom 3. 5. 1928. — C. 1933, II, 3358.

*Oranienburger Chemische Fabrik A. G.*, Berlin.

**Verfahren zum Reinigen von Wolle, Haaren, Häuten, Leder u. dgl. von Kalkverbindungen oder anderen durch seifenartige Reinigungsmittel allein nur schwer entfernbaren Verunreinigungen.** Verwendung von Waschflotten, die Gemische von anorganischen oder organischen Säuren, wie Salzsäure, Schwefelsäure, Essigsäure, Milchsäure usw., hochmolekularen organischen Sulfonierungsprodukten, wie Fettsulfonsäuren, Isopropylnaphthalinsulfosäure, und gegebenenfalls noch organische Lösungsmittel enthalten.

**E.P. 321729** vom 21. 7. 1928. — C. 1930, II, 1165.

*Norman Edward Wills*, Leeds, England.

**Waschen von Wolle und anderen Faserstoffen** mit schwach alkalischen Lösungen von $p_H$ 7,5 bis 11, die ein wasserlösliches Kohlehydrat, einen Eiweißstoff und gegebenenfalls antiseptische und netzende Mittel enthalten. Als schwach alkalische Salze werden z. B. Trinatriumphosphat, Borax oder Ammoniumcarbonat, als Kohlehydrat Glucose, Stärke oder Hemicellulose, als Protein Gelatine, Bluteiweiß, Ochsengalle und als Netzmittel Türkischrotöl verwendet.

**D.R.P. 616797**/Kl. 29b vom 8. 8. 1929. — C. 1935, II, 3606.

*I. G. Farbenindustrie A. G.*, Frankfurt a. M.

**Verfahren zum Waschen von Roh- und Schweißwolle.** Verwendung von sauren Schwefelsäureestern der bei der Oxydation von Paraffinkohlenwasserstoffen erhältlichen höheren Alkohole, ihrer Gemische bzw. ihrer wasserlöslichen Salze.

**D.R.P. 622640**/Kl. 12s vom 21. 9. 1929. — C. 1936, I, 2443.

*Böhme Fettchemie G. m. b. H.*, Chemnitz.

**Dispersionsmittel.** Die Einwirkungsprodukte von aliphatischen Oxyaminen mit einer oder mehreren Hydroxylgruppen auf sulfonierte, höhere aliphatische Fettalkohole werden zum Waschen von Rohwolle verwendet.

**E.P. 326759** vom 24. 9. 1929. — C. 1930, II, 1013.

*D. D. Brooks*, Durban, Südafrika.

**Mittel zum Reinigen von Wolle,** bestehend aus einer mit Natriumsulfat versetzten Seife und Trinatriumphosphat.

**D.R.P. 608834**/Kl. 29b vom 28. 2. 1930. — C. 1935, I, 3618.

*Reginald Oliver Herzog*, Berlin-Steglitz, und *Armin Hillmer*, Berlin.

**Verfahren zum Waschen und Entfetten von Wolle.** Die Wolle wird in einer neutralen oder alkalischen, gegebenenfalls mit Kohlensäure behandelten Lösung von Schwarzlauge, Natron- oder Sulfat-, Zellstoffablauge oder Strohablauge, gegebenenfalls unter Zusatz von bekannten Waschmitteln, wie Seife, Soda usw., gewaschen.

**F.P. 692834** vom 27. 3. 1930. — C. 1931, I, 1385.

*I. G. Farbenindustrie A. G.*, Frankfurt a. M.

**Waschmittel** zum Entschweißen von Rohwolle in neutralem Bade, bestehend aus aromatischen Sulfosäuren, die im Kern oder in einem Substituenten einen organischen Rest von mehr als 5 C-Atomen enthalten, wie Cetylnaphthalinsulfosäure oder deren Salzen. Die Produkte können auch im Gemisch mit Seifen oder seifenähnlichen Stoffen, wie Türkischrotöl, sulfonierten Fetten und Ölen, sulfonierten Kohlenwasserstoffen oder organischen Lösungsmitteln, wie Cyclohexanol, Tetrachlorkohlenstoff, Hexylalkohol, Glykolmonoalkyläthern, Schutzkolloiden, wie Sulfitcelluloseablauge, Leim, Gelatine usw., und anderen Waschmitteln verwendet werden.

**F.P. 713451** vom 18. 3. 1931. — C. 1932, I, 3518.

*I. G. Farbenindustrie A. G.*, Frankfurt a. M.

**Verfahren zum Waschen kalkhaltiger Wolle.** Als Waschmittel werden saure Ester sauerstoffhaltiger anorganischer Säuren, wie Schwefelsäure und Phosphorsäure, mit höheren aliphatischen oder cycloaliphatischen Alkoholen bzw. ihre Salze oder die echten Sulfonsäuren von aliphatischen oder cycloaliphatischen Verbindungen von höherem Molekulargewicht verwendet.

Vgl. **E.P. 354300** vom 6. 2. 1930. — C. 1932, I, 2645.

**E.P. 396050** vom 19. 10. 1931. — C. 1933, II, 3069.

*I. G. Farbenindustrie A. G.*, Frankfurt a. M.

**Schutzmittel für tierische Faserstoffe bei der Behandlung mit Säuren oder Laugen.** Um Wolle, Felle, Seide od. dgl. gegen den zerstörenden Einfluß saurer oder alkalischer Bäder zu schützen, versetzt man die Bäder mit Dispersionen von Salzen, Oxyden oder Hydroxyden des Magnesiums, Zinks oder Cadmiums in hochmolekularen organischen Stoffen, wie Stärke, Kohlenhydrate, Eiweißverbindungen, Sulfitcelluloseablauge, Melasse u. dgl. Als Dispergierungsmittel eignet sich Aminoessigsäure.

**F.P. 744251** vom 17. 10. 1923. — C. 1933, II, 3052.

*H. Th. Böhme A. G.*, Chemnitz.

**Netz- und Emulgierungsmittel.** Zum Reinigen, Entfetten und Waschen von tannierten Schaffellen und von Rohwolle werden den Behandlungsbädern wasserlösliche Ester aus Tetrahydrofurfuralkohol und aliphatischen Carbonsäuren mit nicht mehr als 5 C-Atomen zugesetzt.

**E.P. 432018** vom 13. 12. 1933. — C. 1936, II, 224.

*Ehrhart Franz*, Leipzig.

**Waschen von Wolle.** Zwecks Entfernung der Pechspitzen taucht man die vorgewaschene Rohwolle in die zweifache Menge einer Carbonsäure, z. B. Olein, preßt oder schleudert nach 5 bis 20 Stunden den Säureüberschuß ab und wäscht mit 5%iger Alkalilösung bei $50^0$ nach.

1. **E.P. 435562** vom 24. 3. 1934. — C. 1936, I, 1540.
2. **E.P. 447072** vom 12. 11. 1934. — C. 1936, II, 3378.

*Henkel & Cie. G. m. b. H.*, Düsseldorf.

1. **Reinigungsmittel.** Den bekannten Waschmitteln für Wolle werden Phosphite, Pyro- oder Hypophosphite der Alkalimetalle oder organische Stickstoffbasen, gegebenenfalls mit Netzmitteln, Soda, Wasserglas, Borax, Alkaliphosphaten, Enzymen usw., zugegeben.

2. **Waschen von Textilgut, insbesondere aus tierischen Fasern.** Den Waschbädern für Wolle werden wasserlösliche Salze kernalkylierter Arylsulfonsäuren (isopropylnaphthalinsulfosaures Natrium), die keine Aminogruppen enthalten, sowie Alkalipyrophosphate und gegebenenfalls andere bekannte Wasch-, Reinigungs- und Bleichmittel zugesetzt.

**Aust.P. 21628/35** vom 4. 3. 1935. — C. 1936, II, 902.

*Albert Georges Black*, West Brunswick, und *Percy Evans*, East Prahran, Australien

**Reinigen und Entfetten von Wolle.** Als Extraktionsmittel benutzt man ein Gemisch aus dem bei 80° übergehenden Destillat des bei der Gasbereitung anfallenden Ammoniakwassers und einem niedrig siedenden Alkohol oder die durch Auffangen der bei dieser Destillation nicht kondensierten Gase in Wasser.

**F.P. 787546** vom 19. 3. 1935. — C. 1936, I, 919.

*Rütgerswerke A. G.*, Berlin.

**Spül- und Reinigungsmittel.** Den Flotten zum sauren Reinigen von Wolle, Haaren und Häuten werden sauer reagierende Salze, insbesondere Hydrofluoride und alkylierte Naphthalinsulfosäuren oder Fettalkoholschwefelsäureeinwirkungsprodukte oder Salze der letzteren zugesetzt.

---

**D.R.P. 267010**/Kl. 29b vom 16. 2. 1911. — C. 1913, II, 2016.

*Langley Shaw*, Sydney, Neu-Südwales.

**Mittel zum Reinigen und Entfetten von Rohwolle in Wasser.** Zusatz eines feingemahlenen Gemisches von Tonerdesilikat (40% Tonerde und 45% Kieselerde) und einer kleineren, ein Drittel der ganzen Masse betragenden Menge von Natriumborat, -carbonat und -stearat oder deren Äquivalenten.

**D.R.P. 400979**/Kl. 29b vom 21. 3. 1923. — C. 1924, IV, 1991.
**A.P. 1449613** vom 23. 4. 1920. — C. 1923, IV, 260.
**F.P. 564104** vom 20. 3. 1923. — C. 1924, I, 1462.

*The United States Wool Company*, Denver, V. St. A.

**Verfahren zur Reinigung von Rohwolle** unter Benutzung von totgebranntem Gips. Vgl. auch **Ö.P. 85497** vom 14. 12. 1916. — C. 1922, II, 1029.

**Aust.P. 18917/34** vom 15. 8. 1934. — C. 1936, I, 1347.

*Herbert Heness*, Pennant Hills bei Sydney, Australien.

**Reinigungsmittel für Wolle.** Wolle, insbesondere Rohwolle, mit Teerspitzen wird mit einer wässerigen Aufschlämmung von feingemahlenem Pfeifenton behandelt.

---

**A.P. 1358163** vom 3. 2. 1914. — C. 1921, II, 190.

*The Chemical Foundation Inc.*, Delaware, V. St. A.

**Verfahren zur Entfernung von Fett aus Rohwolle oder ähnlichen Stoffen mittels Lösungsmitteln.** Behandeln mit einem Chlorkohlenwasserstoff der Fettreihe in Abwesenheit von Seife, Soda oder anderen den Chlorkohlenwasserstoff emulgierenden oder wasserlöslich machenden Stoffen.

**F.P. 524521** vom 2. 3. 1920. — C. 1921, IV, 1152.
**Zus.P. 24073** vom 17. 7. 1920. — C. 1922, II, 1151.

*Adolphe Rousseau*, Seine.

**Verfahren zum Entfetten der Wolle** mit Emulsionen von Fettlösungsmitteln (Benzin, Schwefelkohlenstoff, Äther) in einer Abkochung von saponinhaltigen Pflanzen (Holz oder Früchte der Seifenwurzel).

1. **D.R.P. 411334**/Kl. 29b vom 27. 10. 1922. — C. 1925, II, 789.

*Lucie Schaaf*, Berlin-Dahlem.

**A.P. 1521624** vom 16. 8. 1924. — C. 1925, I, 1663.

*Reginald Oliver Herzog*, Berlin-Dahlem.

**F.P. 584046** vom 28. 7. 1924. — C. 1925, I, 1925.

*Anna Marie Bruckhoff*, Berlin-Dahlem.

2. **D.R.P. 445792**/Kl. 29b vom 26. 5. 1925. — C. 1927, II, 994.
**Zus.P.** zu **D.R.P. 411334.**
3. **D.R.P. 481031**/Kl. 29b vom 26. 5. 1925. — C. 1929, II, 1875.
**Zus.P.** zu **D.R.P. 411334.**

*Dipl. Ing. Rudolf Brauckmeyer*, Grünberg, Schlesien.

**E.P. 266436** vom 23. 11. 1925. — C. 1927, I, 3161.

*Anna Marie Bruckhoff*, Berlin-Dahlem.

4. **D.R.P. 481032**/Kl. 29b vom 26. 5. 1925. — C. 1929, II, 1876.
**Zus.P.** zu **D.R.P. 481031.**

*Dipl. Ing. Rudolf Brauckmeyer*, Grünberg, Schlesien.

**Verfahren zum Entfetten von Rohwolle.**

1. Behandeln der Wolle mit Aceton.

2. Die Wolle wird vor der Behandlung mit Aceton weitgehend von Wasser befreit (bis zu einem Gehalt von 2 bis 3%) und nach der Behandlung mit Wasser gewaschen.

3. Statt Aceton werden andere in Wasser mindestens im Verhältnis 1:10 lösliche, milde Fettlösungsmittel (Methylacetat) oder Gemische derartiger Lösungsmittel verwendet; Behandlung wie unter 2.

4. Behandeln der vorgetrockneten Wolle mit hochwirksamen, in Wasser unlöslichen Fettlösungsmitteln (Benzin) und mit Aceton gleichzeitig oder nacheinander.

**D.R.P. 447932**/Kl. 29b vom 2. 9. 1925. — C. 1927, II, 1913.
**Zus.P. 448704**/Kl. 29b vom 23. 12. 1925. — C. 1928, I, 274.
**E.P. 282164** vom 17. 9. 1926. — C. 1930, I, 2990.
**F.P. 623103** vom 13. 10. 1926. — C. 1927, II, 1315.

*I. G. Farbenindustrie A. G.*, Frankfurt a. M.

**Entfetten roher Schafwolle** mit Kohlensäureestern (insbesondere Methyl- und Äthylester) für sich allein oder im Gemisch mit anderen Fettlösungsmitteln. Anschließend wird die Wolle mit Wasser behandelt, aus dem man das Lösungsmittel durch Extraktion mit in Wasser schwer löslichen Flüssigkeiten erhält und durch fraktionierte Destillation wiedergewinnt.

**D.R.P. 486197**/Kl. 29b vom 13. 3. 1926. — C. 1930, I, 1405.
**E.P. 287230** vom 16. 12. 1926. — C. 1928, II, 304.
**F.P. 630147** vom 3. 3. 1927. — C. 1928, I, 769.

*I. G. Farbenindustrie A. G.*, Frankfurt a. M.

**Verfahren zum Entfetten von Rohwolle und anderen Textilstoffen** mit Cyclohexanon oder seinen Alkylhomologen.

**D.R.P. 490658**/Kl. 29b vom 22. 9. 1926. — C. 1930, I, 2188.
**F.P. 642385** vom 21. 9. 1927. — C. 1929, I, 326.

*I. G. Farbenindustrie A. G.*, Frankfurt a. M.

**Verfahren zum Entfetten von Rohwolle** durch Behandeln mit zwischen 100 und 200° C siedenden chlorierten Kohlenwasserstoffen (Chlorpentan, -hexan usw., Chlorbenzol, -xylol), die weniger feuergefährlich und flüchtig sind als die sonst üblichen Lösungsmittel.

Weitere Patente über Waschen, Reinigen, Entfetten vgl. auch unter Faserschutzmittel (S. 427 bis S. 428) und unter Fettung (Band III, 1. Teil, S. 947 bis 958).

## II. Filzen, Walken.

**D.R.P. 244569**/Kl. 41d vom 4. 10. 1910. — C. 1912, I, 1069.

*Benjamin Roujat*, Paris.

**Verfahren zum Beizen der Haare von Fellen für die Herstellung von Hutfilz durch Einwirkung von Salpetersäure.** Die Haare werden mit einer Lösung von Zink- oder Zinnitrat behandelt.

**D.R.P. 345636**/Kl. 41d vom 3. 3. 1914. — C. 1923, II, 274.
**Ö.P. 88421** vom 4. 3. 1914. — C. 1923, II, 970.

*Louis François Paris*, Paris.

**Verfahren, um tierische Haare ohne Verwendung von Quecksilberverbindungen für die Filzfabrikation vorzubereiten.** Behandeln mit Zinkchlorid in Gegenwart von Nitrosylchlorid, Salzsäure und einem neutralen Salz, insbesondere Barium- oder Strontiumnitrat.

**D.R.P. 307791**/Kl. 8k vom 6. 12. 1917. — C. 1919, IV, 329.

*Chemische Fabriken Worms A. G.*, Frankfurt a. M.

**Verfahren zum Verfilzen von Fasern** mit wässerigen Lösungen des Äthylenglykols für sich oder unter Zusatz geeigneter Mittel, z. B. Saponin, Leim, Seife.

**F.P. 526641** vom 14. 5. 1920. — C. 1922, IV, 1061.

*Société Pichard Frères*, Paris.

**Verfahren zum Vorbereiten von Haaren für die Filzherstellung ohne Anwendung von Quecksilbersalzen.** Behandeln der Haare mit Joddämpfen oder Jodlösungen.

**D.R.P. 359629**/Kl. 41d vom 21. 4. 1921. — C. 1923, II, 1263.
**F.P. 526643** vom 15. 5. 1920. — C. 1922, IV, 770.
**A.P. 1419754** vom 3. 5. 1921. — C. 1922, IV, 770.

*Société Pichard Frères*, Paris.

**Verfahren zum Vorbereiten von Haaren für die Filzherstellung ohne Anwendung von Quecksilbersalzen.** Die Haare werden mit Wasser oder wässeriger Formaldehydlösung getränkt und auf tiefe Temperaturen gebracht, so daß sich im Innern der Haare Eis bildet, das die Haare teilweise sprengt und dadurch filzfähig macht.

**D.R.P. 352961**/Kl. 29b vom 28. 7. 1920. — C. 1922, IV, 599.

*Paul Krais* und *Kurt Biltz*, Dresden.

**Verfahren zur Verbesserung der Spinnfähigkeit von Menschen- und Tierhaaren.** Nach einer Vorbehandlung mit verdünnten Alkalien, Seife oder organischen Lösungsmitteln oder Gemischen dieser Agenzien werden die Haare mit Lösungen von Calcium- oder Magnesiumchlorid behandelt, vom Überschuß dieser Lösungen befreit und getrocknet.

**D.R.P. 353947**/Kl. 29b vom 29. 12. 1920. — C. 1922, IV, 644.
**F.P. 530673** vom 12. 8. 1920. — C. 1922, IV, 682.

*Société du Feutre*, Paris.

**Verfahren zur Vorbereitung von Haaren für die Filzfabrikation.** Die Haare werden mit schwachen Lösungen von Alkali- oder Erdalkalisulfiden in neutraler oder schwach saurer Lösung behandelt.

**Ö.P. 103897** vom 18. 6. 1924. — C. 1927, I, 1768.

*Siegfried Marian*, Wien.

**Verfahren zum Filzfähigmachen von nicht filzfähigen tierischen Haaren** unter Verwendung von Salzen des Aluminiums mit anorganischen oder organischen Säuren einschließlich der alaunartigen Verbindungen; die Salzlösungen dürfen keine freien Säuren enthalten.

**D.R.P. 528123**/Kl. 29b vom 2. 12. 1924. — C. 1931, II, 1372.
**Ö.P. 160559** vom 20. 11. 1924. — C. 1930, I, 3626.
**A.P. 1719043** vom 1. 10. 1925. — C. 1929, II, 2618.

*Erich Böhm*, Wien.

**Verfahren zum Verfilzen tierischer Haare** mittels neutraler verfilzend wirkender Mittel, insbesondere solcher organischer Verbindungen, die eine Carbonylgruppe enthalten (Aldehyde und Ketone).

**A.P. 1687802** vom 10. 2. 1925. — C. 1929, II, 957.
**A.P. 1687801** vom 10. 2. 1927. — C. 1929, II, 461.

*Stein Fur Dyeing Co., Inc.*, New York, V. St. A.

**Verfilzen von tierischen Fasern, insbesondere Haaren.** Behandeln mit Mercurinitratlösung, dann mit Ferrosulfatlösung und anschließend mit Bleichmitteln, wie Wasserstoffsuperoxyd.

**F.P. 594241** vom 28. 2. 1925. — C. 1926, I, 506.

*Charles Pichard* und *Émile Pichard*, Frankreich.

**Beizen von Haaren und Fellen für die Filzfabrikation ohne Quecksilber.** Behandeln mit einer Lösung von Harnstoff oder Harnstoffnitrat.

**F.P. 597323** vom 18. 3. 1925. — C. 1926, I, 1740.

*John H. Martin*, New York, V. St. A.

**Behandlung von Haaren für die Filzfabrikation.** Die Haare werden vor dem Verfilzen und Krumpen mit einer Persalzlösung (Natriumperborat) behandelt.

**D.R.P. 440401**/Kl. 29b vom 10. 4. 1925. — C. 1927, I, 1768.
**E.P. 250575** vom 1. 4. 1926. — C. 1926, II, 2954.

*I. G. Farbenindustrie A. G.*, Frankfurt a. M.

**Herstellung von Haarfilzen.** Behandeln mit Metallsalzlösungen, unter Ausschluß von solchen des Quecksilbers, unter Zusatz von Benetzungsmitteln, insbesondere den Sulfonsäuren von Aralkyl- oder Alkylnaphthalinen.

**F.P. 608185** vom 3. 9. 1925. — C. 1927, II, 509.

*Robert Bach*, Österreich.

**Vorbereiten von tierischen Fasern und Haaren zum Verfilzen.** Man setzt den Behandlungsbädern Aldehyde oder Ketone zu und behandelt die Fasern anschließend mit Oxydationsmitteln (Wasserstoffsuperoxyd, Permanganat, Perborat).

**A.P. 1685168** vom 28. 4. 1926. — C. 1928, II, 2610.
**A.P. 1685169** vom 28. 4. 1926. — C. 1928, II, 2610.

*John H. Martin*, New York, V. St. A.

**Vorbereitung von Haaren für die Filzerei.** Behandeln der Haare mit Säuren, denen eine Oxysäure der Fettsäurereihe, z. B. Glykolsäure, beigemischt ist.

1. **D.R.P. 527012**/Kl. 29b vom 26. 2. 1927. — C. 1931, II, 1655.
**Ö.P. 118442** vom 9. 2. 1927. — C. 1930, II, 3221.
**E.P. 285028** vom 21. 1. 1928. — C. 1928, I, 2678.
2. **E.P. 323944** vom 4. 2. 1929. — C. 1930, II, 167.
**ZusP.** zu **E.P. 285028.**

*Erich Böhm*, Wien.

**Verfahren zum Filz- und Walkfähigmachen von Haaren.**

1. Die Haare werden mit einem Oxydationsmittel (Wasserstoffsuperoxyd) und gegebenenfalls Salpetersäure zusammen mit einem in Wasser löslichen, Sauerstoff abgebenden Metallsalz (außer Quecksilbersalz) behandelt.

2. Übertragung des unter 1 beschriebenen Verfahrens auf Wolle.

**D.R.P. 608770**/Kl. 29b vom 13. 4. 1927.

*Erich Böhm*, Wien.

**Verfahren zum Walkfähig- oder Filzbarmachen von tierischen Haaren durch Beizen.** Behandeln mit Sauerstoffsäuren von Metallen der Chromgruppe oder deren Salzen und weiteren kräftig oxydierend wirkenden wasserlöslichen Säuren (Chlor-, Überschwefelsäure) oder deren Salzen.

**F.P. 634662** vom 18. 5. 1927. — C. 1928, I, 2757.

*John H. Martin*, New York, V. St. A.

**Präparieren von Haaren für die Filzbereitung.** Behandeln der Haare mit einer neutralen oder sauren Mangansalzlösung.

**D.R.P. 524215**/Kl. 29b vom 10. 1. 1928. — C. 1931, II, 1081.
**F.P. 666631** vom 2. 1. 1929. — C. 1930, I, 1876.

*I. G. Farbenindustrie A. G.*, Frankfurt a. M.

**Verbessern des Verfilzens von tierischen Haaren.** Behandeln der Haare mit Lösungen von Fluor- oder Kieselfluorwasserstoff oder ihren Salzen.

Vgl. auch **Can.P. 304020** vom 15. 4. 1929. — C. 1933, II, 3642.

*General Aniline Works, Inc.*, New York.

**Schwz.P. 142420** vom 25. 1. 1928. — C. 1931, I, 2287.

*Erich Böhm,* Wien.

**Verfahren zum Beizen von Wolle oder anderem tierischen Haar, um dieselben filz- und walkfähig zu machen.** Behandeln mit einem salpetersäurefreien Oxydationsmittel und einem quecksilberfreien Sauerstoffüberträger.

1. **A.P. 1727374** vom 7. 2. 1928. — C. 1929, II, 2618.
2. **A.P. 1727375** vom 7. 2. 1928. — C. 1929, II, 2618.

*John H. Martin,* New York, V. St. A.

**Verfilzen tierischer Haare.**

1. Zusatz von Kondensationsprodukten aus Aldehyden und Disulfit zu den bekannten Behandlungsflüssigkeiten.
2. Zusatz von Kondensationsprodukten von Aldehyden und Schwefeldioxyd.

**A.P. 1738189** vom 4. 4. 1928. — C. 1930, I, 3122.

*Harold T. Leavenworth,* Amerika.

**Verfahren zum Verfilzen tierischer Haare.** Man unterwirft die Haare der Einwirkung von Chlorsäure oder Perchlorsäure.

**A.P. 1762233** vom 14. 7. 1928. — C. 1930, II, 1164.

*John H. Martin,* New York, V. St. A.

**Vorbereitung tierischer Haare für die Filzerei.** Behandeln mit einer Lösung von Dinatriumphosphat und einem Oxydationsmittel (Wasserstoffsuperoxyd).

**A.P. 1765046** vom 19. 12. 1928. — C. 1930, II, 2080.

*George D. Beal* und *Rob Roy McGregor,* Pittsburgh, Pa.

**Vorbereitung tierischer Haare für die Filzerei.** Die Haare werden mit Wasserdampf unter Druck zusammen mit sauren, hydrolytisch wirkenden Mitteln, z. B. Magnesiumchlorid, Aluminiumchlorid usw., behandelt.

**D.R.P. 631308**/Kl. 29b vom 17. 2. 1929.

*Rosa Wiesner,* Wien.

**F.P. 687846** vom 8. 1. 1930. — C. 1931, II, 2240.

*Victor Böhm,* Österreich.

**Verfahren zum Beizen von Haaren u. dgl.** Neben Metallsalzen werden Salpetersäure und Oxydationsmittel verwendet.

**E.P. 354851** vom 20. 5. 1930. — C. 1932, I, 3518.

*H. Th. Böhme A. G.,* Chemnitz.

**Filzen von Wolle** unter Verwendung saurer Behandlungsflüssigkeiten, denen man Schwefelsäureester von höheren aliphatischen Alkoholen (mit mindestens 9 C-Atomen) zusetzt.

**Ö.P. 142784** vom 15. 7. 1930. — C. 1935, II, 3607.

*Rosa Wiesner,* Wien.

**Beizen von tierischen Fasern für die Filzherstellung** mit Wasserstoffsuperoxyd, Salpetersäure und Metallverbindungen, die nicht als Sauerstoffüberträger wirksam sind, wie Zink- oder Zinnverbindungen in größeren als katalytisch wirkenden Mengen.

**A.P. 1955678** vom 28. 3. 1931. — C. 1934, II, 1707.

*American Hatters & Furiers Co.,* Danbury, Conn., V. St. A.

**Filzfähigmachen von Haaren** mit einer Mischung von Wasserstoffsuperoxyd- und Mercurinitrat-Salpetersäurelösungen.

**A.P. 2048645** vom 9. 3. 1935. — C. 1937, I, 763.

*Non-Mercuric Carrot Co.,* Danbury, V. St. A.

**Behandlung von tierischen Fasern und Fellen zur Filzherstellung** mit einer Lösung von Schwefelsäure, Salzsäure, Wasserstoffsuperoxyd, Alkalipersulfat, -chlorat oder -perchlorat in Gegenwart von Natriumsulfat.

**F.P. 792012** vom 3. 7. 1935. — C. 1936, II, 2053.

*Hugo Reik*, Österreich.

**Beizen von Haaren für die Filzerei.** Statt Mercurinitrat wird Mercurisulfat in Gegenwart einer ein Vergilben der Haare nicht bewirkenden Menge Salpetersäure verwendet.

---

**D.R.P. 314167**/Kl. 8k vom 26. 5. 1916. — C. 1919, IV, 878.

*Alfred Pinagel*, Aachen.

**Walkmittel,** bestehend aus Saponinen in wässerig-alkalischer Lösung oder in wässerig-alkoholisch-alkalischer Lösung, allein oder zusammen mit anderen Walkmitteln.

1. **D.R.P. 328812**/Kl. 8i vom 15. 9. 1916. — C. 1921, II, 323.
2. **Zus.P. 349329**/Kl. 8i vom 17. 1. 1918. — C. 1922, II, 825.

*Ernst Gips*, Aachen, Schleifmühle.

**Verfahren zur Herstellung eines fettlosen Wasch- und Walkmittels.**

1. Mit Alkalihydroxyden aufgeschlossener tierischer Leim wird gemischt mit Fettlösungsmitteln, Saponinen, laminarsauren Salzen, Soda, Pottasche oder Ammoniak.

2. Verwendung von mit Alkalihydroxyd aufgeschlossenem Keratin an Stelle von Leim.

**Schwz.P. 87188** vom 26. 9. 1916. — C. 1921, II, 817.

*Chemische Fabrik Grünau, Landshoff & Meyer A. G.*, Grünau.

**Verfahren zur Herstellung eines Wasch- und Walkmittels für rohe und verarbeitete Textilfasern.** Hydrolysieren von Eiweißstoffen (Casein) mit Alkalihydroxyd in der Wärme bis zur Lösung, wobei ein Gemisch von Protalbin- und Lysalbinsäure entsteht; das überschüssige Alkali wird neutralisiert.

**D.R.P. 355104**/Kl. 8k vom 13. 10. 1916. — C. 1922, IV, 559.

*Diamalt A. G.*, München.

**Verfahren zur Verbesserung und Kürzung der Walke.** Der Walkflüssigkeit werden Produkte zugesetzt, die aus einer Mischung von organischen Kolloiden (Pflanzenschleim) mit anorganischen Kolloiden (Kieselsäure) bestehen.

**D.R.P. 328631**/Kl. 8k vom 9. 2. 1918. — C. 1921, II, 79.
**Ö.P. 81298** vom 2. 3. 1918. — C. 1921, II, 79.

*Ernst Gips*, Aachen.

**Verfahren zur Gewinnung technisch wertvoller Emulsions- und Schaumbildner.** See- und Meertange und -algen werden mit Säuren hydrolysiert und die erhaltenen Spaltungsprodukte erforderlichenfalls neutralisiert. Die Produkte eignen sich u. a. als Wasch- und Walkmittel.

**D.R.P. 328099**/Kl. 8i vom 25. 3. 1919. — C. 1921, II, 79.

*Chemische Fabrik Stockhausen & Cie.*, Krefeld.

**Wasch- und Walkmittel,** bestehend aus einer Mischung der Lösungen von Alkali- oder Erdalkalisalzen der Aminofettsäuren und Naphtholen, bzw. den bei längerem Erhitzen von Naphtholen entstehenden Erzeugnissen, gegebenenfalls in Gegenwart von Kohlenwasserstoffen oder Chlorkohlenwasserstoffen.

**D.R.P. 324575**/Kl. 8k vom 10. 5. 1919. — C. 1920, IV, 484.

*C. H. Boehringer Sohn, Chemische Fabrik*, Nieder-Ingelheim a. Rh.

**Walkverfahren.** Der Walkprozeß wird in Gegenwart von Salzen der gepaarten und ungepaarten Gallensäuren durchgeführt.

1. **D.R.P. 381418**/Kl. 8k vom 18. 1. 1922. — C. 1923, IV, 1016.

*Farbwerke vorm. Meister Lucius u. Brüning*, Höchst a. M.

2. **Zus.P. 457057**/Kl. 8k vom 18. 9. 1925.

*I. G. Farbenindustrie A. G.*, Frankfurt a. M.

**Walken von Textilstoffen.**

1. Zusatz von natürlichen oder synthetischen Gerbstoffen; der Walkprozeß wird dadurch abgekürzt.

2. Zusatz von niedrigmolekularen Sulfosäuren, die durch Behandlung von aromatischen oder hydroaromatischen Kohlenwasserstoffen oder von Gemischen derselben und Methyl- oder Äthylalkohol mit Sulfonierungsmitteln erhalten werden.

**D.R.P. 417013**/Kl. 8k vom 23. 12. 1924. — C. 1925, II, 1823.

*R. Englert & Dr. F. Becker, Chemische Fabrik,* Prag.

**Walkmittel.** Zusatz von Aldehyd- oder Keton-Bisulfit-Verbindungen zu den an sich bekannten Walkmitteln.

1. **E.P. 270333** vom 18. 1. 1926. — C. 1927, II, 1107.
2. **E.P. 270334** vom 18. 1. 1926. — C. 1927, II, 1107.

*I. G. Farbenindustrie A. G.*, Frankfurt a. M.

**Walken von Wolle.**

1. Zusatz von Butylnaphthalinsulfosäure oder ihren Salzen zu den sauren Walkbädern.

2. Zusatz von aliphatischen Sulfosäuren, wie sulfonierten Braunkohlenteerölen, oder ihren Salzen.

**F.P. 664226** vom 19. 7. 1928. — C. 1930, II, 2595.

*Carl Dreyfuß*, Deutschland.

**Walken von Wolle.** Zusatz emulgierend wirkender Stoffe (alkylsubstituierte aromatische oder hydroaromatische Sulfonsäuren, stark sulfonierte Türkischrotöle) und geringer Mengen von Lösungsmitteln (Kohlenwasserstoffe, Alkohole, Ketone u. a.) zu den Walk- und Spülbädern.

**E.P. 458910** vom 11. 7. 1936.

*Chemische Fabrik Joh. A. Benckiser G. m. b. H.*, Ludwigshafen a. Rh.

**Verfahren zum Filzen und Walken von Wolle und Haaren.** Zusatz von wasserlöslichen Meta-, Pyro- oder Orthophosphaten zu den sauren, neutralen oder alkalischen Walkbädern.

Patente über Haar- und Wollgewinnung vgl. unter „Methoden der Haarlockerung“ (S. 417 bis S. 433).

# Namenverzeichnis.

[1] Im Literaturverzeichnis auf S. 276 ist zu lesen: „Wrinch, D. M.: Nature **137**, 411 (1936)“ statt „Wrink, B. U.: Naturwiss. **137**, 411 (1936)“.

# Sachverzeichnis.

# Patentnummern-Verzeichnis.

*Die an erster Stelle genannte Ziffer ist die Nummer des Patentes, die nach dem Doppelpunkt angeführte Zahl bezeichnet die Seite.*

**Deutsche Reichspatente.**

## Deutsche Reichspatente, Zusatzpatente.



## Amerikanische Patente.



## Australische Patente.



## Belgische Patente.



## Canadische Patente.



## Dänische Patente.



## Englische Patente.

## Englische Patente, Zusatzpatente.



## Französische Patente.



## Französische Patente, Zusatzpatente.



## Holländische Patente.



## Italienische Patente.

## Jugoslawische Patente.



## Norwegische Patente.



## Österreichische Patente.



## Polnische Patente.



## Russische Patente.



## Russische Patente, Zusatzpatente.



## Schwedische Patente.



## Schweizer Patente.



## Ungarische Patente.

**Haut- und Lederfehler.** Von Priv.-Doz. Dr. **Fritz Stather,** Direktor der Deutschen Versuchsanstalt für Lederindustrie, Freiberg i. Sa. Mit 76 Textabbildungen. VI, 161 Seiten. 1934. Gebunden RM 16.—

**Handbuch für gerbereichemische Laboratorien.** Von Dr. phil. Ing. **Georg Grasser,** Universitätsprofessor, Dozent der Technischen Hochschule Wien und Mitglied des Österreichischen Patentamtes, derzeit Vorstand des Institutes für Gerbereiwissenschaft an der Kaiserlichen Hokkaido-Universität Sapporo (Japan). Dritte, neu bearbeitete Auflage. Mit 49 Abbildungen im Text und 5 Tafeln. XII, 434 und XII Seiten. 1929. Gebunden RM 29.—

**Die Rohmaterialien des Gerbers,** ihre Eigenschaften und Verwendung. Von Dr. phil. Ing. **Georg Grasser,** Dozent der Technischen Hochschule Wien, Mitglied des Österreichischen Patentamtes. XIII, 204 Seiten. 1923. RM 10.—

**Beiträge zur Gerbstoffversorgung.** Aus englischen Quellen des „Bulletin of the Imperial Institute" übersetzt und mit einer Einleitung und Fußnoten versehen von Dr. phil. Ing. **Leopold Pollak,** Aussig a. E., Privatdozent für Gerbstoff- und Lederindustrie an der Deutschen Technischen Hochschule Prag. (Erweiterter Sonderabdruck aus „Der Gerber", Jahrgang 1928.) Mit 9 Tafeln. XIV, 87 Seiten. 1929. RM 5.50

**Einführung in die Gerbereiwissenschaft.** Leitfaden für Studierende und Praktiker. Von Univ.-Prof. Dr. **Georg Grasser,** Leiter des Institutes für Gerbereiwissenschaft an der Kaiserlichen Hokkaido-Universität Sapporo, Japan. Mit 22 Abbildungen und 52 Tabellen. VIII, 173 Seiten. 1928. RM 12.—

**Die quantitative Gerbmittelanalyse.** Von Professor Ing. Dr. **V. Kubelka,** Brünn, und Ing. Dr. **Vl. Němec,** Brünn. Mit 20 Abbildungen. IX, 121 Seiten. 1930. RM 4.50

**Gesammelte Abhandlungen des Kaiser Wilhelm-Instituts für Lederforschung in Dresden.**

I. Band: 1922 bis 1924. Vergriffen.
II. Band: 1925 bis 1926. IV, XXII, 372 Seiten. Gebunden RM 34.50
III. Band: 1927 bis 1929. Mit zahlreichen Abbildungen im Text und auf Tafeln. V, XLIV, 447 Seiten. Gebunden RM 42.—
IV. Band: 1930 bis 1932. Mit zahlreichen Abbildungen im Text und auf Tafeln. VII, XXXVIII, 520 Seiten. 1933. Gebunden RM 46.—

**Die Gerbextrakte.** Eigenschaften, Herstellung und Verwendung. Von **Peter Pawlowitsch,** Direktor des wissenschaftlichen Lederforschungsinstitutes in Moskau, Dozent des Chemisch-Technologischen Mendelejew-Institutes, Technischer Leiter der Aktiengesellschaft „Dubitel" für den Bau der Extraktfabriken. Mit 107 Abbildungen im Text und 58 Tabellen. VII, 248 Seiten. 1929. RM 23.—

**Tannin. Cellulose. Lignin.** Von Professor Dr. **K. Freudenberg,** Heidelberg. Zugleich zweite Auflage der „Chemie der natürlichen Gerbstoffe". Mit 14 Abbildungen. IV, 165 Seiten. 1933. (Verlag von Julius Springer-Berlin.) RM 8.80

**Die Praxis des Kürschners.** Ein Handbuch von **Alexander Tuma jun.** (Technisch-Gewerbliche Bücher, Bd. 2.) Mit 152 Abbildungen im Text. IX, 409 Seiten. 1928. Gebunden RM 22.—

MIX
Papier aus verantwortungsvollen Quellen
Paper from responsible sources
FSC® C105338

If you have any concerns about our products, you can contact us on
**ProductSafety@springernature.com**

In case Publisher is established outside the EU, the EU authorized representative is:
**Springer Nature Customer Service Center GmbH**
**Europaplatz 3, 69115 Heidelberg, Germany**

Printed by Libri Plureos GmbH
in Hamburg, Germany